W0268102

HANDBUCH DER PHYSIK

UNTER REDAKTIONELLER MITWIRKUNG VON

R. GRAMMEL-STUTTGART · F. HENNING-BERLIN
H. KONEN-BONN · H. THIRRING-WIEN · F. TRENDELENBURG-BERLIN
W. WESTPHAL-BERLIN

HERAUSGEGEBEN VON

H. GEIGER UND KARL SCHEEL

BAND II

ELEMENTARE EINHEITEN UND IHRE MESSUNG

BERLIN
VERLAG VON JULIUS SPRINGER
1926

ELEMENTARE EINHEITEN UND IHRE MESSUNG

BEARBEITET VON

A. BERROTH · C. CRANZ · H. EBERT · W. FELGENTRAEGER
F. GÖPEL · F. HENNING · W. JAEGER · V. v. NIESIOŁOWSKI-GAWIN
K. SCHEEL · W. SCHMUNDT · J. WALLOT

REDIGIERT VON KARL SCHEEL

MIT 297 ABBILDUNGEN

BERLIN
VERLAG VON JULIUS SPRINGER
1926

ISBN-13: 978-3-642-88923-3 e-ISBN-13: 978-3-642-90778-4
DOI: 10.1007/978-3-642-90778-4

Softcover reprint of the hardcover 1st edition 1926

Inhaltsverzeichnis.

Allgemeine physikalische Konstanten

(September 1926)[1].

a) Mechanische Konstanten.

Gravitationskonstante	$6{,}6_5 \cdot 10^{-8}$ dyn · cm² · g^{-2}
Normale Schwerebeschleunigung	980,665 cm · sec^{-2}
Schwerebeschleunigung bei 45° Breite	980,616 cm · sec^{-2}
1 Meterkilogramm (mkg)	$0{,}980665 \cdot 10^{8}$ erg
Normale Atmosphäre (atm)	$1{,}013253 \cdot 10^{6}$ dyn · cm^{-2}
Technische Atmosphäre	$0{,}980665 \cdot 10^{6}$ dyn · cm^{-2}
Maximale Dichte des Wassers bei 1 atm	0,999973 g · cm^{-3}
Normales spezifisches Gewicht des Quecksilbers	13,5955

b) Thermische Konstanten.

Absolute Temperatur des Eispunktes	$273{,}2_0{}^{\circ}$
Normales Litergewicht des Sauerstoffes	1,42900 g · l^{-1}
Normales Molvolumen idealer Gase	$22{,}414_5 \cdot 10^{3}$ cm³
Gaskonstante für ein Mol	$0{,}8204_5 \cdot 10^{2}$ cm³-atm · grad^{-1}
	$0{,}8313_2 \cdot 10^{8}$ erg · grad^{-1}
	$0{,}8309_0 \cdot 10^{1}$ int joule · grad^{-1}
	$1{,}985_8$ cal · grad^{-1}
Energieäquivalent der 15°-Kalorie (cal)	$4{,}184_2$ int joule
	$1{,}1623 \cdot 10^{-6}$ int k-watt-st
	$4{,}186_3 \cdot 10^{7}$ erg
	$4{,}268_8 \cdot 10^{-1}$ mkg

c) Elektrische Konstanten.

1 internationales Ampere (int amp)	$1{,}0000_0$ abs amp
1 internationales Ohm (int ohm)	$1{,}0005_0$ abs ohm
Elektrochemisches Äquivalent des Silbers	$1{,}11800 \cdot 10^{-3}$ g · int coul^{-1}
Faraday-Konstante für ein Mol und Valenz 1	$0{,}9649_4 \cdot 10^{5}$ int coul
Ionisier.-Energie/Ionisier.-Spannung	$0{,}9649_4 \cdot 10^{5}$ int joule · int volt^{-1}

d) Atom- und Elektronenkonstanten.

Atomgewicht des Sauerstoffs	16,000
Atomgewicht des Silbers	107,88
Loschmidtsche Zahl (für 1 Mol)	$6{,}06_1 \cdot 10^{23}$
Boltzmannsche Konstante k	$1{,}372 \cdot 10^{-16}$ erg · grad^{-1}
$^1/_{16}$ der Masse des Sauerstoffatoms	$1{,}650 \cdot 10^{-24}$ g
Elektrisches Elementarquantum e	$1{,}592 \cdot 10^{-19}$ int coul
	$4{,}77_4 \cdot 10^{-10}$ dyn$^{1/2}$ · cm
Spezifische Ladung des ruhenden Elektrons e/m	$1{,}76_6 \cdot 10^{8}$ int coul · g^{-1}
Masse des ruhenden Elektrons m	$9{,}02 \cdot 10^{-28}$ g
Geschwindigkeit von 1-Volt-Elektronen	$5{,}94_5 \cdot 10^{7}$ cm · sec^{-1}
Atomgewicht des Elektrons	$5{,}46 \cdot 10^{-4}$

e) Optische und Strahlungskonstanten.

Lichtgeschwindigkeit (im Vakuum)	$2{,}998_5 \cdot 10^{10}$ cm · sec^{-1}
Wellenlänge der roten Cd-Linie (1 atm, 15° C)	$6438{,}470_0 \cdot 10^{-8}$ cm
Rydbergsche Konstante für unendl. Kernmasse	109737,1 cm^{-1}
Sommerfeldsche Konstante der Feinstruktur	$0{,}729 \cdot 10^{-2}$
Stefan-Boltzmannsche Strahlungskonstante σ	$5{,}7_5 \cdot 10^{-12}$ int watt · cm^{-2} · grad^{-4}
	$1{,}37_4 \cdot 10^{-12}$ cal · cm^{-2} · sec^{-1} · grad^{-4}
Konstante des Wienschen Verschiebungsgesetzes	0,288 cm · grad
Wien-Plancksche Strahlungskonstante c_2	1,43 cm · grad

f) Quantenkonstanten.

Plancksches Wirkungsquantum h	$6{,}55 \cdot 10^{-27}$ erg · sec
Quantenkonstante für Frequenzen $\beta = h/k$	$4{,}77_5 \cdot 10^{-11}$ sec · grad
Durch 1-Volt-Elektronen angeregte Wellenlänge	$1{,}233 \cdot 10^{-4}$ cm
Radius der Normalbahn des H-Elektrons	$0{,}529 \cdot 10^{-8}$ cm.

[1]) Erläuterungen und Begründungen s. ds. Bd. d. Handb. Kap. 10, S. 487—518.

Kapitel 1.

Dimensionen, Einheiten, Maßsysteme.

Von

J. WALLOT, Charlottenburg.

A. Form der Größengleichungen.

1. Aufgabe. Die Theorie der Dimensionen, auf der die Lehre von den Einheiten und Maßsystemen beruht, beschäftigt sich mit gewissen allgemeinen Schlüssen, die man aus der Form der physikalischen Gleichungen ziehen kann. Sie muß daher von einer Feststellung dieser Form ausgehen.

Das Wort „Form“ ist hierbei in einem besonderen Sinne zu verstehen. Unwesentlich für die Dimensionstheorie sind alle diejenigen Unterschiede in der Form der Gleichungen, die durch mathematische Operationen irgendwelcher Art hervorgebracht werden können. Die Dimensionstheorie braucht daher nur die „Bausteine“ des Gebäudes der Physik ins Auge zu fassen: die eigentlichen „Definitionsgleichungen“, deren Zweck die Einführung physikalischer Größen ist, und die „empirischen Ansätze“, welche die Aufgabe haben, empirisch gefundene Zusammenhänge in die mathematische Form der Proportionalität oder — allgemeiner — einer empirischen Funktion zu kleiden. Gleichungen, die wie das NEWTONsche Gesetz von der Gleichheit der Wirkung und der Gegenwirkung ebenfalls als Grundgleichungen angesprochen werden müssen, ohne in die beiden vorhergenannten Gruppen der Definitionsgleichungen und der empirischen Ansätze eingereiht werden zu können, brauchen nicht berücksichtigt zu werden, da über ihre Form im allgemeinen kein Zweifel bestehen kann.

Auch bei den Definitionsgleichungen und den empirischen Ansätzen bestehen Meinungsverschiedenheiten nur über einen Punkt, nämlich über die Frage, ob ihnen „Proportionalitätsfaktoren“ (allgemeiner: „empirische Faktoren“) beigegeben werden müssen oder nicht. Wir müssen versuchen, auf diese Frage eine ganz bestimmte Antwort zu finden, damit unsere Dimensionstheorie nicht zu einer bloßen Sammlung von Übereinkünften wird, die ebensogut durch andere ersetzt werden könnten. Unser nächstes Ziel wird es dann sein, von der gewonnenen Grundlage aus für sämtliche Definitionsgleichungen und empirischen Ansätze — und damit auch für die aus ihnen mathematisch ableitbaren übrigen Gleichungen der Physik — die allgemeinste und vollkommenste Form zu finden.

a) Allgemeine Grundsätze.

2. Definitionsgleichungen. Beginnen wir mit der Untersuchung einer einfachen Definition, z. B. der Definition der Geschwindigkeit eines gleichförmig bewegten Körpers. s sei der von dem Körper zurückgelegte Weg, t die Zeit, die er zu seiner Bewegung gebraucht hat. Wenn wir hier in einfachster Form für die Geschwindigkeit

$$v = \frac{s}{t} \tag{1}$$

setzen: was ist die Bedeutung dieses Ansatzes?

Wir wollen uns für das Folgende entscheiden. Die Gleichung (1) soll ein kurzer Ausdruck sein für drei Eigenschaften, welche die zu definierende Größe v haben soll:

1. Sie soll $n$mal größer werden, wenn der Körper in einer gegebenen Zeit einen $n$mal größeren Weg zurücklegt.

2. Sie soll $n$mal kleiner werden, wenn ein gegebener Weg die $n$fache Zeit erfordert.

3. Sie soll von irgendwelchen andern, durch andere Gleichungen definierten Größen überhaupt nicht abhängen.

Es ist klar, daß diese drei Eigenschaften der definierten Größe v tatsächlich notwendig aus ihrer Definitionsgleichung (1) folgen; denn setzt man z. B. t gleich dem festen Wert t_0, $s = n s_0$, so wird notwendig $v = n \cdot s_0/t_0$ usw.

3. Zufügung von Zahlenfaktoren. Ebenso klar ist es aber, daß der Ansatz (1) nicht der einzige ist, aus dem die drei geforderten Eigenschaften der zu definierenden Größe v folgen; denn ebensogut kann man

$$v = z \cdot \frac{s}{t} \tag{2}$$

setzen. Die hier zugefügte Größe z darf sich aber bei Änderungen der Zeit und des Weges nicht mitändern, ja, sie darf überhaupt keine in anderer Weise definierte physikalische Größe sein; denn die zu definierende Geschwindigkeit v sollte ja nur vom Wege s und von der Zeit t abhängen.

Wir müssen daher die Konstante z als eine zunächst unbestimmte mathematische Zahl ansehen.

Bei allen Grunddefinitionsgleichungen dürfen solche unbestimmte Zahlen zugefügt werden. Durch Übereinkunft wählt man sie in jedem einzelnen Falle so, daß die physikalischen Gleichungen ein möglichst einfacher, natürlicher, ungekünstelter Ausdruck für die physikalischen Erscheinungen sind. Diese Forderung sieht ziemlich unbestimmt aus; wir werden jedoch sehen, daß nur selten über die zweckmäßigste Wahl der Zahl z Zweifel bestehen können.

Meist setzt man $z = 1$; so im Falle der Geschwindigkeit. Die Gleichung (1) ist daher die durch besondere Zweckmäßigkeit ausgezeichnete Form der Geschwindigkeitsdefinition.

4. Zufügung von Proportionalitätsfaktoren. Gegen die hier gegebene Darstellung kann man einwenden, die „Geschwindigkeit" sei eine verborgene physikalische Größe. Man könne vielleicht zugeben, daß ihr der Quotient s/t parallel gehe; ihr wahres Wesen sei uns aber unzugänglich, und man dürfe sie daher dem genannten Quotienten allenfalls proportional, aber nicht gleich setzen. z sei eine physikalische Größe und keine mathematische Zahl. Hierauf ist zu erwidern, daß es jedem unbenommen ist, aus solchen Zweifeln heraus die Definition der Geschwindigkeit in der komplizierteren Form (2) zu schreiben; zur Vereinfachung der Rechnungen würde es sich jedoch auch dann empfehlen, die Größe $\frac{v}{z} = \frac{s}{t}$ „physikalische Geschwindigkeit" zu nennen und sie allein beim Aufbau der Physik zu verwenden.

5. Größengleichungen. In unserer Gleichung (1) bedeuten die Buchstaben v, s und t die physikalischen „Größen" Geschwindigkeit, Weg und Zeit und nicht ihre „Zahlenwerte", bezogen auf bestimmte „Einheiten". Die Gleichung unterscheidet sich daher in ihrem Wesen von den Gleichungen zwischen unbenannten Zahlen, mit denen es die reine Mathematik zu tun hat; wir nennen sie eine „Größengleichung"[1]). Was der Sinn der Größengleichung $v = s/t$ ist, haben wir ausdrücklich definieren müssen; nachdem dies aber geschehen ist, können aus ihr ebenso bindende Schlüsse gezogen werden, wie z. B. aus einer Gleichung zwischen komplexen Zahlen.

6. Empirische Ansätze. Betrachten wir nunmehr einen empirischen Ansatz, also eine Gleichung, die keinen neuen Begriff einführen, sondern einen Zusammenhang zwischen bereits definierten Größen herstellen soll, z. B. das NEWTONsche Massenanziehungsgesetz:

$$P = \Gamma \frac{m_1 m_2}{r^2}, \tag{3}$$

(P Kraft, m_1, m_2 träge Massen, r Abstand, Γ Gravitationskonstante). Es besagt, daß die Kräfte, welche zwei Massen m_1 und $n\,m_1$ auf dieselbe Masse m_2 aus der Entfernung r ausüben, sich wie $1:n$ verhalten, daß bei Vergrößerung der Entfernung r im Verhältnis n die Anziehungskraft im Verhältnis n^2 kleiner wird und daß irgendwelche andere in anderer Weise definierte Größen keine Rolle spielen.

Der für die Dimensionstheorie grundlegende Unterschied zwischen den beiden Gleichungen (1) und (3) liegt nun darin, daß dem NEWTONschen Anziehungsgesetz ein „Proportionalitätsfaktor", nämlich die „Gravitationskonstante Γ", zugefügt werden muß. Deren Einführung widerspricht keineswegs der Forderung, daß andere bereits definierte Größen keine Rolle spielen sollen. Denn die Konstante Γ wird ja erst durch das Anziehungsgesetz selbst definiert. Das Gesetz sagt nur aus, daß der Bruch $Pr^2/m_1 m_2$, den wir Gravitationskonstante nennen, erfahrungsgemäß konstant ist.

Es ist der Dimensionstheorie eigentümlich, daß sie nicht nur die eigentlichen Definitionsgleichungen, sondern auch die empirischen Ansätze als Definitionsgleichungen auffaßt[2]). Sie darf dies; denn sie beschäftigt sich nur mit der Form der Gleichungen, ihren Inhalt nimmt sie als etwas Gegebenes hin.

7. Zufügung von Zahlenfaktoren. Da das Anziehungsgesetz die Definitionsgleichung der Gravitationskonstante ist, darf ihm noch eine mathematische Zahl zugefügt werden. Es ist allgemein üblich, von dieser Möglichkeit keinen Gebrauch zu machen. Gerade in diesem Falle wäre es jedoch zweifellos natürlicher, den Faktor 4π zuzufügen, und zwar so, daß die Gleichung (3) im Nenner den Faktor $4\pi r^2$, also die Kugeloberfläche statt des bloßen Abstandsquadrats, enthält; denn die Abnahme der Kraft mit der Entfernung ist ja die Folge ihrer Verteilung auf eine immer größer werdende Kugelfläche. Die Forderung der größten möglichen Natürlichkeit ist jedoch nicht so dringend, daß wir uns, um sie zu erfüllen, mit dem herrschenden Gebrauch in Widerspruch setzen müßten. Wir bleiben daher bei der Schreibweise (3).

8. Größencharakter der Proportionalitätsfaktoren. Aus unserer Auffassung des Schweresatzes (3) als einer Definitionsgleichung folgt ohne weiteres, daß es willkürlich wäre, die zu definierende Konstante Γ gleich einer bestimmten mathematischen Zahl, insbesondere gleich 1 zu setzen. Wir haben eine Kom-

---

[1]) J. WALLOT, ZS. f. Phys. Bd. 10, S. 329. 1922; Elektrot. ZS. Bd. 43, S. 1329, 1381. 1922.

[2]) J. WALLOT, ZS. f. Phys. Bd. 10, S. 336. 1922 (Ziff. 15); Elektrot. ZS. Bd. 43, S. 1330. 1922 (Ziff. 9).

bination bereits definierter physikalischer Größen „Γ" genannt und festgestellt, daß sie erfahrungsgemäß konstant ist. Die Annahme, daß sie nicht selbst wieder eine physikalische Größe, sondern eine bestimmte mathematische Zahl sei, wäre ganz unbegründet. Der Unterschied zwischen den Gleichungen (2) und (3) und den Größen z und Γ liegt darin, daß in (2) v und z noch undefiniert sind, während der Schweresatz überhaupt nur dann Sinn hat, wenn alle in ihm vorkommenden Größen mit Ausnahme von Γ als bereits in anderer Weise definiert angesehen werden dürfen. z ist deshalb schlechterdings unbestimmbar; über die Größe der Gravitationskonstanten Γ dagegen gibt uns die Erfahrung eindeutige Auskunft.

Bezeichnenderweise hat man fast immer nur solche Größenkombinationen gleich einer bestimmten mathematischen Zahl, und zwar meist gleich 1 gesetzt, von denen man annahm, daß sie — wie z. B. die Gravitationskonstante, die Dielektrizitätskonstante und die Permeabilität des leeren Raums — absolut konstant seien. Wenn wir eine Größe gleich 1 setzen, erzwingen wir damit allerdings ihre absolute Konstanz. Die Konstanz einer Größe ist aber schließlich doch in jedem Falle — auch bei den „universellsten" Konstanten — nur durch die Erfahrung und deshalb nur mit der Genauigkeit der Messungen gegeben; es ist daher nicht möglich, eine scharfe Grenze zu ziehen zwischen den Konstanten, die man zu reinen Zahlen machen will, und den unzählig vielen andern empirischen Konstanten, die von jedermann als physikalische Größen anerkannt werden. Das Bestreben, gewisse Weltwerte aus der als roh empfundenen Empirie emporzuheben in das Reich der reinen Zahl, erscheint uns als eine Art Pythagoreertum; es entspringt metaphysischem Bedürfnis, aber nicht physikalischem Zwang. Eine Dimensionstheorie, deren Ergebnisse bindend sein sollen, muß sich von dieser Willkür freihalten.

9. Abhängige und unabhängige Größen. Die Überlegungen, die wir hier für die Definitionsgleichung (1) und den empirischen Ansatz (3) angestellt haben, lassen sich bei allen Grundgleichungen durchführen: Nicht nur die eigentlichen Definitionsgleichungen, sondern auch die empirischen Ansätze sind für uns Definitionsgleichungen; ihre Form ist zunächst unbestimmt, insofern ihnen mathematische Zahlenfaktoren beigegeben werden dürfen; jeder neu eingeführte empirische Faktor ist eine physikalische Größe.

Da die Definitionsgleichungen die neu zu definierenden Größen auf andere, bereits definierte, zurückführen, so muß es eine gewisse kleinere Zahl von physikalischen Größen geben, die durch Gleichungen nicht mehr definiert werden können. Wir wollen sie „Unabhängige" nennen. Wie können diese Unabhängigen definiert und wie kann ihre quantitative Vergleichbarkeit gesichert werden?

10. Definition der Unabhängigen. Auf diese Frage muß geantwortet werden, daß die Unabhängigen im eigentlichen Sinne überhaupt nicht „definiert" werden können. Man kann nur durch Definition Methoden festlegen, nach denen ihre einzelnen Werte quantitativ miteinander zu vergleichen sind. Die Lösung dieser Aufgabe ist nicht leicht; denn der Wert solcher „Definitionen" läßt sich schließlich nur nach der Einheitlichkeit und Einfachheit des physikalischen Weltbildes beurteilen, zu dem sie führen. Nur allmählich haben sich deshalb die Methoden, die zur Definition der Unabhängigen dienen, von rohen subjektiven Schätzungen zu wirklichen naturwissenschaftlichen Methoden entwickelt. Bei manchen Unabhängigen ist diese Entwicklung vielleicht sogar heute noch nicht abgeschlossen.

Die Dimensionstheorie braucht als formale Lehre nur auf die formale Seite dieser Fragen einzugehen. Wie früher wollen wir ein bestimmtes Beispiel ins Auge fassen; wir wählen die Definition der Unabhängigen „Temperatur". Dabei setzen wir der Einfachheit halber voraus, die (absolute) Temperatur sei in bekannter Weise nach bestimmter Vorschrift durch ein mit einem idealen Gas gefülltes Thermometer definiert.

Wir nennen die Temperatur eine „Unabhängige", weil keine Gleichung uns sagt, was wir unter ihr verstehen sollen. Was man ihre „Definition" nennt, ist nur eine Anweisung, aus der wir entnehmen, wie wir das Verhältnis n (Ziff. 2 und 6) feststellen sollen, in welchem zwei Temperaturen oder Temperaturdifferenzen zueinander stehen.

Hiergegen läßt sich zunächst einwenden, die Temperatur sei durch die bekannte aus dem zweiten Hauptsatz folgende Gleichung definiert, nach der sie auf Grund von Messungen mit einem beliebigen praktischen Thermometer berechnet werden kann. Dieser Einwand ist nicht stichhaltig, da wir von der so definierten Temperatur gar nicht gesprochen haben. Wir leugnen nicht, daß die in verschiedener Weise definierten Temperaturen voneinander abhängig sind; wir behaupten nur, daß — von welchem Punkte wir auch ausgehen mögen — eine Temperatur übrigbleibt, für die es keine Definitionsgleichung gibt.

Noch ein anderer Einwand kehrt in den Auseinandersetzungen über Dimensionsfragen immer wieder. Man wirft ein, die Temperatur werde, da wir sie durch das Gasthermometer messen, durch die Gasgleichung $pv = RT$ definiert. Diese Behauptung kann zweierlei bedeuten: entweder daß die Temperatur gleich pv/R oder daß sie gleich pv sei. Die erste Möglichkeit scheidet deshalb aus, weil mit der Gaskonstanten R gar nicht als mit einer bekannten Größe gerechnet werden darf; sie ist ja nichts anderes als der empirische Faktor der Gasgleichung und wird als solcher eben durch diese erst definiert.

Aus der zweiten Möglichkeit $T = pv$ würde folgen, daß der empirische Faktor der Gasgleichung R gleich 1, also gleich einer reinen mathematischen Zahl gesetzt werden dürfe; gegen eine solche Schlußweise haben wir uns aber schon bei Besprechung des Gravitationsgesetzes (Ziff. 8) gewandt.

Wir müssen auch hier sagen: Die Gasgleichung hat nur dann einen vernünftigen Sinn, wenn vorher die Aufgabe gelöst ist, Drucke, Volumina und Temperaturen quantitativ zu vergleichen. Für die Temperatur löst das Gasthermometer die Aufgabe; damit ist die Gaskonstante — im Gegensatze zu der bei der Definition der Geschwindigkeit vorübergehend eingeführten Konstante z — auf Grund der Erfahrung eindeutig bestimmbar.

Die in Ziff. 1 aufgeworfene Frage, ob den Grundgleichungen Proportionalitätsfaktoren beigegeben werden müssen oder nicht, kann demnach nicht entschieden werden auf Grund einer tiefdringenden Untersuchung über das „Wesen" der auftretenden Größen, sondern in jedem Falle nur auf Grund einer nüchternen Abzählung der Größen und der sie definierenden Gleichungen.

11. Zahl der Unabhängigen. Über die Zahl der Unabhängigen ist viel gestritten worden. Man kann zugeben, daß es nur wenige rein physikalische Unabhängige gibt. Zwischen diesen und den zahlreichen Unabhängigen jedoch, die mit menschlichen Empfindungen zusammenhängen oder die ihre Definition menschlichen Bedürfnissen verdanken, läßt sich kaum eine scharfe Grenze ziehen. Ein triviales Beispiel für eine Unabhängige nicht rein physikalischen Charakters bietet die in der Physik der Atmosphäre benutzte „Windstärke". Für sie gibt es keine Definitionsgleichung; festgesetzt ist nur, an welchen — ziemlich grobsinnlichen — Wirkungen man die Unterschiede der Windstärken erkennen kann. Die „Windstärke" ist daher in unserm Sinne eine „Unabhängige". Auch wenn es möglich wäre, sie mit der Geschwindigkeit der Luftteilchen durch eine Beziehung zu verbinden, so könnte diese doch nur als Definitionsgleichung der in ihr vorkommenden empirischen Konstanten aufgefaßt werden. Die „Windstärke" würde auch dann nicht aufhören, eine Unabhängige zu sein.

Es ist notwendig, darauf hinzuweisen, daß es mehr Unabhängige gibt, als man gewöhnlich annimmt, jedenfalls mehr, als man aus der Tatsache, daß alle unsere Maßsysteme auf höchstens sechs unabhängigen Einheiten aufgebaut sind, zu schließen geneigt ist. Daß man die Zahl der Unabhängigen leicht unterschätzt, kommt nur daher, daß die meisten von ihnen in den physikalischen Gleichungen keine Rolle spielen. Ihre Definition ist so auf praktische Bedürfnisse zugeschnitten, daß allgemeinere Beziehungen für sie schlechterdings nicht aufgefunden werden können. Sie fallen sozusagen aus dem System der Physik heraus; bis zu einem gewissen Grade gilt dies sogar von den photometrischen Größen.

Wir werden in der Folge nur die rein physikalischen Größen berücksichtigen. Wegen der übrigen — insbesondere auch wegen der besonders interessanten photometrischen Größen — verweisen wir auf die entsprechenden Sonderabschnitte dieses Werkes.

b) Anwendung der allgemeinen Grundsätze auf die wichtigsten Grundgrößengleichungen.

12. Allgemeines. Unsere nächste Aufgabe wird es nunmehr sein, auf Grund der vorstehenden Überlegungen die Form der wichtigsten Grundgrößengleichungen festzustellen. Wir werden uns dabei der Kürze halber auf die Gebiete der Mechanik, der Wärme- und der Elektrizitätslehre und auch hier auf die wichtigeren Grundgrößengleichungen beschränken. Der Weg, den wir gehen werden, ist natürlich nicht der einzige mögliche: man könnte auch andere Größen als Unabhängige ansehen und dementsprechend die von uns angeführten Gleichungen als Definitionsgleichungen für andere Abhängige auffassen. Die Schlüsse, zu denen wir kommen werden, sind jedoch unabhängig von dem gewählten Wege, wenn wir diesen nur in der einmal eingeschlagenen Richtung beharrlich weiterverfolgen.

13. Die Grunddefinitionen der Mechanik. In der Mechanik sehen wir die Länge, die Zeit und die Kraft als Unabhängige an. Fläche, Rauminhalt, Geschwindigkeit, Beschleunigung, Druck, Arbeit, Leistung definieren wir wie üblich, setzen also die mathematische Zahl „z", die wir an sich jedesmal zuzufügen berechtigt wären, der Einfachheit halber überall gleich 1.

Verweilen wir noch einen Augenblick bei dieser Gruppe von Größen und betrachten wir das Beispiel der Fläche etwas genauer. Es ist üblich, die Fläche eines Rechtecks mit den Seiten dx und dy als $dx\,dy$ zu definieren. Diese Grunddefinition hat zur Folge, daß die Fläche einer Ellipse nach der Formel $F = ab\pi$ zu berechnen ist, wo die Buchstaben a und b die Halbachsen bedeuten. Fügen wir dagegen in der Grunddefinition den Zahlenfaktor $z = 1/\pi$ zu, so lautet die Formel für die Ellipsenfläche $F = ab$. Beide Möglichkeiten sind zulässig. Die zweite liefert eine bequemere Formel für die Ellipsenfläche; in jeder anderen Beziehung jedoch ist die erste die einfachere und natürlichere, und man setzt deshalb z allgemein gleich 1.

14. Die Definition des Winkels. Eine ganz ähnliche Entscheidung zwischen zwei Möglichkeiten muß getroffen werden bei der umstrittenen Frage der Definition des Winkels[1]). Allgemein und seit Jahrhunderten definiert man ihn als das Verhältnis des Bogens b, den seine Schenkel aus einem Kreis um seinen Scheitel ausschneiden, zu dem Halbmesser dieses Kreises

$$w = \frac{b}{r}. \qquad (4)$$

[1]) Vgl. H. MAURER, Elektrot. ZS. Bd. 44, S. 742. 1923.

Diese Definition ist ebenso unnatürlich wie die Definition der Ellipsenfläche durch das Produkt der Halbachsen. Natürlich wäre einzig und allein, den Winkel zu definieren als das Verhältnis der Sektorfläche zwischen seinen Schenkeln zu der ganzen Kreisfläche oder, was auf dasselbe hinauskommt, als das Verhältnis des Bogens zum Umfang $u = 2\pi r$:

$$w = \frac{b}{2\pi r} = \frac{b}{u}. \tag{5}$$

Die erste Definition ist nur scheinbar bequemer; in Wirklichkeit ist sie mangelhaft „angepaßt" an die Tatsachen und daher „unökonomisch". Wäre es möglich, auf den tatsächlichen Gebrauch gar keine Rücksicht zu nehmen, so müßten wir uns zweifellos für die zweite Definition (5) entscheiden.

Prüfen wir jedoch einmal die Folgen, die diese Entscheidung nach sich zöge. Zunächst wäre die Definition aller der Größen abzuändern, die mit dem Winkel zusammenhängen, also der Winkelgeschwindigkeit, der Winkelbeschleunigung, des Drehmoments, Trägheitsmoments usw. Überall träte an die Stelle des Abstandes (Halbmessers) r der Umfang u. Der natürlich definierte Winkel wäre offenbar auch das natürliche Maß für die Zahl der Umdrehungen; denn für den vollen Umlauf wird er gleich 1. Daher würde die „Drehzahl" (Tourenzahl) mit der Winkelgeschwindigkeit, die Frequenz mit der Kreisfrequenz identisch. Auch der räumliche Winkel müßte anders definiert werden als üblich; wir müßten ihn gleich dem Flächenstück setzen, das er aus der Oberfläche einer Kugel um seinen Scheitel herausschneidet, dividiert durch die Gesamtoberfläche der Kugel. Die einschneidendste Folge wäre aber die, daß wir genötigt wären, auch eine Reihe von Rechenregeln abzuändern, so die Regeln für das Differenzieren und die Reihenentwicklung der trigonometrischen Funktionen. Eine solche tiefgreifende Umwälzung würde auf den hartnäckigsten Widerstand stoßen und sich deshalb niemals durchsetzen. Wir verzichten daher hier wie schon in Ziff. 7 auf die äußerste Vollkommenheit unseres Systems der Größengleichungen und bleiben für den Winkel und alle mit ihm zusammenhängenden Größen bei der hergebrachten Definition.

15. Impulssatz und Energiesatz. Wir fahren nunmehr mit der Feststellung der Form der wichtigsten Größengleichungen der Mechanik fort. Die Dichte ist für uns der empirische Faktor, der in dem sog. Impulssatz (der NEWTONschen „lex II") auftritt. Das Produkt aus Volumen und Dichte nennen wir „Masse", das Produkt aus Masse und Geschwindigkeit „Impuls" (NEWTONS „definitio II").

Die Bewegungsenergie definieren wir durch das halbe Produkt aus Masse und Geschwindigkeitsquadrat. Das Gesetz von der Erhaltung der Energie ist kein empirischer Ansatz, sondern ein Integral des Bewegungs-(Impuls-)Satzes, also eine Folgerung aus ihm; der Zahlenfaktor $z = \frac{1}{2}$ bei der Bewegungsenergie ist notwendig, wenn man dem Energiesatz den Charakter eines Erhaltungssatzes geben will und die Arbeit ohne Zusatzzahl z definiert ist.

16. Zusammenstellung der Grundgrößengleichungen der Mechanik. In der folgenden Tafel sind die von uns festgestellten Gleichungen der Mechanik (mit Ausnahme des Schweresatzes) in der Reihenfolge, in der wir sie erwähnt haben, und mit den üblichen Abkürzungen noch einmal zusammengestellt. Man erkennt deutlich, daß drei Größen (die Länge, die Zeit und die Kraft) undefiniert bleiben und daß wir durch unsere allgemeinen Grundsätze zu Größengleichungen geführt worden sind, die sich ihrer Form nach in nichts von den üblichen Gleichungen unterscheiden.

Definierende Gleichung	Definierte Größe	Definierende Gleichung	Definierte Größe
$dF = dx\,dy$	F	$N = \frac{dA}{dt}$	N
$dV = dx\,dy\,dz$	V		
$\mathfrak{v} = \frac{d\mathfrak{s}}{dt}$	$\mathfrak{v}$	$w = \frac{b}{r}$	w
$\mathfrak{b} = \frac{d\mathfrak{v}}{dt}$	$\mathfrak{b}$	$\mathfrak{P} = \frac{d}{dt}(\delta V \mathfrak{v})$	δ
$p = \frac{P}{F}$	p	$m = \delta V$	m
		$W_k = \frac{1}{2} m v^2$	W_k
$A = \int \mathfrak{P}\,d\mathfrak{s}$	A		

17. Die Grundgrößengleichungen der Wärmelehre. In der Wärmelehre sehen wir als weitere Unabhängige die Temperatur an. Die Gasgleichung definiert die molare oder molekulare Gaskonstante. Zur Definition der Wärmemenge gelangen wir etwa auf Grund der klassischen JOULEschen Messungen. Diese zeigen, daß durch Aufwand einer gewissen mechanischen Arbeit A in einer bestimmten Wassermasse m eine Temperaturerhöhung ΔT erzielt werden kann, die der aufgewandten Arbeit direkt, der Masse umgekehrt proportional ist

$$\Delta T = \frac{1}{c} \frac{A}{m}.$$

Dieser empirische Ansatz bedarf natürlich eines Proportionalitätsfaktors $1/c$, der durch ihn definiert wird; wir nennen seinen reziproken Wert die „spezifische Wärme“ des Wassers. Man sieht, daß es wiederum willkürlich wäre, den Proportionalitätsfaktor der JOULEschen Messungen gleich einer mathematischen Zahl zu setzen; andererseits wäre es zwecklos, von ihm noch einen Faktor abzuspalten und ihn „mechanisches Wärmeäquivalent“ zu nennen. Das Produkt $c m \Delta T$ heißt „zugeführte Wärmemenge“ Q.

Die Änderung der „inneren Energie“ eines Systems dU wird durch die Gleichung $dU = dA + dQ$ definiert. Der Inhalt des ersten Hauptsatzes liegt selbstverständlich nicht in dieser Definitionsgleichung, sondern in der Behauptung, daß das so definierte dU ein vollständiges Differential ist.

Das Energieprinzip gehört zu den Erfahrungssätzen, die nicht als Definitionsgleichung einer empirischen Konstante aufgefaßt werden können. Es sagt nicht, daß gewisse Energien andern Energien proportional und auch nicht, daß sie ihnen gleich seien; sondern es sagt, daß gewisse von uns absichtlich und willkürlich in geeigneter Form definierte Energiegrößen Zustandsfunktionen sind.

Auch der zweite Hauptsatz definiert keine neue Größe, sondern stellt für die in bekannter Weise definierte Größe „Entropie“ eine Behauptung auf, zu deren Formulierung es wiederum keines Proportionalitätsfaktors bedarf.

Definierende Gleichung	Definierte Größe
$pV = RT$	R
$\Delta T = \frac{1}{c} \frac{A}{m}$	c
$Q = c m \Delta T$	Q
$dU = dA + dQ$	U
$dS = \frac{dU + p\,dV}{T}$	S

18. Zusammenstellung der Grundgrößengleichungen der Wärmelehre. Die nebenstehende Tafel zeigt übersichtlich, daß in der Wärmelehre zu den drei Unabhängigen der Mechanik die Temperatur als weitere Unabhängige hinzutreten muß.

19. Die Grundgrößengleichungen des elektromagnetischen Feldes. In der

Elektrizitätslehre bedürfen wir einer neuen Unabhängigen; als solche wählen wir die Elektrizitätsmenge.

Das elektromagnetische Feld übt auf einen geladenen Prüfkörper eine mechanische Kraft aus, die erfahrungsgemäß proportional der auf ihm sitzenden Ladung anwächst. Den Proportionalitätsfaktor nennen wir „elektrische Feldstärke" ($\mathfrak{E}$). Diese ist also definiert durch das Verhältnis der an der betreffenden Stelle des Feldes beobachtbaren mechanischen Kraft zu der Ladung des Prüfkörpers. Die Spannung zwischen zwei Punkten wird definiert durch das Linienintegral der Feldstärke, die Verschiebung ($\mathfrak{D}$) durch die Bedingung, daß ihr Fluß durch die Oberfläche eines Raumteils gleich der in diesem vorhandenen Ladung ist.

Fließt Elektrizität durch einen Leiterquerschnitt, so nennen wir das Verhältnis der in einer gewissen Zeit geflossenen Elektrizitätsmenge zu dieser Zeit „Stromstärke".

Bringen wir einen stromdurchflossenen Draht in das Feld, so beobachten wir wieder eine Kraftwirkung, die erfahrungsgemäß der Stromstärke im Draht und einer gewissen Längenabmessung proportional ist. Den hierbei auftretenden Proportionalitätsfaktor nennen wir „magnetische Induktion" ($\mathfrak{B}$). Die magnetische Feldstärke ($\mathfrak{H}$) definieren[1]) wir durch die Bedingung, daß ihr über den Rand einer Fläche erstrecktes Linienintegral gleich der Durchflutung der Fläche ist.

Erzeugen wir einen Induktionsstrom durch Bewegung eines Leiters im magnetischen Felde, so ist die von uns aufgewandte mechanische Arbeit gleich der mechanischen Arbeit, die das „induzierte" elektrische Feld an der in Bewegung gesetzten Elektrizität leistet. Führt man in diese Beziehung auf Grund der Definition der magnetischen Induktion den „magnetischen Schwund" ein, so erhält man das Induktionsgesetz. Dieses definiert also in unserem Gedankengang keine neue Größe; es bedarf keines Proportionalitätsfaktors, weil es eine mathematische Folgerung aus bereits bekannten Gleichungen, insbesondere aus dem Energiesatz, darstellt.

20. Die Stoffkonstanten Leitfähigkeit, Dielektrizitätskonstante und Permeabilität. Besteht in einem Leiter ein elektrisches Feld, so fließt ein Strom, dessen meßbare Dichte erfahrungsgemäß der elektrischen Feldstärke proportional ist. Den Proportionalitätsfaktor nennen wir „Leitfähigkeit". Besteht in einem Dielektrikum eine elektrische Verschiebung, so ist dort auch eine meßbare elektrische Feldstärke vorhanden, die erfahrungsgemäß der Verschiebung proportional ist. Den reziproken Wert des Proportionalitätsfaktors nennen wir „Dielektrizitätskonstante". Besteht in einem Nichtferromagnetikum eine magnetische Feldstärke, so ist dort auch eine meßbare magnetische Induktion vorhanden, die erfahrungsgemäß der magnetischen Feldstärke proportional ist. Den Proportionalitätsfaktor nennen wir „Permeabilität".

21. Die Dielektrizitätskonstante und die Permeabilität als physikalische Größen. Es muß besonders darauf hingewiesen werden, daß wir hier zu der Definition der drei Stoffkonstanten Leitfähigkeit, Dielektrizitätskonstante und Permeabilität formal durch genau dieselbe Überlegung geführt worden sind. Wenn wir also berechtigt wären, die Dielektrizitätskonstante und die Permeabilität — wie es immer noch geschieht — ohne weiteres gleich reinen Zahlen zu setzen, so dürften wir auch die Leitfähigkeit und schließlich mit demselben Recht auch alle übrigen Stoffkonstanten, z. B. den Elastizitätsmodul, die Dichte usw. als reine Zahlen ansehen. Es gibt keinen stichhaltigen Grund, weshalb die Dielektri-

[1]) M. ABRAHAM u. A. FÖPPL, Theorie der Elektrizität. 7. Aufl. Bd. I, § 55. Leipzig: B. G. Teubner 1923.

zitätskonstante und die Permeabilität unter den Stoffkonstanten eine besondere Stellung einnehmen sollten; sie sind nach genau denselben Grundsätzen zu behandeln wie alle übrigen[1]). Daß die entgegengesetzte Auffassung in der Physik die herrschende werden konnte, ist nur zu verstehen, wenn man sich die geschichtliche Entwicklung der Meßtechnik vor Augen hält.

Der Einwurf, daß z. B. die Dielektrizitätskonstante als das Verhältnis zweier Kapazitäten definiert sei, verfehlt natürlich sein Ziel. Auch die Dichte kann als das Verhältnis zweier Massen definiert werden — man nennt sie dann schärfer „Dichtezahl" —; es gibt aber keine Meinungsverschiedenheit darüber, daß die allgemeinen Gleichungen der Mechanik in einfacher Weise nur mit Hilfe einer benannten Dichte aufgebaut werden können.

Eine besonders große Verwirrung besteht hinsichtlich der Frage, ob die magnetische Induktion und die magnetische Feldstärke Größen derselben Art sind oder nicht[2]). Nach unseren Definitionen kann kein Zweifel darüber sein, daß sich die Größe, die man in Luft „Feldstärke" zu nennen, aber genau so wie die „Induktion" im Eisen durch ihre Kraft- oder Induktionswirkung zu definieren pflegt, ihrem Wesen nach in nichts von der Induktion im Eisen unterscheidet, daß aber unsere beiden ganz verschieden definierten Größen $\mathfrak{B}$ und $\mathfrak{H}$ natürlich auch durchaus von verschiedener Art sind. Es wäre an der Zeit, den überaus unzweckmäßigen und verwirrenden Brauch, die magnetische Induktion in Luft „Feldstärke" zu nennen, endlich zu verlassen.

Wir merken noch an, daß das Gesetz von BIOT und SAVART folgerichtig den Zusammenhang nicht der magnetischen Feldstärke, sondern der magnetischen Induktion mit den felderzeugenden Stromelementen ausdrückt. Die Proportionalitätskonstante des Gesetzes ist natürlich die Permeabilität.

Definitionsgleichung	Definierte Größe
$\mathfrak{P} = \mathfrak{E} \cdot Q$	$\mathfrak{E}$
$U = \int \mathfrak{E}\, d\mathfrak{s}$	U
$Q = \int \mathfrak{D}_n\, dF$	$\mathfrak{D}$
$I = \frac{dQ}{dt}$	I
$\mathfrak{P} = I\,[\mathfrak{s}\mathfrak{B}]$	$\mathfrak{B}$
$\int \mathfrak{H}\, d\mathfrak{s} = I$	$\mathfrak{H}$
$dI = \varkappa\, \mathfrak{E}\, dF$	$\varkappa$
$\mathfrak{E} = \frac{1}{\varepsilon}\, \mathfrak{D}$	ε
$\mathfrak{B} = \mu\, \mathfrak{H}$	μ
$W = \int \frac{\mathfrak{E}\mathfrak{D}}{2}\, dV + \int \frac{\mathfrak{B}\mathfrak{H}}{2}\, dV$	W
$\mathfrak{S} = [\mathfrak{E}\mathfrak{H}]$	$\mathfrak{S}$

22. Die Energiegrößen der Elektrizitätslehre. Unsere Feldgleichungen führen uns auf Grund der Definition der mechanischen Arbeit zur Definition der elektromagnetischen Energie und des Strahlungsvektors. In diesen Definitionen hat natürlich der Faktor 4π keinen Platz. Auf die Zufügung des Faktors 1/2 jedoch bei der Energie dürfen wir (wie schon bei der kinetischen Energie) nicht verzichten, weil er die Folge der Integration ist, durch die man den Ausdruck für die Energie aus der mechanischen Arbeit herzuleiten pflegt.

23. Zusammenstellung der Grundgrößengleichungen der Elektrizitätslehre. Man verfolge in der nebenstehenden Tafel von Gleichung zu Gleichung, wie jetzt vier Unabhängige — $\mathfrak{P}$, Q, $\mathfrak{s}$, t — undefiniert bleiben.

24. Die Zahlenfaktoren in den Größengleichungen der Elektrizitätslehre. Die hier zusammengestellten Größengleichungen enthalten, wie man sieht,

[1]) A. W. RÜCKER, Proc. Phys. Soc. Bd. 10, S. 37. 1888; G. GIORGI, Nuov. Cim. (5) Bd. 4, S. 11. 1902; E. COHN, Das elektromagnetische Feld. Leipzig 1900; F. EMDE, Elektrot. ZS. Bd. 25, S. 432. 1904; G. MIE, Lehrbuch der Elektrizität und des Magnetismus. Stuttgart 1910; E. BUCKINGHAM, Phys. Rev. (2) Bd. 4, S. 345. 1914.

[2]) Die Frage ist vor einigen Jahren sehr lebhaft in der französischen physikalischen Gesellschaft erörtert worden: Revue générale de l'électricité, Jg. 1921—1923.

— mit Ausnahme der Energiedefinition — keine Zahlenfaktoren. Daraus folgt natürlich nicht, daß bei ihrer Annahme in der Elektrizitätslehre überhaupt keine mathematischen Zahlen mehr vorkämen. Diese stehen nur nicht mehr in Gleichungen, wo sie als Fremdkörper empfunden werden müssen. So lautet die Größengleichung für die Kapazität eines Plattenkondensators von der Flächengröße F und dem Flächenabstand a

$$C = \varepsilon \frac{F}{a},$$

für die Induktivität einer Ringspule von der Windungszahl w, dem Kernquerschnitt F und dem Ringhalbmesser R

$$L = w^2 \mu \frac{F}{2\pi R},$$

für die Kapazität einer Kugel vom Halbmesser R

$$C = \varepsilon 4\pi R.$$

Man sieht, daß die Faktoren 2π und 4π immer dort stehen, wo sie nach der Natur des Problems stehen müssen.

Wir nennen die Form der hier zusammengestellten Gleichungen der Elektrizitätslehre in Anlehnung an HEAVISIDE[1]) die „rationale". Die Entscheidung für sie bedeutet übrigens für das Sondergebiet der Elektrizitätslehre die Entscheidung für die natürliche Winkeldefinition. Denn in rationaler Form lautet z. B. die Größengleichung für die elektrische Verschiebung im Abstande r von einer Punktladung Q_0

$$\mathfrak{D} = \frac{Q_0}{4\pi r^2};$$

auf einer dort senkrecht zu $\mathfrak{D}$ gestellten Fläche F wird also die Ladung

$$Q = Q_0 \cdot \frac{F}{4\pi r^2} = Q_0 \cdot \Phi$$

influenziert, wo Φ den natürlich definierten räumlichen Winkel bedeutet, unter dem die Fläche F von der Punktladung aus erscheint.

Die letzten Gleichungen lassen erkennen, daß die beiden COULOMBschen Gesetze und das Gesetz von BIOT und SAVART, als Größengleichungen geschrieben, im Nenner die Kugeloberfläche $4\pi r^2$ enthalten.

25. Allgemeinheit der Größengleichungen. Die im vorstehenden eingeführten Grundgleichungen und die Gleichungen, die man aus ihnen auf mathematischem Wege ableiten kann, haben als Aussagen über physikalische Größen einen ganz bestimmten Sinn, ohne daß es nötig wäre, Festsetzungen über die für die einzelnen Größen zu wählenden Einheiten zu treffen. Sie sind im Gegensatz zu der überwiegenden Mehrzahl der Gleichungen, die man in Büchern und Abhandlungen findet, unabhängig von der zufälligen Einheitenwahl. Sie sollten deshalb auf allen Gebieten der Physik vorzugsweise, in der theoretischen Physik ausschließlich benutzt werden. Wir werden später sehen, daß sie auch die geeignetste Grundlage für Zahlenrechnungen jeder Art darstellen.

B. Theorie der Dimensionen.

a) Einheitengleichungen.

26. Qualitative und quantitative Faktoren. Von jetzt ab werde die Form aller Größengleichungen als endgültig festgestellt und unabänderlich angesehen.

---

[1]) O. HEAVISIDE, Electromagnetic Theory (Vorwort und §§ 90—96). London 1893.

Die physikalischen Größen, die in den Größengleichungen vorkommen, lassen sich nun fast ausnahmslos[1]) in zwei Faktoren zerlegen, einen quantitativen und einen qualitativen. Wir deuten den ersten durch geschweifte, den zweiten durch eckige Klammer an, setzen also für eine beliebige Größe x

$$x = \{x\}[x]. \tag{6}$$

Bedeutet x z. B. den Abstand zweier Punkte, so ist $[x]$ eine „Größe derselben Art", die die qualitativen Merkmale der Größe x in sich aufgenommen hat, also eine „Länge", während der Faktor $\{x\}$ die Quantität der Größe x, d. h. ihr Verhältnis zu der Größe derselben Art $[x]$ darstellt. In der Lehre von den Einheiten werden wir die Größe $[x]$ als die „Einheit" von x, die Zahl $\{x\}$ als ihren Zahlenwert oder ihre Maßzahl deuten.

Der Begriff „Größe derselben Art" darf dabei nicht zu eng gefaßt werden. Es wäre z. B. falsch, die qualitativen Faktoren zweier Strecken x_1 und x_2, die einen Winkel miteinander bilden, voneinander zu unterscheiden. Denn auch Strecken verschiedener Richtung können zueinander (geometrisch) addiert werden; und Größen, die zueinander addiert werden können, haben qualitative Faktoren, die sich notwendig nur quantitativ voneinander unterscheiden. Um dies einzusehen, drücke man etwa in Form einer Gleichung aus, daß die Projektion der einen Strecke x_1 auf irgendeine Linie n-mal so groß ist wie die Projektion der andern Strecke x_2 auf dieselbe Linie. Da die beiden Projektionen gleichgerichtet sind, ist n eine reine Zahl, und wir erhalten, wenn α_1 und α_2 die Projektionswinkel sind

$$x_1 \cos\alpha_1 = n\, x_2 \cos\alpha_2\,,$$

also

$$[x_1] = n \cdot \frac{\{x_2\}}{\{x_1\}} \frac{\cos\alpha_2}{\cos\alpha_1} [x_2]\,,$$

d. h. $[x_1]$ und $[x_2]$ unterscheiden sich, wie behauptet, nur um einen Faktor, der sich aus reinen Zahlen zusammensetzt.

Es ist für die Dimensionstheorie wesentlich und kennzeichnend, daß sie alle Längen, alle Zeiten, alle Kräfte, alle Energien usw., also alle Größen, die man zueinander addieren kann, als gleichartig ansieht. Wenn daher vorgeschlagen worden ist, bei Dimensionsbetrachtungen zwischen den qualitativen Faktoren verschieden gerichteter Strecken oder — um ein vielbesprochenes Beispiel aus der Elektrizitätslehre zu erwähnen — zwischen den qualitativen Faktoren der Wirkleistung und der Blindleistung zu unterscheiden, so bedeutet das eine Verkennung des Wesens der Dimension[2]). Die Dimensionstheorie geht allerdings davon aus, jeder einzelnen Größe ihren eigenen qualitativen Faktor zuzuordnen; sie sieht sich aber sehr bald gezwungen, über die Mehrzahl der in den einzelnen Größen vereinigten qualitativen Merkmale hinwegzusehen und die qualitativen Faktoren nicht nur gleichartiger, sondern unter Umständen sogar offensichtlich verschiedenartiger Größen als gleich oder nur quantitativ verschieden zu behandeln.

Dieser Zwang geht nicht nur aus von der Forderung der Addierbarkeit gewisser Größen, sondern vor allem von der Form der physikalischen Gleichungen; wir kommen damit zu den Beziehungen, welche die Grundlage der ganzen Dimensionstheorie bilden.

---

[1]) Wegen scheinbarer Ausnahmen vgl. J. WALLOT, ZS. f. Phys. Bd. 10, S. 336, Anm. 3. 1922.

[2]) F. EMDE, Elektrot. ZS. Bd. 45, S. 1053, 1361. 1924; Bd. 46, S. 208. 1925.

27. Das System der Einheitengleichungen. Wir beginnen mit einem Beispiel. Die kinetische Energie ist in Ziff. 15 definiert worden durch die Größengleichung

$$W = \tfrac{1}{2} m v^2 .$$

Spaltet man hier nach (6) alle Größen in ihre beiden Faktoren, so erhält man

$$\{W\}[W] = \tfrac{1}{2}\{m\}[m]\{v\}^2[v]^2$$

oder

$$[W] = \zeta [m][v]^2 , \tag{7}$$

wo

$$\zeta = \frac{1}{2}\frac{\{m\}\{v\}^2}{\{W\}}$$

gesetzt ist. Aus der Größengleichung für die kinetische Energie in Verbindung mit der Gleichung (6) folgt also mit Notwendigkeit, daß sich der qualitative Faktor der kinetischen Energie nur quantitativ von dem Produkt aus den qualitativen Faktoren der Masse und des Geschwindigkeitsquadrats unterscheidet. Denn die Größe ζ, die sich aus der mathematischen Zahl 1/2 und aus den quantitativen Faktoren der beteiligten Größen zusammensetzt, ist eine rein quantitative Größe, eine reine Zahl.

Man nennt die Gleichung (7) nach WALLOT[1]) eine „allgemeine Einheitengleichung", weil sie eine allgemeingültige Beziehung darstellt, der die qualitativen Faktoren der Energie, der Masse und der Geschwindigkeit, d. h. die Einheiten dieser Größen, unterworfen sind. Der Faktor ζ heißt „Umrechnungsfaktor".

Wählt man die qualitativen Faktoren $[W]$, $[m]$, $[v]$ in bestimmter Weise, z. B. $[W]$ gleich der praktischen Energieeinheit „Joule", $[m]$ gleich der Masse eines Kilogrammstücks, $[v]$ gleich derjenigen Geschwindigkeit, bei der in jeder Sekunde ein Weg von einem Meter durchmessen wird, so hat der Umrechnungsfaktor ζ nach (7) einen bestimmten Wert; und zwar ist er in unserem Beispiel gleich 1,00050 (vgl. Ziff. 46 und 49). Die „allgemeine Einheitengleichung" (7) wird damit zu der „besonderen Einheitengleichung"

$$\text{Joule} = 1{,}00050 \text{ kg} \frac{\text{m}^2}{\text{sec}^2} .$$

Wählt man dagegen nur zwei der Einheiten, z. B. $[m]$ und $[v]$ und außerdem ζ, so ist natürlich der dritte Faktor $[W]$ berechenbar. Mit $[m] = \text{g}$, $[v] = \frac{\text{cm}}{\text{sec}}$, $\zeta = 1$ wird $[W] = 1 \cdot \text{g} \cdot \frac{\text{cm}^2}{\text{sec}^2} = \text{erg}$.

Aus jeder der in den Ziff. 16, 18 und 23 zusammengestellten Grundgrößengleichungen, die ja alle die Form von Potenzproduktgleichungen $x_{k+1} = z \cdot x_1^{\alpha_1} \cdot x_2^{\alpha_2} \ldots x_k^{\alpha_k}$ (z = math. Zahl) haben, folgt mit Notwendigkeit eine allgemeine Einheitengleichung der Form

$$[x_{k+1}] = \zeta [x_1]^{\alpha_1} [x_2]^{\alpha_2} \ldots [x_k]^{\alpha_k} .$$

Ist die Gesamtzahl der physikalischen Größen gleich n und sind k von ihnen unabhängig, so gibt es $n - k$ Grundgleichungen und demnach auch $n - k$ Einheitengleichungen. Dabei müssen Größen „gleicher Art" (z. B. die Breite b und

---

[1]) J. WALLOT, ZS. f. Phys. Bd. 10, S. 335. 1922 (Ziff. 13ff.); Elektrot. ZS. Bd. 43, S. 1330. 1922 (Ziff. 9).

Höhe h eines Rechtecks) entweder jedesmal als nur eine Größe gerechnet werden, oder es müssen Einheitengleichungen zugefügt werden, welche die Übereinstimmung ihrer qualitativen Faktoren zum Ausdruck bringen (z. B. $[b] = \zeta \cdot [h]$). Man schreibt die Einheitengleichungen meist nach den $n - k$ abhängigen qualitativen Faktoren aufgelöst, so daß diese als Funktionen der k unabhängigen qualitativen Faktoren erscheinen

$$\left.\begin{array}{l} [x_{k+1}] = \zeta_1 [x_1]^{\alpha_{11}} \ldots [x_k]^{\alpha_{1k}} \\ \cdots\cdots\cdots\cdots \\ [x_{k+r}] = \zeta_r [x_1]^{\alpha_{r1}} \ldots [x_k]^{\alpha_{rk}} \end{array}\right\} (r = n - k) \tag{8}$$

28. Der Begriff der Dimension. „Dimension der Größe x_{k+i} bezüglich der Unabhängigen x_h“ nennt man meist den Exponenten α_{ih}, der zu dem Faktor $[x_h]$ in der Einheitengleichung für $[x_{k+i}]$ gehört. Nach dieser Definition hängt die Dimension einer Größe natürlich von der Wahl der unabhängigen qualitativen Faktoren ab. Wählt man z. B. in der Mechanik die Länge, die Masse und die Zeit als Unabhängige, so lautet die allgemeine Einheitengleichung für die Dichte

$$[\delta] = \zeta [l]^{-3} [m]^1 [t]^0 .$$

Die Dichte hat dann also hinsichtlich der Länge die Dimension -3. Wählt man dagegen die Länge, die Kraft und die Zeit als Unabhängige, so lautet die allgemeine Einheitengleichung für die Dichte

$$[\delta] = \zeta [l]^{-4} [P]^1 [t]^2 ;$$

sie hat jetzt hinsichtlich der Länge die Dimension -4.

Vielfach ist es auch üblich, das Wort Dimension in einem etwas andern Sinne zu gebrauchen. Man sagt z. B.: „Die Dichte hat die Dimension einer Masse dividiert durch ein Volumen.“ Damit faßt man unmittelbar die erste der beiden letzten Einheitengleichungen in Worte; diese Dimensionsangabe ist in sich völlig bestimmt und daher der anderen vorzuziehen.

29. Dimensionslose Größen. Das Verhältnis zweier qualitativ genau übereinstimmenden Größen ist natürlich eine reine Zahl. Häufig definiert man aber eine Größe als das Verhältnis zweier anderer Größen, die zwar von derselben Dimension sind, qualitativ aber keineswegs vollkommen übereinstimmen. Eine solche Größe ist zwar eine „Zahl“, hat jedoch noch immer den Charakter einer Größe mit ausgesprochenen qualitativen Merkmalen, und es empfiehlt sich daher, sie einer besonderen Klasse von Größen, nämlich der Klasse der „dimensionslosen Größen“ zuzuweisen.

Zu den dimensionslosen Größen gehört z. B. der Winkel, der nach Gleichung (4) als das Verhältnis zweier Längen definiert ist. Es ist sehr charakteristisch, daß man für ihn „Einheiten“ definiert hat, die genau dieselbe Rolle spielen wie die Einheiten der dimensionierten Größen. Der Winkelgrad z. B. kann geradezu als ein Faktor angesehen werden, der die qualitativen Merkmale des Winkels in sich aufgenommen hat; und in der Gleichung $w = 30^\circ$ kann die Zahl 30 mit $\{w\}$, das Zeichen $^\circ$ mit $[w]$ gleichgesetzt werden. Wir werden nur durch die Form der Winkeldefinition dazu gezwungen, über das Qualitative des Winkels und des Zeichens $^\circ$ hinwegzusehen.

30. Dimension und Wesen der Größen. Die vorstehenden Betrachtungen zeigen, daß es ein Unding ist, aus den Dimensionen der Größen auf ihr Wesen schließen zu wollen[1]). Wenn so verschiedenartige Größen wie der Winkel, das

---

[1]) F. EMDE, Elektrot. ZS. Bd. 25, S. 432. 1904 (§ 8); vgl. auch A. SELLERIO, Saggio sull' interpretazione delle misure e delle leggi naturali. Palermo 1924.

„Format“ eines Rechtecks und die Konzentration einer Lösung oder wie die Arbeit und das Drehmoment von derselben Dimension sind, so ist die Dimension einer Größe nicht mit einem Spiegel zu vergleichen, in dem wir ihr wahres Wesen erblicken können. Sie gibt eine gewisse Auskunft über die Form, in der die betreffende Größe in den Gleichungen vorkommen kann; von ihrem Wesen entwirft sie manchmal eher ein Zerrbild.

b) Der Satz von den dimensionslosen Potenzprodukten und seine Anwendung.

31. Die Fassung des Satzes. Aus den Definitionsgleichungen, den allgemeinen Prinzipien, Grenzbedingungen usw. sei auf mathematischem Wege die Gesamtheit der physikalischen Gleichungen hergeleitet. Dann gilt für jede dieser Gleichungen ein sehr allgemeiner Satz, den wir den „Satz von den dimensionslosen Potenzprodukten“ nennen wollen. Er besagt, daß jede physikalische Gleichung in der Form

$$\Phi\left(\frac{x_{k+1}}{x_1^{\alpha_{11}}\dots x_k^{\alpha_{1k}}},\ \dots,\ \frac{x_{k+r}}{x_1^{\alpha_{1r}}\dots x_k^{\alpha_{rk}}}\right)=0 \tag{9}$$

geschrieben werden kann. Dabei ist Φ eine Funktion, die außer den in der Klammer angegebenen Argumenten nur mathematische Zahlen enthält; und die angegebenen Argumente sollen die dimensionslosen Potenzprodukte bedeuten, die man gemäß den Einheitengleichungen (8) aus den in der Gleichung vorkommenden Größen bilden kann[1]).

Dieser Satz drückt die Selbstverständlichkeit aus, daß man zwar Größengleichungen definieren, schließlich aber doch nur mit Zahlen rechnen kann[2]). Die physikalischen Gleichungen behaupten nicht, daß zwei Größen oder Größengruppen qualitativ übereinstimmen, sondern nur, daß gewisse aus Größen zusammengestellte Zahlen in einem gewissen, durch mathematische Funktionen ausdrückbaren Zusammenhang miteinander stehen[3]). Die in (9) angegebenen Argumente (Potenzprodukte) $\Pi_1, \dots \Pi_r$ sind tatsächlich Zahlen; denn es ist nach dem System (8)

$$\Pi_i=\frac{x_{k+i}}{x_1^{\alpha_{i1}}\dots x_k^{\alpha_{ik}}}=\frac{\{x_{k+i}\}}{\{x_1\}^{\alpha_{i1}}\dots\{x_k\}^{\alpha_{ik}}}\cdot\frac{[x_{k+i}]}{[x_1]^{\alpha_{i1}}\dots[x_k]^{\alpha_{ik}}}=\zeta_i\cdot\frac{\{x_{k+i}\}}{\{x_1\}^{\alpha_{i1}}\dots\{x_k\}^{\alpha_{ik}}}.$$

Einen andern Weg, zwischen physikalischen Größen quantitative Zusammenhänge herzustellen als den durch (9) gewiesenen, gibt es nicht.

Der Satz von den dimensionslosen Potenzprodukten ist der Kern der eigentlichen Dimensionstheorie. Er ist zwar kein Naturgesetz, sondern ein rein formaler Satz; dafür kommt ihm aber auch die absolute Sicherheit zu, die z. B. einer Definitionsgleichung innewohnt. In der Tat ist noch nie eine Gleichung gefunden worden, die mit ihm in Widerspruch stünde.

32. Herleitung von Gleichungen aus Dimensionsbetrachtungen; Beispiel des mathematischen Pendels. Der Satz von den dimensionslosen Potenzprodukten kann zur Herleitung von Gleichungen verwendet werden[4]). Glaubt man

---

1) T. Ehrenfest-Afanassjewa, Math. Ann. Bd. 77, S. 259. 1916 (§ 3, Satz IV); E. Buckingham, Phys. Rev. (2) Bd. 4, S. 345. 1914.

2) J. Wallot, Elektrot. ZS. Bd. 44, S. 176. 1923.

3) F. London, Phys. ZS. Bd. 23, S. 262, 289. 1922 (§ 3).

4) A. Einstein, Ann. d. Phys. Bd. 35, S. 686ff. 1911; Lord Rayleigh, Nature Bd. 95, S. 66, 644. 1915 (Scientific Papers Bd. VI, S. 300. 1920); C. Runge, Phys. ZS. Bd. 17, S. 202. 1916; L. Hopf, Naturwissensch. Bd. 8, S. 81, 107. 1920; E. Buckingham, Phys. Rev. (2) Bd. 4, S. 345. 1914; Phil. Mag. (6) Bd. 42, S. 696. 1921; Bd. 48, S. 141. 1924.

sicher zu sein, daß eine gesuchte Größe nur von einer ganz bestimmten Gruppe von Größen abhängt, so bildet man aus der gesuchten Größe und den Größen der Gruppe die sämtlichen möglichen dimensionslosen Potenzprodukte; dann ist die gesuchte Gleichung eine nur noch mathematische Zahlen enthaltende Funktion dieser Potenzprodukte.

Betrachten wir zur Erläuterung zunächst das herkömmliche einfachste Beispiel des mathematischen Pendels. Der „gesunde Menschenverstand" sagt uns, daß seine Schwingungsdauer T in erster Näherung nur abhängen kann von den Größen, die sich bei ihm unmittelbar unsern Sinnen darbieten: von der Länge l des Fadens, der Masse m der angehängten kleinen Kugel und von der Stärke des Schwerefeldes, also von der Fallbeschleunigung g. Aus diesen vier Größen T, l, m, g läßt sich nur das eine dimensionslose Potenzprodukt gT^2/l zusammenstellen; also spielt die Masse m keine Rolle, und gT^2/l kann nur eine Funktion mathematischer Zahlen, d. h. selbst nur eine reine Zahl sein. Es ist demnach $T = z\sqrt{\frac{l}{g}}$; die mathematische Zahl z bleibt natürlich unbestimmt.

Bei einer solchen Ableitung wird, wie man sieht, keineswegs ein richtiges und nützliches Resultat aus dem Nichts hervorgezaubert; sondern es wird erstens Gebrauch gemacht von der Definition der Beschleunigung und von der irgendwie gewonnenen Erkenntnis, daß die Schwere maßgebend ist und sich durch eine „Beschleunigung" geltend macht; zweitens aber wird Nutzen gezogen aus der besonderen Einfachheit des Problems, die es uns als selbstverständlich oder wenigstens sehr wahrscheinlich erscheinen läßt, daß andere Größen als die von uns berücksichtigten keine Rolle spielen können.

33. Beispiel aus der Hydrodynamik. Betrachten wir als verwickelteren Fall eine Aufgabe aus der Hydrodynamik. Ein Körper gegebener Gestalt bewege sich durch eine nicht zusammendrückbare zähe Flüssigkeit. Wie groß ist der Widerstand R, den er bei seiner Bewegung erfährt?

Da wir den Einfluß der Gestalt des Körpers nicht festzustellen beabsichtigen, dürfen wir annehmen, daß der gesuchte Widerstand nur von seinem Volumen V und außerdem von seiner Geschwindigkeit v sowie von der Dichte D und der Reibungszahl μ der Flüssigkeit abhängt. Unsere erste Aufgabe ist es daher, die dimensionslosen Kombinationen zu finden, die zwischen den fünf Größen R, V, v, D und μ möglich sind.

Nach BUCKINGHAM[1]) verfährt man in solchen weniger einfachen Fällen etwa folgendermaßen. Man wählt unter den Größen diejenigen aus, die man als unabhängig ansehen will. Da es sich in unserem Fall um eine Aufgabe aus der Mechanik handelt, sind nach Ziff. 16 höchstens drei Größen unabhängig; wir wählen als solche V, v und D. Diesen Größen müssen wir nun solche Exponenten α, β, γ geben, daß die Produkte $V^{-\alpha} v^{-\beta} D^{-\gamma} R$ und $V^{-\alpha} v^{-\beta} D^{-\gamma} \mu$ dimensionslos werden. Da die auf Länge, Masse und Zeit bezogenen Dimensionen am geläufigsten sind, läßt sich diese Berechnung am bequemsten mit Hilfe der nebenstehenden Tabelle durchführen. Man trägt unter den Größen V, v, D, R, μ die Exponenten ein, welche in den genannten Produkten den drei Grundeinheiten Länge, Masse, Zeit entsprechen; dann lassen sich die Gleichungen für die drei Unbekannten α, β, γ unmittelbar ablesen. In unserm Beispiel erhalten wir:

	V	v	D	R	μ
l	3α	β	-3γ	1	-1
m	0	0	γ	1	1
t	0	$-\beta$	0	-2	-1

[1]) E. BUCKINGHAM, Phys. Rev. (2) Bd. 4, S. 345. 1914.

1. für R:

$$\left.\begin{aligned} 3\alpha + \beta - 3\gamma &= 1 \\ \gamma &= 1 \\ -\beta &= -2 \end{aligned}\right\} \text{ also } \left\{\begin{aligned} \alpha &= \tfrac{2}{3} \\ \beta &= 2 \\ \gamma &= 1 \end{aligned}\right.$$

$$V^{-\frac{2}{3}} v^{-2} D^{-1} R = \text{dimensionslos.}$$

2. für μ:

$$\left.\begin{aligned} 3\alpha + \beta - 3\gamma &= -1 \\ \gamma &= 1 \\ -\beta &= -1 \end{aligned}\right\} \text{ also } \left\{\begin{aligned} \alpha &= \tfrac{1}{3} \\ \beta &= 1 \\ \gamma &= 1 \end{aligned}\right.$$

$$V^{-\frac{1}{3}} v^{-1} D^{-1} \mu = \text{dimensionslos.}$$

Die gesuchte Abhängigkeit muß daher die Form haben:

$$\Phi\left(\frac{R}{D v^2 V^{\frac{2}{3}}}, \frac{D v V^{\frac{1}{3}}}{\mu}\right) = 0$$

oder

$$R = D v^2 V^{\frac{2}{3}} f\left(\frac{D v V^{\frac{1}{3}}}{\mu}\right).$$

Den Bruch $D v V^{\frac{1}{3}}/\mu$ nennt man REYNOLDSsche Zahl. Mehr als diese noch sehr unbestimmte Aussage liefert die reine Dimensionsbetrachtung nicht. Nimmt man darüber hinaus an — was physikalisch einleuchtend ist —, daß bei großer Geschwindigkeit und geringer Reibung die REYNOLDSsche Zahl ohne Einfluß ist, daß dagegen bei kleiner Geschwindigkeit und großer Reibung der Widerstand der Reibung proportional ist, so erhält man mit den Gesetzen

$$R = z D v^2 V^{\frac{2}{3}} \text{ für große } v, \text{ kleine } \mu,$$

$$\left.\begin{aligned} R &= z D v^2 V^{\frac{2}{3}} \cdot \left(\frac{\mu}{D v V^{\frac{1}{3}}}\right) \\ \text{oder} \quad R &= z v V^{\frac{1}{3}} \mu \end{aligned}\right\} \text{ für kleine } v, \text{ große } \mu$$

zwei Grenzgesetze, die auch durch die Erfahrung annähernd bestätigt sind.

34. Wert der Beweisführung aus den Dimensionen. Unser zweites Beispiel hat gezeigt, daß die Erfolge der Dimensionsmethode mit steigender Zahl der für ein Problem wesentlichen Größen zusammenschrumpfen. Nur dann, wenn nicht mehr als ein einziges Potenzprodukt gebildet werden kann, darf dieses gleich einer mathematischen Zahl gesetzt werden; bei zwei und mehr Potenzprodukten ist und bleibt eine Funktion Φ unbestimmt. In den komplizierteren Fällen macht außerdem das Erraten der wesentlichen Größen, zu denen auch universelle physikalische Konstanten — z. B. die Gaskonstante — gehören können, Schwierigkeiten; es darf ja keine einzige von ihnen weggelassen werden. Leitet man, wie es häufig geschieht, bereits bekannte Gesetze aus den Dimensionen ab, so setzt man sich natürlich dem Vorwurf aus, der glückliche Blick beim Erraten der in Betracht kommenden Größen beruhe darauf, daß das zu Beweisende bereits bekannt sei, und die ganze Scheinableitung sei nichts anderes als eine überflüssige Bestätigung des Satzes von den dimensionslosen Potenzprodukten, dessen Richtigkeit von niemand bezweifelt werde.

In der Tat sind nicht allzu häufig wichtigere neue Resultate nach der Dimensionsmethode aufgefunden worden. Daraus folgt aber nicht, daß sie wertlos sei; sie zählt im Gegenteil — richtig und bei der richtigen Gelegenheit angewendet — zu den wirksamsten Hilfsmitteln, die wir besitzen. Wenn von verschiedenen Seiten, z. B. von T. EHRENFEST[1]) und in neuester Zeit besonders lebhaft von NORMAN CAMPBELL[2]), behauptet worden ist, sie sei mangelhaft begründet, so gilt diese Kritik im Grunde nur dem Versuch, die in dem nächsten Abschnitte zu besprechenden Fourierschen sog. Dimensionsgleichungen zu ihrer Begründung heranzuziehen (vgl. Ziff. 38). Auch wir werden zu dem Ergebnis kommen, daß dieser Versuch keinen Erfolg haben kann. Die hier gegebene Darstellung ruht auf der sicheren Grundlage der Einheitengleichungen und wird daher durch die erwähnten Einwände nicht berührt.

c) Dimensionsgleichungen.

35. Definition. Mit dem System der Einheitengleichungen (8) sind unzählig viele Einheitenzusammenstellungen vereinbar, da die Umrechnungsfaktoren $\zeta_1 \ldots \zeta_r$ und außerdem die unabhängigen Einheiten $[x_1] \ldots [x_k]$ nach Belieben gewählt werden können. Betrachten wir nun zwei solche Einheitenzusammenstellungen. Die Einheiten und Zahlenwerte der ersten seien durch die Zeichen $[x]$ und $\{x\}$, die der zweiten durch die Zeichen $[x]'$ und $\{x\}'$ angedeutet. $\{x\}'/\{x\} = \xi$ heiße nach T. EHRENFEST der formelle Übergangs- oder Änderungsfaktor der Größe x. Dann ist natürlich für jede Größe x_i

$$x_i = \{x_i\}[x_i] = \{x_i\}'[x_i]' \quad \text{usw.},$$

und es gilt nach den Einheitengleichungen

$$\frac{\{x_{k+1}\}'}{\{x_{k+1}\}} = \frac{[x_{k+1}]}{[x_{k+1}]'} = \frac{\zeta_1}{\zeta_1'} \cdot \frac{[x_1]^{\alpha_{11}} \ldots [x_k]^{\alpha_{1k}}}{[x_1]'^{\alpha_{11}} \ldots [x_k]'^{\alpha_{1k}}} = \frac{\zeta_1}{\zeta_1'} \cdot \frac{\{x_1\}'^{\alpha_{11}} \ldots \{x_k\}'^{\alpha_{1k}}}{\{x_1\}^{\alpha_{11}} \ldots \{x_k\}^{\alpha_{1k}}} \quad \text{usw.}$$

Setzen wir also

$$\zeta_1 = \zeta_1', \quad \zeta_2 = \zeta_2' \quad \text{usw.}, \tag{10}$$

so folgt das System

$$\left.\begin{array}{l} \xi_{k+1} = \xi_1^{\alpha_{11}} \ldots \xi_k^{\alpha_{1k}} \\ \cdots\cdots\cdots \\ \xi_{k+r} = \xi_1^{\alpha_{r1}} \ldots \xi_k^{\alpha_{rk}} \end{array}\right\} \tag{11}$$

Man nennt es nach T. EHRENFEST das System der „Dimensionsgleichungen".

36. Der Fouriersche Dimensionsbegriff. Die Dimensionsgleichungen haben für die Dimensionstheorie hauptsächlich geschichtliche Bedeutung. Mit ihnen hängt der Dimensionsbegriff zusammen, wie ihn der Begründer der Dimensionstheorie, FOURIER[3]), in die Physik eingeführt hat. Wenn man z. B. sagt, die Geschwindigkeit habe hinsichtlich der Länge die Dimension 1, hinsichtlich der Zeit die Dimension -1, so soll das nach FOURIER nichts anderes heißen, als daß sich bei einer durch einen Einheitenwechsel hervorgerufenen Änderung der Zahlenwerte der Längen im Verhältnis λ und der Zeiten im Verhältnis τ die Zahlenwerte der Geschwindigkeit im Verhältnis

$$\psi = \lambda^1 \tau^{-1}$$

mitändern. Diese Gleichung für ψ ist aber offenbar nichts anderes als eine Dimensionsgleichung. Beispielsweise ist bei einem Übergang von Zentimeter und Sekunde auf Kilometer und Stunde $\lambda = 10^{-5}$, $\tau = \frac{1}{3{,}6} \cdot 10^{-3}$; nach FOURIER ist

---

[1]) T. EHRENFEST, Math. Ann. Bd. 77, S. 259. 1916 (§ 13); Math.-naturw. Blätter Bd. 2, S. 117. 1905; Phil. Mag. (7) Bd. 1, S. 257. 1926.

[2]) N. R. CAMPBELL, Phil. Mag. (5) Bd. 47, S. 481. 1924; Bd. 49, S. 284. 1925.

[3]) J. B. J. FOURIER, Théorie analytique de la chaleur. Breslau 1883. (Kap. 2, Abschn. IX, Ziff. 157—162.)

also in diesem Falle die Änderung des Zahlenwertes der Geschwindigkeit durch die Gleichung

$$\psi = \lambda^1 \tau^{-1} = 10^{-5} \cdot 3{,}6 \cdot 10^3 = 3{,}6 \cdot 10^{-2}$$

gegeben. Die FOURIERsche Dimensionsgleichung ist hiernach ein Hilfsmittel zur Erleichterung der Rechnung beim Einheitenwechsel.

37. Herleitung von Beziehungen aus den Dimensionsgleichungen. Die Dimensionsgleichungen können in einfachen Fällen wie die Einheitengleichungen zur Herleitung von Gleichungen verwendet werden. Die Gleichung des mathematischen Pendels z. B. ergibt sich aus der Dimensionsgleichung für den formellen Faktor der Beschleunigung

$$\gamma = \lambda \tau^{-2}$$

in der folgenden einfachen Weise[1]). Durch Überlegungen, die außerhalb des Rahmens der Dimensionsbetrachtungen liegen, seien wir zu der Überzeugung gekommen, daß die Schwingungsdauer des Pendels nur von seiner Länge und der Fallbeschleunigung abhängen kann:

$$T = f(l, g)\,.$$

Wir multiplizieren nun auf beiden Seiten mit $\sqrt{\frac{g}{l}}$:

$$\sqrt{\frac{g}{l}}\,T = \sqrt{\frac{g}{l}}\,f(l, g) = \varphi(l, g)$$

und denken uns dann zuerst bei festgehaltener Längeneinheit die Zeiteinheit geändert. Dadurch ändere sich die Maßzahl von T im Verhältnis τ. Dann bleibt die linke Seite nach der Dimensionsgleichung $\sqrt{\frac{\gamma}{\lambda}}\,\tau = 1$ ungeändert; die rechte Seite dagegen scheint sich zu ändern, weil der Zahlenwert von g von der Wahl der Zeiteinheit abhängt. Diese beiden Feststellungen sind nur miteinander vereinbar, wenn die Funktion φ die Fallbeschleunigung g überhaupt nicht enthält. Denken wir uns weiter die Längeneinheit geändert, so läßt sich in derselben Weise wie vorher ableiten, daß die Funktion φ auch von l unabhängig, also eine mathematische Zahl ist, wie es die Pendelgleichung behauptet.

38. Dimensionsgleichungen und Einheitengleichungen. Aus dem Vorstehenden geht hervor, daß die Dimensionsgleichungen ab und zu nützliche Dienste leisten können. Als ausreichende Grundlage für die Theorie der Dimensionen und Einheiten kann der FOURIERsche Dimensionsbegriff jedoch nicht angesehen werden. Denn wie unsere Ableitung in Ziff. 35 gezeigt hat, gelten die Dimensionsgleichungen nur dann, wenn bei dem betrachteten Einheitenwechsel alle Umrechnungsfaktoren ungeändert bleiben [Gleichung (10)]. Diese Annahme ist aber völlig willkürlich und widerspricht nicht nur dem Grundsatz, daß alle Einheiten nach Belieben gewählt werden können, sondern auch den tatsächlichen Gebräuchen. T. EHRENFEST[2]) hat wohl zuerst darauf hingewiesen, daß die Gewohnheit, den Winkel bald im „Bogenmaß", bald im „Gradmaß" zu messen, mit dem Bestehen von Dimensionsgleichungen unvereinbar ist, also mit der FOURIERschen Dimensionstheorie in Widerspruch steht. Denn nennen wir den formellen Faktor des Winkels ω, den des Bogens β, den des Halbmessers ϱ, so lauten die Dimensionsgleichungen $\beta = \varrho$ und $\omega = \beta/\varrho = 1$; die Winkeleinheit darf also nach dem System der Dimensionsgleichungen nicht geändert werden.

---

[1]) C. RUNGE, Phys. ZS. Bd. 17, S. 203. 1916.

[2]) T. EHRENFEST, Math. Ann. Bd. 77, S. 259. 1916 (§ 10).

T. EHRENFEST[1]) und später F. LONDON[2]) haben versucht, die Dimensionsgleichungen auf allgemeinere, ohne weiteres einleuchtende Prinzipien zurückzuführen. Aus ihren Ableitungen folgen aber unmittelbar nicht die Dimensionsgleichungen, sondern Gleichungen von der Form

$$\xi_{k+1} = C_1 \xi_1^{\alpha_{11}} \dots \xi_k^{\alpha_{1k}} \quad \text{usw.,}$$

in denen die Faktoren $C_1 \dots C_r$ die Konstanten einer logarithmischen Integration sind. Diese Gleichungen enthalten, da die C in keiner Weise bestimmt werden können, überhaupt keine Aussage mehr; ein bestimmter Sinn kann ihnen nur gegeben werden durch die willkürliche Annahme, daß alle C gleich 1 seien.

Auch die Einheitengleichungen enthalten unbestimmte Faktoren $\zeta_1 \dots \zeta_r$; sie sagen aber doch etwas Bestimmtes aus. Denn die ζ bedeuten quantitative, die $[x]$ qualitative Faktoren, wogegen in den Dimensionsgleichungen die C und die ξ reine Zahlen sind. Die Dimensionstheorie läßt sich nun einmal nicht auf rein quantitativen Aussagen aufbauen; dies ist auch der innere Grund, weshalb sie von den Größengleichungen ausgehen muß, in denen qualitative und quantitative Faktoren vereinigt sind.

d) Modellgleichungen.

39. Definition. Aus dem Satz von den dimensionslosen Potenzprodukten kann ein praktisch sehr wichtiger Schluß gezogen werden. Bei der experimentellen Untersuchung physikalischer oder technischer Zusammenhänge, für die eine Theorie noch nicht gefunden ist, muß man sich häufig aus äußeren Gründen mit Modellversuchen begnügen; dann ist die Frage zu beantworten, ob die rein empirisch für die verkleinerten (ab und zu auch vergrößerten) Modelle gefundenen Gesetzmäßigkeiten auch für ihre Urbilder Geltung haben. Nennen wir bei jeder einzelnen in Betracht kommenden Größe x das Verhältnis ihres Wertes bei der Nachbildung zu ihrem wahren Werte „ξ“, so steht nach dem Satz von den dimensionslosen Potenzprodukten fest, daß die unbekannte Gesetzmäßigkeit ungeändert bleibt, wenn die ξ wiederum ein Gleichungssystem von der Form

$$\left.\begin{array}{l} \xi_{k+1} = \xi_1^{\alpha_{11}} \dots \xi_k^{\alpha_{1k}} \\ \dots\dots\dots \\ \xi_{k+r} = \xi_1^{\alpha_{r1}} \dots \xi_k^{\alpha_{rk}} \end{array}\right\} \quad (12)$$

befriedigen, d. h. wenn alle dimensionsgleichen Größen in demselben Verhältnis geändert werden. Für die Faktoren ξ, die jetzt natürlich mit der Einheitenwahl nichts zu tun haben, hat T. EHRENFEST den Namen „materielle Faktoren“ eingeführt.

Man nennt zwei Systeme, von denen das eine durch die Transformation (12) in das andere übergeführt wird, „physikalisch ähnlich“; die geometrische und mechanische Ähnlichkeit sind offenbar besondere Fälle der physikalischen. Nach T. EHRENFEST heißen die Gleichungen (12) „Modellgleichungen“.

40. Theorie der Modelle. Die Modellgleichungen gehören zweifellos zu den fruchtbarsten Folgerungen, die man allein aus der Form der physikalischen Gleichungen ziehen kann[3]).

Wie man sie im einzelnen Falle anzuwenden hat, wollen wir etwas ausführlicher erläutern an dem Beispiel der Bestimmung des Widerstandes R, den

---

[1]) T. EHRENFEST, Math. Ann. Bd. 77, S. 259. 1916 (§ 2).
[2]) F. LONDON, Phys. ZS. Bd. 23, S. 262, 289. 1922 (§ 8).
[3]) H. v. HELMHOLTZ, Berl. Ber. 1873, S. 501 (Wiss. Abh. Bd. I, S. 158. 1882).

ein Schiff bei seiner Bewegung im Wasser erfährt, durch Modellversuche[1]). Man wird von vornherein annehmen dürfen, daß der gesuchte Widerstand R von den geometrischen Abmessungen des Schiffes $l_1, l_2, \ldots$, von den Dichten $D_1, D_2, \ldots$ des Wassers, des beim Schiffsbau benutzten Holzes usw., von der Fallbeschleunigung g und von der Schiffsgeschwindigkeit v abhängen wird. Nennen wir die diesen Größen entsprechenden materiellen Faktoren der Reihe nach ϱ, λ_1, $\lambda_2, \ldots, \delta_1, \delta_2, \ldots, \gamma$ und ψ, so läßt sich nach der Methode der Ziff. 33 leicht ableiten, daß Modellversuche dann dieselben Gesetzmäßigkeiten zeigen werden wie Versuche mit dem wirklichen Schiff, wenn die folgenden Modellgleichungen erfüllt sind

$$\lambda_1 = \lambda_2 = \cdots,$$

$$\delta_1 = \delta_2 = \cdots,$$

$$\psi^2 = \gamma\,\lambda_1,$$

$$\varrho = \delta_1\,\psi^2\,\lambda_1^2.$$

Die erste Gleichung drückt die Bedingung der geometrischen Ähnlichkeit aus. Die zweite ist praktisch nur dadurch erfüllbar, daß man alle δ gleich 1 setzt, also alle Dichten ungeändert läßt; denn die Dichten des Wassers und der Schiffsbaustoffe müssen natürlich als gegeben vorausgesetzt werden. Bei der dritten Gleichung ist zu beachten, daß γ nur gleich 1 gemacht werden kann; sie sagt also aus, daß wir

$$\psi = \sqrt{\lambda}$$

wählen müssen. Setzt man dies in die vierte Gleichung ein, so nimmt sie die Gestalt an:

$$\varrho = \lambda^3.$$

Macht man das Modell daher z. B. neunmal kleiner, so kann aus Versuchen mit ihm nur dann ein richtiger Schluß gezogen werden, wenn es mit dreimal geringerer Geschwindigkeit bewegt wird als das wirkliche Schiff; und der beobachtete Widerstand ist dann $9^3 = 729$mal kleiner als der wirkliche. Diese Feststellungen werden gewöhnlich als die „FROUDEsche Regel" bezeichnet.

Auch bei den Modellgleichungen besteht eine grundsätzliche Schwierigkeit darin, daß man zunächst bis zu einem gewissen Grade erraten muß, welche Größen bei dem betreffenden Versuche wesentlich sind. Wollte man alle Größen, auch die unwesentlichen, berücksichtigen, so könnte man die Modellgleichungen in den meisten Fällen überhaupt nicht erfüllen. Nähme man z. B. in unserem Beispiel an, auch die Reibung des Wassers mit dem materiellen Faktor μ sei wesentlich, so käme als weitere Modellgleichung die Gleichung

$$\varrho = \mu\,\psi\,\lambda = \mu\,\lambda^{\frac{3}{2}}$$

hinzu, die natürlich, da $\mu = 1$ gesetzt werden muß, mit der Bedingung $\varrho = \lambda^3$ nicht vereinbar ist.

41. Herleitung von Beziehungen aus den Modellgleichungen. Man hat auch die Modellgleichungen, also Ähnlichkeitsbetrachtungen, als Grundlage für die dimensionale Herleitung von Gleichungen benutzt. Auf den ersten Blick scheinen sie in der Tat den Dimensionsgleichungen in dieser Hinsicht überlegen zu sein. Denn während diese in jedem Falle willkürlich sind, folgt z. B. aus der Definitionsgleichung der Geschwindigkeit notwendig, daß deren materieller Faktor gleich dem Quotienten ist aus den materiellen Faktoren des zugehörigen Weges und der zugehörigen Zeit. Aus dem Bestehen solcher Beziehungen zwischen

[1]) Vgl. z. B. A. FÖPPL, Vorlesungen über technische Mechanik. 4. Aufl. Bd. IV, § 46. 1914.

den Änderungsfaktoren zusammengehöriger Größen darf aber natürlich nicht der völlig sinnlose Schluß gezogen werden, daß alle gleichdimensionierten Größen sich immer im gleichen Verhältnis ändern müßten. Was für physikalisch ähnliche Systeme gilt, gilt natürlich nicht allgemein; wenn bei ähnlichen Systemen z. B. die Winkel erhalten bleiben, so folgt daraus noch nicht, daß der materielle Faktor ω des Winkels allgemein gleich 1 sei. N. CAMPBELL[1]) hat daraus den Schluß gezogen, Dimensionsbetrachtungen seien immer nur dann einwandfrei, wenn dabei sorgfältigst geprüft werde, ob die betrachteten Systeme wirklich einander ähnlich sind. Nach unserer Auffassung geht diese Forderung viel zu weit; sie erfüllen heißt praktisch auf die Dimensionsmethode verzichten. Wir ziehen den viel näherliegenden Schluß, daß die Modellgleichungen so wenig wie die Dimensionsgleichungen die Grundlage für Dimensionsbetrachtungen bilden können; diese müssen immer auf den allein allgemeingültigen Einheitengleichungen und dem Satz von den dimensionslosen Potenzprodukten aufgebaut werden[2]).

C. Einheiten.

a) Die Festsetzung der Einheiten.

42. Größe, Zahlenwert und Einheit. An die Spitze der Lehre von den physikalischen Maßbestimmungen wird gewöhnlich der Satz gestellt: „Eine Größe messen heißt sie durch einen Zahlenwert darstellen, der angibt, wie oft in ihr die zugrunde gelegte Einheit enthalten ist.“ Dieser Satz bedarf[3]) bei „diskreten Mannigfaltigkeiten“ und bei stetigen Mannigfaltigkeiten „extensiver“ Größen kaum einer näheren Erläuterung. Es leuchtet unmittelbar ein, daß die Größen als Produkte aus einer „Einheit“, d. h. einer Größe derselben Art, und einem „Zahlenwert“, d. h. einer reinen Zahl, aufgefaßt werden dürfen:

$$\text{Größe} = \text{Zahlenwert} \cdot \text{Einheit}. \tag{13}$$

Bei den sog. „intensiven“ Größen, z. B. der Temperatur, liegen die Dinge nicht ganz so einfach. Eine Länge von 60 cm kann man sich leicht durch 60-maliges Aneinanderfügen einer Länge von 1 cm entstanden denken; denn dem naiven Verstande wenigstens bietet die Vorstellung, daß die 60. Teillänge mit der ersten identisch ist, keine Schwierigkeiten. Will man sich dagegen eine Temperaturdifferenz von 60° durch 60maliges Aneinanderfügen einer solchen von 1° entstanden denken, so tritt die Schwierigkeit auf, daß die einzelnen Teiltemperaturdifferenzen (z. B. die zwischen 59 und 60° und die zwischen 0 und 1°) nicht gleichwertig sind. Diese Schwierigkeit wird in der Physik immer dadurch aus der Welt geschafft, daß man die intensiven Größen „durch extensive mißt“, also z. B. die Temperatur durch die Länge eines Flüssigkeitsfadens oder durch die Höhe einer Flüssigkeitssäule. Von einer Maßbestimmung im engeren Sinne wollen wir überhaupt nur bei solchen Größen reden, deren Messung auf

---

[1]) NORMAN R. CAMPBELL, Physics, the Elements. S. 403ff. Cambridge 1920; Phil. Mag. (6), Bd. 47, S. 481. 1924; Bd. 49, S. 284. 1925; vgl. auch T. EHRENFEST, Phil. Mag. (7) Bd. 1, S. 257. 1926.

[2]) Ähnlichkeitsbetrachtungen besonderer Art rühren her von R. C. TOLMAN, Phys. Rev. (2) Bd. 3, S. 244. 1914; Bd. 6, S. 219. 1915; Bd. 8, S. 8. 1916. Sein „Principle of Similitude“ ist kritisiert worden von E. BUCKINGHAM, Phys. Rev. (2) Bd. 4, S. 345. 1914; T. EHRENFEST, ebenda Bd. 8, S. 1. 1916; P. W. BRIDGMAN, ebenda Bd. 8, S. 423. 1916; J. ISHIWARA, Sc. Reports Tôhoku Univ. Bd. 5, S. 33. 1916; P. STRANEO, Atti di Torino Bd. 60, S. 94. 1925; NORMAN R. CAMPBELL, Physics, the Elements. S. 418ff. Cambridge 1920; J. WALLOT, ZS. f. Phys. Bd. 10, S. 345ff. 1922; F. LONDON, Phys. ZS. Bd. 23, S. 262, 289. 1922.

[3]) F. LONDON, Phys. ZS. Bd. 23, S. 262, 289. 1922 (§ 3—7).

die Messung extensiver Größen zurückgeführt ist, so daß für sie die Grundgleichung (13) gilt. Die Angabe z. B. einer Windstärke in der sog. Beaufortschen Skala ist demnach für uns keine Maßbestimmung im eigentlichen Sinne.

43. Unabhängige Definition der Einheiten. Alle Einheiten können grundsätzlich völlig beliebig gewählt werden. Es gibt daher auch keine andern als konventionelle, vereinbarte Einheiten. Da sie aber Vergleichswerte sein sollen, die ein für allemal festgesetzt werden, müssen wir von ihnen jedenfalls fordern, daß sie vollkommen unveränderlich sind und mit den zu messenden Größen leicht verglichen werden können.

Man definiert die Einheiten unabhängig — und nur von ihrer unabhängigen Definition wollen wir vorläufig reden — entweder durch Urmaße oder durch Vorschriften. Die Urmaße stellt man entweder künstlich her, oder man sucht sie sich in der Natur, d. h. man wählt Naturkonstanten als Einheiten. Das in Sèvres aufbewahrte Urmeter kann z. B. als künstliches, die Wellenlänge einer bestimmten Spektrallinie als natürliches Urmaß zur Definition der Längeneinheit dienen. Durch eine Vorschrift würden wir die Längeneinheit definieren, wenn wir sie etwa gleich dem Abstand wählten, den zwei Elektronen voneinander haben müssen, wenn sie sich im leeren Raum mit einer bestimmten Kraft — z. B. 1 mdyn — abstoßen sollen.

Vielfach ist die Ansicht vertreten worden[1]), die verschiedenen Arten der Einheitendefinition seien grundsätzlich ungleichwertig, und die Meßtechnik müsse danach streben, die physikalischen Einheiten unter Ausschluß künstlicher Urmaße nur durch natürliche Urmaße und durch möglichst abstrakte und lediglich auf Naturkonstanten bezogene Vorschriften zu definieren. Die Vertreter dieser Ansicht berücksichtigen nicht hinreichend den Umstand, daß die Einheiten grundsätzlich mit der Natur überhaupt nichts zu tun haben, sondern Menschenwerk sind und bleiben. Ihr Wert sollte nicht nach ihrer Natürlichkeit, sondern nur nach ihrer Zweckmäßigkeit beurteilt werden. Ist ihre Größe eindeutig und unveränderlich festgelegt, kann man sie immer wieder mit Leichtigkeit herstellen oder auffinden und mit den zu messenden Größen bequem vergleichen, so sind die praktisch vollkommen. Bei künstlichen Urmaßen sind ja allerdings Veränderungen niemals völlig ausgeschlossen. Ernste Bedenken gegen ihre Verwendung lassen sich aber hieraus nicht herleiten, zumal da man in beliebiger Zahl genaue Abbilder von ihnen herstellen und sie immer wieder mit den universellen Naturkonstanten aufs sorgfältigste vergleichen kann.

44. Die absoluten Einheiten. Unter den Einheiten der Physik nehmen die sog. „absoluten" eine bevorzugte Stellung ein. Die allgemein und international angenommenen Definitionen der drei absoluten mechanischen Grundeinheiten der Länge, der Masse und der Zeit (Urmeter, Urkilogramm und Sekunde) entsprechen in der Tat in hohem Maße den Forderungen, die man an die Einheitendefinition stellen muß. Man sollte jedoch nicht übersehen, daß es auch nichtabsolute Einheiten gibt, für die dasselbe zutrifft. So z. B. sind die Krafteinheit „Kilogrammgewicht" und die Druckeinheit „Atmosphäre" ebenfalls völlig einwandfrei definierte Einheiten. Denn die Drucke, welche das Urkilogrammstück oder eine 0,76 Urmeter hohe Säule reinen Quecksilbers von der Temperatur 0° an einem Orte ausüben, wo die Fallbeschleunigung den Normalwert 9,80665 m/sec² hat, sind natürlich ebenso eindeutig bestimmt wie z. B. die Masse des Urkilogrammstücks. Die kleine Umrechnung, die notwendig wird, wenn am Orte der Messung die Fallbeschleunigung nicht den definitionsmäßigen Wert hat, spielt dieselbe Rolle wie etwa die Temperaturkorrektion beim Urmeter.

[1]) Vgl. F. E. Smith, Proc. Phys. Soc. Bd. 37, S. 101. 1925.

Wenn demnach die absoluten Einheiten der Länge, der Masse und der Zeit — und ebenso die der Temperatur — zu den bestdefinierten Einheiten gehören, so kann das Urteil über die Definition der absoluten Einheiten der Elektrizitätslehre nicht ebenso günstig ausfallen. Die sog. elektrostatische Einheit der Elektrizitätsmenge z. B. ist definiert als diejenige Ladung, welche die ihr gleiche im leeren Raum aus einem Abstand von 1 cm mit einer Kraft von 1 dyn abstößt. Diese Definition — die wir von unserem Standpunkte aus (Ziff. 23) als eine unabhängige auffassen müssen — ist natürlich eindeutig und bestimmt; es besteht aber kaum eine Meinungsverschiedenheit darüber, daß sie viel zu abstrakt ist. Deshalb hat man mit vollem Recht nicht sie, sondern die sog. praktische Einheit der Elektrizitätsmenge, das Coulomb, international eingeführt. Das Coulomb ist bekanntlich definiert als die Elektrizitätsmenge, die durch das nach bestimmter Vorschrift hergestellte und benutzte Silbervoltameter geflossen ist, wenn sich auf seiner Kathode 1,11 800 mg Silber ausgeschieden haben. Diese praktische Einheit ist wirklich, wie es von jeder Einheit gefordert werden muß, ein bequemer Vergleichswert, d. h. ein Wert, mit dem man die vorkommenden Elektrizitätsmengen leicht vergleichen kann.

Daß die absolute Einheit der Elektrizitätsmenge der praktischen „theoretisch" überlegen wäre, kann nicht zugegeben werden[1]). Theoretisch besteht der Unterschied der beiden Definitionen nur darin, daß die absolute auf dem COULOMBschen Kraftgesetz, die praktische auf den FARADAYschen Gesetzen der Elektrolyse beruht. In der absoluten Definition steckt als Naturkonstante demnach die universelle Dielektrizitätskonstante des leeren Raumes (vgl. Ziff. 49), in der praktischen das elektrochemische Äquivalent des Silbers, d. h. die ebenso universelle Elektronenladung, die LOSCHMIDTsche Zahl und das Äquivalentgewicht des Silbers. Daß die praktische Definition nicht auf eine „runde" Niederschlagsmenge (wie z. B. 1 mg), sondern auf die „unrunde" 1,11800 mg bezogen ist, rührt nur davon her, daß man zur Zeit der Festsetzung der internationalen Einheiten dem Coulomb (und ebenso den übrigen internationalen Einheiten) eine ganz bestimmte Größe geben wollte.

Zu dem entsprechenden Urteil führt ein Vergleich der absoluten elektromagnetischen Stromstärkeneinheit mit der praktischen. Die bei ihrer Definition benutzte Naturkonstante ist nach Ziff. 21 die Permeabilität des leeren Raumes.

Der innere Grund für die weitverbreitete Ansicht, daß die Definition der absoluten Einheiten wissenschaftlich höher stehe als die der praktischen, liegt darin, daß man irrigerweise glaubt, jene seien unmittelbar — ohne die Vermittlung einer Naturkonstanten — auf die Einheiten der Länge, Masse und Zeit bezogen. Die allmählich durchdringende Überzeugung, daß die Dielektrizitätskonstante und die Permeabilität des leeren Raumes den Charakter empirischer, meßbarer Konstanten haben, führt also mit Notwendigkeit zu einer Berichtigung des landläufigen Urteils über den Wert der absoluten Einheiten. Es liegt jedoch kein Grund vor, diese ganz zu verwerfen. Wo sie neben den praktischen Einheiten gebraucht werden, gebe man diesen den Vorzug; wo sie aber — wie bei den magnetischen Größen — fast allein üblich sind, da gebrauche man sie ruhig weiter.

45. Natürliche und Ureinheiten. Wenn hier der konventionelle Charakter jeder Einheitendefinition betont worden ist, so sollte damit nicht bestritten werden, daß es interessant und nützlich ist, sich die Frage vorzulegen, ob die Zahl der Konstanten, die wir für universell halten, ausreicht, um aus ihnen

---

[1]) Vgl. die sehr entschiedene Kritik von G. MIE, Lehrbuch der Elektrizität und des Magnetismus, IX. Stuttgart 1910.

Einheiten für alle physikalischen Größen zu bilden. Solche Einheiten wäre man offenbar berechtigt, in einem besonderen Sinne „natürliche", d. h. nur aus den allgemeinsten Naturkonstanten zusammengesetzte Einheiten zu nennen. Am bekanntesten ist das PLANCKsche System solcher natürlicher Einheiten[1]). Die unabhängig definierten Einheiten dieses Systems sind das Wirkungsquantum h, die molekulare Gaskonstante k, die Lichtgeschwindigkeit im leeren Raume c und die Gravitationskonstante Γ. Da nach den durch die Definition dieser Größen gegebenen Einheitengleichungen $\sqrt{\Gamma h/c^3}$ eine Länge, $\sqrt{ch/\Gamma}$ eine Masse, $\sqrt{\Gamma h/c^5}$ eine Zeit, $1/k\cdot\sqrt{c^5 h/\Gamma}$ eine Temperatur ist, so sind die Einheiten aller wichtigen physikalischen Größen, wenn man für die elektrischen etwa noch die universelle Dielektrizitätskonstante des leeren Raums hinzunimmt, auf universelle Konstanten zurückführbar. Solche Einheiten würden in der Tat, unabhängig von besonders hergestellten Urmaßen, ja sogar von besonderen Stoffen (z. B. H_2O oder Ag), „ihre Bedeutung für alle Zeiten und für alle, auch außerirdische und außermenschliche Kulturen notwendig behalten".

G. N. LEWIS und E. Q. ADAMS[2]) haben die Ansicht ausgesprochen, daß es möglich sei, „Ureinheiten" (ultimate rational units) zu finden, auf die bezogen alle universellen Konstanten einfache Zahlenwerte, z. B. den Wert 1, annähmen. Sie führen zwei angebliche Bestätigungen ihrer Ansicht an. Die eine betrifft die Konstante a des STEFANschen Strahlungsgesetzes, die andere eine (mit der NERNSTschen chemischen Konstante verwandte) Konstante C, mit deren Hilfe man die Gleichung für die molare Entropie eines einatomigen Gases in der Form $S = R\ln(CT^{\frac{3}{2}} m^{\frac{3}{2}} v)$ schreiben kann, wo R die molare Gaskonstante, T die absolute Temperatur, m die Masse und v das Volumen des Atoms bedeutet $[C = 0{,}927\cdot 10^{57}\,(\text{grad erg sec}^2)^{-\frac{3}{2}}]$. Beide Konstanten a und C nehmen sehr nahe den Zahlenwert 1 an, wenn man die Vakuumlichtgeschwindigkeit, die Vakuum-Dielektrizitätskonstante, die molekulare Gaskonstante und das 4πfache der Elektronenladung als Einheiten wählt. Die Längeneinheit kann offengelassen werden. So überraschend die Genauigkeit ist, mit der diese beiden Behauptungen stimmen, so können wir in ihr doch nicht mehr als ein Spiel des Zufalls sehen. Schon die Tatsache, daß bei der Elektrizitätsmengeneinheit die Kugeloberflächenkonstante 4π zugefügt werden muß, läßt den Wert der Ableitungen als sehr zweifelhaft erscheinen. Außerdem nimmt das Wirkungsquantum h, für das die Theorie doch wohl noch mehr als für die Konstanten a und C gelten sollte, bezogen auf die Ureinheiten, einen durchaus unrunden Zahlenwert an.

LEWIS und ADAMS haben ihre Theorie offenbar aufgestellt aus der Überzeugung heraus, daß in den allgemeinsten Gleichungen nur „einfache" mathematische Zahlen von der Größenordnung 1 vorkommen dürfen[3]). Dieser Gedanke ist an sich durchaus gesund; die Gleichungen können jedoch nach unserer Auffassung von ihren zufälligen Zahlenfaktoren nicht durch die Annahme von Ureinheiten, sondern nur dadurch befreit werden, daß man sie, wie wir es getan haben, als Größengleichungen schreibt und deutet. Sie sind dann von der Einheitenwahl unabhängig und enthalten tatsächlich nur „einfache" Zahlen von der Größenordnung 1.

46. Durch Einheitengleichungen definierte Einheiten. Wir haben bisher nur von der unabhängigen Festsetzung von Einheiten gesprochen. An sich könnte man für jede physikalische Größe eine oder mehrere Einheiten unabhängig

[1]) M. PLANCK, Vorlesungen über die Theorie der Wärmestrahlung, § 159. Leipzig 1906.

[2]) G. N. LEWIS u. E. Q. ADAMS, Phys. Rev. (2) Bd. 3, S. 92. 1914; G. N. LEWIS, Phil. Mag. (6) Bd. 45, S. 266. 1923; Bd. 49, S. 739. 1925; N. R. CAMPBELL, ebenda Bd. 47, S. 159. 1924; Bd. 49, S. 1075. 1925; O. J. LODGE, ebenda Bd. 49, S. 751. 1925.

[3]) Vgl. A. EINSTEIN, Ann. d. Phys. Bd. 35, S. 686. 1911.

festsetzen. Dies wäre jedoch für die Zahlenrechnung sehr unbequem. Denn jedesmal, wenn man für eine Größe eine Einheit unabhängig festsetzt, obgleich für Größen oder Potenzprodukte gleicher Dimension eine Einheit bereits festgesetzt ist, tritt nach den Gleichungen (8) ein empirischer Umrechnungsfaktor ζ auf, der dadurch ermittelt werden kann, daß man dieselbe Größe einmal in der neuen und einmal in der bereits festgesetzten Einheit mißt. Die so eingeführten empirischen Faktoren ζ sind natürlich unrund und von allen möglichen Größenordnungen; sie stören die Zahlenrechnungen in der empfindlichsten Weise. Mit fortschreitender Entwicklung der Meßtechnik hat man daher immer mehr Wert darauf gelegt, die Einheiten in Abhängigkeit von nur wenigen unabhängig definierten Einheiten unmittelbar durch Gleichungen — z. B. durch Einheitengleichungen mit runden Umrechnungsfaktoren — zu definieren.

47. Abgestimmte Einheiten. Das Ideale wäre es, nur so viele „Grundeinheiten" unabhängig festzusetzen, als durch die Einheitengleichungen unabhängig gelassen werden, die Einheiten für alle andern Größen dagegen durch Einheitengleichungen zu definieren, und zwar indem man deren Umrechnungsfaktoren durchweg gleich 1 setzt. So macht man es z. B. in der Mechanik, wenn man die Krafteinheit durch die „besondere Einheitengleichung" dyn $=$ g cm sec^{-2}, die Energieeinheit durch erg $=$ g cm^2 sec^{-2} definiert, oder in der Elektrizitätslehre, wenn man die Induktivitätseinheit durch Henry $= \Omega$ sec, die Kapazitätseinheit durch Farad $=$ sec$/\Omega$ definiert. Wir wollen Einheiten, die in dieser einfachsten denkbaren Weise aufeinander bezogen sind, „aufeinander abgestimmte" Einheiten nennen[1]).

Dividiert man in einer beliebigen physikalischen Gleichung, die ja immer auf die Form (9) gebracht werden kann, die Größen durch ihre Einheiten und ersetzt man dann die Quotienten „Größe"/„Einheit" durch die Zahlenwerte, so erkennt man, daß die Gleichung dann und nur dann unverändert auch für die Zahlenwerte gilt, wenn die Einheiten aufeinander abgestimmt sind. Die Verwendung abgestimmter Einheiten bringt also den großen praktischen Vorteil mit sich, daß man die Zahlenwerte unmittelbar in die Größengleichungen einsetzen darf.

48. Freie Wahl der Einheiten. Leider läßt sich der Gebrauch eines einzigen Systems abgestimmter Einheiten praktisch nicht durchsetzen. Auf die internationalen Einheiten der Elektrizitätslehre ist z. B. die Krafteinheit Joule/cm abgestimmt. Die Bautechniker sehen jedoch nicht ein, weshalb sie ihre Belastungen einem ausgeklügelten Einheitensystem zuliebe in dieser nach ihrer Auffassung elektrischen Einheit und nicht mehr in Kilogramm oder in Tonnen messen sollten, von deren Größe sie eine viel deutlichere Vorstellung haben.

Es kommt hinzu, daß es tatsächlich sehr bequem und für das Auswendigbehalten von Zahlenwerten sehr günstig ist, die Einheiten jedesmal von der Größenordnung der zugehörigen Größen zu wählen, so daß die Zahlenwerte in der Nähe der Zahl 1 liegen. Der Praktiker jedenfalls sträubt sich, bei Größen, mit denen er sich täglich zu beschäftigen hat, mit unvorstellbaren Zehnerpotenzen zu rechnen.

Deshalb ist — trotz allem berechtigten Streben nach Einheitlichkeit — der heutige Stand des Einheitengebrauchs der, daß es erheblich mehr unabhängig definierte Einheiten als wirklich unabhängige Einheiten gibt. So mißt man Geschwindigkeiten in cm/sec oder in km/h, aber auch, wenn es z. B. Elektronengeschwindigkeiten sind, in „Volt", Drucke in dyn/cm^2 und in Kilogrammgewicht/cm^2, aber auch in Atmosphären und mm Hg $=$ tor usw. Für den Experi-

---

1) J. WALLOT, Elektrot. ZS. Bd. 43, S. 1383. 1922 (Nr. 51).

mentator sind eben Geschwindigkeiten von so und so viel „Volt", Drucke von so und so viel mm Hg vorstellbarer, anschaulicher, also bequemer; und da auch die Abstimmung der Einheiten der Bequemlichkeit dienen soll, so wählt er unter den beiden Bequemlichkeiten die ihm wertvollere.

Durch die große Zahl der für die einzelnen Größen zur Verfügung stehenden Einheiten scheint das physikalische Zahlenrechnen sehr erschwert zu werden. Um zu zeigen, daß dies bei strenger Beachtung unserer allgemeinen Festsetzungen nicht richtig ist, geben wir im folgenden Anweisungen, aus denen hervorgeht, wie man bei beliebiger Einheitenwahl auf Grund der Größengleichungen die gesuchten Zahlenwerte mühelos und — was das wichtigere ist — sicher berechnen kann.

b) Das Rechnen mit Einheiten.

49. Unmittelbares Verfahren. Wir wollen das beim Rechnen mit beliebig zusammengestellten frei definierten Einheiten zu beobachtende Verfahren an einem einfachen Beispiel erläutern. In einem unendlich langen geradlinigen Draht fließe ein Strom I, der in jeder Sekunde 10^8 elektrostatische Elektrizitätsmengeneinheiten durch den Querschnitt befördert. Es werde gefragt nach der magnetischen Feldstärke $\mathfrak{H}$, bezogen auf praktische Einheiten, in einem Punkte, dessen senkrechter Abstand r von der Drahtachse 20 cm beträgt.

Die hier maßgebende Größengleichung lautet nach unseren Grunddefinitionen Ziff. 23

$$\mathfrak{H} = \frac{I}{2\pi r}. \tag{14}$$

Setzt man auf der rechten Seite für die Größen nach Gleichung (13) die Produkte aus den Zahlenwerten und den Einheiten und nennt man die elektrostatische Elektrizitätsmengeneinheit $[Q]_s$, so erhält man

$$\mathfrak{H} = \frac{10^8 [Q]_s/\mathrm{sec}}{2\pi \cdot 20\,\mathrm{cm}} = \frac{10^7}{4\pi} \cdot \frac{[Q]_s}{\mathrm{cm\,sec}}.$$

$10^7/4\pi$ ist hier als der Zahlenwert der magnetischen Feldstärke, $\frac{[Q]_s}{\mathrm{cm\,sec}}$ als ihre Einheit aufzufassen.

Die Aufgabe der Berechnung von $\mathfrak{H}$ ist damit gelöst; das Ergebnis ist aber noch nicht auf die gewünschte Einheit bezogen. Wir müssen deshalb nunmehr den Umrechnungsfaktor ermitteln, der die praktische Einheit von $\mathfrak{H}$ mit der Einheit $\frac{[Q]_s}{\mathrm{cm\,sec}}$ verbindet. $[Q]_s$ ist nach Ziff. 44 definiert als die Elektrizitätsmenge, die im leeren Raum eine ihr gleiche aus 1 cm Abstand mit einer Kraft von 1 dyn abstößt. Nach dem Coulombschen Gesetz

$$P = \frac{Q_1 Q_2}{\varepsilon\, 4\pi r^2} \tag{15}$$

ist also

$$\mathrm{dyn} = \frac{[Q]_s^2}{\varepsilon_0\, 4\pi\, \mathrm{cm}^2},$$

wo ε_0 den Wert der Dielektrizitätskonstante für den leeren Raum bedeutet. Damit wird

$$[Q]_s = \mathrm{cm}\sqrt{4\pi\,\varepsilon_0\,\mathrm{dyn}}. \tag{16}$$

Die hier vorkommende universelle Konstante ε_0 kann beispielsweise durch Messung der Ladung Q und der Spannung U eines Vakuum-Plattenkondensators von der Fläche F und dem Plattenabstand a nach der Größengleichung (vgl. Ziff. 24)

$$\varepsilon_0 = \frac{Qa}{UF}$$

bestimmt werden. Der Versuch ist oft ausgeführt worden und hat bezogen auf praktische Einheiten den Wert

$$\varepsilon_0 = 0{,}88552 \cdot 10^{-13} \frac{\text{Coul cm}}{\text{V cm}^2}$$

ergeben. Den Umrechnungsfaktor zwischen der in (16) vorkommenden Einheit dyn und der entsprechenden praktischen Einheit Coul V/cm findet man ebenfalls durch Messung[1]); und zwar hat sich ergeben

$$\text{dyn} = 0{,}99950 \cdot 10^{-7} \frac{\text{Coul V}}{\text{cm}}. \tag{17}$$

Damit wird

$$\varepsilon_0 \,\text{dyn} = 0{,}88508 \cdot 10^{-20} \frac{\text{Coul}^2}{\text{cm}^2}$$

und daher nach (16)

$$[Q]_s = 0{,}33350 \cdot 10^{-9} \text{ Coul.} \tag{18}$$

Wir erhalten somit für die gesuchte Feldstärke endgültig

$$\mathfrak{H} = \frac{10^7}{4\pi} \cdot \frac{0{,}33350 \cdot 10^{-9} \text{ Coul}}{\text{cm sec}} = 2{,}6539 \cdot 10^{-4} \frac{\text{A}}{\text{cm}}.$$

Das hier beobachtete, durchaus zwangsläufige Rechenverfahren führt ausnahmslos in jedem Falle zum Ziel. Die gesuchte Größe muß sich dabei immer in einer möglichen Einheit ergeben; darin liegt eine nützliche Probe auf die Richtigkeit der Rechnung. Eine Zusammenstellung der wichtigsten bei der Lösung derartiger Aufgaben nötigen Umrechnungsfaktoren findet man in der späteren Ziff. 59.

50. Auf besondere Einheiten zugeschnittene Größengleichungen. Hat man dieselbe Rechnung öfter auszuführen, so ist es praktisch, die Größengleichungen so umzuformen, daß in ihnen die „Zahlenwerte" stehen. So kann man in dem vorhergehenden Beispiel die Größengleichung (14) mit der besonderen Einheitengleichung (18) multiplizieren, Coul = A sec setzen und auf beiden Seiten den Faktor cm zufügen. Man erhält durch diese Umformungen die Gleichung

$$\frac{\mathfrak{H}}{\dfrac{\text{A}}{\text{cm}}} = 0{,}53078 \cdot 10^{-10} \cdot \frac{I}{\dfrac{[Q]_s}{\text{sec}}} \cdot \frac{1}{\dfrac{r}{\text{cm}}}. \tag{19}$$

Diese sagt aus, wie der Zahlenwert der magnetischen Feldstärke bezogen auf praktische Einheiten $\mathfrak{H}$ cm/A aus den Zahlenwerten der Stromstärke, bezogen auf die Stromstärke von einer statischen Ladungseinheit pro Sekunde, und des Abstandes, bezogen auf cm, berechnet werden kann. Erweist sich die hier besprochene Umformung als unmöglich, so kann man sicher sein, irgendwo einen Fehler gemacht zu haben.

---

[1]) E. Grüneisen u. E. Giebe, Ann. d. Phys. Bd. 63, S. 179. 1920; F. E. Smith, Phil. Trans. (A) Bd. 214, S. 27. 1914.

Grundsätzlich sollte in Büchern und Formelsammlungen außer der unerweiterten Größengleichung immer auch die auf übliche Einheiten zugeschnittene Größengleichung angegeben werden, z. B.

$$\mathfrak{H} = \frac{I}{2\pi r} = 0{,}53078 \cdot 10^{-10} \cdot \frac{I/[I]_s}{r/\mathrm{cm}} \frac{\mathrm{A}}{\mathrm{cm}}.$$

Denn solche Angaben sind völlig allgemein, d. h. von der Einheitenwahl unabhängig, und erlauben trotzdem sofort die Zahlenwerte einzusetzen.

51. Zahlenwertgleichungen. Setzt man fest, daß die Formelzeichen nicht — wie bisher immer — die Größen, sondern die Zahlenwerte bedeuten sollen, so kann man die zur Berechnung dienenden Gleichungen einfacher schreiben. Die Gleichung (19) z. B. nimmt dann die Form an

$$\mathfrak{H} = 0{,}53078 \cdot 10^{-10} \cdot \frac{I}{r}.$$

Wir nennen solche Gleichungen „Zahlenwertgleichungen". Sie sind nicht wie die Größengleichungen in sich verständlich, sondern erhalten erst durch zusätzliche Angaben über die für die einzelnen Größen zu benutzenden Einheiten eine bestimmte Bedeutung.

Die Gleichungen, die man in der physikalischen Literatur findet, sind in ihrer überwiegenden Mehrzahl Zahlenwertgleichungen. Der Grund hierfür liegt nicht darin, daß der Begriff der Größengleichung eine Schöpfung der neuesten Zeit wäre. Es ist vielmehr sehr wahrscheinlich, daß von jeher ein beträchtlicher Teil der Physiker[1]) die physikalischen Gleichungen als Aussagen über die Größen aufgefaßt hat, meist freilich, ohne sich dessen bewußt zu werden. In England z. B. scheint unter dem Namen des „STROUDschen Systems"[2]) — allerdings nur auf dem Gebiete der Mechanik — schon seit Jahrzehnten ein Rechenverfahren benutzt zu werden, das im Grunde mit dem Verfahren der Ziff. 49 übereinstimmt. Wenn die Zahlenwertgleichung die dem Physiker näherliegende Größengleichung trotzdem ziemlich weit hat zurückdrängen können, so liegt dies zum Teil an dem großen Einfluß, den die reine Mathematik von jeher auf die Physik ausgeübt hat. In der Hauptsache jedoch rührt die bevorzugte Stellung der Zahlenwertgleichung davon her, daß man noch heute sehr allgemein die Dielektrizitätskonstante und die Permeabilität als dimensionslos ansieht (vgl. die Ziff. 8 und 21), also zu den notwendigen Einheitengleichungen zwei willkürliche hinzunimmt, die sich nach der Gleichung für die Lichtgeschwindigkeit

$$c = \frac{1}{\sqrt{\varepsilon \mu}}$$

widersprechen. Das System der Größengleichungen hat natürlich nur dann die von uns hervorgehobenen Vorzüge, wenn es in sich widerspruchsfrei ist. Wer mit Größengleichungen nach den Ziff. 49 und 50 rechnen will, muß daher der Dielektrizitätskonstante und der Permeabilität ihre Dimensionen lassen; und da sich die meisten Physiker hierzu nicht verstehen wollen, sind sie gezwungen, Zahlenwertgleichungen zu verwenden.

52. Anwendungsgebiete der Zahlenwertgleichungen. Da wir von vornherein alle willkürlichen Einheitengleichungen vermieden haben, benutzen wir

---

[1]) S. z. B. M. GRÜBLER, ZS. der Ver. d. Ing. Bd. 38, S. 1482. 1894; L. ZEHNDER, Grundriß der Physik, 2. Aufl., Tübingen 1914 (Art. 7); F. F. MARTENS, Verh. d. D. Phys. Ges. Bd. 16, S. 97. 1914.

[2]) J. B. HENDERSON, Engineering Bd. 116, S. 409. 1923.

die Zahlenwertgleichungen nur dann, wenn sie besondere Vorteile bieten. Zu theoretischen Entwicklungen sollten sie, da ihnen immer eine besondere Einheitenwahl zugrunde liegt, niemals verwendet werden. Für praktische Zahlenrechnungen dagegen können sie sehr nützlich sein, besonders wenn man nach einer allgemeinen Gleichung eine größere Menge von Einzelwerten zu berechnen hat.

Wenig bekannt ist die Erleichterung, welche die Benutzung von Zahlenwertgleichungen mit sich bringen kann, wenn man die einzelnen Größen nicht auf die üblichen, sondern auf die dem Einzelfall am besten angepaßten Einheiten bezieht. So bezieht man bei Überschlagsrechnungen, wie sie z. B. bei der Planung von Versuchsanordnungen nötig werden, vorteilhaft alle Größen oder einen Teil von ihnen auf Werte, die leicht herstellbar oder leicht beschaffbar sind oder die man bei der betreffenden Messung erreichen will. Die Zahlenwertgleichung gibt dann sofort die leicht erzielbare Wirkung und erlaubt den Einfluß jeder Abweichung von diesem „Normalfall" unmittelbar zu überschlagen.

53. Spezifische Einheiten. Bei komplizierteren Größengleichungen, die sich als universelle Funktionen mehrerer dimensionsloser Potenzprodukte schreiben lassen [vgl. Gleichung (9)], kann man manchmal durch geschickte Wahl der Einheiten erreichen, daß die entstehende Zahlenwertgleichung universell gültig wird. Dazu ist nur nötig, daß sich die Potenzprodukte in die Form

$$\frac{x_1}{y_1^{\alpha_{11}} \ldots y_\nu^{\alpha_{1\nu}}}, \ldots, \frac{x_\mu}{y_1^{\alpha_{\mu 1}} \ldots y_\nu^{\alpha_{\mu\nu}}}$$

bringen lassen, wo die x irgendwelche Größen, die y aber gebietweise (oder zum Teil auch universell) konstante Größen bedeuten. Man braucht dann nur die Nenner

$$y_1^{\alpha_{11}} \ldots y_\nu^{\alpha_{1\nu}}, \ldots, y_1^{\alpha_{\mu 1}} \ldots y_\nu^{\alpha_{\mu\nu}}$$

für die betreffenden Gebiete als „spezifische" Einheiten zu wählen, um die Größengleichung durch die für alle Gebiete gleiche Zahlenwertgleichung

$$\Phi(x_1, \ldots, x_\mu) = 0$$

ersetzen zu können. So verfährt man bekanntlich bei der Formulierung des Gesetzes der übereinstimmenden Zustände, wo man Druck, Volumen und Temperatur auf die „kritischen" Werte des betreffenden „Gebiets", d. h. der betreffenden Substanz, bezieht. In der Kabeltheorie[1]) macht man ähnlich nützlichen Gebrauch von dem „Längenmaß", dem „Zeitmaß" und dem „Frequenzmaß", Begriffen, die ebenfalls als Zahlenwerte, bezogen auf spezifische, d. h. durch die Eigenschaften des gerade betrachteten Kabels selbst gegebene Werte gedeutet werden können.

Man nennt die auf spezifische Einheiten bezogenen allgemeinen Gleichungen meist „reduzierte" Gleichungen.

D. Maßsysteme.

a) Allgemeines.

54. Begriff und Zweck der Maßsysteme. Aus unseren Ausführungen in den vorhergehenden Abschnitten geht hervor, daß in den Zahlenwertgleichungen, wenn man die Einheiten ganz beliebig wählt, unrunde Zahlenfaktoren auftreten.

---

[1]) S. z. B. F. LÜSCHEN u. K. KÜPFMÜLLER, Wiss. Veröffentl. a. d. Siemens-Konz. Bd. 3, S. 109. 1923.

Verwendet man nun bei theoretischen Ableitungen nur Zahlenwertgleichungen — und die meisten tun dies ja auch heute noch immer —, so muß man selbstverständlich versuchen, diese lästigen Faktoren zum Verschwinden zu bringen. Man braucht zu diesem Zwecke nur erstens schon beim ersten Ansatz der Zahlenwertgleichungen alle unnötigen Faktoren wegzulassen und zweitens die Einheiten so zu wählen, daß die auf sie bezogenen Zahlenwerte ohne weiteres in die Zahlenwertgleichungen eingesetzt werden können. Von Einheiten, die dieser letzteren Bedingung genügen, wollen wir sagen, daß sie in bezug auf die angenommenen Zahlenwertgleichungen ein „Maßsystem" oder kürzer: ein „System" bilden.

Der Zweck der Maßsysteme ist hiernach der, die für die Rechnung bequemen Zahlenwertgleichungen auch für allgemeine theoretische Entwicklungen brauchbar zu machen.

55. Beispiele für die Definition von Systemeinheiten. Wir wollen an dem Beispiel der Elektrizitätsmengeneinheit zeigen, wie die soeben gegebene Begriffsbestimmung des „Systems" zur Definition von Einheiten führt. Das elektrostatische COULOMBsche Gesetz läßt sich als Zahlenwertgleichung am einfachsten in der Form

$$P = \frac{Q_1 Q_2}{\varepsilon r^2} \tag{20}$$

schreiben; gegenüber der Größengleichung (15) fehlt hier der Faktor 4π. Wir wählen nun als Einheit der Kraft das dyn, als Einheit der Dielektrizitätskonstante die des leeren Raumes ε_0, als Einheit des Abstandes r das cm und fragen nach der Einheit der Elektrizitätsmenge $[Q]$, die in bezug auf (20) mit dyn, ε_0 und cm ein System bildet. Unsere Definition des Systems ergibt mit der Abkürzung der Ziff. 26

$$\{P\} = \frac{\{Q_1\}\{Q_2\}}{\{\varepsilon\}\{r\}^2} \tag{21}$$

oder in der Schreibweise der zugeschnittenen Größengleichungen

$$\frac{P}{\text{dyn}} = \frac{Q_1 Q_2}{[Q]^2 \frac{\varepsilon}{\varepsilon_0}\left(\frac{r}{\text{cm}}\right)^2}.$$

Nun gilt aber immer die Größengleichung (15)

$$P = \frac{Q_1 Q_2}{\varepsilon\, 4\pi r^2};$$

also ist

$$[Q]^2 = 4\pi\,\varepsilon_0\,\text{cm}^2\,\text{dyn}. \tag{22}$$

Durch Vergleich mit (16) erkennen wir, daß die aus der Systemforderung folgende Einheit die bereits früher eingeführte „elektrostatische" Einheit $[Q]_s$ ist, daß diese also mit dyn, ε_0 und cm in bezug auf die Form (20) ein System bildet. In der Tat ist ja nach (20) der Zahlenwert derjenigen Elektrizitätsmenge gleich 1, welche die ihr gleiche in einem Medium der Dielektrizitätskonstante 1 aus dem Abstand 1 mit der Kraft 1 abstößt.

Man kann das COULOMBsche Gesetz als Zahlenwertgleichung auch in der etwas komplizierteren Form

$$P = \frac{Q_1 Q_2}{\varepsilon\, 4\pi r^2} \tag{23}$$

schreiben. In bezug auf diese [mit der Größengleichung (15) äußerlich übereinstimmende] Gleichung bilden die Einheiten dyn, ε_0, cm, $[Q]_s$ kein System mehr, wohl aber die Einheiten dyn, ε_0, cm, $[Q]_{sr} = \frac{[Q]_s}{\sqrt{4\pi}}$. Denn nun führt die Systemforderung auf die zugeschnittene Größengleichung

$$\frac{P}{\text{dyn}} = \frac{Q_1 Q_2}{[Q]^2 \frac{\varepsilon}{\varepsilon_0} 4\pi \left(\frac{r}{\text{cm}}\right)^2},$$

also nach (16) auf

$$[Q]^2 = \varepsilon_0 \, \text{cm}^2 \, \text{dyn} = \left(\frac{[Q]_s}{\sqrt{4\pi}}\right)^2.$$

Die so definierte Einheit $[Q]_{sr}$ heißt „rationale" elektrostatische Einheit. Sie ist, wie man sieht, noch etwas kleiner als die „gebräuchliche" elektrostatische Einheit $[Q]_s$. Das Letztere kann man übrigens auch aus der Gleichung (23) erkennen; denn nach dieser ist $[Q]_{sr}$ die Elektrizitätsmenge, welche die ihr gleiche in einem Mittel von der Dielektrizitätskonstante 1 aus dem Abstande 1 mit der Kraft $\frac{1}{4\pi}$ abstößt.

Wir kehren zu der einfacheren Gleichungsform (20) zurück und wählen jetzt als Einheit der Kraft und der Länge wieder das dyn und das cm, als weitere Einheiten jedoch die Permeabilität des leeren Raumes μ_0 und die Sekunde. Die Einheit der Dielektrizitätskonstante $[\varepsilon]_m$, die mit diesen Einheiten ein System bildet, finden wir mit Hilfe der Größengleichung für die Geschwindigkeit des Lichts im leeren Raum

$$c = \frac{1}{\sqrt{\varepsilon_0 \mu_0}}. \tag{24}$$

Die zugehörige Zahlenwertgleichung schreiben wir wie üblich in derselben Form; dividieren wir wieder die Größengleichung und die zugeschnittene Größengleichung durcheinander, so finden wir als Gleichung zur Berechnung der gesuchten Systemeinheit

$$\frac{\text{cm}}{\text{sec}} = \frac{1}{\sqrt{[\varepsilon]_m \mu_0}} = c\sqrt{\frac{\varepsilon_0}{[\varepsilon]_m}}$$

oder, da erfahrungsgemäß $c = 2{,}9985 \cdot 10^{10}$ cm/sec ist,

$$\frac{\text{cm}}{\text{sec}} = 2{,}9985 \cdot 10^{10} \frac{\text{cm}}{\text{sec}} \sqrt{\frac{\varepsilon_0}{[\varepsilon]_m}},$$

also

$$[\varepsilon]_m = (2{,}9985)^2 \cdot 10^{20} \varepsilon_0. \tag{25}$$

Die Einheit der Elektrizitätsmenge $[Q]_m$, welche mit dyn, cm und der so gefundenen Einheit $[\varepsilon]_m$ bezogen auf (20) ein System bildet, ergibt sich nunmehr am einfachsten aus (22) dadurch, daß wir ε_0 durch $(2{,}9985)^2 \cdot 10^{20} \varepsilon_0$ ersetzen

$$[Q]_m = 2{,}9985 \cdot 10^{10} [Q]_s. \tag{26}$$

Wir nennen sie die „elektromagnetische" Einheit.

In bezug auf die etwas kompliziertere Gleichung (23) bildet wieder eine $\sqrt{4\pi}$ mal kleinere Einheit mit dyn, cm, $[\varepsilon]_m$ ein System; wir nennen sie die „rationale" elektromagnetische Einheit der Elektrizitätsmenge.

56. Grund- und abgeleitete Einheiten. In dieser Weise kann man für sämtliche Zahlenwertgleichungen der Physik zuerst die Form festlegen und dann Einheiten wählen, die in bezug auf diese Form ein System bilden. Eine kleine Zahl dieser Einheiten ist willkürlich wählbar; wir nennen sie „Grundeinheiten". Die übrigen „abgeleiteten" Einheiten folgen dann aus der Systemforderung mit Notwendigkeit. Wie früher ausführlich erörtert, sind in der Mechanik drei Einheiten willkürlich wählbar; zu diesen kommt in der Wärmelehre und in der Elektrizitätslehre je eine weitere Grundeinheit hinzu.

b) Die reinen Systeme.

57. Wahl der Gleichungsform. Nach Ziff. 54 hat die Einführung von Maßsystemen nur dann Zweck, wenn man sie auf möglichst einfache Zahlenwertgleichungen bezieht. Nun ist es natürlich nicht möglich, sämtliche Zahlenfaktoren zum Verschwinden zu bringen; es besteht also noch ein gewisser Spielraum für die Wahl der Gleichungsform. In der Mechanik schreibt man die Zahlenwertgleichungen, auf die man die Maßsysteme bezieht, durchweg in der Form, in der wir auch die Größengleichungen geschrieben haben. In der Elektrizitätslehre dagegen hat man auch heutzutage noch zwei wichtige Formen zu unterscheiden, nämlich die „rationale", die mit der der Größengleichungen übereinstimmt, und die „gebräuchliche", bei der der Faktor 4π in den COULOMBschen und im BIOT-SAVARTschen Gesetz fehlt und dafür in den Definitionsgleichungen (vgl. Ziff. 23) für die elektrische Verschiebung, die magnetische Feldstärke, die Energie und den Strahlungsvektor auftritt. Auf der rationalen Form beruht z. B. das sog. LORENTZsche (gemischte) absolute System (vgl. Ziff. 62), auf der gebräuchlichen das absolute System von HELMHOLTZ und HERTZ. Geschichtliche Bedeutung hat noch eine dritte Form, die zu dem sog. „MAXWELLschen" System führt. Sie unterscheidet sich von der gebräuchlichen nur durch abweichende Definition der Dielektrizitätskonstante; und zwar setzt MAXWELL

$$Q = \int \mathfrak{D}_n \, dF \quad \text{und} \quad \mathfrak{D} = \frac{\varepsilon}{4\pi} \mathfrak{E}.$$

Wir berücksichtigen diese dritte Form im folgenden überhaupt nicht, da sie in Deutschland nur noch selten verwendet wird.

58. Wahl der Grundeinheiten. Zur Aufstellung von Maßsystemen hat man in Deutschland in der Hauptsache — von abweichenden bloßen Vorschlägen müssen wir absehen — nur vier Gruppen von Grundeinheiten benutzt. Um sie scharf und doch kurz angeben zu können, bezeichnen wir mit $kg^{\dagger}$ die Masse des in Sèvres aufbewahrten Urkilogrammstückes, mit kg^{*} die Kraft, mit der es an einem Orte, wo die Fallbeschleunigung gleich 980,665 cm/sec^2 ist, auf seine Unterlage drückt. Dann haben wir die folgenden Gruppen zu unterscheiden:

$\left\{\begin{matrix}1.\\2.\end{matrix}\right\}$ Die Einheiten cm, $g^{\dagger}$, sec, $\left\{\begin{matrix}\varepsilon_0\\\mu_0\end{matrix}\right\}$, Grad ergeben, bezogen auf die gebräuchliche Form der Gleichungen, das System der gebräuchlichen elektro$\left\{\begin{matrix}\text{statischen}\\\text{magnetischen}\end{matrix}\right\}$ CGS-Einheiten, bezogen auf die rationale Form das System der rationalen elektro$\left\{\begin{matrix}\text{statischen}\\\text{magnetischen}\end{matrix}\right\}$ CGS-Einheiten.

Die gebräuchlichen elektrostatischen und elektromagnetischen Einheiten sind die „absoluten" Einheiten, von denen in Ziff. 44 die Rede war; in der

Mechanik und in der Wärmelehre läßt man die unterscheidenden Zusätze „elektrostatisch" und „elektromagnetisch" natürlich als unnötig weg[1]).

3. Die Einheiten m, kg*, sec ergeben für die Mechanik, bezogen auf die dort übliche Form der Zahlenwertgleichungen, das „technische Maßsystem".

4. Die Einheiten cm, sec, A, Ω ergeben, bezogen auf die rationale Form der Gleichungen, das System der „praktischen" Einheiten der Elektrizitätslehre.

59. Zusammenstellung der Systemeinheiten. Durch die vorstehenden Angaben sind alle Einheiten der absoluten, des technischen und des praktischen Systems eindeutig festgelegt. Wie man ihr gegenseitiges Verhältnis berechnen kann, ist in den Beispielen der Ziff. 55 gezeigt worden. Wir stellen jetzt das Ergebnis einer solchen Berechnung zusammen. Bezeichnen wir wie bisher die gebräuchlichen absoluten Einheiten durch die Indizes a, s und m, die rationalen durch den Zusatzindex r, ferner die technischen Einheiten durch den Index t, die praktischen durch den Index p, so gelten die folgenden „besonderen Einheitengleichungen" (E bedeutet „Einheit"):

Kraft	$E_a = 1{,}01972 \cdot 10^{-6} E_t = 0{,}99950 \cdot 10^{-7} E_p$.
Masse, Energie	$E_a = 1{,}01972 \cdot 10^{-4} E_t = 0{,}99950 \cdot 10^{-7} E_p$.
Elektrizitätsmenge, Stromstärke	$E_s = 0{,}33350 \cdot 10^{-10} E_m = 0{,}33350 \cdot 10^{-9} E_p$ $= 3{,}5449 E_{sr} = 1{,}18223 \cdot 10^{-10} E_{mr}$.
Spannung, elektr. Feldstärke; magn. Induktion, magn. Induktionsfluß	$E_s \doteq 2{,}9985 \cdot 10^{10} E_m = 2{,}9970 \cdot 10^{2} E_p$ $= 0{,}28209 E_{sr} = 0{,}84586 \cdot 10^{10} E_{mr}$.
Dielektrizitätskonstante	$E_s = 1{,}11222 \cdot 10^{-21} E_m = 0{,}88552 \cdot 10^{-13} E_p$. $= E_{sr} = 1{,}11222 \cdot 10^{-21} E_{mr}$.
Permeabilität	$E_s = 0{,}89910 \cdot 10^{21} E_m = 1{,}12928 \cdot 10^{13} E_p$ $= E_{sr} = 0{,}89910 \cdot 10^{21} E_{mr}$.
Elektr. Verschiebung; magn. Feldstärke	$E_s = 0{,}33350 \cdot 10^{-10} E_m = 0{,}26539 \cdot 10^{-10} E_p$ $= 0{,}28209 E_{sr} = 0{,}94079 \cdot 10^{-11} E_{mr}$.
Widerstand, spez. Widerstand, Induktivität	$E_s = 0{,}89910 \cdot 10^{21} E_m = 0{,}89865 \cdot 10^{12} E_p$ $= 0{,}079577 E_{sr} = 0{,}71548 \cdot 10^{20} E_{mr}$.
Leitvermögen, Kapazität	$E_s = 1{,}11222 \cdot 10^{-21} E_m = 1{,}11278 \cdot 10^{-12} E_p$ $= 12{,}5664 E_{sr} = 1{,}39766 \cdot 10^{-20} E_{mr}$.
Polstärke, Magnetisierung	$E_s = 2{,}9985 \cdot 10^{10} E_m = 3{,}7661 \cdot 10^{3} E_p$ $= 3{,}5449 E_{sr} = 1{,}06294 \cdot 10^{11} E_{mr}$.
Suszeptibilität	$E_s = 0{,}89910 \cdot 10^{21} E_m = 1{,}41909 \cdot 10^{14} E_p$ $= 12{,}5664 E_{sr} = 1{,}12984 \cdot 10^{22} E_{mr}$.

Der Vollständigkeit halber fügen wir noch die Definitionen

$$\mu = \text{mikro} = 10^{-6},$$
$$\text{m} = \text{milli} = 10^{-3},$$
$$\text{k} = \text{kilo} = 10^{3},$$
$$\text{M} = \text{Mega} = 10^{6}$$

[1]) In Frankreich ist durch Gesetz vom 2. April 1919 für die Industrie neben den absoluten Systemen das m-t*-sec-System eingeführt worden (K. STRECKER, Elektrot. ZS. Bd. 41, S. 980. 1920).

und die Umrechnungsfaktoren einer Reihe weiterer unabhängig definierter Einheiten zu:

$$\begin{aligned}
&\text{Winkelgrad} = 0{,}0174533,\\
&\text{Liter}^{1)} = 1{,}000027\ \mathrm{cm}^3,\\
&\text{Atm.} = 1{,}03323\ \mathrm{at} = 1{,}01325\ \mathrm{Mdyn/cm^2} = 760\ \mathrm{tor},\\
&\mathrm{cal}_{15^0} = 4{,}1842\ \mathrm{J}^{2)},\\
&\mathrm{PS} = 75\,\frac{\mathrm{mkg}^*}{\mathrm{sec}} = 735{,}13\ \mathrm{Watt}.
\end{aligned}$$

Im vorstehenden ist das Material an Zahlenfaktoren vereinigt, das bei Umrechnungen von einer Einheit auf eine andere nach den Methoden der Ziff. 49ff. notwendig werden kann[3]).

60. Systemeinheiten und abgestimmte Einheiten. Wir haben in Ziff. 47 gefunden, daß „abgestimmte" Einheiten in die Größengleichungen unmittelbar eingesetzt werden dürfen. Daraus folgt, daß Systemeinheiten, wenn die ihnen zugrunde gelegte Form der Zahlenwertgleichungen von der der Größengleichungen abweicht, nicht zugleich auch „aufeinander abgestimmte Einheiten" sind. In den „gebräuchlichen" Systemen sind daher die Einheiten der Dielektrizitätskonstante, der Permeabilität, der magnetischen Feldstärke und außerdem der Magnetisierung und der Suszeptibilität nicht abgestimmt auf die Einheiten der übrigen Größen, und zwar bestehen für beide Systeme die folgenden Beziehungen (C = Kapazität, L = Induktivität, U = Spannung, $\mathfrak{J}$ = Magnetisierung, $\varkappa$ = Suszeptibilität):

$$\left.\begin{aligned}
[\varepsilon] &= \frac{1}{4\pi}\,\frac{[C]}{\mathrm{cm}},\\
[\mu] &= 4\pi\,\frac{[L]}{\mathrm{cm}},\\
[\mathfrak{H}] &= \frac{1}{4\pi}\,\frac{[I]}{\mathrm{cm}},\\
[\mathfrak{J}] &= 4\pi\,\frac{[U]\,\mathrm{sec}}{\mathrm{cm}^2},\\
[\varkappa] &= (4\pi)^2\,\frac{[L]}{\mathrm{cm}}.
\end{aligned}\right\} \qquad (27)$$

Die Richtigkeit dieser Beziehungen kann man leicht an Hand der Zahlen in Ziff. (59) bestätigen. Dabei hat man zu berücksichtigen, daß die praktischen und die rationalen Einheiten in sich abgestimmt sind.

Manche Forscher, z. B. E. Cohn[4]) und F. Emde[5]), bezeichnen bei den soeben genannten Größen nicht die Systemeinheiten, sondern die abgestimmten Einheiten als „absolute Einheiten". Damit setzen sie sich aber nach unserer Ansicht zu dem allgemeinen Sprachgebrauch in Widerspruch. Man betrachte z. B. die „elektromagnetische" oder „magnetische" Einheit der magnetischen Feldstärke. Allgemein versteht man darunter diejenige Feldstärke, welche ein

---

1) Liter = Volumen von 1 g† H_2O bei 4°.

2) W. Jaeger u. H. v. Steinwehr, Verh. d. D. Phys. Ges. Bd. 21, S. 25. 1919.

3) Bequemer angeordnete Zusammenstellungen bei J. Wallot, Elektrot. ZS. Bd. 43, S. 1384 u. 1385. 1922.

4) E. Cohn, Das elektromagnetische Feld. Leipzig 1900.

5) F. Emde, Handw.-Buch der Naturwissenschaften Bd. III, S. 265. Jena 1912.

langer gerader Strom von einer halben elektromagnetischen Einheit in 1 cm Abstand erzeugt. Es muß also nach der Größengleichung

$$\mathfrak{H} = \frac{I}{2\pi r}$$

die Beziehung

$$[\mathfrak{H}]_m = \frac{\frac{1}{2}[I]_m}{2\pi\,\mathrm{cm}}$$

gelten; das stimmt aber überein mit der 3. Gleichung (27) und den Angaben in Ziff. 59. Wer daher Wert darauf legt, daß alle Systemeinheiten auch aufeinander abgestimmt sind, muß für seine Einheiten einen neuen Namen suchen; die „gebräuchlichen" sind es nicht.

61. Aufstellung weiterer Systeme mit Hilfe der Dimensionsgleichungen. Wir haben in Ziff. 58 sechs Maßsysteme auf nur zwei Gleichungsformen bezogen. Allgemein sind mit jeder gegebenen Gleichungsform mehrfach unendlich viele Maßsysteme vereinbar. Hat man eines von ihnen gefunden, so erhält man nach dem Satz von den dimensionslosen Potenzprodukten durch jeden Einheitenwechsel, der den Dimensionsgleichungen (11) genügt, eine neue Einheitenzusammenstellung, die ebenfalls in bezug auf die gegebene Gleichungsform ein System bildet. So bilden in bezug auf das OHMsche Gesetz in der Form $E = IR$ die Einheiten Volt, Amp, Ω ein System; da aber die zugehörige Dimensionsgleichung $\eta = \iota\varrho$ lautet, kann man in das OHMsche Gesetz auch Zahlenwerte einsetzen, die auf die Einheiten

$$\mathrm{kV,\ mA,\ M\Omega} \qquad (\eta = 10^3,\ \iota = 10^{-3},\ \varrho = 10^6),$$

oder

$$\mathrm{V,\ kA,\ m\Omega} \qquad (\eta = 1,\ \iota = 10^3,\ \varrho = 10^{-3})$$

bezogen sind. T. EHRENFEST[1]) drückt diesen Tatbestand in der folgenden Form aus: Die physikalischen Gleichungen sind „bedingt homogen" in bezug auf die Dimensionsgleichungen.

Weicht man von den normalen Dimensionsgleichungen (11) ab, d. h. wechselt man die Einheiten beliebig, so gelten die Zahlenwertgleichungen in ihrer ursprünglich angenommenen Form nicht mehr. Man kann dann aber durch Zufügung besonderer Faktoren, die man „formelle Variable" oder „Ausgleichsfaktoren" genannt hat, die Gleichungen der neuen Einheitenwahl anpassen.

c) Systemmischungen.

62. Das Webersche, Gausssche und elektrotechnische System als gemischte Systeme. Von der am Schluß der Ziff. 61 erwähnten Möglichkeit macht man bei den „gemischten" Systemen Gebrauch. Wie schon bemerkt, besteht eine gewisse Abneigung, Größen aus einem Gebiete der Physik auf Einheiten zu beziehen, die auf einem andern Gebiete definiert sind. Insbesondere sträubt man sich, rein elektrische Größen, wie die elektrische Verschiebung, in „elektromagnetischen", rein magnetische Größen, wie die magnetische Induktion, in „elektrostatischen" Einheiten zu messen. Nun liegen aber, wenn die Form der Zahlenwertgleichungen und die vier Grundeinheiten z. B. eines elektrischen Maßsystems gewählt sind, nach dem System der Einheitengleichungen (8) alle abgeleiteten Einheiten fest. Man kann daher in einer und derselben Gleichung nur dann die Einheiten verschiedener reiner Maßsysteme gleichzeitig ver-

[1]) T. EHRENFEST, Math. Ann. Bd. 77, S. 259. 1916.

wenden, wenn man Ausgleichsfaktoren zufügt. Die so entstehenden Systeme nennen wir „gemischte Systeme" oder „Systemmischungen".

Praktisch werden in der Physik fast nur gemischte Systeme benutzt. Wir erwähnen zunächst die drei wichtigsten gemischten Systeme der Elektrizitätslehre[1]:

1. Das WEBERsche: Alle Größen werden auf gebräuchliche elektromagnetische Einheiten bezogen, nur die Dielektrizitätskonstante auf gebräuchliche elektrostatische. Gleichungen, in denen die Dielektrizitätskonstante vorkommt, erhalten einen Ausgleichsfaktor.

2. Das GAUSSsche: Alle elektrischen Größen werden auf gebräuchliche elektrostatische, alle magnetischen auf gebräuchliche elektromagnetische Einheiten bezogen. Zu den magnetischen Größen zählen Feldstärke, Induktion, Fluß, Magnetisierung, Permeabilität, Suszeptibilität, Induktivität. Alle Gleichungen, in denen elektrische und magnetische Größen zugleich vorkommen, erhalten einen Ausgleichsfaktor.

Das „LORENTZsche" System entspricht dem GAUSSschen; nur liegt ihm die rationale Gleichungsform zugrunde.

3. Das elektrotechnische: Alle elektrischen Größen und die Induktivität werden auf praktische, die übrigen unter 2. genannten magnetischen Größen auf gebräuchliche elektromagnetische, endlich die Dielektrizitätskonstante auf die gebräuchliche elektrostatische Einheit bezogen. Alle Gleichungen, welche Größen aus mehr als einer dieser drei Gruppen enthalten, müssen mit einem Ausgleichsfaktor versehen werden.

63. Berechnung der Ausgleichsfaktoren. Das Verfahren, nach dem die in einer Gleichung zuzufügenden Ausgleichsfaktoren bestimmt werden können, ergibt sich wieder aus unsern Festsetzungen von selbst. Wir erläutern es durch ein Beispiel, indem wir berechnen, wie die Formel für die Eigenschwingungsdauer T eines aus Induktivität L und Kapazität C bestehenden Stromkreises im GAUSSschen und im elektrotechnischen System zu schreiben ist. Die Größengleichung lautet

$$T = 2\pi \sqrt{LC}\,.$$

Dividiert man sie durch die nach den Angaben der Ziff. 59 sofort ableitbaren Identitäten

$$\sec = 2{,}9985 \cdot 10^{10} \sqrt{[L]_m [C]_s}\,,$$

$$\sec = \sqrt{\mathrm{HF}}\,,$$

so erhält man mit der Abkürzung

$$c = 2{,}9985 \cdot 10^{10} \frac{\mathrm{cm}}{\sec}$$

über die zugeschnittenen Größengleichungen

$$\frac{T}{\sec} = \frac{2\pi}{2{,}9985} 10^{-10} \sqrt{\frac{L}{[L]_m} \frac{C}{[C]_s}} = \frac{2\pi\,\mathrm{cm}}{c \sec} \sqrt{\frac{L}{[L]_m} \cdot \frac{C}{[C]_s}}$$

und

$$\frac{T}{\sec} = 2\pi \sqrt{\frac{L}{\mathrm{H}} \frac{C}{\mathrm{F}}}$$

die gesuchten Zahlenwertgleichungen

$$T = \frac{2\pi}{c} \sqrt{LC} \qquad (28)$$

und

$$T = 2\pi \sqrt{LC}\,. \qquad (29)$$

[1]) Vgl. H. A. LORENTZ, Enzykl. d. math. Wiss. V, 13, Nr. 7, S. 83. 1904.

Der hier verfolgte Weg ist natürlich auch in der umgekehrten Richtung — also zur Bestimmung der Größengleichung aus der gegebenen Zahlenwertgleichung — mit derselben Sicherheit gangbar.

64. Die Bedeutung der Lichtgeschwindigkeit für die absoluten Systeme. Bei unserm letzten Beispiel ist nur ein Ausgleichsfaktor aufgetreten [beim GAUSSschen System Gleichung (28)]; und zwar war er gleich dem Zahlenwert der Vakuumlichtgeschwindigkeit, bezogen auf absolute *CGS*-Einheiten. Daß er gerade diesen universellen Wert hat, rührt daher, daß in den beiden Systemen, aus denen das GAUSSsche gemischt ist, die universellen Konstanten ε_0 und μ_0 die Rolle von Grundeinheiten spielen und daß zwischen diesen und der Lichtgeschwindigkeit im leeren Raum die Beziehung (24) besteht. Diese einfache Erkenntnis ist nur sehr langsam durchgedrungen[1]). Seit der Einführung der absoluten Systeme war man gewohnt, die Faktoren ε_0 und μ_0 in den Gleichungen ganz wegzulassen; das Auftreten der Lichtgeschwindigkeit als des Verhältnisses zweier Einheiten mußte daher lange Zeit als etwas Geheimnisvolles erscheinen. Noch heute hört man die Ansicht, sie sei ein notwendiger Bestandteil der MAXWELLschen Feldgleichungen, sie habe mit den Einheiten nichts zu tun, und das GAUSSsche System müsse deshalb als ein einheitliches System angesprochen werden. Diese Ansicht ist nicht zu halten. Die Größe Lichtgeschwindigkeit hat so wenig Daseinsberechtigung in den elektromagnetischen Feldgrößengleichungen wie die Größe Schallgeschwindigkeit in den Grundgrößengleichungen der Elastizitätslehre und Akustik.

Es ist nicht überflüssig, darauf hinzuweisen, daß es natürlich auch viele Größengleichungen gibt, in denen die Größe Lichtgeschwindigkeit nicht fehlen darf. So muß die Größengleichung für die sog. „Wellenlänge" λ eines Schwingungskreises unbedingt in der Form

$$\lambda = 2\pi c \sqrt{LC}$$

geschrieben werden. Die übliche Gleichung

$$\lambda = 2\pi \sqrt{LC}$$

ist immer eine Zahlenwertgleichung, z. B. nach (28) die Zahlenwertgleichung des GAUSSschen Systems.

Man erkennt an solchen Beispielen, wie durch den Übergang zur Zahlenwertform der Sinn einer Gleichung verschleiert werden kann, indem entweder die Zahlenwerte von Größen, die nicht wesentlich sind, neu auftreten oder die Zahlenwerte wesentlicher Größen sozusagen in den Einheiten verschwinden.

65. Das gebräuchliche technische Maßsystem. Auch das von den Bau- und Maschinentechnikern benutzte Maßsystem ist ein gemischtes System. Wäre es mit dem in Ziff. 58 eingeführten reinen technischen Maßsystem identisch, so müßte es Brauch sein, den Zahlenwert m der Masse, bezogen auf die technische Masseneinheit kg*sec²/m, in die Gleichungen der Dynamik einzusetzen. Tatsächlich setzt man aber allgemein — was wesentlich umständlicher ist — nicht den Zahlenwert der Masse, sondern den Zahlenwert des Gewichts P, bezogen auf die technische Krafteinheit kg*, in die Gleichungen ein und macht den dadurch entstehenden Fehler wieder gut, indem man P durch den Zahlenwert der Fallbeschleunigung g teilt. Da der Zahlenwert des Gewichts eines Körpers, bezogen auf kg* — wenn man von den örtlichen Unterschieden der Fallbeschleunigung absieht — mit dem Zahlenwert seiner Masse, bezogen auf kg†,

[1]) Vgl. J. WALLOT, Elektrot. ZS. Bd. 43, S. 1332. 1922 (Nr. 26—29).

übereinstimmt, kann man auch sagen: Das in der technischen Mechanik verwendete System ist aus den technischen Einheiten (Ziff. 58) und der Einheit $kg^{\dagger}$ gemischt; der Ausgleichsfaktor, der den Gleichungen, in denen die Masse vorkommt, zugefügt werden muß, ist die Fallbeschleunigung g.

Wenn also die Fallbeschleunigung in den Gleichungen der technischen Mechanik immer dort vorkommt, wo die Schwere keine Rolle spielt, so ist daran nicht das technische Maßsystem schuld, sondern der berechtigte Widerstand der Praktiker, die sich dagegen sträuben, den Zahlenwert der Masse eines Kilogrammstücks gleich rund $^1/_{10}$ zu setzen.

In den Größengleichungen der Mechanik hat die Fallbeschleunigung natürlich nirgends einen andern als den ihr logisch zukommenden Platz.

66. Umfassende praktische Systeme. Die absoluten gemischten Systeme, das WEBERsche und das GAUSSsche, sind die einzigen der bis jetzt genannten, die die ganze Physik und Technik umspannen. Der Gedanke liegt nahe, durch Vereinigung des technischen Systems der Mechanik mit dem elektrotechnischen System ein umfassendes System von Einheiten zu schaffen, deren Größenordnung besser als die der absoluten Einheiten den Anforderungen der Praxis entspricht. Eine solche Einheitenzusammenstellung würde jedoch kaum noch den Namen eines Systems verdienen. Deshalb zielen alle Vorschläge, die in den letzten Jahrzehnten gemacht worden sind, nach einer anderen Richtung; sie laufen darauf hinaus, als Grundeinheiten die internationalen Einheiten der Länge, Masse, Zeit, des Stromes, des Widerstandes und des Temperaturgrades zu nehmen und darüber hinwegzusehen, daß eine von diesen sechs Einheiten überzählig und auf die übrigen nicht mit absoluter Genauigkeit abgestimmt ist. Wir erwähnen ausführlicher nur den Vorschlag von GIORGI[1]); er wählt das m, das $kg^{\dagger}$, die sec, das Ampere und das Ohm als Grundeinheiten und definiert seine abgeleiteten Einheiten in bezug auf die rationale Form der Zahlenwertgleichungen. In der Tat ist nach Ziff. 59

$$kg^{\dagger} = 0{,}99950 \frac{\text{Joule sec}^2}{\text{m}^2}\,. \tag{30}$$

Mit einem Fehler von etwa $^1/_2\,^0/_{00}$ sind die GIORGIschen Einheiten also aufeinander abgestimmt; die Zahlenwertgleichungen bedürfen praktisch keiner Ausgleichsfaktoren.

Die „umfassenden" oder „vollständigen" praktischen Systeme sind bis zum heutigen Tage Vorschläge geblieben. Offenbar halten die meisten Physiker und Techniker ihre Vorzüge nicht für so groß, daß sie geneigt wären, sich dem Zwange zu unterwerfen, der mit ihrer Annahme verbunden wäre[2]).

d) Die Zukunft der Maßsysteme.

67. Die Möglichkeit eines „Weltsystems". Die gemischten absoluten Systeme herrschen noch heute in der theoretischen Physik fast unumschränkt. Die auf sie bezogenen Zahlenwertgleichungen scheinen wirklich von allen zufälligen Faktoren frei zu sein; und der allein noch vorkommende Ausgleichsfaktor c wird nicht als Fremdkörper, sondern als notwendiger Zusatz von allgemeinster Bedeutung empfunden.

---

[1]) G. GIORGI, Nuov. Cim. (5) Bd. 4, S. 11. 1902; s. auch D. ROBERTSON, Electrician Bd. 53, S. 24. 1904; G. A. CAMPBELL, Science (N. S.) Bd. 61, S. 353. 1925.

[2]) Vgl. die Erörterung, die sich an den Vorschlag ROBERTSONS geknüpft hat (Electrician Bd. 53. 1904).

Gegen diese Sonderstellung der absoluten Systeme haben sich in Deutschland besonders EMDE[1]), MARTENS[2]) und MIE[3]) gewandt; sie haben zum Teil geradezu ihre Abschaffung und ihren Ersatz durch eines der umfassenden praktischen Systeme gefordert. Auch wir sind der Ansicht, daß das meiste von dem, was bei der Einführung der absoluten Systeme im Unterricht insbesondere über die Dimensionen der elektromagnetischen Größen[4]) gesagt zu werden pflegt, unhaltbar ist und den Schüler nur verwirrt. Denn es beruht, wie wir gesehen haben, auf den willkürlichen Annahmen, daß die Dielektrizitätskonstante oder die Permeabilität dimensionslos seien, also auf der Hinzunahme „willkürlicher Einheitengleichungen". Wir glauben aber durch unsere Darstellung in den vorstehenden Abschnitten gezeigt zu haben, daß die übliche Begründung der absoluten Systeme durch eine weniger anfechtbare ersetzt werden kann. Nach unserer Auffassung unterscheiden sich die absoluten Systeme von den technischen oder praktischen nicht grundsätzlich, sondern nur durch die Wahl anderer Gleichungsformen und anderer Grundeinheiten. Gibt man das aber zu, so wird man auch zugeben müssen, daß sich die absoluten Systeme zur Darstellung der allgemeinen physikalischen Theorien am besten eignen. Denn die umfassenden praktischen Systeme — die einzigen, die neben ihnen in Frage kommen — enthalten nach (30) einen lästigen Zahlenfaktor oder sind — wenn man diesen wegläßt — mit einem nicht ganz vernachlässigbaren Fehler behaftet.

Ganz anders fällt allerdings unser Urteil aus, wenn wir nach der Brauchbarkeit der Systeme für die Zwecke des Experimentalphysikers, des Chemikers und des Technikers fragen. Die überabstrakte Definition der absoluten Einheiten, ihre meist unvorstellbare, den Anforderungen der Praxis widerstrebende Größe, die Schwierigkeiten des Sichhindurchfindens durch die verschiedenen Systeme, das Fehlen bequemer Einheitenzeichen — all dies hat dazu geführt, daß heute tatsächlich nur ein kleiner Teil aller Zahlenangaben auf absolute Einheiten bezogen wird.

Bei dieser Sachlage besteht wenig Hoffnung, daß es jemals gelingen könnte, international eine Einigung herbeizuführen auf ein System, das den Theoretiker und den Praktiker zugleich befriedigte. Das „Weltsystem" scheint ein unerfüllbarer Wunsch.

68. Die Entbehrlichkeit der Maßsysteme. Es gibt jedoch noch einen andern Weg. Der Hauptgrund für die offensichtliche Unmöglichkeit, in der Systemfrage zu einer Einigung zu gelangen, liegt doch wohl darin, daß den meisten Menschen, die mit Einheiten zu tun haben, das „System" nur dann willkommen ist, wenn es ihnen gestattet, die Einheiten, an die sie gewöhnt sind, weiter zu gebrauchen. Fordert das System die Aufgabe alter Gewohnheiten, so wird es als lästige Fessel empfunden. Im Kampf des Systems gegen die Einheit bleibt immer die Einheit Siegerin; der schlagendste Beweis hierfür liegt in der Tatsache, daß es, wie wir gesehen haben, kein einziges reines, ungemischtes System gibt, das eine nennenswerte Verbreitung gefunden hätte. Sollte es nicht richtiger sein, die Dinge zu nehmen, wie sie sind, und den Einheiten, statt sie in ein System zu pressen, ihre Freiheit zu lassen?

Wir bejahen diese Frage: die Maßsysteme sind entbehrlich; weder der Theoretiker noch der Praktiker bedarf ihrer. Der Theoretiker hat als voll-

---

1) F. EMDE, Elektrot. ZS. Bd. 25, S. 432. 1904; Bd. 44, S. 175. 1923.

2) F. F. MARTENS, Elektrot. ZS. Bd. 44, S. 520. 1923.

3) G. MIE, Lehrbuch der Elektrizität und des Magnetismus. Stuttgart 1910.

4) Wegen der meist angegebenen Dimensionen mit gebrochenen Exponenten vgl. J. WALLOT, Elektrot. ZS. Bd. 43, S. 1383. 1922 (Anm. 40).

wertigen Ersatz die Größengleichungen; diese sind mindestens so einfach, dabei aber, da sie für jede Einheitenwahl gelten, viel allgemeiner als die Zahlenwertgleichungen irgendeines Systems. Der Praktiker bedarf keines Systems, weil er, wie wir gesehen haben (Ziff. 49—53), von den Größengleichungen ohne weiteres zur Zahlenrechnung mit jeder ihm bequem erscheinenden Einheit übergehen kann. Nur auf Teilgebieten können Systeme zweckmäßig sein, so bei vielen Problemen der Elektrizitätslehre das elektrotechnische; treffen mechanische, thermische, elektrische, magnetische Größen zusammen, so wirken Systeme eher erschwerend. Der Begriff des Maßsystems ist auf dem Boden der Zahlenwertgleichungen gewachsen; er wird daher mit der sich immer mehr verbreitenden Erkenntnis der überragenden Bedeutung der Größengleichungen immer mehr in den Hintergrund treten.

Kapitel 2.

Längenmessung.

Von

F. GÖPEL, Charlottenburg.

Mit 38 Abbildungen.

Die Längenbestimmungen bilden die wichtigste Voraussetzung bei der Durchführung der absoluten Messungen im Sinne von GAUSS. Die Entwicklung und Vervollkommnung der Längenbestimmungen wurde wesentlich befruchtet und beschleunigt durch ihre maßgebende Rolle in anderen messenden Wissenschaften wie Astronomie und Geodäsie, sowie durch ihre wirtschaftliche Bedeutung für das bürgerliche Leben und die Technik.

Es ist notwendig, sich vor Augen zu halten, daß auch die Längenmessungen nur Näherungswerte ergeben. Das Bestreben, die Unsicherheit der Messungsergebnisse immer stärker einzuengen, erklärt die ununterbrochene und vielseitige Entwicklung der technischen Mittel.

A. Die Längeneinheit.

a) Allgemeines.

1. Anforderungen an die Längeneinheit. Die Einheit der Länge muß zunächst sicher und leicht herstellbar sein, so, daß auch im Falle ihres Verlustes bei erneuter Ableitung der Einheit unbedingte Vergleichbarkeit zwischen früheren und zukünftigen Messungen gewahrt bleibt. Gleichzeitig muß die Anwendung der Einheit aus naheliegenden Gründen in möglichst vielen Kulturgebieten verbreitet sein.

2. Natürliche und willkürliche Einheiten. Alle älteren Längeneinheiten waren wohl ursprünglich natürliche, indem man eine häufig in der Natur vorkommende und aus irgend einem Grunde sinnfällige Abmessung, namentlich des menschlichen Körpers, als Einheit annahm, ohne ihre meist weitgehende Veränderlichkeit zu berücksichtigen. Daß man gerade Teilabmessungen des menschlichen Körpers wählte, erklärt sich auch aus dem damit erreichten besonderen Vorzug, im bürgerlichen Verkehr jederzeit auf die Längeneinheit zurückgreifen zu können. Als Beispiele für solche natürliche Einheiten seien hier nur angeführt: Fuß bzw. Schuh, Schritt, Daumenbreite (Zoll), Spanne (der Hand), Elle (Armlänge), Klafter (Spannweite der Arme). Durch die nachträgliche Verkörperung solcher natürlicher Einheiten in Form von festgelegten und verbindlichen Urmaßen wurden die Längeneinheiten zur Grundlage eines willkürlichen Maßsystems. Beide Arten von Längeneinheiten, die natürlichen wie die willkürlichen, sind im Laufe der Zeit nicht zur getrennten Entwicklung gekommen. Man hat die Vorzüge beider Systeme zu vereinigen gesucht, indem man geeignete Naturmaße in Form von Urmaßen verkörpert oder willkürlicher Maße an verwandte Naturgrößen anschließt.

3. Entwicklung des metrischen Systems. HUYGENS, der Erfinder der Pendeluhr (1657), schlug bereits 1664 vor, die Länge des Sekundenpendels als Grundeinheit zu wählen, und erweiterte diesen Vorschlag in seinem Horologium oscillatorium (1673) dahin, als praktische Einheit den dritten Teil der Länge als pes horarius einzuführen. Einige Jahre später hat dann HUYGENS, auf Grund der RICHERschen Erfahrungen in Cayenne über die Abhängigkeit der Länge des Sekundenpendels von der geographischen Breite, seine Definition durch Berücksichtigung dieses Einflusses ergänzt. Der Vorschlag wurde später von BOUGUER und CONDAMINE befürwortet. Auf Anregung TALLEYRANDS wurde 1790 eine Gelehrtenkommission mit dem Studium dieser Frage beauftragt, mit dem Ergebnis, daß als natürliche Längeneinheit an erster Stelle der zehnmillionste Teil des Erdquadranten im Meridian empfohlen wurde, die Länge des Sekundespendels unter 45° Breite aber als sekundäre Kontrolleinheit. Die geodätische Grundbedingung für die Ableitung der neuen Längeneinheit, eine neue und umfangreiche Gradmessung, wurde von MÉCHAIN und DELAMBRE geschaffen. Sie bestimmten in siebenjähriger Arbeit den Bogen Dünkirchen—Barcelona. Inzwischen (1793) verfügte die Nationalversammlung die Schaffung eines provisorischen Meters auf Grund früherer Gradmessungen. Die endgültige Längeneinheit, ein von FORTIN hergestelltes Platinendmaß, das bei der Temperatur des schmelzenden Eises das mètre vrai et définitif darstellen sollte, wurde 1799 zur gesetzlichen Längeneinheit erklärt und als mètre des archives in Verwahrung genommen. Die dekadische Unterteilung und Vervielfältigung des Meter war bereits durch die Studienkommission von 1790 vorgeschlagen worden.

Die Einführung des metrischen Systems in Deutschland ist erst etwa 70 Jahre später als in Frankreich erfolgt. Das lag zum Teil daran, daß Preußen von jeher ein besonders gut geordnetes Maßsystem hatte und noch 1839 durch die Vorarbeiten BESSELS eine neue Grundlage durch eine Kopie der Toise du Pérou einführte. Auch die Beziehung des preußischen „Fuß" zur Länge des Sekundenpendels (3′ 2″ 0,1621‴) wurde damals festgelegt. Nach vergeblichen Anregungen des Frankfurter Bundesrats (1860) wurde dann durch Reichsgesetz vom 1. Januar 1872 das Meter als gesetzliche Längeneinheit im Deutschen Reiche eingeführt. Als Urmeter diente zunächst eine von FORTIN hergestellte Kopie des mètre des archives.

Entscheidende Festigung erfuhr das metrische System durch die Gründung der Internationalen Meterkonvention im Jahre 1876. Ausführendes Organ ist das Bureau international des poids et mesures, ein metrologisches Forschungsinstitut im Pavillon de Breteuil bei Paris. Zwei Instanzen, die Commission internationale des poids et mesures als erste und die Conférence Génerale überwachen die wissenschaftlichen Arbeiten des Bureaus. Der Konvention gehören gegenwärtig 26 Staaten an, von denen einige das Metersystem erst fakultativ angenommen haben oder seine Einführung beabsichtigen.

Seit 1889 ist das mètre des archives ersetzt durch ein genau mit diesem übereinstimmendes, biegungsfreies Strichmeter (s. Ziff. 8) aus Iridiumplatin, dessen Strichabstand bei 0° das Urmeter darstellt. Es entstammt einer Reihe von 30 Normalen ganz gleicher Art, die zum großen Teil an die Vertragsstaaten der Meterkonvention als nationale Prototype überwiesen wurden. Die weitere Entwicklung hat sich zum Ziel gesetzt, die einmal definierte willkürliche Längeneinheit an die Lichtwellenlänge anzuschließen, um so nicht nur ein natürliches Maß im strengen Sinne zu schaffen, sondern auch ein sicheres Kontrollmittel für die Unveränderlichkeit der Prototype, die wohl auch in Zukunft nicht ganz entbehrlich sein werden, selbst wenn man die Lichtwellenlänge zum primären Urmaß macht.

4. Entwicklung des Yard-Systems. Die Rücksicht auf die noch gebräuchliche Verwendung des Zoll in englischen und amerikanischen Veröffentlichungen rechtfertigt noch ein kurzes Eingehen auf das Yard-System. Das Maßsystem Englands ist besonders alt und auch sorgsam überwacht. Es ist wie viele andere aus einem natürlichen System entstanden aber bald zur willkürlichen Einheit übergegangen. Das englische Yard wird auf die alte sächsische Elle zurückgeführt, die 1101 auf Befehl Heinrichs I. geschaffen wurde und angeblich die Länge seines Armes verkörperte. Diese Längeneinheit hat sich Jahrhunderte hindurch im Rahmen bürgerlicher Verkehrsanforderungen konstant gehalten. Eine Parlamentskommission erneuerte 1758 das Yard unter Benutzung der vorhandenen Normale und schuf das Imperial Standard Yard in Form eines Punktmaßstabes, der zu Zirkelmessungen verwendet werden sollte. Das neue Normal wurde erst 1824 legalisiert, ging aber bereits 1834 beim Brand des Parlamentsgebäudes verloren. Der Versuch, ein neues Standard Yard aus der 1824 festgesetzten Beziehung zur Länge des Sekundenpendels abzuleiten, scheiterte und man mußte das neue Normal wieder wie früher von vorhandenen Yardkopien ableiten. Die Arbeiten wurden von AIRY geleitet und von BAILY, später von SHEEPSHANKS ausgeführt. Das neue Imperial Standard Yard war als Strichintervall auf einen Bronzestab quadratischen Querschnitts von 25,4 mm Seite aufgetragen. Die Striche waren auf Goldpflöckchen im Boden von Löchern eingerissen, so, daß die Teilfläche in der neutralen Schicht lag. Als Normaltemperatur wurde damals 62° F ($16\frac{2}{3}$° C) festgesetzt. Hüter des Prototyps ist der Board of Trade. Außerdem werden vier legale Kopien örtlich getrennt aufbewahrt, eine davon in Greenwich. Die Urmaße sind wiederholt an das Meter angeschlossen worden und damit ist das englische Maßsystem auf das metrische System und seine weitgehenden Sicherungen zurückgeführt worden.

Die Vereinigten Staaten haben das englische Imperial Standard Yard als gesetzliche Einheit angenommen und 1866 sowie 1893 zu 3600/3937 m definiert. Die Unterteilung des Yard ist bekanntlich 3 Fuß zu 12 Zoll.

5. Beziehungen zwischen Meter und Yard. Im Jahre 1898 ist in England auf Grund von Maßvergleichungen im Bureau International folgende Beziehung gesetzlich festgelegt worden:

$$1 \text{ Yard}_{16{,}667\,\text{H}} = 914{,}399 \text{ mm}.$$

Daraus folgt:

$$1 \text{ Zoll engl.} = 25{,}400 \text{ mm},$$

und weiter die Beziehungen

$$1 \text{ m} = 1{,}093\,614 \text{ Yard engl.},$$

$$1 \text{ mm} = 0{,}03\,937 \text{ Zoll engl.}$$

Für das amerikanische Yard folgt aus der gesetzlichen Gleichung

$$1 \text{ U.S. Yard} = \frac{3600}{3937} \text{ m}:$$

$$1 \text{ U.S. Yard}_{16{,}667\,\text{H}} = 914{,}402 \text{ mm},$$

$$1 \text{ U.S. Zoll} = 25{,}4001 \text{ mm},$$

und umgekehrt:

$$1 \text{ m} = 1{,}093\,611 \text{ U.S. Yard},$$

$$1 \text{ mm} = 0{,}03\,937 \text{ U.S. Zoll}.$$

b) Anschluß des Meters an Lichtwellenlängen.

6. Erste Auswertung. Die Auswertung des Meter in Lichtwellenlängen ist mit neuzeitlichen experimentellen Mitteln erstmals von A. A. MICHELSON[1]) vorgenommen worden. Die Bedeutung, welche die interferentiellen Längenmeßmethoden inzwischen gewonnen haben, rechtfertigt ein näheres Eingehen auf die MICHELSONsche Arbeit.

Die wichtigste Grundlage für die Auswertung bildete das von MICHELSON im Jahre 1890 konstruierte Interferometer. In der schematischen Abb. 1 ist A ein durchsichtig versilberter Spiegel, B eine in engen Grenzen drehbare planparallele Glasplatte. Von einer Lichtquelle L fällt monochromatisches Licht S auf A und wird dort zur Hälfte (s_1) reflektiert, zur Hälfte hindurchgelassen. s_1 wird an der spiegelnden Planplatte P_1 reflektiert und durchsetzt auf dem Rückweg B und A; s wird an dem Spiegel P_0 reflektiert, weiter an der spiegelnden Fläche von A und kommt so mit s_1 zur Interferenz. Die gleiche Erscheinung würde eintreten, wenn man sich P_0 an den Ort seines virtuellen Bildes, nach P, verlegt denkt.

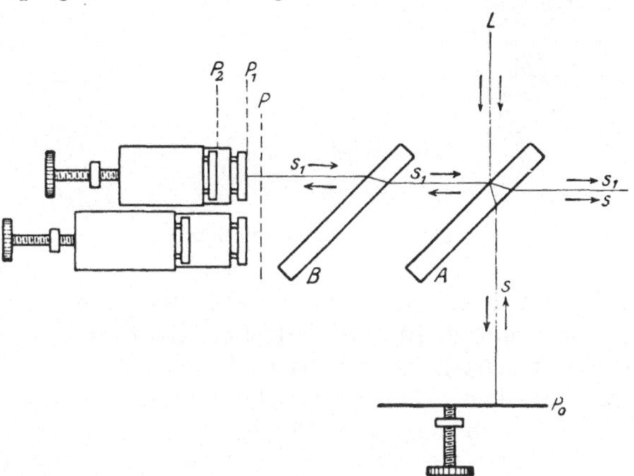

Abb. 1. Interferometer von MICHELSON.

Dieses von MICHELSON als Referenzebene bezeichnete Bild P ermöglicht, daß mit ihr eine zweite materielle Ebene, etwa P_1, vollkommen zur Deckung gebracht werden kann. Die Platte B, Kompensator genannt, hat einen doppelten Zweck. Zunächst macht sie den Strahlengang der beiden Teilstrahlen symmetrisch, da ohne sie s dreimal A durchsetzen würde, s_1 nur einmal; ferner ermöglicht sie eine Feinjustierung der Referenzebene. Sind die Ebenen P und P_1 parallel, so erscheinen für ein senkrecht auf P gerichtetes und auf Unendlich eingestelltes Auge (oder Fernrohr) HAIDINGERsche Interferenzringe, die zentrisch zur Durchsichtrichtung verlaufen. Werden ferner die Ebenen P und P_1 durch langsames Verschieben von P_1 genähert, so wandern die dunkeln und hellen Ringe der Kreisfransen nach ihrem Mittelpunkt. Dort tritt jedesmal der gleiche Interferenzzustand ein, wenn sich der Plattenabstand um $\lambda/2$ geändert hat. Es wird also damit möglich, eine durch den Abstand zweier paralleler Platten $P_1 P_2$ definierte Länge in Wellenlängen auszuwerten, wenn man die Plattenebenen nacheinander mit der Referenzebene zusammenfallen läßt und die Anzahl der Interferenzperioden zählt, die während der Verschiebung von $P_1 P_2$ sichtbar wurden. Bei MICHSELSON werden jedoch nicht die Platten $P_1 P_2$ bewegt, sondern die Referenzebene, indem der Spiegel P_0 auf einem Schlitten verschiebbar angeordnet ist.

Die Plattenmaßstäbe hatten die in Abb. 2 dargestellte Form. Die Länge wird begrenzt durch die zwei Planspiegel AA', die spannungsfrei mit einem Bronzebarren verbunden sind. Ihre Parallelstellung wird durch die Schraube ν

[1]) A. A. MICHELSON, Détermination experimentale de la valeur du mètre en longueur d'ondes lumineuses. Trav. et Mém. du Bur. internat. des Poids et Mes. Bd. 11. 1895; auszugsweise ZS. f. Instrkde. Bd. 22, S. 293. 1902.

herbeigeführt, die durch Vermittlung einer Feder die als Spiegelstützpunkt dienende Metallzunge C deformiert. Für die Anschlußmessungen wurden neun solcher Etalons hergestellt, von rd. 0,39 mm Länge durch Verdoppelung steigend auf 10 cm.

Die Auswertung der Länge des kleinsten Maßstabes in Wellenlängen wurde folgendermaßen vorgenommen. Auf dem Interferometer wurde ein fester Spiegel C (Abb. 3) parallel zur Referenzebene R aufgestellt. Daneben stand Etalon 0,39 mm (AB), nicht wie C parallel zur Referenzebene, sondern ein wenig ge-

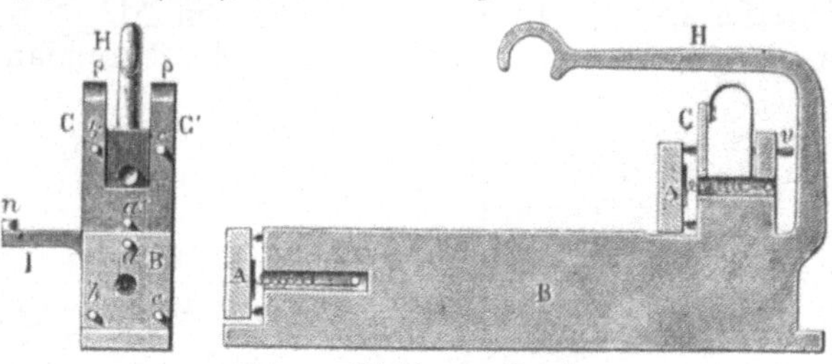

Abb. 2. Plattenmaßstab.

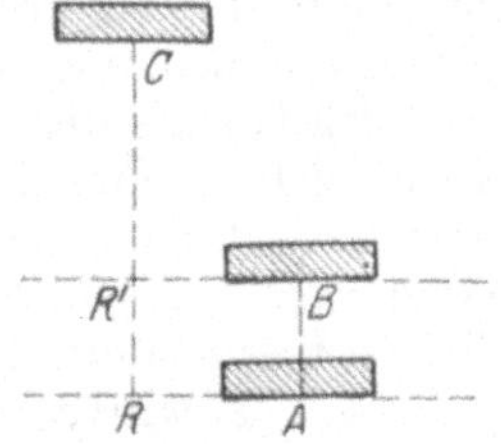

Abb. 3. Auswertung eines Plattenmaßstabes.

neigt. Auf AB fiel weißes Licht und erzeugte somit FIZEAUsche Streifen. Als Einstellmarken für diese Streifen dient ein auf P_0 (Abb. 1) eingerissenes und auf der Referenzebene sichtbares Liniennetz. Auf C fiel monochromatisches Licht und erzeugte HAIDINGERsche Ringe. In der Anfangsstellung des Interferometers ergab sich somit für den Beobachter das Bild a der Abb. 4. Nun wurde die Referenzebene langsam von A nach B verschoben und dabei die auftretenden Fransen gezählt, bis sich Bild b der Abb. 4 einstellte. Bei beiden Grenzeinstellungen spielte der Kompensator B des Interferometers (Abb. 1) eine wichtige Rolle. Zu Beginn der Messung diente er dazu, durch eine an einer Kreisteilung ablesbare Drehung zuerst den FIZEAUschen Streifen und dann den zentralen schwarzen Fleck des Ringsystems je auf einen bestimmten Netzstrich einzustellen; am Schluß der Messung wurden die gleichen Einstellungen, aber in umgekehrter Reihenfolge, bewirkt.

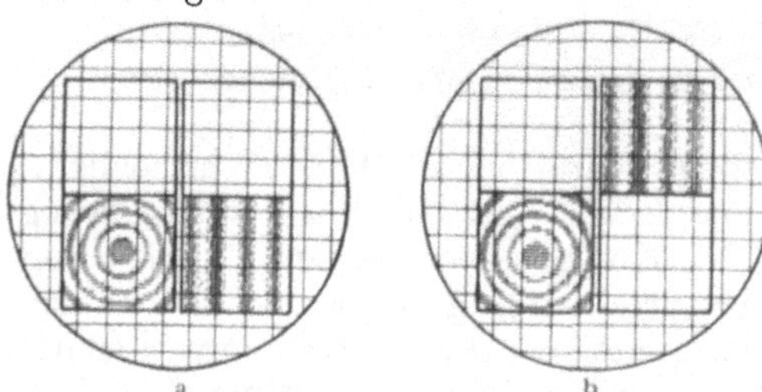

Abb. 4. Interferenzbilder bei Auszählung des kleinsten Etalons.

Die bei den einzelnen Einstellungen abgelesenen Kompensatordrehungen wurden bei der Berechnung wie folgt verwertet. Bezeichnet man die Kompensatorablesungen in der eben beschriebenen Reihenfolge mit $b\ a\ a_1\ b_1$ und mit N die Anzahl der gezählten HAIDINGERschen Ringe, so enthielt der Maßstab $N + \frac{b - a + a_1 - b_1}{\tau}$ halbe Wellenlängen des benutzten monochromatischen Lichtes. τ ist die Kompensatorkonstante, d. h. die Drehung, welche nötig ist, um die Interferenzerscheinung um die Breite einer Franse zu verschieben. Um die außerordentlich kleinen Kompensatordrehungen überhaupt zu ermöglichen und noch meßbar zu machen, war die Fassung der Kompensatorplatte auf der einen Seite an einem vertikalen Bronzestab von 1 cm Stärke befestigt, während auf der anderen Seite eine stählerne Schraubenfeder den Zug eines Fadens so auf den Kompensator übertrug, daß eine außerordentlich kleine Torsion des Bronzestabes erfolgte. Die Dehnung der Schraubenfeder war an einer Kreisteilung ablesbar. Die Anordnung ermöglicht eine etwa 100000fache aber noch meßbare Verkleinerung der Winkelbewegung.

Zur Sicherung und Verschärfung des durch Auszählung am kleinsten Etalon gewonnenen Wellenlängenwertes und ebenso bei der Auswertung der größeren Maße wurde die erstmals von ABBE angegebene Methode der Fransenüberschüsse verwendet. Da diese Methode auch bei den später zu beschreibenden Interferenzkompensatoren eine wichtige Rolle spielt, soll hier etwas näher darauf eingegangen werden.

Läßt man auf ein Plattenetalon senkrecht zu den Spiegelebenen nacheinander monochromatisches Licht von der Wellenlänge $\lambda_1 \lambda_2 \lambda_3 \ldots$ fallen, so setzen sich die erhaltenen Gangunterschiede zusammen aus einer bestimmten Anzahl halber Wellenlängen $\alpha_1 \alpha_2 \alpha_3 \ldots$ und gewissen, hier als Fransenüberschüsse bezeichneten Bruchteilen $\beta_1 \beta_2 \beta_3 \ldots$ Für eine Plattenentfernung d erhält man demnach

$$2d = (\alpha_1 + \beta_1)\lambda_1 = (\alpha_2 + \beta_2)\lambda_2 = (\alpha_3 + \beta_3)\lambda_3 \cdots$$

Ist d angenähert, also auf einige μ bekannt, so kann man zunächst für α_1 einige ganzzahlige Näherungswerte berechnen. Ist außerdem β_1 gemessen worden, was immer möglich ist, so können weiter noch die Werte $\alpha_2 + \beta_2$, $\alpha_3 + \beta_3 \ldots$ berechnet werden, deren Fransenüberschüsse mit den beobachteten übereinstimmen, wenn α_1 zutreffend gewählt wurde.

Das Verfahren wird durch folgende von MICHELSON und BENOÎT aufgestellte Tabelle über die Fransenüberschüsse bei der Auswertung des kleinsten Plattenetalons noch deutlicher.

	1	2	3	4	5
rot	0,64389	0,35	1212,35	1211,35	1213,35
grün	0,50863	0,79	1534,75	1533,48	1536,02
blau	0,48000	0,17	1626,29	1624,95	1627,63
violett . . .	0,46789	0,53	1668,38	1667,01	1669,76

Für die Wellenlängen der Spalte 1 wurden die Fransenüberschüsse unter 2 gemessen. Die ganzzahligen $\lambda/2$ für rotes Licht waren durch die oben geschilderte Auszählung zu 1212 ermittelt worden, mit dem gemessenen Überschuß zu 1212,35. Hieraus lassen sich die für die anderen Wellenlängen gültigen Zahlen berechnen (Spalte 3). Diese berechneten Werte sollten in ihren Bruchteilen mit den Werten der Spalte 2 übereinstimmen, was mit hinreichender Genauigkeit der Fall ist. Unter 4 und 5 sind weiter als Näherungswerte für $\lambda/2$ rot 1211 und 1213 eingesetzt und ausgehend von 1211,35 und 1213,35 die analogen Werte für die anderen Farben berechnet. Die sich hier ergebenden Fransenüberschüsse weichen jedoch so stark von den beobachteten Werten (Spalte 2) ab, daß 1212 als unbedingt sicherer Wert erscheint.

Die Auswertung der übrigen 8, durch stufenweise Verdoppelung der Länge erhaltenen, Maßstäbe wurde gleichfalls auf dem Interferometer vorgenommen. Der Gang der Vergleichung ist nach dem Schema Abb. 5a und b ohne weiteres klar. Eine Auszählung erfolgte jetzt nicht, sondern — im Sinne der Abb. 3 — nur die Feststellung der Beziehung $II = 2 \cdot I + x\frac{\lambda}{2}$ durch sinngemäße Verschiebungen der Referenzebene und des kleineren Etalons. Bei den Messungen

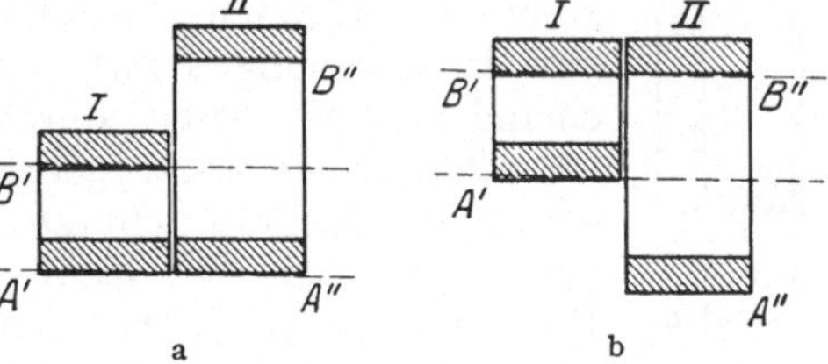

Abb. 5. Vergleichung der Etalons I und II.

wurde nur Natriumlicht verwendet, man erhielt also in der Referenzebene FIZEAUsche Streifen. Durch scharfe Bestimmung der Fransenüberschüsse mit dem Kompensator wurden alle Messungen derart gesichert, daß die Genauigkeit der einzelnen Längenbestimmungen von der des vorangehenden Etalons unabhängig wurden.

Die Auswertung des größten 10 cm langen Maßstabs war die wichtigste und zugleich schwierigste Arbeit. Besondere Vorkehrungen mußten getroffen werden, um die Messungstemperatur konstant zu halten und mit der erforderlichen Genauigkeit von 0,01° zu bestimmen. Auch die Messung der Fransenüberschüsse mußte mit besonderer Sorgfalt erfolgen, weil die Interferenzen bei dem vorliegenden großen Gangunterschied weniger scharf als bei den kürzeren Etalons ausgebildet waren.

Der eigentliche Anschluß des Meter an das Dezimeteretalon erfolgte auf einem besonderen Komparator unter Verwendung eines Bronze-Hilfsmeters. Der dm-Etalon trug auf einem seitlichen Arm eine feine Strichmarke und war so neben das Hilfsmeter gelagert, daß die beiderseitigen Striche in einem Meßmikroskop sichtbar wurden. Nach Ausmessung des Strichabstandes wurde der dm-Etalon unter Benutzung der Referenzebene zehnmal parallel zum Meterintervall verschoben und wieder die Schlußstellung der Striche gemessen. Für die Auswertung wurden die in der Tabelle S. 47 gegebenen drei ersten Strahlen des Kadmiumlichtes benutzt. Die violette Strahlung war nur für die kürzeren Etalons verwendet worden.

MICHELSON fand als Schlußmittel seiner Beobachtungen, bezogen auf Luft von 760 mm Quecksilberdruck und 15° (verre dur)

$$1\,\mathrm{m} = 1553163{,}5\,\lambda_{\mathrm{rot}} = 1966249{,}7\,\lambda_{\mathrm{grün}} = 2083372{,}1\,\lambda_{\mathrm{blau}}\,.$$

Die Längeneinheit war damit auf etwa $^1/_{2000000}$ ihres Betrages genau auf ein natürliches Maß zurückgeführt, dessen Unveränderlichkeit anzunehmen ist. Hierdurch war auch ein Weg gefunden, um die Unveränderlichkeit der Prototype aus Iridiumplatin zu prüfen.

7. Zweite Auswertung des Meters in Lichtwellenlängen. Die Messungen MICHELSONS wurden 14 Jahre später im Bureau International wiederholt unter Verwendung einer von CH. FABRY und A. PEROT vorgeschlagenen interferometrischen Methode. Außer den genannten Forschern nahm R. BENOÎT[1]) an der neuen Auswertung teil, bei der vor allem die Fehlereinflüsse weiter herabgedrückt werden sollten. Das Meterintervall wurde wieder wie früher aus Zwischenetalons aufgebaut; diesmal aus vier von der Länge 6,25, 12,5, 25,0, 50,0 cm. Diese Längen wurden abweichend von MICHELSONS Anordnung als Luftplatten in Form der Abb. 6 verkörpert. Zwei sehr schwach keilförmige plane Glasplatten PP' waren durch eine Invarfassung S mit Anschlagschrauben so vereinigt, daß die einander zugekehrten durchsichtig versilberten Ebenen die gewünschte Länge verkörperten. Eine solche Luftplatte stellte auch das zum Anschluß benutzte Hilfsmeter dar. Es hatte U-förmigen Querschnitt bei 5 cm Kantenlänge und $3 \times 3\,\mathrm{cm}^2$ innerer Weite. Die beiderseits abschließenden, innen versilberten Glasplatten trugen jede auf ihrer oberen Kante nahe dem inneren Rande Teilstriche, die bei passender Auswahl ein Strichintervall von 1 m darstellten. Das Hilfsmeter bestand wie die Körper der Einzeletalons aus Invar, so daß der Einfluß der Temperatur auf die benutzten Längenmaße zu vernachlässigen war.

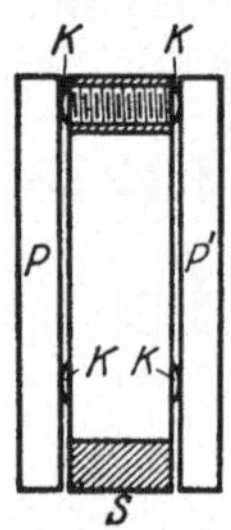

Abb. 6. Luftplatte.

[1]) R. BENOÎT, CH. FABRY u. A. PEROT, C. R. Bd. 144, S. 1082. 1907.

Zustatten kam außerdem, daß die Änderung der Wellenlänge mit der Temperatur von fast gleicher Größenordnung wie der Ausdehnungskoeffizient des Invars war.

Als Kompensator diente ein 300 mm langer Luftkeil von 30 mm Breite von ähnlicher Bauart wie die Luftetalons. Nur bei der Auszählung des kürzesten Etalons wurde ähnlich wie bei der MICHELSONschen Methode verfahren, sie wurde jedoch durch Zuhilfenahme einer Koinzidenzmethode bequemer gemacht. Erzeugt man nämlich gleichzeitig mit zwei homogenen Strahlungen verschiedener Wellenlänge, etwa mit Kadmium λ_{rot} und $\lambda_{\text{grün}}$ Interferenzen, so entstehen bei stetiger Änderung des Gangunterschiedes beim Zusammenfallen zweier Intensitätsmaxima oder -minima Konsonanzen in Form heller Streifen in der Mischfarbe nach dunklen Streifen, während beim Zusammenfallen des Maximums der einen Wellenlänge mit dem Minimum der anderen die Dissonanzen durch Farbenwechsel der Streifen sichtbar werden. Die genannten Kadmiumstrahlungen sind etwa bei jedem fünften bzw. sechsten Interferenzstreifen in Konsonanz.

Bei der Auswertung der drei längeren Etalons wurde folgendermaßen verfahren[1]). Zwei der Luftplatten von der Länge l und $l' = 2l$ wurden mit dem oben erwähnten Luftkeil von geringer und schwach veränderlichen Dicke l'' hintereinander aufgestellt. Man beleuchtete von hinten mit weißem parallelen Licht senkrecht zu den Platten. Von vorn werden dann FIZEAUsche Streifen sichtbar und zwar hell auf dunklem Grund, die dadurch entstehen, daß zwei kohärente Strahlen, von denen der eine in l viermal reflektiert wird und l' sowie l'' direkt durchsetzt, während der andere ohne Reflexion durch l geht und in l' und l'' je zweimal reflektiert wird, zu Interferenz kommen. Hat der Luftkeil an der Stelle, wo der weiße FIZEAUsche Streifen auftritt, die Dicke l_0'', so gilt

$$5l + l' + l_0'' = l + 3l' + 3l_0''$$

oder

$$l' = 2l - l_0''.$$

Daraus geht hervor, daß der Luftkeil geeicht sein muß. Zu diesem Zweck trägt die eine Silberschicht eine Längsteilung, für deren einzelne Striche die Dicke der Luftschicht ermittelt worden war. Durch fortschreitende Anwendung der Methode auf die folgenden Maßstäbe gelangte man schließlich zur Kenntnis der auf den Luftweg des Hilfsmeters entfallenden Wellenlängen N. Für den komparatorischen Anschluß der Strichentfernung des letzteren, war nun noch die Summe n der Strichabstände von den reflektierenden Plattenebenen in Wellenlängen zu bestimmen. Stellt man mit den am Hilfsmeter verwendeten Strichplatten nacheinander zwei Luftplatten e und e' her, deren Dicke sich nahezu wie 1:2 verhält, so kann man diese leicht in Wellenlängen auswerten. Gleichzeitig wurden aber auch die an den zwei Luftplatten dargestellten Strichintervalle d und d' komparatorisch bestimmt, indem man sie an sechs Intervalle eines besonderen Invarmaßstabs anschloß. Man erhielt also

$$d = e + n \quad \text{und} \quad d' = e' + n$$

oder

$$2d' = 2e' + 2n,$$

daraus

$$2d' - d = 2e' - e + 2n - n$$

oder

$$n = (2d' - d) - (2e' - e).$$

Als Anschlußmeter zur Bestimmung des Hilfsmeters von der Länge $N + n$ diente wieder ein Invarmaßstab aus demselben Block, dem das Hilfsmeter entstammte.

---

[1]) A. PEROT u. CH. FABRY: C. R. Bd. 138, S. 676. 1904.

Als Endresultat ergab sich für trockene Luft von 15° der Wasserstoffskale und 760 mm Druck

$$1\,\text{m} = 1\,553\,164{,}13\,\lambda_{\text{rot}}\,(\text{Kadmium}) \quad \text{oder} \quad \lambda = 643{,}84696\,\text{m}\mu$$

mit einer Zuverlässigkeit von $^1/_{10\,000\,000}$ des Wertes.

Korrigiert man den früheren MICHELSONschen Wert nachträglich angenähert auf trockene Luft und auf die gleiche Temperaturskale, so ergibt sich $1\,\text{m} = 1\,553\,164{,}03\,\lambda$ in vorzüglicher Übereinstimmung mit der zweiten Auswertung.

B. Die Verkörperung der Längeneinheit.

a) Maßstäbe.

8. Normalmaßstäbe. An die für Längenmessungen ersten Ranges benötigten Normalmaße werden vor allem in bezug auf Material und Form besondere Anforderungen gestellt. Das Material sollte in jeder Beziehung unveränderlich sein, darf also auch keinen zeitlichen Dimensionsänderungen unterliegen; es muß chemisch vollkommen neutral, hart, elastisch, und mit Rücksicht auf die anzubringenden Teilstriche politurfähig sein. Diesen Anforderungen entspricht in hohem Maße die Iridium-Platinlegierung (90% Pt, 10% Ir) aus der das Pariser Urmeter und die jetzt im Gebrauch befindlichen nationalen Prototype hergestellt sind. Als Querschnittsform wählte man auf Vorschlag TRESCAS (1872) die in Abb. 7 dargestellte. Da bei einem leicht gebogenen Stab die sog. neutrale Schicht weder Dehnung noch Verkürzung erfährt, vielmehr ihre Länge unverändert beibehält, so wird ein Maßstab, dessen Teilung auf dieser Schicht aufgebracht ist, auch auf nicht vollkommen ebener Unterlage keine Längenänderungen der Strichintervalle erleiden. Die Festigkeitslehre definiert als neutrale Linie eines Querschnittes die zur Kraftrichtung senkrechte Linie, in bezug auf welche die algebraische Summe der Flächenmomente Null ist. Der Querschnitt des Urmeters (Abb. 7) ist so bemessen, daß die Teilungsebene in der halben Querschnittshöhe liegt und durch den Schwerpunkt der Querschnittsfläche hindurchgeht. Die Prototype tragen nur das Meterintervall, auf jeder Seite begrenzt durch drei Striche von etwa 7μ Stärke und 0,5 mm Abstand. Je der mittelste Strich kommt als Hauptstrich in Frage; die anschließenden Intervalle dienen zur Kontrolle des Trommelwertes (Run) der Meßmikroskope. Durch zwei die Teilstriche senkrecht schneidende Längsstriche in 0,2 mm Abstand sind die zur Einstellung bestimmten Strichelemente begrenzt.

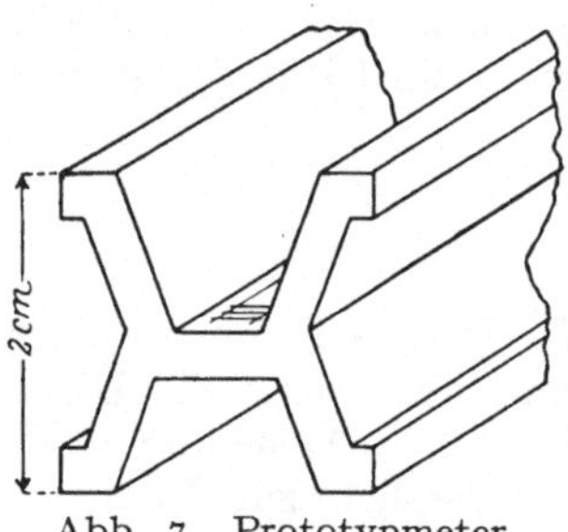

Abb. 7. Prototypmeter.

9. Gebrauchsmaßstäbe. Die eben beschriebenen Prototype dienen ausschließlich der Sicherung des metrischen Systems in letzter Instanz. Von ihnen sind Kontroll- und Gebrauchsmaßstäbe hoher Genauigkeit abgeleitet, die allgemeinen Meßzwecken dienen. Die unter Ziff. 8 erwähnten Forderungen sind bei ihrer Verkörperung mit Rücksicht auf die hohen Kosten nur beschränkt durchführbar. Vor allem werden billigere Materialien gewählt, dagegen die biegungsfreie Form (H- oder Trogform) tunlichst beibehalten. Für physikalische Zwecke kommen häufig Messing- oder Bronzemaßstäbe mit eingewalztem Silberlimbus (90 Ag, 10 Cu) als Teilfäche zur Verwendung. Sie haben allerdings den Nachteil, daß sich die Silberfläche durch Bildung von Schwefelsilber allmählich schwarz färbt. Aufbewahrung des Maßstabes in einem luftdicht verschlossenem Messingrohr bietet einigen Schutz dagegen. Sehr haltbar sind Maßstäbe aus Invar. Die geringe Wärmeausdehnung dieser Nickelstahllegierung (1 — 2 μ pro 1 m und Grad) ist für manche Messungen von Vorteil, man ist aber selbst bei älteren Maßstäben nicht unbedingt sicher vor zeitlichen Längenänderungen. Auch Stahl eignet sich für Gebrauchsmaßstäbe und unterliegt bei sorgfältiger Aufbewahrung und Behandlung auch kaum dem Rosten. Die metrologische Eignung der neuzeitlichen sog. rostfreien Stähle — meist mit erheblichem Chromgehalt — sind noch nicht genügend bekannt. Endlich sind Glasskalen mit geätzten Strichen für viele Zwecke recht geeignet. Zeitliche Änderungen sind indes bei ihnen nicht ausgeschlossen und es ist auch bei der schlechten Wärmeleitfähigkeit dieses Materials besondere Vorsicht bei der Temperierung notwendig.

Gibt man den Gebrauchsmaßstäben nicht den obenerwähnten biegungsfreien, sondern den billiger herzustellenden Rechteckquerschnitt, so ist es bei genaueren Messungen und größeren Intervallen unerläßlich, daß man den Stab in den BESSELschen Punkten unterstützt, d. h. an zwei Punkten der Länge L im Abstand 0,22 L von den Enden. Zur Lagerung eignen sich vorzüglich Nadeln, da sie dem Stab bei thermischen Änderungen gleichzeitig freie Beweglichkeit sichern. Die Stützlinien können auch mit dem Maßstab fest verbunden sein.

10. Endmaße. Durch die Bedürfnisse der Technik haben sich die Endmaße zu so hoher Vollkommenheit entwickelt, daß ihre Verwendung auch bei physikalischen Längenmessungen nur Vorteile bieten kann. Vor allem ist die Verwendungsfähigkeit der Endmaße durch Einführung der Zusammensetzbarkeit erweitert worden und damit der Hauptvorzug der Strichmaße, die beliebige Unterteilbarkeit, erreicht worden. Es ist zuerst JOHANSSON (1897) gelungen, die zusammensetzbaren Endmaße zu einem Meßmittel größter Präzision auszubilden. Nach seinem Vorbild haben sich Werkstätten aller Kulturstaaten um ihre weitere Verbesserung bemüht.

Die im Handel befindlichen Endmaße sind rechteckige Stahlkörper von meist 9×30 mm² Querschnitt; die kleineren Maße sind durchgehend gehärtet, die größeren nur an ihren Enden. Die maßgebenden Endflächen sind planparallel geschliffen und lassen sich aneinandersprengen, so daß man mehrere Endmaße zu einer bestimmten Maßlänge zusammensetzen kann. Vereinigend wirken dabei nach den bisherigen Untersuchungen die Molekularkräfte der feinen Flüssigkeitshäutchen auf den Planflächen. Vollkommen gereinigte und getrocknete Endmaße adhärieren nicht. Es ist unter Umständen notwendig, die Flüssigkeitsschicht durch Anhauchen oder Überwischen mit der Hand zu erzeugen, bevor man die Endmaße unter Druck und Drehung zum Haften bringt. Da die Genauigkeit der Endmaße (die „Toleranz"), ebenfalls nach dem Vorgang JOHANSSONS proportional ihrer Länge und zwar zu etwa 10^{-5} derselben abgestuft ist, verbürgt eine Vereinigung mehrerer Maße ungefähr die gleiche Toleranz wie ein einzelnes Endmaß von der gleichen Länge. Endmaße ersten Ranges werden jetzt mit einer Toleranz von $\pm 0{,}03\,\mu$ bei 10 mm Länge bis $\pm 0{,}5\,\mu$ bei 100 mm Länge hergestellt.

Die übliche Abstufung größerer Endmaßsätze in Millimeter ist folgende: 0,5; 1,000 bis 1,009 um 0,001 ansteigend; 1,10 bis 1,50 um 0,01 ansteigend; 2,0 bis 24,5 um 0,5 ansteigend; ferner 25, 50, 75, 100. Ein Endmaß von 25,399 mm Nennwert würde demnach entstehen durch Aneinandersprengen der drei Endmaße $23{,}00 + 1{,}39 + 1{,}009$.

Bis zur allgemeinen Einführung der plattenförmigen Endmaße, bediente man sich solcher zylindrischer Form, meist 20 mm starke Stahlstäbe mit gehärteten planparallelen Endflächen von etwa 6 mm Durchmesser. Es hat nicht an Versuchen gefehlt, auch diese Maße zusammensetzbar zu machen. So stellt man neuerdings zylindrische Endmaße her, die ein axiales Muttergewinde tragen, so daß mehrere Maße mittels kurzer, leichtgehender Gewindezapfen miteinander vereinigt werden können. Die Endflächen erstrecken sich bis zum Zylindermantel und sind infolge des Gewindeloches ringförmig. Behelfsmäßig kann man zwei oder mehrere zylindrische Endmaße in ein passendes gerades Metallrohr lagern. Für manche Zwecke, z. B. zur Ausmessung von Hohlzylindern sind zylindrische Endmaße mit sphärischen Endflächen zweckmäßig. Man kann sie als zylindrische Ausschnitte größter Länge aus einer Kugel betrachten. Der Kugelmittelpunkt liegt also im Volumenschwerpunkt des Endmaßes. Bei sorgfältiger Herstellung ist, innerhalb des am Maße vorhandenen Raumwinkels die Nennlänge von der Neigung des Endmaßes zu der zu messenden Strecke unabhängig.

Es ist unerläßlich, jeden Endmaßsatz selbst zu prüfen oder von amtlicher Stelle prüfen zu lassen. Die ermittelten Korrektionen haben zeitlich beschränkte Gültigkeit. Anlaß zu Änderungen geben vor allem die als Folge der Härtung auftretenden Gefügerückbildungen und die allmähliche Auslösung innerer Spannungen. Sie äußern sich überwiegend in Verkürzungen der Maße, nähern sich aber mit der Zeit asymptotisch dem Werte Null. Es ist daher allgemein üblich, die gröberen Änderungen bereits bei der Fertigung der Endmaße durch künstliche Alterung auszuschließen, etwa durch 12stündiges Erwärmen der gehärteten Stücke in einem Ölbad auf 150° und langsames Abkühlen (LEMAN und WERNER) oder durch oft abwechselnde Behandlung mit siedendem Wasser und Eiswasser (PRATT und WHITNEY). Eine vollständige Beseitigung der Nachwirkungserscheinungen ist indes nur bei wesentlich höheren Temperaturen möglich, aber unter gleichzeitiger Einbuße an Härte. Bei hohen Ansprüchen an Genauigkeit wird es zweckmäßig sein, die Prüfung der Endmaße von Zeit zu Zeit zu wiederholen.

Versuche, die Endmaße aus nachwirkungsfreiem Material herzustellen, sind wiederholt gemacht worden, aber ohne entscheidenden Erfolg. So hat man dafür verwendet: Gut gekühltes Glas, Quarz und Stellit, eine Kobalt-Chrom-Wolfram-Legierung von besonderer Härte.

b) Längenteilmaschinen.

11. Kopierteilmaschinen. Stattet man den Schlitten des Longitudinalkomparators mit einer Vorrichtung zum Ziehen von Teilstrichen (Reißerwerk) aus, so wird es möglich, eine vorhandene Strichteilung auf einen anderen Maßstabkörper zu übertragen. Dabei ist der Schlitten durch ein an ihm befestigtes Mikroskop schrittweise auf die Striche des Originalmaßstabes einzustellen und jedesmal das Reißerwerk zu betätigen. Der besondere Vorzug des Kopierverfahrens beruht darin, daß man die Teilungsfehler der Mutterteilung durch sinngemäßes Verstellen des Okularmikrometers am Einstellmikroskop vor der Übertragung berichtigen kann. Dabei ist natürlich besonders auf Konstanz der Temperatur zu achten (Ziff. 42—48).

12. Schraubenteilmaschinen. Wird die Schlittenbewegung eines Longitudinalkomparators durch eine Schraube bestätigt, so bezeichnet man die Anordnung als Schraubenteilmaschine. Wegen schwer auszuschaltenden fortschreitenden und periodischen Fehler der Schraube ist die erreichbare Teilungsgenauigkeit derjenigen des Kopierverfahrens unterlegen. Der Vorzug dieser Arbeitsmethode liegt in ihrer größeren Schnelligkeit und in der Möglichkeit, die Teilarbeit automatisch zu erledigen.

Die fortschreitenden Fehler der Teilschraube (s. Ziff. 60) kann man durch Anbringung einer besonderen Korrektionsvorrichtung wesentlich herabdrücken. Voraussetzung ist, daß diese Fehler — etwa durch Vergleichung mit einem geprüften Strichmaßstab — genau bestimmt sind. Setzt man den einfachsten Fall voraus, daß der fortschreitende Fehler über die ganze Länge der Schraube konstant ist, so wäre nur eine stetige proportionale Eigendrehung der Schraubenmutter nötig, um diesen Fehler auszugleichen. Im vorliegenden Sonderfall würde also ein zur Schraubenachse geneigtes Stahllineal, an dem ein mit der Mutter fest verbundener Hebel entlang gleitet, diese Eigendrehung der Mutter herbeiführen, wenn die Linealneigung der Größe und dem Vorzeichen des fortschreitenden Fehlers angepaßt ist. Die Verbindung der Mutter mit dem Schlitten muß demnach diese Drehung zulassen, ohne die Verschiebungsmöglichkeit zu beeinträchtigen. Da der fortschreitende Fehler bei längeren Schrauben durchaus nicht konstant zu sein pflegt, wird man dem Leitlineal die durch die ermittelte Fehlerkurve bedingte Form geben.

13. Interferenz-Teilmaschinen. Der Ausbau der interferometrischen Längenmessung durch MICHELSON, BENOÎT, FABRY und PEROT (Ziff. 6—7) hat dazu geführt, wandernde Lichtinterferenzen auch als Normalskale zur Herstellung von feinsten Strichteilungen zu benutzen. Interferenz-Teilmaschinen sind daher in einzelnen Fällen gebaut und in Gebrauch genommen worden. Der Vorzug derartiger Maschinen liegt in der Unabhängigkeit von Fehlern der Grundteilung. Es ist indes zu beachten, daß der Genauigkeit der Verkörperung des Lichtetalons bei der Aufbringung der Striche auf das Material gewisse mechanische Grenzen gesetzt sind.

14. Gitterteilmaschinen. Auf die Frage der Gitterteilungen soll hier nur insoweit eingegangen werden, als es sich um den Teilungsvorgang selbst handelt. Die Herstellung vollkommener, für feinste Spektralforschungen geeigneter Beugungsgitter stellt an die Präzision des Teilungsvorganges besonders hohe Anforderungen. Allgemeiner und auch in Einzelheiten bekannt geworden sind: die Gitterteilmaschine von H. A. ROWLAND[1]), deren Produkte außerordentliche wissenschaftliche Fortschritte gezeitigt haben und die jetzt im National Physical Laboratory aufgetellte Maschine von BLYTHSWOOD[2]). Beide Maschinen verwenden weitgehend korrigierte Schrauben zur Teilung und automatischen Antrieb. Auf die Kompensation der bei Gittern in hohem Maße störenden periodischen Schraubenfehler ist besonderer Wert gelegt.

Interferenz-Gitterteilmaschinen sind vereinzelt gebaut, aber in der Literatur noch nicht bekannt geworden.

15. Längenteilungen für Sonderzwecke. Für Rechenschieber und Nomogramme kann die behelfsmäßige Herstellung von Längenteilungen in Frage kommen. Am geeignetsten hierfür ist die Schraubenteilmaschine, deren Genauigkeit für solche Zwecke in der Regel ausreicht, weil derartige Teilungen meist nur mit Index abgelesen werden. Ein praktischer Ausweg ist auch die Herstellung photographischer Teilungen, da hierbei die beliebige Verkleinerung einer einmal hergestellten Musterteilung unter gleichzeitiger Herabdrückung der Fehler möglich ist. Es können auf diesem Wege z. B. Mikrometer- und Netzteilungen, sowie Wellenlängenskalen als Diapositive oder als Photoätzungen hergestellt werden (J. D. MÖLLER in Wedel in .Holstein).

---

[1]) H. A. ROWLAND, Phys. Papers 1902, S. 692; ZS. f. Instrkde. Bd. 35, S. 11. 1915.

[2]) BLYTHSWOOD, Coll. Res. Nat. Phys. Labor. Bd. 8, S. 215. 1912; ZS. f. Instrkde. Bd. 35, S. 75. 1915.

C. Die Längenmeßvorrichtungen.

a) Technische Grundlagen der Längenmeßvorrichtungen.

16. Geradführungen. Der Begriff der Länge an sich als begrenzte Gerade setzt als Haupterfordernis eine Geradführung voraus. In nahezu strengem Sinne läßt sich eine solche Führung verwirklichen, wenn man sie ableitet von der geradlinigen Ausbreitung des Lichtes. Man benutzt als Endpunkte der Geraden zwei Kollimatoren, im wesentlichen gleichartige astronomische Fernrohre mit gut beleuchteten Fadenkreuzen und auf Unendlich eingestellt. Sie werden so gelagert, daß sich beim Durchblick das eine Fadenkreuz mit dem Bild des anderen deckt. Die Übertragung der Autokollimationslinie auf die mechanische Anordnung des Instruments setzt voraus, daß die optische und mechanische Achse jedes Kollimators zusammenfallen. Man kann dann z. B. die Beobachtungsmikroskope starr mit dem einen Kollimator verbinden und ihre Stellung bzw. geradlinige Verschiebung dauernd mit dem anderen überwachen. Als mechanische Geradführungen verwendet man Kreiszylinder oder Prismen in Paarung mit ihren Umhüllungsformen. Die Zylinderführung hat den Vorzug besonders genauer Herstellbarkeit. Die Umhüllungsform (der Schlitten) bedarf indes zum Ausschluß eines Freiheitsgrades einer Stütze etwa in Gestalt eines zweiten zur Hauptführung achsenparallelen Zylinders oder einer Ebene. Mit dem gleichen Erfolg wird auch die kinematische Umkehrung der Zylinderführung verwendet: ein offener Hohlzylinder, in dem sich der gestützte Vollzylinder als Schlitten bewegt. Prisma und Hohlprisma haben den Vorteil nur eines Freiheitsgrades. Ihre mechanische Herstellung ist jedoch bei hohen Ansprüchen schwieriger, weil Führung und Stützung starr miteinander verbunden sind. Die Prüfung der Geradführung kann durch Autokollimation oder durch auf dem Schlitten angebrachte Kreuzlibellen parallel und senkrecht zur Führung erfolgen; auch Neigungsmessungen an einem auf dem Schlitten befestigten Spiegel mittels Fernrohr und Skale sind in Anwendung gekommen.

Der Schwierigkeit, bei den Geradführungen Fehler zu vermeiden, kann bei vielen Längenmeßvorrichtungen begegnet werden durch Anwendung des erstmals von ABBE (1890) ausgesprochenen und benutzten Prinzips: „Die Meßapparate sind so anzuordnen, daß die zu messende Strecke die geradlinige Fortsetzung der als Maßstab dienenden Teilung bildet.“ Liegen nämlich Objekt und Maßstab nebeneinander, so müssen sie abwechselnd durch eine Parallelverschiebung unter die Mikroskope gebracht werden. Es ist jedoch dabei sehr schwierig, eine geringe gleichzeitige Drehung auszuschließen. Die hierbei auftretenden Meßfehler werden durch die ABBEsche Anordnung wesentlich vermindert.

17. Vergrößerungsmittel. Die bei allen Längenmessungen höherer Genauigkeit notwendigen Vergrößerungseinrichtungen sind bekanntlich mechanischer oder optischer Art bzw. gemischter Bauart. Zur ersten Art zählen die Fühlhebel einfachster Form: im Grundgedanken zweiarmige ungleicharmige Hebel mit möglichst großem Übersetzungsverhältnis. Da der kurze Hebel nur sehr kleine Bewegungen zu machen hat, kann der Unterschied zwischen Bogen- und Sehnenweg vernachlässigt werden. Der Übersetzung sind Grenzen gesetzt durch die am kurzen Schenkel auftretenden starken Kräfte, sowie durch die auf Handlichkeit zu beschränkende Länge des Zeigerarmes. Eine Steigerung der Empfindlichkeit ist jedoch noch durch Vereinigung von zwei Fühlhebeln möglich.

GAMBEY hat den Fühlhebel zum Fühlniveau ausgebaut, indem er den Zeigerarm durch eine empfindliche Röhrenlibelle (Kap. 2, Ziff. 58) ersetzte. Ein optischer Fühlhebel entsteht, wenn man als Zeigerarm einen Spiegel benutzt und die Bewegung eines reflektierten Lichtstrahles oder einer gespiegelten Skala beobachtet. Eine Verfeinerung der Fühlhebelablesung ist ferner durch Lupen- oder Mikroskopablesung möglich.

Verbreiteter als der Fühlhebel ist das Meßmikroskop. Mit Rücksicht auf seine besondere Verwendung für Längenmessungen sind folgende Einzelheiten zu beachten. Der Haupttubus muß Zylindergestalt haben, um die genaue Zentrierung der optischen Achse in die mechanische zu ermöglichen. Als Gesamtvergrößerung kommt je nach der zuverlässigen Messungsunsicherheit und der Strichgüte etwa eine 20- bis 120fache in Frage. Zu starke Vergrößerung ist zu vermeiden, weil in diesem Falle nur kurze Strichelemente zur Einstellung gelangen, deren Wiederauffindung bei wiederholten Messungen schwierig ist. Zu beachten ist, daß man tunlichst mit der gleichen Vergrößerung mißt, mit der die Strichkorrektionen des benutzten Maßstabes ermittelt wurden. Die Vergrößerung muß zur sicheren Abstimmung des Meßschraubenwertes fein einstellbar sein, durch Längsverschiebung des Objektivauszuges oder des Okulartubus samt Mikrometer. Änderungen der Vergrößerung müssen ausgeschlossen sein. Bei starker Vergrößerung muß künstliche Beleuchtung der Einstellobjekte vorgesehen sein, entweder als Innenbeleuchtung der Mikroskope (Einschaltung einer planparallelen Platte unter 45° zur Achse) oder als Außenbeleuchtung (Zuführung von reflektiertem Licht in die zur Maßstabebene schwach geneigten Mikroskope). Das auf die Teilung fallende Licht muß möglichst diffus sein und unveränderliche Inzidenz haben, weil sonst scheinbare Strichverlegungen durch Schatten auftreten können. Günstige Einstellungen gibt bei Verwendung von Teilungen auf Glas durchfallende Beleuchtung von unten. Die gleich günstige Beleuchtung von Glasteilungen bei Lichtzuführung von oben erreicht man nach PULFRICH[1]) auf folgende Weise. Die Unterseite des Maßstabkörpers ist seitlich als sphärischer Spiegel ausgebildet. Die von oben in das Glas eindringenden Lichtstrahlen werden an der Spiegelfläche reflektiert und gehen senkrecht durch die Teilungsebene nach oben in das Mikroskop. Dabei ist der Einfallwinkel der Beleuchtung so gewählt, daß keine störenden Reflexe auf der Teilungsebene entstehen. Grünfärbung der Beleuchtung durch Gelatinefilter verbessert die chromatische Abweichung der Okulare. Die Okularöffnung der Mikroskope muß dem Beobachter in bequemer Kopfhaltung zugänglich sein. Das ist der Fall bei gebrochenen Okularen. Die Verwendung einer Stirnstütze, die natürlich vom Instrument unabhängig sein muß, erhöht die Güte der Einstellungen wesentlich.

18. Okular-Schraubenmikrometer. Die Messung der in der Regel sehr kleinen Längenunterschiede zwischen Maßstab und Prüfobjekt erfolgt fast ausnahmslos mit dem Okular-Schraubenmikrometer. Das erste Instrument dieser Art ist von WILLIAM GASCOIGNE (um 1640) gebaut worden. Fast gleichzeitig veröffentlichte AUZOUT (1666) ein Fadenmikrometer einfacher Bauart. Neuere Formen stammen u. a. von TROUGHTON, FRAUNHOFER, A. REPSOLD und C. BAMBERG.

Abb. 8 zeigt ein BAMBERGsches Mikrometer. Danach ist das Muttergewinde für die mit der Ablesetrommel versehene Meßschraube in dem Schlitten angeordnet, einem sorgfältig geführten Rahmen, der zugleich die Einstellmarken trägt. Zwei symmetrisch zur Schraubenachse liegende, auf Drähten geführte

[1]) C. PULFRICH, ZS. f. Instrkde. Bd. 27, S. 372. 1907.

Schraubenfedern, die sich einerseits gegen die feste Wand des Mikrometerkastens, andererseits gegen den Schlitten stützen, sichern durch die gleichmäßige Berührung zwischen Schraube und Mutter gegen toten Gang und halten die nahe der Trommel liegende Ansatzfläche der Schraube gegen die Querwand des äußeren Rahmens. Die Ganghöhe der Meßschraube wählt man möglichst klein, meist 0,25 mm oder 0,20 mm. Die Trommelteilung ist meist hundertteilig, so daß Tausendstel der Schraubenumdrehung geschätzt werden. Der Parswert des Mikrometers ist von der gewählten Objektivvergrößerung abhängig. Über die Prüfung der Meßschrauben s. Ziff. 59—62.

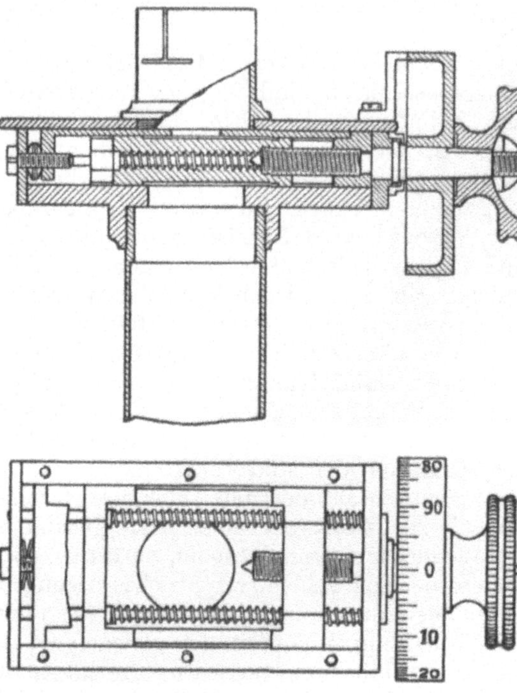

Abb. 8. Okularmikrometer nach C. BAMBERG. (Querschnitt und Innenansicht.)

Die Einstellmarke des Meßmikroskops ist dem vorliegenden Objekt anzupassen. Zur Einstellung von Strichmarken verwendet man ausgespannte feinste Spinnen-Kokonfäden, am besten paarweise in einem Abstand, der beim Einstellen zu beiden Seiten des Strichbildes schmale Lichtstreifen frei läßt; wenn nötig auch mehrere Fäden in wachsendem Abstand für verschiedene Strichstärken. Vorteilhafter sind auf gläserne Diaphragmen geätzte schwarze Strichmarken, denen man mit größerer Sicherheit als bei Fäden einen vorgeschriebenen Abstand geben kann. Die Ätzung erlaubt auch die Herstellung von Ablesemarken in Form einer periodisch unterbrochenen Geraden, um z. B. Körperkanten einzustellen. Eine praktische Strichmarke (ZEISS) zeigt Abb. 9. Sie erlaubt Einstellungen mit einem einfachen Strich in der Plattenmitte oder mit drei Doppelstrichen verschiedenen Abstandes oberhalb und unterhalb der Plattenmitte.

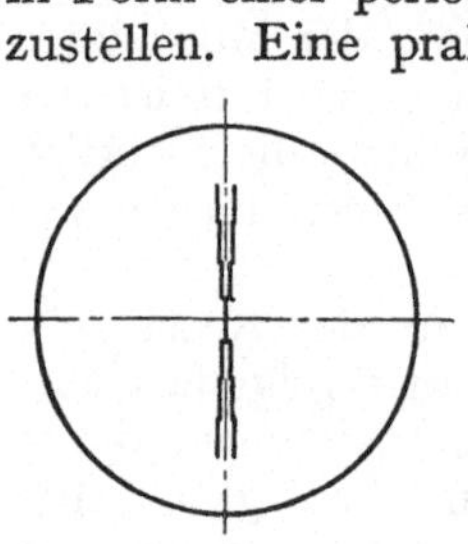

Abb. 9. Ablesemarke für verschiedene Strichstärken nach ZEISS.

Die Ablesetrommeln der Mikroskope sollen ganz reflexfrei sein. Geeignet sind schwarze Striche auf mattweißem Grund oder umgekehrt. Eine Lupe über den Trommelindex ist zweckmäßig. Registriervorrichtungen für die Ablesung der Mikrometertrommeln haben u. a. angegeben H. C. VOGEL[1]) und REPSOLD[2]).

19. Der Vernier oder Nonius. Der Vernier oder Nonius (PEDRO NUÑEZ 1542 bzw. PIERRE VERNIER 1631 zugeschrieben) ist bekanntlich eine dem Strichmaßstab parallele Hilfsskale zur Ablesung von Bruchteilen des Maßstabintervalles. Bezeichnet man letzteres mit t, und gibt man der Hilfsskale $n \cdot v$ Intervalle, so gilt

[1]) H. C. VOGEL, ZS. f. Instrkde. Bd. 1, S. 391. 1881.
[2]) E. BECKER, Theorie der Mikrometer, S. 62, Breslau 1899.

$n \cdot v = (n \pm 1)t$. Für die Ablesung von Zehnteln des Maßstabintervalles ist sonach die Länge von 9 bzw. 11 solchen Intervallen auf der Hilfsskala in 10 Teile geteilt. Rechtläufige Bezifferung der Hauptteilung vorausgesetzt, liegt für $n+1$ der Noniusnullpunkt rechts (vortragender Nonius), für $n-1$ links (nachtragender N.). Die Ablesung des Nonius wird folgendermaßen vorgenommen. Man liest zuerst die Ordnungszahl des vor dem Nonius-Nullpunkt gelegenen Hauptteilungsstriches ab, dann die Ordnungszahl des mit einem Strich der Hauptteilung koinzidierenden Nonius-Striches. Die letztere ist der Zähler des gesuchten Bruches mit dem Nenner n.

Außer $n = 10$ findet man $n = 20$, 50 und ausnahmsweise 100. Mit wachsendem n muß die Strichdicke abnehmen, um einwandfreie Koinzidenzen zu erhalten. Da bei Nonien mit großem n zur Feststellung der Koinzidenz auch die benachbarten Striche beobachtet werden müssen, gibt man dem Nonius an beiden Seiten noch eine Überteilung von 2 bis 3 Strichen.

b) Komparatoren.

Für Längenmessungen höchster Genauigkeit verwendet man die Transversal- und Longitudinalkomparatoren. Die Wahl einer der beiden Arten ist von den besonderen Anforderungen des Meßzweckes abhängig.

20. Transversalkomparator. Die Transversalanordnung stellt einen feststehenden optischen Stangenzirkel dar, unter dessen beiden Mikroskopen ein Wagen mit zwei horizontal und vertikal verschiebbaren Tischen so angeordnet ist, daß die zu vergleichenden Maßgrößen abwechselnd unter die Mikroskope gefahren werden können. Da zur mechanischen Durchführung dieser Verschiebung eine verhältnismäßig kurze Geradführung nötig ist, die zudem bei zunehmender Maßlänge unverändert bleibt, können nur kleine Führungsfehler und Drehungen auftreten. Sie können durch Vertauschung der Maßkörper auf den Tischen eliminiert werden. Große Instrumente sind deshalb meist mit einer Drehscheibe für den Komparatorwagen ausgerüstet, durch die gleichzeitig eine Seitenvertauschung der Einstellobjekte möglich wird. Transversalkomparatoren vollkommener Bauart dienen vor allem den Anschluß- und Kontrollmessungen der staatlichen Meßlaboratorien, so z. B. in der Abteilung für Maß und Gewicht der Physikalisch-Technischen Reichsanstalt[1]). Einfachere Instrumente dieser Art sind auch für physikalische Längenmessungen besonders geeignet.

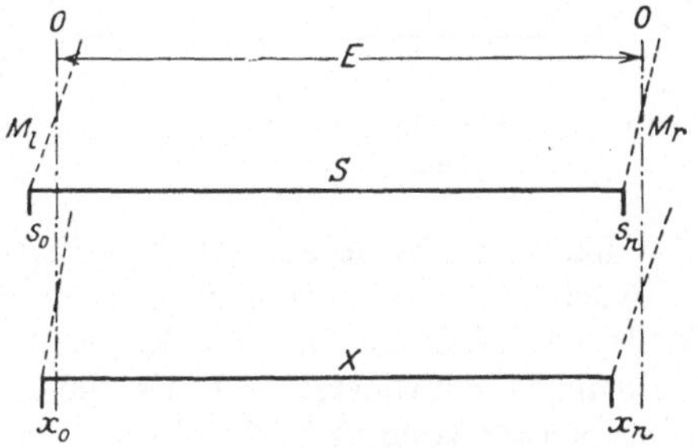

Abb. 10. Berechnungsschema des Transversalkomparators.

Abb. 10 zeigt das Schema des Transversalkomparators. Die Achsen O der beiden Meßmikroskope M_r und M_l haben den festen Abstand E. Die beiden Längen S und X werden nacheinander unter die Mikroskope geführt und ihre Strichmarken eingestellt. Es ist angenommen, daß die beiden Mikroskope rechts stehen und mit ziehender Schraube positive Ablesungen geben. Es ist dann $E = X - x_0 + x_n = S - s_0 + s_n$, somit $X = S + (x_0 - s_0) - (x_n - s_n)$.

21. Longitudinalkomparator. Der Longitudinalkomparator arbeitet mit ruhenden Objekten und längs der Meßgeraden beweglichen Mikroskopen oder

[1]) W. Kösters, Wissenschaftl. Abhandl. d. K. Normal-Eichungs-Komm. Bd. 8, S. 87. 1912.

mit der umgekehrten Anordnung. Die Verschiebungsgröße hängt also von der Länge des zu messenden Gegenstandes ab. Die längere Führung gibt leicht Anlaß zu Drehbewegungen der Mikroskopachsen und damit zu Meßfehlern, wenn die Durchführung des ABBEschen Prinzips (Ziff. 16) aus äußeren Gründen nicht möglich ist. Ein Vertauschen der Lage von Maßstab und Objekt relativ zur Führung, sowie die Vorsichtsmaßregel, beide Längen möglichst nahe beieinander und in gleicher Höhe zur Führung zu lagern, kann den Einfluß der Führungsfehler wesentlich herabdrücken.

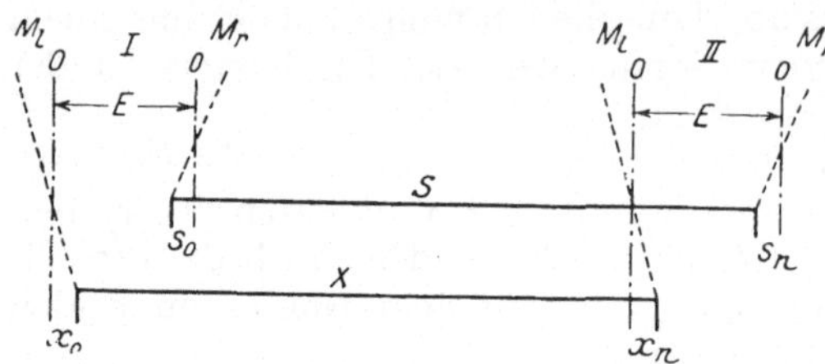

Abb. 11. Berechnungsschema des Longitudinalkomparators.

Das Berechnungsschema des Longitudinalkomparators mit beweglichen Mikroskopen geht aus Abb. 11 hervor. Die beiden Mikroskope M_l und M_r, deren Achsen O den festen Abstand E haben, werden in den Stellungen I und II auf die Objekte X und S eingestellt. Die Trommelstellungen seien gegenläufig und mögen positive Ablesungen bei ziehender Schraube geben. Der Achsenabstand $M_l I/M_r II$ läßt sich zweimal ausdrücken zu

$$x_0 + X - x_n + E = s_n + S - s_0 + E.$$

Daraus folgt

$$X = S + (x_n + s_n) - (x_0 + s_0).$$

Eine ältere Bauart des Longitudinalkomparators (C. REICHEL) vereinfacht die Mikroskopablesung dadurch, daß beide Mikroskope in einem gemeinsamen Meßschlitten mikrometrisch verschiebbar angeordnet sind, eine Anordnung, die zeitsparend und für Messungen zweiten Ranges ausreichend ist. Abb. 12 zeigt das Berechnungsschema dieses Komparators. Es ist wieder Rechtslage der Trommel und positive Ablesung bei ziehender Schraube vorausgesetzt. Aus der Abbildung folgt

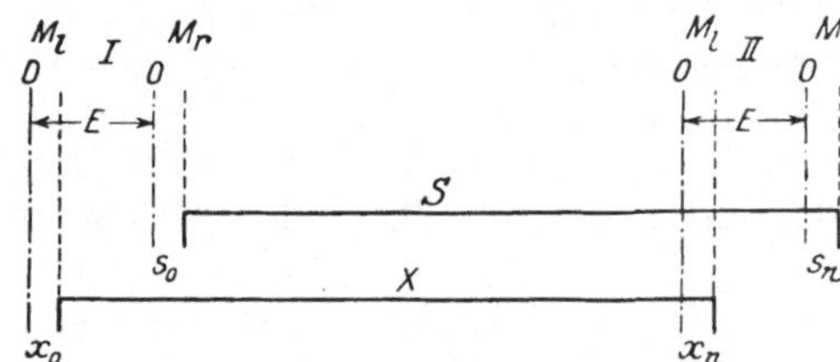

Abb. 12. Berechnungsschema des REICHELschen Komparators.

$$x_0 + X - x_n + E + s_n = S + s_0 + E$$

und weiter

$$X = S + (s_0 - x_0) - (s_n - x_n).$$

22. Kathetometer. Als Vertikalkomparatoren zur Messung vertikaler oder schwach geneigter Strecken können die Kathetometer angesehen werden. Ihre Meßgenauigkeit ist beschränkt, weil die technische Ausführung der vertikalen Führungen schwieriger ist als die der horizontalen und weil außerdem noch eine Schwenkung um die Vertikalachse gefordert wird. Dem Kathetometer fehlt deshalb die feste und starre Justierung der Horizontalinstrumente. Auch der Temperatureinfluß der Umgebung ist der unvermeidlichen Schichtungen wegen besonders ungünstig. Zu beachten ist auch, daß bei Kathetometern hohen Meßbereiches der Vergleichsmaßstab elastische Verlängerungen erfahren kann, wenn er nicht in seiner Längenmitte festgelegt ist. Trotz solcher Mängel ist das Kathetometer für viele physikalische Beobachtungen, z. B. an Flüssigkeitsmanometern oder Luftthermometern unentbehrlich, schon weil es, bei Verwendung des Fernrohres statt des Mikroskopes, größere Entfernungen zu überbrücken gestattet.

Die Grundanordnung entspricht beim Vorhandensein von zwei Mikroskopen, die bei konstantem Abstand abwechselnd auf den mit der Führung fest verbundenen Maßstab und auf das Objekt gerichtet werden, ungefähr der des Transversalkomparators. Das Longitudinalprinzip liegt vor, wenn nur ein Mikroskop eingebaut ist, das zwischen den Streckengrenzen verschoben werden muß.

Bemerkenswerte Kathetometerkonstruktionen stammen von der Société Genevoise. Besonders verbreitet ist das Kathetometer von R. FUESS (1886). FUESS verwendete einen zu der zylindrischen Vertikalführung parallelen Glasmaßstab, der durch einen Schlitz des Meßrohres zur Hälfte in die Diaphragmenebene des Okulars hineinragt. In der freien Hälfte des Gesichtsfeldes kann somit das Objekt eingestellt werden. Die Anordnung hat den großen Vorteil, daß man das Meßrohr durch Austausch des Objektivs nach Wunsch als Mikroskop oder Fernrohr verwenden kann.

Ein von F. BRAUN (1890) konstruierter Komparator, der beliebige Neigungen der Meßstrecke zur Horizontalen zwischen 0 und 90° erlaubt, hat sich nicht eingebürgert.

WADSWORTH[1]) (1896) hat auf den Widerspruch zwischen Preis und Leistung des Kathetometer besonders hingewiesen und für die Messung von vertikalen Strecken folgende einfache Anordnung empfohlen. Meßobjekt und Maßstab sind parallel zueinander in demselben Stativ befestigt. Beobachtet wird mit einem nur grob verschiebbaren Meßfernrohr, in das man durch einen am Objektiv drehbaren Planspiegel abwechselnd die einzustellenden Marken reflektiert.

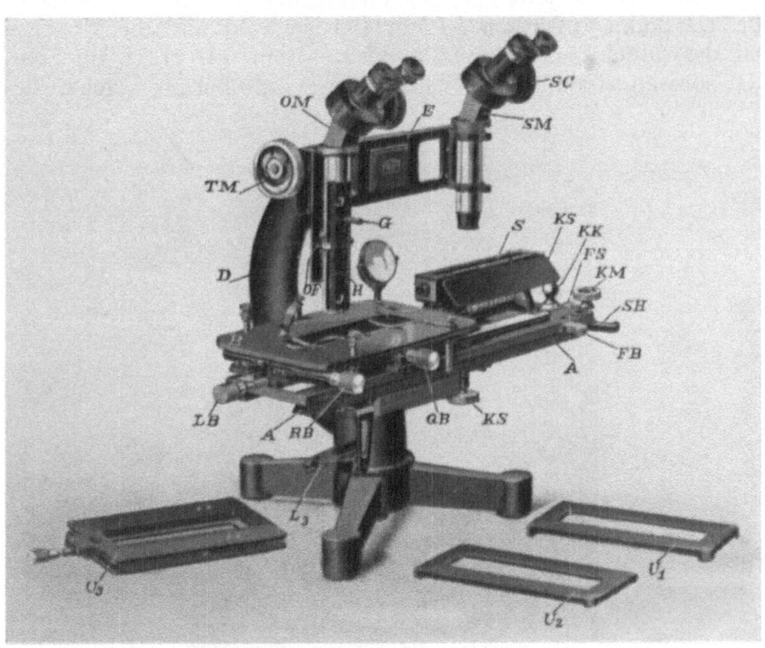

Abb. 13. ABBEscher Komparator. (ZEISS.)

23. ABBEscher Komparator. Als typisches Beispiel für einen neuzeitlichen Komparator sei eine Ausführung von ZEISS vorgeführt. Das in Abb. 13 dar-

[1]) F. L. O. WADSWORTH, Sill. Journ. Bd. 1, S. 41. 1896.

gestellte Instrument hat ein Meßbereich von 100 mm und gestattet die Ausmessung von Teilungen, Gittern, Linienspektren, kurz solcher Strecken, deren Grenzen sich mit dem Mikroskop einstellen lassen. Die Grundanordnung trägt dem ABBEschen Prinzip Rechnung, daß Maßstab und zu messende Strecke in einer Geraden liegen. Der Schlitten AA von etwa 300 mm Länge führt sich auf einem passenden Prismenkörper, der in der Abbildung nicht sichtbar ist; er kann verschoben werden von Hand mittels KK bzw. FB oder fein mit der Schraube FS, die in einem nach Lösung der Schraube KM abschaltbaren Hebel gelagert ist. Mit KS kann der Schlitten A ganz festgestellt werden. Die 100 mm lange Strichskala S ist in der Fassung KS gelagert und mit einem Thermometer versehen. Daneben liegt der durchbrochene Objekttisch B. Die Rahmen U_1 und U_2 können wie U_3 zur Erhöhung der Objektebene in die Ebene der Skalenteilung dienen. Der Tisch B ist mit Feinstellungen zur Längsverschiebung (LB), Querverschiebung (QB) und Drehung (RB) versehen. Spiegel L_3 erlaubt die Beobachtung im durchfallenden Licht; der Spiegel unter G liefert die Skalenbeleuchtung. An dem kräftigen, zugleich als Handhabe gedachten Arm D sitzt der Mikroskophalter E mit dem festen Skalenmikroskop SM und dem mit Triebknopf TM auf und ab bewegbaren Objektmikroskop OM. Der Maßstab ist in Zehntelmillimeter geteilt; die hundertteilige Trommel SC des Schraubenmikrometers hat demnach 0,001 mm Intervallwert. Das Objektmikroskop ist mit veränderlicher Vergrößerung (5- bis 25 fach) versehen; sein Objektiv ist deshalb an einem besonderen Halter JJ befestigt. Der Index G zeigt an der Skale H die jeweilige Gesamtvergrößerung an. Nach Lösung des Verschlusses OF kann außerdem JJ um 180° gedreht und die Verschiebungsmöglichkeit des Objektivs erweitert werden. Auch OM trägt ein Schraubenmikrometer, dessen Trommelwert für jede Vergrößerung genau bestimmt

Abb. 14. Kleine Längenteilmaschine für den Laboratoriumgebrauch. (G. KESEL G.m.b.H. in Kempten i. Allg.)

werden muß, indem man den Hauptschlitten soweit verschiebt, daß das linke Ende der Skale S im Gesichtsfeld von OM einstellbar ist.

24. Längenteilmaschine für Laboratoriumsgebrauch. Abb. 14 stellt eine Schraubenteilmaschine für Teilungen bis 100 mm Länge, Bauart GEORG KESEL, G. m. b. H., in Kempten dar. Die Teilbewegung erfolgt durch eine Meßschraube von 2 mm Ganghöhe. Die Schaltung erfolgt von Hand entweder durch die direkt angreifende Kurbel, unter Benutzung der großen Teiltrommel, oder nach Einschaltung einer Wurmschraube mit der rechts unten sichtbaren Kurbel und Teiltrommel. Die Haupttrommel ist in 200 Teile geteilt, die am Vorgelege in 100 Teile, so daß man mit den Intervallwerten 0,01 mm bzw. 0,0001 mm arbeiten kann. Das Reißerwerk ist auf einem in der Höhe verstellbaren Tisch angeordnet. Als Zusatzapparate sind vorgesehen: ein nach Maß drehbarer Tisch, z. B. für Diaphragmenteilungen, der auf dem Teilschlitten befestigt werden kann, ein Einstellmikroskop und eine Graviereinrichtung für die Herstellung von Bezifferungen.

25. Plattenmeßapparat. Als Ausführungsform eines Schraubenkomparators ist in Abb. 15 ein Plattenmeßapparat (Askaniawerke A.-G.-Bambergwerk) wiedergegeben. Er ist in erster Linie zur Ausmessung von Spektren

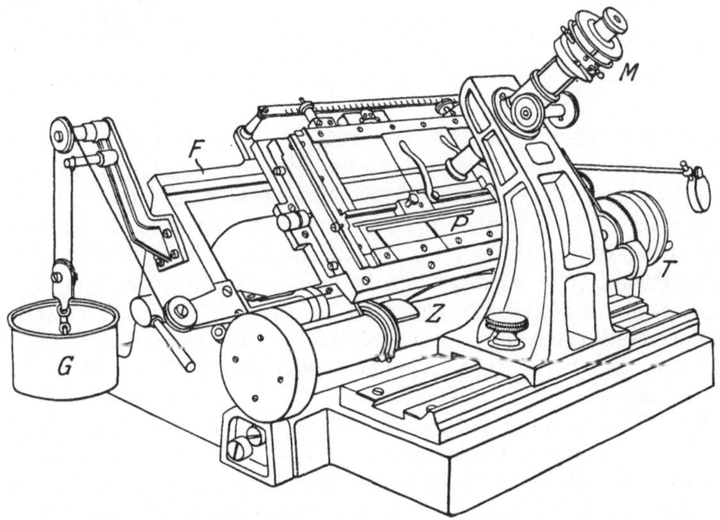

Abb. 15. Platten-Meßapparat. (Askaniawerke A. G. Bambergwerk in Berlin-Friedenau.)

bestimmt und deshalb nur mit einer Meßbewegung ausgerüstet. Als Führung für den verschiebbaren Plattenhalter P dient der geschliffene Stahlzylinder Z, als Stütze die zu ihm parallele Führung F. Meßorgan ist eine Feinschraube, deren Ablesetrommel T auf der rechten Seite des Instruments sichtbar ist. Die Trommel ist dreiteilig für die Angabe der Zentimeter, Millimeter und Bruchmillimeter und zwar werden die Einzeltrommeln durch Zehnerübertragungen selbsttätig fortgeschaltet. Das Gegengewicht G sichert gegen den toten Gang der Schraube. Die Einstellung der Objekte erfolgt durch das feste Mikroskop M.

c) Interferenzkomparatoren.

Die Anwendung von Lichtinterferenzen zu genauen Längenmessungen für wissenschaftliche und technische Zwecke hat eingesetzt, nachdem es gelungen war, Endmaße herzustellen, deren Vollkommenheit mit der Empfindlichkeit der interferometrischen Methode in Einklang stand und zwar beschränkte man sich zunächst auf Apparate für Vergleichsmessungen.

26. Interferenzkomparator von GÖPEL. Abb. 16 zeigt die grundsätzliche Anordnung[1]) dieses Komparators. Das erste der zu vergleichenden Endmaße nahezu gleicher Länge (E_1) ist in die V-förmige Nut eines starren, widerstandsfähigen Bettes aus Eisen gelagert. Es stützt sich einerseits gegen den durch die Schraube S gehaltenen harten Anschlagzylinder A und wird auf der anderen Seite von einem ähnlichen Zylinder berührt, der unter der Wirkung des Gewichts G_b die Lage von E_1 sichert. A und B tragen an der Innenseite bei a und b optisch plane und achsensenkrechte Flächen von nur 1,5 mm Durchmesser. Rechts

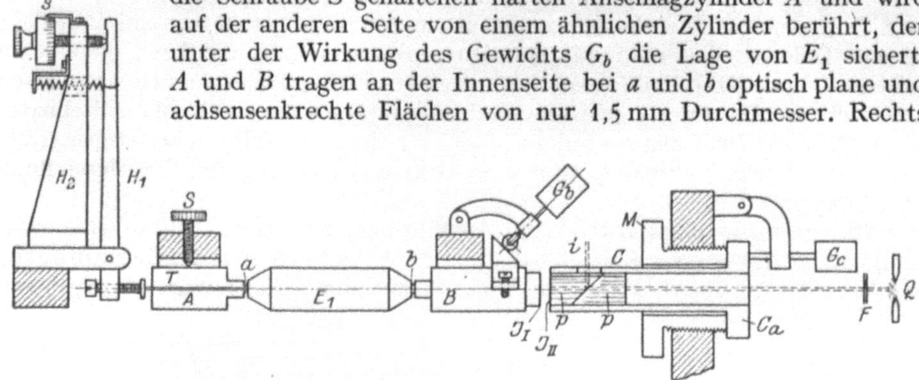

Abb. 16. Schema des Interferenzkomparators von GÖPEL.

von B liegt in der Nut ein geschliffenes Stahlrohr C, in dem das Interferenzprisma eingebaut ist, bestehend aus zwei verkitteten Einzelprismen pp, deren eine Hypotenusenfläche durchsichtig versilbert ist. Rechts legt sich der Flansch C_a unter Druck des Gewichtes G_c gegen den planen Fuß einer Hohlschraube M aus hartem Stahl. Eine Quecksilber-Bogenlampe Q wirft durch das Filter F monochrometisches Licht in das Prisma. Es wird an den beiden, schwach gegeneinander geneigten Planflächen $J_I J_{II}$ reflektiert. Die interferierenden Strahlen treten nach Reflexion an der versilberten Hypotenusenfläche bei i aus einer an p angeschliffenen Fläche aus und werden dort beobachtet. Ein den Zylinder A durchsetzender Stahlstift T kann von dem mit einer feingängigen Schraube bedienten Mikrometer $H_1 H_2$ langsam nach rechts verschoben werden und bewegt dabei das Endmaß E_1 samt Zylinder B vor sich her. An einer Punktmarke auf der Planfläche J_I zählt man die Anzahl der vorbeiwandernden Interferenzstreifen, deren Bewegung zum Stillstand kommt in dem Augenblick, wo J_I die Prismenfassung berührt, weil dann auch das Prismenrohr an der Verschiebung teilnimmt. Damit man ein Minimum von Streifen zu zählen hat, wird der Spalt $J_I J_{II}$ nach Einlegen des größeren der beiden zu prüfenden Endmaße auf wenige tausendstel Millimeter verengt, indem man die Anschlagmutter M sinngemäß verstellt. Die Differenz der beim Einlegen der Endmaße E_1 und E_2 ermittelten Spaltbreiten in halben Wellenlängen ergibt den Längenunterschied der Endmaße. Durch Schätzen von Bruchteilen der Streifenbreite läßt sich große Genauigkeit erzielen. Der Komparator ist für zylindrische und plattenförmige Endmaße bis zu 500 mm Länge eingerichtet und mit einer sicher wirkenden Temperierung versehen, die für die Vergleichung größerer Längen unbedingtes Erfordernis ist.

27. Interferenzkomparator von KÖSTERS. Zur Vergleichung von Plattenendmaßen bis etwa 100 mm Länge hat CARL ZEISS nach KÖSTERS Angaben

---

[1]) F. GÖPEL, ZS. f. Instrkde. Bd. 40, S. 3. 1920.

einen mechanisch einfachen Interferenzkomparator[1]) gebaut, der schematisch in Abb. 17 dargestellt ist. Die zu vergleichenden Endmaße $E_1 E_2$ werden nebeneinander auf eine horizontierbare plane Quarzplatte aufgesprengt. Von einer Lichtquelle L fällt monochromatisches Licht, durch eine Kondensorlinse A parallel gemacht, in das Interferenzprisma, wird an ab zurückgeworfen, durchsetzt die durchlässig versilberte Trennungsschicht ac und fällt durch de auf die beiden planen Endmaßflächen. Die zwischen letzteren und der wenig gegen sie geneigten Ebene de entstehenden Interferenzstreifen gleicher Dicke werden durch das Fernrohr F beobachtet. Der Interferenzvorgang wird aus Abb. 18 deutlich. H entspricht der Ebene de in Abb. 17, $ABEF$ und $A'B'E'F'$ stellen die End-

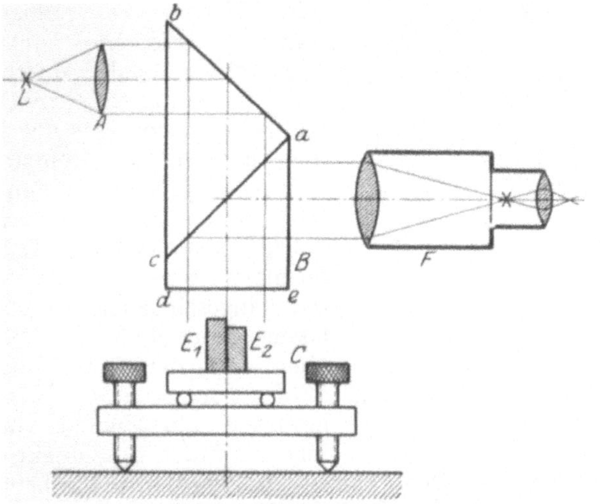

Abb. 17. Schema des Interferenzkomparators von KÖSTERS.

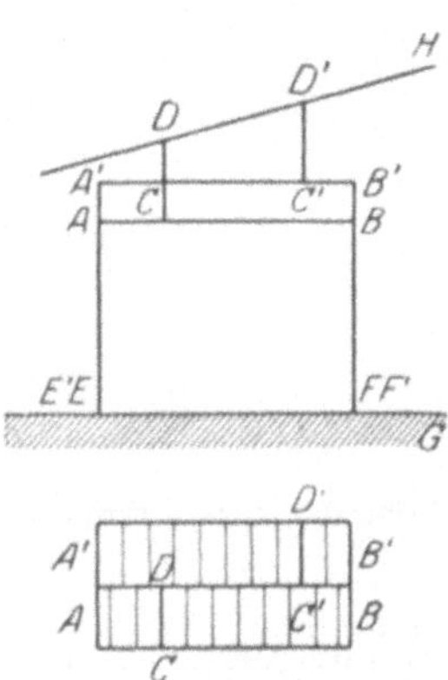

Abb. 18. Messungsprinzip im Interferenzkomparator.

maße dar. Da Interferenzstreifen gleicher Dicke entstehen, entspricht einem Streifen D über AB immer ein zweiter Streifen D' über $A'B'$ von gleicher Ordnungszahl, deren Abstand bei Verwendung einfarbigen Lichtes jedoch nicht zu ermitteln ist. Er wird jedoch sichtbar, wenn man das Licht eines Linienspektrums verwendet und so farbige Streifen erzeugt, deren Töne eine Unterscheidung der Streifen gleicher Ordnungszahlen zuläßt. Legt man die Lage von zwei benachbarten Strichen gleicher Färbung durch Einstellen mit verschiebbaren Mikrometerfäden fest und leitet darauf wieder einfarbiges Licht in das Prisma, so kann man die zwischen den Fäden liegenden dunklen Streifen auszählen und so die Differenz der Endmaße in $\lambda/2$ feststellen. Infolge kleiner Neigungsfehler der Endflächen verlaufen die Streifen selten in der strengen, in Abb. 18 dargestellten Regelmäßigkeit. Dadurch, daß man durch passende Neigung des Quarztisches den Streifen auf beiden Endmaßflächen abwechselnd systematische Richtung gibt, sowie durch Umsetzen der Maße, kann die Vergleichung noch wesentlich verfeinert und gleichzeitig die Abweichung der Endflächen vom Parallelismus bestimmt werden. Die Entscheidung darüber, welches der beiden Endmaße das größere ist, gibt die Richtung, in der die Streifen wandern, wenn man das Prisma sanft nach unten drückt.

Der Komparator erlaubt gleichzeitig absolute Längenmessungen in $\lambda/2$ vorzunehmen. Der Gang solcher Messungen soll bei der Besprechung eines neueren Instruments (Ziff. 28) erläutert werden.

[1]) W. KÖSTERS, Feinmechanik Bd. 1, S. 2, 19, 39. 1922.

28. Interferenzkomparator von KÖSTERS für absolute Messungen. Während das unter Ziff. 27 besprochene Instrument in erster Linie zu Vergleichsmessungen dient, ist der Interferenzkomparator in der neuesten von CARL ZEISS gebauten Form gleichzeitig zu absoluten Messungen an Endmaßen geeignet. Abb. 19 zeigt den Strahlengang sowie die mechanischen Grundzüge der Anordnung. Abb. 20 die äußere Form des Instruments. Das monochromatische Licht eines Geißlerrohres C beleuchtet einen wagerechten Spalt, durchsetzt, durch das Objektiv O_1 parallel gemacht, das durch die Schraube M drehbare Dispersionsprisma Pr und fällt, unter 90° abgelenkt, auf die von zwei schwach keilförmigen, ebenen Glasplatten eingeschlossene durchlässige Metallschicht Pl. Hier wird der Strahl zur Hälfte nach den Spiegel S_1 geworfen und gelangt von hier aus durch das Objektiv O_2 und die Blende B in das Auge des Beobachters. Es wird also wie beim MICHELSONschen Interferometer ein virtuelles Bild der Ebene S_1 in R erzeugt. Dort wird auch ein auf S_1 angebrachtes Strichkreuz als Einstellmarke sichtbar. Die andere Hälfte des Lichtstrahles geht durch die halbdurchlässige Schicht Pl und fällt auf die obere Fläche S_2 des Endmaßes E, sowie auf die Tischebene Q, auf welche E aufgesprengt ist. Nach Reflexion an S_2 und Q wird der Teilstrahl durch die Spiegelschicht ebenfalls nach B abgelenkt. Bei geeigneter Neigung der Ebenen S_2 und Q zur Referenzebene R entstehen zwei Systeme von FIZEAUschen Streifen durch die Gangunterschiede zwischen R und S_2 bzw. R und Q, aus deren gegenseitiger Verschiebung die Länge von E bestimmt werden kann. Bedingung ist, daß S_1 senkrecht zur optischen Achse des Beobachtungs-

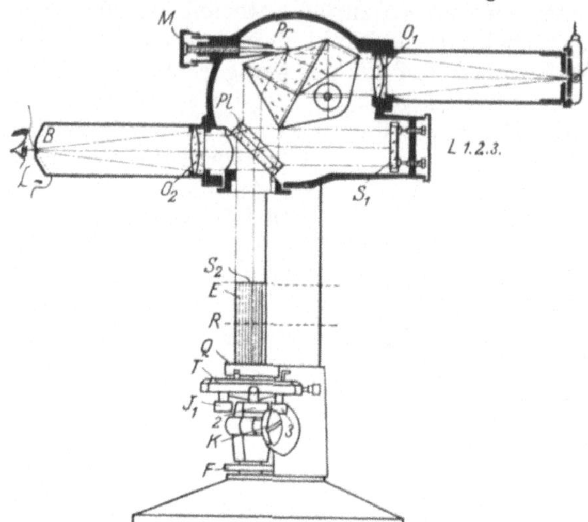

Abb. 19. Interferenzkomparator von KÖSTERS für absolute Messungen.

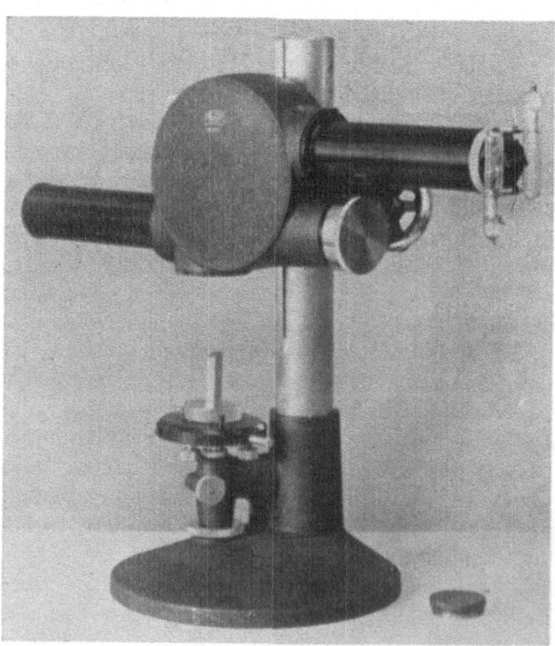
Abb. 20. Interferenzkomparator von KÖSTERS (Ansicht).

systems O_2B und Q wie S_2 parallel zu dieser Achse justiert sind. Diese Lagen werden herbeigeführt unter Zuhilfenahme eines GAUSSschen Okulares an Stelle von B mit den Schrauben L_{1-3} und J_{1-3}. Dem Beobachter bietet sich dann ungefähr das in Abb. 21 dargestellte Interferenzbild dar: in der Mitte die Fizeaustreifen des Endmaßes E, umgeben von dem Streifensystem der Ebene Q, durch Betätigung der Schrauben J_{1-3} bzw. der Mikrometerschraube F so gerichtet, daß das Q-System parallel zu der einen Markenachse steht, während ein Fizeaustreifen des E-Systems — bei Schräglage seine Mitte — auf die Kreuzmitte eingestellt ist. Der Abstand der Vertikalachse des Markenkreuzes von einem der benachbarten Streifen des Q-Systems, ausgedrückt in Zehnteln des Streifenintervalls, würde den Bruchteil angeben, um den die Endmaßlänge eine ganze Anzahl ($\lambda/2$) übersteigt, wenn man feststellt, welcher von den beiden Bruchteilen der richtige ist. Das geschieht dadurch, daß man durch leichten Fingerdruck auf den Scheitel des Apparates die Streifen zum Wandern bringt. Die Bruchteilschätzung erfolgt dann so, als ob das Streifensystem auf Q in der Wanderungsrichtung beziffert wäre. Im Beispiel der Abb. 21 ist also die Endmaßlänge $(x + 0{,}2)\,\lambda/2$.

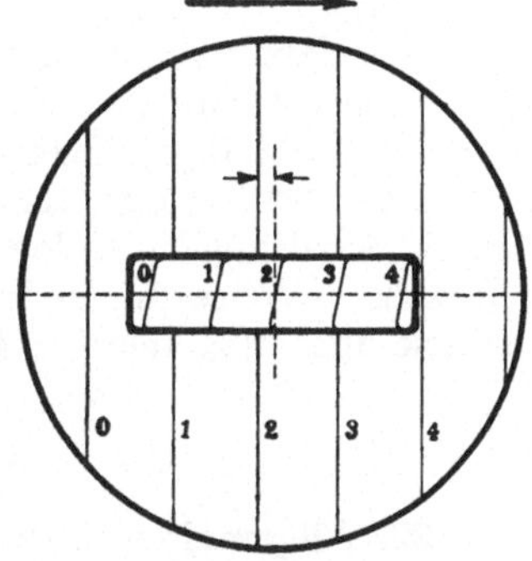

Abb. 21. Interferenzbild im Komparator von KÖSTERS.

Erzeugt man durch Drehung des Prismas mittels M allmählich Interferenzsysteme verschiedener Spektrallinien, so wird man, wie unter Ziff. 6 bereits erwähnt, für jede Wellenlänge andere, die Zahl $x\,\lambda/2$ überschießende Bruchteile erhalten und daraus die Zahl x bestimmen können.

KÖSTERS hat die Bestimmung der ganzen $\lambda/2$ dadurch erleichtert, daß er sich eines Nomogramms in Form eines Rechenschiebers bedient, auf dem für die 6 Hauptlinien des hier besonders geeigneten Heliums, die $\lambda/20$ in 150000facher Vergrößerung als Strichteilungen aufgetragen sind. Die Teilungen sind so übereinander angeordnet, daß man jeden einzelnen Strich mittels Schieberindex auf eine gleichlaufende Teilung in $0{,}01\,\mu \times 150000$ projizieren und in metrisches Maß umrechnen kann. Es ist also mit dem Schieberindex diejenige Stelle der 6 Teilungen einzustellen, wo die Teilungsablesungen mit den beobachteten überschießenden Bruchteilen übereinstimmen.

Weil eine derartige Rechenskale in handlicher Form nur für wenige μ ausführbar ist, so ist bei der Auswertung größerer Endmaße folgender Weg einzuschlagen. Da für die interferometrische Bestimmung nur Endmaße erster Ordnung in Frage kommen können, deren Länge sicher innerhalb $1 - 2\,\mu$ ihrem Nennwert entspricht, so ist es möglich, für jedes absolut auszuwertende Endmaß die überschießenden Bruchteile der $\lambda/2$ zu berechnen. Stellt man jetzt die wirklichen Bruchteile durch Beobachtung fest und zieht hiervon die berechneten ab, so erhält man die Bruchteile der Differenz Istlänge minus Sollänge des Endmaßes, die man nunmehr aus der Wellenlängenskale feststellen kann. Das Vorzeichen dieser Differenz wird auf Grund folgender Überlegung ermittelt.

Bezeichnet man mit n bzw. n_1 die ganzen Zahlen, mit $d\,d_1$ die überschießenden Bruchteile der Längen l und l_1 in halben Wellenlängen, so gilt

$$l = (n + d)\,\frac{\lambda}{2} \qquad\qquad l_1 = (n_1 + d_1)\,\frac{\lambda}{2}$$

und

$$l + l_1 = (n + n_1)\,\frac{\lambda}{2} + (d + d_1)\,\frac{\lambda}{2} \quad \text{bzw.} \quad l - l_1 = (n - n_1)\,\frac{\lambda}{2} + (d - d_1)\,\frac{\lambda}{2}\,,$$

d. h. die Bruchteile einer Längensumme oder -differenz sind gleich der Summe oder Differenz der Bruchteile. Dabei ist bei der Summe $d + d_1$ nur der 1 übersteigende Betrag in Rechnung zu setzen, bei $d - d_1$ der Wert $d - d_1 + 1$ zu nehmen, wenn sich für die Bruchteildifferenz ein negativer Wert ergab.

Bei Messungen höchster Genauigkeit sind unter Umständen noch besondere, vom Phasensprung, von der Politur der Endmaße und von der Art des Aussprengens abhängige Korrektionsglieder anzubringen.

Kösters hat das Meßverfahren mit dem Interferenzkomparator noch weiter durch Schaffung eines logarithmischen Rechenschiebers gesichert, mit dem auf einfachste Weise die Reduktion der Wellenlängen auf Luft von 20°, 760 mm Druck und 58% relative Feuchtigkeit bei 20° erfolgen kann.

d) Die Meßmaschinen.

29. Allgemeines über Meßmaschinen. Sondereinrichtungen zur Vergleichung von Endmaßen und Strichmaßen oder von Endmaßen untereinander, ferner zur Messung beliebiger Körper auch größerer Länge, bezeichnet man als Meßmaschinen, allerdings ohne ihre Eigenart scharf gegen die Komparatoren abgrenzen zu können. In den meisten Fällen wird die Schraube als Meßorgan benutzt. Die Bauart der Meßmaschinen ist deshalb grundsätzlich verschieden je nach den Relativbewegungen von Schraube und Mutter: entweder ist der Mutter die eigentliche Meßverschiebung übertragen und die mit der Trommel verbundene Schraube nur drehbar oder umgekehrt. Im ersten Falle trägt die Mutter, im zweiten Falle die Schraube die bewegliche Meßfläche. Daneben ist auf die Vermeidung des toten Ganges besondere Sorgfalt verwendet.

Da eine sichere flächenhafte Berührung mit den zu messenden Endmaßen einen gewissen Meßdruck erfordert, der zudem bei Vergleichung von Endmaßen unter sich mit Rücksicht auf mögliche elastische Verkürzungen der Maße genau konstant zu halten ist, sind die Schraubenmeßmaschinen noch mit Druckanzeigern ausgerüstet. Hierzu ist der der Meßschraube gegenüberliegende Anschlag so gelagert, daß er unter Überwindung der Spannung einer Schraubenfeder dem wachsenden Meßdruck nachgibt und in einer genau bestimmten Stellung den Druckanzeiger auslöst. Als Anzeiger dienen verschiedene Einrichtungen. Man kann z. B. bei der Verschiebung des Meßanschlages an einer bestimmten Stelle den Fall oder auch nur die Drehung eines zylindrischen oder plattenförmigen Stahlkörpers, des sog. Fallkörpers (Whitworth, Pratt und Whitney) auslösen lassen oder man verwendet zum gleichen Zwecke eine Meßdose (J. E. Reinecker, s. Ziff. 30), Zeigerfühlhebel (Mahr, Société Genevoise), Mikroskop-Fühlhebel (Göpel) oder optische auf Spiegeldrehung beruhende Fühlhebel (Zeiss). Bei den Meßmaschinen werden Drucke von etwa 1 bis 4 kg, vereinzelt noch mehr, verwendet. Wenn Körper verschiedenen Querschnittes oder solche mit sphärischen Endflächen verschiedener Krümmung zu messen sind, ist demnach die elastische Zusammendrückung bei der Auswertung der Beobachtungen zu berücksichtigen (s. Ziff. 58).

30. Meßmaschine von Reinecker. Eine der ersten deutschen Meßmaschinen, die von größter Bedeutung für genaue Längenvergleichungen an Endmaßen gewesen und noch jetzt verbreitet ist, stammt von Reinecker[1]). Als Druckanzeiger dient bei ihr die Meßdose. Sie ist für Meßlängen bis etwa 300 mm be-

[1]) J. E. Reinecker, D. Mech.-Ztg. 1894, S. 163.

stimmt und arbeitet mit einer Zuverlässigkeit von $\pm 0{,}3\,\mu$. Abb. 22 zeigt die Gesamtanordnung, teilweise im Schnitt. Auf dem hohen, gegen Verbiegungen besonders gesicherten Bett *S* mit Prismenführung sitzen die beiden Böcke *A*

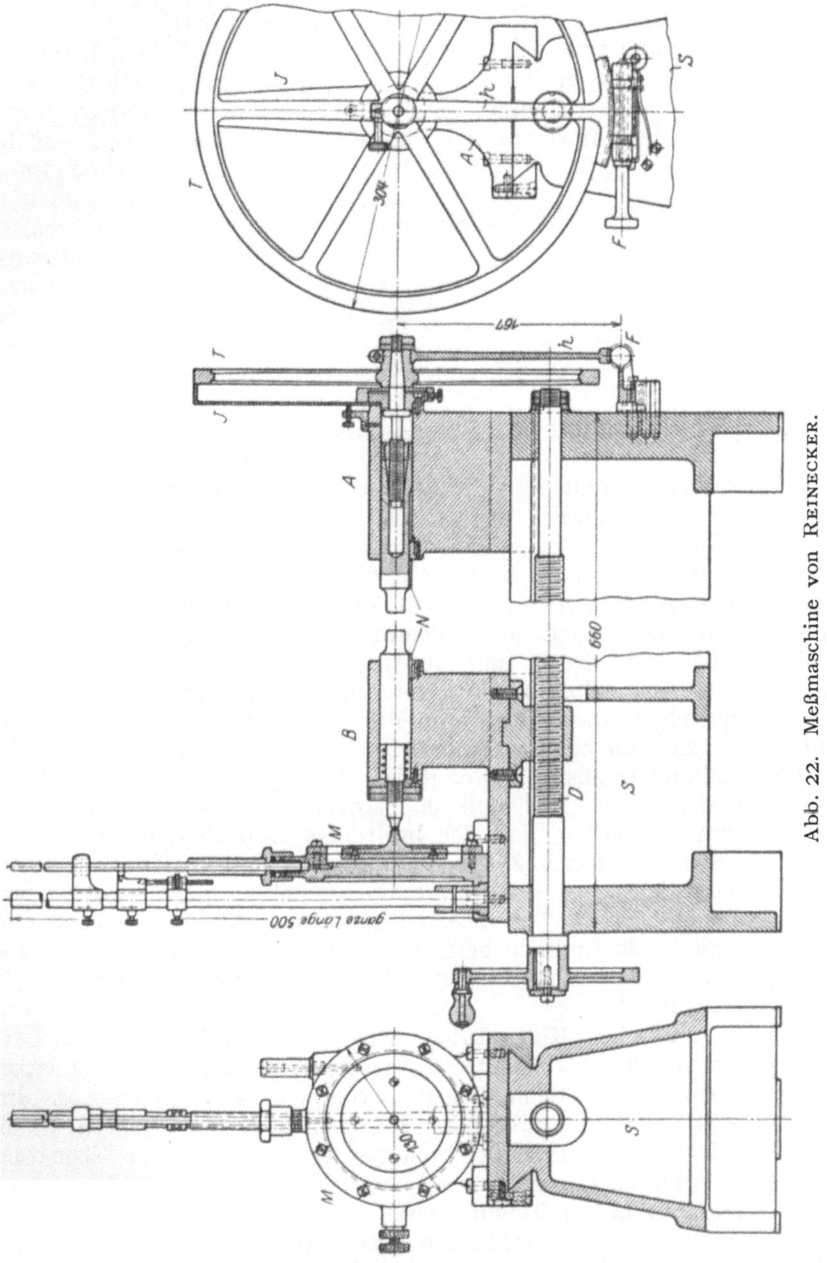

Abb. 22. Meßmaschine von Reinecker.

und *B*, in denen die Meßzylinder geführt sind. *A* ist unbeweglich. Sein Meßzylinder trägt im Inneren die Mutter für die Feinmeßschraube, die rechts mit der am Index *J* ablesbaren Teiltrommel *T* verbunden ist. Zur Feinbewegung der Meßschraube dient der auf der Nabe der Trommel *T* feststellbare Hebel *h* mit Zahnsektor und Schraube ohne Ende *F*. Der Bock *B* kann durch die Transportschraube *D* auf die gewünschte Meßweite eingestellt werden. Er trägt den nach rechts federnden Meßzylinder, dessen linkes Ende den Meßdruck auf die Meßdose *M* überträgt. Beide Meßzylinder sind durch Nuten *N*, in die je eine Führungsnase eingreift, gegen Verdrehung gesichert.

31. Meßmaschine von ZEISS. Als Beispiel einer neuzeitlichen Meßmaschine, die ohne Verwendung einer Meßschraube die Vergleichung von Endmaßen und anderen Körpern mit Strichintervallen zuläßt, sei hier eine Bauart von CARL ZEISS vorgeführt. Ihre Einrichtung ist aus der schematischen Abb. 23 ersichtlich. Die zu messenden Endmaße werden auf geeigneten Lagern zwischen dem festen Meßambos *A* und dem ebenfalls feststehenden, nur durch eine Feinbewegung verschiebbaren Meßbock *D* ausgerichtet. Die mit dem Maschinenbett *B* verbundene Maßstabteilung *C* ist auf eingelassenen Glasplatten aufgebracht, und zwar trägt die rechts sichtbare Platte 100 mm in Zehntel geteilt, während nach links nur kleine Platten mit je einem feinen Doppelstrich in Dezimeterabständen entsprechend der vorgesehenen Gesamtmeßlänge angeordnet sind. An der Vorderseite ist außerdem eine der Glasteilung gleichlaufende deutlich sichtbare Sucherteilung angebracht, für die je ein Indexstrich am Meßamboß und am Meßbock vorgesehen ist. Mit Amboß und Bock sind außerdem je ein optisches System verbunden, die in ihrem Zusammenwirken folgende Aufgabe haben. Wird der Meßamboß mittels Sucherteilung auf einen bestimmten Dezimeterstrich eingestellt, so projiziert die optische Anordnung diesen Strich auf den rechts liegenden Zehntelmillimetermaßstab auf diejenige Stelle, die der Index des Meßbockes auf der Sucherteilung zeigt. Durch die Feinverschiebung kann jetzt der Meßbock so eingestellt werden, daß der projizierte Doppelstrich des Dezimeters einen bestimmten Strich der Zehntelteilung umschließt. Man kann also eine gewünschte Vergleichslänge, z. B. 375,6 mm, einstellen, indem man auf die angegebene Weise den Strich 75,2 in den Doppelstrich des Dezimeter 3 einstellt. Liegt das zu messende Endmaß bereits zwischen den Meßflächen, so zeigt das Optimeter *E* (s. Ziff. 41) sofort die Abweichung des Endmaßes vom Einstellwert in Tausendstelmillimeter.

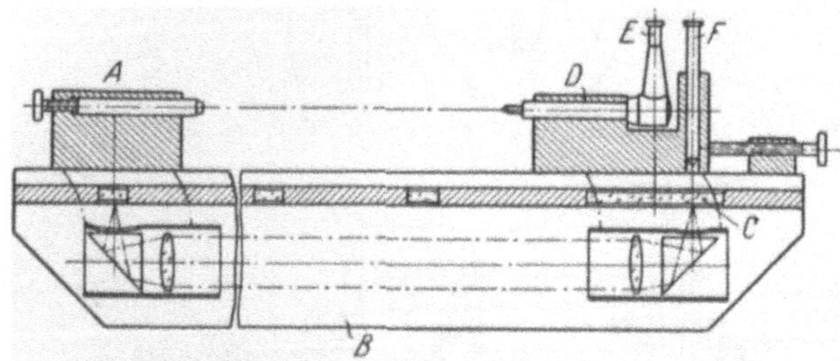

Abb. 23. Schema der Meßmaschine von ZEISS.

Um dem ABBEschen Komparatorprinzip (s. Ziff. 16) trotz der Parallelanordnung von Objekt und Maßstab zu genügen, hat ZEISS dem verwendeten optischen System folgende Bedingungen zugrunde gelegt. Die Achse des linken, über größere Strecken zu bewegenden Systems muß in der durch die Achse der Meßanschläge und der Maßstabteilung hindurchgehenden Ebene liegen. Der vordere Knotenpunkt des Linsensystems muß in der Meßachse liegen, der vordere Brennpunkt in der Teilungsachse. Kleine Kippbewegungen des Meßamboß bleiben so auf den Strahlengang des optischen Systems ohne Einfluß, weil Drehungen um den Knotenpunkt auf die Richtung der austretenden Strahlen ohne Einfluß sind.

32. Meßmaschine zur Bestimmung der periodischen Schraubenfehler. Ein Sonderapparat zur Bestimmung periodischer Schraubenfehler, der aus dem Gesichtspunkt wichtig sein kann, daß die Schraubenfehler wegen ihrer zeitlichen Veränderlichkeit wiederholt untersucht werden müssen, ist von ZEISS gebaut worden und in Abb. 24 dargestellt.

In dem Lagerbock 1 ist ein Tisch 3 auf Kugeln leicht beweglich in Geradführung angeordnet. Die Tischverschiebung kann auf einer kurzen Glasskale

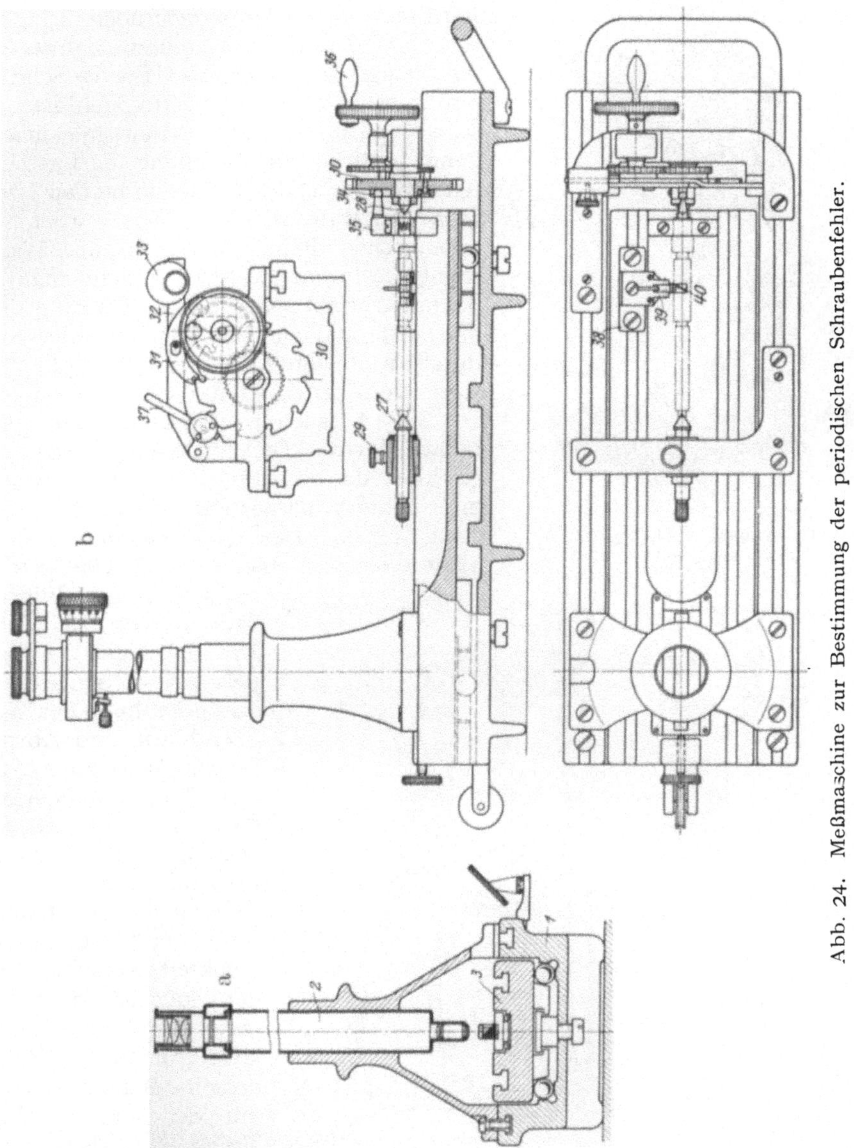

Abb. 24. Meßmaschine zur Bestimmung der periodischen Schraubenfehler.

mit dem Mikrometermikroskop 2 abgelesen werden. Die zu prüfende Schraube findet Aufnahme zwischen den Spitzen 27 und 28. Die erstere ist in weiteren und engeren Grenzen verschiebbar und mit der Schraube 29 feststellbar. Ein auf der Prüfschraube befestigter Mitnehmer 35 greift mit sicherer Führung in den Spalt 34 an der drehbaren Teilscheibe 30 mit 10 Zähnen. Eine Drehung der letzteren durch die Kurbel 36 wird also auf die Schraube übertragen. Wenn die Teilscheibe mit der am Arm 32 befestigten und durch das Gewicht 33 angedrückten Sperrklinke 31 in Eingriff steht, wird die Schraube genau um $\frac{1}{10}$ Umgang gedreht, während sie durch Abheben der Sperrklinke mittels des Hebels 37 beliebig verdreht werden kann. In einer der Längsnuten des verschiebbaren Tisches 3 ist ein Bock 38 befestigt, der mit einer nach unten federnden Zunge 39 und einem schräg gestellten Zahn 40 in das Prüfgewinde eingreift. Da die Schraube mit dem Tisch 1 fest verbunden ist, also selbst keine fortschreitende Bewegung machen kann, muß bei ihrer Drehung die fortschreitende Bewegung des Zahnes 40 auf den Tisch 1 bzw. den Maßstab übertragen werden. Die periodischen Fehler der Schraube können somit bestimmt werden, indem man die Schraube schrittweise um $\frac{1}{10}$ Umgang dreht und jedesmal die Verschiebung der Skale durch Einstellung des im Mikroskop erschienenen Striches mißt.

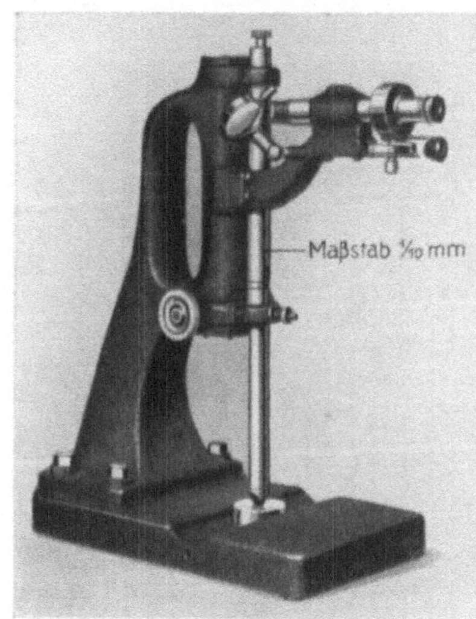

Abb. 25. ABBEscher Dickenmesser. (Ansicht.)

33. ABBEscher Dickenmesser einfacher Form. Dickenmessungen auf $\pm 1\,\mu$ gestattet das in Abb. 25 und 26 in Ansicht und Schnitt dargestellte Instrument von CARL ZEISS. Der Meßstempel e und die Skale i liegen in einer vertikalen Meßgeraden in sorgfältiger Führung (dd) an dem Ständer c. Die Bewegung des Stempels e samt Skale erfolgt durch Drehung der Welle h und Auf- und Abwicklung der Zugschnur f. Das Gewicht g vermindert den Meßdruck auf das notwendige Maß. Der Glasmaßstab trägt eine feine Teilung in Zehntelmillimeter und ist auf der Rückseite versilbert. Vor der Skale ist das Ablesemikroskop k mit dem Okularmikrometer l befestigt, dessen Meßschraube m mit der hundertteiligen Trommel n, ablesbar mit der Lupe o, verbunden ist. Die Strichbeleuchtung erfolgt durch einen Spiegel zur Seite des Mikroskops. In die Grundplatte a ist unter dem Stempel eine ebene polierte Platte b aus Glas bzw. Stahl eingebaut, deren Auflagerebene durch Schrauben senkrecht zur Meßrichtung justiert werden kann. Der Spiegel p liefert die Beleuchtung für diese Justierung. In das untere Ende des Stempels e können verschiedene Meß-

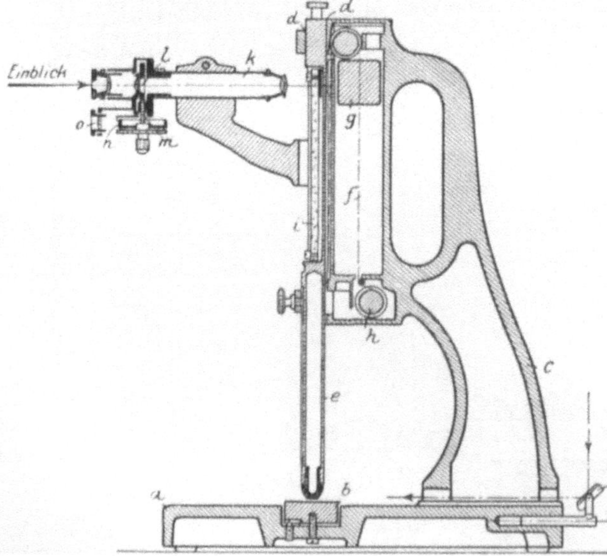

Abb. 26. ABBEscher Dickenmesser. (Schnitt.)

hütchen mit ebenen, kugeligen oder schneidenförmigen Enden eingesetzt werden. Der Meßumfang des Instruments ist 50 oder 105 mm.

e) Werkzeuge zur Längenmessung.

34. Die Schublehre. Das einfachste Werkzeug zur Messung körperlich begrenzter Längen ist die Schublehre. Sie besteht bekanntlich aus einem Strichmaßstab mit einem festen Anschlag und einem auf dem Maßstab durch Schlittenführung beweglichen Anschlag, der gleichzeitig mit der Ablesevorrichtung — meist einem Nonius — verbunden ist. Die Anschlagflächen sollen gerade sein, senkrecht zur Meßrichtung stehen und bei der gegenseitigen Berührung lichtdicht schließen. In der Schlußstellung soll sich außerdem die Ablesung Null ergeben.

Die Nonienablesung (s. Ziff. 19) beträgt meist $\frac{1}{10}$ oder $\frac{1}{20}$ mm, seltener $\frac{1}{50}$ mm. Die Prüfung der Schublehre erfolgt am einfachsten durch Ausmessung von Endmaßen bekannter Länge. Durch Messung ein und desselben Endmaßes an verschiedenen Stellen der Meßflächen kann man außerdem sicher feststellen, ob letztere in ihrer ganzen Länge parallele Ebenen sind.

Um einfache Innenmessungen zu ermöglichen, werden die Meßschnäbelenden auf ein festes Maß von 5 oder 10 mm abgesetzt. Die nach außen liegenden Kanten dieser Verjüngungen sind dann verrundet, um an konkaven Flächen Linienberührung zu erhalten.

Es sind an den Schublehren die verschiedensten Abänderungen vorgenommen worden, um ihre Meßgenauigkeit zu steigern. Für die physikalische Praxis ist es zweckmäßig, sich mit der einfachen Form zu begnügen und die Genauigkeitsforderungen auf etwa 0,05 mm zu beschränken.

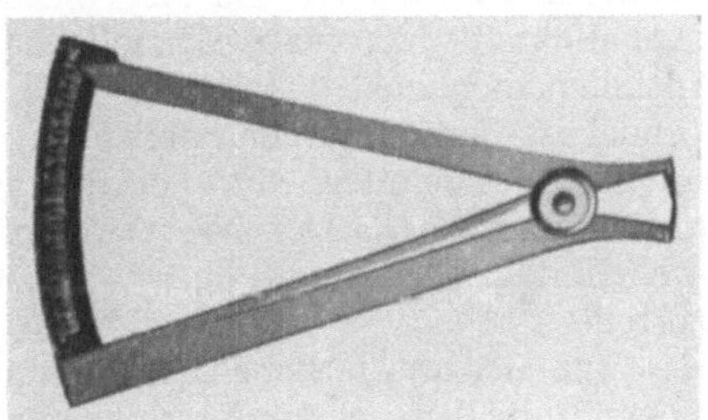

Abb. 27. Zehntelmaß.

35. Das Zehntelmaß. Zur Messung kleiner Körper bis etwa 10 mm Größe, auch zur Bestimmung von Wandstärken an Rohren u. dgl. ist das Zehntelmaß (Abb. 27) durch besondere Handlichkeit geeignet. Es ist das einfachste Fühlhebelinstrument und meist mit dem Übertragungsverhältnis 1:10 ausgerüstet. Einem Millimeter der Kreisteilung entspricht dann eine gemessene Dicke von 0,1 mm, so daß durch Schätzung immerhin etwa 0,02 mm gewonnen werden können. Zu beachten ist, daß die Meßschenkel des Zehntelmaßes Gerade (Sehnen) messen, während am Index Bogen abgelesen werden. Die Teilung eines einwandfreien Zehntelmaßes muß sich deshalb gegen ihr Ende verjüngen.

Auch beim Fühlhebelmaß ist man mit dem Übersetzungsverhältnis weitergegangen auf 1:20 und 1:50.

36. Das Schraubenmikrometer. Für Messungen mit etwa $\pm 2\mu$ Zuverlässigkeit kommen die Schraubenmikrometer (PALMER 1848) in Betracht. Es soll hier in der Ausführungsform von HOMMEL (Abb. 28) besprochen werden. Ein kräftiger stählerner Bügel trägt auf der einen Seite den festen Meßanschlag A, rechts in fester Verbindung einen röhrenförmigen Fortsatz C, an dessen freiem Ende das Muttergewinde für die Meßschraube eingeschnitten ist. Die Mutter trägt am äußersten rechten Ende noch ein kurzes, schwach konisches Außengewinde, das durch achsenparallele Schnitte federnd gemacht ist und durch eine Überfangmutter C_1 die Regulierung des toten Ganges der Meßschraube erlaubt. Die Trommel D führt sich zügig auf C und ist durch eine Feder E gegen das konische Ende der Meßschraube gepreßt. Nach Lösen der Schraube F kann man die Trommel D, welche die Teilung enthält, so verdrehen, daß sie bei der Berührung der beiden Meßflächen auf Null steht. Der zylindrische Fortsatz B der Meßspindel ist gleichzeitig im Bügel sorgfältig geführt.

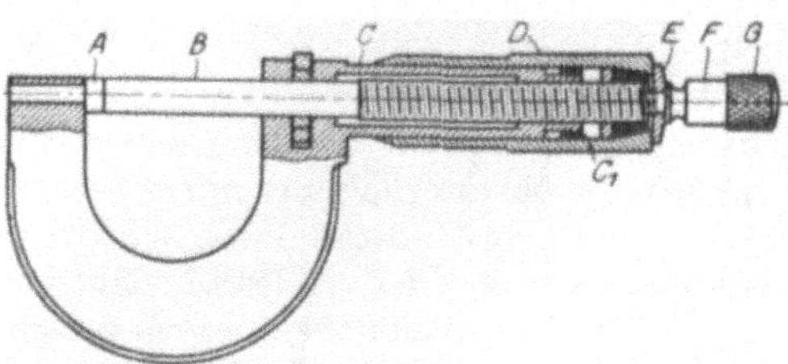

Abb. 28. Schraubenmikrometer von HOMMEL.

Die Schraubenmikrometer werden jetzt zumeist mit einer Ganghöhe von 0,5 mm gebaut, weil dann eine in 50 Teile geteilte Trommel geringen Durchmessers Verwendung finden kann, ohne daß die Intervallgröße unter das für Zehntelschätzung noch geeignete Maß von etwa 0,7 mm herabsinkt.

Zur Ablesung der Schraubenstellung dient ein langer meridionaler Indexstrich auf C und zur Feststellung der ganzen Umdrehungen eine vom Indexstrich begrenzte Halbmillimeterteilung. Wenn bei wachsender Trommelablesung die Umdrehungsmarke 1, 3, 5 ... von der Trommelkante überschritten wird, ist der Ablesung 0, 2, 4, ... bekanntlich 0,5 hinzuzufügen.

Bei dem hier angeführten Beispiel des Schraubenmikrometers wird die Drehung der Meßschraube durch ein festes Rändel G betätigt. Die messende Hand muß also geübt sein, sowohl bei der Herbeiführung der Nullstellung wie bei der Berührung des zu messenden Gegenstandes mit annähernd gleichem Meßdruck zu arbeiten. Da hiervon im wesentlichen die erreichbare Meßgenauigkeit abhängt, hat man Einrichtungen getroffen, die der Meßschraube beim Anstellen möglichst das gleiche Drehmoment erteilen sollen. Das obengenannte Rändel ist dann mit der Schraubspindel durch eine Reibungs- oder Ratschenkupplung verbunden, die bei der Erreichung eines bestimmten Meßdruckes unwirksam wird. Der Wert dieser sog. Gefühlsschrauben war früher oft zweifelhaft. In neuzeitlicher Ausführung (z. B. von ZEISS) bieten sie sicher Vorteile.

Eine der wesentlichen Bedingungen für die Erzielung einwandfreier Messungen mit dem Schraubenmikrometer ist, daß beide Meßflächen eben sind und genau senkrecht zur Schraubenachse stehen. Gefühlsmäßig ist der letztere Fehler erkennbar, wenn man eine Planparallelplatte mißt und in der Meßstellung zu drehen versucht. Die Platte darf dann nicht Drehungen um einen bestimmten außerhalb der Achse gelegenen Punkt zeigen. Auch die Messung eines Streifens Metallfolie an verschiedenen Stellen des Meßflächenumfanges kann zur Prüfung dienen. Die Ebenheit der Meßflächen ist durch Aufpressen einer planen Glasplatte und Beobachtung der auftretenden Farben ohne Schwierigkeit festzustellen.

Die absoluten Angaben des Mikrometers können durch Messung von Plattenendmaßen geeigneter Größen rasch und sicher geprüft werden. Bei sehr hohen Anforderungen müssen die fortschreitenden und periodischen Fehler in systematischer Weise wie beim Schraubenmikroskop ermittelt werden (Ziff. 59/61).

37. Die Meßuhren. Für rasche Messungen bis auf etwa 25 mm sind sog. Meßuhren (Abb. 29) geeignet. Sie erlauben auf einem kreisförmigen Zifferblatt $\frac{1}{100}$ mm direkt abzulesen, werden aber auch für kleinere Meßbereiche von etwa 2 mm mit 0,001 mm Ablesung versehen. Diese Apparate beruhen auf einer Vereinigung von Zahnrädern und Trieben mit einer Zahnstange, welche die eigentliche Meßbewegung macht.

38. Die Meßdosen. Zur Messung sehr kleiner Längenunterschiede an Stelle eines hochempfindlichen Fühlhebels kann die in Abb. 30 dargestellte Meßdose dienen. Ein flacher zylindrischer Raum *C* ist durch eine in der Mitte verstärkte Membran *B* aus Neusilberblech abgeschlossen. Der Hohlraum steht mit einem vertikalen gläsernen Kapillarrohr *D* in Verbindung und ist vollständig mit luftfreiem, gefärbten Wasser gefüllt. Die Meßbewegung greift an einem in der Mitte der Membran befindlichen äußeren Fortsatz an und verdrängt durch Einwärtsbewegung der Membran Flüssigkeit in das Kapillarrohr. Je nach Wahl des Volumverhältnisses lassen sich hohe Übersetzungsverhältnisse erreichen, also kleine Maßdifferenzen mit großer Genauigkeit sichtbar machen. Zu beachten ist jedoch, daß die Anordnung erheblichen thermischen Störungen und unter Umständen auch elastischen Nachwirkungen der Membran ausgesetzt ist.

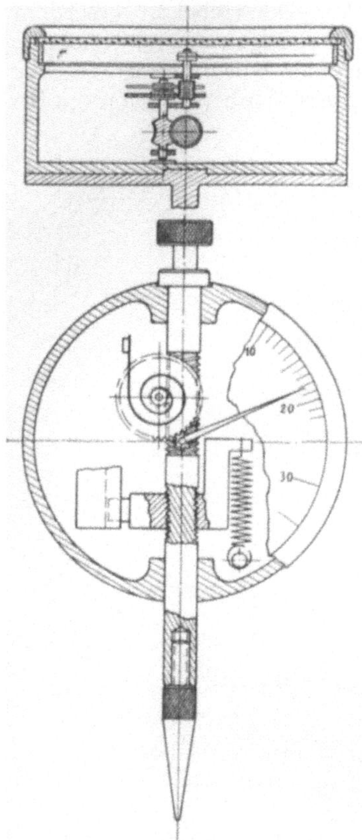

Abb. 29. Meßuhr.

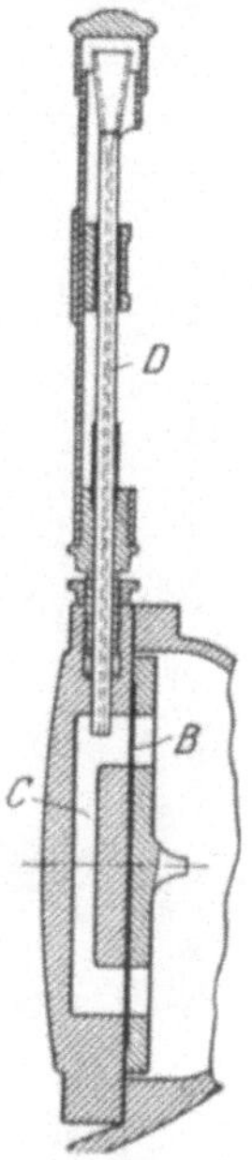

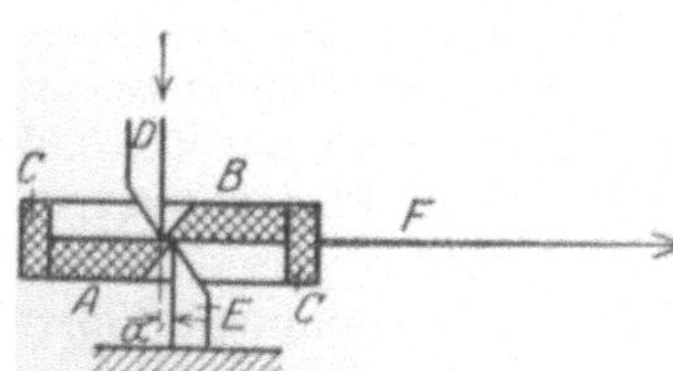

Abb. 31. Fühlhebel von FUESS.

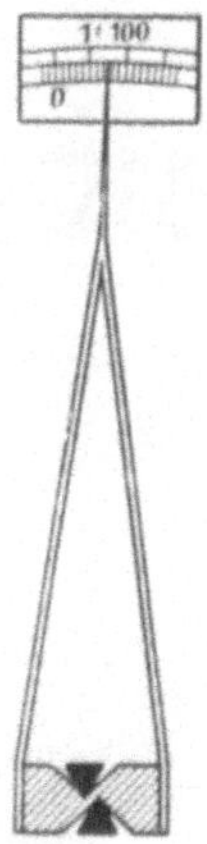

Abb. 30. Meßdose.

39. Fühlhebel für Vergleichsmessungen. Auch für physikalische Messungen können in besonderen Fällen Fühlhebel hoher Messungsgenauigkeit nützlich sein, wie sie in der neuzeitlichen Präzisionstechnik verwendet werden. Sie dienen, da ihr Meßbereich aus mechanischen Gründen nur sehr klein sein kann, lediglich zu Vergleichsmessungen an Körpern nahezu gleicher Größe. Es sollen hier nur zwei derartige Einrichtungen erläutert werden.

40. Das HIRTH-Minimeter. Bei der Verwendung hoher Fühlhebelübersetzungen wie $\frac{1}{100}$ oder $\frac{1}{1000}$ muß die sonst übliche Zapfenanordnung für die Bewegungsachsen verlassen und durch Schneiden ersetzt werden, wenn man handliche Abmessungen für die Zeigerlänge erhalten will. Die erstmals von R. FUESS (Abb. 31) angegebene Schneidenlagerung hat HIRTH in die in Abb. 32 dargestellte Form der Doppelpfanne gebracht und so den Fühlhebel (Abb. 33) zu einem hochempfindlichen und sicheren Meßinstrument gemacht. Die Bewegung des Meßbolzens *D* wird durch Vermittlung der Doppelpfanne *e*, die den kurzen Hebelarm der Anordnung darstellt, auf den mit ihr verbundenen

Abb. 32. Schema des HIRTH-Minimeters.

Zeiger übertragen. Als fester Drehpunkt dient die Doppelschneide A, die von einer Korrektionsschraube B gestützt ist, durch deren Bewegung der Zeiger eingestellt wird. Durch die Feder F wird die Pfanne und damit auch der Meßbolzen D gegen das Meßobjekt gedrückt. Der Hebel ist außerdem durch besondere Anschläge begrenzt und gesichert. Die Skale zeigt je nach der Übertragung 0,02 bis 0,001 mm an und hat ein Meßbereich von 0,4 bis

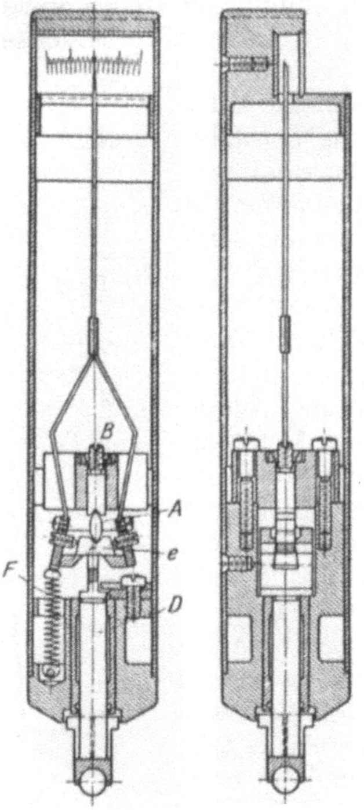

Abb. 33. HIRTH-Minimeter im Schnitt.

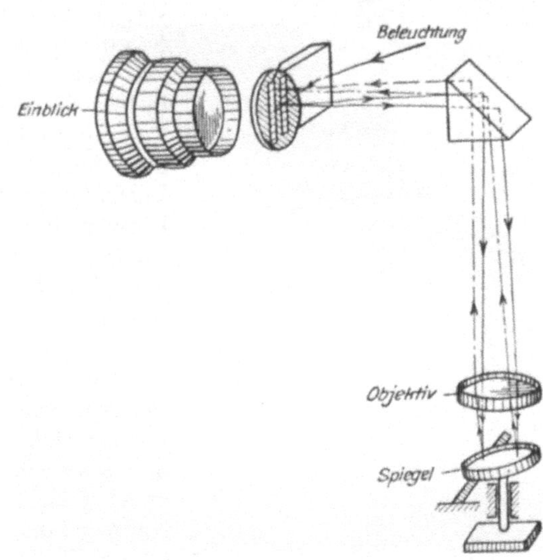

Abb. 34. Optimeter in schematischer Darstellung.

0,02 mm. Bei 1000facher Übersetzung ist eine Messungssicherheit von $\pm$ 0,001 mm sicher erreichbar.

41. Das ZEISS-Optimeter. Mechanisch noch günstigere Verhältnisse als HIRTH hat ZEISS bei seinem Optimeter durch die Verwendung optischer Hilfsmittel erreicht. Aus der schematischen Darstellung in Abb. 34 geht hervor, daß das messende Organ ein Planspiegel ist, der durch den Meßbolzen eine der Verschiebung proportionale Drehung erfährt. Diese wird gemessen durch ein gebrochenes Autokollimationsfernrohr gleicher Einrichtung, wie in Kap. 3, Ziff. 21 beschrieben. Abb. 35 zeigt gleichzeitig das Optimeter in vertikaler Anordnung. Der gußeiserne Fuß 1 trägt die zylindrische Säule 2 und den durch die Schraube 7 in der Höhe verstellbaren Tisch 6, der durch eine Schraube bei 8 noch besonders festgeklemmt werden kann. Die Optimeterfassung 3 ist um den Zylinder dreh-

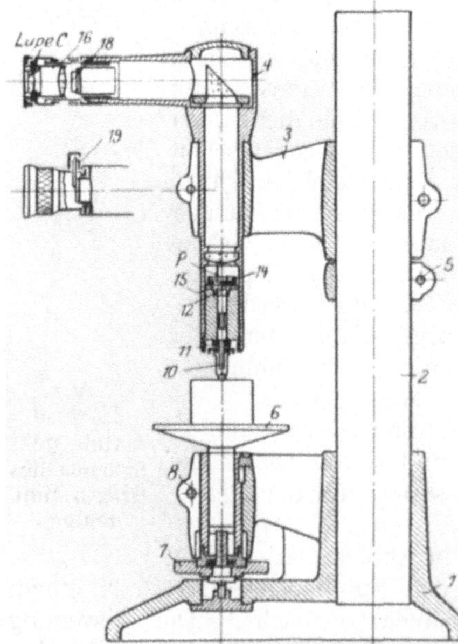

Abb. 35. Optimeter in Vertikalanordnung.

bar und wird von dem Stellring 5 in der Höhe gehalten. In dem Schnitt des Optimetergehäuses 4 ist noch die Lupenfassung 16, die Glasskale 18 und das Beleuchtungsprisma 19 sichtbar.

D. Fehlereinflüsse bei Längenmessungen.

a) Der Wärmeeinfluß.

42. Allgemeines. Für die Längenbestimmungen an festen Körpern, also für die überwiegende Zahl solcher Messungen kommt als wichtigste Fehlerquelle die Wärme in Betracht. Der Erfolg einer Messung ist wesentlich abhängig einmal von der Art, wie man den Wärmeeinflüssen begegnet, und dann von der Sicherheit der Temperaturbestimmung. Maßgebend sind die Raumwärme an sich, die strahlende Wärme von Heizungs- und Beleuchtungsvorrichtungen, die Einstrahlung des Beobachters.

43. Raumwärme. Am geeignetsten für Längenmessungen höchster Genauigkeit sind Räume konstanter Temperatur, also in erster Linie Sonderbauten mit besonderer Isolierung gegen äußere Wärmeeinflüsse und mit selbsttätiger Temperiermöglichkeit, am besten durch elektrische Heizung. Ersatz können günstig und tief gelegene Kellerräume bieten, die an und für sich kleine Temperaturgänge aufweisen. In den meisten Fällen wird man sich jedoch mit einfacheren, möglichst nach Norden und zu ebener Erde gelegenen Beobachtungsräumen bescheiden und besondere Vorkehrungen zur Vermeidung thermischer Fehlerquellen treffen müssen. Sie können darin bestehen, daß man die allgemeine Heizung durch eine Zusatzheizung mittels Elektrizität oder Gas ergänzt und so größere Tagesschwankungen der Temperatur ausgleicht. Es kann aber auch vorteilhafter sein, wenn man die Temperierung auf die nächste Umgebung der Meßobjekte beschränkt, indem man sie in doppelwandigen Durchflußgefäßen lagert, die durch Wasser konstanter, der des Beobachtungsraumes benachbarter Temperatur, beschickt werden. Entnimmt man z. B. das Wasser in einem durch Flügelpumpe bewirkten Kreislauf einem im Raum befindlichen und auf mittlere Zimmertemperatur eingestellten Gefäß von etwa 0,5 cbm Inhalt, so unterliegt dieses Volumen erfahrungsgemäß einer außerordentlich geringen und der Zeit proportionalen Temperaturänderung.

Endlich ist eine weitere Vereinfachung der Temperierung dadurch möglich, daß man Maßstab und Prüfling auf kräftigen, gut gehobelten Eisenbarren lagert und mit solchen, soweit angängig, umschließt. Auch die Benutzung von Schutzhüllen aus reflektierendem Material, etwa Nickelpapier, kann annähernd dem gleichen Zweck dienen. Bei allen derartigen Vereinfachungen soll man sich indes zur Regel machen, daß man die Messung entweder Tags vorher oder doch mehrere Stunden vor Beginn der Ablesungen zurüstet, um sicher zu sein, daß der Wärmezustand der Anordnung stationär geworden ist.

In geheizten und ungeheizten Räumen ist es manchmal zweckmäßig, Wärmeschichtungen durch anhaltende leichte Luftbewegung zu verhindern. Hierzu verwendet man am besten einen elektrischen Tischventilator mittlerer Größe.

44. Strahlende Wärme. Um die strahlende Wärme von Heizvorrichtungen abzustimmen, genügen ausreichend große Schutzschirme von Asbestpappe, sowie die bereits erwähnten reflektierenden Schutzhüllen auf dem Meßinstrument selbst. Daß besonnte Arbeitsplätze bei Längenmessungen streng zu vermeiden sind, ist selbstverständlich.

Bei der Verwendung künstlicher Beleuchtung für die Meßmikroskope ist besondere Vorsicht nötig. Nahbeleuchtung mit kleinen elektrischen Glühlampen ist wärmeisoliert nach innen sowie ausstrahlungsfähig nach außen anzubringen und zweckmäßig nur während der Ablesung durch Handschalter in Tätigkeit zu setzen. Für Dauerbeleuchtung empfiehlt sich eine möglichst entfernt angebrachte starke Lichtquelle, deren Strahlen, durch eine Kondensorlinse parallel gemacht, den Ablesungsstellen durch Spiegel bzw. Prismen zugeführt werden oder — bei schwacher Mikroskopvergrößerung — eine diffuse Deckenbeleuchtung. Die reflektierenden Umkleidungen schützen gleichzeitig gegen die Einstrahlung des Beobachters. Eines Hinweises, daß auch die Handwärme fernzuhalten ist, bedarf es kaum. Namentlich bei kurzer Vorbereitungszeit ist Schutz durch Handschuhe bzw. Lederlappen oder Benutzung von Holzzangen oder wärmeisolierten Griffen nötig. Es ist immer zu bedenken, daß die Wärmestörungen nicht nur Maßstab und Prüfling schädlich beeinflussen, sondern auch das ganze Instrument in thermische Unruhe bringen können.

45. Indirekter Wärmeschutz. Erhöhte Sicherheit gegen Temperaturfehler gibt die alte Regel, daß man als Material des Vergleichsmaßstabes tunlichst solches von der Wärmeausdehnung des Prüflings verwendet. Man soll also z. B. Stahl mit Stahl oder Messing mit Messing messen. Der Schutz gegen Wärmeeinflüsse beschränkt sich damit auf die Forderung, Temperaturgleichheit bei Maßstab und Prüfobjekt unter sich und mit dem Instrument herbeizuführen.

Da sich Temperaturänderungen bei längeren Beobachtungsreihen nicht immer vollständig ausschließen lassen, ordnet man außerdem die Ablesungen „symmetrisch zur Mitte“ an, d. h. man wiederholt die Einstellungen in umgekehrter Richtung und mittelt die im Vor- und Rückwärtsschreiten gewonnenen zusammengehörigen Beobachtungen in der Annahme, daß für diese Mittelwerte auch das Mittel der Temperaturen zu Beginn und Ende der Beobachtungsreihe maßgebend ist.

46. Schätzung des Wärmeeinflusses. Es ist zweckmäßig, sich vor jeder Längenmessung eine Vorstellung von den zulässigen Temperaturschwankungen zu geben. Sie wird mit hinreichender Genauigkeit aus der linearen Beziehung $l_t = l_0(1 + \alpha\, t)$ bzw. aus der Ableitung $d\,t = \frac{d\,l_t}{\alpha \cdot l_0}$ ermittelt. Setzt man unter $d\,l_t$ die gewünschte Zuverlässigkeitsgrenze in μ, unter α die Ausdehnung des in Frage kommenden Stoffes in μ pro 1 m und 1°, unter l_0 den Nennwert der zu messenden Länge in m ein, so würde z. B. eine Messungsunsicherheit von $\pm 1\,\mu$ bei 0,15 m Meßlänge als Temperatursicherheit erfordern

$$\text{bei Stahl:}\quad dt = \frac{\pm 1}{11{,}5 \cdot 0{,}15} = \pm 0{,}57^\circ,$$

$$\text{bei Messing:}\quad dt = \frac{\pm 1}{18{,}5 \cdot 0{,}15} = \pm 0{,}36^\circ,$$

$$\text{bei Invar:}\quad dt = \frac{\pm 1}{1{,}0 \cdot 0{,}15} = \pm 6{,}7^\circ.$$

47. Normaltemperatur und Bezugstemperatur. Die Temperatur des schmelzenden Eises ist aus verschiedenen Gründen zur Normaltemperatur der Prototypmeter gewählt worden. Sie gehört keiner bestimmten Temperaturskale an und bedarf keiner Meßinstrumente zur Kontrolle; zudem ist sie international und in Übereinstimmung mit zahlreichen anderen physikalischen Definitionen. Die Entwicklung der mechanischen Industrie, vor allem die Forderung vollkommener Austauschbarkeit zusammengehöriger Maschinen- und Instrumententeile hat, mit Rücksicht auf die Schwierigkeiten, die sich bei der Verwendung von Baustoffen verschiedener Wärmeausdehnung ergeben, dazu geführt, die Normaltemperatur von 0° hier zu verlassen und für Meßwerkzeuge und Werkstücke eine einheitliche Bezugstemperatur von 20° einzuführen, bei der sie die in den Werkzeichnungen vorgeschriebene Größe haben sollen. Alle Meßwerkzeuge, und dazu gehören auch technische Maßstäbe und Endmaße, müssen nach diesem von dem Normenausschuß der deutschen Industrie im Jahre 1921 herbeigeführten Beschluß die dauerhaft angebrachte Bezeichnung „20°" führen. Gleichzeitig ist für die Meßwerkzeuge ein Werkstoff vorgeschrieben, dessen Wärmeausdehnung dem Wert 0,0115 mm für 1 m und 1° nahekommt.

Unverändert bleibt die Normaltemperatur 0° bei der gesetzlichen Definition des Meter, sowie des Ohm, ferner bei der Druckeinheit (Atmosphäre) und bei reduzierten Barometerangaben. Bei der Verwendung technischer Meßwerkzeuge zu physikalischen Arbeiten ist also eine gewisse Vorsicht in bezug auf Temperaturreduktionen geboten.

Wir verwenden demnach in Deutschland ein wissenschaftliches und technisches Längenmaßsystem. Das wirkt sich auch aus auf die in Ziff. 5 erwähnte Beziehung zwischen Meter und Yard engl., wenn beim Meter die Bezugstemperatur 20° zugrunde gelegt ist. Ein auf $16\frac{2}{3}°$ bezogener Stahlkörper von der Länge L hat bei 20° die Länge

$$\begin{aligned} L_{20} &= L(1 + \alpha(20 - 16{,}667)) \\ &= L(1 + 0{,}0000115 \cdot 3{,}333) \\ &= L \cdot 1{,}0000383\,. \end{aligned}$$

Daraus folgt, 1 Zoll engl. $= 25{,}400 \cdot 1{,}0000383 = \underline{25{,}40095}$ mm.

Dieser Wert ist also bei Umrechnungen auf das technische Metersystem zu verwenden.

48. Die Temperaturmessung. Für die Temperaturbestimmung bei Längenmessungen kommen meist Quecksilberthermometer zur Verwendung, vereinzelt auch Thermoelemente. Da man Maßstab und Vergleichskörper nur in geeigneten Fällen mit besonderen Temperiereinrichtungen versehen kann, ist man meist auf den Wärmeausgleich durch die umgebende Luft und die einseitige Berührung der Meßobjekte mit dem Instrument angewiesen. Maßgebend ist streng genommen nur die Innentemperatur der Körper. Am besten ist es also, die Thermometer in den Körper einzulassen und mehrere über die ganze Länge zu verteilen. Dabei ist mit besonderer Sorgfalt darauf zu achten, daß die eingebetteten Thermometergefäße keinem Druck ausgesetzt sind und doch das Loch nahezu ausfüllen. Die Ausfüllung der Bohrung mit Quecksilber gibt zwar einen günstigen Wärmekontakt, ist aber aus vielen Gründen bedenklich und daher selten in Anwendung. Um so besser ist für solche Innenmessungen das Thermoelement geeignet.

In den meisten Fällen wird man die Temperatur durch einfaches Auflegen der Quecksilberthermometer auf Maßstab und Vergleichsobjekt bestimmen. Es ist dann zweckmäßig, das Thermometergefäß unter Beobachtung der oben erwähnten Vorsichtsmaßregeln in die Bohrung eines Kupferklotzes zu betten, dessen Auflagerfläche sich so dicht wie möglich an die Oberfläche des zu messenden Körpers anschließt. Verwendet werden gewöhnlich Stabthermometer mit Einteilung in $\frac{1}{5}°$ oder $\frac{1}{10}°$. Für die am häufigsten vorkommenden Messungen im Bereich der Zimmertemperatur (16° bis 20°) kann man auch kurze Thermometer von etwa 12° bis 25° Meßumfang benutzen. Sie sind zwar nicht fundamental prüfbar, ihre Korrektion läßt sich aber durch Vergleichung mit Normalthermometern hinreichend genau feststellen. Um ganz sicher zu gehen, kann man sie auch in der erwähnten Kupferfassung prüfen und die Prüfung von Zeit zu Zeit wiederholen.

b) Die Beobachtungsfehler bei Längenmessungen.

49. Allgemeines. Für die Zuverlässigkeit der Messungen ist die Kenntnis der möglichen Beobachtungsfehler von größter Bedeutung. Sieht man von den zufälligen Fehlern ab, die ihren Ursprung in vorübergehenden, unvorhergesehenen Einflüssen, wie Ablesefehlern, Erschütterungen usw., haben können, so sind die Fehler meist systematischer Art und entweder physiologischen Ursprunges oder durch die Art der Beobachtungsmethode und der instrumentellen Einrichtung begründet.

50. Die persönlichen Beobachtungsfehler. Bei Längenmessungen handelt es sich meist um die Einstellung von Strichen zwischen zwei Strichmarken oder Fäden in der Form, daß mit dem einzustellenden Strich eine Zweiteilung des Markenintervalles vorzunehmen ist. Diese Zweiteilung kann infolge organischer Mängel des Auges, wie Astigmatismus oder verschiedener Empfindlichkeit der Netzhautelemente parallel zur Richtung des Einstellungsvorganges, individuell verschieden ausfallen. Da solche Fehler bei ein und demselben Beobachter in der Regel in gleichem Sinne auftreten, werden sie in den meisten Fällen das Messungsergebnis nicht fälschen. Arbeiten zwei Beobachter, so ist durch regelmäßiges Abwechseln bei den Ablesungen dafür zu sorgen, daß die persönlichen Fehler gemittelt werden.

Gleichwohl ist es ratsam, auf eine Herabdrückung der persönlichen Fehler bedacht zu sein, in dem vorliegenden Falle der Zweiteilung (Bisektion) durch Wahl möglichst enger Einstellmarken.

Da der Einstellfehler seinem linearen Betrage nach gewisse Grenzen haben muß, so wird er bei Verwendung des Mikroskops durch die Okularvergrößerung an sich verkleinert werden und durch die Objektivvergrößerung noch weiter vermindert. Trotzdem ist es nicht zweckmäßig, die Vergrößerung zu weit zu treiben, weil dann die Strichunregelmäßigkeiten störend hervortreten und auch andere Schwierigkeiten, z. B. durch die Beleuchtung, sowie Erschütterungen sich besonders geltend machen. Während es sich bei den „Einstellungen“ um einen bestimmten Schätzungsvorgang handelt, nämlich um die Zweiteilung, können vielseitigere Schätzungsfehler auftreten, wenn die relative Lage eines Indexstriches innerhalb eines Strichintervalles abgelesen werden muß, also etwa bei Trommelablesungen. Diese Lagenschätzung erfolgt meist in Zehnteln des Intervallabstandes. Die statistische Bearbeitung sehr umfangreicher Schätzungen zeigt, daß die einzelnen Zehntelschätzungen nicht gleiche Häufigkeit haben, daß also von verschiedenen Beobachtern gewisse Zehntel unbewußt vorgezogen werden. Die Erscheinung ist auch im wesentlichen von der Ermüdung unabhängig und kommt bei vielen, aber nicht allen, Beobachtern als Bevorzugung der sog. Randzehntel (0, 1, 2 bis 8, 9) zum Ausdruck[1]). Man bezeichnet die dem Beobachter eigene statistische Gruppierung der Zehntelschätzungen als seine Dezimalgleichung.

Daneben spielt die lineare Größe des Intervalls, in dem geschätzt wird, eine wichtige Rolle. Intervalle von etwa 1,5 bis 0,8 mm sind erfahrungsgemäß am geeignetsten, wenn ohne Lupe geschätzt wird.

51. Der parallaktische Ablesungsfehler. Bei allen visuellen Strichablesungen, auch solchen mit optischen Hilfsmitteln ist die Messung der relativen Lage

[1]) Literatur hierzu s. ZS. f. Instrkde. Bd. 43, S. 119. 1923.

zweier Marken nur dann eindeutig möglich, wenn letztere in einer gemeinsamen Ebene liegen. Ist dies nicht der Fall, so kann der Fehler der Parallaxe eintreten, d. h. bei einer Änderung der Visierrichtung wird eine Verschiebung der Marken gegeneinander sichtbar, deren Einfluß dann am größten wird, wenn die Schwankung der Visierrichtung in der durch den Markenabstand gelegten Ebene erfolgt. Müssen die Marken, z. B. Teilung und Nonius, aus konstruktiven Gründen in verschiedenen Ebenen liegen, so muß zur Vermeidung der parallaktischen Fehler die Beobachtung der Strichlagen unter gleichbleibender Visierrichtung vorgenommen werden. Bei Strichablesungen mit unbewaffnetem Auge ist die Erfüllung dieser Bedingung dadurch möglich, daß man die Striche auf einer spiegelnden Fläche anbringt und die Ablesung dann vornimmt, wenn das Spiegelbild der Pupille sich mit dem Ableseindex deckt.

c) Korrektionsbestimmungen an Längenmaßen.

52. Allgemeine Begriffe. Da alle Längenmaße die zu verkörpernden absoluten Längen nur angenähert darstellen können, ist vor allem die Kenntnis der Gleichung eines Maßstabes nötig. Sie definiert die Gesamtlänge eines Strich- oder Endmaßes in absoluten Längeneinheiten bei $t°$. So hat z. B. die in Deutschland aufbewahrte Kopie des Pariser Urmeters die Gleichung

$$L = 1\,\mathrm{m} - (1{,}72 - 8{,}642\,t - 0{,}001\,t^2)\,\mu\,.$$

Die Gleichung gibt also die Abweichung des deutschen Prototyps vom Urmeter bei 0° ($-1{,}72\,\mu$) und die Wärmeausdehnung des Maßstabmaterials (Iridium-Platin) für $t°$, bezogen auf die Wasserstoffskale, an. Die Bestimmung einer Maßstabgleichung setzt demnach nicht nur die Messung der Abweichung voraus, sondern auch die Kenntnis der Wärmeausdehnung des verwendeten Materials. Bei Stäben geringer Länge wird man sich meist mit der Benutzung eines erfahrungsmäßigen Ausdehnungskoeffizienten begnügen können, seine besondere Bestimmung ist aber ratsam, wenn hohe Genauigkeit gefordert wird oder wenn es sich um Materialien wie z. B. Stahl handelt, deren Wärmeausdehnung je nach der Zusammensetzung erheblichen Schwankungen unterliegt.

Die hier als Abweichung bezeichnete Größe wird auch häufig Korrektion genannt und stellt dem Sinne der Gleichung nach den Wert dar, den man algebraisch zum Nennwert der ganzen Länge addieren muß, um den „Istwert“, also die wirkliche Länge, zu erhalten. Vereinzelt verwendet man auch den Begriff „Sollwert eines Maßstabes“ und versteht darunter seine berechnete Länge in absoluten Einheiten bei einer bestimmten Temperatur $t \gtrless 0$.

Bei Strichmaßen sind aber nicht nur die Gesamtlängen zu bestimmen, sondern auch die Korrektionen aller Einzelstriche, also jene Werte, die man zur Bezifferung der Striche algebraisch addieren muß, um ihre absolute Entfernung vom Nullpunkt der Teilung zu erhalten. Da sich die Korrektion der Gesamtlänge (der äußere Teilungsfehler) auf alle Strichintervalle ihrer Länge proportional verteilt, so pflegt man erstere von den Korrektionen der Einzelstriche zu trennen und erhält so die „inneren Teilungsfehler“, nimmt also, und zwar aus Gründen der rechnerischen Vereinfachung, für die Gesamtlänge die Korrektion Null an.

Die Verwertung der Strichkorrektionen zur Bestimmung von Intervalllängen zeigt am einfachsten ein Beispiel. Die Korrektionstafel einer 40 mm-Skale auf Silberlimbus von WANSCHAFF-Berlin lautet, unter Beschränkung auf die halben Zentimeter:

A. Gleichung: $L = 40\,\mathrm{mm} - 2{,}2\,\mu \pm 0{,}7\,\mu + 0{,}72\,t$;

B. Innere Teilungsfehler:

mm	$\Delta\mu$	mm	$\Delta\mu$
0	0	20	−0,8
5	−1,6	25	−2,2
10	−0,1	30	+0,2
15	−1,8	35	−0,2
20	−0,8	40	0

Bei einer Messung sei das Intervall $^{10}/_{30}$ mm bei $+20°$ benutzt. Die Intervallänge ist somit:

$$l = 0/30\,\text{mm} - 0/10\,\text{mm} = (30\,\text{mm} + 0{,}2\mu) - (10\,\text{mm} - 0{,}1\mu) + 2{,}2\mu \cdot 0{,}5 + 0{,}72\mu \cdot 20 \cdot 0{,}5 = 20\,\text{mm} + 0{,}2\mu + 0{,}1\mu - 1{,}1\mu + 7{,}2\mu = 20\,\text{mm} + 6{,}4\mu = 20{,}0064\,\text{mm}.$$

Das Korrektionsvorzeichen des niedriger bezifferten Striches erfährt somit Umkehrung. Offensichtlich ist die Intervallkorrektion unabhängig von der relativen Lage des Nullpunktes zum Beobachter bzw. zum Meßinstrument. Weiter folgt daraus, daß ein Intervall fehlerfrei ist, wenn die Korrektionen der Grenzstriche gleiche Größe und gleiches Vorzeichen haben.

d) Bestimmung der Teilungskorrektionen von Strichmaßen.

53. Korrektionsbestimmung durch Vergleichung mit einem geprüften Maßstab. Der einfachste Weg zur Korrektionsbestimmung einer Strichteilung ist die komparatorische Vergleichung mit einem möglichst ähnlich geteilten Maßstab, dessen Strichkorrektionen anderweit, etwa durch eine Meßbehörde, ermittelt worden sind. Man vergleicht dann die beiden Strichmaße durch mikrometrische Einstellung der beiderseitigen Striche mit je einem Mikroskop, gegebenenfalls unter Vertauschung beider Maße, um die Führungsfehler des Instruments auszuschalten. Die Arbeit wird möglichst in kurze Einzelreihen zerlegt. Man würde etwa bei zwei in Millimeter geteilten Dezimeterskalen vergleichen: 1. die ganzen Längen; 2. die Zentimeterstriche; 3. die Millimeterstriche von 10 zu 10.

54. Fehlerbestimmung mittels Durchschiebens eines Hilfsintervalles nach Hansen. Während die eben erwähnte Vergleichung voraussetzt, daß sämtliche Strichkorrektionen des Vergleichsnormales bereits anderweit bestimmt sind, genügt bei der Methode von Hansen ein Hilfsintervall, welches den zu bestimmenden nur annähernd gleich ist. Dieses Hilfsintervall ist in den meisten Fällen ein Strichintervall; es kann aber auch die feste Entfernung zweier Meßmikroskope oder — bei sehr kleinen Intervallen — eine bestimmte Anzahl Schraubenumgänge des Okularmikrometers als Hilfslänge verwendet werden. Im letzteren Falle ist die Schraube immer an der gleichen Stelle zu benutzen, sowie bei gleichen Trommelstellungen, um die periodischen Fehler auszuschließen. Ist der Gesamtfehler der zu bestimmenden Intervalle durch eine vorher gegangene Anschlußmessung bereits bekannt, so liefert die Hansensche Methode zugleich eine scharfe Bestimmung der absoluten Länge des Hilfsintervalles. Die erhebliche Arbeit einer solchen Hansenschen Messung pflegt man daher möglichst dadurch lohnend zu machen, daß man als Hilfsintervall tunlichst ein solches auf einer anderen Strichskale wählt, dessen Korrektion gleichfalls gebraucht wird.

Es soll hier der Gang einer Messung mit Hilfsintervall an einem Beispiel gezeigt werden, und zwar handelt es sich 1. um die Bestimmung der Dezimeterintervalle auf einem Invarmeter (J) biegungsfreier Form, 2. um die Messung der ganzen Länge einer Dezimeterskale aus Stahl (S) von hoher Rechteckform. Am Invarmeter waren durch frühere Messungen bereits die Gleichung der ganzen Länge ermittelt, sowie die Korrektion des Striches 500 mm. Auf beiden Maßstäben waren besonders feine und gut ausgebildete Striche. Auf Skale S war außerdem jedes Intervall durch drei Striche in $50\,\mu$ Abstand begrenzt, auf Meter J nur durch einen. Die Mikroskopvergrößerung war etwa 70fach, der Trommelwert an beiden Mikroskopen 20 geschätzte partes $= 1\,\mu$.

Die Messung selbst war folgendermaßen angeordnet: Skale S wurde der Reihe nach mit den ersten fünf Dezimeterintervallen im Vor- und Rückschreiten verglichen, dann ebenso in einer zweiten Reihe die weiteren fünf Dezimeterstriche. Die Vergleichungen sind auf eine mittlere Beobachtungstemperatur von 19° reduziert. Bei der Auswertung sind durch Einführung der absoluten Korrektion für die Striche 500 und 1000 gleichzeitig die absoluten Korrektionen für die zu untersuchenden Intervalle gewonnen.

A. Beobachtete Gleichungen.

I.			II.		
J −	S =	Δ	J −	S =	Δ
mm	mm	partes	mm	mm	partes
0/100	0/100	−514	500/600	0/100	−377
100/200	0/100	−468	600/700	0/100	−304
200/300	0/100	−297	700/800	0/100	−418
300/400	0/100	−409	800/900	0/100	−327
400/500	0/100	−409	900/1000	0/100	−209

B. Berechnung der Teilungsfehler von J unter Einführung der absoluten Korrektion für die Striche 500 (+ 330p) und 1000 mm (+ 1094p).

I.					II.				
J mm	$\Sigma\Delta$ partes	Verteilung V	$\Sigma\Delta+V$	Korr. μ	J mm	$\Sigma\Delta$ partes	Verteilung V	$\Sigma\Delta+V$	Korr. μ
0	0	0	0	0	500	0	+ 330	+ 330	+ 16,5
100	− 514	+ 485	− 29	− 1,4	600	− 377	+ 810	+ 433	+ 21,6
200	− 982	+ 971	− 11	− 0,5	700	− 681	+ 1290	+ 609	+ 30,4
300	− 1279	+ 1456	+ 177	+ 8,8	800	− 1099	+ 1769	+ 670	+ 33,5
400	− 1688	+ 1942	+ 254	+ 12,7	900	− 1426	+ 2249	+ 823	+ 41,1
500	− 2097	+ 2427	+ 330	+ 16,5	1000	− 1635	+ 2729	+ 1094	+ 54,7

C. Bestimmung des Intervalles $S_{0/100}$.

Aus A folgt:

$$\text{I.}\quad 5[S_{0/100}] - J_{0/500} = \Sigma\Delta = +2097$$
$$5[S_{0\;100}] = 500\text{ mm} + 330 + 2097$$
$$= 500\text{ mm} + 2427$$
$$S_{0/100} = 100\text{ mm} + 485{,}4p = 100\text{ mm} + 24{,}27\,\mu\,.$$

$$\text{II.}\quad 5[S_{0/100}] - J_{500/1000} = \Sigma\Delta = +1635$$
$$5[S_{0/100}] = 500\text{ mm} + 764 + 1635$$
$$= 500\text{ mm} + 2399$$
$$S_{0/100} = 100\text{ mm} + 479{,}8p = 100\text{ mm} + 23{,}99\,\mu\,.$$

Die geringen Unterschiede der beiden Werte für $S_{0/100}$ sind auf Unsicherheiten der absoluten Korrektionen für die Striche 500 und 1000 zurückzuführen.

Als Gesamtmittel ergibt sich $S0/100_{19^0} = 100\text{ mm} + 24{,}13\,\mu\,.$

Hansen hat nun selbst auf einen Mangel dieser eben vorgeführten Vergleichsmethode hingewiesen: Die Genauigkeit der so erhaltenen Intervallkorrektionen ist nicht für alle Intervalle die gleiche, sondern sie nimmt von der Mitte nach beiden Enden zu. Der mittlere Fehler der Korrektion eines Intervalls von der

Ordnungszahl i ist, wenn m der mittlere Fehler aller (n) Intervallkorrektionen ist, $m_i = m\sqrt{\frac{i(n-i)}{n}}$. Dieser Mangel kommt bei einer geringen Intervallzahl wie im vorstehenden Beispiel noch nicht zum vollen Ausdruck. Dagegen schon bei 10 Intervallen ergibt die obige, von WEINSTEIN abgeleitete Beziehung, daß die Endintervalle im Verhältnis 5:3 genauer bestimmt sind als das mittelste Intervall.

55. Erweiterte HANSENsche Methode. Das Bestreben, alle Strichkorrektionen mit möglichst dem gleichen Gewicht zu bestimmen, hat HANSEN zu den Vorschlag geführt, nicht nur ein Hilfsintervall von der Länge a der zu bestimmenden Skalenintervalle, sondern auch Hilfsintervalle von der Größe $2a$, $3a$, ... allgemein $n-1$ Hilfsintervalle zu verwenden, wenn die Intervallzahl der zu prüfenden Skale n ist. Abb. 36 stellt schematisch den Fall dar, daß eine Teilung von 5 Intervallen zu untersuchen ist. Die gestrichelten Linien stellen die Endstellungen der Hilfsintervalle dar. Zur Verwendung kommen $n-1=4$ Hilfsintervalle, die auf einem gemeinsamen Stabkörper vereinigt sein können. Sie werden so zur Prüfteilung verschoben, daß sie der Reihe nach mit jedem Intervall der Hauptteilung verglichen werden können. Allgemein ergibt die Methode für n zu bestimmende Intervalle und $n-1$ Hilfsintervalle für im ganzen $2n-1$ Intervalle $\frac{(n+2)(n-1)}{2}$ Messungen, für $n=5$ demnach 14 Bestimmungsgleichungen, die man nach der Methode der kleinsten Quadrate auszugleichen hätte. Statt dessen kann man die Beobachtungen auch durch ein vereinfachtes Berechnungsschema verwerten[1]).

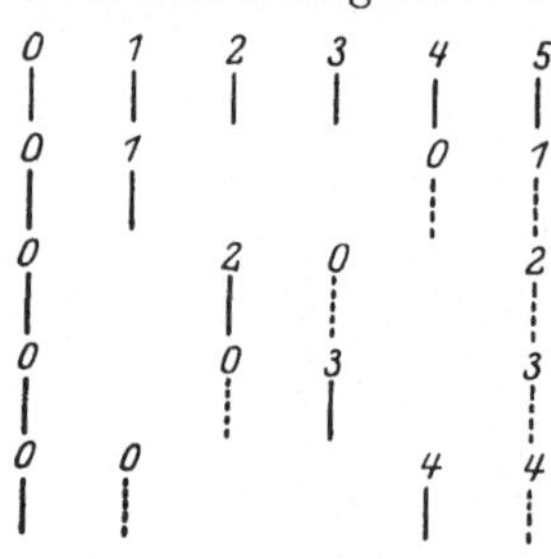

Abb. 36. Schema der erweiterten HANSENschen Methode.

56. Durchschiebemethode von THIESEN-LEMAN. Einen noch günstigeren Ausgleich der Beobachtungsfehler erhält man, wenn eine mit der zu untersuchenden gleichartige Skale, die nicht notwendig gleich lang zu sein braucht, durch erstere „durchschiebt". Bei zwei gleichen Skalen mit beispielsweise 5 Intervallen würde das bedeuten, daß man die Vergleichung in der Intervallage Hauptskala 0/1 $\backsim$ Hilfsskala 4/5 beginnt, über 0/1/2 $\backsim$ 3/4/5 fortsetzt und mit 4/5 $\backsim$ 0/1 beschließt. Die Berechnung der Beobachtungen gibt für beide Skalen die inneren Strichkorrektionen, wenn man die Korrektionen der beiden Endstriche je auf die Intervalle der betreffenden Skale verteilt. Die Gesamtlängen sind am besten durch selbständige Messungen zu ermitteln.

57. Teilungsfehler-Bestimmung an Nonien. Eine Nonienteilung unterscheidet sich in bezug auf die an sie zu stellenden Anforderungen von anderen Skalen nur darin, daß die Nonienintervalle in einem bestimmten Verhältnis zu den Intervallen der zugehörigen Hauptskale stehen müssen. Die für Teilungsfehlerbestimmungen soeben erwähnten Methoden können daher auch für die Nonienuntersuchung Anwendung finden. Bei der Wahl der Beobachtungsmittel für die Untersuchung ist jedoch zu beachten, daß die Nonienablesung meist ohne optische Hilfsmittel erfolgt und sich eine zu weit gehende Untersuchung kaum rechtfertigt.

---

[1]) Vgl. KARL SCHEEL, Grundlagen der praktischen Metronomie, S. 30, Braunschweig 1911.

e) Korrektionsbestimmungen an Endmaßen.

58. Vergleichung mit Strichintervallen. Die absolute Messung von Endmaßlängen muß, abgesehen von der Auswertung in Wellenlängen, durch Vergleichung mit Strichintervallen erfolgen. Zu einer solchen „gemischten" Messung sind besondere Hilfsmittel nötig zur Einstellung der Endflächen. Eine mechanische Erfassung erlaubt das Fühlniveau. Am Mikroskopschlitten eines Longitudinal-Komparators ist über dem hinteren Aufnahmetische ein harter Stahlzylinder *Zs* (Abb. 37) derart verschiebbar gelagert, daß seine Achse parallel zur Komparatorführung liegt. Er trägt an einem Ende eine sorgfältig geschliffene Kugel von etwa 1,5 mm Durchmesser, am anderen eine achsensenkrechte Planfläche.

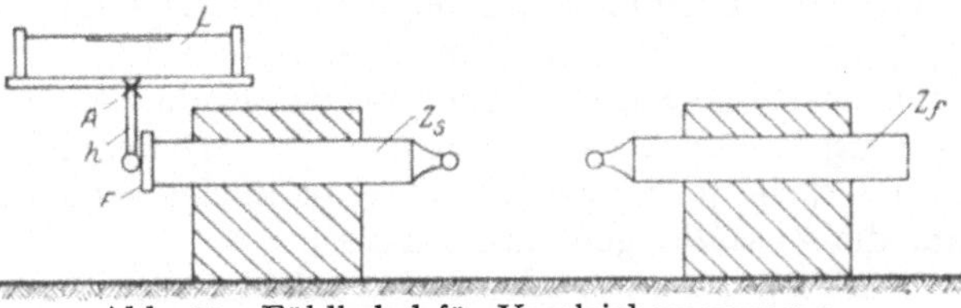

Abb. 37. Fühlhebel für Vergleichsmessungen.

Gegen letztere legt sich unter mäßigem Druck ein um *A* drehbarer kurzer Hebel, mit dem eine empfindliche Röhrenlibelle ($1p = 5$ bis $10''$) verbunden ist. Am Ende des Komparators ist konachsial zum ersten ein zweiter Stahlzylinder mit Kugel *Zf* fest gelagert. Das anzuschließende Endmaß liegt, sorgfältig zur Meßrichtung justiert und durch untergelegte Nadeln leicht beweglich gemacht, in einer gehobelten geraden Rinne zwischen den Kugeln und wird durch Gewichtszug sanft gegen die feste Kugel gehalten. Durch Verschieben des Schlittens wird der andere Zylinder mit seinem Kugelscheitel an die andere Endfläche angelegt, und das Fühlnivenau durch Feinverstellung des Schlittens zum Einspielen gebracht. Liegt auf dem vorderen Tisch parallel zur Meßrichtung ein Strichmaßstab, so wird man mit dem am Komparatorschlitten befestigten Mikroskop einen bestimmten im Gesichtsfelde liegenden Strich einstellen können. Das Endmaß wird jetzt entfernt und nunmehr beide Kugeln unter Einspielen der Libelle zur Berührung gebracht. Darauf wird wieder der im Mikroskop sichtbare Strich eingestellt. Die Differenz beider Ablesungen ergibt nach Anbringung der notwendigen Korrektionen die Länge des Endmaßes. Die Einrichtung erfordert — namentlich bei kleinen Kontaktkugeln — eine sehr genaue Justierung der Kugelzentrale parallel zur Meßrichtung, auch dann, wenn das Endmaß genau achsensenkrechte Meßebenen hat, weil sich die Kugeln bei ihrer gegenseitigen Berührung anderenfalls nicht im Scheitel berühren. Die Endmaßlänge wird sich bei diesem Berührungsfehler immer zu groß ergeben. Soll z. B. bei 2 mm Kugeldurchmesser der Scheitelfehler $0{,}3\,\mu$ nicht überschreiten, so müssen die Kugelpole innerhalb $35\,\mu$ koinzidieren.

Die Vergleichung von Endmaßen mit Strichmaßen kann ferner erfolgen durch die Anwendung von Anschiebezylindern. Man verwandelt dabei das Endmaß in ein Strichmaß, indem man an beiden Endflächen Zusatzlängen anlegt, die je mit einer Strichmarke versehen sind. Man ordnet diese Striche meist auf der neutralen Schicht eines harten Stahlzylinders an, der am Kontaktende eine Kugelfläche trägt. Durch Gewichts- oder Federdruck muß die Berührung mit dem Endmaß gesichert sein. Die Summe der Zusatzlängen ist durch Aneinanderlegen der Anschiebezylinder gesondert zu bestimmen. Nach einer von Zeiss zu Kontaktmessungen benutzten Anordnung kann man diese Bestimmung dadurch umgehen, daß man bei beiden Anschiebezylindern die Entfernung der Striche vom Kontaktpunkt gleich einem bestimmten Abstand *a* macht und im Meßmikroskop zwei Einstellmarken im Abstand $2a$ anbringt. Es ist dann z. B.

der linke Strich mit der linken Marke und der rechte Strich mit der rechten Marke einzustellen. Die Kontrolle der Anordnung kann durch die Feststellung erfolgen, daß beim Aneinanderlegen der Anschiebezylinder die Strichmarken mit den Einstellmarken zusammenfallen.

Die Meßanordnung mit Anschiebezylindern findet am besten ebenfalls in einer gehobelten Rinne Platz, sofern es sich um die Messung zylindrischer Endmaße handelt. Auch die Bestimmung von Plattenendmaßen ist mit Anschiebezylindern oder Fühlniveau möglich. Die Lagerung muß dann unter Zuhilfenahme geeigneter Anschläge oder auch durch Aufhängen erfolgen. In Fällen, wo eine gemeinsame gerichtete Lagerung der Endmaße und Zylinder nicht möglich ist, lagert man die letzteren allein in justierbaren Rinnen und benutzt Anschiebezylinder, die je mit einem achsenparallelen Kollimatorfernrohr verbunden sind, um die Zusatzlängen auszurichten.

Endlich können kleine Lagenfehler der Anschiebezylinder noch dadurch eliminiert werden, daß man diese mit je zwei außerhalb der Achse, aber in der neutralen Schicht liegenden Strichen versieht. Das Endmaß ist dadurch in zwei Strichintervalle verwandelt, deren Mittelwert maßgebend ist. Arbeitet man mit großen Kugeldurchmessern, so läßt man die Verbindungslinie der beiden Striche am besten durch den Kugelmittelpunkt gehen.

Bei der Benutzung von Anschiebezylindern mit sphärischen Kontaktflächen können zwei wesentliche Fehler auftreten, die sich gegebenenfalls summieren oder ausgleichen können. Zunächst können die Zylinderachsen nicht kollinear sein. Ist die Entfernung der Achsen E und der Durchmesser beider Meßkugeln d, so erhält man für kleine Werte von E die Summe der beiden durch die Anschiebezylinder dargestellten Zusatzlängen, also bei Berührung der Kugeln, um den Betrag $\Delta l = \frac{E^2}{2d}$ zu klein. Für $d = 2$ mm muß demnach $E \leqq 0{,}02$ mm sein, damit $\Delta l < 0{,}1\,\mu$ bleibt. Dieser Lagenfehler nimmt also ab mit wachsendem Durchmesser der Meßkugeln. Sind ferner bei der Messung eines Endmaßes mit planparallelen Endflächen diese um $R + a$ zur Achse geneigt, so erhält man die Summe Endmaßlänge + Zusatzlängen für kleine Winkel α zu groß um $\Delta l = 2d \cdot \alpha^2$. Der Fehler wächst also hier proportional zum Meßkugeldurchmesser. Für $\Delta l = 0{,}1\,\mu$ ergibt sich $\alpha = \frac{1}{4}°$. Man wird also am besten einen mittleren Durchmesser wählen, abgesehen von den Fällen, wo Endmaße aus besonders weichem Material (z. B. Hartholz) vorliegen, für das nur große Durchmesser in Frage kommen würden.

Als weitere Fehlerquelle kämen bei gemischten Endmaßvergleichungen die Formänderungen durch den Meßdruck in Frage, und zwar sowohl die elastischen Verkürzungen des Endmaßes selbst als auch die Deformationen der Kontaktflächen und der Endmaßflächen. Bei den hier erwähnten Kontaktmessungen ist es indes immer möglich, den Meßdruck innerhalb unschädlicher Grenzen zu halten, so daß sein Einfluß in der Regel vernachlässigt werden kann. Bei außergewöhnlich großen Genauigkeitsansprüchen ist es zweckmäßig, eine druckfreie Meßmethode zu wählen (s. Ziff. 27 u. 28).

Die Verwendung von Zusatzlängen in Form von Anschiebezylindern kann vermieden werden, wenn man nach AIRY drei Endmaße je mit einer Strichmarke in der neutralen Schicht versieht und die durch Aneinanderlegen von zwei Endmaßen in verschiedenen Kombinationen möglichen Strichintervalle mit einem bekannten Strichmaßstab vergleicht. Die drei Endmaße mögen durch die Hilfsstriche die Längensummen $a = a_1 + a_2$, $b = b_1 + b_2$, $c = c_1 + c_2$ haben, dann lassen sich durch Kombination folgende Längengleichungen bilden:

$$a_1 + b_2 = A,$$
$$a_1 + c_2 = B,$$
$$b_1 + c_2 = C,$$
$$b_1 + a_2 = D,$$
$$c_1 + a_2 = E,$$
$$c_1 + b_2 = F,$$

daraus folgt

$$a = a_1 + a_2 = B - C + D = E - F + A,$$
$$b = b_1 + b_2 = D - E + F = A - B + C,$$
$$c = c_1 + c_2 = F - A + B = C - D + E.$$

Durch Umlegen der Endmaße lassen sich noch weitere überschüssige Gleichungen bilden und die vorhandene Häufung der Berührungsfehler herabdrücken.

Weiter sei noch ein von FIZEAU angegebenes Mittel erwähnt, um Endmaßflächen direkt ohne Berührung mit Anschiebezylindern optisch einzustellen. Nähert man eine Metallspitze oder einen ausgespannten Kokonfaden der spiegelnden planen Endmaßfläche auf einen geringen Abstand a, so entsteht bekanntlich ein virtuelles Bild von Spitze oder Faden im Abstand a hinter der Planfläche. Beim Einstellen der Mitte von $2a$ wird man demnach die Endmaßfläche anvisieren. Hierzu ist natürlich eine geringe Neigung der Mikroskopachse notwendig. Diese Methode bietet jedoch gewisse optische Schwierigkeiten namentlich wegen der teilweisen Abblendung des Objektivs.

Besonders empfindlich und vor allem druckfrei wird die Kontaktmessung von Endmaßen, wenn man den Augenblick der Berührung durch Schließen eines elektrischen Stromkreises sichtbar macht, in dem sich ein Galvanometer oder Telephon befindet[1]).

Die Anwendung von Kapazitätsmessungen bei Bestimmung von Längen bzw. Längenänderungen[2]) ist zur Zeit noch in der Entwicklung begriffen.

f) Die Fehler der Meßschrauben.

59. Allgemeines. Die Meßschraube ersetzt einen linearen Strichmaßstab mit stetig veränderlicher Unterteilung, die durch die Drehung der Trommel bewirkt und dort abgelesen wird. Bei der technischen Erzeugung einer Schraube auf der Leitspindeldrehbank werden zwei senkrecht aufeinander stehende Bewegungskomponenten, die Umdrehung des Schraubenkörpers auf der Drehspindel und die fortschreitende Bewegung des Drehstahles, durch die Leitspindel zu einer Resultierenden, der Schraubenbewegung, zusammengesetzt. Eine mathematische, also fehlerfreie Schraubenlinie kann nur entstehen, wenn das Verhältnis der Geschwindigkeiten der Komponenten in jedem Zeitelement konstant ist. Diese Konstanz wird durch eine zwangläufige Verbindung von Dreh- und Leitspindel, durch die Zahnradübertragung, nicht immer vollkommen erreicht, weil Teilungs- und Exzentrizitätsfehler der Zahnräder, ferner Ganghöhenfehler der Leitspindel, Temperatureinflüsse und Formänderungen des Werkstückes beim Spanabheben nicht restlos zu vermeiden sind. Die abgewickelte Schraubenlinie, bekanntlich die Hypotenuse eines rechtwinkligen Dreiecks aus Schraubenumfang und Ganghöhe, wird vielmehr für einzelne Gänge immer kleine systematische Verschiedenheiten der Ganghöhen und Abweichungen von der Geraden zeigen. Die ersteren nennt man, da sie sich von Gang zu Gang summieren, fort-

---

[1]) ZS. f. Instrkde. Bd. 34, S. 202. 1914.

[2]) P. DUCKERT, ZS. f. Instrkde. Bd. 46, S. 71. 1926.

schreitende, die zweiten, da sie sich meist in jedem Gang zu wiederholen pflegen, periodische Fehler. Beide Bezeichnungen sind nur bedingt zutreffend. Der fortschreitende Fehler braucht durchaus nicht konstant zu sein und kann bei längeren Schrauben sogar wiederholt das Vorzeichen wechseln, der periodische kann in einzelnen Fällen eine größere oder kleinere Periode als 2π haben. Da indes die Schraubenmutter bei Meßschrauben meist von beträchtlicher Länge ist, so werden die Fehler als algebraische Summe der Fehler der in der Mutter liegenden Einzelgänge zum Ausdruck kommen und eine größere Gesetzmäßigkeit zeigen als letztere. Auf die Kenntnis der Gebrauchskorrektion kommt es aber dem Beobachter an. Ihre Bestimmung spielt insofern eine wichtigere Rolle als bei Strichmaßen, weil die Schraubenkorrektionen weniger unveränderlich sind als die Intervallwerte eines Maßstabes. Ein Zerlegen des Mikrometers etwa zum Zweck der Reinigung, Zugabe von Öl, Änderungen des toten Ganges durch Verstellung der Mutter, können die Korrektionen von Grund aus ändern und eine Neubestimmung nötig machen.

60. Bestimmung der fortschreitenden Schraubenkorrektionen. Die Analogie von Schraube und Strichmaß erstreckt sich auch auf die Art der Korrektionsbestimmung. Man wird die fortschreitenden Korrektionen deshalb durch Vergleichen der einzelnen Umgänge mit einem geprüften Maßstab ermitteln, auch wie bei der HANSENschen Methode ein Strichintervall vom Nennwert der Ganghöhe bzw. mehrere solcher Intervalle ausmessen; auch die Durchschiebemethode kann sinngemäß auf die Schraubenprüfung angewendet werden. Zweckmäßig ist es jedoch, sich vorher zu überzeugen, ob die Periode der wiederkehrenden Abweichungen mit genügender Annäherung 2π ist. Man wählt sonst für die Bestimmung der fortschreitenden Korrektionen Strichintervalle von der Länge der vorhandenen Periode.

61. Bestimmung der periodischen Schraubenkorrektionen. Die Größen, welche man den Bruchteilen einer ganzen Schraubenumdrehung hinzuzufügen hat, um den Istwert dieser Teilverschiebung zu erhalten, nennt man die periodischen Korrektionen. Die klassische Methode zu ihrer Bestimmung rührt von BESSEL (1839) her. Sie besteht darin, daß man ein Strichintervall von der Länge eines Bruchteils der Ganghöhe oder mehrere solche von verschiedenen, regelmäßig über die zu prüfende Schraubenlänge verteilten Punkten in Trommelteilen auswertet. Drückt man die Trommelablesungen als Winkelwert ω aus, so wird man die Korrektion als periodische Funktion $A_1 \cos\omega + B_1 \sin\omega + A_2 \cos 2\omega + B_2 \sin 2\omega \ldots$ darstellen können. Waren die Ablesungen beim Einstellen auf die Endstriche des Hilfsintervalles d bzw. ω und ω', so folgt $d = \omega' - \omega + A_1(\cos\omega' - \cos\omega) + B_1(\sin\omega' - \sin\omega) \ldots$ Dabei wird man also auch das Hilfsintervall d als Winkelwert erhalten. Nimmt man weiter für die Messung jedes Zehntel einer Umdrehung zum Ausgangspunkt, so darf man, da die Koeffizienten $A_1 B_1 \ldots$ bei Meßschrauben in der Regel klein sind, d unbedenklich gleich dem Mittelwert sämtlicher $\omega' - \omega$ sowie näherungsweise $\omega' = \omega + d$ setzen. Die beobachteten Werte $\omega' - \omega$ werden dann dargestellt durch die Gleichung

$$\omega' - \omega = d + 2A_1 \sin\frac{d}{2} \cdot \sin\left(\omega + \frac{d}{2}\right) - 2B_1 \sin\frac{d}{2} \cdot \cos\left(\omega + \frac{d}{2}\right)$$
$$+ 2A_2 \sin d \cdot \sin(2\omega + d) - 2B_2 \cdot \sin d \cdot \cos(2\omega + d).$$

Für die Berechnung der Konstanten $A_1 B_1 \ldots$ folgt dann, da 10 Messungen auf jede Schraubenumdrehung entfallen sollen und die ω-Werte sich gleichmäßig über 2π verteilen,

$$A_1 = \frac{\sum(\omega' - \omega - d)\sin\left(\omega + \frac{d}{2}\right)}{10\sin\frac{d}{2}}, \quad A_2 = \frac{\sum(\omega' - \omega - d)\sin(2\omega + d)}{10\sin d},$$

$$B_1 = -\frac{\sum(\omega' - \omega - d)\cos\left(\omega + \frac{d}{2}\right)}{10\sin\frac{d}{2}}, \quad B_2 = -\frac{\sum(\omega' - \omega - d)\cos(2\omega + d)}{10\sin d}.$$

Ein Zahlenbeispiel möge die Anwendung der Formeln erläutern.

Mit einer Mikrometerschraube von 0,5 mm Ganghöhe wurde ein 0,2-mm-Intervall mikroskopisch ausgemessen. Dabei wurde der Ausgangspunkt der Messung stetig um $\frac{1}{10}$ Umdrehung = 0,05 mm verschoben. Die hier als Beobachtungswerte gegebenen Zahlen sind die Mittel aus fünf fortlaufenden Gängen, ausgedrückt in Zehntel der geschätzten Trommelteile. Der Anfangspunkt der Messungen lag genau bei der Trommelablesung 0,0. Die Trommel war in 50 Teile geteilt. Die zweite Vertikalreihe gibt die Werte $\omega' - \omega - d$ in Bruchteilen einer Schraubenumdrehung.

$\omega' - \omega$ p	$\omega' - \omega - d = R$ r	$\omega + \frac{d}{2}$ 0	$\sin\left(\omega + \frac{d}{2}\right) \cdot R$	$\cos\left(\omega + \frac{d}{2}\right) \cdot R$	$\sin(2\omega + d) \cdot R$	$\cos(2\omega + d) \cdot R$
19650	−208	71,115	−197	− 67	−127,4	+164,4
654	−200	107,115	−191	+ 59	+112,5	+165,3
682	−144	143,115	− 86	+115	+138,3	− 40,3
768	+ 28	179,115	+ 0	− 28	− 0,9	+ 28,0
780	+ 52	215,115	− 30	− 43	+ 48,9	+ 17,6
866	+224	251,115	−212	− 72	+137,2	−177,0
864	+220	287,115	−210	+ 65	−123,7	−181,9
842	+176	323,115	−106	+141	−169,6	+ 49,2
726	− 56	359,115	+ 1	− 56	+ 1,7	− 56,0
704	−100	395,115	− 58	− 82	− 94,2	− 33,8
19754			−1089	+ 32	− 77,2	− 64,5

$d = 142{,}23°$, $\frac{d}{2} = 71{,}115$

$10 \cdot \sin\frac{d}{2} = 9{,}461$ $\qquad 10 \cdot \sin d = 6{,}125$

$A_1 = -0{,}00116 \quad B_1 = -0{,}00003 \quad A_2 = -0{,}00013 \quad B_2 = +0{,}00010$

Die periodischen Korrektionen der Schraube werden also dargestellt durch die Gleichung

$$\delta = -0{,}00116\cos\omega - 0{,}00003\sin\omega - 0{,}00013\cos 2\omega + 0{,}00010\sin 2\omega\,.$$

Mit Hilfe der ermittelten periodischen Funktion kann man jetzt für beliebige Bruchteile der Meßschraubenumdrehung die Werte der periodischen Korrektionen berechnen. In der nachfolgenden Tabelle ist dies unter Abrundung auf Zehntausendstel-Millimeter ($0{,}1\,\mu$) für Zwanzigstelumgänge der Schraube ($18° = 0{,}05$ Umdr. $= 25\,p$) erfolgt.

Korrektions-Tabelle.

p	0	25	50	75	100	125	150	175	200	225	250
μ	0,0	0,0	+0,1	+0,3	+0,5	+0,6	+0,8	+0,9	+1,0	+1,1	+1,1

p	250	275	300	325	350	375	400	425	450	475	500
μ	+1,1	+1,1	+1,1	+1,0	+0,9	+0,7	+0,5	+0,2	+0,1	0,0	0,0

Bei Meßschrauben, deren Korrektionen einmal bestimmt sind, ist darauf zu achten, daß die gegenseitige Stellung von Schraube und Ablesetrommel nicht verändert werden darf und zweckmäßig durch Markierung zu sichern ist.

62. Der tote Gang der Meßschrauben. Unter dem toten Gang versteht man den unvermeidlichen Spielraum zwischen den Flanken der Meßschraube und der Mutter, demzufolge die Schraubeneinstellung auf ein und dasselbe Objekt je nach dem Drehungssinn verschiedene Ablesungen ergibt. Man kann den toten Gang herabdrücken, indem man die Weite der Mutter nachstellbar macht. Meist ist die Mutter zu diesem Zweck durch einen Achsenschnitt halbiert oder nur bis etwas über die Mitte gespalten. Die Regulierung erfolgt dann durch geeignet verteilte Zug- oder Druckschrauben. Diese Anordnung kann zur Folge haben, daß die Mutter beim Zusammendrücken ovale Form annimmt. Aus diesem Grunde wählt man die Nachstellung der Mutter vereinzelt auch so, daß man sie durch einen achsensenkrechten Schnitt teilt und beide Teile durch Schrauben regulierbar verbindet. Man hat auch gespaltene Muttern mit Hartholzeinlagen verwendet, in die sich die Schraubengänge selbst einformen müssen.

Eine wichtige Rolle spielt im Zusammenhang mit dem toten Gang die zwischen den Schraubenflanken vorhandene Ölschicht. Für den Drehungssinn der Schraube beim Messen gilt daher die Regel, daß stets in der Richtung einzustellen ist, in der die Schraubenflanken durch Schwere oder Federdruck gegen die Mutterflanken gedrückt werden.

E. Beispiele von physikalischen Längenmessungen.

63. Längenmessungen an Ohmrohren. Die Widerstandseinheit ist bekanntlich auf folgende Definition aufgebaut: Den Widerstand von 1 Ω hat eine Quecksilbersäule von 1,063 m Länge und 14,4521 g Gewicht bei 0°, somit von 1 qmm Querschnitt. Man verkörpert diese Einheit oder Bruchteile davon durch dickwandige, mit achsensenkrechten Endflächen versehene Glasrohre, die unter strengen Vorsichtsmaßregeln mit Quecksilber gefüllt sind. Der Widerstand der Füllung wird auf elektrischem Wege, sowie rechnerisch durch Messung der Rohrlänge und Wägung der Füllung bestimmt. Der Gang der Längenmessung soll hier kurz beschrieben werden.

Die der Definition zugrunde liegende Normaltemperatur von 0° läßt es zweckmäßig erscheinen, die Messung der Rohrlänge nahe bei 0° vorzunehmen, um so von der genauen Kenntnis der Wärmeausdehnung des verwendeten Glases und daraus folgenden Reduktionsunsicherheiten unabhängig zu sein. Die Temperierung erfolgt am besten in einem Wasserbad und zwar gelingt die Erzeugung einer konstanten Wassertemperatur in Nachbarschaft von 0° auf folgende Weise. Ein zylindrisches Kupfergefäß von etwa 20 cm Durchmesser und 60 cm Höhe ist am Boden und am oberen Rande mit je einem Ansatzrohr versehen, an den Anfang und Ende einer ringförmigen Schlauchleitung angeschlossen sind. Das Temperierwasser wird mit einer elektromotorisch angetriebenen Kreiselpumpe ständig aus dem unteren Teil des Kupfergefäßes durch ein das Ohmrohr enthaltendes Umschlußrohr geleitet und von da in das Kupfergefäß zurückgetrieben. Das letztere ist mit gestoßenem Eis beschickt und zunächst mit soviel Wasser, daß die Ringleitung, sowie Pumpe und Umschlußrohr luftfrei damit gefüllt sind. Öffnet man, während das Wasser zirkuliert, ein zweites, etwa 10 cm über dem Boden des Kupfergefäßes liegendes Auslaufrohr und senkt damit den Wasserspiegel bis zu dieser Höhe, so durchläuft jetzt das oben zurückfließende Temperierwasser eine freie Eisschicht von etwa 50 cm Dicke und erniedrigt in kurzer Zeit seine Temperatur bis auf nahezu 0°. Wenn die Kreiselpumpe regelmäßig läuft und das entstehende Schmelzwasser aus dem oberen Bodenrohr ablaufen kann, erreicht man etwa +0,3° mit einer Konstanz von wenigen hundertstel Grad. Von Zeit zu Zeit, zweckmäßig in den Meßpausen, ist Eis nachzufüllen.

Die Temperierung des Ohmrohres erfolgt in einem gut geraden, messingen Umschlußrohr von 4 cm Weite, das mit abdichtbaren Böden versehen ist. Die Ohmrohrenden durchdringen beiderseits die Mitten der Böden und sind ebenfalls abgedichtet, jedoch so, daß nur minimale Teile der Ohmrohrenden vom Temperierwasser unberührt bleiben. Durch mehrere in gleichen Abständen auf das Ohmrohr aufgeschobene, durchbrochene Messingscheiben vom Innendurchmesser des Durchflußrohres wird das Prüfstück gegen Durchbiegung geschützt. An den Enden des Durchflußrohres sind Ansatzrohre für die Schlauchleitung angelötet, die so angeordnet sind, daß je ein empfindliches Quecksilberthermometer bis nahe an das Fadenende in den Wasserstrom hineinragt.

Als Vergleichsmaßstab dient am besten ein biegungsfreies Strichmeter aus Invar, dessen Strichkorrektionen sorgfältig ermittelt sind. Die Verwendung der tiefen Temperatur für das Ohmrohr macht es jedoch notwendig, auch den Vergleichsmaßstab zu temperieren. Hier genügt ein aus rechteckigem Messingrohr zusammengelöteter Kasten, der den Maßstab von drei Seiten dicht umschließt und durch fließendes Wasser von Zimmertemperatur durchflossen wird. Die Temperaturbestimmung erfolgt hier durch aufgelegte Maßstabthermometer (s. Ziff. 48). Sowohl das Umschlußrohr wie der Maßstab werden noch durch Hüllen aus Blech oder Nickelpapier gegen Einstrahlung von Wärme geschützt.

Die Messung selbst erfolgt auf einem Longitudinalkomparator mit Fühllibelleneinrichtung (s. Ziff. 58). Da im Verlauf der Messungen wiederholt die Nullstellung der Kontakteinrichtung zu messen ist und hierzu das Ohmrohr vom Komparator zu entfernen ist, wird das Umschlußrohr noch in einem oben und seitlich offenen Holzkasten gelagert, der, ohne die Temperierung zu unterbrechen, abgehoben und in solcher Höhe über dem Mikroskopschlitten aufgehängt werden kann, daß letzterer an den festen Kontakt herangeführt werden kann.

Wichtig ist ferner, daß das Ohmrohr in der Meßstellung durch ein Zuggewicht gegen den festen Kontakt gehalten wird. Um den Meßdruck niedrig zu halten, läßt man den Umschlußkasten auf dünnen geraden Drähten rollen. Bei der Bestimmung der Nullstellung läßt man die gleiche Zugkraft am festen Kontaktbock angreifen, um die Messung unter gleichen Verhältnissen, wie bei der Ohmrohrberührung, durchzuführen.

Der eigentliche Gang der Messung ist durch die Arbeitsweise des Longitudinalkomparators vorgeschrieben. Es wird zunächst die Nullstellung der Kontaktvorrichtung unter Ablesung des auf einen bestimmten Maßstabstrich eingestellten Mikroskops bestimmt. Dann wird der Mikroskopschlitten soweit zur Seite geschoben, daß das Ohmrohr zwischen den Kontaktkugeln Platz finden kann. Die genaue Ausrichtung der Ohmrohrachse zur Meßrichtung, die durch Höhen- und Seitenverschiebung des Umschlußrohres erfolgt, erleichtert man sich dadurch, daß man je einen kurzen, nahezu passenden Messingdraht in die beiderseitigen Lumenenden des Ohmrohres einführt. Die Berührung der Rohrendflächen durch die Kontakte läßt man nacheinander an vier um 90° auseinanderliegenden Punkten in möglichst gleichen Entfernungen vom Lumenrand erfolgen. In jeder dieser vier Stellungen wird der Mikroskopschlitten durch Einstellen der Fühllibelle in die normale Berührung mit dem Ohmrohr gebracht und die Mikroskopablesung am Maßstab vorgenommen. Gleichzeitig werden die Temperaturen am Rohr und am Maßstab festgestellt. Eine zweite Bestimmung der Kontakt-Nullstellung schließt die Messungsreihe ab. Die ermittelten Einzellängen an jedem Punkt der Endflächen erlauben ein Urteil über den Parallelismus der Flächen; der Mittelwert gilt als Länge des Rohrlumens.

64. Ausmessung von Chronographenmarken. Die elektromagnetischen Streifenchronographen zeichnen bekanntlich Zeitmarken verschiedenster Art neben den Sekundenmarken einer Pendeluhr als Punktreihen auf und verwandeln damit die Messung der Zeit in eine solche der Länge. Zur Ausmessung kann ein guter Kantenmaßstab ausreichend sein. Für genauere Ablesungen bedient man sich einer besonderen, von R. FUESS eingeführten Ableseskale. Auf einer rechteckigen Spiegelglasplatte sind 21 konvergente Linien von etwa 25 mm Länge eingeätzt, deren Abstand von 1,5 mm auf 0,75 mm abnimmt. Die stetige Intervallverjüngung erlaubt, die Strichteilung auch dann der Entfernung der Uhrzeichen anzupassen, wenn der Streifenablauf nicht ganz gleichmäßig erfolgt ist. Die Skale wird mit der Teilung nach unten senkrecht zum Streifen aufgelegt und solange quer verschoben, bis drei Sekundenmarken von den Linien 0, 10, 20 gedeckt werden. Die Markenlage der zweiten, zu den Uhrzeichen parallel verlaufenden Punktreihe kann dann auf wenige hundertstel Sekunden genau abgelesen werden.

65. Ausmessung von Wellenlinien. Die Ausmessung von registrierten Wellenlinien ist dann eine weniger einfache Aufgabe, wenn es sich um besonders flache Wellen handelt. Bei geringen Ansprüchen an die Meßgenauigkeit kann die Ausmessung durch Auflegen einer Glasplatte mit bekannter Netzteilung erfolgen oder ein Plattenmeßapparat verwendet werden. Ein anderes brauchbares und einfaches Verfahren ist von W. SCHMIDT[1]) angegeben worden und aus Abb. 38 ersichtlich. Ein Lineal von genau bekannter Dicke a und mit abgeschrägter Kante wird so an den Wellenzug gelegt, daß die Wellentäler nahezu senkrecht unter der Kante liegen. Auf einem zur Linealkante senkrechten Fortsatz f mit Längsteilung g läßt sich ein Ständer e mittels Trieb und Zahnstange verschieben. Der Ständer trägt oben einen parallel zur Linealkante stehenden längeren Metalldraht c. Bringt man e durch Verschiebung auf der Querteilung nacheinander in die beiden Stellungen, in denen das Wellental bzw. der Wellenberg bei Innehaltung der Absehlinie Draht-Linealkante verschwindet, so wird $d = D \cdot \frac{h}{H}$. Die Reduktionskonstante h/H kann zur Vereinfachung der Rechnung bei der Einheit der Teilung g berücksichtigt werden.

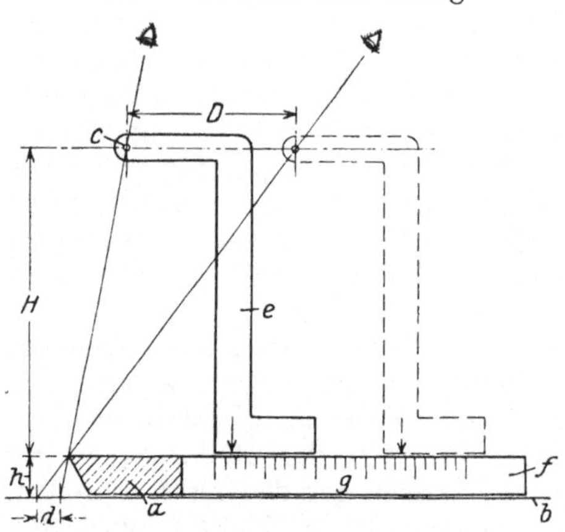

Abb. 38. Ausmessung von Wellenlinien nach W. SCHMIDT.

[1]) W. SCHMIDT, ZS. f. Instrkde. Bd. 35, S. 21. 1915.

Kapitel 3.

Winkelmessung.

Von

F. GÖPEL, Charlottenburg.

Mit 20 Abbildungen.

A. Die Teilung des Vollkreises.

1. Geschichtliches. Zur Messung von Winkeln ist bekanntlich ein geteilter Kreis Voraussetzung. Versuche zur Lösung des Kreisteilungsproblems[1]) begannen mit den frühesten astronomischen Beobachtungen. So führt man auch unsere jetzt noch gebräuchliche Sexagesimalteilung des Kreises auf die alten Babylonier zurück. Das Streben nach immer größerer technischer Vervollkommnung der Kreisteilungen begleitete die ganze Entwicklung der Winkelmeßkunst.

Bis etwa zur Mitte des 18. Jahrhunderts waren alle feineren Instrumente mit Originalteilungen versehen, sie waren also nicht wie jetzt Kopien einer Mutterteilung, die einmal und mit besonderer Sorgfalt hergestellt worden war. ROBERT HOOKE, OLAF RÖMER, HINDLEY, GRAHAM, BIRD, BRANDER haben die mechanische Kreisteilung auf verschiedenen Wegen gefördert. Die erste in unserem Sinne brauchbare Kreisteilmaschine wurde 1774 von RAMSDEN gebaut. Er benutzte die von HOOKE bereits 1664 für den gleichen Zweck vorgeschlagene Schraube ohne Ende. Eine Reihe späterer und verbesserter Kreisteilmaschinen beruhte auf dem gleichen Grundgedanken, so in England die Maschinen von Gebr. TROUGHTON (1793) und ROSS (1830), in Deutschland von PISTOR. Die Anwendung der Schraube ohne Ende hat sich auf Grund günstiger Erfahrungen bis in die neueste Zeit erhalten. Eine außerordentliche Verbesserung des Kreisteilverfahrens gelang im Jahre 1800 GEORG VON REICHENBACH[2]) (1771 bis 1826), und zwar unabhängig vom Herzog DE CHAULNES, der ein ähnliches Verfahren bereits 1768 veröffentlicht hatte. REICHENBACHS Anordnung war folgende (Abb. 1): Auf dem zu teilenden Kreis ABC waren zentrisch zu diesem aber unabhängig voneinander dreh- und feststellbar zwei Alhidaden I (ab) und II $(efgh)$ angeordnet. Sie waren außerdem mit Feinbewegungen versehen. Der Kreisbogen von I trug zwei mikrometrisch verschiebbare Strichmarken q und r, die vorerst angenähert auf die zu teilende Bogenlänge eingestellt wurden. Auf dem Teilkreis sowie auf dem von II getragenen Index op wurden mit dem Reißerwerk R je ein feiner radialer Strich gezogen. Dabei waren I und II festgelegt. Nachdem durch Drehung von I die Marke r genau an den Indexstrich

---

[1]) Siehe A. MITZSCHERLING, Das Problem der Kreisteilung. Leipzig u. Berlin: B.G. Teubner 1913; TH. VAHLEN, Konstruktionen und Approximationen. Ebenda 1911.

[2]) WALTER VAN DYCK, G. v. Reichenbach. Lebensbeschreibungen und Urkunden des Deutschen Museums. München 1912.

bei n verdreht war, wurde I festgestellt und II gedreht, bis die Marke q mit dem Strich bei n zusammenfiel. Das Verfahren wurde wiederholt, bis die Ausgangsstellung, also die Koinzidenz der Striche auf Limbus und Index op, wieder nahezu erreicht war. Die Entfernung qr wurde nun solange verbessert, bis nach Wiederholung dieser „Luftteilung" vollständige Koinzidenz von Limbus- und Indexstrich erreicht war. Darauf konnten die schrittweisen Drehungen von II mit dem Reißerwerk als Striche auf dem Limbus festgelegt werden. Auf diese Weise wurde der Kreis zunächst in 20 Teile geteilt und die weitere Unterteilung ebenso fortgesetzt. Mit REICHENBACHS Maschine war es nunmehr möglich, eine einmalig mit größter Sorgfalt hergestellte Mutterteilung durch Einstellung der Striche mit einem feststehenden Mikroskop auf einen Instrumentenkreis zu übertragen.

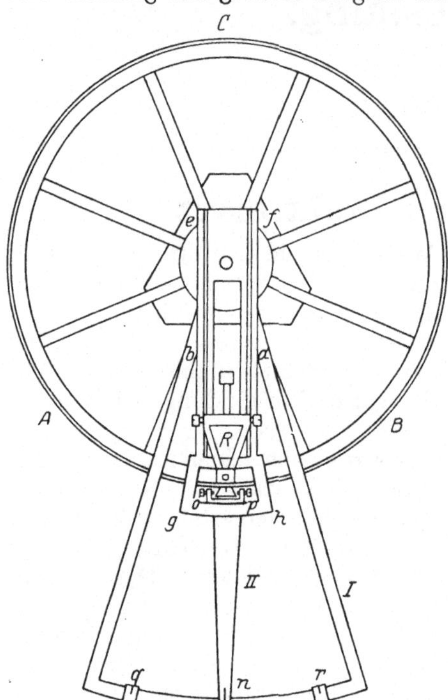

Abb. 1. Schema der Kreisteilmaschine von REICHENBACH.

Der Weg, eine vorläufige Kreisteilung durch ein Korrektionsverfahren allmählich zu verfeinern, ist später von verschiedenen Mechanikern in abgeänderter Form benutzt worden, so z. B. von OERTLING (1840). Von größter Bedeutung für die weitere Steigerung der Teilungsgenauigkeit war in der Folge auch die Verbesserung der optischen Hilfsmittel.

Außer dem REICHENBACHschen Verfahren hat man natürlich auch andere zur Anwendung gebracht, die aus erklärlichen wirtschaftlichen Gründen in den Einzelheiten nicht bekannt geworden sind. Die von J. WANSCHAFF, dem Verfertiger besonders genauer Kreisteilungen, bei der Herstellung seiner Normalteilung benutzte Methode ist von O. SCHREIBER[1]) mitgeteilt worden. Die benutzte Kreisscheibe hatte mehrere konzentrische Silberstreifen. Auf einem derselben wurde nach einem vorhandenen Kreis eine Teilung von 5°-Intervallen kopiert und ihre Teilungskorrektionen so genau wie möglich bestimmt. Das erhaltene Korrektionsverzeichnis wurde nunmehr benutzt, um von der ersten Teilung eine verbesserte Kopie auf einem anderen Limbus der Kreisscheibe zu übertragen. Mit dieser Arbeit wurde die Unterteilung der 5°-Intervalle in die gewünschten kleinsten Teile verbunden. Diese Unterteilung war auf einem konzentrisch zur Grundteilung drehbaren Sektor aufgetragen und wurde von hier aus auf die Mutterteilung kopiert.

a) Die mechanische Kreisteilung.

2. Anordnung der Kreisteilungen. Als Material für die Teilkreise dient je nach der erstrebten Genauigkeit der Ablesungen: Messing bzw. Tombak in Naturfarbe oder die Teilfläche versilbert, Neusilber, Messing mit eingelegtem Silber- oder Goldlimbus und Glas. Die Verwendung von Gold als Einlage ist

[1]) O. SCHREIBER, ZS. f. Instrkde. Bd. 6, S. 2. 1886.

teuer, aber von großem Vorteil wegen der ausgezeichneten Haltbarkeit. Auch Glasteilungen besitzen wesentliche Vorzüge. Die Striche müssen allerdings geätzt werden, und ihre fehlerfreie Aufbringung erfordert besondere Erfahrung; dafür ist ihre Beobachtung im durchfallenden Licht möglich.

Die Unterteilung des Kreises hängt von der gewünschten Messungsgenauigkeit ab und ist andererseits bestimmend für die Wahl des Teilkreisdurchmessers. Gebräuchliche sexagesimale Kreisteilungen sind 1° (360 Teile), $\frac{1}{2}$° (720 T.), $\frac{1}{3}$° (1080 T.), $\frac{1}{4}$° (1440 T.), $\frac{1}{6}$° (2160 T.), $\frac{1}{12}$° (4320 T.). Nimmt man als gebräuchliche obere Grenze für den Teilkreisdurchmesser 350 mm an, so ergibt sich als Intervallgröße für die $\frac{1}{12}$°-Unterteilung noch rd. 0,25 mm Intervallwert.

3. Sexagesimale und zentesimale Kreisteilungen. Die alte Kreisteilung in 360° ist in der physikalischen Praxis fast ausnahmslos im Gebrauch. Der Vorteil, neben der Dezimalteilung der Längen- und Masseneinheit auch die bereits von Lagrange (1782) empfohlene dezimale Unterteilung des Kreises anzunehmen, führt in zunehmendem Maße zur Benutzung der Hundertteilung des Quadranten, namentlich seitdem die erforderlichen Rechentafeln für die neue Teilung geschaffen worden sind, so u. a. von Borda, Gauss, Gravelius, Jordan und anderen.

Der Sexagesimalteilung, 1 Quadrant = 90° = 5400′ = 324000″, steht demnach gegenüber die Zentesimalteilung: 1 Quadrant = 100^g = 10000` = 1000000``.

Daraus folgen die Beziehungen:

$$1^\circ = 1{,}111\ldots^g;\quad 1' = 1{,}8518`\ldots;\quad 1'' = 3{,}08642``$$

und

$$1^g = 0^\circ 54';\quad 1` = 0'32{,}4'';\quad 1`` = 0{,}324''.$$

Daneben finden sich auch Kreisteilungen mit 90°-Teilung des Quadranten, aber mit Unterteilung in Tausendstel-Grad. Hierfür ist eine siebenstellige Tafel auf Veranlassung von C. P. Goerz durch Peters berechnet und herausgegeben worden.

Zur Umrechnung eines Kreisteilungssystems auf das andere kann man außer den obengenannten Beziehungen folgende alte Regel von Delambre verwenden:

α) Sexagesimalteilung wird in dezimale verwandelt, indem man Sekunden und Minuten der ersteren in Grad ausdrückt und diese Gradzahl um den neunten Teil vermehrt. Beispiel: 36°20′38,4″ = 36,344°; 36,344 + 4,0382 = $40{,}3822^g$.

β) Dezimalteilung wird in sexagesimale verwandelt, indem man von ersteren den 10. Teil abzieht und die Dezimalstellen des Restes in Minuten und Sekunden umrechnet. Beispiel: $40{,}3822^g - 4{,}0382^g$ = 36,344° = 36°20′38,4″.

4. Kreisteilmaschinen. Zur Herstellung feinster Kreisteilungen wird noch in beträchtlichem Umfange das Kopierverfahren verwendet. Wie bei der Komparator-Teilmaschine für Längenteilungen wird eine sorgfältig ausgeglichene Mutterteilung durch mikroskopische Einstellung ihrer Striche auf den konzentrisch mit ihr drehbaren zu teilenden Kreiskörper aufgetragen. Dabei muß vor allem die Achsenlagerung des Mutterkreises höchsten Anforderungen genügen, ebenso die Unveränderlichkeit des Einstellmikroskops.

Der zunehmende Bedarf an geteilten Kreisen zwang dann zur Anwendung von Mitteln, um die Teilarbeit zu beschleunigen, und so entstanden bald automatische Kreisteilmaschinen. Hierfür war die Schraube ohne Ende das gegebene Teilmittel, wenn man der Schraube selbsttätig die erforderliche konstante Winkeldrehung gab. In Deutschland hat u. a. G. Heyde[1]) den Schraubenantrieb durch

---

[1]) E. Hammer, ZS. f. Instrkde. Bd. 25, S. 69. 1905.

Verbesserung der auf ihrer ganzen Länge mit dem Zahnkranz in Eingriff stehenden Globoidschraube (Abb. 2) verfeinert (1904). Die Hohlschraube an sich war bereits 1740 von Hindley verwendet worden. Zum Ausgleich von Zahnfehlern wurde auch von verschiedenen Konstrukteuren, u. a. von A. Fennel, die bei den Längenteilmaschinen mit Schraube angewendete Korrektionskurve (Kap. 2, Ziff. 12) benutzt.

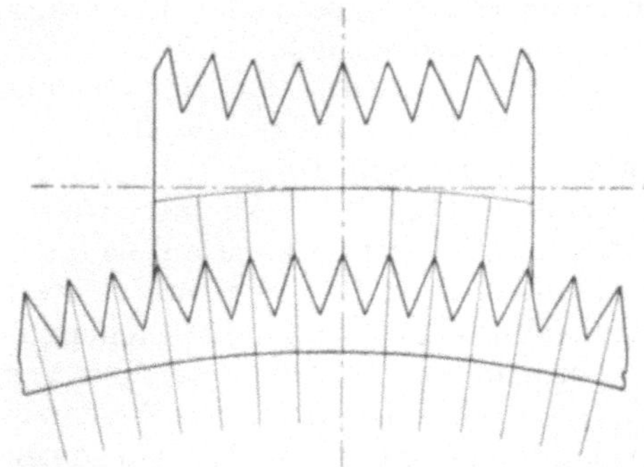

Abb. 2. Globoidschrauben-Eingriff (Heyde).

Daneben stehen noch halbautomatische Maschinen in Verwendung, deren Arbeitsweise darin besteht, daß die Fortschaltung von Strich zu Strich automatisch erfolgt, aber bei jedem Halt der zu kopierende Strich mit einem festen Mikroskop eingestellt wird.

5. Automatische Kreisteilmaschine von G. Heyde. In Abb. 3 ist eine Heydesche Maschine für Kreisteilungen bis zu 500 mm Durchmesser dargestellt. In dem standfesten hohlen Fuß aus Gußeisen ist die Drehachse der Maschine mit der erforderlichen Entlastungsvorrichtung eingebaut. Mit der Achse fest verbunden ist der Teilkreis T, in dessen Rand die Mutterteilung in Form schrägstehender Zähne eingefräst ist, während der zu teilende Kreis K sorgfältig zentriert über T befestigt ist. Links ist die Globoidschraube G sichtbar, deren Eingriff mit T in Abb. 2 noch besonders dargestellt ist. Die genaue Winkeldrehung der Teilscheibe T erfolgt durch einen rotierenden Zahnradsektor S, der mit einem an der Globoidschraube befestigten Zahnrad in Eingriff steht. Das Antriebsrad A mit dem Vorgelege V setzt den Sektor S in Umdrehung. Bei jedem Umgang erhält somit die Globoidschraube eine dem Winkelwert des Sektors entsprechende, immer gleichbleibende Teilumdrehung und der Teilkreis die gewünschte Intervallschaltung. Durch Aufsetzen von Sektoren anderer Bogenlängen kann der Teilkreisvorschub dem gewünschten Intervallwert angepaßt, also auch nach Wunsch Vernier-Teilungen

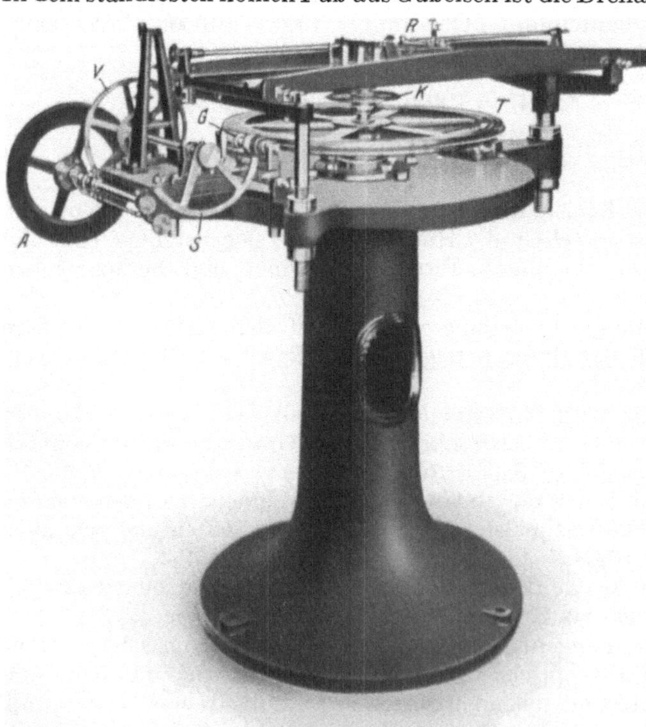

Abb. 3. Automatische Kreisteilmaschine von G. Heyde in Dresden.

hergestellt werden. In der Zeit zwischen zwei Schaltungen wird von dem Vorgelege V das Reißerwerk R in Tätigkeit gesetzt und der Strich aufgetragen.

6. Behelfsmäßige Kreisteilung. Bei geringeren Genauigkeitsanforderungen können Kreis- und Trommelteilungen mit den an besseren Drehbänken vorhandenen Lochscheiben hergestellt werden. Der mit Teilung zu versehende Körper ist auf der Spindel genau zu zentrieren. Der Teilstichel wird im Werkzeugsupport der Drehbank befestigt, und zwar so, daß seine Bewegungsrichtung durch die Drehachse verläuft.

Angenäherte Kreisteilung ermöglicht die bekannte Beziehung, daß auf der Peripherie eines Kreises vom Halbmesser $r = 57{,}3$ mm ein Grad einem Bogen von 1 mm entspricht.

b) Die Kreisteilungsfehler.

7. Allgemeines. An einer Kreisteilung können zunächst gesetzmäßige und unregelmäßige Fehler auftreten. Die ersteren können z. B. durch Achsenfehler der benutzten Teilmaschine oder durch thermische Störungen während der Teilarbeit verursacht sein, während die anderen durch fehlerhafte Einstellung einzelner Striche der Grundteilung, Störungen am Reißerwerk, örtliche Materialfehler oder auch unsymmetrische Gratbeseitigung entstehen können. Daneben können, zum Glück in seltenen Fällen, Teilungssprünge aus unbekannten Gründen auftreten. Die Vereinigung dieser Fehlerarten gibt die totalen Teilungsfehler. Als Maßstab für die Präzision einer Kreisteilung gelten in der Regel der mittlere totale und der mittlere unregelmäßige Fehler, die bei der einfachen Ablesung einer Richtung mit zwei Mikroskopen bei der Einstellung von je zwei benachbarten Teilstrichen auftreten können.

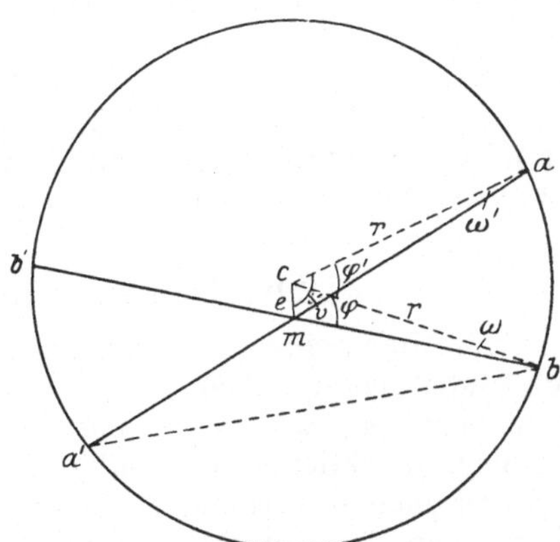

Abb. 4. Der Exzentrizitätsfehler bei Kreisteilungen.

Hierzu tritt als wichtiger, oft auftretender Fehler der Kreisteilung derjenige der Exzentrizität. Man versteht darunter das Nichtzusammenfallen des geometrischen Teilkreismittelpunktes mit der Umdrehungsachse des Instruments.

8. Bestimmung und Eliminierung des Exzentrizitätsfehlers. In Abb. 4 sei c der Teilungsmittelpunkt, m der Achsendrehpunkt und $cm = e$ die Exzentrizität. Gemessen wurde mit dem Instrument $\sphericalangle\, amb = \varphi$, abgelesen $acb = \varphi'$. Da die Exzentrizität immer sehr klein ist, so dürfen wir auch ω und ω' als sehr kleine Winkel voraussetzen und weiter $mb = r$ setzen. Es gilt also auch $\varphi + \omega = \varphi' + \omega'$ oder $\varphi - \varphi' = \omega' - \omega = f$, d. i. der Fehler der Winkelbestimmung. Aus Δbcm erhält man $\sin\omega = \frac{e}{r}\sin(v - \varphi')$, aus Δacm folgt $\sin\omega' = \frac{e}{r}\cdot\sin v$ oder

$$f = 206265'' \frac{e}{r}[\sin v - \sin(v - \varphi')]\,,$$

$$= 206265 \cdot \frac{2e}{r} \cdot \sin\frac{\varphi'}{2} \cdot \cos\left(v - \frac{\varphi'}{2}\right).$$

Der Exzentrizitätsfehler wird $f = 0$ für $e = 0$ oder für $\cos\left(v - \frac{\varphi'}{2}\right) = 0$, demnach wenn

$$v - \frac{\varphi'}{2} = 90^\circ \quad \text{und} \quad v - \frac{\varphi'}{2} = 270^\circ \quad \text{oder wenn} \quad \varphi' = v - 180^\circ \text{ ist.}$$

Nun ist $\varphi = \sphericalangle\, aa'b + \sphericalangle\, b'ba' = \frac{ab + a'b'}{2}$, d. h. man eliminiert den Exzentrizitätsfehler, wenn man eine Richtung mit zwei um 180° auseinanderliegenden Mikroskopen abliest und die Ablesungen mittelt. Von dieser Regel wird bekanntlich bei allen Winkelmeßinstrumenten Gebrauch gemacht.

9. Trennung der regelmäßigen Teilungsfehler von den totalen. Der regelmäßige (periodische) Kreisteilungsfehler kann zahlenmäßig dargestellt werden durch die FOURIERsche Reihe $a \sin(2\varphi + A) + b \sin(4\varphi + B) + c \sin(6\varphi + C) \ldots$, wo φ die Ablesung zwischen 0° und 180° am ersten Mikroskop bedeutet. Unter Umständen genügt auch eine graphische Methode, indem man die totalen Fehler aufträgt und der Fehlerkurve stetigen Verlauf gibt. Wichtig ist, daß man, wenn möglich, die Beobachtungen in mehreren regelmäßig verteilten Kreislagen vornimmt, um die regelmäßigen Teilungsfehler überhaupt zu eliminieren. Nimmt man z. B. zwei Beobachtungen in Kreislagen von 90° Abstand vor, so entfällt der Einfluß des ersten Gliedes der oben angeführten Reihe, bei vier Beobachtungen in 45° Abstand der des zweiten Gliedes usf.

c) Die Untersuchung von Kreisteilungen.

10. Allgemeines. Wie genauen Längenmessungen eine Prüfung des benutzten Maßstabes vorausgehen muß, so ist auch bei den Kreisteilungen von Winkelmeßapparaten, wie Spektrometern und Goniometern, eine Bestimmung der Teilungskorrektionen notwendig. Diese Arbeit ist jedoch mit erheblich größeren Schwierigkeiten verbunden als die Korrektionsbestimmung an Längenmaßen, wenn man die Korrektionen mit gleichem oder annähernd gleichem Gewicht erhalten will.

11. Kreisteilungsuntersuchung nach O. SCHREIBER. Die Methoden der Kreisteilungsuntersuchungen sind grundlegend vor allem von SCHREIBER dargelegt worden[1]). Man verwendet dazu den von J. WANSCHAFF (1879) konstruierten Kreisuntersucher, bestehend aus einer um eine senkrechte Achse grob und fein drehbaren Scheibe zur Aufnahme des zu prüfenden Kreises und vier Ablesemikroskopen, die unabhängig von der Drehung der Scheibe auf vier beliebige, paarweise um 180° entfernt liegende Striche eingestellt werden können. Besondere Justiervorrichtungen ermöglichen den zu untersuchenden Kreis genau konzentrisch zur Achse des Prüfapparates zu befestigen. Theoretisch wäre es damit angängig, die Mikroskope auf alle möglichen Winkel einzustellen, mit ihnen alle gleichen Intervalle der Kreisteilung zu vergleichen und so allmählich sämtliche Striche zu untersuchen. Das würde jedoch praktisch unmöglich sein. Selbst bei Beschränkung auf eine geringere Zahl Striche läßt sich die Untersuchung in allgemeiner Form kaum durchführen. SCHREIBER hat nun gezeigt, wie man mit der kleinsten Zahl von Ablesungen eine beschränkte Strichzahl (bis etwa 100) mit gleichem Gewicht bestimmen kann.

Angenommen, es seien 10 Striche im Abstand von 36° zu bestimmen, z. B. die Striche 0°, 36°, 72°, ..., so werden zunächst die Mikroskoppaare des Kreis-

[1]) O. SCHREIBER, ZS. f. Instrkde. Bd. 6, S. 1, 47, 93. 1886; JORDAN-REINHERTZ, Handbuch der Vermessungskunde, 3. Bd., 6. Aufl. S. 48.

untersuchers auf die Striche 0°, 36°, 180°, 216° gerichtet und ihre Abstände von den Nullagen der Mikrometer bestimmt. Darauf wird der Kreis mit seiner Unterlage so verdreht, daß die Striche 36°, 72°, 216°, 252° zur Einstellung gelangen. Die schrittweise Verdrehung um 36° wird wiederholt, bis jeder zu untersuchende Strich mit jedem der vier Mikroskope eingestellt worden ist. Im ganzen wären also fünf Sätze zu beobachten.

Bezeichnet man die gesuchten Strichkorrektionen mit $x_0, x_1, x_2, \ldots x_9$, entsprechend der Istlage der Teilstriche $0° + x_0$, $36° + x_1$, $72° + x_2, \ldots 324° + x_9$, so gilt zunächst $x_0 + x_1 \cdots + x_9 = 0$, da sämtliche Korrektionen um einen beliebigen konstanten Betrag geändert werden dürfen. Die Stellung der Mikrometer-Nullmarken zu den Teilstrichen möge bei dem ersten Beobachtungssatz sein:

$$\begin{aligned} 0° &+ \omega_0 + A\,, \\ 36° &+ \omega_0 + B\,, \\ 180° &+ \omega_0 + C\,, \\ 216° &+ \omega_0 + D\,, \end{aligned}$$

wobei ω_0 als willkürliche Größe so gewählt sein möge, daß $A + B + C + D = 0$ ist, indem man ω_0 als den noch übrigbleibenden unbekannten Richtungswinkel des drehbaren Kreises zum festen Mikroskopsystem ansieht.

Bezeichnet man weiter mit a_0, b_0, c_0, d_0 die durch die Stricheinstellungen gewonnenen Abstände der Teilstriche von den Nullmarken, so erhält man als Fehlergleichungen

$$\begin{aligned} a_0 &= \omega_0 + A - x_0\,, \\ b_0 &= \omega_0 + B - x_1\,, \\ c_0 &= \omega_0 + C - x_5\,, \\ d_0 &= \omega_0 + D - x_6\,. \end{aligned}$$

Auch hier möge durch eine Veränderung von ω_0 die weitere Bedingung erfüllt werden:

$$a_0 + b_0 + c_0 + d_0 = 0\,.$$

Für den zweiten Messungssatz ergibt sich analog

$$\begin{aligned} a_1 &= \omega_1 + A - x_1\,, \\ b_1 &= \omega_1 + B - x_2\,, \\ c_1 &= \omega_1 + C - x_6\,, \\ d_1 &= \omega_1 + D - x_7\,, \end{aligned}$$

also für den letzten Satz:

$$\begin{aligned} a_4 &= \omega_4 + A - x_4\,, \\ b_4 &= \omega_4 + B - x_5\,, \\ c_4 &= \omega_4 + C - x_9\,, \\ d_4 &= \omega_4 + D - x_0\,. \end{aligned}$$

Da bei der praktischen Benutzung der Kreisteilungen immer an zwei um 180° auseinanderliegenden Mikroskopen abgelesen wird, so ist die Einführung der mittleren Korrektion der auf einem Durchmesser liegenden Striche wichtiger als die Einzelkorrektion. Wir setzen also

$$y_0 = \frac{x_0 + x_5}{2}\,, \qquad y_1 = \frac{x_1 + x_6}{2}\,, \quad \ldots \quad y_4 = \frac{x_4 + x_9}{2}\,.$$

Auch hier gilt wie für die x-Werte $\sum_0^4 [y] = 0$.

Setzt man ferner

$$\tfrac{1}{2}(b_0 + d_0 - a_0 - c_0) = l_0, \quad \tfrac{1}{2}(b_1 + d_1 - a_1 - c_1) = l_1, \quad \ldots \quad \tfrac{1}{2}(b_4 + d_4 - a_4 - c_4) = l_4$$

sowie

$$\tfrac{1}{2}(B + D - A - C) = z,$$

so ergeben sich die Fehlergleichungen

$$\begin{aligned} l_0 &= z + y_0 - y_1, \\ l_1 &= z + y_1 - y_2, \\ l_2 &= z + y_2 - y_3, \\ l_3 &= z + y_3 - y_4, \\ l_4 &= z + y_4 - y_0 \end{aligned}$$

Die Normalgleichungen lauten jetzt:

$$z = \tfrac{1}{5}\sum_0^4 [l],$$

$$\begin{aligned} 2y_0 - y_1 - y_4 &= l_0 - l_4, \\ 2y_1 - y_2 - y_0 &= l_1 - l_0, \\ 2y_2 - y_3 - y_1 &= l_2 - l_1, \\ 2y_3 - y_4 - y_2 &= l_3 - l_2, \\ 2y_4 - y_0 - y_3 &= l_4 - l_3. \end{aligned}$$

Die Mikroskope des Kreisuntersuchers werden jetzt so verstellt, daß sie paarweise den doppelten Winkel von 72° bilden und in der Anfangsstellung auf 0°, 72°, 180°, 252° gerichtet sind, dann weiter auf 72°, 144°, 252°, 324° usf. Die Normalgleichungen sind jetzt

$$z' = \tfrac{1}{5}\sum_0^4 [l'],$$

$$\begin{aligned} 2y_0 - y_2 - y_3 &= l'_0 - l'_3, \\ 2y_1 - y_3 - y_4 &= l'_1 - l'_4, \\ 2y_2 - y_4 - y_0 &= l'_2 - l'_0, \\ 2y_3 - y_0 - y_1 &= l'_3 - l'_1, \\ 2y_4 - y_1 - y_2 &= l'_4 - l'_2. \end{aligned}$$

Die Vereinigung der y-Werte beider Gleichungsreihen ergeben unter Berücksichtigung der Beziehung $y_0 + y_1 + y_2 + y_3 + y_4 = 0$ die endgültigen Korrektionen zu

$$\begin{aligned} 5y_0 &= l_0 + l'_0 - l'_3 - l_4, \\ 5y_1 &= l_1 + l'_1 - l'_4 - l_0, \\ 5y_2 &= l_2 + l'_2 - l'_0 - l_1, \\ 5y_3 &= l_3 + l'_3 - l'_1 - l_2, \\ 5y_4 &= l_4 + l'_4 - l'_3 - l_3. \end{aligned}$$

Die gefundenen Gleichungen genügen der Bedingung, daß alle Durchmesserkorrektionen mit gleicher Genauigkeit bestimmt sind und daher auch die Differenzen von zwei Korrektionen dasselbe Gewicht haben.

12. Kreisteilungsuntersuchung nach H. BRUNS[1]). Da, wie bereits erwähnt, der Umfang der Beobachtungsarbeit nach dem SCHREIBERschen Verfahren für

[1]) H. BRUNS, Astron. Nachr. Nr. 3098/99. 1892; J. SPANUTH, Untersuchung eines automatisch geteilten Kreises. Dissert. Leipzig 1913; L. FRITZ, Untersuchungen an einer Kreisteilmaschine. ZS. f. Instrkde., Bd. 46 S. 289. 1926.

eine größere Anzahl Striche außerordentlich wächst, hat BRUNS ein abgekürztes Verfahren angegeben, bei dem die Bedingung des gleichen Gewichts für beliebige Korrektionsdifferenzen aufgegeben ist. Das für die SCHREIBERsche Methode gegebene Beispiel kann danach auf folgende Weise ausgedehnt werden. Die Messung der 36°-Rosetten erfolgt der Reihe nach von 0°, 4°, 8°, ... 32° aus, so daß man damit die Korrektionen von 45 Strichpaaren erhält, die aber zum großen Teil außer Zusammenhang stehen. Dieser wird hergestellt durch die weitere Messung von 20°-Rosetten mit den Ausgangspunkten 0° 4° 8° ... 16°. Auch diese Messungsreihe enthält die 45 Durchmesser der ersten. Durch Verbindung der Normalgleichungen beider Reihen ergibt sich schließlich jede der 45 Korrektionen.

13. Kreisteilungsuntersuchung nach H. K. J. HEUVELINK. Das Besondere der Methode von HEUVELINK[1]) besteht darin, daß der Kreis bei der Prüfung nicht vom Instrument getrennt wird. Dafür muß das Instrument mit einem Fernrohr ausgerüstet und der Kreis für sich drehbar sein. Die Prüfung erfolgt

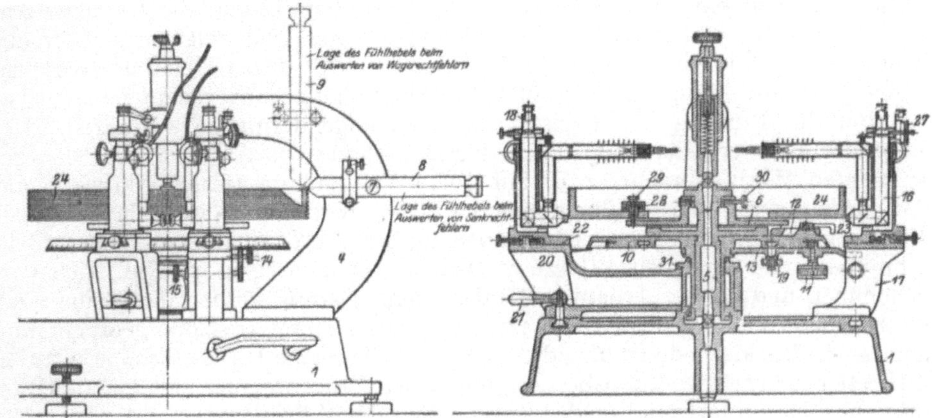

Abb. 5. Kreisteilungsprüfer von ZEISS.

dadurch, daß ein von zwei geeigneten Zielmarken gebildeter Winkel in n Kreislagen, die um $180°/n$ auseinanderliegen, gemessen wird. Die Anordnung kommt also im wesentlichen für Theodolite und Universalinstrumente in Betracht und soll daher hier nur kurz erwähnt werden. Das Resultat der großen Zahl von Kreisuntersuchungen, die HEUVELINK vorgenommen hat, ist jedoch von allgemeiner Bedeutung, weil es ein zuverlässiges Urteil über die bei Kreisteilungen erreichbare Genauigkeit zuläßt. Es betrug bei etwa 90 Kreisen von 14 bis 35 cm Teilkreisdurchmesser:

der mittlere totale Teilungsfehler im Mittel etwa 0,56″,
der mittlere zufällige Teilungsfehler im Mittel etwa 0,30″.

14. Verfahren und Vorrichtung zum Prüfen von Kreisteilungen nach ZEISS. Ein Verfahren der Kreisteilungsuntersuchung von CARL ZEISS beruht darauf, daß von dem zu prüfenden Kreis eine Kopie der ganzen Teilung oder eines Skeletts davon auf eine Teilscheibe bestimmter Größe und Form übertragen wird und die kopierte Teilung untersucht wird, und zwar findet die Probeteilung Aufnahme auf dem Mantel einer Leichtmetalltrommel von rd. 412 mm Durchmesser, so daß demnach 1μ des Teilungsumfanges einer Sekunde entspricht. Der Prüfapparat ist in Abb. 5 dargestellt und folgendermaßen wirksam.

[1]) ZS. f. Instrkde. Bd. 45, S. 70. 1925.

Zwischen der Grundplatte *1* und dem Arm *4* ist, zwischen Kugeln drehbar, ein Zapfen *5* mit einer Zentrierscheibe *6* eingespannt, auf der der Prüfkreis *24* befestigt wird. Der Kreis *24* ist durch Rillen in Streifen zerlegt, um ihn für mehrere Probeteilungen verwenden zu können. Mit den Schrauben *28* wird er, unter Benutzung des Fühlhebels *8, 9* genau zentriert und darauf durch Schrauben *29* festgeklemmt. In dem zu *5* konzentrischen Ringzapfen *31* ist eine Kreisscheibe *10* mit Sucherteilung durch eine an ihm befindliche Stirnradzahnung und den Triebknopf *11* drehbar. Die Scheibe kann mittels der Schraube *19* an den Arm *13* festgelegt und durch Stellschrauben *14* und *15* fein verstellt werden. Durch eine Verriegelung *12* kann Prüfkreis und Sucherkreis verbunden werden.

Zur Messung dienen zwei Mikroskope: ein festes *16* auf dem Ständer *17*, ein drehbares *18* auf dem um *31* schwenkbaren und mit der Schraube *21* festzustellenden Arm *20*. Die beiden Mikroskope können bis auf 1° Entfernung einander genähert werden. Das Okularmikrometer *27* am festen Mikroskop *16* erlaubt die Messung von Strichabweichungen bis 10″ auf $\frac{1}{10}$″ genau. Als Einstellmarke dient eine besondere auf Glas geätzte Strichfigur, die bequeme Anpassung an die vorhandene Strichdicke ermöglicht. Die Beleuchtung der mit gebrochenem Objektiv versehenen Mikroskope erfolgt durch kleine Glühlampen, deren Wärmestrahlung durch großflächige Schutzhüllen unwirksam gemacht ist.

Bei der Prüfung der Kreisteilung wird folgendermaßen verfahren. Der Bogenabstand der Mikroskope wird durch Drehung des Armes *20* auf den gewünschten Wert gebracht, z. B. auf 60°. Während das feste Mikroskop auf den Anfangsstrich der Teilung eingestellt ist, wird das bewegliche zunächst näherungsweise auf 60° gebracht und dann seine Indexmarke mit einer Stellschraube genau eingestellt. Jetzt werden die Einstellungen am Nullstrich vorgenommen und an der Trommel *27* abgelesen. Darauf werden der Reihe nach die Sektoren 60 bis 120°, 120 bis 180° usw. unter die Mikroskope gebracht und gemessen. Die Methode ist also dieselbe wie die einfache HANSENsche (s. Kap. 2, Ziff. 54) bei der Korrektionsbestimmung einer Längenteilung mit einem Hilfsintervall. Durch fortschreitendes Engerstellen des Mikroskopabstandes kann die Untersuchung auf immer kleinere Intervalle ausgedehnt werden. Bei Prüfungen höherer Genauigkeit müssen die beobachteten Werte unter Zugrundelegung einer FOURIERschen Reihe nach der Methode der kleinsten Quadrate ausgeglichen werden.

d) Die Ablesungsvorrichtungen für Kreisteilungen.

15. Nonius und Mikroskope. In größerem Ausmaß als bei Längenteilungen findet der Nonius zur Verfeinerung der Kreisablesung Verwendung. Gebräuchliche Kreisnonien sind u. a. folgende:

Bei $\frac{1}{2}$°-Teilungen:	30	Nonienintervalle	auf	29	Kreisintervalle,	Ablesung 1′
„ $\frac{1}{3}$°- „	20	„	„	19	„	„ 1′
„ $\frac{1}{4}$°- „	45	„	„	44	„	„ 20″
„ $\frac{1}{6}$°- „	60	„	„	59	„	„ 10″
„ $\frac{1}{12}$°- „	60	„	„	59	„	„ 5″

In den meisten Fällen wird man sich bei der Ablesung des Kreisnonius einer Lupe bedienen müssen. Auch bei genauester Anpassung der Strichstärke an die Nonienteilung kann der Fall eintreten, daß statt einer sicheren Strichkoinzidenz zwei angenäherte Koinzidenzen auftreten. Man wird dann beide Ablesungen mitteln. Um auch am ersten und letzten Noniusstrich die Beurteilung der Koinzidenz zu sichern, sind auf beiden Seiten des Nonius Überteilungsstriche angebracht. Abb. 6 gibt zwei Beispiele für Kreisnonienablesungen.

Volle Ausnutzung der Teilungen ist nur durch Mikroskopablesung möglich. Man verwendet je nach der gewünschten Ablesung Strichskalen und Schraubenmikroskope. Das Strichmikroskop (HEYDE) trägt als Index einen festen Doppelfaden oder eine Glasplatte mit Doppelstrich zur Einstellung des Striches. Die Mikroskopalhidade ist durch eine Mikrometerschraube mit Teiltrommel drehbar und die Messung der Indexstellung erfolgt durch Zurückdrehen des Index auf den vorhergehenden Teilstrich. Der Teilwert der Mikrometertrommel ist vorher zu bestimmen. Direkte Ablesung im Gesichtsfeld erlaubt das Skalenmikroskop (HENSOLD, HILDEBRAND). Hier trägt die Strichplatte eine feine Glasteilung von der scheinbaren Größe eines Limbusintervalles, beispielsweise 10 Teile auf $\frac{1}{3}° = 20'$. Die Limbusstriche (Abb. 7) sind meist an einem Ende keilförmig

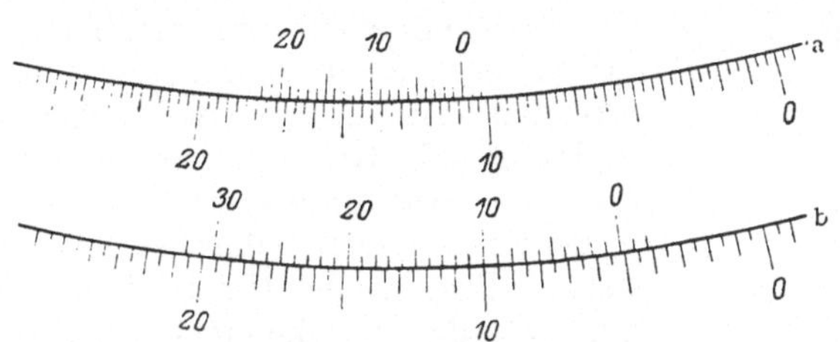

Abb. 6. Beispiele für Kreisnonien-Ablesungen.
a: 10° 52′ 0″. b: 5° 9′ 0″.

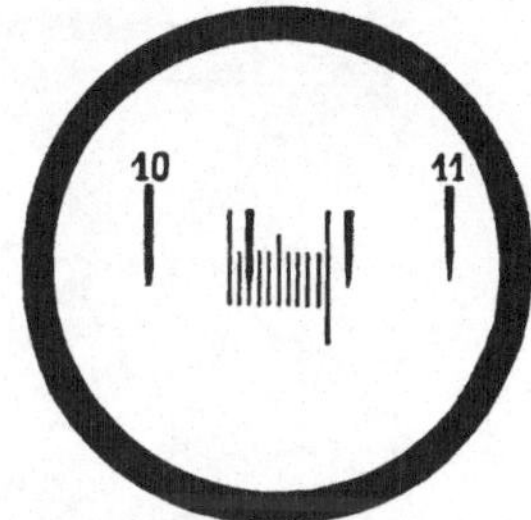

Abb. 7. Sehfeld des Skalenmikroskopes.

zugespitzt, so daß auf der Skale noch Zehntelintervalle, z. B. $0{,}2' = 12''$, geschätzt werden können. Man pflegt dabei Doppelminuten abzulesen, indem man im oben angeführten Beispiel 1 Limbusintervall = 10 Doppelminuten rechnet, und erhält, da immer an zwei Mikroskopen im Abstand 180° abgelesen wird, das Mittel durch einfache Addition der beiden Mikroskopablesungen. Eine weitere Steigerung der Ablesungsgenauigkeit geben endlich die Schraubenmikroskope in der bei Längenmessungen erwähnten Anordnung.

B. Instrumente und Einrichtungen zur Winkelmessung.

a) Optische Hilfsmittel.

16. Theodolit. Zur Messung beliebig großer Winkel, die in einer horizontalen oder vertikalen Ebene gelegen sind, dient der Theodolit. Seine Einrichtung soll an einem neuzeitlichen Instrument dieser Art erläutert werden, das von CARL ZEISS auf Grund von Anregungen H. WILDS gebaut wird.

Abb. 8 und 9 zeigen den Theodolit in Ansicht und Schnitt. Wesentliche Teile eines solchen Winkelmessers sind: Der Dreifuß b mit dem Horizontalkreis d und der Vertikalachse c_1, die Stütze c mit der Horizontalachse g, dem Vertikalkreis und dem Fernrohr zur Einstellung der Objekte, deren Winkelrichtung in bezug auf den Standort des Instruments gemessen werden soll. Hierzu treten die erforderlichen Libellen zur Horizontierung des Instruments, sowie die Feinbewegungen für beide Achsen. Der Horizontalkreis ist bei dem vorliegenden Beispiel innerhalb des durch drei Schrauben a (Abb. 9) horizontierbaren Dreifußes angeordnet. Der Kreis besteht aus einem festen Glasring d, auf dessen äußerer versilberter Zylinderfläche d_1 die Kreisteilung eingeätzt ist. Das zur Beleuchtung nötige Licht geht durch das Prisma e_3 und wird weiter über b_1

durch die mit der Vertikalachse verbundenen Prismen e_1 und e nach zwei in einem Durchmesser liegenden Teilungsstellen geleitet, am Spiegelbelag reflektiert und über e durch ein Objektiv f und die Prismen f_1 und l dem Ablesemikroskop zugeführt. In ähnlicher Weise ist der Vertikal- oder Höhenkreis angeordnet: hier fällt das Licht durch die Prismen i_2, i_1, i ebenfalls auf diametrale Teilungsstellen des Kreises h, von da über i durch ein Objektiv, sowie durch die Prismen k und l in das Ablesungsmikroskop. Die an beiden Kreisen an den diametralen Ablesestellen reflektierten Strahlen sind etwas gegeneinander geneigt, so daß aus dem Prisma l je zwei nebeneinanderliegende Strahlenbündel austreten. Die vom Horizontalkreis kommenden Teilstrahlenbündel durchsetzen die beiden Planparallelplatten $m_1 m_2$, die vom Vertikalkreis kommenden gleiche Platten $m_3 m_4$. Sämtliche Strahlen werden im totalreflektierenden Prisma n nach oben gelenkt und erzeugen in der Ebene r vier Teilkreisbilder, also von jedem Kreis zwei. In r ist gleichzeitig die Strichplatte mit den Ablesemarken für die vier Teilkreisstellen angeordnet. Durch das gebrochene und gleichzeitig schwenkbare Okular, bestehend aus den Linsen z und v und dem Spiegelprisma w, werden die Bilder beobachtet.

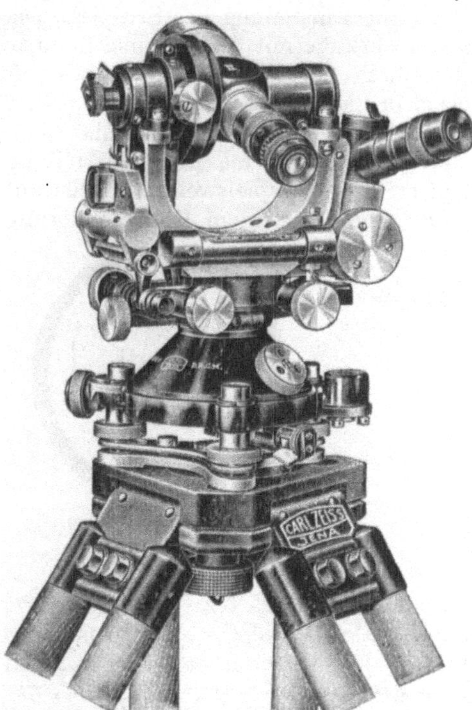

Abb. 8. Zeiss-Theodolit (Ansicht).

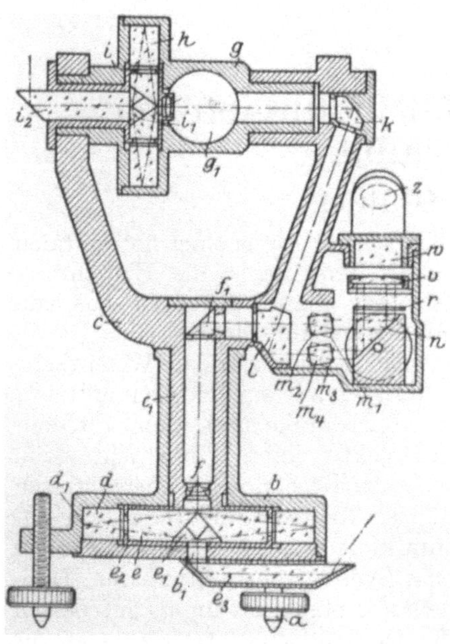

Abb. 9. Zeiss-Theodolit (Schnitt).

Die Ablesung der Kreise wird folgendermaßen vorgenommen. Die Parallelplattenpaare m_1 und m_2 bzw. m_3 und m_4, welche die Teilstrahlenbündel durchsetzen, bevor die Bilder der Teilungen auf r entstehen, sind je Hauptorgan eines optischen Mikrometers, dessen Einrichtung aus den Nebenfiguren der Abb. 9 hervorgeht. Die durch die Knöpfe p von beiden Seiten drehbare zylindrische Achse trägt vier Exzenterscheiben p_1 bis p_4, von denen jede einen sorgfältig gelagerten und federnden Stift s_1 bis s_4 zwangläufig hin und her verschieben kann. Die freien Stift-

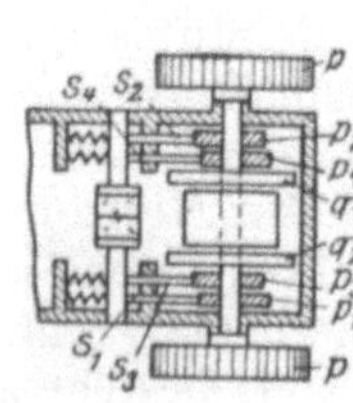

enden wirken auf Nasen t_1 bis t_4 an den Drehachsen u_1 bis u_4 der Glasplatten m_1 ... m_4. Die Exzenterbewegungen sind so abgestimmt, daß sich die im Okular übereinanderliegenden diametralen Teilkreisstellen bei einer vollen Umdrehung des Knopfes p um 1 Teilintervall gegenseitig verschieben. Bruchteile der Umdrehung und damit eines Teilungsintervalls werden dadurch meßbar, daß auf der Exzenterwelle je eine feine Trommelteilung q_1 und q_2 sitzt, die mit im Gesichtsfeld des Okulars unter einem Index erscheinen (s. Abb 11).

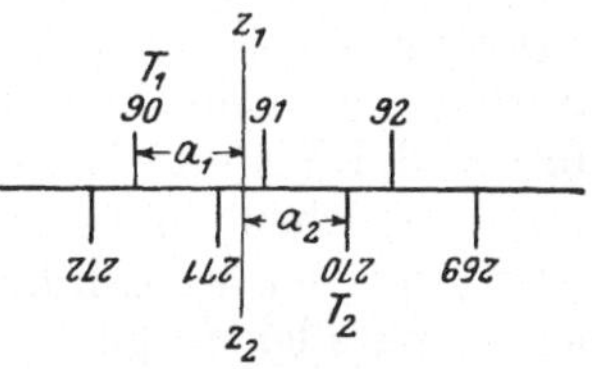

Abb. 10. Kreisablesung am Zeiss-Theodolit.

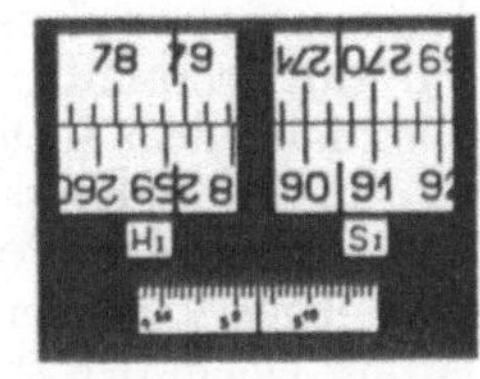

Abb. 11. Bild im Ableseokular des Zeiss-Theodolits, Ablesung des Grundkreises (S_1) 90° 35′ 3″ (1/3 natürlicher Größe).

Der Ablesungsvorgang selbst wird aus Abb. 10 ersichtlich. Über jedem, demselben Kreis angehörenden Strichbild ist der Indexstrich ($Z_1 Z_2$) sichtbar. Er markiert zwei um 180° auseinanderliegende Punkte der gegenläufig sichtbaren Kreisteilung. Die halbierte gegenseitige Entfernung der Striche T_1 und T_2 von $Z_1 Z_2$ wird also die exzentrizitätsfreie Fernrohrrichtung geben. In Abb. 10 würde die Ablesung lauten $90° + \frac{a_1 + a_2}{2}$. Man kann nun die Indexlagen entweder schätzen oder direkt messen. Sollen sie, etwa bei Messungen geringer Genauigkeit, nur geschätzt werden, so müssen die optischen Mikrometer vorher

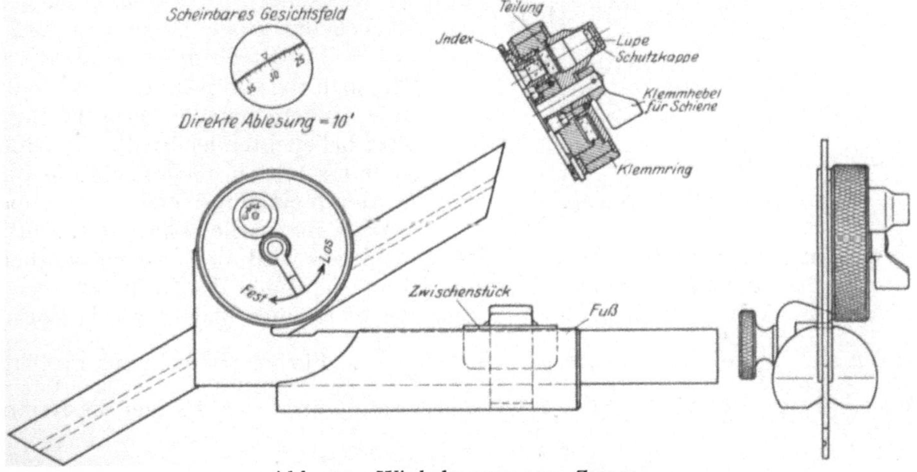

Abb. 12. Winkelmesser von Zeiss.

auf Null gestellt werden, d. h. die Teilstrahlenbündel gehen dann ungebrochen hindurch. Auch hier benutzt man den Kunstgriff, in Doppelminuten — 1 Intervall wird statt zu 20′ zu 10′ angenommen — abzulesen, weil man dann die Ablesungen nur zu summieren hat. Will man die Kreisablesung auf 1″ haben, so muß man die benachbarten Striche eines Bildpaares durch Drehung des optischen Mikrometers zur Deckung bringen. Im Gesichtsfeld unten erscheint dann der Intervallbruchteil in Sekunden. So gibt Abb. 11 für den Seitenkreis die Ablesung 90° 35′ 3″.

Es sei noch bemerkt, daß die Kreisdurchmesser nur 75 mm (S) und 55 mm (H) betragen und eine Richtungsmessung nur mit einen totalen Fehler von $\pm 2''$

behaftet ist. Das Fernrohr hat 30 mm Objektivöffnung bei 140 mm Länge und 18fache Vergrößerung. Hierzu treten noch Einrichtungen für geodätische Sonderzwecke, die hier unerwähnt bleiben müssen.

17. Optischer Winkelmesser. Für Winkelmessungen mittlerer Genauigkeit eignet sich wegen seiner vielseitigen Verwendbarkeit das in Abb. 12 dargestellte Instrument von ZEISS. Es gestattet Winkel bis zu 360° zu messen und ist hierzu mit einer sorgfältig zentrierten Glasteilung in Sechstelgrad ausgerüstet, die in durchfallendem Licht mittels Lupe auf etwa 3′ genau abgelesen werden kann.

18. Winkelmessung mit Spiegel und Skale. Abb. 13 gibt eine schematische Darstellung der POGGENDORFFschen Spiegelablesung (1827), mit der kleine Drehungen folgendermaßen gemessen werden können. Der sich drehende Körper ist mit einem der Drehachse parallelen Spiegel verbunden. Im Abstand A vom Spiegel und in der Ebene, welche die sich drehende Spiegelnormale beschreibt, ist eine beleuchtete Millimeterskale aufgestellt. Das im Spiegel reflektierte Bild der Skale wird in einem Fernrohr mit Fadenkreuz abgelesen. Die gegenseitige Lage von Spiegel, Skale und Fernrohr wird in der Regel so gewählt, daß das Lot auf den in Nullstellung befindlichen, also nicht abgelenkten Spiegel nahezu den mittleren Skalenteil trifft. Gleiche Maßeinheit für A und für die Differenz der Ablesungen s vorausgesetzt, gibt für beliebig große Drehungen $\operatorname{tg} 2\varphi = s/A$. An Stelle dieser subjektiven Beobachtung von φ kann die objektive treten, indem man das Fernrohr durch einen helleuchtenden Spalt oder Glühfaden ersetzt, ein reelles Bild von diesen durch eine Linse erzeugt und über den Spiegel auf die Skale leitet. Durch Verwendung eines Hohlspiegels statt des Planspiegels wird die Linse entbehrlich.

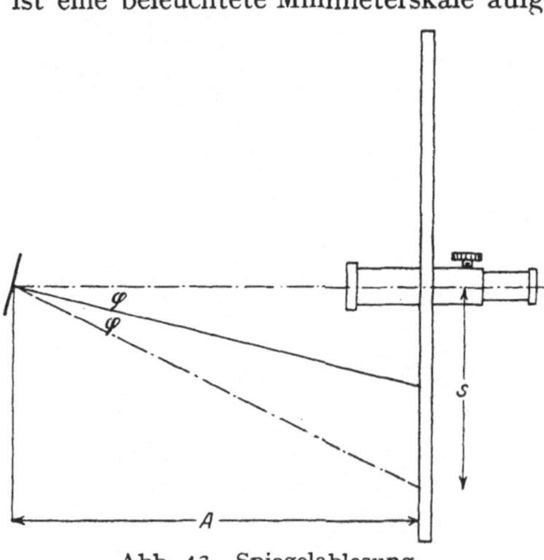

Abb. 13. Spiegelablesung.

Die Berechnung der Skalenablesung richtet sich nach der Größe des beobachteten Winkels. Für kleine φ ergibt sich der Wert eines Skalenteiles in Bogengraden zu $\frac{28{,}648^\circ}{A}$ und ferner $\operatorname{tg}\varphi = \sin\varphi = \frac{s}{2A}$. Für die Berechnung größerer Winkel gilt $\varphi = 28{,}648^\circ \cdot p(1 - 1/3\, p^2 + 1/5\, p^4 \ldots)$, wo $p = s/A$, oder die Reihen

$$\sin\varphi = \frac{p}{2}\left(1 - \frac{3}{8}p^2 + \frac{31}{128}p^4 \ldots\right),$$

$$\sin\frac{\varphi}{2} = \frac{p}{4}\left(1 - \frac{11}{32}p^2 + \frac{431}{2048}p^4 \ldots\right),$$

$$\operatorname{tg}\varphi = \frac{p}{2}\left(1 - \frac{1}{4}p^2 + \frac{1}{8}p^4 \ldots\right).$$

Für Winkel bis zu 6° genügt je das erste Glied der Reihen. Für beliebig große Winkel ist $\operatorname{tg} 2\varphi = \frac{s}{a}$ oder $\varphi = \frac{1}{2}\operatorname{arctg}\left(\frac{s}{A}\right)$. An dem Abstand Spiegel—Skale (A) sind noch Korrektionen[1]) anzubringen, zunächst für den Fall der Verwendung

[1]) S. auch S. W. HOLMAN, Über die Fehlerquellen bei der Spiegelablesungsmethode, New York: J. Wibey & Sons 1898.

eines rückwärts versilberten Glasspiegels. Es ist dann A um die Größe $d/n = \text{rd.} \frac{2}{3} d$ zu vermehren, wenn d die Spiegeldicke ist. Ferner ist eine etwa vorhandene Spiegelneigung zu berücksichtigen, durch die der gemessene Abstand A vergrößert werden kann. Um eine genauere Messung von A zu ermöglichen, hat W. WEBER (1881) vorgeschlagen, zwei Spiegel, Rücken an Rücken, und zwei Skalen zu verwenden.

Die grundlegende Bedeutung der Spiegelmethode für die physikalische Praxis hat vielerlei Vorschläge zu ihrer Verbesserung veranlaßt, von denen die wichtigsten hier besprochen werden sollen. Zwei unter einem Winkel φ gegeneinander geneigte Spiegel erzeugen von einem zwischen ihnen liegenden leuchtenden Punkt eine Reihe Bilder, die mit dem Punkt auf der Peripherie eines Kreises angeordnet sind. Der Mittelpunkt dieses Kreises liegt im Scheitel des Spiegelwinkels und seine Ebene steht senkrecht zum Scheitel. Die Zahl und gegenseitige Lage der Bilder ist abhängig vom Winkel φ und von der Lage des leuchtenden Punktes. Die hierbei auftretenden Gesetzmäßigkeiten sind u. a. von W. GALLENKAMP[1]) eingehend behandelt worden. Die Umkehr des Problems, aus der Lage der Bilder auf den Winkel φ zu schließen, kann nach L. WEBER (1886) zur Verfeinerung der Spiegelablesung dienen. Man stellt hierzu unmittelbar neben dem drehbaren Spiegel einen zweiten festen derart auf, daß beide in der Ruhelage annähernd einen Winkel von 90° bilden. Für kleine Drehungen ergibt die Skalenablesung den vierfachen Betrag des Ablenkungswinkels. Bei 60° bzw. 45° Spiegelwinkel würde man, allerdings unter Einbuße an Bildhelligkeit, den 6- bzw. 8fachen Ablenkungswinkel erhalten. Da bei der WEBERschen Methode die Verschiebung zweier Skalenbilder gegeneinander gemessen wird, ist man von Verlagerungen der Skale oder des Fernrohrs weniger abhängig als bei der Verwendung nur eines Spiegels.

Eine Verdoppelung der Spiegelablesung gibt die Anordnung von WADSWORTH[2]). Er benutzt wie WEBER einen zweiten festen Spiegel, stellt ihn jedoch so auf, daß die vom beweglichen Spiegel reflektierten Strahlen von dem festen Spiegel nochmals auf ersteren zurückgeworfen werden. Die Spiegeldrehung α wird demnach auf 4α vergrößert.

W. H. JULIUS[3]) hat eine polyoptische Spiegelablesung angegeben, bei welcher das an Spiegelgalvanometern übliche Deckglas die Rolle des zweiten festen Spiegels übernimmt, das deshalb auf der inneren Seite durchsichtig versilbert ist. Bei kleinen Ablenkungswinkeln wird der einfallende Strahl mehrfach zwischen beiden Spiegeln reflektiert und bei jeder Reflexion am Deckglas tritt ein Teil des auftreffenden Strahles aus und in das Fernrohr. Ist die Spiegeldrehung α, so bilden die auftretenden Strahlen mit dem Lot auf den festen Spiegel der Reihe nach die Winkel 2α, 4α, 6α, 8α ... Damit sich die Teilbilder nicht übereinander lagern, gibt JULIUS dem Vorderspiegel eine schwache Neigung um eine horizontale Achse. Die Skalenbilder erscheinen infolgedessen in der Vertikalen auseinandergezogen. Bei richtiger Wahl der Deckglasversilberung und der Lichtintensität soll die Beobachtung von 4 und mehr Skalenbildern möglich sein.

L. GEIGER[4]) verwendet wie JULIUS die mehrfache Reflexion des Skalenbildes bzw. des Lichtzeigers an zwei gegenüberliegenden Spiegeln, benutzt jedoch nur das letzte reflektierte Bild zur Ablesung. Die Anzahl der ausnutzbaren Reflexionen hängt natürlich auch hier wesentlich von der Intensität der Lichtquelle ab.

---

[1]) W. GALLENKAMP, Pogg. Ann. Bd. 82, S. 588. 1851.
[2]) F. L. O. WADSWORTH, Phil. Mag. Bd. 44, S. 83. 1897.
[3]) W. H. JULIUS, ZS. f. Instrkde. Bd. 18, S. 205. 1898.
[4]) L. GEIGER, Phys. ZS. Bd. 12, S. 66. 1911.

B. GLATZEL[1]) hat zu Vergrößerung der Spiegelablenkung folgenden Vorschlag gemacht. Man setzt in den Weg des reflektierten Strahles ein Glasprisma so, daß seine brechende Kante parallel zur Drehachse des Spiegels steht und den in der Nullstellung reflektierten Strahl gerade berührt. Bei einer Drehung des Spiegels wird dann der reflektierte Strahl das Prisma durchsetzen und eine starke Zusatzablenkung erfahren.

Eine Verfeinerung der Skalenablesung an sich hat J. LUDWIG[2]) dadurch zu erreichen gesucht, daß über dem beweglichen Skalenbild das feststehende Bild eines Vernier entworfen wird. Hierzu dient ein fester, etwas um seine Horizontalachse neigbarer Spiegel nahe dem beweglichen Spiegel. Die Anordnung soll die Verwendung eines Fernrohres entbehrlich machen und eine Verkürzung des Skalenstandes ohne Einbuße an Ablesungsgenauigkeit ermöglichen.

Eine rein mechanische Verbesserung der Ablesung rührt von NORTHRUP[3]) her. Um die durch Erschütterungen veranlaßten kleinen Spiegeldrehungen um die Horizontalachse, die sich als „Nicken" des Skalenbildes äußern, aufzuheben, wird die Verwendung von zwei unter 90° zueinander geneigten Spiegeln vorgeschlagen, deren Schnittlinie horizontal steht. Bei einer Drehung des Spiegelsystems um seine horizontale Achse bleibt die relative Lage des einfallenden und des reflektierten Strahles unverändert.

Aussicht auf weitere Verfeinerung der Spiegelablesung, sofern es sich um die Messung kleinster Winkeldifferenzen handelt, bietet das von MOLL und BURGER[4]) angegebene Thermorelais. Es besteht aus einem sehr dünnen flächenhaften Vakuum-Thermoelement mit zwei nahe benachbarten Lötstellen. Leitet man den vom Spiegel kommenden Lichtstrahl auf das Element, so wird ein mit ihm verbundenes Galvanometer stromlos bleiben, wenn die Wärmewirkung des Strahles auf beiden Lötstellen gleich stark ist. Die bei einer Verschiebung der Lichtmarke auftretenden Galvanometerausschläge sind in engen Grenzen der Verschiebung bzw. Spiegeldrehung proportional. Eine Drehungsmessung könnte andererseits auch so erfolgen, daß das Thermoelement meßbar verschoben wird, bis wieder Stromlosigkeit im Galvanometer eintritt.

19. Drehungsmessung mit dem Mikroskop. Zur Messung kleiner Drehungen könnte man die Stellungen eines materiellen Zeigers zu einer Skale mit dem Mikroskop bestimmen. Die Methode, deren Leistungsfähigkeit im Vergleich zur Spiegelablesung nach dem Vorgang RAYLEIGHS von WADSWORTH[5]) untersucht worden ist, bietet wohl einige theoretische Vorzüge, Schwierigkeiten der praktischen Durchführung lassen jedoch die POGGENDORFFsche Anordnung als wesentlich bequemer erscheinen.

20. Interferometrische Drehungsmessung. Nach dem Vorgang von A. A. MICHELSON ist die Verwendung von Interferenzen zur Bestimmung kleinster Spiegeldrehungen versucht worden. Die große Überlegenheit dieser Methode hat indes infolge der wenig stabilen Aufhängung des drehbaren Spiegels bisher nicht ausgenützt werden können.

21. Autokollimationsablesungsfernrohre. Für kleinere Drehungen bis etwa 90 Minuten bietet das Autokollimationsfernrohr von G. GEHLHOFF-C. P. GOERZ[6]) gegenüber der POGGENDORFFschen Anordnung gewisse Vorteile. Aus Abb. 14 geht seine Einrichtung hervor. In der Brennebene des Fernrohr-

[1]) B. GLATZEL, D. R. P. Nr. 250 760, Kl. 21. 1913.
[2]) J. LUDWIG, Phys. ZS. Bd. 14, S. 557. 1913.
[3]) E. F. NORTHRUP, Phys. Rev. Bd. 24, S. 222. 1907.
[4]) W. J. H. MOLL u. H. C. BURGER, ZS. f. Phys. Bd. 34, S. 109. 1925.
[5]) F. L. O. WADSWORTH, Phil. Mag. Bd. 44, S. 83. 1897.
[6]) G. GEHLHOFF, ZS. f. techn. Phys. Bd. 3, S. 225. 1922.

objektivs d befindet sich eine Glasplatte a mit Teilung s und einem Indexstrich in deren Mitte. Der Index ist teilweise überdeckt von dem kleinen Prisma b, das durch eine kleine Glühlampe c Licht zuführt. Dieses durchsetzt das Objektiv

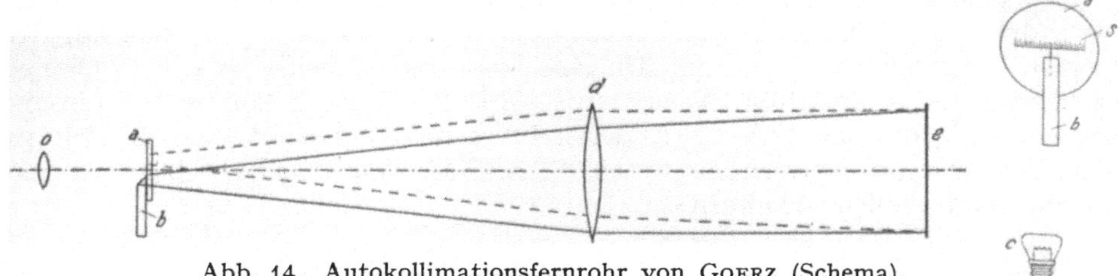

Abb. 14. Autokollimationsfernrohr von GOERZ (Schema).

und trifft, parallel gerichtet, den Spiegel e, dessen Drehung gemessen werden soll. Da der beleuchtete Teil des Indexstriches etwas unterhalb der optischen Achse des Objektivs liegt, wird das Lichtbündel unter entgegengesetzter Neigung zur Objektivachse zurückgeworfen. Das dunkle Indexbild auf hellem Grund erscheint infolgedessen über der Skale im Gesichtsfeld des Okulars o. Bei einer Spiegeldrehung wird sich der Index auf der Skale verschieben. Der Vorzug des Instruments besteht darin, daß seine Angaben allein von der Objektivbrennweite abhängen, nicht aber von dem Abstand Spiegel—Skale. Das Fernrohr kann demnach in jeder Entfernung vom Spiegel aufgestellt werden und ist ohne jede Zurüstung verwendungsbereit. Bei 300 mm Brennweite und 0,15 mm Skalenintervall entspricht letzterem eine Winkeldrehung um rd. 52 Bogensekunden. Da man je nach der Okularvergrößerung noch 0,1 oder 0,05 Skalenintervall schätzen kann, kommt man auf rd. 0,1 bzw. 0,05′.

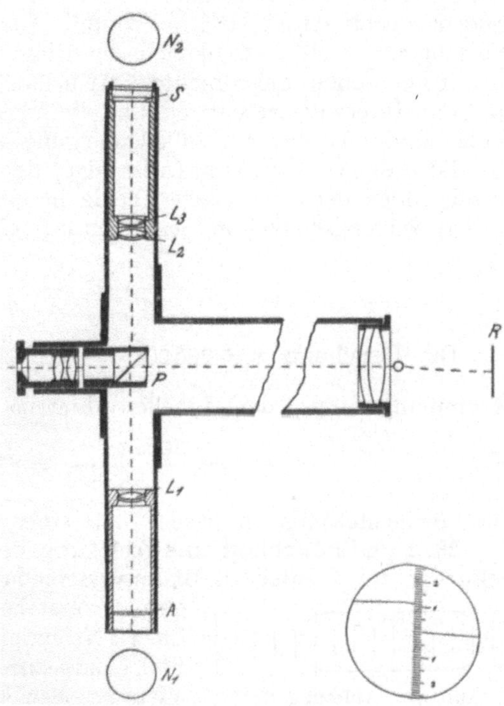

Abb. 15. Autokollimationsfernrohr von WRIGHT (Schema).

Der GEHLHOFFschen Anordnung verwandt, aber weniger einfach ist der Autokollimator von F. E. WRIGHT[1]). Gemäß Abb. 15 trägt hier das Ablesungsfernrohr zwei seitliche Ansatzrohre, deren gemeinsame Achse nahezu mit der Brennebene des Objektivs zusammenfällt. Das eine Rohr trägt den als Index dienenden, durch die Glühlampe N_1 beleuchteten Spalt A und die Linse L_1, der andere die ebenfalls durch eine Glühlampe (N_2) beleuchtete Glasskale s mit dem Linsensystem $L_2 L_3$. Am inneren Ende des Okularrohres ist ein verkittetes Doppelprisma P eingebaut, dessen linke Diagonalhälfte versilbert ist. Die spiegelnde Prismenfläche reflektiert teilweise das von der Linse entworfene

[1]) F. E. WRIGHT, Journ. Opt. Soc. Amer. Bd. 9, S. 187. 1924.

Bild des Spaltes A durch das Objektiv als paralleles Lichtbündel auf den Spiegel R, dessen Drehwinkel zu messen ist. Das an R zurückgeworfene Licht erscheint als helle horizontale Indexlinie auf dunklem Grund in der linken Hälfte des Gesichtsfeldes. Der andere Teil der Strahlen von N_1 geht durch P hindurch; wird durch die Linse L_2 parallel gemacht und entwirft nach Reflexion auf der planen Vorderfläche von L_3 auf der Rückseite der Spiegelfläche ein im Okular sichtbares festes Spaltbild. Gleichzeitig wird die Skale S durch das Linsensystem $L_2 L_3$ dort abgebildet. Es entsteht so das Okularbild der Abb. 15, an dem der Abstand des rechten (festen) Spaltbildes von dem beweglichen linken in Skalenintervallen abzulesen ist.

b) Libellen.

22. Röhrenlibelle. Die auch als Wasserwage oder als Niveau bezeichnete Röhrenlibelle, das instrumentum Thevenotianum LEIBNIZ' nach ihrem Erfinder THEVENOT (um 1660), besteht in ihrer einfachsten Form aus einem innen tonnenförmig ausgeschliffenen Glasrohr, das bis auf einen geringen Rest, die dampfgefüllte Blase, mit Flüssigkeit (Äther, Toluol, Alkohol) gefüllt und an beiden Enden zugeblasen ist. Bei horizontaler Lage der Schliffachse und bei geringen Neigungen derselben stellt sich die Blase in den Scheitel der Innenwandung ein. Eine außen angebrachte Strichskale, in Pariser Linie = 2,26 mm oder in 2 mm-Intervalle geteilt, erlaubt die Verschiebung der Blase gegenüber ihrer Nullstellung als Maß der Libellenneigung abzulesen.

Ist a die Verschiebung (Ausschlag) der Libellenblase, r der Halbmesser der Erzeugenden der Innenfläche, beide in gleicher Längeneinheit gemessen, und φ der Neigungswinkel in Sekunden, so gilt

$$\frac{2r\pi}{a} = \frac{360 \cdot 60 \cdot 60}{\varphi}.$$

Die Beziehung $r = 206265 \cdot \frac{a}{\varphi}$ ermöglicht somit die Berechnung des Krümmungsradius der Libelle. Für $\varphi = 5''$ und $a = 2$ mm wird z. B.

$$r = \frac{206265 \cdot 2}{5} = 82506 \text{ mm}.$$

Die Libelle stellt also in diesem Falle einen Zeigerarm von rd. 83 m Länge dar.

23. Empfindlichkeit und Ablesung der Libelle. Der Neigungswinkel in Sekunden für 1 Intervall Blasenverschiebung heißt die Empfindlichkeit. Vereinzelt versteht man darunter auch den Ausschlag für 1″ Neigung. — Die Teilung ist in den meisten Fällen unbeziffert. Die Stellung der Blase, auf ihre Mitte bezogen, wird abgelesen, indem man entweder den linken Anfangsstrich als Nullstrich betrachtet, die Lagen der beiden konvexen Blasenenden in Zehntelintervallen schätzt und beide Ablesungen mittelt, oder unter Annahme eines linken und eines rechten Teilungs-Nullpunktes mit positivem und negativem Vorzeichen abliest und beide Werte algebraisch mittelt. Aus Abb. 16 würde also folgen $\frac{+1{,}6 + 10{,}8}{2} = +6{,}2$, oder $\frac{+1{,}6 - 4{,}2}{2} = -1{,}3$. Die erste Ablesung ergibt die Entfernung der Blasenmitte vom Nullpunkt der Teilung, die zweite den Abstand der Blasenmitte von der Teilungsmitte. Übrigens kann man in den meisten Fällen nur mit einer Ablesungssicherheit von $\frac{1}{5}$ Intervall rechnen.

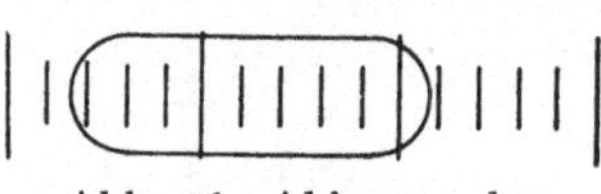

Abb. 16. Ablesung der Röhrenlibelle.

24. Fehlereinflüsse auf die Libellen. Mit zunehmender Temperatur wird die Libellenblase kürzer und zwar naturgemäß in stärkerem Maße bei feineren Libellen als bei gröberen. Bei einer solchen von 10″ Angabe ist die Längenänderung für 1° von der Größenordnung 0,8 mm. Da die Einstellungsgenauigkeit bei einer Blasenlänge von etwa 45 mm ein Optimum ist, kann der Fall eintreten, daß die Zuverlässigkeit der Libelle durch starke thermische Verkürzung der Blase leidet. Man verwendet dann besser eine Kammerlibelle, die die Blasenlänge auf folgende Weise zu regeln gestattet. An einem Ende des Libellenrohres ist durch Einsetzen einer zur Rohrachse senkrechten Glasplatte ein Raum von 1,5 — 2 cm Länge abgegrenzt. Die Platte trägt unten, also der Teilung entgegengesetzt, eine Öffnung. Durch Drehung dieser Öffnung nach oben und Kippen des Rohres kann man je nach Wunsch Dampf oder Füllungsflüssigkeit vom Hauptrohr abtrennen oder ihm zuführen.

Wichtig ist auch ein gleichmäßiger Wärmezustand des Rohres. Durch einseitige Bestrahlung oder Berührung ändert sich das innere Gleichgewicht und die Adhäsion der Füllung, so daß die Blase der wärmeren Seite zustrebt.

Ältere, nicht ganz sachgemäß gefüllte und aus ungeeignetem Glase bestehende Libellenrohre können Hemmungen der Blasenbewegung zeigen, die man „Kleben" nennt. Der Fehler rührt in der Regel davon her, daß sich an den Innenwandungen Glasausscheidungen gebildet haben. Mylius hat als erster diese Erscheinungen eingehend untersucht und gezeigt, daß ein Wassergehalt der Füllung sowie besonders große Angreifbarkeit des verwendeten Glases Anlaß zu den Ausscheidungen geben. Durch Berücksichtigung dieser Umstände läßt sich jetzt das „Kleben" mit ziemlicher Sicherheit vermeiden. Immerhin ist bei der Benutzung alter Libellen Vorsicht am Platze.

Bei empfindlichen Libellen können ferner Störungen der Angaben durch Auslösung von Glasspannungen infolge Temperaturänderungen eintreten oder Nachwirkungserscheinungen von den in der Flamme behandelten Rohrenden ausgehen. Solche Formänderungen sind durch richtige Wahl der Glassorte und gute Kühlung des geschlossenen Rohres zu umgehen. Neuere ausführliche Untersuchungen besonders an 1″-Libellen liegen von Wanach[1]) vor.

25. Die Libellenfassung. Die Fassung hat dem besonderen Zweck der Libelle Rechnung zu tragen. Allgemeine Erfordernisse sind folgende. Die Libelle muß vollkommen zwangsfrei in einem über der Teilung durchbrochenen Umschlußrohr gelagert sein. Die Befestigung im Rohr darf nicht mit Kitt oder Gips erfolgen, eher durch geeignet angeordnete Federn oder durch Umwickeln der Rohrenden mit Wollfaden. Durch ein zweites Umschlußrohr aus Glas oder durch einen Tuchüberzug ist die Libelle gegen Strahlungs- und Berührungswärme zu schützen. Das Umschlußrohr muß mit der Fußplatte der Fassung derart justierbar verbunden sein, daß man die Libellenblase beim Aufsetzen der Fassung auf wagerechter Unterlage auf einen bestimmten Strich der Teilung zum Einspielen bringen kann. Die Unterseite der Fußplatte muß eben oder mit Dreipunktauflage versehen sein. Zur Prüfung der Lage von Zylindern bzw. Achsen gibt man der Fußplatte Keilnutform (Reiterlibelle) oder eine Hängevorrichtung (Hängelibelle).

26. Prüfung und Berichtigung der Libelle. Zur Prüfung bzw. Feststellung des Intervallwertes in Sekunden dient der Libellenprüfer, dessen grundsätzliche Anordnung Abb. 17 zeigt. Die Libelle findet, gefaßt oder ungefaßt, auf dem mit der Meßschraube S um A neigbaren Tisch T_1 Platz. Die Ablesung der Schraubentrommel erfolgt mit dem Index J. Ein Gewichtshebel E sorgt für

[1]) B. Wanach, ZS. f. Instrkde. Bd. 46, S 221. 1926.

Entlastung der Schraube. Die Anordnung wird von einem zweiten durch Dreifußschrauben s horizontierbaren Tisch T_2 getragen. Die Winkelbestimmung hängt von der Entfernung l und der Ganghöhe der Meßschraube ab. Ist letztere h, sowie t die Anzahl der Trommelumdrehungen für eine Tischneigung φ, so folgt $\varphi = 206265'' \cdot \frac{h}{l} \cdot t$. Die Abmessungen des Libellenprüfers sind meist so gewählt, daß die Trommel direkt Sekunden und Minuten gibt.

Die Berichtigung der gefaßten Libelle wird meist zum Ziele haben, daß die Blasenmitte auf den mittelsten Teilstrich einspielt, wenn die Fassung auf horizontaler Unterlage steht. Bringt man die Libelle auf dem Prüfapparat oder auf einer anderen neigbaren Unterlage zum Einspielen und setzt sie um (dreht sie um 180°), so ergibt der jetzt auftretende Ausschlag den doppelten Neigungswinkel der Libellenachse zur Unterlage. Indem man den Anschlag zur Hälfte mit der Justiereinrichtung der Libellenfassung, zur Hälfte durch Neigung der Unterlage verbessert, kann man die Berichtigung herbeiführen.

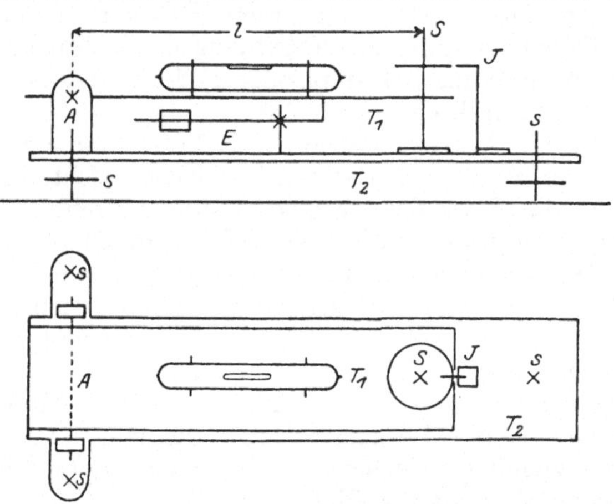

Abb. 17. Schema des Libellenprüfers.

27. Messung kleiner Neigungswinkel mit der Libelle. Die berichtigte Libelle gibt durch ihren Ausschlag unmittelbar den Neigungswinkel einer gegebenen Linie. Aber auch mit unberichtigter Libelle ist die Winkelmessung möglich. Es sei z. B. der Neigungswinkel φ der Linie AB (Abb. 18) zu bestimmen. Die unberichtigte Libelle wird dann in der Lage I den Winkel $\varphi + \alpha$, in Lage II nach dem Umsetzen $\varphi - \alpha$ anzeigen, entsprechend den Ausschlägen a_1 und a_2 in Teilungsintervallen. Ist der Intervallwert ε'', so folgt aus den beiden Beziehungen $\varphi + \alpha = a_1 \cdot \varepsilon$ und $\varphi - \alpha = a_2 \cdot \varepsilon$ der Wert

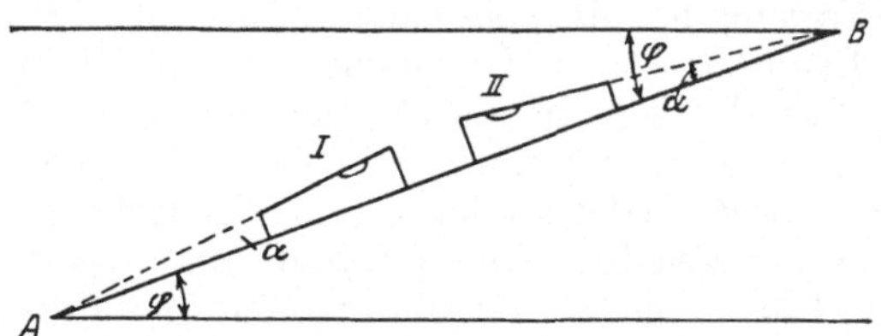

Abb. 18. Winkelmessung mit unberichtigter Libelle.

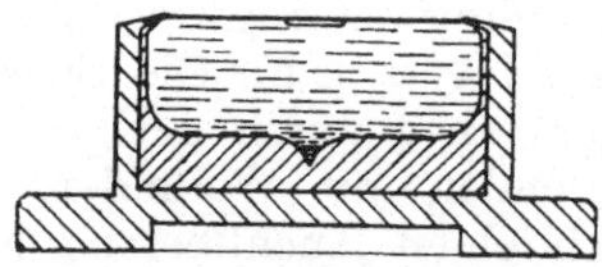
Abb. 19. Dosenlibelle nach MOLLENKOPF.

$$\varphi = \frac{\varepsilon}{2}(a_1 + a_2).$$

28. Dosenlibelle. Zur Bestimmung der Neigung von Ebenen würde man die Röhrenlibelle in zwei aufeinander senkrechten Lagen verwenden müssen, wenn man nicht vorzieht, die Libelle drehbar auf einem kleinen Dreifuß anzuordnen oder zwei Libellen senkrecht zueinander in einer gemeinsamen Fassung

(Kreuzlibelle) unterbringen. Für Messung kleiner Winkel weniger geeignet, um so mehr aber für die Einwägung von Ebenen ist die Dosenlibelle, der MOLLENKOPF eine haltbare Form (Abb. 19) gegeben hat, indem er Libellenkörper ganz aus Glas herstellte.

29. Sinuslineal. Die Verkörperung von Winkeln vorgeschriebener Größe ist möglich durch Verwendung des in Abb. 20 schematisch dargestellten Sinuslineals. In einem Stahlkörper K mit rechteckigem Querschnitt und planparallelen Begrenzungsflächen K_1 und K_2 sind in Winkelnuten zwei Stahlzylinder vom gleichen Durchmesser d im Abstand A befestigt, parallel zueinander und zu den Begrenzungsebenen $K_1 K_2$. Legt man das Lineal einerseits auf eine plane Unterlage P, andererseits auf eine Endmaßvereinigung (s. Kap. 2, Ziff. 10) von der Höhe E, so ist $\sin\alpha = E/A$. Für einen gegebenen Zylinderabstand A ist also die Endmaßlänge E einfach zu ermitteln, um einen gewünschten Winkel α darzustellen. Bei $A = 100$ mm sind Winkel bis zu 45° mit etwa 10″ Genauigkeit herstellbar.

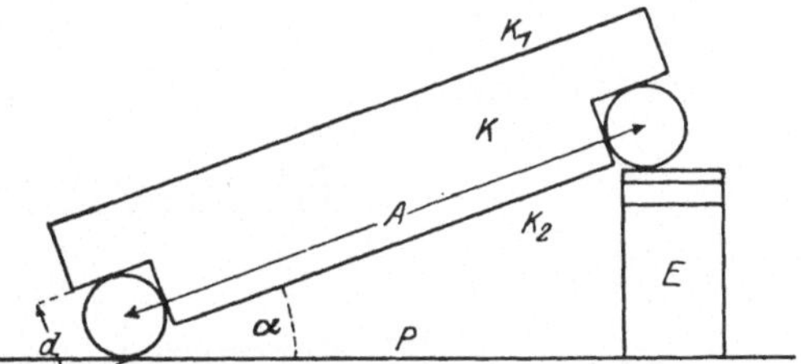

Abb. 20. Schema des Sinuslineales.

Kapitel 4.

Massenmessung.

Von

W. FELGENTRAEGER, Charlottenburg.

Mit 9 Abbildungen.

A. Die Waage.

1. Allgemeines. Die Bestimmung der Masse eines Körpers, d. h. die Vergleichung zweier Massen erfordert, sofern es sich nicht nur um ganz rohe Schätzungen handelt, ein besonderes Instrument, das wir ganz allgemein als Waage bezeichnen wollen. Zur Vergleichung von Massen stehen besonders zwei Eigenschaften der Materie, die der Masse proportional sind, zu Gebote: die Trägheit und das Gewicht, der Druck, den ein Körper infolge der Anziehung durch die Erde auf eine dieser gegenüber in Ruhe befindliche Unterlage ausübt.

Ob die auf diesen beiden Eigenschaften beruhenden Massenbestimmungen identische Werte geben, ist seit NEWTON[1]), der diese Frage zum erstenmal aufwarf, Gegenstand zahlreicher Untersuchungen gewesen, immer mit dem gleichen Ergebnis, daß grundsätzliche Unterschiede auch durch die feinsten derzeit möglichen Messungen nicht nachweisbar waren. Demnach könnten beide Eigenschaften zur Konstruktion einer Waage benutzt werden, es sind aber nur Waagen im Gebrauch, die auf dem Grundsatz der Schwere beruhen. Die Verwendung von Instrumenten, die auf der Trägheit[2]) oder auf beiden Eigenschaften[3]) beruhen, hat in der Regel didaktischen Zwecken gedient.

2. Formen der Waage. Der Druck, den eine Masse auf ihre Unterlage ausübt, kann gemessen werden durch den Druck anderer Massen. In diesem Falle wendet man fast stets einen Hebel[4]) oder ein Hebelsystem an, das unter dem Druck beider Belastungen steht, es kann der Druck aber auch gemessen werden durch die elastische Formänderung einer Feder, oder durch den Auftrieb, den ein in eine Flüssigkeit eintauchender Körper erfährt. In den beiden letzten Fällen, die als Instrument eine Federwaage bzw. eine hydrostatische Waage voraussetzen, ist ein Hebel nicht notwendig, wir wollen daher nur die erste Art der Waage als Hebelwaage bezeichnen. Sie ist die bei weitem wichtigste Form der Waage.

---

[1]) I. NEWTON, Mathematische Prinzipien der Naturlehre, deutsch von I. PH. WOLFERS, S. 296; F. W. BESSEL, Versuche über die Kraft, mit der die Erde Körper verschiedener Beschaffenheit anzieht. Abhandlgn. d. Berl. Akad. 1830.

[2]) E. KOLIG, Zentrifugalwaage. ZS. f. phys. Unterr. Bd. 24, S. 288. 1911.

[3]) K. FUCHS, Die Waage als Pendel. Exners Repert. Bd. 26, S. 634. 1890.

[4]) Die einzige gebräuchliche Waage mit Gegengewichten, die nicht auf dem Hebel, sondern auf dem hydraulischen Prinzip beruht, die sog. Druckwaage, wird an anderer Stelle (Kap. 8, Ziff. 33 u. f.) behandelt werden.

3. Hebelwaage. Die Hebelwaage besteht in ihrer einfachsten und wichtigsten Form aus einem Hebel, einem vorläufig als starr vorausgesetzten, um eine — zweckmäßig wagerechte — Achse drehbaren Körper, an dem die Schwerewirkung des zu wägenden Körpers in einem bestimmten Punkt angreift. Das hierdurch entstehende Drehmoment kann nun durch ein anderes ausgeglichen werden, das eine zweite Masse an einem anderen Hebelarm desselben Körpers erzeugt. Sind die beiden Momente gleich, so dreht sich der Hebel nicht. Zur Abgleichung stehen zwei Mittel zur Verfügung, man ändert entweder die ausgleichende Masse (Gegengewichtswaage) oder einen der Hebelarme, meist den der ausgleichenden Masse (Laufgewichtswaage). Beide Methoden sind Nullmethoden, da der Hebel in derselben Stellung beobachtet wird. Man kann aber auch eine Ausschlagmethode anwenden, indem man, ohne eine zweite Masse zum Ausgleich zu verwenden, die Drehung des Hebels mißt, die durch die zu wägende Masse bewirkt wird (Neigungswaage). Wir werden auch Kombinationen mehrerer dieser Messungsmittel an derselben Waage anwenden können. Anstatt eines einzigen Hebels verwendet man zu gewissen Zwecken ein Hebelsystem, man nennt solche Waagen zusammengesetzte.

Von allen diesen Formen ist die einfache Gegengewichtswaage, und diese wieder in der Form der „gleicharmigen" Waage bei weitem die wichtigste, wir werden daher ihre Theorie zuerst und am ausführlichsten behandeln.

4. Theorie der einfachen Hebelwaage. Die Waage besteht nach dem Gesagten notwendigerweise aus folgenden Teilen: 1. dem auch Balken genannten Hebel; 2. der wagerechten Achse, um die der Balken sich dreht und zwei weiteren vorerst punktförmig angenommenen Einrichtungen, in denen die Belastungen angreifen; 3. aus den beiden Trägern für die zu wägende und die zum Ausgleich dienende Masse; 4. aus einer Anzeigevorrichtung, die die unveränderte Stellung des Balkens zu erkennen gestattet; 5. aus dem festen Gestell, das die Balkenachse trägt.

Da alle Bewegungen, die wir zu betrachten haben, in zur Achse des Balkens senkrechten Ebenen vor sich gehen und auch die Schwerkraft dieser Ebene parallel ist, können wir alle diese Bewegungen auf eine solche Ebene projizieren und so das Problem in ein ebenes verwandeln.

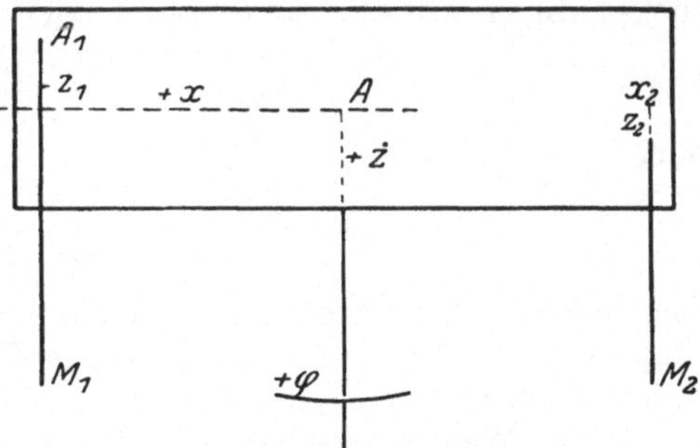

Abb. 1. Gleicharmiger Waagebalken, schematisch.

Wir nehmen (Abb. 1) in der Projektionsebene[1]) ein rechtwinkliges Koordinatensystem an, dessen Anfangspunkt der Durchstoßungspunkt der Balkenachse A ist, die positive Abszissenachse der X ist wagerecht nach links, die Ordinatenachse der Z ist abwärts gerichtet. Die Belastungen sollen sich reibungslos um die Punkte A_1 und A_2 drehen können, ihr Schwerpunkt stellt sich dann immer senkrecht unter A_1 und A_2, so daß man die Kräfte als in den Punkten A_1 und A_2 (Koordinaten $x_1 z_1$ und $x_2 z_2$) wirkend ansehen kann. Das gilt natürlich auch von den Gewichtsträgern, deren Masse wir also in A_1 und A_2 konzentriert und mit der Masse des Balkens zu einer

[1]) Die folgenden Betrachtungen und auch die Bezeichnung der einzelnen Größen schließen sich tunlichst an an das Buch: W. Felgentraeger, Theorie, Konstruktion und Gebrauch der feineren Hebelwaage. Berlin u. Leipzig: B. G. Teubner 1907; im folgenden zitiert unter „Hebelwaage".

Größe M_0 vereinigt denken können, der Schwerpunkt von M_0 liegt bei unbelasteter Waage senkrecht unter A und hat die Koordinaten 0 und z_0. Es sei $z > 0$. Bringt man dann diese unbelastete Waage aus dem Gleichgewicht, so hebt sich der Schwerpunkt, die Waage ist also im stabilen Gleichgewicht.

Wir bringen nun die Massen M_1 und M_2 auf die Belastungsträger (die „Schalen") M_1 sei die zu wägende Masse, M_2 sei so gewählt, daß die Waage wieder in ihrer ursprünglichen Lage zur Ruhe kommt. Ist dann $M_0 z_0 + M_1 z_1 + M_2 z_2 > 0$, so ist das Gleichgewicht wieder stabil. Wir haben nun für M_1, M_2, x_1, x_2 die Beziehung

$$M_1 x_1 + M_2 x_2 = 0\,, \quad M_1 = \frac{-x_2}{x_1} M_2 = H M_2\,. \tag{1}$$

Kennen wir also das Verhältnis $\frac{-x_2}{x_1} = H$, so haben wir eine Beziehung zwischen M_1 und M_2, wir können M_1 als durch M_2 gemessen ansehen. Da aber die Kenntnis von H nicht immer vorausgesetzt werden darf, so wollen wir eine der Gleichung (1) entsprechende Beobachtung mit dem Ausdruck „Teilwägung" bezeichnen.

Es interessiert nun zunächst die Frage, was denn geschieht, wenn eine der Belastungen um einen geringen Betrag geändert wird, denn diese Frage betrifft die Genauigkeit, mit der die Beziehung zwischen M_1 und M_2 beobachtet werden kann. Wir nehmen an, daß unser Instrument nicht nur das Einstehen des Balkens in einer Lage zu beobachten gestattet, sondern daß auch kleine Abweichungen von dieser „Einspielungslage" gemessen werden können.

Fügen wir nach der Belastung mit $M_1 M_2$ zu M_1 (links) eine kleine Masse μ_1 zu, so dreht sich der Balken bis wieder die Resultante aller Kräfte durch den Punkt A geht. Bezeichnet man den Winkel der Drehung mit φ (positiv bei Drehungen vom positiven X zum positiven Z, also nach Abb. 1 umgekehrt, wie ein Uhrzeiger geht), so haben wir

$$(M_0 z_0 + [M_1 + \mu_1] z_1 + M_2 z_2) \sin\varphi - ([M_1 + \mu_1] x_1 + M_2 x_2) \cos\varphi = 0\,. \tag{2}$$

Wählen wir μ_1 so klein, daß wir $\mu_1 \sin\varphi$ vernachlässigen können und berücksichtigen wir (1), so erhalten wir

$$\operatorname{tg}\varphi = \frac{\mu_1 x_1}{M_0 z_0 + M_1 z_1 + M_2 z_2}, \tag{3}$$

oder

$$E_1 = \frac{\operatorname{tg}\varphi}{\mu_1} = \frac{x_1}{M_0 z_0 + M_1 z_1 + M_2 z_2}\,. \tag{4}$$

Die Größe E_1, das Verhältnis zwischen Ausschlag und Übergewicht, nennen wir Empfindlichkeit (in unserem Fall Empfindlichkeit bezogen auf die mit dem Index 1 bezeichnete Seite).

Ist die Waage „gleicharmig", d. h. x_1 sehr nahe gleich $-x_2$, also auch nahezu $M_1 = M_2$, so geht (4) in die noch einfachere Form

$$E = \frac{x_1}{M_0 z_0 + M_1 (z_1 + z_2)} \tag{4a}$$

über, die Empfindlichkeit ist für beide Seiten gleich groß. Die Größe $1/E$ hat noch keinen allgemein gebräuchlichen Namen, wir wollen sie mit „Stabilität" bezeichnen.

An dem bisher Erörterten ändert sich ersichtlicherweise nichts, wenn die Endbelastungen nicht um Punkte, sondern um Achsen A_1 und A_2 drehbar sind, welche der Achse A parallel sind. Ist aber dieser Parallelismus nicht vorhanden, so muß man dafür sorgen, daß der Schwerpunkt der Endbelastungen stets senkrecht unter demselben Punkt der Achsen A_1 und A_2 liegen. Hierzu dienen einmal mechanische Verrichtungen, welche ein Gleiten der beiden Elemente, aus denen das die Achse bildende Drehkörperpaar besteht, in der Achsenrichtung verhindern, dann aber auch so ein unterhalb der Achse angebrachtes weiteres wagerechtes Gelenk, dessen Achse parallel zum Balken, also senkrecht zur zugehörigen Endachse gerichtet ist.

Wenn ferner angenommen ist, daß alle Achsen reibungslos die Drehung vermitteln, so wird das die Folge haben, daß das Instrument fast nie die Ruhelage einnehmen wird, es werden immer Schwingungen der Waage um A, der Endbelastungen um A_1 und A_2 stattfinden. Die letzteren kann man vor der Beobachtung wohl genügend vernichten, wollte man das mit der Gesamtschwingung tun, so würde man, da doch immer etwas Reibung vorhanden ist, die Genauigkeit erheblich herabsetzen, die Waage würde nicht die theoretische Ruhelage einnehmen, sondern innerhalb eines gewissen Winkelintervalls von φ in jeder Lage stehen bleiben. Um das zu verhüten, beobachtet man bei feineren Wägungen nicht unmittelbar die Ruhelage, sondern man leitet dieselbe aus Beobachtungen der schwingenden Waage ab.

Wir nennen das Trägheitsmoment des Balkens K_0 und setzen voraus, daß die Schwerpunkte der Endbelastungen immer senkrecht unter A_1 und A_2 bleiben, so ist das Gesamtträgheitsmoment $K_0 + x_1^2 M_1 + x_2^2 M_2$, das statische Moment $(M_0 z_0 + M_1 z_1 + M_2 z_2) g$, g ist die Beschleunigung des freien Falls am Beobachtungsort. Die Waage wird sich wie ein Pendel desselben Trägheits- und statischen Moments bewegen.

Ist demnach keine Reibung vorhanden, so wird man aus den Extremwerten ψ_0 und ψ_1 einer Schwingung die Ruhelage $\varphi = \frac{\psi_0 + \psi_1}{2}$ berechnen können.

Infolge der Reibung werden die Schwingungsbogen allmählich abnehmen. Wenn die Reibung der Geschwindigkeit proportional ist, geschieht dies bekanntlich in einer geometrischen Reihe. Ist der Exponent dieser Reihe sehr nahe gleich der Einheit, also die Reibung sehr gering, so kann man die Form der Reihe als die einer arithmetischen annehmen. Beobachtet man dann drei aufeinanderfolgende Extremwerte ψ_0, ψ_1, ψ_2, so hat man als Ruhelage

$$\varphi = \frac{\psi_0 + 2\psi_1 + \psi_2}{4}. \tag{5}$$

Diese Beobachtung genügt eigentlich so gut wie immer zur Bestimmung von φ, wir übergehen daher kompliziertere Methoden[1]), zumal eine Beobachtung von mehreren Extremwerten die Dauer der Beobachtung verlängert, was aus anderen Gründen unerwünscht ist.

Die (halbe) Schwingungsdauer T der Waage ist bestimmt durch die Gleichung

$$\frac{T^2}{\pi^2} = \frac{K_0 + M_1 x_1^2 + M_2 x_2^2}{g(M_0 z_0 + M_1 z_1 + M_2 z_2)} = E\,\frac{K_0 + M_1 x_1^2 + M_2 x_2^2}{g\, x_1}, \tag{6}$$

wo g die Beschleunigung durch die Schwerkraft bedeutet.

Man sieht, wie mit zunehmender Empfindlichkeit auch die Schwingungsdauer wächst, es liegt auch nahe, da man $K_0 x_1 x_2$ genügend genau ein für allemal bestimmen kann und M_1, M_2 und g auch hinreichend bekannt sein werden, die Empfindlichkeit aus der Schwingungsdauer zu berechnen, die man bei der

[1]) M. Thiesen, Etudes sur la Balance. Trav. et Mém. d. Bur. internat. Bd. 5, T. II, S. 22. 1886; W. Felgentraeger, Hebelwaage, S. 33.

Beobachtung der ψ (s. oben) mit einer Stoppuhr leicht bestimmen kann. Wegen der Gründe, die dies Verfahren nicht zulassen, muß auf die Spezialliteratur verwiesen werden [1]).

Wenn die Endbelastungen um ihre Achsen Schwingungen ausführen, so sind diese unschädlich, wenn die z_1, z_2 einzeln verschwinden. Andernfalls entsteht ein sehr komplizierter Schwingungsvorgang, indem die Schwingungen der Endbelastungen kurzperiodische Schwingungen des Gesamtsystems hervorrufen, die sich mit den — immer bedeutend langsameren — Schwingungen nach Gleichung (6) überlagern. Es ist klar, daß in diesem Fall die Beobachtung der Extremwerte meist illusorisch wird, es sind daher Eigenschwingungen der Endbelastungen sorgfältig zu verhüten.

Ist z_1 oder z_2 groß (ein Fall der bei den Waagen mit einer Einspielungsstellung zu vermeiden ist, aber bei Neigungswaagen eintreten muß), so versetzen die Gesamtschwingungen die Endbelastung in Sonderschwingungen, die nun wieder zurückwirken. Bei diesen Waagen sind daher im allgemeinen Hebeleinrichtungen mit freihängenden Endbelastungen nicht zu verwenden.

Im übrigen muß in dieser sehr interessanten Frage auf die Sonderliteratur [2]) verwiesen werden.

Bis jetzt haben wir die Verhältnisse der Waage nur bei einer Belastung betrachtet. Ändert man die Belastungen, bringt aber immer wieder die Waage zum Einspielen auf dieselbe Stelle, so wird man $1/E$ linear abhängig von der Belastung finden, solange man den Balken als starr ansehen darf, wie unmittelbar aus Gleichung (4a) zu erkennen ist. Starre Körper gibt es nun aber nicht, die Belastungen wirken vor allem liegend [3]), also $z_1 z_2$ vergrößernd auf den Balken ein. Die Größen x_1, x_2 ändern sich dagegen nicht erheblich. Auf eine völlige Unabhängigkeit des Verhältnisses H wird man aber trotz der durch die Gleicharmigkeit der Waage bedingten Symmetrie nicht wohl rechnen können. Solange die Veränderungen von z_1 und z_2 gering sind, wird man sie als gleich (aus Symmetriegründen) und der Belastung proportional annehmen dürfen. Man setze dann

$$z_1 = z_1^0 + M_1 \varDelta z. \tag{7}$$

Die Gleichung (4a) geht dann über in

$$\frac{1}{E} = \frac{M_0 z_0 + M_1 (z_1 + z_2 + \varDelta z_0) + 2 M_1^2 \varDelta z_1}{x_1}. \tag{8}$$

Es ist also nunmehr $1/E$ die Stabilität eine quadratische Funktion der Belastung. Da $\varDelta z_1$ wesentlich positiv ist, kehrt die $1/E$ graphisch darstellende Parabel stets ihre konkave Seite nach oben. Es ist wesentlich, daß $1/E$ in dem ganzen Belastungsbereich, für den die Waage benutzt wird, positiv ist, da ein negatives $1/E$ einen labilen Zustand bedeuten würde. An die Formel schließen sich noch folgende Betrachtungen an: 1. Will man E möglichst groß haben — das bringt den Vorteil einer sehr großen Änderung des Gleichgewichts bei kleinen Massen-

---

[1]) W. FELGENTRAEGER, Hebelwaage, S. 34, und W. FELGENTRAEGER, Über den Einfluß der Schneide auf die Schwingungsdauer des Pendels und der Waage. Wiss. Abhandlgn. d. Norm.-Eich.-Komm. Heft 4, S. 155. 1902.

[2]) F. J. STAMKART, Over de Bewegingen eener Balans. Verh. Utr. Soc. 3. Reihe, I. Teil 1853; A. WALKER, Theory and Use of the Physical Balance, Oxford 1887; W. FELGENTRAEGER, Hebelwaage, S. 25ff; H. PFLIEGER-HAERTEL, Über die kleinen Schwingungen einer dreigliedrigen ebenen Gelenkkette, zugleich ein Beitrag zur Theorie der einfachen Hebelwaage. Inaug.-Dissert. Jena 1914.

[3]) Bisher noch nicht berücksichtigt ist in der gesamten Literatur der Umstand, daß beim Ausschlag der Waage stets der sich senkende Hebelarm auf Zug, der sich hebende auf Druck beansprucht wird.

unterschieden —, so wähle man z_0 klein — Nachteil eine große Schwingungsdauer —; ferner wähle man $\frac{M_0}{x_1}$ möglichst klein, beide Größen sind nicht voneinander unabhängig, da natürlich mit der Länge $(2x_1)$ des Balkens sein Gewicht wachsen muß, wenn man nicht auf unzulässig große Werte von Δz_1 kommen will. Da nun M_0 bei Vergrößerung von x_1 schneller wächst als x_1, so bieten „langarmige" Balken keinen besonderen Vorteil, sie werden auch neuerdings kaum noch verwandt. Anderseits aber besteht gegen eine zu starke Verringerung von x_1 bei Waagen ersten Ranges insofern ein Bedenken, als in Wirklichkeit die Achsen ja keine mathematischen Linien sind. Man wird immerhin annehmen dürfen, daß hierdurch eine Unbestimmtheit der Hebellängen $x_1 x_2$ entsteht, die von der Balkenlänge unabhängig ist und daher im Verhältnis um so schädlicher wirkt, je kleiner x_1 und x_2 sind. Wie jedesmal die Wahl möglichst günstig zu treffen ist, kann natürlich hier nicht entschieden werden.

5. Die gleicharmige Balkenwaage. Die älteste und bisher auch die bei weitem genaueste Hebelwaage ist die gleicharmige Balkenwaage, deren Theorie wir eben behandelten. Wir betrachten nun die Ausführungsformen:

Der Balken ist fast immer aus Metall. Nur für die allerkleinsten Waagen verwendet man auch Quarzglas, das den Verzug eines sehr kleinen thermischen Ausdehnungskoeffizienten hat. Um M_0 tunlichst klein bei großer Steifigkeit zu erhalten, werden für Zwecke höherer Genauigkeit meist durchbrochene Formen angewendet. Leichtmetall ist für kleine bis mittlere Größen von M_1 sehr vorteilhaft, von $M_1 = 1$ kg an aufwärts spielt dies Gewicht des Balkens keine sehr erhebliche Rolle, man verzichtet daher lieber auf Leichtmetall und wählt Stoffe, die ein sehr festes Einbetten der Achsen erlauben, Bronze oder Stahl. Letzterer darf keinesfalls hart sein, für einfachere Waagen wird der Balken aus Formeisen gestanzt.

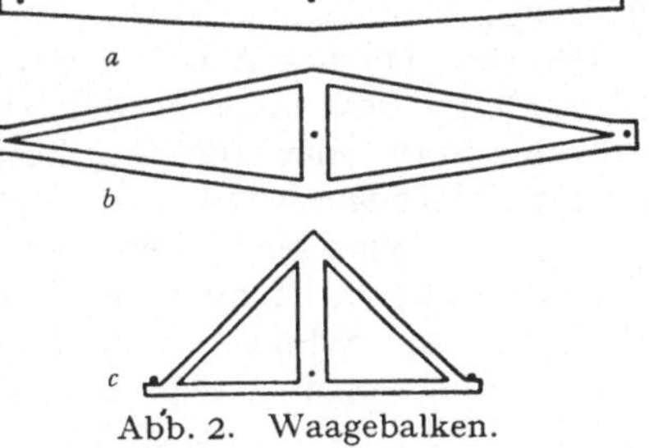

Abb. 2. Waagebalken.

Die Form (Abb. 2) ist für einfachere Balken meist die eines flachen Rhombus (*a*); bessere Balken werden, um das Gewicht zu sparen, durchbrochen gearbeitet (*b*); für feine chemische Waagen zieht man in Deutschland die von BUNGE zuerst ausgeführte Form eines rechtwinkligen Dreiecks (*c*) vor.

Die Länge der Balken, die hauptsächlich durch den Abstand $x_1 - x_2$ der Endachsen bedingt wird, wechselt mit der Belastung und dem Zweck. Für feinere (chemische) und feinste (physikalische und metronomische) Waagen wählt man nicht zu kurze Balken, für Kilogrammwaagen hat sich $x_1 - x_2 = 24$ cm als günstig erwiesen. Für chemische Waagen dagegen kann man mit der Balkenlänge wesentlich herabgehen. Die für diese Zwecke typische 200 g-Waage hat meist einen Balken von 13 bis 15 cm Länge.

Kleinere Waagen haben wohl etwas kürzere Balken, aber man soll auch bei Waagen der Höchstlast 1 g nicht wesentlich unter 7 cm heruntergehen.

Obwohl diese Zahlen zunächst durch die Praxis, also rein empirisch, festgelegt sind, so bestehen doch auch einleuchtende theoretische Gründe:

Die Genauigkeit, mit der eine Waage benutzt werden kann, beruht hauptsächlich auf der Beständigkeit der Hebelarme oder doch ihres Verhältnisses H. Nimmt man einmal $x_1 = -x_2 = 10$ cm an, so muß, wenn man 10^{-8} noch bestimmen will, die Länge der Arme bis auf 0,001 μ konstant sein.

Temperaturveränderungen sind nun auch aus anderen Gründen sorgfältig zu vermeiden, sie verursachen eine Änderung von H auch nur insoweit während der verhältnismäßig kurzen Zeit einer Wägung, als ein etwaiger Temperaturunterschied beider Arme sich ändert. Das ist bei dem guten inneren und sehr schlechten äußeren Wärmeleitungsvermögen des gut polierten metallenen Balkens weniger zu fürchten, auch kann man durch besondere Anordnung der Wägung Änderungen, die der Zeit proportional sind, eliminieren.

Was dagegen zu befürchten ist, sind Änderungen in der Lage der drei Achsen A, A_1, A_2. Diese sind ja nicht mathematische Linien, sondern mechanische Einrichtungen. Verschiebt sich nun z. B. die Achse A_1 um δ_1 von A hinweg, so wird der Hebelarm x_1 um δ verlängert, man muß, wenn die gesamte an A_1 angreifende aus Schale und Belastung entstehende Last M_1' ist, M_1' um $\frac{M_1' \delta_1}{x_1}$ vermindern. Die Wirkung ist also umgekehrt proportional zu x_1. Eine Verschiebung der Mittelachse um $+\delta$ hat sogar noch einen über doppelt so großen Einfluß, nämlich $\frac{M_0 + 2M_1}{x_1}\delta$, daher verwendet man bei feinsten Wägungen keine sehr kurzen Balken. Man hält ferner den Balken und die Schalen so leicht als es mit der Festigkeit namentlich des ersteren verträglich ist.

Bei chemischen Waagen liegen andere Verhältnisse vor. Hier wird man teils wegen der Veränderlichkeit der zu wägenden Massen, teils aus wirtschaftlichen Gründen die Wägung möglichst beschleunigen. Dazu dient eine Herabsetzung der Schwingungsdauer, die der Wurzel aus dem Trägheitsmoment, also ceteris paribus der Balkenlänge proportional ist.

Die Achsen. Für gewöhnliche Belastungen von etwa 1 g aufwärts bestehen die Achsen fast stets aus dem Drehkörperpaar Schneide und Pfanne. Die Schneide ist ein prismatischer Körper aus hartem Stahl oder Halbedelstein, der eine wagerechte bei der Achse A unten, bei $A_1 A_2$ obenliegende geradlinige Kante hat. Längs dieser Kante steht er in Berührung mit der Pfanne, einem gleichfalls aus Stahl oder Edelstein bestehendem Stück, das entweder hohlzylindrisch oder dachförmig oder plan ist. Erstere beiden Ausführungen, die nur bei Waagen geringerer Genauigkeit verwendet werden, haben den Vorteil, daß die Pfanne und Schneide nicht quer zur Längskante gleiten können. Das Gleiten in der Richtung der Schneide wird in diesem Fall durch besondere Vorrichtungen, z. B. durch einen Abschluß des Hohlzylinderstückes oder der Pfannenrinne, durch „Stoßplatten", verhindert. Für feine Waagen verwendet man als Pfannen nur sehr sorgfältig planpolierte Stücke, dann ist aber ein besonderer Mechanismus nötig (die Arretierung), die eine Verschiebung der beiden Bestandteile gegeneinander ausschließt.

Da die Hebellängen ausschließlich durch die Kanten der Schneiden gebildet werden, so müssen diese am Hebel und zwar tunlichst unverrückbar befestigt sein. Demnach sitzt die zu A gehörige Pfanne an dem die Waage tragenden Teil, die zu $A_1 A_2$ gehörigen an den die Schale tragenden Gehängen.

Der Schneidenwinkel, d. h. der Winkel den die beiden die Kante bildenden Ebenen einschließen, kann bei geringen Lasten recht spitz sein (etwa 30° bis zu $M_1 = 50$ g), darüber hinaus bis etwa 5 kg wird man höchstens 90° zu wählen haben, wenn man die Schneiden aus bestem harten Stahl macht. Steinschneiden sind wegen des spröden Materials stets stumpfwinkliger zu wählen, schon bei Waagen für höchstens 200 g Belastung haben sie oft 120°-Winkel.

Planpfannen sollen für die feinen Waagen sehr gut geschliffen und poliert sein. Für dachförmige Pfannen hat sich ein Winkel von 140° bewährt, zylindrische

Pfannen sind nicht sehr empfehlenswert, da sie bei einer Schiefstellung nur die Endspitzen der Schneide berühren und bald beschädigen.

Das Material der Pfanne soll härter sein als das der Schneide, da letztere sonst die Pfanne ritzt und bald zerstört. Dagegen ist es ein Vorteil, wenn die Schneide den höheren Elastizitätsmodul[1]) besitzt, dann wird bei dem ungeheuren — oft Zehntausende von Atmosphären betragenden — Druck zwischen Schneide und Pfanne die erstere die geringere Formänderung erfahren, was eine bessere Definition der Hebellänge bedeutet. Beiden Bedingungen wird die Zusammenstellung: Stahlschneide—Achatpfanne gerecht, die deshalb bei feinsten Waagen fast ausschließlich verwendet wird. Nur wenn man magnetische oder chemische Einflüsse (Rosten) befürchten muß, verwendet man auch bei feinen Waagen Achatschneiden.

Stahlschneiden haben außerdem den großen Vorteil, daß sie im Balken besser befestigt werden können. Vielfach werden sie, nachdem sie in den Balken eingetrieben sind, durch besondere Vorrichtungen so geschliffen, daß ihre Kanten genau parallel gerichtet sind und die Gleicharmigkeit, sowie die richtige Höhenlage mit großer Näherung erreicht ist. Steinschneiden vertragen der Sprödigkeit halber solches Einschlagen nicht. Sie werden vielmehr durch besondere Vorrichtungen verstellbar im Hebel befestigt und durch Justierung richtiggestellt.

Die Achatpfannen kittet man meist in ihre Lager ein, Stahlpfannen werden dagegen eingetrieben. In beiden Fällen darf das Stück nicht so dünn sein, daß es sich leicht verziehen kann.

Bei kleineren Waagen ersetzt man wohl auch die Endschneiden durch scharfkantige Ringe, deren Ebene senkrecht zum Balken steht, die Pfannen durch Haken, die in den Ring eingreifen. Diese Ausführung ist billig und bei guter Ausführung recht beweglich, da aber die Berührung der beiden Teile nur in einem Punkt stattfindet, wenig dauerhaft.

Andere Ausführungen der Achsen werden jetzt wohl nur noch bei Waagen kleinster Belastung — sog. Mikrowaagen — verwendet, sie werden daher bei diesen Waagen besprochen.

Die Lastträger sind mit den Haltern der Endpfannen nicht starr zu verbinden, sondern es ist mindestens ein Gelenk erforderlich, das eine Drehung um eine zur Schneide senkrechte, der Balkenrichtung parallele Achse ermöglicht. Die diese Achse und die Endachse schneidende vertikale Gerade ist dann die Linie, in der — unabhängig von etwaigen Drehungen des Lastträgers — die Schwere der Belastung wirkt, ihr Schnittpunkt mit der Endachse ist der in der Theorie mit A_1 bzw. A_2 bezeichnete Angriffspunkt des Lastgewichtes.

Bringt man zwischen Endpfanne und Lastträger noch eine zweite Achse an, die der Endschneide parallel ist, so vermeidet man ferner noch Fehler[2]), die andernfalls durch eine Drehung der Endpfanne um die zugehörige Schneide entstehen würden, wenn die Belastung schief auf den Schalenhalter gelegt wird. Diese Fehler werden durch den Umstand bedingt, daß die Schneide keine mathematische Linie bildet, sondern etwa ein Zylinder sein wird mit sehr kleinem (1 bis 3 μ) aber endlichen Radius.

Als Lastträger reicht wohl bei wissenschaftlichen Waagen (mit Ausnahme der metronomischen Waagen mit Vertauschung der Gewichte durch eine besondere Vorrichtung) eine wagerechte kreisförmige Platte mit einem Aufhängebügel aus. Der Bügel darf nicht durchfedern, der Schalenteller soll nicht größer sein, als es für die aufzubringenden Gegenstände notwendig ist. Denn der Luft-

[1]) Vgl. W. Felgentraeger, Hebelwaage, S. 85.

[2]) Vgl. F. Richarz u. O. Krigar-Menzel, Bestimmung der Gravitationskonstante. Anh. z. d. Abhandlgn. d. Berl. Akad. 1898, S. 23; W. Felgentraeger, Hebelwaage, S. 87.

widerstand der Schalen bewirkt anderseits einen großen Einfluß von Luftströmen auf die Ruhelage. Überhaupt ist die Dämpfung durch die Luftreibung wesentlich größer als die durch Reibung der Achsen, weshalb einige Hersteller an Stelle der Teller ein rostartiges Gitter vorziehen.

Verwendet man Planpfannen, so ist, wie oben erwähnt, ein besonderer Mechanismus notwendig, der das Zusammenpassen von Schneide und Pfanne immer in derselben Geraden sichert. Diese Vorrichtung — die Arretierung — dient ferner zur Schonung der Schneiden und ist aus beiden Gründen an jeder feinen Waage unentbehrlich.

Durch eine Hebevorrichtung wird, wenn die Waage nicht im Gebrauch ist, der Balken ein wenig angehoben, so daß sich die Mittelschneide von der Pfanne abhebt. Erschütterungen, die z. B. durch die Belastung entstehen, können nunmehr diese Schneide nicht mehr beeinflussen. Der Angriff der Hebevorrichtung am Balken (oder an der Fortsetzung der Mittelachse) muß so geschehen, daß der Balken vollständig festgehalten wird und bei Senkung sich mit der Mittelschneide sanft und in deren ganzer Länge gleichzeitig auf die Pfanne aufsetzt. Danach müssen die angreifenden Teile soweit zurückgesenkt werden können, daß die Waage in einem angemessenen Bogen ganz frei schwingen kann.

Ebenso werden durch eine andere oder dieselbe Hebevorrichtung die Endpfannen ein wenig von ihren Schneiden gelüftet und bei Gebrauch der Waage nach der Aufbringung der Last wieder in Berührung gebracht.

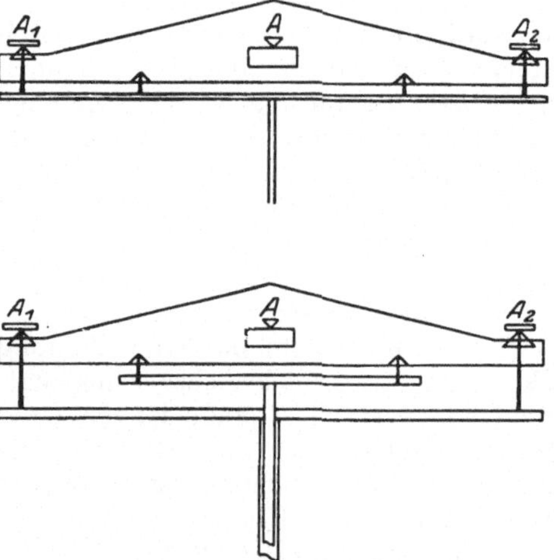

Abb. 3. Arretierungen, schematisch.

Beide Arretierungen werden fast stets durch e i n e n Handgriff bedient. Abb. 3a und Abb. 3b zeigen schematisch die Arretierung durch eine und durch zwei besondere Hebevorrichtungen.

Bei sachgemäßer Bedienung schont die Arretierung die Waage ganz außerordentlich. Ist das Gleichgewicht so nahe hergestellt, daß die Waage frei schwingt, so wird durch sanftes Auslösen erzielt, daß der Schwingungsbogen nicht übermäßig groß ist.

Mit der Arretierung ist auch vielfach eine Einrichtung verbunden, welche die Eigenschwingungen der Schalen abdämpft. Vielfach sind zu diesem Zweck unter den Schalen Pinsel oder kleine Kissen angebracht, die durch die Arretierung nach oben, durch die Auslösung nach unten bewegt werden. Vollkommener sind senkrecht bewegliche, nach oben gerichtete Spitzen, die in eine trichterförmige Vertiefung unter dem Schalenteller eingreifen; indessen verlangt diese Anordnung eine sehr genaue Einstellung.

In den Formeln (4), (4a) und (5) bezeichnet E die Empfindlichkeit in Bogenmaß, also in einem Winkel, dessen Einheit 57,30° ist. In Wirklichkeit liest man an der Einspielungseinrichtung der Waage nicht den Ausschlag in Bogenmaß, sondern in willkürlichen Einheiten ab, die — wenigstens bei kleinen Bögen — diesen proportional sind. Es ist zweckmäßig, die Genauigkeit einer Waage dadurch zu steigern, daß man die Ablesungs g e n a u i g k e i t erhöht. Wohl kann man E auch dadurch vergrößern, daß man x_1 [in Gleichung (4a)] vergrößert, aber damit ist, wenn die nötige Festigkeit gewahrt werden soll, eine Vergrößerung von M_0 verbunden. Auch kann man z_0 beliebig klein machen, aber dann schwingt die Waage langsam [Gleichung (5)], außerdem erhält dann das Glied $M_1(z_1 + z_2)$ einen unbequem großen Einfluß, zumal z_1 und z_2 von der Last abhängen.

Vergrößert man dagegen die Genauigkeit, mit der die Ruhelage beobachtet werden kann, so kann E klein gehalten werden, z_0 wählt man daher größer, die Empfindlichkeit ist von der Belastung weniger abhängig. Auch Temperatureinflüsse, die die Empfindlichkeit, ändern und Abnutzung der Schneiden, durch die sowohl z_0 wie z_1 und z_2 vergrößert werden, sind dann nicht so störend.

Bezeichnet man nun mit

$$E' = f\,E = f\,\frac{\operatorname{tg}\varphi}{\mu_1}$$

die Empfindlichkeit ausgedrückt in Skalenteilen, so wird man sich bemühen, f möglichst groß zu machen. Da 1 mm das für Ablesung mit bloßem Auge oder einer schwachen Lupe angenehmste Teilungsintervall ist, so ist bei Ablesung an einer so geteilten Skale und für einen Zeiger die Größe f einfach die Länge des Zeigers in Millimetern. Gewöhnlich hat f Werte zwischen 100 und 200. Bei feinen und feinsten Waagen wendet man zu weiterer Steigerung entweder eine feinere Teilung — z. B. in 0,2 mm — und starke Vergrößerung durch eine Lupe oder ein Mikroskop oder einen Hohlspiegel an, auch die GAUSS-POGGENDORFsche Spiegelablesung und eine Autokollimationsvorrichtung liefern große Werte von f.

Für die Zwecke der Wägung bedarf es übrigens der Kenntnis von f nicht, wohl aber, wenn man Untersuchungen über Schwingungsdauer usw. anstellen will. Der Unterschied zwischen φ und $\operatorname{tg}\varphi$ kann wohl immer vernachlässigt werden.

Da an vielen Waagen Einrichtungen vorhanden sind, die die Verwendung kleiner Gewichtsstücke ersparen sollen, so mögen diese Einrichtungen hier auch besprochen werden.

Bei Waagen, die nicht gerade die allergrößte Genauigkeit erzielen, ist am verbreitetsten die Reitereinrichtung. Es besteht diese aus einer wagerechten (oder nahezu wagerechten) Schiene, die oft aus dem Balken selbst herausgearbeitet ist, aus dem Reiter, einem kleinen hufeisenförmigen Drahtgewicht und (wenigstens bei besseren Waagen, die in einem Gehäuse sich befinden) aus einer Verschiebungsvorrichtung, die es gestattet, den Reiter längs der Schiene zu verschieben. Als Einheit der Schienenteilung wählt man die Größe x_1 oder besser $x_1 - x_2$, also entweder die Hebelarm- oder die Balkenlänge. Man teilt bei kurzarmigen Waagen diese Entfernung in 100 Teile, auch bei Waagen mit längeren Armen ist eine andere Einteilung meist nicht zweckmäßig. Die Masse des Reiters ist der Genauigkeit der Waage anzupassen. Ist die Teilung nur über eine Waagebalkenhälfte erstreckt, so nimmt man 1, 10 oder bei großen Waagen 100 mg. Ist dagegen der Balken seiner ganzen Länge nach mit einer Reiterbahn versehen, so beträgt die Masse des Reiters 0,5, 5 oder 50 mg.

Verschiebt man nun einen Reiter von 5 mg Masse auf der Reiterbahn um $0{,}01(x_1 - x_2)$ von links nach rechts, so erteilt man der Waage dasselbe Drehmoment, als ob man auf die rechte Schale den Gewichtsbetrag $5 \cdot 0{,}01 \cdot 2$ mg $= 0{,}1$ mg gelegt hätte. Man sieht, daß in diesem Fall die Reitereinrichtung Massenunterschiede bis zu 10 mg auszugleichen gestattet, und zwar, wenn man immer den Reiter auf volle Teilstriche setzt in Beträgen von 0,1 zu 0,1 mg.

Da man, wie unter II. gezeigt werden wird, kleinste Beträge nur ganz ausnahmsweise durch Gewichtszulagen bestimmt (in solchen Fällen wählt man dann eben einen leichteren Reiter), so teilt man die Reiterbahn zweckmäßig nicht nur durch Striche, sondern auch durch „Kerben“ genannte und zu den Strichen gehörige Einschnitte. Dann gleitet der Reiter stets von selbst auf einen vollen Teilstrich, die Einstellung ist etwas genauer als die Ablesung an einer Strichskale, die Sicherheit beträgt etwa 0,1 mm, also bei einer 10 cm langen Skale etwa $^1/_{1000}$ des Gesamtwertes; beträgt dieser 10 mg, wie im obigen Beispiel, so kann man bei einem 13 cm langen Waagebalken $^1/_{100}$ mg noch als sicher ansehen. Das ist eine in Anbetracht der Einfachheit außerordentliche Erleichterung des Wägens.

Bedingung ist, daß die Reiterbahn wirklich die Länge $x_1 - x_2$ hat, wovon man sich bei einigermaßen genauen Wägungen überzeugen muß. Das geschieht durch Wägungen, kann also erst unter II. besprochen werden.

Was die Verschiebungsvorrichtung betrifft, so kann sie ganz einfach sein. Sie besteht aus einem Stab, der den oberen Teil des Gehäuses von rechts nach links durchsetzt und auf dem ein Rohr mittels eines rechts herausragenden Handgriffes längs verschoben werden kann. Das Rohr trägt einen kurzen Querarm mit Haken, der in die Öse des Reiters faßt. Letztere soll recht weit sein. Anschläge hindern ein Anstoßen des Hakens. Der Reiter wird möglichst senkrecht abgehoben und aufgesetzt, zu diesem Zweck richtet man es so ein, daß der Hakenarm in der Aufsetzestellung wagerecht steht. Verwickeltere Einrichtungen sind vielfach in Gebrauch, die eine genaue senkrechte Bewegung des Hakens bezwecken, sie erleichtern weniger Geübten die Handhabung. Für eilige Wägungen sind auch Vorrichtungen zweckmäßig, die ein Herabfallen des Reiters ausschließen.

Bei feinsten Wägungen verwendet man wegen der immerhin beschränkten Genauigkeit die Reitervorrichtung nicht. Da man aber bei diesen Wägungen in besonderem Grade das Öffnen des Gehäuses zu vermeidet trachtet, so wendet man kleine Zulagegewichte an, die auf mit der Schale verbundene Träger gesetzt werden können. Nach außen gehende Hebel erlauben es, diese Einrichtung zu bedienen.

Für genaueste Wägungen bedarf es immer nur eines oder höchstens zweier solcher Gewichte auf jeder Seite der Waage. Bei chemischen und technischen Waagen geht man indessen weiter, man baut ganze Gewichtssätze in die Waage ein. Es genügt wohl ein Hinweis auf solche Sonderausführungen[1]).

Um Luftströmungen, Staub und andere Schädlichkeiten von der Waage abzuhalten, baut man feinere Waagen stets in Glasgehäuse ein, deren Grundplatte zugleich die Waage trägt. Bei gewöhnlichen Waagen besteht die Grundplatte und das Gerippe des Gehäuses aus Holz, bei besseren die Grundplatte aus dickem Glas oder Marmor, bei feinsten tunlichst alle Teile außer den Glasscheiben aus Metall. Die Gehäuse feiner Waagen sollen verschließbar, die herausragenden Griffe, z. B. der Arretierung und Reiterverschiebung, abnehmbar sein. Gut ist es, wenn die Gehäuse Platz zur Aufnahme wenigstens eines Bruchgrammsatzes haben.

Um die Grundplatte der Waage horizontal zu stellen, versieht man sie mit drei Füßen, von denen mindestens zwei aus Schrauben bestehen. An der Waage befindet sich ein Lot oder eine Wasserwaage. Bei der Fertigstellung ist dafür gesorgt, daß beim Einspielen dieser Vorrichtungen die Mittelpfanne wagerecht steht. Auch soll, wenn dann die Ablesevorrichtung auf Null der zugehörigen Teilung weist, der Balken wagerecht sein.

6. Sonderkonstruktionen der gleicharmigen Balkenwaage. Die bisher besprochenen Bauarten dienen allgemeinen Zwecken. Für einige Sonderaufgaben sind gewisse Abweichungen und Zusätze zweckmäßig. Für Vergleichung

---

[1]) W. FELGENTRAEGER, Hebelwaage, S. 181ff.

feinster Gewichtsstücke verwendet man z. B. Waagen, die ohne Öffnung des Gehäuses eine Vertauschung der Belastungen beider Schalen ermöglichen.

Das Schema einer solchen Vorrichtung[1]), wie sie von der Firma PAUL BUNGE nach Angabe von CLASEN ausgeführt wird, zeigt Abb. 4. Durch ein Zahnradgetriebe $r_1 r_2$ und einen mit r_1 verbundenen, unterhalb des Gehäuses gelagerten Hebelgriff wird der „Transporteur" t gedreht. Er besteht aus den beiden ringförmigen Trägern $R_1 R_2$ und aus einem Ring R, der durch zwei radiale Speichen mit der um den unteren Teil der Waagensäule drehbaren Buchse verbunden ist. Der Ring R liegt auf zwei kleinen Rollen auf, die gehoben und gesenkt werden können — sie werden durch die Arretierungsachse bewegt. Senken sich die Rollen, so wird auch der Transporteur ohne jede Drehung gesenkt, da er an der durch das Rädervorgelege drehbaren Buchse auf einer Gleitbahn beweglich läuft. Letzteres nimmt also an der Drehung nicht Teil. Die Schalen bestehen aus den — nicht gezeichneten — Bügeln, den Stegen $b_1 b_2$, den Ringen R_1' und R_2' und den auf diesen lose aufliegenden Schalentellern $h_1 h_2$ aus Bergkristall.

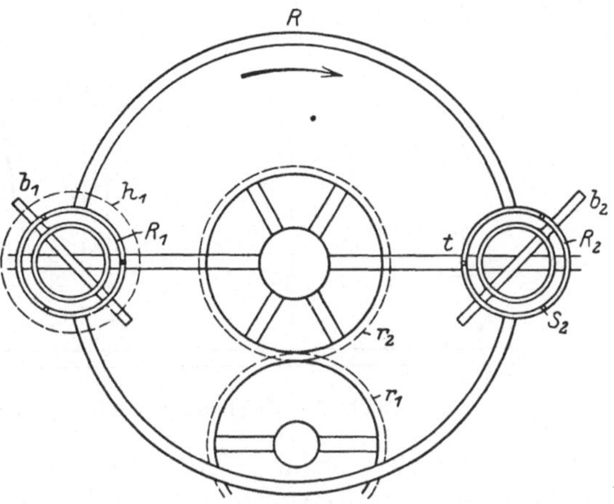

Abb. 4. CLASSENsche Vertauschungsvorrichtung für GAUSSsche Wägungen.

Befindet sich der Transporteur in abgesenkter Stellung, so liegen die Teller nur auf R_1' und R_2' auf, $R_1 R_2$ stehen genügend tief, so daß die Schalen nicht anstoßen. Hebt man aber den Transporteur, was beim Arretieren der Waage nach Festlegung der schwingenden Teile von selbst geschieht, so heben $R_1 R_2$ die Schalenteller ab. Jetzt kann der Transporteur im Sinne des Pfeiles um 180° gedreht werden, und so kommt der vorher linke Teller über die rechte, der vorher rechte über die linke Schale. Anschläge begrenzen die Bewegung so, daß die Belastungen zentriert sind. Wenn es sich nur um die Vergleichung zweier Gewichtsstücke gleichen Sollwertes handelt, deren Unterflächen die geeignete Größe haben, so sind ersichtlicherweise die Schalenteller nicht nötig. Anderenfalls muß die Gewichtsdifferenz der beiden Schalenteller bestimmt oder besser noch durch eine zweite Wägung mit vertauschten Tellern eliminiert werden.

Andere Einrichtungen zum gleichen Zweck sind von P. STÜCKRATH und A. RUEPRECHT gebaut.

7. Ungleicharmige Waagen, Waagen mit geführten Lastträgern, Brückenwaagen, Laufgewichts- und Schaltgewichtswaagen. Die gleicharmige Balkenwaage ist nicht nur die einfachste, sondern auch bei weitem die genaueste Waage. Für wissenschaftliche Zwecke wird sie daher fast ausschließlich verwendet. Für den Handelsgebrauch hat sie aber mehrere schwerwiegende Nachteile: der Raum über den Lastträgern ist nicht frei, die Schalen können durch Pendeln die Einspielung stören, man muß ebensoviel Gewichte vorrätig halten, wie die Last beträgt, das Verwenden loser Gewichte zur Wägung ist überhaupt unbequem und zu zeitraubend.

[1]) CLASSEN, ZS. f. Instrkde. Bd. 15, S. 101. 1895. Die Zeichnung bei W. FELGENTRAEGER, Hebelwaage, S. 190, ist insofern unrichtig, als der Bügel b_2 um 90° gedreht werden muß, sonst stößt der Transporteur an.

Den ersten beiden Mängeln begegnet man durch Verwendung von Waagen mit geführten Lastträgern, den sog. Brückenwaagen.

Abb. 5 stellt den Typus einer solchen symmetrischen gleicharmigen Brückenwaage, der Tafelwaage nach BÉRENGER dar. Hier hängen die Lastträger

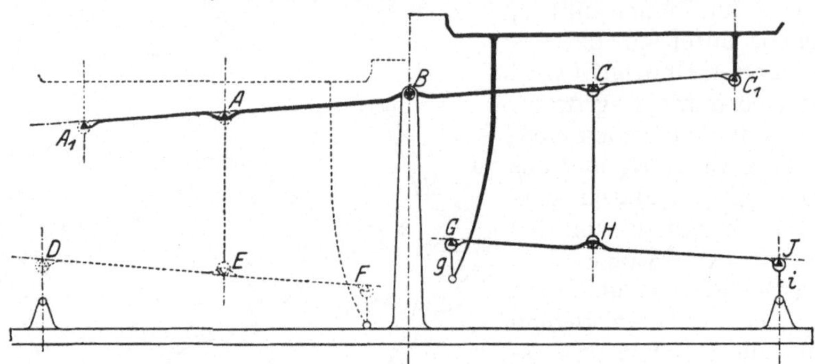

Abb. 5. Tafelwaage nach BÉRENGER, schematisch.

nicht an Schneiden, sondern jeder stützt sich mit drei Pfannen auf die Hebel. Zwei Pfannen von L_1 ruhen auf den Enden des langen Schneidenkörpers C_1 des Haupthebels, die dritte mit einem Gehänge g auf der Schneide G des rechten Nebenhebels, der durch eine Zugstange CH mit dem Haupthebel in Verbindung steht. Damit die Angabe der Waage von der Stellung der Last auf L unabhängig sei, muß nach dem Prinzip der virtuellen Verrückung eine mit der Schale fest verbundene Ebene ihrer ursprünglichen Lage bei allen Bewegungen parallel bleiben, alle Punkte der Schale müssen sich um denselben Betrag heben oder senken. Das ist offenbar der Fall, wenn

$$BC_1 : BC = JG : JH$$

ist. Die andere Seite der Waage ist symmetrisch gestaltet. Bei diesen Waagen bringt man die Einspielungsvorrichtung gewöhnlich in Form je eines Zeigers an den einander zugewandten Seiten der Lastträger an, wodurch diese Waage äußerlich leicht erkennbar ist.

Eine andere Form der Tafelwaage ist aus der bekannten ROBERVALschen Vorrichtung, die sich in ihrer ursprünglichen Form nicht zu einigermaßen besseren Wägungen eignete, hervorgegangen. Abb. 6 zeigt eine solche Waage nach

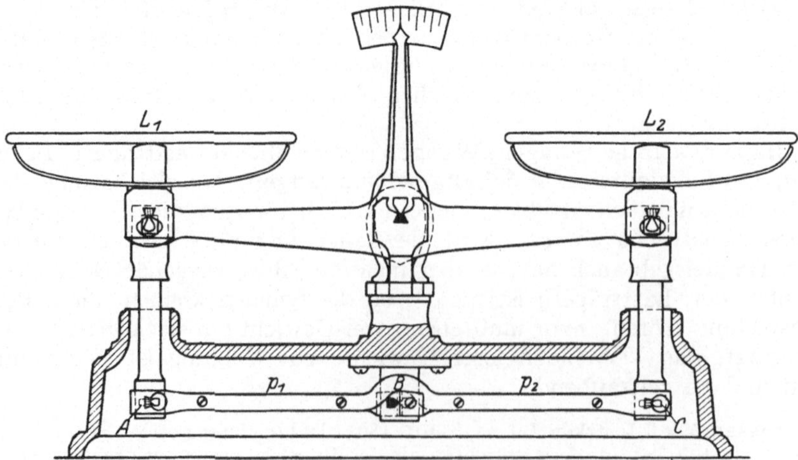

Abb. 6. Tafelwaage nach ROBERVAL.

ROBERVAL-WESTPHAL. Hier existiert nur ein Hebel, gleichfalls mit langen Achsen, die nur an den Enden als Schneiden ausgebildet sind. Die Schalen L_1, L_2 werden am Umschlagen durch Lenker p_1, p_2 gehindert, die keine Hebel sind, sondern Organe einer Parallelführung. Da bei schiefer Belastung diese Lenker auf Zug oder Druck beansprucht werden können, müssen sie in beiden Richtungen durch Schneide und Pfanne gesichert sein, was eine besonders sorgfältige Konstruktion erfordert.

Will man größere Lasten abwiegen, so wird die gleicharmige Waage bald unbequem. Man konstruiert wohl Balken mit dem Übersetzungsverhältnis 1:10 und so „einfache Dezimalbalkenwaagen", aber diese haben sich nicht recht eingeführt, um so mehr die von A. QUINTENZ 1822 erfundene Dezimalbrückenwaage. Noch jetzt, nach hundert Jahren, wird diese fast ganz unverändert in der schematisch in Abb. 7 dargestellten Form verwendet. Die Brücke, eine meist hölzerne, dreieckige oder viereckige Platte stützt sich mit zwei in einer Geraden liegenden Schneiden auf einen dreieckig gestalteten Unterhebel, der wieder mit zwei ebensolchen Schneiden auf dem Gestell ruht. Ferner hängt die Brücke an einem dritten Punkt A'' an der Schneide B_1 des „Oberhebels". Der Unterhebel hängt mit einem dritten Punkt an der B_2-Schneide des Oberhebels, der sich um eine Achse B dreht und an seinem Ende die Schale B_3 trägt. Soll für den mit der Brücke fest verbundenen Punkt A'' die Waage eine Dezimalwaage sein, so muß ersichtlicherweise

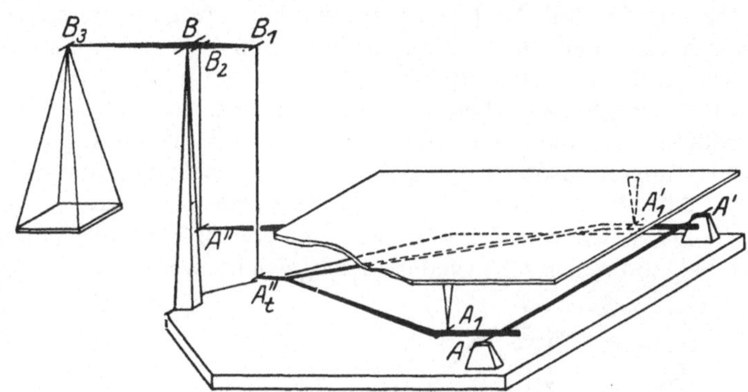

Abb. 7. QUINTENZsche Dezimalwaage, schematisch.

$$BB_3 = 10 BB_2$$

sein. Soll für den Punkt A_1 die Waage die dezimale Übersetzung besitzen, so muß

$$BB_3 \cdot A''A = 10 BB_1 \cdot AA_1$$

sein. Besteht das dezimale Übersetzungsverhältnis für die drei Punkte A, A_1, A'', so besteht es für alle Punkte der Brücke.

Will man bei noch größeren Lasten das Übersetzungsverhältnis von Last zu Gewichten noch vergrößern, so wählt man 100:1 und erhält die Zentesimalwaage. Da man aber einen Hebel in dieser Übersetzung nicht gut technisch brauchbar ausführen kann, so benutzt man zwei „hintereinander geschaltete" Hebel, von denen jeder das Übersetzungsverhältnis 10:1 hat.

In neuerer Zeit geht man immer mehr dazu über, die Verwendung loser Gewichte zu vermeiden. Entweder man baut in die Gegengewichtseinrichtung einen durch Mechanismen zu bedienenden Gewichtssatz ein und erhält so eine „Schaltgewichtswaage", oder man geht von dem Grundsatz der unveränderlichen Hebelarmlängen überhaupt ab und verschiebt ihrer Masse nach unveränderliche Laufgewichte um Beträge, die an Skalen abgelesen werden können.

Um die nötige Genauigkeit zu erhalten — bei der Eichung müssen solche Waagen die aufgebrachte Last auf $^1/_{1667}$ ihres Betrages richtig angeben —, stuft man die Massen dieser Laufgewichte — etwa nach Dekaden — ab und sichert die genaue Einstellung der größeren durch besondere mechanische Einrichtungen. Solche Waagen werden bis zu Höchstlasten von 200 000 kg gebaut.

8. Neigungswaagen. Will man schnell wägen, so ist das Prinzip der Nullmethode auch in der modifizierten Form der Nullmethode mit Interpolation der Nullstellung wenig geeignet. Man verwendet in diesem Fall die für manche Zwecke hinreichend genauen Waagen mit Ausschlag, die Neigungswaagen.

Wir betrachten zunächst den einfachsten Fall eines um eine wagerechte Achse drehbaren Hebels, der sich im stabilen Gleichgewicht befindet. Dann liegt der Schwerpunkt des Hebels senkrecht unter der Achse, sein Abstand von der Achse sei z, die Masse des Hebels sei M. Der einzige weitere Hebelarm stehe in der mit Null bezeichneten Lage wagerecht, seine Länge sei x, sie sei durch eine der Drehachse parallele Achse begrenzt, an der eine Vorrichtung zum Aufbringen von Belastungen sich befindet. In der Nullage befinde sich auf dieser „Schale“ bereits Last, und zwar im Betrag von etwa der Hälfte der größten Last, die noch gewogen werden soll. Dann können wir von „negativen“ Belastungen insofern sprechen, als wir Last von der Schale abnehmen.

Abb. 8 stellt das Instrument schematisch dar.

Legen wir nun Last im Betrage von M' auf die Waage, so dreht sich der Hebel, und es herrscht wieder Gleichgewicht, wenn nach Drehung um den Winkel φ

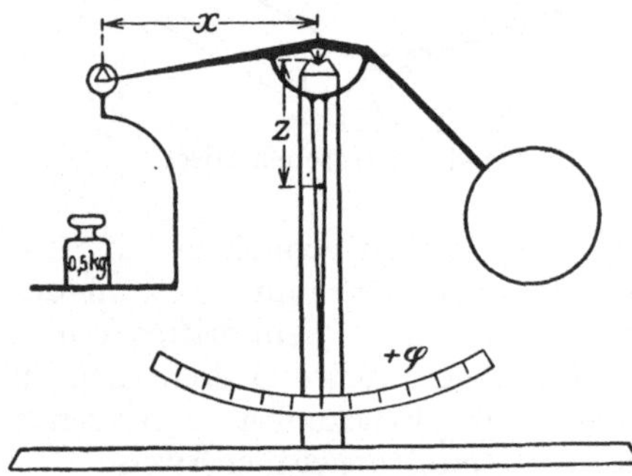

Abb. 8. Neigungswaage.

$$M_2 \sin\varphi = M_1' x_1 \cos\varphi$$

also

$$M_1' = \frac{M_2}{x_1} \operatorname{tg}\varphi = A \operatorname{tg}\varphi$$

ist. Der Betrag der Last ist also proportional der Tangente des Ausschlagwinkels, eine solche Skale läßt sich leicht konstruieren, der Betrag des Reduktionsfaktors ist einmal zu ermitteln, oder z. B. durch Veränderung von z (Verschiebung eines Gewichtes an einer in der Nullage senkrecht stehenden Stange) auf den richtigen Wert abzugleichen.

Die Genauigkeit ist, wie man leicht einsieht, eine beschränkte, wenn man der Skale nicht eine ganz unbequeme Länge geben will, auch rücken die einem gewissen Mehrbetrag entsprechenden Winkeländerungen mit steigendem M_1' immer mehr zusammen, größere Beträge von φ als $\pm 25°$ sind kaum zweckmäßig. Deshalb eben verlegt man den Punkt größter Empfindlichkeit in die Hälfte der Belastung. Man beziffert natürlich die Skale so, daß sie Null zeigt, wenn die Schale leer ist.

Aber auch sonst hat die Neigungswaage ihre Besonderheiten. Man kann sie kaum verwenden, ohne daß eine besondere Dämpfung der Schwingungen stattfindet, etwa durch eine Luft- oder Ölbremse. Ferner steht an den Enden der Skale der Hebelarm nicht mehr wagerecht, Schwingungen der Belastung um A_1 erzeugen also Reaktionskräfte, die nicht durch die Achse A gehen, also ein beständiges Schwanken der Ablesevorrichtung bewirken. Man muß daher die Schale z. B. durch eine Parallelführung, wie wir sie bei der Robervalschen-Tafelwaage kennenlernten, an solchen Schwingungen verhindern.

Für gewisse wissenschaftliche Zwecke — z. B. für kleinste Lasten, für Projektion, für das Verfolgen stetig erfolgender Gewichtsänderungen — bleibt trotzdem die Neigungswaage ein recht brauchbares Instrument.

9. Waagen, die nicht auf dem Hebelprinzip beruhen. Federwaagen, hydrostatische Waagen. Anstatt die Gewichtswirkung einer Masse mit einer anderen Gewichtswirkung direkt zu vergleichen, kann man auch andere meßbare Kräfte zur Vergleichung wählen. So hat K. ÅNGSTRÖM[1]) die Wirkung einer stromdurchflossenen Spule auf einen Magneten benutzt, um kleine Gewichtsunterschiede zu messen.

Verbreitet sind auch für Zwecke geringer Genauigkeit die Waagen, die auf der elastischen Formänderung fester Körper beruhen.

JOLLY hängte an eine Spiralfeder eine kleine Schale und las die Dehnung der Feder durch Gewichte an einer unmittelbar hinter der Feder angebrachten Längsteilung ab. Es war also kein Hebel nötig und der ganze Apparat grundsätzlich sehr einfach. Doch erzielt man aus den verschiedensten Gründen mit einer solchen Waage keine erheblichen Genauigkeiten.

Einmal besteht durchaus nicht ein einfacher Zusammenhang zwischen Belastung und Dehnung, dann ist der Betrag der Dehnung erheblich von der Temperatur abhängig, endlich sind die Ermüdungs- und Nachwirkungserscheinungen äußerst störend. Das Instrument hat nur noch historisches Interesse. Man kann auch, anstatt die Last unmittelbar an der Feder aufzuhängen, sie durch ein Hebelsystem wirken lassen; daß dadurch die Genauigkeit nicht vergrößert werden kann, ist von vornherein klar.

Auch die hydrostatische Waage von NICHOLSON[2]) wird wohl kaum noch benutzt. Sie besteht aus einem Schwimmkörper, der infolge tiefer Schwerpunktlage aufrecht im Wasser schwimmt. An seinem oberen Ende trägt er eine kleine Schale, die mit einem gewissen Gewichtsbetrag belastet, den Körper bis zu einer Marke zum Eintauchen bringt. Legt man einen zu wägenden Körper auf und entfernt soviel Gewichte, daß das Eintauchen wieder bis zur Marke erfolgt, so ist offenbar die Masse der entfernten Gewichte gleich der Masse des zu wägenden Körpers.

Die sehr einfache Vorrichtung hat einmal den Vorzug der Billigkeit, dann aber kann man, indem man auch den Unterteil des Apparates als Schale ausbildet, leicht Wägungen von Körpern machen, während sie in Wasser eintauchen. Solche Wägungen dienen zu Volumen- und Dichtebestimmungen.

Da bei einigermaßen größeren Belastungen der oberen Schale ein aufrechtes Schwimmen ausgeschlossen ist, hat die Benutzung sich wohl immer auf Körper (Mineralien) von wenigen Gramm Gewicht beschränkt.

10. Die Mikrowaage. Wenn erst am Schluß dieses Abschnittes eine Waage behandelt wird, die in Wissenschaft und Technik immer größere Wichtigkeit beansprucht, die Mikrowaage, so liegt dies daran, daß zur Konstruktion solcher Waagen die verschiedensten Prinzipien verwendet werden. Es sind gleicharmige Balkenwaagen, Neigungswaagen und Federwaagen in Gebrauch. Gemeinsam ist allen diesen Instrumenten nur, daß die zu wägenden Massen sehr klein — höchstens 1 g — sind. Daraus folgt unmittelbar, daß die Beweglichkeit der schwingenden Teile sehr erheblich sein muß.

Eine Federmikrowaage ist die SALVIONIsche[3]). Ein an seinem einen Ende eingekitteter dickerer Quarzglasfaden trägt an seinem anderen Ende eine kleine hängende Schale. Dies Ende dient auch als Zeiger an einer Skale. Der Meßbereich ist nach oben durch den Betrag 0,1 g begrenzt, die Genauigkeit einer Waage dieser Höchstlast ist auf etwa 0,1 mg höchstens zu schätzen, trotzdem

---

[1]) K. ÅNGSTRÖM, Två metronom hjelp apparater, Stockholm. Akad. Förhandl. Bd. 52, S. 643. 1895.

[2]) W. NICHOLSON, Mem. Manchester Soc. II 1787.

[3]) E. SALVIONI, Misure de masse comprese fra gr 101 e gr 10—5. Messina 1901.

Quarzglas sicher in bezug auf Temperatureinfluß und elastische Nachwirkung besonders günstig ist.

Die NERNSTsche Mikrowaage[1]), die ebenso wie die SALVIONIsche hauptsächlich für chemische Wägungen kleinster Mengen dienen soll, hat einen Hebel, der sich um einen quer dazu stehenden äußerst feinen Quarzfaden dreht. Sein eines Ende trägt das kleine Gewichtschälchen, das andere spielt vor einer auf Spiegelglas geätzten Skale. Die Waage ist also im wesentlichen eine Neigungswaage, jedoch wirkt auch die Federkraft des durch den Ausschlag gedrillten Quarzfadens. Man wird wohl die Genauigkeit dieser Wage höher zu schätzen haben als die der Salvioni-Waage.

Eine Mikrowaage höchster Genauigkeit konstruierten STEELE und GRANT[2]). Der Balken, sowie die Schneiden bestehen aus Quarzglas, die Waage arbeitet auch im luftleeren oder luftverdünnten Raum.

Für metronomische Zwecke verwendet man auch bei der Bestimmung kleinster Gewichte gewöhnlich gleicharmige Balkenwaagen und erzielt auch mit ihnen Genauigkeiten von 0,1 bis 10^{-3} mg.

Als Beispiel einer solchen Waage, die aber keineswegs die günstigsten Verhältnisse aufweist, sei die STÜCKRATHsche 1 g-Waage[3]) genannt.

Besonders wichtig bei allen Mikrowaagen ist, daß das schwingende System so leicht wie irgendmöglich gehalten wird. Man kann bei einer Balkenlänge von etwa 6 bis 8 cm auf Gewichte von höchstens 3 bis 4 g herunterkommen.

Außerdem sollen natürlich die Drehachsen nur eine verschwindende Reibung haben. STÜCKRATH hat daher die Schneiden durch je zwei Spitzen ersetzt, die er aber universell justierbar anbrachte, wodurch der Balken unnötig schwer wird. WARBURG und IHMORI[4]) verwendeten Teilchen von Rasiermesserklingen, ÅNGSTRÖM[5]) ein Abwicklungsgelenk.

Auch die Darstellung sehr kleiner Gewichtsunterschiede, die durchaus nötig ist, um die Ausschläge kleinzuhalten, bietet besondere Schwierigkeiten. Gewichtstücken unter 0,05 mg lassen sich kaum herstellen, Reiter kaum unter 0,5 mg. Ein solcher Reiter würde bei einer in 100 Teile geteilten Bahn, die ebensolang ist wie der Abstand der Endachsen, noch 0,01 mg darzustellen gestatten. Da man nun für 0,001 mg etwa einen Skalenteil Ausschlag wählen wird, so kommt man mit einer solchen Reiterverschiebung immerhin noch auf Ausschläge von etwa 10 Skalenteilen.

STEELE und GRANT haben für alleräußerste Genauigkeit ein besonderes auf der Waage angebrachtes Körperpaar gleichen Gewichtes aber ungleichen Volumens verwendet. Ändert man den Luftdruck meßbar, so ändert sich auch die Auftriebsdifferenz beider Körper und es wird so eine kontinuierliche Änderung des Waagengleichgewichts ermöglicht.

In mancher Hinsicht dürfte die Einrichtung ÅNGSTRÖMS bequemer sein, der eine kleine senkrecht hängende Magnetnadel an einem Waagenarm anbrachte, deren unteres Ende in ein Solenoid reichte. Die durch dieses gehende Stromstärke ließ sich meßbar ändern und so eine Gewichtsdifferenz abgleichen.

---

[1]) W. NERNST, Chem. Ber. Bd. 36, S. 2085. 1903.

[2]) B. STEELE u. K. GRANT, Sensitive Mikrobalance. Proc. Roy. Soc. London (A) Bd. 82, S. 580. 1909.

[3]) Beschrieben und abgebildet: K. SCHEEL, Grundlagen der praktischen Metronomie, S. 93. Braunschweig: Friedr. Vieweg & Sohn 1911.

[4]) E. WARBURG u. IHMORI, Wied. Ann. Bd. 27, S. 481. 1886.

[5]) K. ÅNGSTRÖM, Två metronom. hjelpapparater, Stockh. Akad. Förhandl. Bd. 52, S. 643. 1895.

Eine eingehende kritische Beschreibung der bis 1919 konstruierten Mikrowaagen und eine Zusammenstellung der mit ihnen erzielten Genauigkeiten gibt EMICH[1]).

Auf diese Arbeit muß wegen weiterer Einzelheiten verwiesen werden.

B. Wägungsmethoden.

11. Allgemeines. Im vorigen Abschnitt hatten wir — Ziff. 4, Gleichung (1) — für die an einer Hebelwaage erfolgende Beobachtung die Beziehung zwischen zwei auf den Lastträgern befindlichen Massen M_1 und M_2

$$M_1 = H M_2 \tag{9}$$

gefunden, wo H eine Konstante ist.

Diese Gleichung stellt eine Wägung dar, wenn man auf die Bestimmung von H bei jeder einzelnen Wägung verzichtet, sei es, daß man diese Größe ein für allemal genügend genau ermittelt hat, sei es, daß man nur Massenverhältnisse, nicht absolute Massen bestimmen will. Ersteres ist der Fall bei allen Wägungen des täglichen Lebens, die „gleicharmige" Waage z. B. wird als absolut gleicharmig angesehen. Letzteres kann bei chemischen Arbeiten der Fall sein, man wird aber auch in diesem Fall gut tun, lieber alle Zahlen auf absolute Masse zu beziehen.

Will man nun H nicht als gegeben ansehen, und das ist bei allen genaueren Wägungen der Fall, so reicht eine Beobachtung der durch Gleichung (1) dargestellten Art nicht aus, um eine numerische Beziehung zwischen M_1 und M_2 festzulegen, wir nannten ja deshalb eine solche Beobachtung „Teilwägung". Es müssen mehrere Teilwägungen beobachtet werden, während derselben muß H unverändert sein.

Ferner ist zu bemerken, daß es im allgemeinen kaum möglich ist, die Waage bei allen Teilwägungen auf den Punkt $\varphi = 0$ zum Einspielen zu bringen, namentlich da man die Ruhelage nicht unmittelbar, sondern gemäß Ziff. 4, Gleichung (5) nach Umkehrpunkten der schwingenden Waage bestimmt.

Führen wir noch eine neue Größe α ein, definiert durch die Beziehung $\alpha = f\varphi$, also den Ausschlag in Skalenteilen, so hat man die Gleichung

$$M_1 = H \cdot M_2 + \frac{\alpha}{E''}. \tag{9a}$$

Man beobachtet nun eine Anzahl von Teilwägungen, während derer die beiden Größen H und E'' unverändert bleiben und somit aus den Beobachtungsgleichungen eliminiert werden können.

Besonders sind hier zwei Methoden gebräuchlich, die mit den Namen BORDA und GAUSS verknüpft werden, obwohl sie wahrscheinlich älter sind. Beide lassen die Elimination von H zu, mit beiden kann auch eine Bestimmung von E' verbunden werden, oft kann man aber wenigstens diese Größe als bekannt annehmen, besonders wenn man die Ausschläge α oder (wie gezeigt werden wird) ihre Differenzen recht klein machen kann, so daß das letzte Glied von (9a) nur eine ganz kleine Korrektion bedeutet.

[1]) F. EMICH, Einrichtung und Gebrauch der zu chemischen Zwecken verwendbaren Mikrowaagen, in: ABDERHALDEN, Handb. d. biochem. Arbeitsmethoden.

Wenn wir zwei Massen O und N vergleichen wollen, so sind nach der BORDAschen Methode bei bekanntem E' die beiden Teilwägungen nötig:

$$\left.\begin{aligned} &\text{I} \quad T = HO + \frac{\alpha_1}{E'}, \\ &\text{II} \quad T = HN + \frac{\alpha_2}{E'}, \end{aligned}\right\} \tag{10}$$

wo T eine auf die linke Waagschale gebrachte unbekannte „Tara"masse ist, die so gewählt wird, daß die Waage nahezu einspielt.

Es folgt

$$O = N + \frac{\alpha_2 - \alpha_1}{E'H} = N + \frac{\alpha_2 - \alpha_1}{E'}. \tag{11}$$

Da H für das letzte Glied genügend genau gleich 1 ist, so ist der Unterschied der Massen O und N bekannt. Ist O ein zu wägender Körper und N eine Masse, die in absolutem Betrag bestimmt ist, so hat man O gemessen. Man sieht, daß es vorteilhaft ist, N so wählen zu können — durch einen passend abgestuften Gewichtssatz —, daß das letzte Glied recht klein wird.

Die BORDAsche Wägungsmethode läßt mancherlei Modifikationen zu. So kann man auf der Waage für immer einen Gewichtssatz anbringen, dieser wird durch ein konstantes Gegengewicht T auf der linken Schale ausgeglichen. Man beobachtet dann zuerst die oben mit II bezeichnete Teilwägung, legt die zu wägende Masse auf und entfernt Gewichte N des Satzes, bis α_1 wieder den Betrag α_2 nahezu erreicht. Alles bleibt dann wie oben.

Man hat sogar Waagen konstruiert, die nur eine mit dem Gewichtssatz belastete Schale haben, die Masse T ist durch ein entsprechendes fest am Balken sitzendes Gewicht ersetzt. Verbreitet hat sich diese Einrichtung aber nicht.

Nun ist die größte Fehlerquelle bei genauen Wägungen zweifellos der Temperaturwechsel während der Teilwägungen. Etwas vermindern kann man einen der Zeit proportionalen Einfluß des Temperaturganges dadurch, daß man unmittelbar nach Beobachtung der beiden Teilwägungen I und II diese nochmals mit ungefähr gleichem Zeitintervall und in umgekehrter Reihenfolge beobachtet (Teilwägungen IIa und Ia). Diese Beobachtungsart erlaubt auch, die Größe E' mühelos mit zu bestimmen. Man braucht nur zwischen II und IIa auf der rechten Seite ein kleines Gewicht μ hinzuzufügen oder wegzunehmen und erhält dann

$$E' = \frac{\Delta\alpha}{\mu}. \tag{12}$$

Läßt man die Veränderung auch bei der Teilwägung Ia bestehen, so erhält man einen zweiten Wert von E' und zugleich eine gute Kontrolle gegen etwaige gröbere Fehler (Ablesefehler bei der Bestimmung von α).

Für gewisse besonders metronomische Zwecke ist die GAUSSsche oder Vertauschungswägung ebenso bequem wie die BORDAsche, sie ist aber etwas genauer und wird daher geeignetenfalls vorgezogen.

Wieder seien O und N die zu vergleichenden Massen. Einer Taramasse bedarf es nicht. Man beobachtet die beiden Teilwägungen

$$\left.\begin{aligned} &\text{I} \quad O = H(N + \nu_1), \\ &\text{II} \quad (N + \nu_2)H = O, \end{aligned}\right\} \tag{13}$$

indem man zu N kleine Beträge so hinzufügt, daß das Gleichgewicht völlig wieder erreicht ist. Beobachtet man ohne Veränderung von N Größen α, so ist

$$\nu_1 = -\frac{\alpha_1}{E_1'}, \quad \nu_2 = +\frac{\alpha_2}{E_1'}.$$

Aus I und II folgt

$$\left.\begin{aligned} HO^2 &= H(N+\nu_1)(N+\nu_2), \\ O &= \sqrt{N^2 + N(\nu_1+\nu_2) + \nu_1\nu_2} \\ &= N + \frac{\nu_1+\nu_2}{2} = \frac{\alpha_2-\alpha_1}{2E'}, \end{aligned}\right\} \tag{14}$$

wenn man die Größen ν_1 und ν_2 klein macht, also den Unterschied $O - N$ recht gering hält, was durch Abgleichen ja stets möglich ist. Man beachte in der Schlußformel den Faktor „2" im Nenner, der bei den BORDAschen Wägungen fehlte. Er bedeutet, daß Fehler in der Beobachtung von α_1, α_2 nur mit ihrem halben Betrag in das Ergebnis eingehen.

Demgegenüber steht der Nachteil, daß das Umsetzen der beiden Massen komplizierter ist als das Auswechseln auf nur einer Seite. Besteht aber O und N nur aus je einem Stück, etwa einem Gewichtsstück, so ist der Zeitverlust gering, und man wendet in solchem Fall die GAUSSsche Methode mit Vorliebe an.

Selbstverständlich wiederholt man auch in diesem Fall die Beobachtungen in umgekehrter Reihenfolge und bestimmt gegebenenfalls dabei E'.

Eine weitere Erhöhung der Genauigkeit erzielt man dadurch, daß man die Waage mit Vorrichtungen zur Vertauschung der Gewichte versieht, wie eine solche oben (Ziff. 6) beschrieben ist. Man hat dann nicht nötig, die Waage zwischen den Teilwägungen zu öffnen, ja z. B. bei Benutzung einer Spiegelablesung und eines langen Übertragungsgestänges sich ihr auch nur zu nähern. Man kann sogar im luftleeren Raum wägen, ohne den Luftdruck zu ändern, nur muß man in diesen Fällen auch die Möglichkeit haben, kleine Gewichte auf die Waage von außen aufzusetzen bzw. sie wieder abzuheben.

12. Feine Wägungen. Vor allem muß bei einer feinen Wägung das Instrument tadellos in Ordnung sein. Alle Teile sind auf Sauberkeit, insbesondere Staubfreiheit zu prüfen. Die Ablesevorrichtung muß mühelose genaue Beobachtung ermöglichen, die Arretierung sowie sonstige mechanische Vorrichtungen werden auf leichten gleichmäßigen Gang nachgesehen.

Durch häufiges Versetzen werden gute Waagen bald verdorben. Man gebe ihnen daher einen festen Stand. Tische in gedielten Zimmern sind nicht zuverlässig. Weit besser sind Wandkonsolen an massiven, türenlosen Innenwänden. Man vergewissere sich, daß in diesen nicht in unmittelbarer Nähe der Waage störende Heizrohre usw. liegen. Zwischen Wand und Waage stellt man zweckmäßig einen Schirm.

Die Skale, Schalen, Reitervorrichtung sollen gut beleuchtet sein, direktes Sonnenlicht darf aber die Waage nicht treffen. Noch nach vielen Stunden ist sonst eine genügende Temperaturausgleichung nicht zu erwarten. Öfen sowie Heizkörper sollen nicht nahe der Waage sich befinden, nötigenfalls ist ihre Strahlung durch Schirme abzuhalten. Tunlichst setzt man die zu wägenden Körper ebenso wie die Gewichte mindestens eine Stunde vorher in das Waagengehäuse und öffnet es, damit beim späteren Öffnen keine Änderungen mehr eintreten. Pinzette und (für größere Gewichte) Gabeln oder Zangen müssen gereinigt und bereitgelegt werden. Man benutze ein vorgeschriebenes oder gedrucktes Schema, damit man die Aufmerksamkeit lediglich auf die vorzunehmenden Beobachtungen richten kann und doch nichts Notwendiges vergißt.

Will man nur kurze Zeit wägen, so überläßt man nun den Raum sich selbst zur Ausgleichung von Wärmeunterschieden. Hat man aber lange an der Waage zu tun, so ist zu befürchten, daß der Beobachter das erlangte Gleichgewicht wieder stört. Es ist in diesem Fall besser, er begibt sich etwa eine Stunde vorher an seinen Beobachtungsplatz, dann ändert er zwar die Temperatur, aber diese Änderung wird bei Beginn der Beobachtung abgelaufen sein.

Vor allem muß sich der Beobachter über die zu erzielende Genauigkeit klar sein. Auf einer besseren „chemischen" Waage lassen sich Massen mittlerer Größe — etwa 50 g — ohne allzu große Mühe bis auf etwa 10^{-6} ihres Betrages bestimmen. Will man 10^{-7} erreichen, so ist das nur auf vorzüglichen Waagen unter Anwendung äußerster Vorsicht möglich, das höchste, was auf Waagen allerersten Ranges noch unter günstigen Umständen gewährleistet werden kann, dürfte 10^{-8} sein. Man muß nun für wissenschaftliche Wägungen abschätzen, ob eine solche Steigerung der Genauigkeit die verwendete Mühe wert ist, ob nicht Veränderlichkeit der zu wägenden Körper eine gewisse Genauigkeit ausschließt.

Auch setzt die Wägung einen entsprechend genau bestimmten Gewichtssatz voraus, der vor allem seit der Bestimmung sich nicht geändert hat.

Je nach der beabsichtigten Genauigkeit wird man dann auch die Wägungsmethode wählen.

13. Der Luftauftrieb. Bisher hatten wir stets angenommen, daß die Wägung unmittelbar die Masse eines Körpers ergebe. Das ist nur im luftleeren Raum der Fall oder wenn die beiden zu vergleichenden Körper dasselbe Volumen haben. Wägungen im luftleeren Raum gehören aber zu den größten Seltenheiten, sie sind für eigentliche Massenbestimmungen ganz verlassen. Früher hoffte man durch solche Wägungen eine besonders hohe Genauigkeit bei der Vergleichung von Gewichtsstücken ersten Ranges zu erzielen. Aber einmal muß man doch, da nicht alle Wägungen im leeren Raum angestellt werden können, den Luftauftrieb berücksichtigen, und dann ist es am besten, dies tunlichst früh zu tun. So hat man an das deutsche Urgewicht unmittelbar Messingkilogrammstücke angeschlossen, um mit ihnen weitere Messinggewichte zu bestimmen. Auch hat sich herausgestellt, daß viele Gewichtsstücke durch längeres Verweilen im leeren Raum sich um immerhin meßbare Beträge änderten. Kurz, man hat Vakuumwägungen (mit Ausnahme natürlich von besonderen Experimenten, z. B. über Gasadsorption) gänzlich verlassen, zumal die Forderung eines absolut dichten Abschlusses der Waage, an der man doch von außen mehrere Manipulationen vornehmen mußte (Arretierung, Vertauschung der Belastungen, Zusetzen von kleinen Gewichten) konstruktiv große Schwierigkeiten bietet.

Häufiger tritt der Fall ein, daß beide Belastungen gleiches Volumen haben. So wird man z. B., wenn die Stücke von Gewichtssätzen nicht gerade ersten Ranges miteinander verglichen werden, die Volumina nicht besonders bestimmen, sondern nach einer angenommenen Dichte des Stoffes berechnen. Dann haben Massen gleichen Betrages aus dem gleichen Stoff auch gleiches Volumen, man braucht also in diesem Fall den Luftauftrieb nicht zu berücksichtigen.

Allgemein aber muß in Rechnung gezogen werden, daß ein in einer Flüssigkeit — Luft — befindlicher Körper einen Auftrieb erleidet, der gleich ist dem Gewicht der von ihm verdrängten Flüssigkeit. Bezeichnet man also das Volumen eines Körpers mit V_1, das spezifische Gewicht der Luft mit D, so übt der Körper von der Masse M einen Druck auf eine ruhende Unterlage aus von $g(M - V \cdot D)$. Es ist also gerade so, als wenn die Masse um $V \cdot D$ verringert wäre. Vergleicht man also zwei Massen O und N mit den Volumina V_0 und V_N, so hat man zu der gefundenen Differenz noch

$$D \cdot \Delta V = D \cdot (V_O - V_N)$$

hinzuzufügen, um den wahren Massenunterschied $V - N$ zu erhalten.

Die Bestimmung der Volumina geschieht nach den im Kapitel 5 beschriebenen Methoden. Man wählt als Einheit durchweg das Milliliter (ml) (dem Kubikzentimeter [cm³] gleichgesetzt). Oft, namentlich bei Flüssigkeiten und bei chemisch wohldefinierten festen Körpern — Platin, Aluminium — kann man V mit genügender Genauigkeit aus Masse und spezifischem Gewicht berechnen.

Die Bestimmung der Dichte der Luft ist eine bei sehr vielen Wägungen notwendige Operation. Manchmal kann man freilich dies D als konstant, und zwar

$$D = 1{,}20 \cdot 10^{-3}$$

setzen. Aber D ist von Druck, Temperatur, Zusammensetzung der Luft in hohem Grade abhängig. Die Bestimmung von D zerfällt dann in zwei Teile, einmal die Bestimmung der Luftdichte D_0 unter Normalbedingungen — Druck einer Atmosphäre, Temperatur 0°, wasserfrei von normalem Kohlensäuregehalt (0,05%) — und dann die Berechnung des bei der Wägung vorhandenen Luftgewichtes aus dem Normalwert und den Beobachtungen von Druck, Temperatur, Feuchtigkeit, Kohlensäuregehalt bei der Wägung.

Die Bestimmung von D_0 ist zuerst von REGNAULT[1]) ausgeführt. Er fand

$$10^3 D_0 = 1{,}293187 .$$

Seitdem sind Bestimmungen in großer Zahl erfolgt, von denen ich die folgenden[2]), für kohlensäurefreie Luft geltenden (also bei normalem Kohlensäuregehalt um $0{,}00027 \cdot 10^{-3}$ zu vergrößernden) Zahlen gebe:

$10^3 \cdot D_0' = 1{,}29284$	Beob.:	RAYLEIGH, London 1893
96	„	GUYE, Genf 1910
97	„	WOURTZEL, Genf 1912
73	„	GERMANN, Cleveland 1916
73	„	LEDUC, Paris 1916.

Das Mittel aller dieser Zahlen ist

$$10^3 \cdot D_0' = 1{,}29285 , \qquad 10^3 \cdot D_0 = 1{,}29312 .$$

Man darf wohl annehmen, daß diese Zahl auf 0,01% ihres Wertes sicher ist. Größer ist die Genauigkeit nicht, denn bereits 1898 hat LEDUC[3]) nachgewiesen, daß die Zusammensetzung der Luft aus Stickstoff (einschließlich Argon) und Sauerstoff keineswegs ganz konstant ist. Er fand für Paris Schwankungen im Sauerstoffgehalt von 23,05% bis 23,24%, was gerade einer Schwankung im spezifischen Gewicht von 0,01% entspricht.

Die Temperatur bei der Beobachtung sei t, der Barometerstand b, der Dampfdruck des Wassergehaltes der Luft d, die Dichte des Wasserdampfes $w = 0{,}62$ der Luftdichte. Dann ergibt sich die in der Waage herrschende Luftdichte

$$D = D_0 \frac{b - 0{,}62 d}{760 (1 + 0{,}00367127)} .$$

---

[1]) V. REGNAULT, Relation des expériences etc. Bd. I. Paris 1847; Sur la détermination de la densité des gaz. S. 121ff.

[2]) Nach W. BLOCK, ZS. f. Instrkde. Bd. 40, S. 205. 1920.

[3]) A. LEDUC, Recherches sur les gar Ann. chim. phys. (7) Bd. 15, S. 26. 1898.

Dabei ist vorausgesetzt, daß b in absoluten Druck umgerechnet ist, d. h. daß der Barometerstand auf 0° reduziert ist und die Korrektion wegen Unterschiedes der Schwerkraft am Orte des Barometers gegen den Normalpunkt (45° Breite und Meereshöhe) angebracht ist. Gewöhnlich ist das letztere nun nicht der Fall, auch die Temperaturreduktion wird man, wenn es sich um ein Quecksilberbarometer mit Messingskale handelt, das sich am Orte der Waage befindet und daher wenigstens bis auf etwa 1° die Temperatur t hat, mit der Größe $(1 + 0{,}0036712\,t)$ zusammenziehen können.

Geht man noch einen Schritt weiter und bedenkt, daß auch der Dampfdruck des Wassergehaltes d nicht sehr weit von dem für einen Sättigungsgrad von 50% geltenden entfernt sein wird, so kann man D darstellen lediglich als Funktion von b und t, dem unkorrigierten Barometerstand und der im Waagekasten vorhandenen Temperatur.

Für diese Funktion entwirft man zweckmäßig eine Tabelle, wie solche z. B. (gültig für die Schwerkraft zu Berlin) FELGENTRAEGER[1]) bringt. Diese Tafel beruht zwar auf dem REGNAULTschen Wert für D_0 und auf einer Luftausdehnung von 0,003665, indessen sind diese Unterschiede ganz unmerklich innerhalb der angestrebten Genauigkeit. Auch kann man sie, ohne eine Einheit der letzten Dezimale (der sechsten) fehlzugehen, für ganz Mitteleuropa benutzen.

Sie reicht aus, um z. B. ein Kilogramm aus Platin mit einem aus Messing auf 0,1 mg, ein Kilogramm Wasser mit einem Kilogramm Messing bis auf 1 mg zu vergleichen.

Für genauere Wägungen hat BLOCK[2]) Tafeln entworfen, die eine Dezimale weitergehen und auch die Veränderlichkeit des Wassergehaltes der Luft sowie der örtlichen Lage berücksichtigen lassen. Sie sind dementsprechend nicht so bequem wie kürzere Tafeln, auch ist die letzte Dezimale wegen der oben erörterten Unsicherheit von D_0 nicht zu verbürgen.

Vor allem aber würde eine genaue Berechnung als Grundlage eine Bestimmung von b auf 0,06 mm und von t auf 0,02° bedingen. Lufttemperaturen lassen sich aber so genau nicht durch ein im Waagekasten hängendes Thermometer messen, Barometer sind sehr selten so genau auf absolutem Druck reduzierbar. Auch müßte in diesem Fall bereits berücksichtigt werden, daß das Quecksilbergefäß des Barometers in etwa gleicher Höhe wie die auf der Waage stehenden Massen sich befindet.

Für bei weitem die meisten Zwecke reichen aber die kürzeren Tabellen völlig aus.

Ist nun ΔV, die Differenz

$$\Delta V = V_O - V_N$$

groß, so wird die Multiplikation bei vielstelligen Werten von D unbequem. In diesem Fall wird man sich immer noch mit Vorteil der sehr ausführlichen FOERSTERschen[3]) Tafeln bedienen, die $\log D$ geben.

Kann man bei weniger genauen Wägungen für D einen Mittelwert annehmen — für $b = 760$ mm, $t = 19°$ wird $D = 1{,}20$ —, so benutzt man vorteilhaft eine andere Tafel, wie sie z. B. F. KOHLRAUSCH[4]) für Messinggewichte, FELGENTRAEGER[5]) für Messing-, Platin- und Aluminiumgewichte aufgestellt haben. Diese

---

[1]) W. FELGENTRAEGER, Hebelwaage, S. 275 u. 300. [Druckfehler in der Tafel: Bei $b = 773$ mm, $t = 19°$ ist $D = 1{,}222$ (nicht 1,232).]

[2]) W. BLOCK, ZS. f. Instrkde. Bd. 40, S. 205. 1920.

[3]) W. FOERSTER, Metronom. Beiträge 1870, Nr. 1.

[4]) F. KOHLRAUSCH, Lehrb. d. prakt. Physik, Tabelle 1.

[5]) W. FELGENTRAEGER, Hebelwaage, S. 302.

Tafeln geben für Körper einer Dichte s (von 0,7 bis 21) die Verbesserung an, die an dem Wägungsergebnis anzubringen ist, wenn man z. B. mit Messinggewichten gewogen hat. Die Zahlen für Aluminiumgewichte sind auch für die in chemischen Laboratorien verbreiteten Bergkristallnormale verwendbar.

Noch sei in einem Beispiel dargelegt, wie man zuweilen die genaue Bestimmung des Luftauftriebs überflüssig machen kann. Wägt man ein Uhrgläschen, Gewicht 2,5 g und Volumen demnach 1 ml, mit Messinggewichten einmal leer, dann mit einem getrockneten Niederschlag von 0,01 g, so kann sich die Luftdichte inzwischen um 5% geändert haben, man findet also durch Änderung des Auftriebes des Schälchens die Masse des Niederschlages um etwa 0,05 mg falsch, also einen um $^1/_2$% falschen Wert. Gleicht man aber das leere Schälchen nicht durch Messinggewichte, sondern durch ein ganz gleiches Schälchen (und einige unbedeutende Zulagen) ab, so wird eine Änderung der Luftdichte auf diesen Teil der Belastung einflußlos sein. Kennt man also die Dichte des Niederschlags, so kann man das absolute Gewicht nach der zuletzt angeführten Tabelle leicht berechnen.

14. Reduktion wegen verschiedener Höhe der Massen auf der Waage. Eine kleine Korrektion der erhaltenen Differenz zweier Massen kann endlich auch dadurch bedingt sein, daß diese sich bei der Wägung nicht in gleicher Höhe befanden, also von der Schwere nicht in der gleichen Weise beeinflußt wurden.

Die Abnahme der Schwerkraft mit zunehmender Höhe ist mehrfach untersucht[1]) und im Mittel zu 0,3 mg für jedes Kilogramm und Meter gefunden. Hat daher von den beiden zu vergleichenden Massen die eine n cm höher gestanden als die andere, so ist zu der für sie gefundenen Massenzahl M zu addieren $M \cdot n \cdot 0{,}003$ mg.

Für gewöhnlich wird diese Korrektion verschwindend klein sein; selbst bei hydrostatischen Wägungen, bei denen oft eine Masse weit unter der Waagschale hängt, während die andere auf der Schale steht, wird man selten auf diese Verbesserung Rücksicht zu nehmen haben. In Sonderfällen aber, z. B. wenn man wie RICHARZ und KRIGAR-MENZEL[2]) ein bald oberhalb, bald unterhalb eines Bleiklotzes hängendes Gewicht vergleicht, um aus dem Unterschied die Anziehung des Klotzes zu messen, wird der Betrag im Verhältnis zu messenden Größe recht erheblich, so daß er durch besondere Wägungen ermittelt werden mußte.

15. Konstantenbestimmung an Waagen. Erörtert ist bereits die Bestimmung der Empfindlichkeit, manchmal will man aber auch das Hebelverhältnis kennen. Das kann Aufschlüsse über die Güte der Waage geben, indem man die Bestimmung für verschiedene Belastungen durchführt und nach längerer Zeit wiederholt.

Man würde schnell zum Ziel gelangen, wenn man zwei ganz gleiche Gewichtsstücke hätte.

Man bestimmt dann die Ruhelage der unbelasteten Waage, sie sei α_0 und zur Reduktion auf Gewicht die Empfindlichkeit bei der Belastung Null E_0. Dann setzt man die beiden Gewichte vom Sollwert M auf, bestimmt wieder die Ruhelage α_1 und die Empfindlichkeit E_1. Es gilt nun die Gleichung

$$H = \frac{x_1}{-x_2} = 1 + \frac{1}{M}\left(\frac{\alpha_1}{E_1} - \frac{\alpha_0}{E_0}\right).$$

[1]) M. THIESEN, Trav. et Mém. du Bur. Internat. des Poids et Mesures Bd. 7. 1890; K. SCHEEL u. H. DIESSELHORST, Wiss. Abh. d. Physikal-Techn. Reichsanstalt Bd. 2, S. 200. 1895.

[2]) F. RICHARZ u. O. KRIGAR-MENZEL, Bestimmung der Gravitationskonstante. Anh. z. d. Abhandlgn. d. Berl. Akad. 1898.

Nun hat man solche absolut gleichen Stücke nicht. Man kann aber ihren Unterschied eliminieren, indem man eine weitere Teilwägung anschließt, ganz wie die zweite, nur mit Vertauschung der Gewichte. Der Mittelwert aus den beiden α wird dann als α_1 anzusehen sein, sonst ändert sich nichts. Wie man sieht, hat somit die Bestimmung der Ungleicharmigkeit an sich nichts mit der Vertauschung der Gewichte zu tun, sondern diese Maßregel eliminiert lediglich die Ungleichheit der Gewichte.

Will man die Ungleicharmigkeit für mehrere Belastungen untersuchen, besonders darauf hin, ob sie von der Belastung völlig unabhängig ist, so hat man folgende Teilwägungen für die Belastungen M_1, M_2, ... auszuführen und erhält dadurch Bedingungsgleichungen für die Hebelverhältnisse. Setzt man nun die Abhängigkeit der Größe H von der Belastung M als linear voraus, so kann man aus Beobachtungen bei mindestens drei Belastungen die beiden Konstanten dieser linearen Funktion bestimmen. Besser wählt man natürlich mehrere Belastungen und gleicht nach der Methode der kleinsten Quadrate[1]) aus.

Hat eine Waage eine Reitervorrichtung, so ist unter allen Umständen deren Angabe zu kontrollieren, was am einfachsten durch folgende Wägungen geschehen kann.

Man wähle einen nicht zu leichten Reiter, setze ihn auf Null und bringe die Waage nahezu zum Einspielen. Dann setze man den Reiter ans Ende der Bahn, lege so viel Milligramm, als dieser Verschiebung entsprechen, auf die Waage und bestimme wieder die Ruhelage, ist diese gleich der ersten, so ist die Vorrichtung in Ordnung. Hat man keine so genau bestimmten Gewichte, so kann man sich mit zwei Reitern von nahezu gleicher Masse helfen, die man sich ja aus Draht selbst biegen kann. Wie man dabei zweckmäßig vorgeht, zeigt nachfolgendes Beispiel einer chemischen Waage. Der Nullpunkt der Reitervorrichtung befand sich über der linken Schale, der Hundertpunkt über der rechten. Gewicht jedes Reiters nahe 100 mg, Empfindlichkeit für 1 mg 5 Skalenteile.

I Reiter 1 auf Null, Reiter 2 auf rechter Schale $\dfrac{\alpha_1}{E_1} = +0{,}12\,\text{mg}$,

II Reiter 1 auf 100, Reiter 2 auf linker Schale $\dfrac{\alpha_2}{E_2} = -0{,}07\,\text{mg}$,

III Reiter 2 auf Null, Reiter 1 auf rechter Schale $\dfrac{\alpha_3}{E_3} = -0{,}29\,\text{mg}$,

IV Reiter 2 auf 100, Reiter 1 auf linker Schale $\dfrac{\alpha_4}{E_4} = +0{,}13\,\text{mg}$.

Zunächst folgt aus diesen Beobachtungen

$$\text{aus I und III: Reiter 1} - \text{Reiter 2} = \frac{+0{,}12 + 0{,}29}{2}\,\text{mg} = +0{,}205\,\text{mg}\,,$$

$$\text{II und IV: Reiter 1} - \text{Reiter 2} = \frac{+0{,}17 + 0{,}13}{2}\,\text{mg} = +0{,}15\,\text{mg}\,.$$

Ferner

$$\text{aus I und II: } (0 \sim 100) - (x_1 + x_2) = \frac{+0{,}12 + 0{,}17}{2} - 0{,}18\,\text{mg} = -0{,}04\,\text{mg}\,,$$

$$\text{aus III und IV: } (0 \sim 100) - (x_1 + x_2) = \frac{-0{,}22 - 0{,}13}{2} + 0{,}18\,\text{mg} = -0{,}03\,\text{mg}\,.$$

Da man auf einer so feinen Waage nur einen Reiter von 5 mg Gewicht benutzen will, ist die Skale als richtig anzusehen. Man kann also, wenn der Reiter genau bestimmt ist, von einer Korrektion der Reiterablesung absehen.

[1]) Durchgerechnetes Beispiel bei W. FELGENTRAEGER, Hebelwaage, S. 64.

C. Gewichte (Massen).

16. Das Kilogramm als Grundeinheit des Massensystems. Bisher ist stets nur von der Vergleichung von Massen die Rede gewesen. Es gibt viele Untersuchungen, die nicht die Beziehungen auf eine allgemeingültige Grundeinheit der Masse fordern, z. B. Untersuchungen über die Zusammensetzung von Körpern nach Gewichtsprozenten. Bei weitem die meisten wissenschaftlichen Arbeiten und vor allem Handel und Verkehr verlangen aber eine Angabe von absoluten Zahlen, d. h. von Zahlen, bezogen auf eine allgemein festgelegte Einheit.

Von einer solchen Einheit muß vor allem verlangt werden, daß sie genügend definiert sei. Wird sie also durch ein Gewichtsstück dargestellt, so muß dies die denkbar größte Beständigkeit haben. Durch chemische und mechanische Einflüsse darf es nicht leicht angreifbar sein, auch sollen sonstige Eigenschaften, wie Luftauftrieb, Adsorption von Dämpfen an der Oberfläche, Elektrisierbarkeit tunlichst günstig für das gewählte Material bzw. die Form sein.

Als man während der französischen Revolution[1]) zu Ende des 18. Jahrhunderts das gesamte Längen- und Gewichtssystem auf die Basis „natürlicher" Maße zu stellen beschloß, wählte man bekanntlich als Längeneinheit den zehnmillionsten Teil des Erdquadranten, als Masseneinheit die Masse eines Würfels aus Wasser größter Dichte, dessen Kantenlänge gleich dem zehnten Teil der Längeneinheit ist. Demnach wurde das Urgewicht des Kilogramms festgelegt.

Aber bald stellte sich heraus, daß die Ausmessung eines Raumes jedenfalls mit den damaligen Mitteln bei weitem nicht so genau auszuführen war, wie es der Genauigkeit der Wägungen entsprach. Ebenso wie man die Definition des Meters durch die Erddimensionen aufgeben mußte, hat man aus diesem Grunde die Masseneinheit später lediglich durch ein Gewichtsstück definiert.

Freilich hat sich diese Umwandlung der Anschauungen durchaus nicht plötzlich vollzogen, sie kann erst als beendet angesehen werden, nachdem die Première Conférence Générale des Poids et Mesures[2]) im September 1889 die neuen, tunlichst genau an das bisherige Prototyp[3]) angeschlossenen und unter sich sowie mit einem internationalen Urgewicht verglichenen Kilogrammprototype annahm.

Danach ist das mit „K" bezeichnete internationale Prototyp des Kilogramms die einzige legale[4]) und wissenschaftlich anerkannte Masseneinheit. Die der Meterkonvention angeschlossenen Staaten haben nationale Urgewichte[5]) erhalten, die Übereinstimmung mit dem alten Kilogrammsystem ist „innerhalb der Beobachtungsfehler". Besonders nachteilig erwies sich in diesem Falle die Unsicherheit des Volumens des Kilogramme des Archives, die man nicht wohl beheben konnte, da man ein derartig wichtiges Stück nicht in Wasser eintauchen wollte. Selbst der Versuch, das Volumen auf volumenometrischem Wege zu bestimmen, war wegen möglicherweise adsorbierter Luft- und Feuchtigkeitsschichten bedenklich. Die „wahrscheinliche" Unsicherheit der einzelnen Urgewichte wurde zu 0,002 mg, also mit $1 \cdot 10^{-9}$ des Gesamtbetrages, berechnet,

[1]) Die Resultate der Bestimmungen sind herausgegeben von DELAMBRE: La Base du Système Métrique décimal, 3 Bde. 1806—1810. Leider sind die das Kilogramm angehenden Grundlagen nicht vollständig aufgenommen.

[2]) Trav. et Mém. du Bur. internat. des Poids et Mesures Bd. 12, S. 38. 1902.

[3]) Als solches galt das „Kilogramme des Archives".

[4]) Im Deutschen Reich durch das Gesetz vom 26. April 1893 (Reichsgesetzbl. S. 151) und durch die Maß- und Gewichtsordnung vom 30. Mai 1908 (Reichsgesetzbl. S. 24).

[5]) Das bei der Auslosung Deutschland zugefallene Prototyp trägt die Nummer „22". Beglaubigungsschein abgedruckt in: Mitt. d. Kaiserl. Normal-Eich.-Komm. I. Reihe, S. 145.

man darf aber wohl nicht annehmen, daß diese Zahl der später (unter anderen Verhältnissen) vorhandenen Unsicherheit entspricht, diese beträgt schätzungsweise mindestens $1 \cdot 10^{-8}$.

Das Material aller neuen Urgewichte ist Platin-Iridium mit 10% Ir. Diese Legierung hat eine besonders hohe Dichte (21,55 beim deutschen Urgewicht), es ist geschmolzenes Material von ziemlicher Härte. (Die alten Platingewichte waren aus dem hochgradig porösen Platinschwamm geschweißt und nicht immer zuverlässig, da etwaige schwammige Stellen eine unregelmäßige Abhängigkeit vom Luftdruck verursachten.) Die Oberflächen der neuen Urgewichte sind hochpoliert, jedes Urgewicht trägt eine Nummer.

Obwohl nun die Grundeinheit des Kilogrammsystems nach dem Gesagten begrifflich nichts mehr mit der Masse eines Wasservolumens zu tun hat, ist natürlich der tatsächliche Zusammenhang zwischen Längen- und Masseneinheit überaus wertvoll. Bisher lag dieser Wert allerdings lediglich auf dem Gebiet der Volumenbestimmungen, wird also an anderer Stelle zu erörtern sein.

Neuerdings hat aber die Ausmessung der Volumina von Körpern nach Lichtwellen ganz außerordentliche Fortschritte gemacht. Zweifellos sind die Lichtwellenlängen, wenn die betreffenden Linien ausgewählt und immer wieder unter denselben Bedingungen erzeugt werden, viel beständiger als die Verkörperung einer Länge durch einen Maßstab. Anderseits darf man auch die Masse eines Metallstückes nicht ohne weiteres als völlig beständig ansehen. Und so ist es denn immerhin von erheblichem Wert, das Kilogramm mit einem Würfel Wassers größter Dichte zu vergleichen, dessen Kantenlänge gleich einer gewissen Anzahl von Wellenlängen einer bestimmten Linie ist. Man wird diese Anzahl so wählen, daß sie der Länge des Dezimeters entspricht, da ja das Meter gleichfalls an dieselben Wellenlängen angeschlossen ist. So ist eine nach menschlichem Ermessen von der Zeit und von der Erhaltung eines oder einiger Gewichtsstücke unabhängige Kontrolle der Kilogrammeinheit geschaffen, deren Genauigkeit sich allerdings nur auf etwa $1 \cdot 10^{-6}$ des Gesamtbetrages, also auf 1 mg, beläuft.

17. Andere Massensysteme. Im wissenschaftlichen Forschungswesen hat sich das Kilogrammsystem völlig durchgesetzt. Im Handelsverkehr ist es mit Ausnahme von England (und dessen Dominions) und den Vereinigten Staaten von Nordamerika fast überall obligatorisch, in den beiden angezogenen Reichen fakultativ, aber weniger gebräuchlich. Dort herrscht vielmehr im Handel noch eine der beiden altenglischen Grundeinheiten: das „pound avoirdupois". Das jetzt geltende Prototyp ist ein Platinzylinder, 1,35 inches (3,43 cm) hoch, 1,15 inches (2,92 cm) im Durchmesser. Er hat zum besseren Anfassen eine ringförmige Eindrehung. (Das frühere Prototyp ist 1834 beim Brand des Parlaments ebenso wie das des Längenmaßes zugrunde gegangen.)

Die Vergleichung des Prototyps mit dem Kilogrammprototyp (alt) hat (1844) die „legale" Beziehung

$$1 \text{ ℔ avoirdupois} = 0{,}453\,592\,65 \text{ kg}$$

ergeben. Eine Vergleichung mit dem neuen Kilogramm (1883) dagegen

$$1 \text{ ℔ avoirdupois} = 0{,}453\,592\,4277 \text{ kg}.$$

Man wird bei Umrechnung wissenschaftlicher Beobachtungen natürlich den zweiten Wert verwenden.

Außer dem „pound avoirdupois" wird noch im Apothekerwesen das „Troy pound" verwendet. Es ist aber durch kein Prototyp dargestellt, sondern es besteht nur die Beziehung

$$144 \text{ ℔ avoirdupois} = 175 \text{ ℔ Troy}.$$

Andere als die angegebenen Grundeinheiten haben nur noch historisches Interesse, es muß deswegen auf die Sonderliteratur[1]) verwiesen werden.

18. Die abgeleiteten Einheiten. Das metrische System stuft bekanntlich die aus der Grundeinheit abgeleiteten Einheiten streng dezimal ab. In Deutschland sind folgende Einheiten und Abkürzungen gebräuchlich bzw. durch Verordnung[2]) festgelegt:

1000 kg	= 1 Tonne (t)	0,001 kg	= 1 Gramm (g)
100 kg	= 1 Doppelzentner (dz)	0,0001 kg	= 1 Dezigramm
1 kg	= 1 Kilogramm (kg)	0,00001 kg	= 1 Zentigramm
0,1 kg	= 1 Hektogramm (hg)'	0,000001 kg	= 1 Milligramm (mg)
0,01 kg	= 1 Dekagramm	0,001 mg	= 1 Mikrogramm (μg)

In England ist man in der Abstufung im allgemeinen nach Potenzen von 2 fortgeschritten, aber es findet sich in einem Fall sogar der Faktor 7. In Amerika ist man dem nicht gefolgt, wie aus nachstehender Tabelle ersichtlich:

1 Ton	= 2240 ℔	
1 Hundredweight	= 112 ℔	(England)
1 Cental	= 100 ℔	(Amerika)
1 Quarter	= 28 ℔	
1 Ounze	= $^1/_{10}$ ℔	
1 Dram	= $^1/_{256}$ ℔	

Von den Prototypen werden nun durch die Zentralstellen für Maß und Gewicht die Urnormale der fundamentalen Gewichtseinheit abgeleitet. Im Deutschen Reich[3]) hat man bereits bei diesem Übergang hauptsächlich Kilogrammstücke aus dem am meisten für feine Gebrauchsgewichte üblichen Material — Messing — gewählt. Es tritt also bei diesen Prototypkopien der große Unterschied im Luftauftrieb in Erscheinung, der eine sehr genaue Berücksichtigung von Temperatur, Luftdruck, Feuchtigkeit bedingt. Zweifellos ist es zweckmäßig, bereits an dieser Stelle auf das für Gewichte gebräuchliche Material überzugehen, wenn man aus diesem Stücke besitzt, die sich lange Zeit genügend (bis auf 0,01 mg) unverändert erhalten.

19. Material und Form der Gewichte. Bevor auf die Bestimmung der Gewichte näher eingegangen wird, möge einiges über das Material und die Form derselben gesagt werden. Da Platin (oder dessen Legierungen) zu teuer ist, verwendet man es gewöhnlich nur zu feinen Gewichten von 500 mg bis 10 mg. Diese Gewichte bestehen meist aus Blechplättchen, seltener aus Drähten. Die gewöhnliche Ansicht, daß diese Bruchgrammgewichte aus Platin besonders unveränderlich seien, ist nicht immer zutreffend. Das Platin wird nach dem letzten Walzen oder Ziehen häufig mit Säuren behandelt, um eine blanke Oberfläche zu erzielen. Säurereste lassen sich nur durch tagelanges Auskochen in destilliertem Wasser und nachfolgendes Erhitzen entfernen. Mir sind 500-mg-Stücke bekannt, die bei feuchtem Wetter bis zu 0,02 mg schwerer waren als bei trockenem. Gutes Neusilber gibt gewiß dem Platin an Haltbarkeit wenig nach, bei vielgebrauchten Stücken hat es den Vorteil geringerer Abnützung.

Für Stücke unter 10 mg ist Aluminium das gegebene Material. Aus ihm kann man noch Blechgewichte von 0,1 mg und Drahtgewichte von 0,05 mg

[1]) Z. B.: J. C. Nelkenbeecher, Allgemeines Taschenbuch der Münz-, Maß- und Gewichtskunde, 20. Aufl. 1871.

[2]) Verordnung des Bundesrates vom 28. März 1912.

[3]) Ausführlicher Bericht in: Wiss. Abhandlgn. d. Kaiserl. Normal-Eich.-Komm. Bd. 1. 1895.

herstellen, die gut zu handhaben sind. Muß man bei Mikrowaagen noch kleinere Beträge darstellen, so wählt man zweckmäßig Differenzgewichte, d. h. man hat zwei Stücke, deren sehr geringer Unterschied genau bekannt ist und die entweder gleichzeitig auf beiden Seiten der Waage oder nacheinander auf derselben verwendet werden.

Stücke von 1 g und mehr fertigt man für genauere Zwecke meist aus Messing oder Neusilber, das vergoldet, platiniert oder vernickelt wird.

Stets sollten diese Gewichte aus einem Stück bestehen, Gewichte „mit eingeschraubtem Knopf" sind immer verdächtig. Ihr Volumen ist unbestimmbar, auch weiß man nicht, was für Material in der durch das eingeschraubte Stück gebildeten Justierhöhlung sich befindet. Als Überzug hat sich am besten gute Vernicklung bewährt, auch Platinierung, weniger dagegen Vergoldung; am schlechtesten scheint sich Mattvergoldung zu halten.

In größeren chemischen Laboratorien findet man oft als Normalsatz (gewöhnlich von 50 bis 1 g) einen Bergkristallsatz. Um jede Rechnung zu vermeiden sind diese Stücke meist so abgeglichen, daß sie bei mittlerer Luftdichte ebenso schwer erscheinen wie ein Messinggewicht von mittlerer Dichte. Schon diese Definition zeigt, daß wenigstens für größere Gewichte eine genaue Beziehung der Messinggewichte auf absolutes (Kilogramm-)Gewicht nicht durch eine einfache Vergleichung tunlich ist. Man müßte hierzu vielmehr genau so rechnen, wie wenn die Gewichte in absolutem Betrage richtiggestellt wären.

Auch in bezug auf elektrische Eigenschaften ist übrigens Bergkristall ungünstig, da die Stücke schon durch das Anfassen mit Kork oder Stoff elektrisch werden und sowohl durch Anziehung anderer Waagenteile als auch hartnäckiges Anhaften feinsten Staubes Fehlerquellen entstehen.

Eisen, besonders Gußeisen, wird nur zu gröberen großen Gewichten verwendet. Immerhin bietet die Möglichkeit, Gewichte von 50 und 20 kg bis auf $0{,}5 \cdot 10^{-4}$ bzw. $1 \cdot 10^{-4}$ ihres Sollwertes durch den Präzisionseichstempel garantiert richtig beziehen zu können, auch für manche wissenschaftlichen Untersuchungen eine Bequemlichkeit.

Die Form der Gewichte bis zu 1 g herab ist meist ein Zylinder mit angedrehtem Knopf. Letzterer hat den Vorteil, daß die Stücke (größere mit einer Gabel, kleinere mit der Pinzette) gut zu handhaben sind, dagegen ist für gewisse Zwecke unangenehm, daß man die Stücke nicht aufeinandersetzen kann. Feinste Stücke macht man daher am besten ohne Knopf und zum besseren Anfassen mit einer eingedrehten Nut etwas unter der oberen ebenen Stirnfläche. Daß das zum Anfassen bestimmte Gerät an den Berührungsstellen glatt, sauber und bei größeren Stücken etwas weich sein soll, bedarf wohl keiner besonderen Ausführung. Die Gabeln sollen daher mit Kork oder ähnlichem Stoff belegt sein, die Pinzettenspitzen aus Elfenbein bestehen. Große Stücke faßt man am besten mit einem sauberen Tuch an.

Bruchgramme aus Blech haben häufig viereckige Form mit einer aufgebogenen Ecke. Das ist sehr unzweckmäßig. Die für geeichte Bruchgrammstücke vorgeschriebene Form (Abb. 9) schützt viel mehr gegen Verwechselungen und ist durch die aufgebogene Kante besser zu handhaben. Drahtgewichtchen sollen so gebogen werden, daß sie nicht flach auf einer Ebene aufliegen können. Sie sind sonst kaum zu fassen.

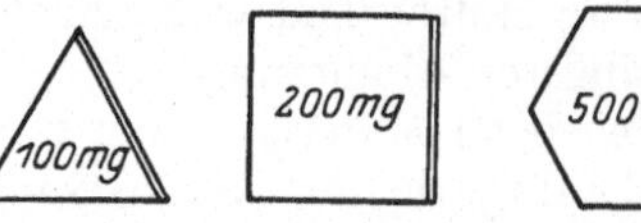

Abb. 9. Bruchgrammgewichte.

Stets müssen Stücke gleichen Sollwertes in demselben Gewichtssatz durch deutliche Kennzeichnung voneinander unterschieden werden. Es wird also eins von zwei gleichen Stücken durch einen Punkt, Stern od. dgl. ausgezeichnet.

Werden die Stücke vernickelt oder vergoldet, so darf die Kennzeichnung nur vorher geschehen. Verwendet man für die Bruchgramme Drahtgewichte, so dient zur Unterscheidung etwa das Glattdrücken eines Endes oder bei größeren Stücken eine Einkerbung.

Hier ist wohl auch der Ort, über die Aufbewahrung der Gewichte etwas zu sagen. Bruchgramme bringt man einzeln je in einer runden Ausdrehung eines gemeinsamen Holz- oder Elfenbeinklötzchens unter und bedeckt das Ganze mit einer Glasplatte. Vorsicht ist geboten in bezug auf die Beize des gewöhnlich mattschwarzen Holzes.

Die größeren Gewichte werden gewöhnlich in zylindrische, mit Kork, Seide, Leder oder Samt ausgefütterte Ausdrehungen eines in einem Kasten angeordneten Klotzes eingesetzt, sie müssen leicht aber ohne Spielraum eingepaßt sein. Der Deckel des Kastens muß gefüttert sein und die Gewichte festhalten. Der Kasten besserer Gewichte sei verschließbar.

Wesentlich besser ist die von der Physikalisch-Technischen Reichsanstalt Abt. I für feinste Sätze gewählte Aufstellung auf kleinen Elfenbeinfüßen, die auf eine Messingplatte mit abgeschliffenem Rand aufgeschraubt sind. Eine Luftpumpenglocke schließt gegen Staub ab. Diese Aufbewahrung ist aber nur verwendbar, wenn das Ganze sehr sorgfältig transportiert wird.

20. Massensätze. Die Benutzung einer Gegengewichtswaage setzt eine Zusammenstellung von Gewichten voraus, die zwei Bedingungen genügen muß: 1. Die Gewichte müssen einen den Zwecken der Wägung entsprechenden Höchstbetrag darzustellen erlauben; 2. unterhalb dieses Höchstbetrages soll jeder Gewichtsbetrag mit einer angemessenen Näherung aus den Stücken zusammengesetzt werden können. Diese Näherung ergibt sich insbesondere durch die Art der Waage. Hat man z. B. eine Analysenwaage, bei der die Massen unter 0,01 g durch Reiterverschiebung abgeglichen werden, so wird man den letzteren Betrag als den des kleinsten Stückes ansetzen. Bei Waagen ohne Reiterverschiebung wird man sich entscheiden, wie groß der Ausschlag der Waage höchstens sein soll und demnach den Wert des darzustellenden kleinsten Unterschiedes bestimmen.

Eine Zusammenstellung von Massennormalen, die den oben angegebenen Bedingungen genügt, heißt Gewichtssatz.

Es ist zunächst die zweckmäßigste Einrichtung eines solchen Satzes zu untersuchen.

Da jede ganze Zahl sich durch die Summe von Gliedern der geometrischen Reihe 1, 2, 4, 8 usw. darstellen läßt, wobei jede Zahl nur einmal auftreten darf, so liegt es nahe, einen Gewichtssatz „rein dyadisch" aufzubauen. Als Einheit wählt man ν, den kleinsten noch darzustellenden Betrag. Für eine chemische Waage würde das z. B. 0,01 g sein. Ist das größte Stück des Satzes $\nu \cdot 2^{n-1}$, so lassen sich alle Beträge bis zu $\nu \cdot (2^n - 1)$ darstellen, jeder Betrag nur auf eine Art. Letzteres sowie der Umstand, daß nicht zwei oder mehrere Stücke gleichen Sollwertes im Satz vorhanden sind, verringert besonders Irrtumsmöglichkeiten und vereinfacht das Wägungsprotokoll. Auch ist leicht einzusehen, daß man bei jeder abweichenden Stufung — etwa nach arithmetischer Reihe — mehr Stücke zur Darstellung des gleichen Höchstwertes gebraucht. Letzterer Vorzug tritt besonders stark in Geltung, wenn kleine Hilfsgewichte ohne Öffnen des Waagengehäuses auf die Waagschalen gesetzt werden sollen, man also die Anzahl der Stücke unter allen Umständen möglichst beschränken muß. Dagegen gestaltet sich für die meisten übrigen Zwecke die Rechnung sehr unangenehm, da man nie von einer abgeleiteten Einheit in die nächst höhere oder niedrigere kommt. Z. B. man erhält, vom Zentigramm ausgehend, kein Stück zu 1 g, sondern dieser Betrag muß zusammengesetzt werden durch (64 + 32 + 4) cg, also aus drei Stücken.

Wir haben nun einmal das dezimale Zahlen- und Gewichtssystem. Daher beschränkt man sich in weitaus den meisten Fällen darauf, innerhalb einer Dekade eine Anzahl von Gewichten so auszuwählen, daß mit ihnen alle Beträge von 1 bis 9 bequem dargestellt werden können. Aus mehreren Dekaden, die gewöhnlich dieselbe „Stückelung" aufweisen, setzt man dann den Satz zusammen. Man wählt z. B.: 1, 2, 2, 5 Zentigramm, 1, 2, 2, 5 Dezigramm usf. So erhält man Sätze, die bequem zur Rechnung zu benutzen sind.

Stückelungen der Dekade, die zweckmäßig sind und verwendet werden, sind 1, 1, 2, 5; 1, 2, 2, 5; 1, 2, 3, 4; 1, 2, 3, 4, 5.

Welche Einrichtung man wählt, hängt besonders von den in Ziff. 21 zu besprechenden Verhältnissen ab.

21. Die Bestimmung der Stücke von Massensätzen. Nur für ziemlich einfache Wägungen darf man die wahren Beträge (Istgewichte) den Nominalbeträgen (Sollgewichten) der Gewichtsstücke ohne weiteres gleichsetzen. Auch bei den Gewichten ist die Bestimmung des „Fehlers" (der Abweichung von einem Sollbetrag) mit erheblich größerer Genauigkeit möglich als die Abgleichung auf den Sollbetrag. Dieser Sollbetrag eines Gewichtes wird im folgenden durch den in Klammern gesetzten Wert angegeben, Stücke gleichen Sollbetrages werden durch zugesetzte Punkte unterschieden. Der „Fehler" wird positiv angesetzt, wenn das Stück schwerer als der Sollwert ist.

Ferner wählen wir, da Mißverständnisse ausgeschlossen sind, die Bezeichnung des Gewichtes auch für dessen Fehler. Z. B. soll die Gleichung: $(200\cdot)\,\mathrm{g} = -0{,}1\,\mathrm{mg}$ heißen, daß das 200-g-Stück mit einem Punkt um 0,1 mg leichter ist als der Sollwert. Hat man nun bereits einen genau bestimmten Gewichtssatz, so kann man einen anderen durch Vergleichung der einzelnen Stücke bestimmen, d. h. die Fehler jedes einzelnen Stückes ermitteln. Zur Vorsicht macht man, wenn man nicht für jedes Stück mindestens zwei Wägungen ausführen will, eine sog. Summenkontrolle, man vergleicht z. B. die Stücke (1), (2), (2·), (5) einzeln mit den gleichwertigen des Normalsatzes und außerdem (1) + (2) + (2·) + (5) mit dem Zehnerstück desselben. Dadurch schützt man sich vor Rechen- und Beobachtungsfehlern.

Einmal muß man aber doch einen Gewichtssatz unabhängig von anderen Gewichten — bis auf die natürlich unumgängliche Anschließung an ein oder mehrere Stücke, die auf das internationale Kilogramm zurückgehen — bestimmen, dies geschieht durch die sog. Ausgleichung des Satzes.

Am einfachsten gestaltet sich diese beim dyadisch gestückelten Satz. Wir nehmen an, das Einheitsstück sei 1 kg und an das Urkilogramm angeschlossen. Man vergleicht mit ihm ein zweites Stück (1·). Die Fehler der beiden Stücke seien α und α'. Nun vergleicht man die Summe beider mit dem Stück (2). Die Abweichung $[(2) - (1) - (1\cdot)]$ sei b. Dann ist der Fehler von $(2)\,\beta = b + \alpha + \alpha'$. Man vergleicht nun das Stück (4) mit den drei vorhergehenden. Der Unterschied sei c. Dann ist der Fehler dieses Stückes $\gamma = c + \beta + \alpha + \alpha'$. So kann man fortfahren und erhält die Fehler aller Stücke. Ohne Hinzuziehung des „Hilfsstückes" (1·) ist demnach die Ausgleichung nicht möglich, mit diesem Stück erhält man nur eine Möglichkeit der Bestimmung. Ein Beobachtungsfehler bei den kleineren Stücken schleppt sich zudem durch alle größeren Stücke fort. Man muß also jede Wägung mindestens einmal wiederholen.

Bei den nach Dekaden abgestuften Gewichtssätzen bestrebt man sich zweckmäßig, die in einer Dekade vorhandenen Stücke untereinander durch eine genügende Anzahl von Beobachtungen (bei n Stücken mindestens $n - 1$) zu vergleichen und außerdem eine geeignete Kombination an das Einheitsstück der nächst höheren Dekade anzuschließen. Erstere Wägungen, die dadurch charakterisiert sind, daß die arithmetische Summe der Sollwerte Null ist, heißen Ausgleichswägungen, letztere, bei denen der Unterschied gegen absolutes Gewicht auftritt, Anschlußwägungen.

Auch im Fall der dekadenweise auszugleichenden Sätze sind oft Hilfsstücke nötig. Vielfach wird empfohlen, diese Stücke, die meist der Einheit gleich gewählt werden, aus den Stücken der nächst niedrigen Dekade zusammenzusetzen, indessen ist das sehr oft wegen des umständlichen Auf- und Absetzens so vieler Gewichte bei der Wägung nicht bequem. Man nehme lieber ein besonderes Stück, das man nachher vom laufenden Gebrauch ausschließt und nur als eine Art Normale höherer Ordnung benutzt.

Auch ist es oft nicht vorteilhaft, alle möglichen Kombinationen von Gewichten zu den Ausgleichsbeobachtungen zu verwenden, man wähle vielmehr, wenn bedeutend mehr Kombinationen möglich sind als die notwendigen $n-1$ (bei n Gewichten), solche Wägungen aus, daß die Rechnung bequem wird. Sind nicht sehr viele überzählige Kombinationen vorhanden, so beobachtet man dagegen alle.

Das ist z. B. der Fall bei der Stückelung (1) (1·) (1:) (2) (5). Es sind sieben Ausgleichs- und eine Anschlußwägung möglich, z. B. bei den Einergrammgewichten die folgenden:

$$\begin{array}{llllll}
(1) & -(1\cdot) & & & & = \alpha_1, \\
 & (1\cdot) & -(1:) & & & = \alpha_3, \\
-(1) & & +(1:) & & & = \alpha_3, \\
(1) & +(1\cdot) & & -(2) & & = \beta_1, \\
 & (1\cdot) & +(1:) & -(2) & & = \beta_2, \\
(1) & & +(1:) & +(2) & & = \beta_3, \\
(1) & +(1\cdot) & +(1:) & +(2) & -(5) & = \gamma, \\
(1) & +(1\cdot) & +(1:) & +(2) & +(5) & = 10\,\mathrm{g} + \delta.
\end{array}$$

Nach der Methode der kleinsten Quadrate ergeben sich daraus die folgenden Normalgleichungen zur Bestimmung der Fehler der Stücke

$$\begin{aligned}
6\cdot(1) + 2\cdot(1\cdot) + 2\cdot(1:) &= \alpha_1 - \alpha_3 + \beta_1 + \beta_3 + \gamma + \delta = \Sigma_1, \\
2\cdot(1) + 6\cdot(1\cdot) + 2\cdot(1:) &= -\alpha_1 + \alpha_2 + \beta_1 + \beta_2 + \gamma + \delta = \Sigma_2, \\
2\cdot(1) + 2\cdot(1\cdot) + 6\cdot(1:) &= -\alpha_2 + \alpha_3 + \beta_2 + \beta_3 + \gamma + \delta = \Sigma_3, \\
5\cdot(2) &= -\beta_1 - \beta_2 - \beta_3 + \gamma + \delta, \\
2\cdot(5) &= -\gamma + \delta.
\end{aligned}$$

Die beiden letzten Gleichungen führen sofort zur Kenntnis von (2) und (5), für die Einerstücke hat man die Gleichungen

$$4\cdot(1) = \Sigma_1 - \tfrac{1}{5}(\Sigma_1 + \Sigma_2 + \Sigma_3), \qquad 4\cdot(1\cdot) = \Sigma_2 - \tfrac{1}{5}(\Sigma_1 + \Sigma_2 + \Sigma_3),$$
$$4\cdot(1:) = \Sigma_3 - \tfrac{1}{5}(\Sigma_1 + \Sigma_2 + \Sigma_3).$$

Hat man die Stückelung (1) (1·) (2) (2·) 5, die gleichfalls häufig ist, so empfiehlt es sich, nicht die Wägungen (1) — (1·), (2) — (2·) auszuführen, sondern dafür (1) — (1·) + (2) — (2·) und (1) — (1·) — (2) + (2·). Man sieht leicht, daß diese Wägungen die Größen (1) — (1·) und (2) — (2·) ergeben, aber mit dem doppelten Gewicht wie bei unmittelbarer Beobachtung.

Ein weiteres Beispiel der Ausgleichung sei die Stückelung (1) (2) (3) (4). Diese Stückelung ist die einzige, die bei nur vier Stücken die Bestimmung aller Stücke ermöglicht. Man hat folgende Wägungen auszuführen:

$$
\begin{aligned}
\cdot(1) + (2) - (3) \qquad &= \alpha\,,\\
\cdot(1) \qquad + (3) - (4) &= \beta\,,\\
\cdot(1) - (2) - (3) + (4) &= \gamma\,,\\
\cdot(1) + (2) + (3) + (4) &= 10\,\mathrm{g} + \delta\,.
\end{aligned}
$$

Da nur ebensoviel Gleichungen wie Unbekannte vorhanden sind, kann man auflösen und erhält:

$$
\begin{aligned}
10\cdot(1) &= 2\alpha \quad + 4\beta + 3\gamma + \delta\,,\\
10\cdot(2) &= 2\,(2\alpha - \beta - 2\gamma + \delta)\,,\\
10\cdot(3) &= -4\alpha + 2\beta - \gamma + 3\delta\,,\\
10\cdot(4) &= 2(-\alpha - 2\beta + \gamma + 2\delta)\,.
\end{aligned}
$$

Dem Vorteil der Mindestzahl der Stücke und der Verschiedenheit aller Stücke, durch die Versehen beim Wägen besser vermieden werden, steht der Nachteil gegenüber, daß man keinen Aufschluß über die Sicherheit der Fehler erhält, so daß man am besten die Beobachtungen wiederholt. Nimmt man zu der obigen Stückelung noch ein Stück (5) hinzu, so erhält man eine größere Zahl überschüssiger Bestimmungen und kann außerdem alle Größen bis 9 durch höchstens 2 Stücke darstellen. Da das völlig durchgerechnete Beispiel der Ausgleichung eines solchen Satzes veröffentlicht ist[1]), bedarf es wohl keines weiteren Eingehens.

Selbstverständlich muß nun wenigstens ein Stück des Satzes an das Kilogrammsystem angeschlossen werden. In allen Ländern vermittelt einen solchen Anschluß die zentrale Maß- und Gewichtsbehörde[2]). Die Kosten sind zudem gering, so daß man unter allen Umständen für wissenschaftliche Zwecke mindestens ein, besser zwei Stücke (gleichen Sollwertes) dort vergleichen lassen sollte. Man wählt zweckmäßig das Kilogramm, Hundert- oder Zehngrammstück. Gewichte mit eingeschraubtem Knopf werden nur mit mäßiger Genauigkeit beglaubigt.

Wechselt bei den Gewichten das spezifische Gewicht der Stücke, schließt man z. B. die Platindezigramme eines Gewichtssatzes an ein Messinggramm an, so ist natürlich die Verschiedenheit des Luftauftriebes zu berücksichtigen (vgl. Ziff. 13). Ebenso wenn, wie bei feinsten Gewichten nötig, die Volumina der Gewichte einzeln bestimmt sind. Ist aber für alle Gewichte einer Dekade und für das Anschlußstück dieselbe Dichte angenommen, so braucht man für die Ausgleichsrechnung den Luftauftrieb nicht zu berücksichtigen.

Die Ergebnisse der Bestimmung des Satzes faßt man in eine Tabelle zusammen, die außer den Fehlern der Stücke deren Volumina enthalten soll. Fast stets reicht es aus, wenn man diese unter Zugrundelegung der mittleren Dichte des Materials berechnet. Man nimmt folgende Zahlen für spezifisches Gewicht und Volumen eines Kilogramms an:

Platin	$s = 21{,}4$	$V_{1\,\mathrm{kg}} =$ 46,7 ml
Nickel	8,8	113,6
Neusilber	8,5	117,6
Messing	8,4	119,0
Gußeisen	7,0	142,9
Aluminium	2,65	377,4
Bergkristall	2,65	377,4

[1]) K. SCHEEL, Grundlagen der praktischen Metronomie. Braunschweig: Vieweg & Sohn 1911, S. 109ff.

[2]) In Deutschland die Physikalisch-Technische Reichsanstalt Abt. I für Maß und Gewicht, Charlottenburg 2, Werner-Siemensstr. 27/28. Kosten für 1-kg-Stück bei höherer Genauigkeit 4,50 M., für kleinere Stücke 3 M.

Für Messinggewichte mit eingeschraubtem Knopf nimmt die Reichsanstalt ein spezifisches Gewicht von 8,0 und demgemäß ein Volumen des Kilogramms V_1 kg = 125 ml an.

Hat man das Volumen eines Stückes besonders bestimmt, so muß man, da es sich hierbei um Stücke größter Genauigkeit handelt, zuweilen berücksichtigen, daß das Volumen sich im Verhältnis von $1:(1 + t \cdot 3\alpha)$ ändert, wenn die Temperatur sich um t ändert und 3α der kubische Ausdehnungskoeffizient der Substanz ist. Indessen macht der Unterschied selbst bei extremen Verhältnissen wenig aus. Z. B. ist das Volumen eines Kilogramm Aluminium bei 20° nur um 0,26 ml größer als bei 10°, was bei der Wägung 0,3 mg entsprechen würde. Selbstverständlich nimmt man bei besonders voluminierten Stücken als Normaltemperatur eine mittlere, z. B. 20°.

Kapitel 5.

Raummessung und spezifisches Gewicht.

Von

KARL SCHEEL, Berlin-Dahlem.

Mit 9 Abbildungen.

A. Einleitung.

1. Kubikdezimeter und Liter. Zufolge der theoretischen Beziehung zwischen der Massen- und der Längeneinheit kann man Raumgrößen sowohl durch lineare Ausmessung, als auch durch Massenvergleichung vermittels Wasser (durch Wägung) bestimmen. Im ersteren Falle findet man die Raumgrößen in Kubikdezimetern, im zweiten Falle in Litern. Wäre die Masseneinheit, das Kilogramm, wirklich genau gleich der Masse eines Kubikdezimeters Wasser im Zustand seiner größten Dichte, so würden die Einheiten des Kubikdezimeters und des Liters identisch sein und sie werden auch im praktischen Leben einander gleichgeachtet; in wissenschaftlicher Hinsicht hat man aber zwischen folgenden Paaren von Maßeinheiten zu unterscheiden

1 Kubikdezimeter (cdm, dm^3) und 1 Liter (l)
1 Kubikzentimeter (ccm, cm^3) und 1 Milliliter (ml)
1 Kubikmillimeter (cmm, mm^3) und 1 Mikroliter (μl)

Der Unterschied zwischen beiden Systemen von Maßeinheiten läßt sich nur auf demselben Wege finden, auf dem seinerzeit im Auftrage der französischen Regierung (1791) von LEFÈVRE-GINEAU die Masseneinheit aus der Längeneinheit hergeleitet ist, nämlich durch Wägung und durch lineare Ausmessung eines regelmäßig gestalteten Körpers von bekanntem spezifischen Gewicht. Die Wägung eines Körpers und die Ermittelung seines spezifischen Gewichtes nach der hydrostatischen Methode (Ziff. 12), die zusammen sein Volumen in Milliliter liefern, bietet keine besonderen Schwierigkeiten und kann auf einer mäßig guten Waage mit hinreichender Genauigkeit ausgeführt werden. Anders die lineare Ausmessung des Körpers. Sie setzt genau plane oder zylindrische Begrenzungsflächen des Körpers voraus und bedingt die Anwendung sehr subtiler Meßmethoden. GUILLAUME[1]) leitete Längen und Durchmesser von Bronzezylindern aus Komparatormessungen nach dem Kontaktverfahren her, CHAPPUIS[2]) sowie MACÉ DE LÉPINAY, BUISSON und BENOÎT[3]) ermittelten die Dimensionen sorgfältig geschliffener Würfel mit Hilfe optischer Interferenzen. Sie fanden das Volumen von 1 kg Wasser bei 4° und unter dem Druck von 760 mm gleich

GUILLAUME	1,000 029 dm^2
CHAPPUIS	1,000 026 ,,
MACÉ DE LÉPINAY, BUISSON und BENOÎT	1,000 028 ,,

[1]) RENÉ BENOÎT, C. R. Bd. 145, S. 1385. 1907.
[2]) P. CHAPPUIS, Trav. et Mém. du Bur. intern. d. Poids et Mesures Bd. 14, 167 S. 1907.
[3]) H. BUISSON, Journ. de phys. (4) Bd. 4, S. 669. 1905.

Im Mittel ist also das Liter gleich 1,000028 dm³, mit anderen Worten, das Liter ist das Volumen eines Würfels reinen Wassers im Zustande größter Dichte, dessen Kantenlänge 1,000009 dm beträgt.

2. Spezifisches Gewicht und Dichte. Das spezifische Gewicht eines Körpers ist diejenige Zahl, welche angibt, wieviel Mal schwerer der Körper ist als ein gleichgroßes Volumen eines Normalstoffes. Als Normalstoff dient in der Regel für feste Körper und Flüssigkeiten Wasser von 4° C (größte Dichte). Das spezifische Gewicht ist also eine unbenannte Zahl.

Die Dichte ist die Masse (in Gramm gemessen) in der Volumeinheit (cm³); sie ist also eine benannte Zahl.

Spezifisches Gewicht und Dichte, welche vielfach miteinander verwechselt werden, stehen im selben Zahlenverhältnis wie Liter und Kubikdezimeter. Während das spezifische Gewicht des Normalstoffes (Wasser von 4° C) gleich 1 gesetzt wird, ist die Dichte dieser Normalsubstanz

$$1/1{,}000028 \text{ g/cm}^3 = 0{,}999972 \text{ g/cm}^3.$$

Das spezifische Gewicht der Gase und Dämpfe wird gleichfalls auf Wasser als Normalstoff bezogen. Nach einem viel geübten Sprachgebrauch bezeichnet man als Dichte der Gase und Dämpfe ihr spezifisches Gewicht, bezogen auf Luft von gleicher Temperatur und gleichem Druck. In diesem Sinne sind die Gasdichte und die Dampfdichte wie das spezifische Gewicht unbenannte Zahlen.

Das spezifische Gewicht und die Dichte eines Körpers ändern sich zufolge der Ausdehnung durch die Wärme mit der Temperatur. Bezeichnen s_0 und s_t die spezifischen Gewichte, V_0 und V_t die Volumina des Körpers bei 0° und bei $t°$, so gilt $s_0 V_t = s_t V_t$ oder, wenn α den kubischen Ausdehnungskoeffizienten des Körpers bedeutet, so daß $V_t = V_0(1 + \alpha t)$ gesetzt werden kann, $s_t = s_0/(1 + \alpha t)$.

3. Raum und spezifisches Gewicht. Den Inhalt von Räumen, durch lineare Ausmessungen zu finden, setzt, wie schon in Ziff. 1 hervorgehoben ist, wohl definierte Begrenzungsflächen des Raumes voraus. Aber selbst wenn diese Bedingung erfüllt ist, muß doch noch die Längenmessung mit einer hohen Genauigkeit ausgeführt werden. Mißt man beispielsweise die Kante x eines Würfels um $dx = \pm 0{,}01$ mm falsch, so erhält man dadurch das Volumen des Würfels um $\pm 3x^2 dx = \pm 0{,}03 x^2$ mm falsch, das bedeutet für einen Würfel von 1 dm³ Inhalt ($x = 100$ mm) einen Fehler von ± 300 mm³ oder $\pm 0{,}03\%$.

Wird auch nur eine mäßige Genauigkeit beansprucht, so wird man das Volumen durch Wägen des Körpers mit oder in einer Flüssigkeit ermitteln, wozu man indessen das spezifische Gewicht dieser Flüssigkeit (meist Wasser oder Quecksilber) kennen muß. Andererseits kann man, wenn man den Inhalt eines Hohlkörpers kennt, durch Wägung das spezifische Gewicht einer ihn erfüllenden Flüssigkeit finden. Nach der hydrostatischen Methode (Ziff. 8 und 12) findet man gleichzeitig das Volumen und das spezifische Gewicht eines Körpers.

B. Raummessung.

a) Messung von Hohlräumen.

4. Auswägen. Man wägt den das Hohlvolumen umschließenden Körper zunächst leer (B), ferner bei der Temperatur $t°$ ganz mit einer Flüssigkeit vom spezifischen Gewichte s_t gefüllt (A), dann ist, wenn alle Wägungen auf den leeren Raum reduziert wird (vgl. Kap. 4, Ziff. 13) $V_t = (A - B)/s_t$. Statt den Körper leer und gefüllt zu wägen, kann man auch das Gewicht der Flüssigkeit ohne den Körper bestimmen.

Als Wägungsflüssigkeit benutzt man Wasser, dessen spezifisches Gewicht bei verschiedenen Temperaturen aus Tabelle 3 (Ziff. 11) zu entnehmen ist, bei kleineren Hohlräumen Quecksilber (Tab.4, Ziff. 12). Letzteres hat den doppelten Vorteil, Glaswände nicht zu benetzen und durch sein wesentlich größeres spezifisches Gewicht, die Meßgenauigkeit zu vergrößern.

Eine Fehlerquelle beim Auswägen von Hohlräumen kann die gekrümmte Begrenzung der Flüssigkeitsoberfläche, der Meniskus, bilden. In einigen Fällen wird es möglich sein, den Einfluß des Meniskus zu eliminieren, wenn, wie z. B. bei der Kalibrierung von Büretten (Ziff. 5) nur eine Differenz zylindrischer Hohlräume gleichen Querschnitts gesucht wird. In anderen Fällen wird man den Meniskus ganz vermeiden können, wenn man z. B. den Inhalt des Hohlraums dadurch scharf begrenzt, daß man durch Aufdrücken einer ebenen Platte auf den oberen Rand des Gefäßes alle überragende Flüssigkeit entfernt. Sind beide Verfahren nicht anwendbar, so muß man das Volumen des Meniskus passend in Rechnung setzen. Für Quecksilber mag man in Kapillarröhren die Menisken als Halbkugeln ansetzen. Für größere Rohrweiten kann man das Volumen aus den Tabellen 1 und 2 entnehmen[1]):

Tabelle 1. Volumen eines Quecksilbermeniskus nach SCHALKWIJK.

Röhrendurchm.	Höhe des Meniskus in mm					
	0,1	0,2	0,3	0,4	0,6	0,8
mm	μl	μl	μl	μl	μl	μl
1	0,04	0,08	—	—	—	—
2	0,16	0,32	0,5	0,7	—	—
3	—	—	1,1	—	2,2	—
4	0,6	1,3	1,9	2,6	3,9	5,4
	Höhe des Meniskus in mm					
	0,25	0,4	0,6	1,0	1,2	1,4
	μl	μl	μl	μl	μl	μl
5	2,6	—	—	10,5	—	—
6	—	—	9,1	—	18,7	—
7	—	—	—	—	—	31,6
8	—	11,0	16,6	—	37,0	45,4

Tabelle 2. Volumen eines Quecksilbermeniskus nach SCHEEL und HEUSE.

Röhrendurchm.	Höhe des Meniskus in mm					
	1,6	1,8	2,0	2,2	2,4	2,6
mm	μl	μl	μl	μl	μl	μl
14	157	181	206	233	262	291
15	185	211	240	271	303	338
16	214	244	278	313	350	388
17	245	281	319	358	400	444
18	280	320	362	406	454	503
19	318	362	409	459	511	565
20	356	407	460	515	573	633
21	398	455	513	574	639	706
22	444	507	571	637	708	782
23	492	560	631	704	781	862
24	541	616	694	776	859	948

Innenvolumina sind als Hohlmaße eichfähig; die Eichung wird entweder nach dem hier beschriebenen Verfahren des Auswägens ausgeführt, oder indem man durch Umfüllen einer Flüssigkeit ermittelt, wie oft ein anderes bekanntes Hohlvolumen in dem unbekannten enthalten ist.

Die Hohlmaße des Handels haben meist eine zylindrische Form. Der Chemiker gebraucht geteilte Meßzylinder und kugelförmige oder zylindrische mit Hahn abschließbare Meßgefäße, welche entweder als ganzes geeicht (Pipetten) oder durch aufgeätzte Striche unterteilt sind (Büretten). — Hohlmaße können entweder für Einlauf (Trockenfüllung) oder für Ausguß bestimmt sein. Im letzteren Falle ist zu berücksichtigen, daß ein Teil der Flüssigkeit die Innenwandung benetzend zurückbleibt, das Hohlmaß also um diesen Betrag zu groß sein muß. Die Eichung setzt bei Gefäßen auf Ausguß bestimmte Zeiten für das Nachtropfen fest; trotzdem ist die Meßgenauigkeit bei diesen geringer als bei Gefäßen für Einlauf.

---

[1]) J. C. SCHALKWIJK, Versl. Amsterdam 1900, S. 462 u. 1901, S. 512; Comm. Leiden Nr. 67; KARL SCHEEL u. WILHELM HEUSE, Ann. d. Phys. (4) Bd. 3, S. 295. 1910. Vgl. auch J. PALACIOS, Phys. ZS. Bd. 24, S. 151. 1923.

5. Kalibrieren. Unter Kalibrieren versteht man die relative Ausmessung der Unterabteilungen eines Hohlgefäßes, dessen Gesamtinhalt entweder, wie bei Meßzylindern und Büretten, bekannt ist, oder wie z. B. bei der Kapillare eines Thermometers gar nicht interessiert. Sind die Gefäße bereits mit einer Teilung versehen, so läuft das Kalibrieren auf eine Prüfung der Teilung hinaus.

Meßzylinder und Büretten werden kalibriert, indem man das Verfahren des Auswägens (Ziff. 4) nicht nur auf den Gesamtinhalt, sondern auch auf die Unterabteilungen anwendet. Die Genauigkeit der Kalibrierung ist keineswegs genauer als diejenige der Bestimmung des Gesamtinhaltes.

Enge Glasröhren, insbesondere Kapillarröhren, werden kalibriert, indem man einen Quecksilberfaden von passender Länge durch das Rohr verschiebt und seine dabei auftretenden Längenänderungen beobachtet. In der Regel, wie namentlich bei Thermometern, hat das Kalibrieren den Zweck, die Angaben des Thermometers auf diejenigen eines Instrumentes von genau zylindrischer Innengestalt zurückzuführen. Die Abweichung von der Zylindergestalt kann recht groß sein, selbst wenn man voraussetzt, daß der Verfertiger die für bessere Thermometer zu verwendenden Röhren bereits sorgfältig ausgesucht hat. Nach der Art der Herstellung der Röhren darf man indessen damit rechnen, daß der Innenraum der Röhre von langgesteckten Kegelflächen begrenzt wird und daß deshalb die Kaliberkorrektionen regelmäßig, ohne springende Änderungen, verlaufen.

Man ermittelt die Kaliberkorrektionen, indem man einen Faden abtrennt und nacheinander in solche Lagen bringt, daß sich die nächste stets an die vorhergehende anschließt. Beispielsweise führt man einen Faden von 2° nacheinander in die ungefähren Lagen 0 — 2, 2 — 4, 4 — 6 usw. und liest die Länge des Fadens jedesmal an der Teilung des Thermometers ab. Vollkommenere Methoden benutzen mehrere Fäden, die Vielfache des kleinsten sind; im Beispiel Fäden von 4°, 6°, 8° usw., die in den Lagen 0 — 4, 2 — 6, 4 — 8 ...; 0 — 6, 2 — 8 ... usw. beobachtet werden. Die Berechnung der Kaliberkorrektionen geschieht dann nach der Methode der kleinsten Quadrate oder in einer vereinfachten Form, welche der Methode des Durchschiebens bei Maßstäben (Kap. 2, Ziff. 54 bis 56) analog ist. Unter Ausnutzung aller in dieser Art der Kalibrierung liegenden Vorteile ist die Kalibrierung eines Thermometers mit mehreren Fäden einer hohen Genauigkeit fähig[1]), insbesondere wenn man dem Umstand, daß die Fäden die Teilintervalle ungleich ausfüllen, durch Auswertung der Beobachtungen in einer zweiten Näherung Rechnung trägt.

6. Volumenometer. Nicht immer sind die unbekannten Volumina, die man dann auch wohl häufig schädliche Räume nennt, der unmittelbaren Messung durch Auswägen zugänglich. In solchem Falle kann man sich oft mit Vorteil einer Methode bedienen, welche sich auf die Gültigkeit des Mariotteschen Gesetzes stützt, deren Genauigkeit aber derjenigen durch Auswägen ganz erheblich nachsteht. Betrachtet man eine abgeschlossene Gasmasse vom Volumen V, welches unter dem Druck p steht, so ändern sich bei Kompression und Dilatation Druck und Volumen innerhalb weiter Gültigkeitsgrenzen in der Weise, daß $p \cdot V = \text{const}$, d. h. also, daß das Produkt aus Druck und Volumen konstant bleibt.

---

[1]) Näheres über das Kalibrieren von Thermometern s. bei Max Thiesen, Carls Rep. Bd. 15, S. 285 u. 678. 1879; J. Pernet, W. Jaeger u. E. Gumlich, Wiss. Abh. d. Phys.-Techn. Reichsanst. Bd. 1, S. 39. 1894; ZS. f. Instrkde. Bd. 15, S. 2, 41, 81, 117. 1895; Ch. Ed. Guillaume, Traité de pratique de la thermométrie de précision. Paris: Gauthier-Villars 1889.

Wir denken uns jetzt ein auszumessendes unbekanntes Volumen V_x, wir verbinden es mit einem zweiten bekannten, etwa durch Auswägen gefundenen Volumen V derart, daß die Verbindung etwa durch einen zwischengeschalteten Hahn oder einen Quecksilberabschluß unterbrochen werden kann. Außerdem besteht vom Volumen V eine Verbindung zu einem Manometer und zu einer Luftpumpe. — Das ganze System wird zunächst luftleer gepumpt; dann wird in V Luft eingelassen und ihr Druck p am Manometer gemessen. Stellt man jetzt die Verbindung zwischen V und V_x her, so wird sich auch V_x von V her mit Luft füllen, bis der Druck in beiden Räumen gleich ist; er sei p'. Dann gilt nach dem MARIOTTEschen Gesetz $pV = p'(V + V_x) = \text{const}$, woraus folgt $V_x = V \cdot (p - p')/p'$.

Die Genauigkeit der Volumenmessung von V_x hängt in erster Linie natürlich von der Begrenzbarkeit des Volumens ab, dann aber auch von der Genauigkeit, mit der V selbst bekannt ist, und von der Druckmessung. — Die Methode setzt ferner konstante Temperatur während des Versuches voraus. Um die Störungen durch die bei der Volumenänderung des Gases auftretende Kompressionswärme möglichst zu verringern, arbeitet man mit sehr geringen Gasdrucken; allerdings steigen dadurch die Anforderungen an die Genauigkeit der Messung dieser Drucke[1]).

Während das eben skizzierte Verfahren zur Ausmessung des Volumens schädlicher Räume die Gültigkeit des MARIOTTEschen Gesetzes annimmt, ist ein von Lord RAYLEIGH[2]) angegebenes Verfahren von dieser Beschränkung frei. Die RAYLEIGHsche Methode beruht auf der Überlegung, daß zwei verschiedene Gasvolumina, vom gleichen Anfangsdruck auf einen gleichen Enddruck gebracht, sich im gleichen Verhältnis ändern. Seien die beiden Anfangsvolumina V und $V + b$, die Endvolumina $V + a$ und $V + c$, so gilt

$$V/(V + a) = (V + b)/(V + c),$$

wobei V und $V + b$ als unter dem gleichen Druck p_1, $V + a$ und $V + c$ unter dem gleichen Druck p_2 stehend gedacht sind. Aus diesen Gleichungen wird V mit größtmöglicher Genauigkeit ermittelt, wenn $a = b$ und $V = a$ gewählt wird.

Das Verfahren erfordert also zur Bestimmung des unbekannten Volumens V das Vorhandensein von wenigstens drei bekannten Volumina a, b, c. In der praktischen Ausführung der Methode wird es häufig vorteilhaft sein, eine Reihe bekannter nahe gleicher Volumina durch kurze Kapillarstücke verbunden, vertikal übereinander und unterhalb des unbekannten Volumens anzuordnen; die drei bekannten Volumina werden dann ab- oder zugeschaltet, indem man sie durch hochsteigendes oder fallendes Quecksilber füllt oder freimacht.

Die vorstehende Gleichung setzt voraus, daß die zu den V und $V + b$ gehörigen Drucke p_1, sowie die zu $V + a$ und $V + c$ gehörigen Drucke p_2 unter sich gleich sind. Soweit diese Bedingung sich praktisch nicht vollkommen erfüllen läßt, muß zur Reduktion auf gleiche Drucke eine Korrektion angebracht werden, zu deren Berechnung nach Lord RAYLEIGHS Vorgang die Gültigkeit des MARIOTTEschen Gesetzes angenommen werden darf.

b) Messung äußerer Volumina.

7. Durch Auswägen oder mit dem Volumenometer. Hat ein Körper eine unregelmäßige Gestalt, so kann man sein Volumen dadurch finden, daß man ihn in ein mit Wasser oder mit einer anderen Flüssigkeit gefülltes Gefäß untertaucht. Der scheinbare Volumenzuwachs der Flüssigkeit, der sich durch das An-

---

[1]) Über die Messung sehr kleiner Gasdrucke vgl. Kap. 8, Ziff. 57—67.

[2]) Lord RAYLEIGH, Phil. Trans. (A) Bd. 196, S. 215. 1901.

steigen der Flüssigkeit im Gefäß anzeigt, und geometrisch oder durch Wägung ermittelt werden kann, ist gleich dem Volumen des zu untersuchenden Körpers. — Die Methode wird meist nur bei der Volumenmessung kleiner Körper angewendet. Benutzt wird dann ein Glasgefäß mit eingeschliffenen Stopfen, in welchem ein geteiltes Kapillarrohr hochführt (Pyknometer; Ziff. 15). Das Gefäß ist mit einer Flüssigkeit gefüllt, die beim Eindrücken des Stopfens bis zu einem bestimmten Teilstrich in der Kapillare hochsteigt. Nach Einbringen des Körpers wiederholt man das Verfahren und findet jetzt die Flüssigkeitsoberfläche an einer anderen Stelle der Kapillare stehen. Der Höhenunterschied, multipliziert mit dem anderweitig ermittelten Querschnitt der Kapillare gibt das gesuchte Volumen.

Äußere Volumine lassen sich auch mit Hilfe des Volumenometers ermitteln. Das Verfahren beruht darauf, daß man (vgl. Ziff. 6) das Volumen V_x einerseits seinem ganzen Betrage nach bestimmt, andererseits, nachdem es durch Einbringen des unbekannten Körpers verkleinert ist. Die Differenz beider Volumina ist dann gleich dem Volumen des unbekannten Körpers. — Das Verfahren dient zur Ermittlung des Volumens von Körpern, welche durch Wasser und andere Flüssigkeiten angegriffen werden und deshalb eine hydrostatische Wägung nicht aushalten. — Auch diese Methode ist nur einer geringen Genauigkeit fähig.

8. Hydrostatische Wägung. Nach dem ARCHIMEDESschen Gesetz erleidet ein Körper gegenüber seinem Gewicht im Vakuum in irgendeinem ihn umgebenden Mittel einen Gewichtsverlust, welcher gleich dem Gewicht des von ihm verdrängten Mittels ist. Um nach diesem Gesetz das unbekannte Volumen V_A eines Körpers zu finden, wäge man den Körper einmal in Luft vom spezifischen Gewicht s, das andere Mal in einer Flüssigkeit (Wasser; s. Ziff. 12) vom spezifischen Gewicht w. Dabei ergebe sich das Gewicht des Körpers im ersteren Falle gleich demjenigen der Masse B vom Volumen V_B, die, wenn man das Stück A in Wasser taucht, zur Aufrechterhaltung des Gleichgewichts an der Waage um eine Masse b vom Volumen V_b verringert werden muß. Dann gelten die Massengleichungen

$$(A - V_A s) = (B - V_B s), \tag{1}$$

$$(A - V_A \cdot w) = (B - V_B s) - (b - V_b \cdot s). \tag{2}$$

Durch Substraktion erhält man

$$V_A(w - s) = b - V_b s,$$

und hieraus

$$V_A = \frac{b - V_b s}{w - s}.$$

Hierbei ist vorausgesetzt, daß das spezifische Gewicht s der Luft (Kap. 4, Ziff. 13) von einer Wägung zur anderen ungeändert geblieben ist; ist das nicht der Fall, gilt vielmehr für die zweite Gleichung ein s' an Stelle von s, so ist der Ausdruck für V_A weniger einfach, bequemer ist es dann, V_A und A aus beiden Gleichungen durch sukzessive Annäherungen zu berechnen.

Die Wägung soll in destilliertem, gut von Luft befreitem Wasser vorgenommen werden, welches sich während der Wägung auf konstanter, genau meßbarer Temperatur befindet. Um Korrektionen nach Möglichkeit zu vermeiden, oder sie doch sehr klein zu machen, sind Vorrichtungen zu treffen, die den auf sein Volumen zu untersuchenden Körper bequem und sicher unter Wasser vom Gehänge abzuheben und wieder aufzusetzen erlauben. Wie das geschehen kann, möge an einer Messung des spezifischen Volumens von Quecksilber gezeigt werden, welche in der Physikalisch-Technischen Reichsanstalt ausgeführt wurde[1]).

Etwa 1 kg Quecksilber befand sich in einem niedrigen, außen und innen glasierten dünnwandigen Porzellangefäß, mit welchem es in Luft und in Wasser gewogen wurde. Masse und Volumen des Porzellangefäßes mußten besonders bestimmt und in Rechnung gesetzt werden.

Bei den Wasserwägungen, die nach der Substitutionsmethode (BORDAsche Methode) ausgeführt wurden, befand sich das Porzellangefäß P (Abb. 1) in einem aus vier Drähten gebildeten Gehänge mit kreuzförmig ausgeschnittenem Boden, welchem ein auf dem Boden des Wassergefäßes fest aufgestellter Messingbock mit vier senkrecht angeordneten, stufenförmig ausgeschnittenen Lappen M gegenüberstand. Gehänge und Bock waren so gegeneinander verdreht, daß beim Heben des ganzen Wassergefäßes vermittels einer Schraube S die Lappen durch die vom Kreuz freigelassenen Lücken des Gehänges griffen und das Porzellangefäß vom Gehänge abhoben. Beim Senken des Wassergefäßes wurde umgekehrt das Porzellangefäß wieder auf das Gehänge abgesetzt. Auf diese Weise war die Waage einmal mit Gehänge und Porzellangefäß, das andere Mal nur mit dem Gehänge allein belastet. Der Gewichtsunterschied wurde durch Gewichtsstücke auf der Luftschale der Waage ausgeglichen, welche nach Reduktion auf den leeren Raum das Gewicht des Porzellangefäßes im Wasser ergaben.

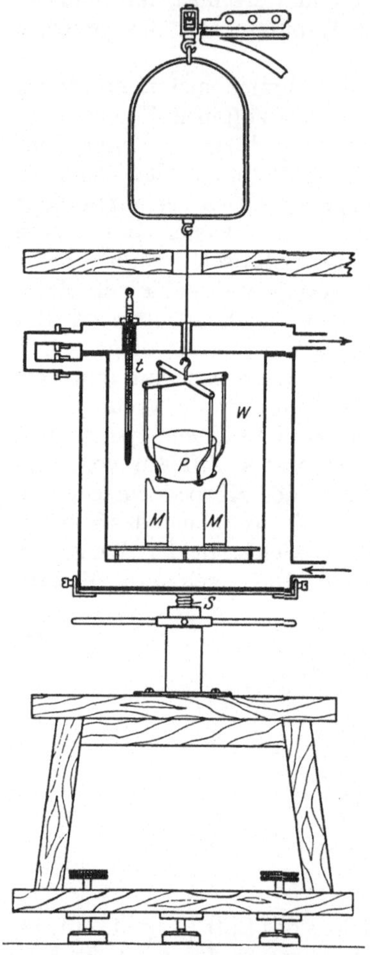

Abb. 1. Anordnung für hydrostatische Wägungen.

Das zur Aufnahme des destillierten Wassers dienende Wassergefäß W war doppelwandig ausgebildet und mit einem doppelwandigen Deckel bedeckt. Durch den mantelförmigen Raum des Gefäßes und durch das Innere des Deckels floß dauernd ein Strom auf konstanter Temperatur gehaltenen Wassers, welches durch eine Turbine einem Thermostaten entnommen und in diesen zurückgedrückt wurde. Der Temperaturausgleich mit dem destillierten Wasser des Innenraumes, sowie dem Quecksilber und dem Porzellangefäß dauerte sehr lange. Brauchbare Wägungen konnten erst nach fünfstündigem Betrieb erhalten werden.

Die Entlüftung des Wassers wurde in dem Gefäß W selbst vorgenommen. Zu diesem Zweck war für das Wassergefäß ein zweiter starkwandiger Deckel vorgesehen, der auf das Gefäß luftdicht aufgeschliffen war. Eine Bohrung mit angesetztem Stutzen erlaubte, die Verbindung mit einer Luftpumpe herzustellen. Während des Evakuierens wurde durch den Mantel des Gefäßes Wasserdampf geleitet.

Zur Messung der Temperatur des destillierten Wassers während der

[1]) KARL SCHEEL u. FRIEDR. BLANKENSTEIN, ZS. f. Phys. Bd. 31, S. 202. 1925.

Wägungen diente ein Quecksilberthermometer t, dessen Gefäß in mittlerer Höhe der in P befindlichen Quecksilbermasse angeordnet war.

Außer den Reduktionen, wie sie in Kap. 4, Ziff. 13 behandelt sind, sind bei Wasserwägungen noch zwei Korrektionen zu berücksichtigen, deren eine davon herrührt, daß der zu untersuchende Körper im Wasser meist um mehrere Dezimeter tiefer hängt als bei der Luftwägung und deshalb infolge der größeren Anziehung durch die Erde zu schwer erscheint. Die Reduktion hierfür beträgt für die Masse von 1 kg und bei 1 m Höhenunterschied 0,3 mg[1]). Eine zweite Korrektion ist dadurch bedingt, daß — in unserem Beispiel — bei abgesetztem Porzellangefäß der Draht, mit welchem das Wassergehänge an der Waagschale befestigt ist, um soviel tiefer in das destillierte Wasser eintaucht, als bei Belastung des Wassergehänges, wie das Wassergefäß W durch die Schraube S zwischen beiden Lagen in der Höhe verstellt ist. Die Korrektion ist gleich der Masse eines dem aus- und eintauchenden Drahtstück entsprechenden Wasserfadens.

Den Aufhängedraht wählt man zur Verringerung der Kapillarkraft an der Durchtrittsstelle der Wasseroberfläche so dünn wie möglich. Vorteilhaft ist die Benutzung eines Platindrahtes, der nach bekannten Rezepten[2]) mit Platinschwarz überzogen ist.

c) Dynamische Volumenmessung[3]).

Unter dem Begriff der dynamischen Volumenmessung kann man zwei Arten von Geräten zusammenfassen, die beide eine strömende Bewegung des Stoffes (Flüssigkeit oder Gas) voraussetzen, dessen Volumen gemessen werden soll:

a) Geräte, die von dem strömenden Stoff bewegt werden, ohne daß dieser selbst eine Veränderung erfährt;

b) Geräte, in denen der strömende Stoff selbst eine Veränderung erleidet, aus deren Größe seine Menge berechnet werden kann.

Die Theorie dieser Geräte wird an anderer Stelle (Bd. VII) ausführlich behandelt. Hier sollen nur kurz die ihrer Anwendung zugrunde liegenden physikalischen Gedanken erwähnt werden.

9. Bewegte Geräte. Die Kammermesser (nasse Gasmesser, Wassermesser). Das Gerät besteht aus einer Anzahl Kammern, die an einer drehbaren Achse in einem feststehenden Gehäuse befestigt sind. Beim Gasmesser ist das Gehäuse bis zu einer durch einen Überlauf festgelegten Höhe mit Wasser gefüllt. Das Gas tritt durch Schlitze in eine Kammer ein, hebt sie vermöge seines Überdruckes, dreht dabei die Achse und ein mit ihr verbundenes Zählwerk und verläßt die Kammer wieder durch einen ungefähr um 180° versetzten Schlitz. Die Steuerung der Schlitze erfolgt durch den Wasserstand und entsprechende Formgebung der Kammern. Bei Beachtung von Druck und Temperatur kann man mit Experimentiergasmessern eine Genauigkeit von $^1/_2$% innerhalb einer gewissen Belastung erreichen, für die sie geeicht sind. Die offenen Wassermesser beruhen auf dem gleichen Prinzip, nur daß hier das Gewicht an Stelle des Gasdruckes tritt.

---

[1]) K. SCHEEL u. H. DIESSELHORST, Wiss. Abh. d. Phys.-Techn. Reichsanst. Bd. 2, S. 200. 1895.

[2]) Vgl. z. B. F. KOHLRAUSCH, Lehrb. d. prakt. Physik, 14. Aufl., Berlin u. Leipzig 1923, S. 40.

[3]) Diesen Abschnitt verdanke ich der Freundlichkeit meines Kollegen, Herrn Dipl.-Ing. S. ERK. — Weitere Literatur s. A. GRAMBERG, Technische Messungen, 5. Aufl. Berlin: Julius Springer 1923; Mitteilung Nr. 40 der Wärmestelle Düsseldorf des Vereins deutscher Eisenhüttenleute, 1922; Regeln für Leistungsversuche an Ventilatoren und Kompressoren, Berlin: VDI-Verlag 1925; L. LITINSKY, Messung großer Gasmengen. Leipzig: O. Spamer 1922.

In ähnlicher Weise werden bei den Scheiben-, Kapsel- und Kolbenmessern durch den strömenden Stoff Teile des Gerätes bewegt, die ein Zählwerk betreiben und gleichzeitig den Weg des Stoffes steuern.

Während bei den bisher erwähnten Apparaten der strömende Stoff in einen geschlossenen Raum eintritt und ihn später wieder verläßt, messen die Flügelradmesser die mittlere Geschwindigkeit der Strömung. Sie können achsial (Woltmann-Flügel) oder tangential angetrieben werden und besitzen meistens eine Vorrichtung, die eine Einstellung auf verschiedene Leistungsgebiete gestattet.

Eine Mittelstellung zwischen a) und b) nehmen die Schwimmermesser ein. Eine Scheibe (vgl. Abb. 2) wird in einem trichterförmigen Rohr soweit gehoben, bis das Gewicht der Scheibe + einer einstellbaren Gegenkraft gleich dem an der Scheibe angreifenden Druckabfall der Strömung bei dem freigegebenen Querschnitt ist. Die allgemeine Formel lautet

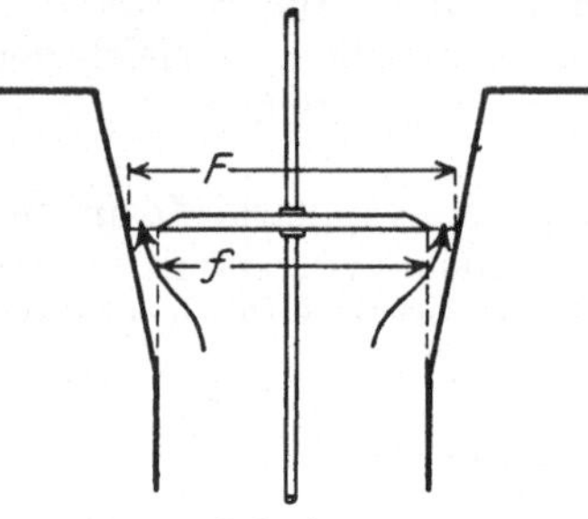

Abb. 2. Schwimmermesser.

$$V = \alpha \cdot (F - f) \sqrt{2g \cdot \frac{\Delta p}{\gamma}}.$$

Hierin ist

V das in der Zeiteinheit strömende Volumen,
F die Fläche der Durchgangsöffnung,
f die Fläche des Schwimmers,
α die Durchflußzahl des Ringspaltes mit der Fläche $F - f$,
g die Erdbeschleunigung,
Δp der Druckabfall im Ringspalt,
γ das spezifische Gewicht des strömenden Mittels.

α ist von der Form des Trichters (Kegel, Paraboloid) abhängig und muß jeweils bestimmt werden. Statt der Scheibe wird auch ein konischer Körper in einer Öffnung verwendet.

10. Feststehende Geräte. Eine Reihe von Geräten mißt den Druckabfall, den ein strömender Stoff in einer Verengung des Strömungsquerschnittes erfährt. Die Einschnürung kann scharfkantig (Staurand, Abb. 3) oder abgerundet sein (Düse, Abb. 4), oder aus einer Verengung und daran anschließenden konischen Erweiterung bestehen (Venturirohr, Abb. 5). Die Druckmessung wird bei allen Einschnürungen ausgewertet nach der vereinfachten Gleichung

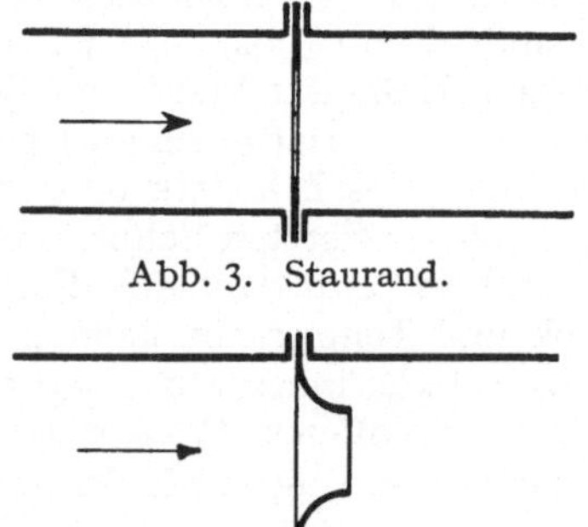
Abb. 3. Staurand.

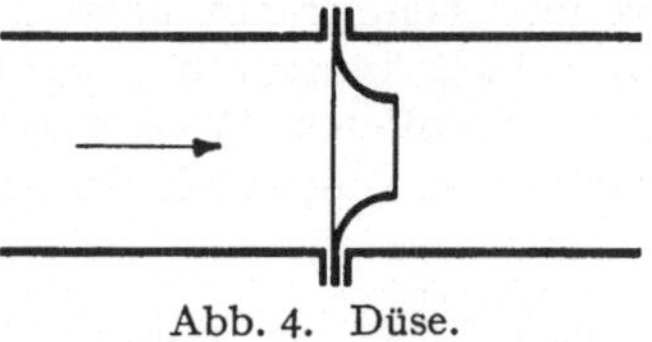
Abb. 4. Düse.

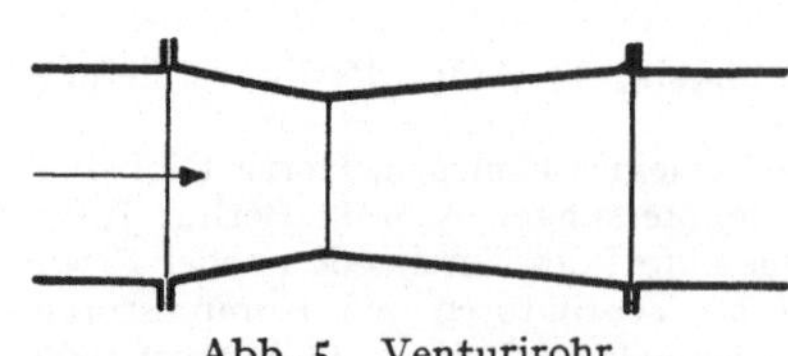
Abb. 5. Venturirohr.

$$V = \alpha \cdot F \cdot \sqrt{2g \frac{\Delta p}{\gamma}},$$

worin V das in der Zeiteinheit strömende Volumen ist,
F der engste Querschnitt der Einschnürung,
g die Erdbeschleunigung,
Δp der gemessene Unterschied zwischen dem Druck vor und hinter der Einschnürung,

γ das spezifische Gewicht des strömenden Stoffes in der Einschnürung,
α die Durchflußzahl.

α schwankt für den Staurand zwischen weiten Grenzen. Sein Wert nimmt mit dem Öffnungsverhältnis

$$m = \frac{\text{Querschnitt der Einschnürung}}{\text{Querschnitt des Rohres}}$$

von einem Kleinstwert $\alpha = 0{,}61$ an stark zu.

Nach neueren Messungen ist α auch abhängig vom Durchmesser. Für abgerundete Düsen hat α einen um einige Prozent kleineren Wert als 1,0[1]), für Venturirohre kann man mit 1,0 rechnen. Für genaue Messungen muß die Zustandsänderung des strömenden Stoffes nach den Regeln der Thermodynamik behandelt werden. Die Einschnürungen können als Durchfluß- oder als Ausflußöffnungen auch in weitem Gefäß verwendet werden.

Alle Messungen mit Verengungen der Strombahn haben den Nachteil, daß die Durchflußzahl erst durch Vergleich mit einem anderen Meßverfahren bestimmt werden muß. Man kann aber auch unter Benutzung des Druckabfalles Absolutmessungen ausführen, wenn man ein glattes Rohr als Meßgerät verwendet. Für dieses lautet die Druckgleichung:

$$\varDelta p = \lambda \cdot \frac{l}{d} \cdot \frac{v^2}{2g}$$

mit l = Länge der Meßstrecke,
$\varDelta p$ = Druckabfall auf der Länge der Meßstrecke,
d = Durchmesser des Rohres,
v = mittlerer Geschwindigkeit im Rohr.

Die Werte für λ sind durch Untersuchungen in sehr weiten Grenzen bekannt[2]).

Eine besondere Verwendung findet der Staurand bei dem von den Askaniawerken, Berlin, hergestellten Strömungsteiler (Abb. 6). Der hauptsächlich für Druckluftmessungen bestimmte Apparat enthält zwei durch eine leicht bewegliche Membran geteilte Kammern a und b. Jede der Kammern ist mit dem Rohr verbunden, in dem das zu messende Gas strömt, und zwar a vor und b hinter dem Staurand d. In der Zuleitung zur Kammer a befindet sich gleichfalls ein kleiner Staurand e. An dem Staurand d entsteht durch die Strömung ein Druckabfall, der sich in die Kammern fortzupflanzen sucht. Durch den höheren Druck im Raume a wird die Membran gebogen und das Nadelventil c soweit geöffnet, bis die Drucke in den beiden Kammern sich ausgeglichen haben. Dann stehen die Stauränder d und e unter genau denselben Strömungsverhältnissen. Über den Staurand e muß also stets ein bestimmter Teilbetrag der durch die Hauptleitung strömenden Gasmenge fließen, der nun beliebig entspannt und gemessen werden kann. Schließt man bei k ein Manometer an, so mißt dieses den Druckabfall, den der Teilstrom in dem Widerstand g erleidet, der aus einer Anzahl von Glaskapillaren besteht. Da dieser Druckabfall nach dem POISEUILLEschen Gesetz proportional der strömenden Gasmenge ist, kann die

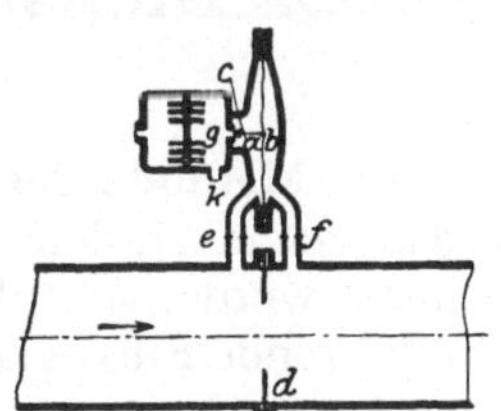

Abb. 6. Strömungsteiler.

---

1) M. JAKOB u. S. ERK, Forschungsarb. a. d. Geb. d. Ingenieurwesens Heft 267. Berlin: VDI-Verlag 1924.

2) M. JAKOB und S. ERK, l. c.

unmittelbare Messung des Teilvolumens durch eine Druckmessung ersetzt werden. Der Staurand f verhütet, daß sich die Kammer b bei Inbetriebnahme des Apparates zu rasch füllt und dadurch die Membran oder das Nadelventil beschädigt wird.

Düsen und Stauränder werden häufig zur Dampfmengenmessung verwendet und enthalten dann komplizierte Vorrichtungen zur Berücksichtigung des jeweiligen Dampfzustandes.

Eine Form der Einschnürung im offenen Gerinne ist das Wehr, das ebenfalls zur Mengenbestimmung dienen kann. Die Menge, die nach der Theorie über das Wehr gehen sollte, ist

$$V = \tfrac{2}{3} b \sqrt{2 g h^3}$$

(b = Breite des Wehres, h = Höhe des Wasserspiegels über der Wehroberkante). Die wirklich überfließende Menge $V' = \alpha \cdot V$ ist stets kleiner; der Wert von α hängt von den Zulaufverhältnissen, der Seitenkontraktion, Meßanordnung usw. ab.

Außer der Druckänderung kann auch noch die Temperaturänderung einer Strömung zur Messung von Gasmengen benützt werden. Der Thomasmesser besteht aus einem in die Strömung eingebauten elektrischen Heizwiderstand und vor und hinter diesem je einem über den Strömungsquerschnitt ausgespannten Widerstandsthermometer. Aus der von dem Widerstand abgegebenen Heizenergie und der gemessenen Temperaturzunahme des strömendes Stoffes kann man dessen Menge berechnen, wenn man seine spezifische Wärme kennt.

Durch Stauwehre oder Hitzdrahtanemometer kann man die Geschwindigkeit der Strömung an einem Punkt des Querschnittes messen. Daraus kann man das strömende Volumen ermitteln, indem man entweder aus mehreren Einzelmessungen das Geschwindigkeitsprofil zusammensetzt oder aus der Achsialgeschwindigkeit auf Grund der Arbeiten von STANTON und PANNELL[1]) u. a. die mittlere Geschwindigkeit berechnet.

C. Messung des spezifischen Gewichts.

a) Feste Körper und Flüssigkeiten.

11. Methode der kommunizierenden Röhren. Spezifisches Gewicht des Wassers. Nach dem Grundprinzip der Methode, wie es von DULONG und PETIT benutzt wurde, sind die Längen zu messen, bei welchen zwei miteinander kommunizierende Flüssigkeitssäulen einander das Gleichgewicht halten; diese Längen verhalten sich umgekehrt wie die spezifischen Gewichte der Flüssigkeiten. Die Methode hat ausschließlich zur Ermittelung der kleinen Änderungen des spezifischen Gewichtes von Quecksilber und Wasser gedient, welche diese Flüssigkeiten infolge ihrer Ausdehnung durch die Wärme bei verschiedenen Temperaturen erleiden. Während DULONG und PETIT noch unmittelbar die Längen der Flüssigkeitssäulen maßen, hat schon REGNAULT aus praktischen Gründen bei der Bestimmung der Ausdehnung des Quecksilbers die Längen der zu vergleichenden Säulen nahezu gleichgemacht und dafür die an den nicht kommunizierenden Enden auftretende Druckdifferenz durch ein Differentialmanometer gemessen, dessen beide Schenkel auf möglichst gleicher Temperatur gehalten wurden — er hat mit anderen Worten den Druck der kälteren, dichteren Quecksilbersäule durch eine gleich lange Säule aus warmem Quecksilber und durch eine kurze Säule von Zimmertemperatur ausgeglichen.

[1]) T. E. STANTON u. J. R. PANNELL, Phil. Trans. (A) Bd. 214, S. 199. 1914.

Dasselbe Prinzip ist später mit vollkommneren Mitteln in der Physikalisch-Technischen Reichsanstalt zur Messung des spezifischen Gewichts von reinem, luftfreien Wasser bei verschiedenen Temperaturen angewandt worden[1]). Der für die niederen Temperaturen (bis 40°) benutzte Apparat — der Apparat für höhere Temperaturen ist wesentlich ähnlich gebaut — (Abb. 7, links im Längs-

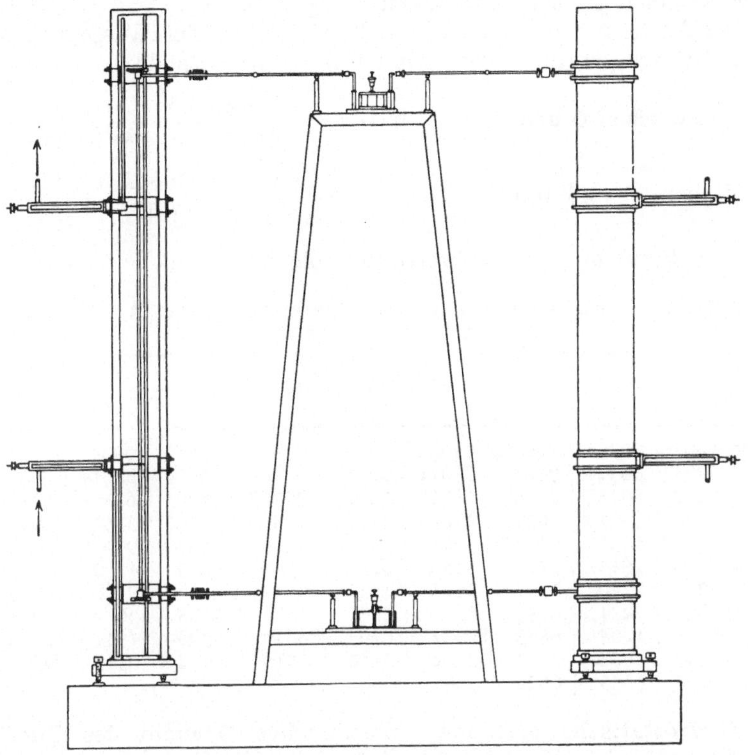

Abb. 7. Aufbau kommunizierender Röhren zur Messung des spezifischen Gewichts von Wasser.

schnitt, rechts in Ansicht) bestand aus zwei einander ganz gleichen und symmetrisch zueinander aufgebauten 3 m hohen Wasserbädern, welchen durch seitliche Ansätze von einem Thermostaten gleichmäßig temperiertes Speisewasser zugeführt wurde. Die Aus- und Eintrittsstellen des Speisewassers dienten gleichzeitig zur Einführung von Thermometern, mit denen die Temperatur im Innern der Bäder bestimmt wurde. Im Innern der Wasserbäder befanden sich die 2 m langen, vertikalen Teile des kommunizierenden Röhrensystems; seine horizontalen Teile führten nach Durchbrechung der Wasserbäder zu den mitten zwischen den beiden Bädern auf einem Eisengerüst aufgestellten Wasserkästen. Der obere dieser Kästen diente nur zur Verbindung der beiden Teile des oberen Horizontalrohres; der untere diente als Differentialmanometer, welches mittels zweier davor aufgestellter Mikroskope abgelesen wurde. Die Vorder- und Hinterwände der beiden Manometerkammern waren durch viereckige Fenster durchbrochen und diese wieder durch Spiegelglasplatten verschlossen. Die hintere Glasplatte war auf der Innenseite mit horizontalen, über beide Kammerfenster

[1]) M. Thiesen, K. Scheel u. H. Diesselhorst, Wiss. Abh. d. Phys.-Techn. Reichsanst. Bd. 3, S. 1. 1900 (zwischen 0 und 40°); M. Thiesen, ebenda Bd. 4, S. 1. 1904 (40 bis 100°).

reichenden Strichen in Halbmillimeter geteilt. Gemessen wurde mit den Mikroskopen in jeder Manometerkammer der Abstand eines Striches von seinem Spiegelbild, welches in der Wasseroberfläche durch totale Reflexion geliefert wurde; durch Halbierung dieses Abstandes erhielt man dann die Entfernung der Wasserkuppe von dem direkt gesehenen Striche. — Diese Art der Höhenmessung ist einer großen Genauigkeit fähig.

Die Beobachter haben das spezifische Gewicht s des Wassers in Abhängigkeit von der Temperatur t dargestellt durch die Formeln

$$\text{Zwischen 0 und } 40^\circ \qquad 1 - s = \frac{(t - 3{,}98)^2}{503570} \cdot \frac{t + 283}{t + 67{,}26}.$$

$$\text{Zwischen 25 und } 100^\circ \qquad 1 - s = \frac{(t - 3{,}982)^2}{466700} \cdot \frac{t + 273}{t + 67} \cdot \frac{350 - t}{365 - t}.$$

Nach diesen Formeln sind die Werte der folgenden Tabelle 3 berechnet:

Tabelle 3. Spezifisches Gewicht des luftfreien Wassers in Abhängigkeit von der Temperatur t.

t° Zehner	Einer 0	1	2	3	4	5	6	7	8	9
0	0,99 98676	99266	99680	99922	00000	99918	99680	99293	98759	98084
10	97271	96324	95246	94041	92713	91264	89697	88014	86220	84315
20	82303	80186	77966	75645	73225	70708	68097	65391	62594	59708
30	56732	53670	50522	47290	43975	40578	37101	33545	29911	26200
40	22412	18550	14614	1066	0658	0244	*9823	*9395	*8960	*8518
50	0,98 8070	7615	7154	6686	6212	5731	5245	4752	4253	3748
60	3237	2720	2197	1668	1134	0594	0047	*9496	*8939	*8376
70	0,97 7808	7234	6655	6071	5481	4886	4285	3679	3068	2452
80	1831	1205	0573	*9937	*9295	*8649	*7998	*7341	*6680	*6014
90	0,96 5343	4668	3987	3302	2612	1918	1218	0514	*9806	*9093
100	0,95 8375	7653	6926	—	—	—	—	—	—	—

12. Hydrostatische Methode. Spezifisches Gewicht des Quecksilbers. Das spezifische Gewicht ist gleich dem Zahlenwert der Dichte, wenn das Volumen nicht in cm^3, sondern in ml ausgedrückt ist (Ziff. 2). Nun ist in Ziff. 8 auseinandergesetzt, wie man durch eine Luftwägung [Gleichung (1)] und eine Wasserwägung [Gleichung (2)] das Volumen V_A eines Körpers in Milliliter findet. Setzt man diesen Wert in Gleichung (1) ein, so erhält man die Masse A des Körpers in Gramm. Die Division beider Zahlenwerte (A/V_A) ergibt das spezifische Gewicht. Es ist zu beachten, daß man auf diese Weise das spezifische Gewicht des Körpers bei der Temperatur des Wasserbades findet; für andere Temperaturen errechnet man das spezifische Gewicht nach Ziff. 2.

Umgekehrt kann man durch Wägung eines Körpers in verschieden temperierten Wasserbädern auch die Änderungen seines spezifischen Gewichts mit der Temperatur und damit den Ausdehnungskoeffizienten α des Körpers finden. Das in Ziff. 8 behandelte Beispiel einer hydrostatischen Wägung des Quecksilbers liefert einen Beitrag zu dieser Aufgabe. Auf Grund der bei 20 und 30° Wassertemperatur ausgeführten Wägungen, sowie der von anderen Seiten veröffentlichten Messungen wird l. c. das spezifische Gewicht des Quecksilbers zwischen 0 und 100° durch die Formel

$$13{,}59546 : \left\{1 + \left[18{,}182\,\frac{t}{100} + 0{,}078\left(\frac{t}{100}\right)^2\right] \cdot 10^{-3}\right\}$$

dargestellt, nach welcher die folgenden Werte der Tabelle 4 berechnet sind.

Tabelle 4. Spezifisches Gewicht des Quecksilbers.

t° Zehner	Einer 0	1	2	3	4	5	6	7	8	9
0	13,59546	59299	59052	58805	58558	58311	58064	57817	57571	57324
10	57077	56831	56585	56338	56092	55846	55600	55354	55108	54862
20	54616	54370	54124	53879	53633	53388	53142	52897	52651	52406
30	52161	51916	51671	51426	51181	50936	50691	50447	50202	49957
40	49713	49469	49224	48980	48736	48491	48247	48003	47759	47516
50	47272	47028	46784	46541	46297	46054	45810	45567	45324	45080
60	44837	44594	44351	44108	43865	43622	43380	43137	42894	42652
70	42409	42167	41925	41682	41440	41198	40956	40714	40472	40230
80	39988	39746	39505	39263	39022	38780	38539	38297	38056	37815
90	37574	37333	37092	36851	36610	36369	36128	35888	35647	35406
100	35166	—	—	—	—	—	—	—	—	—

13. Senkkörper. Aräometer. In der vorhergehenden Ziff. 12 war angenommen, daß in Gleichung (2), Ziff. 8 V_A unbekannt, dagegen w bekannt sei. Das Verhältnis kehrt sich um, wenn man als Senkkörper einen Körper bekannten Volumens benutzt und in einer beliebigen Flüssigkeit wägt. Dann ergibt sich aus Gleichung (1) und (2) das spezifische Gewicht der Flüssigkeit.

Auf dieser Überlegung beruht die Konstruktion der MOHRschen Waage, einer gleicharmigen Waage, die von WESTPHAL dahin abgeändert ist, daß der eine Waagearm, welcher nach der Methode gar nicht benutzt wird, nicht erst als Waagearm ausgebildet und mit einer Waagschale versehen, sondern verkürzt und durch kräftigen Ausbau selbst so schwer gemacht ist, daß er stets schwerer als der lange Waagearm mit allen vorkommenden Belastungen ist. An den langen Arm der Waage wird nun mittels eines feinen Drahtes ein Schwimmkörper aufgehängt; die Waage soll sich im Gleichgewicht befinden, wenn der Schwimmkörper ganz in Wasser eingesenkt ist. Wird das Wasser durch eine Flüssigkeit ersetzt, die beispielsweise schwerer ist als Wasser, so erleidet der Schwimmer einen größeren Auftrieb, der durch zugefügte Gewichte wieder aufgehoben werden muß. Nun ist der Waagebalken in dezimaler Einteilung mit Kerben versehen, in welche die Ausgleichsgewichte, die die Form von Reitern haben, eingehängt werden. Die Reitergewichte sind ebenfalls so abgeglichen, daß jeder einer Dezimalstelle des spezifischen Gewichts entspricht. Man kann dann aus dem Platz, den die verschiedenen Reiter beim Gleichgewicht der Waage einnehmen, unmittelbar das spezifische Gewicht der Flüssigkeit ablesen.

Man kann die Benutzung einer Waage dadurch umgehen, daß man den Schwimmkörper so stabilisiert, daß er für sich in der zu untersuchenden Flüssigkeit schwimmt, und ihn durch Gewichte oberhalb, oder besser noch zur Vermeidung störender Kapillaritätseinflüsse unterhalb der Flüssigkeitsoberfläche so belastet, daß er bis zu einer bestimmten Marke einsinkt. Hat der Schwimmer selbst das Gewicht P und bedarf er einer Gewichtsauflage von p bzw. p', um in Wasser bzw. in einer anderen Flüssigkeit bis zur Marke unterzusinken, so hat die letztere — von Auftriebskorrektionen der Gewichtsstücke abgesehen — das spezifische Gewicht $s = (P + p')/(P + p)$.

14. Skalenaräometer[1]). Das Aräometer besteht aus einem gläsernen Hohlkörper a (Abb. 8), an welchen sich nach unten ein kleineres, mit Quecksilber beschwertes Gefäß b ansetzt, das infolge der Verlegung des Schwerpunktes weit nach unten, dem Apparat die Fähigkeit des aufrechten Schwimmens verleiht. Nach oben setzt sich der gläserne Hohlkörper in einen dünnen Stiel s,

[1]) Näheres über Skalenaräometer s. bei J. DOMKE u. E. REIMERDES, Handb. d. Aräometrie. Berlin: Julius Springer 1912.

die sog. Spindel fort, welche eine Teilung trägt. Bringt man das Aräometer in irgendeine Flüssigkeit, so wird es bis zu einem gewissen Skalenstrich einsinken, an welchem man vielfach das spezifische Gewicht der Flüssigkeit unmittelbar ablesen kann. Die Teilung auf der Spindel nach spezifischem Gewicht wächst von oben nach unten, entsprechend dem Umstande, daß das Aräometer um so tiefer in die Flüssigkeit einsinkt, je leichter diese ist.

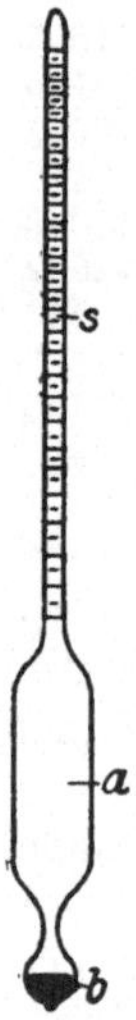

In der Praxis sind noch vielfach Aräometer in Gebrauch, welche statt nach spezifischem Gewicht in willkürliche Grade geteilt sind, von denen die nach BAUMÉ und TWADDEL am häufigsten vorkommen. Bezeichnet B die Anzahl von BAUMÉ-, T diejenige von TWADDEL-Graden, so bestehen mit dem spezifischen Gewicht s folgende Beziehungen

$$B = 144{,}3\,\frac{s-1}{s}\,, \qquad T = \frac{s-1}{000{,}5}\,, \qquad s = \frac{144{,}3}{144{,}3 - B} = 1 + 0{,}005\,T\,.$$

Ferner werden Aräometer als Sonderinstrumente für die verschiedensten Zwecke gebaut und entsprechend eingeteilt. Aus der großen Zahl mögen solche zur Ermittlung des Alkoholgehaltes nach Volum- oder Gewichtsprozenten (Alkoholometer), des Zuckergehaltes von Traubenmosten, des Fettgehaltes der Milch genannt werden.

Die Theorie des Aräometers hat zu berücksichtigen, daß sich das Gewicht des Kapillarwulstes zu dem Gewicht des Aräometers selbst addiert. Diese Größe ist aber nicht nur bei verschiedenen Flüssigkeiten, sondern auch bei ein und derselben Flüssigkeit für verschiedene Temperaturen verschieden und auch von geringen Verunreinigungen der Flüssigkeitsoberfläche abhängig. Man kann darum das Skalenaräometer kaum noch als ein absolutes Meßinstrument ansprechen; vielmehr wird man sich in der Regel damit begnügen, es entweder durch Vergleichung mit Normalinstrumenten oder durch Eintauchen in ähnliche Flüssigkeiten wie die, in denen es später benutzt werden soll, und deren spezifisches Gewicht auf andere Weise gefunden ist, zu eichen.

Abb. 8. Skalenaräometer.

15. Pyknometer sind kleine Fläschchen, vielfach mit nur wenige Milliliter Inhalt, die meist zur Ermittlung des spezifischen Gewichtes von Flüssigkeiten dienen. Um das Volumen des Fläschchens genau abzugrenzen, ist es mit einem eingeriebenen Glasstopfen versehen (Abb. 9A; nach KOHLRAUSCH, Praktische Physik); setzt man diesen ein, so wird die zuviel eingegossene Flüssigkeit über den Rand des Gefäßes gedrückt. Besser noch verwendet man eingeriebene Stopfen, in welchen ein geteiltes Kapillarrohr hochführt (Abb. 9B). Beim Eindrücken des Stopfens in den Hals des Gefäßes steigt die Flüssigkeit im Kapillarrohr hoch; durch Abtupfen mit Fließpapier stellt man sie auf einen bestimmten Teilstrich ein. Andere Formen des Pyknometers tragen statt des einfachen Stopfens solche mit eingeschmolzenem Thermometer (Abb. 9 C und D). Am genauesten arbeiten die Formen D und E der Abb. 9, deren eine Öffnung zum Einlassen der Flüssigkeit, deren andere zum Auslassen bzw. Absaugen der Luft dient.

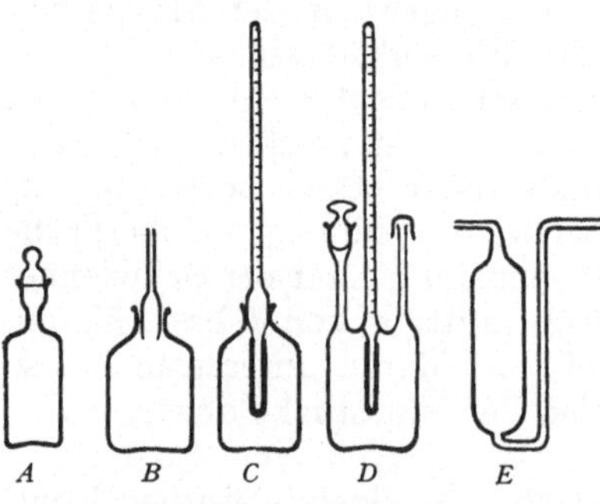

Abb. 9. Pyknometer.

Man ermittelt durch Differenzwägung des leeren und des gefüllten Gefäßes das Gewicht des Pyknometerinhaltes einmal mit der zu untersuchenden Flüssigkeit, dann mit Wasser von 4°; der Quotient beider Gewichte ist das spezifische Gewicht der Flüssigkeit.

Die Pyknometermethode ist einer großen Genauigkeit fähig. Um diese zu erreichen, ist zu berücksichtigen, daß die Temperatur das Resultat mehrfach beeinflußt. Am einfachsten liegen die Verhältnisse noch, wenn man das spezifische Gewicht der Flüssigkeit bei der gleichen Temperatur ermittelt, bei welcher man das Gefäß mit Wasser ausgewogen hat; in diesem Falle wird nämlich die Wärmeausdehnung des Pyknometers eliminiert und es ist nur noch das spezifische Gewicht des Wassers nach der Tabelle 3 von der Beobachtungstemperatur t auf 4° umzurechnen. Haben diese einfachen Verhältnisse nicht statt, so muß man noch die Abhängigkeit des Gefäßvolumens von der Temperatur berücksichtigen. — Weicht das spezifische Gewicht der zu untersuchenden Flüssigkeit von demjenigen des Wassers stark ab oder ist zur Eichung des Pyknometers Quecksilber benutzt, so muß man auch noch die bei beiden Flüssigkeiten verschiedene Ausweitung des Pyknometers in Rechnung setzen.

Das Pyknometer läßt sich auch zur Ermittlung des spezifischen Gewichtes fester Körper in kleineren Stücken benutzen. Man wägt zunächst das Pyknometer mit Wasser bis zur Marke gefüllt gleich p', bringt dann den Körper vom absoluten Gewicht p ins Pyknometer, stellt wieder auf die Marke ein und wägt abermals, wobei sich das Gewicht des Pyknometers gleich p'' ergeben möge. Dann ist durch den Körper eine Wassermenge vom Gewicht $p + p' - p''$ zum Ausfließen gebracht und es ergibt sich das gesuchte spezifische Gewicht $s = p/(p + p' - p'')$.

Sehr geeignet ist die Pyknometermethode zur Ermittlung des spezifischen Gewichts pulverförmiger und geschichteter Massen (z. B. Getreide) einschließlich der Zwischenräume. Als Pyknometer dient dann ein einfaches Hohlmaß bekannten Inhalts. — Das spezifische Gewicht solcher geschichteten Massen wird sehr verschieden gefunden, je nachdem man sie fest oder lose packt; eine Fehlerquelle der Methode liegt auch darin, daß es schwer ist zu erkennen, ob das benutzte Meßgefäß, welches naturgemäß eine große freie Oberfläche hat, richtig gefüllt ist. Im Großhandel benutzt man deshalb, um jede Willkür auszuschließen, automatisch arbeitende Waagen, die z. B. als „Getreideprober" eichfähig sind. Das Getreide läuft mit gleichmäßiger Geschwindigkeit aus einer vorgeschriebenen Höhe in das Maß ein und das reichlich gefüllte Gefäß wird durch einen ebenfalls automatisch betätigten Hebel abgestrichen. — Man sichert durch solche Vorrichtungen wohl ein gleichartiges Messen; das definitionsmäßige wahre spezifische Gewicht liefern die Vorrichtungen indessen nicht.

16. Schwebemethode. Sehr fein verteilte, z. B. pulverförmige Körper bringt man in eine Flüssigkeit und gleicht diese durch Mischen mit anderen Flüssigkeiten so ab, daß die Stoffe in dem Gemisch schweben oder doch nur sehr langsam zu Boden sinken. Die letzte Abgleichung kann durch Temperaturänderungen bewirkt werden, weil die Flüssigkeiten sich stärker, die festen Körper sich nur wenig ausdehnen. Im Falle des Schwebens ist das spezifische Gewicht des Körpers gleich dem spezifischen Gewicht des Flüssigkeitsgemisches, das man nach den bescheidenen Verfahren, z. B. mit dem Aräometer (Ziff. 13 u. 14) oder der MOHRschen Waage (Ziff. 13) ermittelt. Als zur Herstellung von Mischungen geeignet gibt KOHLRAUSCH an: Chloroform (spezifisches Gewicht 1,49) oder Bromoform (2,9) oder Methylenjodid (3,3) mit Benzol (0,88), Toluol (0,89), Xylol (0,87); Azetylentetrabromid (3,0) oder wässerige Lösungen von Kaliumquecksilberjodid (THOULETsche Lösung, bis 3,20).

b) Gase und Dämpfe.

17. Gasdichte. Das spezifische Gewicht eines Gases wird für die normalen Bedingungen, d. h. für den Druck von 1 Atm. (76 cm Quecksilber bei 0° und normaler Schwere) und die Temperatur von 0° angegeben; das spezifische Gewicht der kohlensäurefreien Luft unter Normalbedingungen ist 0,0012928. Die spezifischen Gewichte einiger anderer Gase[1]) sind in folgender Tabelle 5 aufgeführt:

Tabelle 5. Spezifisches Gewicht *s* einiger Gase im Normalzustand.

Gas	*s*	Gas	*s*
Sauerstoff	0,001 4290	Xenon	0,005 845
Stickstoff	0,001 2507	Schwefelwasserstoff	0,001 5392
Wasserstoff	0,000 8987	Kohlenoxyd	0,001 2504
Helium	0,000 1786	Kohlendioxyd	0,001 9768
Neon	0,000 9002	Ammoniak	0,000 7708
Argon	0,001 7838	Azetylen	0,001 1791
Krypton	0,003 708	Methan	0,000 7168

Bezogen auf atmosphärische Luft ist das spezifische Gewicht der Gase um $^1/_{0,0012928}$ = 773,5mal größer. Das spezifische Gewicht der Gase bei anderen Drucken und Temperaturen ergibt sich aus denjenigen im Normalzustand nach dem MARIOTTE-GAY-LUSSACschen Gesetz, nötigenfalls unter Berücksichtigung der Abweichungen von diesem Gesetz. Die Chemie bezieht das spezifische Gewicht der Gase meist auf Sauerstoff oder ein imaginäres Gas von $^1/_{16}$ des spezifischen Gewichts des Sauerstoffs.

Die für wissenschaftliche Zwecke gebräuchlichste Methode zur Ermittlung des spezifischen Gewichts ist diejenige des Pyknometers, das allerdings in einer etwas abgeänderten Form verwendet wird. Man benutzt einen Glasballon von 1 l oder weniger Inhalt mit angeschmolzenem Glasrohr, welche durch einen Glashahn abgesperrt werden können. Vor dem Abschließen des Ballons muß man Druck (Barometerstand und Über- oder Unterdruck) und Temperatur des Gases beobachten; die Temperatur in einem Wasserbade zu messen, in welchem sich der Ballon während des Füllens befindet, wird neuerdings beanstandet, weil durch den Angriff des Wassers auf die Glasoberfläche unkontrollierbare Änderungen des Gewichtes des Glaskörpers hervorgerufen werden, die sich nur schwer berücksichtigen lassen. Um bei der Wägung die Korrektionen für den variablen Luftauftrieb möglichst zu verringern, wählt man als Gegengewicht für den Gasbehälter einen zugeschmolzenen Glasballon, der nahezu gleiches Gewicht und nahezu gleiches Außenvolumen wie der Gasbehälter hat.

Eine zweite Methode zur Ermittlung des spezifischen Gewichts der Gase bedient sich der Gaswaage. Eine Kammer aus Glas oder Metall steht mit einem Quecksilbermanometer in Verbindung und kann durch einen Ansatz evakuiert und mit einem Gase gefüllt werden. In der Kammer befindet sich eine empfindliche zweiarmige Waage, die auf der einen Seite einen Hohlkörper und auf der anderen Seite ein massives Gegengewicht trägt. Je nach der Dichte des die Kammern erfüllenden Gases wird der Hohlkörper sich heben oder senken; das Gleichgewicht kann alsdann durch Änderung des Druckes in der Kammer wiederhergestellt werden. Die Dichte des Gases ist dem am Manometer gemessenen Drucke umgekehrt proportional und kann aus Parallelversuchen mit einem Gase

[1]) Weitere Angaben s. LANDOLT-BÖRNSTEIN, Physikalisch-chemische Tabellen, 5. Aufl. Berlin: Julius Springer 1923, Tab. 78, s. insbesondere auch den Ergänzungsband aus dem Jahre 1926.

(Luft) bekannten spezifischen Gewichtes berechnet werden. — Die Gaswaage ist neuerdings vielfach als Mikrowaage ausgebildet worden[1]) und wurde ferner von STOCK und RITTER[2]) zu einem Präzisionsinstrument umgestaltet, das Gasdichten auf 0,01% genau zu messen gestattet. STOCK und RITTER wenden u. a. eine magnetische Nullpunktsregelung an. Hierzu wird am Waagebalken ein leichter Dauerstabmagnet angebracht. Verschiebt man gegen die Waage den Pol eines zweiten Magneten, so kann man durch dessen Einwirken auf den Dauermagnet ein etwa gestörtes Gleichgewicht der Waage wieder herstellen. Bei passender Eichung gibt die Einstellung des verschiebbaren Magneten ein Maß für das spezifische Gewicht des zu untersuchenden Gases. — Mit der beschriebenen Gaswaage verwandt ist die in der Technik gebräuchliche LUXsche Gaswaage. Bei ihr strömt das zu untersuchende Gas durch den Waagebalken in den Hohlkörper, dessen Auftrieb in der atmosphärischen Luft wiederum im Gleichgewicht zu halten ist.

Zur Messung des spezifischen Gewichtes der Gase bedient man sich in der Technik vielfach der Methode der kommunizierenden Röhren (Ziff. 11); die Methode liefert zwar nur eine geringe Genauigkeit, die Genauigkeit reicht aber in der Regel aus, um aus dem spezifischen Gewicht einen Schluß auf die Zusammensetzung des Gases oder Gasgemisches zu ziehen. — Die Methode kommt darauf hinaus, das spezifische Gewicht des unbekannten Gases mit demjenigen eines bekannten Gases, vielfach atmosphärische Luft, oft aber auch eines Gases, das mit dem unbekannten nahe identisch ist, zu vergleichen. — Die Apparatur besteht wesentlich aus zwei vertikalen Röhren, welche mit den beiden zu vergleichenden Gasen gefüllt sind. Kommunizieren beide Gassäulen mit ihrem einen, dem oberen oder dem unteren Ende mit der Atmosphäre, d. h. übt die Atmosphäre hier auf beide Gassäulen den gleichen Druck aus, so üben die Gase ihrerseits am anderen freien Ende nicht mehr den gleichen, sondern einen größeren oder geringeren Druck aus, je nachdem das eine oder andere der beiden Gase schwerer oder leichter ist als die atmosphärische Luft. Läßt man also die beiden vertikalen Röhren die Schenkel eines empfindlichen Manometers bilden, so wird dieses, wenn beide Röhren mit verschiedenen Gasen gefüllt sind, einen Druckunterschied anzeigen, aus dem sich das Verhältnis der spezifischen Gewichte beider Gase leicht berechnen läßt. — Soll die beschriebene Methode zur Gasanalyse benutzt werden, so läßt man in der Regel das zu untersuchende Gas in kontinuierlichem Strome die eine vertikale Röhre durchfließen, während die andere dauernd mit dem Vergleichsgas gefüllt ist. Man hat dann durch die Beobachtung des Manometers eine dauernde Kontrolle über den jeweiligen Zustand des Gases.

18. Dampfdichte. Alle Methoden zur Bestimmung des spezifischen Gewichts von Dämpfen laufen darauf hinaus, daß man das Gewicht einer kleinen Menge Flüssigkeit und den Raum ermittelt, welchen sie im dampfförmigen Zustand einnimmt:

α) Nach DUMAS. Ein Glaskolben von etwa $^1/_{10}$ l Inhalt wird in eine Spitze ausgezogen und mit einigen Gramm der zu untersuchenden Flüssigkeit gefüllt. Der Kolben wird dann in einem Flüssigkeitsbade einige Grad über die Siedetemperatur der Flüssigkeit solange erhitzt bis alle Flüssigkeit verdampft ist; dann wird die Spitze abgeschmolzen. Der Kolben ist nun nur noch mit Dampf von der Badtemperatur gefüllt, der sich beim Herausheben aus dem Bade kondensiert. Der Kolben wird zunächst in diesem Zustand, dann nach Abbrechen

[1]) Vgl. z. B. F. EMICH in Abderhaldens Handb. d. biochem. Arbeitsmethoden Bd. 9, S. 55. 1919.

[2]) ALFRED STOCK u. GERHARD RITTER, ZS. f. phys. Chem. Bd. 119, S. 333. 1926.

der Spitze unter Wasser mit Wasser gefüllt und endlich leer gewogen. Hieraus erhält man unter Berücksichtigung der üblichen Korrektionen für die Wärmeausdehnung des Kolbens das Gewicht der Dampfmenge sowie das Gewicht eines gleichen Volumens Wasser und als Quotient aus beiden das spezifische Gewicht des Dampfes, bei der Badtemperatur unter dem beim Abschmelzen herrschenden Luftdruck. Das spezifische Gewicht des Dampfes in anderen Zuständen findet man hieraus gemäß den Gesetzen der Thermodynamik.

β) Nach GAY-LUSSAC und HOFMANN. Eine gewogene Menge Flüssigkeit läßt man in einem dünnwandigen Glaskölbchen in einer mit trockenem und luftfreiem Quecksilber gefüllten und über Quecksilber umgestürzten, graduierten Glasröhre aufsteigen. Die Röhre wird jetzt durch einen übergeschobenen Heizmantel wiederum einige Grad über die Siedetemperatur der zu messenden Flüssigkeit erwärmt. Dabei zersprengt die Flüssigkeit das Glaskölbchen, verdampft vollständig und breitet sich in dem Raum über dem Quecksilber aus. Man findet so wieder unter den gegebenen äußeren Bedingungen (Druck und Temperatur) das Volumen der bekannten Dampfmenge und daraus ihr spezifisches Gewicht.

γ) Nach V. MEYER. Ein Glas- oder Porzellankolben mit Steigrohr, ähnlich einem Quecksilberthermometer, ist oben durch einen Stopfen verschlossen und trägt oben seitlich ein etwa 1 mm weites Gasentbindungsrohr. Der Kolben wird in einem Thermostaten auf eine Temperatur erwärmt, die höher liegt als der Siedepunkt des zu untersuchenden Stoffes; alsdann wird durch das Gasentbindungsrohr so lange Luft entweichen, bis sich das Temperaturgleichgewicht eingestellt hat. Nun lüftet man den Stopfen und wirft schnell den zu untersuchenden festen Körper oder die zu untersuchende Flüssigkeit, letztere am einfachsten in ein Glasröhrchen eingeschlossen, durch das Steigrohr in den Kolben. Der feste Körper oder die Flüssigkeit, welche in der hohen Temperatur ihre Hülle sprengt, verdampfen und der entwickelte Dampf treibt die in dem Kolben vorhandene Luft durch das Gasentbindungsrohr nach außen, wo sie unter Wasser in einem Meßzylinder aufgefangen wird. Da das Volumen der aufgefangenen Luft gleich dem Volumen des entwickelten Dampfes ist, findet man aus ihm und der eingebrachten, zuvor gewogenen Stoffmenge das spezifische Gewicht des Dampfes.

Kapitel 6.

Zeitmessung.

Mit 71 Abbildungen.

A. Allgemeines über physikalische Zeitbestimmungen.

Von

W. SCHMUNDT, Königsberg i. Pr.

1. Der Begriff der Zeit. Der Begriff der Zeit umfaßt die Bestimmungen, daß die Zeit eindimensional, homogen und universell ist. Insofern die Zeit identisch ist mit dem Nacheinander im Geschehen und nichts ist als dieses, ist es sinnlos, von einer „absoluten" Zeit zu sprechen, die unabhängig vom Geschehen abläuft. In Ansehen ihrer Begriffsbestimmungen kann man jedoch die Zeit „absolut" nennen, insofern diese den unabhängig von Ort und Art des einzelnen Geschehens absolut gleichförmigen Zeitgang und die universelle, absolute Gleichzeitigkeit im gesamten Geschehen fordern[1]).

2. Der absolute Zeitgang. Eine andere Frage ist, ob die absolute Gleichzeitigkeit von Ereignissen und der absolute Zeitgang physikalisch bestimmbar sind. Der Zeitgang (die Zeitdauer, der Zeitabschnitt, die Größe der Zeit) kann, wie die Erfahrung lehrt, von einem gegebenen Zeitpunkt ab an ein und demselben Orte innerhalb der meßtechnisch möglichen Genauigkeit bestimmt werden, und zwar in einer universellen, vom Orte unabhängigen Einheit (dem Sterntag oder Teilen desselben).

3. Die absolute Gleichzeitigkeit. Hingegen ist es der Physik nicht möglich, die absolute Gleichzeitigkeit von Ereignissen zu bestimmen. Diese Tatsache ist durch die spezielle Relativitätstheorie in das Lehrgebäude der Physik eingeordnet worden.

Die Kunde eines ortsanderen Ereignisses, dessen Zeitpunkt bestimmt werden soll, gelangt letztlich auf optischem (elektromagnetischem) Wege zum Beobachter. Der Zeitpunkt des Ereignisses T_1 liegt um die Übertragungszeit t vor dem Zeitpunkt der Ankunft der Kunde T_2:

$$T_1 = T_2 - t\,.$$

Zur Kenntnis dieser Übermittlungszeit t bedarf es, wenn die Entfernung a des Ortes des Ereignisses vom Beobachtungsorte bekannt ist, der Kenntnis der Lichtgeschwindigkeit (Ausbreitungsgeschwindigkeit elektromagnetischer Wellen) c_0. Es ist dann

$$t = a : c_0\,,$$

[1]) Vgl. E. MACH, Mechanik, 7. Aufl., 2. Kap., 6. Abschn., Ziff. 1 u. 2 und G. HAMEL, Elementare Mechanik, S. 13. Leipzig u. Berlin 1922.

wenn man von einer Beeinflussung des Lichtweges durch Schwerefelder absehen kann. Die Physik hat jedoch kein Mittel, die Lichtgeschwindigkeit c_0 zu bestimmen; die letztlich in Frage kommende Meßmethode, die Zurückführung der Geschwindigkeitsmessung auf Längen- und Zeitmessung, führt wiederum zu der Gleichung $c_0 = a:t$ und setzt also ihrerseits die Kenntnis der Gleichzeitigkeit von Ereignissen an den Enden der Meßstrecke a (d. s. z. B. zwei absolut synchrone Uhren) voraus.

4. Definition physikalischer Gleichzeitigkeit. Die Physik muß bei ihrer Beschreibung von Naturvorgängen verzichten auf die Angabe der absoluten Gleichzeitigkeit von Ereignissen und damit der absoluten Zeitabstände von ortsverschiedenen Ereignissen. Sie verwendet vielmehr von jeher für ihre dergestalten Zeitangaben ein in gewissem Sinne auf Abmachung beruhendes Zeitsystem, welches das Postulat der Konstanz der Lichtgeschwindigkeit[1]) zur Grundlage hat, wie es von der speziellen Relativitätstheorie erstmalig ausgesprochen wurde. Das Postulat umfaßt erstens die Naturtatsache , daß die Zeitdauer, welche ein Lichtimpuls benötigt, um im Vakuum längs einer Strecke hin und her zu laufen, wenn von der Beeinflussung durch Schwerefelder abgesehen werden kann, unabhängig ist von dem Bewegungszustand der Lichtquelle relativ zu der Strecke. Zweitens umfaßt das Postulat folgende Definition der Lichtgeschwindigkeit: Man sende einen Lichtpunkt längs einer Strecke a, lasse ihn an deren Ende zurückwerfen und messe am Anfang der Strecke die Zeitdauer t zwischen Abgang und Rückkunft des Lichtpunktes; Lichtgeschwindigkeit nenne man den Quotienten

$$c = 2a:t.$$

Die Physik verfährt nun so, als ob diese „definierte" Lichtgeschwindigkeit c die „eigentliche" Lichtgeschwindigkeit c_0 sei, und verwendet also die unter Ziff. 3 angegebenen Beziehungen zu den Zeitbestimmungen ortsfremder Ereignisse, wobei das unbekannte c_0 durch c ersetzt wird. Das Postulat der Konstanz der Lichtgeschwindigkeit gestattet die Definition einer Gleichzeitigkeit von Ereignissen an gegeneinander unbewegten Orten: ein System gegeneinander unbewegter Uhren läßt sich auf seiner Grundlage synchronisieren. Einem gegen dieses System bewegten Beobachter erscheinen diese Uhren jedoch nicht synchron.

5. Die Translationsgeschwindigkeit. Da die Messung von Translationsgeschwindigkeiten letztlich zurückgeführt werden muß auf Längenmessung und Messung des Zeitintervalls zweier ortsfremder Ereignisse, so sind die Translationsgeschwindigkeiten ebensowenig bestimmbar wie dieses Zeitintervall. Vielmehr werden auch sie durch eine in gewissem Sinne willkürliche Abmachung wie folgt definiert: Ein Körper bewegt sich gegenüber einem Beobachter gleichförmig, wenn er bei gradliniger Bewegung gleiche Strecken in gleichen Zeitabschnitten zurücklegt; unter Zeitabschnitt ist die Differenz der für den Durchgang des Körpers gemessenen Zeitangaben von Uhren zu verstehen, welche sich an den Enden der Strecken befinden und im Sinne der Physik „synchron" laufen; die Translationsgeschwindigkeit eines Körpers ist definiert als Quotient aus einer in gleichförmiger Bewegung durchlaufenen Strecke und dem zugehörigen, gemäß Vorigem definierten Zeitabschnitt.

6. Irdische Zeitbestimmungen. So bedeutungsvoll die angeführten Tatsachen für die Klärung des Zeitbegriffes sind, sowie überall dort, wo die Licht-

---

1) S. z. B. E. R. NEUMANN, Vorlesungen zur Einführung in die Relativitätstheorie, § 5. Jena 1922.

wegzeiten vergleichbar sind mit den betrachteten Zeiten, so belanglos sind sie für die irdischen Zeitpunktbestimmungen und Zeitgangmessungen, von denen dieses Kapitel handelt. Für diese ist jene Vergleichbarkeit nicht vorhanden, und wir sind in der Tat berechtigt, ihre Angaben als innerhalb der Meßgenauigkeit „absolut" zu betrachten.

B. Zeiteinheiten, Zeitbestimmungen und Zeitübertragungen.

Von

W. SCHMUNDT, Königsberg i. Pr.

7. Zeiteinheiten und Zeitrechnung. Die Einheit der physikalischen Zeitbestimmung[1]) wird von der Umdrehung der Erde gegenüber der Himmelskugel abgeleitet. Die Gleichförmigkeit der Erdumdrehung ist trotz der durch die Änderungen der meteorologischen Verhältnisse, durch Flutreibung, Kontraktion des Erdkörpers usw. bedingten Verlagerungen weit über das Maß der von der Praxis geforderten und von der Messung erreichbaren Genauigkeit vorhanden und auf längere Zeit als gesichert zu betrachten. Die fundamentale Zeiteinheit ist der Sterntag als die Zeit einer Umdrehung der Erde gegenüber dem Fixsternraum. Sie wird gemessen durch Beobachtung zweier aufeinanderfolgender Kulminationen eines beliebigen Fixsternes. Der Sterntag wird in 24 Stunden unterteilt und beginnt mit der Kulmination des Frühlingspunktes (Schnittpunkt der Äquatorebene mit der Ebene der Ekliptik). Bezeichnet man als Stundenwinkel eines Gestirns seinen Abstand vom Meridian des Beobachtungsortes, so ist die Sternzeit gleich dem Stundenwinkel des Frühlingspunktes oder für ein beliebiges Gestirn: gleich dem Stundenwinkel desselben plus seiner Rektaszension. Da die Lage des wahren Frühlingspunktes nicht absolut fest ist, vielmehr mit den Nutations- und Präzessionsbewegungen der Erde einem geringen periodischen Wechsel unterworfen ist, da ferner der wahre Meridian eines Ortes veränderlich ist mit der Lagenänderung der Erdachse, so ist die so definierte Sternzeit gewissen Fehlern unterworfen, die jedoch durch geeignete Wahl des zur Kulminationsmessung beobachteten Fixsternes auf ein geringstes Maß reduzierbar sind und erforderlichenfalls berücksichtigt werden können.

Der wahre Sonnentag ist die Zeit zwischen zwei aufeinanderfolgenden Kulminationen der Sonne; die wahre Sonnenzeit ist gleich dem Stundenwinkel der Sonne. Da die Rektaszensionsbewegung der Sonne nicht gleichförmig ist, ihre Flächen- und nicht ihre Winkelgeschwindigkeit konstant ist, und zudem die Sonnenbahn gegen den Äquator geneigt ist, so ist die wahre Sonnenzeit kein gleichförmiges Zeitmaß. Ein gleichförmiges Zeitmaß wird von einer „fingierten" Sonne abgeleitet, welche mit der wahren Sonne den Durchgang durch den Frühlingspunkt und die Zahl der Tage gemeinsam hat und eine gleichförmige Rektaszensionsbewegung besitzt. Die so abgeleitete mittlere Sonnenzeit hat als Einheit den mittleren Sonnentag. Die Differenz zwischen mittlerer und wahrer Sonnenzeit wird Zeitgleichung genannt, ihre extremen Werte sind: $+14^{m}\,15^{s}$ am 12. Februar, $-3^{m}\,49^{s}$ am 14. Mai, $+16^{m}\,18^{s}$ am 26. Juli, $-16^{m}\,21^{s}$ am 3. November. Die dem physikalischen Maßsystem zugrunde gelegte Zeiteinheit, die Sekunde, ist der 86400ste Teil des mittleren Sonnentages.

[1]) F. COHN, Encykl. d. math. Wiss. Bd. VI, 2, 2, Abschn. 4, 5b, 5c, 6.

Sternzeit und mittlere Sonnenzeit sind Ortszeiten. Der Unterschied zweier Ortszeiten ist gleich ihrer geographischen Längendifferenz. Die im praktischen Leben gebräuchliche Zeit ist gleich der mittleren Sonnenzeit eines durch Abmachung bestimmten Meridians.

Eine größere Zeiteinheit ist das Jahr als die Dauer eines Umlaufs der Erde um die Sonne. Das Julianische Jahr ist sehr angenähert $= 365^1/_4$ mittleren Sonnentagen, das tropische Jahr ist die — nicht ganz konstante — Zeit zwischen zwei Frühlingsäquinoktien.

Eine Uhr, welche nicht die mittlere, sondern die wahre Sonnenzeit angibt, ist die Sonnenuhr[1]), welche jedoch nur mehr historisches Interesse beansprucht.

8. Ermittlung der Tageszeit. Die Zeitbestimmung[2]) beruht stets auf der Messung des Stundenwinkels eines beliebigen Gestirns mit bekannter Rektaszension. Man kann diesen errechnen z. B. aus der mit Hilfe eines Spiegelsextanten gemessenen Höhe des Gestirnes, d. h. seinem Abstande vom Zenit. Der Stundenwinkel ist dann der Winkel am Pol des sphärischen Dreiecks Stern—Zenit—Pol, dessen Seiten nach der Messung des Zenitabstandes bekannt sind. Diese Methoden der Zeitbestimmung durch Höhenmessung haben keine praktische Anwendung mehr. Die Zeit wird heute auf den Sternwarten bestimmt und mit Hilfe des Telegraphen der zivilisierten Welt übermittelt. Von den Sternwarten wird die Zeitbestimmung mit Hilfe des Meridiankreises vorgenommen. Der Meridiankreis ist ein Fernrohr, welches um eine genau horizontale und ost-westlich gelagerte Achse schwenkbar ist, und dessen optische Achse genau senkrecht zu seiner Umdrehungsachse steht. Da diese Bedingungen in der für astronomische Zeitmessungen erforderlichen Genauigkeit technisch nicht erfüllbar sind, so erfordern die am Meridiankreis vorgenommenen Bestimmungen gewisse Korrektionen. Der Durchgang des zur Feststellung der Sternzeit gewählten Fixsternes durch den Meridian des Beobachterstandes wird mit dem Meridiankreis beobachtet und auf einem Chronographen registriert. Das REPSOLDsche Mikrometer bewirkt diese Registrierung selbsttätig; der Beobachter hat nur mit Hilfe dieses Mikrometers einen Faden in Deckung mit dem betreffenden Sterne durch das Gesichtsfeld des Fernrohres zu führen. Die am Chronographen registrierte Sternzeit dient dann zur Korrektion der die Sternzeit laufend anzeigenden Uhren der Sternwarte.

9. Übertragung der Tageszeit. Das Rückgrat für die Zeit des öffentlichen Lebens bilden Präzisions-Pendeluhren, welche mittlere Sonnenzeit anzeigen und nach telegraphisch von den Sternwarten übermittelten Zeitangaben[3]) laufend korrigiert werden. Diese Uhren werden teilweise dazu benutzt, zu ganz bestimmten Tageszeiten Signale auszulösen, wie Zeitbälle, Lichtsignale, telephonische, drahttelegraphische und drahtlos telegraphische Rufzeichen, welche dann von den Interessenten zu ihrer eigenen Zeitorientierung Verwendung finden, teilweise aber dienen sie als sog. Mutteruhren zur automatischen Regelung der öffentlichen Uhren.

Zu dieser automatischen Regelung von öffentlichen Uhren durch Präzisions-Pendeluhren sind zweierlei Prinzipien in Gebrauch. Bei dem einen Prinzip sind die Nebenuhren selbständige Pendeluhren, welche nur einer automatischen Kontrolle und Regelung durch die Hauptuhr unterliegen. Auf diesem Prinzip be-

---

[1]) J. DRECKER, Die Theorie der Sonnenuhren. Berlin u. Leipzig 1925.

[2]) F. COHN, Encykl. d. math. Wiss. Bd. VI, 2, 5, 4—6; C. W. WIRTZ, ebenda Bd. VI, 2, 3, 4—13.

[3]) R. SCHORR, Die Hamburger Sternwarte. Jahresber. d. Hamburger Sternwarte 1909 bis 1918 (Zeitdienst).

ruht z. B. das „Normalzeit"system[1]), bei welchem die stets ein wenig beschleunigten Nebenuhren sich in bestimmten Zeitabständen in einen Stromkreis der Mutteruhr einschalten und auf die Zeit der Mutteruhr retardiert werden. Ein anderes System dieses Prinzips[2]) gibt der Nebenuhr immer dann beschleunigende oder verzögernde Impulse auf elektrischem Wege, wenn die Nebenuhr vom Gange der Hauptuhr abweicht. Das andere Prinzip ist das der sympathischen Uhren. Hier sind die Nebenuhren nicht selbständig, sondern werden durch minutliche oder halbminutliche Stromstöße von der Hauptuhr betrieben. Da dieses System stärkere elektrische Ströme, somit Doppelleitungen mit größerem Querschnitt erfordert, so ist der räumliche Aktionsradius einer Hauptuhr beschränkt. Vielfach werden beide Systeme, das der selbständigen und das der unselbständigen Nebenuhren, kombiniert, wobei eine Zentralhauptuhr die Regelung mehrerer selbständiger Unter-Hauptuhren übernimmt, diese aber die öffentlichen Uhren als sympathische Nebenuhren betreiben[2]).

C. Zeitmesser für laufende Zeitanzeige.

Von

V. v. NIESIOŁOWSKI-GAWIN, Mödling b. Wien.

I. Uhren im engeren Sinn.

a) Einleitung.

10. Allgemeines. Als Zeitmesser dienen sowohl dem Bedürfnis des täglichen Lebens als auch wissenschaftlichen Zwecken Uhren im engeren Sinn, das sind Vorrichtungen, die zur Zeitanzeige einen möglichst gleichförmig verlaufenden Schwingungsvorgang benutzen. Als besonders zweckmäßig erwiesen sich dauernde Schwingungen eines Pendels unter dem Einfluß der Schwerkraft, oder dauernde Schwingungen eines kleinen Schwungringes — Unruh oder Unruhe — unter dem Einfluß der elastischen Kräfte einer Spiralfeder. Hiernach pflegt man zu unterscheiden:

1. Pendeluhren, gewöhnlich durch Gewichte angetrieben und dann auch Gewichtsuhren genannt. Durch Federkraft angetriebene Pendeluhren heißen Stutzuhren, die ausgebreitete Verwendung für den Hausbedarf, aber keine für wissenschaftliche Zwecke gefunden haben.

2. Unruhuhren, von Stahlfedern angetrieben und daher auch Federuhren genannt; gewöhnlich nennt man sie tragbare oder Taschenuhren, bei besonders sorgfältiger Ausführung Chronometer.

3. Elektrische Uhren, die entweder als Pendeluhren oder anderer Konstruktion, unmittelbar oder mittelbar elektrisch angetrieben werden.

Pendeluhren und Chronometer haben sich im Laufe von etwa 300 Jahren zu den wichtigsten und unentbehrlichsten Präzisionsinstrumenten für Zeitmessung der Astronomie und Physik entwickelt. Diese Entwicklung beginnt mit der Entdeckung des Isochronismus kleiner Pendelschwingungen im Jahre 1583 (nicht zweifelsfrei sichergestellt) durch GALILEO GALILEI (1564—1642) und mit der Erfindung der Unruh mit Spiralfeder durch ROBERT HOOKE um 1650

[1]) G. SCHÖNBERG, Die Zeitverteilung in Städten nach dem Nebenuhren- und dem Regulierungssystem. Uhrmacher-Woche 1925. Nr. 10 u. 12.

[2]) WILIGUT, Die elektrischen Zeitdienstanlagen im Reichsbahndirektionsbezirk Berlin. ZS. f. d. ges. Eisenbahnsicherungswesen 1924, H. 1, 2 u. 3.

und CHRISTIAN HUYGENS 1673[1]). Trotzdem sich die Räderuhren schon seit etwa 1200 in Europa zu verbreiten begannen, benutzten die zeitgenössischen Astronomen das Pendel zunächst entweder allein, oder in Verbindung mit einem dürftigen Zählwerk, wie z. B. JOHANNES HEVEL in Danzig (1611—1687) und selbst GALILEI, der erst kurz vor seinem Tode, 1636, also 53 Jahre nach Entdeckung des Isochronismus der Pendelschwingungen, den Gedanken faßte, das Pendel als Regler von Räderuhren zu verwenden[2]), was erst weitere 22 Jahre später HUYGENS wirklich ausführte (1658)[3]).

Bemerkenswert ist, daß GALILEI bei seinen Fallversuchen die Zeiten mittels einer selbstgebauten und zur Messung kleiner Zeiträume von ihm besonders eingerichteten Wasseruhr maß, weil die damaligen Räderuhren zu ungenau und nur zur Messung größerer Zeiträume brauchbar waren. Auch waren noch zumeist die von den Alten überlieferten Wasser-, Öl- und Sanduhren im gewöhnlichen Gebrauch[4]) (vgl. w. u. „Wasseruhren" unter D, Ziff. 53).

Die Grundlagen der Pendel- und Unruhuhren, wie sie HUYGENS 1673 in seinem Horologium oscillatorium darlegte, sind in ihrem Wesen bis heute unverändert geblieben. Ihre Entwicklung zu Präzisionsinstrumenten betrifft lediglich die Ausgestaltung und Vervollkommnung von Einzelheiten.

11. Allgemeiner Aufbau der Uhren. In der Hauptsache besteht jede Uhr im engeren Sinn aus dem Gehwerk, das die zur Zeitmessung dienende gleichmäßige Bewegung erzeugt, und aus dem Zeigerwerk, das, mit dem Gehwerk meist unmittelbar verbunden, mittels Zeiger und Zifferblatt, Zahlenscheiben u. dgl., den Ablauf der Zeit anzeigt.

Das Gehwerk umfaßt: 1. den Antrieb, 2. das Laufwerk, 3. die Hemmung oder den Gang und 4. den Gangregler.

Der Antrieb liefert der Uhr die nötige Energie entweder durch Sinken eines auf bestimmte Höhe gehobenen Gewichtes (Pendeluhr), oder durch Entspannung einer spiralig aufgewundenen Spiralfader (Unruhuhr).

Die so eingeleitete gleichförmig beschleunigte Bewegung verwandelt der Gangregler durch Vermittlung der Hemmung und des zwischen sie und den Antrieb geschalteten Laufwerkes in eine periodisch gleichförmige, für fortlaufende regelmäßige Zeitangaben geeignete.

---

[1]) EUGEN GELCICH, Geschichte der Uhrmacherkunst, S. 32. Weimar: Voigt 1887. — Über Geschichte der Uhren vgl. weiter: C. SAUNIER u. G. SPECKHART, Die Geschichte der Zeitmeßkunst, 3 Bde. Bautzen: Hübner 1903 und ERNST VON BASSERMANN-JORDAN, Die Geschichte der Zeitmessung und der Uhren. Berlin: de Gruyter & Co. 1925 (im Erscheinen). — Bedeutende einschlägige Sammlungen sind: 1. Das Deutsche Museum für Zeitmeßkunde in Frankfurt a. M.; 2. die Abt. „Zeitmessung" im Deutschen Museum von Meisterwerken der Naturwissenschaft und Technik in München; 3. das Uhrenmuseum der Stadt Wien.

[2]) E. GERLAND, Art. „Uhr, Pendeluhr" in W. VALENTINER, Handwörterb. d. Astron. Bd. IV, S. 4. 1902 (Encykl. d. Naturwiss. III. Abt., II. Tl.), woselbst weitere Literaturangaben. Eine Abb. von GALILEIS Pendeluhr findet man u. a. in MÜLLER-POUILLETS Lehrb. d. Physik, 10. Aufl. von L. PFAUNDLER, Bd. I, S. 312 (Fig. 309). 1906.

[3]) Nach A. v. BRUNN, Johannes Hevelius' wissenschaftl. Tätigkeit, Schriften d. naturf. Ges. Danzig, N. F. Bd. 13, S. 36. 1911, hat HEVEL unabhängig von HUYGENS die Pendeluhr erfunden und zwei solcher Uhren anfertigen lassen. Vor ihrer Vollendung beschrieb jedoch HUYGENS die Erfindung und Konstruktion seiner Pendeluhr in seinem „Horologium oscillatorium", Paris 1673 (OSTWALDS Klassiker d. exakt. Wiss. 1913, Nr. 192), so daß die Erfindung von HEVEL fast ganz in Vergessenheit geriet. — Auch der Schweizer JOOST BÜRGI (1552—1632) wird als Entdecker des Isochronismus der Pendelschwingungen (NEWCOMB-ENGELMANN, Pop. Astronomie, 4. Aufl., S. 160, 684. 1911) und als Erfinder der Pendeluhr um 1612 genannt (E. BASSERMANN-JORDAN, Uhren, S. 107. Berlin 1914).

[4]) GALILEO GALILEI, Discorsi e dimostracioni matematiche intorno a due nuove scienze. Leiden 1638, deutsch von A. v. OETTINGEN in Ostwalds Klassiker d. exakt. Wiss. Nr. 11, 24, 25. 1890/91; Nr. 24. S. 26. 1891; ERNST MACH, Die Mechanik in ihrer Entwicklung hist.-krit. dargestellt, 6. Aufl., S. 132. Leipzig: F. A. Brockhaus 1908 (8. Aufl. 1921).

Diese scheinbar einfache mechanische Aufgabe eines Zeitmessers, die isochronen Schwingungen eines Pendels oder einer Unruhe dauernd aufrecht zu erhalten und zu zählen, erweist sich als äußerst verwickelt und schwierig, sobald wissenschaftliche Genauigkeit seiner Zeitangaben gefordert wird. Der ganze Verlauf der Entwicklung der Uhren zu wissenschaftlichen Präzisionsinstrumenten ist durch das Streben gekennzeichnet, die Bewegung ihres eigentlichen zeitmessenden Bestandteils, des Pendels oder der Unruhe, möglichst unabhängig von den störenden äußeren Einflüssen der Umgebung und der inneren, durch die Hemmung vermittelten Einwirkung des Gehwerkes, zu gestalten, also Pendel und Unruhe möglichst weitgehende Freiheit ihrer Schwingungen zu sichern.

In nachstehender Darstellung soll daher vor allem die physikalische Seite dieser Bestrebungen hervortreten, während hinsichtlich Einzelheiten mehr technischer Natur auf die einschlägige Fachliteratur verwiesen werden muß[1]).

12. Antrieb und Laufwerk. Das Schema des Gehwerkes einer Pendeluhr zeigt Abb. 1[2]). Der Antrieb besteht aus dem $1^1/_2$ bis 2 kg schweren Gewicht Q, das mittels einer um die Welle des Walzenrades W geschlungenen Schnur (Darmsaite, Kette) auf dieses ein Drehmoment Qr ausübt. Die Konstanz des Drehmomentes, auch während des Aufziehens der Uhr, läßt sich durch Anwendung loser Rollen bzw. endloser Zugorgane zur Aufhängung des Gewichtes, ferner Sperrklinke und Gegengesperre erreichen.

Das Laufwerk ist ein Zahnradgetriebe, dessen Räderzahl von der Gangdauer der Uhr abhängt. Jedes Zahnrad (aus Messing), mit dem zugehörigen stählernen Trieb fest verbunden, greift in das Trieb des nächsten Zahnrades ein. Die Aufgabe der einzelnen Zahnräder ist in der Abbildung ersichtlich gemacht. Das Minutenrad M bewegt mittels eines besonderen, in der Abbildung nicht dargestellten Zahnradvorgeleges, den Stundenzeiger.

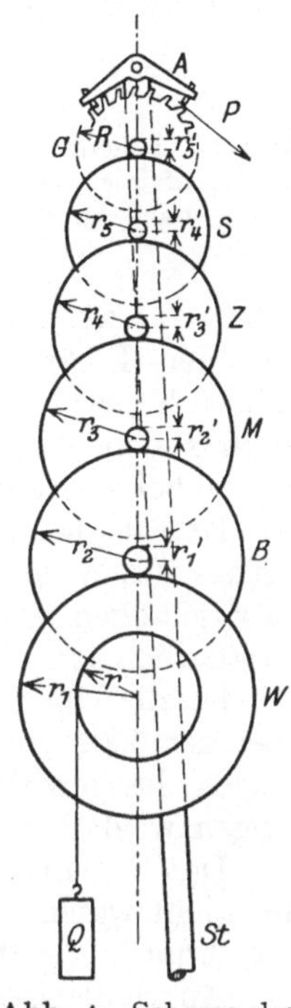

Abb. 1. Schema des Gehwerkes einer Pendeluhr nach W. SANDER.

Q Gewicht, W Walzenrad (Triebrad), B Beisatzrad, M Minutenrad, Z Zwischenrad, S Sekundenrad, G Gang- oder Steigrad, A Anker, St Pendelstange.

Das letzte Zahnrad, das Gang- oder Steigrad G, bildet zusammen mit dem Anker A die Hemmung. Der Anker ist mit der Pendelstange St durch die Führungsgabel verbunden und macht daher die Schwingungen des Pendels mit. Die an den Enden der Ankerarme angebrachten Klauen (Paletten) greifen dabei abwechselnd beiderseits in die Lücken der besonders geformten Zähne des Steigrades ein, hemmen seine Drehung bei jeder Schwingung und übernehmen in Form des Zahndruckes P den erforderlichen Anstoß (Antrieb, Impuls) zur Übertragung auf das Pendel.

[1]) Nachstehend eine Auswahl: EUGEN GELCICH, Die Uhrmacherkunst und die Behandlung der Präzisionsuhren. Wien: Hartleben 1892; L. AMBRONN, Handb. d. astron. Instrumentenkunde, 2 Bde., Bd. I, S. 161—278. Berlin: Julius Springer 1899; C. SAUNIER u. M. GROSSMANN, Lehrb. d. Uhrmacherei in Theorie u. Praxis, 3. Aufl. von M. LOESKE, 4 Bde. u. Atlas. Bautzen: Hübner 1902—1905, 5. Bd. Die Räderuhr von C. DIETZSCHOLD, 1915; H. BOCK, Die Uhr, Grundlagen und Technik der Zeitmessung. Aus Natur u. Geisteswelt Bd. 216, 2. Aufl. Leipzig: Teubner 1917, zitiert nach der 1. Aufl. 1908; W. SANDER u. M. LOESKE, Uhrenlehre. Leipzig: Wilh. Diebener 1923; E. GERLAND, Art. „Uhr, Pendeluhr", l. c.; C. STECHERT, Art. „Chronometer", ebendort Bd. I, S. 625—654. 1897; L. AMBRONN, Art. „Zeitmessung" in Handwörterb. d. Naturw. Bd. 10, S. 708—726. Jena: Gustav Fischer 1915.

[2]) W. SANDER, Uhrenlehre, l. c.

Elektrischer Aufzug von S. RIEFLER. Wesentlich einfacher sind die Laufwerke der Präzisionspendeluhren von S. RIEFLER gebaut[1]). Das Gewicht Q ist durch einen nur 10 g schweren, um die Achse A drehbaren Hebel h ersetzt (Abb. 2), der sich mittels einer Sperrklinke auf das auf derselben Achse sitzende Schaltrad S stützt. Dieses ist mittels Gegengesperres mit einem Zahnrad der Uhr verbunden, das unmittelbar in das Trieb des Gangrades eingreift und 8 Umdrehungen in der Stunde macht. Das ganze Laufwerk besteht somit nur aus zwei Rädern.

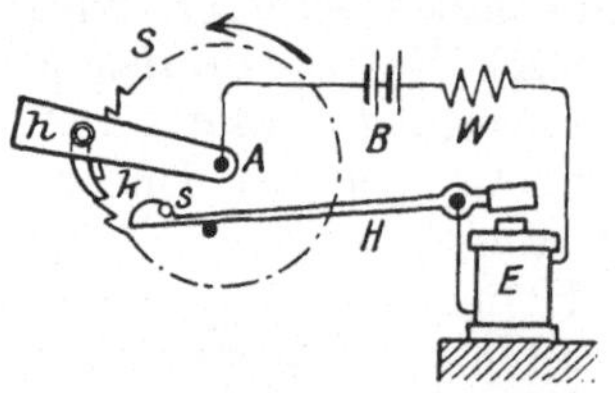

Abb. 2. Schema des elektrischen Aufzuges von S. RIEFLER nach H. BOCK.

Der Hebel h übt beim Herabsinken infolge seines Gewichtes ein Drehmoment auf das Schaltrad S aus, wodurch das Laufwerk in Bewegung kommt. Er berührt schließlich den Kontaktwulst k des Ankerhebels H, wodurch der Stromkreis der Batterie B über den Widerstand W und den Elektromagnet E geschlossen wird. Durch Anziehen des Ankerhebels H wird hierauf der Hebel h solange gehoben, bis der nichtleitende Stein s den Strom unterbricht. Der Elektromagnet läßt seinen Anker los und der Hebel h dreht mittels der Sperrklinke das Laufwerk weiter. Während des Hebens liefert der Uhr ihre Triebkraft die Feder des Gegengesperres. Mittels des Widerstandes W regelt man die Stromstärke so, daß der Hebel h so hoch gehoben wird, als für Wiederholung des Aufzuges nach je 33 Sekunden erforderlich ist.

Da die Übersetzung vom Gewicht zum Gangrad nur eine $7^1/_2$fache, gegenüber der 900fachen des gewöhnlichen Gewichtsaufzuges, ist und die Erschütterungen des gewöhnlichen Aufziehens von Hand aus und sonstige zufällige Störungen wegfallen, ist der Pendelantrieb besonders gleichmäßig[2]).

Das Schema des Gehwerkes einer Unruhuhr ist von jenem einer Pendeluhr nicht wesentlich verschieden, insofern man von abweichender Durchbildung und Anordnung der Einzelheiten absieht.

An Stelle des Gewichtes tritt die stählerne, spiralig aufgewundene Zugfeder in einem mit dem Triebrad W fest verbundenen Gehäuse. Die möglichste Konstanz des von der Zugfeder auf die Welle des Triebrades ausgeübten Drehmomentes wird durch Benützung nur des mittleren Teils der Federumgänge (z. B. 4 von ca. 6) angenähert erreicht. Die hierzu erforderliche Begrenzung der Federhausumgänge besorgt die sog. „Stellung", d. i. ein Gesperre besonderer Konstruktion, wie z. B. die sehr häufig gebrauchte Form des Maltheserkreuzes mit Einzahnradeingriff. Das Drehmoment wird um so konstanter, je kleiner das von der Stellung umgrenzte Gebiet der Feder ist. Werden besonders hohe Anforderungen an die Genauigkeit des Ganges gestellt, wie bei Chronometern, dann erreicht man erhöhte Konstanz des von der Feder auf das Laufwerk übertragenen Drehmomentes mit Hilfe der sog. Schnecke. Sie ist eine Walze mit treppenartig ansteigenden, spiralförmigen Gängen, auf die eine feine Gelenkkette so aufgelegt ist, daß bei ihrem Ablauf vom Federhaus, um das sie auch geschlungen ist, die Abnahme der Federkraft durch den wachsenden Hebelarm der Schnecke derart ausgeglichen wird, daß das übertragene Drehmoment fast konstant bleibt. Damit dies auch während des Aufzuges der Fall sei, wird

[1]) S. RIEFLER, Präzisionspendeluhren und Zeitdienstanlagen für Sternwarten, S. 24–26. 1907.

[2]) Über die Vorläufer dieses Gedankens vgl. W. VALENTINER, Hdw. d. Astr. Bd. IV, S. 33ff. 1902 und A. TOBLER, Elektrische Uhren, 2. Aufl., Hartlebens Elektrotechn. Bibl. Bd. 13. Wien 1909.

die Schnecke, bzw. wenn eine solche fehlt, das Federhaus mit dem Triebrad durch Sperrklinke und Gegengesperre verbunden. Dabei wickelt sich die Kette von der Federtrommel ab und auf die Schneckengänge auf. Für Präzisionsuhren, die höchsten Anforderungen genügen sollen, ist der Federaufzug aus diesen Gründen zu vermeiden. Solchen Anforderungen können nur Pendeluhren mit Gewichts- oder elektrischem Antrieb entsprechen.

An Stelle des Pendels tritt bei Unruhuhren die Unruhe mit Spiralfeder, die mit dem Anker in besonderer Weise zusammenwirken.

Während man Pendeluhren für wissenschaftliche Zwecke mit Sekundenpendeln kleiner Schwingungsweite, möglichst unter 3°, versieht, vollführen die Unruhen der Taschenuhren bei möglichst großer Schwingungsweite, von oft mehr als 360°, 5 Schwingungen in 1 sec, die Unruhen der Chronometer 4 Schwingungen in 1 sec, um sie von Einflüssen äußerer mechanischer Störungen möglichst unabhängig zu machen.

b) Die Hemmung.

13. Allgemeines. Die Hemmung einer Uhr ist jener Teil ihres Gehwerkes, der das Laufwerk mit dem Gangregler verbindet. Sie hemmt unter dessen Einfluß den beschleunigten Ablauf des Laufwerkes, indem sie es nach genau gleichen Zeiträumen auslöst und um gleiche kleine Stücke sprungweise ablaufen läßt. Gleichzeitig überträgt sie bei jedem Sprung auf den Gangregler soviel Arbeit des Antriebes, als nötig ist, um seine schwingende Bewegung entgegen den Bewegungswiderständen aufrecht zu erhalten. Die Gleichheit der Zeiträume für die Auslösung des Laufwerkes führt der Gangregler herbei, mit dem daher die Hemmung dauernd oder wenigstens zeitweise während der Auslösung und Übertragung des Impulses gekoppelt sein muß.

Die Ausführung der Koppelung muß folgenden Bedingungen genügen:

1. Die Schwingung des Gangreglers soll durch sie so wenig als möglich gestört werden.

2. Der Impuls soll sanft und stoßfrei, in stets gleicher Stärke erfolgen.

3. Auslösung und Impuls sollen möglichst dann erfolgen, wenn der Regler durch seine Gleichgewichtslage geht, da er dort die größte lebendige Kraft und das größte Beharrungsvermögen hat, somit am unempfindlichsten gegen Störungen ist.

Die Entwicklung der Uhren weist mehr als 200 Hemmungen auf, wovon jedoch nur etwa 12 bis 15 größere Verbreitung fanden.

Der Bau der Hemmung ist verschieden, je nachdem sie für Pendel- oder Unruhuhren bestimmt ist. Je nach Dauer und Art der Koppelung mit dem Gangregler unterscheidet man rückfallende, ruhende und freie Hemmungen.

Bei der rückfallenden Hemmung wird das Steigrad nach erfolgtem Anhalten durch die Ankerklaue ein wenig zurückgedreht, bei der ruhenden Hemmung steht es still; bei beiden Hemmungen besteht feste Koppelung mit dem Gangregler durch die Führungsgabel. Bei den freien Hemmungen herrscht lose Koppelung mit dem Gangregler nur während der Auslösung und des Antriebes; die übrige Zeit schwingt der Regler vollkommen frei, während das Gangrad stillsteht.

Die allgemeine Theorie der Hemmung haben Resal und Grashof gegeben, auf deren Arbeiten hier nur verwiesen werden kann[1]).

[1]) H. Resal, Traité de Mécanique générale Bd. 3, S. 477. 1876. Übersicht bei C. Ed. Caspari, Theorie der Uhren, Art. VI 2, 4 der Encykl. d. math. Wiss. Bd. VI 2, S. 176. 1905; F. Grashof, Theoretische Maschinenlehre Bd. II, S. 630. 1883. Übersicht bei E. Gerland, Art. „Uhr, Pendeluhr", l. c. S. 21.

Im nachstehenden werden die Grundzüge der Haupttypen von Hemmungen soweit besprochen, als es die physikalische Beleuchtung des Gegenstandes erfordert, und zwar von den Pendeluhrhemmungen der Grahamgang und der Rieflergang, von den Unruhuhrhemmungen der Ankergang und der Chronometergang.

14. Der Grahamgang. Der Grahamgang ist seiner Einfachheit wegen eine der verbreitetsten Pendeluhrhemmungen und war seit fast 2 Jahrhunderten, bis vor kurzem, bei Präzisions- und astronomischen Uhren der fast allein verwendete. Er wurde 1710 von GEORGE GRAHAM angegeben, der den älteren, rückfallenden Hakengang des englischen Uhrmachers CLEMENT (1680) zu einer ruhenden Hemmung umbaute und damit eine entscheidende Verbesserung erzielte.

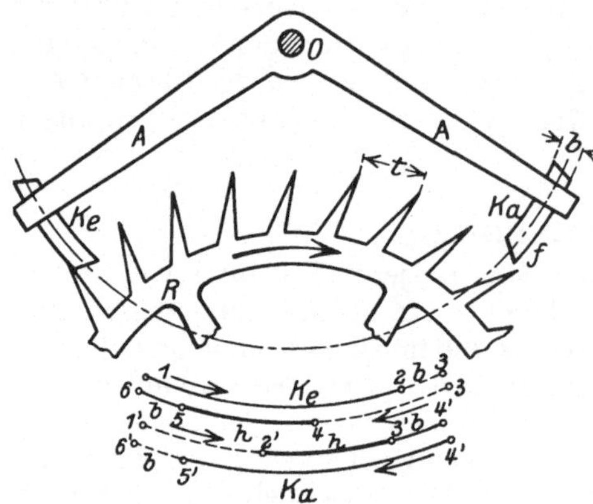

Abb. 3. Schema des GRAHAMganges nach H. BOCK und W. SANDER.

Der stählerne Anker AA (Abb. 3) trägt an seinen Enden zwei Klauen, die Eingangsklaue K_e und die Ausgangsklaue K_a, aus gehärtetem Stahl, Saphir oder Rubin, mit zylindrischen Flanken, deren Achse mit der Ankerachse O zusammenfällt. Diese trägt die mit der Pendelstange verbundene Führungsgabel. Die Klauen sind beiderseits durch die sog. Hebungsflächen abgeschrägt, die zur Tangente von O an den Umfang des Steigrades R schwach geneigt sind. Die Klauen lassen sich nach Abnutzung herausnehmen und umdrehen. Der Anker überspannt eine ungerade Anzahl halber Zahnteilungen t, in der Skizze $7\,{}^1/_2\, t$; die Klauenbreite b ist wenig kleiner als $\frac{t}{2}$ und der sog. Fall $f = \frac{1}{15} - \frac{1}{25}t$, ein möglichst kleiner Spielraum, der wegen unvermeidlicher Ungenauigkeiten der Zahnteilung nötig ist.

Die zylindrische, mit der Ankerachse konzentrische Form der Klauenflanken bewirkt nach dem Eingriff den Stillstand des Steigrades, an dessen Spitzen die äußere Flanke der Eingangsklaue K_e bzw. die innere Flanke der Ausgangsklaue K_a gleiten. Daher der Name „ruhende Hemmung".

Das weitere Gleiten der Zahnspitzen längs der Hebungsflächen erfolgt unter Druckwirkung auf diese, wodurch der Anker und durch Vermittlung der Führungsgabel auch das Pendel den Impuls in seiner Schwingungsrichtung erhält. Bei je zwei Pendelschwingungen rückt das Steigrad um eine Zahnteilung weiter. Sitzt auf seiner Achse der Sekundenzeiger und ist das Pendel ein Sekundenpendel, dann muß es 30 Zähne haben, damit es in 1 Minute eine Umdrehung macht.

Den Verlauf des Hemmungsvorganges versinnlichen die beiden Bogen *1* bis *6* für die Eingangsklaue K_e und *1'* bis *6'* für die Ausgangsklaue K_a. Die Winkel sind stark vergrößert; die ganze Schwingungsweite beträgt etwa 3 bis 4°[1]).

Das Pendel schwingt von links nach rechts, bei *1* beginnend, bis in *2* ein Zahn des Steigrades auf die Eingangsklaue K_e fällt, so daß die Vollendung der Schwingung bis *3*, bei Stillstand des Steigrades und gleitender Reibung des

[1]) W. SANDER, Uhrenlehre, siehe Fußnote 1, S. 171.

Zahnes an der Klauenflanke erfolgt. Nach Umkehr in *3* schwingt das Pendel nach links zurück. In *4* überschreitet der Zahn die Klauenkante und drückt nun auf die Hebungsfläche, die er in *5* verläßt, worauf das Pendel bis zum Umkehrpunkt *6* weiterschwingt. Der Bogen *4* bis $5 = h$ heißt Hebungsbogen oder kurz die Hebung, die Teile *b* Ergänzungsbogen. Der Hebungswinkel beträgt etwa 2°.

Das Spiel der Ausgangsklaue K_a ist hiernach leicht zu überblicken.

Bei kleiner Schwingungsweite macht der Grahamgang das Pendel vom Gehwerk fast unabhängig, so daß der Isochronismus der Pendelschwingungen gut gewahrt bleibt.

15. Der Rieflergang. Der bedeutendste Fortschritt im Bau von Hemmungen seit GRAHAM war die um das Jahr 1890 von S. RIEFLER in München erfundene freie Hemmung[1]). Sie beruht auf dem vollständig neuen Gedanken, das Pendel von der störenden Einwirkung des Uhrwerks möglichst ganz zu befreien. Seine Ausführung zeigt die schematische Abb. 4[2]).

Das Pendel hängt an zwei 0,11 bis 0,12 mm dicken Blattfedern *f*. Ihre obere Fassung K_1 durchsetzt eine rahmenartige Erweiterung des Balkens *B*, auf der sie mittels des Stiftes s_1 aufruht. Eine andere Verbindung des Pendels mit dem Laufwerk, wie Führungsgabel u. dgl., besteht nicht.

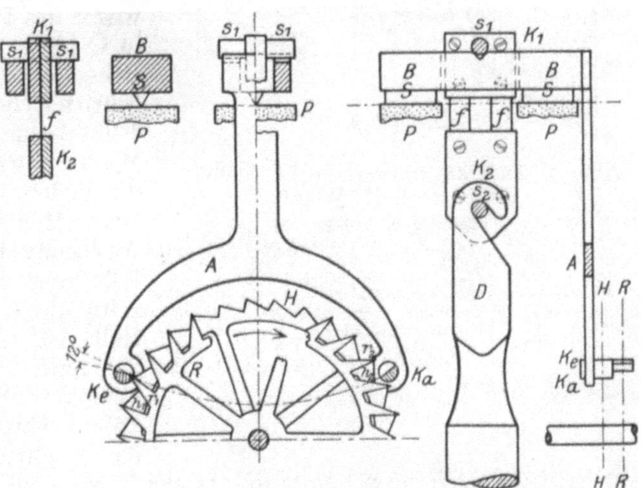

Abb. 4. Schema des Rieflerganges nach H. BOCK.

Der Balken ist mittels zweier Schneiden *S* so auf zwei steinernen Pfannen *P* gelagert, daß seine Drehachse mit der Biegungsachse der Pendelfeder, zugleich Schwingungsachse des Pendels, genau zusammenfällt, die etwa 0,3 mm unterhalb der Unterkante der oberen Federklemmung K_1 liegt. Er trägt den Anker *A* mit den Klauen K_e (Eingangsklaue) und K_a (Ausgangsklaue) aus Karneol, die zur Hälfte um 11 bis 12°, dem Reibungswinkel von Stein auf Messing, abgeschrägt sind, um den Einfluß der Klauenreibung und damit der Triebkraft des Räderwerkes auf die Ankerauslösung möglichst auszuschalten. Die andere Hälfte der Klauen ist zylindrisch.

Das Steigrad ist ein Doppelrad und besteht aus einem Hebungsrad *H* und einem Ruherad *R*, die, auf gemeinsamer Achse, fest miteinander verbunden sind. *H* liegt in der Ebene des zylindrischen, *R* in der Ebene des abgeflachten Teils der Klauen. *H* bewirkt mit seinen abgeschrägten Zähnen *h* die Hebung

---

[1]) S. RIEFLER, Chronometer-Echappement mit vollkommen freier Unruhe und dessen Anwendung für Pendeluhren mit gänzlich freiem Pendel, D. R. P. Nr. 50739, Bayer. Ind.- u. Gewerbebl., Org. d. Polyt. Vereins in München, Nr. 10. 1890; Präzisionspendeluhren und Nickelstahlkompensationspendel. München: Ackermann 1907; Präzisionspendeluhren und Zeitdienstanlagen für Sternwarten. München: Ackermann 1907.

[2]) H. BOCK, Die Uhr, S. 98; Kritische Theorie der freien Riefler-Hemmung. Berlin: Julius Springer 1910.

an den zylindrischen Teilen der Klauen, R hingegen, mit den radialen Flächen der Zähne r, die Ruhe an den ebenen Abschrägungen der Klauen.

Das Spiel der Hemmung, welches HERMANN BOCK eingehend untersucht hat[1]), ist durch dessen „Federkraftdiagramm" in Abb. 5 veranschaulicht und verläuft wie folgt:

In Abb. 4 ist das Pendel in der äußersten Lage rechts zu denken, wobei die Pendelfeder ihr größtes Biegungsmoment erlangt hat, das sich dem Pendel als Drehmoment M_0 (Abb. 5) mitteilt. Dabei ruht die Eingangsklaue K_e auf der Zahnspitze r_1 des Ruherades R. Bei der Schwingung des Pendels nach links nimmt das Drehmoment proportional dem Winkelweg α des Pendels ab. Es wird Null in C (Abb. 5), nachdem das Pendel seine Gleichgewichtslage um 3′ überschritten hat, weil diese Lage der Ruhestellung des Ankers entspricht. Weiterschwingend biegt das Pendel die Feder, erteilt ihr also ein negatives Moment, wodurch in D die Auslösung eingeleitet wird und die Feder dem Pendel nachfolgt. Gleichzeitig dreht sich der Rahmen samt Balken B (Abb. 4) auf seinen Schneiden nach links, und die Federspannung vermindert sich wieder, bis der Zahn r_1 von der Ruhefläche der Klaue K_e abgeglitten ist und das Steigrad um eine halbe Zahnteilung weiterspringt, bis der Zahn r_2 die Ruhefläche der Ausgangsklaue K_a erreicht hat. Dieser „Fall" des Steigrades entspricht dem Winkelweg EF des Pendels, wobei die Federspannung auf Null sinkt. Unterdessen ist der Hebezahn h_2 mit dem zylindrischen Teil der Ausgangsklaue K_a in Berührung gekommen und drängt diesen mit seiner Hebungsfläche nach rechts, so daß sich der Rahmen mit dem Balken auf seinen Schneiden, entgegen der Pendelschwingung, nach rechts dreht und hierbei die Pendelfeder auf dem Winkelweg FL des Pendels bis zum Biegungsmoment LG spannt. Steigrad und Anker bleiben stehen, das Pendel schwingt im linken Ergänzungsbogen bis zu seinem linken Umkehrpunkt B weiter, die Pendelfeder wird weitergespannt und erreicht den negativen Höchstwert ihres Biegungsmomentes $-M_0$ in B. Das Pendel schwingt nun nach rechts zurück, und das Spiel wiederholt sich in umgekehrter Richtung.

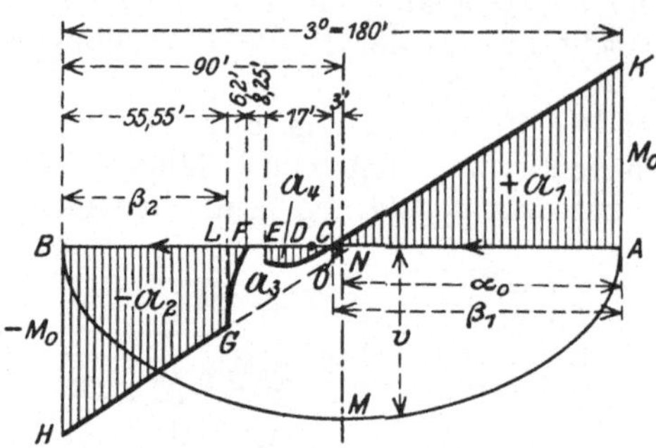

Abb. 5. Federkraftdiagramm des Rieflerganges nach H. BOCK.

$AOB = 3° = 180'$ Bogenweg des Pendels bei einer Schwingung; $AO = OB = \alpha_0 = 90'$ halbe Schwingungsweite des Pendels; O Gleichgewichtslage des Pendels; v Geschwindigkeit des Pendels; AMB Geschwindigkeitskurve des Pendels; M_0 Maximalmoment der Pendelfeder; $OC = 3'$ Überspannung; $AC = \beta_1 = 93'$ vorangehender Ergänzungsbogen; $CE = 17'$ Auslösung; D Beginn der Auslösung; $EF = 8{,}25'$ Fall; $FL = 6{,}2'$ Hebung (Federanspannung); $LB = \beta_2 = 55{,}55'$ nachfolgender Ergänzungsbogen; $+\mathfrak{A}_1$ dem Pendel von der Feder zugeführte Arbeit; $-\mathfrak{A}_2$ der Feder vom Pendel zugeführte Arbeit; $\mathfrak{A}_3$ vom Pendel aufgenommene Antriebsarbeit; $\mathfrak{A}_4$ Reibungsarbeit.

Das Pendel empfängt also seinen Antrieb durch die vom Steigrad gespannten Aufhängefedern, sanft, stoßfrei und in stets gleichbleibender Stärke. Dabei entfallen von den 180 Bogenminuten der Schwingungsweite nur $6{,}2 + 8{,}25 + 17 = 31{,}45'$ auf die Aufnahme der Antriebsarbeit durch Vermittlung des Steigrades der Hemmung, während $55{,}55 + 3 + 90 = 148{,}55'$ auf den Ergänzungsbogen mit vollständig freier Pendelschwingung entfallen. Beim Grahamgang ist das Verhältnis nahezu umgekehrt, was den durch den Rieflergang erzielten Fortschritt kennzeichnet. Der Rieflergang erfüllt die Anforderungen

[1]) H. BOCK, Krit. Theorie, siehe Fußnote 2, S. 175.

an eine gute Hemmung in ganz besonders hohem, kaum noch zu übertreffendem Maß[1]).

H. BOCK hat den Hemmungsvorgang auch quantitativ untersucht[2]). Um welche Größen es sich dabei handelt zeigt die Angabe, daß bei einer Rieflerուhr mit Sekundenpendel von 7,35 kg Pendelgewicht, während einer Schwingung die vom Steigrad auf den Anker übertragene Arbeit $0{,}262 \cdot 10^{-5}$ mkg und die von ihm auf die Feder und von dieser auf das Pendel übertragene Arbeit $0{,}32 \cdot 10^{-6}$ mkg beträgt. Der Wirkungsgrad der Hemmung wäre hiernach

$$\eta = \frac{0{,}32 \cdot 10^{-6}}{0{,}262 \cdot 10^{-5}} = 0{,}122 \text{ oder rund } 12{,}2\%.$$

Die Energieverluste eines Räderpaares (Zahnrad und Trieb) betragen etwa 1 bis 2% für Zahnreibung, 2 bis 5% für Zapfenreibung, zusammen 3 bis 7%, im Mittel etwa 6%. Für ein Räderpaar beträgt also der Korrektionsfaktor 0,94, für n Räderpaare $0{,}94^n$. Dies gibt für 4 Räderpaare rund 22%, für 5 Räderpaare rund 26%, für 6 Räderpaare rund 31%[3]). Auch hieraus erhellt der durch die Rieflerուhr mit elektrischem Aufzug und nur 2 Räderpaaren bedingte Fortschritt, denn ihre Reibungsverluste betragen nur 12%.

Eine Vereinfachung erfuhr der Rieflergang durch Prof. LUDWIG STRASSER in Glashütte. Die Stahlschneiden und das zweite Steigrad (Hebungsrad) wurden beseitigt, dagegen zur Übertragung des Antriebes auf das Pendel, außer den Aufhängefedern, noch zwei Blattfedern in besonderer Fassung angewendet. Bezüglich der Einzelheiten sei auf die Beschreibung von H. BOCK verwiesen[4]). Das Federkraftdiagramm des Strasserganges unterscheidet sich nicht wesentlich von jenem des Rieflerganges. Der Strassergang wurde bei astronomischen Uhren vielfach mit Erfolg verwendet. Vermöge seiner Einfachheit und verhältnismäßigen Unempfindlichkeit dürfte er dazu berufen sein, auch bei besseren Pendeluhren den Grahamgang mit Vorteil zu ersetzen.

16. Der freie Ankergang. Die weitaus vollkommenste Hemmung für tragbare Unruhuhren ist der freie Ankergang, ein der großen Schwingungsweite der Unruhe angepaßter Grahamgang (ROBIN 1791). Die dazu erforderliche große Übersetzung brachte THOMAS MUDGE 1799 in die einfache Form einer mit dem Anker fest verbundenen Gabel (an Stelle einer Zahnlücke) und eines einzigen Zahnes an der Unruhe, der nur während der kurzen Hebung in die Gabel greift, während des langen Ergänzungsbogens aber außer Eingriff ist, wodurch die Hemmung zu einer freien wurde.

Ihre Einrichtung zeigt die schematische Abb. 6, nach einem freien Ankergang neuerer Bauart von ADOLF LANGE in Glashütte[5]).

Die Achsen des Steigrades R, des Ankers A (O_a) und der Unruhe $U(O_u)$ liegen in einer Ebene. Das stählerne Steigrad hat gewöhnlich 15 Kolbenzähne $z_1 z_2 \ldots$ (schweizer Form, im Gegensatz zur englischen spitzen Zahnform), von denen der Anker 3 bis 4 umspannt. Der stählerne Anker A ist unsymmetrisch. Er trägt an seinen Enden die steineren Klauen K_e (Eingang) und K_a (Ausgang), mit den von der Ankerachse gleich weit entfernten Ruheflächen ab, $a'b'$ und den

[1]) Demgegenüber findet B. WANACH beim Grahamgang wesentlich kleineren Einfluß der Schwingungsweite auf den Uhrgang als beim Rieflergang [Astron. Nachr. Bd. 203, Nr. 4864, S. 267–275. 1916], während H. KIENLE zum entgegengesetzten Ergebnis kommt [Neue Ann. d. Sternw. zu München Bd. 5, Heft 2, 105 S. 1918 u. ZS. f. Instrkde. Bd. 40, S. 77–79. 1920].

[2]) H. BOCK, Krit. Theorie, s. Fußnote 2, S. 175.

[3]) W. SANDER, s. Fußnote 1, S. 171.

[4]) H. BOCK, Die Uhr, S. 99ff.

[5]) H. BOCK, Die Uhr, S. 103ff.

Hebeflächen bc, $b'c'$. Ein in den einen Ankerarm eingelassener Stift p, der in ein entsprechend weites Loch der unteren Platine hineinragt, begrenzt die Ankerschwingung.

Der Anker setzt sich in der Richtung der Unruhachse O_u in eine Gabel G fort, die in zwei Zinken oder Hörner hh endet. Dazwischen liegt unterhalb ein Sicherungsstift s, der mit kleinem Zwischenraum in eine Lücke der auf der Unruhachse O_u sitzenden Sicherungsscheibe S_2 einspielt. Die Gewichtsverteilung ist derart durchgeführt, daß der Gesamtschwerpunkt von Anker und Gabel in die Ankerachse O_a fällt. Auf der Achse O_u der Unruhe U sitzt die Scheibe S_1, welche den in ihrer Ebene senkrechten, zylindrischen oder elliptischen Hebestift E — die Eklipse — aus Stahl oder Edelstein trägt. Er ist so angebracht, daß er zwischen die Zinken der Gabel hineinragt, so daß diese ihn bei ihren Schwingungen fassen und mitnehmen kann.

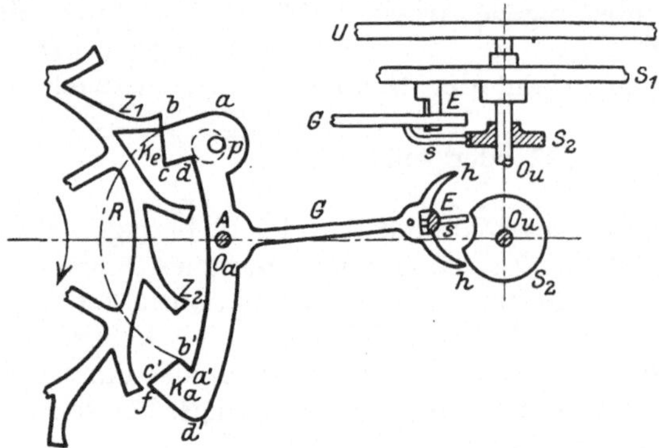
Abb. 6. Schema des freien Ankerganges nach H. BOCK.

Das Spiel des Ankerganges ist folgendes: In Abb. 6 hat sich die Unruhe, während ihrer Drehung entgegen dem Uhrzeigersinn, so weit bewegt, daß der Hebestift E zwischen die Hörner h der Gabel gelangt ist und den Anker um $1^1/_2°$ gedreht hat, wobei der Zahn z_1 des Steigrades die Ruhefläche ab entlang geglitten ist. Der Druck des Steigradzahnes sowie Sicherheitsstift s und Begrenzungsstift p haben vorher für die Unveränderlichkeit der Lage des Ankers gesorgt. Sobald der Zahn z_1 die Kante b erreicht hat, ist die Auslösung vollendet. Im nächsten Augenblick beginnt die Hebung, indem der Zahn z_1 die Hebungsfläche bc entlang gleitet und auf sie einen Druck überträgt, der sich als Drehmoment Anker und Gabel mitteilt, die es mittels des Hebestiftes E auf die Unruhe übertragen. Bei der gezeichneten Zahnform entfallen 3° Ankerdrehung auf die Hebefläche des Zahnes, $5^1/_2°$ auf die Hebefläche der Klaue. Nach vollendeter Hebung fällt der Zahn z_2 auf die Ruhefläche $a'b'$ der Ausgangsklaue K_a, während der Hebestift E die Gabel in die durch den Stift p gegebene Endlage führt, wobei die Sicherungsscheibe S_2 durch Druck auf den Sicherungsstift s mitwirkt. Bei der Umkehr der Unruhe nimmt der Hebestift E die Gabel in der entgegengesetzten Richtung mit, worauf der Zahn z_2 nach Abgleiten von der Ruhefläche $a'b'$ und nach Auslösung an der Kante b' die Hebung längs der Hebungsfläche $b'c'$ der Ausgangsklaue bewirkt, bis der nächste Zahn wieder auf die Ruhefläche ab der Eingangsklaue K_e fällt usw. Der Hebungswinkel der Unruhe beträgt 30 bis 45°, der Ergänzungsbogen aber ist so groß, daß die Schwingungsweite oft $1^1/_2$ Umgänge erreicht. Der Hebungswinkel macht also nur etwa 8% der ganzen Schwingung aus, während der Rest ganz frei vor sich geht.

17. Der freie Chronometergang. Die bei weitem besten Gangleistungen von Unruhuhren verbürgt der Chronometergang. Das Bedürfnis der Seeschiffahrt nach genügend zuverlässigen Zeitmessern für die Ortsbestimmung und namhafte hierfür ausgesetzte Preise des englischen Parlaments, spornten die Erfindertätigkeit mächtig an. Die ersten Bestrebungen zur Schaffung einer brauchbaren Seeuhr gehen auf JOHN HARRISON (1736) zurück[1]), während der

[1]) W. WHEWELL u. J. J. v. LITTROW, Gesch. d. ind. Wiss. Bd. II, S. 298. 1840.

erste Entwurf des heutigen Chronometerganges von PIERRE LE ROY (1748) stammt. An seiner Weiterentwicklung haben vornehmlich FERDINAND BERTHOUD und JOHN ARNOLD gearbeitet. Die heutige Form der Hemmung geht auf THOMAS EARNSHAW (1800) zurück. Um den weiteren Ausbau machte sich der Däne URBAN JÜRGENSEN besonders verdient.

Das Steigrad *R*, mit gewöhnlich 12 oder 15 Zähnen (Abb. 7) stützt sich mit seinem Zahn z_1 auf die Ruhefläche der Klaue *K* aus Edelstein, die von der Stahlfeder *F* getragen wird, welche einerseits an der Platine bei *a* festgeschraubt ist und anderseits an dem Anschlag *p* aufliegt. An die Feder *F* ist bei *b* die schwache Goldfeder *G* befestigt. Auf der Unruhachse *A* sitzt die Scheibe *c* mit dem in einem Ausschnitt angebrachten Antriebstein *S* und die Scheibe *d* mit dem Hebestein *s*. Schwingt die Unruhe im Sinne des Pfeiles, so hebt der Hebestein *s* die Goldfeder *G* und damit die Feder *F*, so daß durch Abgleiten des Zahnes z_1 von der Klaue *K* die Auslösung des Steigrades *R* erfolgt, das im Sinne des Pfeiles um eine ganze Zahnteilung weiterspringt, wobei der Zahn z_2 auf den Antriebstein *S* stößt und dadurch der Unruhe einen Antrieb erteilt. Inzwischen hat sich die Feder *F* an den Anschlag *p* gelegt und fängt mit der Klaue *K* den nächsten Zahn des Steigrades auf. Die Unruhe schwingt im Ergänzungsbogen weiter. Bei der Umkehr drückt der Hebestein *s* die Goldfeder nur so viel zur Seite, daß er ohne Auslösung der Feder *F* vorbei kann. Das Steigrad bleibt unbeweglich, der Schlag ist ein „toter".

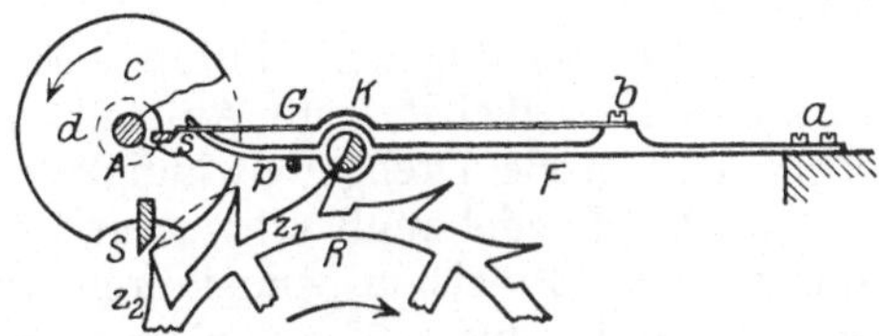

Abb. 7. Schema des freien Chronometerganges nach H. BOCK.

Während der Hebung durchläuft die Chronometerunruhe einen Winkel von 45°. Da die Hebung aber nur bei jeder zweiten Schwingung eintritt, so ist der Ergänzungsbogen im Verhältnis zum Hebungsbogen größer als bei jeder anderen Hemmung, also die freie Schwingung am größten. Bei einer Schwungweite von 500° entfallen auf die Hebung nur 4,5% der ganzen Schwingung. Der Auslösungswiderstand ist sehr klein, Öl ist überflüssig. Diese Vorzüge erklären die Bedeutung des freien Chronometerganges für Seeuhren, für die er allgemein verwendet wird. Für Präzisionstaschenuhren ist er jedoch zu empfindlich, weil er bei heftigen Bewegungen leicht stehen bleibt. Zur Erzielung der besten Gangleistungen erfordert er, wie schon erwähnt, die Anwendung einer Schnecke.

Eine geringere Empfindlichkeit gegen Erschütterungen wurde durch Anwendung einer Spiralfeder an Stelle der Blattfeder *F* erreicht, wobei die Klaue die Achse der Spiralfeder bildet (deutsche Wippenhemmung). Dieser Chronometergang eignet sich besonders für Taschenchronometer.

c) Die Gangregler.

18. Allgemeines. Die Gangregler — Pendel und Unruhe — sind, wie schon betont, die eigentlichen zeitmessenden Hauptbestandteile der Räderuhren. Sie haben für den vollständig gleichmäßigen Ablauf des Laufwerkes zu sorgen, so daß die Umdrehung irgendeiner Welle desselben als Zeitmaß dienen kann. Dies geschieht, wie schon erwähnt, durch Vermittlung der Hemmung. Zur Erfüllung dieser Aufgabe erwies sich die schwingende Bewegung von Kreispendel und Unruhe am geeignetsten, wobei die Dauer aufeinanderfolgender Schwingungen genau gleich sein muß. Die Hauptaufgabe der Uhrmacherkunst ist die Erreichung und dauernde Erhaltung des Isochronismus der Schwingungen des Gangreglers. Hierzu ist erforderlich:

1. Alle Widerstände des Gangreglers müssen so klein als möglich und unveränderlich sein.

2. Der Antrieb des Gangreglers soll möglichst kurz dauern und beim Durchgang durch seine Gleichgewichtslage erfolgen, wo er die größte lebendige Kraft und das größte Beharrungsvermögen hat, also am unempfindlichsten gegen Störungen ist.

3. Dem schädlichen Einfluß mechanischer Störungen begegnet man wirksam durch möglichst feste Aufstellung der Pendeluhren, große Schwingungsbögen und große Drehgeschwindigkeit der Unruhe.

4. Das Pendel muß schwer und lang sein und kleine Schwingungen ausführen. Für Präzisionspendeluhren werden Sekundenpendel von 6 bis 7 kg Gewicht und 3 bis 3,5° Schwingungsweite angewendet.

α) Das Pendel.

19. Schwingungsdauer und Schwingungsweite. Das Uhrpendel ist eine um eine horizontale Achse drehbare dünne Stange mit einem schweren Körper am unteren Ende, gewöhnlich in Linsenform. Die Achse des Pendels fällt mit der Ankerachse der Hemmung zusammen und ist parallel zu jener des Steigrades, mit der sie in einer lotrechten Ebene liegt.

Bringt man das Pendel um einen kleinen Winkel aus seiner lotrechten, stabilen Gleichgewichtslage, so vollführt es ebene Schwingungen um sie, deren Verlauf durch die Bewegungsgleichung des physischen Pendels beschrieben wird[1]).

Sieht man zunächst von Bewegungswiderständen ab, so lautet die Bewegungsgleichung des einfachen (mathematischen) Pendels

$$\frac{d^2\alpha}{dt^2} + \frac{g}{l}\sin\alpha = 0\,. \tag{1}$$

Dabei ist α der von der Gleichgewichtslage an gezählte Winkelweg, t die Zeit, l die Pendellänge, g die Beschleunigung der Schwere.

Für das physische Pendel ist l die reduzierte Pendellänge (Länge des einfachen Pendels gleicher Schwingungsdauer),

$$l = \frac{J}{m s}\,, \tag{2}$$

wenn m die Masse des Pendels, J sein Trägheitsmoment bezüglich der Drehachse und s der Abstand seines Schwerpunktes von der Drehachse bedeutet.

Durch den Abstand l von der Drehachse, auf dem darauf vom Schwerpunkt des Pendels gefällten Lot gemessen, ist der Schwingungsmittelpunkt, kürzer Schwingungspunkt des physischen Pendels bestimmt. Die in ihm vereinigt gedachte Pendelmasse m bestimmt das einfache Pendel gleicher Schwingungsdauer.

Die Integration der Differentialgleichung (1) führt auf das vollständige elliptische Integral erster Gattung für die Schwingungsdauer des Pendels τ (Zeit-

---

[1]) Bezüglich der Mechanik des Pendels wird auf Bd. V ds. Handb. verwiesen. Außerdem vgl. GUSTAV KIRCHHOFF, Vorl. üb. math. Physik, Mechanik, 3. Aufl. S. 17ff., 77ff. 1883; FRANZ NEUMANN, Einl. in die Theoret. Physik, S. 32ff. 1883; E. J. ROUTH, A treatise on the dynamics of a system of rigid bodies 7. ed. 1905, deutsch von A. SCHEPP, Bd. I, S. 74ff. 1898; PH. FURTWÄNGLER, Encykl. d. math. Wiss. Bd. IV 2, Art. IV 7, Mech. physikal. App. 1904; C. ED. CASPARI, ebenda Bd. VI 2. Art. VI 2, 4, Theorie d. Uhren, 1905.

dauer einer Hin- oder Herschwingung), das sich in folgende stark konvergente Reihe entwickeln läßt

$$\tau = \pi \sqrt{\frac{l}{g}} \left[1 + \left(\frac{1}{2}\right)^2 \sin^2 \frac{\alpha_0}{2} + \left(\frac{1\cdot 3}{2\cdot 4}\right)^2 \sin^4 \frac{\alpha_0}{2} + \left(\frac{1\cdot 3\cdot 5}{2\cdot 4\cdot 6}\right)^2 \sin^6 \frac{\alpha_0}{2} + \cdots \right]. \quad (3)$$

Darin ist α_0 die halbe Schwingungsweite des Pendels.

Ist die Schwingungsweite so klein, daß man den Bogen für den Sinus setzen kann, so wird

$$\tau = \pi \sqrt{\frac{l}{g}} \left[1 + \frac{\alpha_0^2}{16} \right] \quad (4)$$

und für unendlich kleine Schwingungsweiten

$$\tau = \pi \sqrt{\frac{l}{g}} = \pi \sqrt{\frac{J}{G s}}, \quad (5)$$

wobei $mg = G$ das Gewicht des Pendels ist.

Nur unendlich kleine Schwingungen des Pendels sind also isochron, d. h. verlaufen unabhängig von der Schwingungsweite in derselben Zeit.

Inwieweit man kleine Schwingungen praktisch als isochron ansehen darf, geht aus folgender Tabelle hervor:

Ganze Schwingungsweite $2\alpha_0$	Ausschlag α_0	$\left(\frac{1}{2}\right) \sin \frac{2\alpha_0}{2} \approx \frac{\alpha_0^2}{16}$	$\frac{\alpha_0^2}{16}$ abgerundet	Eine Uhr mit Sekundenpendel bleibt 24h bei wachsender Schwingungsweite zurück um sec
0°	0,0°	0,00	0	0,00
1°	0,5°	$0{,}0_5 47596$	$5 \cdot 10^{-6} \approx {}^1/_{200000}$	0,42
2°	1,0°	$0{,}0_4 19038$	$20 \cdot 10^{-6} \approx {}^1/_{50000}$	1,66
3°	1,5°	$0{,}0_4 42834$	$40 \cdot 10^{-6} \approx {}^1/_{25000}$	3,72
4°	2,0°	$0{,}0_4 76156$	$80 \cdot 10^{-6} \approx {}^1/_{13000}$	6,60
5°	2,5°	$0{,}0_3 11897$	$120 \cdot 10^{-6} \approx {}^1/_{8500}$	10,32
6°	3,0°	$0{,}0_3 17130$	$170 \cdot 10^{-6} \approx {}^1/_{6000}$	14,88

Man pflegt hiernach, insbesondere bei Präzisionspendeluhren mit Sekundenpendel, keine größeren Schwingungsweiten als 3 bis 3,5° anzuwenden (Erfüllung der Bedingung Ziff. 18, Pkt. 4).

20. Störungen des Isochronismus. Allgemeines. Die Störungen des Isochronismus bestehen vor allem in der Veränderung der reduzierten Pendellänge durch den Einfluß der Temperatur und den Einfluß der umgebenden Luft. Außerdem wirken Einflüsse, die von der Verbindung des Pendels mit dem Gehwerk der Uhr herrühren, als der Einfluß der Aufhängung, der Hemmung und des Laufwerkes, mit ihren wechselnden Bewegungswiderständen und der sich mit der Zeit verändernden Struktur ihres Materials, insbesondere der Aufhängefedern. Dann wirken Erschütterungen der Umgebung und durch äußere Eingriffe beim Aufziehen, Regulieren u. dgl. sowie durch seismische Unruhe der Erdkruste störend ein, unter Umständen auch magnetische Einflüsse.

Den störenden Einflüssen der Temperatur und der umgebenden Luft muß zur dauernden Erhaltung des Isochronismus in erster Linie durch möglichstes Konstanthalten der reduzierten Pendellänge begegnet werden, was man als „Kompensation“ zu bezeichnen pflegt. Außerdem trachtet man, Präzisionsuhren in erschütterungsfreien Räumen möglichst konstanter Temperatur und konstanten Luftdruckes unterzubringen.

Die möglichste Einschränkung der anderen störenden Einflüsse hängt vom Grad der Entwicklung der Uhrmacherkunst und der an Aufstellung und Behandlung der Uhren gewendete Sorgfalt ab.

Im nachstehenden werden die wichtigsten dieser Einflüsse vom physikalischen Standpunkt aus kurz erörtert.

21. Aufhängung. Die älteren Arten der Aufhängung des Uhrpendels in einer Draht- oder Seidenfadenschlinge, in einer Ringöse, in Zapfen oder zwischen Körnern, an einer Stahlschneide mit Achatpfannen, an einem von einer zylindrischen Welle abwickelbaren Faden, sind, insbesondere seit den einschlägigen Untersuchungen BESSELS[1]), ihrer verschiedenen Mängel wegen, verlassen worden. Gegenwärtig benutzt man nach dem Vorgang von CLEMENT (1680) bei allen besseren Pendeluhren die Federaufhängung usw. in der ihr von LE ROY (1748) gegebenen Form zweier nebeneinander angeordneter, dünner elastischer Stahlfedern, wodurch die Schwingungsebene des Pendels sicher festgelegt wird, insbesondere auch hinsichtlich Beeinflussung durch die Erddrehung im Sinne des FOUCAULTschen Pendelversuches, welche relativ zur Schwingungsebene eines Sekundenpendels in unseren Breiten rund 12 Bogensekunden bei jeder Schwingung beträgt. Hieraus ergibt sich eine gewisse Beanspruchung der Aufhängefedern nebst Lagerreaktion.

RIEFLER hat die beiden Stahlfedern ff in Klemmbacken $K_1 K_2$ gefaßt (Abb. 4), deren jede einen Querstift s_1 und s_2 trägt. Während der obere Stift s_1 zur festen Lagerung dient, wird an den unteren s_2 die Pendelstange mittels eines Doppelhakens D aufgehängt. Die Federn sind nur einige hundertstel Millimeter dick, wenige Millimeter breit und 1 bis 2 Federbreiten lang. Die Drehachse des Pendels liegt wenige zehntel Millimeter unterhalb des unteren Randes der oberen Klemmbacke K_1. Beim Schwingen des Pendels biegen sich die Federn ff, was seine Abweichung von der Kreisbahn K (Abb. 8) und seine Bewegung längs einer stärker gekrümmten Kurve L zur Folge hat, deren Krümmungshalbmesser $b'x$ von der Gleichgewichtslage ab nach beiden Seiten abnimmt. Die Pendellänge wird demnach mit wachsendem Ausschlagwinkel α verkürzt, der Schwingungsmittelpunkt gehoben und damit die Schwingungsdauer verkleinert. Die Federaufhängung wirkt sonach im Sinne der Herbeiführung genaueren Isochronismus. Sie stellt gewissermaßen einen vom praktischen Standpunkt aus einfacheren Ersatz des bei beliebig großen Ausschlagwinkeln streng isochron schwingenden HUYGENschen Zykloidenpendels dar.

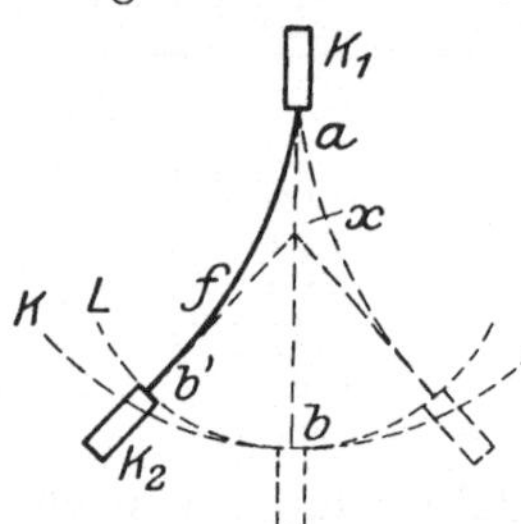

Abb. 8. Schema der Biegung der Aufhängefeder des Pendels.

Die Theorie der Federaufhängung haben BESSEL (1843)[1]) und kürzlich LE ROLLAND[2]) untersucht, eine einschlägige Studie über das isochrone Rollpendel hat H. BOCK veröffentlicht[3]).

Die verbessernde Wirkung der Federaufhängung auf den Isochronismus haben LAUGIER und WINNERL (1845) experimentell geprüft[4]). Für 3 Pendel ergab sich bei verschiedenen Schwingungsweiten, Federlängen und Gewichten der Pendellinsen die Dauer von 2000 Schwingungen in sec Sternzeit:

---

[1]) Einschlägige Literatur in vorst. angef. Encykl. Art. von FURTWÄNGLER, S. 22, u. CASPARI, S. 167.

[2]) PAUL LE ROLLAND, C. R. Bd. 172, S. 664 u. 800. 1921.

[3]) H. BOCK, ZS. f. Instrkde. Bd. 38, S. 157. 1918.

[4]) CASPARI (s. Fußnote 1, S. 180), S. 168.

Gewicht der Pendellinse kg	Federlänge mm	$\alpha_0 = 1°$ sec	$\alpha_0 = 3°$ sec	$\alpha_0 = 5°$ sec
2	1	1977,00	1975,86	1974,37
4	3	2024,96	2024,99	2024,99
8	3	2034,81	2034,92	2034,99

Das zweite Pendel kann als vollständig isochron angesehen werden.

Aufhängefedern und Pendelstange erleiden elastische Dehnungen durch das Gewicht des Pendels und die bei seiner Schwingung geweckten Fliehkräfte. Hierdurch gerät auch die Unterlage des Pendels in elastische Schwingungen, die ein benachbartes Pendel zum Mitschwingen anregen können, wie insbesondere bei Schweremessungen beobachtet wird. Sind in einem Uhrenraum mehrere Uhren untergebracht, muß diesem Umstand Rechnung getragen werden, um gegenseitige Beeinflussungen der Uhren durch Mitschwingen zu verhindern.

Außerdem finden elastische Biegungen der Pendelstange statt. Die elastischen Dehnungen sind von der Größenordnung einiger Mikron, was einige zehntel Sekunden Zurückbleiben der Uhr in 24h bewirkt. Diese Einflüsse müssen bei Pendelbeobachtungen für Schweremessungen berücksichtigt werden, bei Pendeluhren werden sie als Ursachen konstanter Fehler beim Einregulieren des Pendels schon mitberücksichtigt.

Den Einfluß der Elastizität haben schon P. PAOLI 1809 und S. D. POISSON 1833 bemerkt und später C. S. PEIRCE 1884 und F. KÜHNEN 1895 studiert; die erste vollständige theoretische Untersuchung führte F. R. HELMERT 1897 durch[1]. Den Einfluß der elastischen Nachwirkung studierte H. BOCK[2].

Die Aufhängefeder des Pendels ist außerordentlich empfindlich gegen geringfügige Erschütterungen. Man versuchte plötzlich auftretende Gangunterschiede mehrerer weit voneinander entfernter astronomischer Pendeluhren von geringen Bruchteilen einer Sekunde im Tag, mangels anderer greifbarer Ursachen, auf Dehnungen der Pendelfedern unter dem Einfluß mikroseismischer Bewegungen der Erdrinde zurückzuführen. Solche Einflüsse hat kürzlich H. KIENLE an zwei Riefleruhren der Münchener Sternwarte festgestellt[3]. Ausgedehntere Beobachtungen darüber fehlen jedoch ebenso wie hinsichtlich der Vermutung, jene kleinen Gangunterschiede möchten durch die fluterzeugende Wirkung von Sonne und Mond verursacht sein[4]. Da aber die maximale fluterzeugende Beschleunigung des Mondes nur rund $0{,}12 \cdot 10^{-6}$g beträgt[5], wodurch ein Vorgehen einer Uhr mit Sekundenpendel um rund 0,005 sec in 24h bedingt wäre, so liegt dieser Einfluß an den äußersten Grenzen der gegenwärtig mit Uhren überhaupt erreichbaren Genauigkeit, ist also nicht ohne weiteres festzustellen (vgl. Ziff. 50).

Die Koppelung des Pendels mit der Hemmung erfolgt beim Grahamgang und anderen älteren Hemmungen, durch eine von der Ankerachse herabreichende, mit der Pendelstange verbundene und durch Schrauben zur Regulierung des Abfalls einstellbare Führungsgabel, die den Antrieb des Uhrwerks auf das Pendel überträgt. Bei den neueren freien Federkrafthemmungen, wie beim Riefler- und Strassergang, entfällt diese Verbindung.

---

[1] Einschlägige Literatur bei FURTWÄNGLER, l. c. S. 27ff.; über den Einfluß des Mitschwingens S. 17ff.

[2] H. BOCK, ZS. f. Instrkde. Bd. 38, S. 109—115. 1918 u. Bd. 44, S. 431—442. 1924.

[3] HANS KIENLE, Neue Ann. d. Sternw. zu München Bd. 5, Heft 2, 105 S. 1918; ZS. f. Instrkde. Bd. 40, S. 77—79. 1920.

[4] H. BOCK, Die Uhr, S. 66.

[5] G. H. DARWIN, Ebbe und Flut, deutsch von A. POCKELS, 2. Aufl., S. 104. Leipzig: Teubner 1911.

22. Regulierung. Zur Einstellung der richtigen Pendellänge und damit zur Regulierung der Uhr ist die Linse am unteren Ende der Pendelstange auf eine Schraubenmutter aufgesetzt, die von einer Gegenmutter in ihrer richtigen Lage festgehalten wird. Der Ausdruck für die Schwingungsdauer des Pendels ergibt leicht den Zeitwert ihrer beabsichtigten Änderung als Funktion des Wertes der Reguliermutterverschiebung. Bei genauen Pendeluhren ist der Zeitwert einer Schraubenumdrehung meist angegeben und Bruchteile einer Umdrehung sind an einer Teilung des Schraubenmutterumfanges ablesbar. So ist z. B. bei den RIEFLERschen Sekundenpendeln ein Flachgewinde von 1 mm Steigung angewendet, so daß eine ganze Umdrehung der Reguliermutter die Schwingungsdauer des Pendels um rund 40 sec in 24 h ändert und eine Drehung um ein Intervall des in 100 Teile geteilten Umfanges der Reguliermutter, um 0,4 sec täglich.

Zur feineren Einstellung benutzte schon HUYGENS den „Läufer", ein kleines, längs der Pendelstange verschiebbares und mittels einer Schraube feststellbares Gewicht, an dessen Stelle bei Präzisionsuhren jetzt „Zulagegewichte" getreten sind, die auf ein kleines Tischschen in der Pendelmitte aufgelegt werden. Die Wirkung des Zulagegewichtes auf die Veränderung der reduzierten Pendellänge ist nämlich, wie sich leicht zeigen läßt, in der Mitte zwischen Drehpunkt und Schwingungsmittelpunkt des Pendels am größten[1]. Um die Gewichte auch auf das schwingende Pendel möglichst ohne Störung seiner Bewegung leicht auflegen und abnehmen zu können, hat ihnen RIEFLER die Form länglicher Streifen aus dünnem Blech gegeben. Ein RIEFLERscher Satz Zulagegewichte besteht aus 3 Neusilberstreifen für eine Beschleunigung von je 1 sec, 3 Aluminiumstreifen für je 0,5 sec und 5 Aluminiumstreifen für je 0,1 sec in 24 h.

Die Einstellung kann nach diesem Prinzip, nach Bedarf auch aus der Ferne, auf elektrischem Wege erfolgen, indem zwei an Kokonfäden hängende Zulagegewichte durch je einen elektromagnetisch betätigten Hebel auf das Tischchen aufgesetzt oder von ihm abgehoben werden[2].

23. Einfluß der Luft. Allgemeines. Die das Pendel umgebende Luft erzeugt, unabhängig von seiner Bewegung, den archimedischen Auftrieb, und dann erfährt das in der Luft schwingende Pendel Luftwiderstand. Diese Wirkungen sind wesentlich bedingt durch die Luftdichte, die von Luftdruck, Temperatur und Feuchtigkeit abhängt. Man pflegt hiernach zu unterscheiden: 1. die aerostatische Störung, 2. die aerodynamische Störung.

Diese Störungen sind verhältnismäßig klein. Sie bewirken, je nach der Gestalt des Pendels, insbesondere der Linse, beim Ansteigen bzw. Fallen des Luftdruckes um 1 mm Quecksilbersäule des Barometers ein Nach- bzw. Vorgehen einer Uhr mit Sekundenpendel um 0,01 bis 0,02 sec in 24 h[3], müssen also bei Präzisionsuhren berücksichtigt werden.

Das Wesen dieser Störungen kann hier nur flüchtig angedeutet werden, eine eingehende Darstellung bieten die Arbeiten von FURTWÄNGLER, CASPARI und BOCK[4].

24. Die aerostatische Störung. Den Einfluß des Auftriebes der Luft auf die Pendelbewegung hat schon NEWTON 1686 erkannt[5], aber erst P. BOUGUER

---

[1] W. A. NIPPOLDT, ZS. f. Instrkde. Bd. 16, S. 44—49. 1896.

[2] S. RIEFLER, Präzisionspendeluhren usw., S. 36 bzw. 41.

[3] OUDEMANS fand für ein Pendel mit Quecksilberkompensation 0,0133 sec (ZS. f. Instrkde. Bd. 1, S. 190 ff. 1881), F. TISSERAND für die Hauptuhr der Pariser Sternwarte 0,016 sec (C. R. Bd. 122, S. 646—651. 1896.)

[4] Encykl. Art. von FURTWÄNGLER S. 14 u. CASPARI S. 178, woselbst weitere Literatur; H. BOCK, ZS. f. Instrkde. Bd. 44, S. 431—442. 1924.

[5] ISAAC NEWTON, Math. Prinz. d. Naturlehre, herausg. von J. PH. WOLFERS, 2. Buch, Abschn. VI, § 34, Zusatz 6, S. 296. 1872.

1749 berücksichtigt. Er äußert sich in einer scheinbaren Verminderung des Pendelgewichtes $G = mg$ um das Gewicht der verdrängten Luftmenge $G' = m'g$ und der damit verbundenen Verkleinerung des Drehmomentes Gs um $G's'$, was eine Vergrößerung der reduzierten Pendellänge von

$$l = \frac{J}{ms} \quad \text{auf} \quad l_1 = \frac{J}{ms - m's'} \tag{6}$$

und damit auch eine Vergrößerung der Schwingungsdauer zur Folge hat. s' ist der Abstand des Schwerpunktes der verdrängten Luftmasse von der Drehachse des Pendels.

25. Die aerodynamische Störung. Die aerodynamische Störung besteht in der Wirkung des Luftwiderstandes auf die Pendelbewegung, der sich in der Energieabgabe des Pendels zur Erzeugung turbulenter Luftbewegung, dann äußerer Reibung des Pendels an der Luft und innerer Reibung der Luftteilchen äußert. Die durch die Aufhängung und die Verbindung mit der Hemmung erzeugten Reibungs- und sonstigen Widerstände treten gegen den Luftwiderstand quantitativ zurück und dürfen als darin einbezogen vorgestellt werden.

Das unzulängliche der aerostatischen Korrektion erkannte 1786 L. G. DUBUAT darin, daß das Pendel bei einer Bewegung eine gewisse Luftmenge mitführe, die sein Trägheitsmoment scheinbar vergrößert. Diese Beobachtung geriet jedoch in Vergessenheit und wurde erst nach selbständiger Wiederentdeckung durch F. W. BESSEL 1826 allgemein bekannt[1]). Hält man an dieser Vorstellung einer mit dem Pendel mitschwingenden Luftmasse fest und nennt ihr Trägheitsmoment bezüglich der Drehachse des Pendels J', so vergrößert sich dadurch die reduzierte Pendellänge weiter auf

$$l_2 = \frac{J + J'}{ms - m's'} \tag{7}$$

und damit zugleich die Schwingungsdauer.

Die äußerst verwickelten Vorgänge, welche die Erscheinung des Luftwiderstandes hervorrufen, machen es begreiflich, daß sie, von NEWTON angefangen[2]), fast von jedem der Forscher, die sich damit beschäftigten, anders aufgefaßt und dargestellt wurden. Diesbezüglich muß auf Bd. VII und die einschlägige Literatur verwiesen werden[3]). Hier genüge die Feststellung, daß bei den, kleinen Pendelschwingungen eigentümlichen, geringen Geschwindigkeiten von nur etwa 8 bis 10 cm sec^{-1} der Luftwiderstand nach G. G. STOKES[4]) und O. E. MEYER[5]) hauptsächlich in äußerer und innerer Luftreibung besteht, so daß er mit hinreichender Genauigkeit der ersten Potenz der Pendelgeschwindigkeit proportional gesetzt werden darf.

Fügt man hiernach in Gleichung (1) ein Glied $2\varkappa \frac{d\alpha}{dt}$ hinzu, so erhält man als Beschreibung der Pendelbewegung im widerstehenden Mittel die Differential-

---

1) F. W. BESSEL, Untersuchungen über die Länge des einfachen Sekundenpendels. Abhandlgn. d. Berl. Akad. 1826, in Ostwalds Klassiker d. exakt. Wiss. Nr. 7. 1889.

2) ISAAC NEWTON, s. Fußnote 5, S. 184, Abschn. VI.

3) S. FINSTERWALDER, Aerodynamik in Encykl. d. math. Wiss. IV 17, Bd. IV 3, S. 149 bis 184. 1902; C. CRANZ, Ballistik. Ebenda S. 185ff. 1903; W. SCHÜLE, Techn. Thermodynamik, 4. Aufl., Bd. I, Art. Luftwiderstand. 1923; C. CRANZ, Lehrb. d. Ballistik Bd. I, S. 36—107, eingehende Literaturangaben S. 544ff. 1925.

4) G. G. STOKES, Cambridge Phil. Trans. Bd. 9 II, S. 8. 1851—1856; Math. and phys. papers Bd. III, S. 1. 1901.

5) O. E. MEYER, Crelles Journ. Bd. 73, S. 31. 1871; Bd. 75, S. 336. 1872; Pogg. Ann. Bd. 142, S. 481. 1871.

gleichung der gedämpften Pendelschwingungen

$$\frac{d^2\alpha}{dt^2} + 2\varkappa\frac{d\alpha}{dt} + \frac{g}{l}\sin\alpha = 0. \tag{8}$$

Für kleine Schwingungen, also $\sin\alpha \approx \alpha$ ergibt die Integration

$$\alpha = \alpha_0 e^{-\varkappa t}, \tag{9}$$

wenn α der Ausschlag zur Zeit t, α_0 die Schwingungsweite zur Zeit $t = 0$ ist. Die Schwingungsweite nimmt also beim freien Pendel in geometrischer Progression ab, beim Uhrpendel wird sie durch den ihm mittels der Hemmung erteilten Antrieb stets gleich groß erhalten. $\varkappa$ ist der Dämpfungskoeffizient, bestimmbar aus dem logarithmischen Dekrement

$$\varkappa\tau = l\alpha_{n-1} - l\alpha_n, \tag{10}$$

das durch unmittelbare Beobachtung der aufeinanderfolgenden Ausschläge des frei schwingenden Pendels erhalten wird. Der Dämpfungskoeffizient ist eine Funktion der zur Zeit der Beobachtung herrschenden Luftdichte, zugleich also des Luftdruckes, der Temperatur und der Feuchtigkeit.

Die Dämpfung hat unter den hier gegebenen Voraussetzungen, d. h. beim Uhrpendel, keinen merklichen Einfluß auf seine Schwingungsdauer, und die Pendelschwingungen sind, auch bei beliebigem Widerstandsgesetz, für unendlich kleine Schwingungsweiten isochron, wie L. DÉCOMBE nachgewiesen hat[1]).

26. Luftdruckkompensation. Die Präzisionsuhrentechnik muß, wie erwähnt, dem Einfluß der Luftdichteschwankungen auf die reduzierte Pendellänge Rechnung tragen. Sie tat dies durch Anwendung von Kompensationen, deren Prinzip darin besteht, mit dem Pendel verbundene Massen durch die Luftdruckschwankungen selbsttätig so verschieben zu lassen, daß sie den eingeleiteten Veränderungen der reduzierten Pendellänge entgegenwirken.

Die älteren Quecksilbermanometer und ähnliche Einrichtungen[2]) hat S. RIEFLER bei seinen Präzisionspendeluhren durch eine auch schon früher verwendete Aneroiddose ersetzt[3]), die, mit scheibenförmigen Gewichten beschwert, in etwa $^1/_4$ der reduzierten Pendellänge, unterhalb der Drehachse, an der Pendelstange angebracht ist.

Es wurde schon erwähnt, daß die Wirkung eines Zulagegewichtes bei der Feinregulierung in der Mitte der reduzierten Pendellänge am größten ist. Diese Wirkung nimmt gegen die Drehachse und den Schwingungsmittelpunkt angenähert nach dem Gesetz einer Parabel ab, deren Scheitel sonach in der Mitte liegt. Dort haben also Gewichtsverschiebungen ihre relativ kleinsten Werte, woraus sich die Anbringung der Aneroiddose näher zur Drehachse erklärt[4]).

Mit steigendem Luftdruck wächst die Schwingungsdauer, gleichzeitig senkt sich infolge Zusammendrückens der Aneroiddose das Gewicht, wodurch die Pendelschwingung beschleunigt und die Schwingungsdauer verkürzt wird. Das Gewicht der aufgelegten Scheiben wird so berechnet, daß ein nahezu vollkommener Ausgleich stattfindet. Nach Untersuchungen RÜDIGERS an der Riefleruhr der Sternwarte in Königsberg liegt die Konstante ihres Aneroids unter 0,001 sec

---

[1]) L. DÉCOMBE, C. R. Bd. 133, S. 147. 1901.

[2]) Vgl. L. AMBRONN, Handb. d. astron. Instrkde. Bd. I, S. 234—246. 1899; W. VALENTINER, Hdb. d. Astron. Bd. IV, S. 16—20. 1902.

[3]) S. RIEFLER, Präzisionspendeluhren und Zeitdienstanlagen für Sternwarten, S. 21 bis 24. 1907.

[4]) W. A. NIPPOLDT, l. c.

in 24h, was praktisch einer vollständigen Luftdruckkompensation gleichzuachten ist[1]).

Das wirksamste Mittel, eine Uhr von den Dichteschwankungen der umgebenden Luft ganz unabhängig zu machen, ist ihre zuerst von FOERSTER[2]) 1867 ausgeführte luftdichte Einschließung in einen luftverdünnten Raum, die S. RIEFLER neuerdings für seine Präzisionspendeluhren angewendet hat[3]). Das Uhrwerk ist dabei auf einen kräftigen Werkständer aufgeschraubt und samt Pendel von einem luftdicht schließenden Glaszylinder umgeben, der mittels Luftpumpe, bei künstlicher Lufttrocknung, bis auf etwa 650 mm Quecksilberdruck entleert wird. Da die Luftdruckkonstante, wie erwähnt, für 1 mm Quecksilbersäule Druckunterschied im Mittel 0,015 sec in 24h beträgt, hat man in der Druckänderung mittels der Luftpumpe ein sehr feines Mittel zur Regulierung der sonst unzugänglichen Uhr an Stelle der Zulagegewichte.

27. Einfluß der Temperatur. Allgemeines. Den bei weitem störendsten und daher auch auffallendsten Einfluß auf das Pendel üben die Schwankungen der Temperatur aus. Schon 1669, bald nach Erfindung der Pendeluhr durch HUYGENS (1658), entdeckte JEAN PICARD, daß eine Pendeluhr im Sommer langsamer geht als im Winter. Es lag nahe, für die Pendelstange einen Stoff von möglichst kleiner Wärmeausdehnung zu wählen, und es war GRAHAM, der zu Anfang des 18. Jahrhunderts Pendelstangen aus Holz verfertigte, dessen Wärmeausdehnung rund $^1/_2$ jener des Stahles und $^1/_3$ jener des Messings beträgt. Auch Schiefer und Glas wurden versucht, doch hat sich nur Holz, auch bei besseren Pendeluhren, bis heute erhalten. Seine große Empfindlichkeit gegen Feuchtigkeit läßt sich aber auch durch Kochen in Leinöl, Lackanstrich oder Politur nicht ganz beseitigen, so daß seine dadurch bedingte Veränderlichkeit den Vorteil geringer Wärmeausdehnung, insbesondere für feinere Uhren, wieder aufwiegt.

Der großen Wärmeausdehnung metallischer Pendelstangen mußte somit, insbesondere bei Präzisionsuhren, durch Anwendung von Kompensationspendeln begegnet werden. Ihre Aufgabe ist, die reduzierte Pendellänge bei Temperaturschwankungen möglichst konstant zu halten. Die hierfür zu erfüllenden Bedingungen ergeben sich allgemein aus folgender Überlegung.

Die reduzierte Pendellänge $l = \frac{J}{ms}$ hängt von den Abmessungen des Pendelkörpers ab, die von der Temperatur bedingt sind. Soll l konstant bleiben, dann muß $\frac{dl}{dt} = 0$ werden, was eintritt, wenn die Koeffizienten der verschiedenen Potenzen von t zum Verschwinden gebracht werden. Hieraus folgen die für die Kompensation zu erfüllenden Bedingungen zwischen den Abmessungen der einzelnen Stücke, ihren Ausdehnungskoeffizienten usw. J. M. FADDEGON hat jedoch im Jahre 1900 gezeigt, daß die Lösung dieser Aufgabe in voller Allgemeinheit nicht möglich ist[4]). Die Uhrmacherkunst pflegt sie vorwiegend experimentell zu erledigen.

28. Ältere Kompensationsmethoden. Rostpendel. JOHN HARRISON suchte im Jahre 1725 die reduzierte Pendellänge durch das sog. Rostpendel konstant zu halten. Hierbei ist die Pendelstange aus einer ungeraden Anzahl von Stäben

---

[1]) Die Theorie der Quecksilberkompensation von Pendeln astronomischer Uhren untersuchte H. STROELE, Bull. Soc. Neuchâteloise des Sc. nat. Bd. 37, S. 209—309. 1910; Ref. von B. WANACH, ZS. f. Instrkde. Bd. 31, S. 290. 1911.

[2]) W. FOERSTER, Carls Rep. Bd. 3, S. 271. 1867.

[3]) S. RIEFLER (s. Fußnote 3, S. 186), S. 38—41.

[4]) Einschlägige Literatur bei CASPARI, l. c. S. 170.

aus zwei Metallen von erheblich verschiedenem linearen Wärmeausdehnungskoeffizienten (z. B. Stahl und Zink, Verhältnis der linearen Wärmeausdehnungskoeffizienten 1 : 2, oder Stahl und Messing 2 : 3) derart zusammengesetzt, daß die Senkung der Pendellinse infolge Ausdehnung des einen Metalls bei steigender Temperatur, durch ihre Hebung infolge Ausdehnung des anderen Metalls, nahezu ganz ausgeglichen wird. Auf die zahlreichen, oft sehr sinnreichen und wirksamen einschlägigen Konstruktionen, um deren Entwicklung sich besonders U. JÜRGENSEN und KESSELS verdient gemacht haben, kann nicht näher eingegangen werden[1]).

29. Quecksilberpendel. GEORGE GRAHAM benutzte 1715 als Kompensationsmaterial Quecksilber, das durch sein großes spezifisches Gewicht und seinen rund 15 mal größeren Ausdehnungskoeffizienten als Stahl besonders geeignet schien. Dabei wurde entweder die Linse zu einem oder zu zwei mit Quecksilber gefüllten Gefäßen, oder es wurde die hohle stählerne Pendelstange bis etwa $\frac{2}{3}$ ihrer Höhe mit Quecksilber gefüllt. Auf letztere Konstruktion hat S. RIEFLER 1890 mit einem Mannesmann-Stahlrohr als Pendelstange zurückgegriffen[2]). Dehnt sich die Pendelstange aus, so steigt auch das Quecksilber in seinem Gefäß bzw. in der hohlen Pendelstange, bei richtig berechneten Abmessungen, so hoch, daß die reduzierte Pendellänge nahe konstant bleibt. Hinsichtlich Einzelheiten der Konstruktion und Berechnung muß auf die einschlägige Literatur verwiesen werden[3]).

Mit welchem Erfolg S. RIEFLER die Temperaturkompensation mit seinem Quecksilberpendel durchführte, zeigte E. ANDING, der für die Riefleruhr der Sternwarte München, bei einem größten Temperaturunterschied von 31° C, einen Temperaturkoeffizienten von +0,0008 sec für +1° C und 24 h fand[4]).

Das Quecksilberkompensationspendel von RIEFLER trägt auch der Änderung der Temperatur mit der Höhe längs des Pendels am besten Rechnung, d. h. der sog. „Temperaturschichtung“, die B. WANACH untersuchte[5]).

30. Das Invarpendel. Das Invar. Die Lösung des Kompensationsproblems trat in eine ganz neue Phase, als CH. ÉD. GUILLAUME im Jahre 1897 das Invar auffand.

Das Invar ist eine Nickelstahllegierung von rund 36% Nickelgehalt in 64% Stahl, die sich durch einen sehr kleinen linearen Wärmeausdehnungskoeffizienten von der Größenordnung $1 \cdot 10^{-6}$ auszeichnet. Zum Vergleich diene die Größenordnung nachstehender linearer Wärmeausdehnungskoeffizienten in 10^{-6}: Aluminium 24, Messing 19, Zink 17, Nickel 15, Stahl 12, Platin 9, Glas 9, Platiniridium 8, Holz längs der Fasern 6, Holz quer zu den Fasern 50, Hartgummi 70, Quecksilber 60.

Abb. 9 veranschaulicht den Verlauf der Wärmeausdehnung einiger dieser Stoffe in seiner Abhängigkeit von der Temperatur[6]).

Im folgenden wird der linearen Wärmeausdehnung ihre Darstellung durch die Gleichung zugrunde gelegt:

$$l_t = l_0(1 + \beta_1 t + \beta_2 t^2 + \beta_3 t^3 + \cdots), \tag{11}$$

[1]) Vgl. L. AMBRONN, l. c. S. 217–228; W. VALENTINER, l. c. S. 11–14; E. GELCICH, Die Uhrmacherkunst, l. c. S. 309ff.

[2]) S. RIEFLER, Die Präzisionsuhr mit vollkommen freiem Echappement und neuem Quecksilberkompensationspendel. München 1894; ZS. f. Instrkde. Bd. 14, S. 350. 1894.

[3]) L. AMBRONN, l. c. S. 228–234; W. VALENTINER, l. c. S. 14–16; E. GELCICH, l. c. S. 309ff.; S. RIEFLER, l. c. S. 8.

[4]) E. ANDING, Astron. Nachr. Bd. 133, S. 217. 1893.

[5]) B. WANACH, Astron. Nachr. Bd. 166, S. 97. 1904.

[6]) Nach L. HOLBORN, K. SCHEEL, F. HENNING, Wärmetabellen. Braunschweig: Vieweg & Sohn 1919.

wo t die Temperatur in Graden Celsius, l_t die zugehörige Länge des Versuchsstabes, l_0 seine Länge beim Eispunkt und $\beta_1 \beta_2 \beta_3 \ldots$ empirisch zu ermittelnde Konstante sind.

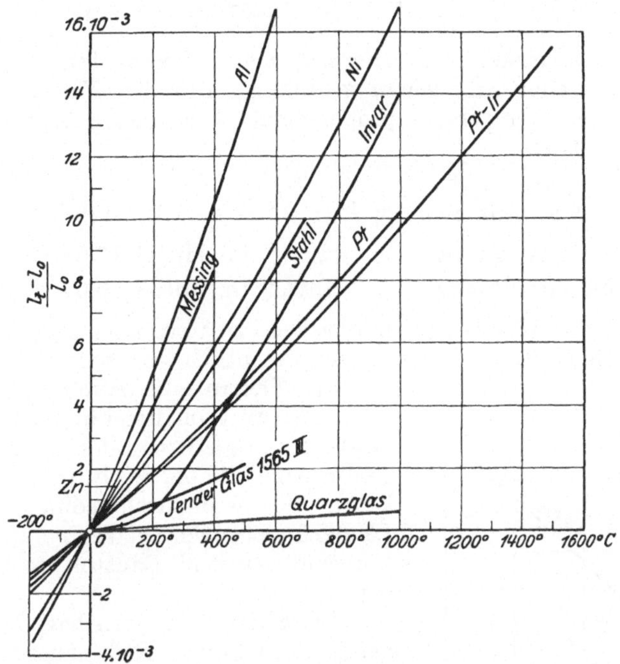

Abb. 9. Wärmeausdehnung einiger Stoffe nach L. HOLBORN, K. SCHEEL und F. HENNING, Wärmetabellen, 1919; Invar nach P. GOERENS, 1924.

Die Längenänderung der Längeneinheit für $t°$ C ist dann

$$\frac{l_t - l_0}{l_0} = \beta_1 t + \beta_2 t^2 + \beta_3 t^3 + \cdots, \tag{12}$$

der lineare Wärmeausdehnungskoeffizient bei der Temperatur t:

$$\alpha = \frac{1}{l_0} \frac{dl}{dt} = \beta_1 + 2\beta_2 t + 3\beta_3 t^2 + \cdots \tag{13}$$

und der mittlere lineare Wärmeausdehnungskoeffizient zwischen den Temperaturen t' und t''[1]):

$$\bar{\alpha} = \frac{1}{l_0} \cdot \frac{l_{t''} - l_{t'}}{t'' - t'} = \beta_1 + \beta_2 (t'' + t') + \cdots \tag{14}$$

Die zentrale Bedeutung, welche das Invar für die Uhrmacherkunst und Metrologie erlangt hat, möge zunächst einen kurzen Überblick seiner wichtigsten physikalischen Eigenschaften rechtfertigen.

GUILLAUME fand für den Verlauf der linearen Wärmeausdehnung des Nickelstahls[2]):

---

[1]) Vgl. ds. Handb. Bd. X, S. 52, Ziff. 30.

[2]) CH. ÉD. GUILLAUME, C. R. Bd. 124, S. 176, 752, 1515. 1897; Bd. 125, S. 235. 1897; Journ. de phys. (3) Bd. 7, S. 262. 1898. Die Untersuchungen GUILLAUMES betreffen durchweg Nickelstähle bzw. Invar der Hüttenwerke in Imphy bei Nevers der Société de Commentry-Fourchambault et Decazeville.

Ni-Gehalt	Temperaturbereich	$(l_t - l_0)/l_0$
24%	0°/38°	$(17{,}484\, t + 0{,}0_2711\, t^2)10^{-6}$
36,1%	0°/38°	$(0\ {,}877\, t + 0{,}0_2127\, t^2)10^{-6}$

der in Abb. 10 dargestellt ist. Hiernach ist in diesem Temperaturbereich der Verlauf der Funktion fast genau geradlinig, also die Wärmeausdehnung der Längeneinheit der Temperatur proportional. Der lineare Wärmeausdehnungskoeffizient $\alpha = \frac{1}{l_0}\frac{dl}{dt}$, als tg des Neigungswinkels der Kurventangente in irgend einem Punkt, ist sonach nahezu konstant und beträgt

für den 24proz. Ni-Stahl im Mittel $17{,}6 \cdot 10^{-6}$,
für den 36proz. „ (Invar) im Mittel $0{,}9 \cdot 10^{-6}$.

Der Wert des Wärmeausdehnungskoeffizienten, aber auch anderer Eigenschaften des Nickelstahls, hängen also wesentlich von seinem Nickelgehalt ab.

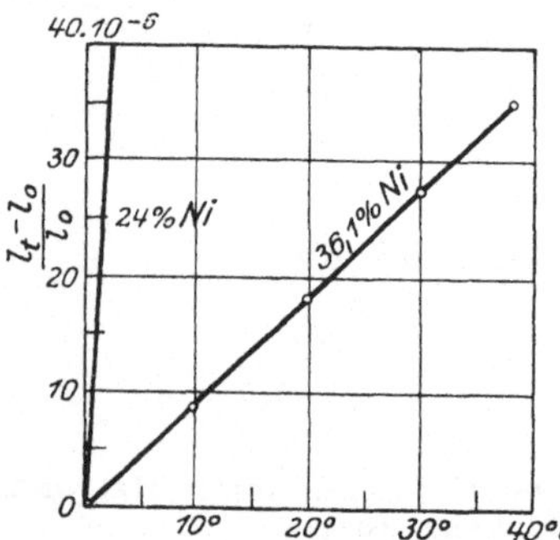

Abb. 10. Wärmeausdehnung von Nickelstahl mit 24% und 36,1% Nickelgehalt (Invar), zwischen 0° und 38° nach GUILLAUME, 1897.

31. Thermische Anomalien der Nickelstähle. So wertvoll dieser überaus kleine Wärmeausdehnungskoeffizient des Invars zu sein schien, stellte seine erhebliche thermische Nachwirkung und die dadurch bedingten sprungweisen Längenänderungen bei Temperaturwechsel seine Verwendbarkeit als Baustoff für Uhrpendel wieder in Frage.

Diese Erscheinungen hat GUILLAUME seither in einer langen Reihe ausgedehnter Untersuchungen eingehend studiert und geklärt[1]). Hiernach sind die Nachwirkungserscheinungen des Nickelstahls wesentlich bedingt durch die Höhe seines Nickelgehaltes. Während Nickelstahl mit weniger als 25% Nickelgehalt beträchtliche Nachwirkungserscheinungen zeigt, ist solcher mit mehr als 25% Nickelgehalt davon fast vollständig frei.

Abb. 11 veranschaulicht den Verlauf dieser Erscheinung bei Erwärmung und darauffolgender Abkühlung für Magnetismus, Wärmeausdehnung und Elastizität.

Reines Eisen und reines Nickel verlieren beim Erhitzen ihre Magnetisierbarkeit bei bestimmter Temperatur, erlangen sie aber beim Wiederabkühlen bei derselben Temperatur wieder. Nickelarme (unter 25% Ni) Legierungen bleiben beim Abkühlen unter jene Temperatur, bei der sie ihren Magnetismus verloren, unmagnetisch (Abb. 11a). GUILLAUME nennt diese Legierungen nichtumkehrbar, im Gegensatz zu den nickelreichen, umkehrbaren Legierungen (über 25% Ni), die, wie reine Metalle, ihre Magnetisierbarkeit bei derselben Temperatur einbüßen und wiedererlangen (Abb. 11b).

[1]) CH. ÉD. GUILLAUME, C. R. Bd. 126, S. 738. 1898; Bd. 129, S. 155. 1899; Bd. 132, S. 1105. 1901; Bd. 134, S. 538. 1902; Bd. 136, S. 303, 356, 498, 1638. 1903; Bd. 152, S. 189, 1450. 1911; Bd. 153, S. 156. 1911; Bd. 163, S. 654, 741, 966. 1916; Bd. 164, S. 904. 1917. Zusammenfassende Darstellungen von CH. ÉD. GUILLAUME: 1. Les applications des aciers au nickel avec un appendice sur la théorie des aciers au nickel. Paris: Gauthier Villars 1904; 2. Les aciers au nickel et leurs applications à l'horlogerie. Paris 1912; ref. von B. WANACH, ZS. f. Instrkde. Bd. 34, S. 23. 1914; 3. Arch. sc. phys. et nat. (4) Bd. 43, S. 453. 1917; Bd. 45, S. 407. 1918; 4. L'invar et l'élinvar, Conférence Nobel. Lex Prix Nobel en 1919—1920. Stockholm 1922.

Ganz ähnlich verhält es sich mit der Wärmeausdehnung (Abb. 11c, d) und mit dem Elastizitätsmodul (Abb. 11e, f), jedoch mit dem wesentlichen Unterschied, daß sie nicht wie die magnetische Suszeptibilität innerhalb größerer Temperaturbereiche konstant bleiben.

Die Diagramme dieser Zustandsänderungen nichtumkehrbarer Nickelstahllegierungen (Abb. 11a, c, e) weisen, wie man sieht, alle Hysteresisschleifen auf, während jene umkehrbarer Nickelstahllegierungen (Abb. 11b, d, f) davon frei sind.

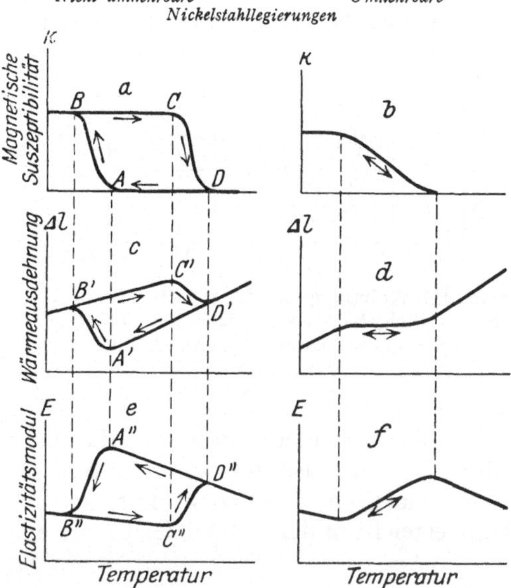

Abb. 11. Magnetische, thermische und elastische Nachwirkung nicht umkehrbarer (unter 25% Ni) und umkehrbarer (über 25% Ni) Nickelstahllegierungen bei Erwärmung und Abkühlung nach GUILLAUME. (Die Pfeile zeigen den Sinn der Zustandsänderungen an.)

Die tg der Kurvenneigung ist in Abb. 11c, d der lineare Wärmeausdehnungskoeffizient, in Abb. 11e, f die Dehnungszahl oder der reziproke Wert des Elastizitätsmoduls. Der lineare Wärmeausdehnungskoeffizient einer nickelarmen Legierung beim Abkühlen (Zweig $D'A'$, Abb. 11c) entspricht ungefähr dem des Messings, jener beim Erwärmen ($B'C'$) dem des reinen Eisens. Bei wechselndem Nickelgehalt unter 25% bleibt die Neigung dieser Kurvenzweige und damit der Werte des linearen Wärmeausdehnungskoeffizienten merklich unverändert, nur die Temperaturen der Umkehrpunkte und die Abstände der beiden geradlinigen Zweige voneinander ändern sich stark mit dem Prozentgehalt.

Der mit der Temperaturachse nahezu parallele Verlauf der Wärmeausdehnung in Abb. 11d, innerhalb eines beträchtlichen Temperaturintervalls, deutet auf fast unveränderlichen, beinahe verschwindenden Wert des linearen Wärmeausdehnungskoeffizienten.

Aus diesem Verhalten folgt, daß für die Uhrmacherkunst nur die umkehrbaren Nickelstahllegierungen mit mehr als 25% Nickelgehalt, Bedeutung haben.

Für die Abhängigkeit der Koeffizienten β_1 und β_2 [Gleichung (11)] vom Nickelgehalt der Legierung fand GUILLAUME:

β_1 verläuft nach Abb. 12 und hat bei ca. 36% Nickelgehalt (Invar) ein Minimum. Der Einfluß der Temperatur geht aus den beiden Kurven für 20° C von GUILLAUME und für 300° C von P. CHEVENARD hervor. Die Anomalie ist auch bei 300° noch sehr ausgesprochen, aber das Minimum ist gegen die höheren Nickelgehalte, bei größerem Ausdehnungskoeffizienten, verschoben.

Das Ergebnis der Untersuchungen von GUILLAUME hat G. W. C. KAYE im National Physical Laboratory im wesentlichen bestätigt, wie die graphische Darstellung seiner Messungen bei +20° C in Abb. 13 zeigt[1]).

β_2 (Abb. 14) hat in der Nähe des Minimums von β_1 gleichfalls ein Minimum, ist aber, im Gegensatz zu allen anderen Metallen und Legierungen, im Bereich

[1]) G. W. C. KAYE, Proc. Roy. Soc. London (A) Bd. 85, S. 430. 1911.

von 35 bis 52% Nickelgehalt negativ, was insbesondere für den Bau von Chronometerunruhen von Wichtigkeit ist.

Der thermoelastische Koeffizient dE/dt (E = Elastizitätsmodul, t = Temperatur in Celsiusgraden) der umkehrbaren Nickelstahllegierungen

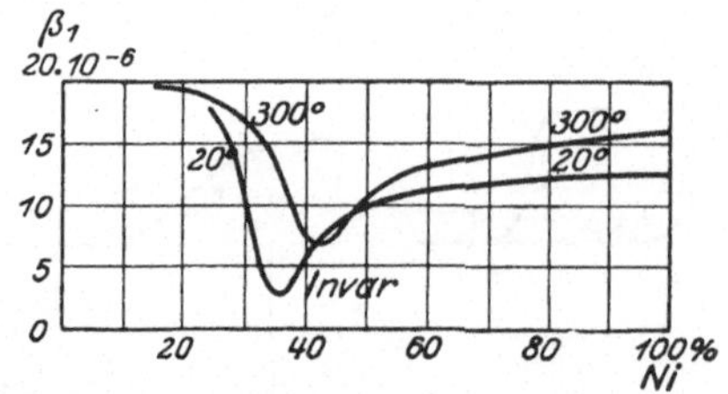

Abb. 12. Abhängigkeit des Koeffizienten β_1 vom Nickelgehalt des Nickelstahls bei 20° und 300° C nach GUILLAUME und CHEVENARD.

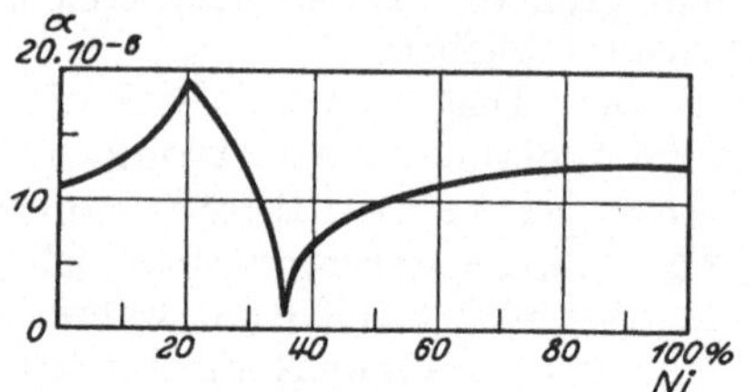

Abb. 13. Abhängigkeit des linearen Wärmeausdehnungskoeffizienten des Nickelstahls vom Nickelgehalt bei + 20° C nach G. W. C. KAYE, 1911.

zeigt eine besondere Anomalie, die durch die Kurve $Cr = 0$ für $+20°$ C der Abb. 15 zum Ausdruck kommt. Mit negativen Werten beginnend, steigt der thermoelastische Koeffizient mit dem Nickelgehalt sehr rasch an, geht durch Null, erreicht in der Gegend des Invars einen scharf ausgesprochenen Höchstwert,

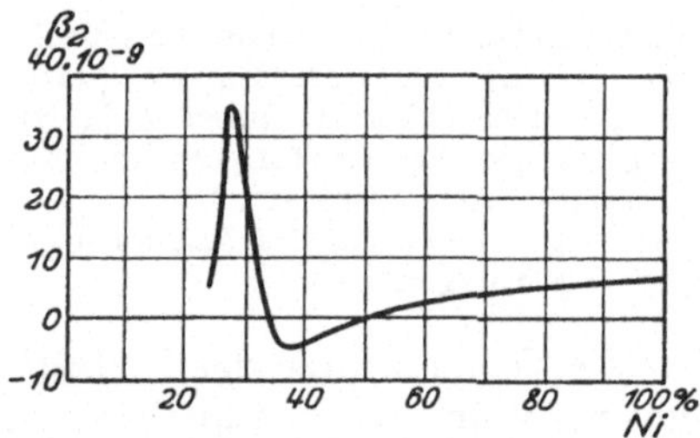

Abb. 14. Abhängigkeit des Koeffizienten β_2 vom Nickelgehalt des Nickelstahls bei 20° C nach GUILLAUME.

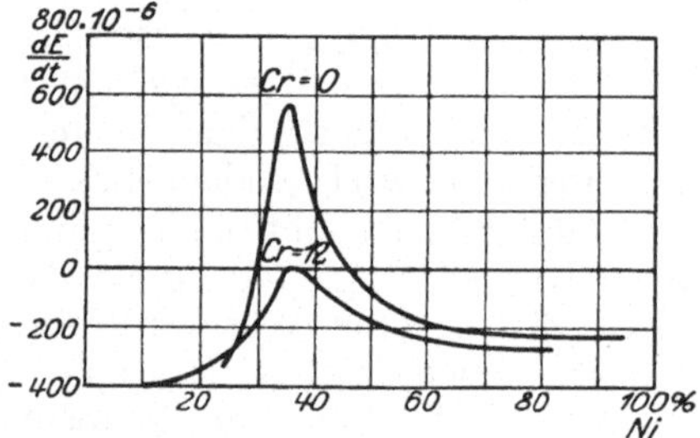

Abb. 15. Abhängigkeit des thermoelastischen Koeffizienten dE/dt bei 20° C vom Nickel- und Chromgehalt des Nickelstahls nach GUILLAUME.

um sodann langsamer bis zum Wert des reinen Nickels abzusinken. Für eine ganze Reihe von Legierungen ist also $\frac{dE}{dt} > 0$. Biegt man Stäbe aus diesen Legierungen bei gewöhnlicher Temperatur, so streben sie, beim Erwärmen, sich gerade zu strecken.

Die bisher besprochenen Nickelstahllegierungen enthalten etwa 99% Stahl und Nickel in dem betreffenden Mengenverhältnis und etwa 1% Beimengungen anderer Metalle. Vermehrt man diese Beimengungen entsprechend, so erhält man ternäre oder quaternäre Legierungen, worunter einige, abgesehen von rein wissenschaftlichem Interesse, technisch besonders wichtige Eigenschaften haben. Dies gilt namentlich für Beimengungen von Mangan, welche die Gieß- und Formbarkeit der Legierungen erhöhen, dann von Chrom oder Kohlenstoff oder beiden zusammen, die sie durch Erhöhung ihrer Elastizitätsgrenze zur Erzeugung von Federn geeigneter machen[1]).

---

[1]) CH. ÉD. GUILLAUME, C. R. Bd. 170, S. 1433, 1554. 1920.

32. Das Elinvar. GUILLAUMES seit 1912 systematisch angestellte Versuche, ein Invar mit dem thermoelastischen Koeffizienten Null zu erhalten, führten im Jahre 1919 zur Auffindung des Elinvars[1]). Dieses ist ein Invar mit Zusätzen von Chrom und kleineren Mengen Mangan, Wolfram und Kohlenstoff, deren Gesamtmenge etwa 12% Cr entspricht. Das Elinvar ist durch das Maximum der Kurve Cr = 12 in Abb. 15 gekennzeichnet. Die Abhängigkeit seines Elastizitätsmoduls von der Temperatur versinnlicht Kurve 2 in Abb. 16, während sich Kurve 1 auf reines Invar bezieht. Man sieht, daß Elinvar innerhalb eines ziemlich weiten Temperaturbereiches einen nahezu konstanten, d. h. von der Temperatur fast ganz unabhängigen Elastizitätsmodul besitzt, während der Elastizitätsmodul des Invars in demselben Temperaturbereich von einem Minimum zu einem Maximum rasch linear ansteigt, um dann wieder abzunehmen.

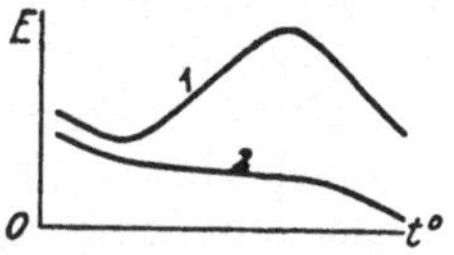

Abb. 16. Abhängigkeit des Elastizitätsmoduls E von der Temperatur t nach GUILLAUME: 1 für reines Invar, 2 für Elinvar.

33. Weitere Anomalien. Bemerkenswert ist die lange andauernde thermische Nachwirkung der Nickelstahllegierungen, die sich darin äußert, daß sie bei rascher und beträchtlicher Temperaturänderung die zugehörigen Änderungen ihrer Abmessungen nicht sofort annehmen, sondern nur zum Teil, während ein Rest der Änderungen sich erst allmählich einstellt. Ein 1 m langer Invarstab wurde auf 150° erhitzt und dann langsam auf Zimmertemperatur abgekühlt, auf der er sodann 10 Jahre hindurch erhalten wurde. Den beobachteten Verlauf seiner zeitlichen Dehnung zeigt Abb. 17.

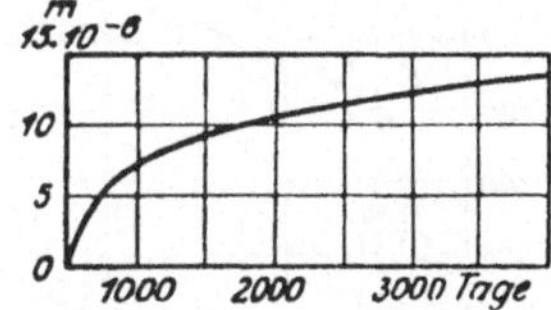

Abb. 17. Thermische Nachwirkung eines Invarstabes von 1 m Länge nach GUILLAUME.

Je rascher die Abkühlung erfolgt, desto größer sind die nachträglichen langsamen Dehnungen. Deshalb müssen Invarstäbe nach der Erhitzung auf 150 bis 180°, ganz langsam, etwa innerhalb 3 bis 4 Monaten, auf die Gebrauchstemperatur abgekühlt werden.

Den Unterschied der Längenänderungen eines 1 m langen Invarstabes bei plötzlicher und langsamer Abkühlung nach theoretisch unendlich langer Zeit, veranschaulicht Abb. 18. Es ist sonach wichtig, zu beachten, daß Invar bei raschen Temperaturänderungen einen anderen linearen Wärmeausdehnungskoeffizienten hat als bei langsamen.

GUILLAUME fand, daß Mangan, Chrom, Wolfram, Vanadium die Instabilität der Nickelstahllegierungen verringern, daß sie dagegen Kohlenstoff steigert. Die Instabilität ist geradezu dem Kohlenstoffgehalt proportional, so daß völlig kohlenstofffreie Legierungen auch vollständig stabil wären, was aber niemals ganz zu erreichen ist.

Als wahrscheinliche Ursache der Instabilität der Nickelstahllegierungen sieht GUILLAUME daher ihren Kohlenstoffgehalt an, dessen langsame Umwandlungen als Zementit, Fe_3C, die beobachteten Erscheinungen bedingen. Diese Vermutung bestätigt die Beobachtung, daß ein schwach karburiertes Invar mit sehr

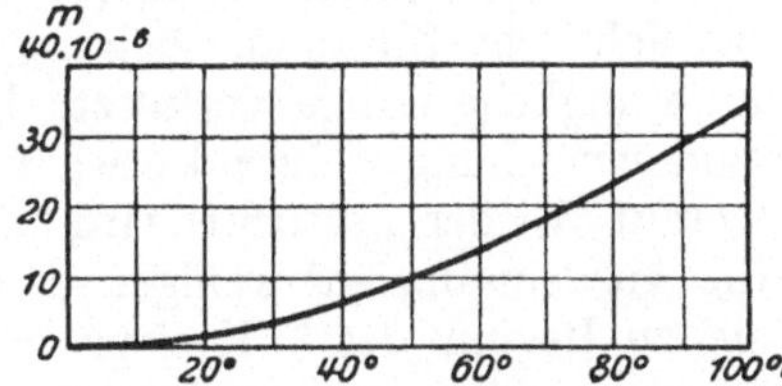

Abb. 18. Längenunterschied eines schnell und eines langsam abgekühlten Invarstabes von 1 m Länge nach GUILLAUME.

[1]) CH. ÉD. GUILLAUME, C. R. Bd. 171, S. 83. 1920 und Les Prix Nobel, l. c.

wenig Chrom sich etwa 10 mal stabiler gezeigt hat, als das gewöhnliche mit etwa 0,1% C Gehalt. Der zurückbleibende kleine Rest von Instabilität deutet darauf hin, daß sich nur noch kleine Anteile von Zementit bilden[1]).

Einen tieferen Einblick in die wahrscheinlichen Ursachen des abnormalen thermischen Verhaltens der Nickelstahllegierungen erschlossen erst kürzlich die Forschungsergebnisse von C. BENEDICKS und P. SEDERHOLM über die Struktur des Invars[2]).

Durch mikroskopische und mikrochemische Untersuchungen der Struktur ließ sich einwandfrei feststellen, daß Invar nicht, wie man bisher annahm, eine homogene Legierung ist, sondern aus 2 Phasen besteht: einer nickelreicheren Hauptmasse (Tänit), in die eine eisenreichere Masse (Kamazit), stark zerstreut, eingebettet ist. Die Erwärmung stört nun das Phasengleichgewicht, indem ein Teil der nickelreicheren Komponente in die eisenreichere übergeht, so daß sich das Mengenverhältnis der Phasen und damit auch der Ausdehnungskoeffizient ändert. Denn im allgemeinen erhält man die Ausdehnung einer Legierung nach der Mischungsregel, aus den Ausdehnungen ihrer Komponenten, und nachdem der Ausdehnungskoeffizient des Eisens kleiner ist als jener des Nickels, so nimmt, wegen Vermehrung der eisenreicheren Komponente, die Ausdehnung ab.

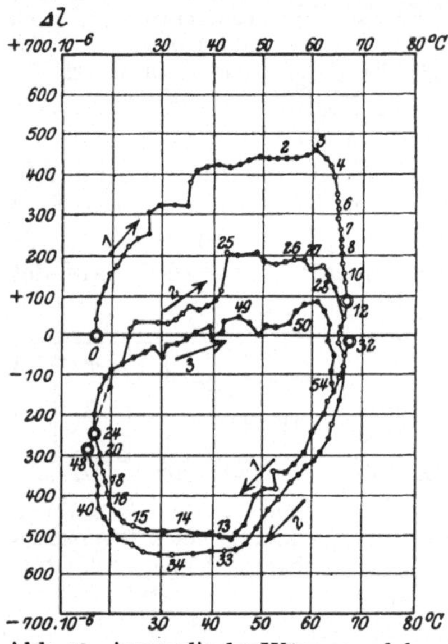

Abb. 19. Anomalie der Wärmeausdehnung eines Invardrahtes von 80 mm Länge und 1,65 mm Durchmesser nach C. BENEDICKS und P. SEDERHOLM, 1925.

Nachdem aber jede Umwandlung eine gewisse Zeit benötigt, haben BENEDICKS und SEDERHOLM einen Invardraht von 80 mm Länge und 1,65 mm Durchmesser sehr rasch erhitzt und festgestellt, daß dabei zuerst eine Ausdehnung und dann, infolge der wirksam werdenden Phasenänderung, eine Zusammenziehung eintritt, die sich schließlich gegenseitig beinahe aufheben, während bei einer Abkühlung der Zusammenziehung eine sie kompensierende Ausdehnung folgt.

Das Versuchsergebnis zeigt Abb. 19, in der die eingetragenen Zahlen die seit dem Beginn des Versuches verstrichenen Minuten bedeuten. Die Ausdehnung setzt zunächst im Punkte 0 (+16°) mit dem großen Ausdehnungskoeffizienten von ca. $13 \cdot 10^{-6}$ ein (Eisen $12 \cdot 10^{-6}$, Ni $15 \cdot 10^{-6}$), der aber schon nach etwa 10 sec zu sinken beginnt. Nach 3 min beginnt bei fast konstanter Temperatur von +65° eine beträchtliche Zusammenziehung, die den Invardraht nach 12 min auf seine ursprüngliche Länge verkürzt. Die darauffolgende Abkühlung bewirkt eine Zusammenziehung während etwa 1 min und Ausdehnung während weiterer 11 min, worauf wieder erwärmt wird usw. Während zu Beginn des 2. Kreisprozesses die Ausdehnung auf weniger als die Hälfte der anfänglichen gesunken ist, weicht sie zu Beginn des 3. Kreisprozesses kaum mehr von Null ab. Diese Beobachtungen ergaben für den Koeffizienten der scheinbaren oder resultierenden Wärmeausdehnung Werte zwischen den Grenzen

$$\alpha = 0{,}22 \cdot 10^{-6} \quad \text{und} \quad \alpha = 0{,}82 \cdot 10^{-6}.$$

[1]) CH. ÉD. GUILLAUME, C. R. Bd. 171, S. 1039. 1920.

[2]) CARL BENEDICKS u. PER SEDERHOLM, Ark. f. Mat., Astron. och Fys. Bd. 19 B, Nr. 1, S. 1–6. 1925.

Diese Werte stimmen mit nachstehenden Ergebnissen überein:

1. von GUILLAUME für 36,1% Nickelgehalt und die Temperatur 0°/20°

$$\bar{\alpha} = 0{,}902 \cdot 10^{-6}$$

aus dem Jahre 1897[1]) und für „ganz reines" (offenbar auch von Spuren von Beimengungen freies) Invar bei 20°

$$\alpha = 0{,}2 \cdot 10^{-6}$$

aus dem Jahre 1920[2]);

2. von F. A. MOLBY, der im Jahre 1912 für 36,1% Nickelgehalt, bei 20°

$$\alpha = 0{,}934 \cdot 10^{-6}$$

fand und im Temperaturbereich −190°/+100° den Verlauf der Wärmeaus-dehnung von Invar durch

$$\frac{l_t - l_0}{l_0} = (1{,}02\,t - 0{,}0_2 22\,t^2 + 0{,}0_5 1\,t^3)\,10^{-6}$$

bestimmte (Abb. 20)[3]).

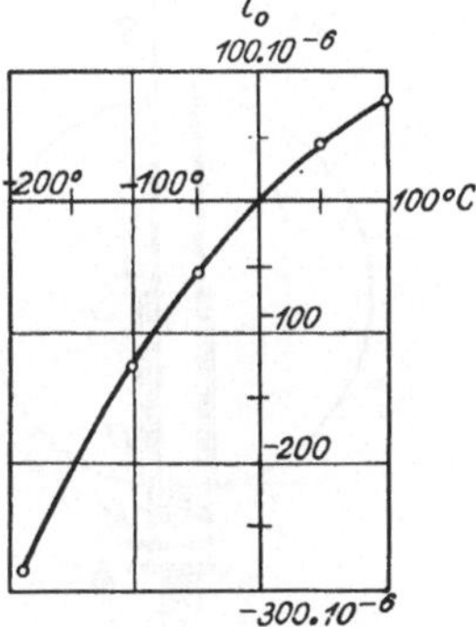

Abb. 20. Wärmeausdehnung von Invar (36,1 % Ni) im Temperaturbereich −190°/+100° C nach F. A. MOLBY, 1912.

3. von VALENTINER und WALLOT a. d. Jahre 1914[4]) für Invar der Société Genévoise mit 36,1% Nickelgehalt:

t° C	−191°/+18°	−126°/+22°	−64°/+22°	−54°/−29°	−43°/−17°	−17°/+21°
$\bar{\alpha}$ =	0,98	0,81	0,45	0,62	0,35	0,44 · 10^{-6}

Dagegen fand K. SCHEEL für ähnliche Temperaturbereiche im Jahre 1921 größere Werte[5]):

	t° C	−191°/+16°	−191°/0°
für Invar von Krupp	$\bar{\alpha}$ =	2,86	2,875 · 10^{-6},
„ „ aus Imphy	$\bar{\alpha}$ =	1,96	1,94 · 10^{-6}.

4. von J. WÜRSCHMIDT für das KRUPPsche Invar, genannt „Indilatans" bei 20°/50° $\bar{\alpha} = 1.10^{-6}$; für höhere Temperaturen[6]):

t° C	100°	200°	300°	400°	400°/600°
$\bar{\alpha}$ =	1,5	2,2	6,3	9,1	17,5 · 10^{-6}

5. Nach Untersuchungen von P. GOERENS in der Versuchsanstalt von FRIEDRICH KRUPP in Essen, lassen sich je nach der mechanischen und thermischen Vorbehandlung des Invars (Indilatans) alle Ausdehnungskoeffizienten zwischen $-0{,}5 \cdot 10^{-6}$ und $+2{,}0 \cdot 10^{-6}$ erhalten[7]). Bei höheren Temperaturen ergaben sich nachstehende mittlere Ausdehnungskoeffizienten[8]):

t° C	0°/100°	0°/200°	0°/300°	0°/400°	0°/500°	0°/600°	0°/700°	0°/800°	0°/900°	0°/1000°
$\bar{\alpha}$ =	2,1	3,2	6,1	8,6	10,1	11,2	12,1	12,8	13,4	14,0 · 10^{-6}
$\frac{l_t - l_0}{l_0}$ =	0,21	0,64	1,83	3,44	5,05	6,72	8,47	10,24	12,06	14,0 · 10^{-3}

1) CH. ÉD. GUILLAUME, C. R. Bd. 124, S. 176. 1897.

2) CH. ÉD. GUILLAUME, C. R. Bd. 170, S. 1554. 1920.

3) F. A. MOLBY, Phys. Rev. Bd. 35, S. 79. 1912.

4) S. VALENTINER u. J. WALLOT, Verh. d. D. Phys. Ges. Bd. 16, S. 757. 1914; Ann. d. Phys. (4) Bd. 46, S. 837. 1915.

5) KARL SCHEEL, ZS. f. Phys. Bd. 5, S. 167−172. 1921.

6) J. WÜRSCHMIDT, Dtsch. Uhrmacher-Ztg. 1921, nach Mitteilung von C. Kuhbier & Sohn, Stahl- und Eisenwalzwerk, Dahlerbrück i. W. durch die Vertriebsgesellschaft der Friedrich Krupp A.-G. Wien I, Johannesgasse 18.

7) Nach brieflicher Mitteilung von Herrn Professor Dr.-Ing. PAUL GOERENS der Friedr. Krupp A.-G. in Essen.

8) P. GOERENS, Stahl u. Eisen Bd. 44, S. 1645−1659. 1924; betr. Messungseinrichtung vgl. ebenda Bd. 46, S. 101−104. 1926.

Die letzteren Werte sind der Wärmeausdehnungskurve des Invars in Abb. 9 zugrunde gelegt. Bei hohen Temperaturen verhält sich also das Invar ganz ähnlich wie die anderen Metalle.

34. Das Rieflerpendel. Trotz seines im allgemeinen komplizierten Verhaltens erweist sich das Invar, bei entsprechender mechanischer und thermischer Vorbehandlung, im Bereich gewöhnlicher Temperaturen, als ein zur praktischen Lösung des Kompensationsproblems hervorragend geeigneter Stoff, wie zuerst S. RIEFLER durch umfangreiche, bald nach der Auffindung des Invars, seit 1899 aufgenommene Versuche, gezeigt hat[1]). Hiernach werden in der Fabrik RIEFLERS in Nesselwang bei München die Pendelstäbe aus Invar nach ihrer Bearbeitung einem wochen- bis monatelangen Temperungsprozeß unterworfen, wobei sie, von etwa 180° C ausgehend, unter häufigem Erschüttern und schließlicher Belastung durch ein Gewicht von der Größe jenes der Pendellinse, stetig bis auf die Temperatur des Arbeitsraumes abgekühlt werden. Dieser langwierige künstliche Alterungsprozeß beseitigt die Nachwirkungserscheinungen des Invars bis auf kaum merkbare Spuren nahezu vollständig.

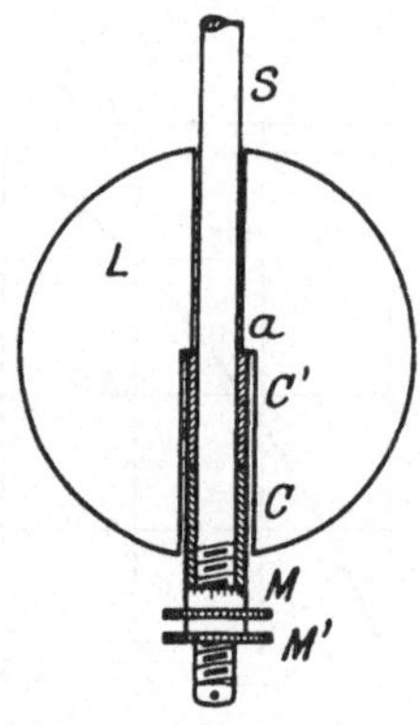

Abb. 21. Schema des RIEFLERschen Invarpendels.

Die Konstruktion des „RIEFLERschen Nickelstahlkompensationspendels" oder Invarpendels gestaltet sich hiernach außerordentlich einfach (Abb. 21).

Die Invarstange von 10 bis 14 mm Durchmesser trägt an ihrem unteren Ende eine durch die Gegenmutter *M'* feststellbare Schraubenmutter *M*, auf der zwei, zusammen 100 mm lange Hülsen aus Stahl und Messing aufgesetzt sind. Auf deren oberem Ende *a* wird die entsprechend ausgehöhlte Linse *L* aus Messing oder Gußeisen in ihrem Mittelpunkt frei gelagert. Die Länge der beiden Hülsen wird so bemessen, daß ihre Wärmeausdehnung jener der Pendelstange gleich wird, womit, wie unmittelbar einleuchtet, die reduzierte Pendellänge konstant gehalten wird. Da jede Pendelstange ihren individuellen Wärmeausdehnungskoeffizienten hat, muß dieser bestimmt und hiernach die Länge der beiden Hülsen bemessen werden. Bei größeren Ausdehnungskoeffizienten kann an Stelle von Messing Aluminium treten.

Unter Umständen können die Kompensationshülsen entfallen, wenn die Linse selbst zur Kompensation der Wärmeausdehnung der Pendelstange benutzt wird. Sie muß dann, aus Messing, Gußeisen oder Stahl verfertigt, der beabsichtigten Kompensationswirkung entsprechend dimensioniert werden. Ein solches Pendel stellt das denkbar einfachste Kompensationspendel vor.

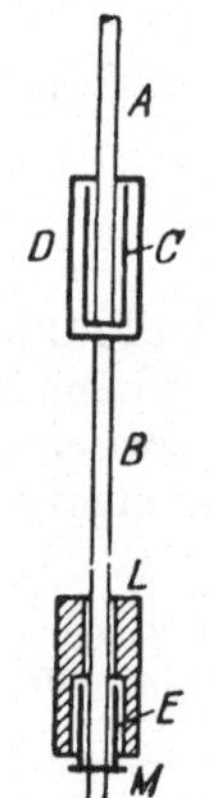

Abb. 22. Schema des RIEFLERschen Schichtungspendels.

Gangbeobachtungen von Uhren mit Rieflerpendel folgen weiter unten Ziff. 50.

Um der schon erwähnten Temperaturschichtung Rechnung zu tragen, verlegte S. RIEFLER die Kompensationsrohre in die Mitte der reduzierten Pendellänge. Die Pendelstange wurde hierzu in 2 Teile *A* und *B* geteilt (Abb. 22), die Kompensationsrohre *C* am unteren Ende des oberen Teiles *A*

[1]) S. RIEFLER, Das Nickelstahlkompensationspendel, D. R. P. Nr. 100870. München 1902.

befestigt und der untere Teil B mittels einer Büchse D aus Invar darangehängt. Die Linse L (bei Uhren in luftdichtem Gehäuse ein zylindrischer Pendelkörper) wird von einem Invarrohr E gehalten, das sich auf die Schraubenmutter M stützt. Nach den Untersuchungen von H. KIENLE an der Münchener Sternwarte lassen sich die Einflüsse der Temperaturschichtung mit diesem „Schichtungspendel" weitgehend beseitigen[1]).

Den Einfluß des Erdmagnetismus auf Invarpendel hat EBERT untersucht und gefunden, daß die beschleunigende Kraft im erdmagnetischen Feld von München auf ein solches Pendel 2335mal kleiner ist als die Schwerkraft. Ein Halbsekundenpendel schwingt aus diesem Grunde täglich um etwa 0,0067 sec schneller[2]).

Diesem Einfluß wird durch die Regulierung Rechnung getragen. Örtliche und zeitliche Schwankungen des Magnetismus könnten dagegen den Gang der Uhr beeinflussen. Über die Änderungen des Eigenmagnetismus liegen in diesem Belange noch keine Versuchsergebnisse vor, doch dürfte nach längerer Zeit ein gewisser Beharrungszustand des Invarpendels eintreten. Die erdmagnetischen Schwankungen sind in Mitteleuropa verhältnismäßig klein, so daß der dadurch bedingte tägliche Gangfehler des genannten Halbsekundenpendels unter $7 \cdot 10^{-5}$ sec bleibt.

35. Das Quarzpendel. Das thermische Verhalten des Quarzes. Die kleine Wärmeausdehnung des im elektrischen Ofen geschmolzenen Quarzes (Quarzglas, amorpher Quarz) war die Veranlassung, diesen Stoff für den Bau von Uhrpendeln heranzuziehen. Während der lineare Wärmeausdehnungskoeffizient von kristallisiertem Quarz parallel zur Achse von der Größenordnung $7 \cdot 10^{-6}$ und senkrecht zur Achse von der Größenordnung $14 \cdot 10^{-6}$ ist, beträgt er für amorphen Quarz nur $0{,}5 \cdot 10^{-6}$ [3]), ist also rund halb so groß wie jener des Invars, der aber nach den zuletzt angeführten Untersuchungen sogar der Null nahegebracht werden kann. Da aus diesem Grunde Quarzglas auch für Längennormale vorgeschlagen wurde[4]) und als Vergleichskörper für Wärmeausdehnungsmessungen verwendet wird, ist sein Wärmeausdehnungskoeffizient wiederholt bestimmt worden.

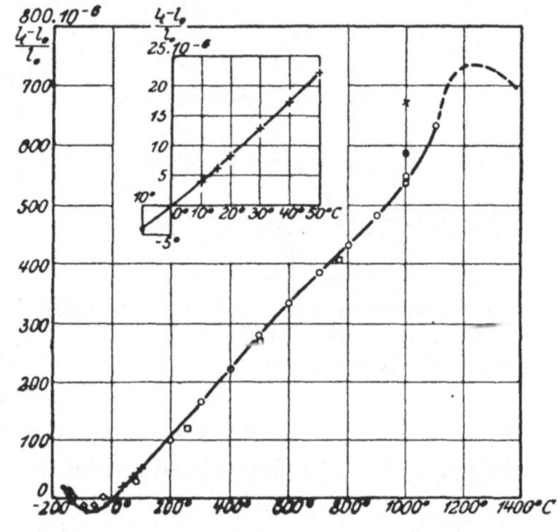

Abb. 23. Wärmeausdehnung von Quarzglas nach G. W. C. KAYE, 1910.

× LE CHATELIER, 1900 □ HOLBORN u. HENNING, 1903
⊕ CALLENDAR, 1901 ◇ DORSEY, 1907
+ CHAPPUIS, 1903 ○ RANDALL, 1910

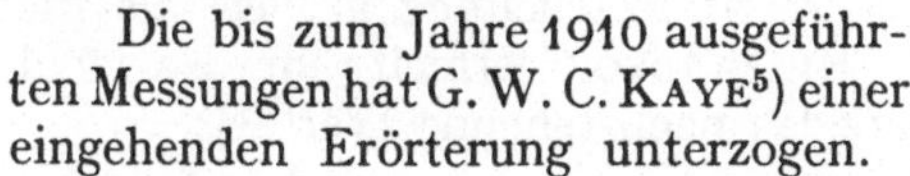

Die bis zum Jahre 1910 ausgeführten Messungen hat G. W. C. KAYE[5]) einer eingehenden Erörterung unterzogen. Abb. 23 zeigt hiernach den Verlauf der Wärmeausdehnung der Längeneinheit $\frac{l_t - l_0}{l_0}$ als Funktion der Temperatur. Innerhalb des Bereiches von 0 bis 1000° weicht die Kurve nur wenig von einer

[1]) HANS KIENLE, ZS. f. Instrkde. Bd. 40, S. 173—179. 1920.

[2]) S. RIEFLER, Präzisionspendeluhren und Nickelstahlkompensationspendel, S. 40. 1907.

[3]) LANDOLT u. BÖRNSTEIN, Phys.-chem. Tabellen, 5. Aufl., Bd. II, S. 1222, Tab. 241 b. 1923.

[4]) G. W. C. KAYE, Proc. Roy. Soc. London (A) Bd. 85, S. 430. 1911.

[5]) G. W. C. KAYE, Phil. Mag. (6) Bd. 20, S. 718. 1910.

Geraden ab, so daß der lineare Wärmeausdehnungskoeffizient $\alpha = \frac{1}{l_0}\frac{dl}{dt}$ als tg der Kurvenneigung in irgendeinem Punkt als konstant angesehen werden kann. Hiernach läßt sich auch der mittlere lineare Wärmeausdehnungskoeffizient in einem bestimmten Temperaturbereich ermitteln, und es ergibt sich:

t° C	−160°/−120°	−120°/−80°	−80°/−40°	−40°/0°	0°/30°	30°/100°	100°/500°	500°/900°	900°/1100°
$\bar{\alpha} =$	−0,43	−0,11	+0,14	+0,31	+0,42	+0,53	+0,58	+0,50	$+0{,}80 \cdot 10^{-6}$

Bei −80° C fand K. SCHEEL 1907 ein Dichtemaximum und ein Längenminimum, wofür es bei Quarzkristallen kein Analogon gibt[1]).

Die neueren Messungen bestätigen diese Ergebnisse, wie aus nachstehenden von K. SCHEEL und W. HEUSE erhaltenen Werten hervorgeht:

$$-253°/+100°: \quad \frac{l_t - l_0}{l_0} = (0{,}362\,t + 0{,}0_2 1813\,t^2 - 0{,}0_5 340\,t^3)\,10^{-6}\ {}^{2)},$$

$$0°/+500: \quad \frac{l_t - l_0}{l_0} = (0{,}395\,t + 0{,}0_3 1282\,t^2 - 0{,}0_5 1698\,t^3)\,10^{-6}\ {}^{3)},$$

deren Verlauf Abb. 24 wiedergibt; den Vergleich mit anderen Stoffen ermöglicht Abb. 9.

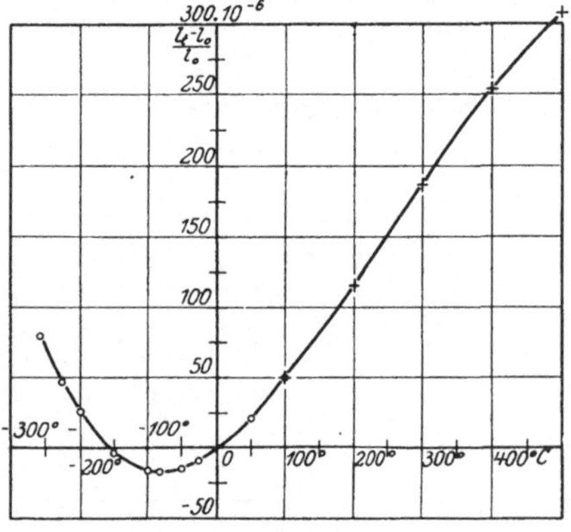

Abb. 24. Wärmeausdehnung von Quarzglas nach K. SCHEEL und W. HEUSE.
o SCHEEL und HEUSE 1914. + SCHEEL 1921.

Die thermische Nachwirkung des Quarzglases äußerte sich an daraus erzeugten Uhrpendeln anfänglich in sprunghaften Gangstörungen[4]). Wiederholtes Ausglühen bei Temperaturen von 400 bis 500° C und darauffolgendes langsames Abkühlen (künstliches Altern) verkleinern jedoch die thermische Nachwirkung bedeutend.

Ist l_0 die Länge eines Quarzstabes bei 0°, erwärmt man sodann langsam auf t° bis zur Erlangung des Temperaturgleichgewichtes und kühlt abermals bis 0° ab, so findet man nach kurzer Zeit nicht die ursprüngliche Länge l_0, sondern $l_0 + \delta l$. Man nennt dann die Längenänderung der Längeneinheit für 1° C lineare thermische Nachwirkung oder Hysteresis

$$H = \frac{\delta l}{l}\frac{1}{t}. \tag{15}$$

Gewöhnlich ist $H < 0$, d. h. nach Erwärmung und darauffolgender Abkühlung auf die Anfangstemperatur ist die Zusammenziehung größer, als die vorangegangene Ausdehnung war. L. F. RICHARDSON erhielt im National Physical Laboratory für ausgeglühtes Quarzglas nachstehende Werte[5]):

t° C	−190°/0°	0°/50°	0°/400°	0°/800°
$H =$	0,0	0,0	0,0 bis $-5 \cdot 10^{-9}$	0,0 bis $-17 \cdot 10^{-9}$

[1]) K. SCHEEL, Verh. d. D. Phys. Ges. Bd. 9, S. 3. 1907.

[2]) K. SCHEEL u. W. HEUSE, Verh. d. D. Phys. Ges. Bd. 16, S. 1. 1914.

[3]) K. SCHEEL, ZS. f. Phys. Bd. 5, S. 167. 1921.

[4]) Mündliche Mitteilung des Herrn Regierungsrates Dr. J. RHEDEN der Universitätssternwarte in Wien auf Grund der Beobachtung einer Uhr mit Quarzpendel von K. SATORI in Wien im Jahre 1913.

[5]) G. W. C. KAYE, Phil. Mag. u. Proc. Roy. Soc. London, l. c.

Zum Vergleich folgen nachstehend die Werte der linearen thermischen Nachwirkung von Jenaer Thermometerglas und Invar nach derselben Quelle:

	t°C	H
Jena 59‴	0°/+50°	$+23\cdot10^{-9}$[1]
Jena 16‴	0°/+50°	$+42\cdot10^{-9}$[1]
Invar	0°/+25°	$-81\cdot10^{-9}$[2]
„	0°/+50°	$-162\cdot10^{-9}$[2]

Bei gewöhnlichen Temperaturen kann also die thermische Nachwirkung des ausgeglühten Quarzglases vernachlässigt werden, für Temperaturen von +400° C aufwärts beträgt ihre Größenordnung rund 1% seiner linearen Wärmeausdehnung. Dazu ist jedoch zu bemerken, daß die Beobachtungen von GUILLAUME über die thermische Nachwirkung des Invars sich über Monate erstreckten, jene RICHARDSONS über die thermische Nachwirkung des Quarzglases nur auf wenige Stunden.

Quarzglas ist sehr dauerhaft, härter und weniger spröde als gewöhnliches Glas, es oxydiert nicht und ist erdmagnetischen Einflüssen nicht unterworfen[3]).

Diese Eigenschaften und seine verschwindend kleine Wärmeausdehnung und thermische Nachwirkung lassen es zur Verwendung für Uhrpendel, aber auch zu Pendeln für Schweremessungen (vornehmlich nach v. STERNECK) besonders geeignet erscheinen[4]).

Nachteilig ist jedoch die Zerbrechlichkeit und schwierige Bearbeitung des Quarzglases, das sich nur schleifen, aber nicht drehen läßt; auch kann man keine Gewinde aufschneiden. Es ist billiger als Platiniridium, aber teurer als Invar. Hauptsächlich wohl aus diesen Gründen konnten Quarzpendel bisher keine größere Verbreitung finden.

36. Das Satoripendel. Sekundenpendel aus amorphem Quarz für Präzisionsuhren baut K. SATORI in Wien seit 1910[5]).

Die Pendelstange ist ein zylindrischer Quarzstab von 25 mm Durchmesser, dessen Verbindung mit der Aufhängung und Pendellinse bzw. der Einrichtung für Luftdruckkompensation und Regulierung, Stahl- oder Messingkappen bewirken, die von Klemmschrauben festgehalten werden. Die Kompensationseinrichtung besteht aus einem etwa 10 cm langen Stahlrohr, das sich am unteren Ende der Pendelstange auf eine Reguliermutter stützt und auf das die Pendellinse aufgeschoben ist. Sie wirkt wie beim Invarpendel von RIEFLER. Es kann aber auch das Stahlrohr entfallen und, wie schon erwähnt, die Linse selbst zur Kompensation herangezogen werden. Angaben über Gangbeobachtungen folgen Ziff. 50. Über das Satoripendel mit elektrischem Antrieb vgl. Ziff. 51.

37. Aufstellung der Pendeluhr. Abgesehen von den unerläßlichen Kompensationen ist für Präzisionsuhren eine erschütterungsfreie Aufstellung auf besonderem Fundament in einem Raum möglichst konstanter Temperatur wünschenswert, denn die Wärme wirkt formändernd nicht allein auf das Pendel, sondern auch auf das Uhrwerk samt Gehäuse und auf die Pendelaufhängung; sie beeinflußt ferner die Zähigkeit des Schmieröls und damit den

---

[1]) M. THIESEN u. K. SCHEEL, ZS. f. Instrkde. Bd. 12, S. 293. 1892; M. THIESEN, K. SCHEEL u. L. SELL, ebenda Bd. 16, S. 49. 1896.

[2]) Nach GUILLAUME.

[3]) E. THOMSON, The mechanical, thermal and optical properties of fused silica. Journ. Frankl. Inst. Bd. 200, S. 313—325. 1925.

[4]) VENING MEINESZ, Observations de pendule sur la mer pendant un voyage en sousmarin de Hollande à Java. Publ. de la comm. géodésique Néerlandaise. Ref. von A. PREY, Naturwissensch. Bd. 13, S. 535. 1925.

[5]) MAX SCHANZER, Quarzpendel, konstruiert und gebaut von K. SATORI in Wien. ZS. f. Instrkde. Bd. 33, S. 277. 1913.

Reibungswiderstand. Dabei sollen elektrische Aufzugs-, Ferneinstellungs- und Zeitmeldevorrichtungen ein häufiges Betreten des Uhrraumes überflüssig machen. Für astronomische Uhren ist ein still gelegener, trockener und vor direkter Sonnenstrahlung geschützter, kellerartiger Raum am geeignetsten[1]).

β) Die Unruhe.

38. Schwingungsdauer und Schwingungsweite. Die Unruhe ist ein kleiner Schwungring mit möglichst reibungslos gelagerter Achse, mit der das eine Ende der Spiralfeder fest verbunden ist, während ihr anderes Ende von einem feststehenden Kloben gehalten wird. Die Unruhachse ist parallel zur Anker- und Steigradachse, mit denen sie in der Regel überdies in ein und derselben Ebene liegt.

Dreht man die Unruhe um einen Winkel α aus ihrer Gleichgewichtslage, so wird in der Spiralfeder ein Drehmoment ihrer elastischen Kräfte geweckt, das die Unruhe in ihre Gleichgewichtslage zurückzudrehen strebt. Losgelassen, vollführt die Unruhe infolgedessen Drehschwingungen um ihre Gleichgewichtslage. Die Analogie mit den Pendelschwingungen liegt auf der Hand: das Drehmoment der Schwerkraft beim Pendel ist hier ersetzt durch das Drehmoment der elastischen Kräfte der Spiralfeder. Ist die Spiralfeder nicht zu kurz, hat sie also genügend viele Umgänge, so darf man ihr Drehmoment dem Ausschlagwinkel α proportional setzen. Ist M das Drehmoment zu ihrer Verdrehung um den Winkel Eins, so ist $M\alpha$ das Drehmoment zur Verdrehung um den Winkel α, und dann wird, ähnlich Gleichung (1), die Bewegungsgleichung der Unruhe, von Bewegungswiderständen abgesehen, wenn J ihr Trägheitsmoment bezüglich der Drehungsachse ist,

$$\frac{d^2\alpha}{dt^2} + \frac{M}{J}\alpha = 0. \tag{16}$$

Die Integration dieser Differentialgleichung führt auf die Schwingungsdauer der Unruhe

$$\tau = \pi\sqrt{\frac{J}{M}}, \tag{17}$$

welche sonach vom Ausschlagwinkel unabhängig ist, d. h. die Schwingungen der Unruhe sind für endliche Schwingungsweiten isochron.

Das Moment der elastischen Kräfte ist dabei

$$M = \frac{E h s^3}{12 l}, \tag{18}$$

wenn E der Elastizitätsmodul, h die Breite, s die Dicke und l die Länge der Spiralfeder von rechteckigem Querschnitt sind. h liegt dabei parallel zur Unruhachse, s hingegen radial.

Wie schon erwähnt, (Ziff. 12 und 16, 17), sucht man dem Einfluß äußerer mechanischer Störungen durch große Schwingungsbogen und große Geschwindigkeit der Unruhe zu begegnen. Die Schwingungsweite beträgt oft über 360° und die Schwingungszahl in 1 sec 5 bei Taschenuhren und 4 bei Chronometern.

39. Störungen des Isochronismus. Allgemeines. Die Voraussetzung der Proportionalität des Drehmomentes mit dem Ausschlagwinkel ist in Wirklichkeit nicht streng erfüllt. Nachstehende Umstände (Ziff. 40 bis 49) nehmen darauf Einfluß.

---

[1]) Vgl. H. MAHNKOPF, Die Auslösung der funkentelegraphischen Nauener Zeitsignale durch die Deutsche Seewarte. A. d. Arch. d. D. Seewarte Bd. 39, S. 16f. 1921.

40. Länge und Form der Spirale. Bei Verkürzung der Spirale gehen große Schwingungen langsamer vor sich als kleine, bei Verlängerung der Spirale dagegen kleine Schwingungen langsamer als große, und diese Wirkung ist um so stärker, je kürzer die Spirale ist. Erfahrungsgemäß sind die Umstände für den Isochronismus am ungünstigsten, wenn die Unruhe, von ihrer Gleichgewichtslage an gezählt, zwischen 0° und 180° schwingt, am günstigsten, wenn sie es zwischen 70° und 250° tut.

Für Taschenuhren verwendet man fast ausschließlich flache, nach einer archimedischen Spirale gekrümmte Stahlfedern von etwa 10 bis 15 Umgängen. Nach dem Vorgang von BREGUET wird auch das äußere Ende der Spiralfeder durch geeignetes Aufbiegen möglichst nahe der Drehungsachse verlegt, da durch die Außenbefestigung der Isochronismus beeinträchtigt wird. Der Federquerschnitt ist rechteckig, etwa 0,4 mm breit, 0,02 mm dick, das Gewicht der Spiralfeder beträgt etwa 0,015 g; die Breitseite ist parallel zur Unruhachse.

Für Chronometer verwendet man nach einer zylindrischen Schraubenlinie gekrümmte Spiralfedern. Früher waren auch noch tonnenförmig ausgebauchte, hyperboloidisch eingeengte und kegelförmig aufgewundene Spiralfedern üblich.

Eine strenge Untersuchung der Bewegung von Unruhe und Spirale haben ED. PHILLIPS 1861 und H. RESAL 1876 durchgeführt[1]). Eine Grundbedingung des Isochronismus ist, wie leicht einzusehen, daß die Drehungsachse Schwerachse von Unruhe und Spirale sei. Um nun den Schwerpunkt der Spiralfeder sowohl im Ruhe- als auch im Bewegungszustand dauernd in die Unruhachse zu verlegen, müssen die beiden Spiralenenden nach ganz bestimmten Endkurven gekrümmt werden[2]). PIERRE LE ROY und FERDINAND BERTHOUD suchten denselben Zweck durch Längenabstimmung der Spirale zu erreichen, und schließlich hat die einschlägigen Verhältnisse C. ED. CASPARI in jahrelanger Arbeit eingehend untersucht[3]).

41. Masse der Spirale. Die Masse der Spirale wurde bisher gegen jene des Schwungringes vernachlässigt. CASPARI (1877) und neuerdings H. BOCK (1924) haben gezeigt, daß sie die Schwingungsdauer vergrößert und den Isochronismus stört in einem Betrage, der beispielsweise bei 250° Schwungweite eine Abnahme des Ausschlages um etwa 10° und ein Voreilen um etwa 0,1 sec in 24h bewirkt, was bei den Ansprüchen, die an Chronometer gestellt werden, nicht unbeträchtlich ist[4]).

42. Äußere und innere Widerstände. Auch wenn die bei der Hemmung angeführten Bedingungen der Koppelung des Laufwerkes mit dem Gangregler möglichst genau erfüllt sind, findet während der kurzen Zeit der Wechselwirkung eine Störung des Isochronismus statt, die BOCK für Chronometer untersucht hat[5]). Außerdem wirken mehr oder weniger störende Stöße und Erschütterungen von außen, bei Seechronometern die Schiffsbewegung, die durch die CARDANsche Aufhängung nicht ganz wirkungslos gemacht werden kann.

Den empfindlichsten Einfluß übt jedoch die Zapfenreibung aus, insbesondere durch ihre Veränderlichkeit. Um sie auf das kleinste Maß herabzudrücken, werden die Unruhezapfen so dünn gemacht, als es ihre Festigkeit erlaubt, und man gelangt so bei Taschenuhren bis zu 0,1 mm Durchmesser. Die Zapfenreibung ändert sich mit der Lage der Uhr, wobei von besonderem Einfluß die Veränderlichkeit der Lagerdrücke infolge der Kreiselwirkung der Unruhe, allen-

---

1) Vgl. CASPARI, Encykl.-Art., l. c. S. 171ff.

2) Vgl. W. SANDER u. L. AMBRONN, l. c. S. 248.

3) CASPARI, l. c. S. 173.

4) CASPARI, l. c. S. 174; H. BOCK, ZS. f. Instrkde. Bd. 44, S. 22—27. 1924.

5) H. BOCK, ZS. f. Instrkde. Bd. 42, S. 317—325. 1922.

falls auch unvollkommener Zentrierung, ist. Auch bei den best einregulierten Uhren wird man 1 bis 2 sec Gangunterschied zwischen „Hängen" und „Liegen", 0,5 bis 1 sec Gangunterschied zwischen beiden Liegestellungen beobachten können. Die Veränderlichkeit der Zapfenreibung ist ferner bedingt durch den Zustand der Zapfen und den von der jeweiligen Temperatur abhängigen Grad der Zähigkeit des Schmieröls, das überdies auch mit der Zeit dicker wird, so daß alle 3 bis 4 Jahre Reinigung und Neuölung jeder Uhr nötig wird. Den Einfluß der Reibung haben kürzlich H. BOCK, dann A. JAQUEROD, L. DEFOSSEZ und H. MÜGELI untersucht[1]).

Diese Einflüsse sind der Hauptgrund, warum eine Unruheuhr niemals den hohen Genauigkeitsgrad einer guten Pendeluhr erreichen kann. Während die Gangabweichungen von Pendeluhren schon auf 0,01 bis 0,02 sec in 24h herabgedrückt wurden, wird man vermutlich auch die besten Chronometer nur auf höchstens 0,1 bis 0,2 sec in 24h einregulieren können[2]).

In einem magnetischen Feld werden Unruhe und die Stahlteile der Uhr magnetisch, woraus sich von der Orientierung der Uhr abhängige Gangstörungen ergeben, die sich unter Umständen bis zum Stillstand der Uhr steigern können. In einem allmählich abklingenden Wechselfeld läßt sich der Magnetismus zwar abschwächen, aber eine gründliche Beseitigung kann nur durch Behandlung jedes einzelnen Stahlteils für sich erfolgen. Man pflegt deshalb die Spirale aus anderen harten Metallen zu verfertigen, wie z. B. Palladium und Gold, doch läßt deren Elastizität zu wünschen übrig. Einen vollkommenen Schutz würden kugelförmige Stahlgehäuse, wie bei Panzergalvanometern, bieten, die Schirmwirkung von Gehäusen in Uhrform scheint jedoch noch nicht untersucht worden zu sein.

Elektrische Kräfte können auch Anlaß zu Störungen geben, doch fehlen auch hier quantitative Untersuchungen.

43. Luftwiderstand. Infolge der großen Winkelgeschwindigkeit der Unruhe ist ihr Luftwiderstand verhältnismäßig größer als beim Pendel. Seinen Einfluß hat CASPARI analytisch zu verfolgen gesucht, während GUILLAUME und P. DITISHEIM experimentell fanden, daß auch bei der Unruhe ein Mitschwingen der Luft stattfindet, wodurch das Trägheitsmoment der Unruhe vergrößert wird[3]). Störend wirkt vor allem die Veränderlichkeit des Luftwiderstandes und der mitschwingenden Luftmenge mit der Luftdichte infolge Schwankungen des Luftdrucks, der Temperatur und des Feuchtigkeitsgehaltes der Luft. Da aber nach Ziff. 23, die Luftdruckkonstante von Pendeluhren nur 0,01 bis 0,02 sec in 24h für 1 mm Quecksilbersäule Druckunterschied beträgt, so fällt der Einfluß des Luftwiderstandes nur bei den allerfeinsten Chronometern ins Gewicht. Andere Unruhuhren und fast alle Taschenuhren können, bei gewöhnlichem Gebrauch, auf eine Ganggenauigkeit von höchstens 1 bis 2 sec in 24h gebracht werden, so daß ein Einfluß des Luftwiderstandes auf ihren Gang sich mit Sicherheit gar nicht nachweisen läßt[4]). Die Luftfeuchtigkeit scheint eine verzögernde Wirkung auszuüben[5]).

44. Formänderung der Unruhe. Die Fliehkraft deformiert die Unruhe während ihrer Schwingung und ändert so periodisch ihr Trägheitsmoment, wie

[1]) H. BOCK, s. Fußnote 5, S. 201; A. JAQUEROD, L. DEFOSSEZ u. H. MÜGELI, Journ. Suisse d'Horlog. et de Bij. Neuchâtel et Genève, 1923; ZS. f. Instrkde. Bd. 44, S. 420. 1924.

[2]) Vgl. W. SANDER, l. c. Auf Grund einer sehr eingehenden Studie über die Fehlerquellen der Pendeluhren kommt indessen H. R. A. MALLOCK [Proc. Roy. Soc. London (A) Bd. 85, S. 505–526. 1911] zu dem entgegengesetzten Schluß: „Es sei durch eine gute Unruheuhr die Genauigkeit der Zeitmessung besser verbürgt als durch eine Pendeluhr!" Demgegenüber vgl. die Genauigkeitsangaben (Ziff. 50).

[3]) CASPARI, l. c. S. 180. [4]) W. SANDER, l. c. [5]) CASPARI, l. c. S. 183.

schon PHILLIPS 1868 feststellte[1]). Kürzlich untersuchte diesen Einfluß H. BLASIUS, worauf hier nur verwiesen werden mag[2]). Diese Veränderungen des Trägheitsmoments sind eine weitere Störungsquelle des Isochronismus.

45. Einfluß der Temperatur. Allgemeines. Die Hauptursache der Störungen des Isochronismus der Unruhe sind die Schwankungen der Temperatur, welche die Abmessungen der Unruhe und der Spiralfeder, vor allem die Länge der letzteren, ändern. Dadurch ändern sich Trägheitsmoment der Unruhe $J = \sum m r^2$ und Drehmoment der Spiralfeder $M = \frac{E h s^3}{12 l}$ (18), so daß nach Gleichung (17) $\tau = \pi \sqrt{\frac{J}{M}}$ die Schwingungsdauer mit den Lineardimensionen wächst bzw. abnimmt. Temperaturzunahme bedingt also im allgemeinen Nachgehen, Temperaturabnahme Vorgehen der Uhr. Da sich aber auch Breite h und Dicke s der Spiralfeder mit der Temperatur ändern, letztere aber das Drehmoment nach der 3. Potenz beeinflußt, so ergibt sich aus dieser Quelle bei Temperaturzunahme ein geringfügiges Vorgehen, das dem durch die eben angeführten Ursachen bedingten Nachgehen entgegenwirkt. Außerdem verändert sich aber auch der Elastizitätsmodul E der Spiralfeder mit der Temperatur, und zwar nimmt er bei Erwärmung ab. Der Versuch ergibt für eine Messingunruhe mit Stahlspirale für 1° C Temperaturerhöhung eine Verzögerung von rund 11 sec in 24h, wovon 9,5 sec der Abnahme des Elastizitätsmoduls zuzuschreiben sind. Die Spiralfeder wird also gewissermaßen bei Erwärmung weicher, bei Abkühlung härter[3]).

Schon JOHN HARRISON erkannte 1736 die Notwendigkeit, dieser Störung zu begegnen (Ziff. 17), und PIERRE LE ROY gab 1766 die Grundsätze an, nach denen auch heute noch Kompensationsunruhen gebaut werden. Die ersten brauchbaren Ausführungen gab der Chronometermacher JOHN ARNOLD 1775, welchen THOMAS EARNSHAW um 1800 die heute noch übliche Form gab.

46. Die Kompensationsunruhe. Eine Kompensationsunruhe (Abb. 25) besteht hiernach aus dem um die Achse O drehbaren stählernen Arm A, der einen bimetallischen Ring R, aus einer Stahllamelle S innen und einer mit ihm verschweißten Messinglamelle M außen, trägt. Der Ring ist beiderseits, nahe den Schenkeln des Armes A, durchschnitten, so daß zwei halbkreisförmige Hälften entstehen. Die Hauptschwungmasse wird in Belastungsschrauben am Umfang verlegt, die möglichst klein sein sollen, um den Luftwiderstand nicht übermäßig zu vergrößern, und deshalb aus einem spezifisch schweren Stoff, am besten aus Gold, angefertigt werden. Um die Störungen durch ihre Fliehkraft zu vermindern, bringt man sie vorwiegend in senkrechter Richtung zum Arm A an, während sie früher meist an den Enden der Halbkreisringe vereinigt wurden. Außerdem dienen 4 Regulierschräubchen r zur Zentrierung der Unruhe, d. h. zur genauen Einstellung ihres Schwerpunktes in die Drehachse O, während durch Entfernen beider Schräubchen s die genau einregulierte Uhr für Sternzeit gestellt wird, d. h. sie geht dann in 24h um 3m 55,9s gegen die mittlere Sonnenzeit vor.

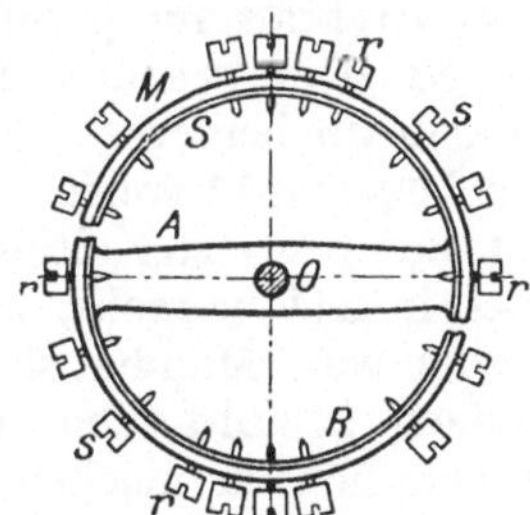

Abb. 25. Kompensationsunruhe.

[1]) CASPARI, s. Fußnote 1, S. 201. S. 181.
[2]) H. BLASIUS, ZS. f. Instrkde. Bd. 39, S. 19—27. 1919.
[3]) CH. ED. GUILLAUME, L'invar et l'élinvar, 1922; W. SANDER, Uhrenlehre, 1923; CASPARI, l. c. S. 174ff.

Die Kompensationswirkung verläuft wie folgt:

1. Steigt die Temperatur, so dehnt sich der äußere Messingstreifen des Schwungringes stärker aus als der innere Stahlstreifen, so daß sich die Halbringe nach innen in die Stellung I (Abb. 26) krümmen. Infolgedessen wird das Trägheitsmoment J der Unruhe und damit die gewachsene Schwingungsdauer wieder verkleinert.

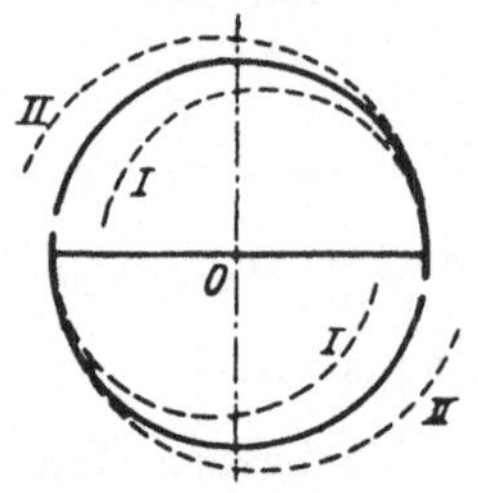

Abb. 26. Schema der Kompensationswirkung.

2. Sinkt die Temperatur, so zieht sich der äußere Messingstreif stärker zusammen als der innere Stahlstreif, und die Halbringe krümmen sich in die Stellung II nach außen; das Trägheitsmoment wächst und damit zugleich die verringerte Schwingungsdauer.

Ließe sich diese Wirkung genau so groß machen, wie es der Temperatureinfluß auf Unruhe und Spiralfeder zugleich erfordert, so würde $\sqrt{J/M}$ und damit die Schwingungsdauer $\tau = \pi\sqrt{J/M}$ ungeändert bleiben, und die Kompensation wäre eine vollkommene. Da aber, wie schon erwähnt, die Lineardimensionen der Unruhe und Spiralfeder (r, l, h, s) sowie ihr Elastizitätsmodul E die Schwingungsdauer in verschiedener Weise beeinflussen, so muß die Kompensation mittels eines bimetallischen Streifens notwendig unvollständig bleiben. Aus diesem Grund hat DENT schon 1832 mit Unruhen und Spiralfedern aus Glas experimentiert.

47. Die Invarspirale. Nimmt man nun, nach dem Vorgang von GUILLAUME (Ziff. 31) für die Spirale Nickelstahl von solcher Zusammensetzung, daß das Maximum oder Minimum seines Elastizitätsmoduls bei gewöhnlicher Temperatur auftritt, so läßt sich durch ihre Verbindung mit einer einmetallischen Unruhe eine wesentliche Verbesserung der Kompensation bei vereinfachtem Bau der Unruhe erzielen. Bei den äußersten Temperaturgrenzen von 0° und 30° sinken die Gangabweichungen von Uhren mit Invarspirale auf den 12. bis 15. Teil jener von Uhren mit gewöhnlicher Stahlspirale und bimetallischer Unruhe. Außerdem besitzt die Invarspirale großen Widerstand gegen Oxydation und mangelnde Koerzitivkraft für permanenten Magnetismus[1]).

48. Der sekundäre Fehler und die Invarunruhe. Schon FERDINAND BERTHOUD bemerkte 1775 den sog. „sekundären Fehler" der Chronometer, den DENT 1832 wieder auffand und der in der Tatsache besteht, daß eine Uhr mit kompensierter Stahl-Messing-Unruhe und Stahlspirale bei 15° um 2 bis 3 sec in 24h vorgeht, wenn sie bei 0° und 30° auf gleichen Gang einreguliert worden war. Man hat sich seit den einschlägigen Untersuchungen von G. B. AIRY vielfach bemüht, den sekundären Fehler durch sog. Hilfskompensationen unschädlich zu machen, die im allgemeinen kleine Anhängsel an die Unruhe sind und sich mit der Temperatur anders verändern wie die Unruhe selbst. Wegen der Schwierigkeiten der mechanischen Ausführung gelang es aber auf diese Weise nicht, dauernd befriedigende Erfolge zu erzielen[2]).

Die Ursache des sekundären Fehlers ist folgende:

Der Elastizitätsmodul E der Spiralfeder nimmt bei Erwärmung nach der stark gekrümmten Kurve OS, Abb. 27a, ab. Die kompensierende Wirkung hängt ab vom Unterschied der Wärmeausdehnung des Messings OL und des Stahls OA, die durch Gleichungen (11) dargestellt werden, deren Koeffizienten β_2 annähernd gleich sind. Ihr Unterschied OB verläuft also linear und die algebraische Summe von OS und OB ergibt schließlich einen quadratischen Rest OC.

---

[1]) GUILLAUME, s. Fußnote 3, S. 203.

[2]) Vgl. E. GELCICH, Uhrmacherkunst; L. AMBRONN, S. 255ff. u. W. SANDER.

Man denke sich nun OA durch eine Kurve OAN, Abb. 27b, ersetzt, welche die Wärmeausdehnung des Nickelstahls mit dem Koeffizienten $\beta_2 < 0$ darstellt. Die Differenz mit OL ist dann eine Kurve OB, die man durch zweckmäßige Wahl des Nickelstahls symmetrisch zu OS machen kann, so daß die algebraische Summe ihrer Ordinaten in allen Punkten gleich Null wird und OC eine mit der Abszissenachse zusammenfallende Gerade.

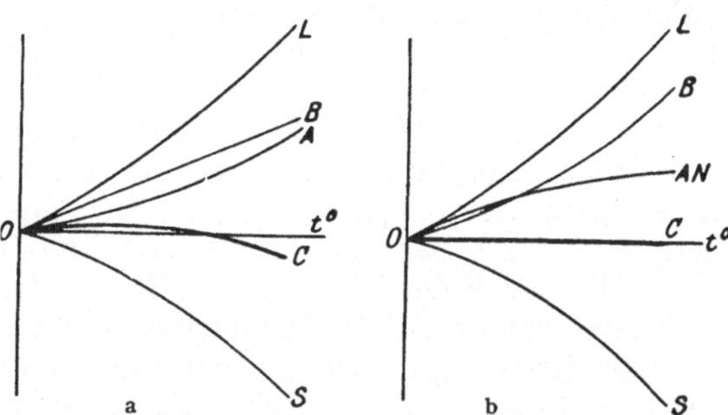

Abb. 27. Veranschaulichung der Ursache des sekundären Fehlers der Chronometer und des Prinzips seiner Behebung nach GUILLAUME.

OS Verlauf des Elastizitätsmoduls der Spiralfeder als Funktion der Temperatur; OL Ausdehnung des Messings, OA Ausdehnung des Stahls der kompensierten Unruhe; OAN Ausdehnung des Nickelstahls mit $\beta_2 < O$; OB Differenz von OL und OA, bzw. OAN; OC algebraische Summe von OS und OB.

GUILLAUME hat 1899 eine solche Unruhe berechnet, deren Stahllamelle durch Nickelstahl von 45% Nickelgehalt ersetzt ist, und seit 1900 erzielten auf diese Weise die Schweizer Chronometermacher PAUL D. NARDIN und PAUL DITISHEIM vollständige Temperaturkompensation.

Unruhuhren, deren sekundärer Fehler auf diese Art in einfachster Weise unterdrückt ist, haben heute 4- bis 5mal bessere Gänge als vor 20 Jahren[1]).

Nach B. WANACH haben jedoch einschlägige Prüfungen der Deutschen Seewarte ergeben, daß diese Kompensation im Laufe der Jahre Veränderungen unterworfen ist, die in ihrer Wirkung jene der älteren Hilfskompensationen übersteigen[2]).

49. Die Elinvarspirale. Die Verwendung des Invars zum Bau bimetallischer Kompensationsunruhen erlaubt, deren Ring auf Viertelkreisbögen zu beschränken, Abb. 28, wodurch auch die störenden Einflüsse der Fliehkräfte wesentlich herabgesetzt werden. Verbindet man mit einer solchen Invarunruhe eine Invarspirale, so ergeben sich weitere wesentliche Verbesserungen des Ganges. Bei gewöhnlichen Taschenuhren konnte man in Verbindung mit Invarspiralen sogar Unruhen mit glattem Schwungring, ohne Schräubchen, aus einem einzigen, hinsichtlich seiner Wärmeausdehnung entsprechend gewählten Metall anwenden.

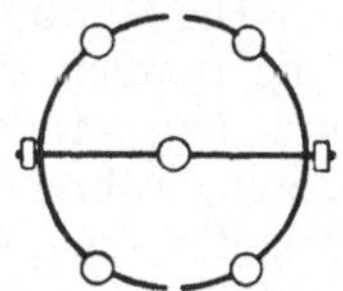

Abb. 28. Schema der Invarunruhe nach W. SANDER.

Verbindet man weiter mit einer solchen Unruhe eine Spiralfeder aus Elinvar (Ziff. 32), dessen Elastizitätsmodul von der Temperatur unabhängig ist, so ergibt sich ein gegen thermische Störungen fast ganz unempfindlicher, auch für Präzisionstaschenuhren und Chronometer geeigneter Gangregler, dessen thermischer Fehler auf etwa $^1/_{100}$ jenes von Stahlspiralen eingeschränkt ist[3]).

Inwieweit diese jüngste, bisher einfachste Lösung des verwickelten und schwierigen Kompensationsproblems der Unruhuhren auch als vollständig und endgültig angesehen werden darf, wird die Erfahrung der nächsten Zeit lehren.

50. Genauigkeit der Uhren. Die Zeitangaben einer Uhr werden durch nachstehende Größen gekennzeichnet: 1. Stand, 2. Gang, 3. Gangschwankung (Gangänderung, Variation) der Uhr.

[1]) GUILLAUME, s. Fußnote 3, S. 203.
[2]) B. WANACH, ZS. f. Instrkde. Bd. 34, S. 23—27. 1914.
[3]) GUILLAUME, l. c.; W. SANDER, l. c.

Der Stand der Uhr ist der Unterschied ihrer wirklichen Zeitangabe gegen jene Zeit, die sie anzeigen soll, also mittlere Sonnenzeit oder Sternzeit. Sein Vorzeichen ist positiv oder negativ, je nachdem die Uhr nach- oder vorgeht, so daß Addition des Standes zur Angabe der Uhr die richtige Zeit gibt. Der Stand ist kein Fehler der Uhr, und man kann ihn durch Stellen der Zeiger sofort beseitigen.

Der Gang der Uhr ist die Änderung ihres Standes in 24h. Sein Vorzeichen ist positiv oder negativ, je nachdem der Stand ab- oder zugenommen hat, so daß die Addition des Ganges zur Angabe der Uhr ihren richtigen Stand gibt. Der Gang wird durch den ersten Differentialquotienten des Standes nach der Zeit dargestellt. Auch der Gang ist kein Fehler der Uhr, solange er konstant bleibt. Man kann ihn durch die Reguliereinrichtungen, wie Pendelschraube, Zulagegewichte, Luftpumpe oder den Rucker der Taschenuhren beseitigen oder, wie es sich bei Präzisionspendeluhren und Chronometern mehr empfiehlt, rechnerisch verwerten, ohne an der Uhr etwas zu ändern.

Die Gangschwankung der Uhr ist die Änderung ihres Ganges in 24h. Ihr Vorzeichen ist positiv oder negativ, je nachdem der Gang ab- oder zugenommen hat, so daß die Addition der Gangschwankung zur Angabe der Uhr ihren richtigen Gang gibt. Die Gangschwankung wird durch den ersten Differentialquotienten des Ganges nach der Zeit oder den zweiten Differentialquotienten des Standes nach der Zeit ausgedrückt. Sie stellt den Fehler der Uhr dar und ist sonach ein Maß für ihre Zuverlässigkeit.

Die Ursachen der Gangschwankung einer Uhr mit gut gearbeitetem Werk, das grobe (systematische) Gangfehler ausschließt, wie eine Präzisionspendeluhr, ein Chronometer oder eine gute Taschenuhr, sind:

1. Veränderungen der Temperatur; 2. Veränderungen der Luftdichte, 3. Veränderungen der Struktur des Materials, insbesondere der Federn; 4. Veränderungen der Konsistenz des Schmieröls; 5. Erschütterungen und Lagenänderungen; 6. Unvollkommenheiten des Uhrwerks, wie Verzahnungs-, Zapfen-, Hemmungsfehler, Abnutzung, Rostbildung u. dgl.

Die Wirkungen der Temperatur- und Luftdichteänderungen beherrscht man einigermaßen durch die Kompensationen, den Einfluß von Erschütterungen und Lagenänderungen durch sachgemäße Aufstellung und Behandlung der Uhren, während sich die Wirkungen der übrigen Störungsquellen unmittelbarer Beeinflussung entziehen. Da aber auch die Kompensationen den störenden Einflüssen nicht mit mathematischer Genauigkeit entgegenarbeiten und Erschütterungen nicht immer vollständig auszuschließen sind, so tragen schließlich die trotz aller Maßnahmen übrigbleibenden Wirkungen der störenden Einflüsse mehr oder weniger aller genannten Ursachen den Charakter zufälliger Fehler, deren Untersuchung und Behandlung daher von der Theorie der Beobachtungsfehler beherrscht wird.

Seit A. J. YVON-VILLARCEAU (1862) pflegt man auf Grund dieser Theorie den Gang einer Präzisionsuhr durch sog. Gangformeln darzustellen, die Taylorentwicklungen nach Potenzen der in Tagen ausgedrückten Zeit, der Temperatur und des Luftdruckes sind, deren Zahlenkoeffizienten aus möglichst zahlreichen Beobachtungen nach der Methode der kleinsten Quadrate ermittelt werden[1]). Die Erfahrung hat jedoch gezeigt, daß sich bei diesem Verfahren fast immer übrig bleibende Fehler von stark systematischem Charakter ergeben, so daß die Voraussetzungen der Theorie nicht streng erfüllt zu sein scheinen, weshalb B. WANACH zur Auswertung von Uhrenbeobachtungen ein vereinfachtes Ver-

---

[1]) CASPARI, s. Fußnote 1, S. 201. S. 187; AMBRONN, l. c. S. 260–264.

fahren vorgeschlagen hat[1]). Da dieser Gegenstand jedoch vorwiegend astronomisches Interesse besitzt, mögen hier nur noch einige Beobachtungsergebnisse über die Genauigkeit von Uhren folgen.

Im allgemeinen läßt sich feststellen, daß Chronometer viel empfindlicher gegen alle Störungen, insbesondere Temperaturänderungen, sind, als die große, feststehende und verhältnismäßig einfache Pendeluhr.

Als erster Anhaltspunkt zur Beurteilung der heute erzielbaren Leistungen der Uhrmacherkunst mögen nachstehende Angaben der Größenordnung des mittleren täglichen Ganges dienen:

1. Präzisionstaschenuhren mit Ankerhemmung . . . . 1 bis 2 sec oder rund 1 bis $2 \cdot 10^{-5}$
2. Chronometer . . . . 0,1 „ 0,2 sec „ „ 1 „ $2 \cdot 10^{-6}$
3. Präzisionspendeluhren . . . . . . 0,01 „ 0,02 sec „ „ 1 „ $2 \cdot 10^{-7}$

d. h. die betreffenden Uhren geben, bei Zutreffen aller vorgenannten Bedingungen, die Zeit innerhalb eines oder selbst mehrerer Monate innerhalb dieser Genauigkeitsgrenzen an.

Als Beispiele von Beobachtungsergebnissen seien angeführt:

1. An der Sternwarte von Genf[2]) ergab sich im Jahre 1924 für 145 geprüfte Chronometer mit Prüfungszeugnis 1. Klasse ein mittlerer täglicher Gang von

$$\pm 0{,}223 \text{ sec}.$$

Bei der Einzelprüfung erreichten Taschenchronometer von PATEK, PHILIPPE & Co. . . . . ±0,18 sec
und Seechronometer mit Unruhe und Spirale nach GUILLAUME . . . . . ±0,13 sec

2. Beim Wettbewerb 1905/06 zeigte das von der Deutschen Seewarte in Hamburg preisgekrönte Chronometer von A. LANGE & SOHN in Glashütte bei der Temperaturprüfung nachstehenden mittleren täglichen Gang[3]):

t° C	30°	25°	20°	15°	10°	5°
sec	+0,13	−0,06	−0,12	−0,02	−0,06	±0,00

3. B. WANACH fand für 5 Pendeluhren des geodätischen Instituts zu Potsdam[4]):

Pendeluhr	Zeitraum	Mittlere tägliche Änderung des täglichen Ganges	
		Minimum sec	Maximum sec
Riefler 96	1906−1911	±0,008	±0,015
„ 20	1901−1911	±0,010	±0,033
Dencker 27	1901−1911	±0,010	±0,022
„ 28	1901−1911	±0,008	±0,022
Strasser 95	1898−1911	±0,008	±0,036

Der mittlere Fehler einer Zeitbestimmung ergab sich zu

$$\pm 0{,}023 \text{ sec}.$$

[1]) B. WANACH, Astron. Nachr. Bd. 167, S. 65. 1904 Nr. 3989,; Bd. 203, S. 267−275. 1916, Nr. 4864.

[2]) RAOUL GAUTIER, Rapport sur les concours de réglage de chronomètres de l'année 1924 présenté à la Classe d'Industrie et de Commerce de la Société des Arts de Genève le 11 mai 1925.

[3]) H. BOCK, Die Uhr, S. 132.

[4]) B. WANACH, Astron. Nachr. Bd. 190, S. 169. 1912 Nr. 4546,; ZS. f. Instrkde. Bd. 32, S. 135. 1912.

4. H. KIENLE fand 1918 für zwei Riefleruhren mit Invarpendel 1. Klasse unter luftdichtem Verschluß der Sternwarte zu München nachstehende mittlere zufällige tägliche Gangschwankung[1]):

Riefler R 33: $\pm 0{,}006$ sec
„ R 23: $\pm 0{,}004$ sec

5. H. MAHNKOPF fand für 3 Hauptuhren der Deutschen Seewarte in Hamburg[2]):

Uhr	Zeitraum	Mittlerer täglicher Gang Min. sec	Mittlerer täglicher Gang Max. sec	Mittlerer Fehler eines mittleren täglichen Ganges sec	Mittlere zufällige tägliche Gangschwankung sec
Riefler 223 Rieflerhemmung, Invarpendel 1. Kl., luftdichter Verschluß)	Jan. bis Nov. 1920	+0,014	+0,156	±0,008	±0,002
Richter 101 (Grahamhemmung, Rieflerpendel 1. Kl. mit Schichtungskompensation, Aneroidkompensation)	14. Jan. bis 28. Juni 1920	±0,024		±0,017	±0,007
Richter 102 (wie vor)	14. Jan. bis 28. Juni 1920	±0,022		±0,016	±0,007

Der mittlere Fehler einer Zeitbestimmung betrug:

aus 1 Zeitstern: $\pm 0{,}028$ sec
aus 5 Zeitsternen: $\pm 0{,}020$ sec.

Die Riefleruhr 223 zeigte einen überraschend regelmäßigen Gang. Sie wich während eines Zeitraumes von rund 10 Monaten nie mehr als 0,01 sec von dem mit Hilfe der nächsten Zeitbestimmung ermittelten mittleren täglichen Gang ab. Das entspricht einer Fehlergrenze von $^1/_{100}$ Pendelschwingung auf rund $26 \cdot 10^6$ Pendelschwingungen oder rund $4 \cdot 10^{-10}$.

Es ist bemerkenswert, daß die mutmaßliche Abnahme der Erddrehung infolge der Gezeitenwirkung, also die Zunahme der Tageslänge um etwa 10 sec in 100 Jahren, oder $2{,}74 \cdot 10^{-4}$ sec in 24h, von der Größenordnung $32 \cdot 10^{-10}$ ist, also rund das 8fache jener Fehlergrenze der Riefleruhr 223 beträgt.

Vergleichsweise sei angeführt, daß F. TISSERAND im Jahre 1896 für die von WINNERL gebaute Hauptuhr der Pariser Sternwarte, die in einem Keller 27 m unter der Erdoberfläche aufgestellt ist, fand, daß sie während 143 Tagen die Zeit auf 0,20 bis 0,29 sec genau angab. Dies entspricht einer Fehlergrenze von etwa $^1/_3$ Pendelschwingung auf rund $12 \cdot 10^6$ Pendelschwingungen, oder rund $2 \cdot 10^{-8}$.[3]) Man kann daraus auf das Maß der durch GUILLAUME und RIEFLER herbeigeführten Verschärfung der empirischen Zeitbestimmung schließen.

Hält man diesen Angaben die angeführten Gangprüfungen der besten Chronometer entgegen, so erscheinen die in Ziff. 42, Fußnote 7 berührten Schlußfolgerungen H. R. A. MALLOCKS, betreffend die Überlegenheit von Chronometern, nicht berechtigt. Die schärfste Zeitbestimmung dürfte wohl letzten Endes stets Aufgabe der Pendeluhr bleiben.

---

[1]) H. KIENLE, Neue Ann. d. Sternwarte zu München Bd. 5, Heft 2, 105 S. 1918; ZS. f. Instrkde. Bd. 40, S. 77–79. 1920.

[2]) H. MAHNKOPF, Die Auslösung der funkentelegraphischen Nauener Zeitsignale durch die Deutsche Seewarte. A. d. Arch. d. D. Seewarte Bd. 39, S. 17ff. 1921.

[3]) F. TISSERAND, C. R. Bd. 122, S. 646–651. 1896; ZS. f. Instrkde, Bd. 16, S. 277 bis 278, 1896; C. RUNGE, Encykl. d. math. Wiss. Bd. V 1, S. 11. 1903.

6. KRUMPHOLZ und ROSSRUCKER fanden im Jahre 1913 an der Sternwarte zu Wien für eine Sekundenpendeluhr mit Grahamhemmung und Quarzpendel von Satori[1]):

Aufstellung	Zeitraum	Mittlerer täglicher Gang	
		Minimum sec	Maximum sec
Ungeheizter Raum, der die Temperaturschwankungen der ganzen Versuchszeit aufnahm	29. August 1912 bis 28. März 1913	±0,015	±0,050

Diese Uhr übertrifft also die vorgenannte Riefleruhr 223, trotzdem letztere in einem besonders eingerichteten Uhrenkeller konstanter Temperatur aufgestellt war, und würde in einem Raum konstanter Temperatur und mit freier Hemmung sicherlich noch besseres leisten.

Es zeigt sich, daß die zufälligen Gangfehler der besten Pendeluhren fast ausnahmslos innerhalb jener Grenzen liegen, die durch die unvermeidlichen Fehler der astronomischen Zeitbestimmung mittels Beobachtung von Sterndurchgängen gezogen sind. Die Beobachtungen MAHNKOPFS beweisen sogar die Möglichkeit, die Zeit im Verlaufe fast eines Jahres, mit einer Uhr allein, innerhalb $^1/_{100}$ sec, also genauer festzuhalten, als es die Fehler der astronomischen Zeitbestimmung bedingen. Trotzdem wird die Zuverlässigkeit der Uhrenangaben im Hinblick auf die Grundlagen des empirischen Zeitbegriffes, vom astronomischen Standpunkt aus als nicht ausreichend angesehen[2]).

II. Elektrische Uhren.

51. Elektrische Uhren. Die unmittelbar oder mittelbar elektrisch angetriebenen Uhren sind gewöhnlich Hauptbestandteile von Zeitverteilungsanlagen und wurden in diesem Kap., Abschn. B behandelt. Hier kommt daher nur der elektrische Antrieb selbständiger, mit keiner Zeitdienstanlage verbundener Pendeluhren zur Sprache.

Der schon beschriebene elektrische Aufzug von S. RIEFLER (Ziff. 12) brachte eine wesentliche Vereinfachung des ganzen Uhrwerks mit sich, damit eine Verringerung der Störungsquellen des Isochronismus der Pendelschwingungen und eine erhöhte Genauigkeit der Zeitmessung. Um diese auf das überhaupt erreichbare Höchstmaß zu bringen, lag es nahe, die vom Gehwerk stammenden Störungen in radikaler Weise, zugleich mit dem ganzen Gehwerk, zu beseitigen und einen idealen Pendeluhrtypus zu schaffen, der, von jeglichem Räderwerk befreit, lediglich aus einem vollständig frei schwingenden, elektromagnetisch angetriebenen Pendel besteht, dessen von ihm räumlich ganz getrenntes Zählwerk an irgendeiner Stelle in den Stromkreis des Antriebselektromagneten eingeschaltet ist.

Von den solcherart seit Anfang dieses Jahrhunderts versuchten Konstruktionen ist das von F. HAYN an der Leipziger Sternwarte ausgeführte und seit 1906 in Betrieb genommene Pendel mit elektrischem Antrieb zu erwähnen, das einen befriedigenden Gang aufweist[3]). Seinen Antrieb erhält es jedoch

[1]) Gangzeugnis der Universitätssternwarte in Wien Nr. 118 vom 22. April 1913, mitgeteilt von Ing. KARL SATORI in Wien.

[2]) A. v. BBUNN, Der empirische Zeitbegriff. Ergebn. d. exakt. Naturwiss. Bd. IV, S. 73. 1925.

[3]) F. HAYN, Astron. Nachr. Bd. 192, S. 148—170. 1912, Nr. 4594; ZS. f. Instrkde. Bd. 32, S. 391. 1912.

unmittelbar durch ein von einem Elektromagneten gehobenes Gewicht, ist also kein rein elektrisch angetriebenes Pendel.

Eine einfachere Konstruktion hat K. SIEGL 1913 bekanntgemacht, wobei jedoch der unmittelbare Pendelantrieb auch durch das Gewicht zweier abwechselnd wirkender Elektromagnetanker erfolgt[1]).

Einen rein elektrischen Pendelantrieb hat gleichzeitig KARL SATORI in Wien gebaut, der, die RIEFLERSCHE Pendelaufhängung weiterentwickelnd, sich durch besondere Einfachheit auszeichnet und deshalb, als typisch für die Durchführung des oben angeführten leitenden Gedankens, nachstehend kurz besprochen wird[2]).

Das Pendel P (Abb. 29) hängt, wie das Rieflerpendel, mittels Doppelhakens und Stiftes, an dem Klemmstück K_2, das mittels zweier Aufhängefedern mit dem auf der Stahlwelle W festsitzenden Klemmstück K_1 verbunden ist. Die Stahlwelle W ist in einem Messingbock BB gelagert und mittels zweier Begrenzungsschrauben S_1S_1 festgehalten.

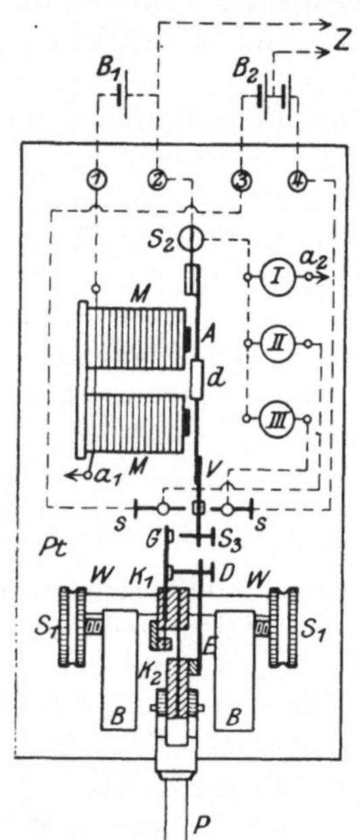

Abb. 29. Schema des elektrischen Pendelantriebes von KARL SATORI in Wien.

Das unbewegliche Klemmstück K_1 trägt durch Vermittlung eines damit fest verbundenen Trägers, in den beiderseits der Welle W zwei Federn eingelassen sind, die die Welle umfassende Antriebsgabel G aus Aluminium, derart, daß ihre und die Schwingungsachse des Pendels zusammenfallen. In Abb. 29 sind die in derselben Ebene liegenden Federn, der Deutlichkeit wegen, nebeneinandergezeichnet.

Mit dem beweglichen Klemmstück K_2 ist ein die Welle übergreifender Rahmen E fest verbunden, der oben eine justierbare Druckschraube D trägt, die in bestimmten Bewegungsphasen des Pendels gegen eine, mit einem Rubin versehene Druckstelle der Antriebsgabel G drückt.

Auf der Platine Pt ist oberhalb der Pendelaufhängung der Antriebselektromagnet MM angebracht, dem der von der isolierten Säule S_2 federnd festgehaltene Anker A, mit silberner Dämpferhülse d, gegenübersteht. Das messingene Verlängerungsstück V des Ankers trägt an seinem Ende eine Kontaktschraube S_3, die auf einen Platinkontakt der Antriebsgabel G einwirkt. Die Bewegung des Ankers wird durch zwei Messingschrauben ss mit Platinspitzen begrenzt, denen Platinkontakte des Verlängerungsstückes V gegenüberstehen.

Die an die Klemmen *1*, *2* gelegte Batterie B_1 versorgt die bei a_1 mit der Platine Pt verbundene Elektromagnetwicklung mit Strom, der bei Berührung des Platinkontaktes der Antriebsgabel G, durch die Ankerschraube S_3 und den Anker A, über die isolierte Säule S_2 und die Klemme *2* geschlossen wird.

Die Batterie B_2, deren Pole über die Klemmen *3*, *4* an die Begrenzungsschrauben ss gelegt sind, dient zur Betätigung des Zeigerwerkes, zu dem die Leitungen Z führen. Bei jeder Hin- und Herschwingung des Ankers sendet somit, wie der angedeutete Stromverlauf zeigt, die Batterie Stromstöße wechselnden Vorzeichens zum Zeigerwerk.

---

[1]) K. SIEGL, Elektrot. ZS. Bd. 34, S. 1399—1400. 1913; ZS. f. Instrkde. Bd. 34, S. 241 bis 242. 1914.

[2]) MAX SCHANZER, ZS. f. Instrkde. Bd. 33, S. 218—223. 1913.

Die Öffnungsfunken der drei Unterbrechungsstellen bei S_3, s, s werden durch drei dazu parallel geschaltete Widerstandsspulen I, II, III von je 1000 Ohm unterdrückt.

Zum Verständnis der Wirkungsweise des elektrischen Pendelantriebes ist festzuhalten, daß die Antriebsgabel G mit dem unbeweglichen Klemmstück K_1 fest und federnd verbunden ist, daher die Schwingungen des Pendels nicht mitmacht. Dagegen macht der mit dem Klemmstück K_2 fest verbundene Rahmen E die Pendelschwingungen mit.

In der äußersten Rechtslage des Pendels hat die Druckschraube D die Antriebsgabel G mit der Feder nach links gebogen, so daß sie auf das nun nach links schwingende Pendel zurückdrückt (Abb. 30). 2,5 Bogenminuten nach Durchgang durch die Gleichgewichtslage erfolgt Berührung der Ankerschraube S_3 (Stromschluß in a) und somit Erregung des Elektromagneten, der durch Anziehen des Ankers die Antriebsgabel G nach links drückt und deren Feder spannt, in ihr die zum späteren Pendelantrieb nötige Energie aufspeichernd. Gleichzeitig hat sich die Antriebsgabel G von der Druckschraube D getrennt, und das Pendel schwingt ganz frei bis in seine äußerste Lage links. Die darauf einsetzende Schwingung nach rechts erfolgt weiter ganz frei, bis sich, 2,5 Bogenminuten rechts von der Gleichgewichtslage, die Druckschraube D des Empfängerrahmens E an die gespannte Antriebsgabel G legt, die hierdurch von der Kontaktschraube S_3 abgehoben wird (Punkt b des Schwingungsdiagramms). Damit wird der Stromkreis des Elektromagneten M geöffnet, und der federnde Anker A geht nach rechts zurück. Auf seinem weiteren Wege, bis in die äußerste Lage rechts, drückt das Pendel mit der Druckschraube D weiter auf die Antriebsgabel G. Nach der Umkehr, auf dem neuerlichen Linksweg, gibt die Antriebsfeder die aufgespeicherte Energie an das Pendel ab, wobei die Abgabe der durch Vermittlung des Elektromagneten aufgespeicherten Energie auf dem im ganzen 5 Bogenminuten langen Wegstück beiderseits der Gleichgewichtslage erfolgt.

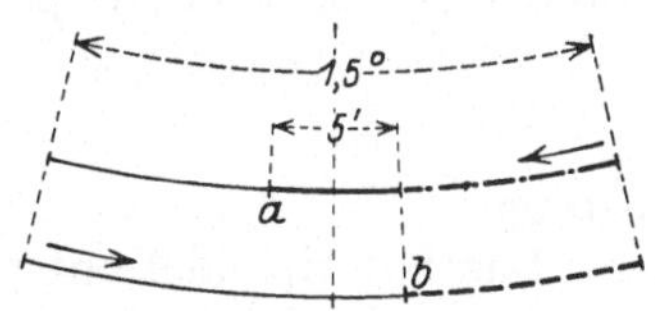

Abb. 30. Schwingungsdiagramm des Pendels mit elektrischem Antrieb von Karl Satori in Wien.

——— Das Pendel schwingt ganz frei. ━━━ Antriebsbogen: Die Antriebsfeder gibt die vom Antriebsmagneten empfangene Energie an das Pendel ab. –·–·–· Die Antriebsfeder drückt auf das Pendel zurück. – – – – Das Pendel drückt auf die Antriebsfeder. a Stromschluß. b Stromöffnung.

Das Pendel schwingt also genau auf der Hälfte seines Weges vollständig frei.

Der Anker schließt bei jedem Hin- und Hergang, wenn das Pendel seine Gleichgewichtslage rechts und links um 2,5 Bogenminuten überschritten hat, durch Berühren der Platinspitzen der Schrauben ss den Stromkreis Z des Zeigerwerkes, das auf diese Weise betätigt wird.

Der elektrische Pendelantrieb zeichnet sich durch folgende Eigenschaften aus:

1. Das Pendel schwingt ganz frei — ohne Hemmung, ohne Räderwerk —, löst die Stromstöße für seinen Antrieb selbst aus und gleichzeitig jene für den Antrieb des Zeigerwerkes. Es entfallen also alle Bewegungswiderstände des Uhrwerkes, und es sind außer dem Luftwiderstand nur Biegungswiderstände der Federn vorhanden. Dem Pendel wird nur so viel Energie zugeführt, als die Widerstandsarbeit erfordert.

2. Die vom Antrieb abgegebene Energie geht ganz auf das Pendel über, während bei der Grahamhemmung größere Teile der Antriebsenergie in Reibungsarbeit verwandelt werden, oder bei den neueren freien Hemmungen noch die Auslösearbeit zu leisten haben.

Antriebsgabel G und Rahmen E schwingen um dieselbe, mit der Pendelachse zusammenfallende Achse, wodurch die Reibung zwischen Druckknopf D und Druckstelle der Antriebsgabel auf ein Minimum gebracht ist.

Die Antriebsenergie ist äußerst klein und beträgt nur 8 Milliwatt, im Vakuum sinkt der Bedarf auf 1 Milliwatt.

3. Die Schwingungsweite des Pendels ist nur 1,5° gegen 2,5° bis 3° beim Rieflerpendel; der Antriebsbogen beträgt nur 5′ (bei RIEFLER 15′).

Das Verhältnis

$$\frac{\text{Antriebsbogen}}{\text{ganzer Schwingungsbogen}} = \frac{5'}{1{,}5^\circ} = \frac{1}{18},$$

während es beim Rieflerpendel

$$\frac{15'}{2{,}5^\circ\,(3^\circ)} = \frac{1}{10}\left(\frac{1}{12}\right)$$

beträgt.

Das Satoripendel entspricht also den Anforderungen an die Kleinheit der Schwingungsweite besonders gut.

4. Der Antrieb erfolgt vollständig gleichmäßig. Da die Antriebsfedern mit dem Gestell verbunden sind — nicht mit dem schwingenden System —, nehmen sie immer denselben Energiebetrag auf, gleichviel in welcher Schwingungsphase des Pendels ihre Spannung erfolgt. Die dem Pendel zugeführte Antriebsenergie ist unabhängig von der Stromstärke des Antriebsmagneten, was nicht der Fall wäre, wenn der Antriebserteiler mitschwingen würde.

5. Bei Temperaturänderungen ändert sich die Steifigkeit der Aufhängefedern, wodurch bei älteren Ausführungen die Schwingungsweite von den Temperaturschwankungen beeinflußt wird. Der Unterschied zwischen Sommer- und Winteramplitude kann bei Präzisionsuhren mit Grahamgang bis 10′ betragen. Bei vorliegender Anordnung wird die Steifigkeit der Aufhängefedern durch die gleichzeitig entgegenwirkende Steifigkeit der Antriebsfedern kompensiert.

Das Satoripendel ist ein Sekundenpendel und besteht aus einer Quarzstange von 18 mm Durchmesser von der in Ziff. 36 besprochenen Einrichtung[1]).

Vorstehende Eigenschaften lassen es als besonders aussichtsreich zur weiteren Steigerung der Leistungen der Präzisionspendeluhren erscheinen.

III. Handchronometer oder Tertienuhren.

52. Die Handchronometer von LÖBNER und MARENZELLER. Soll ein bis zu mehreren Minuten langer Zeitraum bis auf Bruchteile einer Sekunde genau gemessen werden, dann sind besonders eingerichtete Uhren nötig, die man als Handchronometer oder Tertienuhren[2]) zu bezeichnen pflegt. Sie könnten also den „Zeitmessern für größere Zeiträume“ im folgenden Abschnitt D zugerechnet werden. Da es aber feine Taschenchronometer und andere Uhren gibt, die ebenso zur laufenden Anzeige der Tageszeit, wie auch zur

[1]) Ein Exemplar befindet sich im Uhrenmuseum der Stadt Wien, I. Schulhof 2, ein Exemplar im Betrieb beim Uhrmacher FRANZ OTT, Wien I, Seitzergasse 5.

[2]) Die Bezeichnung stammt von der bis in das späte Mittelalter benutzten Unterteilung der Zeiteinheiten: 1 h = 60 minutae primae, 1 min. pr. = 60 minutae secundae, 1 min. sec. = 60 minutae tertiae, 1 min. tert. = 60 minutae quartae usw. Erst zu KEPLERS Zeiten beginnt sich die Dezimalteilung der Sekunde einzubürgern; die Benennung „Tertie“ wird aber doch noch, obzwar unberechtigterweise, verwendet. Vgl. W. VALENTINER, Hdw. d. Astron. Bd. IV, S. 129. 1902. Die Nomenklatur dieser und ähnlicher Instrumente steht nicht fest und weist oft viel Willkürliches auf.

Messung größerer Zeiträume eingerichtet sind und die daher in beide Abschnitte eingereiht werden könnten, so möge die Besprechung der Handchronometer an dieser Stelle gewissermaßen als Überleitung zum folgenden Abschnitt D betrachtet werden.

Die namentlich als ballistischer Zeitmesser (Chronograph) vielfach benutzte Tertienuhr von LÖBNER in Berlin hat folgende Einrichtung[1]). Ihr zeitmessender Hauptbestandteil ist eine Unruhe mit verstärkter Spiralfeder zur Erzeugung rascherer Schwingungen. Die Hemmung ist ein freier Ankergang, und das Laufwerk empfängt möglichst gleichmäßigen Antrieb durch Vermittlung einer Schnecke, ähnlich wie bei Chronometern.

Die rasche Drehung wird auf 3 Zeiger übertragen, von 1. 1 Umdrehung in 1 sec, 2. 1 Umdrehung in 1 min, 3. 1 Umdrehung in 30 min. Die Zeiger laufen auf 3 Zifferblättern mit der Einteilung für 1. in 100 Teile zu je $^1/_{100}$ sec, 2. in 60 Teile zu je 1 sec, 3. in 30 Teile zu je 1 min. Man kann also Zeiträume bis zu 30 min Dauer auf 0,01 sec genau messen.

Zu Beginn der Messung stehen alle 3 Zeiger auf Null. Das vorher aufgezogene Uhrwerk wird durch Druck auf einen Knopf in Bewegung gesetzt. Am Ende des zu messenden Zeitraumes läßt man den Knopf los, wodurch das Uhrwerk gehemmt wird. Der verstrichene Zeitraum wird an den 3 Zifferblättern in min, sec und $^1/_{100}$ sec abgelesen. Ein Druck auf einen zweiten Knopf führt hierauf die 3 Zeiger in ihre Nullstellung zurück. Die Betätigung der Druckknöpfe kann von Hand aus oder nach Bedarf elektromagnetisch erfolgen.

Ganz ähnlich eingerichtet ist der Chronograph von MARENZELLER in Wien[1]). Kleinere Unterschiede sind rein äußerlicher Natur.

Die Meßgenauigkeit dieser Chronographen hat C. CRANZ mit rund 0,04 bis 0,40 sec (mittlerer quadratischer Fehler der Einzelmessung) bzw. 0,2 bis 0,8% ermittelt[2]).

Hierher gehören auch die sog. Stechuhren (auch Stopuhren) in Taschenuhrformat zur Messung kürzerer Zeiträume mit der kleinsten Angabe von $^1/_5$ sec, entsprechend einer Unruhschwingung.

Sie haben zumeist Ankerhemmung und kleinere Übersetzung, durch Fortlassen zweier Zahnräder des Laufwerkes, ferner einen besonderen Mechanismus zum Ingangsetzen und Hemmen der Zeiger, der durch Druckknöpfe betätigt wird.

Der große Sekundenzeiger spielt auf dem ganzen Zifferblatt, das in $^1/_5$ sec geteilt, 1 min umfaßt; der Minutenzeiger auf einer kleineren Teilung von 1 bis 30 min. Ein Druck auf einen Knopf zu Beginn der Erscheinung, deren Dauer zu messen ist, setzt die Zeiger in Gang; ein zweiter Druck, am Ende der Erscheinung, hemmt die Zeiger, so daß ihr Stand abgelesen werden kann; ein dritter Druck endlich führt beide Zeiger wieder in ihre Nullstellung zurück.

Von diesen Uhren gibt es zahlreiche Abarten und Ausführungen, auch in Verbindung mit gewöhnlichen Taschenuhren, bezüglich welcher auf die einschlägige Literatur verwiesen wird[3]).

---

[1]) C. CRANZ, Lehrb. d. Ballistik Bd. III, S. 105. 1913 (neue Auflage bei Julius Springer in Berlin im Erscheinen). FRIEDRICH WÄCHTER, Die Anwendung der Elektrizität für militärische Zwecke. A. Hartlebens Elektrotechn. Bibl. Bd. 15, 2. Aufl., S. 141. 1904; JOSEF KOZÁK, Mitt. üb. Gegenst. d. Art. u. Geniewesens Bd. 33, S. 700. 1902.

[2]) C. CRANZ, Lehrb. d. Ballistik Bd. III, S. 125. 1913.

[3]) E. GELCICH, l. c. Ziff. 11, Fußnote 2; J.-G. CARLIER, Les Méthodes et Appareils de Mesure du temps, des distances, des vitesses et des accélérations, Bd. 1, S. 49ff. 1905; A. GRAMBERG, Technische Messungen, S. 83ff., 5. Aufl., Berlin: Julius Springer, 1923.

D. Zeitmesser für größere Zeiträume.

Von

V. v. NIESIOŁOWSKI-GAWIN, Mödling b. Wien.

53. Wasseruhren. Die Wasseruhr (*κλεψύδρα*), deren Ursprung sich bis in die Anfänge der Geschichte Chaldäas, Ägyptens, Chinas und Indiens zurückverfolgen läßt, beruht auf dem gleichförmigen Ausfluß von Wasser aus der engen Bodenöffnung eines größeren Gefäßes (TORRICELLIS Ausflußformel). Der sinkende Wasserspiegel zeigte unmittelbar oder mittels eines Schwimmers an Marken die Zeit an.

Außer diesen allgemeiner verbreiteten sog. „Auslaufuhren" waren seltener „Einlaufuhren" im Gebrauch, bei denen der Stand in ein Gefäß einfließenden Wassers mittels eines Schwimmers an einer Teilung die Zeit anzeigte[1]). Die Wasseruhren faßten ungefähr 8 bis 30 l Wasser und mußten infolgedessen öfter nachgefüllt werden.

Die schon erwähnte (Ziff. 10), von GALILEI selbst als Zeitmesser für seine Fallversuche angefertigte Wasseruhr, bestand aus einem Wassergefäß großen Querschnitts mit einer engen Bodenöffnung, die mit einem Finger verschlossen wurde. Bei Beginn der Bewegung der Kugel auf der Fallrinne, zog GALILEI den Finger weg und ließ das Wasser auf eine Wage ausfließen; am Ende der Bewegung schloß er die Öffnung wieder. Des großen Gefäßquerschnittes wegen änderte sich die Druckhöhe nicht merklich, und so waren die Gewichte der ausgeflossenen Wassermengen proportional der Zeit. Nicht oft dürften mit einfacheren Mitteln weittragendere Erkenntnisse gewonnen worden sein.

Auf dem gleichmäßigen Ausfluß und Verbrennen von Öl beruhten die Öluhren, in deren Behälter der mit dem Abbrennen sinkende Ölspiegel an Marken die Zeit angab.

Die im Altertum weniger verbreiteten Sanduhren mit etwa $^1/_2$ bis 1 h Gangzeit (Stundenglas) haben sich als einzige von diesen alten Zeitmessern, zur See im Logglas, für 14, 28 oder 30 sec Laufzeit und als Eier- und Pulsuhr für den Hausgebrauch erhalten.

Bemerkenswert ist, daß TYCHO DE BRAHE (1546 bis 1601) für astronomische Zeitmessung eine Uhr anfertigte, in der er statt Sand oder Wasser Quecksilber ausfließen ließ. Er wog die in 24 h ausgeflossene Quecksilbermenge und legte eine Tabelle an für die in 1 h, 1 m und 1 s ausgeflossenen Mengen[2]).

54. Klepsydra von LE BOULENGÉ. Den Gedanken TYCHOS hat, bewußt oder unbewußt, der belgische Artilleriegeneral LE BOULENGÉ der Konstruktion eines ballistischen Chronographen zur Messung von Geschoßflugzeiten zugrundegelegt. Man hat sich dabei vorzustellen, daß, nach einem Gedanken WHEATSTONES (1840), das Geschoß, dessen Flugzeit gemessen werden soll, eine Strecke bekannter Länge zwischen zwei mit Draht bespannten Rahmen durchfliegt. Jeder Rahmen befindet sich im Stromkreis eines Elektromagneten. Das Geschoß zerreißt die Drähte und unterbricht so nacheinander die dazugehörigen Stromkreise. Der erste Elektromagnet leitet den Ausfluß von Quecksilber ein, den der zweite Elektromagnet unterbricht. Die ausgeflossene Quecksilbermenge ist der Flugzeit proportional.

---

[1]) ERNST v. BASSERMANN-JORDAN, Die Geschichte der Zeitmessung und der Uhren, 1925.
[2]) EUGEN GELCICH, Geschichte der Uhrmacherkunst, 1887. [Ziff. 10, Fußnote 1.]

Um dies möglichst genau zu erreichen, gab BOULENGÉ seiner Klepsydra (Abb. 31) die Form eines zylindrischen, oben stark erweiterten Gefäßes G mit enger, durch das Kegelventil V_v geschlossener Ausflußöffnung. Die im Vergleich zur ganzen Quecksilbermasse kleinen Ausflußmengen bewirken keine merkbare Senkung des Quecksilberspiegels im oberen, weiten Gefäßteil, weshalb Druckhöhe und Ausflußgeschwindigkeit während der nur wenige Sekunden betragenden Versuchszeit als konstant angesehen werden dürfen. Durch den Überlaufhahn (-schraube) h_0 wird stets dieselbe Druckhöhe h gesichert. Die auf dem Gefäßdeckel angebrachten Elektromagnete E_1 und E_2 sind mit den erwähnten drahtbespannten Rahmen R_1 und R_2 (in Abb. 31 nicht dargestellt) je in einen Stromkreis geschaltet und tragen mit Hebeln H_1 und H_2 versehene Anker.

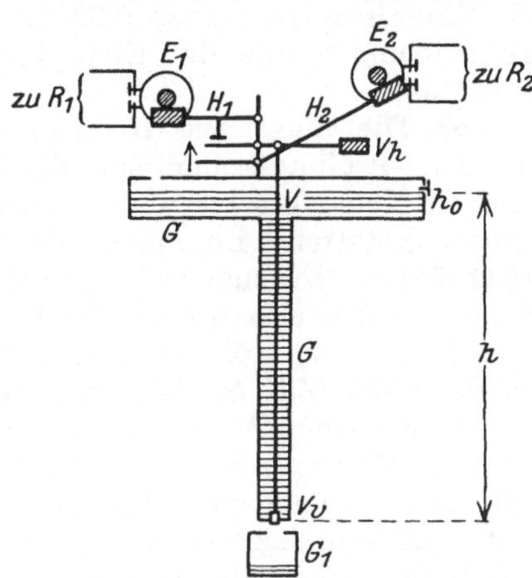

Abb. 31. Schema der Klepsydra von LE BOULENGÉ.

Beim Durchschießen des ersten Stromkreises fällt H_1 auf den Ventilhebel V_h und öffnet damit das Ausflußventil V_v, wodurch Quecksilber auszufließen beginnt. Geht hierauf das Geschoß durch den zweiten Rahmen, so fällt H_2 herab und schließt mit seinem aufwärtsbewegten, kürzeren Arm das Ausflußventil V_v. Hat man vorher das während 1 sec ausfließende Quecksilbergewicht bestimmt, so ergibt sich die Flugzeit des Geschosses zwischen beiden Rahmen leicht durch Wägung der Ausflußmenge.

Da aber das Schließen des Ventils V_v wegen des Druckes der entgegenwirkenden Quecksilbersäule etwas länger dauert als das Öffnen, unterbricht man vor dem Versuch beide Stromkreise gleichzeitig mittels eines sog. Disjoncteurs und zieht die dabei ausgeflossene Menge Quecksilbers (Disjunktionsgewicht) von allen folgenden Ausflußmengen ab.

Die Grundlage der Messung bildet die TORRICELLIsche Ausflußformel $v = \sqrt{2gh}$ (v Ausflußgeschwindigkeit, g Beschleunigung der Schwere, h Druckhöhe), die jedoch, den Versuchsbedingungen entsprechend, korrigiert werden muß. Nach C. CRANZ findet man demgemäß die Flugzeit t aus der Gleichung[1])

$$(Q - q)(1 + \beta\tau) = s_0 C \sqrt{2gh}\left[1 - \frac{C}{2F}\sqrt{\frac{g}{2h}}\,t\right]t, \tag{1}$$

worin bedeuten:

Q das Gewicht der ausgeflossenen Quecksilbermenge in Gramm,
q das Disjunktionsgewicht in Gramm,
τ die Quecksilbertemperatur in Celsiusgraden,
β den kubischen Wärmeausdehnungskoeffizienten des Quecksilbers,
s_0 das spezifische Gewicht des Quecksilbers bei 0° C,
h die Druckhöhe in cm,
F die Oberfläche des Quecksilberspiegels in cm²,
$C = \lambda f$ eine empirisch zu ermittelnde Versuchskonstante,
λ den Ausflußkoeffizienten,
f den Querschnitt der Ausflußöffnung in cm².

[1]) C. CRANZ, Lehrb. d. Ballistik Bd. III, S. 97ff. 1913, wo auch weitere Literatur.

Für die Messungen bringt man die Formel zweckmäßig in tabellarische oder graphische Form.

Es lassen sich Zeitunterschiede bis 40 sec messen. Die Meßgenauigkeit der Klepsydra ist nach C. CRANZ rund $5 \cdot 10^{-3}$ sec (mittlerer quadratischer Fehler der Einzelmessung) bzw. 0,07 bis 0,13%[1]). Wegen der Umständlichkeit der Zeitmessung wurde die Klepsydra durch die folgenden Chronographen fast verdrängt.

55. Die WHEATSTONE-HIPPsche Uhr. Schon 1838 empfand die Kgl. preuß. Artillerie-Prüfungskommission das Bedürfnis nach einer Uhr, die, elektromagnetisch in Gang gesetzt und angehalten, Flugzeiten von Geschossen genau zu messen gestattete. Ein mühevoller Versuch des Uhrmachers LEONHARD im Jahre 1842 führte nicht zum Ziel, regte aber WERNER SIEMENS an, statt eines Elektromagneten den elektrischen Funken unmittelbar zur Registrierung der beiden ausschlaggebenden Zeitpunkte zu verwenden, was ihn zur Konstruktion seines weiter unten (Ziff. 69) beschriebenen Funkenchronographen führte[2]).

Inzwischen hatte aber kurz vorher, im Jahre 1840, der ideenreiche englische Physiker WHEATSTONE, auf Grund des schon angedeuteten Gedankenganges (Ziff. 54), ein rasch laufendes Uhrwerk (Chronoskop) gebaut, das die gedachte Aufgabe löste und grundlegend für eine außerordentlich fruchtbare Weiterentwicklung des Gebietes der elektrischen Zeitmesser (Chronoskope, Chronographen) der Astronomie, Ballistik und Physiologie wurde[3]). M. HIPP in Neuchâtel wußte 1861 der WHEATSTONEschen Uhr eine Form zu geben, der sie, mit verschiedenen Ergänzungen und Verbesserungen, ihre bis heute währende Verwendung als Präzisionszeitmesser der Ballistik und Physiologie verdankt[4]).

Die HIPPsche Uhr (Chronoskop) besteht aus einem durch ein Gewicht Q angetriebenen Uhrwerk, das nach dem Schema Abb. 1 lediglich aus den Zahnrädern $WB\,M$ mit zweckmäßig gewählter Übersetzung besteht, wobei das letzte Zahnrad M unmittelbar in den Trieb des Gangrades G eingreift (Abb. 32). Dieses ist ähnlich gezahnt wie das Gangrad der Chronometerhemmung Abb. 7, doch hat es relativ zur Feder entgegengesetzten Drehungssinn wie dort. Seinen gleichförmigen Ablauf regelt lediglich eine einerseits eingespannte, stählerne Blattfeder F, deren Schwingungszahl auf 1000 in der Sekunde abgestimmt ist. So oft die Feder nach oben schwingt, schlüpft ein Zahn des Gangrades vorbei. Die Schwingungen der Feder werden dabei durch die Stöße der Zähne des Gangrades gegen das Federende aufrecht erhalten und der richtige Ablauf des Uhrwerkes nach der Tonhöhe der Feder beurteilt. Das Uhrwerk wird mittels zweier Schnüre, die auf zweckmäßig angebrachte Hebel wirken (in Abb. 32 fortgelassen), in Gang gesetzt bzw. angehalten.

Zur Zeitanzeige dient ein Zeigerwerk mit zwei in je 100 Teile geteilten Zifferblättern samt Zeigern Z_1 und Z_2. Auf einer durch die Hohlwelle des vorerwähnten Zahnrades M hindurchgehenden Welle ab sitzt der kleinere Zeiger Z_1, der einen Umlauf in $^1/_{10}$ sec vollendet und daher $^1/_{1000}$ sec anzeigt. Seine Drehung wird durch ein Getriebe im Verhältnis 100:1 auf den großen Zeiger Z_2 übersetzt, der somit einen Umlauf in 10 sec vollendet und daher $^1/_{10}$ sec anzeigt.

Die Welle des kleinen Zeigers ist innerhalb der erwähnten Hohlwelle der

---

[1]) C. CRANZ, Fußnote 1, S. 215, S. 125.

[2]) WERNER SIEMENS, Pogg. Ann. Bd. 66, S. 435–445. 1845.

[3]) CH. WHEATSTONE, Pogg. Ann. Bd. 65, S. 451–461. 1845.

[4]) OELSCHLÄGER, Dinglers Polyt. Journ. Bd. 114, S. 255. 1849, ältere Ausführung; H. SCHNEEBELI, Pogg. Ann. Bd. 155, S. 619ff. 1875, verbesserte Ausführung; W. WUNDT, Grundzüge der physiologischen Psychologie 5. Aufl., Bd. III, S. 387–396. 1903, eingehende Beschreibung, klare Abbildungen; C. CRANZ, Lehrb. d. Ballistik Bd. III, S. 102ff. 1913, mit weiteren Literaturangaben.

Länge nach um ein kleines Maß verschiebbar und trägt einen Mitnehmer m, der bei der Verschiebung nach vorn in ein festes Kronrad R_1, bei der Verschiebung nach hinten in ein auf der Hohlwelle festsitzendes Kronrad R_2 mit 100 Zähnen eingreift. Im ersten Fall steht das Zeigerwerk still, im zweiten Fall wird es vom Uhrwerk mitgenommen. Eine Blattfeder f drückt die Welle ab mittels des auf den Vorsprung v der Welle drückenden Hebels H stets nach hinten; durch den Druck einer Schraube S am oberen Ende eines Winkelhebels W_h kann sie nach vorn geschoben und so das Zeigerwerk gehemmt werden. Diese Bewegung des Winkelhebels W_h bewirken 2 Elektromagnete E_1 und E_2, die dem an seinem zweiten Arm angebrachten Anker A mit gleichnamigen Polen gegenüberstehen. Ihren anziehenden Kräften wirken die beiden entsprechend zu spannenden Stahlfedern F_1 und F_2 entgegen.

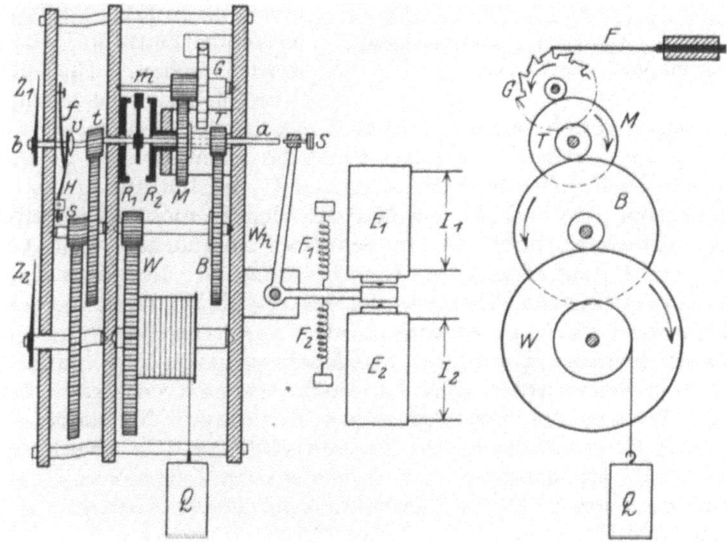

Abb. 32. Schema der HIPPschen Uhr.

Der eine Elektromagnet liegt im ersten Meßstromkreis J_1, der andere im zweiten Meßstromkreis J_2 (z. B. der in Ziff. 54 bei der Klepsydra von LE BOULENGÉ angeführten Anordnung). Die Stahlfedern F_1F_2 und die Stromstärken beider Stromkreise sind so eingestellt, daß das Zeigerwerk vor dem Versuch gehemmt ist. Nach Ingangsetzen des Uhrwerks setzt die Unterbrechung des 1. Stromkreises J_1 das Zeigerwerk in Bewegung und die Unterbrechung des 2. Stromkreises J_2 hemmt es, so daß die Zeigerstellung die zwischen den beiden Stromunterbrechungen verstrichene Zeit anzeigt.

Mit der HIPPschen Uhr lassen sich im allgemeinen Zeitunterschiede von 0,1 bis 65 sec messen. Die Meßgenauigkeit (mittlerer quadratischer Fehler der Einzelmessung) beträgt nach C. CRANZ rund $1 \cdot 10^{-3}$ bis $2 \cdot 10^{-3}$ sec bzw. 0,01 bis 0,08%[1]).

56. Der Streifenchronograph von CRANZ. Sein Prinzip beruht auf der weiter unten (Ziff. 81) besprochenen graphischen Methode der Zeitregistrierung. Ein langer Papierstreifen wird durch ein von einem Elektromotor möglichst konstanter Drehzahl angetriebenes Walzensystem mit einer Geschwindigkeit

[1]) C. CRANZ, Lehrb. d. Ballistik Bd. III, S. 125. 1913.

von 150 cm sec^{-1} (bei einer älteren Type 25 cm sec^{-1}) horizontal fortbewegt. Über dem Papierstreifen sind drei kleine Elektromagnete, deren Anker leichte Schreibfedern tragen, derart nebeneinander angeordnet, daß die Federn der Länge nach drei zueinander parallele Linien *ab*, *cd*, *ef* (Abb. 33) beschreiben.

Der mittlere Elektromagnet ist in den Stromkreis des elektrischen Sekundenkontaktes einer Präzisionsuhr (Normaluhr) mit Sekundenpendel geschaltet, so daß seine Schreibfeder durch scharfe Knicke in der Geraden *ef* am Anfang und Ende jeder Sekunde (bei intermittierendem Kontakt der Uhr: der Strom ist abwechselnd durch je 1 sec offen bzw. geschlossen) die Zeit registriert.

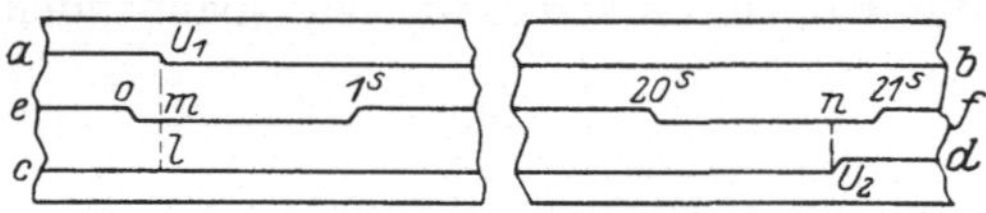

Abb. 33. Papierstreifen des Streifenchronographen von CRANZ.

Die beiden anderen Elektromagnete sind in jene beiden Stromkreise geschaltet, durch deren Unterbrechung Anfang und Ende des zu messenden Zeitraums scharf begrenzt werden sollen. Die betreffenden Schreibfedern verzeichnen diese Unterbrechungen durch einen scharfen Knick U_1 der Geraden *ab* für den Anfang und U_2 der Geraden *cd* für das Ende des zu messenden Zeitraums.

Fällt man nach vollendeter Messung von U_1 ein Lot auf *cd* bis *l*, so ist der in mm gemessene Abstand lU_2 ein Maß für den zu messenden Zeitraum, der, wie leicht einzusehen, durch den in Sekunden auszudrückenden Abstand *mn* der von U_1 und U_2 auf *ef* gefällten Lote bestimmt ist. Der Wert einer Sekunde ist durch Auswertung der Abstände der Stromschlußmarken, die schärfer sind als die Öffnungsmarken, zu ermitteln, wie CRANZ eingehend gezeigt hat[1]).

In dieser Ausführung wird der Streifenchronograph gewöhnlich in Verbindung mit dem weiter unten (Ziff. 74) beschriebenen CRANZschen Pendelunterbrecher zur Prüfung der Genauigkeit von Zeitmessern für größere Zeiträume benutzt. So z. B. ermittelte CRANZ für eine HIPPsche Uhr als äußerste Grenze 1,0039 bis 1,0047 sec, innerhalb der sie die wahre Zeitsekunde anzeigt, mit einer Genauigkeit von $2 \cdot 10^{-4}$ sec (mittlere quadratische Abweichung des Einzelwertes vom Mittel[2])).

In einem anderen Fall wurde die Schwingungsdauer eines Pendelunterbrechers von im Mittel 2,07569 sec (2 Halbschwingungen) mit einem wahrscheinlichen Fehler der Einzelmessung von $2{,}1 \cdot 10^{-4}$ sec oder 0,01% und dem wahrscheinlichen Fehler des Resultats von $6 \cdot 10^{-5}$ sec bestimmt (Geschwindigkeit des Papierstreifens 150 cm sec^{-1})[3]).

57. Chronograph von S. BASHFORTH. WHEATSTONE ist im Jahre 1841 zuerst auf den Gedanken gekommen, eine rotierende Trommel zur Zeitregistrierung anzuwenden[4]). Eine bemerkenswerte Form gab ihr F. BASHFORTH für seine Luftwiderstandsversuche[5]). Sein Chronograph (Abb. 34) besteht aus einer um eine vertikale Achse von Hand aus drehbaren zylindrischen Trommel *T*, die mit berußtem Glanzpapier bespannt ist. Ihre Mantelfläche berühren die Spitzen der Schreibfedern 1 und 2 der Registrierelektromagnete E_1 und E_2, die auf einer gleichfalls vertikalen Tafel *S* angebracht, mit ihr längs des festen Rahmens *R* durch Zahnradübersetzung $z_1 z_2$ und Schnurlauf über die Rollen $r_1 r_2 r_3$, beim Drehen der Trommel aus ihrer höchsten Lage herabbewegt werden, wobei die Schreibfedern flache Schraubenlinien beschreiben.

---

1) C. CRANZ, s. Fußnote 1, S. 215, S. 114ff. 2) C. CRANZ, l. c. S. 125.
3) C. CRANZ, l. c. S. 127. 4) CH. WHEATSTONE, Pogg. Ann. Bd. 65, S. 456. 1845.
5) C. CRANZ, l. c. S. 77, Literatur S. 322.

Der Elektromagnet E_1 liegt im Stromkreis U des elektrischen Sekundenkontaktes einer Normaluhr, so daß seine Schreibfeder beim Drehen der Trommel T darauf die Sekunden registriert. Der Elektromagnet E_2 liegt im Stromkreis M aller hintereinandergeschalteten Drahtgitter, deren Zerreißen durch Stromunterbrechung die Grenzen der zu messenden Zeiträume festzulegen hat. Da nur ein einziger Stromkreis vorhanden ist, sorgt eine einfache Vorkehrung für selbsttätiges Wiederschließen des Stromes nach jedesmaliger Unterbrechung, so daß mehrere Zeiträume nacheinander, z. B. die Flugzeiten eines Geschosses auf hintereinanderliegenden Wegstrecken, gemessen werden können.

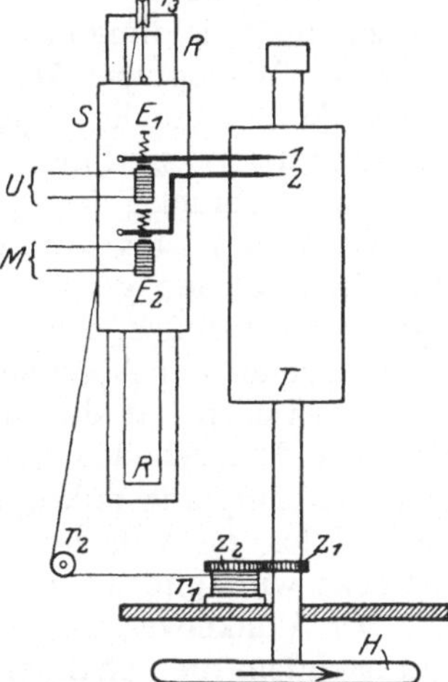

Abb. 34. Schema des Chronographen von BASHFORTH.

58. Echolot von BEHM. Die immer wieder vergeblich versuchte Anwendung der Schallgeschwindigkeit zur Messung von Meerestiefen hat kürzlich zu einem bemerkenswerten Erfolg geführt. ALEXANDER BEHM in Kiel gelang es, nach mehrjährigen Versuchen, im Jahre 1921 einen leistungsfähigen akustischen Lotapparat zu bauen, dessen zeitmessender Hauptbestandteil es rechtfertigt, ihn hier kurz zu besprechen[1]).

Der Grundgedanke von BEHMS Echolot ist: aus der Zeit zwischen einer im Meeresspiegel hervorgerufenen Detonation und ihrer dorthin vom Meeresgrunde reflektierten Schallwelle, auf die Wassertiefe zu schließen. Da die Schallgeschwindigkeit im Wasser rund $1440\ \mathrm{ms}^{-1}$ beträgt, kommt es auf die Messung von Zeiten an, die zwischen 1 bis 1000 m Wassertiefe rund $1{,}4 \cdot 10^{-3}$ bis 1,4 sec betragen und bei 5000 bis 10000 m Wassertiefe auf rund 7 bis 14 sec anwachsen.

Die Schallzeit wird durch den Winkelweg einer leicht drehbaren, kleinen Schwungscheibe gemessen, den sie — elektromagnetisch ausgelöst und angehalten — vom Zeitpunkt der Schallerregung bis zum Zeitpunkt des Eintreffens der reflektierten Schallwelle durchläuft. Es ist im Grunde dasselbe mechanische Prinzip (Drehschwingung eines Schwungringes oder Unruhe), auf dem der weiter unten (Ziff. 68) beschriebene altbekannte Federchronograph von SCHMIDT beruht.

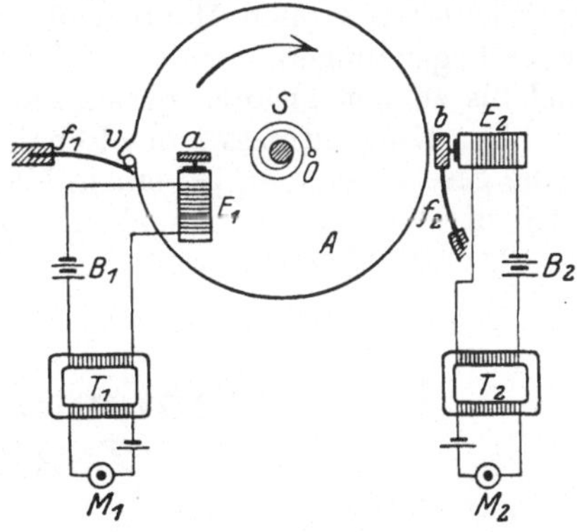

Abb. 35. Schema des Kurzzeitmessers im Echolot von BEHM.

Der zeitmessende Hauptbestandteil des BEHM-Echolotes (Kurzzeitmesser) ist in Abb. 35 schematisch dargestellt. Eine um die Achse O leicht (in Rubinlagern) drehbare Scheibe A (bei neueren Typen aus Glas) wird durch eine stählerne Spiralfeder S stets in ihrer Anfangslage festgehalten. Diese ist gegeben durch den Ansatz a, der vom feststehenden Elektromagneten E_1, wenn er unter Strom der Batterie B_1 steht, angezogen wird, wodurch die Abschnellfeder f_1 mittels des Vorsprunges v und einer kleinen Achatkugel gespannt wird. Der Strom-

[1]) ALEXANDER BEHM, Das Behm-Echolot. Ann. d. Hydrogr. u. Marit. Meteorol. Bd. 49, S. 241—247. 1921; Bd. 50, S. 289. 1922; BRUNO SCHULZ, Geschichte und Stand der Entwicklung des Behmlotes. Ebenda Bd. 52, S. 254—271 u. 289—300. 1924.

kreis enthält die Sekundärwicklung eines Transformators T_1, dessen Primärwicklung im Stromkreis des Mikrophons M_1 liegt.

Ein anderer Stromkreis der Batterie B_2 enthält den Elektromagnet E_2 und die Sekundärwicklung des Transformators T_2, dessen Primärwicklung im Stromkreis des Mikrophons M_2 liegt. E_2 hält unter Strom die Bremsbacke b fest, welche die Spannfeder f_2 gegen die Scheibe A zu drücken sucht. M_1 ist möglichst tief unter der Wasserlinie innerhalb an der einen, M_2 an der anderen Bordwand des Schiffes angebracht, der Apparatteil mit der Scheibe A auf der Kommandobrücke.

Wird nun, 1 bis 2 m unter dem Wasserspiegel, auf Seite des Mikrophons M_1 eine Knallpatrone gezündet, so wird durch die Erregung von M_1 der Elektromagnet E_1 stromlos, der Anker a wird losgelassen und die Scheibe A beginnt infolge Druckes der Abschnellfeder f_1, sich im Sinne des Pfeiles rasch zu drehen.

Inzwischen hat die durch den Schiffskörper von M_2 abgeschirmte Schallwelle den Meeresboden erreicht, wird dort reflektiert und erregt bei ihrer Rückkehr das Empfangsmikrophon M_2. Hierdurch wird E_2 stromlos und läßt die Backe b los, die von der Feder f_2 gegen den gezahnten Umfang der Scheibe A gedrückt wird und sie plötzlich hemmt.

Der Winkelweg der Scheibe A ist ein Maß für die verflossene Schallzeit und nachdem die Schallgeschwindigkeit im Wasser bekannt ist, für die Wassertiefe. Ihre Ablesung erfolgt bei älteren Typen mittels Spiegels und Lichtzeigers an einer empirisch geteilten Skale, bei neueren Typen durch Projektion der am Umfang der Glasscheibe A angebrachten Teilung auf eine Mattscheibe. Der in kompendiöse Gebrauchsform gebrachte Apparat ist zur bequemen und raschen Ausführung der Lotungen mit einer Reihe von Nebeneinrichtungen versehen, die den angeführten Beschreibungen zu entnehmen sind.

Es ist nicht ohne weiteres möglich, mit derselben Einrichtung den oben angedeuteten großen Meßbereich zu beherrschen. Auch hierfür hat BEHM gewisse Ergänzungen geschaffen, die es ermöglichen, von 0,25 m unter dem Schiffskiel bis zu den größten ozeanischen Tiefen zu loten[1]).

Der Kurzzeitmesser des Echolots kann innerhalb $44 \cdot 10^{-5}$ sec in und außer Gang gesetzt werden, bei einem Maximalfehler von $1{,}56 \cdot 10^{-4}$ sec, entsprechend 22,5 cm Wassertiefe. Angaben aufeinanderfolgender Messungen sollen bis auf $1 \cdot 10^{-5}$ sec übereinstimmen[2]).

E. Instrumente zur Messung kleiner Zeitintervalle[3]).

Von

C. CRANZ, Charlottenburg.

59. Einleitende Bemerkungen. Es handelt sich hier um solche Zeitmesser, welche Zeitintervalle von weniger als 1 sec mit einem wahrscheinlichen Fehler von etwa 0,3% zu messen gestatten; und zwar zunächst um die indirekt elektrischen Zeitmesser dieser Art (die direkt elektrischen Zeitmesser werden weiter unten, s. Abschnitt F, besprochen werden).

---

[1]) B. SCHULZ, s. Fußnote 1, S. 219.

[2]) E. SCHREIBER, Ann. d. Hydrogr. Bd. 50, S. 46. 1922; W. BRENNECKE, Die Naturwissenschaften Bd. 11, S. 153. 1923; A. WERNER, ZS. f. Instrkde. Bd. 45, S. 248—253. 1925.

[3]) Eine Literaturzusammenstellung findet man in dem Lehrb. d. Ballistik von C. CRANZ, Bd. III (experimentelle Ballistik), 1. Aufl., Leipzig: B. G. Teubner 1913; 2. Aufl., Berlin: Julius Springer 1926/27.

Die Chronographen, welche im folgenden unter Abschnitt E zur Besprechung kommen sollen, sind dadurch charakterisiert, daß innerhalb der zu messenden Zeitspanne ein materieller Körper mit einer bekannten Geschwindigkeit sich bewegt, daß nämlich entweder unter dem Einfluß der Erdschwere ein Stab od. dgl. frei herabfällt bzw. ein Pendel schwingt, oder daß eine Trommel bzw. eine Scheibe mit bekannter Tourenzahl sich dreht bzw. eine Platte mit gegebener Geschwindigkeit sich geradlinig in ihrer Ebene parallel verschiebt, oder daß ein Balançier schwingt, oder daß eine Stimmgabel ihre Schwingungen ausführt. Als elektrische Chronographen sind die betr. Zeitmesser nur insofern anzusprechen, als im Anfang und am Ende des fraglichen Zeitintervalls entweder je ein Gleichstrom unterbrochen oder mittels eines Telephons bzw. Mikrophons je ein elektrischer Induktionsstoß bewirkt oder je der Entladungskreis einer elektrisch geladenen Kondensatorbatterie kurzgeschlossen wird. Und die beiden Grenzmarken, welche dabei zur Feststellung des Anfangspunktes und des Endpunktes des zu messenden Zeitintervalls erforderlich sind, werden teils mechanisch gewonnen, nämlich entweder durch zwei scharfe Kerben, die auf der Zinkhülse eines fallenden Stabes durch ein Messer eingeschlagen werden, oder durch zwei Knicke in den Rußlinien auf einer rotierenden Trommel oder einer parallel bewegten Platte, oder durch zwei Induktionsfunkenmarken auf einer berußten Trommel oder Scheibe, oder durch zwei verschiedene Stellungen eines Zeigers an einer Skale; teils optisch-photographisch, nämlich durch zwei Bilder von Induktionsfunken oder Entladungsfunken, oder durch zwei verschiedene Abrisse einer Lichtlinie auf bewegtem Film.

60. Der Fallchronograph von LE BOULENGÉ, (Belgien 1864, verbessert von BRÉGER). Für die Messung von Zeitdifferenzen zwischen 0,16 sec und 0,001 sec wird der Boulengéapparat in der experimentellen Ballistik seit mehreren Jahrzehnten zum Teil fast ausschließlich verwendet. Allmählich findet dieser vorzügliche Zeitmesser auch in den physikalischen Instituten Eingang.

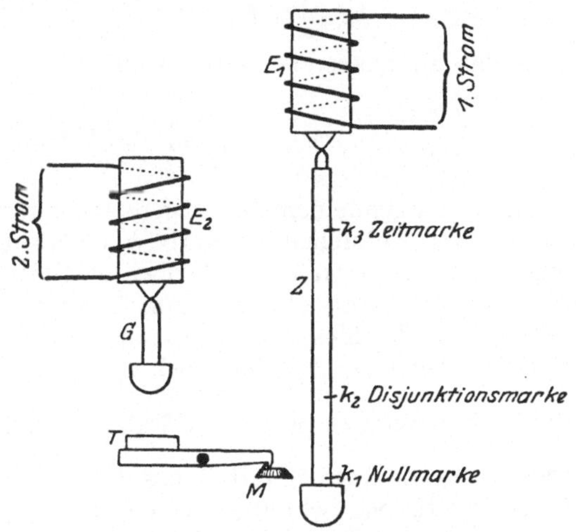

Abb. 36. BOULENGÉ-Zeitmesser.

Er besteht der Hauptsache nach aus zwei an einer Säule befestigten Elektromagneten E_1 und E_2 (s. Abb. 36) mit zwei zugehörigen Anhängestäben, nämlich einem längeren Zeitmesserstab Z, über den eine Zinkhülse geschoben wird, und einem gleichschweren Gewichtsstab G; ferner aus einem Auffallteller T und einem Kerbenmesser M mit Spannvorrichtung. Diese letztere ist so konstruiert, daß ein leichter Druck auf den horizontalen Teller T genügt, um die Spannfeder auszulösen und das Messer M nach rechts horizontal vorschnellen zu lassen. Das Messer schlägt dann auf der Zinkhülse von Z eine sehr feine Kerbe k_1 oder k_2 oder k_3 ein. Der Elektromagnet E_1 ist in denjenigen Stromkreis eingeschaltet, welcher im Anfang der zu messenden Zeitspanne unterbrochen werden soll; der Elektromagnet E_2 in den Stromkreis, der am Ende der Zeitspanne unterbrochen wird. (Z. B. bei der Verwendung des Apparats zur Geschwindigkeitsmessung am fliegenden Artilleriegeschoß durchsetzt das Geschoß zuerst einen ersten mit Draht bespannten Gitterrahmen, sodann einen in gegebener Entfernung aufgestellten zweiten Gitterrahmen und unterbricht damit zuerst den ersten, dann den zweiten Strom, oder aber läßt man durch die Kopfwelle des Geschosses nacheinander an zwei Luftstoßanzeigern die Ströme unterbrechen; bei Infanteriegeschossen verwendet man einen Mündungsdraht und eine z. B. 50 m davon entfernte Kontaktscheibe.)

Zur Vorbereitung der Messung wird zunächst der Zeitmesserstab Z an den Elektromagnet E_1 angehängt und das Messer von Hand ausgelöst; dadurch entsteht die Nullkerbe k_1, von der aus die Fallhöhen gemessen werden. Sodann hängt man beide Stäbe an ihre Elektromagnete an und unterbricht beide Ströme gleichzeitig mit Hilfe des Disjunktors (über diesen Hilfsapparat und seine Justierung s. weiter unten bei Ziff. 62); es entsteht jetzt die sog. Disjunktionskerbe k_2. Bei der eigentlichen Messung des betr. Zeitintervalls t wird zuerst der erste Strom unterbrochen; der Elektromagnet E_1 verliert seinen Magnetismus, und der Zeitmesserstab Z beginnt zu fallen. Am Ende des Zeitintervalls t, das man messen will, wird der zweite Strom unterbrochen; der Gewichtsstab G fällt. Vom Beginn seines Fallens ab vergeht dann noch eine Zeitdifferenz τ, bis der Stab G auf dem Teller auffällt, und eine weitere Zeitdifferenz m, bis die Spannfeder ausgelöst ist und das Messer M die Zeitkerbe k_3 auf dem vorbeifallenden Zeitmesserstab Z erzeugt. Man hat so die 3 Kerben $k_1 k_2 k_3$ auf der Zinkhülse. Die Entfernungen $k_1 k_2$ und $k_1 k_3$ werden mit einem besonderen Ablesemaßstab gemessen, der mit Hilfe eines Nonius noch Zehntelmillimeter abzulesen gestattet. Die zu diesen Fallstrecken gehörigen Fallzeiten sind alsdann

$$\sqrt{\frac{2 \cdot k_1 k_2}{g}} \quad \text{und} \quad \sqrt{\frac{2 \cdot k_1 k_3}{g}}.$$

Und das zu messende Zeitintervall t ist

$$t = \sqrt{\frac{2 \cdot k_1 k_3}{g}} - \sqrt{\frac{2 \cdot k_1 k_2}{g}}. \tag{1}$$

Denn, von irgendeinem beliebigen Anfangsmoment O ab gerechnet, ist die Zeit $O k_3$ bis zum Entstehen der Kerbe k_3 einerseits gleich der Zeit OE_2 bis zum Unterbrechen des 2. Stromkreises (wobei der Stab G zu fallen beginnt) plus der Zeit τ, die dieser Stab braucht, um zum Teller herabzufallen, plus der Zeit m, welche vergeht, bis das Messer ausgelöst ist und die Zeitkerbe k_3 erzeugt hat. Andererseits ist aber diese Zeit $O k_3$ auch gleich der Zeit OE_1 bis zum Unterbrechen des ersten Stromkreises (wobei der Stab Z zu fallen beginnt) plus der Zeit $\sqrt{\frac{2 \cdot k_1 k_3}{g}}$, welche der Zeitmesserstab Z braucht, um die Fallstrecke $k_1 k_3$ zu durchfallen. In schematischer Schreibweise hat man also

$$O k_3 = OE_2 + \tau + m = OE_1 + \sqrt{\frac{2 \cdot k_1 k_3}{g}}.$$

Und da $OE_2 - OE_1$ gleich dem gesuchten Zeitintervall t ist, so wird

$$t = \sqrt{\frac{2 \cdot k_1 k_3}{g}} - (\tau + m). \tag{2}$$

Hier ist $\tau + m$ eine Instrumentkonstante, wenigstens wenn an der Stellung der Elektromagnete, sowie an Teller und Messer und an den Stromstärken nichts geändert wird. Diese Konstante erhält man durch eine einfache Spezialisierung.

Werden die beiden Ströme gleichzeitig unterbrochen, so ist t gleich Null, und die Kerbe k_3 fällt jetzt nach k_2; dann ist also

$$0 = \sqrt{\frac{2 \cdot k_1 k_2}{g}} - (\tau + m) . \tag{3}$$

Durch Einsetzen von $\tau + m$ aus (3) in (2) erhält man die Beziehung (1).

Meistens wählt man die Disjunktionsstrecke $k_1 k_2 = 110{,}37$ mm, weil für diesen Fall die Disjunktionszeit $\sqrt{\frac{2 \cdot k_1 k_2}{g}}$ gleich der runden Zahl 0,15000 sec ist. Dann ist

$$t = \sqrt{\frac{2 \cdot k_1 k_3}{g}} - 0{,}15000 \text{ sec} . \tag{4}$$

Für die zu den verschiedenen Fallstrecken $k_1 k_3 = x$ mm des Apparats gehörigen Fallzeiten $\sqrt{\frac{2 \cdot x}{g}}$ hat LE BOULENGÉ eine Tabelle berechnet.

61. Aufstellung und Handhabung des BOULENGÉ-Apparats. Mittels der Fußschrauben des Stativs wird die Säule vertikal gestellt, und zwar zunächst mit Hilfe einer Wasserwage, die auf die Fußplatte aufgesetzt wird; weiterhin genauer mit Hilfe des angehängten Zeitmesserstabes Z: Der Apparat steht richtig, wenn der untere prismatische Kopf des Zeitmesserstabes Z bei gespanntem Messer in dem entsprechenden rechtwinkligen Ausschnitt der Fußplatte so leicht anliegt (dabei die eingeschlagene Stabnummer dem Messenden zugekehrt), daß er sich bei ganz schwachem Klopfen an den Apparat ein wenig abhebt. Sodann werden beide Ströme auf das Minimum eingestellt; hierzu wird das jedem Apparat beigegebene Übergewicht über den Zeitmesserstab bzw. den Fallgewichtstab geschoben; diese werden angehängt, und vorsichtig wird soviel Widerstand in den betreffenden Stromkreis eingeschaltet, bis der Zeitmesserstab bzw. der Fallgewichtstab gerade noch abfällt; ohne Übergewicht bleibt dann jeder Stab noch an seinem Elektromagnet hängen. (Bei jedem Anhängen eines Stabes muß mit Vorsicht verfahren werden; niemals dürfen die konischen Enden der Stäbe an die konischen Enden der Elektromagnetkerne direkt angestoßen werden; vielmehr bringt man zuerst die Mantelflächen der beiden Konus von Stab und Elektromagnetkern vorsichtig aneinander und läßt alsdann den Stab langsam nach unten gleiten, bis die beiderseitigen Spitzen sich berühren; endlich läßt man den Stab los, indem die Hand am Stab nach oben gleitet.) Nun wird die Nullkerbe k_1 erzeugt, indem man das Messer spannt, den Zeitmesserstab Z anlegt und das Messer von Hand auslöst; noch etwas sicherer ist es, beide Stäbe anzuhängen und den zweiten Strom auszulösen. Die Zinkhülse muß fest auf dem Zeitmesserstab sitzen; wenn dies nicht der Fall ist, wird die Hülse vor dem Aufschieben auf den Stab leicht zusammengedrückt.

Um die Disjunktionskerbe k_2 festzulegen, greift man von einem dem Apparat beigegebenen Hilfsmaßstab die Strecke 110,37 mm mit einem Stangenzirkel ab, setzt das eine Ende dieses Zirkels in die Nullkerbe ein und ritzt mit der anderen Zirkelspitze auf der Zinkhülse die erforderliche Lage von k_2 ein. Sodann werden beide Ströme eingeschaltet, beide Stäbe angehängt und mit Hilfe des Disjunktors die Ströme gleichzeitig unterbrochen. Wenn die so entstandene Disjunktionsmarke über bzw. unter den mit dem Stangenzirkel erzeugten Normalstrich zu liegen kommt, verkleinert bzw. vergrößert man die Fallstrecke des Gewichtsstabes G durch Tieferstellen bzw. Höherstellen des Elektromagnets E_2 mittels der betreffenden Mikrometerschraube. Bei wiederholtem Nehmen der Disjunktion darf die Disjunktionsmarke nicht wandern; ist dies doch der Fall, so liegt der

Grund entweder in einer fehlerhaften Aufstellung des Apparats oder in einer Erwärmung der Elektromagnete durch zu langes Geschlossenhalten der Ströme, oder in einer Änderung der Spannung in der Akkumulatorenbatterie, oder in einem Schwanken des Übergangswiderstandes an irgendeiner Stelle.

Endlich ist noch der Ablesemaßstab zu regulieren: Der Läufer des Maßstabs wird auf die Disjunktionsmarke k_2 eingestellt und festgeklemmt. Wird nun der am drehbaren Kopf des Maßstabes befindliche Zapfen in das entsprechende Loch am Kopf des Zeitmesserstabes eingesetzt, so muß die Schneide am Schieber des Maßstabläufers mit der Disjunktionsmarke zusammenfallen. Besteht ein Unterschied, so löst man die Halteschraube des Schiebers, bringt die Schneide mit k_2 zur Deckung und zieht die Schraube wieder fest.

Nach diesen Vorbereitungen kann mit Spannen der Feder des Messers, Einschalten der Ströme und Anhängen der Stäbe die eigentliche Messung des betreffenden Zeitintervalls vor sich gehen. Nach dem Versuch schaltet man die Ströme sofort am Hauptschalter aus. Wenn es sich um eine größere Meßreihe handelt, achtet man darauf, daß die Ströme jedesmal möglichst kurz, und zwar gleich kurz geschlossen bleiben. Nach jeder einzelnen Messung werden die Fallhöhen abgemessen und wird die Zinkhülse auf dem Zeitmesserstab um einen kleinen Betrag gedreht, damit die nächste Zeitkerbe nicht mit der vorhergehenden zusammenfällt; und am Schluß der Messungsreihe wird die Lage der Disjunktionsmarke nochmals geprüft.

62. Nebenapparate zum BOULENGÉ-Apparat. Außer dem schon genannten, mit drehbarem Zapfen und mit Nonius versehenen Maßstab, dem Hilfsmaßstab und dem Übergewicht, kommen in Betracht: der Disjunktor und der Doppelumschalter.

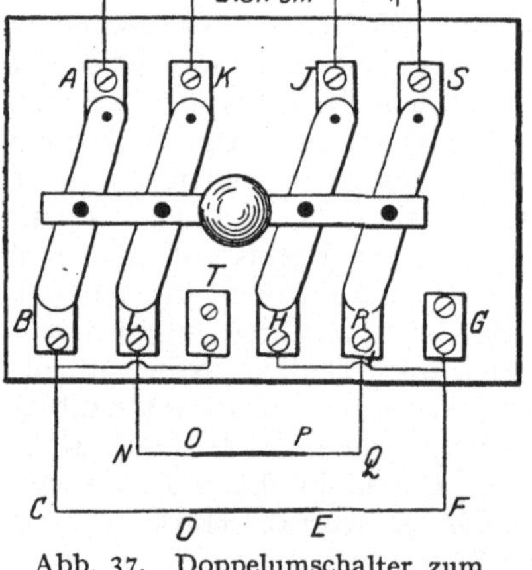

Abb. 37. Doppelumschalter zum BOULENGÉ-Zeitmesser.

Der Disjunktor dient zur gleichzeitigen Unterbrechung der beiden Ströme. Er besteht aus zwei federnden Lamellen mit je einem Kontakt. Durch Auslösen einer Feder werden, wenn der Disjunktor richtig eingestellt ist, beide Lamellen gleichzeitig von ihren Kontakten abgehoben.

Zur Prüfung und, wenn nötig, zur Justierung des Disjunktors dient der Doppelumschalter (Abb. 37). Dieser gestattet, in einem bestimmten Teil der beiden Stromkreise, und nur in diesem Teil, die beiden Ströme zu vertauschen, z. B. nur im Disjunktor: In der Abb. 37 ist der Doppelumschalter schematisch skizziert; *OP* und *DE* sind die beiden Lamellen des Disjunktors. Es geht jetzt der erste Strom in der Richtung *IABCDEFGHJI*; der zweite Strom in der Richtung *IIKLNOPQRSII*. Werden die Schienen des Doppelumschalters nach rechts gestellt, so nimmt der erste Strom den Weg *IALNOPQJI*, der zweite den Weg *IIKTBCDEFGSII*. Wenn bei dieser Vertauschung die Lage der Disjunktionsmarke k_2 sich ändert, so ist dies ein Anzeichen dafür, daß die beiden Kontakte des Disjunktors nicht völlig gleichzeitig abgehoben werden; in diesem Fall muß der eine Kontakt mittels der zugehörigen Schraube so lange gegenüber dem anderen verstellt werden, bis ein Wandern der Disjunktionsmarke nicht mehr zu erkennen ist.

63. Ablesefehler und Fehler, die in der Konstruktion des Boulengé-Apparats und in dessen Benutzung liegen. Durch falsche Messung der Fallhöhen, also der Messungsstrecken $k_1 k_2$ und $k_1 k_3$, entstehen Fehler für die Bemessung der Zeitdifferenz t. Wenn $k_1 k_3$ mit h und $k_1 k_2$ mit h_0 bezeichnet wird, so ist $t = \sqrt{\frac{2}{g}}\left(\sqrt{h} - \sqrt{h_0}\right)$. Es sei nun h um Δh und h_0 um Δh_0 zu groß gemessen, so ist der hieraus folgende relative Fehler $\Delta t/t$ der zu messenden Zeitdifferenz

$$\frac{\Delta t}{t} = \left(\frac{\Delta h}{2\sqrt{h}} - \frac{\Delta h_0}{2\sqrt{h_0}}\right) : \left(\sqrt{h} - \sqrt{h_0}\right).$$

Mit dem Nonius lassen sich höchstens noch 10^{-1} mm ablesen. Beträgt also der Fehler Δh z. B. $= 0{,}1$ mm und ist $\Delta h_0 = 0$, dabei $h_0 = 110{,}37$ mm und $h = 324$ mm, so ist der relative Fehler der gemessenen Zeitspanne in Prozenten $100 \cdot \frac{\Delta t}{t} = 0{,}37\%$.

Der auf die fallenden Stäbe wirkende Luftwiderstand bedingt einen Fehler, der berechnet werden kann. Es zeigt sich, daß dieser Fehler mit Rücksicht auf den Genauigkeitsgrad, der dem Apparat zukommt, hier nicht in Betracht kommt; wenn die Fallzeit sogar 0,5 sec betragen würde, so würde die Fallhöhe im luftleeren Raum 1226,25 mm, dagegen im lufterfüllten Raum mindestens 1225,92 mm sein.

Was den Einfluß der Temperatur betrifft, so seien darüber die folgenden Angaben gemacht, die sich auf eine Durchschnittstemperatur von $+18°$ C beziehen: Bei einer Änderung der Temperatur um $\pm 14°$, also bei einer Temperatur zwischen $+4°$ und $+32°$ C, ändert sich, wie eingehende Versuche im ballistischen Laboratorium ergaben, auch die gemessene Zeitdifferenz t ein wenig. Und die maximale Änderung von t, welche bei einer einseitigen Bestrahlung des Elektromagnets E_1 eintrat (Temperatur von E_1 $+42°$ C, von E_2 $+18°$ C), betrug 5 Zehntausendstel Sekunde bei einer zu messenden Zeitdifferenz $t = 0{,}16$ sec; der wahrscheinliche Fehler der Einzelmessung wurde dabei um 0,28% größer.

Andere Fehler sind elektrischer und magnetischer Natur: Wenn der erste Strom unterbrochen wird, unterhält der Öffnungsfunke noch eine kurze Zeit den Stromlauf; es vergeht eine Zeitdifferenz f_1, bis der Strom tatsächlich unterbrochen ist; ebenso beim zweiten Strom eine Zeitdifferenz f_2. Ferner beginnt der Stab Z, nachdem der erste Strom unterbrochen ist, nicht sogleich frei zu fallen, sondern er fällt unter der Einwirkung beider Elektromagnete; nämlich erstens unter der Wirkung des temporären Magnetismus von E_1, der im Verschwinden begriffen ist, zweitens unter der Wirkung des permanenten Magnetismus des Eisenkerns von E_1, drittens unter dem Einfluß des noch geschlossenen Elektromagnets E_2. Diese magnetische Gesamtwirkung möge die gleiche sein, wie wenn der Zeitmesserstab Z nicht sofort im Moment der tatsächlichen Stromunterbrechung, sondern erst um eine Zeitdifferenz m_1 später frei herabzufallen beginnen würde. Desgleichen der Gewichtsstab G um eine Zeitdifferenz m_2 später. Die frühere Berechnung der zu messenden Zeit t modifiziert sich somit zu der folgenden

$$Ok_3 = OE_2 + f_2 + m_2 + \tau + m = OE_1 + f_1 + m_1 + \sqrt{\frac{2 \cdot k_1 k_3}{g}}.$$

Oder die obige Gleichung (2) wird zu der folgenden

$$OE_2 - OE_1 = t = \sqrt{\frac{2 \cdot k_1 k_3}{g}} - (\tau + m) + f_1 - f_2 + m_1 - m_2. \tag{5}$$

Wenn speziell die Disjunktion genommen wird, wo die Kerbe k_3 nach k_2 fällt und $t = 0$ ist, seien die betreffenden Fehler $f_1' f_2' m_1' m_2'$. Dann ist

$$0 = \sqrt{\frac{2 \cdot k_1 k_2}{g}} - (\tau + m) + f_1' - f_2' + m_1' - m_2'. \tag{6}$$

Durch Subtraktion der Gleichung (6) von Gleichung (5) fällt die Instrumentkonstante $\tau + m$ heraus, und es ist

$$t = \sqrt{\frac{2 \cdot k_1 k_3}{g}} - \sqrt{\frac{2 \cdot k_1 k_2}{g}} + (f_1 - f_2) - (f_1' - f_2') + (m_1 - m_2) - (m_1' - m_2'). \tag{7}$$

Daraus ist zu ersehen, daß die Fehler $f_1 f_2 f_1' f_2' m_1 m_2 m_1' m_2'$ nur in ihren Differenzen bezüglich des ersten und des zweiten Elektromagnets in die Rechnung eingehen, und auch diese Differenzen nur in ihren Unterschieden zwischen der Hauptmessung und zwischen dem Nehmen der Disjunktion; wenn man also an den beiden Strömen und den beiden Elektromagneten und Stäben alles möglichst gleich und konstant hält, werden die betreffenden Fehler verschwindend klein. Hieraus ergeben sich die folgenden Vorschriften: Die beiden Elektromagnete müssen gleiche Größe, Form und Windungszahl haben; die Eisenkerne müssen aus gleichem und gleich behandeltem Material in gleichen Abmessungen hergestellt und unverrückbar angeordnet werden, damit sich nicht von einer Messung zur anderen jene Fehler ändern können; auch die beiden Stäbe müssen nach Querschnitt und Gewicht möglichst gleich sein; die Ströme müssen möglichst schwach, die Öffnungsfunken möglichst gleich und klein sein. Zuschaltung von Drahtwindungen ändert die Länge des Öffnungsfunkens und setzt (nach R. WURTZEL) die relative Genauigkeit der Messung herab.

64. Der Pendelchronograph von NAVEZ. Die gückliche Idee, die bei dem BOULENGÉ-Apparat wesentlich dazu beiträgt, die Meßgenauigkeit zu erhöhen. und die darin besteht, eine genügend große Disjunktionszeit zu verwenden, findet sich bereits bei dem Vorläufer des BOULENGÉ-Apparats, dem Chronograph NAVEZ' (Frankreich 1853, verbessert von LEURS) (Abb. 38):

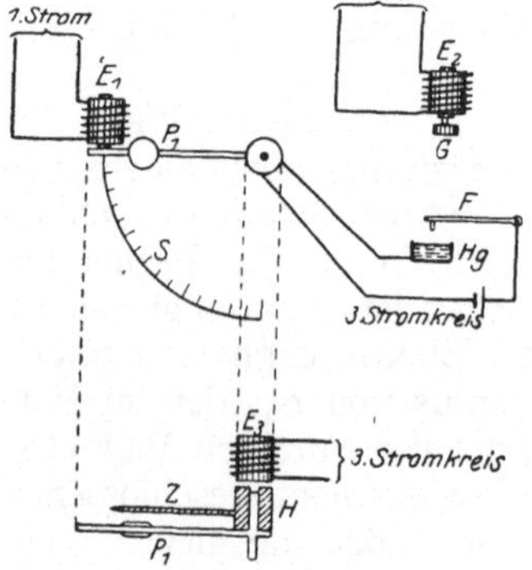

Abb. 38. NAVEZ-Chronograph.

Ein schweres Pendel P_1 ist durch einen Elektromagneten E_1 in seiner gehobenen, nahezu horizontalen Stellung vor einer kreisförmigen Scheibe mit Gradeinteilung festgehalten. Wird zu Beginn des betreffenden Zeitintervalls t der durch den Elektromagnet E_1 fließende erste Strom unterbrochen, so läßt E_1 das Pendel P_1 frei; dieses fällt und nimmt einen sehr leichten Zeiger Z mit sich, der eine Hülse H trägt, welche mit leichter Reibung auf die Pendelachse geschoben ist. Am Ende des Zeitintervalls wird ein zweiter Strom unterbrochen; dadurch wird ein zweiter Elektromagnet E_2 veranlaßt, ein Gewicht G freizulassen, das nun frei herabfällt und auf eine Feder F trifft; eine an der Feder angebrachte Spitze taucht dann in ein Quecksilbergefäß ein und schließt damit einen dritten Strom; der zugehörige große Elektromagnet E_3 hält sodann durch Anziehen jener Hülse H den erwähnten leichten Zeiger Z fest. Man mißt den Winkel α, den der Zeiger an dem Gradbogen S zurückgelegt hat. Bei gleichzeitigem Unterbrechen derbeiden durch E_1 und E_2 gehenden Ströme werde ein Winkel α_0 am Zeiger abgelesen. $\varphi(\alpha)$ und $\varphi(\alpha_0)$ seien die zu α und α_0 gehörigen Teilschwingungszeiten des

Pendels P_1. Dann ist, wie sich durch eine ähnliche Überlegung wie bei Ziff. 60 ergibt,

$$t = \varphi(\alpha) - \varphi(\alpha_0).$$

Bei der späteren Konstruktion wurde die Disjunktionsverzögerung nicht mehr durch jene Relaisanordnung, sondern mechanisch bewirkt: Bei Unterbrechung des ersten Stromes läßt wieder der Elektromagnet E_1 das Pendel P_1 frei; dieses nimmt wieder den leichten Zeiger Z durch Reibung in einer Drehhülse mit sich. Bei Unterbrechung des zweiten Stroms läßt der Elektromagnet E_2 ein zweites Pendel frei; dieses zweite Pendel trägt einen metallenen Bogen mit Endzahn; nach kurzem Fall des zweiten Pendels erfaßt der Zahn einen Keil und hemmt dadurch die Weiterbewegung des Zeigers Z.

Man sieht, daß LE BOULENGÉ nur nötig hatte, die gezwungene Fallbewegung der beiden Pendel durch den freien Fall zweier Stäbe zu ersetzen, um zu seinem Zeitmesser zu gelangen. Der NAVEZ-Apparat wurde längere Zeit für ballistische Zwecke als hauptsächlichster Zeitmesser verwendet, wird aber jetzt nur noch wenig benützt.

65. Die Stimmgabel-Chronographen von SÉBERT-BEETZ (Frankreich 1881) und von J. SMITH (England). Bei dem Apparat von SÉBERT ist eine dünne Stahlplatte in Führungen leicht verschiebbar. Darüber sind an dem festen Teil des Apparats angebracht: eine geeichte und beim Versuch mechanisch erregte Stimmgabel mit Schreibfederspitzen; ferner mehrere Registrierelektromagnete, gleichfalls mit Schreibfedern versehen. Wird die berußte Stahlplatte rasch zwischen den Führungen parallel mit sich bewegt, so schreibt die Stimmgabel ihre Schwingungen auf, und jeder Registrierelektromagnet zeichnet eine gerade Rußlinie. Bei der Unterbrechung des ersten Stroms erhält die erste gerade Rußlinie einen Knick A, bei der Unterbrechung des zweiten Stroms erhält ebenso die zweite Gerade einen Knick B usw. Die Abstände der Knicke A und B usw. in der Bewegungsrichtung werden gemessen, ebenso je die zugehörige Anzahl der Stimmgabelschwingungen zwischen den Knicken. Man erhält so die zugehörigen Zeitintervalle. Die Genauigkeit der Einzelmessung wird von SÉBERT zu ca. $0{,}5 \cdot 10^{-4}$ sec angegeben.

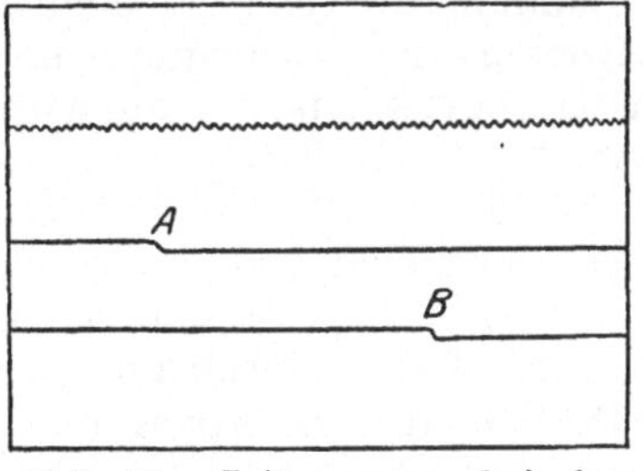

Abb. 39. Zeitmessung bei dem Tram-Chronograph.

Der sog. Tram-Chronograph von J. SMITH (Bezugsfirma ELLIOT BROTHERS, London) (Abb. 39) beruht auf demselben Prinzip. Er unterscheidet sich von dem SÉBERTschen Apparat nur durch die in technischer Hinsicht verbesserte Einrichtung, nämlich die Kleinheit der (zwei) Registrierelektromagnete, sowie dadurch, daß beim Apparat SMITH ein auf Rollen laufendes leichtes Wagengestell eine berußte Glasplatte trägt und durch eine kräftige Stahlfeder horizontal bewegt wird. Unmittelbar nachdem der Wagen seine Bewegung begonnen hat, stellt er auf eine kurze Strecke hin einen elektrischen Kontakt her, wodurch der Vorgang (z. B. der Schußvorgang) ausgelöst werden kann, von welchem ein bestimmtes Zeitintervall gemessen werden soll; dieser Kontakt ist verstellbar. Die Stimmgabel wird durch Anschlagen mit einem Holzhämmerchen zu ihren Schwingungen angeregt; Schwingungszahl 500,1 $\sec^{-1}$.

66. Der Chronograph SCHULTZ-DEPREZ-SÉBERT (Frankreich 1864, 1873, 1881). Ein Zylinder rotiert um seine horizontale Achse; 20 kleine Registrierelektromagnete mit Schreibfederspitzen sowie eine Stimmgabel, welche die Drehgeschwindigkeit des Zylinders mißt, lassen sich auf einer gemeinsamen

Schiene parallel der Zylinderachse verschieben; die Linien, welche von den Schreibfederspitzen der Stimmgabel und der Elektromagnetanker auf der berußten Mantelfläche des Zylinders bei den aufeinanderfolgenden Umdrehungen des Zylinders erzeugt werden, sind dadurch getrennt. Bei Stromunterbrechung und Stromschluß erhalten die von den Ankerspitzen der Elektromagnete erzeugten Linien Knicke. Die Elektromagnete sind so klein gebaut, daß (nach Angabe von DEPREZ) in einer Sekunde nacheinander 800 Unterbrechungs- und 800 Schließungsknicke erzeugt werden können. Die Umfangsgeschwindigkeit des Zylinders ist zwischen 0,5 und 15 m/sec veränderlich. Zugleich ist ein Tourenzähler angebracht. Der Zylinder besitzt am Rand eine Teilung; zum Ablesen der Knickabstände dient ein verschiebbares Mikroskop mit Fadenkreuz. SÉBERT verwendete mitunter auch eine Vorrichtung, wodurch bewirkt wurde, daß die Stimmgabelspitze auf sehr kurze Zeit an den berußten Zylindermantel angelegt und dann rasch wieder abgehoben wurde — von Hand oder auch elektromagnetisch. Ähnlich ist der Chronograph von MAHIEU gebaut.

67. Stimmgabel-Chronographen mit photographischer Registrierung: Oszillograph, Ballograph, Mikrozeitmeßgerät von DUDA. Bei dieser Art von Stimmgabelchronographen werden auf einem fortbewegten Filmstreifen oder Bromsilberpapierstreifen zwei Lichtlinien photographisch gezeichnet, welche am Anfang und am Ende des betreffenden Zeitintervalls je einen Knick erhalten, wenn die beiden Ströme nacheinander unterbrochen oder abgeändert werden; ebenso werden die Schwingungen einer geeichten Stimmgabel photographisch registriert.

Zu diesen Chronographen gehört erstens der Oszillograph in seiner gewöhnlichen Form (Firma Siemens-Halske): Drehspulengalvanometer mit mehreren Meßschleifen und einer Stimmgabel samt zugehörigen Spiegelchen, die das Licht einer Bogenlampe oder Glühlampe auf eine mit photographischem Papier bezogene Trommel werfen; dieses Instrument wird bekanntlich in der Experimentalphysik und Elektrotechnik zur Aufzeichnung von Strom- und Spannungskurven viel benutzt, findet aber auch als Zeitmesser Verwendung. Zweitens der Oszillograph in der Form des mit Seitengalvanometer versehenen EDELMANNschen Ballographen, der besonders von R. LADENBURG und E. VON ANGERER mit Erfolg als Chronograph angewendet worden ist. Drittens in der Form des DUDAschen Mikro-Zeitmeßgeräts, das sich durch große Schärfe der Lichtlinien und durch seine Handlichkeit auszeichnet und besonders durch K. BECKER geprüft und beschrieben wurde.

68. Der Federchronograph von SCHMIDT (Paris) und der BEHM-Zeitmesser. Der SCHMIDTsche Apparat (Abb. 40), der zugleich die notwendigen Stromwiderstände (W_1 und W_2) und Schalter enthält, zeichnet sich aus durch seine kompendiöse Form und daher seine Handlichkeit sowie durch seine geringe Empfindlichkeit gegen Erschütterungen der Unterlage; andererseits besitzt er den Nachteil, daß seine Skalenteilung mit Hilfe eines anderen Chronographen, z. B. des BOULENGÉ-Apparats, geeicht und daß die Eichungstabelle von Zeit zu Zeit kontrolliert werden muß.

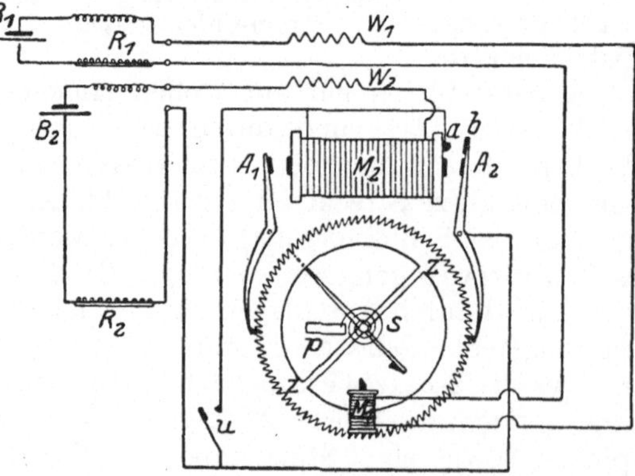

Abb. 40. Chronograph von SCHMIDT.

Ein Zahnrad Z trägt einen Zeiger, der über einer Skala spielt.

Das Zahnrad kann durch eine Spiralfeder s in rasche Schwingungen versetzt werden — ähnlich der Unruhe einer Taschenuhr. Zur Messung wird das Zahnrad in die Anfangsstellung gebracht und der erste Stromkreis geschlossen (Batterie B_1), in welchem der Elektromagnet M_1 des Apparats liegt und welcher zugleich denjenigen ersten Kontakt R_1 enthält, der zu Beginn des betreffenden Zeitintervalls geöffnet werden soll. Das Zahnrad ist dann durch den Elektromagnet M_1 festgehalten, und die Spiralfeder s ist dabei gespannt. Der zweite Elektromagnet M_2 des Apparats ist von demjenigen Strom (Batterie B_2) durchflossen, der durch Öffnen des zweiten Kontakts R_2 am Ende des zu messenden Zeitintervalls unterbrochen werden soll. Wenn dieser zweite Strom noch geschlossen ist, hält der Elektromagnet M_2 die Enden A_1 und A_2 zweier Hebel fest, so daß deren andere Enden noch nicht in das Zahnrad eingreifen können.

Wird nun zu Beginn des Zeitintervalls der erste Strom (mit Batterie B_1 und Widerstand W_1) unterbrochen, so kann das Zahnrad seine Bewegung beginnen, indem die Spiralfeder sich abspannt. Wird zu Ende des Zeitintervalls auch der zweite Strom unterbrochen, so greifen die beiden Hebel beiderseits in das Zahnrad ein und klemmen es fest. Der Gradbogen, welchen das Zeigerende indessen zurückgelegt hat, gibt die gewünschte Zeitdifferenz, wenn man noch den Disjunktionsbetrag berücksichtigt. Letzterer wird durch gleichzeitige Unterbrechung beider Ströme erhalten; er ist, wenn an den Stromstärken nichts geändert ist, eine Instrumentkonstante; dieser Betrag wird meist auf mechanischem Wege erzeugt und muß bei Anfertigung des Apparats reichlich groß gehalten werden. Die Ablesung der Zeigerstellungen erfolgt mit Hilfe eines Spiegels, welcher dem Zeiger nachgedreht werden kann; das Auge wird so eingestellt, daß der Zeiger und sein Spiegelbild sich decken.

Als Beispiel einer Messung sei folgendes angeführt: Bei 12maliger Wiederherstellung desselben Zeitintervalls mittels eines Pendelkomparators ergaben sich der Reihe nach die Zeigerstellungen 90,0; 90,0; 90,0; 90,0; 90,0; 89,2; 89,8; 90,0; 89,8; 89,4; 89,6; 89,8 Grad; Mittel 89,8 Grad; wahrscheinlicher Fehler der Einzelmessung $0{,}1_8$ Grad. Die Disjunktion betrug 5,3 Grad. Wurde der Pendelkomparator, ohne daß an den Kontaktstellungen etwas geändert worden war, mit einem BOULENGÉ-Apparat zusammengeschaltet, so fand sich im Mittel das Zeitintervall zu 0,0701 sec. Dieses gehört zu dem Zeigerausschlag 89,8 — 5,3 = 84,5 Grad. Durch allmähliche Änderung des Kontaktabstandes und Messung desselben mit dem Chronograph SCHMIDT und mit dem BOULENGÉ-Apparat ergab sich der nachstehende Auszug aus der betreffenden Eichungstabelle: Zu dem Ausschlag (Ablesung minus Disjunktion) von bzw. 50, 100, 150, 200, 250 Grad gehören die Zeitintervalle von bzw. 0,0505; 0,0796; 0,1056; 0,1310; 0,1565 sec.

Auf einem ähnlichen Prinzip wie der Chronograph SCHMIDT beruht der neuere BEHM-Zeitmesser (Behm-Echolot-Fabrik in Kiel).

69. Die Funkenchronographen von SIEMENS, CASPERSEN, NOBLE, DE BRETTES, SCHULTZ-DEPREZ, MAHIEU, WATKIN, BOAS, CRANZ-BECKER. Die Markierung des Anfangs und des Endes der zu messenden Zeitspanne bewirkte W. SIEMENS 1845 zum erstenmal mittels des Induktionsfunkens, der im Sekundärkreis 2 eines Induktoriums (Abb. 41) zwischen einer rotierenden, an der Mantelfläche berußten Stahltrommel T und zwischen einer sehr nahen Metallspitze S übergeht, wenn der Primärstromkreis 1 bei AA unterbrochen wird. Die gleichmäßige

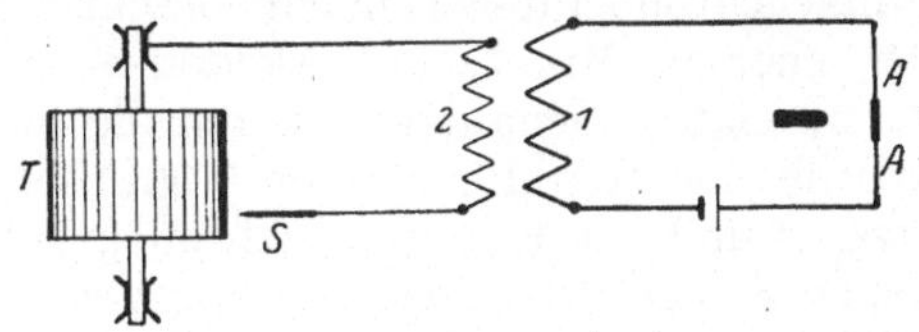

Abb. 41. Schematische Skizze zum Funkenchronograph.

Rotation der Trommel wurde von SIEMENS durch ein Uhrwerk mit Windflügelhemmung bewirkt; ihre Tourenzahl wurde entweder durch ein mechanisches Zeigerwerk oder durch eine elektromagnetische Uhr ermittelt. Am Rand der versilberten und berußten Mantelfläche der Trommel war eine Zone rußfrei gehalten, die eine Umfangsteilung besaß. Dicht über der Trommel befand sich ein Ablesemikroskop. Zugleich konnte, zur Messung größerer Zeitintervalle, der (alsdann mit der kleinsten Tourenzahl laufenden) Trommel eine Schraubenbewegung in Richtung ihrer Achse gegeben werden. SIEMENS verwendete 1845 nur einen einzigen Induktionsapparat; es mußte also, wenn zu Beginn des betreffenden Zeitintervalls der Primärstrom des Induktoriums unterbrochen worden war (etwa durch das Geschoß, dessen Geschwindigkeit gemessen werden sollte), dieser gleiche Strom sofort wieder geschlossen werden — (meistens geschah dies selbsttätig auf mechanischem Wege durch die Wirkung einer Kontaktfeder) —; dann erst konnte am Ende des betreffenden Zeitintervalls dieser Strom zum zweitenmal unterbrochen werden.

NOBLE verwendete ebenso viele Induktorien, als Stromunterbrechungen erfolgen sollten; von den zugehörigen Spitzen springen die aufeinanderfolgenden Funken auf die Trommel über; aber diese letztere ist bei NOBLE nicht einheitlich, sondern sie besteht aus einer entsprechenden Anzahl von unter sich getrennten, gleich großen Scheiben, die auf derselben Achse montiert sind. Diese Anordnung hat zwar den Vorteil, daß die einzelnen Stromkreise voneinander völlig unabhängig sind, aber auch den Nachteil, daß dem ganzen System nicht leicht diejenige Festigkeit gegeben werden kann, welche für eine sehr hohe Tourenzahl erforderlich ist.

Bei dem Funkenchronograph CASPERSEN rotiert eine Trommel, und sie verschiebt sich gleichzeitig in Richtung ihrer Achse; damit können die einzelnen Funken, die von einer und derselben Spitze auf die Trommel überspringen, leichter voneinander unterschieden werden. Die Drehgeschwindigkeit der Trommel wird mittels des phonischen Rades von LA COUR registriert und konstant gehalten.

Hiervon nicht wesentlich verschieden sind die Funkenchronographen von SCHULTZ-DEPREZ und von MAHIEU. Bei dem Funkenchronograph von WATKIN fällt ein mit zwei seitlichen Platinspitzen versehener schwerer Metallkörper von der Form einer Granate zwischen zwei vertikal stehenden berußten Metallzylindern frei herab. Beim Versuch springen die Induktionsfunken durch Vermittlung der Spitzen von dem einen Zylinder durch die Granate zu dem anderen Zylinder über.

M. DE BRETTES läßt einen Zylinder unter der Wirkung der Schwere entlang seiner vertikal gestellten Achse sich langsam abwärts bewegen, indem die Fallbewegung durch ein Uhrwerk gehemmt und reguliert ist. Der Zylinder selbst rotiert nicht; dagegen rotiert um den Zylinder herum ein Zeiger mit Platinspitze, welch letztere der Zylindermantelfläche zugekehrt ist. Zwischen der Spitze und dem Zylinder springen die Induktionsfunken über. Die Ablesung erfolgt mittels eines Mikroskops. M. DE BRETTES gibt an, daß mit dem Apparat eine Zeitdifferenz noch bis auf 10^{-4} sec genau gemessen werden könne.

Im folgenden ist eine leicht transportable Modifikation des SIEMENSschen Funkenchronographen näher beschrieben, die im Ballistischen Laboratorium der ehemal. Mil.-Techn. Akademie in Charlottenburg verwendet wurde und deren relative Genauigkeit durch die nachstehenden Angaben charakterisiert ist. Wurde eine Zeitdifferenz von 0,0013 sec mit einem Pendelkomparator wiederholt erzeugt und mit dem Funkenchronograph gemessen, so ergab sich ein wahrscheinlicher Fehler der Einzelmessung von $\pm 0,25$ bis 0,44% (nämlich bei 4 Messungsreihen von je 10 Messungen der Reihe nach: 0,25%, 0,33%, 0,44%, 0,38%), und für eine Zeitdifferenz von 0,009 sec ein wahrscheinlicher Fehler von 0,15%.

Die meisten Teile sind von der elektrotechnischen Firma H. BOAS (Berlin) gefertigt. Die rotierende berußte Trommel ist direkt mit dem Anker eines schnelllaufenden Elektromotors verbunden und kann vermöge der guten statischen und dynamischen Ausbalancierung, welche sie durch H. BOAS erhalten hat, für kürzere Zeit bis 16000 Touren pro Minute ausführen; meist werden jedoch 8000 bis 12000 Touren benutzt. Der Trommelumfang von ca. 47 cm ist am Rand in 400 Teile geteilt. Als empfindliches Instrument zur Messung der Tourenzahl dient ein FRAHMsches Resonanztachometer von der Firma Siemens & Halske; das Instrument gestattet, noch 50 Touren pro Minute direkt abzulesen und 5 Touren zu schätzen.

Die primären Stromkreise der vier kleinen Induktorien sind völlig voneinander unabhängig; dabei werden die Stromstärken so niedrig gewählt, daß lediglich ein sicheres Übergehen der Funken in den Sekundärkreisen auf möglichst kurze Entfernung hin gewährleistet ist; meist genügen 1,0 bis 1,6 Amp. bei 2 Volt. Die 4 Sekundärkreise haben getrennte Zuleitung zu den Spitzen und gemeinsame Rückleitung durch die Trommel; zu jeder Spitze ist eine Leidener Flasche parallel geschaltet. Der von einer Spitze zur Trommel übergehende Funke erzeugt in der Rußschicht (welche nicht zu dick gemacht werden darf) eine Funkenmarke, die sich als ein feiner Kern, umgeben von einer Aureole, darstellt. Die Spitzen sind einzeln und gemeinsam in der Richtung auf die Trommel zu verstellbar; ebenso läßt sich der Halter der Spitzen parallel zur Trommelachse mikrometrisch verschieben; infolgedessen können die Marken von etwa 10 Messungen auf der Trommel (Breite 6 cm) Platz finden, ehe eine Neuberußung stattfinden muß. Die Partialfunken, die mitunter auftreten, schaden im allgemeinen nicht, wenigstens wenn die betreffende Funkenreihe nur einen kleinen Teil des Trommelumfangs einnimmt und über den ersten Funken, der allein bei der Messung in Betracht kommt, kein Zweifel bestehen kann. Durch Zuschalten von Widerstand läßt sich die Zahl der Partialfunken herabdrücken und durch Einschalten je einer zweiten Funkenstrecke mit kugelförmigen Elektroden in alle Sekundärkreise läßt sich ein etwaiges vorzeitiges Springen der Meßfunken vermeiden.

Zur Ablesung der Funkenmarkenentfernungen (oder, wenn es sich um Reihen von Partialfunken handelt, zur Ablesung der Abstände der jeweiligen ersten Funkenmarken der einzelnen Funkenreihen) wird nach dem Versuch am Untergestell der ruhenden Trommel ein Mikroskop befestigt. Dieses Mikroskop ist in einer Schlittenführung parallel der Trommelachse verschiebbar; man stellt durch Drehen der Trommel mit der Hand und eventuelles seitliches Verschieben des Mikroskops den Nullstrich des Okulars auf den Kern der betreffenden Funkenmarke ein, schiebt sodann, ohne an der Lage der Trommel etwas zu ändern, das Mikroskop zur Seite nach der Teilung hin und liest ab, ganze Teile am Trommelrand, Zehntelteile im Mikroskop, Hundertstelteile werden geschätzt. Die Differenz der Ablesungen ergibt den betreffenden Funkenabstand z in Teilstrichen der Umfangsteilung; ist ferner die Umdrehungszahl pro Minute n, so ergibt sich, da der Trommelumfang selbst 400 Teilstriche enthält, die zu dem Funkenabstand z gehörige Zeitdifferenz t zu: $t = \frac{60}{400} \cdot \frac{z}{n} \sec$.

Da die 4 Induktorien, obwohl sie möglichst gleich gebaut sind, doch unter Umständen kleine Unterschiede aufweisen können, da ferner möglicherweise die Spitzen nicht sämtlich genau in derselben Parallelen zur Trommelachse liegen, da endlich vielleicht in den Stromläufen selbst noch kleine Verschiedenheiten vorhanden sein können, wird man zweckmäßig auch hier eine Art Disjunktion anwenden: bei rotierender Trommel werden die 4 Primärströme gleichzeitig unterbrochen; und die bei der Ablesung sich alsdann ergebenden Unterschiede in der Lage der einzelnen Funkenmarken werden bei den eigentlichen Messungen berücksichtigt. Das gleichzeitige sehr rasche Unterbrechen der 4 Primärströme wurde im Ballistischen Laboratorium wie folgt bewirkt: Eine Hartgummischeibe enthält einen kleinen Kreisausschnitt. Vor diesem Ausschnitt wurden vier kurze und dünne Neusilberdrähte, die in den einzelnen Primärströmen lagen, parallel aufgespannt, in Abständen von z. B. 1 mm; der Kreisausschnitt wurde sodann vor die Mündung des Gewehrs Modell 98 gebracht, und es wurde mit einem rein zylindrischen Geschoß oder mit dem verkehrt in die Patrone eingesetzten *S*-Geschoß durchgeschossen.

Die Zeitfolge der Induktionsfunken kann auch durch photographische Registrierung bestimmt werden; hierzu werden die einzelnen Funkenstrecken in völlig voneinander unabhängige sekundäre Stromkreise gelegt, in einer größeren Entfernung von der Trommel in einer zur Trommelachse parallelen Reihe angeordnet und mittels einer Linse auf der mit Bromsilberpapier oder mit einem Filmstreifen bezogenen Trommel abgebildet; das Verfahren ist zwar etwas umständlicher als das vorher beschriebene, bietet aber den Vorteil, daß die einzelnen Sekundärkreise ganz voneinander getrennt sind und daß die Funken nicht durch den von der Rotation der Trommel herrührenden Wind verweht werden können.

Ferner kann noch eine Anordnung getroffen werden, bei welcher die Trommel ganz wegfällt: Auf dem Achsenende des Motorankers wird ein Spiegel befestigt, dessen Ebene unter 45° gegen die Achse geneigt ist. Die Funkenstrecken sind dicht nebeneinander in Richtung der verlängert gedachten Achse so gelagert, daß das von ihnen ausgehende Licht am Spiegel reflektiert und auf ein Filmband geworfen wird, welches in einem zur Motorachse senkrechten Kreis (mit dem Mittelpunkt in der Spiegelmitte) liegt; die Funkenstrecken werden durch ein Objektiv abgebildet. Da jedoch bei der Drehung des Spiegels auch die Reihe der Funkenbilder auf dem Filmband eine Drehung erfährt, ist es schwer, die auf dem Film erhaltenen Lichtmarken nach ihrer Zugehörigkeit zu den einzelnen Funkenstrecken richtig zu beurteilen. Zur Vermeidung dieses Übelstandes kann auch ein Würfelspiegel mit vier spiegelnden Flächen verwendet werden; in diesem Fall ist nur ein halber Filmkreis erforderlich.

Endlich haben C. CRANZ und K. BECKER auch mit einem elektrostatischen Funkenchronograph (1912) zur Messung des Luftwiderstandes bei Infanteriegeschossen großer Geschwindigkeit gute Ergebnisse erhalten: Im Wege des Geschosses befinden sich 3 Paare von dünnen Stanniolplatten; die unter sich parallelen Platten jedes Paares stehen sich im Abstand der Geschoßlänge gegenüber; sie sind auf Holzrahmen befestigt und durch Hartgummi gut isoliert. Jedes dieser Paare befindet sich einzeln in dem Entladungskreis einer geladenen Leidener Batterie; in diesen Kreisen sind die Funkenstrecken eingeschaltet. Anfangs wurden diese Funkenstrecken mittels eines Objektivs auf einer mit Bromsilberpapier bespannten Trommel abgebildet; man erhielt so die drei aufeinanderfolgenden photographischen Funkenmarken, deren Abstände, in der Richtung der Trommelbewegung gemessen, zusammen mit der bekannten Tourenzahl der Trommel und dem Umfang des Bromsilberpapierbandes die Zeiten lieferten, welche das Geschoß zum Durchfliegen der zwei Strecken, vom ersten zum zweiten und vom zweiten zum dritten Stanniolplattenpaar brauchte; und um auch bei Tageslicht arbeiten zu können, wurde die photographische Registrierung schließlich durch die gewöhnliche mechanische ersetzt, bei welcher die 3 Funken nacheinander unmittelbar zwischen je einer Spitze und der Trommel übergehen.

70. Polarisations-Photo-Chronograph von A. C. CREHORE und C. O. SQUIER (Nordamerika 1895). Bei diesem Chronograph erfolgt die Markierung des Anfangs und des Endes der zu messenden Zeitspanne optisch-photographisch auf Grund der Drehung der Polarisationsebene des Lichts im Magnetfeld: Das von einer Bogenlampe B ausgehende Lichtbündel (Abb. 42) wird durch einen Kondensor L_1 angenähert parallel gemacht und mittels eines ersten Nicols N_1 polarisiert. Von da an durchsetzt das Licht eine mit Schwefelkohlenstoff gefüllte, beiderseits mit planparallelen Glasplatten abgeschlossene Glasröhre R, welche den Kern eines Solenoids bildet, geht sodann durch einen zweiten Nicol N_2 und fällt, durch eine Sammellinse L_2 konvergent gemacht, durch eine Blende S_1 auf eine photographische Platte P, die mit bekannter Geschwindigkeit rasch fortbewegt wird (von CREHORE und SQUIER wurde Rotation der Platte benutzt, die Blende S_1 befindet sich dann am Rand der kreisförmigen Platte).

Das Solenoid ist in den Stromkreis eingeschaltet, welcher zu Anfang und zu Ende des Zeitintervalls unterbrochen werden soll; es muß deshalb dafür gesorgt werden, daß nach der ersten Öffnung des Solenoidstroms dieser sofort wieder geschlossen wird, damit am Ende des betreffenden Zeitintervalls derselbe Strom von neuem geöffnet werden kann. (Bei ihrer Verwendung der An-

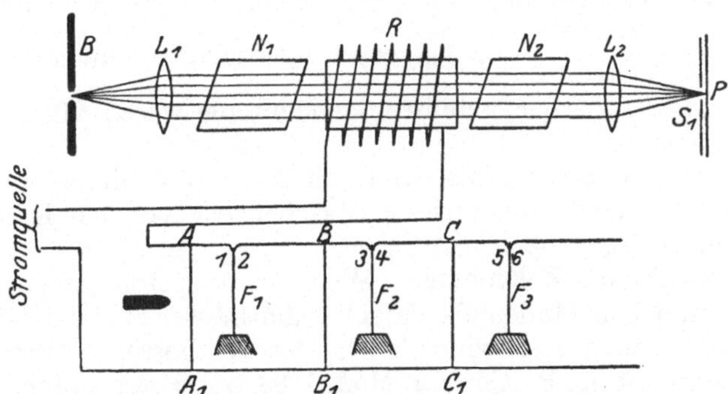

Abb. 42. Polarisations-Photo-Chronograph.

ordnung zur Messung von Geschoßgeschwindigkeiten benutzten CREHORE und SQUIER zur Stromunterbrechung die Meßgitter AA_1, BB_1 usw., welche nacheinander von demselben Geschoß durchrissen werden. Die Enden A_1, B_1, ... dieser Gitter sind durch eine fortlaufende Leitung ständig verbunden; dagegen ist die zwischen den Enden A, B, ... bestehende Leitung an den Stellen $\widehat{12}$, $\widehat{34}$, ... vorläufig unterbrochen, indem Lederstreifen F_1, F_2, ... zwischen federnde Kontakte eingeklemmt sind. Der Strom kann also zunächst nur das Gitter AA_1 durchfließen; der Weg nach den übrigen Gittern ist ihm bei $\widehat{12}$, $\widehat{34}$, ... durch die dazwischengeschobenen Lederstreifen gesperrt. Zerreißt nun das Geschoß das erste Gitter AA_1, so findet eine erste Unterbrechung des Solenoidstroms statt. Gleich darauf trifft aber das Geschoß den Lederstreifen F_1 und reißt sein Ende zwischen den Kontakten *1* und *2* heraus; diese federn zusammen, und der Solenoidstrom ist nunmehr auf dem Weg über das zweite Meßgitter BB_1 wieder geschlossen; nach Durchreißen von BB_1 wiederholt sich der Vorgang usw. Selbstverständlich kann die sofortige Schließung desselben Stroms auch auf einfachere Weise bewirkt werden.)

Die Nicols N_1 und N_2 sind so gegeneinandergestellt, daß bei unterbrochenem Strom, also bei unmagnetischem Solenoid, die photographische Platte kein Licht erhält, daß dagegen die Platte belichtet wird, wenn der Strom geschlossen ist. Auf die photographische Platte fällt also beim Versuch zunächst Licht, da der Strom zu Beginn geschlossen ist. Wenn der Strom zum erstenmal unterbrochen wird, hat man Dunkel, sogleich nachher wieder Hell; wenn der Strom zum zweitenmal geöffnet wird, reißt die Lichtlinie von neuem plötzlich ab usf. Diese Anordnung mußte getroffen werden, weil wegen der Selbstinduktion nur bei Stromunterbrechung der Übergang von Hell zu Dunkel scharf ausfällt. Die Abstände zwischen je zwei aufeinanderfolgenden Lichtabrissen von Hell zu Dunkel werden in Zeitmaß übertragen mittels gleichzeitiger photographischer Registrierung von Stimmgabelschwingungen.

Wie man sieht, ist bei diesem Verfahren der Fehler eliminiert, der durch die Induktivität des Solenoids entstehen könnte — vorausgesetzt, daß die Induktivität bei der ersten und der zweiten Stromunterbrechung gleich ist.

Als Beispiel aus dem ballistischen Laboratorium der ehemaligen Milit.-Techn. Akademie in Charlottenburg sei von einer Meßreihe zur Ermittlung der Anfangsgeschwindigkeit des Infanteriegeschosses Modell 71 die erste von 6 Messungen angeführt: Messungsstrecke 2 m; Abstand der beiden Übergangsstellen von Hell zu Dunkel auf dem Film gleich 3,50 cm; für die mitphotographierten Schwingungen einer Stimmgabel von 410,6 Schwingungen pro Sekunde betrug die Länge von 4 Vollschwingungen 7,75 cm. Somit entspricht die Strecke 3,50 cm einer Zeit von $\frac{3,50 \cdot 4}{7,75 \cdot 410,6} = 0,0044\,\text{sec}$; also Geschoßgeschwindigkeit $= \frac{2,00}{0,0044} = 454,5\,\text{m/sec}$. Die andern Ergebnisse der Meßreihe waren 452,2; 452,7; 454,7; 453,2; 453,2 m/sec.

Der Verfasser ist damit beschäftigt, an Stelle des mit Schwefelkohlenstoff gefüllten Solenoids eine lichtelektrische Maschenzelle von Dr. KAROLUS zu verwenden; Resultate liegen noch nicht vor.

71. Das Gewehr als Zeitmesser. Wenn es sich um kleine Zeitintervalle handelt, kann unter Umständen als einfacher Zeitmesser auch ein Gewehr dienen, für welches die Mündungsgeschwindigkeit v_0 des Geschosses bei normaler Ladung genügend bekannt ist (z. B. Gewehr Modell 88, $v_0 = 651$ m/sec, oder Gewehr Modell 98, $v_0 = 885$ m/sec, je mit mittlerem quadratischem Fehler der Einzelmessung von etwa 0,2 bis 0,3% bei sorgfältigem Abwägen der normalen Ladung); diese Verwendung kann in Betracht kommen, wenn es sich lediglich darum handelt, in einem vorgeschriebenen kleinen Zeitintervall kurz nacheinander zwei getrennte Gleichströme zu unterbrechen oder zwei getrennte Entladungsfunken zweier geladener Kondensatoren zum Übergang zu bringen. Im ersteren Fall wird man zwei kurze, straff gespannte Streifen von dünnem Kupferblech (oder auch zwei stark gehärtete Stahldrahtstückchen), die in die zwei Stromkreise eingeschaltet sind, in dem betreffenden gegenseitigen Abstand unweit der Gewehrmündung aufstellen und mit demselben Schuß durchschießen; im letzteren Fall wird man analog verfahren bezüglich zweier 1 bis $1^1/_2$ mm dicker und in der Mitte mit einer Glaswand versehener Glasröhrchen, in welche je die beiden dünnen Drähte beiderseits eingeführt sind, die zu dem betreffenden Kondensator-Entladungskreise gehören. Soll z. B. ein Beleuchtungsfunke um etwa $2 \cdot 10^{-4}$ sec später übergehen als ein Zündfunke, so wird man das erste Glasröhrchen etwa 3 dm vor der Mündung des Gewehrs Modell 98 aufstellen, das zweite um $885 \cdot 2 \cdot 10^{-4} \cdot 1000$ oder 177 mm weiter entfernt und mit demselben Schuß nacheinander beide Röhrchen in der Mitte durchschießen.

F. Elektrische Methoden zur Messung kleiner Zeitintervalle.

Von

W. SCHMUNDT, Königsberg i. Pr.

72. Galvanometermethoden für Zeitmessung. Die rein elektrischen Methoden zur Messung der Zeitdauer mechanischer Vorgänge benutzen die Gesetze des Ausgleichsvorganges in elektrischen Stromkreisen. Der stationäre oder quasistationäre Zustand eines Stromkreises wird zu Beginn des Zeitintervalls durch eine Schaltung gestört, der einsetzende Ausgleichsvorgang wird am Ende des Zeitintervalls durch eine zweite Schaltung unterbrochen. Die durch irgendeinen Querschnitt des Stromkreises geflossene Ausgleichsstrommenge wird gemessen und dient zur Bestimmung der betrachteten Zeitdauer. Man kann Galvanometermethoden und Kondensatormethoden unterscheiden, je nachdem das zur Strommengenmessung verwendete ballistische Galvanometer direkt von dem Ausgleichsstrom durchflossen wird oder die durch den Ausgleichsvorgang veränderte Ladung eines Kondensators feststellt.

Abb. 43 zeigt die einfachste Schaltung der Galvanometermethode. Der Stromkreis wird gebildet aus einer Batterie B, zwei Schaltkontakten I, II, einem Widerstand R_0 und einem ballistischen Galvanometer G. Vor Beginn des Schaltvorganges ist Kontakt II geschlossen und I geöffnet. Der mechanische Vorgang betätigt mit seinem Beginn das Schließen des Kontaktes I, mit seinem Ende das Öffnen des Kontaktes II. Das Galvanometer mit der ballistischen Konstante C gebe den Ausschlag α; R sei der gesamte Widerstand des Stromkreises einschließlich des inneren Widerstandes der Batterie, L die gesamte Selbstinduktion, die bei induktionsfrei gewickeltem Widerstand im wesentlichen gleich derjenigen des Galvanometers ist, E sei die EMK der Batterie. Die Beziehungen

$$E = i \cdot R + L \cdot \frac{di}{dt} \quad \text{und} \quad q = \int_0^{t_1} i\,dt = C \cdot \alpha$$

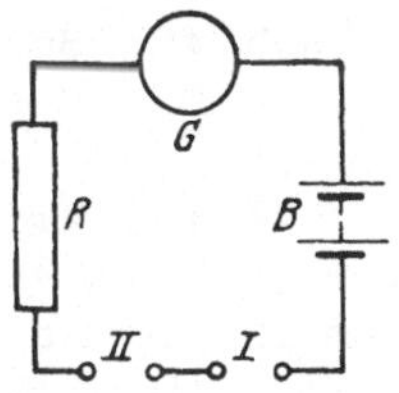

Abb. 43. Galvanometermethode.

sowie die Bedingungen $q = 0$, $i = 0$ für $t = 0$ gestatten die Errechnung der Zeit t_1 zwischen der Betätigung der Kontakte I und II aus der transzendenten Gleichung

$$\frac{E}{R} \cdot \left[t_1 - \frac{L}{R}\left(1 - e^{-\frac{R}{2}t_1}\right)\right] = C \cdot \alpha .$$

Einfacher ist es, die gesamte Anordnung zu eichen, also die Funktion $t = f(\alpha)$ empirisch zu bestimmen.

RAMSAUER[1]) u. a. benutzten diese zuerst von POUILLET und von HELMHOLTZ angewendete einfache Schaltung zur Messung von Stoßzeiten zweier elastischer Stahlkugeln oder -zylinder, wobei diese selbst die Funktionen der Kontakte I und II übernehmen. RAMSAUER gibt an, daß die Methode bis 10^{-6} sec einwandfrei sei, benutzt sie jedoch nur für Zeiten in der Größenordnung von 10^{-2} sec. A. TIMME[2]) nahm Messung der Schaltzeiten an Fernsprechrelais in der Größenordnung von 5×10^{-3} bis 40×10^{-3} sec vor.

---

[1]) C. RAMSAUER, Experimentelle und theoretische Grundlage des elastischen und mechanischen Stoßes. Ann. d. Phys. (4) Bd. 30, S. 445. 1909.

[2]) A. TIMME, Die Schaltzeiten von Fernsprechrelais. ZS. f. Fernmeldetechn. 1921, Heft 6 u. 7.

Die Brückenschaltung[1]) (Abb. 44) — zuerst von RAMSAUER angegeben — gestattet, Anfang und Ende des Zeitintervalls durch Kontaktöffnung festzulegen, was in vielen Fällen vorteilhaft ist. Bei geschlossenen Kontakten *I* und *II* wird — zweckmäßig mit Hilfe eines gewöhnlichen Galvanometers — die von den Widerständen *1, 2, 3, 4* gebildete Brücke abgeglichen. Der Ausschlag des ballistischen Galvanometers *G* ist wiederum ein Maß für die zwischen dem Öffnen der Kontakte *I* und *II* verstrichene Zeit. Sie kann in analoger Weise wie bei der einfachen Schaltung rechnerisch bestimmt werden, wenn die Widerstände und Selbstinduktivitäten der gesamten Anordnung, ausschließlich des Zweiges *1*, bekannt sind[1]). Einfacher ist wiederum die Eichung der Anordnung.

Die Eichung der nach der Galvanometermethode getroffenen Anordnungen geschieht zweckmäßig mit einem HELMHOLTZschen Pendelunterbrecher (Ziff. 74 u. 75).

Die Galvanometermethoden gestatten im allgemeinen Zeitmessungen in der Größenordnung von 10^{-3} bis 10^{-1} sec; bei kleineren Zeiten bereiten die Übergangswiderstände der Kontakte Schwierigkeiten, da sie nicht mehr vernachlässigbar werden gegenüber denen der eingebauten Widerstände; bei größeren Zeiten beginnt das ballistische Galvanometer seine Bewegung, bevor der Stromstoß beendet ist. Man kommt innerhalb des angegebenen Zeitintervalls meist mit einem Türmcheninstrument als ballistischem Galvanometer aus.

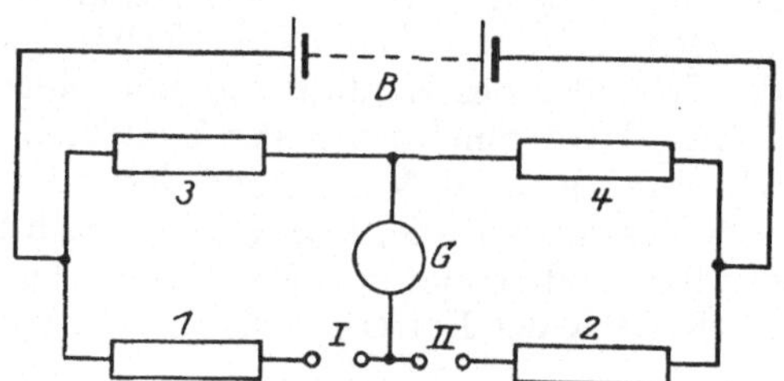

Abb. 44. Brückenanordnung der Galvanometermethode.

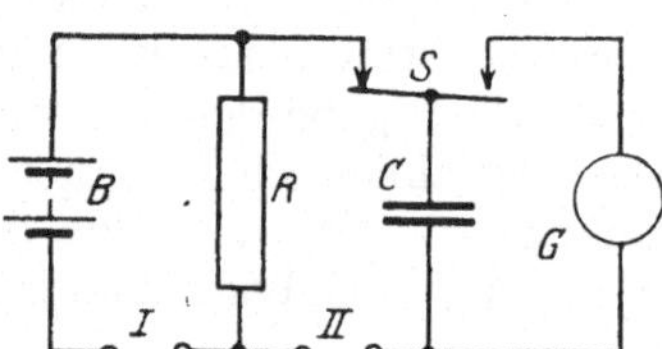

Abb. 45. Kondensatormethode.

73. Die Kondensatormethode für Zeitmessung. Beliebig kleine Zeiten von 10^{-1} bis zu 10^{-6} sec zu messen, gestattet die Kondensatormethode[1]), die von RADAKOVIÇ angegeben wurde. Die Schaltung zeigt Abb. 45. Parallel zu einer Batterie *B* sind geschaltet ein Widerstand *R* und ein Kondensator der Kapazität *C*. Der Kontakt *I* gestattet, den gesamten Stromkreis, der Kontakt *II*, den Kondensator *C* abzuschalten. Vor Beginn des Vorganges sind beide Kontakte geschlossen und der Kondensator mit einer Elektrizitätsmenge q_0 aufgeladen. Der Vorgang öffnet an seinem Beginn den Kontakt *I*, an seinem Ende den Kontakt *II*. In der Zwischenzeit sucht sich der Kondensator *C* über den Widerstand *R* zu entladen. Die am Ende des Vorgangs bleibende Restladung des Kondensators, *q*, wird nach Umlegen des Schalters *S* durch das ballistische Galvanometer *G* geleitet, das einen Ausschlag α zeigt. Zur Anfangsladung q_0 wurde ein Ausschlag α_0 des Galvanometers gemessen. Es bestehen die Beziehungen

$$\frac{1}{C} \cdot q + R \cdot \frac{dq}{dt} = 0 \quad \text{und} \quad q = \text{const} \cdot \alpha ,$$

---

[1]) C. CRANZ, Lehrb. d. Ballistik Bd. III (Experimentelle Ballistik), 1. Aufl. Leipzig, 1913, 2. Aufl. Berlin (in Vorbereitung).

sowie die Bedingung $q = q_0$ für $t = 0$. Daraus ergibt sich für die Zeit t des Vorganges:

$$t = R \cdot C \cdot \ln \frac{\alpha_0}{\alpha}.$$

Zur Errechnung der Zeit ist also die Kenntnis der ballistischen Konstanten nicht erforderlich. Man kann die Kondensatormethode als absolute Methode zur Messung sehr kleiner Zeiten ansehen, insofern sie keiner Eichung bedarf und — gute Instrumente und einwandfreien Aufbau vorausgesetzt — einer großen absoluten und relativen Genauigkeit fähig ist. Der relative Fehler in der Zeit t kann durch Wahl der Größen R und C beeinflußt werden. Er besitzt ein Minimum für einen gewissen günstigsten Wert des Verhältnisses $x = \frac{\alpha_0}{\alpha}$, der sich aus folgender Überlegung ergibt: Sind μ_0 und μ die mittleren quadratischen Fehler in der Bestimmung von α_0 und α, so ergibt sich derjenige τ in der Bestimmung von t gemäß der Fehlertheorie zu

$$\tau^2 = \left(\frac{\partial t}{\partial \alpha_0}\right)^2 \cdot \mu_0^2 + \left(\frac{\partial t}{\partial \alpha}\right)^2 \cdot \mu^2.$$

Die Minimumbedingung für den relativen Fehler $\sigma = \frac{\tau}{t}$ bezüglich x ist $\frac{\partial \sigma}{\partial x} = 0$ und ergibt die Bedingungsgleichung

$$\ln x = 1 + \frac{1}{x^2}\left(\frac{\mu_0}{\mu}\right)^2 \quad \text{oder} \quad \ln x = 1 + \left(\frac{\nu_0}{\nu}\right)^2,$$

wenn $\nu_0 = \frac{\mu_0}{\alpha_0}$, $\nu = \frac{\mu}{\alpha}$ die relativen Fehler in α_0 und α bedeuten. Es ist in den weitaus meisten Fällen $\left(\frac{\nu_0}{\nu}\right)^2 \ll 1$ oder höchstens $\frac{\mu_0}{\mu} = 1$, womit sich ergibt:

$$2{,}7 < x < 3{,}0.$$

Das günstigste Verhältnis der Galvanometerausschläge ist also etwa $\frac{\alpha_0}{\alpha} = \text{rd. } 3$, ein durch die Erfahrung gut bestätigter Wert.

G. Hilfsmittel zur Prüfung und Eichung von Zeitmessern[1]).

Von

C. Cranz, Charlottenburg.

74. Instrumente für kleine Zeitintervalle. Ermittlung der relativen Genauigkeit. Mitunter findet man in der Literatur z. B. betreffs eines Funkenchronographen eine Angabe darüber, daß mit dem Chronographen „noch ein Zeitintervall von $^1/_3$ millionstel Sekunde“ gemessen werden könne, indem aus der abzulesenden Tourenzahl der Trommel, aus der Trommelteilung, der Markengröße und der Mikroskopvergrößerung eine solche Genauigkeit berechnet wurde. In Wirklichkeit aber wäre die Messung eines so kleinen Zeitintervalls im wahrscheinlichen Fall mit einem so großen Fehler verbunden, daß von einer Messung

---

[1]) Eine Literaturzusammenstellung findet man in dem Lehrb. d. Ballistik von C. Cranz, Bd. III (experimentelle Ballistik), 1. Aufl. Leipzig: B. G. Teubner 1913, 2. Aufl. Berlin: Julius Springer (in Vorbereitung).

im eigentlichsten Sinn keine Rede sein könnte; denn die Lage der Funkenmarken gegenüber den Spitzen, die Tourenzahlen, die Verzögerung zwischen den Kontaktunterbrechungen und den betr. Funkenauslösungen usw. sind stets gewissen Streuungen unterworfen. Eine solche Angabe würde sich also nur auf eine Messung im allergünstigsten Fall beziehen.

Um die Meßgenauigkeit eines Chronographen zu ermitteln, wird man vielmehr dieselbe Zeitdifferenz wiederholt mit dem betr. Chronographen messen; bildet man alsdann aus einer größeren Meßreihe mit n Messungen die Differenzen λ zwischen dem Mittelwert und den einzelnen Messungen und berechnet daraus den mittleren quadratischen Fehler $\mu = \sqrt{\frac{\Sigma\lambda^2}{n-1}}$, so ist dieser Wert oder auch der hieraus berechnete wahrscheinliche Fehler der Einzelmessung ein Maßstab für die relative Genauigkeit des Chronographen. Das Mittel, um dieselbe Zeitdifferenz mehrmals nacheinander zu erzeugen, ist der Pendelunterbrecher oder Pendelkomparator: ein massiges Pendel ist in bestimmter Ausschlagstellung festgehalten; wird es von Hand oder elektromagnetisch ausgelöst, so öffnet es der Reihe nach zwei gegeneinander mikrometrisch verstellbare Kontakte. Dieser Pendelunterbrecher ist, als Hilfsmittel zur Prüfung von Chronographen für kleine Zeitintervalle, dem früher von DEPREZ und SÉBERT angegebenen Fallkomparator, bei welchem ein Stab frei herabfiel und zuerst den ersten, dann den zweiten Stromkontakt öffnete, und ebenso dem Fallkomparator von A. V. FLAMACHE, welch letzterer den freien Fall einer Kugel im leeren Raum verwendete, vorzuziehen. Der maximale Fehler, welcher bei der wiederholten Erzeugung desselben Zeitintervalls mittels des HELMHOLTZ-EDELMANNschen Pendelkomparators entstehen kann, liegt weit unter dem wahrscheinlichen Fehler der Einzelmessung, der bei Verwendung eines der unter E. und F. erwähnten Chronographen auftritt.

75. Instrumente für kleine Zeitintervalle. Ermittlung der absoluten Genauigkeit. Mit dem vorhin (Ziff. 74) erwähnten Verfahren gewinnt man lediglich ein Urteil über die Gleichmäßigkeit der Messungen unter sich, nicht über die absolute Genauigkeit des betreffenden Chronographen. Denn es ist denkbar, daß ein Zeitintervall durch den Chronographen mit großer Gleichmäßigkeit falsch angegeben wird, nämlich mit einem beträchtlichen einseitigen Fehler. Nun existiert kein absolutes Normalinstrument für Zeitintervalle, welche erheblich unter 1 sec liegen; das mit 2 Unterbrechungskontakten versehene Sekundenpendel kann nicht als ein Normalinstrument für so kleine Zeitintervalle betrachtet werden, weil die Entfernung der beiden Kontakte nicht genügend genau zu messen ist und weil die Berechnung der zugehörigen Zeitdifferenz wegen der unvermeidlichen Hemmung am ersten Kontakt ungenau ausfallen würde. Wenn also doch bei einem Chronographen, der nur sehr kleine Zeitintervalle zu messen erlaubt, wie z. B. bei dem BOULENGÉ-Apparat, der einseitige Fehler ermittelt werden soll, so bleibt nichts anderes übrig, als dieselbe (z. B. in einem EDELMANNschen Pendelkomparator bei unveränderten Kontaktstellungen enthaltene) unbekannte Zeitdifferenz mit dem betreffenden Chronographen und außerdem mit einer größeren Anzahl von unter sich prinzipiell möglichst verschiedenen und voneinander unabhängigen Chronographen zu messen, sodann aus den Messungen zunächst die Einzelmittel für die verschiedenen Chronographen zu bilden und weiterhin, unter Berücksichtigung der Präzisionsmaße, das Hauptmittel zu berechnen. Dieses letztere muß dann als der „wahre" Wert des betreffenden Zeitintervalls angesehen werden. Und der Unterschied zwischen diesem Hauptmittel und zwischen dem Einzelmittel des zu untersuchenden Chronographen ist dessen einseitiger Fehler im Mittel. Gewissermaßen wird also bei diesem Verfahren der wahre Wert des Zeitintervalls durch eine Art von Abstimmung unter den in Betracht kommenden Chronographen gewonnen. Bei der Auswahl der benutzten Chronographen ist darauf zu achten, daß sie in der Tat voneinander unabhängig sind; so darf also bei der Berechnung des Hauptmittels z. B. der Chronograph SCHMIDT nicht einbezogen werden, weil dieser mittels eines anderen Chronographen geeicht wird usw.

Als Beispiel für eine solche Prüfung der absoluten Genauigkeit eines Chronographen seien einige Zahlen aus einer größeren Meßreihe angeführt, die vor dem Krieg durch Lt. USCHOLD im Ballistischen Laboratorium der ehemaligen Mil.-Techn. Akademie mit drei verschiedenen Zeitintervallen, einem solchen von ca. 16 tausendstel Sekunde, einem von ca. 2 tausendstel Sekunde und einem von ca. 3 zehntausendstel Sekunde durchgeführt wurden: Es handle sich darum, für den BOULENGÉ-Apparat den einseitigen Fehler zu ermitteln, der bei der Messung eines Zeitintervalls von ca. $16 \cdot 10^{-3}$ sec zu erwarten ist. Ein derartiges Zeitintervall wurde an den Kontakten des Pendelkomparators eingestellt; und bei möglichst der gleichen Temperatur und unter Beibehaltung der Aufstellung des Komparators und unter Vermeidung jeder Änderung an den Kontakten wurde die zwischen den Kontakten enthaltene Zeitdifferenz je 50mal mit 7 Chronographen gemessen: nämlich mit einem Kondensatorchronograph (K); mit zwei neueren BOULENGÉ-Apparaten (A und B); mit einem älteren BOULENGÉ-Apparat (C); mit einem geeichten Chronograph SCHMIDT (S); mit einem älteren Funkenchronograph (F) mit BOASscher Trommel, wobei die Tourenzahl der Trommel mit einem Tachometer ermittelt wurde, welcher mit Hilfe einer Normaluhr justiert worden war; endlich mit einem SMITHschen Tramchronograph (T), dessen Stimmgabel in der Physik.-Techn. Reichsanstalt zu $500{,}4 \pm 0{,}1 - 0{,}05\,(\tau - 18)$ Schwingungen pro Sekunde ermittelt worden war (τ die Temperatur in Grad Celsius). Es fand sich folgendes:

Bezeichnung des Chronographen	Mittelwert der gemessenen Zeitdifferenz (sec)	Mittlerer quadratischer Fehler der Einzelmessung (sec)
K	$x_1 = 0{,}016315$	$\mu_1 = 0{,}000016$
F	$x_2 = 0{,}016480$	$\mu_2 = 0{,}000128$
T	$x_3 = 0{,}016552$	$\mu_3 = 0{,}000134$
A	$x' = 0{,}016339$	$\mu' = 0{,}000055$
B	$x'' = 0{,}016398$	$\mu'' = 0{,}000057$
C	$x''' = 0{,}016575$	$\mu''' = 0{,}000143$

Da die drei BOULENGÉ-Apparate zwar unabhängig voneinander sind, aber keinen grundsätzlich verschiedenen Zeitmesser darstellen, so sollten sie als ein einziger Apparat behandelt werden. Das Mittel x_4 aus x', x'' und x''' und der mittlere quadratische Fehler μ_4 dieses fingierten BOULENGÉ-Apparats ergeben sich aus

$$x_4 = \frac{\frac{x'}{\mu'^2} + \frac{x''}{\mu''^2} + \frac{x'''}{\mu'''^2}}{\frac{1}{\mu'^2} + \frac{1}{\mu''^2} + \frac{1}{\mu'''^2}} = 0{,}016382 \text{ sec}; \quad \frac{1}{\mu_4^2} = \frac{1}{\mu'^2} + \frac{1}{\mu''^2} + \frac{1}{\mu'''^2},$$

$$\mu_4 = 0{,}0000381 \text{ sec}.$$

Der Chronograph SCHMIDT (mit Mittelwert 0,016650 und mittl. quadr. Fehler 0,000134) wurde bei der Berechnung des Hauptmittels außer acht gelassen, weil dieser Chronograph nicht unabhängig von anderen ist. So war das Gesamtmittel schließlich aus nur 4 Gruppen x_1, x_2, x_3, x_4 mit μ_1, μ_2, μ_3 und μ_4 zu berechnen; und da die 3 BOULENGÉ-Apparate als ein einziger Apparat gelten sollten, so war dabei zu nehmen $\mu_4 = 0{,}0000381 \cdot \sqrt{3} = 0{,}000066$ sec. Folglich ist das Gesamtmittel

$$x = \frac{\frac{0{,}016315}{16^2} + \frac{0{,}016480}{128^2} + \frac{0{,}016552}{134^2} + \frac{0{,}016382}{66^2}}{\frac{1}{16^2} + \frac{1}{128^2} + \frac{1}{134^2} + \frac{1}{66^2}} = 0{,}016330 \text{ sec.}$$

Der einseitige Fehler des BOULENGÉ-Apparats B ist somit $= 0{,}016398 - 0{,}016330 = +68 \cdot 10^{-6} = +0{,}42\%$.

76. Instrumente für größere Zeitintervalle. Prüfung mittels Normaluhr und Streifenapparat. Solche Chronographen, welche zur Messung von größeren Zeitintervallen als ca. 1 sec dienen sollen, können mit Hilfe eines an eine Normaluhr angeschlossenen Streifenapparats geprüft werden. Das Prinzip des Streifenapparats (Ziff. 56) besteht darin, daß durch einen mit schwerem Schwungrad versehenen Elektromotor ein Walzensystem betrieben wird, welches einen langen Papierstreifen mit einer beträchtlichen Geschwindigkeit (maximal z. B. 150 cm/sec) horizontal fortbewegt; die Konstanz der Drehzahl des Elektromotors wird durch das Schwungrad begünstigt und mittels eines Tachometers beobachtet; über dem Papierstreifen befinden sich drei kleine Elektromagnete $E_1 E_2 E_3$, deren Anker Schreibfedern tragen. Die Registrierelektromagnete E_1 und E_3 sind in diejenigen beiden Stromkreise des betreffenden Chronographen eingeschaltet, welche nacheinander unterbrochen werden sollen; die zu E_1 und E_3 gehörigen Schreibfedern zeichnen auf dem Papierstreifen zwei gerade Linien; diese Linien erhalten bei den zwei Stromunterbrechungen je einen scharfen Knick. Der mittlere Registrierelektromagnet E_2 ist in Serie geschaltet mit den beiden Platin-Unterbrechungskontakten einer Normaluhr. Die Normaluhr des Ballistischen Laboratoriums der ehemaligen Mil.-Techn. Akademie wird nach den Zeiten der Normalzeitgesellschaft (welch letztere Zeiten von denen der Hauptuhr der Sternwarte sich höchstens um Hundertstel einer Sekunde unterscheiden) durch tägliche automatische Regulierung richtig gehalten, so daß die Abweichung der Uhr pro Tag meistens die Zehntelteile einer Sekunde nicht erreicht. Das Nickelstahl-Kompensationspendel der Normaluhr gibt bei seinen Schwingungen sowohl rechts wie links Kontakt. Die Kontakte werden sofort wieder geöffnet. Man erhält so auf dem Papierstreifen durch die Schreibfeder des mittleren Elektromagnets E_2 jede Sekunde zwei Knicke in der betreffenden geraden Linie; benutzt werden beim Ausschlagen des Normaluhrpendels nach der einen und anderen Seite grundsätzlich nur die Kontakte auf der gleichen Seite, also nur die Marken für die Doppelsekunden.

77. Instrumente für größere Zeitintervalle. Prüfung mittels eines geeichten Pendelunterbrechers für solche Zeitintervalle. Mittels des Streifenapparats und der Normaluhr allein kann der wahre Zeitwert nur für ein einzelnes Zeitintervall ermittelt werden, welches in irgendeinem Anwendungsfall mit dem betreffenden Chronographen gemessen wird. Soll aber der für größere Zeitintervalle dienende Chronograph nicht bloß für ein einzelnes Zeitintervall, sondern für eine ganze Reihe von solchen Intervallen geeicht und zugleich die Gleichmäßigkeit der Messungsergebnisse für jedes Zeitintervall quantitativ festgestellt werden, so sind andere Hilfsmittel erforderlich. Ein bequemes Mittel bietet ein geeichter Pendelunterbrecher, welcher für größere Zeitintervalle eingerichtet ist. Die betreffende Modifikation des gewöhnlichen Pendelunterbrechers (die durch C. CRANZ bewirkt wurde) besteht in folgendem: Der erste Kontakt des Pendelunterbrechers hat eine feste

Lage in der Schwingungsebene des Pendels, so daß dieser Kontakt unmittelbar nach dem Auslösen des Pendels zur Unterbrechung gelangt. Der zweite Kontakt dagegen befindet sich in seiner normalen Lage seitlich der Schwingungsebene des Pendels und wird in dieser Stellung durch eine schwache Feder festgehalten; der zweite Kontakt wird also vom Pendel zunächst nicht berührt. Erst wenn man die Grundplatte des Kontaktes durch Drehen um einen Zapfen entgegen dem Druck jener leichten Feder bis zu einem festen Anschlag von Hand vorschiebt, kann das Pendel beim nächsten Vorüberschwingen auch noch den zweiten Kontakt öffnen. Da das Vorschieben des zweiten Kontakts immer nur dann erfolgen darf, wenn das Pendel sich in der Nähe seiner Ausgangslage befindet, so läßt sich das Zeitintervall nur um volle Pendelschwingungen (Hin- und Rückgang) ändern.

Die Prüfung der relativen Genauigkeit eines elektrischen Chronographen für größere Zeitintervalle (z. B. HIPPsche Uhr oder Klepsydra oder Chronograph CASPERSEN usw.) wird also folgendermaßen ausgeführt. Man schaltet den ersten Kontakt des Pendelunterbrechers in denselben Stromkreis mit dem ersten Elektromagnet des betreffenden Chronographen, den zweiten Kontakt in denselben Stromkreis mit dem zweiten Elektromagnet desselben, bringt das Pendel in die Anfangsstellung und schließt beide Kontakte. Wird das Pendel freigelassen, so wird zuerst der erste Pendelkontakt unterbrochen. Nach einer bestimmten geraden Anzahl von Halbschwingungen, also nach 2 oder 4 oder 6 . . ., maximal nach 160 Halbschwingungen des Pendels schiebt man, wenn das Pendel sich wieder in der Nähe der Anfangsstellung befindet, den zweiten Kontakt aus seiner Ruhestellung rasch mit der Hand in die Grenzstellung vor. Das Pendel öffnet darauf auch diesen Kontakt. Auf diese Weise läßt sich dasselbe größere Zeitintervall, das z. B. zu 20 Halbschwingungen des Pendels gehört, beliebig oft nacheinander mit dem betreffenden Chronographen messen; der mittlere quadratische oder auch der daraus berechnete wahrscheinliche Fehler der einzelnen Messung charakterisiert alsdann die Gleichmäßigkeit, mit welcher der betreffende Chronograph ein Zeitintervall von jener Größe zu messen gestattet.

Der etwa vorhandene einseitige Fehler, der zu dem erhaltenen Mittelwert algebraisch zu addieren ist, und damit die absolute Genauigkeit des betreffenden Chronographen kann sodann ermittelt werden, wenn man zuvor den Pendelunterbrecher für 2, 4, 6, . . . Halbschwingungen mit Hilfe des Streifenapparats und der Normaluhr nach Ziff. 76 geeicht hat. Diese Eichung wurde (von K. BECKER u. P. A. GÜNTHER) durchgeführt bis zu 20 Halbschwingungen; z. B. wurde die Zeit von 2 Halbschwingungen des Pendels 12 mal nacheinander gemessen; dabei wurden die Zeiten gefunden: 2,07542; 2,07507; 2,07568; 2,07548; 2,07567; 2,07557; 2,07585; 2,07505; 2,07510; 2,07550; 2,07516; 2,07578 sec; Mittel 2,07569 sec; wahrscheinlicher Fehler der einzelnen Messung 0,00021 sec = 0,01%; wahrscheinlicher Fehler des Resultats 0,00006 sec. Mit der betreffenden Eichungstabelle, die sich der Reihe nach auf 2, 4, 6, . . ., 18, 20 Halbschwingungen des Pendels bezieht, wurden alsdann z. B. diejenigen Zeitdifferenzen τ ermittelt, welche von einer HIPPschen Uhr angegeben wurden. Mit t seien die „wahren" Zeitdifferenzen bezeichnet, also diejenigen, welche in der erwähnten Eichungstabelle des Pendels enthalten sind und welche mit Streifenapparat und Normaluhr bestimmt worden waren. Das Verhältnis τ/t ergab sich für die 2, 4, 6, . . ., 20 Halbschwingungen nahezu konstant; im Mittel war $\tau/t = 1{,}0043_3$; die mittlere quadratische Abweichung des einzelnen Wertes τ/t vom Mittelwert betrug 0,00027 = 0,003%. Z. B. für 20 Halbschwingungen ergab die HIPPsche Uhr $\tau = 19{,}847$ sec; die Eichungstabelle ergab $t = 19{,}766$ sec; das Verhältnis τ/t war dabei 1,0041.

78. Instrumente für größere Zeitintervalle. Prüfung mittels der RITTERschen Relaisschaltung. Ein anderes bequemes Mittel, um die an den Angaben eines bestimmten, für größere Zeitintervalle dienenden Chronographen anzubringende Korrektur zu ermitteln, ist von F. RITTER veröffentlicht worden. Seine Anordnung ermöglicht, die wahren Zeiten einer Normaluhr direkt auf einen elektrischen Chronographen für größere Zeitintervalle, z. B. direkt auf die HIPPsche Uhr, zu übertragen. Nun wird bei jedem sekundlichen Hingang des Normaluhrpendels der durch die Normaluhr gehende Strom geschlossen und wieder geöffnet, und bei jedem Hergang ebenso. Dagegen müssen bei der HIPPschen Uhr beide Elektromagnetströme bis zum Beginn der Messung geschlossen bleiben. Im Anfang des Zeitintervalls ferner muß der erste Elektromagnetstrom geöffnet werden und muß weiterhin geöffnet bleiben; der zweite Elektromagnetstrom bleibt vorerst geschlossen; am Ende des Zeitintervalls muß auch der zweite Elektromagnetstrom geöffnet werden und darf nicht wieder geschlossen werden. Dies wird bewirkt mit Hilfe eines Relais, einer Taste und eines Doppelumschalters. Betreffs der Einzelheiten sei auf die RITTERsche Arbeit verwiesen.

Mit dieser Einrichtung wurden 40, 30, 20, 10 sec von der Normaluhr direkt auf die HIPPsche Uhr übertragen. Die HIPPsche Uhr ergab dabei als Mittel von je zehn Einzelmessungen bzw. 40,166; 30,124; 20,085; 10,050 sec; das Verhältnis τ/t zwischen der Zeitangabe τ der HIPPschen Uhr und der „wahren" Zeit t, wie sie von der Normaluhr geliefert wird, ist danach bzw. $1{,}0041_5$; 1,0041; $1{,}0042_5$; 1,0050; im Mittel also $1{,}0043_8$, oder fast genau dasselbe wie in Ziff. 77, wo $1{,}0043_3$ erhalten worden war.

H. Methoden der Zeitregistrierung.

Von

V. v. NIESIOŁOWSKI-GAWIN, Mödling b. Wien.

Rasch verlaufende Vorgänge entziehen sich unmittelbarer Beobachtung. Verbindet man aber damit andere Vorgänge von vergleichbarer, bekannter Geschwindigkeit, so lassen sich, bei geeigneter Wahl der Mittel, unmittelbar beobachtbare Ergebnisse erzielen. Aus dem Ergebnis und dem einen Vorgang bekannter Geschwindigkeit schließt man sodann auf den Verlauf des zu untersuchenden Vorgangs. Diese, von ERNST MACH so genannte, Methode der Zusammensetzung spielt in allen Gebieten der Physik eine wichtige Rolle[1]).

Als Träger der genannten Hilfsvorgänge dienen: der fortbewegte Papierstreifen, der rotierende Zylinder, der rotierende Spiegel und die stroboskopische Scheibe — Vorrichtungen, die ihre Aufgabe entweder unmittelbar mechanisch oder mittelbar optisch lösen, indem sie gespiegeltes oder durch Schlitze (Sektoren) hindurchgehendes Licht, in Form periodischer — oszillierender oder intermittierender — Beleuchtung, dem gewünschten Zweck dienstbar machen.

Diese Grundsätze und Verfahren liegen auch den Methoden der Zeitregistrierung zugrunde, die wesentlich die fortlaufende Darstellung der Zeit durch Längen bezwecken, unter Anwendung mechanischer, graphischer, optischer, photographischer und elektrischer Hilfsmittel. Strecken

[1]) ERNST MACH, Über die Geschwindigkeit des Lichtes (Vortrag Graz 1866), Pop.-wiss. Vorl., 5. Aufl., S. 69 u. 74. 1923; Optisch-akustische Versuche, S. 63. Prag: Calve 1873; Erkenntnis und Irrtum, 5. Aufl. 1926: Das physische Experiment und dessen Leitmotive, Ziff. 14.

zweckmäßig gewählter Länge entsprechen dabei der Zeiteinheit oder Bruchteilen davon.

Die fortlaufende Zeitregistrierung stellt eine dem stetigen Verlauf der Naturerscheinungen weitaus besser angepaßte Beobachtungsmethode dar, als es auch noch so sehr verdichtete Einzelbeobachtungen sein können, die naturgemäß unstetigen Charakter tragen. Wenngleich Einzelbeobachtungen durch Registriermethoden niemals vollständig zu ersetzen sind, so sind Registriermethoden doch in vielen Fällen eine unentbehrliche Ergänzung der Einzelbeobachtungen geworden.

Im nachstehenden sollen die wichtigsten einschlägigen Einrichtungen, soweit sie von physikalischer Bedeutung sind, kurz besprochen werden.

I. Zeitschreiber (Chronographen im engeren Sinn).

79. Allgemeines. Für den Bau von Zeitschreibern waren die astronomischen Chronographen vorbildlich. Die Verschärfung der astronomischen Zeitbestimmung mittels Durchgangsbeobachtung von Fixsternen suchte J. G. Repsold (1771 bis 1830) in Hamburg durch einen im Jahre 1828 gebauten rein mechanischen Registrierapparat herbeizuführen, der es ermöglichte, den Gesichtseindruck des Sternbildes im Fernrohr und den Gehörseindruck der Sekundenschläge der Uhr, durch Druck auf einen Taster, auf einem durch ein Uhrwerk gleichförmig bewegten Papierstreifen, aufzuzeichnen[1]). Das Bekanntwerden dieses Apparates hat das Ableben Repsolds verhindert.

Erst die Erfindung des elektromagnetischen Schreibtelegraphen durch den amerikanischen Maler Samuel Finlay Breese Morse im Jahre 1835 und seine von etwa 1845 an rasch zunehmende Verbreitung, sowie die von Wheatstones elektrischem Chronoskop (1840) und seiner zylindrischen Registriertrommel (1841) ausgegangene Anregung (vgl. Abschnitt D, Ziff. 54, 55 und 57), scheinen die Einführung des elektrischen Chronographen in die messende Astronomie vorbereitet zu haben. Die ersten elektrischen Chronographen bauten die amerikanischen Astronomen W. C. Bond und S. C. Walker im Jahre 1848 (Trommel- oder Walzenchronograph), dann O. Mitchel (Scheibenchronograph) und Locke (Streifenchronograph) im Jahre 1849[2]), worauf sie sich alsbald zunächst in der Ballistik und Physiologie einzubürgern begannen und den Anstoß zu immer ausgedehnterer Verwendung von Registrierapparaten aller Art in Meteorologie und Physik und schließlich in allen Gebieten der Naturwissenschaft und Technik gaben.

80. Die Apparate. Das Prinzip der Zeitregistrierung — fortlaufende Darstellung der Zeit durch Längen — besteht im fortgesetzten Erzeugen von Zeitmarken auf einer mehr oder minder rasch, gleichförmig bewegten Schreibfläche. Als Träger der Schreibfläche dienen:

1. In der Richtung ihrer Länge gleichförmig fortbewegte Papierstreifen (Streifenchronograph);

2. Um ihre Achse gleichförmig gedrehte, zylindrische Trommeln (Trommel- oder Walzenchronograph);

3. Um ihre Achse gleichförmig gedrehte, kreisrunde Scheiben (Scheibenchronograph), die jedoch, wegen des beschränkten Raumes den sie bieten, nur mehr in besonderen Ausnahmefällen (z. B. bei Tachographen [ds. Bd., Kap. 7, Ziff. 27] und als Grammophonplatten) verwendet werden.

---

1) L. Ambronn, Handb. d. astron. Instrkde., Bd. II, S. 1038. 1899.

2) L. Ambronn, l. c. S. 1039 u. 1050.

Als Schreibfläche wird verwendet: a) gewöhnliches Schreibpapier, b) berußtes Glanzpapier, das nach erfolgter Registrierung mittels einer alkoholischen Schellacklösung oder dergleichen fixiert wird, c) lichtempfindliches Papier oder Film.

Die Zeichen werden erzeugt: auf a) durch Stahl- (Reliefschreiber) oder Graphitstifte, besondere Schreibfedern mit Registriertinte (Farbschreiber); auf b) durch Spitzen aus dünnem Metallblech, Draht oder Kielfedern, die vom Anker sog. Schreibelektromagnete getragen werden; auf c) durch Lichtstrahlen (Lichtzeiger).

Die gleichförmige Fortbewegung oder Drehung besorgen Uhrwerke mit besonderen Gangreglern, wie Kreis- oder Kegelpendel, Fliehkraftregler, Windflügel u. dgl., da die durch die Hemmung verursachte ruckweise Bewegung der gewöhnlichen Uhren, hier durch eine stetige ersetzt werden muß. An Stelle der Hemmung treten also die eben erwähnten oder andere Einrichtungen, wie z. B. die von HIPP bei seinem Streifenchronographen angewendete Stahlfeder hoher Schwingungszahl, die wir schon früher aus gleichem Grunde in seinem Chronoskop angetroffen haben (vgl. „HIPPsche Uhr", Abschnitt D, Ziff. 55, Abb. 32). Die Regelung der Geschwindigkeit des Papierstreifens oder der Umfangsgeschwindigkeit der Trommel kann innerhalb der gewünschten Grenzen — ein oder mehrere cs^{-1} — erfolgen[1]).

Für größere Geschwindigkeiten bewegt man Registrierstreifen und -trommeln mittels Elektromotoren möglichst konstanter Drehzahl, die an Tachometern (Umlaufs-, Tourenzählern) fortlaufend geprüft werden kann (vgl. „Streifenchronograph" von CRANZ, Abschnitt D, Ziff. 56). Je kürzer die zu messenden Zeiten sind, desto höher treibt man die Drehzahl, um auch für die kleinsten zu messenden Bruchteile einer Sekunde noch genügend lange, genau meßbare Strecken zu erhalten.

81. Durchführung der Zeitregistrierung. Die Durchführung der Zeitregistrierung zerfällt in zwei getrennte Aufgaben:

1. Laufende Registrierung der Zeiteinheit.

2. Registrierung des Zeitpunktes des Eintritts der zu beobachtenden Erscheinung oder des Anfanges und des Endes bzw. des zeitlichen Verlaufes des zu beobachtenden Vorgangs.

Zu 1. Einer der Schreibelektromagnete wird mit dem elektrischen Sekundenkontakt einer Präzisionspendeluhr verbunden (Ziff. 82). Der Abstand der entstehenden Zeitmarken entspricht je einer Sekunde: es entsteht ein Zeitmaßstab mit Einheiten, deren Länge von der Geschwindigkeit der Schreibfläche abhängt. Für sehr rasch verlaufende Vorgänge müssen Bruchteile einer Sekunde als Zeiteinheit gewählt werden und dann zieht man zur Registrierung entweder einen der in den Abschnitten D bis E besprochenen Chronographen heran, oder man benützt mit Vorteil eine schwingende Stimmgabel oder irgendeinen anderen periodisch ablaufenden Vorgang, den man zur Erzeugung oszillierenden oder intermittierenden Lichtes verwendet, das die kurzen Perioden in geeigneter Weise registriert.

Zu 2. Hierzu dienen ein oder mehrere Schreibelektromagnete, die in den betreffenden Zeitpunkten entweder vom Beobachter selbst mittels Tasters oder in geeigneter Weise von dem zu beobachtenden Vorgang selbsttätig erregt werden und in unmittelbarer Nachbarschaft des Zeitmaßstabes diese zweite Gruppe

---

[1]) Beispiele ausgeführter Chronographen findet man z. B. bei J. G. CARLIER, Les Méthodes et Appareils de mesure du temps, des distances, des vitesses et des accélérations, Bd. I, S. 64—88, 1905.

von Zeitzeichen registrieren. Ihre Auswertung erfolgt wie beim Streifenchronograph von Cranz (Abschnitt D, Ziff. 56, Abb. 33).

Der Vorgang der Zeitregistrierung hat sich aus der astronomischen Zeitbestimmung mittels Durchgangsbeobachtungen von Fixsternen entwickelt[1]). Während der elektrische Sekundenkontakt einer Präzisionsuhr mittels des Chronographen die Sekundenschläge der Uhr durch Marken registriert, schließt der Beobachter im Augenblick des wahrgenommenen Durchgangs des Fixsternbildes, am Mittelfaden des Okularmikrometers des Durchgangsinstrumentes, den Stromkreis eines zweiten Schreibelektromagnets, der diesen Zeitpunkt durch einen Knick in seiner Zeitlinie verzeichnet. Durch Einmessen dieses Zeichens in den Zwischenraum der beiden benachbarten Sekundenmarken, gewöhnlich mittels einer besonderen Ablesevorrichtung, ergibt sich der Zeitpunkt des Sterndurchganges bis auf Bruchteile einer Sekunde. Hierbei sind jedoch Gangfehler der Uhr und Beobachtungsfehler – die sog. „persönliche Gleichung" des Beobachters, in Rechnung zu stellen (vgl. Abschnitt C, „Genauigkeit der Uhren", Ziff. 50). Letztere ist individuell verschieden und von der Größenordnung einiger Hundertstel bis Zehntel Sekunden, kann aber unter Umständen auf 0,5, selbst über 1,0 sec anwachsen[2]).

Diese, die Genauigkeit der Beobachtung beeinträchtigende Fehlerquelle muß gegebenenfalls auch auf anderen Gebieten der Forschung berücksichtigt werden. Bei den astronomischen Zeitbestimmungen führte sie zu wesentlicher Einschränkung durch das sog. unpersönliche Mikrometer von J. Repsold (1889)[3]). Es ist dies ein Schraubenmikrometer mit zehn gleichmäßig verteilten elektrischen Kontakten, die in den Stromkreis des zweiten Schreibelektromagneten des Chronographen geschaltet sind. Das Bild des zu beobachtenden Sternes wird mit dem beweglichen Faden biseziert und durch fortgesetztes Drehen der Mikrometerschraube möglichst genau am Faden gehalten. Der Zeitpunkt jeder Zehntelumdrehung wird selbsttätig auf den Chronographen übertragen, so daß das persönliche Erfassen des Augenblicks des eigentlichen Sterndurchganges seitens des Beobachters entfällt. Dieser hat vielmehr erst nachträglich aus der relativen Lage der zehn Durchgangsmarken zu den Zeitmarken auf dem Chronographenstreifen den Zeitpunkt des Sterndurchganges zu ermitteln.

82. Der elektrische Sekundenkontakt. Die Zeitzeichen gibt der elektrische Sekundenkontakt einer Präzisionsuhr mit Sekundenpendel, der entweder ein Radkontakt oder ein Pendelkontakt sein kann.

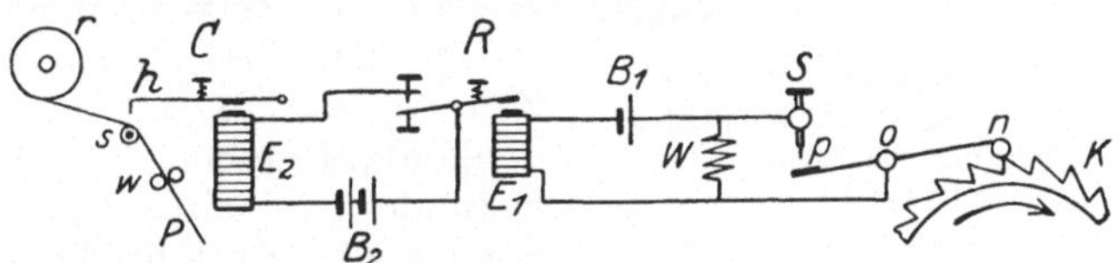

Abb. 46. Schema des elektrischen Sekundenkontaktes mit Radunterbrecher von Riefler.

Der Radkontakt nach S. Riefler hat folgende Einrichtung[4]).

Auf der Welle des Steigrades der betreffenden Pendeluhr sitzt das Kontaktrad K (Abb. 46), in dessen Zähne der Stein n des um die Achse o drehbaren Kontakthebels nop eingreift. Befindet sich n in der Zahnlücke, so ist der Strom-

[1]) L. Ambronn, l. c. S. 1038–1065; W. Valentiner, Handwörterb. d. Astronomie, Bd. III B, S. 33—49. 1901.

[2]) Wilh. Wundt, Grundzüge der physiol. Psychologie, Bd. III, S. 79 u. 386. 1903; L. Ambronn, l. c. S. 1026ff.; W. Valentiner, l. c. Bd. IIIa, S. 368ff.

[3]) J. Repsold, Astron. Nachr. Bd. 123, S. 177—182. 1890; Bd. 141, S. 280. 1896; L. Ambronn, l. c. S. 532ff.; W. Valentiner, l. c. Bd. IIIa, S. 126 u. 376.

[4]) S. Riefler, Präzisionspendeluhren und Zeitdienstanlagen für Sternwarten, S. 27. München 1907.

kreis der Batterie B_1 durch Berührung des Platinkontaktes p und der Spitze der Regulierschraube S geschlossen; wird n von der Zahnspitze gehoben, so wird der Stromkreis geöffnet. Die Spule hohen Widerstandes W unterdrückt hierbei den Öffnungsfunken. Jeder Stromschluß erregt den Elektromagnet E_1 des Relais R und schließt damit den Stromkreis der Batterie B_2 mit dem Elektromagneten E_2 des Zeitschreibers (Chronographen) C. Dadurch macht der Schreibhebel h in der auf dem Papierstreifen P gezogenen Linie einen Knick. Der auf eine Rolle r gewikkelte Papierstreifen wird durch ein von einem Uhrwerk oder Elektromotor gedrehtes Walzenpaar w über die Rolle s unter der Schreibvorrichtung des Hebels h möglichst gleichförmig mit nach Bedarf größerer oder kleinerer Geschwindigkeit, vorbeigezogen.

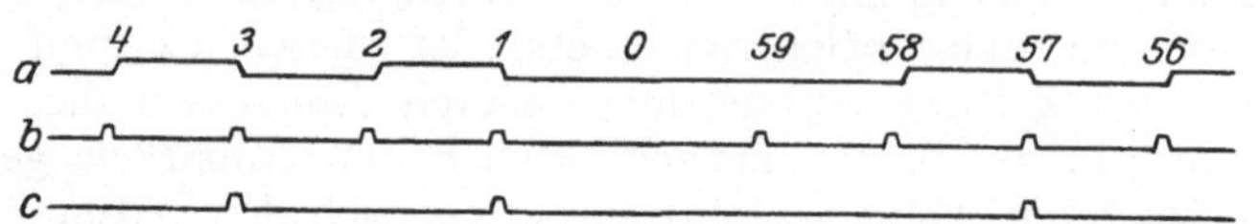

Abb. 47. Sekundenzeichen des Zeitschreibers (Chronographen) nach RIEFLER.
a Intermittierender Kontakt, Kontaktrad 29 (30) Zähne, *b* Einsekundenkontakt, Kontaktrad 59 (60) Zähne, *c* Zweisekundenkontakt, Kontaktrad 29 (30) Zähne.

Zur Kennzeichnung jeder vollen Minute ist ein Zahn des Kontaktrades fortgelassen, so daß bei der Sekunde Null der Knick unterbleibt. Das Kontaktrad kann, je nach Bedarf, verschieden ausgeführt sein, und zwar für:

1. Intermittierenden Kontakt, mit 30 (29) Zähnen. Der Kontakthebel ist so gebaut, daß sein Stein n abwechselnd 1 sec lang in der Zahnlücke steht und den Strom schließt, und 1 sec lang auf der Zahnspitze ruht und den Strom öffnet. Die zugehörigen Sekundenzeichen des Zeitschreibers zeigt Abb. 47a.

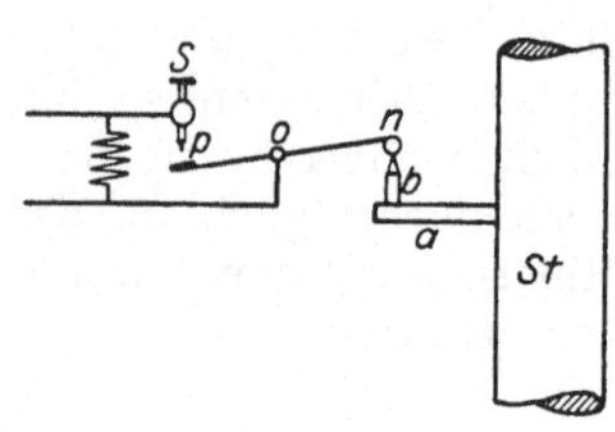

Abb. 48. Schema des elektrischen Sekundenkontaktes mit Pendelunterbrecher von RIEFLER.

2. Einsekundenkontakt, mit 60 (59) Zähnen. Der Kontakthebel ist so gebaut, daß sein Stein n den Strom nur für wenige Hundertstel einer Sekunde, beim Überschreiten einer Zahnspitze des Kontaktrades, unterbricht, sonst aber in der Zahnlücke bleibt. Der Kontakt arbeitet also mit Ruhestrom. Die zugehörigen Sekundenzeichen des Zeitschreibers zeigt Abb. 47b.

3. Zweisekundenkontakt, mit 30 (29) Zähnen, so daß sich der soeben beim Einsekundenkontakt beschriebene Vorgang nur jede zweite Sekunde abspielt. Die zugehörigen Sekundenzeichen des Zeitschreibers zeigt Abb. 47c.

Zur Verbürgung möglichster Gleichmäßigkeit der Sekundenintervalle beim Radkontakt müssen Steigrad und Kontaktrad ganz besonders sorgfältig, mit äußerster Genauigkeit geteilt sein[1]).

Beim Pendelkontakt übernimmt die Aufgabe der Zähne des Kontaktrades ein Hebestift b an einem mit der Pendelstange St fest verbundenen kurzen Arm a, der so angebracht ist, daß er den Strom bei jedesmaligem Hindurchgang des Pendels durch die Gleichgewichtslage für wenige Hundertstel einer Sekunde unterbricht (Abb. 48). Die erzeugten Zeitzeichen entsprechen jenen des Einsekundenkontaktes Abb. 47b. Da jedoch der Pendelkontakt verhältnismäßig größere Störungen des Isochronismus der Pendelschwingungen zur Folge hat als der Radkontakt, pflegt man seine Anwendung nur auf besondere Fälle zu

---

[1]) S. RIEFLER, s. Fußnote 4, S. 245; B. WANACH, Astron. Nachr. Bd. 172, S. 145—158. 1906, Nr. 4114.

beschränken, wo es, wie z. B. bei Schweremessungen nach der VON STERNECKschen Methode (dieser Band, Kap. 9), auf ganz besondere Gleichmäßigkeit der Sekundenintervalle ankommt[1]).

Nach WANACH übersteigt der durch den Radkontakt erzeugte mittlere Gangfehler einer Pendeluhr nicht $3 \cdot 10^{-3}$ sec[1]). Trotzdem vermeidet man es, Haupt- oder Normaluhren mit Sekundenkontakt zu versehen, sondern verwendet dazu synchronisierte Neben- oder andere Präzisionsuhren.

Zahlreiche ältere, noch vielfach im Gebrauch befindliche Konstruktionen mechanischer und Quecksilber-Sekundenkontakte bieten lediglich historisches oder rein technisches Interesse, weshalb diesbezüglich sowie hinsichtlich elektrischer Kontakte in Chronometern, auf die einschlägige Literatur verwiesen wird[2]).

83. Drehspiegelrücklaufmesser von CRANZ. Als Beispiel zweckbewußter Anpassung der eingangs hervorgehobenen leitenden Grundsätze der Zeitregistrierung an physikalische Bedürfnisse diene der photographisch registrierende Drehspiegelrücklaufmesser von CRANZ[3]). Er ermöglicht, den Verlauf eines sich auf sehr kurzer Strecke (ca. 4 mm) sehr rasch ($1 \cdot 10^{-3}$ bis $3 \cdot 10^{-3}$ sec) abspielenden Vorganges, in vorliegendem Fall des Rücklaufes eines Gewehrs, in exaktester Weise als Funktion der Zeit darzustellen.

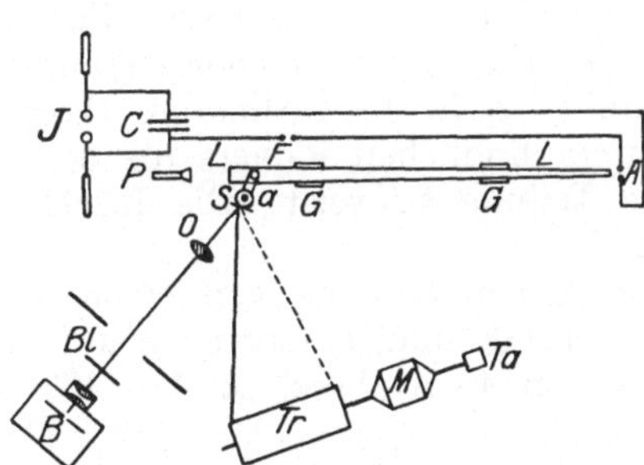

Abb. 49. Schema des Drehspiegelrücklaufmessers von CRANZ.

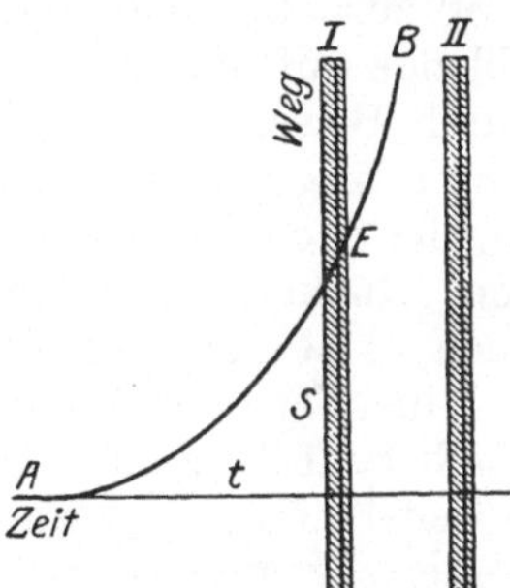

Abb. 50. Wegzeitkurve des Rücklaufes, aufgenommen mit dem Drehspiegelrücklaufmesser von CRANZ.

Der Gewehrlauf LL (Abb. 49) ist in zwei Führungsschlitten GG horizontal gelagert und stößt, nachdem ihn das Geschoß verlassen hat, gegen den pneumatischen Gummipuffer P. Während des Rücklaufs dreht er zwangläufig den Spiegel S um den vertikalen Zapfen a. Ein von der Bogenlampe B durch die Lochblende Bl und die Linse O auf den Spiegel fallendes dünnes Lichtbündel wird auf die mit lichtempfindlichem Papier überzogene stählerne Registriertrommel Tr reflektiert und erzeugt auf deren Mantelfläche einen scharf begrenzten Lichtpunkt. Die Trommel wird vom Elektromotor M sehr rasch, bis 15000mal in einer Minute, gedreht und die Drehzahl am Tachometer Ta abgelesen.

Der reflektierte Lichtstrahl durchläuft den doppelten Drehwinkel des Spiegels und beschreibt dabei auf der ruhenden Trommel eine Zylindererzeugende, auf der gedrehten Trommel die Wegzeitkurve des Gewehrrückstoßes AEB (Abb. 50). Das Ende des Vorganges ist durch den Austritt des Geschoßbodens aus dem Lauf gegeben und wird mit Hilfe der MACHschen Funkenstrecke F

[1]) S. RIEFLER, s. Fußnote 4, S. 245; B. WANACH, Astron. Nachr. Bd. 172, S. 145—158. 1906, Nr. 4114.

[2]) L. AMBRONN, s. Fußnote 1, S. 243; Bd. I, S. 265—278. 1899.

[3]) C. CRANZ, Lehrb. d. Ballistik, Bd. III, S. 222—234. 1913; einschlägige Literatur, S. 327.

(Ziff. 102) auf der Mantelfläche der Trommel markiert. Das Geschoß betätigt hierzu die um Geschoßlänge vor der Laufmündung angebrachte Auslösung *A* (Ziff. 101), wodurch die von der Influenzmaschine geladene Leidenerbatterie *C* zur Entladung durch *F* veranlaßt wird. Dadurch bildet sich der zur Trommelachse parallele Schlitz eines über sie gestülpten lichtdichten Kastens auf der Trommel in *I* ab. Um den Zeitpunkt des Geschoßaustrittes scharf zu erhalten, wird bei ruhender Trommel ein zweites Schlitzbild *II* aufgenommen und unmittelbar darauf, durch Drehung des Spiegels mit der Hand, darin eine Lichtlinie erzeugt, die später in *I* übertragen, die Wegzeitkurve *AB* in *E*, dem Zeitpunkt des Geschoßaustrittes, schneidet.

Da die Rücklaufwege den Lichtwegen auf der Trommel nicht genau proportional sind, ermittelt man den Wegmaßstab für die Ordinatenachse durch eine vor jedem Versuch anzustellende Eichung. Das Gewehr wird hierzu mit einer Mikrometerschraube um bestimmte Bruchteile eines Millimeters (z. B. je $^1/_4$ mm) zurückbewegt und der Lichtpunkt jedesmal durch kurzes Öffnen der Schlitzblende auf die langsam rotierende Trommel fallen gelassen. Zum Schluß wird durch Bewegung des Spiegels mit der Hand, bei ruhender Trommel, der Lichtpunkt längs einer Erzeugenden geführt, d. h. die Ordinaten- (Weg-)achse gezogen, die nach Entwicklung des lichtempfindlichen Papiers die den Bruchteilen des Rücklaufweges entsprechende Teilung aufweist. Die Rücklaufwege erscheinen so 30- bis 35 mal vergrößert.

Bei einer Trommelbreite von 25 cm, einem Umfang von 50 cm und der gewöhnlich benützten Drehzahl von rund 10000/min, entsprechen auf der Abszissen-(Zeit-) achse 8,33 mm dem Wert von $1 \cdot 10^{-4}$ sec, so daß $1 \cdot 10^{-5}$ sec ohne weiteres gemessen werden kann.

Alle einschlägigen ballistischen Fragen, wie Mündungsgeschwindigkeit des Geschosses, Mündungsgasdruck, höchster Gasdruck sowie Ort und Zeit seines Eintretens, Gesamtdauer der Geschoßbewegung im Lauf, Geschwindigkeit des Geschosses beim Eintritt der maximalen beschleunigenden Kraft, lassen sich hiernach mit einer Genauigkeit ermitteln, die jener aller einschlägigen älteren Methoden ganz wesentlich überlegen ist.

II. Die Stimmgabel als Zeitmesser.

84. Zeitregistrierung. Die Stimmgabel ist das älteste physikalische Hilfsmittel zur genauen Messung sehr kleiner Zeiten auf graphischem Wege. Der Gedanke, die Schwingungen einer Stimmgabel von ihr selbst, durch Hinwegziehen über eine Schreibfläche, aufzeichnen zu lassen, scheint von THOMAS YOUNG im Jahre 1807 und WILHELM WEBER im Jahre 1830 unabhängig gefaßt worden zu sein[1]). Sie eignet sich dazu ganz besonders vermöge der bemerkenswerten Konstanz ihrer Schwingungszahl, wegen des Isochronismus ihrer Schwingungen und des nahezu vollständigen Fehlens störender Obertöne.

Zur Aufzeichnung ihrer Schwingungen befestigt man mittels Klebwachses an einer ihrer Zinken eine Spitze aus dünnem Blech oder Draht, einem Federkiel oder Glasfaden, welche die Schreibfläche leicht berührt. Als solche dient berußtes Glanzpapier auf geeigneter Unterlage oder auf der Mantelfläche einer Registriertrommel, eine Metall- oder Glastafel, wenn es sich um spätere Projektion

[1]) THOMAS YOUNG gibt diese Methode an, um die Schwingungszahl einer Stimmgabel mit einer anderen zu vergleichen in: A course of lectures on natural philosophy and the mechanical arts, 1807; WILH. WEBER im Artikel „Akustik" des SCHILLINGschen Universallexikons der Tonkunst, 1830; vgl. ferner F. MELDE, Die Lehre von den Schwingungen, S. 83. Leipzig 1864.

der Schwingungskurve handelt. Die tönende Stimmgabel beschreibt auf der senkrecht zu ihrer Schwingungsrichtung gleichförmig rasch fortgezogenen bzw. gedrehten Schreibfläche eine Sinuslinie, die auf Papier, z. B. mittels einer Schellacklösung, auf Metall oder Glas mit Kollodium fixiert wird.

Bei photographischer Registrierung tritt an Stelle der Rußschicht die lichtempfindliche Schicht einer Glasplatte, Bromsilberpapier oder ein Film auf der Registriertrommel, auf der man das scharfe Bild eines dünnen, an einer Stimmgabelzinke befestigten Drahtstückchens (vgl. Ziff. 87) oder Glasfadens (vgl. Ziff. 88) in einer für die Klarheit der Schwingungskurven zweckmäßigen Art entwirft. Auch kann die spiegelnd gemachte Fläche einer Zinke einen Lichtpunkt an die gewünschte Stelle reflektieren. Stimmgabel oder Registriertrommel werden nötigenfalls parallel zur Schwingungsrichtung verschoben, damit die entstehenden Kurven sich nicht überdecken.

Ist n die Schwingungszahl der Stimmgabel in 1 sec, so ist $\tau = 1/n$ ihre Schwingungsdauer in Sekunden; bewegt sich die Schreibfläche mit der Geschwindigkeit v (msec^{-1}), wobei für eine Registriertrommel vom Durchmesser d(m) und der Drehzahl n_1 in 1 min, als Umfangsgeschwindigkeit $v = n_1 \pi d/60$, so ergibt sich der Zeitmaßstab aus $\tau(\text{sec}) = 1000\, v/n$ (mm). n und v werden, den Versuchsbedingungen entsprechend, so gewählt, daß sie die gewünschte Genauigkeit der Zeitmessung verbürgen. Die zur Messung sehr kleiner Zeiten erforderlichen großen Geschwindigkeiten lassen sich am besten mit Registriertrommeln erreichen. Man pflegt n zwischen den Grenzen von etwa 20 bis 5000 zu wählen und v von wenigen cmsec^{-1} an bis zu 100 msec^{-1} und darüber, entsprechend Umlaufzahlen n_1 der Registriertrommel bis zu etwa 15000/min, die mittels Tachometers gemessen werden.

Für die angeführten oberen Grenzwerte ergibt sich bei einem Trommelumfang $\pi d = 0{,}5$ m ein Zeitmaßstab von $^1/_{5000}$ sec = 25 mm, oder $1 \cdot 10^{-6}$ sec = 0,125 mm; es können also Zeiten von der Größenordnung 10^{-6} sec unmittelbar gemessen werden.

Die Ausmessung der Kurven erfolgt entweder mittels Maßstabes und Nonius oder, nach Bedarf, mikroskopisch (Okularmikrometer) mit dem Komparator. Der mehr oder minder gleichmäßige Verlauf der registrierten Sinuslinie gibt ein Bild des Gleichförmigkeitsgrades der Bewegung, also des Grades der Konstanz von v, was von Einfluß auf den Zeitmaßstab in den verschiedenen Gebieten der Aufnahme ist.

Die Erscheinung oder der Vorgang, dessen zeitlicher Verlauf untersucht werden soll, wird in unmittelbarer Nachbarschaft der Sinuslinie der Stimmgabel in ähnlicher Weise registriert wie diese selbst (vgl. Ziff. 87 und 88).

85. Die störenden Einflüsse. Bei der Auswertung der Schwingungskurven ist vor allem die genaue Kenntnis der Messungsgrundlage, also der Schwingungszahl der Stimmgabel, nötig. Wie weit die Genauigkeit ihrer Ermittlung zu treiben ist, hängt von dem für den betreffenden Versuch geforderten Genauigkeitsgrad der Zeitmessung ab. Die Ermittlung der Schwingungszahl der Stimmgabel fällt mit der Bestimmung ihrer Tonhöhe zusammen, ist also eine akustische Aufgabe. Da aber die Stimmgabel hier als Zeitmesser betrachtet wird, soll nur das für die Zeitmessung Maßgebende hervorgehoben werden, während hinsichtlich aller übrigen Einzelheiten auf Bd. VIII (Akustik) und die einschlägige Literatur verwiesen wird[1]).

[1]) A. LEMAN, Über die Normalstimmgabeln der Phys.-Techn. Reichsanstalt und die absolute Zählung ihrer Schwingungen. ZS. f. Instrkde. Bd. 10, S. 77, 170, 197. 1890; E. A. KIELHAUSER, Die Stimmgabel, ihre Schwingungsgesetze und Anwendungen in der Physik. Leipzig: Teubner 1907, mit ausführl. Literaturnachweis.

Die Einflüsse, welche die Schwingungszahl einer Stimmgabel verändern können, sind: 1. die Temperatur, 2. die Luftdichte, 3. die Schwingungsweite, 4. die Resonanz, 5. die Schreibvorrichtung, 6. der elektromagnetische Antrieb.

Zu 1. Nach MERCADIER[1]) läßt sich die Schwingungszahl n einer Stimmgabel annähernd darstellen durch den Ausdruck

$$n = k\sqrt{\frac{E}{\varrho}} \cdot \frac{d+\delta}{(l+\lambda)^2}.$$

Darin bedeutet E den Elastizitätsmodul des Stimmgabelmaterials, fast ausschließlich ungehärteter Gußstahl, ϱ dessen Dichte, k eine Konstante, derart, daß $k\sqrt{\frac{E}{\varrho}} = 818000$, d die Dicke der Zinken in mm, l deren Länge in mm von den Knotenpunkten an gemessen, $\delta = 0{,}5$ mm, $\lambda = 3{,}8$ mm.

Mit steigender Temperatur nehmen l und d zu, E ab, so daß n abnimmt, und zwar, nach den zahlreichen darüber angestellten Untersuchungen, annähernd nach der Beziehung

$$n = n_0(1 - \alpha t),$$

wenn n_0 die Schwingungszahl bei 0° C, n jene bei t° C ist und $\alpha \approx 1{,}06 \cdot 10^{-4}$ [2]).

Der Temperatureinfluß ist also sehr klein, denn die Schwingungszahl einer Normalstimmgabel von $n = 435$ bei 15° C ist bei 16° C nur um 0,046 Schwingungen kleiner, was einem Unterschied der Schwingungsdauern von $2{,}43 \cdot 10^{-7}$ sec entspricht; erst ein Temperaturunterschied von 21,7° C ändert die Schwingungszahl um eine ganze Schwingung.

Für eine Stimmgabel von $n = 5000$ bei 15° C beträgt bei 16° C die Abnahme der Schwingungszahl 0,531 Schwingungen, entsprechend einem Unterschied der Schwingungsdauern von $2{,}12 \cdot 10^{-8}$ sec; die Änderung der Schwingungszahl um eine ganze Schwingung tritt bei einer Temperaturänderung von 1,9° C ein. Exakte Messungen sehr kleiner Zeiten mit Stimmgabeln erfordern also gegebenenfalls Berücksichtigung des Temperatureinflusses.

Zu 2. Den Einfluß der Luftdichte auf die Schwingungszahl der Stimmgabel hat TUMA untersucht, indem er die Tonhöhe einer unter der Glasglocke einer Luftpumpe über einem Mikrophon schwingenden Stimmgabel mit einer zweiten außerhalb mittels des Telephons durch Zählen der hörbar werdenden Schwebungen verglich[3]). Er fand ihre Anzahl in 1 sec

$$z = 2{,}5756 + 0{,}000135\, p,$$

wenn p der in mm Quecksilbersäule gemessene Luftdruck ist.

Die Schwingungszahl der Stimmgabel nimmt also mit steigendem Luftdruck ab und da die Anzahl der Schwebungen in 1 sec gleich ist dem Unterschied der Schwingungszahlen beider Stimmgabeln, so ergibt sich für eine Luftdruckänderung von 20 mm Quecksilbersäule die Größenordnung der Änderung der Schwingungsdauer für eine Normalstimmgabel von $n = 435$ mit $1 \cdot 10^{-8}$ sec, für eine Stimmgabel mit der Schwingungszahl $n = 5000$, mit $1 \cdot 10^{-10}$ sec.

Die Berücksichtigung des Einflusses von Luftdruckschwankungen im Verlauf einer Zeitmessung mit Stimmgabeln wird demnach unter gewöhnlichen Umständen unterbleiben können.

---

[1]) E. MERCADIER, C. R. Bd. 79, S. 1001, 1069. 1874; Bd. 80, S. 980. 1880; E. A. KIELHAUSER, l. c. S. 39 u. 138; F. AUERBACH, Akustik, in A. WINKELMANN, Handb. d. Phys., 2. Aufl., Bd. II, S. 347ff. 1909.

[2]) F. AUERBACH, l. c. S. 350.

[3]) J. TUMA, Wiener Ber. Bd. 98, S. 1028–1035. 1889.

Zu 3. Die Schwingungsweite der Stimmgabel nimmt infolge Dämpfung durch inneren und äußeren Widerstand ab. Zahlreiche Untersuchungen haben ergeben, daß Schwingungszahl und logarithmisches Dekrement der Stimmgabel nahezu lineare Funktionen der Schwingungsweite sind, und zwar nimmt mit wachsender Schwingungsweite die Schwingungszahl ab, das Dekrement zu. Da jedoch während der kurzen, gewöhnlich nur kleine Bruchteile einer Sekunde betragenden Versuchszeiten, die Schwingungsweite nicht merklich abnimmt, kann man Schwingungszahl und Schwingungsdauer als konstant, d. h. die Schwingungen als isochron ansehen, insbesondere für Schwingungsweiten unter 1 mm.

Zu 4. Nach Versuchen von R. KOENIG[1]) nimmt die Schwingungszahl einer Stimmgabel ab, wenn sie ein nahezu gleich gestimmtes Resonanzsystem erregt. Diese Abnahme ist bei einer Stimmgabel von $n = 512$ von der Größenordnung einiger Hundertstel Schwingungen, was einigen 10^{-7} sec entspricht. Wenngleich somit dieser Einfluß klein ist, wird man Stimmgabeln für Zeitmessungen stets möglichst resonanzfrei anordnen.

Zu 5. Die an der Stimmgabelzinke angebrachte schreibende Spitze verstimmt die Stimmgabel etwas, doch nicht bis zu merkbarer Beeinträchtigung ihrer Schwingungsdauer. Die Reibung der Spitze an der Schreibfläche verursacht eine gewisse Dämpfung, die aber während der gewöhnlich sehr kurzen Versuchsdauer nicht von merkbarem Einfluß ist.

Zu 6. Die Kürze ihrer Tondauer, kaum 1 min oder wenig mehr, führte HELMHOLTZ im Jahre 1871 zur elektromagnetischen Anregung der Stimmgabel, wodurch ihre Schwingungen längere Zeit hindurch aufrecht erhalten werden können. Der Elektromagnet wird jetzt gewöhnlich zwischen den Zinken eingebaut und die Stromunterbrechung von einer Zinke selbst oder von einer zweiten „Unterbrechungsgabel“ bewirkt. Durch geeignete Anordnung der einzelnen Teile, Regelung der Stromstärke usw. läßt sich innerhalb gewisser Grenzen die Schwingungszahl der freien Schwingungen der Gabel erreichen.

Wie v. ETTINGSHAUSEN zeigte, schwingen die Zinken einer magnetischen Stimmgabel schneller auseinander als zueinander, was sich insbesondere bei kleiner Schwingungszahl bemerkbar macht[2]); dabei schwingt sie bei größeren Schwingungsweiten langsamer, bei kleineren Schwingungsweiten rascher als eine freischwingende Stimmgabel.

Die Veränderungen der Schwingungszahl hängen insbesondere mit den Veränderungen der Schwingungsweite zusammen, die der elektromagnetische Betrieb mit sich bringt, was besonders HEERWAGEN[3]) und HARTMANN-KEMPF[4]) untersucht haben, wobei sich zeigte, daß überdies Resonanzerscheinungen die Vorgänge außerordentlich verwickelt gestalten, so daß sich allgemein gültige Angaben überhaupt nicht machen lassen, jede Stimmgabel vielmehr für sich untersucht werden muß. Da aber elektromagnetische Stimmgabeln für die Messung sehr kurzer Zeiten nur ausnahmsweise in Betracht kommen, wird hinsichtlich weiterer Einzelheiten auf Bd. VIII, Akustik, verwiesen.

86. Eichung der Stimmgabel. Die Verwendung einer Stimmgabel zur Zeitmessung ist an die genaue Kenntnis ihrer Schwingungsdauer $\tau = 1/n$ gebunden, die vor jedem Versuch ermittelt oder überprüft werden muß. Dies kann ent-

---

[1]) R. KOENIG, Wied. Ann. Bd. 9, S. 394ff. 1880.

[2]) A. v. ETTINGSHAUSEN, Pogg. Ann. Bd. 156, S. 337—378. 1875.

[3]) FR. HEERWAGEN, Studien über die Schwingungsgesetze der Stimmgabel und über die elektromagnetische Anregung. Inaug.-Dissert. Dorpat 1890.

[4]) R. HARTMANN-KEMPF, Elektroakustische Untersuchungen. Inaug.-Dissert. Würzburg, Frankfurt a. M. 1903; Drudes Ann. d. Phys. Bd. 13, S. 124—162 u. 271—288. 1904.

weder durch unmittelbare Messung — absolut — geschehen, oder durch Vergleich mit einer anderen Stimmgabel oder einem anderen Tonerreger genau bekannter Schwingungszahl (Tonhöhe) — relativ. Die zahlreichen Methoden, die sich im Laufe der Zeit hierfür entwickelt haben, lassen sich nach ihren Hauptmerkmalen in nachstehende Gruppen sondern: 1. graphische, 2. akustische, 3. stroboskopische, 4. optische.

Hier sollen nur die unmittelbar für die Zeitmessung in Betracht kommenden Methoden kurz besprochen werden, während im übrigen auf Bd. VIII, Akustik, und insbesondere auf die Arbeit von LEMAN, Ziff. 85, Fußnote 1, verwiesen wird.

Die im Prinzip einfachste und übersichtlichste Methode zur absoluten Messung der Schwingungszahl einer Stimmgabel ist die graphische. Man läßt die Stimmgabel in der Ziff. 84 beschriebenen Art ihre Schwingungen am besten auf einer Registriertrommel aufzeichnen und unmittelbar daneben den elektrischen Sekundenkontakt einer Präzisionsuhr die Zeitmarken in geeignetem Abstand schreiben, der durch die Umdrehungszahl der Trommel geregelt wird. Nach dem Fixieren der Schrift wird in der auch schon angegebenen Weise (Ziff. 84 und Abschnitt D, Ziff. 56) durch Messung festgestellt, welche Wellenanzahl w der von der Stimmgabel beschriebenen Sinuslinie in die Zeitstrecke 1 sec (oder eines Bruchteils davon) fällt. Die gesuchte Schwingungszahl der Stimmgabel ist dann $n = w$ und ihre Schwingungsdauer $\tau = 1/w$. Erfordert es die gewünschte Genauigkeit, so ist auch die Gangkorrektion der registrierenden Uhr zu berücksichtigen.

Bei großer Schwingungszahl der Stimmgabel ist das Auszählen der Wellenzüge langwierig und zeitraubend. Man kann deshalb statt ganzer Sekunden geeignete Bruchteile davon, z. B. $^1/_{10}$, $^1/_{100}$ usw., mittels eines Pendelunterbrechers (Ziff. 74) oder eines Chronographen (Abschnitt E), deren Zeitangaben durch eine Normaluhr überprüft werden, auf die Registriertrommel übertragen.

Will man die zumeist kaum merklichen Störungen der Schwingungszahl der Stimmgabel durch die Masse der Schreibvorrichtung und ihre Reibung an der Schreibfläche vermeiden, so bedient man sich des optisch-photographischen Registrierverfahrens (Ziff. 84). Die störende Wirkung der Masse eines an einer Zinke angebrachten Spiegels läßt sich durch Polieren einer zweckmäßig gelegenen Fläche am Zinkenende selbst vermeiden. Desgleichen läßt sich die Zeitregistrierung optisch bewirken mittels eines vom Anker des Schreibelektromagneten oder Relais bewegten, geeignet angebrachten kleinen Spiegels.

Soll die Schwingungszahl der Registrierstimmgabel durch Vergleich mit einer Stimmgabel bekannter Schwingungszahl, z. B. Normalstimmgabel, also relativ ermittelt werden, so kann man sich irgendeiner der vier angeführten Methoden bedienen. Nachstehend einige Beispiele.

1. Graphisch. Man läßt beide Stimmgabeln ihre Schwingungen, am genauesten optisch, in der eben geschilderten Weise, auf einer Registriertrommel nebeneinander aufzeichnen und zählt die auf dieselbe Strecke entfallende Wellenanzahl beider Sinuslinien, die sich ohne weiteres auf die einer Sekunde entsprechende Strecke reduzieren lassen, womit sich die gesuchte Schwingungszahl der Registrierstimmgabel ergibt.

2. Akustisch. Man bringt eine Lochsirene auf den Ton der zu untersuchenden Stimmgabel und erhält aus ihrer Umdrehungszahl die Schwingungszahl des Tones, also zugleich der Stimmgabel. Genauer ist die Methode der Schwebungen. Die Vergleichsgabel von n_0 Schwingungen und die Untersuchungsgabel müssen dabei nahezu gleiche Schwingungszahlen haben, die sich um den

kleinen, unbekannten Betrag m unterscheiden. Nach Anregung beider Gabeln hört man die als Schwebungen bekannten Tonstöße, deren Anzahl z in 1 sec gezählt wird. Es ist dann $m = z$ und somit die gesuchte Schwingungszahl $n = n_0 \pm z$, je nachdem das Aufbringen kleiner Wachskügelchen auf die Untersuchungsgabel z vergrößert oder verkleinert.

3. Stroboskopisch. Eine an einer Zinke der zu untersuchenden Stimmgabel angebrachte feine Marke wird intermittierend beleuchtet und mikroskopisch beobachtet (vgl. Ziff. 90). Zur Erzeugung des intermittierenden Lichtes benutzte v. OPPOLZER[1]) ein elfseitiges mit spiegelnden Flächen versehenes Prisma, das sich um seine vertikale Achse 10mal in 1 sec gleichförmig drehte und dabei das Lichtbündel einer Lichtquelle auf die erwähnte Marke reflektierte, die sonach $10 \cdot 11 = 110$ Lichtblitze in 1 sec empfing. Schwingt die Gabel, so scheint die Marke im Gesichtsfeld des Mikroskops, je nach der Schwingungszahl der Gabel, bald rascher, bald langsamer hin und her zu pendeln, denn das Auge sieht die resultierende Bewegung beider Schwingungen. Man bemerkt, daß es die Methode der Schwebungen, ins Optische übertragen, war. Aus der Anzahl dieser Schwebungen, hier scheinbaren Schwingungen der Marke, in einer bestimmten Zeit ließ sich auf die Schwingungszahl der Stimmgabel schließen, was nach v. OPPOLZER für eine Normalgabel von $n = 435$ bis auf 0,016 einer Schwingung geschehen konnte, entsprechend einer Fehlergrenze der Schwingungsdauer von $8{,}45 \cdot 10^{-8}$ sec.

4. Optisch. Man läßt Untersuchungs- und Vergleichsgabel in zwei zueinander senkrechten Ebenen schwingen und reflektiert einen Lichtstrahl nacheinander an je einer Zinke jeder Gabel auf einen Schirm, wo nach ihrer Anregung die ihrem Schwingungszahlenverhältnis entsprechende LISSAJOUSsche Schwingungskurve entsteht (objektive Beobachtung). Die Beobachtung kann aber auch subjektiv (Fernrohr, Mikroskop) erfolgen. Die Vergleichsgabel wird dann zweckmäßig als Vibrationsmikroskop (HELMHOLTZ 1871) ausgebildet, wobei die eine Zinke der elektromagnetisch erregten Stimmgabel das Mikroskopobjektiv trägt, auf das der von der Untersuchungsgabel reflektierte Lichtstrahl fällt. Aus der beobachteten Lissajousfigur schließt man, wie früher, mit größter Sicherheit auf das Schwingungszahlenverhältnis, woraus sich die Schwingungszahl der Untersuchungsgabel mit womöglich noch größerer Genauigkeit ergibt als bei der vorigen Methode.

Als neuere Beispiele der Verwendung der Stimmgabel als Zeitmesser seien nachstehend die Untersuchungen von Gewehrlaufschwingungen durch CRANZ und KOCH sowie das photographisch registrierende Echolot von BEHM angeführt.

87. Photographische Registrierung von Gewehrlaufschwingungen nach CRANZ und KOCH. Die Anfangstangente der Geschoßflugbahn schließt mit der Laufachse bei der Abgabe des Schusses einen positiven oder negativen Winkel ein, den sog. Vibrations- oder Abgangsfehlerwinkel. Die Ursachen dieser Erscheinung waren lange zweifelhaft, was CRANZ und KOCH veranlaßte, ihre Aufklärung durch elektrische Momentphotographie (Ziff. 100ff.) der Schwingungen von Gewehrläufen zu suchen[2]).

Der Grundgedanke des angewandten Verfahrens bestand darin, die Vertikal-

[1]) TH. v. OPPOLZER, Wiener Anz. 1886, S. 82; ZS. f. Instrkde. Bd. 6, S. 288. 1886; A. J. F. YVON-VILLARCEAU, ZS. f. Instrkde. Bd. 3, S. 242. 1883. Vgl. auch die Arbeiten von A. LEMAN u. E. A. KIELHAUSER in Ziff. 85, Fußnote 1.

[2]) C. CRANZ u. K. R. KOCH, Abhandlgn. d. bayr. Akad. II. Kl., III. Abt., Bd. 19, S. 717—775. 1899; Bd. 20, S. 591—611. 1900; Bd. 21, S. 559—574. 1901; C. CRANZ, Lehrb. d. Ballistik, Bd. III, S. 257—260. 1913.

und Horizontalbewegung einzelner Punkte des Laufes beim Schuß photographisch zu registrieren und aus den erhaltenen Aufnahmen das Gesamtbild der Laufschwingungen zusammenzusetzen. Hierzu wurden in zweckmäßig gewählten Laufpunkten zur Seelenachse parallele, kurze Drahtstückchen mit Klebwachs befestigt und davon scharfe Schattenbilder auf einer photographischen Platte erzeugt, die im Augenblick des Schusses senkrecht zur Schwingungsrichtung rasch weggezogen wurde, so daß der Schatten die Schwingungs- (Zeitweg-) Kurve des untersuchten Punktes beschrieb[1]). Ein darüber befindlicher, mit der einen Zinke einer Stimmgabel von bekannter Schwingungsdauer verbundener und ebenso auf die photographische Platte projizierter dünner Draht beschrieb dort mit seinem Schattenbild eine Sinuslinie, die den Zeitmaßstab für die Schwingungskurve des Laufpunktes bildete. Der Augenblick des Geschoßaustrittes aus dem Lauf wurde durch das auf dem zuerst genannten Drahtschatten entworfene Bild des Entladungsfunkens einer Leidener Batterie markiert, den das Geschoß nach der Methode der elektrischen Momentphotographie von ERNST MACH (Ziff. 101) auslöste.

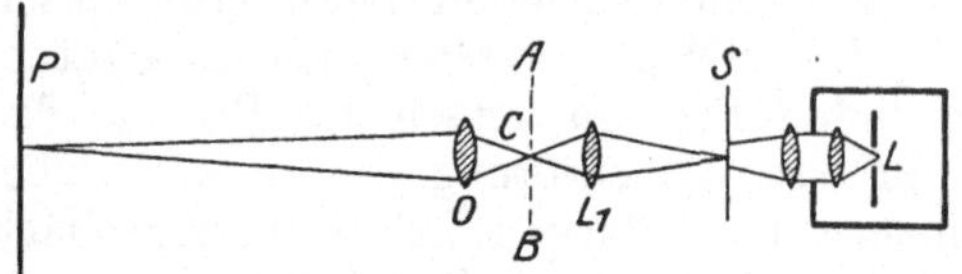

Abb. 51. Schema der Versuchsanordnung von CRANZ und KOCH zur Aufnahme von Laufschwingungen in vertikaler Ebene.

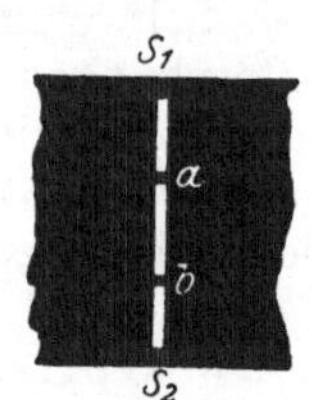

Abb. 52. Schema des Spaltbildes zu Abb. 51.

Das Schema der Versuchsanordnung zeigt Abb. 51. Der Gewehrlauf befindet sich in der Ebene AB, das Drahtstückchen im Punkt C. Daselbst entwirft die Linse L_1 ein scharfes Bild des Spaltes S, der von einer elektrischen Projektionslampe L beleuchtet wird. Die Linse O entwirft sodann auf der photographischen Platte P ein zweites reelles Bild des Spaltes $S_1 S_2$ (Abb. 52), das vom Schatten a des Drahtes am Lauf und jenem b des Drahtes an der Stimmgabel unterbrochen ist. Beim Schuß wird die Platte senkrecht zur Spaltrichtung $S_1 S_2$ verschoben, wobei a die Schwingungskurve des Laufpunktes, b jene der Stimmgabel beschreibt.

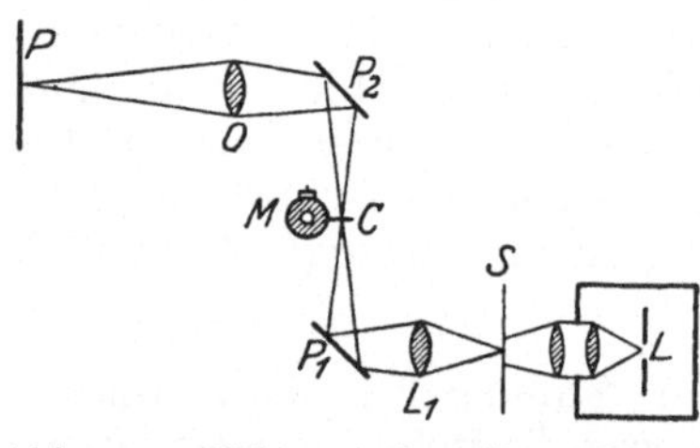

Abb. 53. Schema der Versuchsanordnung von CRANZ und KOCH zur Aufnahme von Laufschwingungen in horizontaler Ebene.

In normaler Lage des Gewehrs erhält man die Laufschwingungen in vertikaler Ebene. Um die Schwingungen in horizontaler Ebene zu erhalten, wurde ein Drahtstückchen C (Abb. 53) auf der rechten oder linken Seite des Laufes M parallel zur Seelenachse befestigt und das Strahlenbündel an der Stelle C mittels zweier Spiegel oder total reflektierender Prismen P_1 und P_2 vertikal abgelenkt, die übrige Anordnung aber ungeändert gelassen. Schwingt

[1]) Die Methode scheint auf THOMAS YOUNG zurückzugehen, der in „Outlines of experiments respecting sound and light", Phil. Trans., 13. Abschn., 1800, vorschlägt, einen Punkt einer Pianofortesaite durch einen engen Spalt mit Sonnenlicht scharf zu beleuchten und mit dem Mikroskop zu beobachten. Durch große Präzision ausgezeichnete photographische Aufnahmen von Saitenschwingungen haben durch Projektion eines scharf beleuchteten Saitenpunktes auf eine Registriertrommel O. KRIGAR-MENZEL u. A. RAPS in großer Zahl ausgeführt. Berl. Ber. Bd. 32, S. 613—629. 1891; Bd. 34, S. 509—518. 1893; Wied. Ann. Bd. 44, S. 623. 1891; Bd. 50, S. 444. 1893. Vgl. ferner W. KAUFMANN, Inaug.-Dissert. Berlin 1895; Wied. Ann. Bd. 64, S. 675. 1895; G. KLINKERT, Wied. Ann. Bd. 65, S. 849. 1898. Weitere Literatur bei CRANZ u. KOCH, l. c., und in den vorstehenden Abhandlungen.

der Lauf nach rechts und links, so bewegt sich das Schattenbild *a* des Drahtstückchens (Abb. 52) nach oben und unten.

Ein Beispiel der zahlreichen Aufnahmen zeigt Abb. 54: die Vertikalschwingungen eines fest eingespannten 11 mm-Mausergewehrs M. 71. Die untere Kurve ist die Schwingungskurve eines 1,5 cm von der Laufmündung entfernten Punktes, die obere jene der Stimmgabel. Die Linie γ gibt den Zeitpunkt des Geschoßaustrittes an, das Kurvenstück zwischen den Linien α und β wurde durch das Vorschnellen des Schlagbolzens erzeugt, was sich durch besondere Untersuchungen ergab.

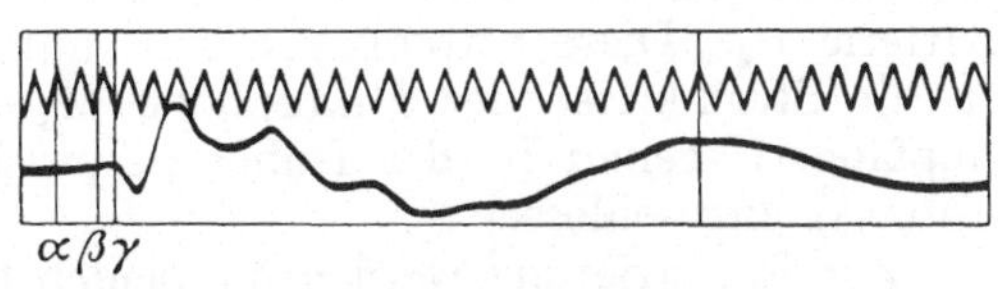

Abb. 54. Vertikalschwingungen eines festeingespannten 11 mm-Mausergewehrs M. 71 nach einer Originalaufnahme von CRANZ und KOCH.

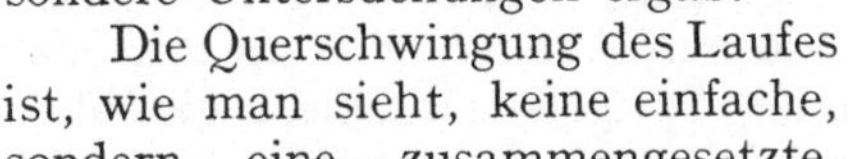

Die Querschwingung des Laufes ist, wie man sieht, keine einfache, sondern eine zusammengesetzte. Eine langsamere Schwingung ist von einer 5- bis 6mal schnelleren überlagert, die rasch gedämpft wird. Die erste Schwingung entspricht dem Grundton, die zweite dem ersten Oberton des Laufes, der schwingt wie ein an einem Ende eingeklemmter Stab infolge eines Longitudinalstoßes. Das Geschoß verläßt den Lauf während der ersten Halbschwingung des ersten Obertons; der Vibrationswinkel ist positiv, da die Mündung im Augenblick des Schusses nach aufwärts schwingt.

Der Vergleich mit den Stimmgabelschwingungen ($n = 435$, $\tau = 1/n = 0{,}0023$ sec) ergibt für den Grundton $n_1 = 27{,}6$, $\tau_1 = 1/n_1 = 0{,}0363$ sec, für den ersten Oberton $n_2 = 139$, $\tau_2 = 1/n_2 = 0{,}0072$ sec in guter Übereinstimmung mit der durchgeführten Rechnung.

Als wichtigstes Ergebnis der Untersuchungen von CRANZ und KOCH sei angeführt, daß der Gewehrlauf wie ein an einem Ende eingespannter Stab im allgemeinen elliptisch schwingt. Schon durch das Vorschnellen des Schlagbolzens, insbesondere aber durch den Explosionsstoß, treten Schwingungen im Grundton, im ersten, zweiten und in höheren Obertönen auf, die für Größe und Sinn des Vibrationswinkels entscheidend sind.

88. Das photographisch registrierende Echolot von BEHM. Der Grundgedanke des BEHMschen Echolotes und sein Kurzzeitmesser wurden oben im Abschnitt D, Ziff. 58, besprochen. Hier soll das Prinzip eines älteren Typs kurz erwähnt werden als Beispiel dafür, wie eine streng wissenschaftliche Meßmethode unter geeigneten Umständen zur technisch einwandfreien Lösung rein praktischer Aufgaben mit großem Vorteil herangezogen werden kann.

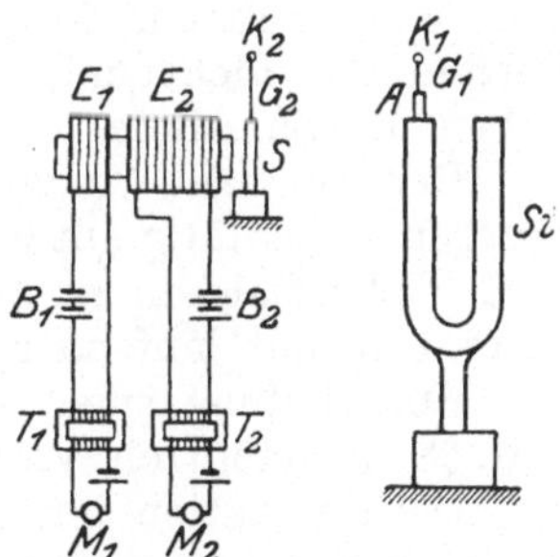

Abb. 55. Schema des photographisch registrierenden BEHM-Echolots.

Der zeitmessende Hauptbestandteil dieses Typs des BEHM-Echolotes ist eine 5 cm lange Stimmgabel *St* (Abb. 55) mit der Schwingungszahl $n = 1500$ (Schwingungsdauer $\tau = 1/n = 6{,}67 \cdot 10^{-4}$ sec — entsprechend der Schallzeit für 48 cm Wassertiefe), an deren einem Zinken ein kurzes, dünnes Glasstäbchen *A* mit einem Glasfaden G_1 angebracht ist, der an seinem Ende ein Glaskügelchen K_1 von 0,2 mm Durchmesser trägt. *A* und G_1 sind aufeinander und auf die Stimmgabel abgestimmt.

Zur Registrierung des Eintreffens der beiden Schallwellen, deren zeitlicher Abstand die Meerestiefe mißt, dient folgende Einrichtung. Ihr Hauptbestandteil ist das sog. Sonometer[1]), das aus der unten fest eingespannten Sonometerfeder S mit dünner, flacher Glasfeder G_2 besteht, die in ein Glaskügelchen K_2 von 0,2 mm Durchmesser endet. Die Sonometerfeder wird von einem unter Strom befindlichen Elektromagneten E_1E_2 dauernd angezogen und daher gespannt. Die beiden Elektromagnetspulen mit gemeinsamem Eisenkern liegen in verschiedenen Stromkreisen, E_1 in jenem der Batterie B_1, E_2 in jenem der Batterie B_2. Diese Stromkreise sind mittels der Transformatoren T_1 und T_2 an die Stromkreise der Mikrophone M_1 (Abgangsempfänger) und M_2 (Echoempfänger), genau in der früher besprochenen Weise (Abschnitt D, Ziff. 58, Abb. 45) angeschlossen.

Zur Registrierung werden die beiden Glaskügelchen, die als Linsen wirken, von einer Bogenlampe (in Abb. 55 nicht dargestellt, ebensowenig die weitere Hilfseinrichtung) hell beleuchtet und durch je ein Linsensystem mittels eines von einem Uhrwerk angetriebenen rotierenden Spiegels auf einem gleichfalls von einem Uhrwerk nach Bedarf vorbeigezogenen Bromsilberstreifen als Lichtpunkte scharf abgebildet.

Wird die Stimmgabel mittels eines elektromagnetischen Klöppels vor jeder Lotung angeregt und der Spiegel gedreht, so beschreibt der von K_1 herrührende

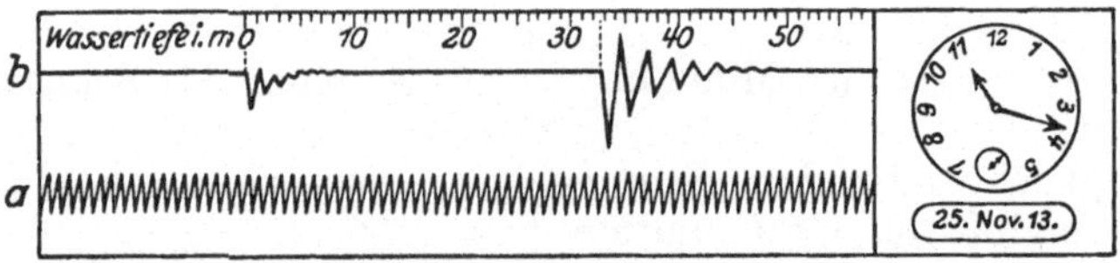

Abb. 56. Photogramm der Zeitregistrierung des BEHM-Echolots — schematisch.

Lichtpunkt auf dem Bromsilberpapier eine Sinuslinie a (Abb. 56), die als Zeitmaßstab dient. Gerät das Sonometer, vom Elektromagnet für kleine Bruchteile einer Sekunde losgelassen, in Schwingungen, so beschreibt der von K_2 herrührende Lichtpunkt eine rasch abklingende Kurve im Zug der Geraden b neben der Sinuslinie.

Der Bromsilberstreifen wird, vom Uhrwerk nach jeder Belichtung fortgezogen, selbsttätig entwickelt, fixiert und abgeschnitten, nachdem vorher noch eine Tiefenskale in m zu vorläufiger rascher Ablesung und das Zifferblatt einer Uhr mit laufender Zeitanzeige, mitphotographiert wurde.

Eine Lotung spielt sich hiernach, unter den schon früher (Abschnitt D, Ziff. 58) angeführten Voraussetzungen ab wie folgt.

Die Detonation der Knallkapsel erregt zunächst den Abgangsempfänger M_1, wodurch E_1 für einen Augenblick stromlos wird, die Sonometerfeder S abschnellt und den Abgang der Schallwelle in der angegebenen Weise registriert. Die vom Meeresboden reflektierte Schallwelle erregt bei ihrem Eintreffen an der Meeresoberfläche den Echoempfänger M_2, was kurze Stromunterbrechung von E_2, neuerliches Abschnellen von S und das Registrieren der Ankunft der Schallwelle zur Folge hat. Das Ergebnis auf dem Bromsilberpapierstreifen, der später nachfixiert werden kann, zeigt schematisch Abb. 56. Der Abstand der kurzen Wellenzüge in der Geraden b, von ihren Anfangspunkten an gemessen, ist ein Maß der Schallzeit und daher zugleich der Meerestiefe. Einen vorläufigen Wert gibt die Tiefenskale in m, einen genaueren Wert erhält man durch Messung auf Grund des Zeitmaßstabes a.

---

[1]) H. SIEVEKING u. A. BEHM, Ann. d. Phys. (4) Bd. 15, S. 793–814. 1904.

Die wohldurchdachten technischen Einzelheiten[1]) ermöglichen eine rasche und bequeme Bedienung des Apparates und beschränken die Zeit einer Lotung bis zur ersten Ablesung auf nur wenige Sekunden. Der Apparat scheint sich besonders für Lotungen im Dienste der Ozeanographie und Tiefseeforschung zu eignen.

III. Zeitregistrierung durch oszillierende Beleuchtung.

89. Der rotierende und schwingende Spiegel. Sieht man von der im Jahre 1826 von Poggendorff angegebenen Methode der Spiegelablesung mit Fernrohr und Skale zur Beobachtung kleiner Schwingungen und Drehungen ab, so haben die hierhergehörigen Verfahren ihre gemeinsame Wurzel in dem außerordentlich fruchtbaren Gedanken Wheatstones zur Messung der Fortpflanzungsgeschwindigkeit der elektrischen Entladung einen rotierenden Spiegel anzuwenden, auf den Foucault später seinen klassischen Versuch zur Messung der Lichtgeschwindigkeit gründete[2]). Seine Einzelheiten, bezüglich welcher auf Bd. XIX verwiesen wird, haben besonders A. A. Michelson (1878 und 1882) und S. Newcomb (1882) weiterentwickelt; sie sind vorbildlich geworden für viele andere Zweige der Physik.

Der rotierende Spiegel führt die Aufgabe der Messung der Fortpflanzungsgeschwindigkeit der Elektrizität und des Lichtes durch Hinzufügung der bekannten Winkelgeschwindigkeit des Spiegels von etwa 1000 Umdrehungen in 1 sec auf eine Zeitmessung zurück und erweist sich so als der weitaus empfindlichste aller bekannten Zeitmesser, indem er noch $1 \cdot 10^{-8}$ sec mit wenigen Zehnteln Prozent Fehler zu messen erlaubt. In dieser Hinsicht wurde er bisher nur von der Methode der schwingenden Elektrode von E. Marx zur Messung der Fortpflanzungsgeschwindigkeit der Röntgenstrahlen übertroffen, mit der Zeiten von $^1/_3 \cdot 10^{-9}$ sec auf 5% genau gemessen werden konnten[3]).

Eine technisch wichtig gewordene physikalische Anwendung des hin und her schwingenden (oszillierenden) Spiegels betrifft den von Blondel[4]) angegebenen und von Duddell[5]) in die besonders zweckmäßige bifilare Form gebrachten Oszillographen, der vornehmlich zur Sichtbarmachung und Registrierung von Wechselstromkurven dient.

Eine Drahtschleife in einem starken magnetischen Feld trägt einen kleinen Spiegel. Das System hat möglichst kleines Trägheitsmoment und möglichst große Richtkraft, so daß es den Schwingungen des hindurchgeleiteten Wechselstromes gut folgen kann. Ein vom Spiegel reflektierter Lichtstrahl macht sie mittels rotierenden Spiegels sichtbar oder registriert sie photographisch auf einer rotierenden Trommel (Achsen parallel zur Schwingungsrichtung des Lichtstrahls).

F. Braun[6]) ersetzte den schwingenden Spiegel durch ein dünnes zylindrisches Kathodenstrahlenbündel, dem der zu untersuchende Strom seine Schwingungsform aufprägt. Die Sichtbarmachung oder photographische Registrierung erfolgt mittels eines fluoreszierenden Schirmes in der Braunschen Röhre und Zuhilfenahme eines rotierenden Spiegels.

---

[1]) Vgl. die Literaturangaben in den Fußnoten zu Abschn. D, Ziff. 58.

[2]) Charles Wheatstone, Phil. Trans. 1834; J. B. Léon Foucault, C. R. Bd. 30, S. 551. 1850. Vgl. auch Ernst Mach, Die Prinzipien der physikalischen Optik, S. 37ff. 1921.

[3]) E. Marx, Verh. d. D. Phys. Ges. Bd. 7, S. 302—321. 1905; Leipziger Ber. Bd. 29 (51), S. 445—491. 1906. Nr. VI.

[4]) Blondel, C. R. Bd. 116, S. 502, 748. 1893.

[5]) W. Duddell, Electrician Bd. 39, S. 636. 1897.

[6]) F. Braun, Wied. Ann. Bd. 60, S. 552. 1897; Elektrot. ZS. Bd. 19, S. 204. 1898.

Den zeitlichen Verlauf von Explosionsdrucken hat kürzlich KEYS[1]) untersucht, indem er sie auf geeignet zugeschnittene Turmalinkristalle wirken ließ. Die erzeugten piezoelektrischen Ladungen wirkten in einem Plattenkondensator auf ein zwischen seinen Platten erzeugtes Kathodenstrahlenbündel, dessen Ablenkung ein Maß für die Größe der Ladungen bildet. Die zeitliche Verschiebung des Kathodenstrahlenbündels bewirkt ein Wechselstrom bekannter Frequenz, dessen magnetisches Feld parallel zum elektrischen Feld der Kondensatorplatten verläuft. Das schwingende Kathodenstrahlenbündel zeichnet dann auf einer photographischen Platte eine Ladung — Zeitkurve, aus welcher, auf Grund der linearen Beziehung zwischen Druck und Ladung der Turmalinkristalle, unmittelbar auf den Druck — Zeitverlauf geschlossen werden kann.

E. GEHRCKE[2]) vermied in seinem Glimmlichtoszillographen die Trägheit des schwingenden Systems durch Anwendung von negativen Glimmlichthüllen zweier gestreckter Drahtelektroden, deren Länge der Entladungsstromstärke proportional ist. Bringt man diese in Abhängigkeit von der zu untersuchenden hohen Wechselstromspannung und betrachtet die Glimmlichtröhre im rotierenden Spiegel, dessen Achse parallel zu den Elektroden ist, so zeigt sich die Stromkurve, die man photographisch festhalten kann.

Auf weitere Einzelheiten der zahlreichen Oszillographentypen soll jedoch hier nicht eingegangen werden, da sie in Bd. XVI unter „Meßgeräte und Meßmethoden" ausführlich behandelt sind[3]).

IV. Zeitregistrierung durch intermittierende Beleuchtung.

a) Machs Theorie der stroboskopischen Methode.

90. Das Wesen der stroboskopischen Methode. Das Wesen der stroboskopischen Methode besteht darin, die einzelnen Phasen einer rasch verlaufenden Bewegung durch sehr kurz andauernde oder periodische Beleuchtung wahrnehmbar zu machen. Sind die Perioden der Bewegung und Beleuchtung gleich, so sieht man den bewegten Körper stets in derselben Phase, also scheinbar ruhend. Ist die Periode der intermittierenden Beleuchtung etwas länger als jene der Bewegung, so werden stets etwas spätere Bewegungsphasen beleuchtet und sichtbar: die natürliche Bewegung des Körpers erscheint verlangsamt, und zwar um so mehr, je kleiner der Unterschied der Bewegungs- und der Beleuchtungsperiode ist. Ist die Beleuchtungsperiode kürzer als die Bewegungsperiode, so erfolgt die scheinbare Bewegung entgegen der wirklichen Bewegungsrichtung.

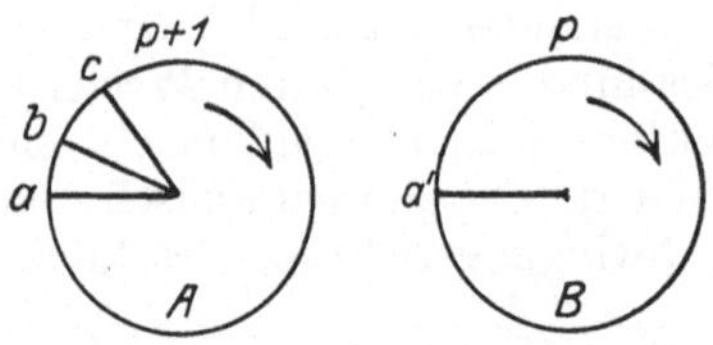

Abb. 57. Schema zur Erläuterung des Prinzips der stroboskopischen Methode.

91. Die quantitativen Verhältnisse. Die quantitativen Verhältnisse dieser Erscheinung erkennt man wie folgt. Die zu untersuchende Bewegung und der Verlauf der periodischen Beleuchtung seien beide in Abb. 57 durch Kreisbewegungen dargestellt. Die Bewegung A finde in der Richtung des Pfeiles in derselben Zeit $p+1$ mal

[1]) D. A. KEYS, Phil. Mag. (6) Bd. 42, S. 472—488. 1921. Vgl. auch C. E. WYNN-WILLIAMS, ebenda Bd. 49, S. 289. 1925; F. E. BEACH, Sill. Journ. (5) Bd. 9, S. 515. 1925.

[2]) E. GEHRCKE, Verh. d. D. Phys. Ges. Bd. 6, S. 176. 1904; Bd. 7, S. 63. 1905; ZS. f. Instrkde. Bd. 25, S. 33, 278. 1905. Diesen Gedanken hatte schon im Jahre 1870 ERNST MACH einer Reihe von Versuchen unterworfen: Optisch-akustische Versuche, S. 79f. 1873.

[3]) Vgl. auch E. ORLICH, Aufnahme und Analyse von Wechselstromkurven, 1906, 117 S., Heft 7 von „Elektrotechnik in Einzeldarstellungen". Braunschweig: Fr. Vieweg; ferner J. T. IRWIN, Oscillographs, 1925, 176 S.

statt, in der die Beleuchtung B $p$mal aufblitzt. Die Bewegung A beginne in a, wo sie von B einen in a' erzeugten Lichtblitz empfängt. Gibt B das nächste Mal in a' den zweiten Lichtblitz, so ist A über a hinaus nach b gelangt, beim dritten Lichtblitz in a' nach c usw. A vollführt also scheinbar einen ganzen Umlauf — eine stroboskopische Schwingung — so oft es um eine Schwingung mehr gemacht hat als B. Sind also die Schwingungszahlen in 1 sec von A $p+1$ und von B p, so findet gerade eine stroboskopische Schwingung in 1 sec statt.

Sind nun die Schwingungszahlen von A $n_1 = m(p+1)$ und von B $n_2 = mp$, so ist die Zahl der stroboskopischen Schwingungen in 1 sec $m = n_1 - n_2$. Ist $n_1 < n_2$, so scheint sich der Körper A entgegen dem Pfeil, d. i. umgekehrt zu bewegen. Voraussetzung ist dabei, daß sich n_1 und n_2 nur wenig voneinander unterscheiden, denn es ist $n_1/n_2 = 1 + 1/p$.

Seien nun n_1 und n_2 nicht nahezu gleich, und es mögen zunächst rp Schwingungen von A mit genau sp Schwingungen von B zusammenfallen, wobei r und s teilerfremd sind. Gibt jede Schwingung von B in derselben Phase einen Lichtblitz, so erscheint A in je r Schwingungen s-mal beleuchtet. Da aber bei den folgenden r Schwingungen wieder dieselben Phasen beleuchtet werden, so erscheint A ruhend und s-fach. Betrachtet man r Schwingungen von A als eine (r-fache) Schwingung und s Schwingungen von B als eine (s-fache) Schwingung, so sind die r-fache Schwingung von A und die s-fache von B von gleicher Dauer.

Es sollen nun weiter $r(p \pm 1)$ Schwingungen von A und sp Schwingungen von B in derselben Zeit ausgeführt werden. Dann entfallen $p \pm 1$ r-fache Schwingungen von A auf p s-fache Schwingungen von B, und jedes der s Bilder von A führt eine r-fache stroboskopische Schwingung gleich- oder gegensinnig aus.

Wenn nun A die Schwingungszahl $n_1 = mr(p \pm 1)$ und B die Schwingungszahl $n_2 = msp$ hat, so ist die Zahl der r-fachen stroboskopischen Schwingungen m oder der einfachen mr.

Da $mp = \frac{n_2}{s}$ ist $n_1 = \frac{r}{s} n_2 \pm mr$, also

$$\pm mr = n_1 - \frac{r}{s} n_2 .$$

Die Schwingungen finden also gleich- oder gegensinnig statt, je nachdem

$$n_1 \gtrless \frac{r}{s} n_2 .$$

Setzt man

$$\frac{n_1}{n_2} = \frac{r}{s} \pm \sigma ,$$

so fällt, je nach Wahl der ganzen Zahlen r und s, auch die Zahl der stroboskopischen Schwingungen in 1 sec verschieden aus. Sollen nun r, s und σ für das Verhältnis der Schwingungszahlen n_1/n_2 Werte ergeben, die eine stroboskopische Wahrnehmung herbeiführen, so muß zunächst die Dauer einer r-fachen Schwingung, also r/n_1 kleiner sein als die Dauer des Lichteindruckes, d. i. etwa $1/7$ sec bei mittlerer Tageshelle[1]), und σ wird nicht größer sein dürfen als 4 oder 5, wenn die Einzelheiten der Schwingungen noch gesehen werden sollen.

Bei diesen Betrachtungen ist eine Augenblicksbeleuchtung oder ein momentanes Sichtbarwerden des zu untersuchenden Körpers vorausgesetzt. Dies gilt

[1]) H. v. Helmholtz, Handb. d. physiol. Optik, 2. Aufl., S. 501. 1896. Die kleinste vom Auge noch unterscheidbare Zeit beträgt nach E. Mach 0,0470 sec, Wiener Ber. Bd. 51, S. 142. 1865.

z. B. für das Licht des elektrischen Funkens, dessen Dauer von der Größenordnung $1 \cdot 10^{-6}$ sec ist. Handelt es sich um eine rotierende Scheibe mit Schlitzen oder Löchern an ihrem Rande, dann darf die Breite der Öffnungen im Verhältnis zu ihrem Abstand nicht zu groß sein, weil sonst der Lichteindruck während eines zu großen Bruchteils der Schwingung andauern würde, was ein Verschwimmen der Bilder zur Folge hätte.

Im vorstehenden wurde die physikalische Theorie der stroboskopischen Methode nach MACH wiedergegeben[1]). Auf die zahlreichen späteren einschlägigen Untersuchungen physiologischer und psychologischer Natur kann hier nur verwiesen werden, doch sei angeführt, daß den jüngsten Forschungen zufolge beim Zustandekommen der bezüglichen Sinneswahrnehmungen psychische Vorgänge die Hauptrolle spielen, während die physiologischen Begleitumstände von sekundärem Einfluß sind[2]).

b) Anwendungen des stroboskopischen Prinzips.

α) Stroboskopische Scheibe und intermittierende Beleuchtung.

92. Erste Ausführung. Die stroboskopische Scheibe wurde von PLATEAU in Gent[3]) und einen Monat später von STAMPFER in Wien[4]), Ende 1832, unabhängig erfunden. PLATEAU machte den ersten präzisen und klaren Vorschlag, sie zur Untersuchung rascher periodischer Bewegungen zu benutzen, wenn man von älteren bloß ähnlichen Vorrichtungen absieht, wie z. B. dem Thaumatrop von Dr. PARIS a. d. J. 1827[5]).

Die stroboskopische Scheibe ist eine kreisrunde Scheibe aus Pappe, Holz oder Blech, die an ihrem Rande wenige Millimeter breite und wenige Zentimeter lange, rechteckige, radiale Schlitze trägt, deren Abstände ein Vielfaches der Schlitzbreite betragen. Sie ist um eine zu ihrer Ebene lotrechte Achse drehbar. Erteilt man ihr eine entsprechend große Winkelgeschwindigkeit und betrachtet durch die Schlitze eine unmittelbar nicht wahrnehmbare, rasch verlaufende Bewegung, z. B. eine schwingende Stimmgabel, Saite od. dgl., so hängt es lediglich von der Größe der Winkelgeschwindigkeit der Scheibe ab, in welcher scheinbaren Verlängerung ihrer Periode die Schwingungen sichtbar werden.

Schwingungen dieser Art lassen sich auch stroboskopisch sichtbar machen, wenn man durch die Schlitze der rotierenden Scheibe hindurchgegangenes Sonnen- oder künstliches Licht darauffallen läßt, wodurch es intermittierend wird. Dieser Gedanke stammt von DOPPLER (1845)[6]). Bald darauf hat i. J. 1849 A. H. L. FIZEAU die Lichtgeschwindigkeit mit Hilfe eines sehr rasch rotierenden Zahnrades gemessen (vgl. Bd. XIX), in dem man unschwer das Prinzip der strobokopischen Scheibe erkennt.

Periodisch intermittierendes Licht — unabhängig von der stroboskopischen

---

[1]) E. MACH, Optisch-akustische Versuche, S. 63ff. 1873.

[2]) WILH. WUNDT, Grundzüge der physiol. Psychologie, 5. Aufl., Bd. II, S. 580ff. 1902; P. LINKE, Theorie der Identifikationserscheinungen, Jenaer Habilitationsschr. 1907; KARL MARBE, Theorie der kinematographischen Projektionen, 1910, 80 S. Zusammenfassende Darstellung bei H. LEHMANN, Die Kinematographie, ihre Grundlagen und ihre Anwendungen, S. 15ff. 1911 (2. Aufl. von W. MERTÉ). Aus Natur u. Geisteswelt Nr. 358.

[3]) J. PLATEAU, Corresp. math. et physique de l'observ. de Bruxelles Bd. 7, S. 365. 1832; Pogg. Ann. Bd. 32, S. 647. 1834; Bull. de l'Acad. de Belg. Bd. 3, S. 364. 1836, im Wortlaut angeführt bei E. MACH, Optisch-akustische Versuche, S. 69ff. 1873.

[4]) J. STAMPFER, Die stroboskopischen Scheiben. Wien 1833; Pogg. Ann. Bd. 32, S. 646. 1834.

[5]) Vgl. z. B. H. LEHMANN, l. c., S. 20.

[6]) CHRISTIAN DOPPLER, Böhm. Ges. d. Wiss. (5) Bd. 3, S. 779. 1845.

Scheibe — hat MACH zuerst erzeugt, durch Verwendung der HELMHOLTZschen elektromagnetischen Stimmgabel als Lichtunterbrecher[1]). An einem Zinkenende wird ein Stückchen Blech mit einem feinen Schlitz angebracht, der in der Gleichgewichtslage der Stimmgabel einem gleichen Schlitz in einem größeren, festen Blechschirm gegenübersteht. Auf dem festen Schlitz entwirft man mit Heliostat und Sammellinse ein Sonnenbild oder benutzt eine künstliche Lichtquelle in ähnlicher Weise. Schwingt die Stimmgabel, so wird Licht nur beim Durchgang durch die Gleichgewichtslage durchgelassen, es ist also intermittierend in der Periode der Stimmgabel.

Der Vorgang der Sichtbarmachung einzelner Bewegungsphasen einer rasch verlaufenden Erscheinung mittels der stroboskopischen Methode ist umkehrbar. Betrachtet man durch Zeichnung oder Momentphotographie dargestellte einzelne Bewegungsphasen in fortlaufender Reihe durch die Schlitze einer rotierenden stroboskopischen Scheibe, so sieht man, bei geeigneter Wahl der Schlitzanzahl, Schlitzbreite und Winkelgeschwindigkeit, die natürlich verlaufende Bewegung. HORNER hat die Betrachtung erleichtert, indem er die Scheibe durch einen Zylinder mit Schlitzen parallel zu seiner Achse ersetzte [stroboskopischer Zylinder oder Schnellseher[2])]. Sein Apparat wurde später vom Photographen OTTOMAR ANSCHÜTZ zu Lissa in Posen in moderne Form gebracht.

93. Scheinbare Zeitvergrößerung und Zeitverkleinerung. Das stroboskopische Prinzip ermöglicht, wie aus vorstehendem hervorgeht:

α) Die scheinbare Zerlegung eines Bewegungsvorganges in seine zeitlichen Elemente: zeitliche (stroboskopische) Analyse.

β) Die scheinbare Zusammensetzung einzelner Phasen eines Bewegungsvorganges zu seinem zeitlichen Gesamteindruck: zeitliche (stroboskopische) Synthese.

Da man, auf Grund der MACHschen Theorie, über die stroboskopischen Konstanten (r, s, σ, Ziff. 91) zweckmäßig verfügen kann, läßt sich die Geschwindigkeit des Verlaufes der in beiden Fällen resultierenden stroboskopischen Erscheinungen nach Bedarf regeln. Gewöhnlich handelt es sich in beiden Fällen um eine scheinbare Zeitvergrößerung, so daß man den sonst nicht unmittelbar wahrnehmbaren Verlauf einer raschen Bewegung infolge ihrer beliebigen scheinbaren stroboskopischen Verlangsamung in allen seinen Einzelheiten verfolgen kann.

Im zweiten Fall läßt sich überdies durch Wahl des Zeitmaßstabes 1:1 der scheinbare Ablauf des Vorganges mit seiner natürlichen Geschwindigkeit herbeiführen; doch ist es auch möglich, eine scheinbare Zeitverkleinerung eintreten zu lassen, die eine gedrängte Zusammenfassung eines zeitlich lange ausgedehnten Vorganges ermöglicht. Weiter kann man die Zeit scheinbar negativ machen, wenn man den Vorgang rückläufig ablaufen läßt.

Auf das Prinzip der stroboskopischen Zeitvergrößerung und Zeitverkleinerung hat MACH schon im Jahre 1888 hingewiesen[3]). Zunächst war seine Durchführung nur für subjektive Beobachtung gelungen, und trotz frühzeitiger, bemerkenswerter Ansätze (Ziff. 94) ist seine einwandfreie Durchführung für objektive Beobachtung erst durch die Erfindung des Kinematographen erfolgt (Ziff. 99). Seither haben die hochentwickelten Verfahren der Momentphotographie und Kinematographie seine wissenschaftliche und praktische Anwendung in weitest-

---

[1]) E. MACH, Wiener Anz. 1870, Nr. 1; Optisch-akustische Versuche, S. 78f. 1873.

[2]) W. G. HORNER, Pogg. Ann. Bd. 32, S. 650. 1834. Für HORNERS stroboskopischen Zylinder sind noch folgende Namen üblich: Wundertrommel, Zootrop, Dädaleum.

[3]) E. MACH, Bemerkungen über wissenschaftliche Anwendungen der Photographie. Eders Jahrb. f. Photogr. 1888 und Pop.-wiss. Vorl., Art. 10.

gehendem Maße ermöglicht. Dadurch rechtfertigt sich der im nachstehenden gegebene kurze Überblick ihrer Entwicklung und ihres Wesens.

Für das Prinzip der Zeitverkleinerung hat L. MACH durch photographische Darstellung des Wachstums einer Pflanze ein besonders lehrreiches und zahlreicher weiterer Anwendungen fähiges Beispiel gegeben[1]).

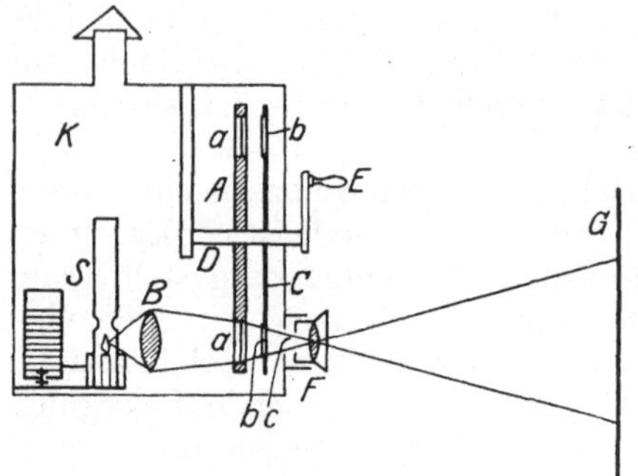

Abb. 58. Schema des ersten Apparates von UCHATIUS zur Projektion lebender Bilder.

β) Objektive stroboskopische Synthese.

94. Projektionsapparate von UCHATIUS. Die objektive Sichtbarmachung des aus Teilbildern stroboskopisch zusammengesetzten scheinbar lebenden Bildes durch Projektion auf einen Schirm bewirkte zum erstenmal UCHATIUS im Jahre 1845 mittels des in Abb. 58 schematisch dargestellten Apparates[2]).

In dem lichtdichten Kasten *K* sitzt auf der Achse *D* eine kreisrunde Scheibe *A*, mit durchsichtigen Teilbildern *a a* der einander folgenden Phasen eines Bewegungsvorganges und die stroboskopische Scheibe *C*, mit den Schlitzen *b b* vor jedem Teilbild. Die Beleuchtungslinse *B* sammelt das Licht der Petroleumlampe *S* auf dem zu unterst befindlichen Teilbild *a*, während das Objektiv *F*, mit der Blende *c*, durch Vermittlung des Spaltes *b*, das Bild *a* auf den Schirm *G* wirft. Versetzt man die Achse *D* mittels der Kurbel *E* in Umdrehung, so wandern die Teilbilder *b* unten vorüber und erscheinen, auf dem Schirm *G* übereinander projiziert, dem Auge als „lebendes Bild“.

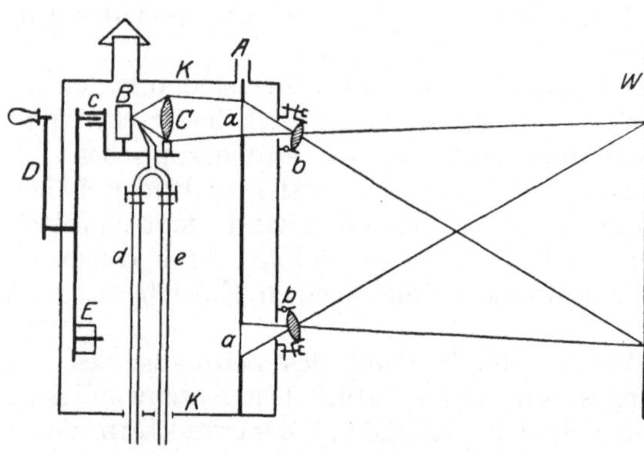

Abb. 59. Schema des zweiten Apparates von UCHATIUS zur Projektion lebender Bilder.

Die geringe Lichtstärke dieses Apparates führte UCHATIUS zur Konstruktion Abb. 59. In einem lichtdichten Kasten *K* sind die durchsichtigen Teilbilder *a a* in aufrechter Stellung am Umfang eines Kreises auf einem feststehenden hölzernen Schieber *A* angebracht. Vor jedem Bild befindet sich ein verstellbares Objektiv *b* in solcher Neigung, daß sich die optischen Achsen aller Objektive in der Bildentfernung auf dem Schirm *W* schneiden; dann decken sich dort alle Bilder. Zur Beleuchtung dient der im Knallgasstrom leuchtende Kalkzylinder *B* und

[1]) LUDWIG MACH, Über das Prinzip der Zeitverkürzung in der Serienphotographie. Scoliks photogr. Rundschau, April 1893.

[2]) FRANZ UCHATIUS (k. k. österr. Artill.-Hpt.), Wiener Ber. Bd. 10, S. 482—485. 1853. FRANZ FRH. V. UCHATIUS, Erfinder der sog. Stahlbronzegeschütze, ist als Feldmarschallleutnant und Direktor des Artilleriearsenals in Wien im Jahre 1881 gestorben [F. GATTI u. A. v. OBERMAYER, Geschichte der k. u. k. Technischen Militärakademie, Bd. II, S. 168. Wien: Braumüller 1905; A. v. LENZ, Lebensbild des Generals Uchatius. Wien 1904].

die Sammellinse C, die stets nur ein Bild beleuchtet. Die Lichtquelle wird durch einen Kurbelmechanismus D im Kreis herumgeführt, wobei der Beleuchtungsapparat seine aufrechte Stellung vermöge seiner Schwere beibehält, da er am Stift c leicht drehbar aufgehängt ist. Die elastische Gaszuleitung de bewegt sich dabei durch Öffnungen im Kastenboden auf und ab. Eine Bleimasse E dient als Gegengewicht.

Die Bewegung der Lichtquelle im Kreise bewirkt nach der Reihe die Projektion der Teilbilder auf derselben Stelle des Schirmes W, wodurch der Eindruck des lebenden Bildes entsteht. Den Apparat baute der Optiker PROKESCH in Wien und fertigte auch die Bilder dazu an, was mangels photographischer Verfahren damals mit Schwierigkeiten verbunden war. Wohl aus diesem Grunde konnte der Apparat keine Verbreitung finden und geriet gänzlich in Vergessenheit.

Beide Apparate von UCHATIUS sind jedoch hier angeführt worden, weil sie den Grundgedanken der später so erfolgreichen kinematographischen Projektion zum erstenmal klar und einfach verkörpert haben.

γ) Objektive stroboskopische Analyse.

95. Stroboskopisches Aufnahmeverfahren von LENDENFELD. Die zeitliche Analyse rasch verlaufender Bewegungsvorgänge mittels der stroboskopischen Methode erläutert in ausgezeichnet klarer Weise das stroboskopische Aufnahmeverfahren von LENDENFELD zum Studium des Insektenfluges[1]).

In Abb. 60 ist S eine um die horizontale Achse a mittels eines Elektromotors drehbare stroboskopische Scheibe, auf deren Spaltreihe mittels des Heliostaten H und der Sammellinse L_1 ein Sonnenbild entworfen wird. Das so intermittierend gemachte Licht dient zur Beleuchtung des zu untersuchenden Insekts J mittels der Sammellinse L_2 und der Blende B. Das Insekt befindet sich in einem Glaskästchen G, in das durch den Schlauch s Sauerstoff oder Dämpfe reizender Substanzen geleitet werden, um das Insekt zum Fliegen zu veranlassen.

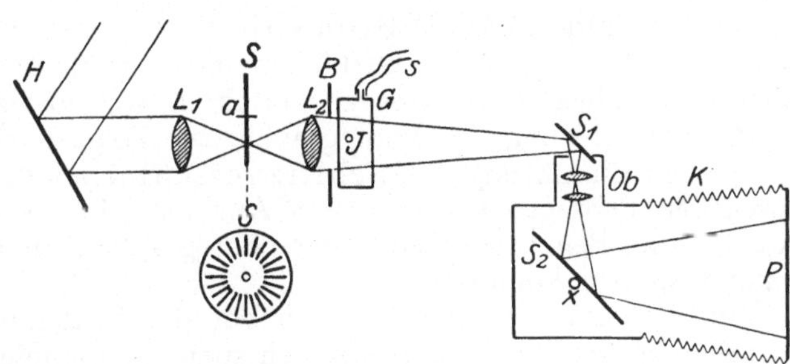

Abb. 60. Schema des stroboskopischen Aufnahmeverfahrens von LENDENFELD.

Zur Aufnahme dient die Kamera K, auf deren Mattscheibe (lichtempfindlicher Platte) P scharfe Bilder des Insekts mittels des Objektivs Ob und der beiden Hilfsspiegel S_1 und S_2 entworfen werden. S_1 ist verstellbar und S_2 kann um die Achse x (senkrecht zur Zeichenebene) mittels eines Elektromotors in rasche Umdrehung versetzt werden. Das intermittierende Licht hebt die einzelnen Phasen der Aufnahme heraus, während der rotierende Spiegel sie auf der Platte nebeneinander ordnet, so daß sie nicht übereinanderfallen.

Die stroboskopische Scheibe hat 36 cm Durchmesser, 50 3 cm lange und 0,5 mm breite Schlitze und macht 50 Umdrehungen in 1 sec und darüber, so daß rund 2500 Lichtblitze in 1 sec und ebenso viele Bilder entstehen. Auf einer

[1]) ROBERT v. LENDENFELD-Prag, Biolog. Zentralbl. (Rosenthal-Erlangen) Bd. 23, S. 227 bis 232. 1903.

Platte 18 × 24 cm haben 4 bis 10 Reihen zu 20 bis 40 Einzelbildern des Insektes Platz, die zusammen in etwa 0,2 sec zustande kommen. Zur Abschätzung der Zeit der Aufnahmen und ihrer Zwischenräume wird im Glaskästchen G ein fallendes Schrot mitphotographiert. Für $n = 50, 40, 30$ in 1 sec ergab sich die wirksame Belichtung zu $^1/_5$, $^1/_4$, $^1/_3 \cdot 10^{-5}$ sec, mit Zwischenräumen der Aufnahmen von $^1/_{2150}$ bis $^1/_{1600}$ sec. Die Notwendigkeit, die Aufnahmen so sehr zu verdichten leuchtet ein, wenn man bedenkt, daß die rasche Flügelbewegung mancher Insekten einen Ton hervorbringt. MAREY ermittelte nachstehende Schwingungszahlen von Insektenflügeln in 1 sec: Schmetterling 9, Libelle 28, Wespe 110, Biene 190, Hummel 240, Stubenfliege 330[1]).

δ) Momentphotographie.

96. Einzelbilder. Die stroboskopische Methode setzt Festhalten einzelner Phasen sehr rasch verlaufender Bewegungen durch Augenblicksbeleuchtung oder sonstwie herbeigeführtes momentanes Sichtbarwerden voraus. Diese Bedingung ließ sich graphisch erst durch die Momentphotographie einwandfrei erfüllen, welche die Belichtungszeit der Platte auf $1 \cdot 10^{-3}$ sec und weniger herabzudrücken erlaubte. Die Momentphotographie ist ermöglicht worden durch das Zusammenwirken dreier Konstruktionselemente der photographischen Kamera:

α) Das lichtstarke Objektiv, mit dessen erstmaliger Berechnung der Mathematiker JOSEF PETZVAL in Wien der Begründer der modernen photographischen Optik wurde und dessen Ausführung durch VOIGTLÄNDER, damals in Wien, im Jahre 1840, die erfolgreiche Entwicklung der Optotechnik einleitete[2]).

β) Die Entdeckung des Bromsilbergelatine-Trockenverfahrens durch den englischen Arzt R. L. MADDOX im Jahre 1871, das an Lichtempfindlichkeit alle bis dahin bekannt gewesenen Verfahren weit übertraf und einen ungeahnten, rapiden Aufschwung der Photographie zur Folge hatte.[3])

γ) Die Einführung des Schlitzverschlusses in die Momentphotographie durch den Photographen OTTOMAR ANSCHÜTZ in Lissa (Posen) im Jahre 1882, mit dem die Belichtungszeiten der photographischen Platte bis auf $1 \cdot 10^{-3}$ sec gekürzt werden konnten[3]).

Im Schlitzverschluß — ein vor der lichtempfindlichen Platte vorbeischnellender Schlitz — und in seinen späteren mannigfachen Abarten erblicken wir ein Element der stroboskopischen Scheibe, das eine Phase des rasch bewegten Gegenstandes durch Augenblicksbeleuchtung (Belichtung) der photographischen Platte mit größter Naturtreue festhält.

Als Ergebnis von Augenblicksbeleuchtungen ohne Anwendung irgendeines Verschlusses sind besonders bemerkenswert die ersten Blitzphotographien des Photographen R. HAENSEL in Reichenberg (1883) und von KAYSER in Berlin 1884[4]).

Aufgabe der Momentphotographie ist hiernach, Bilder von Augenblickslagen (einzelner Phasen) bewegter Gegenstände festzuhalten, die man sodann in beliebig langsamer Folge betrachten kann (Aufnahme von Einzelbildern).

---

[1]) Traité de physique biologique, Bd. I, S. 260—272. Paris: Masson 1901.

[2]) M. v. ROHR, Theorie und Geschichte des photographischen Objektivs, S. 246 bis 282, Berlin: Julius Springer 1899; Verzeichnis d. Arbeiten v. PETZVAL S. 421; L. GEGENBAUER, ZS. d. Österr. Ing u. Arch.-Ver. Bd. 54, S. 721—725, 737—741. 1902, A. v. OBERMAYER, ebenda Bd. 59, H. 15 u. 16. 1907.

[3]) J. M. EDER, Ausf. Handb. d. Photographie, 3. Aufl., Bd. I, 1. Teil, Geschichte der Photographie. Halle: Knapp 1905.

[4]) H. KAYSER, Wied. Ann. Bd. 25, S. 131—136. 1885.

97. Reihenbilder. Einen vollständigeren Einblick in den wahren Verlauf einer Bewegungserscheinung bieten aber erst mehrere photographisch festgehaltene, zeitlich möglichst benachbarte Augenblickslagen. Je kleiner der zwischen zwei solchen Lagen verstrichene Zeitraum, desto genauer die Kenntnis der Bewegungserscheinung. Eine Reihe einander unmittelbar folgender Einzelbilder eines Bewegungsvorganges nennt man Reihenbilder, Serienbilder oder chronophotographische Aufnahmen und spricht demgemäß von Serien- oder Chronophotographie.

Die ersten systematischen Aufnahmen dieser Art zum Studium der Bewegungsmechanik von Tieren machte E. MUYBRIDGE in San Franzisco im Jahre 1876 mittels einer Reihe von 12 bis 30 Kameras mit selbsttätig ausgelöstem Momentverschluß. Die Belichtungszeit betrug $2 \cdot 10^{-3}$ sec, das Intervall der Aufnahmen $4 \cdot 10^{-2}$ sec.

JULES MAREY (1830 bis 1904) benutzte dagegen zum Studium des Insekten- und insbesondere Vogelfluges nur eine Kamera und ein Objektiv, anfangs mit fester, später mit bewegter Platte in verschiedenen originellen Ausführungen, wie z. B. seine photographische „Repetierflinte". Der Lauf der Flinte enthält das Objektiv. Eine dahinter befindliche Trommel birgt die lichtempfindliche Platte und wird durch ein Uhrwerk jede Sekunde einmal um ihre Achse gedreht. Die Drehung wird durch Abziehen eines Züngels eingeleitet und erfolgt ruckweise in 12 Absätzen, wobei jedesmal ein Momentverschluß ausgelöst wird, der die Platte während $^1/_{700}$ sec belichtet. Die Flintenform soll rasches und sicheres Einstellen auf den Vogel ermöglichen.

Mit einem ähnlichen photographischen „Revolver" erhielt schon im Jahre 1874 der Astronom JANSSEN in Paris 70 Reihenaufnahmen eines Venusdurchganges.

Mit einer stroboskopischen Methode und Sonnenlicht erzielte MAREY von fliegenden Insekten bis 110 Bilder in 1 sec, mit $4 \cdot 10^{-5}$ sec Belichtungsdauer (seit 1883 systematische Forschungen in seinem photophysiologischen Laboratorium in Paris).

Die ersten Aufnahmen von MUYBRIDGE und MAREY waren Schattenbilder (Silhouetten), und erst nach und nach gelang es, an Einzelheiten reichere Bilder zu erhalten.

Die ersten vollendeten Momentaufnahmen in heutigem Sinn führte ANSCHÜTZ mit seinem obenerwähnten Schlitzverschluß seit Beginn der achtziger Jahre des vorigen Jahrhunderts aus und benutzte für seine Reihenaufnahmen, insbesondere der Gangarten des Pferdes, nach dem Vorgang von MUYBRIDGE, 24 selbsttätig bediente Kameras. Die Dauer aller 24 Aufnahmen konnte auf 0,72 bis 10 sec eingeschränkt werden, die Belichtungszeit mit dem „Rouleau Schlitzverschluß" auf $1 \cdot 10^{-1}$ bis $1 \cdot 10^{-3}$ sec. Diese Zeiten wurden mittels eines Funkenchronographen von Siemens (Abschnitt E, Ziff. 69 gemessen.

Bezüglich weiterer Einzelheiten muß auf die einschlägige Literatur verwiesen werden[1]).

98. Lebende Bilder. Die Einzel- und Reihenbilder der Momentphotographie stellen eine Präzisionsausführung der zeitlichen (stroboskopischen) Analyse eines Bewegungsvorganges dar. Wenngleich die zeitliche (stroboskopische) Synthese der Einzelbilder zum Gesamteindruck der Bewegungserscheinung mit der Entwicklung ihrer zeitlichen Analyse mehr oder weniger parallel

---

[1]) J. M. EDER, s. Fußnote 3, S. 264; die bekannten Lehr- und Handbücher von L. DAVID, A. MIETHE, G. PIZZIGHELLI und insbesondere J. M. EDER, Jahrb. f. Photogr. u. Reprod.-Technik.

lief (Ziff. 92), so hat es doch länger gedauert, bis auch da die gleiche Präzision objektiver Darstellung erreicht wurde wie bei der Reihenphotographie.

ANSCHÜTZ benutzte im Jahre 1891 das intermittierende Licht einer Geißlerröhre, um seine auf einer Trommel in richtiger Zeitfolge angeordneten Reihenbilder beim Vorbeidrehen an einer Schauöffnung zum Verschmelzen zu bringen. Die Dauer der Lichtblitze betrug etwa $1 \cdot 10^{-3}$ sec, jene der Intervalle zwischen dem Erscheinen zweier Bilder nur $^1/_{30}$ sec, und so war der Eindruck des „lebenden" Bildes ein sehr naturwahrer, doch schienen die Bilder an Ort und Stelle zu verharren und konnten nur von einer Person auf einmal betrachtet werden — sie waren subjektiv (elektrischer Schnellseher, Elektrotachyskop).

Dasselbe war bei EDISONS Kinetoskop (Mutoskop) der Fall (seit 1895), das aber die Bilder in vollkommen naturgetreuer, fortschreitender Bewegung zeigte. Die Reihenaufnahme erfolgte mit einer Kamera (Kinetograph), hinter deren Objektiv ein lichtempfindliches Zelluloidfilmband (1890 von LUMIÈRE in Lyon erfunden) mittels eines kleinen Elektromotors ruckweise, sehr rasch und gleichmäßig vorbeigeführt wurde. Nach je 2 cm Fortschreiten erfolgte während $^1/_{60}$ sec Stillstand und Augenblicksbelichtung. Das Filmband war 35 mm breit und etwa 30 m lang. In 1 sec wurden 48 Bildchen im Format 20×25 cm aufgenommen, in $^1/_2$ min entstanden 1440 Bilder. Das Positiv wurde in einem anderen Apparat (Kinetoskop) zur subjektiven Wiedergabe benutzt, indem es hinter einer Schauöffnung mit vergrößerndem Okular von einem Elektromotor mit der Geschwindigkeit der Aufnahme vorbeigeführt wurde, so daß das Auge 48 Bildeindrücke in 1 sec empfing. Ihre Vereinigung geschah durch intermittierendes Licht einer Glühlampe und einen 48 mal in 1 sec vorbeigedrehten Schlitz einer stroboskopischen Scheibe; Dauer eines Lichtblitzes $^1/_{7000}$ sec. Die Bilder waren klein und lichtschwach.

Die vergessenen Bemühungen UCHATIUS' (Ziff. 94), die stroboskopische Synthese durch Projektion auf einen Schirm einer Versammlung objektiv sichtbar zu machen, hat erst im Jahre 1891 der ehemalige Assistent MAREYS im Photophysiologischen Institut in Paris, M. G. DEMENY, aufgenommen und einen „Chronographen" für Reihenaufnahmen und ihre spätere Projektion an die Wand gebaut, der aber keine größere Verbreitung fand.

99. Kinematographie. Einen im vollsten Sinn durchschlagenden Erfolg erzielten erst die Brüder AUGUSTE und LOUIS LUMIÈRE in Lyon im Jahre 1894 mit ihrem Kinematographen, der eine ungewöhnlich rasche Entwicklung und beispiellose Verbreitung fand.

Ohne auf Einzelheiten näher einzugehen, die in der einschlägigen Literatur nachzulesen sind[1]), möge, seiner großen wissenschaftlichen Bedeutung wegen, nur seine allgemeine Einrichtung kurz angegeben werden. Wenngleich man Aufnahme und Projektion prinzipiell mit demselben Apparat bewirken kann, werden diese Verrichtungen jetzt, ihrer weit vorgeschrittenen Differenzierung wegen, fast immer mittels getrennter Apparate ausgeführt.

Der Aufnahmeapparat besteht aus einer photographischen Kamera, in deren Bildebene hinter einem äußerst lichtstarken Objektiv (z. B. Zeiß-Tessar 1:3,5) ein 35 mm breites, lichtempfindliches Zelluloidfilmband äußerst gleichmäßig, ruckweise vorbeigeführt wird. Dies bewirkt ein besonderer, durch eine Kurbel betätigter Mechanismus, der das etwa 200 m lange Filmband von einer Rolle ab- und auf eine andere aufwickelt. Ein Exzenter (Greifer, Malteserkreuz) besorgt die ruckweise Bewegung, indem Stifte in Löcher am Rande des Filmbandes eingreifen und es während $^2/_{45}$ sec am Objektiv festhalten und

[1]) H. LEHMANN, s. Fußnote 2, S. 260; K. W. WOLF-CZAPEK, Die Kinematographie, 2. Aufl. 1911; F. P. LIESEGANG, Handb. d. prakt. Kinematographie, 5. Aufl. 1918.

während $^1/_{45}$ sec um 2 cm weiterschieben. Während des Stillstandes erfolgt die Belichtung durch einen Sektorenmomentverschluß innerhalb $^1/_{50}$ bis $^1/_{70}$ sec. Die Bildchen sind gewöhnlich 18 × 24 mm groß, und da ihr Intervall $^1/_{15}$ bis $^1/_{20}$ sec beträgt, erhält man in 1 min etwa 900 Bilder. Das Entwickeln und Fixieren erfolgt, abgesehen von den durch die Filmlänge bedingten, besonderen technischen Einrichtungen, wie gewöhnlich. Ein positives Bildband erhält man durch Kontaktkopie mit Hilfe geeigneter Kopiermaschinen.

Die Apparate zur Wiedergabe — Kinoprojektoren — haben sich zu Präzisionsmaschinen mit elektromotorischem Antrieb entwickelt. Für eine richtige Wiedergabe muß die Filmbewegung in genau gleicher Weise erfolgen wie während der Aufnahme. Die Erfüllung dieser Bedingung obliegt vor allem wieder dem Malteserkreuz. Die Beleuchtung der ruckweise festgehaltenen Bildchen besorgt eine elektrische Projektionslampe, ihre Abbildung auf dem Projektionsschirm ein Objektiv, vor dem eine rotierende Blendenscheibe mit sorgfältig dimensionierten Sektoren für die richtige Intermittenz der Beleuchtung sorgt[1]), um in Ergänzung der Wirkungen der Bildfrequenz das Flimmern zu vermeiden.

Wie E. MACH bemerkt hat, gibt uns die Kinematographie die Möglichkeit, Maßstab und Vorzeichen der Zeit beliebig zu ändern. Das Ablaufen des Films läßt sich durch Regelung der Drehzahl des Elektromotors beliebig verlangsamen und so ein genauerer Einblick in den zeitlichen Verlauf von Bewegungserscheinungen erzielen (Zeitvergrößerung, Zeitlupe), was u. a. von Bedeutung für die physiologische Mechanik ist. Die rückläufige Bewegung des Films täuscht negativen Zeitablauf vor. Vereinigung zeitlich weit auseinanderliegender Phasen einer Erscheinung (z. B. Wachsen von Pflanzen, Ziff. 93) im ablaufenden Film täuscht Zeitverkleinerung vor (Zeitrafferaufnahmen).

Die vielfach, insbesondere für wissenschaftliche Zwecke, versuchten Ausführungen von Kinematographen mit stetig fortbewegtem Filmband und „optischem Ausgleich" zur Erzielung der stroboskopischen Wirkung, deren Entwicklung gleichzeitig mit dem gewöhnlichen Kinematographen begann, können hier nur erwähnt werden. Eine praktisch wirklich erfolgreiche Konstruktion rührt von LEHMANN her und wurde von den ERNEMANN-Werken in Dresden ausgeführt[2]).

Vor dem lichtstarken Aufnahmeobjektiv (1 : 3,5) rotiert gleichförmig ein Prisma mit etwa 40 spiegelnden Flächen um eine zur Achse der Filmtransportrollen parallele Achse und reflektiert das von einem festen, unter 45° zur optischen Achse geneigten Spiegel kommende Licht in die Richtung der Achse des Objektivs, hinter dem das Filmband in Brennweite gleichförmig vorbeigeführt wird. Winkelgeschwindigkeit der Spiegeltrommel und Geschwindigkeit des Filmbandes sind derart abgeglichen, daß letzteres den Öffnungswinkel des Objektivs in derselben Zeit durchmißt wie das von der rotierenden Spiegeltrommel mit doppelter Winkelgeschwindigkeit reflektierte Licht. Filmband und reflektiertes Licht stehen also relativ zueinander still: die Filmbewegung ist optisch aufgehoben, so daß die Augenblicksaufnahme erfolgt wie auf ruhender Platte. Bei einer Filmgeschwindigkeit von etwa 6 bis 10 ms^{-1} entstehen 350

[1]) K. MARBE, Theorie der kinematographischen Projektionen. 1910; A. KLUGHARDT, Das Auflösungsvermögen des Normalkinematographen. ZS. f. Instrkde. Bd. 39, S. 146 bis 153. 1919.

[2]) H. LEHMANN, Über neue kinematogr. Theorien und App. Photogr. Korresp. Bd. 53, S. 217—230. 1916; A. KLUGHARDT, Der Hochfrequenzkinematograph „Zeitlupe". Central-Ztg. f. Opt. u. Mech. Bd. 40, S. 199—202. 1919; ZS. f. Instrkde. Bd. 41, S. 201 bis 212. 1921.

bis 500 Einzelbilder in 1 sec. Das Auflösungsvermögen dieses Hochfrequenzkinematographen ist also gegenüber dem gewöhnlichen Kinematographen (Filmgeschwindigkeit etwa 40 bis 50 cm/sec^{-1}, Bildfrequenz 16 bis 20 Bilder in 1 sec) rund um das 20- bis 25fache gesteigert. Auf diese Weise gelingt es, die raschesten Bewegungen, die sich der Aufnahme mit dem gewöhnlichen Kinematographen entziehen, wie z. B. den Flug von Artilleriegeschossen, bei Tageslicht zu analysieren (vgl. w. u. Ziff. 109 bis 111). Hierfür ist noch eine zwischen 1 bis 38 mm Breite verstellbare Schlitzblende vorgesehen.

Der Film kann im Prinzip mit dem Aufnahmeapparat, ohne Blenden und ganz frei von Flimmern, projiziert werden. Projiziert man ihn mit dem gewöhnlichen Kinoprojektor, so spielen sich die Vorgänge auf dem Projektionsschirm, nach vorstehendem, rund 20- bis 25mal langsamer ab wie bei der Aufnahme.

Für Zwecke wissenschaftlicher Forschung wurde der Kinematograph, abgesehen von der Verwendung in seiner gewöhnlichen Form und besonders als Hochfrequenzkinematograph, auch mit den Einrichtungen für Mikrophotographie (Mikrokinematographie) und mit dem Ultramikroskop in Verbindung gebracht.

In ersterer Hinsicht sind z. B. Mikrokinematogramme der BROWNschen Molekularbewegung von SEDDIG[1]) besonders bemerkenswert, sowie jene der LOEBschen Versuche über die Befruchtung und Zellteilung des Seeigeleies von RIES[2]); in letzterer Hinsicht sind ultramikroskopische Kinematogramme der Bewegung von Leukozyten und Fetteilchen im Blute von REICHER[3]) und lebender Trypanosomen und Spirochäten von COMANDON[4]) aufgenommen worden.

Es bestehen ferner auch Einrichtungen für Röntgenkinematographie; solche für stereoskopische Kinematographie und Kinematographie in natürlichen Farben befinden sich im Versuchsstadium[5]).

ε) Elektrische Momentphotographie.

100. Allgemeines. Bei sehr großen Geschwindigkeiten, etwa von der Größenordnung der Geschoßgeschwindigkeiten, versagen die vorbesprochenen Methoden der Momentphotographie, wenn es sich um das Festhalten einzelner Bewegungsphasen handelt, abgesehen vom Hochfrequenzkinematographen. Die Geschoßgeschwindigkeiten nähern sich $1 \cdot 10^3$ ms^{-1}, und selbst während nur $1 \cdot 10^{-3}$ sec Belichtungszeit, wie sie der Rouleauschlitzverschluß von ANSCHÜTZ ermöglicht, legt das Geschoß den Weg von 1 m zurück, was auf der Platte einer kurzbrennweitigen Kamera eine Bildverschiebung von ungefähr 3 cm ergibt, somit eine Aufnahme ausschließt.

MACH erkannte schon im Jahre 1873 in dem äußerst kurz andauernden elektrischen Funken ein vorzüglich geeignetes Mittel, solche Aufgaben zu lösen (vgl. Ziff. 91)[6]), und wendete es im Jahre 1884 zum erstenmal zur photographischen Aufnahme fliegender Geschosse, in vollständig verdunkeltem Raum und unter Verzicht auf jeden Verschluß der Kamera, an[7]). Da die Dauer des elektrischen Entladungsfunkens von der Größenordnung $1 \cdot 10^{-6}$ sec ist, sinkt die vorerwähnte Bildverschiebung eines Geschosses auf etwa $3 \cdot 10^{-2}$ mm, so daß vollkommen scharfe Bilder zu erwarten waren.

[1]) M. SEDDIG, Eders Jahrb. f. Photogr. u. Reprod.-Technik, Jg. 1912, S. 654ff.
[2]) JULIUS RIES, Kinematographie der Befruchtung und Zellteilung. Bern 1909.
[3]) K. REICHER, Berliner klin. Wochenschr. vom 3. Aug. 1908 u. 1910, S. 484.
[4]) J. COMANDON, C. R. Bd. 149, S. 938—941. 1909.
[5]) Einschlägige Literatur s. bei F. P. LIESEGANG, Handb. d. prakt. Kinematogr., 1918.
[6]) E. MACH, Optisch-akustische Versuche, S. 68f. 1873.
[7]) E. MACH u. J. WENTZEL, Wiener Ber. Bd. 92, S. 625—638. 1885.

Nach einigen Vorversuchen erhielt MACH mit SALCHER und RIEGLER im Jahre 1886 die ersten Geschoßaufnahmen mittels elektrischer Momentphotographie, wobei er auch die schon früher vermutete Erscheinung der knallenden Kopfwelle bei Überschallgeschwindigkeit des Geschosses entdeckte[1]) (s. Bd. VIII, Akustik).

Abgesehen von der physikalischen Bedeutung dieser Entdeckung hat sich die MACHsche elektrische Momentphotographie als ein Forschungsmittel seltener Fruchtbarkeit erwiesen. Seit etwa 1897 wurde sie von CRANZ systematisch gepflegt und weiterentwickelt und ist so, insbesondere nach Gründung des seiner Leitung anvertrauten Ballistischen Laboratoriums an der Militärtechnischen Akademie in Berlin im Jahre 1903 (aufgelöst 1918) zu einer Hauptgrundlage des physikalischen Teils der experimentellen Ballistik geworden. Da hierbei exakten Zeit- und Geschwindigkeitsmessungen eine führende Rolle zukommt, sollen zunächst die Grundzüge der Methoden von MACH und daran anschließend einige neuere Ergebnisse auf diesem Forschungsgebiet kurze Besprechung finden.

101. Aufnahmeverfahren von ERNST MACH. Da MACH vor allem die vom bewegten Geschoß in der umgebenden Luft erzeugten Vorgänge erforschen wollte, bediente er sich zugleich der von TOEPLER 1864 zu hoher Vollkommenheit entwickelten Schlierenmethode[2]).

Hiernach bestand seine Versuchsanordnung vom Jahre 1884 nach Abb. 61 zunächst aus der Sammellinse L und der Blende B nach TOEPLER. O ist das Objektiv einer photographischen Kamera K ohne Verschluß, G das in der Richtung des Pfeiles abgefeuerte Geschoß. Im Stromkreis einer Leidener Batterie C, die von der Influenzmaschine J geladen wurde, lag die Unterbrechungsstelle U (zwei in Glasröhrchen eingeschlossene Drähte) in der Flugbahn des Geschosses und die Beleuchtungsfunkenstrecke F. Sobald das abgefeuerte Geschoß U kurzschloß (durch Zertrümmerung der Glasröhrchen und Überbrückung des Zwischenraumes der Drähte), entlud sich C durch die Beleuchtungsfunkenstrecke F, deren Funkenlicht das Geschoß als Schattenbild — bei Überschallgeschwindigkeit auch mit den Einzelheiten der Kopfwelle — auf der lichtempfindlichen Platte der Kamera abbildete. Der Versuchsraum war natürlich vollständig verdunkelt.

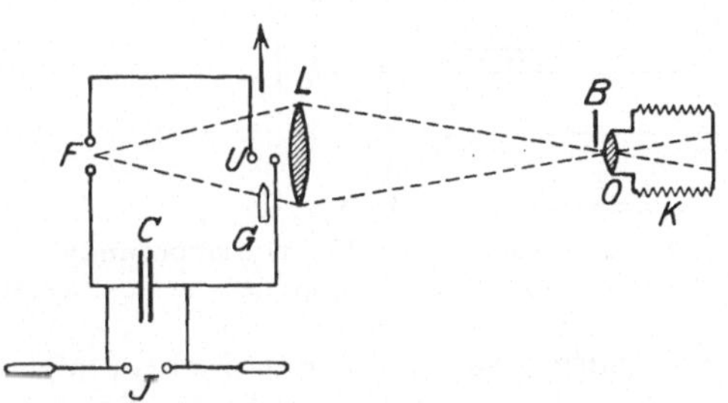

Abb. 61. Schema der Versuchsanordnung von ERNST MACH zur Photographie von Geschossen.

Die Versuchsanordnung wurde bald darauf, gemeinsam mit L. MACH, in mancher Hinsicht vereinfacht und verbessert (z. B. Funkenauslösung U durch Überbrücken zweier Drahtgitter, Beleuchtungsfunkenstrecke F aus Magnesiumdraht) und ergab Geschoßbilder in etwa ein Drittel natürlicher Größe[3]). Es wurden normale 11-mm-WERNDL-Geschosse von 440 ms^{-1} Anfangsgeschwindig-

[1]) E. MACH u. P. SALCHER, Wiener Ber. Bd. 95, S. 764—780. 1887 (Versuche an der Marineakademie in Fiume); Bd. 98, S. 41—50. 1889 (Versuche in Pola und Meppen); E. MACH, ebenda Bd. 97, S. 1045—1052. 1888; Bd. 98, S. 1257—1276. 1889.

[2]) A. TOEPLER, Beobachtungen nach einer neuen optischen Methode. Bonn 1864; Pogg. Ann. Bd. 127, S. 556. 1866; Bd. 128, S. 126. 1866; Bd. 131, S. 33, 180. 1867; OSTWALDS Klassiker d. exakt. Wiss. Nr. 157 u. 158.

[3]) E. MACH u. L. MACH, Wiener Ber. Bd. 98, S. 1310—1326. 1889; E. MACH, ebenda Bd. 101, S. 977—983. 1892; E. MACH u. B. DOSS, ebenda Bd. 102, S. 248—252. 1893.

keit und Versuchsgeschosse aus Messing und Aluminium verschiedener Formen von 500 bis 900 ms^{-1} Anfangsgeschwindigkeit aufgenommen. Aus der kleinen Verlängerung des Geschoßbildes in der Bewegungsrichtung, die von der Dauer des wirksamen Funkenlichtes herrührte, ergab sich, bei einer Geschoßgeschwindigkeit von rund 500 ms^{-1} und der auf natürliche Größe zurückgeführten Verlängerung (1 mm), die Dauer der Funkenbeleuchtung mit etwa $2 \cdot 10^{-6}$ sec.

Störend wirkten die Drahtgitter, sowohl bei Entladung der Leidener Flaschen als auch durch Verunstaltung der Bilder, auf denen sie mit zahlreichen reflektierten Luftwellen erschienen, so daß weitere Abänderungen nahegelegt waren, die alsbald L. MACH mit sorgfältiger und umsichtiger Experimentiertechnik so erfolgreich durchzuführen verstand, daß die Vollkommenheit der Geschoßaufnahmen kaum mehr etwas zu wünschen übrigließ[1]).

102. Aufnahmeverfahren von LUDWIG MACH. Ein Schema der neuen Versuchsanordnung von L. MACH (1896) zeigt Abb. 62. Als Kopf der Schlierenaufstellung diente statt der Linse L (Abb. 61) ein Hohlspiegel S aus versilbertem Glas (15,6 cm Öffnung, 1,6 cm Brennweite). Das photographische Objektiv O war ein STEINHEILscher Gruppenantiplanet (78 mm Öffnung, 44 cm Brennweite), der auf der Platte der Kamera K von einem 23 mm langen Geschoß 9 mm lange, scharf definierte Bilder entwarf. Die Blende B war mikrometrisch äußerst fein einstellbar, um sehr gleichmäßige Erleuchtung des Gesichtsfeldes herbeizuführen. Die Beleuchtungsfunkenstrecke F bestand aus Magnesiumelektroden, eine Linse l sammelte das Lichtbündel I auf S.

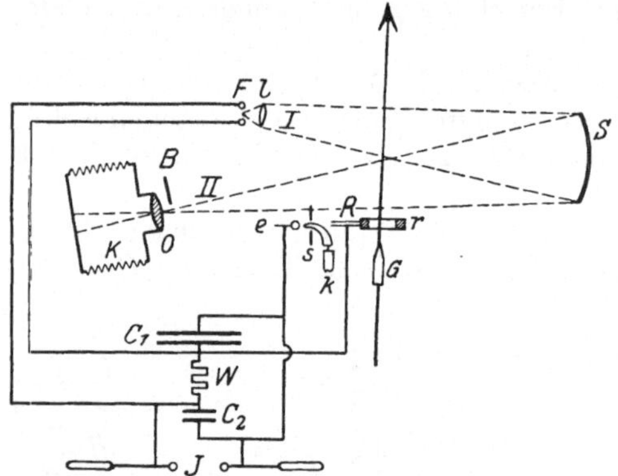

Abb. 62. Schema der Versuchsanordnung von LUDWIG MACH zur Photographie von Geschossen.

Die Funkenauslösung bestand aus einem auf ein Messingrohr R gesteckten Holzreif r, den das abgefeuerte Geschoß G durchsetzte. Seine Kopfwelle durchlief das Rohr und blies eine Gas- oder Kerzenflamme k durch die Bohrung eines Blechschirmes s gegen eine kugelförmige Elektrode e. Da diese und das Rohr R mit den entgegengesetzten Belegungen einer großen Leidener Flasche C_1 (z. B. 3500 cm Kapazität) verbunden waren, entlud sie sich durch die ionisierten Flammengase. Hierdurch entstand zwischen den inneren Belegungen von C_1 und der kleineren Leidener Flasche C_2 (z. B. 500 cm Kapazität), vermöge des zwischengeschalteten Wasserwiderstandes W, eine Potentialdifferenz, welche die Beleuchtungsfunkenstrecke F erregte[2]). Die Ladung der Leidener Flaschen besorgte die Influenzmaschine J.

Das unter einem Winkel von ungefähr 4° zum Lot der Achse der Schlierenaufstellung abgefeuerte Geschoß G wurde nach sorgfältiger Einstellung aller Teile der Versuchsanordnung vom Strahlenbündel II auf der hochempfindlichen Schleußnerplatte der Kamera K abgebildet. Die Entwicklung der Platte beanspruchte nach einem besonderen Verfahren 1 bis 2 Stunden.

Es wurden zahlreiche, aus einem 8-mm-Mannlichergewehr mit Anfangsgeschwindigkeiten von 420 bis 974 ms^{-1} verfeuerte Geschosse aufgenommen.

---

[1]) L. MACH, Wiener Ber. Bd. 105, S. 605–633. 1896.

[2]) Vgl. C. CRANZ, Lehrb. d. Ballistik Bd. III, S. 248ff. 1913 und B. GLATZEL, Elektrische Methoden der Momentphotographie. Samml. Vieweg, Heft 21. 1915.

Es waren zum Teil normale Stahlmantelgeschosse, zum Teil Versuchsgeschosse aus Messing und Aluminium mit verschieden geformter Spitze, eben abgestumpften Enden oder auch hinten zugespitzt, um den Einfluß dieser Formen auf die Gestalt der Kopfwelle zu studieren. Von den zahlreichen vortrefflichen Aufnahmen L. MACHS sei nur eine in Abb. 63 wiedergegeben, während Abb. 64 ein im Jahre 1918 mit den ständigen, vervollkommneten Präzisionseinrichtungen des Ballistischen Laboratoriums von CRANZ, nach dem L. MACHschen Verfahren aufgenommenes S-Geschoß zeigt.

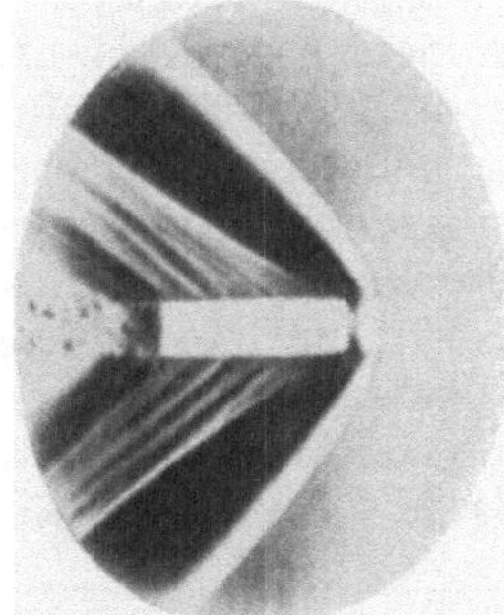

Abb. 63. Abgestumpftes 8-mm-Mannlicher Stahlmantelgeschoß, 518 ms^{-1}, Blendenkante senkrecht zur Geschoßachse. Aufnahme von LUDWIG MACH 1896, nach dem nicht retuschierten Originalnegativ vergrößert im Verhältnis 1:1,16 (wahre Länge der großen Achse des elliptischen Feldes 37 mm).

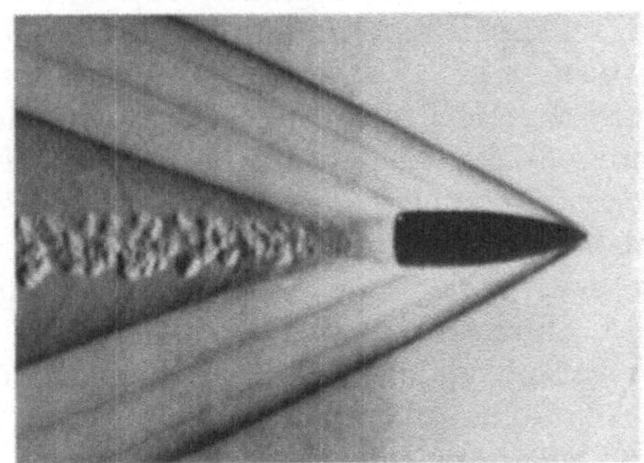

Abb. 64. Normales 8-mm-S-Geschoß, 888 ms^{-1}, Blendenkante senkrecht zur Geschoßachse. Aufnahme von CRANZ, 1918, in Originalgröße.

Man bemerkt in Abb. 63 eine zarte Begrenzungslinie der Kopfwelle, die als Beugungserscheinung aufzufassen ist. Sie erscheint aus dem in Ziff. 101 angegebenen Grunde doppelt (unter Umständen auch dreifach als Folge der Lichtmaxima der Funkenoszillationen), so daß sich hieraus die Dauer der wirksamen Funkenbeleuchtung mit rund $^1/_8 \cdot 10^{-5}$ sec berechnen läßt.

Um an verschiedenen Stellen der Kopfwelle quantitative Messungen der Luftdichte mit größerer Genauigkeit vornehmen zu können, als es die Schlierenmethode von TOEPLER zuließ, schoß L. MACH durch das Feld eines von ihm zu diesem Zweck gebauten Interferenzrefraktometers[1]). Auf weitere Einzelheiten dieser Arbeiten und auf ihre für die Theorie des Luftwiderstandes ausschlaggebenden Ergebnisse, kann jedoch hier ebensowenig eingegangen werden wie auf die primitiveren direkten Schattenverfahren von C. V. BOYS und Q. MAJORANA-CALATABIANO und A. FONTANA, und muß diesbezüglich auf die zitierten Originalarbeiten und das Lehrbuch der Ballistik von CRANZ verwiesen werden[2]).

ζ) Elektrische Reihenphotographie.

103. Aufnahmeverfahren von CRANZ. Wie mittels der gewöhnlichen Momentphotographie versuchte man alsbald auch mittels ihrer elektrischen Methoden durch Festhalten mehrerer zeitlich möglichst benachbarter Phasen einen genaueren Einblick in den Verlauf sehr rascher Bewegungen zu erhalten.

Zunächst versuchten CRANZ und KOCH den Verlauf der sog. Explosionswirkung von Infanteriegeschossen mit Hilfe des MACHschen Verfahrens auf diese

---

[1]) L. MACH, Wiener Ber. Bd. 101, S. 5—10. 1892; Bd. 102, S. 1035—1056. 1893.

[2]) C. CRANZ, Lehrb. d. Ballistik Bd. III, S. 250—257, 244—250, 1913; Bd. I (5. Aufl.), S. 36ff. 1925. Eine anziehende Darstellung seiner Versuche über Geschoßphotographie hat E. MACH selbst 1897 gegeben und in seinen Pop.-wiss. Vorl., Art. 18, veröffentlicht.

Weise aufzuklären[1]). Es war aber vorerst nicht möglich, aufeinanderfolgende Phasen desselben Explosionsvorganges zu erhalten. Vielmehr mußte eine Reihe von Explosionsvorgängen unter möglichst identischen Versuchsbedingungen eingeleitet werden, um von jedem das Bild einer immer etwas späteren Phase aufnehmen zu können. Dies geschah in folgender Weise.

In Abb. 65 stellt *G* einen mit Wasser gefüllten Blechzylinder dar, der an der Einschußseite mit Pergamentpapier, an der Ausschußseite mit einer Gummihaut verschlossen war und in der Pfeilrichtung (Zylinderachse) durchschossen wurde, was seine „Explosion" herbeiführte. *F* war die Beleuchtungsfunkenstrecke, *S* der Hohlspiegel, *1* die im Zylinderinneren angebrachte Glasröhrchenauslösung, *C* die Leidener Flasche und *K* die photographische Kamera der MACHschen Versuchsanordnung. Die entsprechend umgeänderte Auslösevorrichtung wurde nach und nach immer weiter nach vorn, schließlich in die Lagen *2*, *3*, *4*, *5* usw. verlegt, so daß, nach jedesmaligem Auswechseln des Versuchsgefäßes *G* durch ein gleiches anderes, die den aufeinanderfolgenden Geschoßarten entsprechenden Zustände des Explosionsverlaufes abgebildet wurden. Durch eine Reihe solcherart nacheinander aufgenommener, unmittelbar benachbarter Phasen des Explosionsvorganges konnte sein lange Zeit umstrittener Verlauf in allen seinen Einzelheiten geklärt werden.

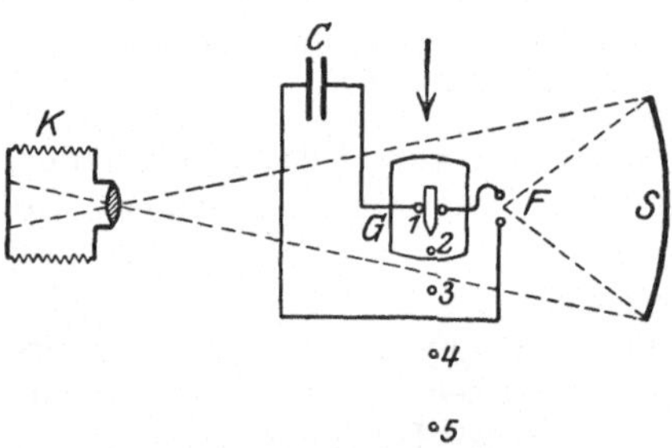

Abb. 65. Schema der Versuchsanordnung von CRANZ und KOCH für Reihenaufnahmen eines Explosionsvorganges.

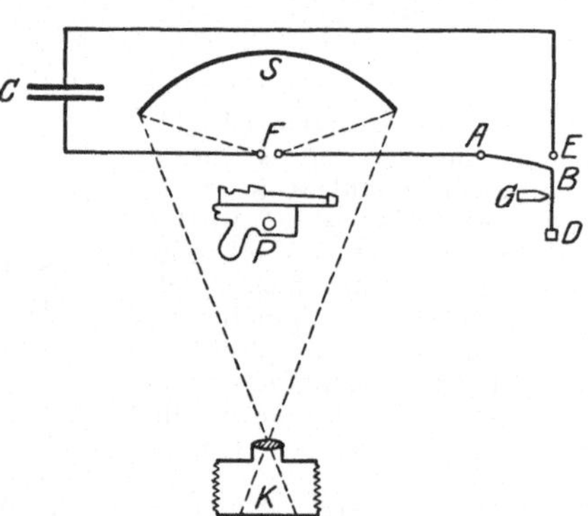

Abb. 66. Schema der Versuchsanordnung von CRANZ für Reihenaufnahmen von Schußwaffen.

Abb. 66 zeigt dieselbe Versuchsanordnung, der Untersuchung von Schußwaffen angepaßt[2]).

An Stelle des Blechzylinders *G* (Abb. 65) tritt die zu untersuchende Waffe, z. B. eine Selbstladepistole *P*. Als Auslösevorrichtung dient eine Stahllamelle *A B*, die durch ein am Faden *BD* hängendes Gewicht *D* gespannt wird. Beim Durchschießen des Fadens schnellt die Lamelle gegen den Kontakt *E* und schließt dadurch den Entladungsstromkreis der Leidener Flasche *C*, die sich durch die Beleuchtungsfunkenstrecke *F* entlädt und so die Pistole *P* auf der Platte der Kamera *K* abbildet. Die Auslösung wird zunächst so angebracht, daß sie im Augenblick des Geschoßbodenaustrittes aus dem Lauf in Tätigkeit kommt. Bei den folgenden Schüssen wird sie immer weiter nach vorn verlegt, so daß immer spätere Phasen des Zustandes der Waffe abgebildet werden.

Durch solche Reihen (Serien) nacheinander bewirkter Einzelaufnahmen ließ sich eine ganze Anzahl wichtiger ballistischer Fragen, wie z. B. das Verhalten

[1]) C. CRANZ u. K. R. KOCH, Ann. d. Phys. (4) Bd. 3, S. 247—273. 1900; C. CRANZ, Lehrb. d. Ballistik Bd. I (5. Aufl.), S. 457—493. 1925.

[2]) C. CRANZ, Anwendung der elektrischen Momentphotographie auf die Untersuchung von Schußwaffen. Halle: Knapp 1901; Lehrb. d. Ballistik Bd. III, S. 288ff. 1913.

des Verschlußmechanismus während des Schusses, seine Abdichtung des Laufes, das Ausströmen von Pulvergasen vor und hinter dem Geschoß u. dgl., einwandfrei lösen.

Eine Verbesserung erfuhr das Verfahren durch Ausbildung von Methoden zur Vorderbeleuchtung der untersuchten Gegenstände mit Funkenlicht, wodurch in den Schattenrissen Einzelheiten plastisch hervortraten. Hierbei wurden 2 bis 4 hintereinander geschaltete Beleuchtungsfunkenstrecken auf der dem Objektiv zugekehrten Seite des Gegenstandes seitlich angeordnet und deren Licht nach Bedarf durch kleine Hohlspiegel oder bei größerer Entfernung durch Scheinwerfer gesammelt[1]).

104. Reihenaufnahmen von SCHWINNING. Zusammenhängende Reihenbilder einander unmittelbar folgender Phasen ein und desselben raschen Bewegungsvorganges erhielt wohl zum erstenmal LENDENFELD in seinen Reihenaufnahmen des Insektenfluges mit Sonnenlicht, das durch eine stroboskopische Scheibe intermittierend gemacht worden war (Ziff. 95). Gleichzeitig (1903) und unabhängig löste diese Aufgabe mit Hilfe MACHscher elektrischer Momentphotographie SCHWINNING in der Zentralstelle für wissenschaftlich-technische Untersuchungen in Neubabelsberg auf folgende Art[2]).

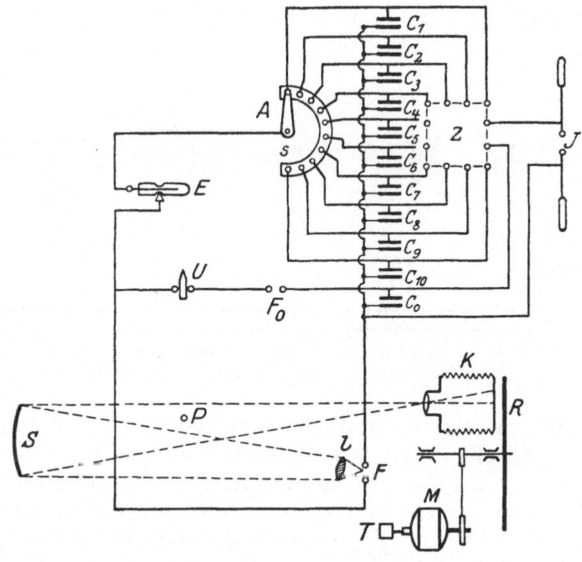

Abb. 67. Schema der Versuchsanordnung von SCHWINNING zur Reihenaufnahme ballistischer Erscheinungen.

Grundgedanke: Durch die Beleuchtungsfunkenstrecke der Versuchsanordnung von LUDWIG MACH wurden unmittelbar nacheinander 10 Leidener Flaschen entladen, wodurch ebenso viele Reihenbilder einer ballistischen Erscheinung entstanden.

Durchführung: In Abbildung 67 ist S der Hohlspiegel, F die Beleuchtungsfunkenstrecke mit Sammellinse l und K die photographische Kamera der Versuchsanordnung von LUDWIG MACH. Zur Aufnahme diente ein Zelluloidfilmblatt auf einer hinter der Kamera an Stelle der Platte vorbeigedrehten Stahlscheibe R. Ihre Drehung besorgt der Elektromotor M, so daß ihre am Tachometer T abzulesende Drehzahl eine Umfangsgeschwindigkeit von 50 bis 100 ms^{-1} ergibt. Zehn oder noch mehr Leidener Flaschen $C_1 \ldots C_{10}$, die mittels der Influenzmaschine J und des Umschalters Z aufgeladen werden, entladen sich während der Aufnahme durch den Drehschalter

[1]) C. CRANZ, P. A. GÜNTHER u. F. KÜLP, Schuß und Waffe Bd. 6, S. 397–404. 1913; ZS. f. d. ges. Schieß- u. Sprengstoffw. Bd. 9, Nr. 4. 1914; C. CRANZ u. F. KÜLP, Artiller. Monatshefte, Nr. 88, S. 251–262. April 1914.

[2]) KRANZFELDER u. W. SCHWINNING, Die Funkenphotographie, insbesondere die Mehrfachfunkenphotographie in ihrer Verwendbarkeit zur Darstellung der Geschoßwirkung im menschlichen Körper. Herausgeg. v. d. Medizinalabt. d. Kgl. Preuß. Kriegsmin.. Berlin 1903, 55 S. Atlas m. 24 Tafeln; W. SCHWINNING, ZS. f. d. ges. Schieß- u. Sprengstoffw. Bd. 4, S. 5–8, 26–29, 52. 1909; C. CRANZ, Lehrb. d. Ballistik Bd. III, S. 300. 1913.

As rasch nacheinander in die Beleuchtungsfunkenstrecke *F*, wodurch die Abbildung der zu untersuchenden, bei *P* befindlichen Gegenstände erfolgt. Die Funkenfolge hängt von geeigneter Wahl der Drehzahl von *As* ab. Die Einschaltvorrichtung *E* leitet nach Auslösung durch das Geschoß die Entladung ein. Die Festlegung des Geschoßortes zu Beginn der Aufnahme erfolgt durch die Glasröhrchen- oder eine andere Auslösung *U*, die mittels der Hilfsfunkenstrecke F_0 die Leidener Flasche C_0 durch die Beleuchtungsfunkenstrecke *F* entlädt.

Es wurde z. B. auf diese Weise das Verhalten des Verschlußmechanismus von Selbstladewaffen untersucht, dann, gemeinsam mit Generaloberarzt Dr. KRANZFELDER, die Vorgänge beim Durchschießen von Knochen und anderen Körperteilen. Die zeitlichen Abstände der Aufnahmen betrugen rund $2 \cdot 10^{-4}$ sec, entsprechend einer Funkenfrequenz von 5000 in 1 sec. Einzelheiten und Abänderungen des Verfahrens von BENSBERG und SCHATTE sind bei CRANZ[1]) und GLATZEL[2]) nachzulesen.

105. Reihenaufnahmen von BULL. Einen Schritt weiter hinsichtlich Vereinfachung der Versuchsanordnung und Vermehrung der Bilder tat auf Anregung MAREYS im Jahre 1904 L. BULL in dessen photophysiologischem Institut in Paris zum Studium des Insektenfluges[3]). Ein Schema seiner Versuchsanordnung zeigt Abb. 68.

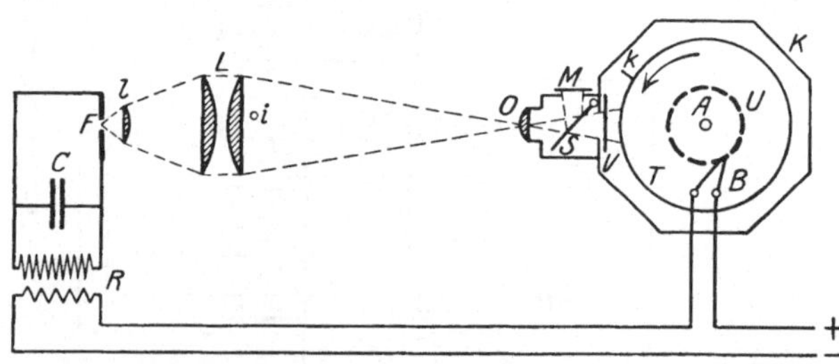

Abb. 68. Schema der Versuchsanordnung von BULL zur Reihenaufnahme fliegender Insekten.

Die Primärwicklung eines Funkeninduktors *R* wird durch einen Gleichstrom von etwa 50 Volt Spannung und 2,5 Amp. Stromstärke gespeist, der durch einen rotierenden Unterbrecher *U* ungefähr 2000 mal in 1 sec unterbrochen wird. Der Unterbrecher besteht aus einer Hartgummischeibe mit 50 voneinander isolierten Messinglamellen an ihrem Umfang, die von einem Elektromotor um die Achse *A* 2000 mal in 1 min gedreht wird. Jede Lamelle schließt zwei mit der Zuleitung verbundene Schleifbürsten *B* abwechselnd kurz und trennt sie, wodurch die genannte Unterbrechungszahl zustande kommt. Die hierdurch in der Sekundärwicklung von *R* induzierten Stromstöße entladen sich in der Beleuchtungsfunkenstrecke *F* zwischen Magnesiumelektroden, verstärkt durch den Kondensator *C*. Das Funkenlicht gelangt — im verdunkelten Raum — durch das Kondensorsystem *l L* auf das Insekt *i*, von dem das Objektiv *O* ein scharfes Bild auf der lichtempfindlichen Schicht erzeugt. Diese wird von einer zylindrischen Trommel *T* getragen, die auf der Achse des Unterbrechers *U* festsitzt und demnach dieselbe Drehzahl von 2000 in 1 sec hat.

Die Einstellung erfolgt mit dem herabklappbaren Sucherspiegel *S* auf der Mattscheibe *M*, während der Momentverschluß *V* geschlossen ist. Durch Heben von *S* öffnet sich *V* elektromagnetisch und wird vom Kontakt *k* auf der vorbeirotierenden Trommel selbsttätig geschlossen, so daß die Belichtung nur während einer Trommelumdrehung erfolgt und die Bilder daher nicht übereinanderfallen. Eine sinnreiche Einrichtung bewirkt das Öffnen des Verschlusses im Augenblick des Insektenauffluges. Die große Frequenz bedingt kurzdauernde

---

1) C. CRANZ, Lehrb. d. Ballistik Bd. III, S. 300. 1913.

2) B. GLATZEL, Elektr. Methoden der Momentphotographie, S. 76ff. 1915.

3) LUCIEN BULL, C. R. Bd. 138, S. 755—757. 1904; Travaux de l'Association de l'Institut Marey Bd. II, S. 51. 1910; J. ATHANASIU, ebenda Bd. I, S. 120. 1905.

Funken, deren chemische Wirkung durch Anwendung von Quarz für alle optischen Bestandteile erhöht wird.

Eine Aufnahme von etwa $^1/_{40}$ sec Dauer lieferte etwa 50 Schattenbilder. Diesem Mangel begegnete BULL, wenigstens teilweise, durch Anwendung des stereoskopischen Verfahrens, indem er in dem lichtdichten Behälter K die Aufnahmeeinrichtung verdoppelte, d. h. 2 Trommeln und 2 Objektive nebeneinander anbrachte und für das zweite Objektiv auch eine zweite Funkenstrecke anordnete. Relative Lage der Bilder und Zeit wurden durch Mitphotographieren eines Maßstabes und einer Spitze am Zinken einer elektromagnetischen Stimmgabel ermittelt.

Außer den Insektenflug hat BULL mit dieser Versuchsanordnung auch andere Vorgänge der chronophotographischen Analyse unterworfen, wie z. B. die Durchschießung einer Seifenblase mit einer Pistolenkugel u. dgl.

η) Elektrische Kinematographie.

106. Der ballistische Kinematograph von CRANZ. Die nach dem Verfahren von CRANZ (Ziff. 103) aus Einzelbildern verschiedener Vorgänge zusammengesetzten Reihenaufnahmen von Explosionserscheinungen, automatischen Handfeuerwaffen u. dgl. legten es nahe, durch kinematographische Aufnahmen dieser Erscheinungen tieferen Einblick in ihren Verlauf zu gewinnen, als es mit Hilfe einer ganzen Reihe schwieriger und zeitraubender Einzelaufnahmen zu erreichen war.

Nun hatte schon TILMANN im Jahre 1898 kinematographische Aufnahmen einer Schädeldurchschießung mit 50 Bildern in 1 sec gemacht[1]), wobei sich eine Verdichtung der Aufnahmen als wünschenswert herausstellte, um mehr Einzelheiten, namentlich beim Einschuß, zur Anschauung zu bringen. Es zeigte sich eben, daß hier der gewöhnliche Kinematograph aus denselben Gründen versagt wie die gewöhnliche Momentphotographie bei Einzelaufnahmen von Erscheinungen, deren Geschwindigkeit die durch die kürzeste Belichtungszeit gesetzte Grenze überschreitet (Ziff. 100).

Die Dauer der Schußperiode einer Selbstladewaffe oder eines Durchschießungsvorganges liegt nämlich meist zwischen 10^{-1} bis 10^{-2} sec, während welcher Zeit z. B. ein S-Geschoß nahezu 90 m bzw. 9 m zurücklegt, so daß gewöhnliche Moment- oder kinematographische Aufnahmen unmöglich würden.

Bei Anwendung des Verfahrens von CRANZ müßten also Bildfrequenz und Bilderanzahl bedeutend erhöht, anderseits die Belichtungszeit — ohne Beeinträchtigung der Lichtstärke der Beleuchtungsfunken — möglichst gekürzt werden, um den gewünschten Erfolg zu erzielen.

Wenngleich SCHWINNING die Bildfrequenz beträchtlich steigern konnte (Ziff. 104), so ist seine Bilderanzahl doch sehr klein, und das Verfahren von BULL (Ziff. 105) liefert zwar mehr Teilbilder, die aber trotz Anwendung von Quarzlinsen verhältnismäßig lichtschwach sind infolge verschiedener Mängel der Funkenerzeugung (nicht genügende Beachtung der Vorgänge im Schwingungskreis der Beleuchtungsfunkenstrecke).

Ohne Kenntnis dieser Arbeiten gehabt zu haben, fand CRANZ im Jahre 1909 ein durchaus originelles kinematographisches Aufnahmeverfahren, das die genannten Anforderungen in überraschend weitgehendem Maß erfüllt[2]).

[1]) C. CRANZ u. K. R. KOCH, Ann. d. Phys. (4) Bd. 3, S. 248. 1900.

[2]) C. CRANZ, ZS. f. d. ges. Schieß- u. Sprengstoffw. Bd. 4, S. 321—323. 1909; D. Mech. Ztg. 1909, S. 173—177; Lehrb. d. Ballistik Bd. III, S. 301—309. 1913; H. LEHMANN, Die Kinematographie, S. 109—117. 1911; B. GLATZEL, Elektr. Methoden der Momentphotographie, S. 85—94. 1915.

Der Grundgedanke des ballistischen Kinematographen von CRANZ ist, durch einander möglichst rasch und regelmäßig folgende, scharf definierte, lichtstarke elektrische Funken auf einem möglichst rasch, stetig bewegten Filmband in möglichst kurzer Zeit eine möglichst große Anzahl dicht benachbarter Teilbilder eines nur sehr kleine Bruchteile einer Sekunde dauernden Vorganges zu erhalten.

Es handelt sich demnach um möglichste Steigerung der stroboskopischen Wirkung durch hochfrequente intermittierende Beleuchtung.

Die Durchführung dieses Gedankens gelang CRANZ durch Verbindung des Aufnahmeverfahrens von MACH mit den Erfahrungen der Hochfrequenztechnik zur Funkenerzeugung.

In Abb. 69 ist S_1 der Hohlspiegel (50 cm Öffnung), L_1 die Linse (Objektiv), F_1 die Beleuchtungsfunkenstrecke der MACHschen Versuchsanordnung (Ziff. 102). In die Funkenstrecke entlädt sich ein Drehkondensator C_1, den die Sekundärspule eines BOASschen Resonanzinduktors R_1 speist, während dessen Primärspule ihren Strom von einer Hochfrequenzwechselstrommaschine W mit 2500 Perioden in 1 sec erhält. Die Funkenfrequenz beträgt somit 2500 in 1 sec. Ein Wasserstoff- oder Druckluftstrom kühlt die Funkenstrecke und dämpft die Funken, welche einander so in vollkommen gleichen Abständen folgen. Erhöht man die Erregung der Wechselstrommaschine, so läßt sich zunächst bei jedem Wechsel ein Funken, d. h. in 1 sec 5000 Funken, erzielen; steigert man die Erregung noch weiter, so läßt sich die Funkenfrequenz bis 10000/sec treiben, aber nicht mehr mit völlig gleichen Zeitabständen zwischen den einzelnen Funkenentladungen. Gewöhnlich wird eine Funkenfrequenz von 5000/sec benützt. Ein Funke braucht etwa 0,5 Watt. Die Funkendauer beträgt etwa $0{,}5 \cdot 10^{-7}$ bis $1 \cdot 10^{-7}$ sec.

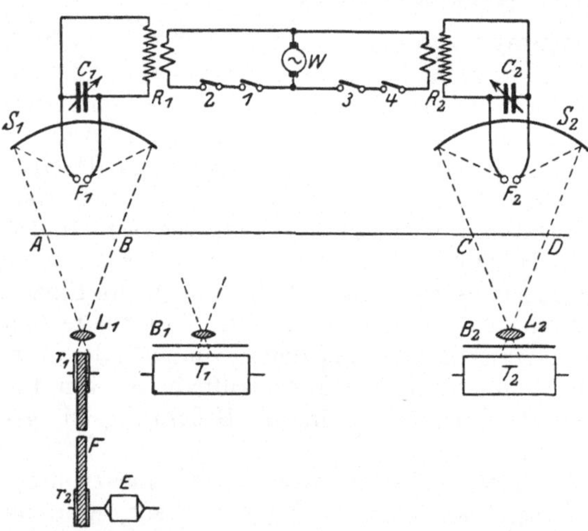

Abb. 69. Schema des ballistischen Kinematographen von CRANZ.

Jeder einzelne Funke entwirft von einer Erscheinung bei AB ein scharfes Schattenbild 18 × 25 mm auf dem Filmband F, das als Band ohne Ende über zwei durch synchron laufende Elektromotoren E (nur einer gezeichnet) angetriebene stählerne Rollen $r_1 r_2$ läuft, deren Drehzahl Tachometer angeben. Sie beträgt 10000 bis 11000/min, so daß der Film eine Höchstgeschwindigkeit von 140 ms^{-1} (gewöhnlich nur 90 bis 100 ms^{-1}) erhalten kann.

Das Filmband darf nur während eines einzigen Umlaufs belichtet werden, weshalb die Funkenreihe kurz vor Beginn der aufzunehmenden Erscheinung eingeleitet und nach Ablauf der betreffenden Zeit wieder unterbrochen wird. Das bewirkt ein in Abb. 69 unterdrückter, schwerer Pendelunterbrecher, der, in Bewegung gesetzt, durch Unterbrechen eines Kontaktes zunächst den Schuß elektromagnetisch auslöst, unmittelbar darauf den Kontakt *1* schließt, wodurch der Funkenstrom einsetzt und sodann durch Öffnen des Kontaktes 2 den Funkenstrom nach etwa 10^{-1} bis 10^{-2} sec wieder unterbricht.

Zumeist erhält man bei einer Aufnahme 400, höchstens 800 Teilbilder mit $^1/_{5000}$ sec Intervall, entsprechend einer Gesamtdauer der aufgenommenen Erscheinung von 0,08 bis 0,16 sec.

Auf diese Weise konnte CRANZ mit seinen Schülern, insbesondere BECKER, BENSBERG und SCHATTE, das Verhalten von Selbstladewaffen, die Explosionswirkung von Infanteriegeschossen in feuchtem Ton, in Wasser und in Knochen, den Stoß von Stahlkugeln, den Flügelschlag von Insekten und Vögeln mit bis dahin ungekannter Genauigkeit hinsichtlich des zeitlichen Verlaufes dieser Erscheinungen untersuchen. Einige Ergebnisse hat CRANZ veröffentlicht[1]).

Die Aufnahmen lassen sich mit dem gewöhnlichen Kinematographen projizieren. Da der Film darin mit einer Geschwindigkeit von etwa 40 bis 50 cm sec^{-1} läuft, während seine Geschwindigkeit bei der Aufnahme 100 bis 120 ms^{-1} betrug, ist die Zeit, in der sich der aufgenommene Vorgang abspielte, scheinbar 200- bis 300mal vergrößert, so daß die Bewegungen äußerst langsam abzulaufen scheinen und man daher den geringsten Einzelheiten ihrer Phasen bequem folgen kann.

Kürzlich hat CRANZ den zeitlichen Verlauf der Entzündung einer Bunsenflamme mit dem ballistischen Kinematographen untersucht[2]).

107. Kinematographische Zeit- und Geschwindigkeitsmessung von CRANZ. Die Hauptaufgabe des ballistischen Kinematographen erblickt indessen CRANZ in der Messung von Geschwindigkeiten und Geschwindigkeitsverlusten von Geschossen und in der Untersuchung damit zusammenhängender Fragen über ihren sog. Formwert, den Luftwiderstand und zahlreiche andere ballistische Probleme.

Die Messung von Geschoßgeschwindigkeiten erfolgte bisher durch Messen der Flugzeit des Geschosses längs einer bekannten Wegstrecke, an deren Anfang und Ende das Geschoß mit Draht bespannte Gitterrahmen oder Drähte durchriß, wodurch die betreffenden Zeitpunkte auf elektrischem Wege chronographisch registriert werden konnten (vgl. Abschnitt D, Ziff. 64 bis 67, und Abschnitt E).

Dieses Verfahren bedingt mancherlei Fehlerquellen, die bei der kinematographischen Geschwindigkeitsmessung entfallen, weil das Geschoß eine völlig freie, ganz kurze (bis 24 cm herab) Luftstrecke durchfliegt, ohne durch feste Körper im geringsten gehemmt zu werden[3]).

Zur Ausführung der Geschwindigkeitsmessung dient eine mit lichtempfindlichem Papier oder Film bespannte, etwa 25 cm breite stählerne Trommel T_1 (Abb. 69) mit 10000 bis 11000 Umdrehungen in 1 min, vor die eine Blende B_1 mit zur Trommelachse parallelem Schlitz gestellt ist. Die Trommel tritt an Stelle der früher erwähnten Rollen $r_1 r_2$ mit dem Filmband ohne Ende F. Das von A nach B fliegende Geschoß wird auf der rotierenden Trommel wiederholt, etwa in halber Größe und jedesmal an anderem Orte, photographiert, wie Abb. 70 zeigt.

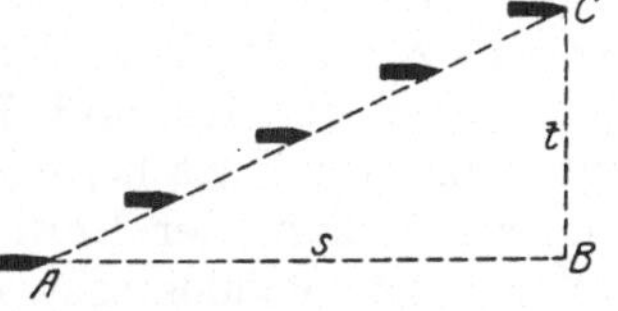

Abb. 70. Messung von Geschoßgeschwindigkeiten mit dem ballistischen Kinematographen von CRANZ.

Zur Geschwindigkeitsmessung dient nun der horizontale und vertikale Abstand je zweier Geschoßbilder, z. B. des ersten und letzten. AB ist dem Geschoßweg s, BC der zugehörigen Flugzeit t proportional, so daß sich die Geschoß-

[1]) C. CRANZ, Lehrb. d. Ballistik Bd. IV (2. Aufl.), Tafel VII—IX. 1918.

[2]) C. CRANZ u. E. BAMES, ZS. f. angew. Chem. Bd. 36, S. 76—80. 1923.

[3]) BENSBERG u. C. CRANZ, Artiller. Monatshefte 1910, S. 333—346; C. CRANZ, Lehrb. d. Ballistik Bd. III, S. 308—319. 1913.

geschwindigkeit ergibt aus $v = s/t = \operatorname{tg} ACB$, wenn AB und BC in wahrer Größe ausgedrückt werden. Dies geschieht für AB entweder durch Mitphotographieren eines Glasmaßstabes oder einer Messingschiene mit ausgemessenen Lochreihen, die nach dem Schuß in die Geschoßbahn geklappt werden; für BC mit Hilfe der Drehzahl der Trommel, die mittels Tachometers oder genauer durch auf dem Trommelrand photographierte Funkenmarken gemessen wird, welche in einem zweiten Stromkreis durch einen zweiten Pendelunterbrecher ausgelöst werden. Dieses Verfahren schaltet auch jene Fehler aus, die durch Verziehen des Films oder Verzeichnen des Objektivs entstehen könnten.

Die erzielte Genauigkeit ist eine überraschend große, bisher ungekannte, denn CRANZ teilt bei einer Geschoßgeschwindigkeit von 900 ms^{-1} wahrscheinliche Fehler von $\pm 0{,}2$ bis $\pm 0{,}3$ ms^{-1}, d. i. etwa $\pm 0{,}03\%$ mit, entsprechend Zeitbestimmungen von rund $2 \cdot 10^{-4}$ sec mit einem Fehler von $\pm 6 \cdot 10^{-8}$ sec.

Dadurch sind Präzisionsmessungen von Geschwindigkeitsverlusten auf ganz kurzen Strecken, z. B. beim Durchschießen von Platten u. dgl., ermöglicht. Die Platte wird hierzu in die Schußlinie AB gestellt und der Geschwindigkeitsverlust sodann aus den Geschoßbildern vor und hinter ihr abgeleitet. So erhielt z. B. CRANZ beim Durchschießen einer 0,4 cm dicken Bleiplatte mit einem Infanteriegeschoß mit verminderter Ladung vor der Platte 352,4 ms^{-1}, hinter der Platte 349,2 ms^{-1}, also einen Verlust von 3,2 ms^{-1}.

Würde die Bilderzahl bei sehr großen Geschoßgeschwindigkeiten zu klein oder wäre der Spiegel durch Splittern der durchschossenen Objekte gefährdet, so mißt CRANZ die Geschwindigkeit an zwei voneinander 40 bis 50 m entfernten Strecken AB und CD. Dazu ist eine Verdoppelung der Versuchsanordnung nötig, die an die Hochfrequenz-Wechselstrommaschine W angeschlossen wird (Abb. 69).

Es treten demnach Resonanzinduktor R_2, regulierbarer Kondensator C_2, Funkenstrecke F_2, Hohlspiegel S_2, Objektiv L_2, Trommel T_2 und Blende B_2 hinzu. Das Geschoß durchfliegt dann nacheinander die Meßstrecken AB und CD und wird auf den beiden Trommeln T_1 und T_2 aufgenommen. Ob mit einem oder beiden Spiegeln gearbeitet wird, in jedem Falle sorgt der früher erwähnte Pendelunterbrecher dafür, daß die Trommeln nur einmal während einer Umdrehung belichtet werden, weil die Bilder sonst übereinanderfallen würden. Zunächst wird der Schuß durch einen vom losgelassenen Pendel geöffneten, in Abb. 69 nicht gezeichneten Kontakt elektromagnetisch gelöst. Das Pendel schließt hierauf den Kontakt *1*, worauf der Funkenstrom bei F_1 einsetzt, und öffnet unmittelbar darauf den Kontakt *2*, was das Aussetzen des Funkenstromes zur Folge hat. Sobald das Geschoß in die Nähe von C kommt, schließt das Pendel den Kontakt *3* und öffnet *4*, sobald das Geschoß D überschritten hat. In der Zwischenzeit übergeht bei F_2 der zweite Funkenstrom. Die richtige Stellung der Kontakte, die auf kreisbogenförmigen Schienen, entlang welcher das Pendel schwingt, verschiebbar angebracht sind, wird durch Vorversuche ermittelt.

Nachstehend ein Beispiel einer so durchgeführten Geschwindigkeitsmessung:

Geschoßgeschwindigkeit beim Spiegel S_1: 892,6 ms^{-1}, beim Spiegel S_2: 836,2 ms^{-1}, daher Geschwindigkeitsverlust durch Luftwiderstand auf der Wegstrecke von 45,68 m: 56,4 ms^{-1}.

Mit diesem Verfahren untersuchte CRANZ auch den zeitlichen Verlauf der Pendelung und Rotation des Geschosses. Ferner wiesen CRANZ und BECKER auf Grund systematischer Luftwiderstandsmessungen nach, daß — entgegen den bis dahin geltenden Anschauungen — für jede Geschoßform ein anderes

Luftwiderstandsgesetz gilt — eine Erkenntnis, die für die äußere Ballistik von einschneidender Bedeutung wurde[1]).

108. Der ballistische Hochfrequenzkinematograph von CRANZ und GLATZEL. Bei der Ausführung der Aufnahmen mit dem ballistischen Kinematographen von CRANZ ergaben sich gewisse Schwierigkeiten in der Veränderung der Funkenzahl bei Einstellung des Schwingungskreises auf Resonanz, in der zeitlichen Begrenzung der verfügbaren Energie und in der Beseitigung von Isolationsmängeln; auch waren für einzelne ballistische Spezialuntersuchungen noch höhere Funkenfrequenzen erwünscht. CRANZ arbeitete daher unter Mitwirkung von GLATZEL eine neue kinematographische Methode aus, unter Zugrundelegung eines Hochfrequenzschwingungskreises mit Löschfunkenstrecke nach REIN[2]).

Abb. 71 zeigt ein Schema der Versuchsanordnung. Als Löschfunkenstrecke diente eine SCHELLERsche Spiritusfunkenstrecke F_1 der C. LORENZ A.-G., die

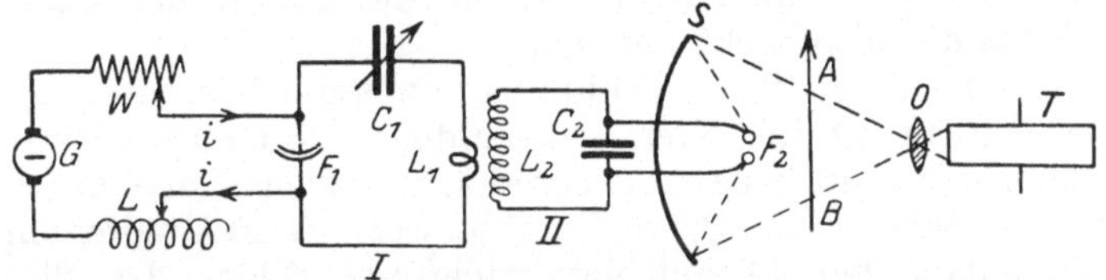

Abb. 71. Schema des ballistischen Hochfrequenzkinematographen von CRANZ und GLATZEL.

von einer 700voltigen Gleichstromdynamomaschine G unter Vorschaltung eines Regulierwiderstandes W und einer Selbstinduktion L gespeist wurde.

Sie lag im primären Schwingungskreis I, der die variable Kapazität C_1 (Glimmerkondensator von 25000 bis 600000 cm) und die möglichst kleine Selbstinduktion L_1 enthielt, wodurch vollkommen reine Stoßwirkung gesichert war. Die Stoßzahl konnte leicht und sicher durch Regulierung der Kapazität C_1 und des Gleichstromes i eingestellt werden. Mit dem Primärkreis war der Sekundärkreis II, bestehend aus der kleinen Kapazität C_2 (1800 cm) und der Selbstinduktion L_2, mittels letzterer möglichst eng gekoppelt, was dadurch erreicht wurde, daß L_1 und L_2 als flache Spulen aufeinanderlagen.

Der Kondensator C_2 entlud sich nun in die Beleuchtungsfunkenstrecke F_2, die möglichst trägheitslos war, um auch bei den höchsten Funkenzahlen auf dem rotierenden Film noch scharfe Momentbilder zu erzeugen. Hierfür erwies sich Kupfer als Elektrodenmaterial und die Anwendung eines Luftgebläses am zweckmäßigsten. Jeder der bei F_2 übergehenden Funken entwarf mittels des Hohlspiegels S und des Objektivs O, wie bei der MACHschen Versuchsanordnung, von dem sich bei AB abspielenden Vorgang auf der rotierenden Trommel T (89 cm Umfang und bis 9000 Umdrehungen in der Minute) ein Bild.

Anstatt des früher zur Auslösung des Schusses und des Funkenstromes in der Beleuchtungsfunkenstrecke verwendeten Pendelunterbrechers (Ziff. 106, 107) erwies sich jetzt ein Fallverschluß vor dem Objektiv O als zweckmäßiger, der den Schuß auslöste und dessen Geschwindigkeit so bemessen war, daß der rotierende Film nur während einer einzigen Umdrehung belichtet werden konnte. In der Beleuchtungsfunkenstrecke gingen ununterbrochen Funken über, weil sich in stationärem Zustand eine sehr gleichmäßige Funkenfolge ergibt.

[1]) K. BECKER u. C. CRANZ, Artiller. Monatshefte 1912, Nr. 69 u. 71; C. CRANZ, Lehrb. d. Ballistik Bd. III, l. c.

[2]) C. CRANZ u. BR. GLATZEL, Verh. d. D. Phys. Ges. Bd. 14, S. 525—535. 1912 (mit Bildproben); H. REIN, Phys. ZS. Bd. 11, S. 591. 1910; B. GLATZEL, Elektr. Methoden der Momentphotographie, S. 94—98. 1915.

Die Bildfrequenz konnte auf diese Weise zwischen sehr weiten Grenzen, 200 bis etwa 100000 in 1 sec nach Bedarf, mit großer Gleichmäßigkeit eingestellt werden[1]). Hiernach lassen sich sehr weitgehende Ansprüche an die zeitliche (stroboskopische) Analyse einer Bewegungserscheinung befriedigen.

ϑ) Tageslichtaufnahmen von Artilleriegeschossen.

109. Ältere Versuche. Schon im Jahre 1866 versuchte man im Arsenal zu Woolwich Kanonenkugeln während des Fluges bei Sonnenlicht zu photographieren. 1882 befaßte sich MAREY mit diesem Problem, und 1888 versuchte ANSCHÜTZ auf dem Schießplatz des KRUPP-GRUSON-Werkes bei Buckau-Magdeburg eine 8,5-cm-Granate von $400\,\mathrm{ms}^{-1}$ Geschwindigkeit in $1\cdot 10^{-4}$ sec aufzunehmen. Das Geschoß bewegte sich in dieser Zeit um 4 cm weiter, ein scharfes Bild konnte also nicht entstehen.

Auch die deutsche Artillerie-Prüfungskommission benützte nach dem Vorgang von ANSCHÜTZ 12 im Kreise angeordnete Kameras in einer Vertikalebene parallel zur Schußebene vor deren Objektiven sich eine mit radialem Schlitz versehene Scheibe von 2,3 m Durchmesser mit 20 Umdrehungen in 1 sec bewegte. Es entstanden 12 aufeinanderfolgende Bilder des fliegenden Geschosses in Zeitabständen von je ca. 10^{-3} sec. Die Verschlüsse wurden elektromagnetisch geöffnet und geschlossen. Seither sind jedoch solche Versuche als aussichtslos unterlassen worden. Erst die elektrische Momentphotographie und der Kinematograph haben die einschlägigen Bestrebungen neu angeregt. In dieser Hinsicht ist der nachstehend beschriebene Kinematograph von CLES und SWOBODA und der „Ballistograph“ von DUDA besonders bemerkenswert, zu denen sich gleichzeitig der in Ziff. 99 schon erwähnte Tageslicht-Hochfrequenzkinematograph von LEHMANN und ERNEMANN gesellt hat.

110. Der Kinematograph von CLES und SWOBODA. Anfang 1914 haben Oberstl. H. Frh. v. CLES und Artilleriezeugsoffizial F. SWOBODA des Technischen Militärkomitees in Wien Geschosse des 30,5-cm-Skoda-Mörsers bei Tageslicht kinematographisch aufgenommen[2]). Vor dem Objektiv eines dem gewöhnlichen Kinematographen ähnlichen Aufnahmeapparates rotierte eine Scheibe mit zwei oder mehreren benachbarten, schmalen Sektoren, die vor einem entsprechend vergrößerten Fenster ein 120 mm breites, nicht gelochtes und so rasch bewegtes Filmband belichteten, daß die Belichtungszeiten bis auf etwa $^1/_{24}\cdot 10^{-3}$ sec verkürzt wurden. Es entstanden dann auf einem Bildfeld so viele Bilder des Geschosses, als die rotierende Scheibe Schlitze hatte. Die große Breite des Filmbandes ermöglichte dabei die Ausnützung eines erweiterten Gesichtsfeldes, welches das Ausbleiben von Bildern infolge der Geschoßstreuung einschränkte.

Zur Zeitmessung diente das in einer Ecke des Bildfeldes mit abgebildete Zifferblatt eines schnellaufenden Uhrwerks.

Aus den Aufnahmen ließ sich auf die Stellung der Geschoßachse zur Flugbahntangente, auf die Flugzeit und Geschwindigkeit des Geschosses in den aufgenommenen Zweigen der Flugbahn (aufsteigender und absteigender Ast) schließen.

---

[1]) Hauptmann SCHATTE, einer der früheren Assistenten von CRANZ, veröffentlichte anfangs 1912 ein ähnliches Verfahren, mit dem er Bildfrequenzen von 9000 bis 50000/sec erzielte. ZS. f. d. ges. Schieß- u. Sprengstoffw. Bd. 7, S. 65. 1912; vgl. auch B. GLATZEL, Elektr. Methoden der Momentphotographie, S. 98. 1915.

[2]) Wiener Ber. Bd. 123, S. 757—766 1914; Mitt. üb. Gegenst. d. Artill.- u. Geniewesens Bd. 45, S. 1319—1331. 1914.

Man bemerkt, daß das Verfahren auf einer strengeren Anpassung des stroboskopischen Prinzips des gewöhnlichen Kinematographen an die Versuchsbedingungen beruht.

111. Der Ballistograph von DUDA. Denselben Grundgedanken, aber in technisch vollkommenerer Ausführung, legte der österreichische Artilleriehauptmann DUDA der Konstruktion seines „Ballistographen" zugrunde, nachdem ihm schon früher Aufnahmen von Mörsergeschossen auf ruhender photographischer Platte 13 · 18 cm mit je 5 Bildern des fliegenden Geschosses gelungen waren[1]).

Der Ballistograph ist eine photographische Kamera mit 4 nebeneinander angeordneten lichtstarken Objektiven (Goerz Dogmar $f/4{,}5$, $f = 125$ mm, 40° Bildwinkel), hinter welchen eine zylindrische Schlitzblende mit je einem engeren und einem weiteren Schlitz für jedes Objektiv von einem Elektromotor (12 Volt, 2 Amp.) eine Drehzahl von 1500/min erhält. Die stroboskopische Abbildung des Geschosses erfolgt auf einer allen 4 Objektiven gemeinsamen lichtempfindlichen Platte, die hinter der rotierenden Trommel von einem Uhrwerk von oben nach unten bewegt wird. Eine Aufnahme ergibt bis zu 10 Geschoßbilder, die der Auswertung zugrunde gelegt werden.

Den Zeitpunkt jeder Geschoßabbildung registriert ein besonderes „Mikrozeitmeßgerät" photographisch. Eine mit Spiegel versehene Stimmgabel verzeichnet den Zeitmaßstab als Sinuslinie, während mit Spiegel versehene Telephonmembranen die Zeitpunkte der einzelnen Geschoßaufnahmen markieren, sobald sie durch Vermittlung eines mit der Schlitzblende synchron rotierenden Kontaktes bei jeder Umdrehung einmal erregt werden.

Die Belichtungszeit eines Einzelbildes beträgt $1 \cdot 10^{-4}$ sec. Die Genauigkeit einer Geschoßgeschwindigkeitsmessung kommt im allgemeinen jener des Fallchronographen von LE BOULENGÉ gleich (Abschnitt E, Ziff. 60ff.).

---

[1]) FRANZ DUDA, Photogr. Korresp. Bd. 53, S. 185—193. 1916; KARL BECKER, Heerestechnik Bd. 2, Nr. 3, 4, 5. 1924; Bd. 4, Nr. 1. 1926; ZS. f. techn. Phys. Bd. 6, S. 172—181. 1925.

Kapitel 7.

Geschwindigkeitsmessung.

Von

V. v. Niesiołowski-Gawin, Mödling bei Wien.

Mit 26 Abbildungen.

A. Grundlagen.

1. Übersicht. Im Nachstehenden werden vorerst die Unterlagen der Geschwindigkeitsmessung für die fortschreitende Bewegung (a) und für die Drehbewegung (b) aufgezeigt und die Grundbegriffe soweit erörtert, als es die Durchführung der Messungen nötig macht (Ziff. 2 und 4). Sodann wird der Vorgang der Geschwindigkeitsmessung der fortschreitenden und Drehbewegung im allgemeinen gekennzeichnet (Ziff. 3 und 5). In den folgenden beiden Abschnitten (B und C) finden die Methoden der Geschwindigkeitsmessung der fortschreitenden und Drehbewegung Behandlung im einzelnen. Bei der fortschreitenden Bewegung (B) sind die Methoden durch die Beschaffenheit des Bewegten bedingt und daher für feste Körper (a), Flüssigkeiten (b) und Gase (c) unterschieden, während die Drehbewegung um eine feste Achse (C) lediglich feste Körper betrifft.

a) Geschwindigkeit der fortschreitenden Bewegung.

2. Begriff. Die Geschwindigkeit der fortschreitenden Bewegung ist der in der Zeiteinheit zurückgelegte Weg. Hiernach ist allgemein die Geschwindigkeit v irgendeiner beliebigen Bewegung

$$v = \frac{ds}{dt}, \tag{1}$$

wenn $s = f(t)$ den Weg und t die Zeit bedeuten.

Für eine gleichförmige Bewegung, bei der in gleichen Zeiten gleiche Wege zurückgelegt werden, also die Geschwindigkeit $v = c$ konstant ist, ist

$$c = \frac{s}{t}. \tag{2}$$

Ohne auf eine strenge Grundlegung des Begriffes „Geschwindigkeit“ näher einzugehen [s. ds. Handb. Bd. V][1]), wird der Geschwindigkeitsbegriff hier als ein von den Grundbegriffen „Länge“ und „Zeit“ abgeleiteter Begriff, zugleich „Größe“ im mathematischen Sinn, aufgefaßt. So wie sich hiernach die Fest-

[1]) Vgl. auch Encykl. d. math. Wiss. Bd. IV_1, die Artikel IV_1 von A. Voss, Die Prinzipien der rationellen Mechanik, und IV_3 von A. Schoenflies, Kinematik. S. 30ff. u. 207ff., 1901 bis 1908; Bd. V_1, Artikel V_1 von C. Runge, Maß und Messen. S. 17ff., 1903.

setzung von Einheiten der Geschwindigkeit auf die Grundeinheiten der Länge und der Zeit gründet, wird folgerichtig auch die Messung der Geschwindigkeit auf die Messung der zugehörigen Längen und Zeiten zurückgeführt.

3. Messung. Die Messung der Geschwindigkeit kann somit vorerst erfolgen durch

1. Messung der Zeit, welche die Zurücklegung einer bekannten Wegstrecke erfordert, und

2. Messung der Wegstrecke, die in einer bestimmten Zeit zurückgelegt wird.

In beiden Fällen nimmt man die Bewegung längs der gewählten Wegstrecke als gleichförmig an und erhält so einen Mittelwert der Geschwindigkeit $\bar{v}$, der sich ihrem wahren Wert um so mehr nähert, je kürzer die gewählte Wegstrecke $s_2 - s_1 = \Delta s$ und der entsprechende Zeitraum $t_2 - t_1 = \Delta t$ ist, im Sinne der Beziehung

$$\bar{v} = \frac{s_2 - s_1}{t_2 - t_1} = \frac{\Delta s}{\Delta t}. \tag{3}$$

Die erste Methode ist die gewöhnlich gebräuchliche, während die zweite, als weniger zweckmäßig, nur auf Ausnahmsfälle beschränkt bleibt.

Hiernach wird also die Geschwindigkeit der fortschreitenden Bewegung im allgemeinen mittelbar durch die Zeit gemessen, während der eine bekannte Wegstrecke zurückgelegt wird.

Dieser Vorgang trägt nach Gleichung (3) die Merkmale eines Näherungsverfahrens, dessen Genauigkeit innerhalb gewisser, durch die Versuchsbedingungen gezogener Grenzen liegt.

Die Geschwindigkeitsmessung der fortschreitenden Bewegung erscheint somit allgemein auf eine Zeitmessung zurückgeführt.

Läßt man nun, behufs Verschärfung der Messung, in Gleichung (3) Δs und Δt abnehmen und setzt dieses schließlich unbeschränkt fort, so gelangt man an der Grenze zu dem in Gleichung (1) vorangestellten allgemeinen Begriff der Geschwindigkeit in irgendeinem Bahnpunkt des Beweglichen, zu irgendeinem Zeitpunkt,

$$v = \lim \frac{\Delta s}{\Delta t} = \frac{d s}{d t}. \tag{4}$$

Damit hört aber die Messung auf in der vorausgesetzten Weise ausführbar zu sein, und es können weiterhin nur unmittelbare Meßmethoden zum Ziel führen.

Die Messung der Geschwindigkeit der fortschreitenden Bewegung kann demnach erfolgen, entweder

1. mittelbar, durch Zurückführung auf eine Zeitmessung, wobei die Geschwindigkeit als mittlere Geschwindigkeit, im Sinne der Gleichung (3), der wahren um so näher kommt, je kleiner die gewählte Wegstrecke ist; oder

2. unmittelbar, als Augenblickswert in einem bestimmten Zeitpunkt, im Sinne der Gleichung (4).

b) Geschwindigkeit der Drehbewegung.

4. Begriff. Vorausgesetzt ist ein um eine feste Achse drehbarer fester Körper, von dessen Formänderungen abgesehen wird. Alle Punkte des Körpers durchlaufen bei seiner Drehung um die feste Achse gleichzeitig denselben Winkel. Dann ist die Winkelgeschwindigkeit der Drehbewegung der in der

Zeiteinheit zurückgelegte Winkelweg. Hiernach ist allgemein die Winkelgeschwindigkeit ω irgendeiner beliebigen Drehbewegung

$$\omega = \frac{d\alpha}{dt}, \tag{5}$$

wenn $\alpha = \varphi(t)$ den Winkelweg und t die Zeit bedeuten.

Für eine gleichförmige Drehbewegung, bei der in gleichen Zeiten gleiche Winkelwege zurückgelegt werden, also die Winkelgeschwindigkeit $\omega = w$ konstant ist, ist

$$w = \frac{\alpha}{t}. \tag{6}$$

Die Analogie mit dem Begriff der Geschwindigkeit der fortschreitenden Bewegung (Ziff. 2) ist vollständig. Ohne auf kinematische und mechanische Einzelheiten näher einzugehen (s. ds. Handb. Bd. V), sei nur noch hervorgehoben, daß der von irgendeinem Punkt des Körpers, im Abstand r von der Drehachse, bei der Drehung um den Winkel α, in der Zeit t zurückgelegte Weg s, als Kreisbogen vom Mittelpunktswinkel α, $s = r\alpha$ und somit die Umfangsgeschwindigkeit (Tangentialgeschwindigkeit) v längs dieses Weges, allgemein gegeben ist durch

$$v = \frac{ds}{dt} = r\frac{d\alpha}{dt} = r\omega. \tag{7}$$

Daraus folgt

$$\omega = \frac{d\alpha}{dt} = \frac{v}{r}, \tag{8}$$

d. h. die Winkelgeschwindigkeit ist die Umfangsgeschwindigkeit im Abstand Eins von der Drehachse.

Übergeht man zu den Einheiten dieser Größen, z. B. im CGS-System, und setzt demgemäß $v = 1\,\text{cm sec}^{-1}$, $r = 1$ c, so ergibt sich $\omega = 1\,\text{sec}^{-1}$, als der in 1 sec im Abstand 1 cm von der Drehachse zurückgelegte Bogen $s = 1$ cm, dessen Mittelpunktswinkel im Bogenmaß der Winkel Eins ist und der im Gradmaß beträgt

$$\alpha = \frac{180^\circ}{\pi} = 57{,}29578^\circ. \tag{9}$$

5. Messung. Diese Einheit der Winkelgeschwindigkeit ist jedoch für Messungen unbequem und daher nicht gebräuchlich. Man pflegt vielmehr, insbesondere in der Technik, gleichförmige Drehung vorausgesetzt, für die Messung der Winkelgeschwindigkeit als Einheit die sog. Drehzahl (Umlaufszahl, Tourenzahl) einzuführen.

Unter Drehzahl n eines sich gleichförmig um eine feste Achse drehenden Körpers versteht man die Anzahl seiner Umdrehungen in der Zeiteinheit, als welche in der Regel 1 Minute, in besonderen Fällen 1 Sekunde gewählt wird.

Da eine Umdrehung dem Winkelweg $\alpha = 2\pi$ entspricht, entsprechen n Umdrehungen in 1 min dem Winkelweg $2\pi n$ und es ist dann, immer gleichförmige Drehung vorausgesetzt, die konstante Winkelgeschwindigkeit, wie gewöhnlich bezogen auf die Sekunde als Zeiteinheit,

$$\omega = \frac{2\pi n}{60}\,[\text{sec}^{-1}] \tag{10}$$

für alle Punkte des Körpers dieselbe. Damit ist die Beziehung zwischen Drehzahl n und Winkelgeschwindigkeit ω definiert.

Zur Kennzeichnung einer gleichförmigen Drehbewegung ist somit, bei bekannter Lage der Drehachse, die Angabe der Drehzahl n vollständig hinreichend.

Ist die Drehbewegung ungleichförmig, dann wird man im allgemeinen stets einen hinreichend kleinen Zeitraum $t_2 - t_1 = \varDelta t$ angeben können, während welches die Drehung als gleichförmig angesehen werden darf. Ihre Winkelgeschwindigkeit ω wird dann zu einem Mittelwert

$$\overline{\omega} = \frac{\alpha_2 - \alpha_1}{t_2 - t_1} = \frac{\varDelta \alpha}{\varDelta t}, \tag{11}$$

der sich ihrem wahren Wert um so mehr nähert, je kleiner der Winkelweg $\alpha_2 - \alpha_1 = \varDelta \alpha$ und der entsprechende Zeitraum $t_2 - t_1 = \varDelta t$ ist. Läßt man $\varDelta \alpha$ und $\varDelta t$ unbeschränkt abnehmen, so gelangt man an der Grenze zu

$$\omega = \lim \frac{\varDelta \alpha}{\varDelta t} = \frac{d\alpha}{dt}, \tag{12}$$

d. h. zu der wahren Winkelgeschwindigkeit in irgendeinem Zeitpunkt.

Dessenungeachtet pflegt man aber auch hier an dem Begriff der Drehzahl n festzuhalten und ihn nach Gleichung (10) mit der Winkelgeschwindigkeit ω zu verknüpfen.

Die Messung der Winkelgeschwindigkeit ω erscheint dann allgemein auf die Messung der Drehzahl n zurückgeführt.

Sie kann auch hier entweder

1. mittelbar, durch Beobachtung der Anzahl Umdrehungen während eines bestimmten Zeitraums und Zurückführung auf eine mittlere Drehzahl n in der Zeiteinheit, im Sinne der Gleichung (11), erfolgen, oder

2. unmittelbar, durch Feststellung von Augenblickswerten der Drehzahl n in einem bestimmten Zeitpunkt, im Sinne der Gleichung (12).

B. Geschwindigkeitsmessung der fortschreitenden Bewegung.

6. Einleitung. Die bei weitem älteste und ihrer grundsätzlichen Einfachheit wegen am häufigsten angewendete Methode der Geschwindigkeitsmessung fortschreitender Bewegungen ist eine mittelbare und besteht in der Zurückführung auf eine Zeitmessung bei bekannter Wegstrecke (Ziff. 3).

So wollte schon GALILEI die Lichtgeschwindigkeit durch die Zeit messen, die ein Lichtsignal zum Durchlaufen einer Wegstrecke von 8 bis 10 Meilen braucht, an deren Anfang und Ende sich je ein Beobachter mit einer Laterne befand. Die Lichtsignale sollten durch Ab- und Zudecken der Laternen gegeben werden[1]). Der Versuch konnte aber erst gelingen, nachdem OLAF RÖMER im Jahre 1675 die abwechselnd verdeckten Laternen GALILEIS durch die Verfinsterungen der von ihm entdeckten Jupitermonde und die zu kurze Wegstrecke durch den Erdbahndurchmesser von $299 \cdot 10^6$ km ersetzt hatte. So war die zum Durchlaufen dieser Wegstrecke erforderliche Lichtzeit auf 10 min 37,4 sec

---

[1]) GALILEO GALILEI, Discorsi. 1638 (Fußnote zu Kap. 6, C, Ziff. 10); Erster Tag, OSTWALDS Klassiker Nr. 11, S. 39. 1890; ERNST MACH, Die Prinzipien der physikalischen Optik. S. 32. Leipzig: J. A. Barth 1921.

gestiegen und damit ergab sich die Lichtgeschwindigkeit mit 299779 km sec^{-1} [vgl. ds. Handb. Bd. XIX][1]).

Auf derselben Methode beruht ferner die Ermittlung der mittleren Bahngeschwindigkeiten der Planeten und der mittleren Geschwindigkeiten von Fahrzeugen, wie Eisenbahnzügen, Kraftwagen, Fahrrädern, Schiffen und Flugzeugen, sowie auch strömenden Wassers in Flüssen und Kanälen mittels Schwimmkörpers längs gemessener Wegstrecke, wenn nicht besondere Einrichtungen zur Angabe der Augenblicksgeschwindigkeit benützt werden.

Aber auch die grundlegenden und weittragenden physikalischen Methoden zur Messung der Fortpflanzungsgeschwindigkeit des Schalles in der Luft und in Gasen, in Flüssigkeiten und in festen Körpern, der Elektrizität und des Lichtes mit Hilfe des rotierenden Spiegels, dann der Kathoden- und Röntgenstrahlen, sowie des Nervenreizes, haben gleichfalls alle letzten Endes dieselbe gemeinsame Grundlage, die zur Zurücklegung einer bekannten Wegstrecke erforderliche Zeit zu messen. Hinsichtlich ihrer Einzelheiten wird auf andere Bände ds. Handb. verwiesen (vgl. auch ds. Band, Kap. 6, Abschn. H, Ziff. 89), betreffend die Fortpflanzungsgeschwindigkeit des Nervenreizes auf die Untersuchungen von HELMHOLTZ und die einschlägige physiologische Literatur[2]).

Auch die Messung sehr großer Geschwindigkeiten irdischer Körper, wie z. B. Geschosse, erfolgt am zweckmäßigsten durch eine Zeitmessung auf bekannter Wegstrecke. Außerordentlich verfeinerte Methoden der Zeitmessung sind gerade für die Lösung dieser Aufgaben ersonnen worden und fanden in diesem Band Kap. 6, Abschn. D bis H eingehende Besprechung. Sie zeigen auch die auf Grund vorstehender Erörterungen erreichbaren Grenzen für die Geschwindigkeitsmessung im Sinne der Gleichung (3) auf, d. i. die kleinste Flugstrecke Δs, die eben noch hinreicht, um bei möglichster Verschärfung der Messung der zugehörigen Flugzeit Δt, die Geschwindigkeit $\bar{v} = \frac{\Delta s}{\Delta t}$ zu erhalten. Diese augenblicklich erreichten Grenzen betragen annähernd bei der Geschwindigkeitsmessung von Geschossen mit dem

	Δs cm	Δt sec	$\bar{v} = \frac{\Delta s}{\Delta t}$ ms^{-1}
ballistischen Kinematographen von CRANZ (Kap. 6, Ziff. 106, 107)	24	$2{,}4 \cdot 10^{-4}$	1000
Kondensatorchronographen von SABINE-RADAKOVIĆ (Kap. 6, Ziff. 77)	8,5	$0{,}85 \cdot 10^{-4}$	1000

Auf einen kleineren Anwendungsbereich beschränkt, aber physikalisch nicht weniger bedeutsam, ist die Methode der unmittelbaren Geschwindigkeitsmessung, die den Augenblickswert der Geschwindigkeit in einem bestimmten Zeitpunkt gibt (Ziff. 3).

Hierher gehört vor allem die Bestimmung der Radialgeschwindigkeit von Fixsternen durch Messung der Verschiebung ihrer Spektrallinien auf Grund des DOPPLERschen Prinzips (1842), das von ungeahnter Bedeutung für die

[1]) E. MACH, l. c. S. 34, woselbst die einschlägige Literatur. Die im Text angeführten Zahlenwerte entsprechen den heutigen Werten auf Grund der Sonnenparallaxe von 8,80″ und des Äquatorhalbmessers der Erde nach HELMERT (1907) von 6378200,00 m. Die Zahlen RÖMERS sind: Erdbahndurchmesser = 63627960 lieues (283288230 km), Lichtzeit = 22 min, Lichtgeschwindigkeit = 48203 lieues-sec^{-1} (214612 km-sec^{-1}), wobei 1 lieue = $^1/_{25}$ Äquatorgrad = 4452,26 m.

[2]) H. v. HELMHOLTZ (1850—1871), Wiss. Abh. Bd. 2, S. 764, 844, 932, 939, 947. 1883; Bd. 3, S. 1. 1895; WILH. WUNDT, Grundzüge d. physiolog. Psychologie. Bd. I, 5. Aufl., S. 62ff. 1902.

gesamte Physik, für die Astronomie und Astrophysik geworden ist. Da es in den Bänden VIII, XX und XXIV ds. Handb. behandelt ist, mag nur kurz angeführt werden, daß sich hiernach die Radialgeschwindigkeit v eines Fixsternes relativ zur Erde ergibt aus der Gleichung

$$v = \pm c \frac{\Delta\lambda}{\lambda}, \tag{13}$$

worin $c = 3 \cdot 10^{10}\,\mathrm{cm\,sec^{-1}}$ die Lichtgeschwindigkeit im Vakuum, λ die Wellenlänge der beobachteten Spektrallinie und $\Delta\lambda$ ihre in Wellenlängen ausgedrückte Verschiebung bedeutet. Erfolgt diese zum Violett, so ist $v > 0$, der Stern nähert sich der Erde, erfolgt sie zum Rot, dann ist $v < 0$, der Stern entfernt sich von der Erde. Bei Kenntnis der Konstanten c kann also die Fixsterngeschwindigkeit in irgendeinem beliebigen Zeitpunkt, mit Hilfe des Spektroskops, sozusagen unmittelbar abgelesen werden, wenngleich die wirkliche Ausführung der Messung wegen der Kleinheit von $\Delta\lambda$ außerordentlich schwierig ist.

Besonderes physikalisches Interesse beansprucht weiter die unmittelbare Messung von Geschoßgeschwindigkeiten in einem Punkt der Flugbahn mittels des Scheitelwinkels der MACHschen Kopfwelle (Ziff. 8) und durch den Ausschlagwinkel des ballistischen Pendels (Ziff. 9 und 10), sowie die unmittelbare Messung der Strömungsgeschwindigkeit von Flüssigkeiten und Gasen durch ihren hydrodynamischen Druck mittels Staugeräten (Ziff. 11 bis 14) oder durch ihre auf Schraubenflügel übertragene lebendige Kraft, weshalb sie weiter unten mit einer Auswahl anderer bemerkenswerter Einrichtungen besprochen werden. Über die sehr große Anzahl der einschlägigen Methoden und Instrumente läßt sich am leichtesten ein Überblick gewinnen, wenn man beachtet, daß sie sich naturgemäß der stofflichen Beschaffenheit des bewegten Körpers anpassen müssen. Sie sind deshalb in folgendem nach dem Aggregatzustand des bewegten Körpers in Gruppen zusammengefaßt und in einer kleinen Auswahl physikalisch charakteristischer Typen behandelt.

Der oben angeführte Zusammenhang zwischen Umfangsgeschwindigkeit v und Winkelgeschwindigkeit ω [Ziff. 4, Gleichungen (7) und (8)] kommt in gewissen Fällen auch in den Messungsmethoden der Geschwindigkeit der fortschreitenden und Drehbewegung zum Ausdruck, wie z. B. die Meßinstrumente für die Geschwindigkeit von Lokomotiven und Automobilen zeigen. Die fortschreitende Bewegung dieser Fahrzeuge kommt durch Abwickeln des Umfanges der Triebräder auf dem Gleis bzw. der Fahrbahn zustande, wodurch Umfangsgeschwindigkeit der Triebräder und fortschreitende Geschwindigkeit des Fahrzeuges v identisch werden, insolange kein Gleiten stattfindet. Nach Gleichung (7) $v = r\omega$, läßt sich sonach bei bekanntem Triebradhalbmesser r die Geschwindigkeit der fortschreitenden Bewegung v unmittelbar durch die Winkelgeschwindigkeit ω der Triebräder messen. Es genügt somit, die Drehung der Triebradachse zwangläufig auf ein Tachometer zu übertragen, dessen Skale in Einheiten von v, hier gewöhnlich $\mathrm{km\,h^{-1}}$, geeicht ist, so daß fortlaufende Ablesung ermöglicht ist. Da die Eichung für einen bestimmten Radumfang erfolgt, hängt die Meßgenauigkeit vom Zustand und der Abnutzung der Bereifung ab. Die Einzelheiten solcher und sehr zahlreicher anderer Instrumente findet man bei CARLIER[1]). Ihr Verhalten hat HORT näher untersucht[2]). Für die Messung und Registrierung der Beschleunigung beim Anfahren bzw. der Verzögerung

---

[1]) J. G. CARLIER, Les Méthodes et Appareils de mesure du temps, des distances, des vitesses et des accélérations Bd. I, S. 219—274; Bd. 2, S. 1—166. 1905; neuere Literatur bei A. GRAMBERG, Technische Messungen. 5. Aufl., S. 550. Berlin: Julius Springer 1923.

[2]) WILH. HORT, ZS. f. techn. Phys. Bd. 1, S. 243—246. 1920.

beim Bremsen hat LANCHESTER einen Beschleunigungsmesser, das „Pendelaccelerometer“ gebaut[1]).

a) Feste Körper.

7. Das Log. Als Beispiel für die verhältnismäßig selten angewendete Methode der Geschwindigkeitsmessung durch die in einer vorgegebenen Zeit zurückgelegte Wegstrecke, diene die Messung der Schiffsgeschwindigkeit mittels des Logs[2]).

Ihr Prinzip beruht auf der Schaffung eines möglichst festen Punktes im Wasser, relativ zu welchem die vom Schiff in der Zeit von 30 sec zurückgelegte Wegstrecke gemessen wird.

Als fester Punkt dient das sog. Logscheit, ein Kreissektor aus Holz, dessen Bogen beschwert ist, so daß er im Wasser eine lotrechte Lage einnimmt. Die Logleine ist an zwei Schnurstücke geknüpft, die an den Eckpunkten des beschwerten Kreisbogens befestigt sind. Von einer längeren Strecke, dem sog. Vorlauf (etwa eine Schiffslänge) angefangen, ist die Logleine in „Knoten“ geteilt, deren Entfernung $^1/_{120}$ Seemeile $= 15{,}433$ m beträgt. Mittels einer zweiten, an der Spitze des Logscheits befestigten Leine, die an dem Treffpunkt der beiden vorerwähnten Schnurstücke durch eine Öse gezogen ist, kann die lotrechte Lage des Logscheites gesichert werden.

Nach Auswurf des Logs am Heck des Schiffes, wobei der Vorlauf das Logscheit hinter die Wirbel des Kielwassers gelangen läßt, und Herbeiführen seiner lotrechten Lage im Wasser mittels der zweiten Leine, dreht man das Logglas, eine kleine Sanduhr für genau 30 sec Laufzeit, um und zählt die durch die Hand gleitenden Knoten bis zum Ablaufen des Logglases, worauf man das Log einzieht. Die gezählten Knoten geben die Schiffsgeschwindigkeit in Seemeilen in 1 h.

Wenngleich der Widerstand des im Wasser lotrecht stehenden Logscheits verhältnismäßig groß ist, so steht es doch nicht unverrückbar fest, sondern rückt dem Schiff ein wenig nach, es zeigt eine gewisse „Schlüpfung“ (Slip), die in Deutschland mit 5% angenommen wird[3]), so daß sich kürzere „Knoten“ ergeben. Für die in Deutschland üblichen 28 sec-Loggläser erhält man, wenn

$$1 \text{ deutsche Seemeile} = \frac{1}{60} \text{ Meridiangrad} = 1852 \text{ m},$$

$$1 \text{ Knoten} = \frac{1852}{3600} \cdot 28 \cdot 0{,}95 = 13{,}684 \text{ m},$$

während für das 30 sec-Logglas, wie oben

$$1 \text{ Knoten} = \frac{1852}{3600} \cdot 30 = \frac{1852}{120} = 15{,}433 \text{ m}.$$

Auf neuere Versuche, die Genauigkeit der Messung der Schiffsgeschwindigkeit zu erhöhen, ist in Ziff. 15 hingewiesen.

8. MACHscher Wellenwinkel. ERNST MACH hat gleich nach seiner Entdeckung der Kopfwelle der mit Überschallgeschwindigkeit fliegenden Geschosse (1887) gezeigt, wie ihre photographischen Aufnahmen zur unmittelbaren Messung der Geschoßgeschwindigkeit benutzt werden können. Während bezüglich der Erscheinung selbst auf Bd. VIII ds. Handb., bezüglich ihrer photo-

1) F. W. LANCHESTER, Phil. Mag. (6) Bd. 10, S. 260. 1905.

2) Vgl. OTTO LUEGER, Lexikon d. ges. Technik. 2. Aufl., Bd. VI, S. 194. 1904; J. G. CARLIER, l. c. Bd. 2, S. 166ff. 1905.

3) „Hütte“ des Ingenieurs Taschenbuch. 24. Aufl., Bd. II, S. 822. 1923.

graphischen Aufnahme auf Kap. 6 ds. Bandes, Abschn. H, Ziff. 100 bis 102, Abb. 63 und 64 verwiesen wird, soll hier lediglich die darauf gegründete Methode der Geschwindigkeitsmessung zur Sprache kommen, unter Zugrundelegung der einschlägigen, eingehenden Untersuchungen von CRANZ[1]).

Abb. 1, die man sich um AB als Achse gedreht zu denken hat, zeigt schematisch die Kopfwelle eines stabförmigen Körpers AB, der sich in seiner Längenrichtung BA mit Überschallgeschwindigkeit bewegt. Sie stellt sich zu einem bestimmten Zeitpunkt als eine hinten kugelförmig abgeschlossene Kegelfläche dar und man hat, außer der von der Stabspitze A ausgehenden Verdichtungswelle K (Kopfwelle), auch noch die vom Stabende ausgehende Verdünnungswelle S (Schwanzwelle) zu unterscheiden. Beachtet man, daß die Kopfwelle die Einhüllende aller HUYGENSschen Elementarwellen ist, die nacheinander von der Stabspitze A erregt wurden, so erkennt man: bewegt sich die Stabspitze in einer bestimmten Zeit t mit der Überschallgeschwindigkeit $v > c$ von D nach A, so breitet sich in derselben Zeit die in D erregte Schallwelle mit der Schallgeschwindigkeit c zu einer Kugel vom Halbmesser DC aus; dann ist DA der Stabgeschwindigkeit v und DC der Schallgeschwindigkeit c proportional. Ist etwa $t = 1$ sec, dann wird $DA = v$ und $DC = c$, wie in Abb. 1 angenommen. Ist ferner α der halbe Öffnungswinkel der kegelförmigen Einhüllenden, so ist

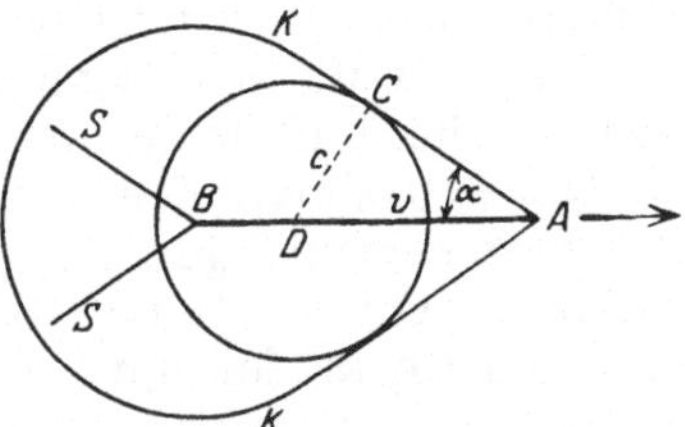

Abb. 1. Schema der Kopfwelle eines Stabes.

$$\frac{c}{v} = \sin\alpha \qquad \text{oder} \qquad v = \frac{c}{\sin\alpha}. \tag{14}$$

Eine völlig gleichartige Überlegung läßt sich für die Schwanzwelle S anstellen.

Ist somit die Schallgeschwindigkeit c zur Zeit der Messung bekannt, so erscheint die Messung der Stabgeschwindigkeit v unmittelbar auf die Messung des Wellenwinkels α zurückgeführt.

Die Gestalt der Kopfwelle eines wirklichen Geschosses G hängt von der Form seines Kopfes ab (Abb. 2). Ist er abgeflacht, so weist auch die Kopfwelle eine um so größere Abflachung MN auf, je breiter und flacher der Geschoßkopf ist. In MN ist $\alpha = 90°$, also $c = v$, d. h. die vom fliegenden Geschoß erzeugte Luftverdichtung schreitet mit Geschoßgeschwindigkeit fort. Die Schallgeschwindigkeit ist also hier gleich der Geschoßgeschwindigkeit. Diese Überschallgeschwindigkeit nimmt nun nach hinten stetig ab bis zur normalen Schallgeschwindigkeit c in der Zone CE. Daher ist der Vorderteil der Kopfwelle $CMNE$ hyperboloidartig gekrümmt, während der hinter CE anschließende Teil kugelförmig verläuft. Nur für diesen letzteren, hinteren Teil gilt demnach Geichung (14).

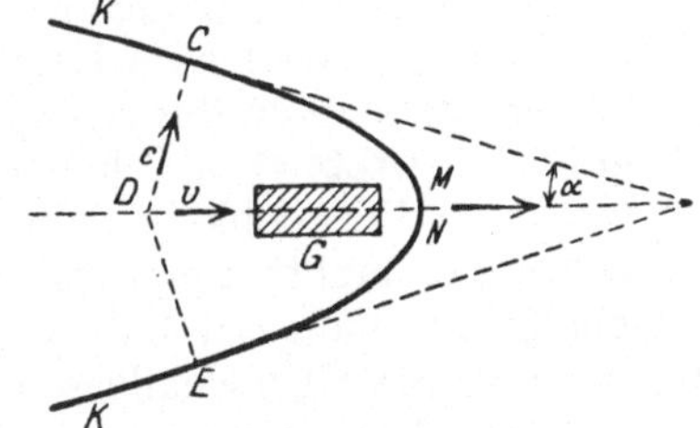

Abb. 2. Schema der Kopfwelle eines Geschosses.

Hat man also die Geschoßgeschwindigkeit v mit Hilfe der Kopfwelle einer Geschoßphotographie zu ermitteln, so muß der Kopfwellenwinkel α an dem geradlinigen Teil des Wellenumrisses gemessen werden.

[1]) C. CRANZ, Lehrb. d. Ballistik, 5. Aufl., Bd. 1, S. 38—42. 1925.

Die normale Schallgeschwindigkeit c ist für die zur Zeit der Geschoßaufnahme herrschende Luftdichte, als Funktion des Luftdruckes, der Temperatur und Feuchtigkeit, nach der LAPLACEschen Gleichung

$$c = \sqrt{\varkappa \frac{p}{\varrho}} = \sqrt{\varkappa R T} = c_0 \sqrt{1 + \alpha t} \tag{15}$$

zu bestimmen. Hierin ist $\varkappa = c_p/c_v = 1{,}405$ das Verhältnis der spezifischen Wärmen der Luft bei konstantem Druck und konstantem Volumen, p der Luftdruck, ϱ die Luftdichte, R die Gaskonstante, T die absolute Temperatur, $\alpha = {}^1/_{273} = 0{,}003667$ der Ausdehnungskoeffizient der Gase, t die Temperatur in Celsiusgraden und c_0 die Fortpflanzungsgeschwindigkeit des Schalles in trockener Luft bei 0° C und 760 mm Barometerstand. Für den vorliegenden Fall kann man nach CRANZ für mittlere Verhältnisse die Näherungsformel benützen

$$c = 330{,}7 + 0{,}66 t. \tag{16}$$

Nach E. MACH ist die Gleichung (14) $c/v = \sin\alpha$ für die Schwanzwelle am genauesten erfüllt[1]). Dagegen erhielt CRANZ auf Grund einer vor dem Kriege mit den Präzisionseinrichtungen seines ballistischen Laboratoriums (vgl. diesen Band Kap. 6, Abschn. H, Ziff. 100) durchgeführten, ausgedehnten Versuchsreihe mit dem S-Geschoß ($v = 888\,\mathrm{ms}^{-1}$) und mit dem Infanteriegeschoß Modell 88 ($v = 642\,\mathrm{ms}^{-1}$) nachstehende Ergebnisse.

Es zeigte sich die mit Hilfe des Kopfwellenwinkels α an dem geradlinigen Teil des Wellenumrisses gemessene Geschoßgeschwindigkeit $v = c/\sin\alpha$ regelmäßig viel zu klein, dagegen die mit Hilfe des Schwanzwellenwinkels α ermittelte Geschoßgeschwindigkeit viel zu groß, wenn c die normale Schallgeschwindigkeit war. Es ergab sich z. B. aus 20 Geschoßphotographien des S-Geschosses im Mittel $v = 829{,}0\,\mathrm{ms}^{-1}$ mittels der Kopfwelle, dagegen $v = 957{,}1\,\mathrm{ms}^{-1}$ mittels der Schwanzwelle. Das arithmetische Mittel lieferte einen nur um weniges zu großen Wert $v = 893{,}1\,\mathrm{ms}^{-1}$, mit einer wahrscheinlichen Abweichung der Einzelmessung vom Mittelwert von $\pm 1{,}05\%$. Die Messung mit dem Chronographen ergab als Mittelwert der zugehörigen 20 Messungen $v = 888{,}3\,\mathrm{ms}^{-1} \pm 2{,}1\%$. Dabei war die herrschende Lufttemperatur von 18 bis 20° berücksichtigt worden.

Die Tatsache, daß der Kopfwellenwinkel, selbst wenn er an dem geradlinigen Teil des Wellenumrisses gemessen wird, einen zu kleinen Wert von v ergibt, erklärt CRANZ durch einen Fehler in der Voraussetzung. Die längs des Weges DC (Abb. 1) als konstant vorausgesetzte Schallgeschwindigkeit c ist es nämlich in Wirklichkeit nicht. Denn zur Zeit, als die Geschoßspitze sich noch in D befand, mußte $c = v$ sein, also die Schallgeschwindigkeit den Wert der Geschoßgeschwindigkeit haben. Während das Geschoß von D nach A weiterfliegt, sinkt die Überschallgeschwindigkeit auf dem Wege von D nach C rasch von $888\,\mathrm{ms}^{-1}$ auf den normalen Wert von $c = 331\,\mathrm{ms}^{-1}$, ist also stark veränderlich. Wenngleich also DA ein Maß für die Geschoßgeschwindigkeit ist, die auf dieser kurzen Strecke als konstant angesehen werden darf, so ist DC größer als der Weg, den die Schallwelle mit normaler Schallgeschwindigkeit in derselben Zeit zurückgelegt hätte. Daher ergibt sich α zu groß und v zu klein.

Um trotzdem den richtigen Wert von v zu erhalten, müßte man eine Schallgeschwindigkeit $c_m > c$ zugrunde legen. CRANZ hat gezeigt, wie man mit Hilfe von Geschoßphotographien anderer Geschosse diesen Wert ermitteln kann[2]).

[1]) E. MACH u. L. MACH, Wiener Ber. Bd. 98, S. 1310—1326. 1889.
[2]) C. CRANZ (s. Fußnote S. 289), S. 41.

Das umgekehrte Ergebnis bei der Schwanzwelle hängt damit zusammen, daß sich unmittelbar hinter dem Boden des fliegenden Geschosses ein luftleerer Raum bildet, der sich nach hinten zu konisch verjüngt und allmählich von Wirbeln durchsetzt wird. Seine Grenze nach außen ist eine Unstetigkeitsfläche, an deren hinterem Ende, dort, wo die Wirbel beginnen, die Schwanzwelle ansetzt (vgl. Abb. 64 des Kap. 6, Abschn. H, Ziff. 102). Damit wird ein von BERNHARD RIEMANN theoretisch erhaltener Satz bestätigt, daß die Strömungsgeschwindigkeit entlang einer solchen Unstetigkeitsfläche nur eine tangentiale, aber keine normale Komponente haben kann. Die äußere Luft strömt hier zum Teil nach innen, in den luftverdünnten Wirbelkanal, so daß die Schallgeschwindigkeit der sich nach außen ausbreitenden Elementarkugelwellen zunächst weit kleiner ist als die normale Schallgeschwindigkeit. Aus diesem Grunde ist auch der Winkel α an der Schwanzwelle kleiner als bei normaler Schallgeschwindigkeit, und somit ergibt sich die Geschoßgeschwindigkeit v zu groß.

So einfach also das Prinzip dieses Verfahrens der Geschwindigkeitsmessung ist, so umständlich ist seine Ausführung, weshalb die ballistische Praxis die mittelbare Methode der Zurückführung der Geschwindigkeitsmessung auf eine Zeitmessung bevorzugt[1]). Hierdurch wird aber sein hohes physikalisches Interesse nicht berührt.

Der Kapitän der französischen Marineartillerie GOSSOT verwendete die MACHsche Kopfwelle bald nach ihrer Entdeckung zur mittelbaren Messung größerer Geschoßgeschwindigkeiten als die Schallgeschwindigkeit[2]). Am Anfang und am Ende der genau gemessenen Flugstrecke s waren seitwärts der Geschoßflugbahn zwei Schallbecher angeordnet. Die Kopfwelle des vorbeifliegenden Geschosses bog dünne Membranen im Inneren der Schallbecher zurück und unterbrach so den Strom eines Chronographen. Der Zeitraum t zwischen beiden so registrierten Zeitpunkten ergab die Geschoßgeschwindigkeit $v = s/t$ (vgl. ds. Kap. Ziff. 6).

Verschiedene Fehlerquellen, wie insbesondere die nicht scharf definierten Zeitpunkte der Kopfwellenwirkung auf die Membranen der Schallbecher, beeinträchtigten die Anwendung solcher und ähnlicher „Luftstoßanzeiger"[3]). Auf Grund einschlägiger Kriegserfahrungen beim Schallmeßverfahren suchten nun LADENBURG, V. ANGERER und WOLFF unter Mitwirkung von EDELMANN & SOHN in München hinsichtlich des Instrumentenbaues, das Verfahren zu vervollkommnen[4]). Die Schallbecher GOSSOTS wurden durch empfindliche Telephone oder Mikrophone ersetzt, in genau gemessenen Abständen von 50 bis 100 m voneinander, 750 m und mehr seitlich der Geschoßflugbahn. Sie waren mittels langer Leitungen an die Außenwicklung kleiner Transformatoren gelegt, deren innere Wicklung an der Saite eines registrierenden Saitengalvanometers lag. Das Vorbeiziehen der Kopfwelle (Geschoßknall) wurde photographisch registriert, zugleich mit den Zeitzeichen eines Sekundenpendels. Zur Messung der Geschwindigkeitsabnahme und daher auch des Luftwiderstandes wurden in der Schußrichtung mehrere, z. B. 8, Telephone bzw. Mikrophone angeordnet.

Auf verschiedenen Schießplätzen wurden etwa 500 Versuche in 30 Reihen mit allen Kalibern zwischen 8 mm (Infanteriegewehr) und 35 cm, bei Anfangs-

[1]) C. CRANZ, Lehrb. d. Ballistik Bd. 3, S. 29. 1913.

[2]) GOSSOT, Détermination des vitesses des projectiles au moyen des phénomènes sonores. Mémorial de l'artillerie de la marine 1891, S. 181.

[3]) C. CRANZ, Lehrb. d. Ballistik Bd. 3, S. 50—52. 1913.

[4]) R. LADENBURG u. E. V. ANGERER, Über die Ausbreitung des Schalles in der freien Atmosphäre. Bericht über Versuche des Kommandos der Artillerie-Prüfungskommission. Reichsdruckerei Berlin 1918; RUDOLF LADENBURG, ZS. f. techn. Phys. Bd. 1, S. 197—205. 1920.

geschwindigkeiten von 400 bis 800 ms^{-1} ausgeführt. Die Meßgenauigkeit der Zeit betrug etwa 1 bis $2 \cdot 10^{-4}$ sec, der Schallmessung etwa 2 bis 3‰. Im allgemeinen war die Meßgenauigkeit etwa die des Chronographen von LE BOULENGÉ (dieser Band Kap. 6, Abschn. E, Ziff. 60ff).

9. Ballistisches Pendel von ROBINS. Von nicht minder großem physikalischen Interesse ist die unmittelbare Messung von Geschoßgeschwindigkeiten mittels des ballistischen Pendels. Schon im Jahre 1707 faßte JAKOB CASSINI den Gedanken, die Geschoßgeschwindigkeit durch Hineinschießen in eine große, unelastische, pendelartig aufgehängte Masse zu ermitteln, die so eine bei weitem kleinere, also leichter meßbare Geschwindigkeit annahm[1]). Schießt man z. B. ein Geschoß von 0,01 kg Gewicht (Masse m_1) mit der Geschwindigkeit $v_1 = 500\,ms^{-1}$ in eine ruhende ($v_2 = 0$), unelastische Masse m_2 von 10 kg Gewicht, so erhält letztere, mit der ersteren vereinigt, die Geschwindigkeit

$$v = \frac{m_1 v_1 + m_2 v_2}{m_1 + m_2} = \frac{0{,}01 \cdot 500}{10{,}01} \approx 0{,}50\,ms^{-1}.$$

ROBINS führte diesen Gedanken im Jahre 1740 aus, indem er etwa 28 g schwere Gewehrgeschosse in einen 22 kg schweren Eichenklotz schoß, der als Pendelkörper diente; auch benützte er das Geschütz selbst als Pendel und berechnete die Geschoßgeschwindigkeit aus dem Pendelausschlag beim Rückstoß[2]).

Dr. HUTTON schoß 1775 bis 1789 mit $^1/_2$ bis $1^1/_2$ kg schweren Kanonenkugeln und DIDION, MORIN, PIOBERT (sog. Metzer Kommission) verwendeten 1836 Pendel vervollkommneter Konstruktion mit Sandmassen bis zu 6000 kg Gewicht oder auch Bleimassen[3]).

Seit WHEATSTONE im Jahre 1840 die Messung der Geschoßgeschwindigkeit auf elektrische Zeitmessung zurückgeführt hatte (dieser Band Kap. 6, Abschn. D, Ziff. 54 und 55), kam das ballistische Pendel mit der raschen Vervollkommnung der elektrischen Chronographen bald ganz außer Gebrauch und erhielt erst um die Jahrhundertwende in der verbesserten Gestalt von MINARELLI (s. nächste Ziff. 10) erneute Bedeutung für die Geschwindigkeitsmessung von Gewehrgeschossen.

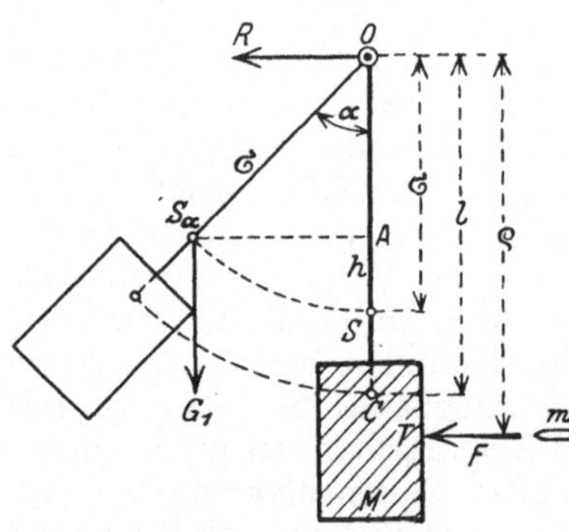

Abb. 3. Schema des ballistischen Pendels.

Es sei in Abb. 3 M der an einer Stange um die Achse O leicht drehbar aufgehängte Pendelkörper, gegen den das Geschoß m horizontal abgefeuert wurde. Nach dem Auftreffen in T dringt es in den Pendelkörper (Holz, mit Sand gefüllter Kasten, Blei) ein und bleibt darin stecken. Der Stoß kann als ein vollkommen unelastischer angesehen werden. Der vom Geschoß auf das Pendel übertragene Antrieb (Impuls) verursacht einen Ausschlag α, der an einem Gradbogen mittels eines von der

[1]) JACQUES CASSINI, Histoire de l'Académie des sciences. Paris 1707.

[2]) BENJAMIN ROBINS, New Principles of Gunnery 1742; deutsche Übersetzung mit ausführlichem Kommentar von LEONHARD EULER.

[3]) Diesbezüglich und betreffs weiterer Einzelheiten sowie der einschlägigen Literatur vgl. C. CRANZ, Lehrb. d. Ballistik Bd. 3, S. 33–45, 321. 1913; dann E. J. ROUTH, Die Dynamik der Systeme starrer Körper. Deutsch von A. SCHEPP Bd. I, S. 105–109. 1898; siehe auch ERNST MACH, Die Mechanik in ihrer Entwicklung, hist.-kritisch dargestellt, 6. Aufl., S. 369–372. 1908 (8. Aufl. 1921).

Pendelstange verschobenen Läufers samt Nonius abgelesen wird. Aus dem Winkel α findet man die Auftreffgeschwindigkeit v des Geschosses wie folgt.

Ist F die auf das Pendel ausgeübte Stoßkraft des Geschoßantriebes (Impulses), die in jedem Augenblick dem Eindringungswiderstand des Geschosses in den Pendelkörper gleich ist und als sehr rasch veränderliche, aber nicht näher bekannte Funktion der Zeit aufgefaßt werden kann, ϱ ihr Abstand von der Pendelachse, J das Trägheitsmoment des Pendels bezüglich der Pendelachse und ω seine Winkelgeschwindigkeit zur Zeit t, somit $d\omega/dt$ seine Winkelbeschleunigung, dann folgt seine Bewegungsgleichung aus der Bedingung (die mechanischen Grundlagen vgl. ds. Handb. Bd. V)

$$\left.\begin{array}{l}\text{Kraftmoment} = \text{Moment der Beschleunigung der Bewegungsgröße:}\\ F\varrho = J\dfrac{d\omega}{dt}.\end{array}\right\} \tag{17}$$

Ist die sehr kurze Stoßdauer ϑ, gerechnet vom Zeitpunkt des Auftreffens des Geschosses im Punkt T bis zu seinem Stillstand im Pendelkörper, und die dann erreichte Winkelgeschwindigkeit des Pendels ω', so ist zu integrieren, wie folgt:

$$\varrho\int_0^{\vartheta} F\,dt = J\int_0^{\omega'} d\omega = J\omega'. \tag{18}$$

Ist nun v die Auftreffgeschwindigkeit des Geschosses zur Zeit $t = 0$ und $v' = \varrho\omega'$ die Geschwindigkeit seiner gemeinschaftlichen Bewegung mit dem Pendel nach Ablauf der Stoßzeit ϑ, so folgt nach dem Satz vom Antrieb (Impulssatz) für das Geschoß von der Masse m

$$\int_0^{\vartheta} F\,dt = -\int_v^{v'} m\,dv = m(v - v') \tag{19}$$

und aus Gleichung (18): $\varrho m(v - v') = J\omega'$, mit Berücksichtigung von $v' = \varrho\omega'$ die Auftreffgeschwindigkeit des Geschosses

$$v = \frac{J + m\varrho^2}{m\varrho}\,\omega', \tag{20}$$

wobei $m\varrho^2$ das Trägheitsmoment des Geschosses und $J + m\varrho^2 = J'$ das Trägheitsmoment von Pendel und Geschoß bezüglich der Drehachse ist.

Es ist nun v durch den gemessenen Ausschlagwinkel α des Pendels auszudrücken. Wir bedenken hierzu, daß die durch den Stoß erlangte lebendige Kraft des Pendels $\frac{1}{2}J'\omega'^2$ die Arbeit zur Hebung des gemeinsamen Schwerpunktes S' von Pendel und Geschoß um die dem Ausschlag α entsprechende Höhe h leistet. Ist g die Beschleunigung der Schwere, somit $G_1 = Mg$ das Gewicht des Pendels, $G_2 = mg$ das Gewicht des Geschosses und $G = G_1 + G_2$ das Gesamtgewicht beider, so ist die Hubarbeit der Schwerkraft Gh und daher nach dem Satz der lebendigen Kräfte

$$\frac{J'\omega'^2}{2} = Gh. \tag{21}$$

Ist der Abstand des Pendelschwerpunktes S von der Drehachse σ, der Abstand des gemeinsamen Schwerpunktes von Pendel und Geschoß S' von der Drehachse σ' und beachtet man, daß

$$h = \sigma' - \sigma'\cos\alpha = \sigma'(1 - \cos\alpha) = 2\sigma'\sin^2\frac{\alpha}{2}, \tag{22}$$

ferner $G\sigma' = G_1\sigma + G_2\varrho$, so ergibt sich aus $\frac{1}{2}J'\omega'^2 = 2G\sigma'\sin^2\alpha/2$:

$$\omega' = 2\sin\frac{\alpha}{2}\sqrt{\frac{G\sigma'}{J'}} = 2\sin\frac{\alpha}{2}\sqrt{\frac{G_1\sigma + G_2\varrho}{J + m\varrho^2}} \tag{23}$$

und somit nach Gleichung (20):

$$v = 2\,\frac{\sin\frac{\alpha}{2}}{m\varrho}\sqrt{(G_1\sigma + G_2\varrho)(J + m\varrho^2)}\,. \tag{24}$$

Führt man nun die reduzierte Pendellänge des ballistischen Pendels $OC = l = J/M\sigma$ ein und setzt daher $J = Ml\sigma = G_1\sigma l/g$, so folgt weiter

$$v = 2\frac{\sin\frac{\alpha}{2}}{G_2\varrho}\sqrt{g(G_1\sigma + G_2\varrho)(G_1\sigma l + G_2\varrho^2)}\,. \tag{25}$$

Damit erscheint v durch die Messung von α bestimmt, denn alle anderen Größen dieser Gleichung sind mittelbar oder unmittelbar meßbar.

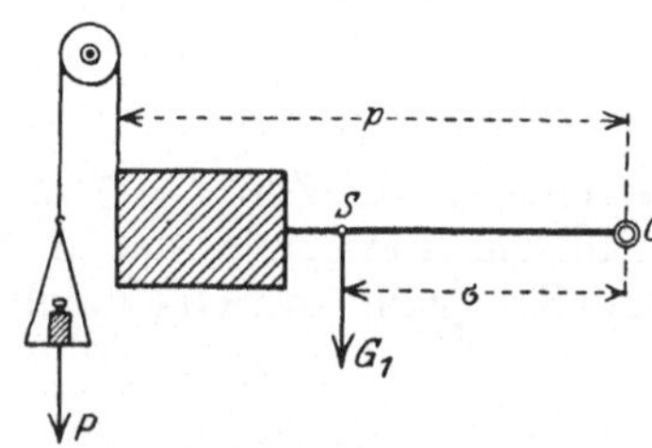

Abb. 4. Prinzip der Momentwage.

Zur Ermittlung des Momentes $G_1\sigma$ stellt man mittels einer Wage oder nach Abb. 4 bei horizontaler Lage der Pendelstange (mittels Libelle einzustellen) durch das aufgelegte Gewicht P Gleichgewicht her. Dann ist $G_1\sigma = Pp$. DIDION hat hierzu eine eigene Momentenwage konstruiert[1]).

Die reduzierte Pendellänge $l = \frac{g}{\pi^2}\tau^2$ ergibt sich durch Bestimmung der Schwingungsdauer τ des ballistischen Pendels aus einem Schwingungsversuch. Das Geschoßgewicht G_2 ist durch Wägung bekannt, und ϱ wird gemessen. Hierzu ist zu bemerken, daß der beim Stoß auftretende Lagergegendruck R (Abb. 3) verschwindet, sobald die Stoßkraft F durch den Schwingungsmittelpunkt (Mittelpunkt des Stoßes) C hindurchgeht. Es muß nämlich nach dem Schwerpunktssatz

die Summe aller im Schwerpunkt angreifenden Kräfte = der Beschleunigung der Bewegungsgröße des Schwerpunktes

$$F + R = M\sigma\frac{d\omega}{dt}, \tag{26}$$

sein und da nach Gleichung (17) die Winkelbeschleunigung $\frac{d\omega}{dt} = \frac{F\varrho}{J}$, erhält man mit Rücksicht auf $l = J/M\sigma$

$$F + R = \frac{F\varrho}{l} \quad \text{oder} \quad R = F\left(\frac{\varrho}{l} - 1\right), \tag{27}$$

d. h.

$$R \gtreqless 0, \quad \text{wenn} \quad \varrho \gtreqless l\,. \tag{28}$$

Der Treffpunkt T ist demnach möglichst so zu wählen, daß die Geschoßflugbahn durch den Schwingungsmittelpunkt (Mittelpunkt des Stoßes) des ballistischen Pendels hindurchgeht.

[1]) C. CRANZ (s. Fußnote 3, S. 292), S. 38f.

Außerdem ist zu beachten, daß Luftwiderstand, Lagerreibung und Läuferwiderstand den Ausschlagwinkel α verkleinern, weshalb an der Ablesung eine Korrektion anzubringen ist, die in folgender Weise ermittelt wird. Man läßt das Pendel zunächst bei hinaufgeschobenem Läufer schwingen und beobachtet die Abnahme A der Schwingungsweite nach n (etwa 10, 20 oder 30) ganzen Schwingungen. Nimmt man hiervon $A/4$, so ist das jener Anteil von Luftwiderstand und Lagerreibung, der auf n Viertelschwingungen entfällt. Der Versuch wird nun mit jedesmaligem Zurückschieben des Läufers wiederholt, wobei die neue Abnahme B der Schwingungsweite von allen drei Einflüssen herrührt und $B - A$ den Einfluß des Läuferwiderstandes allein gibt. Die dem Winkel α (einer Viertelschwingung) hinzuzufügende Korrektion ist somit

$$\alpha' = \frac{1}{n}\left(\frac{A}{4} + B - A\right). \tag{29}$$

Die gemessene Geschwindigkeit v muß auf die Anfangs- (Mündungs-) Geschwindigkeit v_0 zurückgeführt werden, was nach den einschlägigen ballistischen Überlegungen geschieht[1]).

Das in Wirklichkeit nicht genau stattfindende, aber der Berechnung zugrunde gelegte horizontale Anfliegen des Geschosses, dann der Umstand, daß das Geschoß nach dem Eindringen in den Pendelkörper nicht sofort zur Ruhe kommt, sind von so geringem Einfluß auf das Endergebnis, daß sie nicht berücksichtigt werden müssen. Bei Gewehrkugeln, die in eine Bleimasse geschossen wurden, ermittelte man in Gleichung (25) nicht jedesmal die reduzierte Pendellänge l von neuem, sondern nahm für alle Schüsse denselben Treffpunkt T an und vermehrte die Klammerausdrücke bei jedem neuen Versuch um $G_2\varrho$ bzw. $G_2\varrho^2$. Nach DIDION und SONNET konnten so mit dem ballistischen Pendel Anfangsgeschwindigkeiten von Geschossen bis auf wenige dmsec^{-1} ermittelt werden; weniger genau waren die Messungen bei größeren Entfernungen wegen der größeren Streuung der Treffpunkte und der größeren Abweichung der Auftreffrichtung von der Horizontalen[2]).

Wurden Geschütz oder Gewehr selbst als Pendelkörper des ballistischen Pendels benützt (canon-pendule), so war nur zu berücksichtigen, daß jetzt die Pendelmasse (Pendel + Rohr + Geschoß) nach dem Schuß um das Geschoßgewicht G_2 vermindert wurde, so daß in den Klammerausdrücken der Gleichung (25) $G_2\varrho$ und $G_2\varrho^2$ entfielen und sich ergab

$$v = 2\sin\frac{\alpha}{2}\cdot\frac{G_1\sigma}{G_2\varrho}\sqrt{gl}. \tag{30}$$

10. Ballistisches Gewehrpendel von MINARELLI. Wie schon erwähnt, war das ballistische Pendel seit Einführung der ballistischen Chronographen zur Messung von Geschoßgeschwindigkeiten ganz außer Gebrauch gekommen, hat aber durch das im Jahre 1900 von MINARELLI konstruierte ballistische Gewehrpendel neuerlich hohe Bedeutung erlangt[3]).

Das Eindringen der Geschosse in die Sand-, Blei- oder Holzmasse der älteren Pendelkörper war mit namhaften Energiezerstreuungen verbunden, die durch die Explosionswirkung kleinkalibriger Geschosse höherer Geschwindigkeit noch erhöht würden. MINARELLI erreichte nun eine wesentliche Verminderung dieser

---

[1]) C. CRANZ (s. Fußnote 3, S. 292), S. 40; Bd. 1, 5. Aufl., S. 507f. 1925.

[2]) C. CRANZ, l. c. S. 41.

[3]) Oberst ALEX. CHEV. MINARELLI FITZ-GERALD, Mitt. üb. Gegenst. d. Artillerie- u. Geniewesens Bd. 32, S. 269–282. 1901; M. RADAKOVIĆ, Wiener Ber. Bd. 110, S. 511–518. 1901; C. CRANZ, l. c. S. 41–45.

Energieverluste durch Anwendung einer oberflächenharten Tiegelgußstahl-Panzerplatte als Pendelkörper, an der die Stahlmantelgeschosse unter Schmelzerscheinungen vollständig zerstäuben, ohne den mindesten Eindruck zu hinterlassen. Deshalb und weil sich das Zerstäuben fast ganz in der Ebene der Stahlplatte vollzieht, sind die Voraussetzungen des vollkommen unelastischen Stoßes und damit der Messung weitaus genauer erfüllt als bei den alten ballistischen Pendeln.

Die quadratische Stahlplatte hat 22 cm Seitenlänge, ist 3,6 cm dick und wiegt rund 13 kg. Sie wird von einem eisernen Gestänge getragen, das an einer Achse mit Kugellagern hängt. Das Gesamtgewicht des Pendels samt Platte beträgt rund 26 kg. Da die kleinkalibrigen Gewehrgeschosse 10 bis 15 g wiegen (8 mm Mannlichergeschoß 15,8 g, 7,9 mm S-Geschoß 10,0 g), ist das Massenverhältnis $m/M \approx 0{,}4$ bis $1{,}15 \cdot 10^{-3}$, so daß die Ausschläge des Pendels, bei Geschoßgeschwindigkeiten bis zu 900 ms^{-1}, unter 9° bleiben. Ihre Messung geschieht an einem von 10′ zu 10′ geteilten Gradbogen mittels eines vom ausschlagenden Pendel mitgenommenen Läufers, dessen zehnteiliger Nonius die Ablesung bis auf 1 Bogenminute gestattet. Ein großer Vorteil ist, daß man das Moment des Pendelgewichtes $G_1\sigma$ [Gleichung (25)], wegen des Zerstäubens der Geschosse, nur einmal zu bestimmen braucht, so daß sich die Messungen sehr rasch vollziehen.

Infolge des Zerstäubens der Geschosse verschwinden unter dem Wurzelzeichen der Gleichung (25) wieder die Glieder $G_2\varrho$ und $G_2\varrho^2$, so daß sich für die Auftreffgeschwindigkeit des Geschosses die mit Gleichung (30) identische Gleichung ergibt

$$v = 2\sin\frac{\alpha}{2}\cdot\frac{G_1\sigma}{G_2\varrho}\sqrt{gl}\,. \tag{31}$$

MINARELLI maß Geschoßgeschwindigkeiten des 8-mm-Mannlichergewehrs selbst auf 30 cm von der Gewehrmündung mit 0,5% Genauigkeit. Seine Ergebnisse wurden im ballistischen Laboratorium von CRANZ in einer längeren Versuchsreihe bestätigt, die zeigte, daß das ballistische Gewehrpendel von MINARELLI einen Geschwindigkeitsmeßapparat darstellt, der den besten elektrischen Geschwindigkeitsmessern nicht nachsteht, aber den Vorteil bietet, die Geschoßgeschwindigkeit in einem bestimmten Punkt der Flugbahn zu erhalten, während die elektrischen Chronographen nur Mittelwerte für eine bestimmte Flugstrecke liefern[1]).

b) Flüssigkeiten.

α) Staugeräte.

11. Staurohr von PITOT. Die Messung der Geschwindigkeit strömender Flüssigkeiten mittels Staugeräten beruht auf dem Gedanken, den hydrodynamischen Druck der Strömung in irgendeinem Punkt der Flüssigkeit durch den hydrostatischen Druck zu messen (vgl. ds. Handb. Bd. VII, Kapitel „Strömungen" von FORCHHEIMER)[2]). Das diesem Gedanken zugrunde liegende Prinzip erkennt man leicht auf Grund der Überlegung, daß nach dem Satz der lebendigen Kräfte, die lebendige Kraft eines mit der Geschwindigkeit v strömenden Flüssigkeitsteiles von der Masse m, die Arbeit zur Hebung seines Gewichtes mg um die Höhe h leisten muß, also

$$\frac{mv^2}{2} = mgh\,, \tag{32}$$

[1]) C. CRANZ (s. Fußnote 3, S. 292), S. 43f.

[2]) Vgl. auch PH. FORCHHEIMER, Hydraulik, Encykl. d. math. Wiss. Bd. IV_3, Art. 20, S. 328ff. 1905 (1901–1908); E. MACH, Die Mechanik, l. c. S. 457f.

woraus folgt
$$v = \sqrt{2gh} \tag{33}$$
oder
$$h = \frac{v^2}{2g}. \tag{34}$$

Die Strömungsgeschwindigkeit v erscheint hiernach durch die Stauhöhe (Geschwindigkeitshöhe) h ausgedrückt und kann daher unmittelbar durch sie gemessen werden. Dies hat zuerst PITOT im Jahre 1728 ausgeführt[1]), wohl zur Zeit, als DANIEL BERNOULLI zwischen dem hydrostatischen und hydrodynamischen Druck unterscheiden lehrte[2]).

In eine mit der Geschwindigkeit v strömende Flüssigkeit mit der Oberfläche MN (Abb. 5) wird ein Glasrohr AB lotrecht eingetaucht. Die Flüssigkeit stellt sich dann innerhalb des Rohres gleich hoch mit dem äußeren Flüssigkeitsspiegel MN ein, wenn man von den hauptsächlich durch Wirbelbildung am unteren Rande B verursachten Störungen zunächst absieht, die eine geringe Senkung der Flüssigkeitssäule im Rohr zur Folge haben. Taucht man ein Glasrohr CD (Abb. 5) mit einem rechtwinklig abgebogenen Ende D, dieses stromaufwärts gerichtet, lotrecht ein (Staurohr von PITOT oder kurz Pitotrohr), dann steigt die Flüssigkeitssäule im Rohr um einen Betrag h über den äußeren Flüssigkeitsspiegel, der nach Gleichung (34) die Geschwindigkeitshöhe $h = v^2/2g$ ist und hiernach ein Maß der Strömungsgeschwindigkeit $v = \sqrt{2gh}$ [Gleichung (33)], an dem Ort der Rohröffnung bei D, bildet. Dabei ist zunächst wieder von den Störungen abgesehen, welche die Wirbelbildung am Rande der Einströmungsöffnung bei D verursacht und die eine kleine Vergrößerung von h bewirken.

Die erwähnten Störungen suchte man durch einen Koeffizienten ζ zu berücksichtigen, indem man setzte
$$h = \zeta \frac{v^2}{2g}, \quad \frac{v^2}{2g} = \frac{1}{\zeta} h \quad \text{und} \quad v = \sqrt{\frac{1}{\zeta}} \sqrt{2gh}. \tag{35}$$

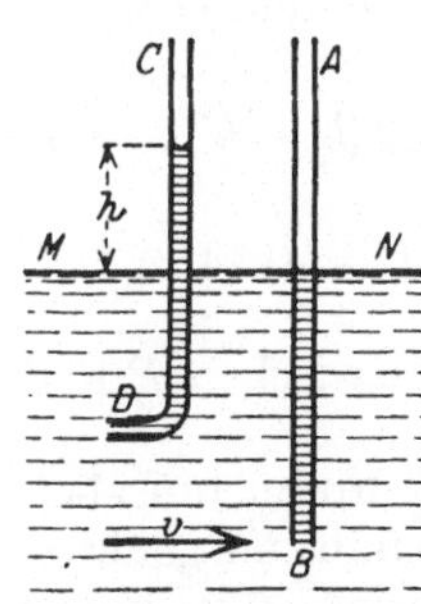

Abb. 5. Schema des Staurohres von PITOT.

Durch Versuche ermittelte DUBUAT für Wasser einen Mittelwert von $\zeta = 1{,}19$[3]), also $1/\zeta = 0{,}84$ und $\sqrt{1/\zeta} = 0{,}92$. Hiernach konnte an den Röhren eine Teilung nach Einheiten von v, also zum unmittelbaren Ablesen der Strömungsgeschwindigkeit angebracht werden.

12. Staurohr von DARCY. DARCY[4]) wendete das rechtwinklig abgebogene Ende F eines lotrecht eingetauchten Rohres EF stromabwärts (Abb. 6), so daß die Strömung eine Senkung h' der Flüssigkeitssäule innerhalb des Rohres unter den äußeren Flüssigkeitsspiegel MN hervorrief (Sympiezometer oder Staurohr von DARCY), entsprechend der Gleichung

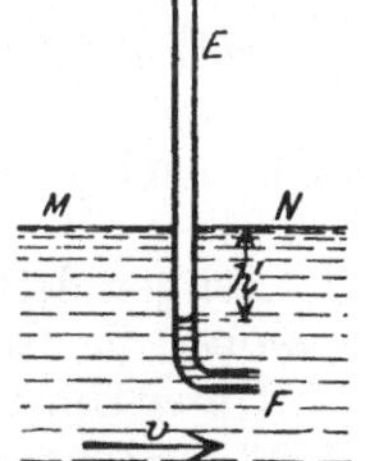

Abb. 6. Schema des Staurohres von DARCY.

---

[1]) H. PITOT, Description d'une machine pour mesurer la vitesse des eaux courantes et le sillage des vaisseaux. S. 363ff.; Mém. de l'Acad. des Sciences de Paris 1732.

[2]) DANIEL BERNOULLI, Hydrodynamica sive de viribus et motibus fluidorum commentarii. Straßburg 1738.

[3]) L. G. DUBUAT-NANÇAY, Principes d'hydraulique. Paris 1779; neuere Ausgaben 1786 u. 1816 (3 Bde.); 1. Bd. deutsch von J. F. LEMPE. Leipzig 1796; J. G. CARLIER, l. c. Bd. 1, S. 118ff.

[4]) H. PH. G. DARCY, Recherches expérimentelles relatives au mouvement de l'eau dans les tuyaux. Mém. prés. par divers savants Bd. 15. Paris 1858.

$$h' = \zeta' \frac{v^2}{2g}, \quad \text{woraus} \quad \frac{v^2}{2g} = \frac{1}{\zeta'} h' \quad \text{und} \quad v = \sqrt{\frac{1}{\zeta'}} \sqrt{2gh'}, \tag{36}$$

wobei der Koeffizient ζ' den erwähnten Störungen Rechnung tragen soll. DUBUAT bestimmte ihn durch Versuche für Wasser im Mittel mit $\zeta' = 0{,}67$, also $1/\zeta' = 1{,}49$ und $\sqrt{1/\zeta'} = 1{,}22$.

13. Staurohr von DARCY-BAUMGARTEN. In dem Streben, die Genauigkeit dieser Meßmethoden zu erhöhen, verband BAUMGARTEN[1]) das Pitotrohr mit der Röhre von DARCY zu einem einheitlichen Instrument (Differentialsympiezometer oder Staurohr von DARCY-BAUMGARTEN) nach Abb. 7. Es ist ein umgekehrtes U-Rohr mit einem durch den Hahn H_1 verschließbaren Ansatz A, der zum Ansaugen der Flüssigkeit nach oben dient, um eine bequemere Ablesung der Geschwindigkeitshöhe zu ermöglichen, was nach Schließen der beiden Hähne H_2 und H_3 und Herausheben des Instrumentes aus dem Wasser an einer empirisch hergestellten Skale erfolgt. Es sind entweder beide Rohrenden B und B' rechtwinklig in der Ebene des U-Rohres entgegengesetzt nach außen abgebogen, oder nur das eine Rohrende B, während C gerade bleibt. In beiden Fällen wird zur Geschwindigkeitsmessung B stromaufwärts gerichtet. Nach erfolgtem lotrechten Eintauchen und Öffnen aller drei Hähne, stellt sich die Flüssigkeitssäule im stromaufwärtigen Rohr höher ein als im stromabwärtigen. Der Niveauunterschied ist dann ein Maß der in der betreffenden Tiefe herrschenden Strömungsgeschwindigkeit.

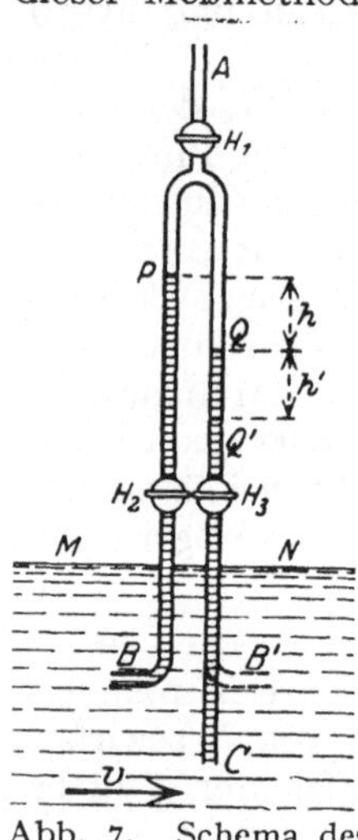

Abb. 7. Schema des Staurohres von DARCY-BAUMGARTEN.

Bei beiderseits gekrümmten Rohrenden ist nach den Gleichungen (35) und (36), wenn man $\zeta + \zeta' = \zeta''$ setzt, die Geschwindigkeitshöhe gleich dem Unterschied der Niveaus P und Q':

$$h + h' = \zeta'' \frac{v^2}{2g}, \quad \frac{v^2}{2g} = \frac{1}{\zeta''}(h + h') \quad \text{und} \quad v = \sqrt{\frac{1}{\zeta''}} \sqrt{2g(h + h')}, \tag{37}$$

wobei nach DUBUAT, wie vorher, $\zeta'' = 1{,}19 + 0{,}67 = 1{,}86$, $1/\zeta'' = 0{,}54$, $\sqrt{1/\zeta''} = 0{,}73$.

Bei geradem Rohr AC ergibt sich der Niveauunterschied h zwischen P und Q, wobei die Gleichungen (35) gelten.

Unter Umständen ist es zweckmäßig, das Gewicht der den hydrodynamischen Druck messenden Flüssigkeitssäule von der Höhe h durch den von ihr ausgeübten Druck auszudrücken. Ist γ das spezifische Gewicht der Flüssigkeit in kg/m³ und p der von der h m hohen Flüssigkeitssäule auf ihre Unterlage ausgeübte Druck in kg/m² oder in mm Wassersäule, so ist

$$p = \gamma h. \tag{38}$$

Bedenkt man, daß dieser hydrostatische Druck dem Staudruck der strömenden Flüssigkeit p' Gleichgewicht hält, also $p = p'$, dann übergeht Gleichung (33) in

$$v = \sqrt{\frac{2g}{\gamma} p'}, \tag{39}$$

oder

$$p' = \gamma \frac{v^2}{2g}, \tag{40}$$

[1]) J. G. CARLIER (s. Fußnote 1, S. 287), Bd. 1. S. 119.

womit die Messung der Strömungsgeschwindigkeit v auf die Messung des von ihr hervorgerufenen Staudruckes p' zurückgeführt erscheint.

14. Staurohr von PRANDTL. Die Messungen mit den Staurohren von PITOT und DARCY-BAUMGARTEN lieferten nur angenäherte Werte, denn es zeigte sich, daß die angedeuteten Störungen der Strömung an den eingetauchten Rohrrändern viel zu kompliziert sind, um ihrer Wirkung auf Staudruck bzw. Stauhöhe in allen Fällen durch konstante Koeffizienten Rechnung tragen zu können. Die neueren Untersuchungen der Strömungserscheinungen von Flüssigkeiten und Gasen (ds. Handb. Bd. VII, l. c.) führten daher, unter Beibehaltung des Grundprinzips, zu einer Reihe von Neukonstruktionen der Staugeräte (z. B. von PRANDTL-ROSENMÜLLER, BRABBÉE, PRANDTL), deren äußere Gestalt sich den Strömungsvorgängen im Hinblick auf den Meßzweck mehr oder minder erfolgreich anzupassen sucht. Als Beispiel sei ein neueres Staurohr von PRANDTL an Hand der schematischen Abb. 8, nach der Darstellung von GRAMBERG kurz beschrieben und im übrigen auf die einschlägige technische Literatur verwiesen[1]).

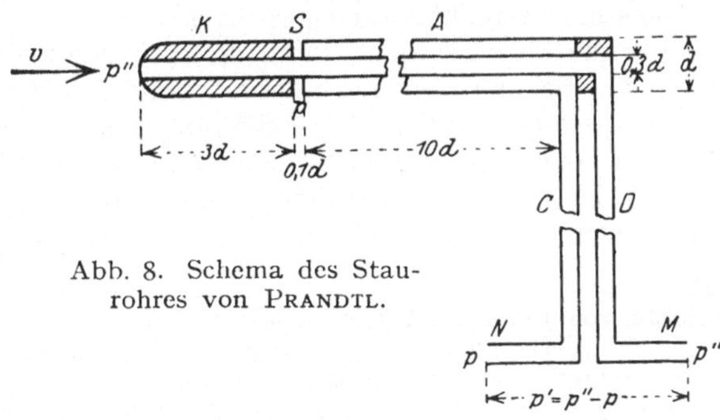

Abb. 8. Schema des Staurohres von PRANDTL.

Bezeichnet man mit p den hydrostatischen und mit $p' = \gamma v^2/2g$ [nach Gleichung (40)] den hydrodynamischen oder Staudruck einer Flüssigkeit oder eines Gases mit der Strömungsgeschwindigkeit v, so ist der Gesamtdruck

$$p'' = p + p'. \tag{41}$$

Zu seiner Messung dient ein Rohr in einem vorn halbkugelförmig abgerundeten Kopf K, der, mit der Öffnung voraus, in der Stromrichtung liegt. Das Rohr setzt sich über A, dann rechtwinklig umgebogen über B zum Schlauchstutzen M fort. Dieses Rohr ist von einem zweiten Rohr koaxial umgeben, das hinter dem Kopf K mit einem engen Schlitz beginnt und sich über A, dann, rechtwinklig umbiegend, über C zum Schlauchstutzen N erstreckt. Der Schlitz S ist so weit hinten angeordnet, daß die Stromlinien an ihm parallel vorbeistreichen und somit in ihm der hydrostatische Druck p herrscht.

Die auf Grund zahlreicher Messungen in der Aerodynamischen Versuchsanstalt in Göttingen ermittelten günstigsten Verhältnisse der Abmessungen sind der Abb. 8 zu entnehmen. An die Schlauchstutzen M und N wird ein Differentialmanometer angeschlossen, das somit den Staudruck $p' = p'' - p$, als Unterschied des Gesamtdruckes und des hydrostatischen Druckes mißt (dieser Band Kap. 8)[2]).

Der Strömungsverlauf am Kopf K und Schlitz S des Staugerätes, den Meßstellen für p'' und p hängt von der Gestalt und Anordnung dieser Teile ab, sowie von ihrer Lage zur Strömungsrichtung. Hierdurch wird bei den erwähnten verschiedenen Typen das Messungsergebnis verschieden beeinflußt, so daß eine Korrektur der theoretischen Werte in den Gleichungen (40) und (39) durch einen Koeffizienten ζ nötig wird, wie folgt:

$$p' = \zeta \gamma \frac{v^2}{2g} \tag{42}$$

[1]) A. GRAMBERG (s. Fußnote 1, S. 287), S. 111ff.; Literatur S. 548 u. 550ff.

[2]) A. GRAMBERG, l. c. S. 65ff.

und

$$v = \sqrt{\frac{2g}{\zeta\gamma} p'}. \tag{43}$$

ζ wird durch Versuche ermittelt. Entweder taucht man das Staurohr in einen Wasser- oder Luftstrom bekannter Geschwindigkeit, oder man erteilt ihm am Rundlaufapparat in ruhendem Mittel eine bekannte Geschwindigkeit. Am Rundlaufapparat der Aerodynamischen Versuchsanstalt in Göttingen fand KUMBRUCH für Luft bei Geschwindigkeiten von 3 bis 17 ms^{-1}:

Staurohr von PRANDTL-ROSENMÜLLER . . . $\zeta = 0{,}982-1{,}001$, $\bar{\zeta} = 0{,}992$
„ „ BRABBÉE . . . . $\zeta = 0{,}995-1{,}007$, $\bar{\zeta} = 1{,}001$

Messungen in künstlich gestörtem Luftstrom ergaben Vergrößerungen von ζ durch starke Turbulenz beim ersteren Staurohr bis zu 4,2%, bei letzterem bis 5,4%. Bei mäßiger Turbulenz beträgt bei der etwas günstigeren Form von PRANDTL-ROSENMÜLLER die Erhöhung von ζ etwa 1 bis 2%, was einer Unsicherheit der Geschwindigkeitsmessung von 0,5 bis 1% entspricht.

Bei Drehung der Stielachse des Staurohrs gegen die Luftstromrichtung zeigten sich folgende Änderungen des Staudruckes p':

Neigung	10°	20°	30°	40°	50°
Staurohr von PRANDTL-ROSENMÜLLER	−1	−12	−30	−60%	
„ „ BRABBÉE	+2	+ 9	+10	+ 2	−16%
Neueres Staurohr von PRANDTL	±0	− 4	−21%		

Als Kennzeichen eines guten Staurohres pflegt man anzusehen:

1. der Wert $\zeta = 1$ soll möglichst genau erreicht werden;

2. die Angaben des Staurohres sollen möglichst unempfindlich sein gegen Schrägstellung zur Strömungsrichtung, weil man sie nicht immer genau kennt;

3. die Angaben des Staurohres sollen möglichst unempfindlich sein gegen verschieden starke Turbulenz der Strömung.

In dieser Hinsicht entspricht das neuere Staurohr von PRANDTL am besten den Forderungen, denn sein Wert ist $\zeta \approx 1$, und schwankt nur wenig bis etwa 15° Rohrneigung zur Strömungsrichtung und bei mäßiger Turbulenz.

Die genannten Staurohre sind zwar zunächst für Luft erprobt worden, aber für Flüssigkeiten ebenso zu verwenden (vgl. Ziff. 18).

Die Staugeräte sind dadurch ausgezeichnet, daß sie die Strömungsgeschwindigkeit in einem bestimmten Punkt der Flüssigkeit oder des Gases unmittelbar angeben. Die Genauigkeit ihrer Angaben kann aber schon aus dem Grunde keine große sein, weil die zu messende Geschwindigkeit, infolge der häufigen Wirbelbewegungen, nicht immer einen eindeutigen Wert hat.

β) Hydrometrische Flügel.

15. Hydrometrischer Flügel von WOLTMAN. Ein anderer, nicht minder fruchtbarer Gedanke, die Geschwindigkeit strömenden Wassers zu messen, beruht auf der Zählung der Umdrehungen eines von der Strömung gedrehten Flügelrades. Lange vor Erfindung der Schiffsschraube durch JOSEF RESSEL (1826), verwirklichte ihn im Jahre 1790 der Hamburger Wasserbauinspektor WOLTMAN durch Erfindung des nach ihm benannten hydrometrischen Flügels[1]). Ohne seine Hauptbestandteile wesentlich zu verändern, hat sich dieser Meß-

[1]) REINHARD WOLTMAN, Theorie und Gebrauch des hydrometrischen Flügels. Hamburg 1790; 2. Aufl. Leipzig 1832. Das Reaktionsrad erfand SEGNER in Göttingen im Jahre 1747, FOURNEYRON die Turbine im Jahre 1827.

apparat seither in zahllosen Formen verbreitet[1]) und sich schließlich, nach Verwertung der neueren Erkenntnisse der Strömungslehre, zu einem bevorzugten Präzisionsinstrument für die Messung von Wassergeschwindigkeiten in Flüssen, Kanälen und Gerinnen aller Art entwickelt.

Der hydrometrische Flügel besteht aus einem schiffsschraubenähnlichen, zwei- oder mehrflügeligen Schaufelrad A (Abb. 9 und 10)[2]), mit schraubenflächenförmig gekrümmten Schaufeln von 4 bis 30 cm Durchmesser, das um

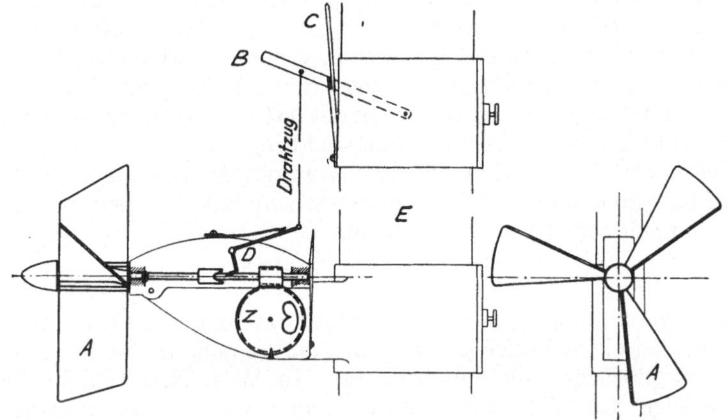

Abb. 9. Schema eines hydrometrischen Flügels von Th. Ertel & Sohn, München, mit mechanischer Zählung (nach GRAMBERG).

eine, in einem Rahmen möglichst reibungsfrei gelagerte Achse leicht drehbar ist. Eine achsenparallele Strömung versetzt den Schraubenflügel in um so raschere Drehung, je größer ihre Geschwindigkeit, so daß die Drehzahl des Schraubenflügels ein Maß für sie ist. Die Drehzahl wird entweder mechanisch durch ein Zählwerk Z (Abb. 9) registriert, oder durch elektrische Übertragung

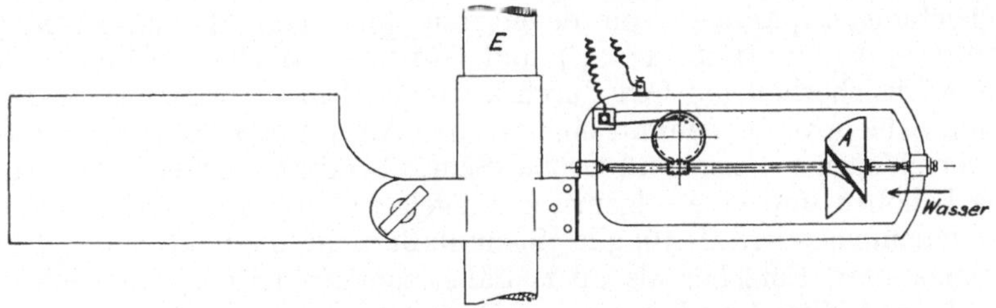

Abb. 10. Schema eines hydrometrischen Flügels von A. OTT, Kempten, mit elektrischer Zählung (nach GRAMBERG).

angezeigt (Abb. 10). In beiden Fällen treibt eine auf der Schraubenwelle sitzende Schnecke ein Zahnrad, das im ersten Fall 100 Zähne hat und mit einem zweiten von 101 Zähnen derart verbunden ist, daß der Gangunterschied beider Zahnräder die vollen Hunderte der Umläufe anzeigt. Unter Wasser wird die Arretierung D mittels eines Drahtzuges durch Heben des Hebels B gelöst und nach einem, mittels einer Uhr gemessenen Zeitraum, durch Drücken auf den Stell-

[1]) J. A. EYTELWEIN, Crelles J., Bd. 1, S. 5ff. 1826; J. SCHLICHTING, Handb. d. Ingenieurwissenschaften Bd. III, 1. Abt., 1. Hälfte, 3. Aufl., S. 149ff. 1892.

[2]) Nach A. GRAMBERG (s. Fußnote 1, S. 287), S. 102.

hebel C, wieder einfallen gelassen. Nach Herausheben des Flügels liest man die zugehörige Zahl der Umläufe ab.

Im zweiten Fall schließt das Schneckenrad nach je 50 oder 100 Umdrehungen des Schraubenflügels einen elektrischen Kontakt, der über Wasser ein Glockensignal betätigt. Die Zeit zwischen zwei Glockensignalen wird mittels Stechuhr gemessen und so die Drehzahl ermittelt. Kommt es auf größere Genauigkeit an, wie z. B. bei Schleppversuchen, so kann die Zeit auch mittels besonders hierzu eingerichteter Chronographen gemessen werden[1]).

Der hydrometrische Flügel wird mittels einer Hülse über einen Stab E geschoben, der auf die Sohle des Gerinnes gestellt wird, und läßt sich in der gewünschten Höhe mittels einer Klemmschraube befestigen. Eine auf der entgegengesetzten Seite angebrachte steuerruderartige Fläche erleichtert das Einstellen der Flügelachse in die Strömungsrichtung.

Ein widerstandsfreier, d. h. idealer hydrometrischer Flügel würde in einer idealen Flüssigkeit eine der Strömungsgeschwindigkeit v genau proportionale Drehzahl n annehmen, nach der Gleichung

$$v = Kn, \tag{44}$$

wobei K bei Schaufeln mit genauer Schraubenform die geometrische Steigung der Schraube, bei ebenen oder anders gekrümmten Schaufeln eine entsprechende mittlere geometrische Steigung bedeutet. In Wirklichkeit bleibt jedoch die Drehzahl infolge der Widerstände zurück, und man suchte diesem Umstand durch Hinzufügen einer mit K versuchsmäßig zu ermittelnden Konstanten b Rechnung zu tragen, so daß man

$$v = Kn + b \tag{45}$$

als sog. Flügelgleichung erhielt. Die Bedeutung von b ergibt sich für $n = 0$ als $b = v_0$, der sog. Anlaufgeschwindigkeit des Flügels.

Diese Gleichung legte man zumeist den Messungen mit dem WOLTMANschen Flügel zugrunde, ohne daß sie jedoch in allen Fällen befriedigt hätte. Mit dem Streben, die Flügelkonstruktion zu verbessern, ging daher die Aufstellung genauerer Flügelgleichungen parallel, von denen nur jene von BAUMGARTEN (1847)[2]), SCHMIDT (1895)[3]), RATEAU (1898)[4]) und GÜMBEL (1919)[5]) erwähnt seien.

Diese Unsicherheit hat OTT durch kritische Bearbeitung einer ausgedehnten Reihe von Schleppversuchen mit einer großen Anzahl (über 100) hydrometrischer Flügel verschiedener Form und Größe (Schraubendurchmesser von 4 bis 30 cm) kürzlich behoben und eine allgemeine Flügelgleichung aufgestellt, die auch für Flügelradanemometer (Ziff. 19) gilt. Sie umfaßt nicht allein die Flügelgleichungen der vorgenannten Forscher als Spezialfälle, sondern trifft vermutlich auch für den Schalenkreuzflügel und das Schalenkreuzanemometer zu (Ziff. 19), wie ihre völlige Übereinstimmung mit dem Ergebnis der einschlägigen Untersuchungen von CHREE beweist[6]). Da ihr somit grundlegende Bedeutung für dieses Gebiet der Geschwindigkeitsmessung zukommt, möge der ihr zugrunde gelegte Gedanken-

---

[1]) L. A. OTT, Theorie und Konstantenberechnung des hydrometrischen Flügels. S. 26 und 47, Abb. 22. Berlin: Julius Springer 1925.

[2]) BAUMGARTEN, Ann. des Ponts et Chaussées (2. Ser.) Bd. 14, S. 326—374. 1847 (2. Hälfte).

[3]) M. SCHMIDT, ZS. d. Ver. d. Ing. Bd. 39, S. 917ff. 1895; Bd. 47, S. 1698. 1903; Mitt. über Forschungsarbeiten, herausg. v. Ver. d. Ing. 1903, 11. Heft; Münchener Ber. Bd. 33, H. 2. 1903.

[4]) A. RATEAU, Ann. des Mines (9) Bd. 13, S. 331—385. 1898; (10) Bd. 2, S. 74—86. 1902.

[5]) GÜMBEL, ZS. f. d. ges. Turbinenw. Bd. 16, S. 137—140. 1919.

[6]) C. CHREE, Phil. Mag. Bd. 40, S. 63—90. 1895.

gang nachstehend kurz wiedergegeben werden, im übrigen aber auf die Originalarbeit von OTT verwiesen sein[1]).

In einer wirklichen Flüssigkeit hat die Schraube des hydrometrischen Flügels eine Schlüpfung, d. h. sie bleibt gegen die Strömung etwas zurück. Dann muß der axiale Druck des gegen die Schraubenflügel mit der Geschwindigkeit v achsenparallel strömenden Wassers als Kraft gleich sein dem Produkt aus der in 1 sec vorbeiströmenden Wassermasse $\varrho F v$ und ihrer Geschwindigkeitsabnahme in der Strömungsrichtung $v - Kn$, nach Gleichung (44). Hierbei ist ϱ die Dichte (für Wasser $\varrho = 1$) und F der Strömungsquerschnitt. Ist A eine von der Größe und Gestalt des Schraubenflügels sowie von der Flüssigkeitsdichte abhängige Konstante, so läßt sich hiernach das von der strömenden Flüssigkeit auf die Schraube ausgeübte Drehmoment M darstellen durch

$$M = Av(v - Kn). \tag{46}$$

Die die Drehung der Schraube verzögernden Widerstände sind hydraulischer und mechanischer Natur.

Die hydraulischen Widerstände entstehen durch Flüssigkeitsreibung an den Schaufelflächen, durch Wirbelbildung an ihren Kanten, Speichen und Rippen, dann durch den Stau des Flügelgehäuses und seiner Befestigung (Stange). Diese störenden Einflüsse sind hauptsächlich der zweiten, zum Teil auch, wie insbesondere die von der Zähigkeit der Flüssigkeit abhängenden Reibungsverluste, der ersten Potenz der Geschwindigkeit proportional. Ihre Gesamtwirkung, als das die Schraubendrehung hemmende Moment N, läßt sich daher darstellen durch einen Ausdruck von der Form

$$N = v \Sigma B + v^2 \Sigma C, \tag{47}$$

wobei die Summenzeichen vor den Konstanten B und C andeuten, daß mehrere Einflüsse wirksam werden können.

Außerdem können im Inneren des Flügelgehäuses infolge der Flüssigkeitsreibung rotierender Teile weitere hydraulische Widerstände auftreten, die der zweiten und ersten Potenz der Drehzahl n proportional sein dürften.

Die mechanischen Widerstände rühren von der Reibung in den Achsenlagern und im Räderwerk, sowie vom Widerstand des elektrischen Kontaktwerks her. Die Erfahrung hat gelehrt, daß man das Moment Q der zuletzt genannten hydraulischen Widerstände im Inneren des Flügelgehäuses und der mechanischen Widerstände ausdrücken kann durch

$$Q = D \frac{v}{v - a' - k'n}, \tag{48}$$

worin D, a' und k' durch Versuche zu bestimmende Konstante sind.

Nachdem das Drehmoment in jedem Augenblick im Gleichgewicht sein muß mit dem Moment der Widerstände, muß sein $M = N + Q$ oder

$$Av(v - Kn) = v \Sigma B + v^2 \Sigma C + \frac{Dv}{v - a' - k'n}, \tag{49}$$

woraus sich ergibt

$$v = \frac{\Sigma B}{A - \Sigma C} + \frac{AK}{A - \Sigma C} n + \frac{D}{A - \Sigma C} \cdot \frac{1}{v - a' - k'n}. \tag{50}$$

Setzt man zur Abkürzung

$$\frac{\Sigma B}{A - \Sigma C} = a, \qquad \frac{AK}{A - \Sigma C} = k, \qquad \frac{D}{A - \Sigma C} = c^2,$$

[1]) L. A. OTT (s. Fußnote 1, S. 302).

so folgt

$$v = a + kn + \frac{c^2}{v - a' - k'n} \tag{51}$$

als allgemeine Gleichung des hydrometrischen Flügels in implizierter Form.

Schreibt man sie in der Gestalt

$$(v - a - kn)(v - a' - k'n) = c^2, \tag{52}$$

so erkennt man, daß sie in einem Koordinatensystem mit n als Abszissen und v als Ordinaten eine Hyperbel mit den Asymptoten

$$v = a + kn \tag{53}$$

und

$$v = a' + k'n \tag{54}$$

und dem Halbmesser c, nach Abb. 11 darstellt, in der nur der Kurvenzweig mit physikalischer Bedeutung gezeichnet ist. Aus der Abbildung ist zugleich die geometrische Bedeutung der Konstanten a, a', k, k' und c ersichtlich. Der Abschnitt des Hyperbelastes auf der Ordinatenachse $ON = v_0$ stellt die theoretische Anlaufgeschwindigkeit des Flügels dar. δ und δ' sind die beiden Faktoren der Gleichung (52)

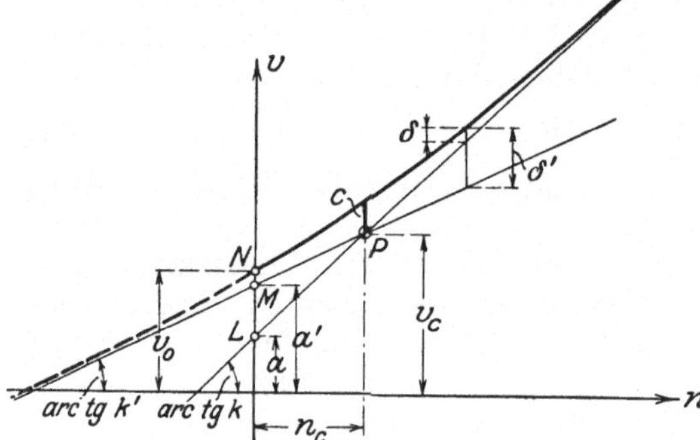

Abb. 11. Geometrische Darstellung der allgemeinen Gleichung des hydrometrischen Flügels nach OTT.

$$\delta = v - a - kn, \quad \delta' = v - a' - k'n, \quad \text{so daß} \quad \delta\delta' = c^2. \tag{55}$$

Bestimmt man aus Gleichung (51) bzw. (52) v, so ergibt sich

$$v = \tfrac{1}{2}(a + a') + \tfrac{1}{2}(k + k')n + \sqrt{[\tfrac{1}{2}(a + a') + \tfrac{1}{2}(k + k')n]^2 + c^2} \tag{56}$$

als allgemeine Gleichung des hydrometrischen Flügels in expliziter Form.

Sie stellt die zu messende Strömungsgeschwindigkeit v als Funktion der beobachteten Drehzahl n des Flügels in 1 sec dar. Die fünf voneinander unabhängigen Konstanten a, a', k, k' und c werden sämtlich mit Hilfe der Eichkurve des Flügels ermittelt.

Die Eichung erfolgt auf Grund von Schleppversuchen. Der auf einem Wagen befestigte Flügel wird mit bekannter Geschwindigkeit v durch ruhendes Wasser geschleppt (Schleppgerinne in hydrodynamischen Versuchsanstalten), die sich aus dem in einer bestimmten Zeit t gleichförmig zurückgelegten Weg s, als $v = s/t$ ergibt. Die beobachtete Drehzahl n des Schraubenflügels ist dann dieselbe, wie die des in fließendem Wasser ruhenden Flügels. Die so bei einer größeren Anzahl von Versuchen (etwa 10 bis 20) erhaltenen Werte von v in ms^{-1} und n in 1 sec trägt man in ein Koordinatennetz ein und legt durch die erhaltene Punktreihe eine ausgleichende Kurve. Die Konstanten werden sodann, auf Grund ihrer erwähnten geometrischen Eigenschaften, nach einem von OTT angegebenen, sehr übersichtlichen graphischen Verfahren ermittelt.

Da der Wert von c gewöhnlich sehr klein ist (Größenordnung wenige 10^{-2} bis 10^{-3}), läßt sich die allgemeine Gleichung des hydrometrischen Flügels (56) durch für die praktische Anwendung bequemere und ebenso genaue Näherungsgleichungen ersetzen.

Man setzt hierzu, allerdings ohne strengere theoretische Begründung, in Gleichung (51) statt v im Nenner eine lineare Funktion von n, die eine Parallele zu der einen oder anderen Asymptote durch einen lotrecht über P liegenden Kurvenpunkt darstellt (Abb. 11), je nachdem es sich um ein Kurvenstück diesseits oder jenseits von P handelt. Man ersetzt also v einmal durch $a + kn + c$, das andere Mal durch $a' + k'n + c$ und erhält für

$$n < \frac{a' - a}{k - k'}, \qquad v = a' + k'n + \frac{c^2}{c - (a - a') - (k - k')n} \tag{57}$$

$$n > \frac{a' - a}{k - k'}, \qquad v = a + kn + \frac{c^2}{c + (a - a') + (k - k')n}. \tag{58}$$

Vernachlässigt man das kleine c ($c \approx 0$), so erhält man

$$\text{für kleine } n: v \approx a' + k'n \tag{59}$$

$$\text{für größere } n: v \approx a + kn \tag{60}$$

zwei mit (54) und (53) identische Gleichungen, die zwei sich im Punkte P schneidende Gerade (Asymptoten) darstellen (Abb. 11). Sie entsprechen, wie man sieht, der Gleichung (45). Hierbei muß nur k ein wenig kleiner, a, a' und k' hingegen ein wenig größer genommen werden als bei der strengen Ausgleichung.

Für den Ottflügel Abb. 10 ergaben sich z. B. die Konstanten[1]):

$$\begin{aligned} v_0 &= 0{,}0450 \text{ ms}^{-1} \\ a &= 0{,}0170 \text{ ms}^{-1} \\ a' &= 0{,}0436 \text{ ms}^{-1} \\ k &= 0{,}1288 \text{ m} \\ k' &= 0{,}1102 \text{ m} \\ c &= 0{,}0063 \text{ ms}^{-1}. \end{aligned}$$

Damit wird die allgemeine Flügelgleichung (56)

$$v = 0{,}0303 + 0{,}1195n + \sqrt{(0{,}0303 + 0{,}1195n)^2 + 0{,}0_4 3969} \tag{61}$$

und die Näherungsgleichungen für

$$n < 1{,}43, \qquad v = 0{,}0436 + 0{,}1102n + \frac{0{,}00121}{1 - 0{,}566n} \tag{62}$$

$$n > 1{,}43, \qquad v = 0{,}0170 + 0{,}1288n + \frac{0{,}00196}{0{,}917n - 1} \tag{63}$$

Für die weitere Annäherung $c \approx 0$ entfallen in (62) und (63) die letzten Glieder.

Die Gleichungen (61) bzw. (62) und (63) können für den praktischen Gebrauch in die bequemere Form von Tabellen oder Graphikons gebracht werden.

Die bei den erwähnten zahlreichen Eichversuchen angewendeten Schleppgeschwindigkeiten der Flügel konnten bis gegen 5 ms^{-1} gesteigert werden; die mittleren Fehler einer Messung lagen zwischen den Grenzen von $\pm 0{,}002$ bis $\pm 0{,}005 \text{ ms}^{-1}$, woraus sich die Berechtigung ergibt, den WOLTMANschen Flügel neuerer Form als Präzisionsinstrument anzusehen.

Es mag noch erwähnt sein, daß das Prinzip des WOLTMANschen Flügels auch auf die Konstruktion von Schiffslogs übertragen wurde. Der messende Schraubenflügel wird dem Schiff an einer Leine nachgeschleppt, wobei eine elektrische Übertragung die augenblickliche Schiffsgeschwindigkeit in Seemeilen

[1]) L. A. OTT (s. Fußnote 1, S. 302), S. 42 u. 51, Zahlentafel 3, Beispiel 22.

in 1 h unmittelbar abzulesen gestattet. Diese elektrischen Logs scheinen sich jedoch bisher nicht besonders bewährt zu haben[1]).

c) Gase.

16. Druckplatten. Die älteste Methode auf die Strömungsgeschwindigkeit der Luft (Windstärke) zu schließen, beruht auf der Beobachtung des Druckes, den eine zur Strömungs-(Wind-)richtung senkrecht gestellte Platte erfährt. Sie hängt unmittelbar mit den äußerst verwickelten Erscheinungen des Luftwiderstandes zusammen (vgl. ds. Handb. Bd. VII)[2]) und so erklärt es sich, daß die Angaben der hierher gehörigen Instrumente nur den Charakter von Näherungswerten tragen. Zumeist handelt es sich dabei nur um die Ermittlung der Windstärke nach einer erfahrungsmäßig festgesetzten „Windstärkeskala", z. B. der von der Meteorologenkonferenz im Jahre 1913 zur allgemeinen Annahme empfohlenen Windstärkeskala von Beaufort[3]), und der Windrichtung.

Zu den ältesten Apparaten dieser Art gehört das Pendelanemometer von Hooke[4]): eine pendelartig um eine horizontale Achse leicht drehbare Blechtafel, deren Ausschlag, an einem Gradbogen abgelesen, ein Maß für die Stärke, den Druck bzw. die Geschwindigkeit des Windes war. Wild erfand diesen, wie es scheint, in Vergessenheit geratenen Apparat nochmals und sorgte für genauere Einstellung seiner Windplatte oder Windstärketafel senkrecht zur Windrichtung durch Anbringen einer Windfahne[5]). Osler ließ den Wind senkrecht auf eine Platte wirken, die durch Spiralfedern im Gleichgewicht gehalten wurde, deren elastische Verkürzung die Größe des Druckes maß[6]). Vergrößerte Übertragung auf einen Zeiger ermöglichte die Ablesung des Winddruckes oder der Windgeschwindigkeit auf einer entsprechend geeichten Skale. Die Anemometer von Osler sind namentlich an den englischen meteorologischen Stationen vielfach in Gebrauch.

17. Stauscheiben. Eine verfeinerte Anwendung des Prinzips der Druckplatte stellen die sog. Stauscheiben dar, die ausgedehnte technische Anwendung, insbesondere in der Lüftungstechnik, gefunden haben.

Die Stauscheibe von Recknagel[7]) (Abb. 12) besteht aus einer kreisrunden, scheibenartigen Dose *a* aus Messingblech, von etwa 5 bis 10 mm Durchmesser,

---

[1]) Otto Lueger, Lexikon d. ges. Technik. 2. Aufl., Bd. VI, S. 194. 1904; J. G. Carlier, l. c. Bd. 2, S. 168ff, 1905; Grays, ZS. d. Ver. d. Ing. Bd. 45, S. 933. 1901; A. Denkert, ZS. f. Fernmeldetechnik Bd. 1, S. 10—13. 1920; Phys. Ber. Bd. 1, S. 472. 1920.

[2]) Vgl. ferner S. Finsterwalder, Aerodynamik, Encykl. d. math. Wiss. Bd. IV_3, Art. 17, S. 163. 1902 (1901—1908); W. Schüle, Techn. Thermodynamik. S. 353—384. Berlin: Julius Springer 1912 (4. Aufl. 1923); O. Martienssen, Die Gesetze des Wasser- und Luftwiderstandes und ihre Anwendungen in der Flugtechnik. Berlin: Julius Springer 1913; F. Ahlborn, Abhandlgn. a. d. Geb. d. Naturw., herausg. v. Naturw. Verein in Hamburg, Bd. XVII, 57 S., 16 Tafeln. 1902; Jahrb. d. schiffbautechn. Ges. Bd. 5, S. 417—447. 1904; Bd. 6, S. 67—81. 1905. Zahlreiche Literaturangaben ferner bei C. Cranz, Lehrb. d. Ballistik, Bd. I, 5. Aufl., S. 544—546. Berlin: Julius Springer 1925.

[3]) J. v. Hann, Lehrb. d. Meteorologie, 3. Aufl., S. 384 u. 386. Leipzig: Bernh. Tauchnitz 1915 (4. Aufl. 1926).

[4]) Robert Hooke, Phil. Trans. Bd. 2, S. 444. 1667.

[5]) H. Wild, Mitt. d. naturf. Ges. in Bern für 1862, S. 221.

[6]) T. Osler, Description of the self registering anemometer. Birmingham 1839; Rep. Brit. Ass. for 1839. Weitere Literatur bei S. Günther, Handb. d. Geophysik, 2. Aufl., Bd. II, S. 73 u. 88. 1899; G. Neumayer, Anemometerstudien auf der Deutschen Seewarte, bearb. von H. v. Hasenkamp, Arch. d. D. Seewarte Bd. 20, Nr. 4, 60 S. 1897; mit umfassender Zusammenstellung der einschlägigen Literatur; J. v. Hann, Lehrb. d. Meteorologie, l. c. S. 379ff.

[7]) G. Recknagel, Verh. d. 71. Vers. D. Naturf. u. Ärzte München 1899, S. 76; Otto Lueger, l. c., Erg.-Bd. 1, S. 317. 1914; A. Gramberg, l. c. S. 116, weitere Literaturangaben S. 552.

die durch eine Scheidewand in zwei Kammern geteilt ist. Im Mittelpunkt jeder Außenwand befindet sich ein kleines, kreisrundes Loch *b*. Das Innere jeder Kammer ist durch ein dünnes Röhrchen *c* und eine weitere Röhre *d* mittels eines Schlauchstutzens *e* an ein Differentialmanometer angeschlossen. Der Luftstrom erzeugt an der Vorderfläche der senkrecht zu ihm gestellten Scheibe Überdruck p'', an der Hinterfläche Unterdruck p; das Differentialmanometer mißt den Druckunterschied $p' = p'' - p$ (Ziff. 14), wobei nach Gleichung (42) $p' = \zeta\gamma \cdot v^2/2g$ und hieraus $v = \sqrt{2g/\zeta\gamma \cdot p'}$ (43). Nach Versuchen von RECKNAGEL und KRELL ist für Luft $\zeta = 1{,}37$; nach neueren Versuchen von KUMBRUCH (Ziff. 14) ist $\zeta = 1{,}44$, steigt jedoch in durchwirbelter Luft um 10% und mehr.

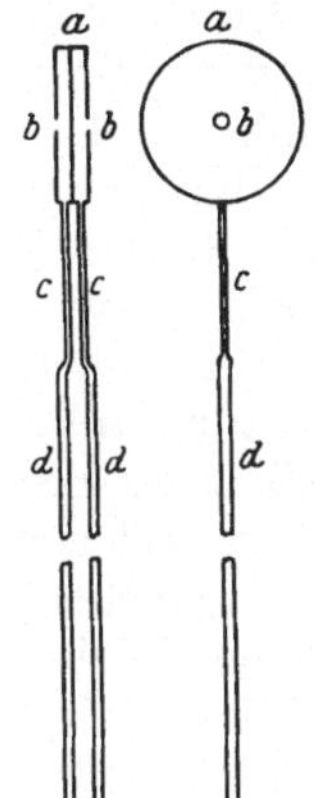

Abb. 12. Schema der Stauscheibe von RECKNAGEL.

Die Stauscheibe von PRANDTL[1]) (Abb. 13) besteht aus einer massiven kreisrunden Scheibe *a*, gegen deren Mittelpunkt beiderseits zwei dünne Röhrchen *c* mit ihren gekrümmten, offenen Enden *b* derart gekehrt sind, daß nur schmale Spalte ihre Öffnungen von der Scheibenfläche trennen. Die Röhrchen *c* münden in Schläuche, die zu einem Differentialmanometer führen. Die Druck- bzw. Geschwindigkeitsmessung erfolgt in derselben Weise wie bei der Stauscheibe von RECKNAGEL.

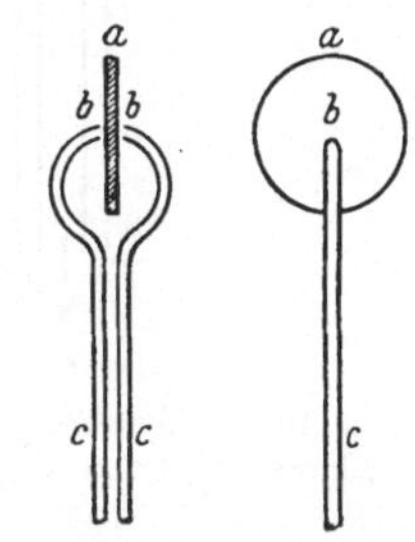

Abb. 13. Schema der Stauscheibe von PRANDTL.

Vergegenwärtigt man sich den Verlauf der Strömung an den Stauscheiben, etwa nach den Untersuchungen von AHLBORN[2]), so zeigt die mit der Geschwindigkeit veränderliche Störung der Parallelität der Stromlinien und die Wirbelbildung, insbesondere an der Rückseite, daß von der Stauscheibe weder Konstanz des Koeffizienten ζ noch besondere Genauigkeit ihrer Meßergebnisse erwartet werden darf. Jedenfalls sind ihr die Staurohre, insbesondere die neueren, überlegen.

18. Staurohre. Die Messung der Geschwindigkeit strömender Gase mittels Staurohren beruht auf denselben Überlegungen wie die gleichartige Geschwindigkeitsmessung strömender Flüssigkeiten (Ziff. 11 bis 14). Auf das Prinzip des Pitotrohres gegründete Staugeräte können somit ohne weiteres auch für die unmittelbare Messung der Strömungsgeschwindigkeit von Gasen verwendet werden, wenn man sie nur in entsprechender Weise mit Flüssigkeitsmanometern für Druckanzeige verbindet. Als besonders geeignet erweist sich hier das neuere Staurohr von PRANDTL, wie schon in Ziff. 14 erwähnt wurde.

Auf diesem Grundsatz beruht das selbstregistrierende Staurohr-(Pressuretube-) Anemometer von DINES (1890)[3]). Man erkennt in dem linken Teil der Abb. 14 den allgemeinen Aufbau des PRANDTLschen Staurohrs: das bei *B* rechtwinklig geknickte Druckrohr *AE* und das Saugrohr *GF*, dessen mehrfacher Lochkranz *G*, abweichend von PRANDTLs Schlitz *S* (Abb. 8), mit seiner Rohrachse nicht parallel, sondern senkrecht zur Stromlinienrichtung steht. Die Mündung *A* des horizontalen Druckrohrteils sitzt vermittels des Schliffes *BD* sehr leicht drehbar auf dem Ende des vertikal stehenden Druckrohrteils *BE*

[1]) OTTO LUEGER, s. Fußnote 1, S. 306.
[2]) F. AHLBORN, s. Fußnote 2, S. 306.
[3]) WILH. SCHMIDT, Meteorol. ZS. Bd. 29, S. 201. 1912; dazu Notiz von JULIUS V. HANN, S. 203. Das Pressure-tube-Anemometer von DINES wurde im Jahre 1890 auf der meteorologischen Station der Scilly-Inseln in Betrieb genommen.

und wird von der damit verbundenen Windfahne C der Windströmung v entgegen eingestellt.

Die Meß- und Registriereinrichtung besteht aus einem zylindrischen Gefäß Z, das ungefähr bis zur Hälfte mit Wasser oder, zur Vermeidung des Einfrierens, mit einer Mischung von Glyzerin und etwas Alkohol gefüllt ist. Das Saugrohr F ist durch eine Saugleitung und den oberen Stutzen F mit dem Luftraum von Z verbunden, während das Druckrohr E mittels einer Druckleitung und des unteren Stutzens E unter der Tauchglocke T endet, in welcher der Flüssigkeitsspiegel, bei gleichem Druck außen und innen, gleich hoch steht mit dem Flüssigkeitsspiegel in Z. Daselbst schließt außen ein geschlossenes, mit Luft gefülltes konisches Gefäß L an. Vom Deckel der Tauchglocke führt eine lotrechte Stange durch eine Stopfbüchse des Gefäßdeckels nach oben und trägt an ihrem Ende die Schreibfeder S zum Schreiben auf der durch ein Uhrwerk vorbeigedrehten Registriertrommel R.

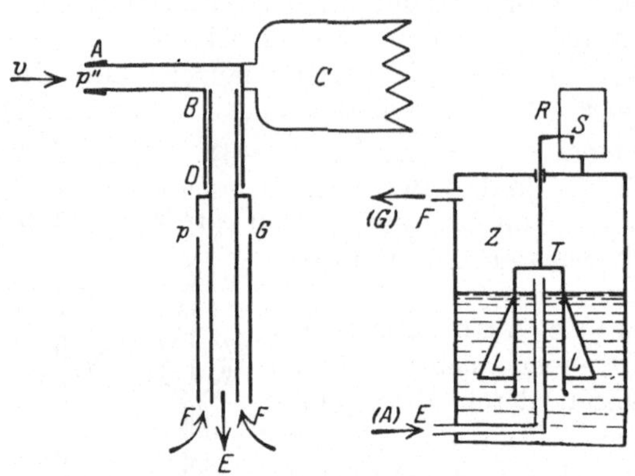

Abb. 14. Schema des selbstregistrierenden „Pressure-tube"-Anemometers von DINES.

Die Meßvorrichtung verhält sich also wie ein Differentialmanometer, das den Druckunterschied $p' = p'' - p$ anzeigt. Da zufolge Gleichung (42) $p' = \zeta\gamma \cdot v^2/2g$ also $p' \sim v^2$, dagegen auf der Trommel unmittelbar v registriert werden soll, ist der erwähnte Kegelstutz L so gestaltet, daß die beim Emportauchen nötige Druckvermehrung durch Regelung des Hubes den Übergang von der linearen Druckskale (p') auf die lineare Geschwindigkeitsskale (v) bewirkt.

DINES legte dem Meßvorgang die Gleichung

$$p' = 0{,}003\, v^2 \tag{64}$$

zugrunde, worin p' in Pfund/engl. Quadratfuß und v in engl. Meilen/h ausgedrückt ist, die auf der Registriertrommel unmittelbar abgelesen werden.

Kürzlich hat FUESS den Windmesser von DINES durch Anwendung des PRANDTLschen Staurohres und einer verfeinerten magnetischen Registrierung in präzisere Formen gebracht[1]).

Inwieweit die Geschwindigkeitsmessung mittels Staugeräten auch noch zu richtigen Ergebnissen führt, wenn die Geschwindigkeit nicht konstant, sondern zeitlich veränderlich ist, also z. B. Windstöße (Böen) auftreten, untersuchten SEELIGER und LINTOW auf experimentellem Wege, ohne jedoch zu abschließenden Ergebnissen gelangt zu sein[2]).

19. Anemometer. Windmühlen und Windräder sowie der WOLTMANsche Flügel mögen dazu geführt haben, das Flügelrad auch als Windmesser (Anemometer) zu verwenden. Nachdem RECKNAGEL (1878) ihm eine für die Messung der Windgeschwindigkeit besonders geeignete Gestalt gegeben hatte[3]), die es

---

[1]) R. FUESS, Ein neuer hydrostatischer Windmesser, ZS. d. Ver. d. Ing. Bd. 68, S. 933 bis 934. 1924; ZS. f. Instrkde. Bd. 44, S. 505. 1924.

[2]) R. SEELIGER u. K. LINTOW, ZS. f. techn. Phys. Bd. 1, S. 20–26. 1920.

[3]) G. RECKNAGEL, Wied. Ann. Bd. 4, S. 179. 1878.

ermöglichte, seine Angaben als lineare Funktion der Windgeschwindigkeit auszudrücken, hat sich das Flügelradanemometer in außerordentlich zahlreichen Konstruktionstypen für Zwecke der Meteorologie und namentlich Technik verbreitet. Damit parallel ging die von ROBINSON (1846) ausgegangene Entwicklung des Schalenkreuzanemometers[1]), das zum bevorzugten Windgeschwindigkeitsmesser der meteorologischen Beobachtungsstationen wurde.

Das Flügelradanemometer (Abb. 15)[2]) besteht aus einer Anzahl meist ebener Flügel auf gemeinsamer Welle. Die Flügelebenen sind zur achsensenkrechten Radebene mehr oder weniger geneigt. Bei 45° Neigung ist die Umfangsgeschwindigkeit des Schaufelschwerpunktes gleich der Windgeschwindigkeit, bei kleinerer Neigung übersteigt die Umfangsgeschwindigkeit die Windgeschwindigkeit. Daher steigen auch die Fliehkräfte und beim Anlaufen der Axialdruck. Aus diesem Grunde ist das notwendigerweise leicht gebaute Flügelrad bei größeren Windgeschwindigkeiten gefährdet, und daher findet seine Anwendung eine Grenze bei $v \approx 10\ \mathrm{ms}^{-1}$. Anderseits kann es sehr leicht gebaut werden, z. B. mit Glimmerflügeln bei etwa 15 cm Raddurchmesser, und läßt dann die Messung sehr kleiner Strömungsgeschwindigkeiten bis etwa $0{,}1\ \mathrm{ms}^{-1}$ zu. Während der Messung liegt die Achse des Flügelrades in der Strömungsrichtung, die Flügel ihr entgegengestellt. Das Flügelrad mißt die mittlere Strömungsgeschwindigkeit im Bereich seiner Einfassung.

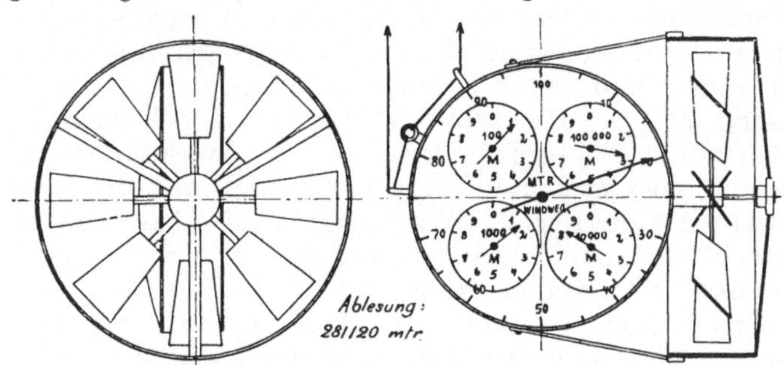

Abb. 15. Flügelradanemometer mit Zeigerablesung von FUESS (nach GRAMBERG).

Das Schalenkreuzanemometer (Abb. 16) besteht aus einem rechtwinkligen Kreuz, das um eine zu seiner Ebene senkrechte Achse möglichst leicht drehbar ist und dessen Arme an ihren Enden hohle, halbkugelförmige Schalen tragen, derart, daß alle Höhlungen nach derselben Seite gekehrt sind. Der Wind trifft daher auf einer Seite stets eine konkave, auf der anderen Seite stets eine konvexe Fläche der Schale. Da der Luftwiderstand der Höhlung wesentlich größer ist, dreht sich das Schalenkreuz unter dem Einfluß des Windes mit den konvexen Flächen der Schalen voraus im Sinne des Pfeiles. Der Schalenmittelpunkt kann aber infolgedessen nur etwa ein Drittel der Windgeschwindigkeit annehmen. Die Fliehkräfte sind infolgedessen kleiner, und da es robuster gebaut werden kann, als das Flügelrad, kann es auch größere Windgeschwindigkeiten bis etwa $50\ \mathrm{ms}^{-1}$ messen. Dagegen spricht es erst auf Geschwindigkeiten von

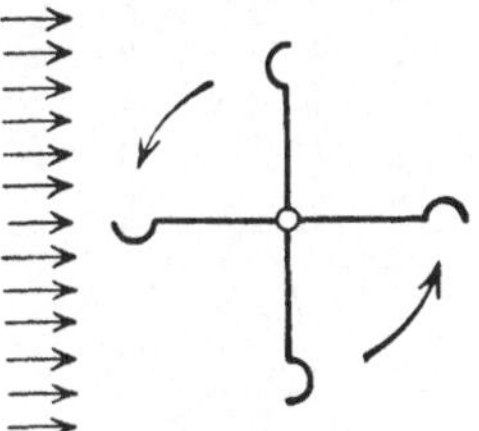

Abb. 16. Schema des Schalenkreuzanemometers von ROBINSON.

[1]) T. R. ROBINSON, Proc. Roy. Soc. London Bd. 159, S. 777ff. 1846; Trans. Roy. Irish Acad. Bd. 22 (III), S. 155. 1852.

[2]) Nach A. GRAMBERG (s. Fußnote 1, S. 287), S. 105.

etwa 1 ms^{-1} aufwärts an. Die Achse des Schalenkreuzes steht während der Messung senkrecht zum Luftstrom, kann daher in der zur Strömungsrichtung senkrechten Ebene beliebig gedreht werden. Auch das Schalenkreuz kann nur Mittelwerte der Geschwindigkeit messen.

Infolge ihrer Trägheit können weder Flügelrad noch viel weniger aber das Schalenkreuz rasch wechselnder Windgeschwindigkeit folgen[1]). Kommt es also auf die Messung augenblicklicher Windgeschwindigkeiten, z. B. Windstöße, an, so sind Staugeräte vorzuziehen. LANGLEY hat aus diesem Grunde das Trägheitsmoment des Schalenkreuzanemometers für seine Luftwiderstandsversuche auf ein Minimum herabgesetzt, indem er u. a. Papierschalen anwendete und es so befähigte, den Luftströmungen sehr genau zu folgen[2]).

Zur Messung muß die Drehzahl des Flügels und Schalenkreuzes, ähnlich wie beim WOLTMANschen Flügel, mittels eines Zählwerkes (Abb. 15), wie bei Handinstrumenten, oder elektrisch registriert werden, was in meteorologischen Beobachtungsstationen die Regel ist. Auf diese Weise erhält man den Windweg innerhalb eines bestimmten Zeitraumes, der mittels einer gewöhnlichen Uhr, Stechuhr oder eines Chronographen zu messen ist. Die Geschwindigkeitsmessung ist also in diesen Fällen eine mittelbare. Unmittelbare Angaben der augenblicklichen Windgeschwindigkeit erhält man durch Verbindung des Anemometers mit einem Tachometer (Anemotachometer — gewöhnlich mit Fliehpendeltachometern — nach Ziff. 27), wozu sich, wegen der Widerstandssteigerung, nur Instrumente für Windgeschwindigkeiten von etwa 3 ms^{-1} aufwärts eignen, also vorwiegend Schalenkreuzanemometer. Ihre Ablesegenauigkeit ist aber in der Regel, wegen der engen Teilung der Skale, nicht sehr groß, während bei der mittelbaren Methode die Meßgenauigkeit der mittleren Windgeschwindigkeit während eines bestimmten Zeitraums durch seine beliebige Vergrößerung unbeschränkt erhöht werden kann.

Zur Messung sehr kleiner Geschwindigkeiten von Luft- oder Gasströmen hat FUESS hochempfindliche Flügelanemometer mit dem Meßbereich von 0,02 bis 10,0 ms^{-1} gebaut[3]).

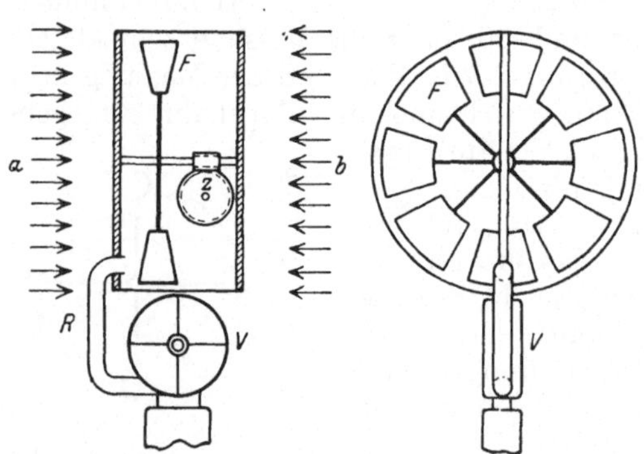

Abb. 17. Schema des Anemometers von FUESS mit Hilfsluftstrom.

Die Mehrzahl der gewöhnlich gebrauchten Anemometer geht, hauptsächlich infolge von Luftwiderstand und Reibung, erfahrungsgemäß erst bei einer unteren Meßgrenze von 0,3 bis 0,5 ms^{-1} an. Diese Widerstände verringert FUESS durch einen konstanten Hilfsluftstrom, der die Reibung der Ruhe ausschaltet, so daß nur eine sehr kleine Reibung der Bewegung übrigbleibt.

In Abb. 17 ist F der Anemometerflügel, der von einem mittels Uhrwerks getriebenen kleinen Ventilator V durch das Rohr R angeblasen wird. Das Uhr-

[1]) Meteorol. ZS. Bd. 25, S. 351. 1890; G. NEUMAYER, Anemometerstudien, l. c.

[2]) S. P. LANGLEY, Revue de l'Aéronautique Bd. VI, S. 43. 1893; The internal work of the wind. Washington 1893; Smiths. Contrib. 884; Sill. Journ. Bd. 3, S. 41. 1894; Experiments in aerodynamics. Washington, Smiths. Institution 1891 (2. Aufl. 1902); vgl. ferner E. J. ROUTH, Die Dynamik der Systeme starrer Körper, deutsch von A. SCHEPP, Bd. I, S. 109—111, wo auch weitere Literaturangaben.

[3]) R. FUESS, D. R. P. Nr. 154420; OTTO LUEGER, l. c. Erg.-Bd. II, S. 34. 1921.

werk kann so eingestellt werden, daß sich der Zeiger des Zählwerkes z in 1 min um 30 Teilstriche voranbewegt ($v_0 = 30$ m min^{-1}). Wirkt der zu messende Luftstrom in der Richtung der Pfeile b, so bremst er das Flügelrad, und das Zählwerk zeigt z. B. nur $v_0' = 20$ m min^{-1}. Dann ist die Geschwindigkeit des Luftstromes $v = v_0 - v_0' = 10$ m min^{-1} $= 0{,}1667$ ms^{-1}. Wächst die Geschwindigkeit des Luftstromes, so nimmt die Drehzahl des Flügelrades ab, bis es schließlich bei $v = v_0$ zum Stillstand kommt.

Sollen Geschwindigkeiten $v > 30$ m min^{-1} (0,5 ms^{-1}) gemessen werden, so richtet man das Anemometer, nach Abstellen des Ventilators, so gegen den Luftstrom, daß er es in der Richtung der Pfeile a trifft. Die so gegebenen beiden Meßbereiche überdecken sich:

Luftstrom (Abb. 17)	Meßbereich
b mit $v < 0{,}5$ ms^{-1}, mit Hilfsluftstrom	0,02 bis 0,5 ms^{-1},
a „ $v > 0{,}5$ ms^{-1}, ohne „	0,40 „ 10,0 ms^{-1}.

Die Theorie der Anemometer beruht, wegen des gleichartigen Verlaufs der aerodynamischen und hydrodynamischen Erscheinungen, auf denselben Überlegungen wie die Theorie der hydrometrischen Flügel. In Ziff. 15 wurde schon darauf hingewiesen, daß die allgemeine Flügelgleichung von Ott [Gleichungen (56) bis (60)] auch für das Flügelradanemometer und vermutlich auch für das Schalenkreuzanemometer gilt.

Die Eichung der Anemometer kann dagegen, der großen Windgeschwindigkeiten wegen, nicht durch Schleppversuche erfolgen, sondern muß mittels sog. Rundlaufapparate vorgenommen werden (vgl. ds. Handb. Bd. VII „Luftwiderstandsmessungen")[1]). Man befestigt hierzu das Anemometer am Ende eines langen, wagerechten Armes, der in ruhender Luft um eine lotrechte Achse in Umdrehung versetzt wird. Die Umfangsgeschwindigkeit am Ort der Anemometerachse ist dann gleich der für die Eichung maßgebenden Strömungsgeschwindigkeit. Zu berücksichtigen ist dabei der Einfluß des vom Arm erzeugten Mitwindes. Der Vorgang der Eichung spielt sich im übrigen ganz ähnlich ab wie bei den hydrometrischen Flügeln (Ziff. 15).

Die Eichung kann aber auch so erfolgen, daß man das Flügelradanemometer mit seinem Kranz auf ein Rohr gleichen Durchmessers setzt, durch das man einen Luftstrom bekannter Geschwindigkeit treibt. Diese sog. Zwanglaufeichung gibt aber aus naheliegenden Gründen größere Geschwindigkeitswerte als die Freilaufeichung am Rundlaufapparat. Die Unterschiede können bis zu 20% betragen, und es ist daher bei der Wahl der Eichmethode der Verwendungszweck des Anemometers maßgebend.

Bei den sog. statischen Anemometern wird das Flügelrad oder Schalenkreuz durch eine Feder festgehalten, so daß es, dem Wind ausgesetzt, nur um einen gewissen, von der Windgeschwindigkeit abhängigen Winkel ausschlägt. An der entsprechend geeichten Skale liest man am Zeiger unmittelbar die Windgeschwindigkeit ab, doch ist die Genauigkeit dieser Instrumente nur mäßig.

20. Hitzdrahtanemometer. Gerdien und Holm gründeten auf Anregung von W. v. Siemens die Geschwindigkeitsmessung eines Gasstromes auf die durch ihn infolge Abkühlung bewirkte Widerstandsänderung eines elektrisch geheizten Drahtgitters und gelangten so zur Konstruktion eines Hitzdrahtanemometers (Luftgeschwindigkeitsmesser der Siemens & Halske A.-G.)[2]).

[1]) Angaben über Rundlaufapparate bei S. Finsterwalder, Aerodynamik. Encykl. d. mathem. Wiss. Bd. IV$_3$, Art. 17, S. 159. 1902 (1901—1908).

[2]) H. Gerdien, Verh. d. 85. Vers. D. Naturf. u. Ärzte Wien 1913, T. 2, 1. Hälfte, S. 234 bis 238. 1914; Verh. d. D. Phys. Ges. Bd. 15, S. 961. 1913.

In dem Schema des Meßgerätes Abb. 18 sind w_1, w_2, w_3 und w_4 die vier Widerstandszweige einer WHEATSTONEschen Brücke, B die zugehörige Batterie mit dem Regulierwiderstand w und G das Galvanometer. Die beiden Zweige w_1 und w_2 sind die temperaturempfindlichen, geschwindigkeitsmessenden Hitzdrähte des Gerätes und bilden dessen beweglichen, an den Ort der Messung zu bringenden, eigentlichen messenden Bestandteil (Meßkörper) M. Die übrigen fest aufgestellten Bestandteile der WHEATSTONEschen Brückenanordnung können, im Gegensatz dazu, als anzeigender Teil A bezeichnet werden.

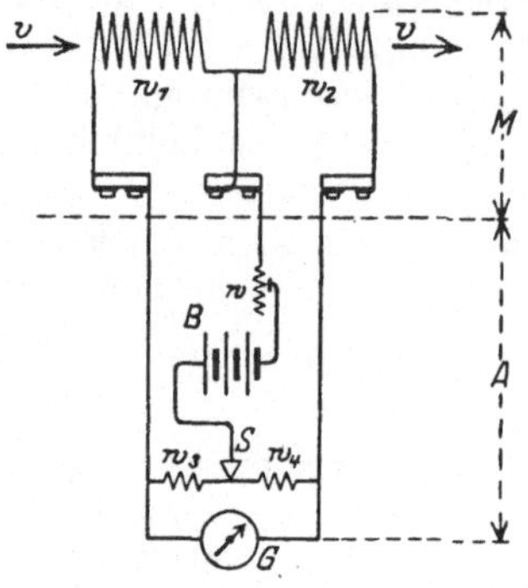

Abb. 18. Schema des Hitzdrahtanemometers von Siemens & Halske nach GERDIEN und HOLM.

Die Zweige w_1 und w_2 bestehen aus dünnem Platindraht und sind in Zickzackwindungen, in der Symmetrieebene eines aus massiven Kupferplatten bestehenden Gehäuses, nebeneinander ausgespannt. Ihre einzelnen Windungen werden durch kleine Spannfedern aus Platiniridiumdraht, zwischen isolierenden Elfenbeinleisten, stets in derselben Lage gleichmäßig gespannt erhalten. Die beiden Zweige sind hinsichtlich ihrer elektrischen und thermischen Eigenschaften untereinander vollkommen gleichgemacht, so daß $w_1 = w_2$, was am besten durch dasselbe Material (Platin), vollkommen gleiche Abmessungen und Symmetrie der Anordnung erreicht wird.

Sie werden, auf etwa 50° C über die Lufttemperatur erhitzt, derart in den Luft- oder Gasstrom gebracht, dessen Geschwindigkeit gemessen werden soll, daß er sie hintereinander bestreicht. Der Luftstrom kühlt den zuerst getroffenen Zweig stärker ab als den zweiten, an dem er, durch den ersten vorgewärmt, vorbeistreicht. Hierdurch entsteht ein lediglich von der Luftgeschwindigkeit abhängiger Widerstandsunterschied zwischen w_1 und w_2, der das Brückengalvanometer G zum Ausschlag bringt.

Der Galvanometerausschlag ist zunächst ein Maß für die an den Hitzdrähten in 1 sec vorbeiströmende Gasmenge, von der die Größe ihrer abkühlenden Wirkung abhängt. Voraussetzung dabei ist nur die Konstanz der spezifischen Wärme des Gases bei konstantem Druck (c_p) und die Unabhängigkeit seiner Wärmeleitfähigkeit vom Gasdruck (vgl. die Artikel „Spezifische Wärme" von SCHRÖDINGER und SCHEEL, ds. Handb. Bd. X, und „Wärmeleitung" von JAKOB, Bd. XI). Beide Voraussetzungen treffen innerhalb der gewöhnlichen Temperatur- und Druckbereiche solcher Messungen zu und wurden überdies durch besondere Versuchsreihen von GERDIEN und HOLM bestätigt.

Die Empfindlichkeit des Instrumentes ist also unabhängig von Temperatur und Druck des strömenden Gases. Dagegen ist sein Meßbereich auf einen bestimmten Geschwindigkeitsbereich beschränkt, denn bei wachsenden Geschwindigkeiten wird auch der zweite Brückenzweig w_2 immer stärker abgekühlt, so daß der Widerstandsunterschied zwischen w_1 und w_2 sich einem Maximum nähert, nach dessen Überschreitung beide Zweige bei sehr großen Geschwindigkeiten auf die Lufttemperatur abgekühlt werden, so daß der Unterschied ihrer Widerstände und damit der Galvanometerausschlag verschwindet. Dieser Meßbereich hängt von den Abmessungen des Instrumentes ab und erstreckt sich bei der ausgefühten Type, deren Maße in der angeführten Abhandlung nicht angegeben sind, von 0 bis etwa 15,5 ms^{-1}. Die Skale des Galvanometers kann, bei bestimmter Heizstromstärke, unmittelbar in Geschwindigkeitseinheiten geeicht werden.

Zur Messung von Strömungsgeschwindigkeiten in Röhren großen Querschnittes oder in der freien Atmosphäre (Windgeschwindigkeit) wird der Meßkörper am besten an ein dem Gasstrom ausgesetztes Staugerät (Stauscheibe oder Staurohr) angeschlossen, so daß er der durch dessen Druckunterschied $p' = p'' - p$ (Ziff. 17 und 18) bedingten Strömung ausgesetzt ist. Nach GERDIEN und HOLM hat sich dieser Vorgang besonders bewährt. Sie verwendeten diesen Gedanken zur Konstruktion eines Anemoklinographen, der alle drei Komponenten des Windvektors auf erhebliche Entfernung anzeigt und der außerdem zum Studium der sog. Windstruktur mit Hilfe von drei Oszillographenmeßschleifen zur Selbstregistrierung eingerichtet wurde. Bezüglich der Einzelheiten dieser besonders für die Meteorologie und Flugtechnik wichtigen Einrichtungen muß auf die Originalarbeit verwiesen werden.

HUGUENARD, MAGNAN und PLANIOL erweiterten den Meßbereich des Hitzdrahtanemometers wie folgt[1]). Ein im Vergleich zum Hitzdraht großer Widerstand (ca. 140 Ω) wurde im Nebenschluß zum Hitzdraht bei Luftruhe so abgeglichen, daß das Galvanometer auf Null einspielte. Der durch ihn gesandte, dem Heizstrom entgegengesetzt gerichtete Hilfsstrom erhielt so konstante Größe, wodurch sich innerhalb eines bestimmten Bereiches ein nahezu linearer Zusammenhang zwischen Klemmenspannung des Nebenschlusses und der Windgeschwindigkeit v und damit Erweiterung des Meßbereiches ergab. Bei einem Hitzdrahtdurchmesser von 0,05 mm war der Nebenschlußdraht halb so dick und 10 mm lang. Einem Heizstrom von rund 1 Amp., für Windgeschwindigkeiten von 15 bis 20 ms^{-1}, entsprach ein Hilfsstrom von 0,7 Amp. bei einer Klemmenspannung von 100 Volt.

Eine Anzeige der augenblicklichen Strömungs- (Wind-) Richtung wurde folgendermaßen erreicht. Zwei gleiche Hitzdrähte an entgegengesetzten Seiten eines Brettes wurden parallel geschaltet. Liegen sie in der Richtung der Stromlinien des Luftstroms, so haben sie gleiche Temperatur und daher gleichen Widerstand, so daß ein Galvanometer im Nebenschluß keinen Ausschlag gibt. Ändert sich die Strömungsrichtung, so kühlt sich der an der Luvseite befindliche Hitzdraht stärker ab als der an der Leeseite, ihre Widerstände werden ungleich, und das Galvanometer schlägt entsprechend dem Neigungswinkel zwischen Strom- und Hitzdrahtrichtung aus. Der Unterschied der Stromstärken $i_1 - i_2$, der den Galvanometerausschlag erzeugt, ändert sich aber auch mit der Windgeschwindigkeit bei konstanter Windrichtung. Diesem Umstand wird durch Anwendung eines Differentialgalvanometers Rechnung getragen, das außer der in entgegengesetztem Sinn durchflossenen Doppeldrahtspule an derselben Drehachse noch eine Drahtspule trägt, die vom Strom $i_1 + i_2$ durchlaufen wird, so daß die ihn bedingenden Geschwindigkeitsänderungen kompensiert werden. Die den Richtungsänderungen der Strömung entsprechenden Galvanometerausschläge werden optisch registriert.

VESSOT KING entwickelte die Hitzdrahtmethode der Geschwindigkeitsmessung von Gasströmen zu einer Präzisionsmethode für die Untersuchung von Gasströmen sehr kleinen Querschnitts[2]). Er studierte damit die Strömungserscheinungen zwischen parallelen Platten im Hinblick auf die Stabilität der Laminarbewegung in engen Kanälen rechteckigen Querschnitts 0,75 × 50,8 mm und 50,6 mm Länge, bei Luftgeschwindigkeiten von 6 $cm\,s^{-1}$ bis nahezu 30 ms^{-1}. Der Hitzdraht war ein kurzer Platindraht von 2,5 bis 3 μ Durchmesser, der,

[1]) HUGUENARD, MAGNAN u. A. PLANIOL, C. R. Bd. 176, S. 287—289 u. 663—666. 1923; Phys. Ber. Bd. 4, S. 934. 1923; Bd. 5, S. 1708. 1924.

[2]) LOUIS VESSOT KING, Phil. Mag. (6) Bd. 29, S. 556—577. 1915; daselbst auch Literatur über einschlägige Vorarbeiten.

von einer mikrometrisch bewegten Einspannvorrichtung gehalten, im Stromkreis einer Kelvinbrücke mit hochempfindlichem Westongalvanometer von 277 Ω Widerstand und 10^{-6} Amp. Empfindlichkeit lag. Der Heizstrom wurde mit einem Westonamperemeter von $5 \cdot 10^{-4}$ Amp.-Anzeige gemessen und erwärmte den Hitzdraht nach Bedarf bis auf etwa 1000°. Die aus den Galvanometerausschlägen erschlossene Strömungsgeschwindigkeit v wurde Eichkurven oder Tabellen entnommen, die auf Grund der Beziehung

$$i^2 = i_0^2 + k\sqrt{v} \tag{65}$$

entworfen waren. Dabei ist i_0 die Heizstromstärke bei der Geschwindigkeit $v = 0$, i die Stromstärke bei der Geschwindigkeit v und k eine durch die Eichung zu ermittelnde Konstante. Diese Werte betrugen für den Drahtdurchmesser:

d	i_0	k
2,5 μ	0,751 Amp.	0,0601
3,0 μ	0,900 ,,	0,0925

Die Empfindlichkeit der Anordnung geht daraus hervor, daß der Verlauf der Strömung in Abständen von 0,05 zu 0,05 mm regelmäßig untersucht werden konnte und Geschwindigkeitsänderungen bis zu 10 cm s^{-1} noch auf Entfernungen von $^1/_{800}$ mm meßbar waren.

21. Schallwellen. HUGUENARD maß die Geschwindigkeit einer Luftströmung durch die Verschiebung einer von ihr mitgenommenen Schallwelle in bestimmter Zeit[1]).

Als Schallquelle dienten die elektrischen Entladungen einer Funkenstrecke, die, nach dem Vorgang von TOEPLER, in ihrer Längenrichtung von einer zweiten Funkenstrecke beleuchtet wurde, um die Schallwellen auf einer photographischen Platte abzubilden (vgl. diesen Band Kap. 6., Abschn. H, Ziff. 101). Dabei wurden die Entladungen der zweiten Funkenstrecke nach dem Verfahren von L. MACH gegen die Entladungen der ersten Funkenstrecke entsprechend verzögert (ebenda Ziff. 102). Wirkte nun der Luftstrom auf die erste Funkenstrecke senkrecht zur Verbindungslinie ihrer Elektroden, so prägte er den Funkenwellen seine Geschwindigkeit auf. Ihre Verschiebung auf der photographischen Platte relativ zur erregenden Funkenstrecke, verglichen mit der Schallwelle in ruhender Luft, ergibt nach Zurückführung auf ihre wahre Größe s, mit Hilfe der zugehörigen, durch die bekannte Frequenz und Verzögerung der Beleuchtungsfunken ermittelte Zeit t, die Geschwindigkeit der Luftströmung $v = s/t$.

Bei kleinen Geschwindigkeiten von einigen cm s^{-1} bis zu einigen ms^{-1} genügte schon die Beobachtung der Verschiebung der Schattenbilder der vom Funken aufsteigenden erwärmten Luft, wenn die regelmäßigen Intervalle der Beleuchtungsfunken, durch einen rotierenden Unterbrecher geregelt, 1 bis 2 sec betrugen. Bei Geschwindigkeiten von mehreren 10 ms^{-1} bis über mehrere 100 ms^{-1} hinaus mußte die Frequenz der Beleuchtungsfunken erhöht werden, um die Messung an der Verschiebung der Schallwellenbilder vornehmen zu können.

Die Messungen sind von der Temperatur, dem Druck und der Schallgeschwindigkeit des bewegten Gases unabhängig, weshalb HUGUENARD die Methode als eine absolute bezeichnet. Er hält sie für besonders geeignet, Eichungen aller einschlägigen Geschwindigkeitsmeßinstrumente jeden Meßbereiches vorzunehmen. Seine Versuchsanordnung betrachtet HUGUENARD als eine Abänderung einer älteren von FOLEY und SOUDER[2]), ohne ihre eigentlichen Schöpfer TOEPLER, ERNST und LUDWIG MACH zu erwähnen.

---

[1]) HUGUENARD, C. R. Bd. 177, S. 744—746. 1923; Phys. Ber. Bd. 5, S. 498. 1924.
[2]) A. FOLEY u. W. SOUDER, Phys. Rev. Bd. 34, S. 373. 1912.

C. Geschwindigkeitsmessung der Drehbewegung.

22. Einleitung. Wie schon in Ziff. 1, 4 und 5 hervorgehoben, kommt in diesem Abschnitt nur die Drehbewegung fester Körper um eine feste Achse in Betracht. Es handelt sich also im nachstehenden lediglich um die Drehung von Rädern oder rotierenden Maschinenbestandteilen irgendwelcher Art um Wellen oder Achsen. Zu messen ist somit die Winkelgeschwindigkeit ω der Drehbewegung durch ihre Drehzahl n nach Ziff. 4 und 5.

Die Umfangsgeschwindigkeit v irgendeines beliebigen Körperpunktes im Abstand r von der Drehachse kann hiernach mittels Gleichung (7) und (10) immer angegeben werden als $v = r\omega = r \cdot 2\pi n/60$.

Die Messung der Drehzahl kann nach Ziff. 5 erfolgen:

1. Mittelbar durch Zählen oder Registrieren der Umdrehungen während eines bestimmten Zeitraums und Zurückführung auf die Zeiteinheit, und zwar entweder ohne oder mit besonderen Vorrichtungen und Instrumenten (Zählwerken). Das Ergebnis ist die mittlere Drehzahl in der Zeiteinheit (gewöhnlich 1 min) im Sinn der Gleichung (11). Sind die beobachteten Zeitpunkte t_1 und t_2, also der beobachtete Zeitraum $t = t_2 - t_1$ (sec), so ist nach Gleichung (10) die mittlere Drehzahl $\bar{n}$ in 1 min definiert durch

$$\bar{n} = \frac{60}{2\pi} \frac{\int_{t_1}^{t_2} \omega\, dt}{t_2 - t_1}. \tag{66}$$

Sind die Ablesungen des Zählwerkes zu den Zeiten t_1 und t_2 bezüglich u_1 und u_2, so ist auch

$$\bar{n} = 60 \frac{u_2 - u_1}{t_2 - t_1}. \tag{67}$$

Durch Ausdehnung der Beobachtungszeit läßt sich die Genauigkeit der Drehzahlermittlung beliebig weit treiben.

2. Unmittelbar mittels besonders hierfür eingerichteter Meßinstrumente, sog. Tachometer, die Augenblickswerte der Drehzahl n in 1 min in einem bestimmten Zeitpunkt durch Ablesen eines Zeigerstandes geben. Zählwerk und Tachometer ergänzen einander in gewisser Weise, und es hängt von dem mit einem bestimmten Versuch verfolgten Zweck ab, ob man Drehzahlen nur mit Zählwerk oder nur mit Tachometer oder mit beiden zugleich messen wird[1]). Die verschiedenen Konstruktionen von Tachometern sind dem Bedürfnis der Technik entsprungen. Die Genauigkeit ihrer Angaben ist im allgemeinen geringer als jene der mittelbaren Methoden, die daher zu ihrer Prüfung und Eichung dienen.

Von den außerordentlich zahlreichen und mannigfaltigen Methoden und noch zahlreicheren Versuchsanordnungen und Konstruktionstypen dieser beiden Hauptgruppen sollen im nachstehenden nur die physikalisch interessanten und charakteristischen Ausführungen besprochen werden. Eine größere Auswahl von Tachometerkonstruktionen findet man in der einschlägigen Literatur beschrieben, auf die hier nur verwiesen werden kann[2]).

---

[1]) Vgl. A. Gramberg (s. Fußnote 1, S. 287), S. 26 u. 95ff.

[2]) J. G. Carlier, l. c. Bd. I, S. 135–219, ferner über Geschwindigkeitsmesser von Fahrzeugen S. 219–274 und Bd. 2; A. Gramberg, l. c. S. 87–101; bezüglich allgemeiner Eigenschaften und Benützung der Instrumente vgl. S. 6–42; vgl. auch F. Göpel, Art. „Tourenzahlmesser" im Hdwörterb. d. Naturw. Bd. IX, S. 1268–1271. Jena: Gustav Fischer 1913.

a) Mittelbare Messung (Zählwerke).

23. Gewöhnliche Zählung. Ist die Drehzahl nicht zu groß, etwa höchstens $n = 140$/min, so kann man die Umdrehungen einer Welle, eines Schwungrades u. dgl., allenfalls mit Zuhilfenahme einer Kreidemarke, durch unmittelbare Beobachtung mit dem Auge während eines bestimmten Zeitraums zählen. Der Zeitraum wird mit einer gewöhnlichen Uhr oder besser mittels einer Stechuhr ermittelt (dieser Band Kap. 6, Abschn. C, Ziff. 52). An Stelle des beobachtenden Auges kann auch das Ohr treten und die gegebenenfalls bei jeder Umdrehung taktmäßig hörbar werdenden Geräusche der Zählung zugrunde legen, oder auch der Tastsinn durch Wahrnehmen einer etwa vorbeirotierenden Erhöhung, eines Vorsprunges usw. der Welle.

Ist die in der Zeit t min beobachtete Anzahl der Umdrehungen u, so ist die Drehzahl in 1 min $n = u/t$. Man wählt zweckmäßig $u = 10$ oder 100 und beobachtet die zugehörige Zeit.

Bei größerer Winkelgeschwindigkeit kann man Umlaufsgruppen zählen oder eine endlose Schnur um die Welle legen und mittels einer Hilfsrolle spannen. Man zählt dann die Vorbeigänge eines Knotens in einer bestimmten Zeit. Ist l die Schnurlänge und d der Wellendurchmesser, so fallen $l/\pi d$ Umdrehungen zwischen zwei Knotendurchgänge. Gehen in t min k Knoten vorbei, so ist die Drehzahl in 1 min $n = kl/\pi d t$.

Die Genauigkeit dieser Methode beträgt bei Benützung einer gewöhnlichen Taschenuhr etwa 1 bis 2%; bei Benützung einer Stechuhr, die $^1/_5$ sec gibt, etwa 0,3 bis 0,4%[1]).

24. Präzisionszählung. Kommt es auf wissenschaftliche Genauigkeit an, so verwendet man zur Zählung der Umdrehungen ein Registrierverfahren nach Abschn. H des Kap. 6 dieses Bandes. Man läßt z. B. von der betreffenden Welle unmittelbar oder mit Hilfe einer Übersetzung eine Schraube ohne Ende (Schnecke) drehen und in ein Zahnrad (Schneckenrad) mit bestimmter Zähnezahl eingreifen, Dieses schließt bei jeder Umdrehung den Kontakt eines Stromkreises, in dem ein Schreibelektromagnet eines Streifen- oder Trommelchronographen liegt, der sonach jede Umdrehung durch ein Zeichen registriert. Ein zweiter Schreibelektromagnet registriert daneben die Sekundenzeichen einer Pendeluhr (Abschn. H, Ziff. 80 bis 82). Statt dieser kann man, besonders bei sehr hohen Umlaufszahlen, zur Zeitregistrierung auch eine geeichte Stimmgabel genau bekannter Schwingungszahl verwenden (Abschn. H, Ziff. 84ff.).

Da die Zählung der Umdrehungen zwangläufig erfolgt und das Übersetzungsverhältnis Welle—Schneckenrad bekannt ist, erscheint die Messung der Drehzahl n auf eine Zeitmessung zurückgeführt, denn man hat auf dem Chronographenstreifen bzw. der Schreibfläche der Registriertrommel nur abzuzählen, wieviel Umlaufsmarken zwischen zwei Zeitmarken liegen (Einmessen nach Abschn. H, Ziff. 81).

Diese Meßmethode der Drehzahl n kann hiernach in dem üblichen Sinn als eine absolute bezeichnet werden. Hinsichtlich Genauigkeit steht sie unter allen übrigen an erster Stelle und dient daher auch als vornehmste Methode zur Eichung von Tachometern (vgl. weiter unten Ziff. 33).

Dem Bedürfnis nach höherer Genauigkeit technischer Messungen sind tragbare Sekundenschreiber und sog. Markenschreibzeuge entsprungen, bezüglich welcher auf die einschlägige technische Literatur verwiesen sei[2]).

---

[1]) A. GRAMBERG (s. Fußnote 1, S. 287), S. 31ff.

[2]) L. A. OTT (s. Fußnote 1, S. 302), S. 26 u. 47, Abb. 22; A. GRAMBERG, l. c. S. 99ff. u. 836ff.

25. Handzählwerke. Auf einer mit dreikantiger Spitze oder auch einem Gummipfropfen versehenen Achse sitzt ein Trieb mit a Zähnen, das in zwei um eine parallele Achse drehbare Zahnräder eingreift. Das eine Zahnrad hat z Zähne und sitzt auf der Achse fest, das andere hat $z+1$ Zähne und sitzt auf ihr lose. Eine volle Umdrehung des Triebes bewirkt a/z Umdrehungen des ersten und $a/z+1$ Umdrehungen des zweiten Zahnrades, so daß ihre Relativdrehung $\frac{a}{z}-\frac{a}{z+1}=\frac{a}{z(z+1)}$ beträgt. Diese zeigt ein vom ersten Zahnrad mitgenommener Zeiger an einer Teilung am Umfang des zweiten Zahnrades an, der somit nach $\frac{z(z+1)}{a}$ Umläufen des Triebes eine volle Umdrehung macht. Die Achse des Triebes wird durch den in den Körner der Welle gepreßten Dreikant (Gummipfropfen) mitgenommen. Gewöhnlich ist $z=100$. Ist z. B. $a=20$, so entsprechen einer vollen Zeigerumdrehung $100\cdot 101/20=505$ Umdrehungen der Welle.

Wird das Trieb durch eine Schraube ohne Ende (Schnecke) ersetzt, so erhält man die Wirkung eines *einzahnigen* Triebes, denn ein Schraubenumgang schiebt die Schneckenräder um eine Zahnteilung weiter. Dann entsprechen bei $z=100$, infolge der Relativdrehung beider Räder, einer vollen Zeigerumdrehung $100\cdot 101/1=10100$ Umdrehungen der Welle. Trägt also jedes Zahnrad eine 100teilige Skale, deren eine, rascher laufend, sich an einem festen Zeiger vorbeidreht, während der mit dem zugehörigen Zahnrad fest verbundene Zeiger die Skale des zweiten Zahnrades bestreicht, so liest man an der ersten Skale die Umdrehungen 1 bis 100, an der zweiten die Umdrehungen 100 bis 10000 ab. Zählwerke mit Schnecke eignen sich also für größere Zählbereiche, bei Handzählwerken gewöhnlich bis 10000, ausnahmsweise auch bis 100000 Umdrehungen.

Die Zeit mißt man mit der Taschenuhr oder besser mit der Stechuhr. Handzählwerke haben gewöhnlich Uhrform und werden auch mit Stechuhren zu einem Instrument vereinigt, derart, daß Zählwerk und Stechuhr beim Einsetzen des Dreikants gleichzeitig zu laufen beginnen, beim Zurücknehmen des Dreikants gleichzeitig stehenbleiben. Ein Druck auf einen Knopf führt die Zeiger der Stechuhr in die Nullstellung zurück. Das Zählwerk muß am Anfang und am Ende des gewählten Zeitraumes abgelesen werden. Der Unterschied der Ablesungen gibt die zugehörige Anzahl der Umläufe. Es gibt auch Ausführungen mit springenden Ziffern statt der Zeiger. Einige einschlägige Typen von Handzählwerken findet man bei CARLIER[1]).

26. Ortsfeste Zählwerke dienen für ständigen Antrieb durch Maschinen. Sie bestehen aus Zahnrädergetrieben, deren Bewegung entweder *ruckweise*, bei jeder Umdrehung der Maschinenwelle, erfolgt oder, für sehr große Winkelgeschwindigkeiten von einigen 1000 Umdrehungen pro min, wie z. B. bei Dampfturbinen, *stetig*. Im ersten Fall wird die Anzahl der Umdrehungen durch springende Ziffern, im zweiten Fall durch gleichförmig umlaufende Zeiger an mehreren Zifferblättern für die fortlaufenden Potenzen von 10 sichtbar gemacht.

Im *ersten* Fall besteht das Zahnradgetriebe aus einer Anzahl 10zähniger Zahnräder, jedes mit den Ziffern 0 bis 9 bei je einem Zahn, wovon das erste, das sog. *Einerrad*, unmittelbar von der Maschinenwelle durch ein Sperr- oder Ankergetriebe derart angetrieben wird, daß es bei jedem Umlauf der Welle um einen Zahn vorrückt. Das Einerrad greift mittels eines sog. *Zehner-*

[1]) J. G. CARLIER (s. Fußnote 1, S. 287), Bd. I. S. 137–144.

getriebes nach Abb. 19 in das nächste Zahnrad, das Zehnerrad, ein. Geht das Einerrad t von 9 auf 0, so schiebt der Stift s das Zehnerrad um einen Zahn vor. Das ist möglich, weil gleichzeitig die Kerbe K das Zahnrad freigibt, indem sie einem breiteren Zahn einer zweiten Gruppe von 10 Zähnen den Durchgang gestattet, während sonst zwei Zähne, am Umfang von t gleitend, nicht vorbei können. Nach einer vollen Umdrehung des Zahnrades nimmt dessen Stift s_1, unter Mithilfe der Lücke K_1, in derselben Weise das Hunderterrad mit, dieses das Tausenderrad usw. Die Ziffern kommen an Schauöffnungen vorbei, wo sie abgelesen werden.

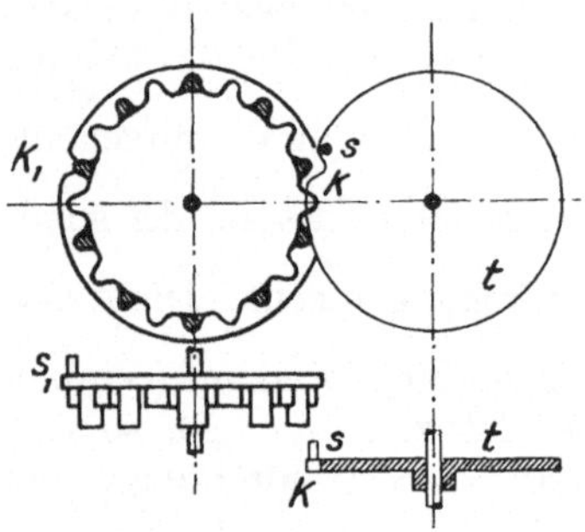

Abb. 19. Schema der Zehnerschaltung (nach GRAMBERG).

Bei größeren Drehzahlen läßt man Sperr- oder Ankergetriebe fort und treibt das jetzt unbezifferte Einerrad unmittelbar durch die Maschinenwelle an. Dann wird das Zehnerrad zum Einerrad, das Hunderterrad zum Zehnerrad usw., und man kann wesentlich höhere Drehzahlen ablesen. Durch Anordnung der Zahnräder auf gemeinsamer Achse, unmittelbar nebeneinander, mit seitlichem Eingriff und den Ziffern auf der Stirnseite, sind diese Zählwerke auf den kleinsten Raum zusammengedrängt worden[1]). Bei mehr als 1000 Umdrehungen in 1 min wird aber das Ablesen der Einer während des Ganges unmöglich und die Abnützung der ruckweise bewegten Teile so groß, daß man, wie im zweiten Fall, zu stetig umlaufenden Zahnradgetrieben mit Zeigerwerk übergeht.

Zur Ermittlung der Drehzahl der Maschinenwelle liest man den Stand des Zählers am Anfang und am Ende eines möglichst langen Zeitraums ab, z. B. von je 10 zu 10 min während einer Stunde, wodurch größere Genauigkeit erreicht wird. Für kleinere Zeiträume empfiehlt sich zur Erhöhung der Genauigkeit die Benützung einer Stechuhr (vgl. Ziff. 23).

Die ortsfesten Zählwerke werden auch mit Uhren und Registriereinrichtungen verbunden. Eine Auswahl einschlägiger Typen findet man bei CARLIER[2]).

b) Unmittelbare Messung (Tachometer).

27. Fliehpendeltachometer und Tachographen. Die hierhergehörigen Instrumente beruhen auf der Fliehkraftwirkung rotierender Massen. Ihr Aufbau stützt sich auf das Kegelpendel, dessen Bewegung schon HUYGENS untersucht hat (1673)[3]) und das JAMES WATT im Jahre 1784 dem Fliehkraftregler seiner Dampfmaschine zugrunde legte. Sein altbewährtes, einfaches Prinzip beherrscht alle Handtachometer und die weitaus überwiegende Mehrzahl ortsfester Tachometer.

Sein Urbild versinnbildlicht das Schema Abb. 20. Zwei kugelförmige Schwungmassen m sind durch Vermittlung von Stangen und des Gelenkes O um die lotrechte Achse Oy frei drehbar. Zwei in den Gelenken B und C drehbare Stangen bewirken die Aufundabbewegung der Muffe D entlang der Drehachse, sobald sich die Schwungkugeln m bei zunehmender Winkelgeschwindigkeit von

[1]) LUDWIG LOEWE & Co., Veeder-Zähler. 1911.

[2]) J. G. CARLIER (s. Fußnote 1, S. 287), Bd. I, S. 145—155.

[3]) CHRISTIAN HUYGENS, Horologium oscillatorium. Paris 1673; Tractatus de vi centrifuga. Opuscula postuma. Leyden 1703; Ostwalds Klassiker d. exakt. Wiss. Nr. 192 u. 138; E. MACH, Die Mechanik, l. c. S. 177 ff.

ihr entfernen oder bei abnehmender Winkelgeschwindigkeit sich ihr nähern. Bei einem Regler übt die Bewegung von D die regelnde Wirkung auf das betreffende Organ der Maschine aus, bei einem Tachometer veranlaßt sie, in zweckmäßiger Weise auf einen Zeiger übertragen, die Anzeige der Drehzahl auf einer Skale.

Der Gleichgewichtszustand des um seine Drehachse mit konstanter Winkelgeschwindigkeit ω rotierenden Kegelpendels ist durch konstanten Ausschlagwinkel α gekennzeichnet. Ändert sich ω, so kann das Kegelpendel seine dem veränderlichen Winkel α entsprechende neue Gleichgewichtslage im allgemeinen nicht sofort annehmen, sondern es führt um sie Schwingungen aus. Weiter zeigt sich, daß das Gleichgewicht während der Drehung stabil, labil oder indifferent sein kann. Man unterscheidet hiernach den statischen Fall, wenn α mit ω gleichzeitig wächst oder abnimmt, und den astatischen Fall, wenn zu verschiedenen α dasselbe konstante ω gehört. Ändert sich dabei ω, so geht das Pendel in eine der durch die Konstruktion gegebenen Grenzstellungen über. Der labile Gleichgewichtsfall ist offenbar unbrauchbar. Für Tachometer kommt nur der statische Fall in Betracht, der somit Grundbedingung für ihre Konstruktion ist, die dafür zu sorgen hat, daß innerhalb des Meßbereiches bei jeder Größe von ω stabiles Gleichgewicht besteht und die zugehörige Gleichgewichtslage α so rasch angenommen wird, daß Schwingungen um sie nicht störend bemerkbar werden.

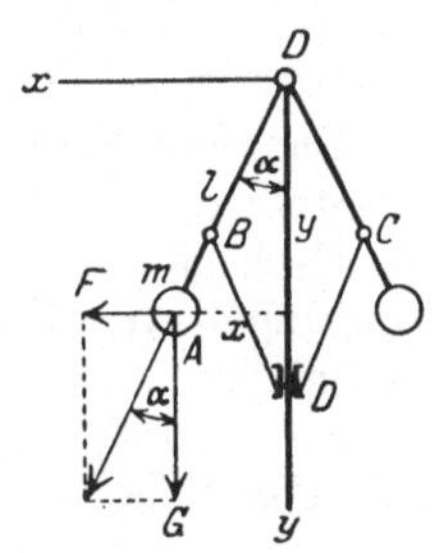

Abb. 20. Schema des Fliehkraftpendels mit Schwerkraftwirkung.

Die Entwicklung der strengen Reglertheorie — zugleich Theorie der Fliehpendeltachometer — ist Aufgabe der Dynamik, weshalb hier auf die einschlägige Literatur verwiesen werden muß[1]). Dagegen soll nachstehende angenäherte Überlegung einen ersten Überblick des hier vor allem wichtigen Zusammenhanges zwischen Drehzahl n und Ausschlagwinkel α eines Fliehkraftreglers mit Schwerkraftwirkung geben.

Das Gelenk O (Abb. 20) sei Ursprung des in die Ebene OAD gelegten Koordinatensystems Oxy. Der Symmetrie wegen genügt es, nur eine Schwungkugel A in Betracht zu ziehen. Infolge ihrer Drehung um die Achse Oy mit der konstanten Winkelgeschwindigkeit ω, führt ihre Fliehkraft F den Ausschlag α der Stange $OA = l$ herbei, dem die Koordinaten x, y des Schwerpunktes A der kugelförmigen Masse m vom Gewicht $G = mg$ entsprechen. Sieht man näherungsweise von Bewegungswiderständen und vom Stangengewicht ab, so muß im Gleichgewichtsfall die Summe aller Kraftmomente bezüglich O verschwinden, d. h.

$$Gx - Fy = 0. \tag{68}$$

Nachdem $F = m\omega^2 x$ und $y = l\cos\alpha$, ergibt sich hieraus

$$\omega = \sqrt{\frac{g}{l\cos\alpha}}. \tag{69}$$

[1]) P. Stäckel, Elementare Dynamik, Encykl. d. math. Wiss. Bd. IV_1, Art. IV_6, S. 670 bis 672. 1905 (1901—1908); R. v. Mises, Dynamische Probleme der Maschinenlehre, ebenda Bd. IV_2, Art. VI_{10} S. 256—296. 1911; C. Ed. Cspari, Theorie der Uhren, ebenda Bd. VI_2, Art. $VI_{2,4}$, S. 188—193. 1905; E. J. Routh, l. c. Bd. II, S. 81—85, woselbst ältere Literatur; W. Hort, Technische Schwingungslehre 2. Aufl., S. 255—260 Berlin: Julius Springer 1922; O. Föppl, Grundzüge d. techn. Schwingungslehre. Berlin: Julius Springer 1923; M. Tolle, Regelung d. Kraftmasch. 3. Aufl. Berlin: Julius Springer 1921.

Da nach Gleichung (10) $\omega = \frac{2\pi n}{60}$ oder $n = \frac{60}{2\pi}\omega$, ist

$$n = \frac{60}{2\pi}\sqrt{\frac{g}{l\cos\alpha}}. \tag{70}$$

Die dem Winkel α entsprechende Verschiebung der Muffe D wird durch ein Stellwerk in drehende Bewegung eines Zeigers verwandelt, der auf einer empirisch geteilten Skale die Drehzahl n anzeigt. Dabei sorgt nötigenfalls eine Windflügel- oder ähnliche Dämpfung für möglichste Einschränkung der Zuckungen des Zeigers.

Eine durch besondere Einfachheit ausgezeichnete Anordnung dieser Art zeigt das Schema des Fliehkraftpendels eines Tachometertyps von CARLIER, Abb. 21[1]). Die Arme der Schwungkugeln m sind über das Gelenk O hinaus verlängert und umgebogen. Auf diesen gekrümmten Enden ruht die Platte T mit der Muffe M, die während der Drehung der Schwungkugeln mit der Platte entlang der lotrechten Drehachse auf und ab gleitet. Eine Verzahnung dreht dabei das feste Trieb Z und einen damit verbundenen Zeiger, der an einer Skale die Drehzahl n anzeigt.

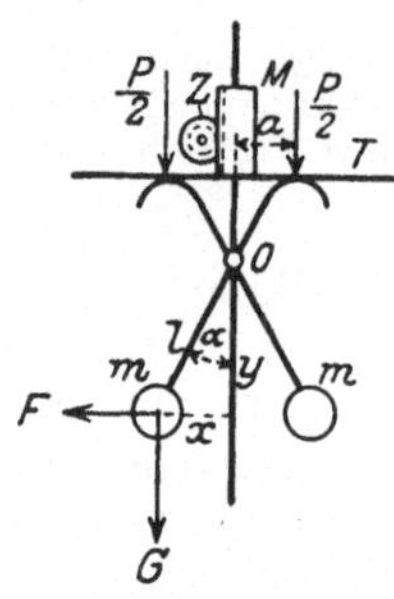

Abb. 21. Schema des Fliehkraftpendels von CARLIER.

Ist P das Gewicht der Platte T samt Muffe M und sieht man wieder von Bewegungswiderständen und dem Gewicht der Arme ab, so ist mit den Bezeichnungen der Abb. 21 die Gleichgewichtsbedingung nach der vorhin angestellten Überlegung

$$G x - F y - \frac{P}{2} a = 0 \tag{71}$$

und da $x = l\sin\alpha$, $y = l\cos\alpha$ und $F = m\omega^2 x = \frac{G}{g}\omega^2 l\sin\alpha$, ergibt sich

$$\omega = \sqrt{\frac{g}{l}\left(\frac{1}{\cos\alpha} - \frac{P}{2G}\cdot\frac{a}{l\sin\alpha\cos\alpha}\right)} \quad \text{und} \quad n = \frac{60}{2\pi}\omega. \tag{72}$$

Anstatt der Schwerkraft (Kugelgewicht, Platte) kann der Fliehkraft auch die elastische Kraft einer Schrauben- oder Spiralfeder entgegenwirken, was bei Handtachometern die Regel ist. Abb. 22 zeigt das Schema einer solchen Ausführung mit einer Schraubenfeder nach CARLIER[2]), das nach dem Vorangegangenen keiner weiteren Erläuterung bedarf. In Abb. 23 ist ein Fliehpendeltachometer von SCHAEFFER & BUDENBERG nach GRAMBERG schematisch dargestellt[3]). Infolge Drehung der Schwungkörper S stellt sich eine flache, runde Scheibe mehr oder weniger senkrecht zur Drehachse und spannt dabei eine Schraubenfeder, die einerseits mit dem Schwungkörper, anderseits mit der Drehachse verbunden ist. Die Verstellung der Scheibe wird in der angedeuteten Weise durch Vermittlung eines Kugelgelenkes G auf einen Zeiger übertragen, der auf einer empirisch geteilten Skale die Drehzahl n anzeigt.

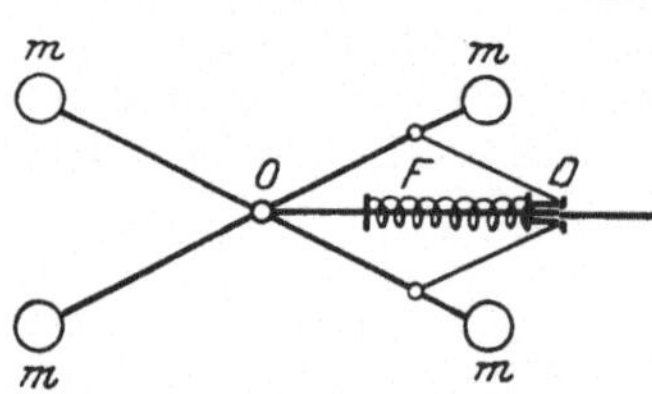

Abb. 22. Schema des Fliehkraftpendels mit Federkraftwirkung.

[1]) J. G. CARLIER (s. Fußnote 1, S. 287), Bd. I, S. 170ff.; Bd. II, S. 74ff.
[2]) J. G. CARLIER, l. c. Bd. I, S. 175 u. 240ff.; Bd. II, S. 71ff.
[3]) A. GRAMBERG (s. Fußnote 1, S. 287), S. 90.

Fliehpendeltachometer werden auch mit Registriereinrichtung ausgeführt, die insbesondere dann gebraucht wird, wenn es sich um fortlaufende Aufzeichnung von Geschwindigkeitsschwankungen einer Welle handelt, die sich der Beobachtung an einer Skale entziehen. Solche Schwankungen sind bedingt durch die Ungleichförmigkeiten des Ganges einer Maschine, als Folge von Unvollkommenheiten ihrer Regelung durch Schwungrad und Regler. Zur Registrierung dienen gleichförmig fortbewegte Papierstreifen oder gleichförmig gedrehte Scheiben oder zylindrische Trommeln (vgl. diesen Band Kap. 6, Abschn. H, Ziff. 80), auf welchen durch das Tachometerstellwerk bewegte Stifte oder Federn schreiben. Man spricht in diesem Fall von Tachographen, die von BUSS, BAILEY, SCHAEFFER & BUDENBERG, CARLIER, HORN u. a. m. gebaut worden sind[1]). Sie eignen sich wegen des durch ihr Trägheitsmoment bedingten Nachhinkens vornehmlich zur Aufzeichnung verhältnismäßig langsam verlaufender Schwankungen, während man zur Registrierung rascher Schwankungen auf Anordnungen zurückgreifen muß, wie sie in Ziff. 24 angedeutet wurden.

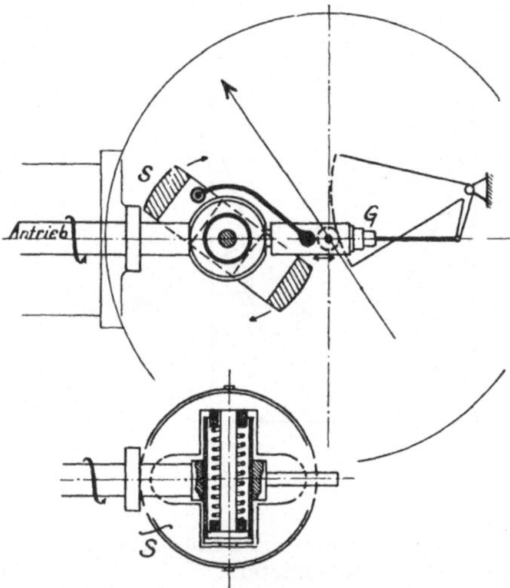

Abb. 23. Schema des Fliehpendeltachometers von SCHAEFFER & BUDENBERG (nach GRAMBERG).

Die Verbindung dieser und der noch zu beschreibenden Tachometer mit der Welle, deren Drehzahl zu messen ist, geschieht zumeist mittels Riemenübertragung nach bestimmtem Übersetzungsverhältnis, dem die Bezifferung der Skale angepaßt sein muß. Statt Riemen werden unter Umständen auch Stahlspiralen verwendet.

Die nach dem Prinzip des Fliehkraftpendels mit Federkraftwirkung gebauten Handtachometer werden mittels eines Dreikants oder Gummipfropfens am Ende ihrer Achse in den Körner der rotierenden Welle eingesetzt. Sie sollen möglichst großen Meßbereich haben. Da dies aber bei großen Drehzahlen zu enger, undeutlicher Skalenteilung führen würde, pflegt man den Meßbereich in zwei bis drei Gruppen mit besonderen Skalen zu teilen, für die Zahnradübersetzungen mit eigenen Achsen oder besonderer Einschaltvorrichtung vorgesehen sind. Konstruktionen solcher Art rühren von SCHAEFFER & BUDENBERG in Magdeburg nach BUSS und SOMBART, dann von HORN in Großzschocher bei Leipzig her.

28. Flüssigkeitstachometer. Die Oberfläche einer Flüssigkeit in einem um seine Achse rotierenden zylindrischen Gefäß nimmt im Gleichgewichtsfall bei konstanter Winkelgeschwindigkeit die Gestalt eines Rotationsparaboloides an, dessen Scheitel um so tiefer sinkt, je größer die Winkelgeschwindigkeit ist. Auf dieser Erscheinung beruht das Prinzip der Flüssigkeitstachometer.

Abb. 24 stellt einen Achsenschnitt durch ein mit Flüssigkeit gefülltes zylindrisches Gefäß von der Grundfläche AB mit der Achse Oy dar, die als Ordinatenachse gewählt sei, während die Abszissenachse Ox sein möge. Das Gefäß rotiere mit der Winkelgeschwindigkeit ω um seine Achse Oy. Auf ein Flüssigkeits-

[1]) J. G. CARLIER (s. Fußnote 1, S. 287), S. 178–201; A. GRAMBERG (s. Fußnote 1, S. 287), S. 96ff.

teilchen von der Masse m mit den Koordinaten x, y wirkt sein Gewicht $G = mg$ und die Fliehkraft $F = m\omega^2 x$, wenn von Bewegungswiderständen abgesehen wird. Im Gleichgewichtsfall müssen die Niveauflächen Rotationsflächen sein und die auf das Flüssigkeitsteilchen m wirkenden Kräfte daher so beschaffen sein, daß ihre sämtlichen Tangentialkomponenten (Tangentenrichtung T) verschwinden, ihre Resultierende R somit in die Richtung der Normalen N fällt. Das geschieht, wenn

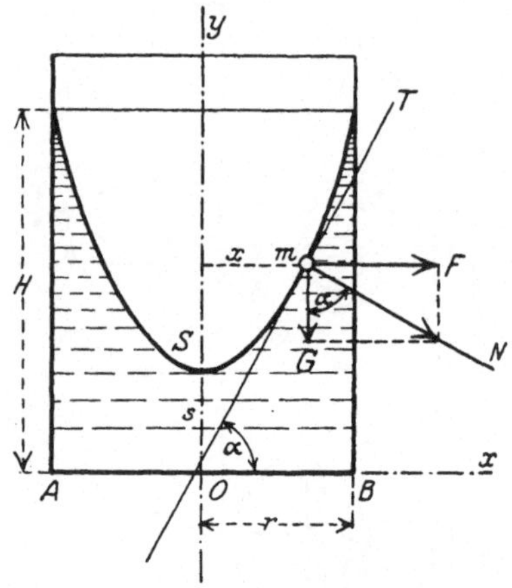

Abb. 24. Schema eines Flüssigkeitstachometers.

$$\operatorname{tg}\alpha = \frac{F}{G} \quad \text{oder} \quad \frac{dy}{dx} = \frac{\omega^2 x}{g}. \tag{73}$$

Ist S der tiefste Punkt (Scheitel) der Rotationsfläche und s seine Ordinate, so ergibt die Integration der letzten Gleichung

$$y = \frac{\omega^2}{2g} x^2 + s \tag{74}$$

eine Parabel mit Oy als Achse und dem Scheitel S als Erzeugende des die Gleichgewichtsoberfläche der rotierenden Flüssigkeit bildenden Rotationsparaboloids. An seinem oberen Rand wird $x = r$ und $y = H$ und somit

$$H = \frac{\omega^2}{2g} r^2 + s. \tag{75}$$

Nachdem sich das Flüssigkeitsvolumen während der Rotation nicht ändert, also $\pi r^2 H - \frac{1}{2}\pi r^2 (H - s) = \pi r^2 h$ ist, wenn h die Flüssigkeitshöhe im ruhenden Gefäß ist, wird $H = 2h - s$ und

$$h = \frac{\omega^2 r^2}{4g} + s, \tag{76}$$

woraus

$$\omega = \frac{2}{r}\sqrt{g(h - s)} \tag{77}$$

und wegen $\omega = \frac{2\pi n}{60}$

$$n = \frac{60}{\pi r}\sqrt{g(h - s)}. \tag{78}$$

Aus dem durch s gegebenen Stand des Paraboloidscheitels schließt man also auf die Drehzahl n, die an einer Skale am Gefäß selbst oder neben ihm abgelesen wird.

Solche Tachometer, auch Gyrometer genannt, sind u. a. ausgeführt worden von KILLINGWORTH-HEDGES[1]) und BRAUN[2]). Die Glasgefäße in entsprechender Fassung sind zugeschmolzen und enthalten konzentriertes Glyzerin. Die In-

[1]) A. v. OBERMAYER, Leitf. f. d. Unterricht in d. Physik a. d. Techn. Militärakademie S. 115. Wien u. Leipzig: Wilh. Braumüller 1900.

[2]) F. GÖPEL, Über d. Prüfg. u. Unters. von Umdrehungszählern nach Dr. O. BRAUN, Mitt. a. d. Phys.-Techn. Reichsanst.; ZS. f. Instrkde. Bd. 16, S. 33–44. 1896, woselbst die einschlägige Literatur.

strumente sind für ortsfesten Betrieb, infolge der Unveränderlichkeit ihrer Angaben, besonders für hohe Drehzahlen (z. B. Zentrifugen) sehr geeignet. Ihre Genauigkeit beträgt nach GÖPEL wenige hundertstel Prozent, ist also größer, als für technische Zwecke nötig.

Eine neuere Konstruktion stellen die „Bifluid-Tachometer" der Rheinischen Tachometerwerke in Freiburg i. Br. dar[1]). Im unteren Teil eines besonders geformten Glasgefäßes befindet sich Quecksilber und darüber gefärbter Alkohol. Während der Drehung treibt das Quecksilber den Alkohol in einem lotrechten, verengten Teil des Gefäßes hoch. Dessen Stand an einer Skale gibt die Drehzahl.

29. Wirbelstromtachometer beruhen auf dem in Abb. 25 dargestellten Prinzip. Mit der Welle, deren Drehzahl zu messen ist, rotiert in Kugellagern ein Stahlmagnet in Rechteckform, zwischen dessen Polen sich ein koaxialer Eisenanker mitdreht. Zwischen Magnetpolen und Anker ist nur ein enger ringförmiger Raum gelassen, in den eine Glocke aus Kupfer- oder Aluminiumblech leicht drehbar hineinragt. Auf ihrer Achse sitzt ein Zeiger, den eine Spiralfeder in seine Nullstellung zieht. Die bei der Drehung des Magnets in der Glocke induzierten Wirbelströme nehmen sie samt Zeiger um so weiter mit, je rascher die Drehung erfolgt. Die Zeigerstellung an der empirisch geeichten Skale gibt die Drehzahl n. Ein Vorzug der Wirbelstromtachometer ist ihre besondere Einfachheit und geringere Empfindlichkeit gegen Erschütterungen gegenüber dem Fliehpendeltachometer. Zuckungen des Zeigers lassen sich dagegen nicht gut dämpfen.

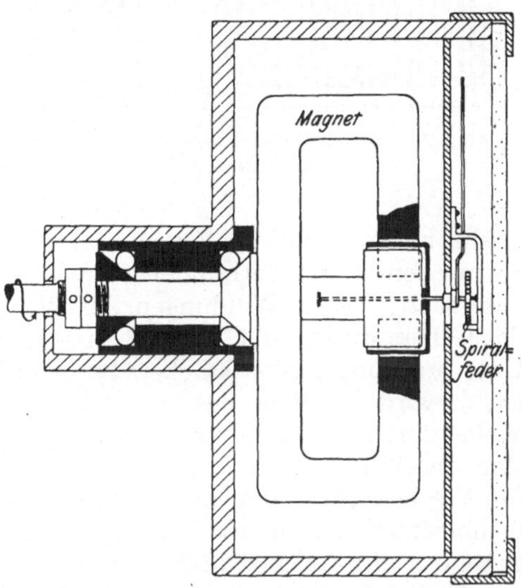

Abb. 25. Schema eines Wirbelstromtachometers der Deutschen Tachometerwerke in Berlin (nach GRAMBERG).

30. Elektrische Tachometer werden angewendet, wenn Fernübertragung der Drehzahlenangaben nötig ist. Sie bestehen deshalb aus einem Geber und einem Empfänger, die durch eine elektrische Leitung miteinander verbunden sind. Der Geber ist ein kleiner elektrischer Generator für Gleich- oder Wechselstrom, den die Welle treibt, deren Drehzahl zu messen ist. Nachdem die erzeugte Gleich- oder Wechselstromspannung der Drehzahl n proportional ist (vgl. ds. Handb. Bd. XVII), dient als Empfänger ein nach Drehzahlen n geeichtes Gleichstrom- bzw. Wechselstromvoltmeter[2]).

31. Resonanztachometer beruhen auf der Anwendung des FRAHMschen Resonanzkammes[3]), nach Abb. 26, als Empfänger für Fernübertragung der Drehzahlenangaben, wobei jedoch an die Welle ein Wechselstromgenerator oder Gleichstromgenerator mit Stromunterbrecher als Geber angeschlossen sein muß.

---

[1]) F. GÖPEL, Art. „Tourenzahlmesser" im Hdwörterb. d. Naturw., Bd. IX, l. c.; A. GRAMBERG, (s. Fußnote 1, S. 287), S. 91.

[2]) J. G. CARLIER, (s. Fußnote 1, S. 287), Bd. I, S. 212—216.

[3]) FRIEDR. LUX, Über den Frahmschen Geschwindigkeitsmesser. Elektrot. ZS. Bd. 26, S. 264—266 u. 387. 1905.

Ein Frahmscher Kamm besteht aus einer Reihe auf einem Balken befestigter stählerner Blattfedern L mit rechtwinklig umgebogenen Enden, die so abgestimmt sind (durch ihre Länge und Lötzinn im rechten Winkel), daß ihre Schwingungszahlen eine arithmetische Reihe bilden, also von Feder zu Feder, je nach der gewünschten Empfindlichkeit, um je 1, 2, 3, ... Schwingungen oder selbst Bruchteile einer Schwingung zu- bzw. abnehmen. Wird ein solcher Kamm mit dem Balken auf eine in Bewegung befindliche Maschine gesetzt, so gerät durch Resonanz jene Lamelle in stärkste Schwingungen, deren Schwingungszahl mit der Drehzahl der Maschine übereinstimmt. Die Drehzahl wird auf diese Weise unmittelbar gemessen. Zur Fernübertragung wird ein mit dem Kamm verbundener Anker A der Einwirkung eines Elektromagneten E ausgesetzt, dessen Windungen der Wechselstrom oder pulsierende Gleichstrom des Gebers durchfließt. Nachdem seine Frequenz $f = pn/60$ (p = Polzahl bzw. Unterbrechungszahl des Gebers bei einer Umdrehung) der Drehzahl n proportional ist, so wird die Skale des Instrumentes nach n geeicht und die Drehzahl n der Welle durch den größten Ausschlag der betreffenden Lamelle L angezeigt[1]). Wie ersichtlich, unterscheiden sich Resonanztachometer von Frequenzmessern für Wechselstrom nur durch ihre Skale. Verschiedene Typen von Resonanztachometern rühren u. a. her von F. LUX in Ludwigshafen a. Rh., HARTMANN & BRAUN in Frankfurt a. M. und SIEMENS & HALSKE (Wernerwerk) in Berlin[2]).

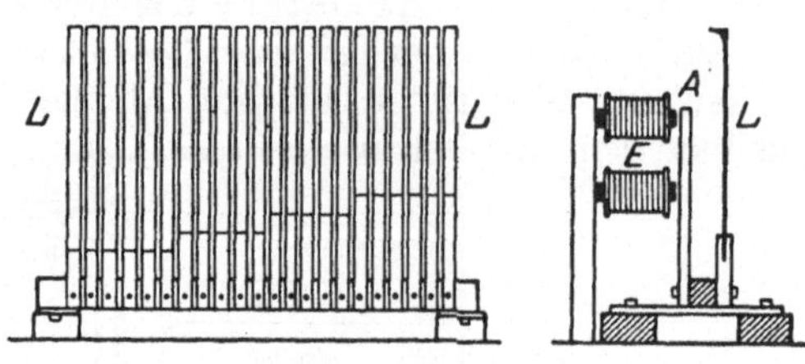

Abb. 26. Schema des Resonanztachometers von FRAHM.

32. Stroboskopische Tachometer. Die naheliegende Verwendung der stroboskopischen Scheibe (dieser Band Kap. 6, Abschn. H, Ziff. 90 bis 93) zur Messung von Drehzahlen hat verhältnismäßig spät begonnen und fand erst in den letzten Jahren zunehmende Beachtung. Sie erwies sich als ein ebenso einfaches wie bequemes und genaues Hilfsmittel zur raschen Messung von Drehzahlen.

Betrachtet man einen rotierenden Körper durch die Schlitze einer stroboskopischen Scheibe, deren Winkelgeschwindigkeit man langsam steigert, so sieht man seine Drehung scheinbar verlangsamt bis zum schließlichen Stillstand. In diesem Augenblick sind beide Drehzahlen einander gleich, und wenn man jene der stroboskopischen Scheibe kennt, ist die gesuchte zugleich gemessen.

RICHARD in Paris hat die stroboskopische Scheibe für solche Messungen eingerichtet, indem er sie mit einem Uhrwerk in Form eines kleinen, leicht tragbaren Kästchens verband [cinémomètre optique, stroboscope Richard, stroboskopisches Tachometer][3]). Das Uhrwerk hat einen FOUCAULTschen Fliehpendelregulator und erlaubt die Winkelgeschwindigkeit der stroboskopischen Scheibe mittels einer Regulierschraube genau einzustellen, wobei ihre Drehzahl an einem Maßstab mit Nonius abgelesen wird. Ist sie bei beobachtetem, scheinbarem Stillstand der zu messenden Drehbewegung n_0 und die Schlitzzahl z_0, so ist die gesuchte Drehzahl $n = n_0 z_0$. Die Anwendung dieses Tachometers ist besonders vorteilhaft für die Drehzahlmessung kleiner Motoren, Ventilatoren, Anemometer u. dgl., wo das Andrücken eines Handtachometers eine nicht vernachlässigbare Verzögerung oder gar Stillstand verursachen würde.

---

1) Bezüglich der Theorie des FRAHMschen Kammes vgl. W. HORT, l. c. S. 100—102.

2) J. G. CARLIER (s. Fußnote 1, S. 287), Bd. I, S. 217ff.; A. GRAMBERG (s. Fußnote 1, S. 287), S. 92ff.

3) J. G. CARLIER, l. c. Bd. I, S. 202—205.

An Stelle des Uhrwerkes pflegt man auch kleine Elektromotoren mit Zählwerk zu verwenden, auf deren Achse die stroboskopische Scheibe aufgesetzt wird[1]). Hat man z. B. bei der Messung der Drehzahl eines Ventilators mit z Flügeln ihren scheinbaren Stillstand bei der Drehzahl n_0 der stroboskopischen Scheibe mit z_0 Schlitzen beobachtet, so ergibt sich die gesuchte Drehzahl mit $n = n_0 z_0/z$.

Das stroboskopische Prinzip wird der Messung von Drehzahlen auch mit Hilfe intermittierenden Lichtes nutzbar gemacht (vgl. diesen Band Kap. 6, Abschn. H, Ziff. 92)[2]). Hierfür pflegt man stroboskopische Scheiben ohne Schlitze zu benutzen, die in konzentrischen Kreisringen abwechselnd schwarze und weiße Sektoren tragen, deren Anzahl von innen nach außen in arithmetischer Reihe zunimmt, z. B. 2, 4, 6, . . . oder 20, 40, 60, . . . usw. je nach der gewünschten Genauigkeit und dem Bereich der Messung. Eine solche Sektorenscheibe verbindet man unmittelbar oder mittels einer zweckmäßig gewählten Übersetzung mit der Welle, deren Drehzahl zu messen ist, und beleuchtet sie intermittierend mit einer Glimmlampe, die mit Wechselstrom bekannter Frequenz (an einem Frequenzmesser abzulesen) oder pulsierendem Gleichstrom bekannter Periode gespeist wird. Man sieht dann die Sektoren jenes Kreisringes scheinbar stillstehen, in dem ihre Anzahl z der Bedingung genügt $nz = 60f$, wenn f die Zahl der Lichtblitze (Frequenz) in 1 sec ist. Damit ergibt sich die gesuchte Drehzahl $n = 60f/z$. Den Gleichstrom für die Glimmlampe kann man durch einen ihr parallelgeschalteten regulierbaren Kondensator und einen Vorschaltwiderstand innerhalb weiter Grenzen (einmal in mehreren Stunden bis 10000 in 1 sec) pulsierend machen.

Eine bei weitem genauere Messung der Lichtfrequenz der Glimmlampe als mit dem Frequenzmesser bewirkt eine geeichte Stimmgabel, die man, nach Anregung, mit der Glimmlampe beleuchtet[3]). Man verändert die Frequenz des Lampenstromes, bis die schwingende Stimmgabel stillzustehen scheint. Dann ist die Lichtfrequenz f genau gleich der Schwingungszahl der Stimmgabel. Die Genauigkeit dieser Bestimmung übertrifft bei weitem jene aller übrigen technischen Frequenzmesser und steigert demnach jene der stroboskopischen Drehzahlmessung mittels der Sektorenscheibe.

An Stelle der Glimmlampe kann eine zweite durch einen Hilfsmotor gedrehte stroboskopische Scheibe mit Schlitzen treten, durch die man gleichzeitig die schwingende Stimmgabel und die rotierende Sektorenscheibe betrachtet. Die Drehzahl des Hilfsmotors wird bis zum scheinbaren Stillstand der Stimmgabel verändert, worauf die Ablesung der Anzahl z der scheinbar stillstehenden Sektoren erfolgt, um sofort die gesuchte Drehzahl n wie früher zu erhalten. Dabei ist zu setzen $60f = n_0 z_0$, wenn n_0 die Drehzahl der stroboskopischen Scheibe und z_0 die Zahl ihrer Schlitze ist.

Statt der stroboskopischen Scheibe versuchte GUILLET einen durch eine schwingende Saite bewegten Spalt zu verwenden, dessen Frequenz durch Änderung der Saitenspannung geregelt wurde[4]).

Eine eingehende Untersuchung der stroboskopischen Drehzahlmessungen haben kürzlich LINCKH und VIEWEG durchgeführt, auf die jedoch hier nur verwiesen werden kann[5]).

---

1) G. BENISCHKE, Elektrot. ZS. Bd. 20, S. 142—144. 1899.

2) H. SCHERING u. V. VIEWEG, ZS. f. Instrkde. Bd. 40, S. 139. 1920; F. SCHRÖTER u. R. VIEWEG, Arch. f. Elektrot. Bd. 12, S. 358—360. 1923; A. GUILLET, C. R. Bd. 181, S. 707. 1925.

3) R. VIEWEG u. H. E. LINCKH, Elektrot. ZS. Bd. 46, S. 1107—1108. 1925.

4) A. GUILLET, C. R. Bd. 176, S. 1447—1449. 1923.

5) H. E. LINCKH u. R. VIEWEG, Arch. f. Elektrot. Bd. 15, S. 489. 1925; ZS. f. Instrkde. Bd. 46 S. 30—40. 1926.

33. Eichung der Tachometer. Tachometer und Tachographen erfordern, wie schon in der Einleitung (Ziff. 22) angedeutet wurde, eine Eichung, nicht allein zur Anfertigung ihrer Skale, sondern auch zwecks zeitweiliger Überprüfung, namentlich vor Messungen, bei welchen es auf größere oder wissenschaftliche Genauigkeit ankommt.

Das Tachometer (der Tachograph) wird hierzu mit einer Welle möglichst konstanter Drehzahl unmittelbar oder mittelbar (z. B. durch Riementrieb bekannter Übersetzung) gekuppelt und ihre Drehzahl nach einer anderen Methode unabhängig bestimmt. Die zu verschiedenen Zeiten und bei verschiedenen, möglichst konstanten Drehzahlen vorgenommenen Ablesungen werden am besten in einer Eichkurve vereinigt, welche die Zahlenwerte der Tachometerskale oder ihre Korrektur liefert.

Als Eichmethode für Tachometer (Tachographen) eignet sich vor allen anderen die Methode der Präzisionszählung der Drehzahl nach Ziff. 24. Besondere Vorteile wird, ihrer Einfachheit wegen, oft die stroboskopische Methode nach Ziff. 32 bieten, wobei die dort beschriebenen Abarten eine Anpassungsmöglichkeit an den jeweils verfolgten Zweck gewähren. Schließlich wird manchmal, insbesondere bei elektrotechnischen Arbeiten, die den elektrischen Tachometern zugrunde liegende und in Ziff. 30 angedeutete Methode der Spannungsmessung an elektrischen Maschinen bei Leerlauf, auf Grund der Proportionalität zwischen ihrer Spannung und Drehzahl, mit Vorteil zu verwenden sein. Bezüglich der einschlägigen Einzelheiten wird auf die betreffenden Kapitel der Bände XVI und XVII ds. Handb. verwiesen.

Kapitel 8.

Erzeugung und Messung von Drucken.

Mit 78 Abbildungen.

A. Luftdruck. Hohe und tiefe Drucke.

Von

H. EBERT, Charlottenburg.

1. Begriff und Maßeinheiten des Druckes. Die Kraft, die ein Gas oder eine Flüssigkeit im Zustand der Ruhe auf die Flächeneinheit senkrecht zu einer Ebene ausübt, nennt man „Druck“. Die Einheit dieses hydrostatischen Druckes ist die Atmosphäre (Atm.), d. h. eine 76 cm hohe Quecksilbersäule, bezogen auf 0° und die international festgesetzte normale Schwere von 980,665 cm/sec². In der Technik wird nach kg/cm² gerechnet. Diese Einheit heißt zuweilen auch technische Atmosphäre (at), eine Bezeichnung, die wegen einer Verwechslung mit der physikalischen Atmosphäre wenig zweckmäßig ist. Im absoluten Maßsystem ist die Einheit des Druckes dyn/cm² und wird bar genannt; ein Megabar sind 10^6 bar. Als Dimension des Druckes ergibt sich aus der Definition: $\left[\frac{m}{l \cdot t^2}\right]$.

Die reduzierte Druckhöhe h_0 ist die bei einer Schwere g beobachtete Höhe mal $g/980{,}665$.

Da die Dichte der Manometerflüssigkeit auf Wasser von 4° C bezogen ist, dessen Dichte $0{,}99997_3\,\mathrm{cm}^{-3}\,\mathrm{g}$ beträgt, erhält man aus h_0 den Druck $p = 980{,}665\, h_0\, 0{,}99997_3\, s = 980{,}63_9\, h_0\, s$ bar. Da ferner ein Grammgewicht unter 45° Breite $= 980{,}62$ dyn ist, ist $p = \frac{980{,}63_9}{980{,}62} h_0\, s = 1{,}00001_9\, h_0\, s$ g-Gewicht/cm².

Bei Verwendung von Quecksilber als Manometerflüssigkeit ($s_0 = 13{,}5955$) wird $p = 13332{,}3\, h_0$ bar $= 13{,}595_8\, h_0$ g-Gewicht/cm².

Zwischen den einzelnen Maßeinheiten bestehen folgende Beziehungen:

1 Atm.	= 1,033 28 kg/cm²,	1 m Hg	= 1,359 58 kg/cm²,
1 Atm.	= 1,013 25 Megabar,	1 m Hg	= 1,333 22 Megabar,
1 kg/cm²	= 735,52 mm Hg,	1 Megabar	= 750,06 mm Hg.

H. MAURER[1]) schlägt, um Einheitlichkeit in der Bezeichnungsweise zu erzielen, folgendes vor:

1 bary = 1 dyn/cm² (oben bar genannt),
1 Kilobary = 10^3 bary (etwa 0,75 m Hg, das millibar der Meteorologen),
1 pez = 10^4 bary (Druckeinheit des MKS-Systems),
1 abs. Atm. = 1 Absat = 10^3 bary (etwa 750,1 mm Hg, das bar der Meteorologen),
1 phys. Atm. = 1 Atm. = Druck von 760 mm Hg bei 0° und $g = 980{,}66$ cm/sec², s. oben),
1 Torricell = 1 tor = 1/760 Atm. = 1 mm Hg.

---

1) H. MAURER, Meteorol. ZS. Bd. 40, S. 271. 1923.

2. Allgemeines über Druckmesser und Druckerzeuger. Apparate, mit denen Drucke gemessen werden, heißen Manometer. Ihnen liegen die verschiedensten Prinzipien zugrunde. Am häufigsten ist das Prinzip der kommunizierenden Röhren und die Gesetze der Elastizität der festen Körper herangezogen worden. Zur Messung des Luftdruckes bedient man sich des Barometers oder Aneroidbarometers. Mit Vakuummetern werden sehr kleine Drucke bestimmt.

Drucke jeglicher Art werden durch Pumpen erzeugt, die besonders bei den niedrigen Drucken in ihrer Konstruktion sehr mannigfaltig sind.

a) Messung des Luftdruckes.

3. Barometer. Nachgewiesen wird der Luftdruck mit der TORRICELLIschen Röhre, die etwa 80 cm lang, an der einen Seite geschlossen und mit Quecksilber gefüllt ist. Sie wird mit ihrem offenen Ende in ein Quecksilbergefäß getaucht. Der Raum über dem Quecksilber heißt die TORRICELLIsche Leere. Wird dieser Apparat mit Maßstab versehen und für den kontinuierlichen Gebrauch hergerichtet, so stellt er ein Barometer dar. Die Höhe einer Quecksilbersäule von 0° und normaler Schwere ist der Barometerstand. Als normaler Barometerstand am Meeresspiegel gilt 760 mm.

Je nach seiner Verwendung und der gewünschten Genauigkeit gibt man dem Barometer verschiedene Formen.

4. Gefäßbarometer. Die einfachste Form eines Gefäßbarometers ergibt sich aus dem TORRICELLIschen Versuch (Abb. 1). Da das Instrument in dieser Form nicht gut transportabel und deshalb an seinem einmal festgelegten Ort bleiben muß, heißt es auch Standbarometer. Bei Bestimmung des Luftdruckes werden die Schwankungen des Quecksilberspiegels in dem großen unteren Gefäß im allgemeinen nicht berücksichtigt. Es ist dann natürlich Voraussetzung, daß diese Schwankungen unterhalb einer gewissen Grenze bleiben. Sollen z. B. 0,05 mm nicht überschritten werden, so muß, da sich die Schwankungen der Barometerhöhe δh (im allgemeinen 40 mm) und die des Gefäßes δH (= 0,05 mm) umgekehrt wie die Querschnitte oder auch wie die Quadrate der Durchmesser r^2 und R^2 verhalten, $R = r\sqrt{\frac{\delta h}{\delta H}} = 14{,}1$ cm sein, wenn für r 5 mm angenommen werden. Das ist aber für R eine Weite, die das ganze Instrument unhandlich macht und zugleich sehr viel Quecksilber beansprucht. Abb. 1 zeigt, wie durch Wahl einer besonderen Form des unteren Gefäßes versucht ist, den Übelstand einzuschränken.

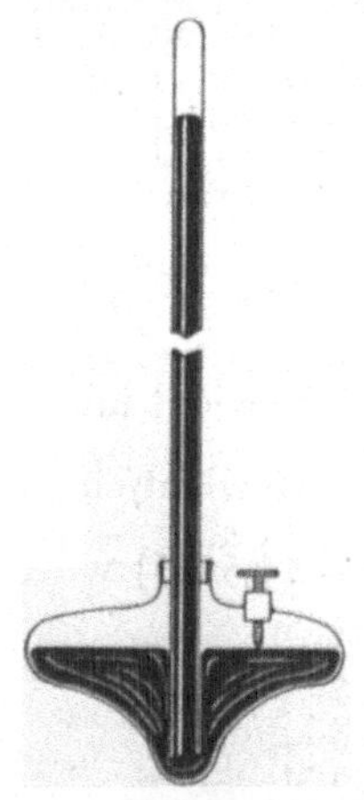

Abb. 1. Gefäßbarometer.

Man war bestrebt, noch auf andere Weise die Schwankungen des unteren Quecksilberspiegels bei der Ablesung des Barometerstandes zu berücksichtigen. Man kann z. B. die beobachteten Schwankungen des Barometerstandes mit $1 + q/q'$ multiplizieren, wo q (q') den Querschnitt des Rohres (bzw. des Gefäßes) bedeutet. Es ist bisweilen die Teilung derartiger Instrumente bereits in diesem Verhältnis verkleinert; oder aber man bringt, insbesondere wenn die Höhe der Quecksilbersäule mit einem Kathetometer gemessen werden soll, eine Vorrichtung an — etwa eine Stahl- oder Elfenbeinspitze —, die den Nullpunkt der Skale markiert. Diese Spitze wird entweder mit der ganzen Skale oder für sich allein nachreguliert, so daß durch diese Veränderung der Nullpunkt des Maßstabes sich stets am Quecksilberspiegel des Gefäßes befindet. Die Einstellung der Spitze auf die untere Quecksilberfläche ist am Reflex recht deutlich zu erkennen.

Fortin hat dem Gefäßbarometer eine Form gegeben (Abb. 2), die vor allem wegen der Möglichkeit eines sicheren Transportes weite Verbreitung gefunden hat. Der Nullpunkt der Skale ist hier durch einen festen unten zugespitzten Elfenbeinstift festgelegt. Da nun der Boden des Gefäßes aus einem Leder- oder Kautschukbeutel besteht, gegen den von unten her der abgerundete Kopf der Schraube s drückt, kann das Quecksilber durch Drehen dieser Schraube stets zur Berührung mit der Spitze gebracht werden, so daß auf diese Weise ebenfalls ein Nullpunktsfehler vermieden wird.

5. Heberbarometer. Eine andere Form eines Barometers erhält man, indem ein Glasrohr zu zwei parallelen Schenkeln umgebogen wird, von denen der lange Schenkel verschlossen, der kürzere offen ist. Dabei wird der obere und untere Teil zum besseren Ablesen möglichst im Durchmesser gleichgemacht und übereinandergesetzt (Abb. 3). An einem solchen Heberbarometer liest man beide Kuppen ab und nimmt ihre Höhendifferenz. Die so erhaltene Genauigkeit ist größer als bei einem Gefäßbarometer. Die Teilung ist entweder auf dem Rohre selbst oder auf einer hintergelegten Skale angebracht. Im letzteren Falle muß zur Einstellung auf die untere Kuppe das ganze Barometer gegen die Skale oder diese mittels Schraube und Zahnradstange gegen das Barometer verschoben werden. Vielfach ist es auch üblich, die Skale des in ein Umhüllungsrohr eingebauten Barometers auf dieser Hülle anzubringen, die dann an den betreffenden Stellen zur freien Durchsicht mit Schlitzen versehen ist. Ein Durchteilen von 0 bis 740 mm Hg ist nicht nötig, wenn nur der Abstand vom Nullpunkt bis zum ersten angebrachten Teilstrich genau festgelegt ist.

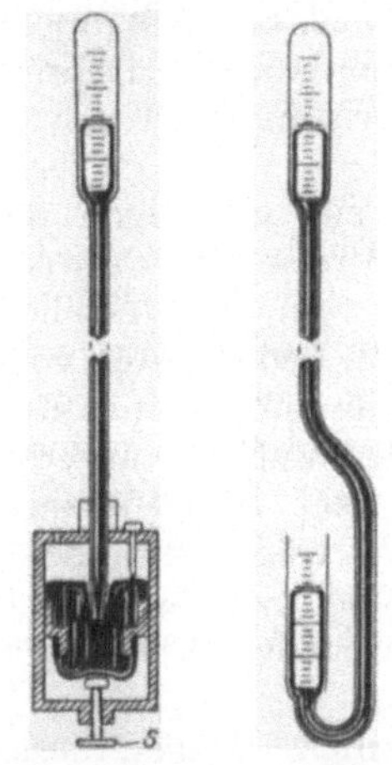

Abb. 2. Fortinsches Barometer.

Abb. 3. Heberbarometer.

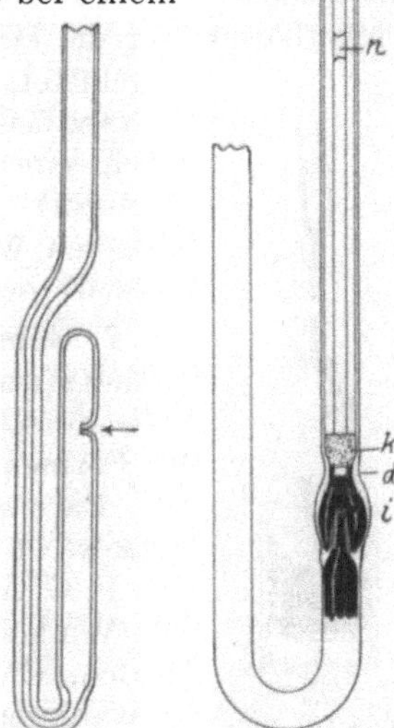

Abb. 4. Barometer mit Gay-Lussacscher Öffnung.

Abb. 5. Verschluß eines Heberbarometers nach Greiner.

Auch die Heberbarometer sind für einen bequemen Transport hergerichtet. Da mußte vor allem Sorge getragen werden, daß ein Eintreten der Luft in die Torricellische Leere und beim Umdrehen des Instruments ein Ausfließen des Quecksilbers verhindert wird. Gay-Lassac versuchte das durch eine feine Öffnung am offenen Schenkel zu erreichen (s. Abb. 4). Greiner wählte den in Abb. 5 wiedergegebenen Ausweg. Es bedeutet i eine bauchartige Erweiterung, die nach Vorlaufen des Quecksilbers im langen Schenkel gerade noch ausgefüllt wird. Der Kork k verschließt i und enthält eine bei n zugeschmolzene Glasröhre, in die hinein bei etwaiger Temperaturerhöhung das Quecksilber steigen kann. Bunte führte die nach ihm benannte Spitze (Abb. 6) in den langen Schenkel ein, so daß die eingedrungene Luft an dieser Einschmelzung gefangen wird.

Einschnürungen der Rohre dienen ferner dazu, beim Vorlaufenlassen des Quecksilbers ein plötzliches Anschlagen seiner oberen Kuppe gegen das Rohr zu verhindern, wodurch dieses leicht zertrümmert werden kann.

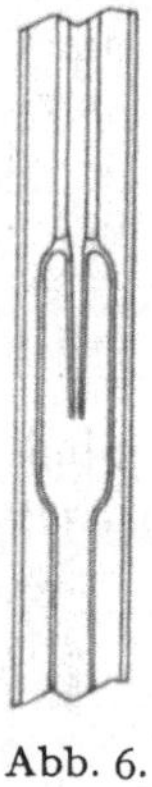

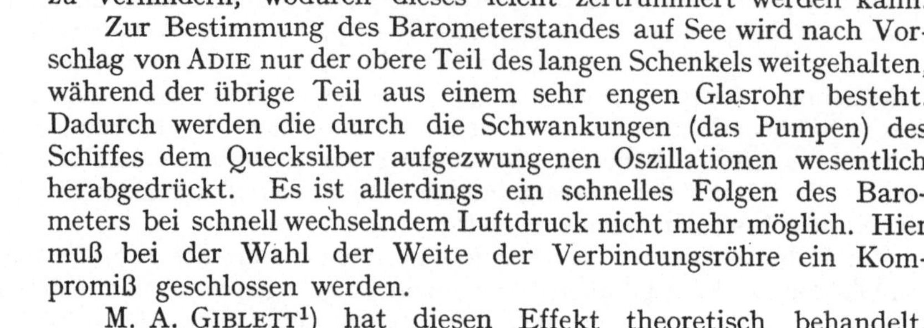

Abb. 6. BUNTESche Spitze.

Zur Bestimmung des Barometerstandes auf See wird nach Vorschlag von ADIE nur der obere Teil des langen Schenkels weitgehalten, während der übrige Teil aus einem sehr engen Glasrohr besteht. Dadurch werden die durch die Schwankungen (das Pumpen) des Schiffes dem Quecksilber aufgezwungenen Oszillationen wesentlich herabgedrückt. Es ist allerdings ein schnelles Folgen des Barometers bei schnell wechselndem Luftdruck nicht mehr möglich. Hier muß bei der Wahl der Weite der Verbindungsröhre ein Kompromiß geschlossen werden.

M. A. GIBLETT[1]) hat diesen Effekt theoretisch behandelt. Die aufgezwungenen Oszillationen bedingen eine dauernde Depression, so daß die Barometer auf See stets niedriger zeigen als an Land.

6. Gefäßheberbarometer. WILD[2]) und FUESS vereinigen die beiden beschriebenen Formen zu einem Gefäßheberbarometer (Abb. 7); und zwar erhält das neue Modell vom FORTINschen Instrument die Anhebevorrichtung des Quecksilbers mit dem Lederbeutel, vom Heberbarometer die beiden Schenkel. Diese letzteren sind in einen Stahlkonus eingekittet, der — gut eingeschliffen — als Verschluß des unteren Quecksilberreservoirs dient. Der kurze Schenkel kommuniziert durch einen Ansatz, der eine kleine Öffnung trägt und beim Transport des ganzen Instruments durch eine Schraube verschlossen werden kann, mit der Außenluft. Die Skale dieses Apparates ist der der früheren ähnlich.

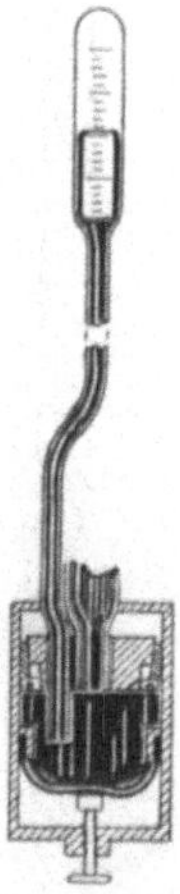

Abb. 7. Gefäßheberbarometer.

7. Gebrauchsbarometer verschiedener Formen. Neben diesen Grundtypen sind mannigfaltige andere Modelle durchgebildet worden. Viele Forscher haben eigens zu dem von ihnen gewünschten Zweck die Formen geändert und ausgebaut. Es sei hier hingewiesen auf die Barometer von KRAJEWITSCH[3]), MAQUENNE[4]), RUSSEL[5]), DIAKONOFF[6]), WORINGER[7]), STOLZE und das umgekehrte Barometer von F. C. G. MÜLLER[8]). Auch das HOOKEsche Radbarometer und das Winkelhakenbarometer von MORELAND mögen hier erwähnt werden. Die beiden letzteren dienen hauptsächlich dem Zweck, die Schwankungen des Barometers deutlich sichtbar zu machen. Ein wesentliches Interesse kommt ihnen heute nicht mehr zu.

Das Diagonalbarometer von GREINER[9]), bei dem der obere Teil des langen Schenkels schräg, ja fast horizontal gestellt ist, gibt Veränderungen des Barometerstandes vergrößert wieder, ist aber nicht sehr genau und hat sich nicht recht durchgesetzt.

AMONTON[10]) verkürzt das Barometer (Abb. 8), indem er den Druck unter-

[1]) M. A. GIBLETT, Phil. Mag. (3) Bd. 48, S. 707—716. 1923.
[2]) H. WILD, Rep. f. Meteorol. Bd. 3, Heft 1. 1874.
[3]) K. KRAJEWITSCH, Rep. d. Phys. Bd. 23, S. 339. 1887.
[4]) L. MAQUENNE, Bull. soc. chim. (3) Bd. 11, S. 447. 1894.
[5]) G. W. RUSSEL, Amer. Chem. Journ. Bd. 25, S. 508. 1901.
[6]) DIAKONOFF, Journ. de phys. (2) Bd. 3, S. 27. 1883.
[7]) B. WORINGER, ZS. f. phys. Chem. Bd. 38, S. 326. 1901.
[8]) F. C. G. MÜLLER, Wied. Ann. Bd. 36, S. 763. 1889.
[9]) E. GREINER, ZS. f. Instrkde. Bd. 8, S. 253. 1888.
[10]) G. AMONTON, Mém. de l'Acad. Bd. 2, S. 59. 1688.

teilt; der eigentliche Barometerstand ist die Summe der Quecksilbersäulen *ab* und *cd*. Dieser Gedanke der Zerlegung in Unterstufen ist später bei der Messung hoher Drucke sinnreich weitergebildet.

8. Barometer mit anderen Flüssigkeiten. Den Vorrang, den das Quecksilber vor allen anderen Flüssigkeiten für Barometer besitzt, verdankt es mehreren Umständen, u. a. auch der Tatsache, daß dadurch das Instrument handlich wird und sein Dampfdruck bei gewöhnlicher Temperatur recht klein bleibt. Im Prinzip aber steht der Verwendung irgendeiner anderen Flüssigkeit nichts im Wege. So baute im Jahre 1830 DANIELL ein Wasserbarometer, dessen Höhe sich nach dem Gesetz der kommunizierenden Röhren zu 10332,96 mm berechnet. Ein Barometer solchen Umfanges bedarf selbstverständlich eines besonderen Einbaues. Es muß etwa vom Keller durch die Mauer zu einem höheren Stockwerk geleitet werden. Man erreicht mit diesem Instrument, daß bereits kleine Luftdruckschwankungen größere Änderungen der Wassersäule hervorrufen. Indes kommt dieser Vorteil nicht sehr zur Geltung, da einmal bei diesem Umfang des Instrumentes die Temperatur sehr schwer konstant gehalten werden und zum andern der Wasserdampf direkt über dem offenen Schenkel die Angaben für den Luftdruck recht verfälschen kann. Diese Spannkräfte sind so sehr von der Temperatur abhängig, daß schon ihre durch Temperaturschwankungen bedingten Veränderungen eine Veränderung der Wassersäule und damit des Barometerstandes vortäuschen können.

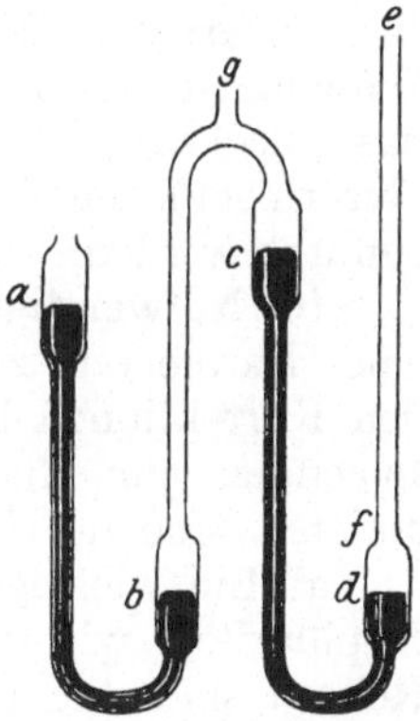

Abb. 8. AMONTONSsches verkürztes Barometer.

Etwas günstiger liegen die Verhältnisse, wenn man statt des Wassers Glyzerin verwendet, das einen recht hohen Siedepunkt und bei gewöhnlicher Temperatur geringe Dampfspannungen besitzt, JORDAN[1]) baute sich daher ein Glyzerinbarometer, das gemäß der Dichte des Glyzerins von 1,26 etwas über 8 m hoch ist und gegenüber dem Quecksilberbarometer Luftdruckschwankungen 11 mal vergrößert anzeigt. Störend wirkt die hygroskopische Eigenschaft des Glyzerins, so daß durch Aufnahme des Wasserdampfes aus der Atmosphäre sein spezifisches Gewicht und dadurch der mit ihm bestimmte Barometerstand verändert wird. Als Schutz hiergegen schichtet man im freien Schenkel über Glyzerin etwas Steinöl.

Dieses Glyzerinbarometer wurde von BEHN und KIEBITZ[2]) modifiziert, indem sie das Prinzip des Barometers mit dem des Luftthermometers verbanden.

9. Kombinierte Barometer. Die Möglichkeit, die Schwankungen des Barometerstandes recht deutlich sichtbar zu machen (Ziff. 19), ohne dabei die Vorteile eines Quecksilberbarometers, insbesondere den seiner Handlichkeit, aufgeben zu müssen, ist gegeben durch die Konstruktion eines Apparates mit Verwendung mehrerer Flüssigkeiten. Eine der ältesten, aber noch jetzt gebräuchlichen Form ist das Kontrabarometer von HUYGENS[3]). Es ist — kurz gesagt — ein Heberbarometer, dessen eigentlich kurzer Schenkel in eine enge offene Röhre ausläuft, deren Querschnitt n mal kleiner sein mag als der des oberen und unteren Gefäßes. In jener engen Röhre steht über dem Quecksilber eine leichte, gefärbte Flüssigkeit, die s mal so leicht wie Quecksilber sein soll. Ändert sich nun der Barometerstand um y, so ändert sich das HUYGENSsche Barometer

[1]) W. JORDAN, ZS. d. österr. Ges. f. Meteorol. Bd. 16, S. 25. 1881.

[2]) U. BEHN u. F. KIEBITZ, Phys. ZS. Bd. 4, S. 543. 1903.

[3]) CHR. HUYGENS, Journ. des Savants 1672, S. 139, und A. BÖTTCHER, ZS. f. Glasinstrumenten-Ind. Bd. 4. 1894.

um $x = \frac{n \cdot s \cdot y}{2s + n - 1}$. Man kann so 5- bis 10fache Vergrößerungen leicht erreichen. Zur absoluten Messung eignet sich das Instrument aber nicht.

Weitere Kombinationen haben STEINHAUSER[1]), BRAUN[2]) und JOLLY[3]) ersonnen. Letzterer schichtet Quecksilber über Glyzerin, indem er mit einem Elfenbein- oder Hartgummizylinder — im Durchmesser der lichten Weite des Barometerrohres fast gleich — durch eine Stahlnadel zentrisch einen kugeligen Schwimmer aus Holz oder Elfenbein verbindet. Diese Einrichtung gestattet, das Quecksilber über Glyzerin zu halten, so daß bei Verwendung eines unteren glyzeringefüllten Gefäßes die Vorteile beider Gattungen von Barometern ausgenutzt werden.

10. Notwendige Bedingungen für das Richtigzeigen. Sollen die Angaben eines Barometers zuverlässig sein, so müssen außer den später zu besprechenden Korrektionen Bedingungen besonderer Art erfüllt werden. Dabei wird im folgenden nur Rücksicht auf das Quecksilberbarometer genommen; auf die anderen Modelle sind die Bedingungen sinngemäß zu übertragen.

a) Ein wichtiger, aber sehr schwierig zu übersehender Einfluß ist der der Kapillarität, wie weiter unten noch eingehender gezeigt werden wird. Weite Röhren sind diesem Einfluß weniger unterworfen. Die untere noch zulässige Grenze für den Durchmesser der Schenkel ist 5 mm.

b) Der leere Raum über dem Quecksilber im langen Schenkel muß frei sein von Luft und anderen fremden Dämpfen. Das wird erreicht durch Auskochen der Röhren beim Füllen des Barometers. Die Reinheit der TORRICELLIschen Leere wird beim Neigen des Instrumentes durch einen hell klingenden Ton erkannt, mit dem das vorlaufende Quecksilber gegen die Glasröhre schlägt. Etwa anwesende Luft wird auch durch die GRUNMACHsche Methode[4]), die den Durchgang der Elektrizität durch verdünnte Gase benutzt, oder durch die ARAGOsche Hebungsmethode[5]) nachgewiesen. Die letztere beruht auf dem BOYLEschen Gesetz, indem bei dieser Verdünnung die Luft als ein ideales Gas angesehen wird. Die Barometerhöhe wird bei zwei verschiedenen Stellungen des Quecksilbers abgelesen. Beim ersten Versuch mag die Spannkraft der Luft x, die Barometerhöhe h gefunden sein; ist nun beim zweiten Versuch der TORRICELLIsche Raum auf $1/n$ des ursprünglichen vermindert, so wird die Spannkraft jetzt nx, die Barometerhöhe h' betragen. Für den wahren Barometerstand ergibt sich einmal $b = h + x$, das andere Mal $b = h' + nx$, somit $x = \frac{h - h'}{n - 1}$.

Vermieden wird eine schlechte TORRICELLIsche Leere nach Vorschlag von GUGLIELMO[6]) durch Unterteilung des oberen Raumes in 2 Kammern, die mittels eines fettlosen Hahnes verbunden sind, so daß bei geöffnetem Hahn durch Heben des Quecksilbers alle Luft in die obere Kammer getrieben werden kann. Nach Abschließen des Hahnes und Herunterlassen des Quecksilbers sind Luftreste in der unteren Kammer nicht mehr vorhanden. GUGLIELMO und in neuester Zeit H. P. WARRAN[7]) haben Hähne vermieden, indem sie die obere Kammer durch ein U-förmiges, quecksilbergefülltes Rohr mit der unteren — dem eigent-

---

[1]) A. STEINHAUSER, Rep. d. Phys. Bd. 23, S. 277. 1887.
[2]) O. BRAUN, ZS. f. Instrkde. Bd. 7, S. 153. 1887.
[3]) J. JOLLY, Proc. Dublin Soc. Bd. 7, S. 547. 1892.
[4]) L. GRUNMACH, Wied. Ann. Bd. 21, S. 698. 1884.
[5]) Siehe ZS. f. Instrkde. Bd. 6, S. 380 u. 392. 1886.
[6]) G. GUGLIELMO, Rend. Lincei (4) Bd. 6, S. 125. 1890; (5) Bd. 2 [1], S. 474. 1893.
[7]) H. P. WARRAN, Proc. Phys. Soc. Bd. 35, S. 199. 1923.

lichen TORRICELLIschen Raum — verbanden. Durch Ansteigenlassen des Quecksilbers im Barometer kann dann etwa vorhandene Luft für die Ablesung des Barometerstandes ebenfalls unschädlich gemacht werden.

c) Große Reinheit des Quecksilbers ist unerläßlich. Sie gewährleistet ein Klarbleiben des Glasrohres für die Ablesung, die Ausbildung guter Menisken und damit eine unnötige Vergrößerung der Depression. Außerdem würden Verunreinigungen des Quecksilbers das spezifische Gewicht verändern, so daß der Barometerstand falsch bestimmt würde. Das Quecksilber muß daher vor dem Einfüllen peinlichst gesäubert werden[1]).

d) Zur Ausbildung guter Menisken muß überdies vor jeder Ablesung das Quecksilber aus seiner Ruhelage herausgebracht werden, sei es durch Anheben, Neigen des ganzen Instrumentes oder durch leichtes Klopfen.

Um ein einwandfreies Ablesen, d. h. ein richtiges Einstellen auf die Quecksilberoberfläche zu ermöglichen, verwendet PERNET[2]) verschiedene Spitzen aus dunklem Email, die gut zugespitzt in dem geschlossenen Schenkel in verschiedener Höhe angebracht sind. Wird dann das Quecksilber von unten her einer dieser Spitzen genähert und in gewissem Abstand von ihr eingestellt, so kann mit Hilfe eines Mikroskops, in dessen Gesichtsfeld sowohl die betreffende Spitze als auch ihr Bild im Quecksilberspiegel erscheint, auf die Mitte zwischen Objekt und Spiegelbild visiert und damit auf die Quecksilberkuppe selbst eingestellt werden.

Da bei dieser Vorrichtung nur diskrete Punkte für das Ablesen des Barometerstandes vorhanden sind, bedient sich MAREK[3]) einer anderen Methode, indem er die Spitze durch das reelle Bild eines horizontalen Fadens ersetzt, das mittels einer Linse in der Achse des Barometerrohres erzeugt wird. Die Projektionseinrichtung ist in vertikaler Richtung verschiebbar und daher an jedem Punkte verwendbar. Sie steht indes an Deutlichkeit dem obigen Verfahren nach. Deshalb schlägt THIESEN[4]) vor, das Bild nicht in der Achse, sondern gleich an der hinteren Wand des Barometerrohres zu entwerfen und als Objekt eine Skale zu verwenden. Noch einfacher wird diese Methode, wenn die Skale dirckt auf dem Rohr selbst angebracht wird. Man stellt dann das Mikroskop auf die Mitte des beim betreffenden Barometerstandes gerade herausragenden Teilstriches und seines Spiegelbildes ein und kann so kleine Bruchteile eines Millimeters ablesen.

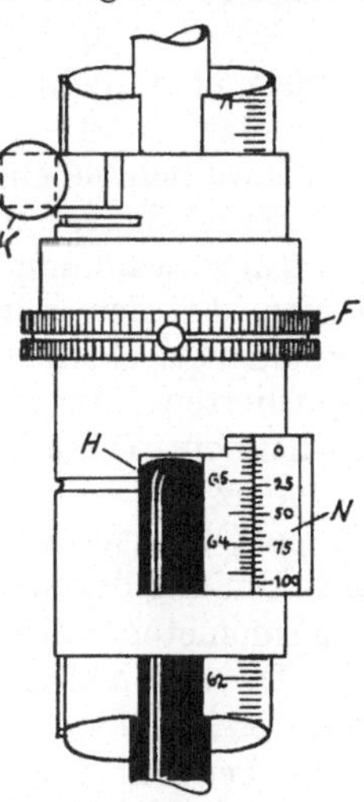

Abb. 9. Ablesevorrichtung mit Nonius am Barometer.

Diese Ablesemethoden sind besonders dann brauchbar, wenn es sich um Barometer mit weiten Rohren handelt. Bei nicht zu großen Quecksilberoberflächen werden die bei FUESSschen Instrumenten üblichen Visiere verwendet. Die einfachste Form besteht aus einem Schlitten, der das Skalenrohr des Barometers vollständig umfaßt (s. Abb. 9). Dieses Skalenrohr, das nur eine verhältnismäßig grobe Einteilung trägt, und der Schlitten, der als Nonius (N) ausgebildet ist, sind zur freien Durchsicht geschlitzt (Abb. 4). Zunächst wird der Schlitten nur ungefähr auf die Quecksilberoberfläche eingestellt und

[1]) Siehe A. GOETZ, Physik und Technik des Hochvakuums, 34. Kap. Braunschweig: Vieweg 1926.

[2]) J. PERNET, Trav. et Mém. Bur. internat. des Poids et Mes. Bd. 5. 1886.

[3]) W. F. MAREK, Rep. d. Phys. Bd. 16, S. 585. 1880; K. R. KOCH, Wied. Ann. Bd. 55, S. 395. 1895.

[4]) M. THIESEN, ZS. f. Instrkde. Bd. 6, S. 89. 1886.

mittels K festgeklemmt. Alsdann kann der Nonius mittels einer auf feinem Gewinde laufenden Schraube F genau einreguliert werden, so daß die Kante des geschlitzten Schlittens scharf mit der Quecksilberoberfläche abschneidet. Bei Präzisionsinstrumenten wird dieses Visier noch zum Messen der Meniskushöhe hergerichtet.

e) Der Maßstab und der Nonius müssen richtig geteilt oder die Korrektionen richtig ermittelt sein. Der Neigungswinkel des Instruments gegen die Vertikale darf höchstens $17^1/_2$ Minuten betragen, d. h. die Vertikale durch den Punkt 760 und die durch 0 dürfen nicht mehr als 4 mm voneinander entfernt sein, wenn eine Meßgenauigkeit von 0,01 mm gefordert wird. Die elastischen Veränderungen des Maßstabes sind durch Verwendung guter Materialien möglichst herabzudrücken. Wenn der Stab in horizontaler Lage geprüft wurde, kann er bei späterer vertikaler Aufhängung durch das Gewicht des Barometers verzerrt werden.

11. Korrektionen. Ist die Barometerhöhe mit einem der oben beschriebenen Instrumente bestimmt und sind die nötigen Vorsichtsmaßregeln beachtet worden, so müssen die Ablesungen, um den wahren Barometerstand zu erhalten, noch korrigiert werden. Auch hier werden nur die Verhältnisse beim Quecksilberbarometer besprochen[1]).

a) Einfluß der Temperatur. Gemäß der am Eingang gegebenen Definition des Normalbarometerstandes ist eine Reduktion auf 0° nötig.

α) Temperatur des Quecksilbers. Der kubische Ausdehnungskoeffizient des Quecksilbers ist $\gamma = 0{,}000\,182$ für 1° C. Die bei der Temperatur t abgelesene Barometerhöhe h wird auf 0° bezogen $= h_0' = \dfrac{h}{1+\gamma t}$ oder, unter Vernachlässigung Glieder höherer Ordnung, $= h(1 - 0{,}000182 \cdot t)$.

Dabei muß die Genauigkeit der Temperaturmessung $\pm 0{,}1°$ betragen. Es genügt aber nicht, daß die Unterteilung des Thermometers diese Größe noch abzulesen gestattet, vielmehr muß die Güte des Thermometers sowie sein Einbau die Gewißheit geben, daß die gemessene Temperatur auch die des Quecksilbers ist.

Es ist darauf zu achten, daß das Barometer selbst möglichst geringen Temperaturschwankungen ausgesetzt wird, da sonst das außen angebrachte Thermometer, das den Veränderungen schnell folgt, eine Temperatur angeben kann, die der Quecksilbersäule nicht zuzuschreiben ist. In allen nicht ausreichend ventilierten Räumen ist überdies eine Schichtung wärmerer Luft über kältere vorhanden. Diese Zunahme der Temperatur mit der Höhe kann für eine Höhendifferenz von einem Meter leicht 1° betragen, so daß die oben und unten befindlichen Quecksilbermassen verschieden warm sind, um Beträge, die bei falscher Bestimmung der mittleren Temperatur des Quecksilbers durch falsch angebrachte Thermometer außerhalb der Meßgenauigkeit liegen.

Dieser Umstand ist bei der Anwendung der oben (Ziff. 10b) beschriebenen ARAGOschen Methode zur Bestimmung von Luft im Vakuum sehr wesentlich. Denn bei sehr verschiedenen Querschnitten des oberen und unteren Teiles des Barometers gegenüber dem des Verbindungsrohres, wie das z. B. bei Gefäß-Heberbarometer der Fall ist, wird ein Heben des Quecksilbers die mittlere Temperatur der Quecksilbersäule um so mehr erniedrigen, je größer die Temperaturdifferenz zwischen oben und unten und je größer die Differenz der Querschnitte ist.

β) Temperatur des Maßstabes. Auch die Ausdehnungs des Maßstabes muß bei der Reduktion auf 0° berücksichtigt werden. Es bedeutet h_0' die Säule

---

[1]) H. WILD, Mélanges phys. et chim. Bull. de l'Acad. des Sc. de St. Petersbourg 1876, Nov.

des Quecksilbers von 0° ausgedrückt durch eine Maßzahl, die an der Skale von der Temperatur t bestimmt wurde. Dann ist h_0' mit $(1 + \beta \cdot t)$ zu multiplizieren, wenn β der Ausdehnungskoeffizient des Skalenträgers ist. Die weitere Rechnung ist leicht verständlich:

$$h_0'(1 + \beta t) = h \frac{1 + \beta t}{1 + \gamma t} = h[1 - (\gamma - \beta)t].$$

$\gamma - \beta$, der sog. scheinbare Ausdehnungskoeffizient des Quecksilbers gegen das Material der Skale, ist für Quecksilber gegen Messing = 0,000163 und gegen Glas = 0,000174. Um beim Bestimmen des Barometerstandes nicht stets diese ganze Rechnung durchführen zu müssen, sind Tabellen aufgestellt worden[1]). Als Anhaltspunkt für die Größenordnung dieser beiden Korrektionen a und b mögen zwei Beispiele dienen; es ist bei einem Messingstabe

	$t = 10°$	20°
für h = 740 mm	1,19	2,39 mm
780	1,26	2,51

abzuziehen. Dieselben Korrektionen für die Glasskale sind um etwa 6% größer. Als Annäherungswert für $h \cdot (\gamma - \beta)$, h nicht sehr von 760 mm verschieden, kann 1/8 gelten, so daß bei einer ungefähren Bestimmung des Barometerstandes mit genügender Genauigkeit von der beobachteten Barometerhöhe 1/8 t mm abzuziehen wäre.

MEHMKE hat nach Art eines Nomogramms ein graphisches Verfahren für die Feststellung dieser Korrektion ausgearbeitet[2]).

γ) Temperatur des Quecksilberdampfes. Der in dem TORRICELLIschen Raum vorhandene Quecksilberdampf unterliegt ebenfalls den Temperaturschwankungen (REGNAULT, HAGEN und HERTZ). Die hierfür anzubringende Korrektion ist so klein, daß eine Berücksichtigung bei der mit dem Barometer zu erreichenden Genauigkeit nicht notwendig erscheint.

b) Einfluß der Kapillarität. Da das Quecksilber Glas nicht benetzt, ist der Randwinkel ein stumpfer, die Quecksilberkuppe oder der Meniskus also von oben gesehen konvex. Es wird deshalb ein nach unten gerichteter Druck — der Kapillardruck — entstehen, der dem zu messenden hydrostatischen Druck der Luft hinzugefügt werden muß, das heißt, die zu messende Barometerhöhe ist zu klein: Kapillardepression. Die hierdurch bedingte Korrektion ist mannigfaltigem Wechsel unterworfen und nur sehr schwer zu bestimmen. Die Kapillardepression hängt von der Weite der Röhren und dem Randwinkel ab. Letzterer aber ist nicht immer konstant und müßte durch Anbringung besonderer Vorrichtungen bei jeder Ablesung mit bestimmt werden[3]) (NEUMANN, LA PLACE, DELCROS, MENDELÉEFF, GUTKOWSKI, KOHLRAUSCH, MACÉ DE LÉPINAY, JORDAN u. a.).

Die Größe der Depression beträgt je nach der Höhe des Meniskus für einen Rohrdurchmesser von 5 mm 0,47 bis 1,80 mm, für einen Durchmesser von 10 mm aber 0,15 bis 0,37 mm. Selbst bei gleich weiten Röhren des oberen und unteren Schenkels, wie bei Heberbarometern, hebt sich dieser Einfluß nicht auf, obwohl hier die Kapillardepression in beiden Schenkeln einander entgegenwirkt. Neben anderen Umständen ist nämlich dabei zu berücksichtigen, daß sich die

---

[1]) LANDOLT-BÖRNSTEIN, Phys.-chem. Tabellen. Berlin: Julius Springer 1923; L. HOLBORN, K. SCHEEL u. F. HENNING, Wärmetabellen. Braunschweig: Vieweg & Sohn 1919.

[2]) R. MEHNKE, Wied. Ann. Bd. 41, S. 892, 1890.

[3]) J. PERNET, ZS. f. Instrkde. Bd. 6, S. 377. 1886; M. THIESEN, ebenda Bd. 6, S. 89. 1886; A. BRAVAIS, Ann. chim. phys. (3) Bd. 5, 1842.

eine Kuppe in freier Luft, die andere im Vakuum ausbildet. Die ohnehin schon undurchsichtigen Verhältnisse werden durch etwaige Verunreinigungen des Quecksilbers noch verschlimmert.

Der Einfluß der Kapillarität kann nur durch Verwendung sehr weiter Röhren (Durchmesser von mindestens 15 bis 20 mm) ausgeschaltet werden.

c) Einfluß der Änderung der Schwere. Da der Druck einer Quecksilbersäule sich mit der Schwere verändert und diese sowohl von der geographischen Breite φ, wie von der Höhe des Ortes H über dem Meeresspiegel abhängt, muß die Barometerhöhe mit $(1 - 0{,}0026 \cos 2\varphi - 0{,}0000003\, H)$ multipliziert werden, um den oben festgelegten Normalbarometerstand zu erhalten. Der Einfluß des letzten Gliedes macht sich erst bei verhältnismäßig großen Höhen bemerkbar. Die Konstante bei H ist Schwankungen unterworfen (0,0000003 bis 0,000000196); und zwar hängt sie davon ab, ob die Beobachtung in freier Luft, auf hohen Gebäuden oder auf einer Hochebene ausgeführt wurde.

d) Meteorologische Korrektionen. Die Meteorologen bringen häufig noch zwei weitere Korrektionen an. Die eine berücksichtigt die Luftfeuchtigkeit, d. h. es wird der dem besonders zu bestimmenden Feuchtigkeitsgehalt entsprechende Wasserdampfdruck vom Gesamtdruck abgezogen; die andere dagegen zieht die Höhe des Ortes H über dem Meeresspiegel in Betracht, indem das Gewicht einer Luftsäule von einer Höhe H addiert wird. Es wird also der Barometerstand angegeben, den der Ort hätte, wenn er am Meeresspiegel liegen würde. Diese Korrektion ist mit der unter 3 aufgeführten nicht zu verwechseln. Sie dient dem Meteorologen dazu, Orte gleichen Barometerstandes zu finden. Linien solchen Ursprungs nennt man Isobaren [ARVID-NEOVIUS[1])].

12. Normalbarometer. Ein Barometer, das unter Berücksichtigung aller Feinheiten und möglichster Vermeidung der Fehler den Barometerstand zu ermitteln gestattet, ist ein Normalbarometer. Es besitzt vor allen Dingen zur Herabsetzung der Kapillardepression weite Röhren und ist zum besseren Schutz gegen Temperaturschwankungen und zur sicheren Bestimmung der wirklichen Temperatur des Quecksilbers mit besonderem Wärmeschutz umgeben. Gebaut sind solche Normalinstrumente von WILD, der Physikalisch-Technischen Reichsanstalt, FUESS u. a.[2]). K. R. KOCH[3]) ist mit besonderer Vorsicht beim Bau seines Normalbarometers verfahren. Das Quecksilber hat er unter Vakuum eingefüllt, Thermometer in das Quecksilber der Schenkel selbst eingeführt, damit seine Temperatur zuverlässig bestimmt würde. Durch eine direkt mit dem Barometer gekoppelte SPRENGELsche Pumpe (Ziff. 48) konnte er das Vakuum in der TORRICELLIschen Leere stets neu herstellen, falls durch die Prüfung mittels Gasentladungen sich solches als notwendig herausstellte.

Die Normalbarometer dienen nicht nur zur genauen Bestimmung des Barometerstandes, mit ihnen werden auch die andern Barometer verglichen und zwar über einen möglichst großen Bereich der Skale, damit man sogleich einen Anhalt für die Kapillardepression erhält. Man ermittelt auf diese Weise die Standkorrektion des zu prüfenden Instruments.

13. Aneroidbarometer. In dem Bestreben, das Quecksilberbarometer durch ein betriebssicheres Instrument zu ersetzen, konstruierte L. VIDI[4]) einen Apparat zur Messung des Luftdruckes ganz aus Metall, das Aneroidbarometer. Es zeichnet

---

[1]) ARVID-NEOVIUS, Inaug.-Dissert. Helsingfors 1891.

[2]) H. F. WIEBE, Metron. Beitr. d. Kaiserl. Normal-Eich.-Komm. Nr. 4. 1885; R. FUESS, ZS. f. Instrkde. Bd. 1, S. 2. 1881; K. PRYTZ, ZS. f. Instrkde. Bd. 16, S. 178. 1896.

[3]) K. R. KOCH, Wied. Ann. Bd. 55, S. 391. 1895; Bd. 67, S. 485. 1899.

[4]) L. VIDI, C. R. Bd. 24, S. 975. 1847; G. HELLMANN, Meteorol. ZS. Bd. 41, S. 151. 1924.

sich durch seine große Handlichkeit aus, hat aber gegenüber dem Quecksilberbarometer einige Unsicherheiten in seinen Angaben, die es zur höchsten Genauigkeit in der Messung nicht geeignet erscheinen lassen. Doch sind gerade in letzter Zeit wesentliche Verbesserungen angebracht, die bei dem ohnehin schon gestiegenen Bedarf, z. B. in der Luftschiffahrt, seine weitere Verbreitung erleichtern und die gegen seine Verwendung geäußerten Bedenken herabsetzen werden.

Prinzip. Diese zweite Gruppe der Apparate zur Messung des Luftdruckes beruht auf dem Prinzip der Federwaage. Die Form dieser Feder ist bei den einzelnen Typen verschieden. Der Hauptteil ist ein kapselförmiges Gebilde. Es ist entweder ein niedriger Zylinder mit leicht durchzubiegender Bodenfläche aus Kupfer- oder Neusilberblech (VIDI, NAUDET, GOLDSCHMIDT, BECKER) oder eine kreisbogenförmig gekrümmte Röhre mit dünnen Wänden (BOURDON), welche beide luftleer gemacht sind. Dem Luftdruck wird entweder durch besondere Federn oder durch die eigene Stärke der Membran oder Röhre das Gleichgewicht gehalten. Ändert sich jener, so stellt die Feder kraft ihrer elastischen Eigenschaft das gestörte Gleichgewicht wieder her und folgt also durch diese ihre Änderungen den Schwankungen des Luftdruckes. Besondere Vorrichtungen gestatten, diese Bewegungen deutlich sichtbar zu machen[1]).

14. Das Dosenbarometer. Das Dosenbarometer (VIDI, NAUDET), auch Holsterik- oder Federbarometer genannt, besteht aus einer Metallkapsel TT' (s. Abb. 10), deren Flächen dünn und wellenförmig ausgebildet sind, während die Seitenwände stabiler gebaut wurden. Die Bodenfläche B ist in ihrer Mitte mittels eines Messingstückes C fest mit der Grundplatte PQ verbunden. In der Mitte der oberen Membran A ist ein Vollzylinder S aufgesetzt, der eine vierkantige Schneide m — aus hartem Stahl gefertigt — trägt. Gegen diese Schneide drückt von unten her eine Feder, die auf den seitlich neben der Kapsel befindlichen Säulen S_1 (in der Abbildung sind nur die vorderen gezeichnet) fest eingespannt ist. VIDI verwendete Spiralfedern, später hat sich die lamellenförmige als

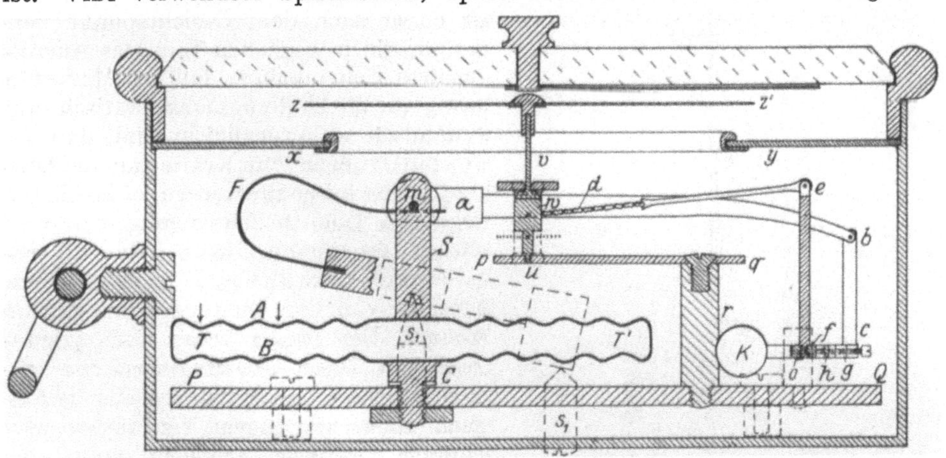

Abb. 10. NAUDETsches Aneroidbarometer.

zweckmäßiger herausgestellt. Durch diese Feder werden die Flächen A und B, die sonst infolge ihrer geringen Dicke vom Luftdruck zusammengedrückt würden, auseinandergehalten. Es stellt sich nun, wie oben bereits erwähnt, ein Gleich-

[1]) Beschreibung der Aneroide bei J. HÖLTSCH, Die Aneroide. Wien: Becksche Univ.-Buchhandl. 1872; H. HARTL, Prakt. Anleitung zum Höhenmessen. Wien: Verlag d. K. K. milit.-geograph. Inst. 1884.

gewicht zwischen Luftdruck und Feder her. Bei Änderungen des Luftdruckes sorgt eine besondere Hebelübertragung für eine wesentliche Vergrößerung der Bewegung der Flächen A und B, deren Eigenbewegung höchstens 0,01, meistens nur 0,001 mm beträgt. Zu diesem Zweck ist die Feder F um den Arm $a - n$ verlängert, der nach unten abbiegt: $b - c$. Das Ende c drückt auf den Arm $c - f$, der um die bei f befindliche wagerechte Achse drehbar ist; K ist ein Ausgleichgewicht. Jene Drehung nun bewirkt eine Bewegung des oberen Endes e des Stengels $f - e$. Dieses Ende steht mit einer kleinen Stange und einem Uhrkettchen in Verbindung, das durch Auf- oder Abwickeln an der Achse uv den Zeiger ZZ' über der Teilung xy nach der einen oder anderen Richtung bewegt.

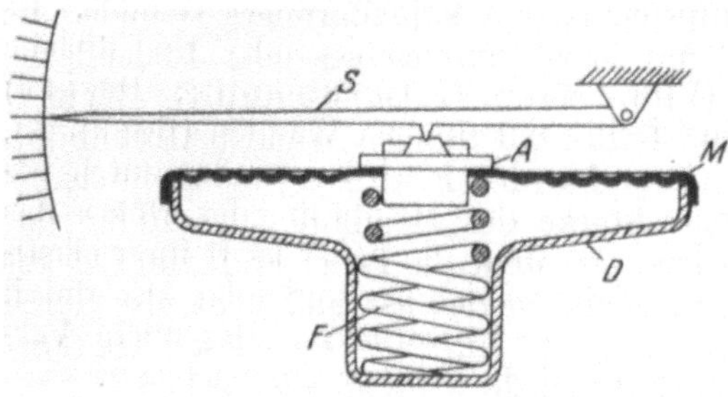

Abb. 11. BECKERsches Aneroidbarometer.

Die Einrichtung des Dosen-Aneroidbarometers hat E. BECKER[1]) wesentlich abgeändert (s. Abb. 11). Über einer starren Metallkapsel D ist die wellige Membran M gespannt. Die Feder F ist lose in die Vertiefung der Kapsel eingeführt. In der Mitte der Membran befindet sich ein Achatlager A, gegen das von unten her das obere Ende der Feder drückt. Auf diesem lagert mit einer guten Schneide der Zeiger S, so daß Komplikationen bei der Übertragung vermieden werden.

Weitere verbessernde Abänderungen sind von der Firma C. P. GOERZ unter besonderer Berücksichtigung für die Luftschiffahrt eingeführt worden. Dabei handelt es sich vor allem darum, das Instrument unabhängig von der Erschütterung im Flugzeug zu machen, da diese ein falsches Anzeigen bedingen können[2]). Es ist dabei nach dem Gesichtspunkt verfahren, die beweglichen Teile des Aneroides derart einzubauen, daß ihre Massen in bezug auf die Drehungsachse statisch und dynamisch so ausgeglichen sind, daß bei Erschütterungen nur Kräfte auf die Drehungsachse ausgeübt werden, ohne die beweglichen Teile in Schwingungen zu versetzen. Zu diesem Zweck (Abb. 12) erhalten alle beweglichen Teile in gleichem Abstand von der Drehungsachse gleiche Massen. Die Dosen ferner sind symmetrisch zu ihrer Übertragungsachse gelagert. Diese Anordnung soll das Instrument nicht nur gegen Erschütterungen schützen, sondern zugleich durch die Vibrationn im Flugzeug das Nachhinken des Zeigers aufheben und ein Herabsetzen der Nachwirkung zur Folge haben.

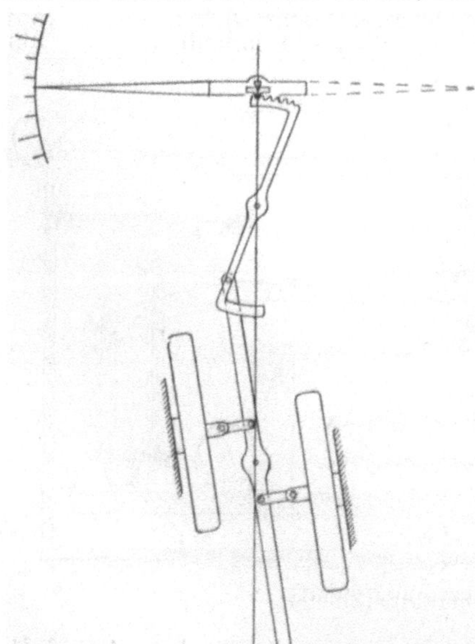
Abb. 12. Erschütterungsfreies Aneroidbarometer nach GOERZ.

[1]) E. BECKER, Meteorol. ZS. Bd. 41, S. 306. 1924.

[2]) W. MEISSNER, Entfernungen und Höhenmessung in der Luftfahrt. Braunschweig: Vieweg & Sohn 1922.

Das GOLDSCHMIDTsche[1]) Aneroidbarometer (Abb. 13) kann eine Spannungsfeder entbehren, da seine Membranen selbst so stark sind, daß sie dem Luftdruck standhalten. Die Anordnung der Kapsel KK' ist ähnlich wie beim NAUDETschen Aneroid.

Die Bewegungen der Membran werden durch einen mit ihr verbundenen Hebel a direkt auf eine Skale S übertragen. Mit diesem Hebel a ist eine kleine Feder b verbunden; sie ermöglicht durch Betätigung der Mikrometerschraube N, deren Kopf mit dem Deckel des Instruments vereinigt ist, die Feineinstellung, indem jedesmal der Nullstrich (1) des Hebels a mit dem (2) der Feder b zum Zusammenfallen gebracht werden muß.

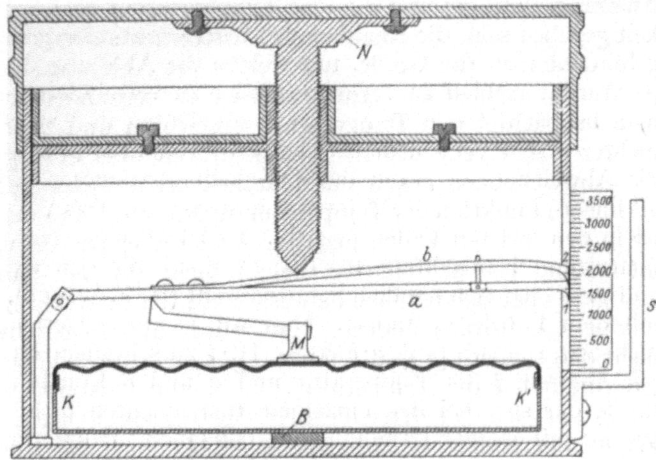

Abb. 13. Das GOLDSCHMIDTsche Aneroidbarometer.

Auch SCHWIRKUS[2]) lehnt das Anbringen von Spannfedern ab und will, ähnlich wie LAMBRECHT, nach Art einer Neigungswaage durch ein Gewicht den Ausschlag der Membran kompensieren. Er schlägt die Verwendung einer entlasteten Doppelbüchse (zwei ungleich große Kapseln) vor, bei der der Überschuß des Luftdruckes der größeren Kapsel gegenüber der kleineren gemessen wird.

WHIDDINGTON und HARE[3]) ersetzen das Zeigerwerk durch einen Kondensator, dessen eine Platte mit der oberen Membran des Aneroids fest verbunden ist. Die durch Änderung des Luftdruckes hervorgerufenen Änderungen des Plattenabstandes, also der Kapazität des Kondensators, werden mit dem von ihnen konstruierten Ultramikrometer gemessen. Auf diese Weise können Druckschwankungen bis zu $7 \cdot 10^{-7}$ mm Hg noch wahrgenommen werden.

15. Die BOURDONschen Aneroide haben eine Metallröhre mit dünnen Wänden und eliptischem Querschnitt. Diese ist kreisförmig gebogen und an den beiden Enden, die durch ein Hebelwerk in Verbindung gebracht sind, verschlossen. Dieses Hebelwerk überträgt mit seinem Zeiger die Bewegungen der Röhrenschenkel auf eine Skale[4]).

16. Korrektionen der Aneroide. Da ein Aneroidbarometer nur mittelbar den Luftdruck zu messen gestattet, muß es vor dem Gebrauch mit einem Quecksilberbarometer eingehend verglichen werden und zwar über den ganzen Bereich der Skale[5]). Man stellt damit für das Instrument eine Korrektionstabelle auf, die bereits verschiedene Einflüsse und Fehler berücksichtigt.

---

[1]) ZS. d. österr. Ges. f. Meteorol. Bd. 5, Nr. 8. 1870; J. D. MÖLLER, ZS. f. Instrkde. Bd. 1, S. 266. 1881.

[2]) G. SCHWIRKUS, ZS. f. Instrkde. Bd. 3, S. 89. 1883.

[3]) R. WHIDDINGTON u. A. HARE, Phil. Mag. (6) Bd. 46, S. 607. 1923.

[4]) Lord RAYLEIGH, Nature Bd. 42, S. 197. 1890; A. G. GREEHILL, ebenda Bd. 41, S. 517. 1890.

[5]) J. PERNET, C. R. du Ve congrès intern. des sc. géogr.; P. HEBE, ZS. f. Verm. 1897, Heft 12.

α) Temperaturkorrektion. Die weitaus am schwierigsten zu übersehene Korrektion ist die durch den Temperatureinfluß bedingte[1]. Da die Ablesungen auf ein und dieselbe Temperatur zu beziehen sind, muß die Möglichkeit gegeben sein, die Angaben des Instruments sinngemäß zu korrigieren. Dazu gebraucht man die Größe, um welche die Ablesung des Aneroids für 1° Temperaturunterschied zu vermehren oder zu vermindern ist. Mit andern Worten, man beobachtet den Temperaturkoeffizienten und zwar dadurch, daß man bei mehreren sehr verschiedenen Temperaturen, aber etwa gleichem Barometerstand die Abweichungen gegen das Quecksilberbarometer bestimmt und diese dann als lineare Funktion der Temperatur auswertet. Das Vorzeichen des Koeffizienten ist in den meisten Fällen negativ. Es ist aber der bei einem bestimmten Barometerstand beobachtete Koeffizient nicht für den ganzen Bereich der Skale gültig. Es hat sich nämlich herausgestellt (H. F. WIEBE), daß er sich proportional mit dem Luftdruck ändert. Man würde also folgerichtig als Korrektionsglied nicht $a \cdot t$, sondern $[a + b \cdot (760 - A)] \cdot t$ zu schreiben haben, wo A die Ablesung am Aneroid, t die Temperatur und a und b Konstante sind. Als Mittelwert für b, der sich bei den einzelnen Instrumenten nicht wesentlich ändert, gibt WIEBE mit einiger Genauigkeit 0,00033 an. a hat durchschnittlich den Wert $-0{,}05$ (genommen im Mittel über etwa 60 Instrumente). Man ist bemüht, dieses a möglichst kleinzuhalten, d. h. den Einfluß der Temperatur zu kompensieren. Das geschieht z. B. dadurch, daß man etwas Luft in der Kapsel oder Röhre zurückläßt[2]. Oder aber man richtet den Hebelarm des Zeigerwerkes als Kompensationsstreifen her (etwa Kupfer-Invar) und sorgt dafür, daß die Ausdehnung dieser Kombination in Größe dem Temperatureinfluß gleichkommt, in seiner Richtung aber ihm entgegengesetzt ist.

β) Teilungskorrektion. Des weiteren muß man die Teilungsfehler der Skale berücksichtigen. Denn es kann vorkommen, daß die Teilung nicht in allen Punkten gleiche Intervalle hat. Die für diesen Fehler notwendige Korrektion ist die Teilungskorrektion. Es genügt in diesem Falle, zu wissen, wie groß an einer beliebigen Stelle der an der Skale gemessene Ausschlag des Zeigers für eine Druckänderung von 1 mm Hg ist und wie sich diese Größe innerhalb des Meßbereiches ändert. WARBURG und HEUSE nannten diese Zahl die Skalenempfindlichkeit.

γ) Die Standkorrektion. Sind alle Ablesungen auf eine bestimmte peratur (etwa 0°) bezogen, so sollte das Aneroid richtig zeigen. Etwaige Abweichung vom Sollwert, die über den Meßbereich des Instrumentes konstant sein müßte, heißt die Standkorrektion. Mittels besonders angebrachter Schrauben (s. Abb. 10 die aus dem Gehäuse herausragende Schraube s_1) kann diese Korrektion vor dem Gebrauch möglichst klein gemacht werden. Zeitlich jedoch kommen Schwankungen vor, die weiter unten noch besprochen werden[3].

17. Einfluß der Nachwirkung auf die Angaben der Aneroide. Diese Korrektionen sind, wie bereits angedeutet, nicht immer konstante Größen, sondern zeigen — und hier liegt ein Nachteil der Aneroide, der nur durch möglichst häufiges Vergleichen mit dem Quecksilberbarometer und durch sorgfältige Auswahl des Instruments beschränkt wird — eine Abhängigkeit von der Vorgeschichte, vor allem in bezug auf den Druck[4].

[1] H. F. WIEBE, ZS. f. Instrkde. Bd. 10, S. 429. 1890; H. F. WIEBE u. P. HEBE, ebenda Bd. 21, S. 331. 1901.

[2] H. HERGESELL u. E. KLEINSCHMIDT, ZS. f. Erforsch. d. höheren Luftschichten Bd. 1, S. 3. 1905.

[3] A. v. DANCKELMANN, ZS. d. Ges. f. Erdk. Bd. 25. 1890 u. Bd. 26, 1891.

[4] E. WARBURG u. W. HEUSE, ZS. f. Instrkde. Bd. 39, S. 41. 1919, u. Verh. d. D. Phys. Ges. Bd. 17, S. 206. 1915; E. ROSENTHAL, Bull. de l'Acad. Impér. des Sc. de St. Petersbourg Bd. 5, Nr. 3. 1903; C. CHREE, Phil. Trans. (A) Bd. 191, S. 441. 1898.

Es spielt hier besonders die elastische Nachwirkung eine Rolle. Bei großen Druckschwankungen ergibt sich etwa folgendes Bild: Werden die Ablesungen am Aneroid bei abnehmendem und dann bei steigendem Druck graphisch als Funktion des jeweiligen Druckes p aufgetragen, so bildet diese Kurve eine Schleife derart, daß das Aneroid auf dem Hingang höher gezeigt hat als auf dem Rückgang. Die Schleife aber ist nicht nur vom Tempo der Druckänderung abhängig, es muß vielmehr als Ursache neben der von der Zeit abhängigen elastischen Nachwirkung eine von der Zeit unabhängige elastische Hysterese nach Art der magnetischen Hysterese angenommen werden[1]). Nach CHREE kann die mittlere Schleifenöffnung für ein Druckintervall von H mm Hg, δ_H, aus der Schleifenöffnung für ein anderes Druckintervall, etwa 400 mm, nach der Formel berechnet werden[1]):

$$\delta_H = \delta_{400}(-0{,}01105 + 8{,}236 \cdot 10^{-4} H + 4{,}16 \cdot 10^{-6} H^2).$$

WARBURG und HEUSE wiesen nach, daß im wesentlichen die Schleifenöffnung nicht vom Mechanismus des Zeigerwerkes, auch nicht von den stählernen Federn, sondern von der Membran selbst herrührt. Die beiden Forscher fassen das Wichtigste für die Praxis aus ihren Versuchen in folgenden Sätzen zusammen:

„Die einfache Dose ist eine Metallkapsel, deren Deckel aus einer zentralen kreisförmigen Platte und einer diese umgebenden ringförmigen Membran besteht. Macht man die Kapsel luftleer, so wird der Deckel eingedrückt um z mm: Läßt man alsdann eine auswärts gerichtete Zugkraft P auf den Deckel wirken, so besteht für das Gleichgewicht in vielen Fällen die Gleichung

$$P = ap - Qz, \tag{1}$$

wo p den äußeren Luftdruck, a eine Konstante bedeutet und Q von p abhängt.

Wählt man erstens P so, daß die Eindrückung des Deckels gerade rückgängig wird ($z = 0$), so wird $P = ap$, P hat also den auf die Fläche a wirkenden Luftdruck zu tragen. a ist unabhängig von der Beschaffenheit der Membran und nahe gleich der Fläche eines Kreises vom Halbmesser $^1/_2\,(r_1 + r_2)$, wo r_1 und r_2 bzw. den inneren und den äußeren Halbmesser der Membran bedeuten. Die Wirkung des Luftdruckes auf die Membran verteilt sich nämlich durch deren elastische Reaktion auf die Platte und die Kapsel, und da diese Verteilung hier ($z = 0$) von der Membranbeschaffenheit unabhängig ist, so wird sie durch die Nachwirkung nicht verändert. Wächst jetzt der Luftdruck ein wenig, so wird der Deckel etwas weiter eingedrückt (z positiv), bis das Gleichgewicht entsprechend der Gleichung (1) wieder erreicht ist. Die in (1) auftretende Größe Q aber hängt von der Membranbeschaffenheit ab und, wenn vermöge der Nachwirkung Q kleiner wird, so setzt der Deckel seine einwärtsgerichtete Bewegung noch etwas fort. Hier ($z \gtrless 0$) hängt also die Verteilung des Luftdruckes auf Platte und Dose von der Membranbeschaffenheit und der Nachwirkung ab.

Die Größen a und Q seien empirisch bestimmt. Beim Aneroid wirkt auf den Deckel die auswärts gerichtete Kraft einer Feder, welche so gespannt wird, daß sie für einen gewissen Luftdruck p^0 die Eindrückung des Deckels rückgängig macht. Der Deckel muß sich so einstellen, daß die Federkraft $F_0 + fz = P = ap - Qz$ wird, und da $ap^0 = F_0$, so wird $ap^0 + fz = ap - Qz$ oder

$$\frac{z}{p - p^0} = \frac{a}{Q + f} = \text{Ausschlag des Aneroids für die Druckänderung 1.}$$

1) P. HEBE, ZS. f. Instrkde. Bd. 20, S. 265. 1900; E. WAGNER, Ann. d. Phys. Bd. 15, S. 906. 1904; H. JORDAN, Dissert. Göttingen 1908.

Empirisch findet man $Q = b + cp + dp^2$. In dieser Größe steckt die Nachwirkung; um deren schädlichen Einfluß zu verringern, ergeben sich mithin folgende Mittel:

α) Verkleinerung von Q durch günstige Membranbeschaffenheit (dünne, harte Neusilbermembran).

β) Vergrößerung von f durch Wahl einer starken Feder, indem eine solche mit kleiner Nachwirkung leicht erhältlich ist.

γ) Anwendung einer Doppeldose, wodurch Q auf die Hälfte herabgesetzt wird. Durch Anwendung mehrerer Dosen übereinander könnte man hier natürlich noch weiterkommen.

Bei Anwendung dieser 3 Mittel gelingt es, Aneroide herzustellen, für welche bei Drucken zwischen 760 und 410 mm die maximale Schleifenbreite 2 mm nicht übersteigt."

BENNEWITZ verwendet ein anderes Mittel, die Nachwirkungserscheinungen unwirksam zu machen, indem er zwei Dosen A und B (s. Abb. 14) gleichzeitig im entgegengesetzten Sinne auf den kurzen Arm des bei D drehbar gelagerten Schreibhebels C wirken läßt. Zu diesem Zweck wird die Bewegung des obersten Deckels von A auf den um E drehbar befestigten Boden von B übertragen und von B erst mit dem Schreibhebel C verbunden. Sind nun A und B mit genau denselben Eigenschaften ausgestattet, so würde der Zeiger C, wie er in Abb. 14 angeordnet ist, den Luftdruckänderungen nicht folgen, wohl aber wenn die Bewegung des Deckels A durch Verwendung mehrerer Dosen stark vergrößert würde. Hat überdies jede dieser Dosen eine möglichst kleine Nachwirkung, die Dose B aber bei kleiner Amplitude ihres Deckels eine sehr große, so würden die Nachwirkungen sich gegenseitig aufheben und der Zeiger sich nachwirkungsfrei bewegen.

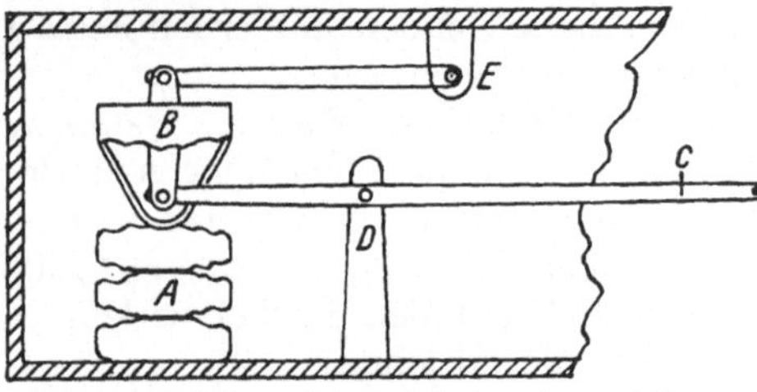

Abb. 14. Nachwirkungsfreies Aneroidbarometer nach BENNEWITZ.

18. Andere Methoden zur Messung des Luftdruckes. Wie bei der Temperaturmessung, so sind auch hier mannigfaltige andere Methoden ausgebildet, indem Erscheinungen, die vom Luftdruck beeinflußt werden, zu seiner Messung herangezogen sind. NABER[1]) verbesserte das Hookesche Barometer, das ein Luft- und ein Quecksilberthermometer in sich vereinigt. KOPP[2]) nahm den Gedanken von AUGUST (später HORNES und PARROT) wieder auf und baute ein Differentialbarometer, das auf dem Prinzip beruht, daß eine gleiche Menge Luft, stets gleich stark in bezug auf das Volumen zusammengedrückt, bei verschiedenen Dichtigkeiten verschiedene Quecksilbersäulen zu tragen im Stande ist. Diesem Instrument ging eine Konstruktion von ADIE voraus — das Luft- oder Sympiezobarometer —, ein offenes Luftthermometer, das bei verschiedenem Luftdruck, aber gleicher Temperatur verschiedene Grade anzeigt. Ein ähnlicher Gedanke liegt dem Luftdruckaräometer von FISCHER[3]) und dem Mundbarometer von GRÜTZNER[4]) zugrunde. Das Umkehr- oder Kapillarbarometer von MELDE und BLAKESLEY[5]) besteht aus einem Kapillarrohr von

---

1) H. A. NABER, Ann. d. Phys. Bd. 4, S. 815. 1901.

2) H. KOPP, Ann. d. Phys. u. Chem. Bd. 40, S. 62. 1837.

3) K. T. FISCHER, Meteorol. ZS. Bd. 17, S. 257. 1900; Ann. d. Phys. Bd. 3, S. 428. 1900.

4) P. GRÜTZNER, Ann. d. Phys. Bd. 9, S. 428. 1902.

5) F. MLDE, Wied. Ann. Bd. 32, S. 666. 1887; T. H. BLAKESLEY, Phil. Mag. (5) Bd. 24, S. 458. 1888.

etwa 1 mm Durchmesser. An einem Ende ist es verschlossen. Ein Quecksilberfaden von gegebener Länge — für den gewöhnlichen Gebrauch etwa 35 cm — schließt darin ein Volumen Luft V ab. Gemessen wird dann sein Volumen V_1 (bzw. V_2), wenn einmal das offene, das andere Mal das geschlossene Ende nach unten zeigt. Der gesuchte Barometerstand ergibt sich aus der Formel

$$V\frac{V_1 + V_2}{V_1 - V_2}.$$

Das Siedethermometer[1]) — auch Hypsometer genannt — gestattet, den Luftdruck durch die Veränderung der Siedetemperatur des Wassers zu messen. Das Instrument verlangt aber eine äußerst genaue Bestimmung der Temperatur, da zwischen 99 und 100° 1 mm Barometerstandsänderung etwa $^1/_{27}$° entspricht. Deshalb muß nicht nur die Konstruktion und Bearbeitung des Thermometers mit aller Sorgfalt durchgeführt sein, so daß die Zuverlässigkeit seiner Angaben gewährleistet ist, sondern es muß auch die Einrichtung des Siedeapparates selbst eine richtige Temperaturmessung garantieren. Die zur Zeit gebauten Siedethermometer lassen eine Bestimmung des Barometerstandes auf 0,02 mm zu.

19. Variometer für den Luftdruck. Um Luftdruckschwankungen oder allgemein kleine Spannungsunterschiede besonders genau messen zu können, sind neben bereits oben angedeuteten (s. Ziff. 9) Versuchen auch andere Instrumente hergerichtet. Solche Manometer werden auch häufig Zugmesser genannt. Aneroide erhielten statt eines Zeigers einen kleinen Spiegel, wodurch kleine Änderungen sehr vergrößert angezeigt werden [RÖNTGEN, KOHLRAUSCH[2])]. Vor allem aber hat man das Prinzip des Luftbarometers zu diesem Zwecke ausgebaut: HEFNER-ALTENECK[3]), NABER und TOEPLER. Der TOEPLERsche Apparat — eine Art Drucklibelle — besteht aus einem Kolben vom Volumen V, der ein Ansatzrohr vom Querschnitt q besitzt. Dieses Rohr ist an einer Stelle leicht geknickt (Neigungswinkel gegen die Verlängerung $= \alpha$) und durch einen Tropfen Petroleum, Toluol oder Xylol verschlossen. Verschiebt sich nun der Tropfen um δx, so resultiert daraus eine Änderung des Barometerstandes $\delta b = \delta x \left(\alpha \cdot \varrho + \varkappa \cdot q \cdot \frac{b}{V}\right)$, wobei ϱ die Dichte der verwendeten Flüssigkeit, $\varkappa$ das Verhältnis der spezifischen Wärmen bedeuten.

Der HEFNER-ALTENECKsche Apparat ist von BESTELMEIER und PRECHT als „Ballonvariometer" für die besonderen Zwecke der Luftfahrt umgebaut. Die mit gutem Wärmeschutz versehene Flasche (Abb. 15) steht einmal durch eine Kapillare mit der Atmosphäre, dann aber auch durch eine Schlauchverbindung mit einem empfindlichen Flüssigkeitsmanometer in Verbindung. Dabei sind die Dimensionen des Manometers so bemessen, daß der Wärmeausdehnungs-

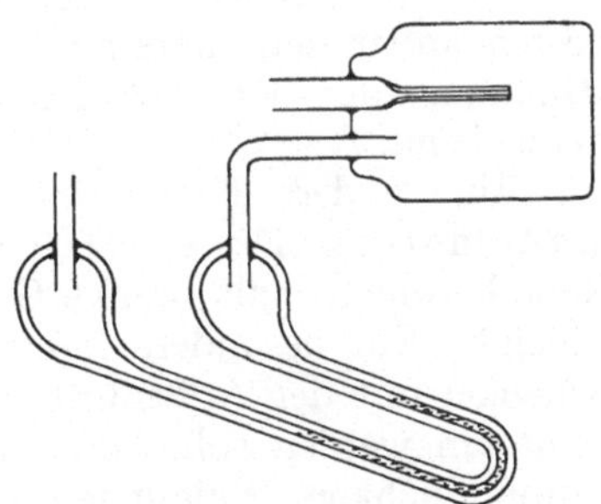

Abb. 15. Luftdruckbarometer nach BESTELMEIER und PRECHT.

[1]) FR. GRÜTZMACHER, ZS. f. Instrkde. Bd. 17, S. 193. 1897; I. FRISCHAUF, Österr. Alpen-ZS. 1894, Nr. 403; MOHN, Skrifter Kristiania 1899, Nr. 2; Meteorol. ZS. Bd. 25, S. 193. 1908; P. SCHREIBER, Handb. f. barom. Höhenm., S. 94.

[2]) W. C. RÖNTGEN, Pogg. Ann. Bd. 148, S. 580. 1873; F. KOHLRAUSCH, ebenda Bd. 150, S. 423. 1873.

[3]) F. v. HEFNER-ALTENECK, Verh. phys. Ges. zu Berlin Bd. 14, S. 88. 1895; Wied. Ann. Bd. 57, S. 468. 1896; H. A. NABER, Ann. d. Phys. Bd. 4, S. 822. 1901; M. TOEPLER, ebenda Bd. 12, S. 787. 1903.

koeffizient und der Temperaturkoeffizient der Kapillarität sich gerade aufheben. Ändert sich nun der Luftdruck etwa durch Änderung der Höhe, so wird sich die Flüssigkeit in dem Manometer in wenigen Sekunden, konstante Vertikalgeschwindigkeit des Fahrzeugs vorausgesetzt, auf eine konstante Differenz einstellen, aus der die Vertikalgeschwindigkeit und wenn zugleich die Zeit beobachtet wird, die Höhenänderung bestimmt werden kann. Denn es wird beim Steigen oder Fallen des Flugzeugs durch die Kapillare Luft aus- bzw. eintreten, und zwar in solcher Menge, daß die Druckdifferenz zwischen dem Innern der Flasche und der äußeren Luft konstant bleibt.

Wird die Kapillare verschlossen, so hat man ein Statoskop, das beständig den Druckunterschied zwischen der Ausgangs- und der jeweiligen Höhe anzeigt. Sein Meßbereich ist beschränkt, so daß die Instrumente nur für geringe Höhenunterschiede brauchbar sind.

Unter Verwendung zweier Flüssigkeiten mit wenig voneinander abweichendem spezifischen Gewicht ist für die Messung sehr kleiner Spannungsunterschiede ein Flüssigkeitsmanometer der Abb. 16 konstruiert[1]). Durch die oberen beiden Dreiwegehähne, die je mit einem Schenkel verbunden sind, können diese letzteren sowohl mit den Zuleitungen der Drucke p_1 und p_2 wie auch mit der Außenluft verbunden werden. Im unteren Teil des U-Rohres befindet sich eine Flüssigkeit, die etwas schwerer ist als Wasser, das zugleich die oberen Kugeln ausfüllt. Bei geschlossenem Hahn b und geöffnetem Hahn a stellt sich unter der Einwirkung der Drucke p_1 und p_2 eine Höhendifferenz in den Schenkeln ein. Alsdann wird a geschlossen, b geöffnet und gleichzeitig mit Hilfe der Dreiwegehähne auf beiden Seiten Verbindung mit der Außenluft hergestellt, damit sich in den Kugeln die Wasseroberflächen gleich hoch einstellen können. Letzteres wird erreicht, indem mehrere Male die Hähne geeignet geöffnet und geschlossen werden, bis keinerlei Veränderung in den Flüssigkeitskuppen beobachtet wird.

Abb. 16. Flüssigkeitsmanometer für sehr kleine Spannungsunterschiede.

Die Empfindlichkeit des Apparates ist bedingt durch die Differenz der spezifischen Gewichte: des der Flüssigkeit gegen das vom Wasser. Als zweite Flüssigkeit verwendet man am besten außer dem unreinen Petroleum Toluol oder Chloroform. Für die Bestimmung des Druckes ist dann jene Differenz der spezifischen Gewichte maßgebend.

Eine andere Form eines empfindlichen Zugmessers ist die des **Mikromanometers**. Der eine Schenkel des U-förmigen Rohres ist, ähnlich wie beim Gefäßbarometer, als breites Gefäß ausgebildet, der andere, lange Schenkel wird geneigt. Ein besonders konstruierter Hahn gestattet Verbindung der beiden Schenkel mit der Außenluft und den Zuleitungen der Drucke, deren Differenz gemessen werden soll, herzustellen. Die Neigung des Schenkels bestimmt die Empfindlichkeit; Neigungen 1 : 100 oder 1 : 1000 sind nur bei allersorgfältigster Ausführung des Instruments von wirklich praktischer Bedeutung. BLOCK[2]) hat ein Instrument konstruiert, das diesen Bedingungen genügt. Abb. 17 zeigt ein nach RECKNAGEL konstruiertes Mikromanometer.

Zur Feststellung des Gradwertes eines Intervalls, d. h. des Wertes in mm Flüssigkeitssäule, den ein Intervall der in gleichen Abständen unterteilten Skale bei einer bestimmten Neigung bedeutet, wird eine genau bekannte Menge

---

[1]) A. GRAMBERG, Techn. Messungen. Berlin: Julius Springer 1923.

[2]) W. BLOCK, ZS. f. Instrkde. Bd. 45, S. 220. 1925.

Flüssigkeit durch eine besondere Öffnung in das große Gefäß mit dem Querschnitt Q eingefüllt und der Anstieg der Flüssigkeit im schrägen Schenkel mit dem Querschnitt q um die Strecke n_0 beobachtet.

Ist das Volumen V_0 eingefüllt, so ist

$$V_0 = Q \cdot h_0 + q \cdot n_0,$$

wo h_0 die Niveauerhöhung im großen Gefäß bedeutet. Ferner ist $h_0 = n_0 \cdot \sin\alpha$, da — senkrecht gemessen — in beiden Schenkeln der Flüssigkeitsspiegel gleich hoch steigt. Mithin wird $V_0 = Q \cdot n_0 \cdot \sin\alpha + f \cdot n_0$ oder $\frac{V_0}{Q} = n_0\left(\sin\alpha + \frac{q}{Q}\right)$; für eine beliebige Höhe h, der die Strecke n entspricht, ist dann $h = n\left(\sin\alpha + \frac{q}{Q}\right)$, d. h. $h = n\frac{V_0}{Q \cdot n_0}$, und, da der Druck $p = h\gamma$, γ also das spezifische Gewicht der Flüssigkeit, so ist $p = h\gamma = n \cdot \frac{V_0\gamma}{Q \cdot n_0} = n\frac{G_0}{Q \cdot n_0}$. Der zu n gehörige Druck ist bestimmt. Dabei ist G_0 in kg, Q in m^2 zu messen, um p in Millimeter Wassersäule zu erhalten.

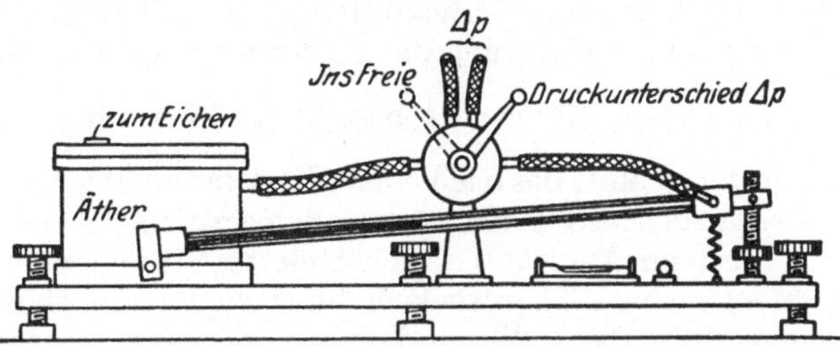

Abb. 17. Mikromanometer nach RECKNAGEL.

ZAHM[1]) konstruierte ein Mikromanometer, das bei allen Stellungen mit gleicher Genauigkeit zu messen gestattet. Dazu muß, wie er zeigt, die Mittellinie des geneigten Schenkels die Form einer Traktrix haben.

LEVY[2]) benutzt zur Eichung von Meßgeräten für kleine Drucke, besonders für Mikromanometer, eine Taucherglocke, die an einem Wagebalken austariert ist und in Wasser hineinragt; durch Beschweren dieser Glocke, deren Inneres mit dem zu eichenden Instrument in Verbindung steht, mit Gewichten erzeugt man Überdruck. Eingestellt wird zweckmäßig nach einer Nullmethode, indem durch geeignete Vorrichtungen Luft in die Glocke eingelassen wird und so die Glocke selbst immer gleich tief eintaucht.

Es ist dann $h = \frac{P}{F}\left(1 - \frac{t}{\Phi}\right)$, gemessen in Millimeter Wassersäule. Darin bedeutet P das aufgelegte Gewicht in Kilogramm, F die Innenfläche der Glocke in Quadratmetern, f die Fläche, die man erhält, wenn man F von der mit dem äußeren Durchmesser errechneten abzieht, und Φ die Fläche des Wasserbehälters, in den die Glocke eintaucht. Beide letzteren werden ebenfalls in Quadratmetern gemessen.

Das Kreismanometer (s. Abb. 18a) wird von einem kreisförmig gebogenen Rohr gebildet, das im oberen Teil eine innere Trennungslinie und zugleich die Ansätze für die Zuleitungen zu den Drucken

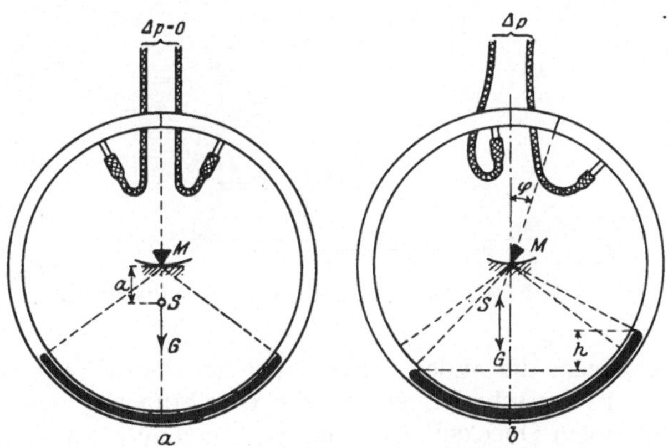

Abb. 18a und b. Kreismanometer.

[1]) A. F. ZAHM, Journ. Frankl. Inst. Bd. 198, S. 213. 1924.
[2]) FR. LEVY, ZS. f. Instrkde. Bd. 45, S. 515. 1925.

hat. Im unteren Teil ist eine beliebige Sperrflüssigkeit. Das Ganze ruht mittels einer Schneide im Mittelpunkt M, um den das Ganze gedreht werden kann. Entsteht jetzt eine Druckdifferenz (s. Abb. 18b), so dreht sich infolge der Schwerpunktsverlagerung das Instrument um den Winkel φ. Zwischen diesem und der Druckdifferenz Δp besteht die Beziehung $\sin\varphi = \frac{2R \cdot q \cdot \Delta p}{G \cdot a}$, wo q der lichte Querschnitt des nach einem Kreisradius R gebogenen Rohres, G das Gewicht des beweglichen Systems, dessen Schwerpunkt S um die Strecke a unter M liegt.

Das von MICHAUD[1]) konstruierte Mikromanometer gestattet einen unbekannten kleinen Überdruck dadurch zu messen, daß diesem ein bekannter entgegenwirkt. Dazu dienen kommunizierende Röhren, in deren Schenkeln die Flüssigkeit kleine Teilchen suspendiert enthält. Der eine dieser Schenkel wird mit dem zu messenden Druck verbunden, im andern wird ein Gegendruck dadurch erzeugt, daß eine spitze Nadel in die Flüssigkeit eingetaucht wird. Gleichgewicht wird durch das Verhalten der kleinen Flüssigkeitsteilchen angezeigt, die mit einem Mikroskop beobachtet werden. Die Eintauchtiefe der Nadel (l) und die Höhendifferenz (ε), die der unbekannte Druck ohne Gegendruck erzeugen würde, verhalten sich wie die Quadrate der Durchmesser des Schenkels (D) und der Nadel (d), $l/\varepsilon = D^2/d^2 \cdot \varepsilon$ multipliziert mit dem spezifischen Gewicht und der Erdbeschleunigung ergibt den gesuchten Druck.

20. Barographen. Werden die oben besprochenen Instrumente mit einer Einrichtung versehen, die selbsttätig die Anzeigen des Apparates aufzeichnet, so entsteht ein Barograph. Wohl am bequemsten läßt sich diese Registriervorrichtung bei Aneroiden anbringen. Der Zeiger des Instruments wird als Schreibstift ausgebildet, der die Angaben auf eine von einem Uhrwerk betriebene Trommel überträgt. Diese ist mit Koordinatenpapier belegt, so daß die Änderungen des Barometerstandes in Abhängigkeit von der Zeit registriert werden. Zur Vergrößerung des Ausschlages sind mehrere Kapseln hintereinandergeschaltet. Für die Genauigkeit und Wirkungsweise dieser Instrumente gilt das unter Ziff. 16 u. 17 Gesagte.

E. BECKER konstruierte nach dem Prinzip seines oben beschriebenen Aneroidbarometers einen Barographen, indem er zwei Sätze O und U (s. Abb. 19) zu je 5 Dosen zusammennahm. Beide Untergruppen besitzen je eine gemeinsame innere Feder. Durch das Hebelwerk H wird der Zeiger S auf der Registriertrommel bewegt. Die Verwendung zweier getrennter Sätze gibt überdies die Möglichkeit einer guten Temperaturkompensation, da die eine Kammer einen positiven, die andere aber einen negativen Temperaturkoeffizienten erhält.

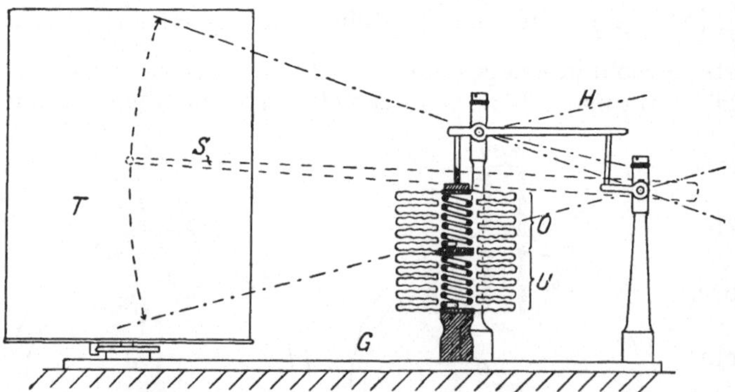

Abb. 19. Der BECKERsche Aneroidbarograph.

Etwas schwieriger war die Durchführung des Gedankens der Registrierung bei einem Quecksilberbarometer. Im Laufe der Zeit sind dennoch mannigfaltige

[1]) M. F. MICHAUD, Ann. de phys. (9) Bd. 17, S. 382. 1922.

Kunstgriffe gefunden worden. Z. B. wird ein Schwimmer entweder in den offenen Schenkel gebracht, so daß jener die Schwankungen des Quecksilbers in diesem mitmachen muß und sie mit Hilfe eines Stiftes aufschreibt [CZERMAK[1])], oder in den TORRICELLIschen Raum (FUESS). Im letzteren Falle muß der Schwimmer ein Magnet sein, der seine Bewegungen einem außerhalb befindlichen zweiten Magneten, der zugleich registriert, mitteilt.

Eine besondere Klasse bilden die Waagebarographen, bei denen das veränderte Gewicht des Barometerrohres registriert wird. Am vollkommensten ist der Barograph von SPRUNG konstruiert, der an Genauigkeit und Zuverlässigkeit nichts zu wünschen übrig läßt. Die Änderung des Gewichtes des Barometerschenkels wird dadurch registriert, daß der Waagebalken durch selbsttätiges Hin- und Herbewegen eines Laufgewichtes stets im Gleichgewicht gehalten wird. Das Laufgewicht übernimmt dabei die Aufzeichnung[2]). Dieser Apparat ist auch als Thermograph hergerichtet worden[3]).

Barographen ähnlicher Konstruktion sind der Rollenbarograph, der Winkelhebelbarograph von MORELAND und SECCHI und der hydrostatische Barograph von SCHREIBER.

Ferner mögen noch der Hebelbarograph von DUFOURS und der Spiralfederbarograph von DRAPER erwähnt werden. Letzterer ist ein Gefäßbarometer, dessen Rohr fest ist, dessen Gefäß aber, an zwei Spiralfedern hängend, den Änderungen des Luftdrucks durch Aufwärts- und Abwärtsbewegung folgen muß.

Der von YULE[4]) konstruierte Apparat ist eigentlich kein Registrierinstrument; er ermöglicht vielmehr die Aufstellung einer Barometerhäufigkeitskurve, d. h. er ermöglicht festzustellen, wie häufig innerhalb einer gewissen Zeit ein bestimmter Barometerstand erreicht wurde. Zu diesem Zwecke ist der Zeiger eines Aneroids als Rinne ausgebildet. Ihr Ende führt über die eigentliche Skale des Instruments hinaus zu einem Kranz von festen Rinnen, die das Aneroidbarometer umgeben und in vertikale Röhren endigen. In bestimmten Zeitabschnitten nun werden — durch ein Uhrwerk betätigt — kleine Kugeln ausgelöst, durch eine Zuleitungsrinne auf den rinnenförmigen Zeiger gebracht und durch diesen weitergeführt zu einer solchen Rinne des Kranzes, die dem gerade herrschenden Luftdruck entspricht. In den vertikalen Röhren sammeln sich dann die Kugeln an; ihre in einer Röhre befindliche Zahl gibt ein Maß für die Häufigkeit des Barometerstandes, der dieser Röhre entspricht.

21. Barometrische Höhenmessung. Der mit dem Barometer gemessene hydrostatische Druck wird, wie bereits am Anfang hervorgehoben wurde, durch das Gewicht der über uns befindlichen Luft bedingt, dieses aber hängt auch von der Höhe der Luftsäule ab; wird sie verkürzt, indem man etwa durch Besteigen eines Berges untere Schichten in ihrer Wirkung ausschaltet, so wird die Barometerhöhe eine andere werden. Aus der gemessenen Änderung dieser Höhe kann man also bestimmen, wie weit man sich vom Nullniveau der Erde entfernt hat, d. h. wie hoch man gestiegen ist. Da nun das spezifische Gewicht der Luft mit der Höhe selbst kleiner wird, so nehmen die Barometerhöhen, wenn man um gleiche Strecken höher steigt, in einer geometrischen Reihe ab.

---

[1]) B. CZERMAK, ZS. f. Instrkde. Bd. 11, S. 184. 1891.

[2]) A. SPRUNG, Meteorol. ZS. Bd. 12, S. 34. 1895; ZS. f. Instrkde. Bd. 6, S. 189 u. 232. 1886; K. SCHEEL, ZS. f. Instrkde. Bd. 15, S. 133. 1895; L. LOEWENHERZ, Wissenschaftliche Instrumente. Berlin: Julius Springer 1880.

[3]) K. SCHEEL u. H. EBERT, Über Fernthermometer. Halle a. S.: Marhold 1925.

[4]) G. U. YULE, Trans. Roy. Soc. Bd. 190, S. 467. 1898; ZS. f. Instrkde. Bd. 19, S. 183. 1899.

Sind also b_0 und b_1 die an zwei verschieden hoch gelegenen Orten gemessenen Barometerstände, so wird $\frac{b_0}{b_1} = a^x$, wo x die gesuchte Höhe des einen Ortes über dem andern bedeutet, d. h. $x = (1/\log a) \cdot (\log b_0 - \log b_1)$. Der Koeffizient $1/\log a = A$ kann durch Rechnung oder Versuch besonders bestimmt werden und ergibt sich zu 18400. Berücksichtigt man weiter, daß die Temperatur der beiden Orte eine verschiedene sein kann, und bezeichnet mit t die mittlere Temperatur der Luftsäule, so wird $x = 18400\,(1 + 0{,}004\,t)\,(\log b_0 - \log b_1)$. Bis zu Höhen von etwa 1000 m kann auch die einfachere Form benutzt werden: $x = 16000\,(1 + 0{,}004\,t)\,\frac{b_0 - b_1}{b_0 \quad b_1}$. Beide Formeln gelten unter der Annahme, daß die Luft zur Hälfte mit Wasserdampf gesättigt ist.

Sollen die Veränderungen der Schwere und der Luftfeuchtigkeit mit in diese Formeln einbezogen werden, so erhält man für die Höhendifferenz zweier Orte den Ausdruck:

$$x = 18450\,(\log b_0 - \log b_1)\,(1 + 0{,}00367\,t)\,(1 + 0{,}0026\cos 2\varphi + 0{,}0000003\,H + \tfrac{3}{8}k),$$

wo φ die geographische Breite, H die mittlere Meereshöhe der beiden Orte, $k = \frac{1}{2}(e_0/b_0 + e_1/b_1)$ und e_0 und e_1 den Wasserdampfdruck bei den Barometerständen b_0 und b_1 bedeuten.

Bei Höhen von mehreren tausend Metern soll nach MAILLARD[1]) die aus dieser Formel errechnete Höhe zu klein ausfallen. Er setzt deshalb, ohne eine Temperaturänderung zu berücksichtigen, $x = 18590\,(\log b_0 - \log b_1)$.

Umgekehrt führt FILON[2]) eine Rechnung unter strenger Beachtung der Temperaturverhältnisse durch und gibt besondere Skalen für Aneroide an, die direkt zur wahren Bestimmung der Höhe dienen sollen.

b) Erzeugung und Messung hoher Drucke.

α) Erzeugung hoher Drucke.

22. Autoklaven. Eine einfache Art, hohe Drucke zu erzeugen, besteht darin, daß in einem stabilen, fest abzuschließenden Gefäß mit geringem Rauminhalt Dämpfe oder Gase entwickelt werden. Da der ihnen zur Verfügung stehende Raum nur beschränkt ist, erhöht sich innerhalb des Gefäßes der Druck, der mit einem daraufgesetztem Druckmesser bestimmt werden kann (THILORIER). Apparate dieser Art heißen Autoklaven.

23. Hahndruckpumpen. In ihrer Verwendung allgemeiner sind die Druckpumpen. In einem Zylinder gut eingepaßt sitzt ein massiver Kolben. Am unteren Ende des Zylinders befinden sich zwei Hähne, von denen der eine (*1*) mit dem Kompressionsraume, der andere (*2*) entweder mit der Außenluft oder einem beliebigen Gas- oder Flüssigkeitsreservoir in Verbindung steht. Ist der Kolben in seiner untersten Stellung, so wird Hahn (*2*) geöffnet, (*1*) verschlossen. Bewegt sich nun der Kolben nach oben, so tritt Gas oder Flüssigkeit in den Zylinder ein. Hat der Kolben seine oberste Stellung erreicht, schließt man (*2*) und öffnet (*1*). Das angesaugte Volumen Gas oder Flüssigkeit wird beim Herabdrücken des Kolbens in den Kompressionsraum hineingedrückt. Bei späteren Kolbenzügen muß Hahn (*1*) zur geeigneten Zeit geöffnet werden, damit nicht der bereits erzeugte Überdruck im Kompressionsraum Gas oder Flüssigkeit in den Zylinder der Pumpe zurückdrückt.

---

[1]) L. MAILLARD, C. R. Bd. 136, S. 1427. 1903; ZS. f. Instrkde. Bd. 24, S. 123. 1904.

[2]) L. N. G. FILON, Journ. scient. instr. Bd. 1, S. 1. 1923.

24. Ventildruckpumpe. Bequemer und geeigneter sind daher jene Pumpen, bei denen die Hähne durch Ventile ersetzt sind. Ein solches Modell hat CAILLETET[1]) für hohe Flüssigkeitsdrucke konstruiert, mit dem Drucke bis zu 300 kg/cm² hergestellt werden können. Ein gut eingeschliffener Kolben K (s. Abb. 20) saugt beim Aufwärtsgehen aus dem Vorratsgefäß B durch Rohr A die Flüssigkeit (Öl oder Quecksilber) an, indem sich das Ventil S_2 öffnet. Dieses wird beim Abwärtsgehen des Kolbens geschlossen und zugleich die angesaugte Flüssigkeit durch das sich öffnende Ventil S_1 in den Kompressionsraum gedrückt.

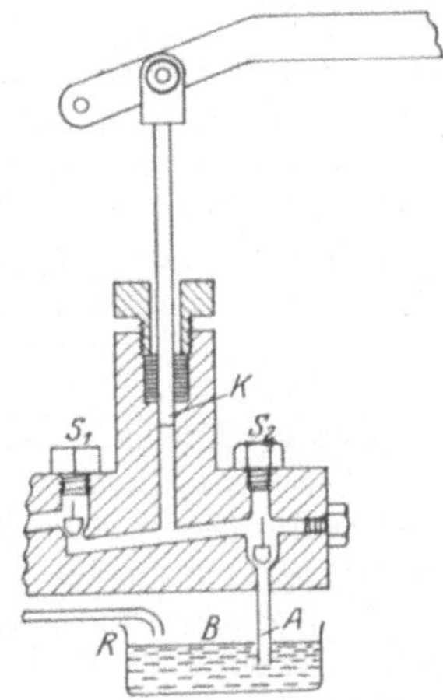

Abb. 20. CAILLETETsche Pumpe.

Diese Pumpe ist von einzelnen Forschern für verschiedene Zwecke besonders hergerichtet. KAMERLINGH ONNES[2]) hat sie für den Betrieb mit Quecksilber zum Komprimieren besonders reiner Gase ausgebaut. HOLBORN und HENNING[3]) benutzen als Flüssigkeit ebenfalls Quecksilber und belasten die Ventile durch Federn.

25. Kolbenkompressoren. Bei größerem Bedarf und kontinuierlichem Betrieb wird eine Ventilkolbenpumpe mit Schubstange, Kurbel und Schwungrad (s. Abb. 21) versehen und dient vor allem zur Erzeugung hoher Gasdrucke. Solche Instrumente heißen Kolbenkompressoren[4]). Wird der Zustand des betreffenden Gases, das komprimiert werden soll, bei gleichbleibender Temperatur — unter Verwendung eines Zwischenkühlers — geändert, so ist die Kompression eine isothermische. Die Zustandsgleichung lautet

$$p \cdot v = \text{konst.} \tag{1}$$

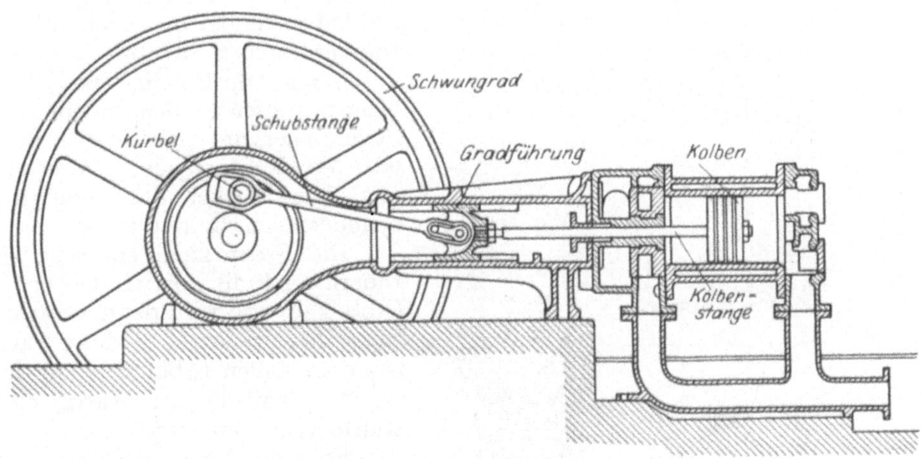

Abb. 21. Kolbenkompressor.

Im Diagramm — p als Ordinate und v als Abszisse — ist die Drucklinie eine gleichseitige Hyperbel. Eine Zustandsänderung bei unveränderter Entropie ist

1) L. CAILLETET, C. R. Bd. 94, S. 623. 1882.

2) H. KAMERLINGH ONNES, Comm. Leiden Nr. 54. 1900.

3) L. HOLBORN u. F. HENNING, Ann. d. Phys. (4) Bd. 26, S. 833. 1908.

4) P. OSTERTAG, Theorie und Konstruktion der Kolben- und Turbokompressoren. Berlin: Julius Springer; A. HINZ, Thermodynamische Grundlagen der Kolben- und Turbokompressoren. Berlin: Julius Springer; Taschenbuch: Die Hütte Bd. II, s. Band XI des Handbuches, Kap. 9.

eine adiabatische Kompression. Die Gleichung der Adiabate im pv-Diagramm heißt

$$p \cdot v^{\varkappa} = \text{konst.}, \tag{2}$$

wo $\varkappa$ das Verhältnis der spezifischen Wärmen bei konstantem Druck (c_p) und bei konstantem Volumen (c_v) ist. Die isothermische Zustandsänderung gibt den besten Wirkungsgrad. Im allgemeinen verläuft der Vorgang zwischen beiden Prozessen (Isotherme und Adiabate), wenn während der Verdichtung zwar Wärme entzogen wird, aber weniger als zur isothermischen Verdichtung nötig ist. Die Zustandsänderung ist eine polytropische:

$$p \cdot v^{m} = \text{konst.}, \quad m \text{ ist} < \varkappa. \tag{3}$$

m wird größer als $\varkappa$, wenn bei der Kompression noch Wärme zugeführt würde.

Die wirkliche Gestalt der Kompressionslinie wird durch einen Indikator[1]) angezeigt. Dieser registriert die im Zylinder des Kompressors auftretenden Spannungen graphisch, und zwar als Funktion des vom Kolben zurückgelegten Weges (Indikatordiagramm). Es ergibt sich ein geschlossener Linienzug; sein Flächeninhalt ist ein Maß für die indizierte Leistung. Die an der Welle verfügbare, durch einen besonderen Versuch zu bestimmende Leistung ist die effektive.

Der Indikator selbst besteht aus einem kleinen an der zu untersuchenden Maschine anzuschließenden Zylinder. In ihm spielt ein dicht eingeschlossener Kolben, der durch Vermittlung eines Hebelwerks einen Schreibstift betätigt. Dieser zeichnet auf eine um ihre Achse drehbare Trommel das Diagramm auf. Die Spannungen des im Maschinenzylinder arbeitenden Mediums gelangen durch eine Bohrung in den Indikatorzylinder und üben auf den Indikatorkolben Kräfte aus, die durch eine doppelgängige Schraubenfeder gemessen werden, indem diese Feder einerseits mit dem Kolben oder der Kolbenstange, andererseits mit dem Deckel des Indikatorzylinders verschraubt ist.

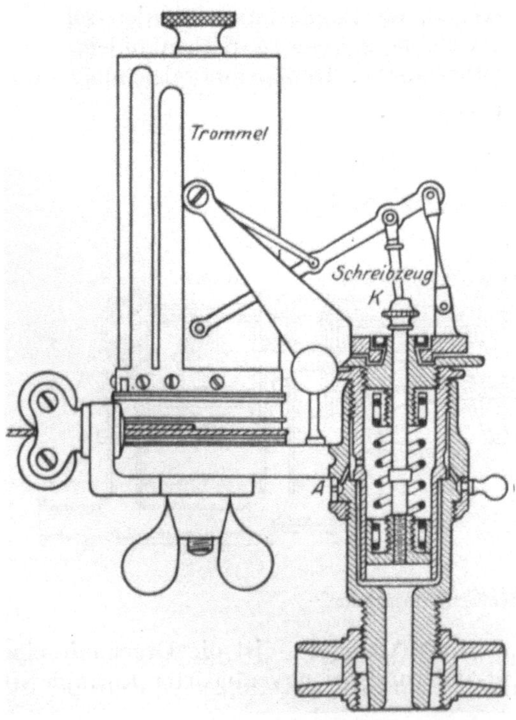

Abb. 22a. Warmfederindikator.

Die Feder kann entweder im Innern des Indikatorzylinders liegen (Abb. 22a) und wird dann erwärmt, wenn das arbeitende Medium warm ist, oder außen (Abb. 22b), so daß sie stets kalt bleibt: Warm- oder Kaltfederinstrumente.

Es muß durch geeignete Ausführung dafür gesorgt werden, daß das Hebelwerk die Spannungen proportional überträgt, der Schreibstift stets gerade geführt wird (THOMPSONsche oder CROSBYsche Geradführung)

[1]) A. GRAMBERG, Technische Messungen bei Maschinenuntersuchungen und zur Betriebskontrolle. Berlin: Julius Springer 1923; R. SCHWIRKUS, Mitt. üb. d. Forschungsarb., herausgeg. v. Ver. d. Ing. Nr. 26/27. 1905; H. F. WIEBE u. A. LEMAN, ebenda Nr. 34. 1906; H. F. WIEBE, ebenda Nr. 33. 1906.

und sich die Trommel durch zwangsläufige Verbindung mit einem geeigneten Maschinenteil mit dem Kolben gleichartig bewegt.

Ist der Hub der Maschine größer als der freie Umfang der Indikatortrommel, so muß, da die Diagrammlänge durch die zwischen den Aufspannfedern freie Papierlänge begrenzt ist, der Kolbenweg entsprechend verkürzt werden; das geschieht durch einen Hubminderer, der als Rollen- oder Hebelhubminderer dargestellt wird.

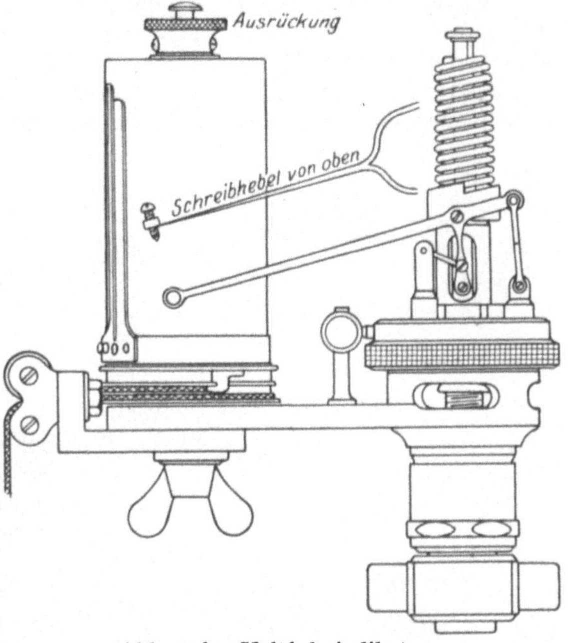

Abb. 22b. Kaltfederindikator.

Jede Indikatorfeder trägt eine Angabe der Höchstbelastung und des Federmaßstabes, d. h. welchen Weg der Schreibstift für eine Atmosphäre Druckänderung zurücklegt.

Die mittels eines Indikatordiagrammes bestimmte Leistung im Verhältnis zur zugeführten Energie ist der mechanische Wirkungsgrad eines Kompressors. Durch ihn erkennt man die durch Maschinenreibung verlorengegangene Energie.

Neben diesem Wirkungsgrad nimmt man als Maßzahl für die Güte der Verdichtung das Verhältnis der isothermischen Kompressionsarbeit zu der dem Kompressor zugeführten Energie: den isothermischen Wirkungsgrad.

26. Quecksilberdruckpumpen. Für Versuche mit besonders reinen Gasen haben Holborn und Schultze[1]) eine Quecksilberdruckpumpe konstruiert. Ihre einzelnen Teile P_1, p, P_2 (s. Abb. 23) bestehen aus Stahl und sind durch autogene Schweißung gasdicht verbunden. Für den Eintritt und Austritt des zu komprimierenden Gases dient das an dem Stiefel P_2 sitzende Verzweigungsstück mit den Ventilen v_6 und v_7. Das verdrängende Quecksilber wird durch Druckluft bewegt, die einer 100 l fassenden Stahlflasche entnommen wird. Sie steht außerhalb des Beobachtungsraumes neben einem Kompressor, mit dem sie nach Bedarf auf 200 Atmosphären Druck aufgepumpt werden kann. Die Druckluft tritt durch c_1 und Ventil v_5 in den Pumpenstiefel P_1 [das Ventil v_3 führt zu einem an der Apparatur befindlichen Piezometer[2])] und drängt das Quecksilber nach P_2, so daß seine obere Kuppe in der Nähe des Verzweigungsstückes v_6 v_7 steht und das zu messende Gas durch v_6 in die eigentliche Appa-

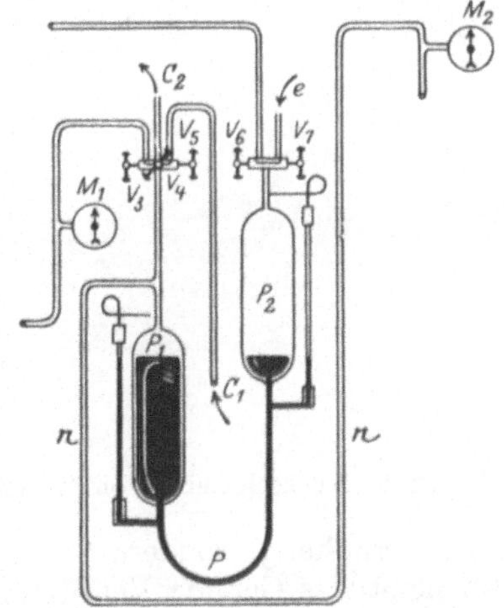

Abb. 23. Quecksilberdruckpumpe nach Holborn und Schultze.

[1]) L. Holborn u. H. Schultze, Ann. d. Phys. (4) Bd. 47, S. 1089. 1915.

[2]) H. Ch. Oersted, Pogg. Ann. Bd. 9, S. 603. 1827, s. d. Handb. X, Kap. 3, Ziff. 35ff.

ratur gelangt. Nach Abschließen der Ventile v_3, v_5 und v_6 und Öffnen von v_4 strömt die Druckluft aus dem Stiefel P_1 ins Freie, das Quecksilber tritt nach P_1 zurück, und P_2 füllt sich von neuem mit dem zu komprimierenden Gase. Damit ist der folgende Pumpenzug vorbereitet. Das Ventil v_3 wird jeweils erst dann geöffnet, wenn der Druck P_1 ungefähr auf den bei dem vorhergehenden Zuge in der Apparatur erreichten Wert gestiegen ist. Dies zu erkennen, sind die beiden Manometer M_1 und M_2 angebracht.

27. Druckschraube. Bei Apparaturen mit verhältnismäßig geringem Volumen bedient man sich zur Erzeugung hoher Flüssigkeitsdrucke neben der CAILLETETschen Pumpe, insbesondere wenn deren Grenzdruck erreicht ist, einer Druckschraube. Diese gestattet durch Hineinpressen eines gut eingeschliffenen und mit Ledermanschette L gut abgedichteten Kolbens W in die Apparatur den vorhandenen abgeschlossenen Raum bei konstanter Flüssigkeitsmenge zu verkleinern und damit den Druck beträchtlich zu erhöhen. Der Kolben W wird entweder (s. Abb. 24a) mittels eines Gewindes c an seinem freien Ende und einer Gegenmutter N in die Apparatur hineingedrückt oder (s. Abb. 24b u. c) durch die Vorrichtung A, die sich längs der Schraube S bewegen kann, hineingezogen, sobald S, die bei B endet, nach rechts herumgedreht wird. Die Schraube S selbst wird mit dem Handgriff H betätigt und vom Gestell C gehalten.

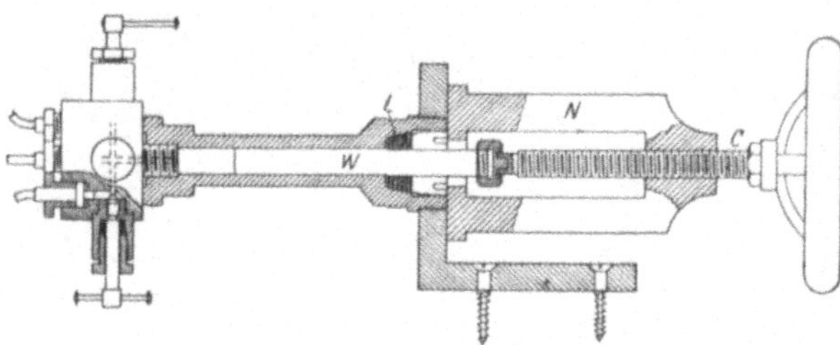

Abb. 24a. Druckschraube.

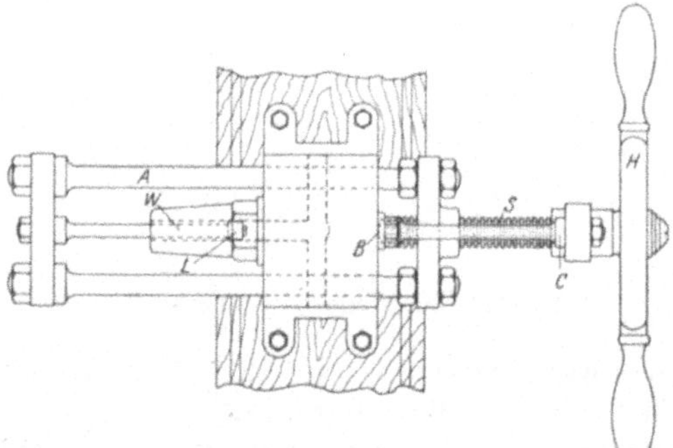

Abb. 24b. Druckschraube. Von oben gesehen.

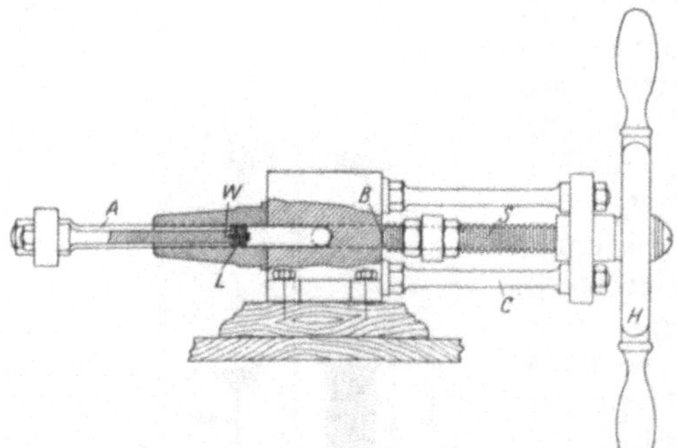

Abb. 24c. Druckschraube. Von der Seite gesehen.

28. Turbokompressoren. Eine ganz andere Art, Gase auf einen hohen Druck zu bringen, besteht darin, daß ein System von hintereinandergeschalteten Schaufelrädern in Drehbewegung versetzt wird — Turbokompressoren. Bei kleinen Kompressionen, aber großen Lieferungen wird die Stufenzahl beschränkt, und man nennt den Apparat dann Turbogebläse. Ist nur ein einziges Rad vorhanden, das gewöhnlich langsam umläuft und bei dem keine sehr große Druckerhöhung, sondern ein In-Bewegung-Setzen des Gases Hauptsache ist, so heißt das Gebilde Ventilator.

β) Messung hoher Drucke.

29. Quecksilbermanometer. Auch bei der Messung hoher Drucke wird, wie beim Messen des Luftdruckes unter Anwendung des Barometers, das Prinzip der kommunizierenden Röhren herangezogen. Als Flüssigkeit kommt hier ausschließlich Quecksilber in Frage, das wegen seines spezifischen Gewichtes eine entsprechende Ausdehnung des Meßbereiches eines solchen Quecksilbermanometers gewährleistet. Man hat zwecks guter Handhabung und Erreichung einer hohen Genauigkeit mannigfaltige Konstruktionen ersonnen, die im wesentlichen in 3 Gruppen unterteilt werden können: 1. die offenen, 2. die verkürzten und 3. die geschlossenen Manometer.

30. Offenes Quecksilbermanometer. Die offenen Quecksilbermanometer bestehen aus zwei Schenkeln, von denen der eine — der offene — in seiner Länge der Größe des zu messenden Druckes angepaßt wird, während der andere — der kurze — mit der Apparatur, in der der zu messende Druck herrscht, in Verbindung steht. In technischen Betrieben sind solche lange offene Manometer aus mehreren Glasröhren zusammengesetzt und an Fabrikschornsteinen und in Schächten der Fahrstühle angebracht[1]). Zu wissenschaftlichen Zwecken sind sie von REGNAULT, AMAGAT[2]), der einen 400 m tiefen Schacht benutzte, und CAILLETET[3]), der am Eiffelturm in Paris ein derartiges Manometer mit einem Meßbereich von etwa 400 Atm. errichtete, zuerst ausgebaut worden.

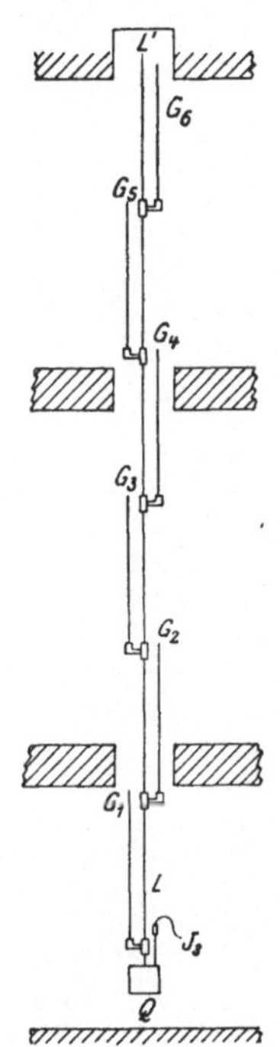

Abb. 25. Schematische Anordnung des großen Manometers der Phys.-Techn. Reichsanstalt.

Zur Bestimmung des Sättigungsdruckes von Wasserdampf haben HOLBORN und HENNING[4]) in der Physikalisch-Technischen Reichsanstalt ein Quecksilbermanometer benutzt, dessen langer Schenkel aus einem 12 m langen Stahlrohr von 6 mm lichter Weite und 1 mm Wandstärke bestand. Der lange Schenkel ist durch 3 Stockwerke durchgeführt. Zur Bestimmung der Quecksilberhöhe kommuniziert das Stahlrohr — ähnlich wie beim CAILLETETschen Manometer — in Abständen von 2 m mit je einem Glasrohr (G_1 bis G_6) von 7 mm Weite, in denen die Kuppe des Quecksilbers beobachtet wird (s. Abb. 25). Das Stahlrohr LL' kann mit einem dieser 6 Glasrohre von 2 m Länge durch einen besonderen Hahn, je nach der Höhe des zu messenden Druckes verbunden, werden. Hinter jedem Glasrohr ist ein spiegelnder Glasstreifen angebracht, der auf der Vorderseite eine Millimeterteilung trägt. J_3 führt zur eigentlichen Apparatur, Q enthält das Quecksilber.

Der Aufbau im einzelnen ist in den folgenden Abbildungen wiedergegeben. Abb. 26a bis c enthält die Anordnung des langen Schenkels, Abb. 27a u. c die des Fußes des großen Manometers. Die im Abstand von 2 m fest in die Wand eingelassenen eisernen Bolzen A tragen die halbkreisförmigen Eisenklötze B, an denen gußeiserne Platten PP' von 2 m Länge angeschraubt sind. Diese tragen die gußeisernen Körper C, die den langen Schenkel LL' halten. Das Stahlrohr LL' besteht (Abb. 26c) aus Stücken von 2 m Länge, die in C mittels Schrauben SS' miteinander verbunden sind. Weiter ist an jedem Gußstück C mit Schrauben (S'') ein Glasrohr (G') angebracht, das durch den Kanal F mit dem Stahlrohr verbunden ist. F kann durch H abgesperrt werden.

1) H. F. WIEBE, ZS. f. kompr. u. flüss. Gase Bd. 1, Nr. 1, 2, 5, 6. 1897.
2) E. H. AMAGAT, C. R. Bd. 85, S. 27. 139. 1877 u. Bd. 89, S. 432. 1879.
3) L. CAILLETET, C. R. Bd. 112, S. 764. 1891.
4) L. HOLBORN u. F. HENNING, Ann. d. Phys. (4) Bd. 26, S. 833. 1908.

Die Skalen $M'M''$ werden von den gußeisernen Platten PP' gehalten. Ihre Unterlage, die mit Hilfe der Schraube s in ihrer Dicke verändert werden kann, besteht aus zwei Keilen nn', so daß durch deren Verschiebung der unterste Strich der einen Skale mit dem obersten der vorherigen in gleiche Höhe gebracht werden kann. Am oberen Ende einer jeden Skale befinden sich zum Ausgleich der Ausdehnung ähnliche Vorrichtungen. Das Verschlußstück RR' ist zum Halbzylinder gebogen und an PP' befestigt.

Das untere Ende des Manometers (Abb. 27a und b) wird von einem gußeisernen Kasten Q gebildet, der als Quecksilberreservoir dient. Seine Montierung ist der der Platten PP' ähnlich. Abgeschlossen wird der Kasten durch eine eiserne Platte, die einen Kanal b enthält. In diesen münden die Stahlkapillare J_1, die Verbindung mit dem Stahlrohr LL', J_2, die Verbindung mit der Deckplatte, und KK', der kurze Schenkel J_3 führt zur Apparatur. X ist ein Abfluß für das Quecksilber in den Kasten hinein. Der Hahn H_1 schließt die Verbindung mit KK', H_2 die des Abflusses und H_3 die mit der Pumpe U. Die Druckschraube T (s. Abb. 27b) ermöglicht, kleine Veränderungen des Kanalvolumens auszuführen, wodurch die Kuppen in engen Grenzen verschoben werden können.

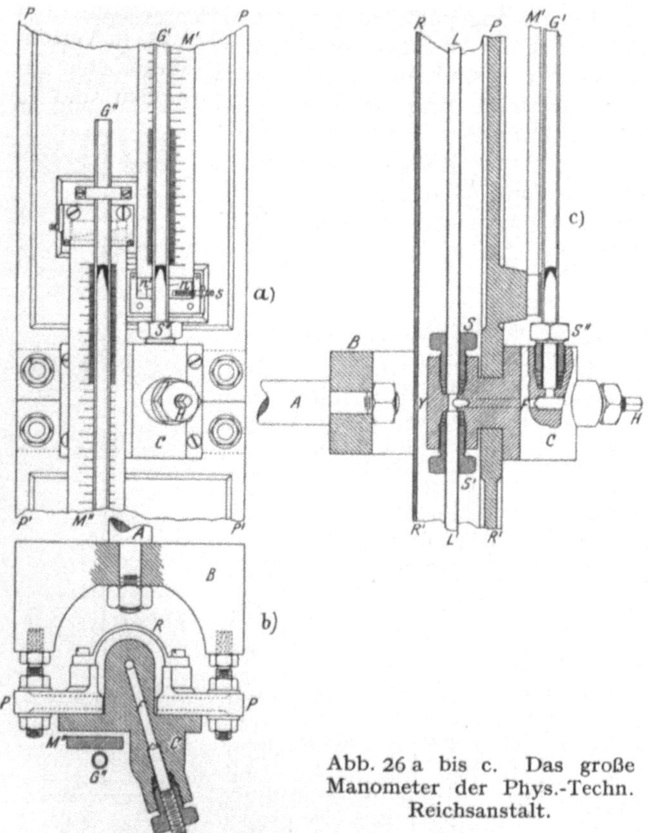

Abb. 26a bis c. Das große Manometer der Phys.-Techn. Reichsanstalt.

Zur Einstellung des Nullpunktes trägt KK' am oberen Ende eine ringförmige Marke mit einigen Teilstrichen.

Die hier anzubringenden Korrektionen sind zum Teil denen beim Barometer ähnlich; die Maßstäbe müssen richtig geteilt oder ihre Korrektionen bekannt sein, die Angaben auf normale Schwere reduziert und die Temperatur der Quecksilbersäule genau bestimmt werden. Letzteres geschieht durch die Widerstandsänderung eines Nickeldrahtes, der innerhalb des Schutzrohres RR' unmittelbar beim Stahlrohr LL' seiner ganzen Länge nach angebracht ist. Der Draht wird vorher geeicht und für diese Zwecke besonders hergerichtet. Die Temperatur des Quecksilbers in den Glasrohren muß besonders durch Quecksilberthermometer bestimmt werden, deren Gefäße in kurzen, mit Quecksilber gefüllten Glasrohren von der Dicke des Manometers stecken. An sonstigen Korrektionen ist hier die Kompressibilität des Quecksilbers und die Abnahme des Luftdruckes mit der Höhe zu beachten, wenn dieser am Fuße des Manometers bestimmt wurde. Erstere beträgt etwa $3{,}9 \cdot 10^{-6}$ für 1 Atm. und letztere 0,09 mm für 1 m Höhendifferenz. Für größere Höhen muß auch die Abnahme der Schwere berücksichtigt werden.

Für Drucke bis etwa 1,5 Atm. kann ein Manometer von KLEMENC[1]) benutzt werden, das sich besonders dann eignet, wenn der Druck in einem Raum gemessen werden soll, der Quecksilber und dessen Dampf nicht enthalten soll. Es wird der eine Schenkel des U-förmigen Manometers nochmals umgebogen und an seinem unteren Ende durch eine Glasmembran verschlossen. Über der Membran befindet sich Paraffinöl bis in das Verbindungsrohr hinein, das zu diesem Zwecke als Kapillare ausgebildet ist. Wird nun dieses untere Ende des Manometers in den zu untersuchenden Raum luftdicht eingesetzt, also etwa eingeschmolzen, so wird die Membran bei Druckänderung in diesem Raume durchgebogen. Durch Erzeugung eines Gegendruckes, wozu man durch eine geeignete Einrichtung in den eigentlichen Schenkeln des Manometers den Stand des Quecksilbers verändert, wird

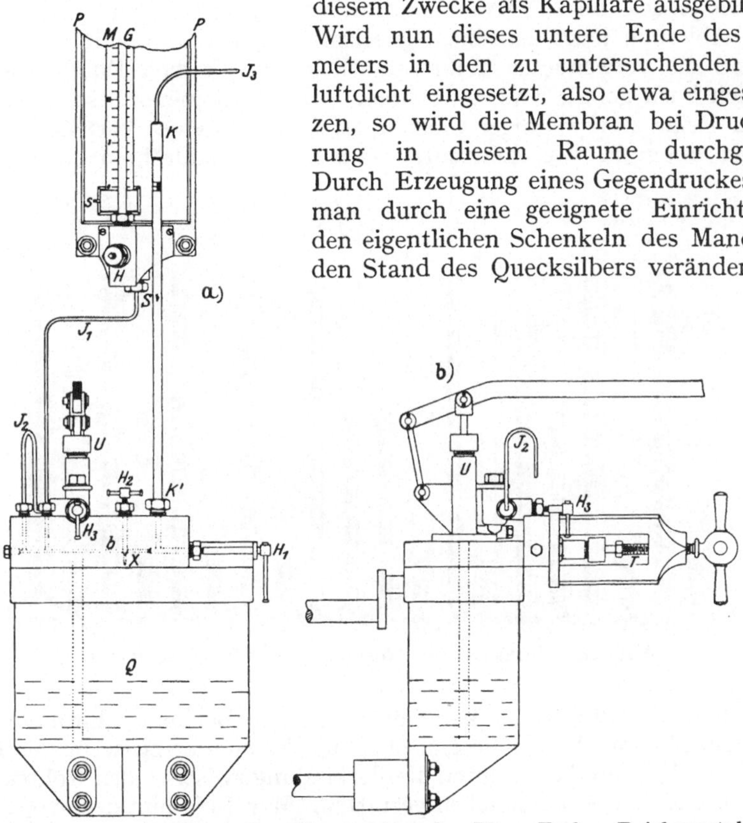

Abb. 27a, b. Fuß des großen Manometers der Phys.-Techn. Reichsanstalt.

diese Durchbiegung wieder rückgängig gemacht. Der erzeugte Gegendruck ist gleich dem im Versuchsraum herrschenden.

31. Verkürzte Quecksilbermanometer. Da die langen, offenen Manometer nicht nur für manche Zwecke zu unhandlich sind, sondern auch ihre Aufstellung an den örtlichen Verhältnissen scheitern, sind Manometer konstruiert, die den Druck durch mehrere Teildrucke zu messen gestatten. Diese sind in ihrem Grundgedanken dem AMONTONSchen Barometer (s. Ziff. 7) nachgebildet. RICHARD[2]) hat mehrere heberförmig gebogene eiserne Rohre von 2 m Länge miteinander verbunden und das Ganze zu einer einzigen mehrfach gebogenen Röhre zusammengesetzt. Die Schenkel sind bis zur Hälfte mit Queck-

[1]) A. KLEMENC, Journ. Amer. Chem. Soc. Bd. 47, S. 2173. 1925.
[2]) A. RICHARD, Ann. des Mines 1845, S. 483.

silber gefüllt, darüber befindet sich Wasser. Wird nun auf das erste Rohr ein Druck ausgeübt, so überträgt er sich auf die übrigen. Besteht der letzte Schenkel aus Glas, so kann an ihm die Steighöhe abgelesen werden. Unter der Voraussetzung, daß alle Rohre den gleichen Durchmesser haben und bis zur gleichen Höhe mit Quecksilber gefüllt sind, läßt sich aus dieser einen Ablesung der Gesamtdruck errechnen. ZEUNER in Zürich und die österreichisch-ungarische Eisenbahngesellschaft[1]) haben ein diesem Manometer ähnliches konstruiert.

Wichtiger und für wissenschaftliche Zwecke brauchbarer ist das von THIESEN gebaute Normalmanometer[2]). Es ist im Prinzip dem RICHARDschen ähnlich, ermöglicht jedoch durch Verwendung nur von Glasrohren aus Jenaer Verbundglas die Ablesung jeder einzelnen Quecksilberkuppe. Es kann daher der Vorsicht, daß die verwendeten Rohre sämtlich den gleichen Durchmesser haben und gleich hoch gefüllt sind, entbehren. „Das Manometer besteht (s. Abb. 28) aus einer Reihe starkwandiger Glasröhren, welche in einer Vertikalebene liegen, oben und unten in zwei horizontal verlaufende Stahlröhren eingelassen sind

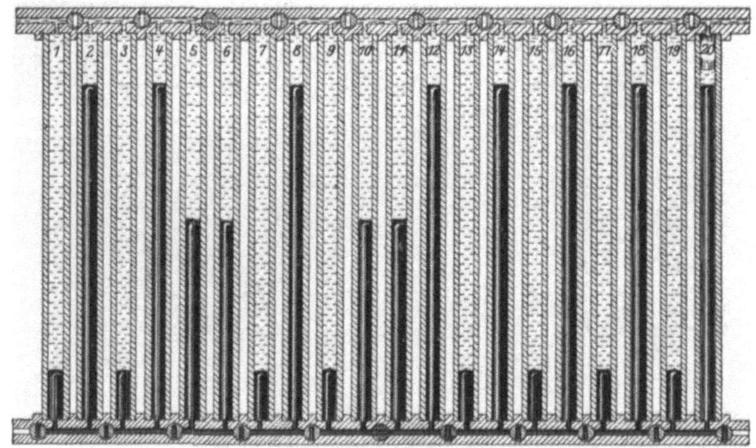

Abb. 28. THIESENsches Normal-Quecksilbermanometer.

und durch diese miteinander kommunizieren. In beiden Stahlröhren befindet sich eine Anzahl von Hähnen, welche oben die Verbindung zwischen den Röhren *1* und *2*, *3* und *4*, *5* und *6* usw. unten die Verbindung zwischen den Röhren *2* und *3*, *4* und *5*, 6 und *7* usw. aufzuheben gestatten. Man füllt nun den Apparat unter Vermeidung von Luftblasen ganz mit Wasser und verdrängt es zum Teil durch reines Quecksilber, so daß dieses bis zur halben Höhe in den Glasröhren ansteigt, schließt sämtliche Hähne, verbindet die Stahlröhre oben links mit dem Raume, in welchem der Druck gemessen werden soll und den wir der Einfachheit halber als ganz oder teilweise mit Wasser angefüllt annehmen wollen, und stellt in diesem Raume den Druck mittels einer Kompressionspumpe her. Das Quecksilber wird jetzt in den Glasröhren *1*, *3*, *5* usw. fallen, in den Röhren *2*, *4*, *6* usw. ansteigen; das Wasser in dem letzten mit der Atmosphäre kommunizierenden Rohr entfernt man schließlich bis auf einen kleinen Rest, welcher dazu dient, die Kapillarität der einzelnen Gruppen möglichst gleich zu gestalten. Ist der Druck wesentlich geringer als der größte Druck, den der Apparat zu messen

[1]) Organ für Fortschr. d. Eisenbahnwesens Bd. 41, S. 7; K. KARMARSCH u. FR. HEEREN, Techn. Wörterbuch Bd. 5, S. 747. 1881.

[2]) M. THIESEN, ZS. f. Instrkde. Bd. 1, S. 114. 1881.

erlaubt, so kann man jetzt einzelne der Hähne öffnen oder dieselben auch von Anfang an offen lassen, wie es beispielsweise in der Abb. 28 für den zwischen den Röhren *5* und *6* (oben) und den zwischen *10* und *11* (unten) befindlichen Hahn angedeutet ist. Dadurch gleicht sich der Niveauunterschied in den zur Verbindung gebrachten Röhren aus, während er in den übrigen entsprechend größer wird."

Noch handlicher wird das Manometer, wenn die Rohre auf einer Zylinderfläche angeordnet werden; die Kuppen können dann mittels eines drehbaren Komparators oder nach Vorschlag von MAHLKE mittels eines um die Zylinderachse drehbaren Gestells abgelesen werden, das eine aus 2 Teilen bestehende Spiegelskale trägt. Diese kann hinter die jeweils abzulesende Quecksilbersäule gebracht werden und ermöglicht so eine schnelle Ablesung sämtlicher Kuppen.

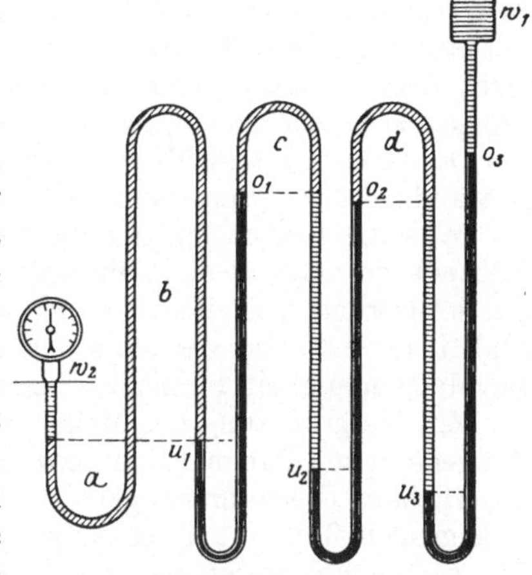

Abb. 29. Schema eines verkürzten Quecksilbermanometers.

Der zu messende Druck berechnet sich aus den einzelnen Quecksilberhöhen wie folgt: Es seien (Abb. 29) $o_1, o_2, o_3 \ldots$ die Höhen der oberen Quecksilberkuppen, $u_1, u_2, u_3 \ldots$ die der unteren; w_1 die des Wasserspiegels in dem kleinen Blechgefäß auf dem letzten Glasrohr, w_2 die des Wasserspiegels in einem hier nicht gezeichneten Windkessel *b*, der dem Manometer vorgeschaltet wird, und *s* das spezifische Gewicht des Quecksilbers, dann ist der gesamte Druck

$$P = (o_1 - u_1) + (o_2 - u_2) + (o_3 - u_3) + \frac{(w_1 - o_3)}{s} - \frac{(o_2 - u_3) + (o_1 - u_2) + (w_2 - u_1)}{s}$$

$$= (o_1 - u_1) + (o_2 - u_2) + (o_2 - u_3) - \frac{(o_1 - u_1) + (o_2 - u_2) + (o_3 - u_3)}{s} + \frac{w_1 - w_2}{s}.$$

Mit anderen Worten: Der zu messende Druck setzt sich zusammen aus drei Teildrucken: 1. dem der Quecksilbersäulen; 2. dem der gleich langen Wassersäulen, der dem unter 1. entgegenwirkt, und 3. dem der Wassersäule $w_1 - w_2$.

Als Korrektionen sind hier, ähnlich wie oben, die Temperatur der Flüssigkeitssäulen, die Ausweitung der Rohre und die Kompressibilität des Wassers und des Quecksilbers zu beachten. Von diesen ist die Unsicherheit in der Ablesung der Quecksilberhöhen und die in der Kenntnis der mittleren Temperatur der Flüssigkeit von großem Einfluß. Für die Ausweitung der Rohre kann aus Analogie der Standänderung des Eispunktes bei hochgradigen Thermometern geschlossen werden, daß sie bei einem Druck von 20 kg/cm² und Verwendung von 10 Rohrpaaren etwa 0,004 kg/cm² ausmachen würde[1]). Die Kompressibilität aber ist von noch geringerem Einfluß, zumal die des Wassers und des Quecksilbers sich teilweise aufheben. Das von THIESEN konstruierte Manometer gestattet unter Berücksichtigung aller Unsicherheiten Drucke bis zu 20 kg/cm² auf 0,01 bis 0,02 kg/cm² genau zu messen.

32. Geschlossene Quecksilbermanometer. Eine andere Möglichkeit, den Umfang eines Quecksilbermanometers nicht zu groß werden zu lassen, ohne seinen Meßbereich selbst merklich zu verkleinern, besteht darin, daß eine oben geschlossene Glasröhre oberhalb des Quecksilbers mit Gas gefüllt wird (etwa

[1]) S. auch H. KAMERLINGH ONNES, Comm. Leiden Nr. 106. 1908.

H_2, N_2 oder einem Edelgas). Ist dann eine Einrichtung getroffen, daß man am Instrument gleich ablesen kann, um wieviel das Gas zusammengedrückt wurde, so kann daraus der herrschende Druck bestimmt werden[1]). Dazu muß aber das Rohr aufs sorgfältigste kalibriert und das abweichende Verhalten des Gases vom BOYLEschen Gesetz bekannt sein; andernfalls ist eine besondere Vergleichung mit einem der oben beschriebenen Apparate notwendig, womit dann das Instrument den Charakter eines absoluten Instrumentes verlieren würde. Luft als Füllgas ist zu vermeiden, da sich einmal durch langsame Oxydation das Volumen des O_2 verändert und überdies das Quecksilber verschmutzt würde, so daß ein einwandfreies Ablesen nicht mehr möglich ist.

Was die Korrektionen anbetrifft, so ist besonders auf die Temperaturverhältnisse zu achten; denn ihr Einfluß macht sich, da Gase beim Versuch verwendet werden, vor allem bemerkbar. Die Intervalle für einen Zuwachs um eine Einheit des Druckes werden mit wachsendem Druck immer kleiner, mithin wird die Meßgenauigkeit immer geringer werden.

Zur Vergrößerung des Meßbereiches bei möglichster Unveränderlichkeit der Meßgenauigkeit haben KAMERLINGH ONNES[1]) und HEELE[2]) Manometer mit veränderlichem Gasvolumen gebaut. Es können z. B. in einem Druckgefäß, das zum großen Teil mit Quecksilber gefüllt ist, Glasrohre so angebracht werden, daß sie nacheinander erst dann ins Quecksilber getaucht werden, wenn der Meßbereich des vorhergehenden Rohres erschöpft ist. Es wird also zunächst mit einer Atmosphäre begonnen, ist das Volumen des Gases in der ersten Röhre etwa beim Drucke p_1 kg/cm² zu klein geworden, so taucht man Rohr *2* ins Quecksilber, dessen Meßbereich nunmehr bei p_1 beginnt. Seine Grenze mag bei p_2 liegen, so daß für dieses Rohr der Umfang des Meßbereiches $p_2 - p_1$ kg/cm² betragen würde, usw. Sollen auch diese Apparate als absolute Instrumente benutzt werden, müssen sie die bereits oben dargelegten Bedingungen erfüllen.

33. Kolbenmanometer oder Druckwaagen. Es sind im eigentlichen Sinne nur die in Ziffer 30, 31 beschriebenen Apparate absolute Manometer, von denen wiederum die letzteren wegen ihrer Handlichkeit den Vorzug verdienen. Aber auch bei diesen stellen sich für sehr hohe Drucke Schwierigkeiten heraus, die die Verwendung anderer Apparate wünschenswert erscheinen lassen. Insbesondere wird es schwierig, die Verbindung der Glasrohre untereinander und mit den übrigen Teilen des Apparates bei hohem Druck abzudichten; die Zahl der Quecksilberkuppen nimmt erheblich zu, so daß für die Ablesung sehr viel Zeit beansprucht wird. Man hat daher den Druck nach dem umgekehrten Prinzip der hydraulischen Presse oder mit einer Druckwaage gemessen, bei denen der Druck — direkt durch Gewichte bestimmt — auf einen Kolben von bekanntem Querschnitt wirkt.

Das erste Prinzip hat GALY-CAZALAT[3]) verwendet, indem er eine Kolbenstange möglichst ohne Reibung in einem metallenen Ring montierte. Auf ihre obere Fläche wirkt der zu messende Druck, während an ihrem unteren Ende eine größere Platte sich befindet, welche den Druck auf eine Quecksilbersäule überträgt. Die Höhe dieser Säule richtet sich nach dem Verhältnis der beiden Endflächen der Kolbenstange zueinander.

Beide Flächen der Kolbenstange waren mit biegsamen Membranen aus mit Kautschuk überzogenem Ziegenleder bedeckt, zu dem Zweck, die Bewegung

---

[1]) H. KAMERLINGH ONNES, Comm. Leiden Nr. 50. 1899; A. W. WITKOWSKI, Phil. Mag. (5) Bd. 41, S. 288. 1896.

[2]) H. HEELE, D. Mechan.-Ztg. 1898, S. 193.

[3]) Dinglers Journ. 1847, S. 103 u. 321; nach dem Bull. de la Soc. d'Encouragement Nov. 1846, S. 590.

der Kolbenstange nach beiden Richtungen zu begrenzen und überdies einen wasser- und dampfdichten Verschluß herzustellen.

Später haben DESGOFFE, JOURNEUX und R. JÄGER[1]) den Apparat umgebaut. Auch AMAGAT[2]) benutzt bei seinen Versuchen über die Zusammendrückbarkeit der Flüssigkeiten ein Manometer nach ähnlichem Prinzip, jedoch ließ er die Membranen fort. Nach ihm sind diese gut eingeschliffenen, aber künstlich nicht gedichteten Kolben AMAGATsche Kolben benannt.

34. AMAGATsches Manometer. Beim AMAGATschen Manometer ist (s. Abb. 30) ein vertikal in einer Röhre sich bewegender Stempel (k) von geringem Querschnitt (q) von oben her mittels einer Übertragungsflüssigkeit dem zumessenden Druck ausgesetzt. Dieser überträgt ihn auf einen zweiten, ebenfalls sich vertikal bewegenden Stempel (K) vom Querschnitt (Q), welcher ein großes mit Wasser oder Öl gefülltes Gefäß luftdicht abschließt. Durch R wird diese Übertragungsflüssigkeit eingefüllt. Am langen Manometerschenkel S wird der im Verhältnis $q:Q$ reduzierte Druck gemessen und daraus der ursprüngliche Druck durch Multiplikation mit diesem Reduktionsfaktor bestimmt.

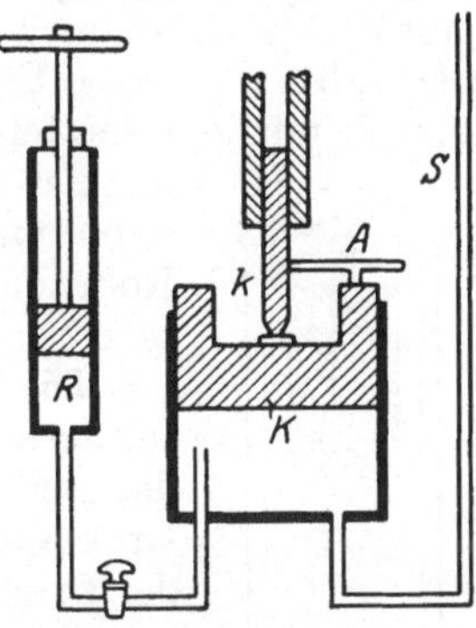

Abb. 30. Prinzip des AMAGATschen Manometers.

Für die Genauigkeit der Messung spielt das Verhältnis $q:Q$ eine entscheidende Rolle. E. WAGNER und später mit ihm P. P. KOCH[3]) haben die Verhältnisse an einem AMAGATschen Manometer eingehend untersucht. Es wurde der Quotient $q:Q$ zunächst direkt durch Ausmessen der Kolben mit dem WILDschen Sphärometer und dem ABBEschen Dickenmesser und Auswägen der Zylinder mit Quecksilber bestimmt. Da sich aber der Kolben frei im Zylinder bewegt und beide — Kolben, wie Zylinder — durch Verwendung eines zähen Öles gegeneinander abgedichtet sind, so kann weder der Durchmesser des Kolbens noch der des Zylinders allein maßgebend sein. Denn es wird stets Öl zwischen beiden herausgedrückt werden, so daß der Durchmesser des Zylinders nicht voll ausgenutzt wird. Andererseits aber haftet am Kolben eine Ölschicht, die scheinbar dessen Querschnitt vergrößert. Diesen tatsächlich in Rechnung zu setzenden Querschnitt nennt man den „wirksamen" oder „funktionellen" Querschnitt, er ist in diesem Falle gleich dem arithmetischen Mittel aus Zylinder- und Kolbenquerschnitt.

Da die Methode der geometrischen Abmessungen nicht nur eine geringe Genauigkeit bietet, sondern auch den wahren Verhältnissen recht wenig angepaßt zu sein scheint, so wurde der wirksame Querschnitt experimentell bestimmt, indem ein bekannter und genügend genau meßbarer Quecksilberdruck p auf den zu bestimmenden Kolben wirkt und die Kraft K, welche der Druckkraft gerade das Gleichgewicht hält (die „Gewichtsmethode"), durch Gewichte gemessen wird. Das für beide Kolben getrennt durchgeführt, ergibt für $Q = \frac{K_1}{p_1}$, $q = \frac{K_2}{p_2}$. Mithin ist der Reduktionsfaktor $= \frac{K_2 p_1}{K_1 p_2}$.

---

1) Dinglers Journ. Bd. 202, S. 393. 1871; ebenda Bd. 120, S. 260. 1851 u. Bd. 248, S. 495. 1883.

2) E. H. AMAGAT, Ann. chim. phys. Bd. 29, S. 70. 1893; F. KOHLRAUSCH, Lehrb. d. prakt. Physik, S. 128, Teubner, 1923.

3) E. WAGNER, Dissert. München 1903; Ann. d. Phys. Bd. 15, S. 910. 1904; P. P. KOCH u. E. WAGNER, Ann. d. Phys. Bd. 31, S. 31. 1910.

Eine dritte direkte Methode zur Bestimmung des Reduktionsfaktors haben beide Forscher ausgearbeitet, indem sie die beiden beim Gebrauch des Instruments wirksamen Drucke zugleich direkt in Quecksilberhöhen maßen. Sie verwandten dazu ein offenes, langes Quecksilbermanometer (s. Ziff. 30). Der Reduktionsfaktor wurde so auf 0,5 $^0/_{00}$ genau bestimmt. Zugleich ist mit dieser Methode die Empfindlichkeit des AMAGATschen Manometers geprüft worden, d. h. es wurde festgestellt, welche Be- oder Entlastung bei einem bestimmten Druck gerade das Gleichgewicht des Kolbens störte. Ist also der zu messende Druck p, so wird einmal bei $p - p_1$ und das andere Mal bei $p + p_2$ das Gleichgewicht gestört, es ist dann $p_2 + p - p + p_1 = p_2 + p_1$, die „Indifferenzbreite" und die Hälfte davon die Empfindlichkeit bei dem betreffenden Druck p. Die beiden Forscher fanden letztere zu 0,004 Atm./cm² oder die Indifferenzbreite zu 0,008, da hier $p_2 = p_1 = 0{,}004$ war. Diese Größe kann durch Bewegen des Kolbens, sei es durch Rotation oder Schütteln, erheblich herabgesetzt werden.

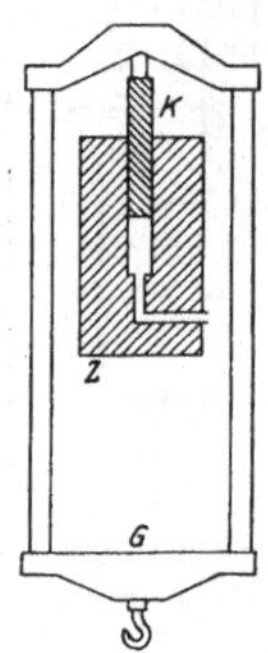

Abb. 31. Manometer mit Kolben ohne besondere Dichtung.

35. Druckwaagen mit Kolben ohne besondere Dichtung. Die direkte Übertragung der Belastung auf den Kolben wird bei den Druckwaagen angewendet. Bei ihnen wirkt der Druck auf einen Kolben K, der (Abb. 31) in einem senkrecht stehenden Zylinder Z frei beweglich — ein AMAGATscher Kolben — mittels eines Gehänges G oder auch von oben mit Gewichten p belastet wird. Für den Kolbenquerschnitt q ergibt sich der Druck $= p/q$. Der Kolben wird in den Zylinder sorgfältig eingeschliffen, so daß nur ein enger, durch eine zähe Flüssigkeit gedichteter Zwischenraum übrigbleibt. Diese Flüssigkeit überträgt zugleich den Druck und fließt selbst bei hohen Drucken nur wenig aus.

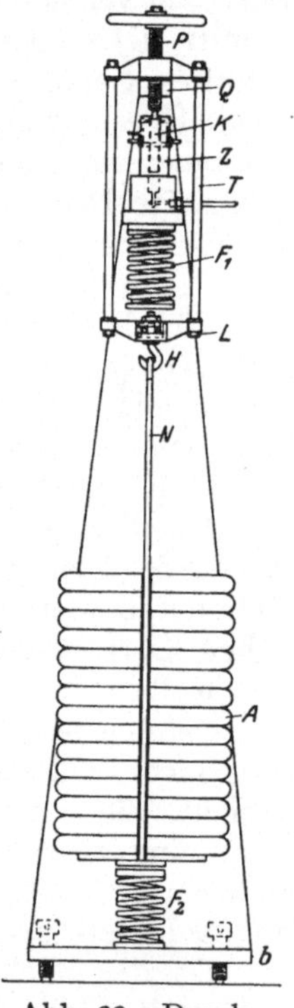

Abb. 32. Druckwaage.

Konstruiert sind solche Waagen von BUCHHOLZ[1]) und ALTSCHUL[2]), bei denen die Gewichte von oben her wirkten. Die andere Art der Übertragung wird bei den auf Veranlassung der Physikalisch-Technischen Reichsanstalt gebauten Waagen angewendet[3]). Die Abb. 32 und 33 zeigen ein solches Modell. Der Stahlkolben K mit einem Querschnitt von etwa 1 cm² bewegt sich frei in dem mit Rizinusöl gefüllten Zylinder Z und wird unmittelbar mit Gewichten belastet, die mittels der Schraubenspindel P aufgesetzt werden, die zu diesem Zweck ein Gehänge für den Gewichtssatz A trägt. Bei Entlastung des Kolbens schraubt man diese Spindel, deren Gewinde in dem oberen Querarm des Gehänges läuft, in die Höhe, wodurch dieser sich auf die Decke Q des schweren Traggerüstes aufsetzt. Die Gewichte A werden dabei von der mit der Bodenplatte b verbundenen Feder F_2 aufgehalten, so daß sich der Träger N von dem Haken H löst und das Gehänge nur noch mit seinem Eigengewicht auf die Decke Q drückt. Nach oben hin ist die Bewegung des Gehänges durch die Feder F_1 begrenzt,

---

1) Dinglers Journ. Bd. 247, S. 21. 1883.
2) M. ALTSCHUL, ZS. f. phys. Chem. Bd. 11, S. 586. 1893.
3) L. HOLBORN u. A. BAUMANN, Ann. d. Phys. Bd. 31, S. 945. 1910; L. HOLBORN, ebenda Bd. 54, S. 503. 1918.

die an der den Zylinder Z tragenden Traverse sitzt, so daß der Kolben K bei wachsendem Druck nicht ganz aus seinem Zylinder hinausgehoben werden kann. L ist ein Kugellager, das eine Übertragung der Bewegung des Kolbens beim Messen auf HNA verhindert. Der Gewichtssatz A besteht aus schraubenförmigen Platten von je 10 kg; nur die unterste Scheibe ist um das Gewicht des Gehänges leichter. Die Scheiben haben radiale Schlitze, so daß sie sich zentrisch zur Stange N aufsetzen lassen.

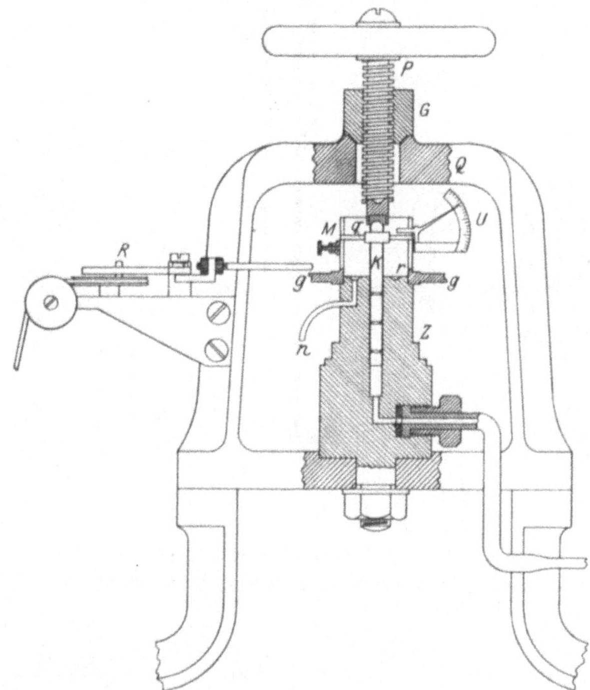

Abb. 33. Oberer Teil einer Druckwaage.

Um den Kolben bewegen zu können, ist an seinem herausragenden Ende mittels eines Vierkants ein kleiner Querarm q (Abb. 33) aufgesetzt, der in die Schlitze der drehbaren Messinghülse eingreift. Diese trägt die Griffe gg, die mit der elektrisch betriebenen Übertragung R verbunden sind.

Das Steigen oder Sinken des Kolbens K wird dadurch angezeigt, daß ein ungleicharmiger Hebel mit 15facher Vergrößerung seine Bewegung auf einen Kreisbogen U überträgt. Diese Vorrichtung ist mit einem Klemmring auf der Messinghülse befestigt.

Der Meßbereich einer solchen Waage kann dadurch erhöht werden, daß der Querschnitt q verringert wird. So gibt es Waagen mit $^1/_2$ und $^1/_4$ cm^2 Querschnitt. Oder aber man läßt den Druck auf zwei miteinander verbundenen Kolben KK' (Abb. 34) verschiedenen Querschnitts wirken; die an das System angehängten Gewichte haben dann nur dem auf die Differenz der Querschnitte entfallenden Drucke das Gleichgewicht zu halten. Man kann auf diese Weise unter Vermeidung dünner zerbrechlicher Kolben zu kleinen wirksamen Querschnitten gelangen, so daß ein Meßbereich bis zu 5000 kg/cm^2 erreicht wird (Differential-Kolbenmanometer von SCHÄFFER und BUDENBERG).

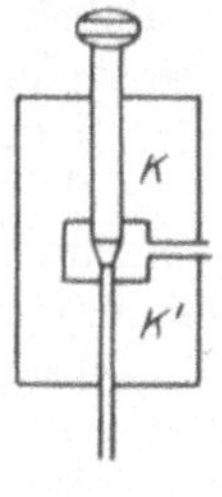

Abb. 34. Differentialkolben.

Die Hauptfrage bei diesen Instrumenten ist die der Empfindlichkeit und Genauigkeit. Wiederum muß auch hier vor allem der wirksame Querschnitt genau bestimmt werden, zu dessen Ermittlung ähnliche Verfahren wie beim AMAGATschen Manometer angewendet werden. Am zuverlässigsten ist die Vergleichung mit einem Quecksilbermanometer. Dabei ist man aber, da ein Quecksilbermanometer einen beschränkten Meßbereich besitzt, auf eine Extrapolation zu hohen Drucken angewiesen.

Um nun die Frage zu entscheiden, ob eine solche Vergleichung auch für die Messung solcher hoher Drucke als ausreichend angesehen werden kann, haben HOLBORN und H. SCHULTZE[1]) zwei Druckwaagen unter Zwischenschaltung eines Differential-Quecksilbermanometers miteinander verglichen.

Die Anordnung der Eichung beider Waagen ist in Abb. 35 dargestellt. Das Quecksilbermanometer ist eine einfache Ausführung des unter Ziff. 30 beschriebenen. Die eine Druckwaage D_1 liegt an einer Stahlflasche F_1 von 20 l Inhalt, die gleichzeitig mit dem kurzen Schenkel K des Differentialmanometers verbunden ist. Auf das obere Ende des 12 m langen Stahlrohrschenkels $L_1 L_2$ dieses Manometers wirkt durch das 3 mm weite Stahlrohr l_1 die in der Stahlflasche F_2 eingeschlossene Luft, die so abgeglichen wird, daß die Druckdifferenz der beiden Flaschen gerade noch mit dem Quecksilbermanometer gemessen werden kann. Der absolute Druck in der Flasche F_2 wird mit der zweiten Druckwaage D_2 bestimmt. Er wird zu Beginn der Beobachtungsreihe auf 17 Atm. gebracht, während sich in der Flasche F_1 Luft von etwa 33 Atm. befindet. Alsdann wird der Druck in den beiden Flaschen stufenweise um 16 bis 17 Atm. erhöht, wobei der Druckunterschied annähernd derselbe bleibt. Zwischendurch bestimmt man auf jeder Stufe das Verhältnis der wirksamen Durchmesser beider Waagen; für diese Messung werden beide Instrumente an die Flasche F_1 gelegt, indem unter Verwendung der punktierten Leitung z das Ventil v_4 geöffnet und die Ventile v_2 und v_3 geschlossen werden.

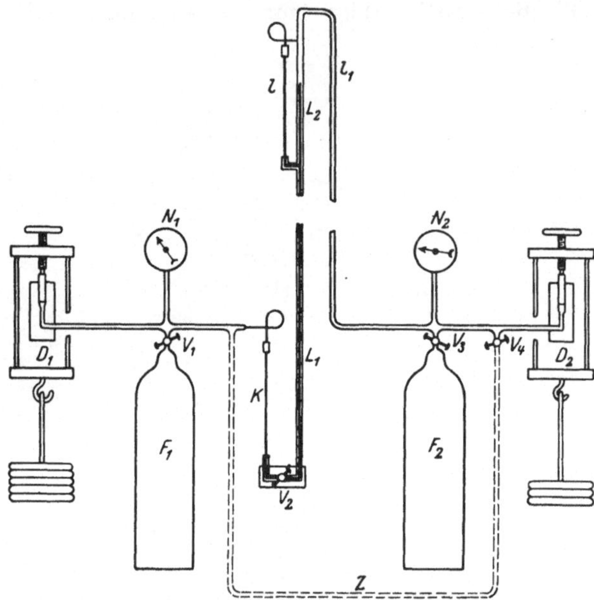

Abb. 35. Vergleichung zweier Druckwaagen.

Auf diese Weise konnte für Drucke zwischen 17 und 100 Atm. keine Änderung des wirksamen Querschnittes der Druckwaagen festgestellt werden. Es ist dabei eine Genauigkeit (etwa 0,1 $^0/_{00}$) erhalten, die mit langen Quecksilbersäulen schon wegen der Ungenauigkeit der Temperaturverhältnisse nicht zu erreichen ist.

A. MICHELS[2]) erörtert eingehend die Frage nach der Größe des wirksamen Querschnittes und seiner Beeinflussung durch verschiedene Faktoren und findet, daß der wirksame Durchmesser das Mittel der Durchmesser von Lager und Kolben ist. Durch langsames Sinken des Kolbens wird ferner eine scheinbare — vom Druck unabhängige — Durchmesservergrößerung bewirkt. Dazu kommen noch drei andere, vom Druck abhängige Korrektionen: eine scheinbare Vergrößerung durch Ausdehnung des unteren Kolbenteiles, eine scheinbare Verminderung durch Zusammenpressen des Kolbens und eine scheinbare Vergrößerung durch

---

[1]) L. HOLBORN u. H. SCHULTZE, Ann. d. Phys. Bd. 47, S. 1089. 1915; s. auch A. C. CROMMELIN u. E. J. SMID, Comm. Leiden Nr. 146 u. Ann. d. Phys. Bd. 51, S. 621. 1916; E. J. HOOGENBOOM-SMID, ebenda Bd. 51, S. 635. 1916.

[2]) A. MICHELS, Ann. d. Phys. Bd. 73, S. 577. 1924.

Zunahme der Spaltoberfläche. Die drei letzten Korrektionen liegen bei sorgfältig gebauten Waagen außerhalb der Beobachtungsmöglichkeit.

36. Die Empfindlichkeit der Druckwaagen wird, wie schon hervorgehoben, dadurch bedeutend erhöht, daß man den Druckkolben bewegt, sei es, daß man ihn schüttelt oder rotiert. Für den Einfluß der Rotation hat A. MICHELS eine Theorie entworfen, indem er die SOMMERFELDsche Theorie über die Drehung geschmierter Zapfenlager heranzog[1]). Er sagt:

Wenn sich eine horizontale Achse in einem gut geschmierten Lager dreht, erhält man bei geringer Geschwindigkeit das Bild einer sog. trockenen Reibung; d. i. mit großer Annäherung die gleiche Reibung, welche zwei einander berührende und sich gegeneinander bewegende Flächen erfahren. Sie ist unabhängig von der Relativgeschwindigkeit und nur proportional dem gegenseitigen Druck. Bei großer Rotationsgeschwindigkeit ändert sich das Bild ganz und gar, und man bekommt eine Erscheinung, wie bei der Reibung in einer Flüssigkeitsströmung, d. h. die Reibung wird unabhängig vom Druck, aber proportional der Relativgeschwindigkeit.

SOMMERFELD erklärt nun diese Erscheinung mit der Annahme, daß Lager und Achse bei großer Rotationsgeschwindigkeit sich nicht direkt berühren, sondern sich stets zwischen beiden eine dünne Ölschicht befindet.

Diese Verhältnisse werden sinngemäß auf die Bewegung des Kolbens übertragen und die Frage nach dem Gleichgewicht der Kräfte und der Stabilität dieses Gleichgewichtes erörtert. Er findet dann, wenn dem Kolben eine genügende Anfangsgeschwindigkeit Ω erteilt wird und seine Bewegung ausklingt, daß bei Ölreibung für den zurückgelegten Winkel α gelten muß: $\alpha = \frac{\Omega}{A}(1 - e^{-At})$. A ist der Quotient: Summe der Reibungsmomente dividiert durch Trägheitsmoment mal Winkelgeschwindigkeit. Bei trockener Reibung aber bleibt A nicht mehr konstant. Diejenige Winkelgeschwindigkeit, bei der dies zuerst auftritt, ist die „kritische". Zur Prüfung der Theorie ist eine Druckwaage von SCHÄFFER und BUDENBERG verwendet. Um eine möglichst gute axiale Lagerung des Kolbens zu gewährleisten, wird diese besonders hergerichtet. Für die Auswertung der Versuche formt MICHELS obige Formel noch um, indem er n, die Tourenzahl, extrapoliert für den Wert $t = \infty$, und ν, die Tourenzahl nach der Zeit t, einführt, so daß A durch $\dfrac{\lg \frac{n-\nu}{n}}{\lg e}$ gegeben ist. Als kritische Tourenzahl pro Minute wird für die Temperatur 12,5° rund 31 und für 16,5° rund 35 gefunden. Den Übergang von Öl- zur trockenen Reibung nimmt er mit einer selbstregistrierenden Apparatur auf, wobei der elektrische Widerstand der isolierenden Ölschicht als Maß herangezogen wird.

Des weiteren unterwirft er die Frage nach der Empfindlichkeit und Einstellungsgenauigkeit einer kritischen Untersuchung. Zu diesem Zweck konstruiert er einen Apparat, der im Prinzip aus einer mit Wasserstoff gefüllten CAILLETETschen Röhre[2]) besteht, in der der Quecksilberstand durch eingeschmolzene Platindrähte mit großer Genauigkeit gemessen werden kann. Mit diesem Wasserstoffmanometer verbindet er seine Druckwaage und stellt den Druck ein, der in diesem Wasserstoffmanometer einem Quecksilberstand dicht unterhalb einer Einschmel-

[1]) A. SOMMERFELD, ZS. f. Math. u. Phys. Bd. 50, S. 97. 1904; Arch. f. Elektrot. Bd. 3, S. 1. 1914; A. MICHELS, Ann. d. Phys. Bd. 72, S. 285. 1923, l. c., u. Proc. Amsterdam Bd. 27, S. 930. 1924 u. L. HOLBORN, Ann. d. Phys. Bd. 75, S. 276. 1924.

[2]) S. dies. Handb. Bd. X, Kap. 3, Ziff. 35.

zung entspricht. Alsdann wird der Kolben der Waage mehr belastet, indem in ein auf seiner Verlängerung angebrachtes Gefäß Öl tropft. In dem Augenblick, da elektrischer Kontakt eintritt, wird abgestoppt und die Menge Öl gewogen. Er findet, daß bei einer Belastung von 176,5 Atm. die Empfindlichkeit und Einstellungsgenauigkeit der Druckmenge gleichzusetzen ist 1,5 g. Innerhalb der Fehlergrenze ist seiner Ansicht nach die einzige Temperaturfunktion berechtigt, die mit der gewöhnlichen Metallausdehnung zusammenhängt.

37. Druckwaagen mit manschettengedichteten Kolben. Zur Vermeidung des Ölaustrittes sind bei dem MARTENSschen Manometer und der STÜCKRATHschen Druckwaage die Kolben mit Ledermanschetten abgedichtet, und zwar liegen bei ersterem die Menschetten am Zylinder, bei letzterem dagegen am Kolben.

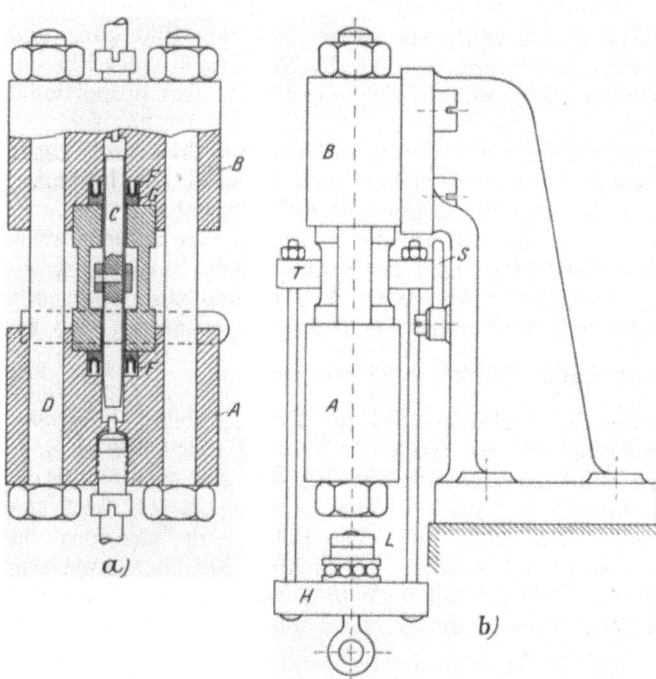

Abb. 36 a u. b. Das MARTENSsche Manometer.

α) Das MARTENSsche Manometer soll nach Angaben von MARTENS[1]) dazu dienen, um bei hohen Drucken noch kleine Druckdifferenzen nach dem Verfahren von CAILLETET durch Gewichte zu bestimmen. Zu diesem Zweck werden die beiden Drucke, deren Differenz gemessen werden soll, auf die Zylinder A und B (Abb. 36a und b) übertragen; sie wirken auf den sauber polierten, geschliffenen und vergoldeten, gehärteten Kolben C, der in A und B durch Lederstulpen F mit Fußring G gedichtet ist. Ein Schieber S ist am Gestell befestigt und trägt zwei Stifte, die die Traverse beim Hin- und Hergehen von S mitnehmen. Die Gewichte sind an dem Gehänge befestigt, das eine mit dem Kolben verbundene Traverse trägt.

β) Die STÜCKRATHsche Waage, deren Prinzip MARCEL DRAPER angegeben[2]) hat, soll dagegen zur direkten Messung hydrostatischer Drucke dienen. Sie ist bisher für Belastungen von 1000 kg/cm² gebaut, indem einmal der Kolben in seinem Querschnitt variiert werden kann (1 und $^1/_2$ cm²) und die Gewichte durch Einschalten eines ungleicharmigen Waagebalkens übertragen werden, so daß selbst für große Drucke verhältnismäßig kleine Gewichte erforderlich sind.

Die Hauptbestandteile der STÜCKRATHschen Waage bilden der Hohlzylinder und der darin bewegliche Kolben, auf dessen Oberfläche der hydraulische Druck

[1]) A. MARTENS u. M. GUTH, Denkschr. zur Eröffnung des Kgl. Materialprüfungsamts zu Groß-Lichterfelde. Berlin: Julius Springer 1904.

[2]) H. F. WIEBE, ZS. f. kompr. u. flüss. Gase Bd. 1, S. 8, 25, 81 u. 101. 1897 u. Bd. 13, S. 83. 1911; ZS. f. Instrkde. Bd. 30, S. 205. 1910; L. CAILLETET, Bull. Bd. 4, S. 22. 1880.

wirkt, während der Kolben mit seinem unteren Teil auf das Gehänge des kurzen Hebelarmes drückt. Dieser Druckwirkung wird an dem 10mal längeren Hebelarm durch Gewichte das Gleichgewicht gehalten.

Abb. 37 gibt ein Gesamtbild des Apparates. Auf dem Gestell F ruht mit der Schneide S_1 der ungleicharmige Waagebalken W ($S_2S_1/S_1S_3 = 1:10$), dessen langer Arm durch Gewichte bei G_1 belastet wird, während das Gehänge G des kurzen Hebelarms auf den beweglichen Stempel K drückt. P ist die Vorrichtung zum Bewegen des Kolbens. Der Stempel K (Abb. 38) bewegt sich also in dem Hohlzylinder H von bekanntem Querschnitt und ist nach oben (bei m) durch eine Ledermanschette abgedichtet. Die Vorrichtung für eine Bewegung des Kolbens ist in diesem Falle zum Rotieren des Kolbens eingerichtet. Der Kolben ruht in seinem abgerundeten Ende auf einem Kugellager, das aus einer gehärteten Pfanne P_1 besteht, die auf Stahlkugeln läuft. Diese liegen in einer Rille der unteren Pfanne P_2. Letztere ist auf dem Stege T am Gehänge befestigt. An dem unteren Ende des Hohlzylinders ist außen ein Schneckenrad R mit Mitnehmerstiften s angebracht, das durch die Schraube ohne Ende S rotiert werden kann. Die Mitnehmerstifte drücken bei der Rotation des Schneckenrades gegen die Feder f auf der oberen Pfanne und setzen diese in Bewegung, die sich dem durch Reibung in der Pfanne festgehaltenen Kolben mitteilt.

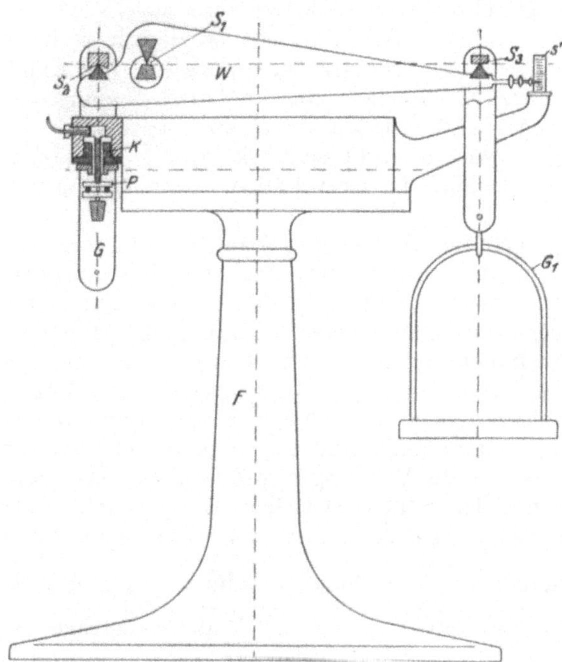

Abb. 37. Gesamtbild der STÜCKRATHschen Druckwaage.

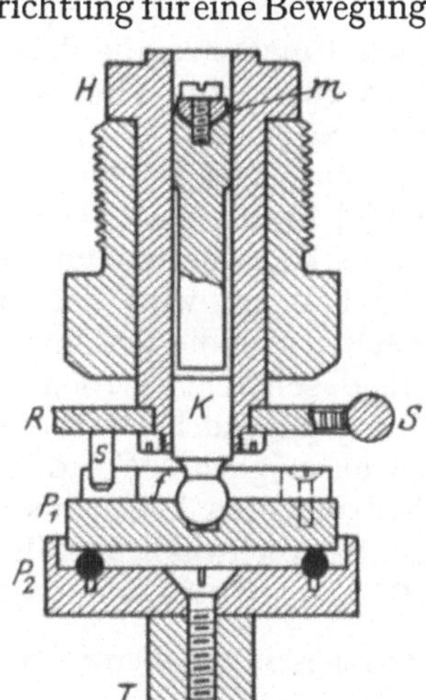

Abb. 38. Anordnung des Kolbens der STÜCKRATHschen Waage.

KLEIN[1]) macht sich von den Vorgängen bei der Rotation folgendes Bild: Um sich vor Augen zu führen, wie die Verhältnisse bei der Reibung liegen, wenn eine Relativbewegung zwischen Dichtung und Kolben stattfindet, denke man sich einen mit Manschetten vollkommen abgedichteten Kolben, der in einem Zylinder gleitet und der mit Gewichten belastet ist, welche in der Flüssigkeit des Zylinders einen Druck erzeugen. Der Kolben gleite langsam abwärts und werde hierbei durch eine Vorrichtung in Rotation versetzt. Ein beliebiger Punkt

[1]) G. KLEIN, Diss. Techn. Hochschule Berlin, 1909.

der Kolbenfläche hat dann zwei Geschwindigkeiten (Abb. 39): infolge des Heruntergleitens eine Axialgeschwindigkeit v_a und infolge der Drehbewegung eine Tangentialgeschwindigkeit v_t; beide ergeben die Resultierende v_r.

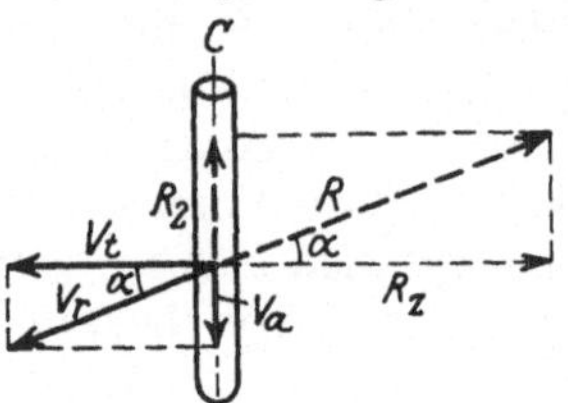

Abb. 39. Zur Theorie der Kolbenreibung.

Die dem Druck ausgesetzten Manschetten werden eine Reibung hervorrufen, deren Richtung nach dem Grundgesetz der Reibung der Bewegung stets entgegengesetzt ist. Diese Manschettenreibung R muß also der resultierenden Geschwindigkeit v_r entgegengesetzt gerichtet sein, also in ihre Rückwärtsverlängerung fallen. Man kann sie wiederum zerlegen in eine Axial- und Tangentialkomponente. Die Axialkomponente R_a ist allein für die Druckmessung von Bedeutung, da sie eine Zusatzbe- bzw. -entlastung der Belastungsgewichte darstellt. Man wird bestrebt sein, sie soweit als möglich zu vermindern. Theoretisch wird sie Null in zwei Fällen, wenn $v_a = 0$ und $v_t = \infty$ ist.

In beiden Fällen wird der Winkel, den die Reibung R mit der Horizontalen bildet, Null, und die Axialkomponente verschwindet. Der erste Fall tritt ein, wenn Manschetten und Leitungen absolut dicht sind; das ist aber nur selten der Fall, oft wird sich ein geringes Absinken ergeben. Dann kann nach dem zweiten Fall die Reibung, wenn auch nicht auf Null, so doch auf sehr geringe Beträge gebracht werden, wenn die Umdrehung bzw. Tangentialgeschwindigkeit nur genügend hoch, die Axialgeschwindigkeit möglichst klein ist. Letzteres ist leicht möglich. Wie die Messungen ergaben, betrug sie bei den untersuchten Instrumenten höchstens 0,01 mm/sec, gute Wartung vorausgesetzt. Die Tangentialgeschwindigkeit ließ sich bei der STÜCKRATHschen Waage nicht über 200 mm/sec steigern, da das Schneckenvorgelege eine zu große Übersetzung hat. Aus diesen Angaben folgt, daß, da $\operatorname{tg}\alpha = \frac{0{,}01}{200} = 0{,}00005$, Winkel $\alpha \approx 1$ Minute, also $R_a = R_t \operatorname{tg}\alpha = 0{,}00005\ R_t$, was auf sehr kleine Reibungsbeträge R_a schließen läßt.

A. MICHELS lehnt diese Theorie der Reibung ab. Denn nach KLEIN folgt aus $R_a = R_t \operatorname{tg}\alpha = R_t \frac{v_a}{v_t}$, daß für $v_t = \infty$ $R_a = 0$ ist. Das wäre nur der Fall, wenn R_t konstant ist. Für $v_t = \infty$ ist aber $R_t = \frac{0}{\infty} =$ unbestimmt. So setzt MICHELS an Stelle der KLEINschen Theorie auch für die abgedichteten Kolben seine unter Ziff. 36 mitgeteilte.

Zur genauen Bestimmung des Druckes muß bei beiden Apparaten — dem MARTENSschen Manometer und der STÜCKRATHschen Wage — der wirksame Querschnitt bekannt sein. Im vorliegenden Falle würde auch die geometrische Ausmessung zuverlässige Werte geben, da durch die Abdichtung die Begrenzung des Querschnittes eindeutig festgelegt ist. So würde beim MARTENSschen Manometer der Querschnitt des Kolbens, bei der STÜCKRATHschen Waage der des Zylinders allein maßgebend sein. Trotzdem hat man auch hier vorgezogen, soweit der Meßbereich von Quecksilbermanometern es zuläßt, durch Vergleichen mit diesen die wirksamen Querschnitte zu bestimmen.

Mehr als bei den Hochdruckmessern mit AMAGATschem Kolben muß bei den mit abgedichtetem Stempel der Einfluß der Dehnung berücksichtigt werden, zumal der eben erwähnte Umstand, daß bis zu den höchsten Drucken hinauf ein Vergleich mit einem Hauptnormal nicht möglich ist, einige Unsicherheit in die Messung hineinbringt.

Die wegen dieser Erscheinung anzubringende Korrektion hat MEISSNER berechnet[1]). Wenn diese Korrektion für Waagen mit AMAGATschem Kolben verhältnismäßig klein wird, so hat das seinen Grund darin, daß bei diesen Waagen der wirksame Querschnitt gleich dem Mittel aus den Querschnitten von Zylinder und Kolben ist, von denen sich der erste weitet, während der andere kleiner wird. Geschähe beides in demselben Maße, so würde sich der wirksame Querschnitt mit wachsendem Druck gar nicht ändern, wenn auch der Spalt zwischen Zylinderwand und Stempel in der Weite zunimmt. Für die spezifische Dehnung des Zylinderdurchmessers ε_z, der durch gleichmäßigen inneren Druck p beansprucht wird, gilt die Gleichung

$$\varepsilon_z = \frac{P}{E} \frac{(1+\mu) r_a^2 - (1-\mu) r_i^2}{r_a^2 - r_i^2} = \frac{P}{E} \cdot K ,$$

wo r_a und r_i den äußeren und inneren Halbmesser, E den Elastizitätsmodul und μ die POISSONsche Zahl bedeuten. Wenn auch wegen der am Zylinder vorhandenen Druckverhältnisse diese Formel nicht streng gültig ist, so gibt sie doch einen Anhalt, da bei der Kleinheit der Korrektion eine genügende Sicherheit gewährleistet ist. Die relative Vergrößerung des Querschnittes hat, da die Flächendehnung gleich dem Doppelten der Längendehnung ist, den Betrag $2\varepsilon_z$, und man erhält für die Korrektion k, die zu der (im übrigen schon korrigierten) Anzeige p der Waage wegen der Dehnung des Hohlzylinders hinzuzufügen ist, den Wert

$$k = -2\varepsilon_z p = -\frac{p^2}{E} \cdot K .$$

Weiter beeinflußt die Temperatur die Genauigkeit der Messung, indem sie sowohl die Abmessungen des Kolbens als auch das Hebelübersetzungsverhältnis verändert. Es sind besonders irgendwelche Luftströmungen zu vermeiden. Im übrigen ist der Einfluß auf den Kolben, wie bereits beim AMAGATschen hervorgehoben, nicht sehr groß.

Endlich muß auf eine sorgfältige Justierung und Erfassung der Herstellungsfehler geachtet werden; hierzu gehört auch, daß die Abweichungen der Gewichte vom Sollwert genau bekannt sind.

Bei Berücksichtigung aller Faktoren kann die Genauigkeit in der Bestimmung absoluter Drucke mit der STÜCKRATHschen Waage bis zu Drucken von 500 kg/cm² zu $^1/_{2000}$ angenommen werden.

38. Metallmanometer. Das den Aneroidbarometern zugrunde liegende Prinzip, als Maß für den Druck die Größe der Durchbiegung einer Metallmembran oder die der Krümmung einer Metallröhre zu benutzen, findet auch bei der Messung hoher Drucke Anwendung.

39. Plattenfedermanometer. Die wellenförmige Membran M ist auf einem schmiedeeisernen Ring RR fest aufgenietet (Abb. 40a) oder durch Schrauben festgehalten (Abb. 40b). Der Druck wirkt von unten; der Stab S dient zur Übertragung der Durchbiegung auf den Zeigermechanismus ($A - B$). Mit Instrumenten dieser Art kann man Drucke bis zu 30 kg/cm² messen.

40. Röhrenfedermanometer. Weit gebräuchlicher sind Manometer mit einer BOURDONschen Röhrenfeder. Diese besteht aus einem kreisförmig ge-

[1]) W. MEISSNER, ZS. f. Instrkde. Bd. 30, S. 137. 1910; F. GRASHOF, Die Festigkeitslehre, S. 233. 1866; L. HOLBORN, Ann. d. Phys. Bd. 54, S. 503. 1918; P. W. BRIDGMAN, Proc. Amer. Acad. Bd. 44, S. 210. 1909; Bd. 47, S. 321. 1911; A. FÖPPL, Festigkeitslehre, 5. Aufl., S. 296.

bogenem Rohr elliptischen Querschnittes, von dem das eine Ende festmontiert ist, das andere sich unter dem Einfluß des Innendruckes frei deformieren kann.

Die Anordnung der Feder kann eine verschiedene sein. Abb. 41a zeigt die gewöhnliche Art für mäßigen, Abb. 41b dagegen für höheren Druck.

In Abb. 41c ist ein Manometer wiedergegeben, dessen Feder R hängend angebracht ist. Überdies ist konzentrisch zur Feder bei x ein gehärteter Stahldraht D befestigt, der

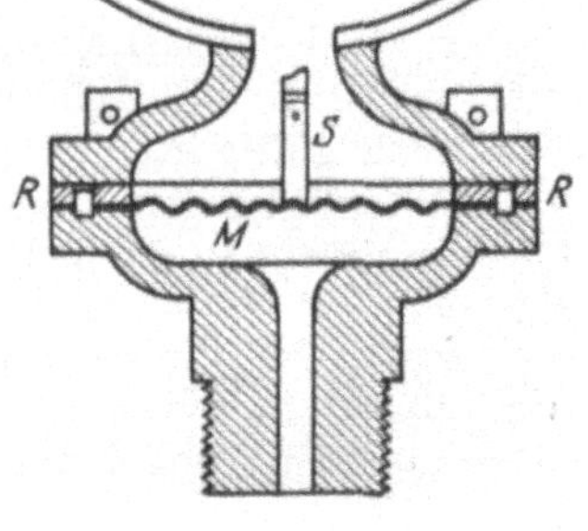

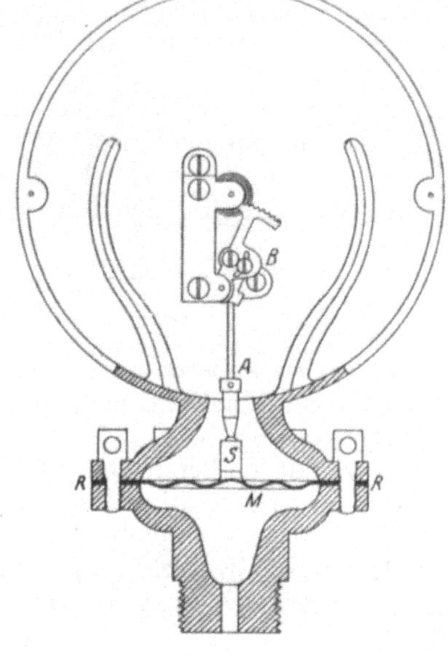

Abb. 40 a u. b. Stahlplattenfedermanometer.

bei y mit dem geschlossenen Federende fest verbunden ist, damit beide sich zugleich bewegen und dadurch die Kraft der Feder wirksam verstärkt wird.

Die Bewegungen des Federendes sind sehr klein und müssen daher durch geeignete Verwendung eines Zeigermechanismus mit Übersetzung vergrößert

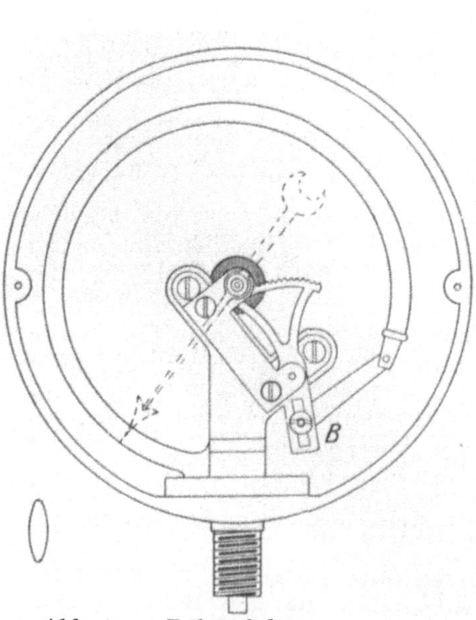

Abb. 41 a. Röhrenfedermanometer für mäßigen Druck.

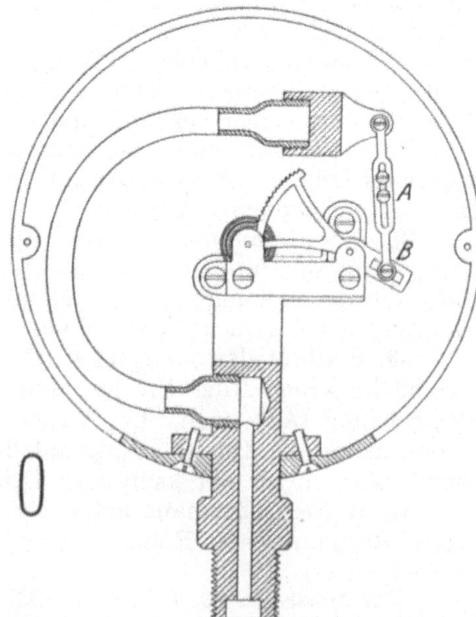

Abb. 41 b. Röhrenfedermanometer für hohen Druck.

werden. Man bedient sich meistens einer Zahnradübersetzung, wobei das eine Federende an das Segment des großen Zahnrades mittels Lenker herangeführt wird.

Geringe Druckänderungen können mittels eines drehbaren Spiegels, welcher durch Kontakt mit dem Manometer bewegt wird (s. Abb. 42a und b) oder sich mit dem Ende einer mehrfach gewundenen BOURDONschen Feder dreht (Abb. 42c), mit Fernrohr und Skale beobachtet werden[1]).

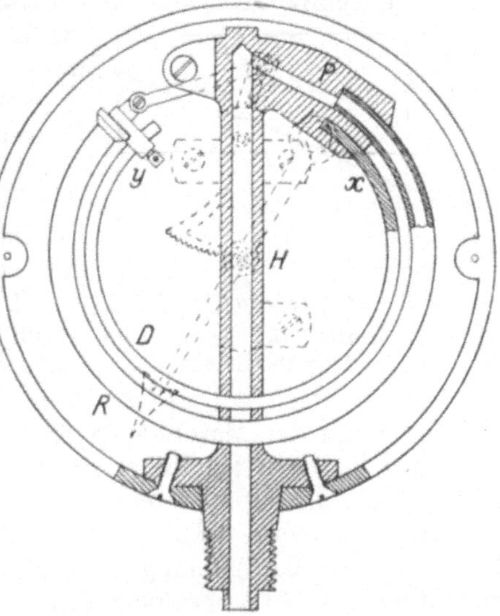

Abb. 41 c. Manometer mit hängender Röhrenfeder und Stahlspannung.

Instrumente besonders sorgfältiger Konstruktion mit zwei Federn und zwei Zeigern dienen als Kontrollmanometer.

Da diese Instrumente nur indirekte Druckmesser sind, müssen sie stets einer genauen Eichung und Nachprüfung unterzogen werden.

Die Theorie der BOURDONschen Feder ist von GREENHILL, WAGNER und KLEIN[2]) behandelt worden; doch ist man in den meisten Fällen auf praktische Erfahrungen und reine Emperie angewiesen.

Betreffs der hier anzubringenden Korrektionen wird auf die Verhältnisse bei den Aneroiden verwiesen. Neben der Stand- und Teilungskorrektion spielen

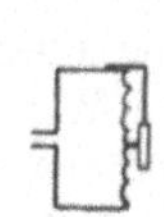

Abb. 42a. Spiegelmanometer.

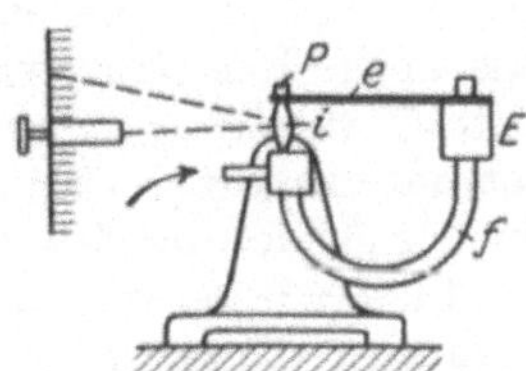

Abb. 42 b. MARTENSsches Spiegelmanometer.

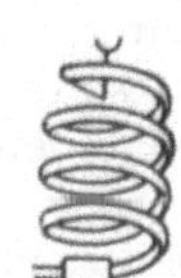

Abb. 42c. Spiegelmanometer mit mehrfach gewundener Bourdonfeder.

auch hier zwei Einflüsse eine wesentliche Rolle: 1. der der Temperatur und 2. der der elastischen Nachwirkung.

41. Temperaturkorrektion an Metallmanometern. Den Einfluß der Temperatur beobachteten WIEBE, WAGNER und STROHMEYER[3]). Werden Beobachtungen über das ganze Druckintervall bei zwei verschiedenen Temperaturen etwa 40 bzw. 60° und 19° durchgeführt, so zeigt sich, daß ungefähr in der Mitte eine vom Wechsel der Temperatur unbeeinflußte Zeigerstellung vorhanden ist. Unterhalb dieses Wertes zeigt das Instrument für geringe Temperatur niedriger

[1]) C. BARUS, ZS. f. Instrkde. Bd. 16, S. 253. 1896; A. MARTENS, ZS. d. Ver. d. Ing. Bd. 53, S. 747. 1909.

[2]) A. G. GREENHILL, Nature Bd. 41, S. 517. 1889/90; E. WAGNER, Fußnote 3 S. 359, u. G. KLEIN, Fußnote S. 365.

[3]) H. F. WIEBE, E. WAGNER, l. c.; C. E. STROHMEYER, Memorandum by the Chief-Engineer for 1906 of the Manchester Steam-Users-Association. Manchester, Taylor Garneet, Evans, Co., Blackfriars Street.

als bei höherer, oberhalb dagegen umgekehrt. Abb. 43 enthält eine graphische Darstellung dieser Verhältnisse. Als Abszisse sind die Drucke 0 bis 300 kg/cm² bei einer Temperatur von 40° genommen. Die ausgezogene Linie stellt dann die Differenz der Angaben bei 19° vermindert um die bei 40° dar. C ist jener neutrale Punkt.

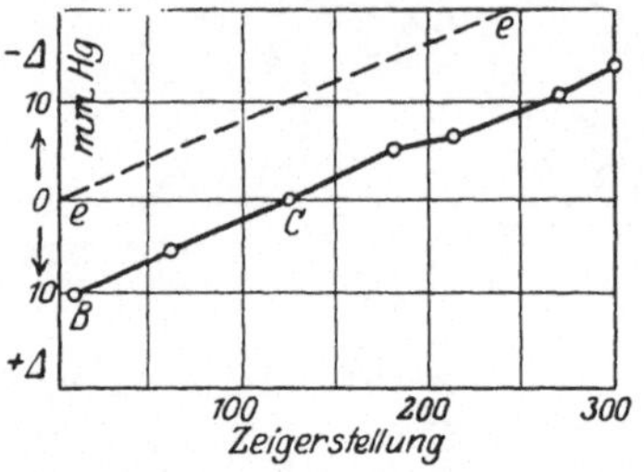

Diese Temperaturveränderung kann in zwei Faktoren zerlegt werden:

1. Mit sinkender Temperatur nimmt die elastische Kraft zu, mit steigender ab; dieser Einfluß würde durch die Linie 0 — e (Abb. 43) darstellbar sein.

2. Skale und Feder dehnen sich aus, wodurch der Nullpunkt verschoben wird (von 0 nach B). Dieser Einfluß der thermischen Änderung kann durch passende Konstruktion und richtige Wahl des Materials in engen Grenzen gehalten werden.

Abb. 43. Einfluß der Temperatur bei Federmanometern.

42. Elastische Nachwirkung der Metallmanometer. Auch die Metallmanometer für hohe Drucke zeigen bei zunehmendem Druck andere Werte an als bei abnehmendem. Man versucht durch geeignete Wahl der Form und des Material diese Erscheinung nach Möglichkeit herabzusetzen. Da WAGNER beobachtete, daß bei langsamem Tempo der Druckänderung die von den Aneroiden bekannte Schleife hier immer kleiner wird, leugnet er die Existenz einer der magnetischen analogen elastischen Hysterese. Doch scheint das Verhalten der Aneroide dem zu widersprechen[1]).

Mit Berücksichtigung aller Vorsichtsmaßregeln wird die mit diesen Manometern erreichte Genauigkeit auf 3‰ geschätzt. Verwendet sind Federmanometer mit gutem Erfolg[2]) bis zu 2000 kg/cm². Sie eignen sich besonders zum Ausbau für Selbstregistrierung. Als solche Registriermanometer sind sie mannigfaltig hergerichtet und haben weite Verbreitung gefunden[3]).

43. Elektrische Widerstandsmanometer. Das Prinzip der elektrischen Widerstandsmanometer besteht in der Änderung des elektrischen Widerstandes unter Einwirkung des Druckes. E. LISELL[4]) benutzt dazu eine Legierung, deren Temperaturkoeffizient Null (Manganin), deren Widerstand also von der die Druckänderung begleitenden Temperaturänderung nicht beeinflußt wird. Er findet für den Zusammenhang des Druckes mit den Änderungen des Widerstandes, daß dieser bis zu Drucken von 4200 kg/cm² eine lineare Funktion des Druckes ist (etwa 0,000002 auf 1 kg/cm²) und erreicht bei Messung des Widerstandes in der WHEATSTONEschen Brücke mit Spiegelgalvanometer eine Genauigkeit von mindestens 1% bei 4000 kg/cm². Als Vorteil dieser Methode wird hervorgehoben, daß der die Druckmessung vermittelnde Draht nur einen sehr beschränkten Raum einnimmt und daß man die Empfindlichkeit bequem und in bedeutendem Grade ändern kann.

Auch LINDECK[5]) verwendet einen Manganindraht, erhält aber Proportionalität nur bis zu Drucken von 800 kg/cm², darüber hinaus stellen sich starke, dauernde Änderungen ein.

---

1) E. WAGNER, l. c.; C. BARUS, Phil. Mag. Bd. 30, S. 338. 1890 u. Bd. 31, S. 400. 1891; A. WÜLLNER, Lehrbuch der Experimentalphysik Bd. 1. Leipzig: B. G. Teubner.

2) FR. BERNHARDT, Phys. ZS. Bd. 26, S. 265. 1925.

3) I. WOHLFAHRT, ZS. f. techn. Phys. Bd. 5, S. 361. 1924.

4) E. LISELL, Ofv. af Kongl. Vetensk. Akad. Förh. Bd. 55, S. 697. 1898; A. LAFAY, Ann. chim. phys. (8) Bd. 19, S. 289. 1910.

5) ST. LINDECK, Tätigkeitsber. d. Phys.-Techn. Reichsanstalt 1909; ZS. f. Instrkde. Bd. 30, S. 154. 1910.

A. DEFOREST PALMER[1]) benutzt als Widerstandsmaterial Quecksilber. Bis zu Drucken von 2000 kg/cm² gilt zwischen dem elektrischen Widerstand R des Quecksilbers und dem Druck p die Beziehung $R = R_0 (1 + a p)$, wo R_0 den Widerstand für den Druck $p = 0$ bedeutet. Wegen der Abhängigkeit von der Temperatur wird der ganze Apparat in Eis getaucht; bei dieser Temperatur ist dann $a = 0{,}00003237$.

Die in der Literatur angegebenen Werte dieser Druckkoeffizienten schwanken beträchtlich. Es ist bei den verwendeten Metallen vor allem auf besondere Reinheit zu achten; als zuverlässiges Kriterium hierfür dient der Temperaturkoeffizient des elektrischen Widerstandes zwischen 0 und 100°. Es ist auch darauf zu achten, daß das betreffende Metall in eine neue Modifikation übergehen kann.

BRIDGMAN[2]) hat diese Verhältnisse untersucht. Folgende Tabelle gibt eine Zusammenstellung der Ergebnisse:

Stoff	Mittlerer Druckkoeffizient 0 bis 12000 kg/cm²	Stoff	Mittlerer Druckkoeffizient 0 bis 12000 kg/cm²	Stoff	Mittlerer Druckkoeffizient 0 bis 12000 kg/cm²
In	$-0{,}0_4 1021$	Ag	$-0{,}0_5 3332$	Pt	$-0{,}0_5 1870$
Sn	$-0{,}0_5 9204$	Au	$-0{,}0_5 2872$	Mb	$-0{,}0_5 1286$
Th	$-0{,}0_4 1151$	Cu	$-0{,}0_5 1832$	P	$-0{,}0_5 1430$
Cd	$-0{,}0_5 8940$	Ni	$-0{,}0_5 183$	W	$-0{,}0_5 1234$
Pb	$-0{,}0_4 1212$	Co	$-0{,}0_6 934$	Ur	$-0{,}0_5 436$
Zn	$-0{,}0_5 4700$	Fe	$-0{,}0_5 2262$	Sb	$+0{,}0_4 1220$
Al	$-0{,}0_5 4128$	Pd	$-0{,}0_5 1895$	Bi	$+0{,}0_4 2227$

Cs hat einen Umwandlungspunkt, der bei 0° in der Nähe von 1980 kg/cm² bei 17° bei 3260 kg/cm² liegt. Unterhalb dieses Punktes ist der Druckkoeffizient negativ, oberhalb nimmt er mit dem Widerstand wieder zu.

Der Druckkoeffizient selber zeigt bei allen Metallen eine Abhängigkeit von der Belastung.

44. Manometer verschiedener Prinzipien. CAILLETET[3]) zieht zur Messung hoher Drucke das HOOKEsche Gesetz heran. Er verwendet dazu ein thermometerartiges Gefäß mit genau kalibriertem Kapillarrohr, welches mit Quecksilber gefüllt ist. An dem Kapillarrohr befindet sich eine Verstärkung, um das Glas mit Hilfe von Guttapercha in ein kupfernes Futter zu befestigen, das die Mündung einer starken stählernen Büchse genau abschließt. Das in diesem letzteren befindliche Wasser wird komprimiert und überträgt den Druck auf die Wände des Glaszylinders. Aus dem Stand des Quecksilbers in den Kapillaren kann man auf die Größe des Druckes schließen. CAILLETET hatte zu diesem Zwecke besondere Versuche über die Volumenveränderung eines zylindrischen Glasrohres angestellt, auf dessen Außenwand eine komprimierende Kraft wirkt, und fand, daß diese Änderung innerhalb weiter Grenzen dem ausgeübten Druck proportional ist und daß das Glas bei nicht zu lange dauerndem Druck keine bleibende Formänderung erleidet. Damit war seine Brauchbarkeit als Manometer nachgewiesen. Es muß dieses Instrument aufs genaueste mit einem Normalmanometer verglichen werden. Insbesondere ist der Einfluß der Temperatur durch möglichst konstante Verhältnisse auszuschalten. Ein auf ähnlicher Grundlage beruhendes Manometer ist von TAIT[4]) angegeben worden.

[1]) A. DEFOREST PALMER, Sill. Journ. Bd. 4, S. 1. 1897 u. Bd. 6, S. 451. 1898.

[2]) P. W. BRIDGMAN, Proc. Amer. Acad. Bd. 52, S. 571. 1917; Bd. 56, S. 59. 1921; Bd. 58, S. 149. 1923. Weitere Daten finden sich bei BRIDGMAN, Proc. Nat. Acad. Amer. Bd. 6, S. 505. 1920; Bd. 10, S. 411. 1924.

[3]) L. CAILLETET, Ann. chim. phys. (6) Bd. 29, S. 70. 1883.

[4]) P. TAIT, Proc. Edinburgh Bd. 10, S. 572. 1880.

Ein den Aneroidbarometern und Federmanometern ähnliches ist das Quarzmanometer, das von GIBSON[1]) neu hergerichtet ist. Hauptbestandteil bildet eine biegsame Zinnmembran, durch welche eine kleine Quarzkugel begrenzt wird. Sie folgt den Druckänderungen in ähnlicher Weise wie die Metallkapsel der Aneroidbarometer und der Federmanometer. An dieser Membran ist eine Quarzplatte befestigt, deren Oberfläche poliert ist, so daß sie als Spiegel wirkt. Dicht bei diesem Spiegel möglichst in derselben Ebene befindet sich eine zweite in engster Verbindung mit dem Quarzrohr, deren Verlängerung die Kugel bildet. Der von diesem Spiegel zurückgeworfene Strahl bezeichnet den Nullstrich, in bezug auf welchen die Bewegung des ersten Spiegels beobachtet wird. Da mit diesem Apparat Quecksilberdampfdrucke bis zu 1250° gemessen sind, gestattet er also mehrere tausend kg/cm^2 zu messen.

Auf ganz anderem Prinzip gründet sich das PEROTsche Ausflußmanometer[2]). Bei diesem wird der Druck aus der durch ein Kapillarrohr hindurchgedrückten Flüssigkeitsmenge auf Grund des POISEUILLEschen Gesetzes bestimmt. PEROT hat damit Drucke bis zu 300 kg/cm^2 gemessen, erreicht aber eine Genauigkeit, die das Instrument nur für technische, aber nicht für wissenschaftliche Präzisionsmessungen tauglich erscheinen lassen.

c) Erzeugung und Messung niedriger Drucke.

45. Begriff des Vakuums. Der Begriff „Vakuum" — im engeren Sinne als Ausdruck für das Bestehen eines ganz von Materie freien Raumes — ist schon lange bekannt. Doch wurde die Möglichkeit, ein Vakuum herzustellen, geleugnet. Die Materie, so behauptete ARISTOTELES, habe aus einem Abscheu vorm Vakuum heraus das Bestreben, stets eine etwa entstehende „Leere" auszufüllen; dieser Horror vacui war lange Zeit in der Naturwissenschaft vorherrschend, bis fast gleichzeitig OTTO v. GUERICKE[3]) und TORRICELLI — beide unabhängig voneinander und auf verschiedenen Wegen — diese Ansicht widerlegten. Heute versteht man unter Dehnung des alten Begriffes unter Vakuum schlechthin das Bestehen eines ganz oder teilweise von Materie befreiten Raumes. Die Entstehung des Barometers, die Überzeugung von der Existenz des Luftdruckes und des über dem Quecksilber im geschlossenen Schenkel befindlichen luftleeren Raumes hängen eng mit der Geschichte und dem Begriff des Vakuums zusammen. Überall da, wo ein Druck kleiner als der der Atmosphäre auftritt, herrscht ein Unterdruck oder Vakuum. Die Güte des Vakuums richtet sich nach der Menge Materie, die noch in dem betreffenden Raume vorhanden sind. Ihr Druck wird in mm Quecksilbersäule gemessen. Ein „Hochvakuum" ist erreicht, wenn der Druck etwa 10^{-5} bis 10^{-6} mm Hg beträgt. Bei noch weiterer Verdünnung — etwa 10^{-10} und tiefer — wird von einem Extremvakuum gesprochen[4]).

α) Erzeugung niedriger Drucke.

46. Wirkungsweise der Pumpe. Ein Unterdruck oder Vakuum wird durch Fortschaffen des Gases oder Dampfes aus dem betreffenden Gefäß hergestellt.

---

[1]) G. E. u. J. GIBSON, Proc. Edinburgh Bd. 33, S. 1. 1913.

[2]) A. PEROT, C. R. Bd. 145, S. 1157. 1907.

[3]) OTTO v. GUERICKE, Experimenta Magdeburgica Amst. 1672.

[4]) Als Sammelwerke werden genannt: A. GOETZ, Physik und Technik des Hochvakuums. Braunschweig: Friedr. Vieweg & Sohn 1926; J. TEER HEERDT, Overzicht van de Therie en de Toepassingen van Gassen, waarin de Onderlingen Botsingen der Molekulen kunnen verwaarloosd worden. Utrecht-Nijmegen: N. V. Dekker, van de Vegt en J. W. Leeuken 1923; S. DUSHMAN, High vacuum. New York: B. E. C. Schemetady 1922; deutsch Berlin: Springer 1926.

Dabei benutzt man die Tatsache, daß ein Gas stets ganz den ihm zur Verfügung stehenden Raum ausfüllt. Es wird daher der Rauminhalt des Gefäßes oder Rezipienten künstlich vergrößert, indem man mit ihm eine Vorrichtung in Verbindung bringt, die im einfachsten Fall aus einem durch einen Kolben verschlossenen zylindrischen Rohr besteht. Wird der Kolben aus diesem herausgezogen, so breitet sich das Gas auch auf den Zylinder aus. Ist die äußerste Stellung des Kolbens erreicht, so gestattet ein besonderes Ventil oder Hahn das Abschließen des Rezipienten und ein Herstellen der Verbindung des Zylinders mit der Außenluft. Beim Herunterdrücken des Kolbens wird das im Zylinder gefangene Gas ausgestoßen, dann jenes Ventil umgestellt, und der Pumpakt kann von neuem beginnen. Mit jedem Hin- und Hergang ist durch das fortgesetzte Vergrößern des Raumes und Beseitigen der abgetrennten Gasmenge im Rezipienten selbst der Druck immer niedriger geworden. Eine untere Grenze wird durch das undichte Abschließen des Kolbens sowohl, wie durch die Räume im Ventil bedingt. Diese sog. schädlichen Räume kann man in ihrem Einfluß auf das Vakuum herabmindern entweder durch Abdichten mit einer Flüssigkeit — verwendet wurde anfangs Wasser, später Öl oder Quecksilber — oder durch Unterteilung der Druckdifferenz, indem ein zweiter Kolben dem ersten vorarbeitet. Es würde dieser dann nicht an die Außenluft, sondern an den zweiten Kolben die abgesogene Gasmenge abgeben. Er arbeitet mit einem Vorvakuum.

Die Mannigfaltigkeit der Konstruktion zwingt zu einer Auswahl unter dem Gesichtspunkt, daß Beispiele der noch heute üblichen Modelle beschrieben werden[1]).

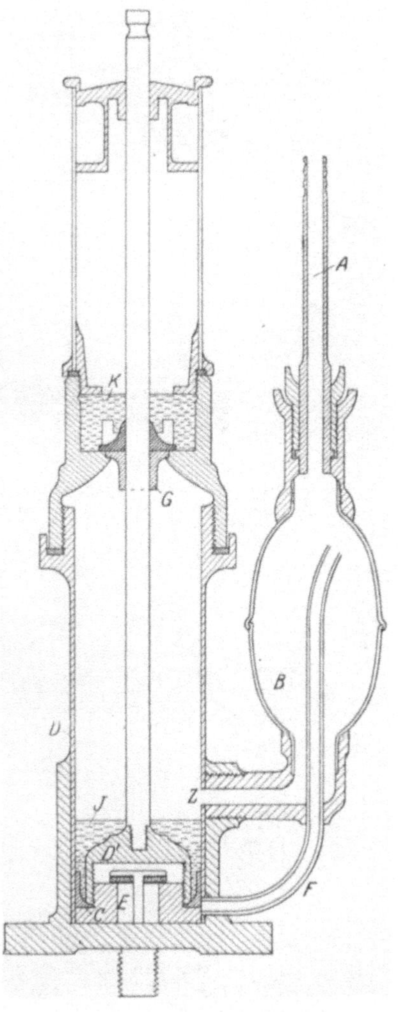

Abb. 44. Gerykluftpumpe.

47. Ölpumpen. Die Gerykluftpumpe[2]) nach FLEUSS (s. Abb. 44) enthält ein Gefäß *B*, an dessen Saugrohr *A* der zu entleerende Raum angeschlossen wird. *B* steht seinerseits durch eine Öffnung in der Zylinderwand *D* sowie durch das Rohr *F* mit dem Raum über bzw. unter dem vermittels des Lederstulpes *C* abgedichteten Kolben in Verbindung. Das über dem Kolben befindliche Öl *J* wird bei jedem Pumpakt mitgehoben. Dabei wird Luft aus *B* zunächst durch *F* und nach Passieren von *Z* auch durch diese Öffnung angesogen. Da *Z* und *F* miteinander kommunizieren, besteht anfangs keine Druckdifferenz zu beiden Seiten des Kolbens. Später aber wird bei weiterem Hochgehen oberhalb des Kolbens die Luft verdichtet. Dadurch wird zwangläufig das Ventil *G* geöffnet, so daß Luft durch *K* hindurchtritt, die Ölfüllung *K* sich mit der bei *J*

[1]) Wegen alter Konstruktionen s. A. WINKELMANN, Handbuch der Physik, 2. Aufl., S. 1316. 1908,

[2]) H. HAHN-MACHENHEIMER, ZS. f. Unterr. Bd. 14, S. 285. 1901.

vereinigt und so jeder schädliche Raum vermieden wird. Beim Rückgang gleicht sich durch E, da nunmehr über dem Kolben ein Vakuum entsteht, der Druck zu beiden Seiten des Kolbens aus. Es wird die Ausgangsstellung erreicht.

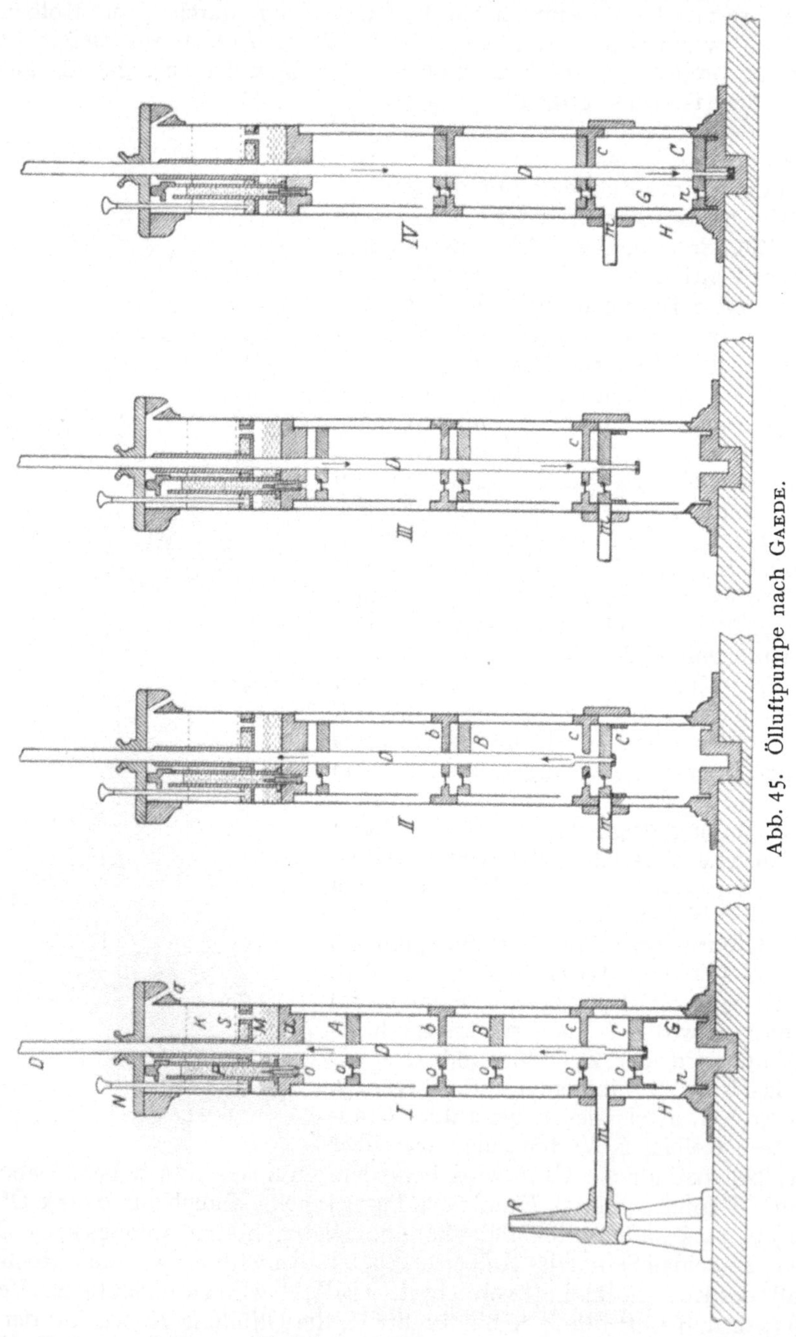

Abb. 45. Ölluftpumpe nach GAEDE.

Die Pumpe wird zur Erhöhung ihrer Leistungsfähigkeit mit mehreren Zylindern, die hintereinandergeschaltet sind, gebaut und hat ein Endvakuum von etwa $1 \cdot 10^{-3}$ mm Hg.

Die Pumpe erfordert für ihre Leistung wenig Kraft und ist stets betriebsfertig, doch ist ihre Empfindlichkeit gegen Wasserdämpfe nachteilig. Etwa in die Pumpe eintretende Wasserdämpfe mischen sich nämlich mit dem Öl, werden bei der Kompression kondensiert und expandieren wiederum bei Unterdruck, so daß sie nicht entfernt werden können und das Endvakuum infolge ihres hohen Dampfdruckes beträchtlich herabsetzen.

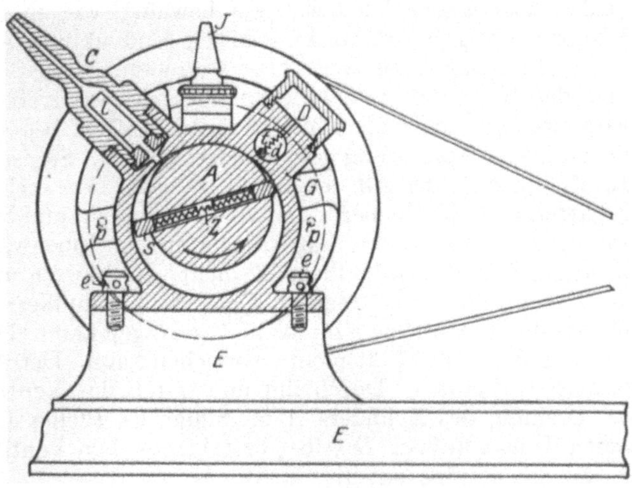

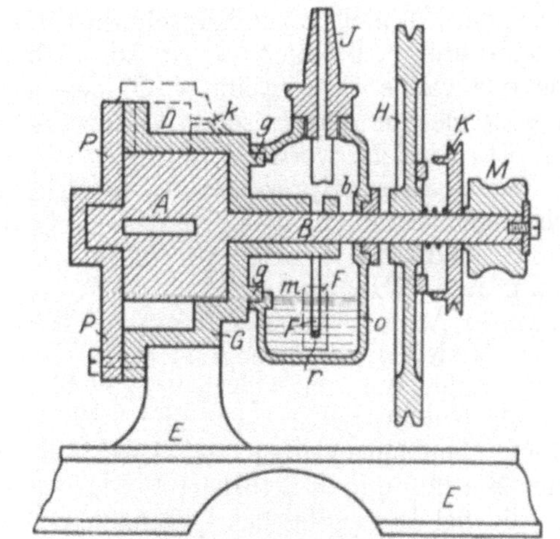

Abb. 46. Kapselpumpe nach GAEDE.

Diesem Mangel begegnet die von GAEDE gebaute Ölpumpe durch eine Vorrichtung, die das kondensierte Wasser vom Öl trennt und außerhalb des Zylinders abscheidet, so daß sie das Vakuum nicht mehr schädlich beeinflussen können.

Die Pumpe hat (s. Abb. 45) drei Kolben *A*, *B* und *C*, die an einer Stange *D* befestigt sind[1]). Jeder Kolben bewegt sich in einem Teil des ganzen Zylinders, der durch die Wände *a*, *b*, *c* und *d* unterteilt ist. Die einzelnen Stockwerke stehen durch die Ventile *o* miteinander in Verbindung. Während die beiden Kolbenflächen *A* und *B* fest mit der Kolbenstange verbunden sind, ist die letzte *C* in geringen Grenzen verschiebbar, soweit der verengte Teil der Stange es erlaubt. Der zu entleerende Raum befindet sich bei *R* und kommuniziert durch *m* und *n* mit dem Raum *G*. In Stellung *IV* kommt Luft aus dem Rezipienten nach *G* oberhalb *C*. Zu Beginn des Pumpaktes bewegt sich die Kolbenstange infolge der Verengung ohne *C* nach oben. Später wird *C* durch den Anschlag mitgenommen. Dadurch wird die abgetrennte Luft (Stellung *II*) in den Raum zwischen *b* und *c* befördert, der seinerseits durch *B* einen Unterdruck hat. Beim Abwärtsgehen (Stellung *III*) bewegt sich anfangs die Kolbenstange ebenfalls ohne *C*, bis jene die Öffnung bei *c* verschlossen hat und dann *C* mit herabdrückt. Auch die Luft zwischen *c* und *b* wird an einen vorevakuierten Raum abgegeben, welch letzterer sich durch *q* gegen Atmosphäre entlädt. Etwa vorhandene Wasserdämpfe werden bei *M*

[1]) Siehe A. GOETZ, Fußnote 4 S. 372.

durch ein den Raum *K* anfüllendes Stoffgewebe aufgefangen, das die Fähigkeit hat, Öl und Wasser zu trennen. Das Rohr *N* gestattet von Zeit zu Zeit das angesammelte Wasser zu entfernen.

Wir haben hier ein Beispiel, den schädlichen Raum sowohl durch Öldichtung wie durch Schaffen eines Vorvakuums herabzudrücken. Diese Vereinigung der beiden Abwehrmittel hat sich gut bewährt, wie aus der Leistungsfähigkeit der Pumpe hervorgeht. Es wird mit ihr ein Endvakuum von $5 \cdot 10^{-5}$ mm Hg erreicht.

GAEDE hat dann weiter zur Vermeidung einer großen Zahl von Ventilen und der bei guter Saugwirkung notwendigen großen Kolben eine rotierende Kapselpumpe konstruiert, die in ihrem Aufbau bedeutend einfacher und durch die geringere Abmessung geschwinder arbeitet. Sie ist in Abb. 46 wiedergegeben. Im Zylinder *A*, der auf der das Antriebsrad *H* tragenden Welle *B* sitzt, sind die gehärteten Stahlschieber *s* radial verschiebbar und werden durch die Feder *Z* so auseinandergedrückt, daß sie eng an der Innenwand des Rotgußgehäuses *G* anliegen. *G* ist durch die Platte *P* dicht verschlossen und mittels der Schrauben *e* auf *E* befestigt. *O* ist zugleich Ölgefäß im Windkessel; in ihm steht bis *m* das Öl, das durch den Ring *r* zur Welle *B* gelangen kann. Die Stopfbüchse *b* schließt *O* ab, so daß aus ihm Luft nicht entweichen kann. Der Ansatz *C* ist mit dem Rezipienten verbunden. Durch ihn und durch das Ventil *D* und Kanal *k* gelangt bei Drehung des Zylinders *A* im Sinne des Pfeiles Luft nach *O* und von dort durch *J* nach außen. *D* selbst besteht aus dem Ventilkörper *a* und der Feder *t*, so daß die Pumpe gut abgedichtet ist.

Bei andern Modellen der Kapselpumpen — denen der Firmen Siemens und Schuckert[1]) und A. Pfeiffer — ist zur sicheren Abdichtung des rotierenden Kolbens das ganze System unter Öl gesetzt. Durch Hintereinanderschalten solcher Systeme, die einzeln schon Vakua bis 10^{-3} erzeugen, sind Drucke unter 10^{-4} mm Hg erreicht worden.

48. Quecksilberluftpumpen. In folgerichtiger Fortsetzung des Gedankens, ein Dichtungsmaterial anzuwenden, dessen eigener Dampfdruck möglichst niedrig und ohne schädlichen Einfluß für die Erzeugung niedriger Drucke ist, haben KRAVOGEL und WALTENHOFEN[2]) eine Konstruktion angegeben, bei der der Kolben gegen Atmosphärendruck durch Quecksilber abgedichtet ist. Doch hat sich dieses Modell nicht durchgesetzt.

Vielmehr hat man das Quecksilber nicht nur als Dichtungsmaterial, sondern zugleich als Kolben selbst verwendet. Diese Pumpen enthalten eine beträchtliche Menge von Quecksilber, das zwar gut abdichtet und somit einen hohen Grad der Verdünnung gewährleistet, aber gleichzeitig immer Gase absorbiert enthält, die bei Bewegung des Quecksilbers leicht wieder ins Vakuum zurücktreten können. Überdies werden Wasser und andere Dämpfe mit diesen Pumpen nicht fortgeschafft; hierzu müssen gegebenenfalls besondere Vorrichtungen verwendet werden. Die Typen verlangen eine gute Wartung, ihre Handhabung wird zum Teil umständlich und zeitraubend. Aus diesen Gründen sind diese Modelle nur noch vereinzelt im Betrieb, so daß hier eine kurze Beschreibung ihrer Prinzipien genügt, ohne auf Einzelheiten der verschiedenen Variationen einzugehen.

Unter der Benutzung der Tatsache, daß sich über dem Quecksilber in einem Rohr von etwa 760 mm Länge ein luftleerer Raum befindet, entstanden die Konstruktionen von GEISSLER-TÖPLER und SPRENGEL.

Die erstere — von GEISSLER konstruiert — besteht aus zwei Behältern *A*

---

[1]) K. TH. FISCHER, Phys. ZS. Bd. 6, S. 868. 1905.

[2]) A. v. WALTENHOFEN, Wiener Ber. Bd. 44 [2], S. 603. 1861; Pogg. Ann. Bd. 117, S. 606. 1862.

und B (Abb. 47), die untereinander durch einen Gummischlauch verbunden sind und von denen der eine — B — an seinem oberen Ende 2 Hähne a und b hat. b ermöglicht die Verbindung zwischen B und der Luft, a mit dem Rezipienten.

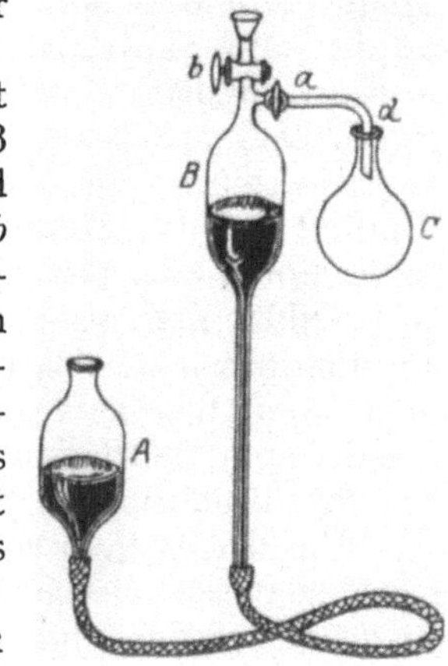

Abb. 47. Quecksilberluftpumpe nach GEISSLER.

Während B bei geöffnetem Hahn b mit der Luft kommuniziert, wird A angehoben; das in diesem Gefäß enthaltene Quecksilber füllt B und b aus. Dabei wird zugleich Luft nach außen verdrängt. Alsdann wird b verschlossen, a dagegen geöffnet, A um etwa 1 m gesenkt, so daß Luft aus dem Rezipienten c nachströmen kann. Nun wird a wieder so gestellt, daß die zu entleerende Apparatur abgeschlossen, B aber mit der Außenluft verbunden ist. Durch Heben von A treibt das Quecksilber die angesaugte Luft hinaus; der Pumpakt ist beendet. Durch fortgesetztes Pumpen wird das Vakuum hergestellt.

Wesentlich verbessert ist dies Modell durch TÖPLER und HAGEN[1]), in dem jegliche Hähne vermieden wurden und das Quecksilber selbst deren Funktionen übernahm und andererseits der Pumpakt unterteilt wurde, so daß von einem gewissen niedrigen Druck ab nicht jedesmal ein Heben des Gefäßes A um die ganze Barometerhöhe nötig wird.

WOOD und U. V. REDEN[2]) bauten die TÖPLERsche Pumpe zum mechanischen Antrieb aus und änderten überdies die Auf- und Abwärtsbewegung in eine schaukelnde um. Zur Verkürzung der linearen Abmessungen und zum geringeren Bedarf an Quecksilber ist bei diesem Modell ein Vorvakuum verwendet worden.

Die Modifikation der Pumpe durch McLAUGHLIN und BROWN[3]) bedarf ebenfalls eines Vorvakuums; sie ist für dauernden und selbsttätigen Betrieb mit Rücklauf des Quecksilbers in das Ausgangsreservoir hergerichtet. Es ist bei ihr die Möglichkeit vorgesehen, das evakuierte Gas wieder zu sammeln.

Das mit einem Modell dieser GEISSLERschen Pumpe besterreichte Vakuum ist $1 \cdot 10^{-5}$ mm Hg.

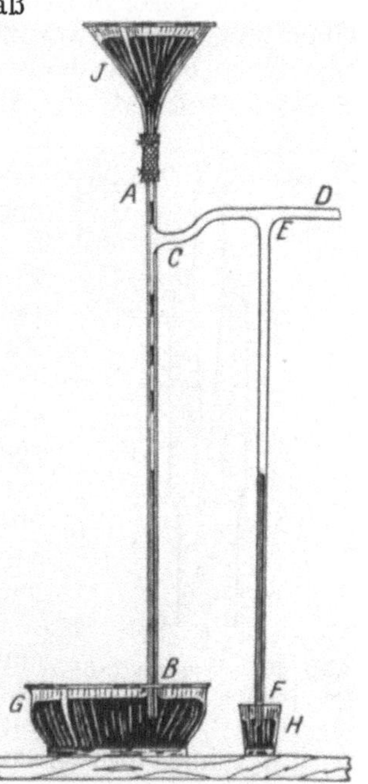

Abb. 48. Quecksilberluftpumpe nach SPRENGEL.

Während all diese Modelle hydrostatischer Natur sind, ist bei der SPRENGELschen Pumpe das hydrodynamische Prinzip herangezogen[4]). Aus einem Trichter J (s. Abb. 48) fällt das Quecksilber tropfenweise durch ein etwa 1 m langes Rohr AB, das so eng sein muß, daß ein Quecksilbertropfen stets den ganzen Rohrdurchmesser ausfüllt. und nimmt aus einem bei c seitlich angesetzten Rezipienten die Luft mit fort. Ihre Saugleistung ist nicht sehr groß,

[1]) A. TÖPLER, Dinglers Journ. Bd. 163, S. 426. 1862; E. BESSEL-HAGEN, Wied. Ann. Bd. 12, S. 425. 1881.

[2]) U. v. REDEN, Phys. ZS. Bd. 10, S. 316. 1909.

[3]) H. M. McLAUGHIN u. F. E. BROWN, Journ. Amer. Chem. Soc. Bd. 47, S. 613. 1925.

[4]) H. SPRENGEL, Journ. chem. soc. (2) Bd. 3, S. 9. 1865.

und so eignet sich dies Modell nur zum Auspumpen kleiner Räume. Modifizierungen sind ersonnen worden von GIMINGHAM, BOLTWOOD, KAHLBAUM, ZEHNDER und WAREN[1]), indem mehrere Fallröhren verwendet, ein sog. Vakuumzapfen, eine Luftfalle und Vorrichtungen eingeführt wurden, durch die das heruntergefallene Quecksilber wieder zu seinem höher gelegenen Ausgangsort zurückbefördert wird.

Um die im Quecksilber eingeschlossenen Gase und Wasserdämpfe für den Einfluß auf das Vakuum unschädlich zu machen, läßt MANLEY[2]) das Quecksilber durch zwei besondere Behälter fallen, die als elektrische Entladungsröhren ausgebildet sind. Die eine Elektrode ist das Quecksilber selbst. Wird während des Pumpens eine elektrische Entladung aufrechterhalten, so wird das Quecksilber von Gasen, die das Vakuum aufnimmt, befreit, etwa vorhandene Wasserteilchen werden zum Verdampfen gebracht und vom Phosphorpentoxyd absorbiert.

Der Enddruck liegt zwischen 10^{-3} und 10^{-4} mm Hg.

Ein dritter Typ von Quecksilberpumpen sind die rotierenden Luftpumpen, bei denen sich das Quecksilber entweder in einem gekrümmten, in sich selbst zurückkehrenden, um eine feste Achse drehbaren Rohre oder in einer um eine feste Achse drehbaren Trommel befindet.

Das KAUFMANNsche Modell[3]) ähnelt dem ersten Bild, die GAEDEsche rotierende Quecksilberpumpe dem zweiten. Letztere arbeitet nach dem Prinzip einer umgekehrten Gasuhr[4]).

JONES hat eine dieser GAEDEschen Konstruktion ähnliche Pumpe angegeben[5]). Sie hat aber statt der 3 Kammern nur deren 2.

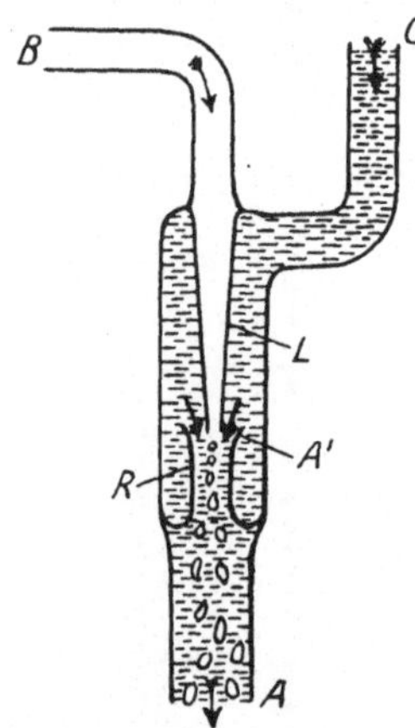

Abb. 49. Wasserstrahlpumpe 1. Art.

Ein großer Teil der beschriebenen Modelle sind gelegentlich einer Prüfung der Methoden zur Herstellung hoher Vakua durch SCHEEL und HEUSE untersucht worden[6]).

49. Wasserstrahlpumpen. Das hydrodynamische Prinzip der SPRENGELschen Pumpe wird auch bei den Pumpen benutzt, die als Fallflüssigkeit Wasser haben [BUNSEN[7])].

Bei C tritt das Wasser ein, seine einzelnen Teilchen erleiden auf dem Wege von A' bis A (Abb. 49) eine Verzögerung[8]). Diese entsteht durch Druckkräfte im Wasser; der Druck nimmt von A nach A' ab. Liegt bei A' die Mündung eines mit dem Rezipienten verbundenen Rohres, so wird wegen des bei A' herrschenden Unterdruckes Luft nach A gelangen und vom Wasser mitgerissen werden.

Umgekehrt kann auch das Wasser bei E (Abb. 50) eintreten und aus dem konisch verengten Rohr E ausfließen[9]), um mittels des zylindrischen Rohres Z fortgeleitet zu werden. Der Strahl löst sich bei L auf. Dadurch wird in seinem Innern ein Unterdruck erzeugt, der auf die umgebende Luft eine Saugwirkung ausübt. Ein bei C angesetzter Rezipient kann somit luftleer ge-

[1]) CH. H. GIMINGHAM, Proc. Roy. Soc. London Bd. 25, S. 396. 1877; L. ZEHNDER, Ann. d. Phys. Bd. 10, S. 623. 1903; H. P. WAREN, Proc. Phys. Soc. Bd. 34, S. 120. 1922.

[2]) J. J. MANLEY, Proc. Phys. Soc. Bd. 36, S. 291. 1924.

[3]) W. KAUFMANN, ZS. f. Instrkde. Bd. 25, S. 129. 1905.

[4]) W. GAEDE, Phys. ZS. Bd. 6, S. 758. 1905.

[5]) L. T. JONES, Phys. Rev. (2) Bd. 18, S. 332. 1921.

[6]) K. SCHEEL u. W. HEUSE, ZS. f. Instrkde. Bd. 29, S. 46. 1909.

[7]) R. BUNSEN, Dinglers Journ. Bd. 195, S. 34. 1870.

[8]) E. WARBURG, Experimentalphysik, 14. Aufl., S. 76. Tübingen: C. B. Mohr 1917.

[9]) W. FRIEDRICHS, ZS. f. techn. Phys. Bd. 6, S. 361. 1925.

macht werden. Eine gute Aufspaltung des Strahles gewährleistet eine besonders gute Saugleistung und verhindert ein Rückschlagen der Luftteilchen. Ein wirksames Aufspalten des Strahles aber wird durch Einbau einer Vorrichtung zur Erzeugung starker Wirbel erreicht (s. Abb. 51).

Das bei Wasserstrahlpumpen häufig auftretende Zurückschlagen des Wassers bei Schwankungen des Betriebsdruckes P wird vermieden durch konische Gestaltung des Ausflußrohres. Das Querschnittsverhältnis q_1/q_2 (Abb. 50 und 51) nämlich soll ungefähr dem Betriebsdruck numerisch gleich sein. Ist nun das Ausflußrohr nach oben konisch verjüngt, so kann sich die Pumpe automatisch regulieren, indem sich beim Sinken des Betriebsdruckes infolge der wachsenden Streuung des Strahles der wirksame Querschnitt nach oben verschiebt, so daß das Verhältnis annähernd konstant bleibt.

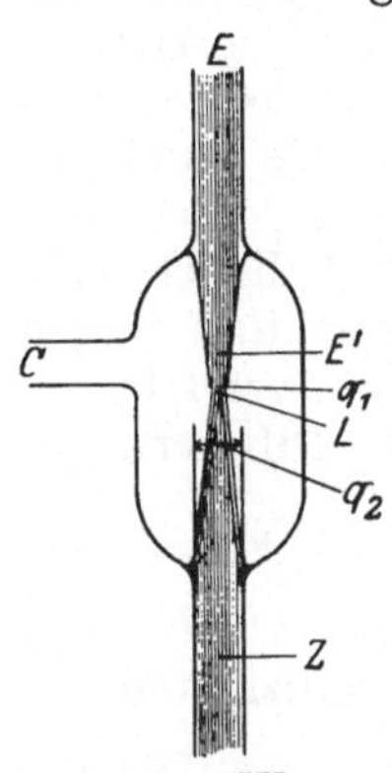

Abb. 50. Wasserstrahlpumpe 2. Art mit konischem Einfluß- und zylindrischem Ausflußrohr.

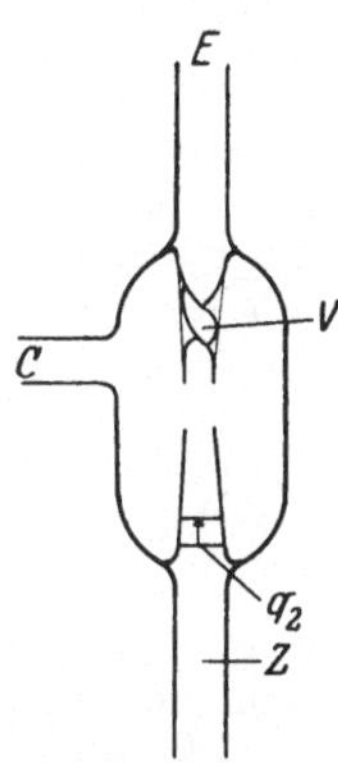

Abb. 51. Wasserstrahlpumpe 2. Art mit gedrehtem Einfluß- und konischem Ausflußrohr.

50. Dampfstrahlpumpen. Die Dampfstrahlpumpen — auch Ejektoren oder Injektoren genannt — arbeiten nach dem Stauprinzip. Bei ihnen wird der Dampf als Triebmittel zur Erzeugung eines Vakuums verwendet. Der Dampf tritt aus einer Düse — der Treibdüse — mit großer Geschwindigkeit aus, kommt mit der abzusaugenden Luft in Berührung, stürzt samt der mitgerissenen Luft in eine zweite Düse — die Staudüse — und wird hier gestaut. Die Stauung und Kompression des Dampfes und der mitgerissenen Luft wird um so größer, je größer die Wucht ist, mit der der Dampf in die zweite Düse eintritt. Hierdurch ist auch die Güte des Vakuums bedingt. Ein Endwert des niedrigen Druckes wird erreicht, sobald der Druck der Luft kleiner wird als der des Dampfes an der Stelle, an der die Luft mitgerissen werden soll, da sich der Dampf infolge seines Überdruckes gegen die Umgebung ausdehnt. Dabei werden die äußeren Teilchen des Dampfstrahles nach allen Richtungen ausgestoßen und drängen die Luft zurück, so daß diese nicht mehr vom Dampfstrahl erfaßt werden kann[1]).

51. Hochvakuumpumpen. Während bisher eine Verbesserung der Pumpen dadurch angestrebt wurde, daß unter Beibehaltung des GUERICKEschen oder TORRICELLIschen Prinzips die Konstruktion verfeinert, daß also vor allem eine möglichst gute Abdichtung gegen die Atmosphäre oder das Vorvakuum erreicht wurde, so sind bei den neueren Pumpen ganz andere Prinzipien herangezogen worden. Sie sind gewonnen aus den Überlegungen über das Verhalten der Gase bei niedrigen Drucken, und zwar sind es die Erscheinungen der Reibung und der Diffusion, die hier einen gewaltigen Fortschritt ermöglichten. Theoretisch und experimentell sind diese Gebiete erforscht[2]) von E. MEYER, MAXWELL, KUNDT und WARBURG, EGER, HOGG, KNUDSEN, v. SMOLUCHOWSKI und GAEDE. Letzterer

---

[1]) MAGNUS, Dissert. München 1905; Chem. Ber. Bd. 52, S. 1194. 1919; W. GAEDE, ZS. f. techn. Phys. Bd. 4, S. 368. 1923.

[2]) E. MEYER, Pogg. Ann. Bd. 125, S. 185, 256, 262. 1865; CL. MAXWELL, Phil. Trans. Bd. 156, S. 249. 1866; A. KUNDT u. E. WARBURG, Pogg. Ann. Bd. 155, S. 337, 525. 1875; H. EGER, Ann. d. Phys. Bd. 27, S. 819. 1908; J. L. HOGG, Phil. Mag. Bd. 20, S. 376. 1910; M. KNUDSEN, Ann. d. Phys. Bd. 28, S. 75, 999. 1909; M. v. SMOLUCHOWSKI, Ann. d. Phys. Bd. 33, S. 1559. 1910; W. GAEDE, ebenda Bd. 41, S. 289. 1913 u. Bd. 46, S. 357. 1915.

hat diese Ergebnisse zur Konstruktion neuer, arbeitsfähiger Pumpen praktisch verwertet.

52. Molekularluftpumpe. Ein wichtiges Resultat der kinetischen Gastheorie ist der Satz von der Unabhängigkeit der inneren Reibung eines Gases vom Druck. Wird also ein Zylinder A (Abb. 52) im Gehäuse B, in dem zwischen n und m eine Nute gefräst, um die Achse a in Richtung des Pfeiles schnell gedreht, so wird infolge der Gasreibung die Luft in dieser Nute von n nach m mitgenommen, eine Erscheinung, die durch ein Manometer M nachgewiesen werden kann. Der auftretende Druckunterschied ist zunächst lediglich eine Funktion der Umdrehungsgeschwindigkeit und wegen des obenerwähnten Satzes unabhängig vom Druck des Gases. Gaede[1]) berechnet diese Differenz zu $p_1 - p_2 = \frac{6L \cdot u \cdot \eta}{h^2}$, wo L die Länge der Nut, u die Umdrehungsgeschwindigkeit des Zylinders, h die radial gemessene Tiefe der Nut und η den Koeffizienten der inneren Reibung bedeutet.

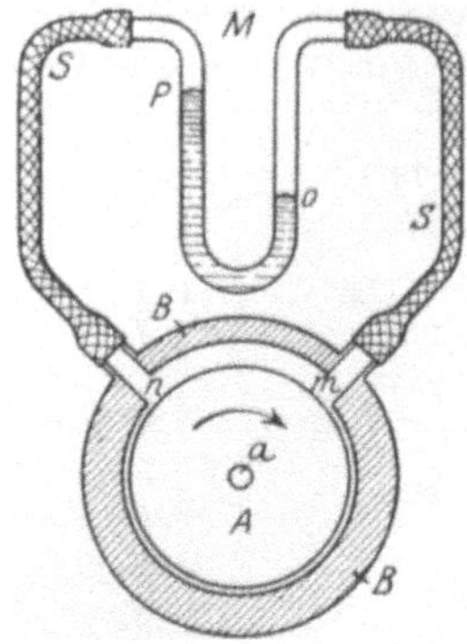

Abb. 52. Schema einer Molekularluftpumpe nach Gaede.

Sinkt jedoch der Druck unter einen gewissen Wert (10^{-3} mm Hg), so gilt jener Satz von der Unabhängigkeit der inneren Reibung nicht mehr. Es tritt Gleitung auf, die Reibung des Gases gegen die einschließenden Wände: die äußere Reibung gewinnt an Einfluß.

Alsdann wird obige Formel ungültig; nicht die Differenz, sondern der Quotient beider Drucke wird eine Funktion der Umdrehungsgeschwindigkeit, und dann ist $\ln p_1/p_2 = \frac{L \cdot \vartheta}{h} \mu$, wo ϑ den Koeffizienten der äußeren Reibung bedeutet.

Die Erscheinung findet ihre Erklärung durch die Knudsenschen Versuche, nach denen bei sehr niedrigen Drucken die Moleküle, wenn sie einmal gegen die Wand stoßen, diffus zerstreut werden. Bewegt sich aber diese Wand, so wird den von ihr fortgehenden Molekülen eine Bewegungsrichtung aufgezwungen. Die Moleküle erhalten in der Bewegungsrichtung der Wand eine Zusatzkomponente ihrer Geschwindigkeit. Würde A mit einer Geschwindigkeit größer als die mittlere Geschwindigkeit der Moleküle rotieren, so würde kein Molekül in Richtung n zurückgelangen können, es wäre ein absolutes Vakuum erreicht. Die Tatsache, daß hier die mittlere Geschwindigkeit der Moleküle selbst eine Rolle spielt, zeigt zugleich eine Abhängigkeit der Wirkungsweise von der Natur des Gases.

Überdies tritt neben der tangentialen Geschwindigkeitskomponente noch eine radiale auf, die einer Schleuderwirkung gleichkommt. Von ihr aber hat Gaede nachgewiesen, daß sie für die eigentliche Erscheinung keine Rolle spielt.

Diese künstliche Beeinflussung der molekularen Geschwindigkeit muß ferner, wenn wirklich diese Bewegung die Temperatur eines Gases definiert, einen thermischen Effekt hervorrufen, auch wenn keine zeitlichen Druckänderungen auftreten. Gaede hat einen solchen „kinetischen Wärmeeffekt" nachweisen können.

Will man das Prinzip der mechanischen Beeinflussung der Molekülgeschwindigkeit zum Bau einer Pumpe benutzen, so muß ein Apparat konstruiert werden, in dem bei niedrigen Drucken p_1/p_2 möglichst große Werte annehmen kann.

[1]) W. Gaede, Ann. d. Phys. Bd. 41, S. 337. 1913.

Gaede hat dieses Problem bei der Konstruktion seiner Molekularluftpumpe in sinnreicher Weise gelöst.

Der im Gehäuse B um die Welle a rotierende Zylinder A (Abb. 53 und 54) befindet sich in dem von den Scheiben E luftdicht abgeschlossenen Raum. In dem Zylinder sind Nuten D eingefräst. In diese selbst sind Lamellen C — am Gehäuse befestigt — eingepaßt. Die Stellvorrichtung G verhindert ein Anstreifen dieser Lamellen an die Nutwandung des rotierenden Zylinders. H ist die Riemenscheibe, F sind Ölbehälter. Hier wird gleichzeitig die Welle abgedichtet. Um einem Eindringen des Öls in das Pumpgehäuse vorzubeugen, ist in a eine Spiralnut N eingeschnitten, welche während des Rotierens das Öl wieder zurückdrängt. Auf B ist der Aufsatz K luftdicht aufgeschraubt; S führt zum Hochvakuum und ist mit n verbunden, wobei D eine Nut in der mittleren Lamelle

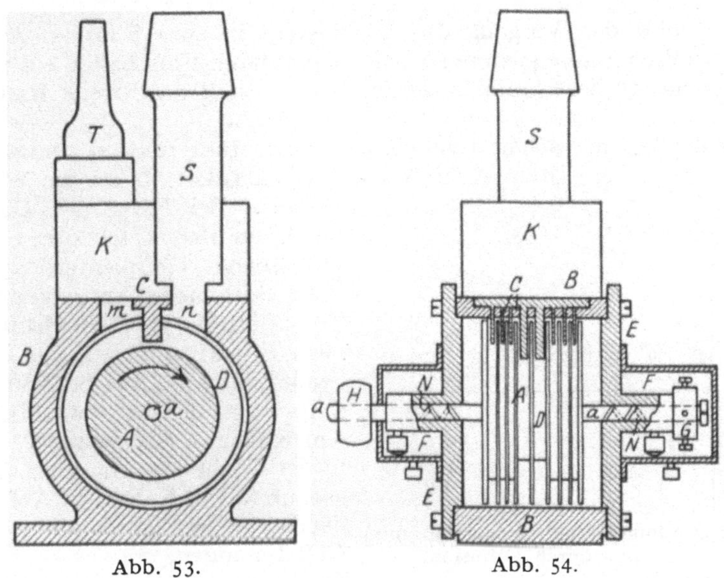

Abb. 53. Abb. 54.

Abb. 53 u. 54. Molekularluftpumpe nach Gaede.

sein soll. Die Drucköffnung m ist durch Kanäle in dem Aufsatz K mit der Saugöffnung n einer benachbarten Nut verbunden. Die Drucköffnung dieser Nut ist dann mit der Saugöffnung der nächsten verbunden usw., so daß sich die Wirkungen der einzelnen Nuten addieren. Der Druck in der mittleren Nut ist am kleinsten und steigt gleichmäßig nach den beiden Enden des Zylinders bis zum Gasdruck, der von einer durch den Schlauch mit der Düse T verbundenen Hilfspumpe in dem Gehäuse erzeugt wird.

Um die der Spirale N zugeschriebene Wirkung zu erhalten, ist beim Inbetriebsetzen der Pumpe darauf zu achten, daß erst die Pumpe in Rotation versetzt und dann mit der Vorpumpe verbunden wird. Beim Abstellen muß erst Luft in die Pumpe eingelassen und darauf der die Pumpe antreibende Motor abgestellt werden.

Die Pumpe hat eine große Saugwirkung und erreicht einen Druck von 10^{-7} mm Hg. Die Saugleistung ist bei verhältnismäßig hohem Druck, solange lediglich die innere Reibung den Effekt bewirkt, klein, wächst dann um so mehr, je kleiner der Druck wird, bis die freie Weglänge der Moleküle die Größenordnung der Dimensionen der Saugnuten erreicht. Hier hat sie ein Maximum. Bei noch niedrigen Drucken nimmt die Saugwirkung wieder ab und erreicht bei etwa 10^{-7} den Wert 0.

Ein wesentlicher Vorteil dieser Pumpe ist die Fähigkeit, ohne Zuhilfenahme besonderer Flüssigkeiten im eigentlichen Arbeitsraum wirksam zu sein. Sie enthält daher keine schädlichen Dämpfe. Überdies vermag sie etwa in der Apparatur vorhandene Dämpfe — Wasserdampf — abzusaugen, so daß besondere Vorrichtungen zum Trocknen oder Ausfrieren überflüssig sind.

53. Prinzip der Diffusionsluftpumpe. Nach diesen Erfolgen dehnte GAEDE[1]) die Betrachtungen über das Verhalten der Reibung der Gase bei niedrigen Drucken auch auf ihre Diffusion aus. Er kam zu dem wichtigen Ergebnis, daß bei den Diffusionserscheinungen, wie sie sich in einer Apparatur mit niedrigem Drucke abspielen, nicht der Total-, sondern der Partialdruckabfall eine wesentliche Rolle spielt.

GAEDE teilt den Vorgang des Evakuierens in zwei Schritte: zuerst wird ein dampferfüllter Raum gasfrei gemacht, dann durch Einschalten einer Kondensationsvorrichtung der Dampf beseitigt — ein von Materie freier Raum ist geschaffen.

Die Aufgabe, eine solche Evakuierungsvorrichtung für den kontinuierlichen Betrieb herzurichten, ist in Abb. 55 schematisch gelöst, D sei die Wand eines Kessels. Bei F ist der Dampfraum durch ein Rohr G mit dem bei C angeschlossenen Rezipienten verbunden. „Der beim Sieden entwickelte luftfreie Dampf strömt in Pfeilrichtung von A nach B und spült die bei F eindringende Luft fort. Der bei F in das Rohr G abzweigende Dampf wird bei E durch den Kühler K kondensiert. Dieser ist in der Zeichnung nur schematisch angedeutet. Das Rohr G in Abb. 55 kann ebensogut bei E in ein weites gekühltes Gefäß münden, oder es kann auch der Querschnitt des Rohres G von E ab durch einen Innenkühler verengt sein. Wesentlich ist nur, daß die Dampfmoleküle sämtlich vom Kühler abgefangen werden und weder durch Reflektion noch in freiem Flug in das Hochvakuum gelangen können. Voraussetzung ist bei der Berechnung des Diffusionsvorganges, daß das Rohr G von F bis E zylindrisch ist, daß das Gasdampfgemisch an dem einen Rohrende bei F frei von Gas, an dem anderen Rohrende bei E frei von Dampf ist, und daß das Gas von E nach F diffundiert und bei F vom Dampfstrom restlos fortgespült wird. GAEDE hat für diesen durch Abb. 55 dargestellten Fall berechnet, wie groß das Gasvolumen V ist, das in der Sekunde durch den Rohrquerschnitt bei E fließt. Die Berechnung des Diffusionsvorganges führt — unter Vernachlässigung eines Gliedes, das für große Radien und Dampfdrucke in Frage kommt und die innere Reibung des Gases enthält — zu der Gleichung:

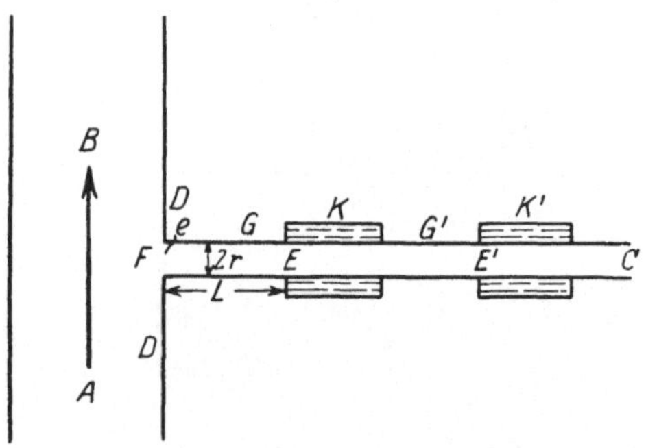

Abb. 55. Anordnung zur Erzeugung eines hohen Vakuums durch Diffusion.

$$V = \frac{1}{L} \frac{\pi r^3}{2\vartheta_1} \cdot e^{-\frac{r \cdot P_1}{1520 \cdot D \cdot \vartheta_3}} . \qquad \text{(a)}$$

In dieser Gleichung ist r der Radius des Rohres und L die Länge des Rohres von F bis E. Die übrigen Buchstaben haben folgende Bedeutung: D ist die

[1]) W. GAEDE, Ann. d. Phys. Bd. 46, S. 357. 1915 u. ZS. f. techn. Phys. Bd. 4, S. 337. 1923.

Diffusionskonstante, P_1 der Dampfdruck bei F, ϑ_1 die Gasreibung und ϑ_3 die Dampfreibung an der Röhrenwand. Interessant ist nun, in welcher Weise das aus dem Rezipienten in der Sekunde abgesogene Luftvolumen V abhängig ist von dem Radius r des Verbindungsrohres. Dies veranschaulicht Abb. 56. Wir sehen, daß $V = 0$ ist oder, mit anderen Worten überhaupt keine Luft aus dem Rezipienten abgesogen wird, solange r groß ist. Denken wir uns in Abb. 55 das weite Verbindungsrohr ersetzt durch engere und immer noch engere Kapillaren von gleicher Länge, so daß auf der rechten Seite der Gleichung (a) nur der Radius r, sonst aber nichts geändert wird, dann finden wir in Abb. 56 die merkwürdige Erscheinung, daß beim Unterschreiten eines gewissen Wertes von r das abgesogene Volumen V bis zu einem Maximum wächst. Wird r noch kleiner, so nimmt V wieder ab, bis für $r = 0$ auch $V = 0$ ist. Eine ähnliche Kurve erhalten wir, wenn wir die engen Kapillaren gegen weite austauschen, das Verbindungsrohr von F und E aber dadurch verengen, daß wir einen massiven Stab in das Rohr einschieben. Diese Vorrichtung können wir uns auch als Nadelventil ausgeführt denken. Je mehr wir die konische Nadel in die Kapillaren einschieben, desto mehr verengen wir den Strömungszwang von E nach F. Bei offenem Nadelventil, entsprechend großen Werten von r, ist $V = 0$. Es wird keine Luft aus dem Rezipienten bei C abgesogen. Schließen wir das Nadelventil langsam, so entspricht dies einer stetigen Abnahme von r. Bei dem allmählichen Verengen des Nadelventils bleibt V zunächst gleich Null und nimmt bei weiterem Schließen entsprechend der Kurve in Abb. 56 rasch bis zum Maximum zu. Damit die Luft aus dem Rezipienten entweichen kann, dürfen wir somit nicht das Ventil noch weiter aufdrehen, wie wir das sonst gewohnt sind, sondern wir müssen im Gegenteil das Ventil enger stellen. Die Luft diffundiert erst dann von E nach F, wenn wir für eine ausreichende Sperrung des Rezipienten vom Dampfraum Sorge tragen." Dies die notwendige Sperrung hervorbringende Konstruktionselement hat GAEDE als „Diffusionsdiaphragma" bezeichnet.

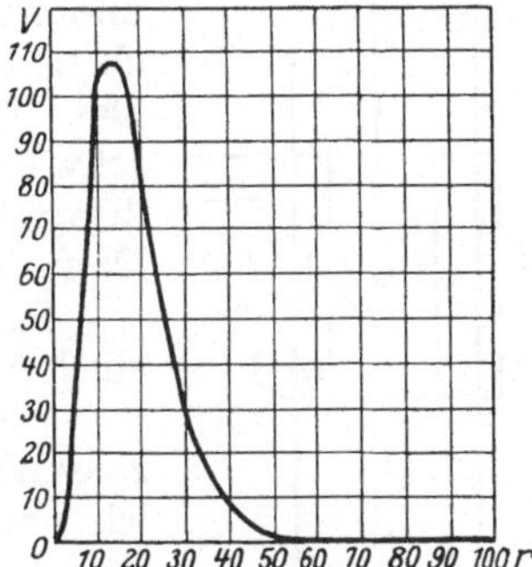

Abb. 56. Das durch eine Anordnung der Abb. 55 abgesaugte Luftvolum V als Funktion vom Radius des Verbindungsrohres.

Es spielt also bei diesem Vorgang das Produkt $r P_1$ eine wesentliche Rolle; für P_1 kann auch die freie Weglänge der Moleküle λ eingeführt werden, so daß dann der Quotient r/λ maßgebend wird. Es bestehen mithin zwei Möglichkeiten, ein Vakuum zu schaffen, entweder bei großem P_1 sehr enge Röhren, wie sie etwa in den Poren einer Tonzelle auftreten, oder bei niedrigem P_1 geeignet weitere Öffnung zu verwenden. GAEDE hat experimentell nachgewiesen, daß beide Wege zum Ziele führen. Er gab aber dem zweiten den Vorzug, da dieser die Aussicht einer für praktische Zwecke nötigen großen Sauggeschwindigkeit hatte. Um einen genügend kleinen Dampfdruck P_1 zu erhalten, bedürfen Pumpen dieser Art eines Vorvakuums, das mit einer Hilfspumpe hergestellt wird. Das Schema der ältesten praktisch ausgeführten Form der Diffusionsluftpumpe zeigt Abb. 57.

„Der Dampf wird bei A zugeleitet, fließt in der Pfeilrichtung über F nach B und wird daselbst wieder an der gekühlten Wand kondensiert. Der Dampfdruck P_1 bei F wird dadurch sehr niedrig gehalten, daß erstens bei B eine Hilfspumpe angeschlossen wird, welche ein Vakuum von etwa 0,1 mm gibt, und daß zweitens Quecksilberdampf verwendet wird, dessen Spannkraft bei den in Betracht kommenden Temperaturen gerade die geeigneten niedrigen Werte hat.

Die Dampfrohre D_1 und D_2 stehen einander so nahe gegenüber, daß der Austritt des Dampfes von F durch den spaltförmigen Zwischenraum e nach der gekühlten Wand E ausreichend gesperrt ist, um eine Diffusion der Luft in entgegengesetzter Richtung von E nach F zu ermöglichen. Der Spalt zwischen den Dampfröhren D_1 und D_2 in Abb. 57 übernimmt die Rolle des kurzen Röhrchens G in Abb. 55 mit dem verhältnismäßig großen Radius r. Das bei C eintretende Gas diffundiert entgegen dem schwachen, aus dem Spalt e austretenden Dampfstrom durch den Spalt e hindurch und wird bei F von dem starken Dampfstrom B in das Vorvakuum mitgerissen."

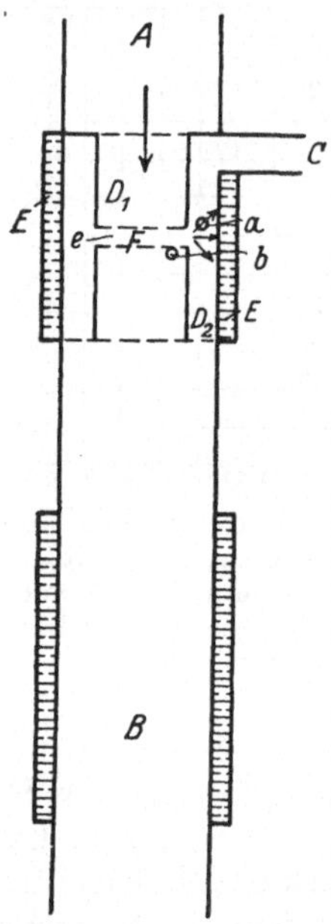

A
C
D_1
E
e
F
a
b
D_2
E
B

Abb. 57. Schema der Diffusionsluftpumpe mit weiter Diffusionsöffnung bei niedrigem Dampfdruck.

So entsteht in dem bei C angeschlossenen Rezipienten ein hohes Vakuum.

Da überdies nachgewiesen wurde, daß der Abstand zwischen der Kondensationsfläche und dem Spalt die Saugleistung einer Pumpe nur wenig beeinflußt, kann das Rohr D_2 ganz entfernt werden. In diesem Falle ist die Eintrittsöffnung für das Gas in den Dampfstrom der Spalt, der durch die Kühlfläche E und den unteren Rand des Rohres D_1 begrenzt wird.

Beim Durchtritt durch den Spalt findet das Gas infolge der Molekülzusammenstöße mit dem Dampf Hemmungen, die im Falle der Abb. 57 auf den unmittelbaren Bereich des Spaltes beschränkt sind, weil sich der Dampf beim Austritt aus dem Spalt in den Hochvakuumraum nach allen Seiten fächerförmig ausbreitet. Diese Hemmungen werden in der hydrodynamischen Theorie dem Diffusionsgegendruck zugeschrieben. Soll mithin eine Pumpe die Luft wirksam absaugen, so muß dieser Diffusionsgegendruck möglichst klein gemacht werden, damit das Gas ungehindert in den Dampfstrom bei F eintreten kann. Dazu muß dieser Dampfstrom möglichst energisch das Gas aufnehmen und schnell fortspülen. Die Dampfgeschwindigkeit und damit die Saugleistung kann durch Einbau geeigneter Treibdüsen in das Rohr D_1 wesentlich erhöht werden.

LANGMUIR[1]) hat dieser Forderung einer wirksamen Kondensation des Dampfes, indem er die bei Dampfstrahlpumpen gemachten Erfahrungen heranzog, die wichtigere Bedeutung beigemessen und dem von ihm konstruierten Modell den Namen „Kondensationspumpe" gegeben.

Unter Hinzuziehung des in Ziff. 50 beschriebenen Prinzips der Dampfstrahlpumpe kann man das für diese Diffusionspumpe nötige Vorvakuum geeignet herabdrücken, so daß bereits der von einer Wasserstrahlpumpe geschaffene Unterdruck zur Entfaltung der vollen Wirksamkeit einer solchen Hochvakuumpumpe ausreicht.

MOLTHAN[2]) hat für Diffusionsluftpumpen mit sehr großen Dampfgeschwindigkeiten die molekulare, freie Weglänge und Saugleistung berechnet, vor allem deutlich den Unterschied der Wirkungsweise einer Dampfstrahl- und einer Diffusionspumpe hervorgehoben.

GAEDE hat weiter gezeigt, daß die Größe des abgesaugten Volumens V von der Natur und dem Zustand des Gases abhängt, in dem Sinne, daß ein leichtes Gas schneller fortgeschafft wird als ein schweres.

[1]) I. LANGMUIR, Phys. Rev. Bd. 8, S. 48. 1916; Gen. Electr. Rev. Bd. 10, S. 1060. 1916; Journ. Frankl. Inst. Bd. 182, S. 719. 1916; Electrician Bd. 79, S. 579. 1916.

[2]) W. MOLTHAN, Phys. ZS. Bd. 26, S. 712. 1925.

54. Formen der Diffusionspumpen. Die Zahl der ausgeführten Modelle ist so groß, daß auch hier nur wenige Beispiele gegeben werden können[1]).

Pumpen aus Glas: Abb. 58 zeigt eine von GAEDE konstruierte Diffusionspumpe. Der Rezipient ist bei F, die Vorvakuumpumpe bei V angeschlossen. K_2 und K_1 dienen dem Zu- und Abfließen des Kühlwassers. Bei A befindet sich das zu erhitzende Quecksilber, dessen Dampf in Richtung des Pfeiles hochsteigt und die Luft, die aus dem Hochvakuum bei S in den Dampfstrom hineindiffundiert, zu dem Kühler C in das Vorvakuum treibt. Das Diffusionsdiaphragma wird durch Erweiterung der Kühlanlage H und den Trichter S gebildet; D ist das Rückflußrohr für das kondensierte Quecksilber. Die Pumpe arbeitet mit einem Vorvakuum von etwa 0,1 mm.

Abb. 58. Diffusionspumpe nach GAEDE.

Das LANGMUIRsche Modell mit einer bei Siemens & Halske ausgearbeiteten Lichtbogenheizung ist in Abb. 59 dargestellt[2]). Das Quecksilber verdampft an der Kathode A_1 des als Quecksilberlampe ausgebildeten unteren Teiles der Pumpe. S ist die Kühlvorrichtung, L der Spalt. Bei F befindet sich wiederum der Rezipient, bei V das Vorvakuum; C ist der Kondensationsraum und D das Quecksilberrückflußrohr.

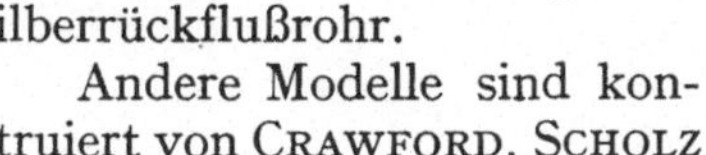

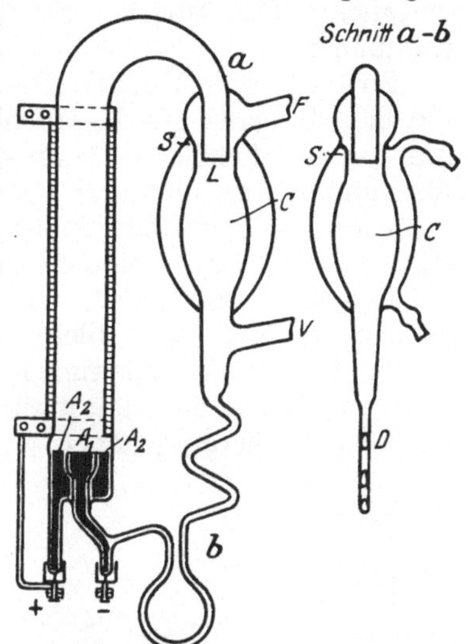

Abb. 59. LANGMUIRsche Pumpe mit Quecksilberlichtbogenlampe als Heizung.

Andere Modelle sind konstruiert von CRAWFORD, SCHOLZ und VOLMER, welch letzterer zwei seiner Pumpen zu einem wirksamen Aggregat vereinigte, ferner von THOMSON, KNIPP, JONES, LOOSLI und LAUSTER, WARAN und MARIE ANNA SCHIRMANN, die das Diffusionsdiaphragma durch ein Drahtnetz darstellte und wegen des mit diesem Modell geschaffenen sehr niedrigen Druckes dieses als „Extremvakuumpumpe" bezeichnete[3]).

Pumpen aus Quarzglas: Zur Herabsetzung der Bruchgefahr sind Pumpen aus widerstandsfähigerem Material, als Glas es ist, hergestellt. So verwendeten zu ihren Konstruktionen VOLMER, SCHÜTTE-LANZ und KIESSLING Quarzglas.

Das VOLMERsche Modell zeigt Abb. 60. C führt zum Haupt-, B zum Vorvakuum; m ist Zu-, n Abfluß des Kühlwassers. Der bei Q entwickelte Quecksilberdampf steigt im Rohr A hoch und tritt unter den Glocken D_1 und D_1' nach abwärts aus. Der Pumpakt ist in zwei Druckstufen geteilt. Bei D_1 tritt der Dampfstrahl aus, nimmt bei e die Luft mit und bringt sie nach D_1'. Hier wird

1) Siehe die angeführten Sammelwerke und Anm. 1 S. 382.

2) A. GEHRTS, ZS. f. techn. Phys. Bd. 1, S. 61. 1920; Naturwissensch. Bd. 7, S. 983. 1919; Helios Bd. 28, S. 577 u. 589. 1922 u. Bd. 29, S. 305. 1923; L. T. JONES u. H. O. RUSSELL, Phys. Rev. Bd. 10, S. 301. 1917.

3) W. W. CRAWFORD, Phys. Rev. Bd. 10, S. 556. 1917; M. VOLMER, Chem. Ber. Bd. 52, S. 804. 1919; ZS. f. angew. Chem. Bd. 34, S. 149. 1921; CH. T. KNIPP, Phys. Rev. Bd. 9, S. 311. 1917; L. T. JONES, ebenda Bd. 18, S. 332. 1921 u. Journ. Opt. Soc. Amer. Bd. 7, S. 537. 1923; H. LOOSLI u. F. LAUSTER, ZS. f. techn. Phys. Bd. 4, S. 392. 1923; H. P. WARAN, Journ. scient. instr. Bd. 1, S. 51. 1923; MARIE ANNA SCHIRMANN, Phys. ZS. Bd. 25, S. 631. 1924.

die Luft von dem unter D_1' austretenden Dampf bei e' aufgenommen und auf etwa 10 bis 20 mm komprimiert. Es genügt mithin eine Wasserstrahlpumpe, Luft dieses Druckes fortzuschaffen.

Zur Erhöhung der Stabilität befindet sich dieses Modell in einem schützenden Metallgehäuse.

Die hier angewendete Unterteilung des Pumpaktes bedeutet einen Fortschritt, da sie die Benutzung einfacher Pumpen als Vorvakuumpumpen ermöglicht. Dies Modell führt den Namen „Stufenstrahlpumpe".

Pumpen aus Metall: Die stabilsten Pumpen sind die, die ganz aus Metall hergestellt sind. Es sind das die Modelle von GAEDE, STINTZING, LANGMUIR und BACKHURST und KAYE[1]).

Von diesen sind zwei in den Abb. 61 und 62 gezeigt. Das erste dieser Modelle konstruierte GAEDE. Das Gehäuse G umschließt den Kühlwasserbehälter mit den Wasserzu- und -ableitungsschlauchtüllen K_1 und K_2, die Vorvakuumleitung V und den als Stufenpumpe ausgebildeten Hauptteil, der mittels Handgriffs S ganz herausgehoben werden kann. Bei H

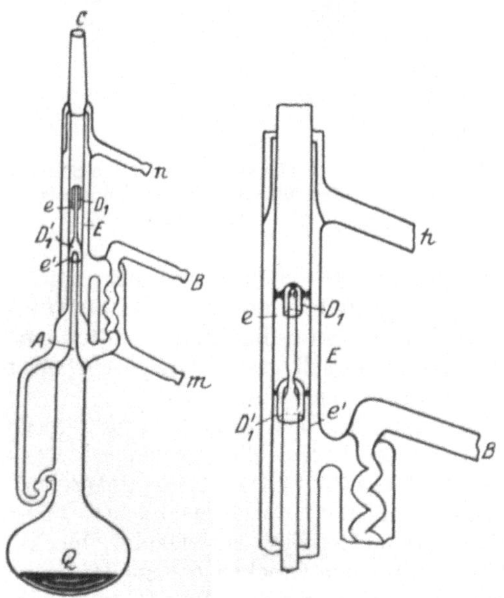

Abb. 60. Quarzglaspumpe nach VOLMER.

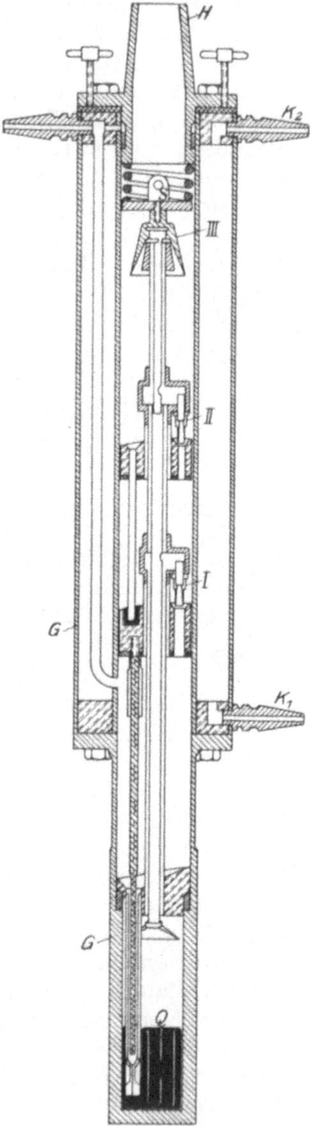

Abb. 61. Große Diffusionspumpe aus Stahl, Modell GAEDE.

befindet sich der Rezipient. Q ist der Behälter des zu verdampfenden Quecksilbers. Düse I arbeitet als Dampfejektor und besitzt eine Treib- und eine Staudüse. Sie schafft ein Vakuum von etwa 1 mm Quecksilber. Düse II —

[1]) W. GAEDE, ZS. f. techn. Phys. Bd. 4, S. 337. 1923; A. SCHMIDT, Phys. ZS. Bd. 23, S. 462. 1922; H. STINTZING, Verh. d. D. Phys. Ges. (3) Bd. 3, S. 50. 1922; ZS. f. techn. Phys. Bd. 3, S. 369. 1922; I. LANGMUIR, Fußnote 1 S. 384; IVOR BACKHURST u. G. W. C. KAYE, Phil. Mag. (6) Bd. 47, S. 918 u. 1016. 1924.

ähnlich wie *I* gebaut — vermag einen noch niedrigeren Druck zu erzeugen, bei dem dann die obere Düse *III* mit ihrem ringförmigen, konisch sich erweiternden Kanal ein Hochvakuum zu schaffen imstande ist.

Dieses große Modell ist von GAEDE, indem er nur die Stufen II und III und später sogar nur die Stufe III allein verwandte, wesentlich vereinfacht und in seinen Abmessungen beträchtlich verkleinert. Zugleich ist dabei aber das benötigte Vakuum ein höheres geworden.

Das von STINTZING konstruierte Modell hat den Vorvakuumanschluß bei *g*, den für das Hauptvakuum bei *C*. *Q* enthält das zu verdampfende Quecksilber. *m* und *n* sind Zu- und Ableitung des Kühlwassers. Aus der Düse *D* tritt der Dampf heraus und gelangt durch den Kanal *E* nach dem Raum *B*. Der Stahleinsatz mit der Bohrung *E* enthält zugleich Kanäle für den Rückfluß des kondensierten Quecksilbers. Bei *H* sind eiserne Barometerrohre zur Beobachtung des Dampfdruckes und Regulierung der Heizflamme angebracht.

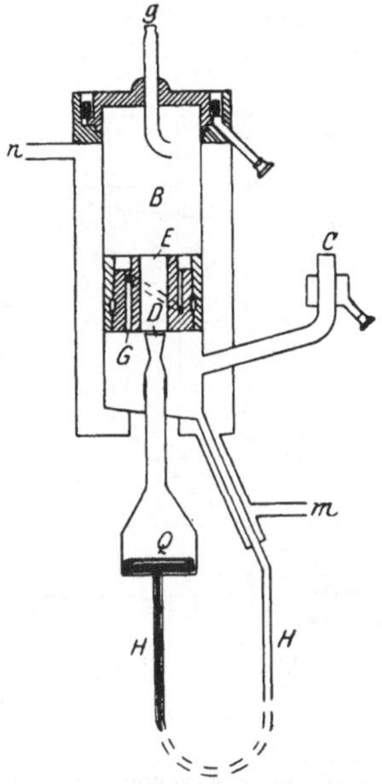

Abb. 62. Pumpe aus Stahl, Modell STINTZING.

55. Bewertung der Modelle der Hochvakuumpumpen. Zum Vergleich der einzelnen Typen werden 4 Faktoren als Kriterium für die Güte des Modells herangezogen: a) das erforderliche Vorvakuum, b) das Endvakuum, c) die Sauggeschwindigkeit und d) die Betriebssicherheit[1]).

Während von diesen das Vorvakuum im allgemeinen eine geringere Bedeutung hat, spielt die Forderung eines hohen Endvakuums und einer großen Sauggeschwindigkeit eine wesentliche Rolle. Die Sauggeschwindigkeit *S* wird nach der Formel $S = \frac{V}{t_2 - t_1} \ln \frac{p_1}{p_2}$ berechnet, wo *V* den Gesamtinhalt der zu evakuierenden Apparatur, p_1 und p_2 die zu den Zeiten t_1 und t_2 herrschenden Drucke bedeuten. *S* wird etwa als Funktion von $\log \bar{p}$, dem jeweiligen Mittel aus p_n und p_{n+1} dargestellt. Der Verlauf dieser Kurve, aufgenommen für verschiedene Pumpen an derselben Apparatur, gibt die Möglichkeit einer Abschätzung des Wertes eines Modells. Das Endvakuum p_0 kann dann definiert werden durch die Formel $p_0 = \lim\limits_{S \to 0} \frac{\bar{p}_n + \bar{p}_{n+1}}{2}$. Im Idealfalle wird die Sauggeschwindigkeitskurve parallel zur Abszissenachse verlaufen. Fällt die Kurve dagegen für kleine Werte von $\bar{p}$ ab, so wird ein Endvakuum erreicht, das gemäß obiger Definition durch den Schnitt der Kurve mit der Abszissenachse gefunden werden kann. Sehr häufig ist dafür eine Extrapolation nötig, falls p_0 jenseits der Grenze des Meßbereiches des benutzten Vakuummeters liegt. Abb. 63 gibt ein Beispiel. In einem Diagramm mit den Koordinaten $\log \bar{p}$ und *S* sind zwei Kurven *a* und *b* eingezeichnet, die für ein und dasselbe Modell aufgenommen sind. Kurve *b* gilt für ein Vorvakuum, das zur Entfaltung der vollen Wirksamkeit der Pumpe genügt, Kurve *a* dagegen für einen um 5 mm höheren Druck. Man sieht, wie bei richtigem Vorvakuum eine gute Sauggeschwindigkeitskurve

[1]) A. GEHRTS, ZS. f. techn. Phys. Bd. 1, S. 61. 1922; H. STINTZING, ebenda Bd. 3, S. 369. 1922; H. EBERT, ZS. f. Phys. Bd. 19, S. 206. 1923 u. ZS. f. Instrkde. Bd. 44, S. 497. 1924.

herauskommt, während sie bei zu schlechtem Vordruck stark abfällt, so daß das Modell in diesem Falle bei etwa $p_0 = 5{,}2 \cdot 10^{-7}$ mm Quecksilbersäule ein Endvakuum erreicht.

Die Forderung der Betriebssicherheit erstreckt sich auf die Haltbarkeit, Zuverlässigkeit und Einfachheit einer Pumpe.

Bei der Bewertung spielt auch die Rentabilitätsfrage eine Rolle, als die Frage nach einem guten Wirkungsgrad. Es soll dann bei einer Gegenüberstellung zweier Pumpmodelle das den Vorzug haben, das ceteris paribus einen geringeren Aufwand an Energie gebraucht. Es ist dabei der Aufwand an Gas oder Elektrizität und an Wasser, das zur Kühlung dient, zu berücksichtigen.

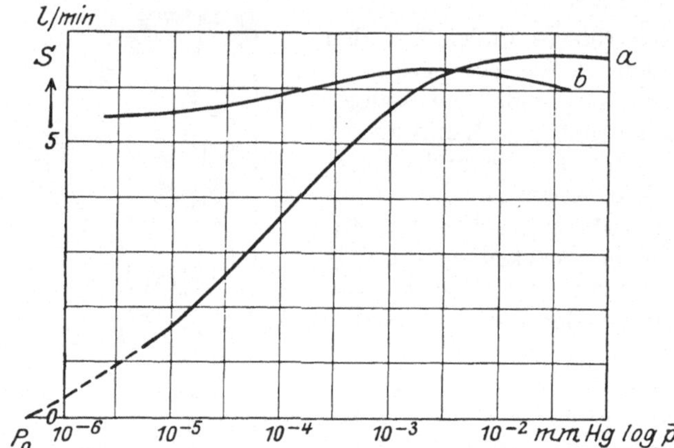

Abb. 63. Einfluß des Vorvakuums auf die Sauggeschwindigkeit.

56. Die Absorptionsmethoden. Gänzlich verschieden von den bisher beschriebenen Methoden, niedrige Drucke zu erzeugen, sind die, bei denen die allgemein als Absorption bezeichneten Erscheinungen zur Beseitigung von Gasresten benutzt werden. Man unterscheidet drei Begriffe, deren genaue Trennung im allgemeinen recht schwierig ist:

a) die Absorption, d. h. schlechthin die Tatsache, daß Körper Gase in sich aufnehmen, ohne sie direkt chemisch zu binden,

b) die Adsorption, d. i. der Vorgang der Bildung von dichten Gasmolekülschichten an der Oberfläche fester Körper, und

c) die Okklusion, d. i. der Einschluß von Gasmengen im Innern fester Körper.

Diese Erscheinungen hängen ab von der Natur der festen Körper und des Gases, vom Druck, unter dem sich das Gas befindet, und von der Temperatur.

Ein quantitatives Gesetz besteht nur für die Abhängigkeit vom Druck. Das HENRYsche Absorptionsgesetz sagt aus, daß bei konstanter Temperatur die absorbierte Gasmenge dem Druck proportional ist — Absorptionsisotherme. BUNSEN[1]) und andere haben die Gültigkeit dieses Gesetzes geprüft und gefunden, daß es nur bei geringer Absorption und wenig variierendem Druck richtig ist, und zwar wird die bei konstanter Temperatur absorbierte Gasmenge mit wachsendem Druck kleiner, als das Gesetz es verlangt, mit wachsender Temperatur aber werden die Abweichungen vom HENRYschen Gesetz immer geringer. Mit abnehmender Temperatur nimmt die Absorptionsfähigkeit beträchtlich zu.

Bei der Absorption und Adsorption wird Wärme entwickelt; CHAPPUIS zerlegte die Absorptionswärme in zwei Teile: a) in die Kondensationswärme des betreffenden Gases und b) in die durch weitere Kompression des verflüssigten Gases erzeugte Wärme, welch letztere er „Benetzungswärme“ nannte.

Die Fähigkeit fester Körper, Gase zu absorpieren, nennt man Aktivität. Die „Porosität“ eines Stoffes, als Ausdruck für die Feinheit der Aufteilung

1) R. BUNSEN, Gasometrische Methoden. Braunschweig 1857.

seiner mikroskopischen Struktur, bedingt die Adsorptionsgeschwindigkeit, die „Ultraporosität", die Beschaffenheit der molekularen Struktur der Oberfläche selbst, bestimmt die Größe der Aktivität.

Unter den Adsorptionsmitteln ist Kohle für die Erzeugung eines Vakuums am wichtigsten. Hergestellt wird sie aus Holz (Erle, Buchsbaum, Hainbuche), Kokos- oder Haselnußschale (SCHEEL und HEUSE), HEMPEL und VATER[1]) empfehlen Teerkohle, mit zehnfach verdünntem Rinderblut zu einem Brei vorrührt.

Die ursprünglichen Substanzen werden im zerkleinerten Zustande in einem eisernen geschlossenen Gefäß, dessen Deckel ein kleines Loch hat, mehrere Stunden lang erhitzt, bis die Kohle grauschwarz ist und matte Bruchflächen hat. Alsdann wird die Kohle bei hoher Temperatur noch einmal in einer Chlor- oder Wasserstoffatmosphäre oder im Vakuum 6 bis 8 Stunden lang erhitzt. Nunmehr zeigt die tiefschwarz gewordene Kohle glänzende muschelige Bruchflächen. Es empfiehlt sich, die Kohle noch im glühenden Zustande in einen Vakuumexsikkator zu bringen.

Kohlenart	Porosität %	Aktivität %
Spezialkohle	78,1	73,1
Chlorkohle	77,3	89,0
Leusenkohle	69,0	52,5
Hainbuchen-Wasserstoffkohle	62,3	70,6
Hainbuchenkohle	53,7	25,1
Walnußkohle	37,4	61,0
Kokosnußkohle	15,2	60,0

Nebenstehende Tabelle gibt Aufschluß über die Porosität und Aktivität so behandelter verschiedener Kohlensorten[2]).

Die Aktivität der Kohle ist gegenüber den verschiedenen Gasen selektiv und sehr beträchtlich von der Temperatur abhängig. DEWAR[3]) fand für die Adsorptionsleistung von Buchsbaumkohle für verschiedene Gase beim Gefrierpunkt des Wassers und Siedepunkt des flüssigen Sauerstoffs nebenstehende Werte.

Gas	0°	$-183°$
Wasserstoff	4 faches Volumen	135 faches Volumen
Stickstoff	15 „ „	155 „ „
Sauerstoff	18 „ „	230 „ „
Argon	12 „ „	175 „ „
Helium	2 „ „	15 „ „
Kohlensäure . . .	21 „ „	190 „ „

Die große Anomalie der Sauerstoffadsorption wird, wie LOWRY und HULETT[4]) zeigten, durch einen chemischen Prozeß erklärt, indem sich an der Oberfläche der Kohle langsam Oxyde bilden.

Auch Wasserdämpfe werden sehr energisch adsorbiert, eine Tatsache, die als Kapillaritätserscheinung gedeutet wird und die Ultraporosität sowie die Aktivität herabsetzt[4]).

ANDRESS[5]) hat in seinen Beiträgen zur Kenntnis der aktiven Kohle diese Fälle allgemein behandelt und die Beeinflussung der Adsorption durch die Anwesenheit eines zweiten Stoffes im Adsorptionsraum untersucht.

Das verschiedenartige Verhalten der Kohle den Edelgasen gegenüber kann leicht zu Fehlerquellen Anlaß geben. Neon und Helium werden von der Kohle fast gar nicht adsorbiert[6]), während Xenon stark festgehalten wird und die obere Temperaturgrenze seiner Adsorption erst bei 100° liegt. Dann wird es ziemlich

---

[1]) W. HEMPEL u. G. VATER, ZS. f. Elektrochem. Bd. 18, S. 724. 1912.

[2]) H. HERBST, Biochem. ZS. Bd. 115, S. 204. 1921 u. Bd. 118, S. 103. 1921.

[3]) J. DEWAR, C. R. Bd. 139, S. 261. 1904; Chem. News Bd. 90, S. 141. 1904; Ann. chim. phys. (8) Bd. 3, S. 5. 1904.

[4]) H. H. LOWRY u. G. A. HULETT, Journ. Amer. Chem. Soc. Bd. 42, S. 1393 u. 1408. 1920.

[5]) K. R. ANDRESS, Dissert. Darmstadt 1922.

[6]) A. GOETZ, Fußnote 4 S. 372.

vollständig abgegeben. Krypton verhält sich ähnlich, seine obere Temperaturgrenze liegt allerdings schon bei $-80°$. Daraus folgt, daß bei dem Gebrauch der Kohle zur Vertreibung der letzten Restgase das Kohlensäure-Äthergemisch als Kühlmittel nicht ausreicht, sondern flüssige Luft angewendet werden muß. Auch dann wird Neon nicht adsorbiert. Das gleiche gilt von Argon, was insbesondere für die Erreichung der letzten Reinheitsgrade eine Gefahrenquelle ist, weil die Diffusionsgeschwindigkeit, wie oben gezeigt, infolge des hohen Molekulargewichtes dieses Gases beim Gebrauch der Quecksilberdampfpumpen eine Anreicherung der Gasreste mit diesen Edelgasen bedingt, die durch Adsorption nicht zu beseitigen sind.

Ganz allgemein wird die Aktivität der Kohle gegenüber Gasen mit großem Molekülradius gering (Ultraprorositätsabfall). Dieser Abfall ändert sich mit der Kohlensorte und bestimmt die Selektivität der Kohle.

Für die Größe der Ultraporosität ist der Aufbau und die Lagerung der einzelnen Kohlenstoffmoleküle maßgebend[1]). Infolgedessen kann man durch geeignete Regelung des Verkohlungsprozesses ein Optimum der Aktivität erzielen. Diese ist dann erreicht, wenn einerseits die Temperatur so hoch ist, daß man ein Minimum von Kohlenwasserstoffen hat, andererseits eine Graphitierung der Kohle noch nicht eintritt, die zwischen 1100 und 1200° beginnt. Dann wird selbstverständlich die Ultraporosität durch beginnende Kristallisierung des Kohlenstoffes wesentlich beeinflußt.

β) Messung niedriger Drucke.

57. Vakuummeter. Neben der Pumpe, dem wichtigsten Rüstzeug der Vakuumtechniker, sind Apparate nötig, die die Größe des niedrigen Druckes zu messen gestatten. Man nennt solche Instrumente Vakuummanometer oder kurz Vakuummeter. Je nach dem bei ihrem Bau verwendeten Prinzip sind es absolute Instrumente, mit denen direkt der Druck gemessen werden kann, oder sekundäre, die aus irgendeiner bei niedrigen Drucken auftretenden Erscheinung zunächst qualitativ die Güte des Vakuums abschätzen lassen und erst nach einer Eichung quantitative Resultate geben.

58. Vakuummeter unter Anwendung des Barometerprinzips. Das Gesetz der kommunizierenden Röhren wird zur Messung kleiner Drucke herangezogen, indem etwa bei einem Heberbarometer der kurze Schenkel verlängert und mit dem Rezipienten verbunden wird. Der Höhenunterschied der Quecksilbersäulen in den beiden Schenkeln ist ein Maß des Druckes. Durch Verfeinerung der Ablesevorrichtung können Drucke bis auf 10^{-3} mm gemessen werden. HERING[2]) benutzt zu diesem Zweck eine luftdicht eingeführte Mikrometerschraube aus Stahl mit einer Platinspitze, die er der Quecksilberkuppe nähert. Im Augenblick der Berührung wird der elektrische Kontakt durch ein Klingelzeichen bemerkbar gemacht.

Sollen verhältnismäßig niedrige Drucke gemessen werden, so kann man den langen Schenkel des Barometers verkürzen. Es entsteht ein kleiner U-förmiger Apparat, dessen geschlossener Schenkel zunächst ganz mit Quecksilber gefüllt ist. Nach Eintritt eines bestimmten Druckes löst sich das Quecksilber und fällt so weit herab, bis die vorhandene Quecksilbersäule dem Druck in der Apparatur das Gleichgewicht hält. Dieses Instrument heißt auch „Barometerprobe".

Es ist das Prinzip der kommunizierenden Röhren auch bei Messung von Druckdifferenzen benutzt worden. Ein solches Differentialmanometer konstru-

[1]) A. GOETZ, Fußnote 4 S. 372.

[2]) E. HERING, Ann. d. Phys. Bd. 21, S. 320. 1906.

ierte zuerst THIESEN[1]). Zwei weite miteinander kommunizierende, zum Teil mit Quecksilber gefüllte Kammern, die vorn und hinten zur guten Durchsicht luftdicht aufgekittete Glasplatten tragen, sind je mit einem der beiden differierenden Vakua verbunden. Die entstehende Höhendifferenz gibt den Unterschied; ist der eine in der einen Kammer herrschende Druck bekannt, so kann daraus der in der anderen berechnet werden. Die Höhendifferenz selbst wird mit einer Genauigkeit von 10^{-3} mm mikrometrisch gemessen, indem die beiden Menisken auf eine spiegelnde Skale der hinteren Glasplatte projiziert werden.

Später wurde die Methode verfeinert durch Anwendung verschiedener Möglichkeiten zum Ablesen der Quecksilbermenisken (DISSELHORST, THIESEN, SCHEEL und HEUSE)[2]). SCHEEL und HEUSE[2]) bauten das von Lord RAYLEIGH konstruierte Neigemanometer aus. Es besteht aus zwei gleich großen Glaskugeln *BB*, die gabelförmig zu einem Stiel verbunden sind. Der untere Teil dieser Glaskugeln ist nebst dem Stiel mit Quecksilber gefüllt, das durch einen Schlauch mit dem in einem Reservoir *D* befindlichen Quecksilber kommuniziert. Von den Kugeln führen federnde Glasrohre *cc* zu den Gasräumen. In die Kugeln ist je eine Glasspitze eingeschmolzen, deren rückwärtige Verlängerungen aus Stabilitätsgründen zu einem Bügel *G* verbunden sind.

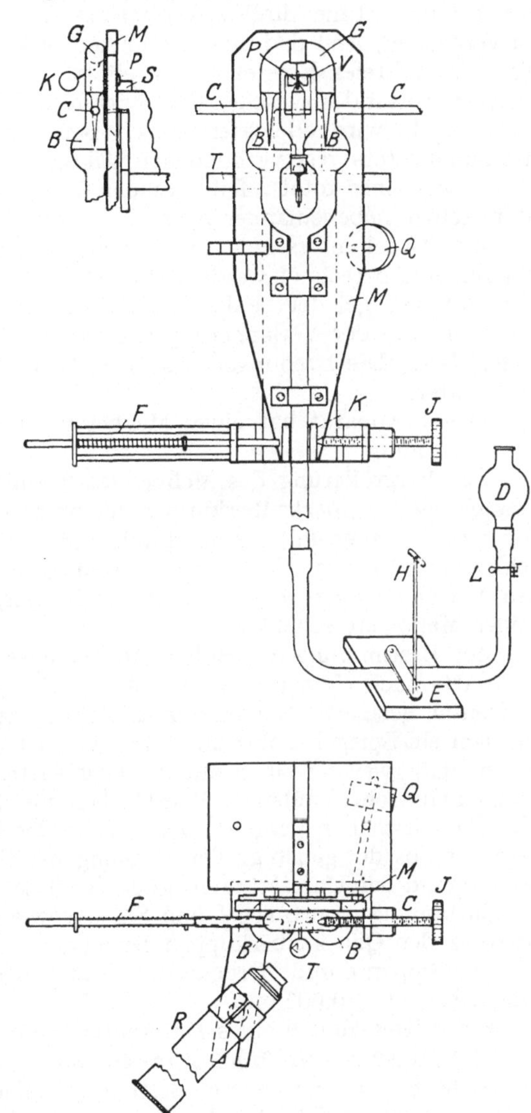

Abb. 64. Das RAYLEIGHsche Vakuummeter nach SCHEEL und HEUSE.

Die Glaskugeln und der damit fest verbundene Teil sind auf einer Messingplatte *M* montiert und mit dieser um eine zu ihr senkrechte Achse drehbar. Um diese Achse wird das Instrument durch eine an der Messingplatte *M* angreifende Schraube *J* gedreht. Durch gleichzeitiges Drehen an der Schraube und Heben oder Senken des Quecksilbers kann man unter Betätigung der Klemmschraube *E* mittels *H* — *D*

[1]) Siehe Wiss. Abh. d. Phys.-Techn. Reichsanst. Bd. 3 u. 4.

[2]) K. SCHEEL u. W. HEUSE, ZS. f. Instrkde. Bd. 29, S. 344. 1909 u. Bd. 30, S. 45. 1910; Lord RAYLEIGH, ebenda Bd. 21, S. 271. 1901 u. Phil. Trans. Bd. 196, S. 205. 1901.

ist durch L abgesperrt — die Glasspitzen in beiden Kugeln in gleiche, sehr kleine Abstände von der Quecksilberoberfläche bringen, indem man die gegenseitige Lage der Spitzen und ihrer Spiegelbilder als Kriterium hierfür benutzt. Eine direkte Berührung der Spitzen mit dem Quecksilber ist zu vermeiden, weil dadurch die Spitzen elektrisch aufgeladen werden und dann ein einwandfreies Einstellen für einige Zeit unmöglich wird. Die Schätzung gleichen Abstandes zwischen den Spitzen und den Spiegelbildern in beiden Manometerkugeln wird erleichtert durch Benutzung eines mit dem neigbaren Teil des Manometers fest verbundenen Mikroskops R, in dessen Gesichtsfeld unter Benutzung eines total reflektierenden Prismas T die Bilder der beiden Spitzen unmittelbar nebeneinander gebracht werden. Q ist ein Gegengewicht.

Der Druckunterschied in den beiden Kugeln kann aus der Neigung des Instruments berechnet werden. Letztere wird gemessen, indem man mit dem Versteifungsbügel der beiden Glasspitzen einen Spiegel so verbindet, daß sich seine Mitte in der Verlängerung der Drehungsachse befindet und diese in seine Ebene fällt. Die Drehungen des Spiegels werden dann mit Skale und Fernrohr beobachtet.

Dieser Apparat hat einen Meßbereich bis zu 5 mm bei einer Genauigkeit von $^1/_{2000}$ mm.

Zur Vergrößerung des Meßbereiches änderten beide Forscher die Art der Verstellung der Quecksilberkuppen, indem sie den einen Schenkel festmontierten, den anderen aber mit einem durch eine Schraube in der Höhe verstellbaren Schlitten verbanden. Eine lange Glasfeder, die auch für die größten vorkommenden Verschiebungen genügend nachgiebig ist, ermöglicht das Kommunizieren beider Manometerschenkel.

Zur Bestimmung des Höhenunterschiedes der beiden Glasspitzen sind diese rückwärts nach oben durch Glasrohre verlängert und auf die Glasrohre ebene, horizontal gelagerte Glasplatten gekittet. Auf diese wird ein Tisch gesetzt, auf dem ein Spiegel senkrecht angeordnet ist. Der Tisch ruht auf drei Spitzen, derart, daß zwei derselben auf der Glasplatte des einen, die dritte auf der des anderen Glasrohres aufsitzt. Beim Heben oder Senken des beweglichen Schenkels wird das Tischchen gedreht. Die Größe der Drehung wird mittels Skale und Fernrohr aus der gleich großen Drehung des Spiegels abgeleitet. Ist außerdem der Abstand der Unterstützungsfüße des Tischchens bekannt, so kann man aus der Entfernung von Spiegel und Skale sowie dem Skalenausschlag die Höhendifferenz der Quecksilberkuppen berechnen.

Der Apparat mißt Druckdifferenzen von 0,01 bis zu 30 mm mit einer Genauigkeit von $\pm 0{,}002$ mm.

Ein drittes Modell eines Differentialmanometers haben SCHEEL und HEUSE (l. c.) für Messung von Drucken bis 100 mm in einem Raum höherer Temperatur hergerichtet. Das Manometer besteht aus einem U-förmigen Rohr, dessen geschlossener linker Schenkel luftfrei ist und dessen rechter Schenkel durch ein Rohr mit dem Rezipienten in Verbindung steht. Der ganze Apparat hängt in einem mit Fenstern versehenen doppelwandigen Metallkasten. Durch diesen Mantel werden Dämpfe etwa von siedendem Azeton geleitet; die Temperatur des Innern wird durch Quecksilberthermometer gemessen.

Auf die Quecksilberkuppen wird mit Hilfe von Visieren eingestellt, die ringförmig die Manometerschenkel nahe umgeben, ohne sie zu berühren. Die Visiere werden in gabelförmigen Haltern von Stangen, die durch den Boden des Heizkastens nach außen führen, getragen und durch Transportschrauben in die Höhe gehoben. Die Stangen gleiten in sorgfältig ausgeschliffenen, einander parallelen Nuten eines Metallklotzes. Mit den Stangen sind Strichindizes verbunden, die über einer Teilung spielen und den Höhenunterschied der beiden Visiere und damit der Quecksilberkuppen festzustellen gestatten. So ist die eigentliche Messung nach außen, an einen Ort von Zimmertemperatur verlegt. Dadurch ist eine Genauigkeit von $\pm 0{,}005$ mm erreicht.

59. Mechanische Vakuummeter. Während bei den vorstehend beschriebenen Manometern das Prinzip der Quecksilbermanometer auf die Messung niedriger Drucke angewendet wurde, sind auch Vakuummeter auf Grundlage der Aneroide gebaut, indem also die elastischen Formänderungen als Maß für die Größe eines kleinen Druckes herangezogen werden. Man erreicht dabei den Vorteil, Quecksilber ausschalten zu können, dessen Dämpfe für manche Untersuchungen von schädlichem Einflusse sind. Eine Konstruktion dieser Art haben LADENBURG und LEHMANN[1]) angegeben, die sich in Analogie zur BOURDONschen Feder einer plattgedrückten evakuierten Glasröhre bedienten, deren Durchbiegung mittels Spiegels und Skale gemessen wird. Ähnlich sind die Apparate von JOHNSON, DANIELS und BRIGHT und SMITH und TAYLOR[2]). DANIELS und BRIGHT schließen das Gas, das mit Quecksilberdampf nicht in Berührung kommen soll, durch ein platiniertes Diaphragma von der übrigen Apparatur ab. Sobald nun der Druck des abgesonderten Gases sich ändert, wird das Diaphragma durchgebogen. Alsdann muß in dem anderen Teil der Apparatur ein Gegendruck so einreguliert werden, bis die Scheidewand wieder in ihrer normalen Lage sich einstellt. Dies wird daran erkannt, daß die Scheidewand gegen ein seitlich angebrachtes, ebenfalls platiniertes Rohr keine metallische Berührung mehr gibt, also etwa ein elektrischer Strom unterbrochen wird. Zur Vereinfachung des Apparates bestimmen SMITH und TAYLOR das Wiederherstellen der ursprünglichen Lage des Diaphragmas mit einem Mikrophon, so daß das zeitraubende und unbequeme Platinieren fortfällt.

SCHEEL und HEUSE[3]) verwenden eine 0,03 mm dicke Kupfermembran, deren Durchbiegung mit Hilfe FIZEAUscher Interferenzen[4]) gemessen wird.

60. Vakuummeter unter Anwendung des Boyleschen Gesetzes. Die Aussage des BOYLEschen Gesetzes, daß der Druck eines Gases, multipliziert mit seinem Volumen bei konstanter Temperatur, eine konstante Größe ist, führt zu der Möglichkeit, einen niedrigen Druck dadurch zu messen, daß man ein bestimmtes Volumen (V), das unter dem zu messenden Druck (p_x) steht, von der Apparatur abtrennt, es auf ein kleineres, genau bestimmbares Volumen v komprimiert und den Druck dadurch auf den Wert p erhöht, der mit einfachen Mitteln meßbar ist.

Es wird mithin $V p_x = v p$ oder

$$p_x = \frac{v}{V} \cdot p. \tag{1}$$

Voraussetzung ist dabei, daß auch bei niedrigen Drucken das BOYLEsche Gesetz gilt. Das ist von THIESEN, SCHEEL und HEUSE, HERING, RAYLEIGH und JAKOB nachgewiesen[5]).

---

1) E. LADENBURG u. E. LEHMANN, Verh. d. D. Phys. Ges. Bd. 8, S. 20. 1906.

2) F. M. G. JOHNSON, ZS. f. phys. Chem. Bd. 61, S. 457. 1908; FARRINGTON, DANIELS u. ARTHUR C. BRIGHT, Journ. Amer. Chem. Soc. Bd. 42, S. 1131. 1920; D. F. SMITH u. NELSON W. TAYLOR, ebenda Bd. 46, S. 1393. 1924.

3) K. SCHEEL u. W. HEUSE, ZS. f. Instrkde. Bd. 29, S. 14. 1909.

4) C. PULFRICH, ZS. f. Instrkde. Bd. 13, S. 365. 1893.

5) M. THIESEN, Ann. d. Phys. (4) Bd. 6, S. 280. 1901; K. SCHEEL u. W. HEUSE, Verh. d. D. Phys. Ges. Bd. 10, S. 785. 1908; E. HERING, Ann. d. Phys. Bd. 21, S. 320. 1906; Lord RAYLEIGH, Phil. Trans. (A) Bd. 196, S. 205. 1901; M. JAKOB, Ann. d. Phys. (4) Bd. 55, S. 527. 1918.

Mit Instrumenten solcher Art bestimmt man nur den Partialdruck p_x des Gases, nicht aber Dampfdrucke, die gleichfalls in dem Volumen V wirksam sind.

Nach diesem Prinzip konstruierte HAMLIN[1]) ein Vakuummeter für den Meßbereich von 10 bis 0,05 mm Quecksilbersäule.

Der eigentliche Apparat MTQ (Abb. 65) ist auf einem Brett montiert und durch Schliff oder Schlauch bei R mit der Apparatur verbunden. Dadurch kann das Instrument um O gedreht werden. In der Ruhelage befindet sich nur in M Quecksilber. Soll ein Druck gemessen werden, so wird das Instrument geneigt, Quecksilber fließt nach T und trennt ein bestimmtes Volumen von A' bis Q [V der Formel (1)] ab. Dies aber wird bis zu der Marke B komprimiert (also auf v), die Höhendifferenz der beiden Quecksilberkuppen bei A und $B = h$, die eine Funktion des Winkels ist, um den das Instrument gedreht werden mußte, zeigt den Druck an, unter dem v steht (p). Es kann somit p_x bestimmt werden. Die dem beweglichen Brett gegenübergestellte Skale S ist so geteilt, daß p_x selbst sofort abgelesen werden kann.

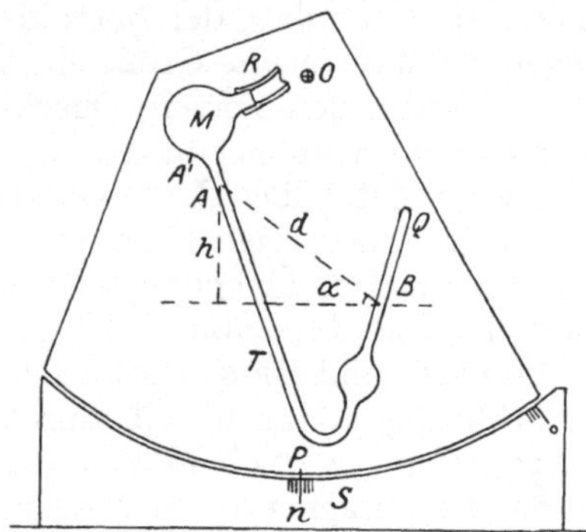

Abb. 65. HAMLINsches Vakuummeter.

Ähnlich ist eine Konstruktion von REIFF[2]).

Eine andere, weitbekannte Anwendung ist das McLEODsche Vakuummeter[3]). Es besteht aus einem Gefäß D (Abb. 66) mit einer daraufgesetzten Kapillare E, ist durch C mit dem Rezipienten verbunden und läuft nach unten in ein Rohr A von etwa 80 cm Länge aus. Dieses wiederum steht durch einen Schlauch mit einem mit Quecksilber gefüllten Behälter B in Verbindung. Soll der Druck im Rezipienten gemessen werden, so wird B gehoben, das hochsteigende Quecksilber schließt das vor dem Einbau genau bestimmte Volumen V ab und komprimiert es auf v, das an der kalibrierten Kapillaren abgelesen werden kann. Die Höhendifferenz der Quecksilbersäule — b — gibt den Druck p, unter dem v steht, p_x selbst kann darauf nach Formel (1) berechnet werden.

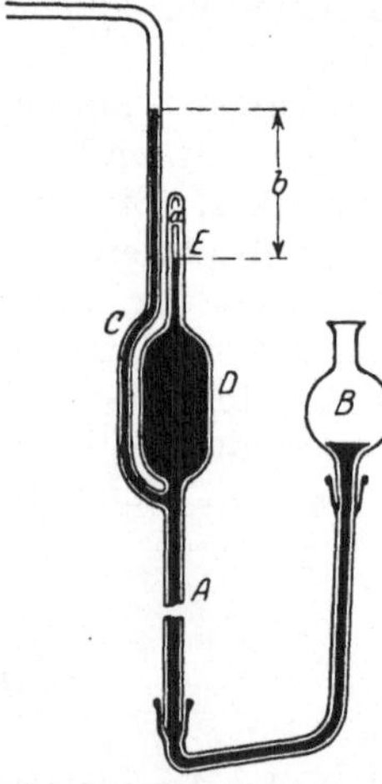

Abb. 66. McLEODsches Vakuummeter.

Wird stets nur soweit komprimiert, daß das Quecksilber in C mit dem Ende der Kapillaren E zusammenfällt und bedeutet a das Volumen der Kapillare für die Längeneinheit, h den dann entstehenden Höhenunterschied der Kuppe, so berechnet sich p_x zu

$$\frac{a}{V} \cdot h^2 . \tag{2}$$

Die große Leistungsfähigkeit und bequeme Handhabung dieses Apparates brachte es mit sich, daß viele Verbesserungen zur weiteren Ausnutzung seines Prinzips ausgeführt wurden. Um die Kapillarkräfte auszuschalten, wurde dem Verbindungsrohr C eine Kapillare vom gleichen Kaliber wie E parallel geschaltet und an ihr der Stand der oberen Kuppe abgelesen. Zur Herabsetzung des äußeren

---

1) M. L. HAMLIN; Journ. Amer. Chem. Soc. Bd. 47, S. 709. 1925.
2) H. J. REIFF, Phys. ZS. Bd. 8, S. 125. 1907.
3) McLEOD, Phil. Mag. Bd. 48, S. 110. 1874.

Umfanges bildete GAEDE[1]) den unteren Teil des Vakuummeters als verkürztes Barometerrohr aus, indem er B starr mit dem nunmehr verkürzten Rohr A verband und in B ein Vorvakuum herstellte.

Einer ähnlichen Vorrichtung bediente sich BOLDINGH[2]) und benutzte dazu einen besonders konstruierten 4-Wegehahn, der nach Belieben eine Verbindung zwischen Quecksilberbehälter B, Außenluft, Vorvakuumpumpe oder einem Glaskolben, der die Feinregulierung des Ganges beim Messen ermöglicht, herzustellen gestattet. Überdies setzt er in Rohr C einen Schwimmer besonderer Konstruktion, damit in C das Quecksilber stets gleich hochsteigen und so die für die Anwendung der Formel (2) notwendige Höhe schnell eingestellt werden kann.

HEY[3]) vermeidet den Verbindungshahn, indem er das Steigrohr A in ein langes mit Quecksilber gefülltes Gefäß einführt und durch Heben dieses Gefäßes das Quecksilber zum Steigen bringt.

Beim Einstellen des Quecksilbers trennt in der Kapillare E der Faden sehr leicht ab, ferner schwankt das Quecksilber sehr lange um seine eigentliche Ruhelage, eine Erscheinung, die die Ablesung stört und verzögert. Dem abzuhelfen, schlägt HARRINGTON[4]) vor, in das große Quecksilbergefäß einen Schwimmer einzusetzen, der in seinem Gewicht und in seinen geometrischen Abmessungen so abgepaßt ist, daß er beim Sinken der Quecksilberoberfläche in B ventilartig den Zufluß des Quecksilbers allmählich drosselt und im geeigneten Augenblick, wenn das Quecksilber in der Kapillare seinen richtigen Stand erreicht hat, gänzlich absperrt.

In der Hauptsache ging das Bestreben der Forscher dahin, den Meßbereich des McLEODschen Manometers zu erweitern. Man setzte die Kapillare E aus mehreren mit verschiedenen Durchmessern zusammen, wobei auf ein besonderes Kalibrieren der Schmelzstellen zu achten ist, und stellt den einzelnen Abschnitten durch geeignete Konstruktion von C zur Bestimmung der Höhendifferenz Kapillaren gleichen Durchmessers gegenüber. DUNOYER[5]) verwendet vier solche Unterstufen.

Vor allem aber kommt es darauf an, möglichst kleine Drucke zu messen, d. h. es muß das Verhältnis v/V klein gehalten, also V sehr groß, v dagegen sehr klein gemacht werden. Hier sind aber bald Grenzen gesetzt: ein zu großer Umfang von V erfordert erhebliche Mengen Quecksilber und setzt die Handlichkeit des Instrumentes herab; ein zu kleines v drückt auf die Meßgenauigkeit.

So versucht man p, das bisher durch die Druckdifferenz der beiden Quecksilberkuppen in E und C gemessen wurde, durch andere Methoden, deren Prinzipien später besprochen werden, zu bestimmen. Zu diesem Zweck baut STINTZING[6]) in E ein Entladungsrohr an, das durch die elektrischen Erscheinungen die Größe p abzuschätzen gestattet, und PFUND[7]) einen Widerstandsdraht, aus dessen Änderungen p bestimmt wird.

UNGLAUBE[8]) dagegen erweitert den Meßbereich des MACLEODschen Vakuummeters dadurch, daß er künstlich den Druck p erhöht. Nach Abschluß des Rezipienten von der Hauptpumpe wird eine andere zum Meßinstrument gehörige

---

[1]) W. GAEDE, Ann. d. Phys. Bd. 41, S. 297. 1913.

[2]) W. H. BOLDINGH, Physica Bd. 3, S. 176. 1923.

[3]) D. L. HAY, Journ. Opt. Soc. Amer. Bd. 7, S. 1015. 1923.

[4]) E. L. HARRINGTON, Journ. Opt. Soc. Amer. Bd. 9, S. 469. 1924.

[5]) L. DUNOYER, Bull. Soc. Franç. de Phys. Nr. 189. 1923.

[6]) H. STINTZING, ZS. f. phys. Chem. Bd. 108, S. 70. 1924; B. KLARFELD, Journ. d. Russ. phys. u. chem. Ges., phys. Teil 57, S. 129. 1925.

[7]) A. PFUND, Phys. Rev. (2) Bd. 18, S. 78. 1921; R. T. COX, Journ. Opt. Soc. Amer. Bd. 9, S. 569. 1924.

[8]) UNGLAUBE, Verh. d. D. Phys. Ges. (3) Bd. 5, S. 40. 1924.

Hochvakuumpumpe in Betrieb gesetzt, das von ihr abgesaugte Gas über ein McLEODsches Manometer gewöhnlicher Konstruktion durch einen Strömungswiderstand von einer Durchlässigkeit S_2 geleitet und dann ins Hochvakuum zurück. Durch die Stauung beim Strömungswiderstand entsteht ein Druck p_1, der nach der gewöhnlichen Methode mit jenem McLEODschen Manometer gemessen werden kann. p_x im Rezipienten ist dann gleich $\frac{S_2}{S_1 + S_2} \cdot p_1$, wenn S_1 die Sauggeschwindigkeit jener zugehörigen Hochvakuumpumpe ist. UNGLAUBE gibt an, Drucke bis 10^{-9} mm Quecksilbersäule damit messen zu können.

Man hat auch versucht, nach Erreichen der Grenze des Meßbereiches dieses McLEODschen Manometers die Güte des Vakuums dadurch zu messen, daß man die Länge des am oberen Ende der Kapillaren haftenbleibenden Quecksilberfadens in Beziehung zum Druck setzte. Eine eingehende Untersuchung von HAGEN[1]) hat indes gezeigt, daß diese als Hangphänomen bezeichnete Erscheinung bei Glaskapillaren mit abgerundeten Enden zwischen Drucken von 10^{-3} und 10^{-5} mm Hg eindeutig reproduzierbar und die Länge des hängenden Fadens wohldefinierbar vom Druck abhängig ist, während wesentlich unterhalb 10^{-5} mm Hg infolge unregelmäßigen Auseinanderreißens des Fadens die Hangkurve nicht extrapoliert werden kann.

61. Vakuummeter auf molekulartheoretischer Grundlage. Das Bestreben, durch Verfeinerung der bisher beschriebenen Vakuummeter den Meßbereich dieser Instrumente zu erweitern, begegnet ähnlichen Schwierigkeiten wie bei der Konstruktion der Hochvakuumpumpe. So sind auch für die Messung niedriger Drucke andere Erscheinungen herangezogen, Erscheinungen, die bei Untersuchungen über das Verhalten der Gase und den Durchgang der Elektrizität durch diese bei niedrigen Drucken gefunden wurden. Dementsprechend zerfallen Vakuummeter dieser Art in zwei Gruppen. Die Prinzipien der einen Gruppe beruhen auf gaskinetischer Grundlage, mit ihnen werden die Drucke aus Veränderungen des Verhaltens der ungeladenen Moleküle und Atome gemessen, die der anderen dagegen auf elektrischen Untersuchungen, indem zur Bestimmung des Druckes die Veränderungen im Verhalten der elektrisch geladenen Moleküle oder der Elektronen selbst benutzt werden.

Diese Vakuummeter messen nicht, wie etwa das MACLEODsche Manometer, den Partialdruck des Gases, sondern den in der Apparatur herrschenden Totaldruck, so daß Dämpfe, besonders die des Quecksilbers, energisch mit flüssiger Luft oder Alkalimetallen[2]) beseitigt werden müssen. Wesentlich ist daher auch ein gutes Entgasen der in diesen Instrumenten enthaltenen Metallteile.

62. Vakuummeter auf gaskinetischer Grundlage. Zur Konstruktion der Vakuummeter auf gaskinetischer Grundlage sind Untersuchungen über die Reibung, die Radiometerkräfte und die Wärmeleitung herangezogen.

63. Reibungsvakuummeter. Die Versuche von KUNDT und WARBURG, die die Druckabhängigkeit der inneren Reibung eines Gases bei gutem Vakuum erwiesen, sind ausgebaut, um umgekehrt durch diese Abhängigkeit den niedrigen Druck zu messen. Zunächst bauten SUTHERLAND und HOGG ein solches Vakuummeter, indem sie zwischen zwei festen Platten eine bewegliche Scheibe schwingen ließen. Bedeuten S_1 und S_2 zwei aufeinanderfolgende Amplituden, die mit einem am Aufhängedraht befindlichen Spiegel und mit Fernrohr und Skale beobachtet werden, so ist $\frac{S_1}{S_2} = e^{\lambda}$, wo λ das logarithmische Dekrement bedeutet. SHAW

[1]) C. HAGEN, Phys. ZS. Bd. 27, S. 47. 1926.

[2]) Al. LE. HYGHES u. F. E. POINDEXTER, Phil. Mag. (6) Bd. 5, S. 423. 1925.

zeigte, daß $p = c \cdot \lambda$. Mit diesem Instrument sind Messungen bis etwa 10^{-2} mm Quecksilbersäule ausgeführt[1]).

Für niedrigere Drucke eignet sich ein Quarzfadenvakuummeter von HABER und KERSCHBAUM sowie ein Modell von LANGMUIR[2]). Ein bei E eingeschmolzener Quarzfaden Q (Abb. 67a) wird in Schwingungen versetzt. Durch geeignete Beleuchtung zeigt sich im Fernrohr F (Abb. 67b) ein breiter Lichtstreifen. Es wird nun die Zeit t beobachtet, bis dieser Streifen nur noch halb so breit ist; dann folgt, daß $p \cdot \sqrt{M} = \frac{b}{t} - a$, wo b und a nur von den Eigenschaften und Abmessungen des Quarzfadens abhängen. M ist das Molekulargewicht des Gases. Die Eichung dieses Instruments verlangt also die Kenntnis zweier Drucke. Mit dem Apparat sind Drucke bis 10^{-5} mm Quecksilbersäule gemessen.

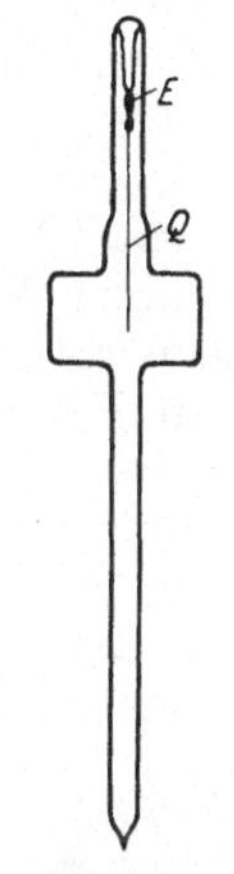

Abb. 67a. Quarzfadenvakuummeter.

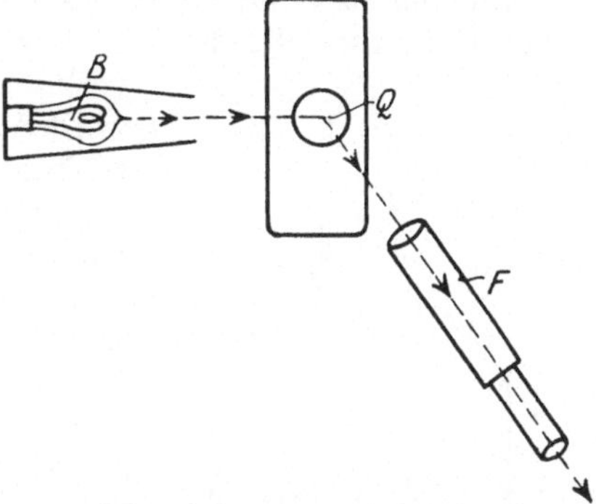

Abb. 67 b. Optische Anordnung des Quarzfadenvakuummeters.

COOLIDGE[3]) nimmt statt des Quarzfadens ein bifilares Gehänge. Dadurch werden ungewollte harmonische Schwingungen und vor allem das Heraustreten aus der ursprünglichen Schwingungsebene verhindert. Gemessen wurden mit diesem Instrument Drucke bis zu $5 \cdot 10^{-3}$ mm Quecksilbersäule.

Beobachtet wird die Dämpfungskonstante $C = \frac{1}{t} \ln \frac{A_1}{A_2}$, wo t die Zeit bedeutet, innerhalb deren die Amplitude des in Schwingung versetzten Systems von A_1 auf A_2 abnimmt. Aus theoretischen Überlegungen folgt, daß $C = a + b \cdot p \cdot \sqrt{M}$, wo a und b von den Dimensionen und der Temperatur des Instruments abhängen, p den Druck, M das Molekulargewicht des Gases bedeuten. Geeicht wird mit einem MCLEODschen Manometer. Im Diagramm — C als Abszisse, $p \cdot \sqrt{M}$ als Ordinate — ergeben sich für verschiedene Gase verschiedene Kurven, die miteinander zur Deckung gebracht werden können, falls die Viskosität des betreffenden Gases berücksichtigt wird. Das geschieht, indem man C durch $C\left(\frac{k}{\eta}\right)^{1,05}$ und die Ordinate durch $p\sqrt{M}\left(\frac{k}{\eta}\right)^{1,23}$ ersetzt, wo k eine Apparatkonstante und η die Viskosität des betreffenden Gases sind. Umgekehrt kann hieraus eine Methode abgeleitet werden, bei Kenntnis des Druckes p und des Molekulargewichtes M mit diesem Instrument, nach Vergleich mit einem MAC LEODschen Vakuummeter bei Füllung mit Luft, die Viskosität von Gasen relativ zur Luft zu bestimmen.

BRÜCHE[4]) baute das Quarzfadenvakuummeter um, indem er an einem Gestell aus Quarzstäbchen ein bewegliches System anschmolz, das aus einem

[1]) A. KUNDT u. E. WARBURG, Pogg. Ann. Bd. 155, S. 337 u. 525. 1875; W. SUTHERLAND, Phil. Mag. Bd. 43, S. 83. 1897; I. L. HOGG, Proc. Amer. Acad. Bd. 42, S. 115. 1906 u. Bd. 45, S. 3. 1909; P. E. SHAW, Proc. Phys. Soc. Bd. 29, S. 171. 1917.

[2]) F. HABER u. F. KERSCHBAUM, ZS. f. Elektrochem. Bd. 20, S. 296. 1914; I. LANGMUIR, Journ. Amer. Chem. Soc. Bd. 35, S. 107. 1913.

[3]) A. S. COOLIDGE, Journ. Amer. Chem. Soc. Bd. 45, S. 1637. 1923; Bd. 46, S. 680. 1924.

[4]) E. BRÜCHE, Phys. ZS. Bd. 26, S. 717. 1925.

an 2 Quarzbändern hängenden Quarzblatt besteht. Dieses dient als Dämpfungsfläche, die in eine Spitze verläuft, in deren Ansatzstück ein Eisenkern eingeschmolzen ist. Durch einen Magneten wird das System mit dem Eisenkern in Schwingung versetzt, wobei die Anfangsamplitude durch ein besonderes gelenkförmiges Gebilde stets gleich groß gehalten wird. Die Größe des Schattenbildes jener Spitze und die Abnahme mit der Zeit dient als Maß der Dämpfung, also auch des Druckes. Der Meßbereich des Instruments erstreckt sich von $1 \cdot 10^{-3}$ bis $2 \cdot 10^{-2}$ mm Quecksilbersäule.

Ein weiteres Modell dieses Prinzips konstruierte LANGMUIR[1]). Im Glaskolben B (s. Abb. 68a) kann eine Scheibe A die durch H mit einem Magneten NS verbunden ist, durch ein Drehfeld G schnell rotiert werden. Infolge der Reibung wird die an F aufgehängte zweite Scheibe C mitgenommen. Der Ausschlag wird mittels Spiegel (M), Fernrohr und Skale beobachtet. Die Schaltung des Drehfeldes zeigt Abb. 68b. Unterhalb 10^{-2} mm Quecksilbersäule ist der Ausschlag direkt proportional dem Drucke, ist abhängig von der Tourenzahl und dem Molekulargewicht und wird innerhalb eines großen Bereiches vom Abstand der beiden Scheiben nicht beeinflußt. Bei 10000 Umdrehungen in der Minute können noch Drucke bis zu 10^{-7} mm Quecksilbersäule gemessen werden.

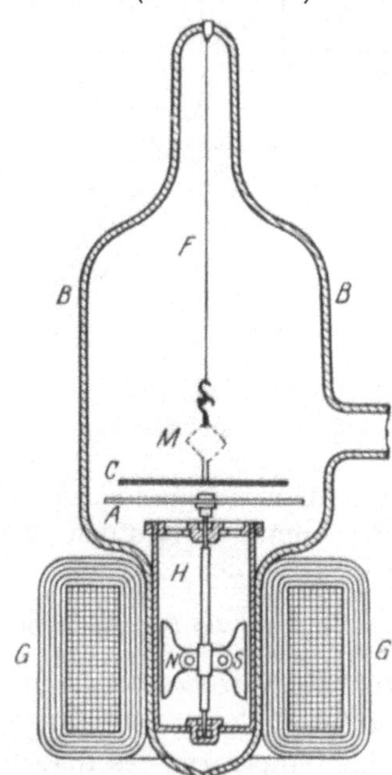

Abb. 68 a. Das LANGMUIRsche Reibungsvakuummeter.

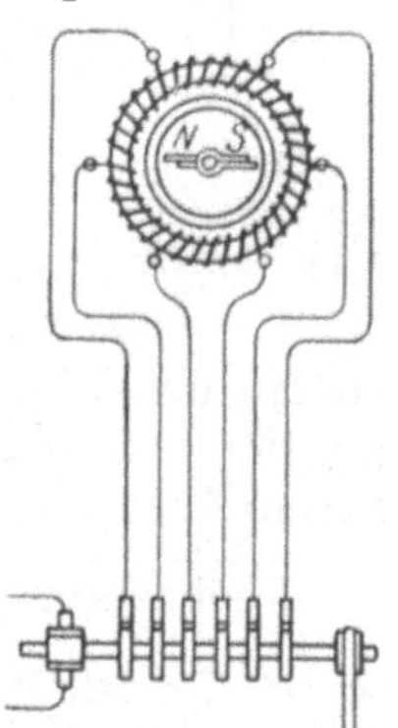

Abb. 68 b. Die Schaltung des Motors zum LANGMUIRschen Reibungsvakuummeter.

TIMIRIAZEFF[2]) benutzt statt der Scheiben zwei konzentrische Metallzylinder.

64. Vakuummeter nach dem Radiometerprinzip. Ausgehend von den CROOKESschen Versuchen[3]) über die Radiometerwirkung und anknüpfend an die vielen Untersuchungen und Erklärungen fand KNUDSEN[4]) das Prinzip eines bequemen und äußerst empfindlichen Manometers, das zur Bestimmung des Gesamtdruckes, also einschließlich des Druckes der gesättigten und ungesättigten Dämpfe, die sich in einem Raum befinden, verwendet werden kann, vorausgesetzt, daß der zu messende Totaldruck sehr klein ist.

KNUDSEN zeigt, daß die mechanische Kraft, mit der ein zwischen zwei ungleich warmen Platten befindliches und sie umgebendes Gas auf die Platten wirkt, in sehr einfacher Weise vom Gasdruck und der Größe und Temperatur der Platten abhängig ist, vorausgesetzt, daß der Abstand der Platten verschwindend klein ist im Vergleich zu der mittleren freien Weglänge der Moleküle. Wenn also die Größe und die Temperatur der Platten bekannt sind, so kann man

---

[1]) I. LANGMUIR, Phys. Rev. Bd. 1, S. 337. 1913; S. DUSHMAN, ebenda Bd. 5, S. 212. 1915.

[2]) A. TIMIRIAZEFF, Ann. d. Phys. Bd. 40, S. 971. 1913.

[3]) W. CROOKES, Proc. Roy. Soc. London Bd. 21, S. 37. 1874.

[4]) M. KNUDSEN, Ann. d. Phys. (4) Bd. 32, S. 809. 1910; P. DEBYE, Phys. ZS. Bd. 11, S. 1115. 1910.

umgekehrt den Druck durch eine Messung der zwischen beiden Platten wirkenden mechanischen Kraft bestimmen.

Das Schema dieses Vakuummeters zeigt Abb. 69. An einem Faden S hängt ein rechteckiges Gebilde AA; M ist ein Spiegel, der die Drehung dieses Rechtecks mittels Fernrohr und Skale feststellen läßt. Den breiten Platten AA stehen die Platten BB gegenüber. Diese können erwärmt werden.

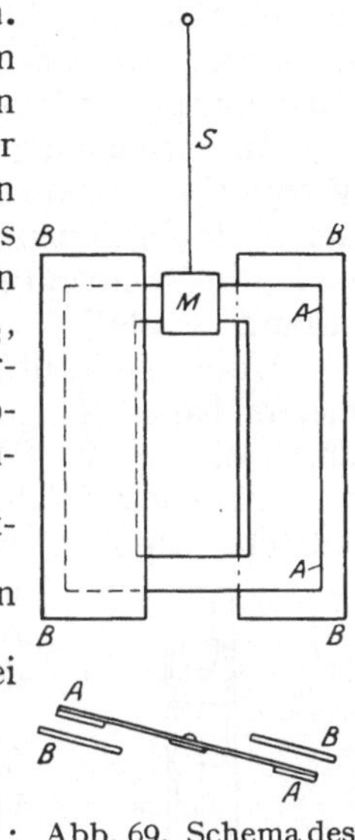

Abb. 69. Schema des KNUDSENschen absoluten Vakuummeters.

Wie KNUDSEN nachwies, wird der Druck p in einem Gase, das von einem Behälter eingeschlossen ist, dessen Dimensionen verschwindend klein sind im Vergleich zu der mittleren freien Weglänge, im Gleichgewichtszustand an jedem Ort der Quadratwurzel der absoluten Temperatur des Gases proportional sein. Die Temperatur des die beiden ungleich warmen Platten A und B umgebenden Gases sei T_2, die der geheizten Platte dagegen T_1. Ist der Temperaturunterschied $T_1 - T_2$ nur gering im Vergleich zu der absoluten Temperatur, so ist nicht anzunehmen, daß die Temperatur des Gases zwischen den Platten von $\frac{T_1 + T_2}{2}$ wesentlich verschieden ist und der Gasdruck p' zwischen ihnen durch die Gleichung gegeben ist $p' = p\sqrt{\frac{\frac{T_1 + T_2}{2}}{T_2}}$, die bei kleinen Differenzen $T_1 - T_2$ übergeht in $\frac{p'}{p} = 1 + \frac{T_1 - T_2}{4T_2}$. Die auf jedes Quadratzentimeter der beweglichen Platte wirkende Kraft K ist gleich $p' - p$, woraus folgt, daß

$$K = p\frac{T_1 - T_2}{4T_2} \quad \text{oder} \quad p = \frac{4KT_2}{T_1 - T_2}\left[\frac{\text{dyn}}{\text{cm}^2}\right].$$

Abweichungen treten bei höheren Temperaturen und Drucken auf, deren Ursache sich einmal aus der KNUDSENschen Beobachtung über die Änderung der Reflexionsgeschwindigkeit bei großen Temperaturdifferenzen und zum andern aus der von GAEDE erwiesenen Ungültigkeit des Kosinusgesetzes ergibt. v. SMOLUCHOWSKI[1]) beweist überdies, daß die Gesetzmäßigkeit durch die Veränderung der MAXWELLschen Geschwindigkeit gestört wird.

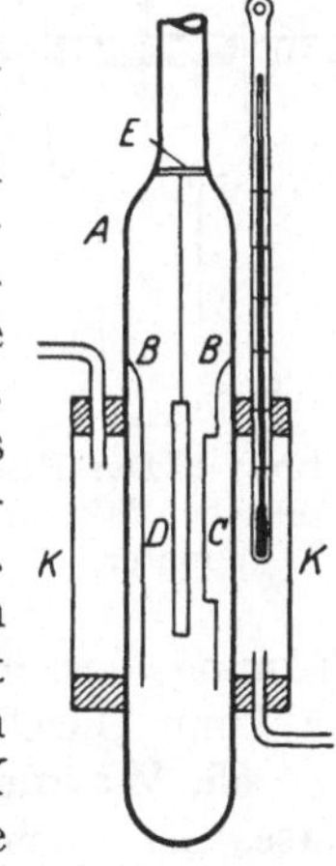

Abb. 70. Praktische Ausführung eines KNUDSENschen absoluten Vakuummeters.

Ein praktisch durchgeführtes Modell zeigt Abb. 70, das KNUDSEN wie folgt beschreibt. A ist eine 1,4 cm weite Glasröhre, in die eine etwas dünnere Glasröhre BB eingeblasen ist. Diese Röhre hat bei C einen 0,41 cm breiten und 2,95 cm hohen rechtwinkligen Ausschnitt. Vor diesem Ausschnitt hängt mitten in der Röhre an zwei bei E festsitzenden Kokonfäden ein Glimmerblatt D. Die Röhre A kann durch ein Wasserbad KK von außen erwärmt werden, und man sorgt dafür, daß man die Temperatur des Wasserbades durch Hinzuführung von warmem oder kaltem Wasser schnell nach Belieben ändern kann.

Enthält das Bad zu Anfang kaltes Wasser, so notiert man dessen Temperatur und die Stellung des Glimmerblattes, die mittels eines Mikroskops mit Okularmikrometer abgelesen wird.

[1]) M. v. SMOLUCHOWSKI, Ann. d. Phys. Bd. 33, S. 1359. 1910.

Wird nun dem Bade warmes Wasser zugeführt, so wird die Glasröhre *A* erwärmt, während die Wärme der inneren Glasröhre und dem Glimmerblatt langsam zufließt. Die von der warmen Glaswand durch den Ausschnitt der inneren Röhre an das Glimmerblatt herantretenden Gasmoleküle stoßen das Glimmerblatt zurück, und man notiert die Temperatur des Bades und die Stellung des Glimmerblattes. Aus den beiden abgelesenen Temperaturen, dem Gewicht des Glimmerblattes, der Länge der Aufhängevorrichtung, dem Flächeninhalt des Ausschnittes und der Größe des Ausschlages kann man den Druck berechnen.

Zur Erreichung einer hohen Empfindlichkeit haben KNUDSEN, v. ANGERER, WOODROW, SHRADER und SHERWOOD das Instrument umgebaut, indem einmal der Aufhängefaden tordiert wird, dann die Wärmeplatte elektrisch geheizt und ihre Temperatur durch die Änderung ihres elektrischen Widerstandes bestimmt wurde[1]).

Unter Verzicht auf den absoluten Charakter des KNUDSENschen Vakuummeters baute RIEGGER[2]) einen Apparat desselben Prinzips und erreichte dadurch eine große Einfachheit der Anordnung.

An einem Wolframdraht (*W* in Abb. 71) hängt ein Flügelrad *F*. Dieses entsteht dadurch, daß der Rand einer kreisförmigen Aluminiumscheibe mit

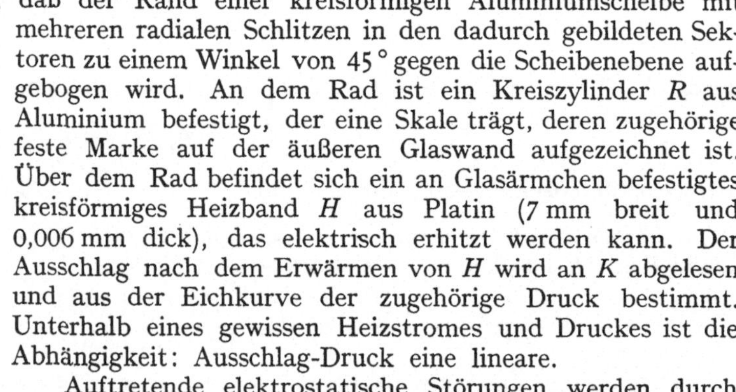

mehreren radialen Schlitzen in den dadurch gebildeten Sektoren zu einem Winkel von 45° gegen die Scheibenebene aufgebogen wird. An dem Rad ist ein Kreiszylinder *R* aus Aluminium befestigt, der eine Skale trägt, deren zugehörige feste Marke auf der äußeren Glaswand aufgezeichnet ist. Über dem Rad befindet sich ein an Glasärmchen befestigtes kreisförmiges Heizband *H* aus Platin (7 mm breit und 0,006 mm dick), das elektrisch erhitzt werden kann. Der Ausschlag nach dem Erwärmen von *H* wird an *K* abgelesen und aus der Eichkurve der zugehörige Druck bestimmt. Unterhalb eines gewissen Heizstromes und Druckes ist die Abhängigkeit: Ausschlag-Druck eine lineare.

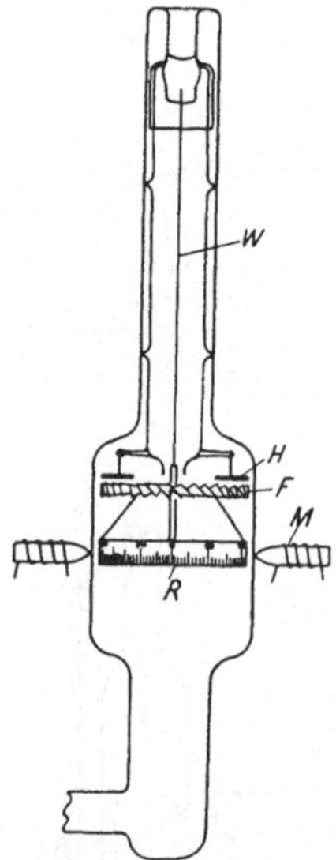

Abb. 71. Das RIEGGERsche Vakuummeter.

Auftretende elektrostatische Störungen werden durch den symmetrischen Aufbau des Systems vermieden. Überdies sind Heizband und Flügelrad an dem oberen Teil ihrer Aufhängung leitend miteinander verbunden, so daß eine gegenseitige Aufladung unmöglich wird. Der ganze Apparat kann durch Überstülpen eines Ofens vor der Eichung und dem Gebrauch erhitzt und so alle adsorbierten Gasschichten beseitigt werden.

EBERT[3]) setzt spiegelbildlich zu dem Heizband ein zweites Rad, das mit dem ersten an der gleichen Aufhängung sitzt, und liest mit Fernrohr und Skale ab. Die Größenordnung der mit Instrumenten dieses Prinzips gemessenen Drucke beträgt 10^{-7} mm Quecksilbersäule.

65. Wärmeleitungsvakuummeter. Ähnlich wie die innere Reibung eines Gases ist auch seine Wärmeleitung innerhalb eines großen Bereiches unabhängig vom Druck. KUNDT und WARBURG[4]) zeigten aber, daß unterhalb

---

[1]) M. KNUDSEN, Ann. d. Phys. Bd. 44, S. 525. 1914; E. v. ANGERER, ebenda Bd. 41, S. 1. 1913; J. W. WOODROW, Phys. Rev. Bd. 4, S. 491. 1914; S. E. SHRADER u. R. G. SHERWOOD, ebenda Bd. 12, S. 70. 1918.

[2]) H. RIEGGER, ZS. f. techn. Phys. Bd. 1, S. 16. 1920.

[3]) H. EBERT, s. Bericht üb. d. Tätigkeit d. Phys.-Techn. Reichsanstalt im Jahre 1923.

[4]) A. KUNDT u. E. WARBURG, Pogg. Ann. Bd. 156, S. 127. 1875.

etwa 10^{-1} mm Quecksilbersäule eine starke Abhängigkeit auftritt. Auch diese Tatsache wird umgekehrt zur Messung niedriger Drucke benutzt. Wird also ein erhitzter Körper in ein Vakuum gebracht, so wird seine Temperatur von der Größe der Ableitung in dem umgebenen Gase abhängig sein.

Als Wärmequelle wird entweder eine künstlich erwärmte Lötstelle eines Thermoelementes oder ein elektrisch erhitzter Draht genommen. Die Größe der Thermokraft bzw. des elektrischen Widerstandes sind die Temperaturkriterien.

WARBURG, LEITHÄUSER und JOHANSEN[1]) benutzten einen Bolometerstreifen, VOEGE und ROHN[2]) ein Thermoelement. VOEGE nahm ein Thermokreuz, indem er mit der eigentlichen Lötstelle eines Thermoelementes metallisch einen Draht verband, durch den er einen elektrischen Strom schickte und so die Lötstelle erwärmte. Ist die Wärmezufuhr konstant, so ist die elektrometrische Kraft des Elementes ein Maß für die Ableitungsverluste, mithin auch für die Güte des Vakuums.

Um diese Methode empfindlicher zu machen, erhöht ROHN die Zahl der Elemente auf 20. Als Strahlungsquelle dient ihm eine 10kerzige 10-Volt-Lampe, die verstellbar am Stativ des Instrumentes befestigt ist. Auf Konstanz des Heizstromes ist dabei besonders zu achten. Das Instrument bedarf einer Eichung und ist in seinen Angaben von der Natur des Gases abhängig. Es können mit einem solchen Vakuummeter Drucke bis etwa 10^{-5} mm Quecksilbersäule gemessen werden.

v. PIRANI[3]) bedient sich zur Bestimmung der Temperaturänderungen der Widerstandsmethode. Er wickelt auf den Halter einer gewöhnlichen Metallfadenlampe einen dünnen Platindraht und setzt sie an die zu evakuierende Apparatur. Der durch einen Heizstrom erwärmte Draht nimmt eine durch die Größe der Ableitung, die ihrerseits wiederum von der Gasdichte abhängt, bedingte Temperatur an, die durch seine Widerstandsänderung gemessen werden kann. Daraus endlich ist die Güte des Vakuums zu bestimmen.

Es gibt drei verschiedene Möglichkeiten, diese Widerstandsänderungen zu messen: es ist nämlich

α) bei konstant gehaltener Spannung die Stromänderung,

β) bei konstant gehaltenem Widerstand die dazu nötige Energie und

γ) bei konstant gehaltenem Strom der Spannungsabfall über dem Draht eine Funktion des Druckes.

PIRANI bedient sich der ersten Methode. Es wird der mit einem Strom von etwa 0,01 Ampere erhitzte Draht in einen Zweig einer WHEATSTONEschen Brücke gelegt. Bei abnehmendem Druck sinkt die Wärmeleitfähigkeit, die Temperatur des Drahtes, und damit steigt sein Widerstand. Durch den Ausschlag des Galvanometers in der Brücke kann die Widerstandsänderung und, wenn der Apparat vorher mit einem anderen Vakuummeter geeicht ist, der Druck selbst bestimmt werden.

Verbesserungen sind später von PIRANI selbst und nach ihm von HALE, MISAMICHE SO, CAMPBELL und TSCHUDY[4]) eingeführt.

---

[1]) E. WARBURG, G. LEITHÄUSER u. E. JOHANSEN, Ann. d. Phys. Bd. 24, S. 25. 1907.

[2]) W. VOEGE, Phys. ZS. Bd. 7, S, 498. 1906; W. ROHN, ZS. f. Elektrochem. Bd. 20, S. 539. 1914.

[3]) M. v. PIRANI, Verh. d. D. Phys. Ges. Bd. 8, S. 686. 1906.

[4]) C. F. HALE, Trans. Amer. Electrochem. Soc. Bd. 20, S. 243. 1911; MISAMICHI SO, Proc. Physico-Math. Soc. Japan (3) Bd. 1, S. 152. 1919; N. R. CAMPBELL, Proc. Phys. Soc. Bd. 33, S. 287. 1921; T. TSCHUDY, Elektrochem. ZS. Bd. 39, S. 235. 1918 u. Electr. World Bd. 73, S. 137. 1919.

Zur Erhöhung der Empfindlichkeit wird in dem entsprechenden Brückenzweig (Abb. 72) eine zweite ähnliche Einrichtung eingebaut, die in ihrem Innern einen unveränderlichen Druck hat, eine Verbesserung, die auch DAUT[1]) benutzt. Beide Gefäße befinden sich in einem Bad konstanter Temperatur. Da ferner die Größe der Temperaturänderung des Drahtes von der Temperaturdifferenz zwischen Gefäßwand und Draht abhängt, wird, um diesen Gradienten möglichst groß zu machen, die Badtemperatur niedrig gehalten.

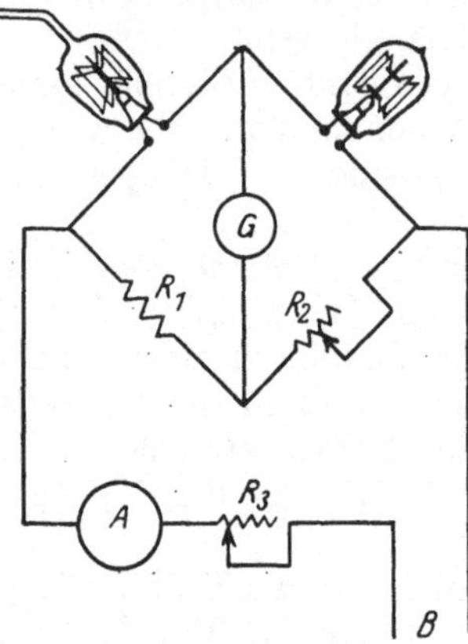

Abb. 72. Vakuummeter nach PIRANI.

CAMPBELL ändert den Spannungsabfall über der ganzen Brücke und setzt diese in Beziehung zum Druck.

Infolge des verschiedenen Wärmeleitvermögens gilt für jedes Gas eine besondere Eichkurve. Gemessen sind mit diesem Vakuummeter Drucke bis zu 10^{-5} mm Quecksilbersäule.

66. Elektrische Vakuummeter. Entladungsröhren. Die allgemeinen Gesetze und Regeln, die für die Entladungserscheinungen im Vakuum gefunden wurden, geben eine Möglichkeit, Kriterien für die Güte des Vakuums aufzustellen.

Im einfachsten Falle können Form und Farbe der Entladungserscheinungen in einer gewöhnlichen Entladungsröhre mit zwei einander gegenübergestellten Platten aus Aluminium zur Schätzung des in der Apparatur vorhandenen niedrigen Druckes herangezogen werden. Ein Induktor von einigen Zentimetern Schlagweite liefert bereits die erforderliche Spannung. STINTZING[2]) hat für den Zusammenhang zwischen Druck und Aussehen der Entladungserscheinungen nebenstehende Tabelle aufgestellt.

Größenordnung des Druckes in mm Hg	Entladungserscheinung Form	Farbe
10^1	Faden	rot
	,,	,,
	,,	,,
10^0	,,	,,
	Schichten	violett-weißlich
10^{-1}	,,	bläulich-weißlich
	ohne Schichtung	desgl. u. alle Ränder grün
10^{-2}	,,	alle Ränder grün
	nur noch stoßweise	fast alles grün und blaugrün
10^{-3}	,,	blaugrün
	nur bei Strom-kommutierung	fahlgrau
10^{-4}	,,	,,
	gar keine Entladung, auch nicht bei Kommutierung	

Sollen Drucke noch unterhalb 10^{-4} mm Quecksilbersäule geschätzt werden, so muß man parallel zu der Entladungsröhre eine Funkenstrecke legen. Es muß dann ein kräftiger Induktor genommen und der Abstand der beiden Aluminiumplatten klein gemacht werden, damit die Funkenschlagweite um ein Vielfaches gegenüber dem Plattenabstand gesteigert werden kann. Wird nun das Vakuum über 10^{-4} mm Quecksilbersäule hinaus verbessert, so nimmt bei gleichbleibendem Elektrodenabstand innerhalb der Röhre die Größe der Funkenstrecke außerhalb immer mehr zu. Es gelingt dann, Drucke wenig unterhalb 10^{-5} mm Quecksilbersäule zu schätzen. Dabei können aber störende Einflüsse auf-

[1]) W. DAUT, ZS. f. phys. Chem. Bd. 106, S. 225. 1923.
[2]) H. STINTZING, ZS. f. phys. Chem. Bd. 58, S. 70. 1923.

treten, indem Moleküle an der Glaswand haften und für die Beteiligung an der Entladung ausgeschaltet werden, so daß ein zu gutes Vakuum vorgetäuscht wird.

Ähnliche Erscheinungen treten auch schon bei höheren Drucken auf. Dieses durch das Ausbleiben der Entladung vorgetäuschte Vakuum wird Pseudovakuum genannt. KNIPPING[1]) erklärt es durch Verarmen des Gasinhalts an Wasserstoffkernen, GÜNTHERSCHULZE[2]) durch den störenden Einfluß der umgebenden Wände auf das elektrostatische Feld.

Diese Labilität und Neigung zu Unregelmäßigkeiten in den Entladungserscheinungen geben nur bedingt die Möglichkeit, mit einer Entladungsröhre niedrige Drucke zu messen.

67. Elektrische Vakuummeter. Elektronenröhren. Das Aussetzen des Stromes bei hohem Vakuum hat seinen Grund in der Tatsache, daß die freie Weglänge der Elektronen zu groß wird und keine Stoßionisation mehr statthat. Es muß künstlich eine Entladung erzwungen werden, indem eine besondere Elektronenquelle die Leitfähigkeit wiederherstellt. Dies kann geschehen durch Beeinflussung mit Röntgenstrahlen, ultraviolettem Licht oder aber — und das ist die wirksamste Art — durch Glühen der Kathode selbst.

Ist also die Kathode ein stromdurchflossener Draht aus schwer schmelzbarem Metall (Wolfram), das auf Weißglut gebracht wird, und steht ihr gegenüber eine plattenförmige Anordnung, die gegen die Kathode positiv aufgeladen wird, so bildet sich im Vakuum ein elektrischer Strom aus, der — abgesehen von der Form der Elektroden — abhängt α) von der Temperatur der Kathode, β) von der Größe des Anodenpotentials und γ) von der Güte des Vakuums.

Unter Heranziehung der Elektronentheorie der Metalle, die in ihrer Grundlage mit der kinetischen Gastheorie übereinstimmt, und aus thermodynamischen Betrachtungen hat RICHARDSON[3]) für die Größe des Sättigungsstromes, d. h. eines Stromes, der bei einer bestimmten Anodenspannung durch Erhöhung der Temperatur des Glühdrahtes nicht mehr gesteigert werden kann, die Formel abgeleitet $I_s = A \cdot \sqrt{T} \cdot e^{-\frac{B}{T}}$ wo $A = n \cdot \varepsilon \cdot \sqrt{\frac{R}{2\pi m}}$ und $B = \gamma/R$ ist. n bedeutet die in der Volumeneinheit des emittierenden Materials befindliche Zahl der Elektronen, ε/m das Verhältnis von Ladung und Masse des Elektrons, R die allgemeine Gaskonstante, T die absolute Temperatur und γ die für den Austritt eines einzelnen Elektrons erforderliche Austrittsarbeit.

M. v. LAUE[4]) hat diese Betrachtungen unter strengeren Bedingungen durchgeführt.

Das Sättigungsstromgesetz von RICHARDSON ist für eine Spannung E größer als E_s gültig, d. h. für den Fall, daß alle einmal aus der Kathode heraustretenden Elektronen zur Anode gelangen. Betrachtet man daher den Verlauf der Kurve: Elektronenstrom I als Funktion der angelegten Spannung E — Charakteristik — für Werte von E, die kleiner sind als E_s, so zeigt sich zunächst ein ganz langsames, dann ein schnelleres Anwachsen des Stromes, das allmählich geringer wird, bis der Strom für ein bestimmtes E (nämlich E_s) einen konstanten Wert I_s erreicht. Diese Gestalt der Charakteristik findet ihre Erklärung in dem Vorhanden-

[1]) W. KNIPPING, Naturwissensch. Bd. 11, S. 756. 1923.

[2]) A. GÜNTHERSCHULZE, ZS. f. Phys. Bd. 31, S. 606. 1925.

[3]) O. W. RICHARDSON, Jahrb. d. Radioakt. Bd. 1, S. 300. 1904 u. Phil. Trans. (A) Bd. 201, S. 516. 1903; s. auch H. BARKHAUSEN, Elektronenröhren. Leipzig: Hirzel 1922.

[4]) M. v. LAUE, Jahrb. d. Radioakt. Bd. 15, S. 205 u. 257. 1918; u. Berl. Ber. 1923, S. 334.

sein einer verzögernden Kraft im Entladungsraume, der Raumladung. Solange der Strom noch nicht gesättigt ist, wird seine Abhängigkeit E ausgedrückt durch $I = K \cdot E^{\frac{3}{2}}$, wo $K = \sqrt{\frac{\varepsilon}{m}} \cdot \frac{\sqrt{2}}{9\pi a^2}$, a ist der Abstand der Elektroden; das Raumladungsgesetz von Langmuir und Schottky[1]). Bezogen auf Volt und Ampere ist der übergehende Strom $= I_{\text{amp}} = \frac{2{,}33 \cdot 10^{-6}}{a^2} \cdot E^{\frac{3}{2}}$.

Wird nun zwischen Heizdraht und Anode einer Entladungsröhre — etwa in Form eines Drahtnetzes — noch eine zweite kalte Elektrode, das Gitter, eingebaut, so hängt der Emissionsstrom sowohl von der Gitterspannung E_g als auch von der Anodenspannung E_a ab. Angenähert werden dann die Verhältnisse durch das Langmuir-Schottkysche Gesetz dargestellt, wenn man für E den Wert $E_g + D \cdot E_a = E_{st}$ — die Steuerspannung — und für K den Wert $K' = \left(\frac{C_{gh}}{C}\right) \cdot K$ setzt. $D = \frac{C_{ah}}{C_{gh}}$, das Verhältnis der Teilkapazitäten, Gitter—Heizdraht und Anode—Heizdraht, wird Durchgriff genannt. C bedeutet die Kapazität zwischen Heizdraht und einziger Anode.

Die oben abgeleiteten Gleichungen gelten unter der Voraussetzung, daß ein hohes Vakuum vorhanden und die dabei benutzten Metalle wirksam entgast sind. Die Änderungen der Stromspannungsverhältnisse, insbesondere also ihre Abweichungen von dem Richardsonschen und Langmuirschen Gesetz in einer Röhre ohne Gitter, dienen vornehmlich zur Feststellung des Entgasungszustandes der Glühkathode. Diese Verfahren sind von Germershausen, Goetz und Siebel[2]) durchgebildet worden.

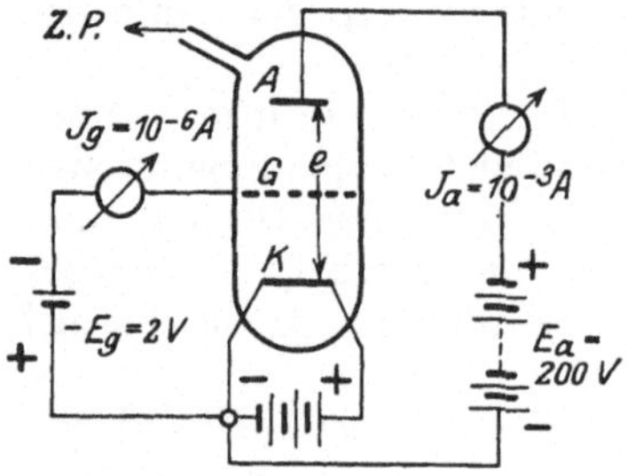

Abb. 73. Elektronenröhre als Vakuummeter, 1. Schaltung.

Mit Gitterröhren lassen sich niedrige Drucke messen, indem man (Abb. 73) das Gitter G schwach negativ ($E_g = 2\,V$), die Anode stark positiv ($E_a = 200\,V$) auflädt. Es wird dann der Gitterstrom I_g und der Anodenstrom I_a gemessen. Sind in der Röhre noch Gasreste vorhanden, so werden diese durch Stoß ionisiert und vom negativen Gitter angezogen. Es entsteht ein Gitterstrom in entgegengesetzter Richtung wie ein von Elektronen gebildeter Strom, wie er zum Beispiel bei positiver oder nicht hinreichend negativer Gitterspannung auftritt. Diese Umkehr der Stromrichtung bei allmählich gesteigerter negativer Gitterspannung ist ein sicheres Zeichen dafür, daß der Strom wirklich von positiv geladenen Teilchen herrührt. I_g ist dem Gasinhalt und dem die Stoßionisation erzeugenden Elektronenstrom I_a proportional. Es ist daher $V = \frac{I_g}{I_a}$ ein Maß für die Güte des Vakuums. V wird Vakuumfaktor genannt. Ist die Anode zylindrisch ausgebildet mit einem Durchmesser von 1 cm, und hat der Vakuumfaktor unter den angegebenen Voltzahlen den Wert 1/1000, so entspricht das, wie man etwa durch Vergleich mit einem MacLeodschen Manometer feststellen kann, einem Druck von etwa $2 \cdot 10^{-5}$ mm Quecksilbersäule.

---

[1]) I. Langmuir, Phys. ZS. Bd. 15, S. 350. 1914; u. Phys. Rev. Bd. 32, S. 492. 1911; W. Schottky, Phys. ZS. Bd. 15, S. 656. 1914; J. E. Lilienfeld, Ann. d. Phys. Bd. 43, S. 28. 1914.

[2]) W. Gemershausen, Ann. d. Phys. Bd. 51, S. 705 u. 847. 1916; A. Goetz, Phys. ZS. Bd. 23, S. 136. 1922; K. Siebel, ZS. f. Phys. Bd. 4, S. 288. 1921.

Durch Überlegungen, wie sie BARKHAUSEN[1]) anstellte, kann man auch ohne Vergleichung mit einem Vakuummeter anderer Art zu einer Abschätzung der Größenordnung kommen. Wenn $I_g/I_a = 1/1000$ ist, so heißt das nichts anderes, als daß im Durchschnitt jedes tausendste Elektron ein Gasmolekül ionisiert. Es ist mithin die freie Weglänge der Elektronen in dem Gas tausendmal größer als die wirklich durchlaufene Strecke — in unserem Beispiel also $^1/_2$ cm. Da aber die mittlere freie Weglänge bei Atmosphärendruck etwa 10^{-5} cm ist und proportional der Druckverminderung zunimmt, ist sie jetzt $1000 \cdot {}^1/_2$ cm und die zugehörige Druckverminderung $= 10^{-5} : 1000 \cdot {}^1/_2$. Das entspricht aber $2 \cdot 10^{-8}$ Atm. oder $1{,}5 \cdot 10^{-5}$ mm Quecksilbersäule.

Experimentell vorteilhafter ist es, bei Röhren mit kleinem Durchgriff die Rolle von Anode und Gitter (Abb. 74) zu vertauschen. Es erhält mithin das Gitter die hohe positive, die Anode die schwache negative Spannung.

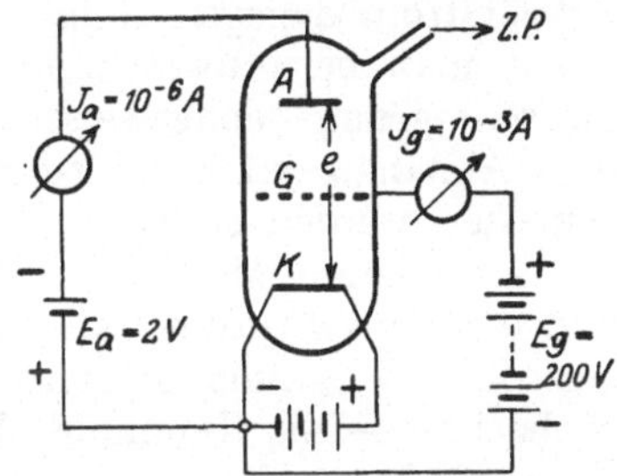

Abb. 74. Elektronenröhre als Vakuummeter, 2. Schaltung.

Ausgearbeitet sind diese Methoden von SIMON, BUCKLEY, FOUND und DUSHMAN, ARNOLD, der eine WEHNELTsche Kathode verwendet, und MISAMICHI SO[2]).

Eine weitere Möglichkeit, mit einer Gitterröhre niedrige Drucke zu messen, besteht darin, daß man den Einfluß der sekundären Elektronen berücksichtigt, wie es HULL und GOETZ[3]) zeigten.

Durch das Auftreffen der von der Kathode kommenden Elektronen auf die Anode werden sekundäre Elektronen ausgelöst, die den primären entgegenlaufen, so daß sich eine Stromverminderung im äußeren Kreis feststellen läßt [LENARD[4])]. Diese sekundären Elektronen lassen sich dann nachweisen, wenn man das Gitter ebenfalls positiv auflädt (Abb. 75). Dadurch erhöht sich der Gitterstrom um

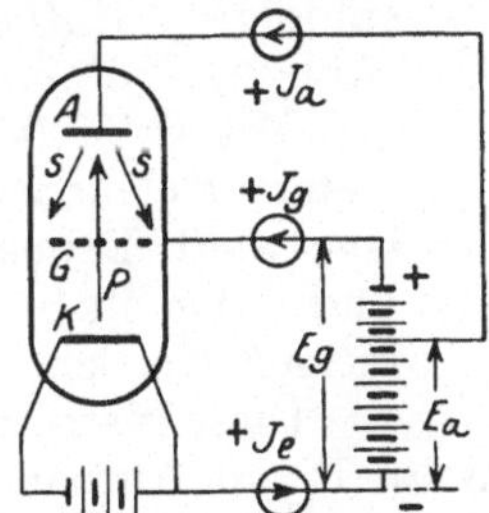

Abb. 75. Einfluß der Sekundärelektronen, 3. Schaltung (p = Primärelektronen).

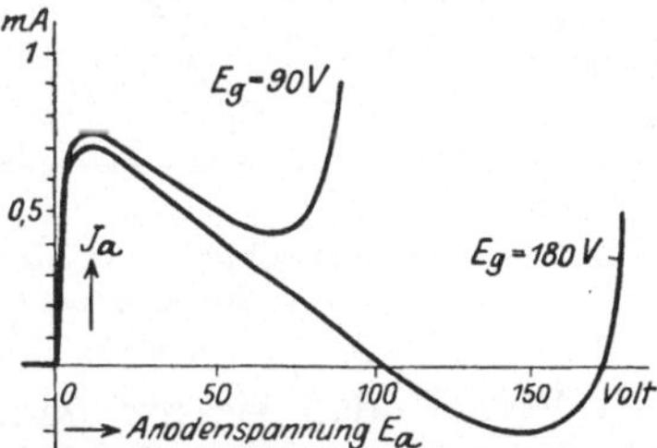

Abb. 76. Einfluß der Sekundärelektronen.

den durch sie gebildeten Strom, während sich der Anodenstrom um ebensoviel erniedrigt. Werden nun an der Anode ebensoviel oder mehr sekundäre Elektronen ausgelöst, so kann der gesamte Anodenstrom 0 oder gar negativ werden (Abb. 76). Zunächst werden keine sekundären Elektronen gebildet, der Anodenstrom

[1]) H. BARKHAUSEN, s. Fußnote 3, S. 403; H. RUKOP u. K. W. HAUSSER, Vortragsreihe im Elektrotechn. Verein Berlin 1919.

[2]) H. SIMON, ZS. f. techn. Phys. Bd. 5, S. 221. 1924; D. E. BUCKLEY, Proc. Nat. Acad. Amer. Bd. 2, S. 683. 1916; C. G. FOUND u. S. DUSHMAN, Phys. Rev. Bd. 17, S. 7. 1921; H. D. ARNOLD, ebenda Bd. 16, S. 70. 1920; MISAMICHI SO, Proc. Phys. Math. Soc. Japan Bd. 1, S. 76. 1919.

[3]) A. W. HULL, Jahrb. d. drahtl. Telegr. Bd. 14, S. 47 u. 157. 1919; A. GOETZ, Dissert. Göttingen 1921.

[4]) P. LENARD, Quantitatives über Kathodenstrahlen. Heidelberg 1918.

steigt. Mit wachsender Spannung werden aber Sekundärelektronen ausgelöst; ihr Einfluß macht sich immer mehr bemerkbar und kann sogar die Richtung des Stromes umkehren, so daß die Kurve unterhalb der Abszissenachse zu liegen kommt. Wird E_a größer als E_g, so steigt I_a wieder an, da nunmehr die von der Anode mit kleiner Geschwindigkeit austretenden sekundären Elektronen nicht mehr zum Gitter gelangen können, sondern von jener wieder eingefangen werden.

Soll nun mit einer solchen Schaltung ein Vakuum gemessen werden, so wählt man gerade die Spannung, bei der der Anodenstrom Null wird. Sobald dann im Entladungsraum etwa vorhandene Moleküle ionisiert werden, werden die Ionen von der Kathode aufgefangen. Zugleich aber wird die Geschwindigkeit der Elektronen so vermindert, daß sie nicht mehr sekundäre Elektronen entsprechender Art auslösen können. Mithin fällt der Sekundärstrom, der Primärstrom dagegen steigt durch die positive Aufladung der Kathode. So erhält man bei Anwesenheit geringster Gasmengen Nullpunktsschwankungen, die sehr genau nachgewiesen werden können. Diese Erscheinungen müssen in ihrer Abhängigkeit vom Druck bekannt sein, wenn mit ihnen Drucke quantitativ gemessen werden sollen.

Eine letzte Methode, die MÖLLER[1]) angegeben hat, ist qualitativer Art und dient als Prüfmethode für Verstärker- und Senderöhren in bezug auf die Güte ihres Vakuums. Es wird der Anodenstrom als Funktion der Gitterspannung beobachtet — die Kennlinie. Dabei zeigen sich häufig beim Aufsteigen geringere Werte als beim Absteigen. Die auftretende merkwürdige Kurvenform — Hysteresisschleife — gibt Anhaltspunkte für die Menge der noch vorhandenen Gasreste (Abb. 77). Die Gestalt der Kurve wird bedingt durch den Gasgehalt der kalten Elektroden, die durch die steigende Endgeschwindigkeit der Elektronen erhitzt werden. Bei großem Gasgehalt schneiden sich die auf- und absteigenden Kurven (Abb. 77b), bei zu hohem Druck tritt selbständige Entladung ein (Abb. 77c; Punkt K).

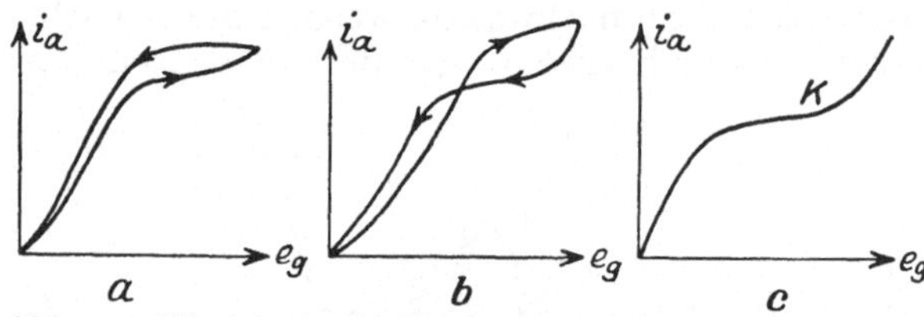

Abb. 77. Hysteresisschleife der Kennlinien als Kriterium für Gasreste.

Mit Hilfe der Vakuummeter auf elektrischer Grundlage sind Drucke bis 10^{-8} und angeblich tiefer gemessen worden.

Diese Instrumente haben den Vorteil, daß sie nur geringe Metallmengen zu ihrem Aufbau im Innern der Vakuumapparatur benötigen, die sehr wirksam entgast werden können. Um sicher mit ihnen zu messen, müssen sehr konstante Stromquellen verwendet und die einzelnen Elektroden aufs peinlichste isoliert werden.

Wird eine Röhre als Vakuummeter geeicht, so ist nach Einlaß von Gas und erneutem Auspumpen infolge der unregelmäßigen und unkontrollierbaren Gasbeladung vielfach die frühere Eichkurve nicht mehr gültig. Dies gilt besonders, wenn Wolfram mit Sauerstoff in Berührung kommt. Am sichersten verfährt man, indem man bis zur Grenze des Meßbereiches eines MACLEODschen Manometers beide, das MACLEODsche Vakuummeter und die Elektronenröhre, dann diese allein weiter beobachtet. Der Unannehmlichkeit, große Quecksilbermengen mit der Apparatur in Verbindung zu haben, kann man dadurch begegnen, daß man nach Überschreiten der Meßgrenze des MACLEODschen Vakuummeters dieses von der Apparatur abtrennt.

[1]) H. G. MÖLLER, Elektronenröhren. Braunschweig 1920.

B. Messung sehr hoher Drucke mittels des Stauchapparats.

Von

C. CRANZ, Charlottenburg.

Mit dem Stauchapparat wird im Verlauf von solchen Drucken, deren Größe nicht konstant ist, sondern welche mehr oder weniger rasch von Null ab ansteigen, einen Maximalwert annehmen und sodann wieder zu Null abfallen, also von Explosionsdrucken, Stoßdrucken, Bremsdrucken usw., allein der Höchstwert des Druckes gemessen. Die Hauptverwendung bezieht sich auf die Messung des maximalen Pulvergasdruckes beim Schuß aus einer Feuerwaffe.

68. Einrichtung und Gebrauch. Bei dem älteren Apparat von RODMANN (Nordamerika 1857) wirkte der Gasdruck auf die ebene Querschnittsfläche eines Stahlstempels, dessen anderes Ende als keilförmiges Messer geformt war. Dieses Messer drückte sich in eine Kupferplatte oder Bleiplatte ein; aus der Breite der entstandenen Kerbe wurde auf den Betrag des Druckes geschlossen. Das Verfahren von UCHATIUS (Österreich 1860) unterschied sich von demjenigen RODMANNS nur dadurch, daß statt eines Messers ein abgerundeter Meißel und statt der Kupfer- oder Bleiplatte eine Zinkplatte zur Verwendung gelangte. Jetzt wird an Stelle des Rodmann-Messers oder des Uchatius-Meißels fast ausschließlich der NOBLEsche Stauchapparat (Abb. 78) benützt (A. NOBLE, England 1860, crusher, écraseur: Die Wandung des Gehäuses, innerhalb dessen der zu messende Druck besteht oder entsteht, z. B. die Wandung der Schußwaffe, besitzt eine seitliche Bohrung; in dieser Bohrung kann sich ein gut dichtender, gehärteter und abgeschliffener Stahlstempel von Zylinderform mit sehr geringer Reibung leicht saugend bewegen. Auf die äußere Fläche des Stempels wird ein Kupferzylinder aufgelegt; und der Kupferzylinder ist von außen her durch eine Halteschraube festgehalten, die mit mäßigem Druck dagegendrückt. Ein Gewehr, welches diese Einrichtung enthält, wird als „Gasdruckmessergewehr" bezeichnet. Bei Geschützen wird jetzt meistens anstatt einer in der Seitenwandung des Verbrennungsraumes eingebauten Stauchvorrichtung ein sog. Kruppsches Meßei in die Kartusche eingelegt. Dieses aus bestem Stahl gefertigte und leicht auseinanderschraubbare Meßei schließt eine NOBLEsche Stauchvorrichtung, also den leicht beweglichen Stempel, den Kupferzylinder und das feste Gegenlager ein. Beim Schuß drücken die Pulvergase gegen die den Gasen ausgesetzte Grundfläche des Stempels und treiben den Stempel gegen den Kupferzylinder. Dieser wird dadurch so lange zusammengedrückt oder „gestaucht", bis der Widerstand des Kupferzylinders ein weiteres Vorrücken des Stempels verhindert.

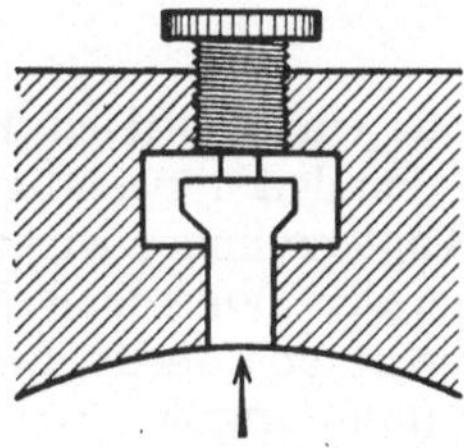

Abb. 78. NOBLEscher Stauchapparat

Die Größe ε (mm) der erhaltenen Stauchung wird mittels eines Präzisions-Schraubenmikrometers (z. B. Meßtrommel von HAHN in Kassel) auf 10^{-3} mm oder mittels eines gewöhnlichen Schraubenmikrometers auf 10^{-2} mm abgelesen; im letzteren Fall werden die Tausendstel geschätzt. Zu dieser Stauchungsgröße ε wird sodann der Maximaldruck der Pulvergase aus einer Stauchtabelle entnommen, welche den Gasdruck entweder in kg (auf die ganze gedrückte Querschnittsfläche des Stempels) oder, bei gegebener Querschnittsfläche des benützten Stempels, in kg/cm² (auf jedes cm² dieser Fläche) liefert. Die Herstellung einer solchen Stauchtabelle muß für jede einzelne Lieferung von Kupferzylindern gesondert erfolgen. Stauchzylinder aus Blei oder aus Aluminium werden seltener verwendet, weil diese Materialien eine geringere Gleichmäßigkeit der Messungen ergeben.

69. Herstellung der Stauchtabelle. Erörterung der Fehlerquellen. Die Eichung einer bestimmten Lieferung von Kupferzylindern — benützt werden solche mit Durchmesser von 2 mm ab und mit Höhen von 3 mm ab — wird entweder nahezu statisch bewirkt, mit einer Hebelpresse oder einer hydraulischen Presse od. dgl., nämlich in Deutschland meist mit der DOPPschen Hebelpresse, in Frankreich mit der manometrischen Waage von JÖSSEL, oder aber rein dynamisch mittels des Fallhammers oder mittels eines Pendelschlagwerks.

70. Zu der statischen Aufstellung der Stauchtabelle mittels der Hebelpresse. Fehlerquellen. Die DOPPsche Hebelpresse ist eine umfangreiche Maschine, bei welcher man den mit drei Schneiden versehenen ungleicharmigen Hebel von etwa 2 m Länge, von dem Übersetzungsverhältnis 1 : 20,026 und von dem Gesamtgewicht 116,132 kg (Gewicht von Hebelarm, unbelasteter Waage und Balanciermasse), durch Drehen an einer Winde so langsam auf den Kupferzylinder einwirken läßt, daß niemals der Druckstempel des Hebels eine merkliche lebendige Kraft beim Anpressen erhält. Die eingetretene Gleichgewichtslage wird an einer Libelle beobachtet. Die Beziehung zwischen dem auf die Wagschale aufzulegenden Gewicht G (kg) und dem Widerstand W (kg) des gepreßten Kupferzylinders ist im Fall der Gleichgewichtslage

$$G = \frac{W - 116{,}132}{20{,}026}.$$

Zur einwandfreien Handhabung dieser Presse ist eine bestimmte Anzahl von Sekunden notwendig, damit die Presse mit dem gewünschten Druck voll auf den Kupferzylinder wirkt. In Deutschland ist eine Belastungszeit von 30 Sekunden bei der DOPPschen Hebelpresse üblich. Auf diese Zeitspanne bezieht sich also die Stauchtabelle, welche den Widerstand W (kg) in Funktion der Endstauchung ε (mm) angibt. Bei der Verwendung der Kupferzylinder in solchen Fällen, wo der zu messende Gasdruck oder Flüssigkeitsdruck etwa 30 Sekunden lang genügend konstant bleibt, ist eine weitere Korrektion nicht erforderlich. Anders ist es im Fall des Schusses. Hierbei wirkt der gesamte Druck der Pulvergase nur während eines kleinen Bruchteils einer Sekunde, und speziell der Maximaldruck der Pulvergase dauert nur z. B. einen Bruchteil von ein tausendstel Sekunde an. Man begeht also einen Fehler, wenn man trotzdem aus der Gleichheit der Stauchungsgrößen, die man einerseits bei der Hebelpressenstauchung und andererseits bei der Schußstauchung erhalten hat, auf die Gleichheit der Kräfte schließt, die im einen und anderen Fall maximal gewirkt haben: der Maximaldruck P, wie er beim Schuß geherrscht hat, wird infolge dieses Umstandes zu klein angegeben; P ist größer als der statisch gemessene Widerstand W_H, welcher zu der betreffenden Endstauchung ε aus der Hebelpressen-Stauchtabelle abgelesen wird.

Dieser erste Fehler, welcher sich auf die Stauchungsdauer bezieht, hat seine tiefere Ursache in dem Trägheitswiderstand des Kupfermaterials. Denn wenn es sich um die dauernde Deformation eines Materials handelt, dessen Elastizitätsgrenze überschritten wird, pflegt die Deformation um so geringer zu sein, je kürzere Zeit die Beanspruchung des Materials währt.

Ein zweiter Fehler kann herrühren von der Trägheit des Druckstempels: Bei der Hebelpressenstauchung wird der Druckstempel der Presse, wie schon erwähnt, so vorsichtig auf den Kupferzylinder aufgesetzt, daß keine nachweisbare lebendige Kraft des Stempels entstehen kann. Dagegen beim Schuß wird der in der Bohrung des Geschützrohrs oder des Meßeies leicht bewegliche Stempel durch die Pulvergase gegen den Kupferzylinder geschossen; dabei kann dieser Stempel eine merkliche Geschwindigkeit und folglich lebendige Kraft erhalten. Infolgedessen ist es möglich, daß die Geschwindigkeit, die der Stempel beim raschen Vorgehen angenommen hat, noch nicht wieder Null geworden ist, wenn derjenige Widerstand W des Kupferzylinders erreicht ist, welcher nach der Stauchtabelle dem wahren Maximaldruck der Pulvergase entsprechen würde, sondern daß der Zylinder noch weiter gestaucht wird. Dadurch wird die Stauchung zu groß; der Gasdruck P wird zu groß bemessen; er ist tatsächlich kleiner, als er nach der Hebelpressen-Stauchtabelle sich ergibt.

Man sieht, daß die beiden Fehler allein für sich in entgegengesetztem Sinne wirken, und es wird sich weiter unten darum handeln müssen, welcher Fehler überwiegt.

71. Zu der dynamischen Aufstellung der Stauchtabelle mittels des Fallhammers. Fehlerquelle. Das Verfahren besteht in folgendem. Man läßt einen Fallbär von Stahl aus immer wachsender Fallhöhe auf je einen Kupferzylinder derselben Lieferung herabfallen und mißt jedesmal die betreffende Schlagarbeit A, also das Produkt aus Bärgewicht und Fallhöhe, sowie die erzielte schließliche Stauchung ε. Die Schlagarbeit A wird in Funktion der Stauchung ε graphisch aufgetragen; durch punktweise Differentiation der Schlagarbeit nach der Stauchung erhält man den Verlauf des Fallhammerwiderstandes W_F der Kupferzylinder

$$W_F = \frac{dA}{d\varepsilon}.$$

Denn denkt man sich zwei gleiche Kupferzylinder nacheinander mit demselben Bärgewicht, aber mit sehr wenig verschiedenen Fallhöhen gestaucht, so daß das erstemal eine potentielle Energie A, das zweitemal eine solche im Betrag von $A + \Delta A$ in Deformationsarbeit umgesetzt wird, und erhält man dabei das eine Mal eine Endstauchung ε, das andere Mal eine Endstauchung $\varepsilon + \Delta\varepsilon$, so ist die Änderung der Energie angenähert gleich der Arbeit $W \cdot \Delta\varepsilon$, welche gegen den zugehörigen mittleren Widerstand $W(\varepsilon)$ des Kupferzylinders geleistet wird, also ist $\Delta A = W \cdot \Delta\varepsilon$, und beim Grenzübergang angenähert $W = \frac{dA}{d\varepsilon}$.

Die Gleichmäßigkeit der Messung mit dem Fallhammer ist ein wenig größer als diejenige mit der Hebelpresse; bei 10 Versuchen mit gleicher Fallarbeit und gleicher Sorte von Kupferzylindern ist (bei gleicher Fallhöhe) der mittlere quadratische Fehler der Einzelmessung durchschnittlich 0,25% von ε, dagegen mit der Hebelpresse durchschnittlich 0,3%.

Als Schlagarbeit A hat, wie schon erwähnt, zu gelten das Produkt aus dem Bärgewicht (z. B. 25 kg) und der Fallhöhe h (m). Dabei ist h der ursprüngliche, etwa mit dem Kathetometer zu messende Abstand zwischen der oberen Fläche des auf den Amboß zentrisch aufgesetzten, noch ungestauchten Kupferzylinders und der unteren Fläche des Bären in dessen gehobener Lage vor dem Aufschlag, vermehrt um die Größe der Endstauchung ε und vermindert um den kleinen Höhenbetrag, um welchen der Bär nach dem Aufschlagen wieder zurückspringt (z. B. um 1,3% der Fallhöhe bei 10,0 mkg Schlagarbeit, 25 kg Bärgewicht und bei Kupferzylindern 15/10 mm).

Bei gleicher Endstauchung ergibt die Hebelpresse stets einen etwas kleineren Widerstand der Kupferzylinder als der Fallhammer, $W_F > W_H$. Von einer größeren Messungsreihe seien einige Zahlenwerte angeführt, und zwar sowohl für Kupferzylinder von 15 mm Höhe und 10 mm Durchmesser als auch für Kupferzylinder von 6 mm Höhe und 3 mm Durchmesser:

Endstauchung ε (mm)	Kupferzylinder 15/10 mm			Kupferzylinder 6/3 mm		
	Hebelpressen-widerstand W_H (kg) =	Fallhammer-widerstand W_F (kg) =	$\lambda = \frac{W_F}{W_H} =$	Hebelpressen-widerstand W_H (kg) =	Fallhammer-widerstand W_F (kg) =	$\lambda = \frac{W_F}{W_H} =$
0,50	820	890	1,082	135	155	1,142
1,00	1355	1500	1,112	211	261	1,238
1,50	1770	2000	1,130	279	354	1,270
2,00	2150	2440	1,141	344	444	1,290
2,50	2490	2840	1,146	418	516	1,234
3,00	2790	3200	1,145	508	595	1,234
3,50	3090	3510	1,137	—	—	—

Bei gleichen Kupferzylindern nimmt also das Verhältnis λ zuerst zu und dann wieder etwas ab; und bei verschiedenen Kupferzylindern ist λ um so größer, je größer die Höhe im Verhältnis zum Durchmesser ist; letzteres erklärt sich ohne Zweifel aus dem Trägheitswiderstand bei der stoßweisen Beanspruchung durch den Fallhammer.

Dem Stauchungsvorgang beim Schuß ist der Stoßvorgang bei der Fallhammerstauchung zweifellos mehr ähnlich als der Vorgang bei der langsamen Zusammendrückung in der Hebelpresse; denn auch beim Schuß erfolgt die Zusammenpressung des Kupferzylinders stoßartig, und die Zeitdauer der Stauchung beträgt beim Fallhammer etwa 0,002 sec. Aber auch die Fallhammereichung von Kupferzylindern bedingt einen Fehler: Bei einem Schuß steigt der Gasdruck, welcher durch Vermittlung des Stempels auf den Kupferzylinder wirkt, erst allmählich zu seinem Maximum an, um sodann wieder etwas langsamer abzufallen; z. B. beim Infanteriegewehr Modell 98 wird das Druckmaximum erst erreicht, nachdem der Geschoßboden im Rohr einen Weg von ca. 90 mm zurückgelegt hat. Dagegen bei der Fallhammerstauchung beginnt der auf den Kupferzylinder wirkende Druck des Fallbärs sogleich mit seinem Maximum; man hat also Verhältnisse wie beim Schuß mit einem momentan abbrennenden Pulver.

72. Zur Theorie des Stauchapparats. Die Theorien, welche 1882 von E. SARRAU und P. VIEILLE (Frankreich), ferner 1896 von N. v. WUICH (Österreich) und 1907 von NOSSOW (Rußland) entwickelt worden sind, leiden sämtlich an dem Übelstand, daß darin vorausgesetzt wird, der Widerstand W eines Kupferzylinders sei lediglich eine Funktion der jeweiligen Stauchungsgröße x, während für diesen Widerstand auch die Geschwindigkeit (möglicherweise außerdem die Beschleunigung), mit welcher die Stauchung sich vollzieht, und damit der Trägheitswiderstand des Kupfermaterials in Betracht kommt, nicht bloß die Trägheit des Stempels:

Es bedeute m die Masse des Druckstempels in der Stauchvorrichtung; f (m^2) die dem Gasdruck in der Versuchsbombe ausgesetzte Querschnittsfläche des Stempels. Die Zeit t werde gerechnet vom Beginn der Stempelbewegung ab oder, da der Stempel unmittelbar auf den Kupferzylinder aufgesetzt ist, vom Beginn der Stauchung ab. Bis zur Zeit t habe der Stempel den Weg x (m) zurückgelegt und besitze die Geschwindigkeit dx/dt oder v (m/sec); x bedeutet dann gleichzeitig die bis zur Zeit t eingetretene Stauchung. Auf den Stempel wirkt beschleunigend der Gasdruck p (kg/m^2), welcher in der Versuchsbombe schließlich seinen Höchstwert P annimmt, um von da ab infolge der Abkühlung der Gase an der Bombenwandung wieder ein wenig abzunehmen (diesen Einfluß der Gasabkühlung auf die Größe des Gasdrucks hat in quantitativer Hinsicht besonders H. MURAOUR untersucht). Andererseits wirkt verzögernd auf den

Stempel als Gegendruck der Widerstand des Kupferzylinders; auf die Einheit der Fläche f bezogen sei dieser Widerstand W (kg/m²). Für W nahmen SARRAU und VIEILLE in roher Annäherung die lineare Beziehung an

$$W = \varkappa_0 + \varkappa \cdot x;$$

dabei sollen $\varkappa_0$ und $\varkappa$ Konstanten sein, die gewonnen werden, indem man an mehreren Kupferzylindern derselben Lieferung die schließliche Endstauchung ε mißt, welche man erhält, wenn man die Zylinder mit verschieden großen statischen Drucken, etwa mit Gewichtsbelastungen in der Hebelpresse, zusammenpreßt und die Methode der kleinsten Quadrate anwendet. Die so erhaltene Beziehung $W = \varkappa_0 + \varkappa \cdot \varepsilon$ zwischen den Hebelpressendrucken W und den Endstauchungen ε nehmen SARRAU und VIEILLE alsdann in der Form $W = \varkappa_0 + \varkappa \cdot x$ als gültig an auch für den zeitlichen Verlauf der Stauchung eines einzelnen Kupferzylinders beim Schuß. $\varkappa_0$ bedeutet dabei diejenige statische Belastung, bei welcher mit dem betreffenden Schraubenmikrometer eine Zusammenpressung gerade noch nicht meßbar ist. Die Bewegungsgleichung des Stempels lautet dann

$$m \cdot \frac{dv}{dt} = f \cdot p - f \cdot W \quad \text{oder} \quad \frac{m}{2} d\left(\frac{v^2}{2}\right) = f \cdot p \cdot dx - f(\varkappa_0 + \varkappa x) \cdot dx. \tag{1}$$

Zu Beginn der Stauchung beim Schuß ist $v = 0$ und $x = 0$, $p = W = \varkappa_0$; am Ende der Stauchung ist wieder $v = 0$, und x ist gleich der Gesamtstauchung ε, somit

$$\int_0^\varepsilon p \cdot dx = \int_0^\varepsilon (\varkappa_0 + \varkappa x)\, dx = \varkappa_0 \cdot \varepsilon + \varkappa \cdot \frac{\varepsilon^2}{2}. \tag{2}$$

Es werden nun zuerst zwei extreme Fälle und sodann ein allgemeiner Fall angenommen:

Erster Fall, sehr langsam verbrennendes Pulver: Der Vorgang bei der Schußstauchung ist dann nicht sehr verschieden von demjenigen bei der statischen Belastung in der Hebelpresse. In der Tat, nimmt man für die Änderung des Gasdruckes bis zum Eintritt des Maximums P näherungsweise eine lineare Funktion an, so wird aus (2)

$$\frac{\varkappa_0 + P}{2} \cdot \varepsilon = \varkappa_0 \cdot \varepsilon + \varkappa \cdot \frac{\varepsilon^2}{2},$$

also

$$P = \varkappa_0 + \varkappa \cdot \varepsilon; \tag{3}$$

d. h. der gesuchte wahre Druck P ist in diesem Fall einfach gleich dem Hebelpressendruck, mit welchem sich diejenige Endstauchung ε ergeben hatte, die man auch beim Schuß erzielt.

Zweiter Fall, sehr brisantes Pulver: Der Gasdruck p steige so rasch zu seinem Höchstwert P an, daß praktisch alles Pulver schon vergast ist, wenn die Stempelbewegung und damit die Stauchung einsetzt. Dann ist für $t = 0$ und damit für $x = 0$, $p = P$, und da dieser Wert in der Versuchsbombe angenähert beibehalten wird, hat man

$$P \cdot \varepsilon = \varkappa_0 \varepsilon + \varkappa \cdot \frac{\varepsilon^2}{2}$$

oder

$$P = \varkappa_0 + \varkappa \cdot \frac{\varepsilon}{2}; \tag{4}$$

d. h. der gesuchte wahre Maximalwert P des Pulvergasdruckes ergibt sich gleich demjenigen Widerstandswert der Hebelpressenstauchtabelle, welcher dem halben Wert $\varepsilon/2$ der tatsächlichen Endstauchung ε beim Schuß entspricht.

Der allgemeinere Fall ist derjenige, der zwischen den beiden extremen Fällen liegt: Der Gasdruck p wächst, bei Verwendung einer normalen Pulversorte, bis zum Höchstwert P in der Versuchsbombe mäßig rasch an. Dabei wird der Stempel zunächst beschleunigt vorgehen; er hat das Maximum seiner Geschwindigkeit, wenn der Gasdruck gleich dem Widerstand des Kupferzylinders geworden ist; von da ab bewegt sich der Stempel in verzögerter Bewegung noch etwas weiter, bis er schließlich infolge des wachsenden Widerstandes des Kupferzylinders zur Ruhe kommt. Es werden nun zwei Perioden der Gesamtstauchung ε unterschieden: die erste Periode reiche bis zu dem Moment, wo der Gasdruck in der Versuchsbombe sein Maximum erreicht hat (Stauchung bis dahin ε_1); die zweite Periode reiche von da ab bis zu dem Moment, wo die Geschwindigkeit des Stempels Null geworden ist (weitere Stauchung bis dahin ε_2). Also ist $\varepsilon = \varepsilon_1 + \varepsilon_2$, und die Gleichung (2) ergibt

$$\int_0^{\varepsilon} p \cdot dx = \int_0^{\varepsilon_1} p \cdot dx + \int_{\varepsilon_1}^{\varepsilon} p \cdot dx = \int_0^{\varepsilon} W \cdot dx \quad \text{oder} \quad \int_0^{\varepsilon_1} p \cdot dx + P(\varepsilon - \varepsilon_1) = \varkappa_0 \cdot \varepsilon + \varkappa \cdot \frac{\varepsilon^2}{2}.$$

Wenn man für den Druckverlauf in der ersten Periode zunächst wieder eine lineare Funktion nimmt, so wird

$$\frac{\varkappa_0 + P}{2} \cdot \varepsilon_1 + P(\varepsilon - \varepsilon_1) = \varkappa_0 \cdot \varepsilon + \varkappa \cdot \frac{\varepsilon^2}{2}$$

oder

$$P = \varkappa_0 + \varkappa \cdot \frac{\varepsilon}{2 - \frac{\varepsilon_1}{\varepsilon}}. \tag{5}$$

Hier befindet sich die unbestimmt bleibende Größe ε_1. (Mit den Annahmen $\varepsilon_1 = \varepsilon$ bzw. $\varepsilon_1 = 0$ hat man die schon erwähnten beiden extremen Fälle eines sehr milden bzw. eines sehr brisanten Pulvers und damit die Resultate $P = \varkappa_0 + \varkappa \cdot \varepsilon$ bzw. $P = \varkappa_0 + \varkappa \cdot \frac{\varepsilon}{2}$). Um diese Größe ε_1 zu bestimmen, nimmt N. v. WUICH und ebenso NOSSOW für den Verlauf des Gasdruckes in der ersten Periode den Ausdruck an

$$p = \varkappa_0 \cdot e^{a \cdot P \cdot t},$$

wo a ein Maß für die Brisanz des Pulvers sein soll: sehr mildes Pulver mit $a = 0$, sehr brisantes Pulver mit $a = \infty$. Durch Integration der Gleichung (1) erhält N. v. WUICH schließlich (die Einzelberechnungen mögen unerwähnt bleiben)

$$\varkappa_0 + \varkappa \cdot \varepsilon = P + (P - \varkappa_0)\varrho,$$

wo zur Abkürzung gesetzt ist

$$\varrho = \frac{1}{\sqrt{1 + d^2}}, \quad d = \frac{\sqrt{f \cdot \frac{\varkappa}{m}}}{a \cdot P}.$$

Daraus wird

$$P = \varkappa_0 + \varkappa \cdot \frac{\varepsilon}{1 + \varrho}, \tag{6}$$

mit $a = 0$, also im Falle eines sehr langsam brennenden Pulvers, ist $\varrho = 0$; mit $a = \infty$, also im Falle eines sehr brisanten Pulvers, ist $\varrho = 1$. Folglich liegt ϱ zwischen 0 und 1. Und darnach liegt der wahre Wert des maximalen Pulvergasdruckes zwischen $\varkappa_0 + \varkappa \cdot \varepsilon$ und zwischen $\varkappa_0 + \varkappa \cdot \frac{\varepsilon}{2}$. Daraus ergibt sich aber, daß nach dieser Theorie der Höchstdruck P der Pulvergase, welche in der Versuchsbombe eine Endstauchung ε erzeugt haben, immer kleiner sein müßte als der zu der gleichen Stauchung ε gehörige Hebelpressenwiderstand W_H (höchstens gleich diesem, nämlich bei Verwendung eines extrem langsam verbrennenden Pulvers). Zu dem gleichen Ergebnis ($P < W_H$) sind wir oben (Ziff. 70) durch bloße qualitative Betrachtungen gelangt, wenn wir annahmen, daß nur die zweite Fehlerursache gelte, nämlich nur der Einfluß der Stempelträgheit.

Dieses Resultat nun ist mit den neueren Ermittlungen nicht im Einklang. Das Umgekehrte ist richtig: Der wahre Maximalgasdruck ist größer als der zu der gleichen Endstauchung zugehörige Hebelpressenwiderstand der gleichen Sorte von Kupferzylindern. Und daraus ergibt sich, erstens daß nicht der Einfluß der Stempelträgheit die wichtigere Fehlerquelle bildet, sondern der Einfluß der Zeitdauer und damit der Trägheitswiderstand des Kupferzylinders, zweitens daß die Theorie von Sarrau und Vieille unrichtig ist, und daß folglich nicht angenommen werden darf, der Widerstand eines Kupferzylinders hänge nur von der Größe der Stauchung ab. Diese Mängel in der Theorie von Sarrau-Vieille hat schon vor 28 Jahren Charpy einigermaßen zu verbessern gesucht; er hat vorgeschlagen, die Widerstandsfunktion $W = \varkappa_0 + \varkappa \cdot x$ zu ersetzen durch $W = \varkappa_0 + \varkappa_1 x + \varkappa_2 \cdot \frac{dx}{dt}$; übrigens hat er die Zahlenwerte für $\varkappa_1$ und $\varkappa_2$ nicht gegeben, er hat auch seinen Vorschlag nicht weiter in einer Theorie verfolgt.

Einige der Tatsachen, durch welche angedeutet ist, daß der Widerstand eines Kupferzylinders nicht ausschließlich durch die Größe ε der Endstauchung, sondern auch durch den zeitlichen Verlauf der Deformation bedingt ist und daß der wahre Maximaldruck der Pulvergase nicht kleiner, sondern vielmehr größer ist als der zu der betreffenden Stauchung ε des Kupferzylinders zugehörige Hebelpressenwiderstand, sind die folgenden:

Schon Sarrau und Vieille selbst fanden bei Fallhammerversuchen, daß mit derselben Fallarbeit von 17 mkg, aber mit immer kleineren Bärgewichten (33,3 kg; 15,1 kg; 1,98 kg), folglich mit immer größeren Fallhöhen die Stauchung der 13/8-mm-Kupferzylinder sich etwas verringerte ($\varepsilon = 6{,}96$ mm; 6,93 mm; 6,92 mm); also mit der größten Fallhöhe und daher mit der größten Aufschlagsgeschwindigkeit und der kürzesten Stauchungsdauer ergibt sich die kleinste Stauchung.

Charpy ließ mit der manometrischen Waage die gleiche (statische) Belastung von 2540 kg auf mehrere 13/8-mm-Kupferzylinder immer kürzere Zeit einwirken, nämlich 16 Stunden lang, 1 Stunde lang, 1 Minute lang, 1 Sekunde lang, und erhielt bzw. die Stauchungen 5,020 mm; 4,925 mm; 4,665 mm; 4,415 mm.

Ferner läßt sich der Gasdruckverlauf beim Schuß und damit speziell der Maximaldruck P auch mit dem Rücklaufmesser gewinnen. Es wird der freie Rücklauf des Geschützrohrs zeitlich registriert; damit erhält man den Weg, den das Rohr nach rückwärts zurücklegt, in Funktion der Zeit; durch zweimalige Differentiation nach der Zeit gewinnt man daraus den Verlauf des Druckes der Pulvergase und speziell den Höchstwert des Gasdruckes. Dieser Höchstwert ergibt sich etwas größer als derjenige Höchstwert, der mit der Stauchvorrichtung im Meßei gleichzeitig gewonnen wird; wenigstens wenn bei der Ablesung des Gasdruckes, welcher zu der im Meßei erhaltenen Stauchung gehört, eine Hebelpressenstauchtabelle benützt wird.

Endlich hat neuerdings (1924) M. E. Burlot nach seiner Methode des „piston libre“ den wahren Maximaldruck der Pulvergase, wie er in einer Versuchsbombe auftritt, auf noch andere Weise ermittelt: Die möglichst fest gelagerte Versuchsbombe enthält eine Bohrung, in welcher sich ein langer schwerer Stempel von der Masse M unter dem Einfluß der Pulvergase nach außen hin bewegt, wenn das Pulver gezündet ist; eine an diesem Stempel angebrachte Schreibfeder zeichnet dabei eine Kurve auf einer mit bekannter Tourenzahl rotierenden berußten Trommel. Nach einem bestimmten Stempelweg, der so groß ist, daß er sicher die Stelle des Maximaldrucks einschließt, wird die Bewegung des Stempels gebremst. Die Kurve liefert den Stempelweg x in Funktion der Zeit; der Maximalwert von $M \cdot \frac{d^2x}{dt^2}$ gibt den Höchstwert des Gasdruckes, der in der Bombe herrschte. Gleichzeitig wird aus einer ebenfalls eingebauten Stauchvorrichtung die Stauchung eines Kupferzylinders von 13 mm Höhe und 8 mm Durchmesser entnommen, welche sich bei demselben Schießversuch ergab; die betreffende Lieferung von Kupferzylindern ist sowohl mit dem Fallhammer dynamisch als auch mit der manometrischen Waage statisch geeicht. Einige Resultate aus den zahlreichen Meßreihen von BURLOT, nämlich solche, die er mit dem französischen Pulver B.F. erhalten hat, seien nach einem seiner Diagramme angeführt:

Stauchung ε (mm)	1,50	2,00	2,50	3,00	3,50	4,00	4,50	5,00	5,50	6,00	6,50	7,00
Fallhammerdruck W_F (kg)	1390	1720	2040	2330	2590	2850	3090	3320	3500	—	—	—
Maximaldruck nach der Methode des piston libre P (kg)	1220	1500	1780	2040	2300	2550	2800	3030	3300	3560	3800	4000
Statischer Druck (manometrische Presse) W_H (kg)	1150	1400	1630	1840	2050	2270	2480	2710	2990	3290	3650	4000

Betrachtet man denjenigen Wert des Gasdruckes, der mit dem Verfahren des piston libre erhalten wurde, als den „wahren Wert", so sieht man, daß der wahre Wert im allgemeinen größer ist als der mit dem manometrischen (statischen) Verfahren, also z. B. mit der Hebelpresse, ermittelte Wert W_H und kleiner ist als der Fallhammerwert W_F. Nimmt man willkürlich den wahren Wert P gleich dem arithmetischen Mittel aus dem Fallhammerwert und dem Hebelpressenwert, so ist der wahre Wert auf ungefähr 1 bis 1,5% genau bestimmt. Allerdings ist diese Tabelle noch nicht allgemein genug gültig; man müßte sie vervollständigen für zahlreiche mehr und weniger brisant wirkende Pulversorten und für sehr verschiedene Formen der Kupferzylinder. Und DE FOSSEUX hat neuerdings, bei Verwendung eines ähnlichen Apparats wie desjenigen von BURLOT, erheblich höhere Werte des „wahren" Maximaldrucks erhalten, als BURLOT; er spricht die Vermutung aus, daß, je genauer nach der rein dynamischen Methode das „piston libre" gearbeitet werde, um so mehr der wahre Gasdruck sich dem aus der Fallhammertabelle abgelesenen Gasdruck nähere. Jedenfalls muß gesagt werden, daß auch auf seiten der experimentellen Forschung das Problem der Messung hoher Gasdrucke mittels des Stauchapparates bei weitem noch nicht völlig geklärt ist. Vollends auf Seite der Theorie ist hier für die Vertreter der Plastikodynamik ein reiches Feld noch unbebaut.

73. Vorstauchung. Mitunter wird das, wie es scheint, zuerst von GADOLIN (Rußland 1869) angewendete Verfahren in Anwendung gebracht, dem Kupferzylinder von vornherein eine mäßige Vorstauchung zu geben, weil hierdurch die Stauchungsdauer abgekürzt wird. Über die Zweckmäßigkeit oder Unzweckmäßigkeit einer Vorstauchung gehen die Ansichten auseinander. Speziell bei Verwendung von sehr brisanten Pulvern oder von Sprengstoffen scheint die

Vorpressung von Kupferzylindern sich zu empfehlen; oder aber wird man in diesem Fall nicht vorgestauchte Zylinder von geringer Höhe verwenden.

Für den Fall, daß ein bereits vorgestauchter Kupferzylinder vorliegt und man wissen will, welchen anfänglichen Widerstand dieser Zylinder aufweist, haben P. CHARBONNIER und GALY-ACHÉ ein einfaches Verfahren angegeben, welches dazu dienen kann, den Anfangswert zu bestimmen (Verfahren des „point d'arrêt"). In einem Quecksilbermanometer mit freier Öffnung des längeren Schenkels befindet sich ein Stauchapparat mit dem Stempel und dem Kupferzylinder; der Quecksilberdruck wird langsam mehr und mehr vergrößert; die erhöhte Quecksilberkuppe steigt langsam in die Höhe; wenn aber eine weitere Zusammendrückung des Kupferzylinders einsetzt, also der Stempel ein wenig vorgeht, hört das stetige Steigen der Quecksilberkuppe für einen Augenblick auf oder geht es unter Umständen für kurze Zeit in ein leichtes Sinken der Kuppe über. Der wahre Maximaldruck, wie er beim Schuß auftritt, kann mit dem Verfahren des „point d'arrêt" nicht erhalten werden.

74. Einfluß der Temperatur des Kupferzylinders. Der Widerstand des Kupfers verringert sich bekanntlich durch Erhöhung der Temperatur des Kupfers. Man hat deshalb dafür Sorge zu tragen, daß die anfängliche Temperatur des Kupferzylinders bei dessen Verwendung für den Schießversuch nicht wesentlich verschieden ist von derjenigen Anfangstemperatur, welche der Zylinder bei der Herstellung der betreffenden Stauchtabelle gehabt hatte. Nach Messungen von EICHELKRAUT mit kurzdauernder Belastung vergrößert sich die Stauchung eines Kupferzylinders von 15 mm Höhe und 10 mm Durchmesser jedesmal um 0,06 bis 0,07%, wenn sich die anfängliche Temperatur des Zylinders um 1° C erhöht.

Bei der Stauchung selbst erhöht sich die Temperatur des Kupferzylinders beträchtlich. Für Zylinder 13/8 mm hat CHARBONNIER bei Versuchen mit dem Fallhammer (Fallarbeit 17 mkg) eine Temperaturerhöhung von 75 bis 80° C gemessen. Diese bei der Stauchung selbst eintretende Temperaturerhöhung darf nicht berücksichtigt werden; denn die durch die Stauchung erzeugte Wärmemenge ist der Hauptsache nach nichts anderes als die in Wärme übergegangene Deformationsarbeit.

75. Stauchungsform. Der gestauchte Kupferzylinder hat in der Regel die Form eines Tönnchens. Durch Verminderung der Reibung in den beiden kreisförmigen Endflächen des Zylinders (Ölen, Fetten, Auflegen von dünnen Bleifolien usw.) kann bei rascher Stauchung auch Hyperboloidform erhalten werden; es muß deshalb dafür gesorgt werden, daß beim Gebrauch des Stauchapparats die gesamte Form des Zylinders und damit die für die Bemessung des Gasdrucks maßgebende Stauchungsgröße selbst nicht dadurch sich ändert, daß die Endflächen Ölreste od. dgl. enthalten.

Die Hyperboloidform zeigt sich übrigens, auch ohne Verkleinerung der Reibungsverhältnisse an den Endflächen, bei einer außerordentlich raschen Stauchung des Kupferzylinders (sie ist deshalb charakteristisch z. B. für eine eingetretene Detonation des Pulvers). Der Grund hierfür dürfte in dem Trägheitswiderstand des Kupfermaterials, also in einer scheinbaren Verfestigung der mittleren Teile des Zylinders infolge sehr großer Stauchungsgeschwindigkeit zu suchen sein. Durch Schläge mit einem Hammer gegen einen Kupferzylinder können beide Formen erhalten werden: ein einziger leichter Schlag mit einem sehr schweren Hammer ergibt Tönnchenform; durch mehrere sehr rasch geführte Schläge mit einem leichten Hammer kann man die Hyperboloidform erhalten.

Über die Literatur des Gegenstandes vgl. C. CRANZ, Lehrbuch der Ballistik, Berlin 1926/27, Band II und III.

Kapitel 9.

Schweremessungen.

(Die Erforschung des Schwerefeldes der Erde; Darstellung der theoretischen Grundlagen, der praktischen Messungsmethoden, der Deutung und Anwendung der Messungsergebnisse.)

Von

A. BERROTH, Potsdam.

(Mit 46 Abbildungen.)

Einleitung.

In dem folgenden Artikel wird nicht nach dem Wesen der Schwere gefragt, diese Frage wird vielmehr ganz offen gelassen. Der hier vertretene Standpunkt bleibt der gewaltigen fortschrittlichen Umwälzungen eingedenk, welche die Naturwissenschaften seit GALILEIS Zeiten dadurch erfahren haben, daß man nicht mehr von vornherein nach dem „Wesen" der Dinge sucht, sondern an der Hand von Beobachtungen ihr gesetzliches Verhalten in Maß und Zahl festzulegen trachtet. Die physikalische Wirklichkeit wird nach dem Ausspruche PLANCKS: „Was man messen kann, das existiert auch", mit voller Sicherheit abgegrenzt. Von dieser Auffassung getragen ist gerade eine eingehendere Bekanntschaft mit den praktischen Messungsmethoden und ihren Ergebnissen höchst geeignet, dem Forschungsgegenstande näherzukommen. Die Abhandlung hat daher das Hauptgewicht darauf gelegt, diese Messungstechnik ihrem gegenwärtigen hohen Stande entsprechend darzustellen. Die theoretischen Grundlagen, die Deutung und weitere Verwendung der Messungsergebnisse sind dem verfügbaren Raume entsprechend so weit behandelt, als es zum Verständnis und zur Wertung erforderlich ist. Veranlassung auf die Zusammenhänge der Gravitation zur Relativitätstheorie einzugehen, lag hiernach nicht vor, da der Formelapparat der letzteren noch keinerlei Verwendung auf diesem Gebiete gefunden hat.

Unter der Schwerkraft verstehen wir die im Schwerefelde der Erde herrschende Resultante aus der allgemeinen Gravitations- oder Anziehungskraft der Massen und der durch die Rotation der Erde um ihre Achse bedingten Zentrifugalkraft. Diese Resultante hat zu einem bestimmten Zeitpunkt an jeder Stelle der Erde eine eindeutige Richtung und Intensität. Diese als „Beschleunigungsvektoren" darzustellenden Schwerkräfte bilden also ein Vektorfeld. Beziehen wir dieses Vektorfeld auf ein mit der Erde starr verbunden gedachtes Koordinatensystem, so sind diese Vektoren in bezug auf dieses System im großen und ganzen als unbeweglich zu betrachten, bis auf die äußerst geringen, aber praktisch nachweisbaren periodischen Änderungen, die durch die Anziehungskraft der Sonne und des Mondes hervorgerufen werden. Sind diese als langperiodisch zu bezeichnen, so unterliegt das Schwerefeld auch kurzperiodischen Veränderungen, deren Auswirkungen z. B. die Seismik mit ihren Erdbebeninstrumenten aufzeichnet. Die in den Erdbeben zum Ausdruck kommenden Massenumlagerungen geologisch-tektonischer Art werden außerdem unperiodische Veränderungen in der Schwereverteilung auf der Erde zurücklassen.

Sehen wir von den zeitlichen Veränderungen mit Rücksicht auf ihre sehr geringen Beträge ab, so bleibt die Erforschung des als konstant zu bezeichnenden Teiles der Schwerevektoren, insbesondere ihrer Richtungen und damit der diese senkrecht schneidenden Flächen, Forschungsgegenstand der höheren Geodäsie. Ihr Ziel ist es, die allgemeine Figur dieser „Niveauflächen" und ihre Größe zu messen. Sie gibt damit der praktischen Landesvermessung zur Berechnung ihrer trigonometrischen Systeme, ihrer Kartenwerke usw. die Grundlagen. Die Erforschung der Intensität der Schwerkräfte, der Form der Niveauflächen im einzelnen und der zeitlichen Veränderungen des Vektorfeldes bleibt Aufgabe der Geophysik. Mit der ersteren gibt sie der Geologie, dem Bergbau usw. wertvolle Hilfsmittel in die Hand zur Analyse des Aufbaues der Erdrinde, ihrer Massenverteilung und zur Stützung der tektonischen Theorien. Aus dem Studium des veränderlichen Teiles der Schwere lassen sich wertvolle Schlüsse auf das elastische Verhalten des ganzen Erdkörpers ziehen; speziell in der Zusammenarbeit mit der Seismik ist eine Möglichkeit für die Erforschung der Gesamtstruktur des Erdinneren geboten. Schließlich werden diese Forschungen zur Lösung astronomischer Fragen der Himmelsmechanik herangezogen werden können.

Der hier zur Verfügung stehende Raum gestattet keine erschöpfende Behandlung des so umrissenen Gebietes. Wegen der Wichtigkeit für die praktischen Anwendungen ist das Augenmerk hauptsächlich auf die Darstellung des konstanten Teiles des Schwerefeldes der Erde gerichtet. Theorie und Praxis stehen im besonderen hier in engster Wechselwirkung. Für die Verwirklichung der Theorie ist neben der einfachen Ausführbarkeit der Messungen der in der Praxis zu erreichende Genauigkeitsgrad der Methoden ausschlaggebend; dazu tritt die Forderung, für die Bearbeitung das Beobachtungsmaterial übersehbar bleibend zu halten.

Unter diesen Gesichtspunkten haben sich bis jetzt als brauchbarste Verfahren zur Bestimmung der Schwere erwiesen:

1. die Pendelmessungen zur Bestimmung des absoluten Vektorbetrages,
2. die astronomische Richtungsbestimmung zur Festlegung der Vektorrichtung,
3. die Gradientenmethode zur Bestimmung der örtlichen Veränderlichlichkeit der Schwerkraft mit Hilfe der Eötvösschen Drehwage.

Den Pendelmessungen charakteristisch ist die Möglichkeit der vieltausendfachen Wiederholung ein und desselben Vorgangs der freien Schwingung, wodurch bei Halbsekundenpendeln erst die heutige Meßgenauigkeit der einfachen Schwingungsdauer von $\pm 2{,}5 \cdot 10^{-7}$ sec erreicht wird, die wiederum zu einer Genauigkeit in g von $\pm 1 \cdot 10^{-3}$ CGS führt.

Diese Genauigkeit der Pendelmessungen entspricht also der Messung der geringen Kraft, die einem Milligramm die Beschleunigung 1 cm/sec^2 erteilt.

Die Praxis der Pendelmessungen hat eine Trennung in absolute und relative Messungen ergeben. Der nach der Ausführung von absoluten Messungen in zahlreichen Kulturstaaten vorhandenen Mannigfaltigkeit der Bezugssysterne wurde durch das Verdient F. R. Helmerts abgeholfen durch das jetzt international eingeführte Potsdamer Schweresystem, welchem die absolute Messung in Potsdam durch Kühnen und Furtwängler 1906 zugrunde liegt.

Mit der Richtung der Schwere ist, wie erwähnt, der Begriff der Niveauflächen verbunden, als denjenigen Flächen, welche die Schwererichtungen überall senkrecht durchsetzen. Behufs Vergleichsmöglichkeit der Messungen ist es notwendig, die Richtungen ebenfalls in ein System zu bringen. Dazu dient in der NS-Richtung der Vergleich mit der Richtung der Rotationsachse der Erde, in der OW-Richtung nach Übereinkunft der mit der Lotrichtung im Transit Circle zu Greenwich. Mangels einer genügend genauen terrestrischen Möglichkeit ist man nur auf astronomischem Wege in der Lage, beliebige Lotrichtungen miteinander zu vergleichen. Die Festlegung im erwähnten System kann heutzutage in der NS-Richtung bestenfalls mit einer Genauigkeit von $\Delta\xi = \pm 0'',03$, in der OW-Richtung mit $\Delta\eta = \pm 0'',10$ geschehen.

Neben einem als gesetzmäßig erkannten Verlauf des Vektorfeldes interessieren vor allem die durch Massenunregelmäßigkeiten in der Erdrinde hervorgerufenen Schwerestörungen. Während die Intensitätsstörungen wiederum auf das erwähnte Potsdamer System bezogen werden können, ist für die Richtungsstörungen für die ganze Erde die Aufnahme in ein einziges System nicht mehr möglich, weil hierzu eine geodätische Verbindung der Punkte durch Triangulation erforderlich ist. Die Richtungsstörungen sind die Abweichungen der physischen Lotrichtungen gegen die entsprechenden Normalen eines Bezugsellipsoids. Dabei muß dieses Ellipsoid eine Festlegung in allen Freiheitsgraden gegen die physische Erdoberfläche erfahren haben. Gewöhnlich wird das Ellipsoid so orientiert, daß in einem Punkt P_0 seine Normale in die physische Lotrichtung fällt. Da nun aber in dem gewählten Punkt P_0 gerade die physische Lotrichtung durch eine Massenstörung entstellt sein kann, so liegt die Aufgabe vor, den Winkelbetrag dieser Störung zu ermitteln und alsdann das Ellipsoid so zu orientieren, daß seine Normale in P_0 mit der ungestörten physischen Lotrichtung zusammenfällt.

Als solcher den absoluten Richtungsstörungen der Schwere zugrunde liegender Punkt P_0 erscheint nicht Greenwich, sondern wegen seiner zentralen Lage für Europa besonders geeignet der trigonometrische Hauptpunkt des Deutschen Reiches, der „Helmertturm“ bei Potsdam.

Von den zahlreichen Versuchen, die örtlichen Änderungen der Intensität der Schwere durch die Änderung der elastischen Deformation von festen Körpern zu messen, hat sich bisher nur die Fadentorsion als brauchbar erwiesen.

Auf ihr beruht die nach dem Prinzip der COULOMBschen Wage gebaute Eötvössche Drehwage, welche gestattet, Schweredifferenzen zweier horizontal um 1 cm abstehender Punkte mit der Genauigkeit von $\pm 1 \cdot 10^{-9}$ CGS zu ermitteln. Durch Integration über den Weg erhält man dann mit einem Ausgangswert g_0, zunächst allerdings nur unter der Voraussetzung streng, daß die Änderung der Schwere mit der Höhe keine Abnormitäten aufweist, die Schwerkraft selbst.

Dieses Mittel der Integration erlaubt unter derselben einschränkenden Voraussetzung, mit der Drehwage auch Lotrichtungen miteinander zu vergleichen, auf kurze Entfernungen weit genauer, als dies mit astronomischen Methoden möglich ist.

Die Winkeldifferenz der Lotrichtungen zweier um 1 cm abstehender Punkte im normalen Betrag von $3'' \cdot 10^{-4}$ läßt sich mit der Drehwage auf $\pm 2'' \cdot 10^{-7}$ genau vergleichen; das entspricht dem Winkel im Erdzentrum zwischen zwei an der Erdoberfläche um 6 μ auseinanderliegenden Punkten. Diese Integrationsmethoden lassen sich aus praktischen Gründen nur auf kurze Entfernungen mit Erfolg ausdehnen, neben der Anhäufung der Beobachtungsfehler hauptsächlich aus dem Grunde, weil stark und schnell wechselnde Gradienten vorkommen und überdies einer der Gradienten, der normal zu den Niveauflächen, sich heute noch nicht mit ebenbürtiger Schärfe messen läßt.

Im Vergleich zu den angeführten Größenordnungen des konstanten Kraftfeldes sind die zeitlichen Veränderungen im Schwerefeld der festen Erde außerordentlich gering.

So erreicht die größte Intensitätsschwankung der Schwere durch den direkten Einfluß von Sonne und Mond noch nicht die Größenordnung 10^{-4} CGS, die der Lotrichtung noch nicht 0″,05, und die Maximaländerung der Schweregradienten bleibt unterhalb 10^{-10} CGS.

Die Form der Niveauflächen ist in ihrem Grundzug gegeben durch die Gesetze der Hydrostatik. Denn einerseits ist der größere Teil der Erde heute noch mit Wasser bedeckt, andererseits weisen verschiedene Tatsachen darauf hin, daß die Erde in früheren Zuständen vollständig flüssig war und daß sie unterhalb der Oberflächenhaut heute noch als zähflüssig gelten kann.

Die Aufgabe der Erforschung der Niveauflächen muß durch fortschreitende Annäherung gelöst werden und kann nur mit der Genauigkeit geschehen, die dem jeweiligen Stand der Messungen entspricht.

Man hat sich bisher damit begnügen müssen, Niveausphäroide zu berechnen, das sind Annäherungsflächen an die wirklichen Niveauflächen, diese nur in den gröbsten Zügen wiedergebend.

An vereinzelten Stellen ist es durch mühevolle Arbeit, namentlich F. R. HELMERTS und seiner Mitarbeiter, gelungen, kleine Teile einer vereinzelten Niveaufläche, des Geoids, das man häufig auch als „Figur der Erde" bezeichnet, zu ermitteln.

Als dieses wird diejenige Niveaufläche definiert, die das Meeresniveau enthält, nachdem für dasselbe ein mittlerer Zustand, berücksichtigend Ebbe und Flut, Wind und Luftdruck, Temperatur und Salzgehalt, angenommen ist.

Als Hilfswissenschaft für die Bestimmung der Niveauflächen ist die Geodäsie mit ihren Jahrhunderte alten Erfahrungen und bewährten Methoden zur Bestimmung der Form und Größe einer Bezugsfläche für dieselben unumgänglich notwendig.

Von großer Bedeutung für die hohe Aufgabe, die äußeren Niveauflächen zu bestimmen, ist die Erkenntnis, daß wir ohne Voraussetzung über die Größe und Lage der Massen im Erdinnern dazu imstande sind, allein auf Grund des Verlaufs der Schwerkraft senkrecht zur physischen Erdoberfläche. Dazu bieten die Sätze von GAUSS und GREEN das theoretische Rüstzeug.

Ein praktischer Beweis dieser Sätze ist ohne ihre Kenntnis empirisch bereits vorher erbracht durch das Clairautsche Theorem, das auf Grund der meßbaren Oberflächengrößen (Anziehungs- und Fliehkraft) die Figur der Erde zu bestimmen gestattet. Nach dem Gesagten erfordert die Bestimmung der äußeren Niveauflächen strenggenommen nur die Kenntnis des Verlaufs der Schwereintensität senkrecht zur physischen Erdoberfläche, also um $1 \cdot 10^{-3}$ zu gewährleisten, die Richtung der Schwere nur auf Bogenminuten genau ($\cos 5' = 1 - 1 \cdot 10^{-6}$). Dabei ist aber vorausgesetzt, daß man die Form der physischen Oberfläche oder einer sie ersetzenden Fläche schon kennt. Diese ließe sich zwar ohne jeden Bezug auf die Schwerkraft rein geometrisch finden, wenn nicht praktische Schwierigkeiten auf diesem Wege hinderlich wären. Man bestimmt deswegen diese Fläche doch mit Rücksicht auf die Richtung der Schwere, indem sie so dimensioniert und orientiert wird, daß die Quadratsumme der Differenzen der physischen Lotrichtungen und der zugehörigen Flächennormalen so klein wie möglich wird.

Die Kenntnis eines Radiusvektors a des Erdkörpers vermitteln also zum mindesten die Lotrichtungen, alle weiteren können dann mit g-Messungen abgeleitet werden.

Es muß gesagt werden, daß letztere Art von Messungen bei weitem den Vorzug verdient, weil jede einzelne Messung als ein unabhängiges Individuum gelten kann und die Meßgenauigkeit genügen würde, wenige Meter Ausbiegung der Meeresfläche zu bestimmen. Ganz anders die Gradmessungen (Lotrichtung), welche zwar theoretisch ganz allein ausreichen würden, bei denen jedoch die Fehlerfortpflanzung sehr ungünstig ist.

Eine der interessantesten Schwerkraftsfragen bezieht sich auf den durch praktische Messungen entdeckten Ausgleich der sichtbaren Massenstörungen durch unterirdische Kompensation, der im großen ganzen (nicht im einzelnen) überall auf der Erde vorhanden ist und als „Isostasie" bezeichnet wird; er wird nach AIRY erklärt als eine Folgeerscheinung der im wesentlichen hydrostatischen Lagerung der festen Schollen.

Als von weitgehender praktischer Bedeutung sind die Schweremessungen für die Geologie, insbesondere den Bergbau, erkannt worden. Hand in Hand mit den magnetischen, seismischen und elektrischen Methoden zeigen sich die drei Schweremethoden: g-Messungen, Lotrichtungsmessungen und Gradientenbestimmungen als ein hervorragendes Hilfsmittel zur Erforschung geologischer Lagerstätten.

a) Die Bestimmung des Schwerefeldes der Erde im allgemeinen.

1. Theorie. Nach dem NEWTONschen Gesetz ist die Anziehungskraft eines Massenteilchens (Volumen × Dichte) von 1 gr, das durch ein Teilchen mit der Masse dm angezogen wird, welches sich in der Entfernung e befindet $= k^2 \frac{dm}{e^2} \cdot 1$.

Die Konstante k^2 nennt man Gravitationskonstante; ihre Dimension ist:

$$[k^2] = [\mathrm{gr}^{-1}\,\mathrm{cm}^3\,\mathrm{sec}^{-2}]\,.$$

Man sieht, daß k^2 direkt bestimmt werden kann, wenn die beiden Massen, ihre Entfernung und die Anziehungskraft meßbar sind. Dies kann unter Verwendung irdischer Massen nach mehreren Methoden geschehen, von denen nur die Namen BOYS, BRAUN, EÖTVÖS, RICHARZ und KRIGAR-MENZEL genannt seien[1]). Der heutige beste bekannte Wert ist:

$$k^2 = (66{,}75 \pm 0{,}05) \cdot 10^{-9} [\mathrm{gr}^{-1}\,\mathrm{cm}^3\,\mathrm{sec}^{-2}]\,. \tag{1}$$

Man erhält bei Betrachtung der Schwereverhältnisse der Erde als Ganzes die einfachsten mathematischen Beziehungen, wenn man, zunächst abgesehen von deren kleinen Schwankungen, das Koordinatensystem nach der Umdrehungsachse orientiert, diese als z-Achse und die xy-Ebene als Äquatorebene durch den Schwerpunkt nimmt, so daß alle 3 Achsen Hauptträgheitsachsen werden.

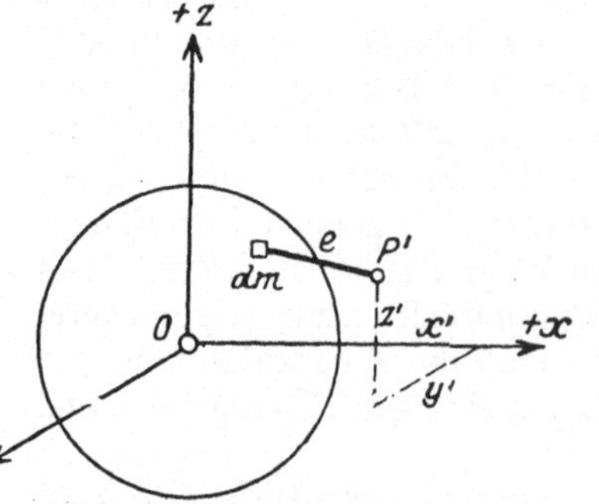

Abb. 1. Massenanziehung.

Sind x, y, z die Koordinaten eines Massenteilchens dm (Abb. 1) und sind die Polarkoordinaten mit der geozentrischen Breite φ und Länge λ ausgedrückt durch:

$$\left.\begin{aligned} x &= r\cos\varphi\cos\lambda\,, \\ y &= r\cos\varphi\sin\lambda\,, \\ z &= r\sin\varphi\,, \end{aligned}\right\} \tag{2}$$

[1]) J. ZENNECK, Encykl. d. math. Wiss. Bd. V, S. 2 (Gravitation).

so sind die Komponenten der Schwerebeschleunigung in einem Punkt (x', y', z'), dem „Aufpunkt“, in dem wir stets die Masse 1 gr voraussetzen, parallel der x, y, z-Achse gegeben durch:

$$\left.\begin{aligned} g_x &= k^2 \int \frac{x - x'}{e} \frac{dm}{e^2} + x'\omega^2, \\ g_y &= k^2 \int \frac{y - y'}{e} \frac{dm}{e^2} + y'\omega^2, \\ g_z &= k^2 \int \frac{z - z'}{e} \frac{dm}{e^2}. \end{aligned}\right\} \tag{3}$$

Hierin bedeutet ω die als gleichförmig anzusehende Winkelgeschwindigkeit der Erde ($\omega = 2\pi/86164$ M. Z. S.), e die Entfernung von dm bis (x', y', z') und sind die Integrationen über den ganzen Erdkörper zu erstrecken. Durch vektorielle Zusammensetzung der Anziehungskraft mit der Fliehkraft entsteht also die Schwerkraft[1]).

Wir untersuchen zunächst, um welche Beträge sich Anziehungskraft und Schwerkraft unterscheiden, indem wir uns hier mit der Betrachtung der Kugelform der Erde begnügen. Ist $G \cdot 1$ gr die in Richtung des Radiusvektors fallende Anziehungskraft (an den Polen, empirisch bestimmt [1915] = 983,221 Dyn), so wird:

$$\left.\begin{aligned} g_x &= (-G + \omega^2 r') \cos\varphi' \cos\lambda', \\ g_y &= (-G + \omega^2 r') \cos\varphi' \sin\lambda', \\ g_z &= -G \sin\varphi'. \end{aligned}\right\} \tag{4}$$

Der Betrag dieses Unterschieds folgt aus:

$$g = (g_x^2 + g_y^2 + g_z^2)^{\frac{1}{2}} = [(-G + \omega^2 r')^2 \cos^2\varphi' + G^2 \sin^2\varphi']^{\frac{1}{2}}, \tag{5}$$

woraus genähert folgt:

$$g = G\left(1 - \frac{\omega^2 r'}{G} \cos^2\varphi'\right) = G\left(1 - \frac{1}{291} \cos^2\varphi'\right). \tag{6}$$

Für die Abweichung der Richtung von g von der des Radiusvektors erhält man:

$$\cos(g, r') = \frac{1}{g}(-G + \omega^2 r') \cos^2\varphi' - G \sin^2\varphi', \tag{7}$$

und angenähert:

$$\sin(g, r') = \frac{\omega^2 r'}{2G} \sin 2\varphi' = \frac{1}{2 \cdot 291} \sin 2\varphi'. \tag{8}$$

Für die ellipsoidische Erde wird G zur Schwerebeschleunigung am Pol und ändert sich die Zahl 291 von (6) in 189 und die Zahl $2 \cdot 291$ von (8) in 300 (geographische — geozentrische Breite).

Die Ausdrücke (3) lassen sich als partielle Differentialquotienten einer einzigen Funktion W, der Potentialfunktion der Schwerkraft, darstellen:

$$W = k^2 \int \frac{dm}{e} + \frac{\omega^2}{2}(x'^2 + y'^2) = V + \frac{\omega^2}{2}(x'^2 + y'^2). \tag{9}$$

Es ist also im Punkt x', y', z':

$$g_{x'} = \frac{\partial W}{\partial x'}, \quad g_{y'} = \frac{\partial W}{\partial y'}, \quad g_{z'} = \frac{\partial W}{\partial z'}; \quad \boldsymbol{g_s} = \frac{\partial \boldsymbol{W}}{\partial \boldsymbol{s}}. \tag{10}$$

[1]) Nicht ganz korrekt wird in der Literatur vielfach der Ausdruck „Schwerkraft“ für „Schwerebeschleunigung“ gesetzt. Wenn auch die numerische Größe dieselbe ist, so unterscheidet sich doch die Dimension der Schwerkraft [gr cm sec^{-2}] = Dyn von der der Schwerebeschleunigung [cm sec^{-2}] = Gal.

Eine andere häufige Zerlegung von g, die später Verwendung finden wird, ist die nach dem Radiusvektor und seiner senkrechten Ebene:

$$\frac{\partial W}{\partial r'}, \quad \frac{\partial W}{r' \partial \varphi'}, \quad \frac{\partial W}{r' \cos\varphi' \partial \lambda'}. \tag{10a}$$

Alle diejenigen Punkte (x', y', z'), an welchen der Wert des Potentials (9) ein und derselbe ist, liegen auf einer Niveaufläche, einer Fläche gleichen Potentials, deren Gleichung also ist:

$$W(x, y, z) = \text{konst.} \tag{11}$$

Da infolgedessen in den Niveauflächen selbst $\partial W/\partial s = 0$ sein muß, ist für diese charakteristisch, daß die Schwerkraft in jedem Punkt senkrecht auf der durch diesen Punkt gehenden Niveaufläche steht, also keine seitlichen Kraftkomponenten auftreten.

Gleichung (9) zeigt an, daß einer Verkleinerung des Abstandes e eine Vergrößerung von W entspricht. Bewegen wir uns also außerhalb der Erde normal zur Niveaufläche um das Stück $-dh$ (Abb. 2) (d. h. nach innen), so ergibt sich daraus ein positives dW; wir setzen also betreffs des Vorzeichens fest:

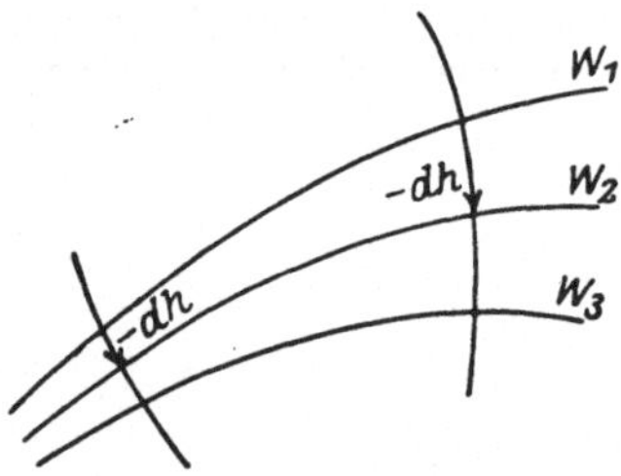

Abb. 2. Niveauflächen.

$$-\frac{dW}{dh} = g. \tag{12}$$

Auf einer Niveaufläche ist die Schwerkraft nicht konstant, es liegen aber die Niveauflächen dicht, wenn die Schwere groß, weit, wenn sie klein ist: einer größeren Kraft entspricht ein stärkeres Potentialgefälle.

Über die Funktion W werden in der Potentialtheorie folgende Sätze bewiesen, wobei unterschieden wird, ob der Aufpunkt außerhalb oder innerhalb der Masse M liegt.

α) Für den Aufpunkt außerhalb der Masse ist die Funktion W mit allen ihren Ableitungen beliebig hoher Ordnung endlich und stetig. Es können somit keine Ecken, Kanten, Selbstberührungspunkte und Überschneidungen vorkommen. Ferner gilt für diesen Fall bei beliebigem rechtwinkligem System x, y, z die Laplacesche Gleichung:

$$\frac{\partial^2 W}{\partial x^2} + \frac{\partial^2 W}{\partial y^2} + \frac{\partial^2 W}{\partial z^2} - 2\omega^2 = 0. \tag{13}$$

β) Für den Aufpunkt innerhalb der Masse bleiben das Potential W und seine ersten Differentialquotienten $\partial W/\partial x$, $\partial W/\partial y$, $\partial W/\partial z$ überall endlich und stetig, auch an Stellen, wo sich die Dichte sprunghaft ändert. Dagegen ändern sich die zweiten Differentialquotienten an allen Stellen unstetig, wo die Dichte einen Sprung macht. Daraus folgt, daß an allen Stellen sprunghafter Änderung der Dichte sich die Krümmungsverhältnisse der Niveauflächen unstetig ändern.

Ist σ_0 die Dichte an einem innen gelegenen Aufpunkt, so gilt für diesen Punkt nicht mehr die Gleichung (13), sondern die Poissonsche Gleichung:

$$\frac{\partial^2 W}{\partial x^2} + \frac{\partial^2 W}{\partial y^2} + \frac{\partial^2 W}{\partial z^2} - 2\omega^2 = -4\pi k^2 \sigma_0. \tag{14}$$

γ) Geht man von einem um einen differentiellen Betrag außerhalb der Erdoberfläche gelegenen Aufpunkt in Richtung der Normalen z der Niveaufläche nach dem in der Erdoberfläche gelegenen Punkt, so springt der Differentialquotient $\partial^2 W/\partial z^2$ um den Betrag $-4\pi k^2 \sigma_0$, wo σ_0 die in diesem Punkt herrschende Dichte ist, $\partial^2 W/\partial x^2$, $\partial^2 W/\partial y^2$ bleiben stetig.

Über die analytische Gestaltung der Funktion W läßt sich a priori wenig aussagen. Hätte man es bei der ruhenden Erde mit einer homogenen Kugel von der Masse M und Radius r zu tun, so würde der Ausdruck für W einfach lauten: $W = k^2 M/r$.

Infolge der geringen Abweichung von der Kugelgestalt und der im großen ganzen anzunehmenden kugelförmigen Schichtung der Massen wird man also durch eine Reihenentwicklung eine, wie sich durch den Erfolg gezeigt hat, für viele Fälle genügende Annäherung bekommen.

Die Aufgabe, die reziproke Entfernung $1/e$ zweier Massenpunkte durch räumliche Polarkoordinaten auszudrücken und dann in eine Reihe zu entwickeln, führt auf die Darstellung nach Kugelfunktionen.

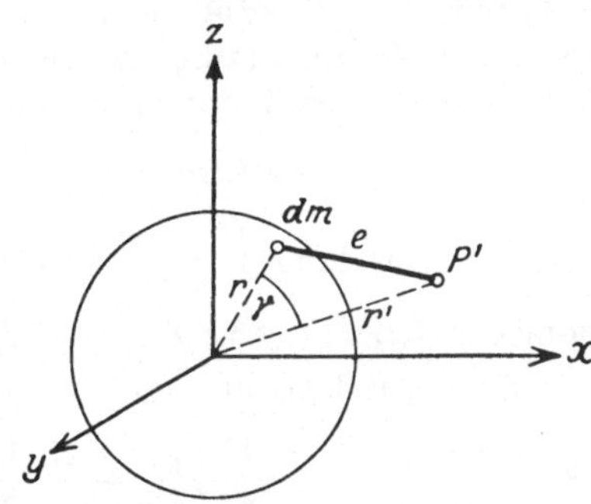

Abb. 3. Polarkoordinaten.

Zum Ausdruck des Schwerepotentials des Ellipsoids wäre auch eine Darstellung durch LAMÉS Funktionen naheliegend, da diese Funktionen derselben Differentialgleichung wie das Ellipsoidpotential genügen. Es hat sich jedoch gezeigt, daß man mit Kugelfunktionen praktisch stets auskommt.

Ist γ der Winkel zwischen den Radienvektoren nach dem Aufpunkt r' und dem Massenpunkt r (Abb. 3), so wird:

$$e^2 = r^2 + r'^2 - 2rr'\cos\gamma\,, \tag{15}$$

und unter Voraussetzung $r' > r$ (für $r' < r$ ist nur r mit r' zu vertauschen):

$$\frac{1}{e} = \frac{1}{r'}\left\{P_0 + \frac{r}{r'}P_1 + \left(\frac{r}{r'}\right)^2 P_2 + \left(\frac{r}{r'}\right)^3 P_3 + \cdots\right\}, \tag{16}$$

wo als Kugelfunktionen[1]):

$$\left.\begin{aligned}
&P_0 = 1\,,\\
&P_1 = \cos\gamma = \frac{xx' + yy' + zz'}{rr'}\,,\\
&P_2 = \tfrac{1}{4} + \tfrac{3}{4}\cos 2\gamma = -\tfrac{1}{2} + \tfrac{3}{2}\cos^2\gamma,\\
&P_3 = \tfrac{3}{8}\cos\gamma + \tfrac{5}{8}\cos 3\gamma = -\tfrac{3}{2}\cos\gamma + \tfrac{5}{2}\cos^3\gamma\,,\quad \text{allgemein:}\\
&P_n = \frac{1\cdot 3\cdot 5\ldots(2n-1)}{n!}\cdot\\
&\cdot\left\{\cos^n_\gamma - \frac{n(n-1)}{2(2n-1)}\cos^{n-2}_\gamma + \frac{n(n-1)(n-2)(n-3)}{2\cdot 4(2n-1)(2n-3)}\cos^{n-2}_\gamma + \cdots\right\}.
\end{aligned}\right\} \tag{17}$$

Da nach (2):

$$\cos\gamma = \cos\varphi\cos\varphi'\cos(\lambda - \lambda') + \sin\varphi\sin\varphi', \tag{18}$$

1) A. WANGERIN, Theorie des Potentials und der Kugelfunktionen Bd. II, S. 12. 1921.

so erhält man statt (17) auch[1]):

$$\left.\begin{aligned} P_0 &= 1\,, \\ P_1 &= \sin\varphi\sin\varphi' + \cos\varphi\cos\varphi'\cos(\lambda-\lambda')\,, \\ P_2 &= \tfrac{9}{4}(\sin^2\varphi - \tfrac{1}{3})(\sin^2\varphi' - \tfrac{1}{3}) + 3\sin\varphi\cos\varphi\sin\varphi'\cos\varphi'\cos(\lambda-\lambda') \\ &\quad + \tfrac{3}{4}\cos^2\varphi\cos^2\varphi'\cos 2(\lambda-\lambda')\,. \end{aligned}\right\} \tag{19}$$

usf.

Setzt man (19) und (16) in (9) ein, so erhält man:

$$W = \frac{k^2}{r'}\left[\int dm + \frac{1}{r'}\int P_1 r\,dm + \frac{1}{r'^2}\int P_2 r^2\,dm + \cdots\right] + \frac{1}{2}(x'^2 + y'^2)\omega^2. \tag{20}$$

Setzt man in $\int P_1 r\,dm$ für $P_1 = \cos\gamma$ den Wert (17) ein, so wird $\int P_1 r\,dm = 0$, weil nach Voraussetzung der Koordinatenanfang in den Erdschwerpunkt fällt, und im nächsten Integral treten die Hauptträgheitsmomente des Erdkörpers:

$$A = \int(y^2+z^2)\,dm\,, \qquad B = \int(x^2+z^2)\,dm\,, \qquad C = \int(x^2+y^2)\,dm \tag{21}$$

in der Verbindung $\left(\frac{A+B}{2} - C\right)$ und $(B-A)$ auf, während die Deviationsmomente $\int xz\,dm$, $\int yz\,dm$, $\int xy\,dm$ infolge der Wahl der Achsen verschwinden.

Man erhält so aus (20):

$$\left.\begin{aligned} W = \frac{Mk^2}{r'}\Big[1 &+ \frac{1}{2r'^2M}\left(C - \frac{A+B}{2}\right)(1 - 3\sin^2\varphi') \\ &+ \frac{3(B-A)}{4r'^2M}\cos^2\varphi'\cos 2\lambda' + \frac{1}{r'^3M}\int P_3 r^3\,dm + \cdots\Big] + \frac{1}{2}\omega^2 r'^2\cos^2\varphi'. \end{aligned}\right\} \tag{22}$$

Die Flächen (22), die Niveauflächen nur im Sinne einer Näherung sind, werden Niveausphäroide genannt, deren einfachstes sich in der äußeren Form von einem Ellipsoid nur wenig unterscheidet. Ein Niveausphäroid ist eine transzendente Fläche, die mathematisch durch algebraische Flächen höherer Ordnung in genügender Annäherung dargestellt werden kann; seine Maximaldistanz von einem Ellipsoid mit denselben Halbachsen beträgt 16 m.

Die Schwerebeschleunigung wird erhalten aus:

$$g = \sqrt{\left(\frac{\partial W}{\partial r'}\right)^2 + \left(\frac{\partial W}{r'\,\partial\varphi'}\right)^2 + \left(\frac{\partial W}{r'\cos\varphi'\,\partial\lambda'}\right)^2}\,, \tag{23}$$

$$\left.\begin{aligned} g = -\omega^2 r'\cos^2\varphi' + \frac{Mk^2}{r'^2}\Big[1 &+ \frac{3}{2r'^2M}\left(C - \frac{A+B}{2}\right)(1 - 3\sin^2\varphi') \\ &+ \frac{9(B-A)}{4r'^2M}\cos^2\varphi'\cos 2\lambda' + \text{Glieder } P_3\ldots\Big]. \end{aligned}\right\} \tag{24}$$

2. Das Theorem von CLAIRAUT[2]) (1713 bis 1765) zeigt den Weg, wie man aus dem Verlauf der Schweremessungen auf der Oberfläche auf die Figur der Erde schließen kann. Es wurde in CLAIRAUTS berühmter Schrift „Théorie de la Figure de la Terre" 1743 erstmals abgeleitet. CLAIRAUT selbst macht bei der Ableitung dieses Theorems nur die Annahme, daß das Ellipsoid in konzentrischen und koaxialen sphäroidischen Schalen geschichtet sei, bei denen die

[1]) F. R. HELMERT, Theorien der Höheren Geodäsie Bd. II, S. 57. 1884.

[2]) CLAIRAUT, Théorie de la Figure de la Terre, tirée des Principes de l'Hydrostatique. Paris 1743.

Dichte von Lage zu Lage in beliebiger Weise wechselt. Er macht aber insbesondere nicht die Voraussetzung, daß die Erde ursprünglich flüssig gewesen sei, dagegen nimmt er an, daß die Form der Oberfläche der Erde die einer Niveaufläche sei. G. STOKES[1]) zeigte 1849, H. POINCARÉ[2]) 1886, daß unter der alleinigen Voraussetzung, die Erdoberfläche sei von einer Niveaufläche nicht verschieden, das Clairautsche Theorem folge, auch unabhängig von der erstgenannten Clairautschen Voraussetzung der Schichtung.

Da die Erdoberfläche nur unbeträchtlich von der Form einer Niveaufläche abweicht, so ist die Voraussetzung erfüllt, um diese Fläche aus Schwerkraftsmessungen finden zu können. Diese grundlegende Voraussetzung gilt vor allem auch für die Berechtigung, die Figur der Erde aus Gradmessungen (Lotabweichungen) abzuleiten.

Wendet man Formel (24) auf einen Äquatorpunkt (Halbachse a) und den Pol (Halbachse b) an, so erhält man, $B - A = 0$ gesetzt:

$$\left.\begin{aligned} g_a &= -\omega^2 a + \frac{Mk^2}{a^2}\left[1 + \frac{3}{2a^2 M}\left(C - \frac{A+B}{2}\right) + \cdots\right], \\ g_p &= \frac{Mk^2}{b^2}\left[1 - \frac{3}{b^2 M}\left(C - \frac{A+B}{2}\right) + \cdots\right], \end{aligned}\right\} \tag{25}$$

mit $\alpha = (a - b)/a$:

$$g_p = \frac{Mk^2}{a^2}\left[1 + 2\alpha + 3\alpha^2 - \frac{3(1+4\alpha)}{a^2 M}\left(C - \frac{A+B}{2}\right) + \cdots\right], \tag{26}$$

woraus mit (25) 1. das Clairautsche Theorem folgt:

$$\alpha = \frac{5}{2}\frac{\omega^2 a}{g_a} - \frac{g_p - g_a}{g_a} + \cdots \quad \text{Glieder höherer Ordnung}^{3)}. \tag{27}$$

Diese einfache Formel gestattet also unter der alleinigen Voraussetzung, daß der Verlauf der Resultante der reinen Oberflächengrößen, der Anziehungs- und der Fliehkraft, bekannt ist, die Figur der Erde zu bestimmen.

3. Die Bestimmung der Niveauflächen. Die Niveauflächen haben eine hervorragende theoretische und praktische Bedeutung auf dem Gebiete der Physik und der Geodäsie.

Sie sind, genau genommen, höchst komplizierte Flächen, die durch einen einzigen analytischen Ausdruck nicht dargestellt werden können[4]). Man kann sich aber die Niveauflächen in so kleine Flächenstücke zerlegt denken, daß diesen ein analytisches Bildungsgesetz (jedem ein anderes) zugeschrieben werden kann. Diese kleinen Flächenstücke sind so aneinanderzufügen, daß an den Verbindungsstellen niemals Ecken und Kanten auftreten, wobei jedoch nicht zu vermeiden ist, daß die Krümmung der Normalschnitte, die mittlere Krümmung und das Krümmungsmaß sowie die Azimute der Krümmungslinien sprunghafte Änderungen erfahren.

Diese Sprünge stehen in innigem Zusammenhang mit solchen in der Dichte, die zufolge der geologischen Struktur hauptsächlich in der Erdkruste vorhanden sind.

---

[1]) G. STOKES, Cambr. Dubl. Math. Bd. 4. 1849; Trans. Cambr. Phil. Soc. Bd. 8. 1849; Cambr. Papers Bd. 2. 1883.

[2]) Nach CALLANDREAU, Paris, Obs. Mem. Bd. 19. 1889.

[3]) F. R. HELMERT, Theorien Bd. II, S. 78; A. BERROTH, Gerlands Beitr. z. Geophys. Bd. 14, S. 230. 1916.

[4]) H. BRUNS, Die Figur der Erde. Berlin 1878.

Auch durch Reihenentwicklungen nach trigonometrischen oder Kugelfunktionen können die Niveauflächen wegen der langsamen Konvergenz derselben nur in den rohesten Ausmaßen dargestellt werden. Negative Krümmungen sind nicht unmöglich, sie kommen jedoch nur auf äußerst kurzen Distanzen (z. B. beim Eintritt in eine Felswand) vor; sie würden dem Fall entsprechen, daß an diesen Stellen einer positiven astronomischen Amplitude eine negative geodätische entspräche.

Ganz ähnlich verhält es sich mit den orthogonalen Trajektorien der Niveauflächen, den Kraftlinien.

Die Kenntnis des Verlaufs der Kraftlinien setzt uns in die Lage, den Verlauf der Lotrichtung, insbesondere also die Lotkrümmung, zu studieren. (Abb. 4.)

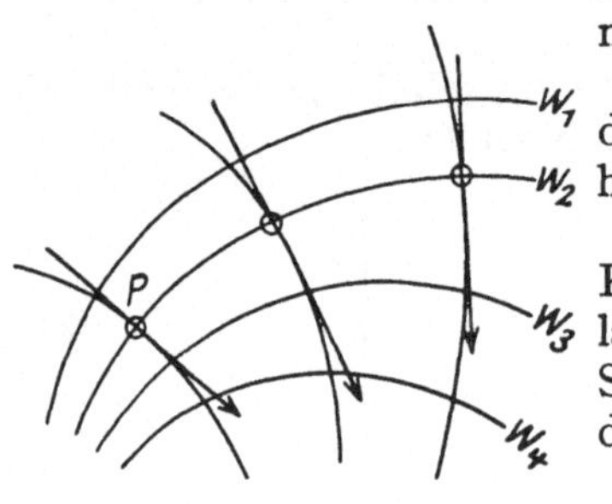

Abb. 4. Kraftlinien.

Die Lotrichtung im Punkt P ist gegeben durch die Tangente an die durch den Punkt gehende Kraftlinie.

Nach dem Gesagten sind die Kraftlinien stetige Kurven und frei von Ecken, dagegen ist der Verlauf der Krümmung und des Azimuts ihrer Schmiegungsebenen an allen Stellen unstetig, wo die Dichte sich unstetig ändert.

Mit Rücksicht auf die in der Einleitung erwähnten praktischen Methoden erhalten wir folgende

analytische Bestimmung der Niveauflächenstücke.

Die Potentialfunktion $W(x, y, z) =$ konst. entwickeln wir unter der Voraussetzung ihrer Endlichkeit und Stetigkeit nach dem TAYLORschen Satz, indem wir einen Punkt P_0 mit dem Potential W_0 zum Ausgangspunkt eines beliebigen rechtwinkligen Koordinatensystems machen:

$$\left.\begin{aligned} W = W_0 + W_x x + W_y y + W_z z + \tfrac{1}{2}(W_{xx} x^2 + W_{yy} y^2 + W_{zz} z^2) \\ + W_{xy} xy + W_{xz} xz + W_{yz} yz + Gl_3 . \end{aligned}\right\} \quad (28)$$

Nach Definition des Kräftepotentials folgt somit für die Schwerebeschleunigung und ihre Richtung:

$$g = \sqrt{W_x^2 + W_y^2 + W_z^2}, \qquad \cos\alpha = \frac{W_x}{g}, \qquad \cos\beta = \frac{W_y}{g}, \qquad \cos\gamma = \frac{W_z}{g}. \quad (29)$$

Die Messung der Schwere mit Pendeln liefert den ersten Ausdruck (29) als Ganzes. Für die Flächennormale in P_0 als z-Achse verschwinden W_x und W_y, und statt (28) kann, da z gegen x, y klein ist, geschrieben werden als Bedingung, daß sämtlichen Punkten der Fläche das Potential W_0 zukommt und deshalb als Gleichung der Niveaufläche durch P_0:

$$0 = W_z z + \tfrac{1}{2}(W_{xx} x^2 + W_{yy} y^2) + W_{xy} xy . \quad (30)$$

Die Gradienten der Schwerkraft beim Fortschreiten um ds in der Tangentialebene der Niveaufläche sind dann W_{xz} und W_{yz} und der totale horizontale Gradient im Azimut τ, wobei die x-Achse gewöhnlich in den magnetischen oder astronomischen Meridian orientiert wird:

$$\left(\frac{\partial g}{\partial s}\right)_{\max} = \sqrt{W_{xz}^2 + W_{yz}^2}, \qquad \operatorname{tg}\tau = \frac{W_{yz}}{W_{xz}}, \quad (31)$$

Im Azimut τ liegt auch die Vertikalebene der Krümmung der Kraftlinie; für eine kleine Erhebung h dreht sich die Vertikale um den Winkel $\varrho'' h/g\,(\partial g/\partial s)_{\max}$, im Sinne einer Verschiebung des Zenits in Richtung von ds. Dies ist wichtig zur Reduktion von geographischen Breiten, Längen und Azimuten auf eine andere Niveaufläche, vgl. Ziff. 20, a, 2.

Der Krümmungsradius der Kraftlinie wird:

$$r = \frac{g}{\left(\frac{\partial g}{\partial s}\right)_{max}}. \tag{32}$$

Für die Hauptkrümmungen der Niveaufläche im Koordinatenursprung (Ableitung s. HELMERT, Bd. II, S. 37) erhält man:

$$\left.\begin{aligned} \frac{1}{\varrho_1} &= -\frac{W_{yy}+W_{xx}}{2W_z} + \frac{W_{yy}-W_{xx}}{2W_z}\sec 2\alpha_0, \\ \frac{1}{\varrho_2} &= -\frac{W_{yy}+W_{xx}}{2W_z} - \frac{W_{yy}-W_{xx}}{2W_z}\sec 2\alpha_0, \end{aligned}\right\} \tag{33}$$

mit

$$\operatorname{tg} 2\alpha_0 = -\frac{2W_{xy}}{W_{yy}-W_{xx}}. \tag{34}$$

Dabei ist $2\alpha_0$ als positiver oder negativer spitzer Winkel zu nehmen und gehört zum größeren Radius ϱ_2 das Azimut α_0, zum kleineren ϱ_1 das Azimut $90° + \alpha_0$. [Vgl. auch Ziff. 23, (173) bis (177).]

Der analytische Ausdruck für die Schwerestörung. Als normal bezeichnen wir die Schwerkraft dann, wenn sie einem Verlauf entspricht, wie er auf einem Niveausphäroid $U =$ konst. vorhanden ist. $W =$ konst. ist die wirkliche Niveaufläche, also $T = W - U$ die Potentialstörung.

Die Störung der Intensität wird also:

$$g - \gamma = \sqrt{W_x^2 + W_y^2 + W_z^2} - \sqrt{U_x^2 + U_y^2 + U_z^2}. \tag{35}$$

Die Störung der Richtung folgt aus:

$$\cos\varepsilon = \frac{1}{g\gamma}[W_x U_x + W_y U_y + W_z U_z]. \tag{36}$$

4. Die Formen der Niveauflächen auf Grund der Gesetze der Hydrostatik unter dem Einfluß der Anziehung und der Rotation. Allgemeines Prinzip. Es wurde bereits in der Einleitung erwähnt, daß die Grundformen der Niveauflächen der Erde sich aus den Gesetzen der Hydrostatik herleiten. Der weitaus größere mit Wasser bedeckte Teil der Erdoberfläche kann sich den Forderungen der Kräftewirkung nahezu entsprechend einstellen, der geringere mit festem Land bedeckte zeigt Abweichungen vom Gleichgewichtszustand, die als Folgeerscheinung der Erstarrung der einst feuerflüssigen Erde entstanden sind, die aber relativ so gering sind, daß wir sie hier außer acht lassen können.

Wir setzen hier voraus, daß eine „vollkommene" Flüssigkeit vorhanden sei, d. h. daß allein die Elastizitätskonstante λ gegen Druck auftreten soll, während die gegen Scherung $\mu = 0$ sein soll.

Die elastischen Gleichungen für eine solche Flüssigkeit lauten in Vektorschreibweise (s. CL. SCHAEFER, Einführung in die theoretische Physik Bd. I, S. 727. 1914):

$$\sigma\frac{d^2\mathfrak{S}}{dt^2} = \sigma\mathfrak{K} - \operatorname{grad} P, \tag{37}$$

woraus für den Fall des Gleichgewichts gilt:

$$\mathfrak{K} = \frac{1}{\sigma}\operatorname{grad} P, \quad \text{oder ausführlich:} \quad \left\{\begin{aligned} X &= \frac{1}{\sigma}\frac{\partial P}{\partial x}, \\ Y &= \frac{1}{\sigma}\frac{\partial P}{\partial y}, \\ Z &= \frac{1}{\sigma}\frac{\partial P}{\partial z}. \end{aligned}\right\} \tag{38}$$

$\mathfrak{K}$ stellt die äußere Kraft pro Masseneinheit, also hier die Schwerkraft vor, P den Druck (die drei gleichen Normalspannungen) und σ die Dichte der Flüssigkeit.

Damit überhaupt Gleichgewicht bestehen kann, muß sich die äußere Kraft als Gradient eines eindeutigen Potentials W darstellen lassen (a. a. O. S. 730):

$$\mathfrak{K} = -\operatorname{grad} W\,. \tag{39}$$

Ebenso ist, da σ als Funktion von P oder im Falle einer inkompressiblen Flüssigkeit als konstant vorausgesetzt werden kann, auch die rechte Seite von (38) als totales Differential einer Funktion D aufzufassen:

$$D = \int_{P_0}^{P} \frac{dP}{\psi(P)} = \int_{P_0}^{P} \frac{dP}{\sigma}\,, \tag{40}$$

woraus sich für konstantes σ die Gleichgewichtsbedingung formuliert:

$$d(D + W) = 0, \qquad D + W = \text{konst.}, \qquad P/\sigma + W = (\text{konst.} + P_0/\sigma) = \text{konst.} \tag{41}$$

$D = \text{konst.}$ sind die Flächen gleichen Druckes, die „Isobaren"; $W = \text{konst.}$ die Flächen gleichen Potentials oder „Niveauflächen", die also nach (41) zusammenfallen.

Eine geometrische Formulierung für das Gleichgewicht, in die sich auch (41) überführen läßt, ist durch die Bedingung gegeben, daß die Richtung der Kraft mit der Flächennormalen zusammenfallen soll. Ist $f(x, y, z) = 0$ die Fläche, so lautet infolge der Identität von W mit $f(x, y, z)$ die Bedingung:

$$-\frac{X}{\frac{\partial f}{\partial x}} = -\frac{Y}{\frac{\partial f}{\partial y}} = -\frac{Z}{\frac{\partial f}{\partial z}} = \frac{(X^2 + Y^2 + Z^2)^{\frac{1}{2}}}{\left[\left(\frac{\partial f}{\partial x}\right)^2 + \left(\frac{\partial f}{\partial y}\right)^2 + \left(\frac{\partial f}{\partial z}\right)^2\right]^{\frac{1}{2}}}\,. \tag{42}$$

Die Frage nach den möglichen Formen der Niveauflächen eines flüssigen Körpers läßt sich in Allgemeinheit nur lösen, wenn man eine einschneidende Voraussetzung macht. Diese ist, daß man annimmt, das Innere der Erde sei ein fester Kern, der von einer nur dünnen Flüssigkeitshaut bedeckt ist. Dann braucht man nämlich die gegenseitige Anziehung der Flüssigkeitsteilchen nicht in Rechnung zu setzen, und die Kräftefunktion ist von vornherein bekannt.

Im allgemeinen Fall jedoch, wo auch der Innenraum flüssig ist und sich alle Teilchen nach dem NEWTONschen Gesetz anziehen, hängt die Kräftefunktion von der erst zu bestimmenden Gestalt der Flüssigkeit ab. Man muß deshalb von Fall zu Fall einzelne Körper zugrunde legen und die Möglichkeit, daß sie Gleichgewichtsfiguren sein können, einzeln prüfen.

Wir gehen im folgenden vom Einfachen zum Komplizierten über und werden untersuchen, welche Bedingungen infolge unserer Wahrnehmungen für die Erde erfüllt sein müssen, um zu der tatsächlich vorhandenen Figur der Erde zu gelangen.

a) Die Grundformen der Niveauflächen.

α) Wir nehmen einen festen, nahezu kugelförmigen Erdkern und eine Flüssigkeitshaut an, von der jedes Teilchen mit einer Kraft $-\varphi(R) = C/R^2$ nach dem Zentrum des Kerns angezogen wird. (Das negative Zeichen bedeutet, daß die Kraft den Abstand R vom Zentrum zu vermindern bestrebt ist.)

1. Ist die Flüssigkeit in Ruhe, so haben wir die Kraftkomponenten:

$$X = -\varphi(R)\,\frac{\partial R}{\partial x}\,, \qquad Y = -\varphi(R)\,\frac{\partial R}{\partial y}\,, \qquad Z = -\varphi(R)\,\frac{\partial R}{\partial z}\,, \tag{43}$$

also das Kräftepotential:

$$V = \int \varphi(R)\,dR = f(R)\,. \tag{44}$$

Die Gleichgewichtsbedingung (41) gibt also:

$$f(R) + P/\sigma = \text{konst.}, \tag{45}$$

die Niveauflächen und gleichzeitig Isobaren sind konzentrische Kugelflächen um das Attraktionszentrum.

2. Der Fall, daß die Flüssigkeit in gleichförmig rotierender Bewegung ist, bringt prinzipiell nichts Neues. Ist R die Entfernung des Kernmittelpunktes und Koordinatenanfangs von der Oberfläche, so sind die Kraftkomponenten:

$$X = -\frac{k^2 M}{R^2}\cdot\frac{x}{R} + \omega^2 x\,, \qquad Y = -\frac{k^2 M}{R^2}\cdot\frac{y}{R} + \omega^2 y\,, \qquad Z = -\frac{k^2 M}{R^2}\cdot\frac{z}{R}\,. \tag{46}$$

sie ergeben sich nach (39) aus dem Potential:

$$W = -\frac{k^2 M}{R} - \frac{\omega^2}{2}(x^2 + y^2)\,. \tag{47}$$

Nach (41) lautet die Gleichgewichtsbedingung:

$$\frac{P}{\sigma} - \frac{k^2 M}{R} - \frac{\omega^2}{2}(x^2 + y^2) = \text{konst.} \tag{48}$$

Setzen wir für die Oberfläche $P = 0$ fest und bestimmen die Konstante durch Anwendung von (48) auf den Pol (Index p):

$$\frac{k^2 M}{R_p} = \text{konst.} = g_p R_p\,. \tag{49}$$

Durch Substitution dieses Wertes in (48) ergibt sich:

$$\frac{1}{R} = \frac{1}{R_p} - \frac{\omega^2}{2 g_p}\,\frac{x^2 + y^2}{R_p^2}\,, \tag{50}$$

mit $x^2 + y^2 = R^2 \cos^2\varphi$, ($\varphi$ = geozentrische Breite) und Vernachlässigung höherer Glieder:

$$R = R_p\left\{1 + \frac{\omega^2 R_p}{2 g_p}\cos^2\varphi\right\}. \tag{51}$$

Gleichung (51) stellt ein S p h ä r o i d dar mit der Abplattung $\alpha = (R_a - R_p)/R_p = \omega^2 R_p/2g_p$. Setzen wir die für die Erde gültigen Werte $\omega = 2\pi/86164$ (86164 sec = Länge des Sterntags in m. Z.), R_p (Bessel) = 6356079 m ein, so ergibt sich der Wert:

$$\alpha = 1/582\,. \tag{52}$$

Da diese Zahl für die wirkliche Erde viel zu klein ist, so folgt der Schluß, daß die Erde aus einem starren Kern mit Flüssigkeitshaut nicht bestehen kann.

β) Wir lassen die Voraussetzung des festen Kerns fallen und behandeln den Fall, daß sich alle Teilchen nach dem Newtonschen Gesetz anziehen. Wir wollen die Möglichkeit der Gleichgewichtsfigur für ein rotierendes E l l i p s o i d untersuchen.

Das Potential eines homogenen Ellipsoids mit der Gleichung:

$$f(x, y, z) = \frac{x^2}{a^2} + \frac{y^2}{b^2} + \frac{z^2}{c^2} - 1 = 0 \tag{53}$$

kann auf die Form gebracht werden[1]):

$$V = k^2 (V_0 - V_1 x^2 - V_2 y^2 - V_3 z^2)\,. \tag{54}$$

Die Gleichung der r o t i e r e n d e n Flüssigkeitsoberfläche ist also (vgl. Ziff. 1 [9]):

$$\left(V_1 - \frac{\omega^2}{2k^2}\right)x^2 + \left(V_2 - \frac{\omega^2}{2k^2}\right)y^2 + V_3 z^2 = V_0 - \frac{\text{konst.}}{k^2}\,. \tag{55}$$

Infolge der vorausgesetzten Identität von (55) mit (53) oder, was gleichbedeutend ist, zufolge (42) muß sein:

$$V_1 - \frac{\omega^2}{2k^2} = V_3 \frac{c^2}{a^2}\,, \qquad V_2 - \frac{\omega^2}{2k^2} = V_3 \frac{c^2}{b^2}\,. \tag{56}$$

Diese Bedingungen reduzieren sich für den Fall des R o t a t i o n s e l l i p s o i d s, den wir jetzt allein weiterbehandeln wollen, auf die eine:

$$V_1 - V_3 \frac{c^2}{a^2} = \frac{\omega^2}{2k^2}\,. \tag{57}$$

Wir entnehmen die Werte von V_1 und V_3 aus Wangerin I, S. 248. 1909 mit der Flüssigkeitsdichte σ und für Oberflächenpunkte als Aufpunkte:

$$V_1 = \frac{\pi\sigma a^2 c}{(\sqrt{a^2 - c^2})^3}\left[\operatorname{arctg}\left(\frac{\sqrt{a^2 - c^2}}{c}\right) - \frac{c\sqrt{a^2 - c^2}}{a^2}\right], \tag{58}$$

$$V_3 = \frac{2\pi\sigma a^2 c}{(\sqrt{a^2 - c^2})^3}\left[\frac{\sqrt{a^2 - c^2}}{c} - \operatorname{arctg}\left(\frac{\sqrt{a^2 - c^2}}{c}\right)\right], \tag{59}$$

[1]) A. Wangerin, Theorie des Potentials und der Kugelfunktionen Bd. I, S. 247. 1909.

und erhalten aus (57) die Beziehung zwischen dem Achsenverhältnis des Ellipsoids und der Rotationsgeschwindigkeit ω, die bestehen muß, damit das Rotationsellipsoid Gleichgewichtsfigur sein kann:

$$\omega^2 = 2\pi k^2 \sigma \frac{3+e'^2}{e'^3}\left[\operatorname{arc\,tg} e' - \frac{3e'}{3+e'^2}\right], \tag{60}$$

wobei das Achsenverhältnis ausgedrückt ist durch die Exzentrizität e':

$$e'^2 = \frac{a^2 - c^2}{c^2}. \tag{61}$$

Unter den interessanten Resultaten, welche die Gleichung (60) zuläßt, greifen wir das für die Erde wahrscheinlichste heraus. Mit Einsetzung der Werte $\omega = 2\pi/86164$, $\sigma = 5{,}52$, $k^2 = 6{,}67 \cdot 10^{-8}$ findet man die Abplattung $\alpha = \frac{1}{232}$.

Dieser Wert ist gegenüber dem tatsächlich vorhandenen $\frac{1}{297}$ zu groß: Die Niveauflächen sind zwar nahezu Rotationsellipsoide, aber das Erdinnere darf nicht als ideal flüssig angesehen werden. Eine teils feste, teils zähflüssige Erde steht mit dem Wert $\frac{1}{297}$ nicht in Widerspruch.

Wir fügen sogleich hinzu, daß, wie JACOBI 1834 gezeigt hat, auch das dreiachsige Ellipsoid Gleichgewichtsfigur sein kann; er fand die abnormen Achsenverhältnisse $a/c = 52{,}4$, $b/c = 1{,}0023$. POINCARÉ hat nachgewiesen[1]), daß auch eine birnenförmige Gleichgewichtsfigur besteht. Wenn schon die angegebenen Achsenverhältnisse für das dreiachsige Ellipsoid bei der Erde nicht zutreffen können, so ist es doch nicht unmöglich, daß infolge geringer Abweichungen von den Prinzipien der Hydrostatik entsprechend der Verschiebung und Verfestigung von Erdmassen eine geringe Elliptizität des Äquators vorhanden sein kann, worauf die Schweremessungen hinzudeuten scheinen (vgl. Ziff. 21 [150]).

b) Bedingungen aus Messungsergebnissen. Wir haben bisher vorausgesetzt, daß die Dichte σ überall konstant sei, insbesondere vom Druck nicht abhänge. Bei der Erde ist nun der behandelte Fragenkomplex in erster Linie an die Kenntnis des Dichteverlaufs im Erdinnern gebunden. Dabei können zwei Annahmen gemacht werden, nämlich, daß sich die Dichte kontinuierlich mit der Tiefe ändere, oder daß sie sich sprunghaft ändere.

Bei kontinuierlicher Dichtezunahme läßt man die Flächen gleicher Dichte mit den Niveauflächen zusammenfallen, bei diskontinuierlicher wird man das gleiche von den Grenzflächen gelten lassen.

Um zu einem Gesetz zwischen der Form dieser Niveauflächen gleicher Dichte mit der Dichte selbst zu gelangen, betrachtet man die Anziehung unendlich dünner Ellipsoidschalen von der Dichte σ, welche in die Gleichgewichtsbedingung (42) für X, Y, Z einzuführen ist.

Dies führt bei kontinuierlicher Dichtezunahme zu der folgenden Gleichung, die unter dem Namen Clairautsche Differentialgleichung[2]) bekannt ist:

$$\frac{d^2\alpha}{dc^2} + \frac{2\sigma c^2}{\int_0^c \sigma c^2\,dc}\frac{d\alpha}{dc} + \left(\frac{2\sigma c}{\int_0^c \sigma c^2\,dc} - \frac{6}{c^2}\right)\alpha = 0. \tag{62}$$

Diese Gleichung gibt einen Zusammenhang zwischen der Abplattung α der ellipsoidischen Schichten von den Achsengrößen a, b, c mit der Dichte σ derselben auf Grund des hydrostatischen Gleichgewichts.

Zur Integration dieser Gleichung führt man die Dichte σ als Funktion von c ein und erhält so das α jeder Schicht als Funktion von c, wozu noch zwei Integrationskonstanten treten, von denen eine $= 0$ gesetzt werden muß, damit α für $c = 0$ nicht ∞ wird.

Die einzuführende Dichtefunktion soll an und für sich möglichst viele Parameter enthalten, wir werden aber sehen, daß wir uns aus praktischer Unzulänglichkeit damit begnügen müssen, zwei Parameter zu bestimmen.

Die Messungsergebnisse, die wir zur Verfügung haben, sind folgende:

1. Die mittlere Dichte der festen Oberflächenschicht $= 2{,}7$. 2. Die mittere Dichte der Erde[3]) als Ganzes $= 5{,}52$. 3. Die Abplattung der äußersten Schicht, durch Gradmessungen bestimmt, $= \frac{1}{297}$; die Schwerkraftsmessungen liefern hierzu nach dem CLAIRAUTschen Theorem keine weitere Angabe, fallen also unter Punkt 3. 4. Das Dichte-

[1]) S. OPPENHEIM, Encykl. d. math. Wiss. Bd. VI, 2 B, 1, S. 50. 1922.

[2]) Ebenda S. 23 u. A. PREY, Einführung in die Geophysik, S. 155. Berlin 1922, F. TISSERAND, Traité de mécanique céleste Bd. II, S. 213.

[3]) Eine ausführliche Zusammenstellung der zahlreichen experimentellen Bestimmungen findet sich in W. TRABERT, Kosmische Physik, S. 264. Teubner 1911.

gesetz ist so zu wählen, daß es mit der Mondbewegung nicht in Widerspruch steht. Hier tritt das Glied $(C - A)/M$ auf, wo A und C die Hauptträgheitsmomente (Ziff. 1, 21), M die Erdmasse sind. 5. Das Dichtegesetz darf mit der Erscheinung der Präzession (Zurückweichen des Nachtgleichenpunktes auf der Ekliptik um jährlich 50″,37032 durch den Einfluß von Sonne und Mond, infolge der Erdabplattung) nicht in Widerspruch geraten; hier tritt das Glied $(C - A)/C$ auf. 6. Die Reflexion der Erdbebenwellen in der Tiefe der Erde erscheint noch nicht genügend sicher geklärt, als daß man den sonst höchst wertvollen Beitrag zur Feststellung des Dichteverlaufs schon jetzt benützen könnte.

Die aus 4. und 5. gewonnenen Anhaltspunkte astronomischer Natur liefern im großen ganzen dasselbe wie 3., so daß eigentlich zur Zeit nur drei Bedingungen vorhanden sind, welche zur Bestimmung zweier Parameter im Dichtegesetz und der einen Integrationskonstanten ausreichen. Von den zahlreichen abgeleiteten Dichtegesetzen seien nur erwähnt das von F. R. HELMERT (Höhere Geodäsie Bd. II, S. 487. 1884) und das von E. WIECHERT (Göttinger Nachr. 1897); weitere Angaben s. bei PREY 1922, S. 170.

5. Der strenge Weg zur Bestimmung der Niveauflächen. Da die Form der Niveauflächen so sehr verwickelt ist, kann es sich zur genauen Wiedergabe dieser Verhältnisse nur um eine die Flächendarstellung ersetzende Beschreibung handeln. Diese kann, nachdem der Potentialwert in jedem Punkt des Raumes gefunden ist, darin bestehen, Modelle der Flächen nachzubilden oder die Kurven gleicher krummliniger Koordinaten in Projektion wiederzugeben oder endlich ein Verzeichnis der Punkte gleichen Potentialwertes herzustellen, geordnet nach geographischen Koordinaten und Höhenabständen von einer einfachen Fläche (Kugel). Auf Grund des Greenschen Satzes der Potentialtheorie (vgl. A. WANGERIN, Bd. I, S. 95. 1909) ist man in der Lage, falls nur der Verlauf der Schwerkraftswerte auf der ganzen Erdoberfläche bekannt ist, im ganzen Raum außerhalb dieser Fläche den Potentialwert anzugeben.

Es handelt sich also darum, aus den zur physischen Erdoberfläche senkrechten Schwerekomponenten $\partial W/\partial n = g\cos\nu$ die Werte von W zu ermitteln, also zunächst für den ganzen Raum außerhalb eine Funktion zu bestimmen, die alle charakteristischen Eigenschaften des Potentials besitzt und die zugleich am Rande des Gebiets gegebene Werte ihrer normalen Ableitung annimmt. Dies ist identisch mit der Lösung der zweiten Randwertaufgabe der Potentialtheorie.

Die theoretische Lösung dieser Aufgabe kann mittels der zweiten Greenschen Funktion geschehen. Wir verweisen hierzu auf die Entwicklungen in P. G. LEJEUNE DIRICHLET[1]) und A. WANGERIN[2]).

Danach findet man das zu bestimmende Potential in einem Punkt P' außerhalb durch:

$$W_{P'} = -\frac{1}{4\pi}\iint \overline{\mathfrak{G}}'_{P'}\frac{\partial W}{\partial n}\,do\,, \tag{63}$$

worin das $\iint$ über die gesamte physische Erdoberfläche S zu erstrecken ist und:

$$\overline{\mathfrak{G}}'_{P'} = \overline{G}' - \frac{1}{\varrho'} \tag{64}$$

die 2. GREENsche Funktion genannt wird. Diese hat für alle Punkte des Außenraums die charakteristischen Eigenschaften des Potentials mit Ausnahme des Pols P', wo sie ∞ wird. ϱ' bezeichnet den Abstand des Poles P' von einem beliebigen Punkt auf S (Abb. 5).

Als Bedingungen sind zu beachten, daß die LAPLACEsche Gleichung:

$$\frac{\partial^2 \overline{G}'}{\partial x^2} + \frac{\partial^2 \overline{G}'}{\partial y^2} + \frac{\partial^2 \overline{G}'}{\partial z^2} - 2\omega^2 = 0 \tag{65}$$

[1]) P. G. LEJEUNE DIRICHLET, Vorlesungen. Teubner 1876.

[2]) A. WANGERIN, Theorie des Potentials und der Kugelfunktionen Bd. II. 1921; CL. SCHAEFER, Einf. in der theor. Physik. Bd. I. S. 554. 1922.

gilt, ferner in allen Punkten der physischen Oberfläche:

$$\frac{\partial \overline{G}'}{\partial n} = \frac{\partial \frac{1}{\varrho'}}{\partial n}, \quad \text{d. h.} \quad \frac{\partial}{\partial n} \overline{\mathfrak{G}}'_{P'} = 0 \tag{66}$$

sein muß.

Die Lösung der Aufgabe ist also zurückgeführt auf die Kenntnis der 2. GREENschen Funktion in jedem Punkt P' des Außenraums.

Um die in (63) verlangte Integration ausführen zu können, sind folgende drei Teilaufgaben zu lösen. 1. Die voraussetzungslose Bestimmung der Form und Größe der physischen Erdoberfläche oder einer Näherungsfläche S. Mit dieser Aufgabe beschäftigt sich die höhere Geodäsie, die hier als Hilfswissenschaft der Physik unentbehrlich ist. Um das gesetzte Ziel zu erreichen, kann man sich nach H. BRUNS der physischen Fläche ein Reliefpolyeder umschrieben denken, dessen Seitenlängen durch Triangulationen in Verbindung mit Basislinien, dessen Kantenwinkel durch Messung von Zenitdistanzen oder direkt bestimmt werden. Will man dieses Polyeder im Raum orientieren, so sind dazu mindestens zwei unabhängige astronomische Messungen erforderlich (z. B. eine Polhöhe und ein Azimut).

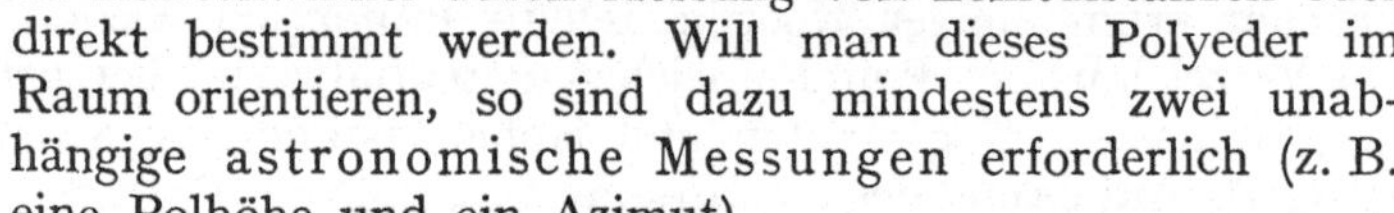

Damit kann die Lage von Punkten bestimmt werden, solange man sich auf oder über der physischen Erdoberfläche bewegt. Sollen aber auch Niveauflächen im Erdinnern bestimmt werden, so benötigen wir als weiteren Messungszweig das geometrische Nivellement (vgl. Ziff. 32), welches nach Überwindung einiger theoretischer Schwierigkeiten und nach Kenntnis der Schwerewerte die Ermittlung von wahren Meereshöhen gestattet.

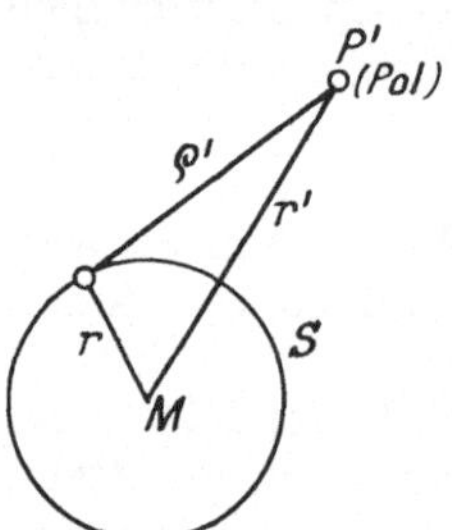

Abb. 5. Zur GREENschen Funktion.

Da in der Praxis die Messung der Zenitdistanzen wegen der Unsicherheit der terrestrischen Refraktion versagt und weitere Schwierigkeiten auftreten, so kommt man von dem Reliefpolyeder ab und zieht die Schwererichtungen (Lotabweichungen) zur Bestimmung eines bestanschließenden Ellipsoids als Referenzfläche S heran, die man ja schon aus dem Grunde (wenigstens roh) benötigt, als in (63) die Schwerekomponenten normal zur physischen Fläche verlangt sind. Die Hilfsfläche S hat man strenggenommen mit der nötigen Anzahl von Parametern gegen die physische Oberfläche festzulegen.

Es kann aber zweckmäßig zunächst auch eine Kugel zugrunde gelegt werden und die Entwicklung der Höhenabstände h von dieser Kugel nach Kugelfunktionen geschehen. Sind r, ϑ, φ räumliche Polarkoordinaten, α ein Proportionalitätsfaktor, so wird diese Entwicklung:

$$\left.\begin{aligned} h &= \alpha r \sum Y_n(\vartheta, \varphi), \\ Y_n &= \sum_{\nu=0}^{n} P_{n,\nu}(\cos\vartheta)\,[A_\nu \cos(\nu\varphi) + B_\nu \sin(\nu\varphi)], \\ P_{n,\nu}(\cos\vartheta) &= \left(\sqrt{1-\cos^2\vartheta}\right)^\nu \frac{d^\nu P_n(\cos\vartheta)}{(d\cos\vartheta)^n} \quad [\text{vgl. Ziff. 1 (17)}], \\ P_n &= \frac{1\cdot 3\ldots(2n-1)}{n!}\left[(\cos\vartheta)^n - \frac{n(n-1)}{2(2n-1)}(\cos\vartheta)^{n-2} + \cdots\right]. \end{aligned}\right\} \tag{67}$$

2. Die Bestimmung der Funktion $1/\varrho'$ und ihres Differentialquotienten $\partial/\partial n\,(1/\varrho')$ unter Beachtung der Bedingungen (65) und (66). Hier ist eine Ent-

wicklung von $1/\varrho'$ wie auch des zweiten Ausdrucks nach Kugelfunktionen naheliegend.

3. Die Herstellung der Funktion $\overline{G}'$ und ihres Differentialquotienten $\partial\overline{G}'/\partial n$, wofür ebenfalls eine Entwicklung nach räumlichen Kugelfunktionen in Frage kommt.

Der Ansatz[1]) für G':

$$G' = \sum_{n=0}^{\infty} \left(\frac{r}{r'}\right)^{n+1} X_n(\vartheta, \varphi) \tag{68}$$

genügt der Bedingung (65) und gibt, wie es sein muß, für $r' = \infty$, $\overline{G}' = 0$.

Der hier betrachtete strenge Weg läßt sich zur Zeit noch nicht vollkommen verwirklichen, weil dabei vorausgesetzt wird, daß einmal die geodätische Bestimmung der ganzen Erdoberfläche exakt durchgeführt, andererseits der Verlauf der Schwere überall auf derselben bekannt sei und weil außerdem der notwendige Arbeitsaufwand das menschliche Kräftemaß übersteigt.

Die Bestimmung kontinentaler Undulationen N des Geoids wird nach der Formel von G. G. Stokes (1849):

$$N = R\int_0^{\pi} \frac{\Delta g_\psi}{G} F\,d\psi \quad (\text{Helmert II., S. 255}), \tag{69}$$

ermöglicht sein, sobald die Schwerkraft hauptsächlich in den Meeresgebieten genauer bekannt ist. Es ist z. B. in Helmert, Höhere Geodäsie, II. Teil, genau beschrieben und stellt eine Behandlung des Problems der Potentialtheorie dar unter Zugrundelegung eines Niveausphäroids statt der Niveaufläche.

Die Ermittlung der Form von kleinen Geoidflächenstücken geschieht, nicht vollkommen hypothesenfrei, heutzutage meist mittels der Lotrichtungen, indem, von einem Zentralpunkt ausgehend, eine Fläche gesucht wird, welche die physischen Lotrichtungen überall senkrecht schneidet. Man erhält die geometrischen Höhendifferenzen N von Flächenpunkten gegen den Zentralpunkt mit Hilfe der Lotabweichungen ε (Ziff. 10) durch eine Wegintegration nach:

$$N = \int_{s_1}^{s_2} \varepsilon \cdot ds. \tag{70}$$

Eines der bekanntesten Beispiele ist die Ableitung des Geoids im Harz durch A. Galle[2]).

Einen noch viel eingehenderen Aufschluß über ganz kleine Niveauflächenstücke liefert die Eötvössche Drehwage, doch lassen sich diese Stücke noch weniger als beim vorhergehenden Verfahren zu einer einzigen Fläche fehlerfrei zusammensetzen.

6. Massenverteilung und Schwerestörungen; Isostasie. Erst die einheitliche Reduktion der Messungen und die Beziehung auf ein bestimmtes Schweresystem (Potsdam) befähigen uns zu einem Einblick in den Verlauf der Schwerestörungen.

Diese sind bisher niedergelegt in den Berichten der Konferenzen der Int. Erdmessung, von denen die wichtigsten die von E. Borrass[3]) in den Verhandlungen zu London und Cambridge 1909 und zu Hamburg 1912 erstatteten sind.

Das auf den ersten Blick Erstaunlichste ist, daß fast überall die Größe der Schwerestörungen durchaus nicht der berechneten Anziehung der Gebirgs- oder

[1]) A. Wangerin, Fußnote 2 S. 431. Bd. 2, S. 115.

[2]) A. Galle, Das Geoid im Harz. Veröffentl.. d. Preuß. Geod. Inst. 1914.

[3]) E. Borrass, Verh. d. Int. Erdm. zu London u. Cambridge 1911, III. Teil, und Verh. zu Hamburg 1914, II. Teil.

Wassermassen entspricht, was zuerst P. BOUGUER und C. M. DE LA CONDAMINE (1730) gelegentlich der Gradmessung in Peru am Chimborasso, danach besonders N. MASKELYNE (1775) am Berge Shehallian in Schottland und J. H. PRATT (1871) durch theoretische Betrachtung der Schweremessungen im Himalaja erkannte.

Daraus entwickelte sich die Lehre von der unterirdischen Kompensation der Massenanhäufungen oder -defekte, wonach sich die Erde im großen ganzen im Zustand hydrostatischen Gleichgewichts befindet. Diesen Zustand des Gleichgewichts nennt man nach C. E. DUTTON (1889) Isostasie.

Die großen Kontinente scheinen danach im allgemeinen durch unterirdische Massendefekte, die Weltmeere durch eine Verdichtung des Meeresuntergrundes kompensiert. Den ersten Aufschluß über dieses interessante Verhalten der Meere lieferten die Schweremessungen mit Barometer und Siedethermometer durch O. HECKER, dessen Resultate neuerdings durch die Pendelmessungen in einem unter Wasser fahrendem U-Boot durch F. A. VENING-MEINESZ im wesentlichen bestätigt sind.

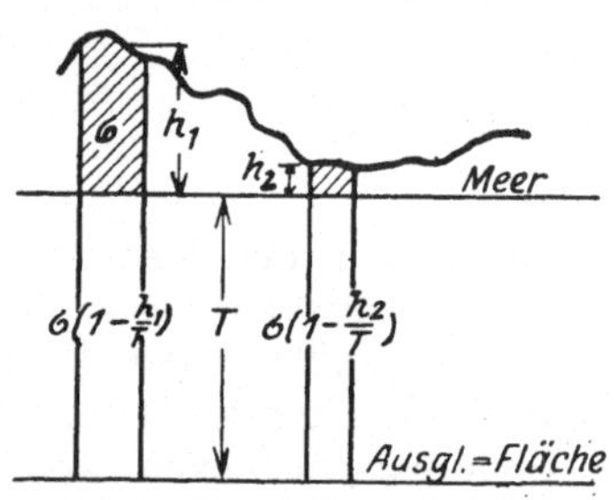

Abb. 6. Isostasie nach PRATT.

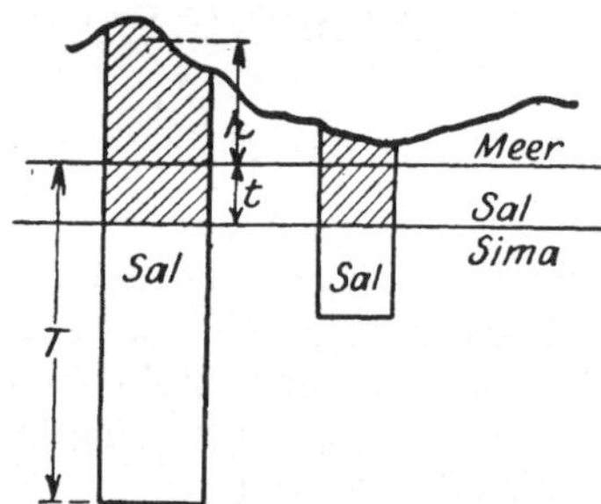

Abb. 7. Isostasie nach AIRY.

Es hat sich durch theoretische Untersuchungen von F. R. HELMERT und praktischer Art durch Verarbeitung eines großen amerikanischen Messungsmaterials unter J. HAYFORD gezeigt, daß dieser Massenmangel oder -zuschuß nicht in beliebige Tiefen reicht, sondern daß eine Ausgleichsfläche in etwa 120 km Tiefe besteht, welche als eine Niveaufläche anzusehen ist und einen Kern umschließt, dessen Dichte durch Massentransporte unbeeinflußt bleibt.

Neben der Erklärung der Isostasie durch die Hypothese von PRATT besteht noch eine plausible Auslegung von G. B. AIRY.

Der Grundgedanke von PRATT (Abb. 6) bezog sich darauf, daß den Erhebungen der Massen über das Meeresniveau eine Massenauflockerung bis zur Ausgleichsfläche entspreche, so daß in jeder vertikalen Kolumne über der Ausgleichsfläche gleich viel Masse enthalten sei. Dies liegt im Bereich geologischer Möglichkeit, da das Magma bei Druckentlastung neben einer großen Wärmeentwicklung eine starke Volumenvermehrung und damit Dichteabnahme zeigt. Auf diese Weise wird von namhaften Geologen z. B. die Entstehung des Colorado-Plateaus erklärt, das ausgezeichnet kompensiert erscheint.

Die Anwendung der PRATTschen Hypothese bei Reduktionsrechnungen geschah vielfach zu engherzig und zu schematisch, da neben geologischen Gesichtspunkten die Tragfähigkeit der Gebirgsgründe und der Starrheitszustand der Massen in der Tiefe für die Möglichkeiten der Kompensation eine Rolle spielen (vgl. Ziff. 20).

Mehr Anhänger findet heute die Hypothese von AIRY (Abb. 7), die auch in engster Beziehung zu der neueren gutfundierten Theorie der Kontinentalverschiebung[1]) von A. WEGENER steht. Danach besteht die Erdkruste aus leichteren Sial-(oder Sal-) Schollen, die auf einer schwereren plastischen Sima-Unterlage, wie Eisberge im Meere, schwimmen. Wir beurteilen die Mächtigkeit dieser Schollen nach den Höhen, mit welchen sie über das Meer herausragen. Je nach den Annahmen über die Dichten des Sial und Sima berechnet sich aus dem hydrostatischen Gleichgewicht die Tiefe des Schollenfußes und damit die theoretische Größe der Gravitationsanomalien.

Beide angeführten Hypothesen über die Tatsache der Isostasie führen zu plausiblen Resultaten in der Reduktion der Messungen und sind auch in geologischen Anschauungen begründet, weshalb sie in der Auslegung der Struktur der Erdrinde einstweilen nebeneinander Platz finden.

Sind auch Weltmeere und Kontinente kompensiert, so zeigen sich doch im einzelnen gewaltige Abweichungen. Für Deutschland interessiert besonders der Harz, der bedeutend unter-, und die Alpen, welche überkompensiert erscheinen. Die größten Anomalien sind mit $+341 \cdot 10^{-3}$ auf der Bonininsel ($+27°$ Br., 142° ö. L.) und $-352 \cdot 10^{-3}$ in Turkestan. Im Durchschnitt weisen die Küsten der Ozeane eine um $30 \cdot 10^{-3}$ größere Schwere auf als die Festländer, die Tiefsee eine um $40 \cdot 10^{-3}$ geringere als die Flachsee[2]), die selbst wieder gegen den Normalzustand eine etwas zu große Schwere zeigt. Besonders bemerkenswert sind noch die großen +-Anomalien der Inseln im offenen Ozean und die zu geringe Schwere beim Abfall der Kontinentalsockel in die Tiefe.

b) Die Messung der Richtung der Schwere.

7. Einleitung. Da es keine Methode gibt, aus der Potentialentwicklung (28), Ziff. 3, die W_x, W_y, W_z einzeln zu finden, gelangen wir nur auf astronomischem Wege zur Kenntnis der drei eine räumliche Richtung bestimmenden Winkel (die durch die bekannte Beziehung verbunden sind):

$$\left.\begin{aligned} \alpha = \arc\cos\frac{\frac{\partial W}{\partial x}}{g}, \quad \beta = \arc\cos\frac{\frac{\partial W}{\partial y}}{g}, \quad \gamma = \arc\cos\frac{\frac{\partial W}{\partial z}}{g}; \\ g = \sqrt{\left(\frac{\partial W}{\partial x}\right)^2 + \left(\frac{\partial W}{\partial y}\right)^2 + \left(\frac{\partial W}{\partial z}\right)^2}. \end{aligned}\right\} \tag{71}$$

Eine auf der Erde ausgezeichnete Richtung ist die der Rotationsachse. Auch sie ist keine unveränderliche, denn in der Mechanik wird gezeigt, daß die momentane Rotationsachse der Erde sich um die Hauptträgheitsachse C mit einer gewissen Periode bewegt (s. Ziff. 30). Die Richtung der Schwerkraft ist, abgesehen von Ausnahmefällen, in jedem Punkt der Erde gegen die Rotationsachse windschief.

---

[1]) A. WEGENER, Die Entstehung der Kontinente und Ozeane, 3. Aufl. Braunschweig 1922.

[2]) Über die Fragen der Isostasie ist eine umfangreiche Literatur erschienen, deren geophysikalische Seite man beleuchtet findet in F. R. HELMERT, Die Schwerkraft und die Massenverteilung der Erde. Encykl. d. math. Wiss. Bd. VI, 1, 7; A. PREY, Die Theorie der Isostasie. Ergebn. d. exakt. Naturwissensch. Bd. IV. Berlin 1925; H. JEFFREYS, The earth, its origin, history and physical constitution. Cambridge 1924; deren geologische Fragen z. B. erörtert sind in C. G. S. SANDBERG, Geodynamische Probleme, I. Isostasie. Berlin 1924; und A. BORN, Isostasie und Schweremessungen. Berlin 1923; Probleme der Massenverteilung im Erdkörper I. Leipzig 1925; F. KOSSMAT, Die mediterranen Kettengebirge in ihrer Beziehung zum Gleichgewichtszustande der Erdrinde. Ber. d. sächs. Akad. d. Wiss. Bd. 38, Nr. 2. 1920.

Wenn wir die Richtung der Schwere in allen Punkten zunächst nur gegen die Rotationsachse festlegen und alle Punkte auf der physischen Oberfläche, die denselben Winkel zwischen der Lotrichtung und der Rotationsachse ergeben, verbinden, so erhalten wir gewisse Kurven, die als „astronomische Parallelen" definiert werden; betrachten wir die Oberfläche der Erde als Rotationsellipsoid, so können wir dafür „Parallelkreise" schreiben.

Es fehlt also noch die Festlegung der Lotrichtungen in den Punkten, die auf gleichen „Parallelen" liegen, gegeneinander. Hier ist keine Richtung in der Natur ausgezeichnet, so daß sich die Kulturwelt aus praktischen Gründen dazu genötigt sah, eine solche Ausgangsrichtung durch Übereinkunft zu wählen; als solche ist die Lotrichtung im Transit Circle zu Greenwich jetzt durchgängig eingeführt.

Legen wir durch die Normale der Niveaufläche des Transit Circle eine Ebene parallel zur Rotationsachse und suchen wir weitere Punkte auf, in denen die Normalebenen der Niveauflächen gleichzeitig der Normalen des Transit Circle und der Rotationsachse parallel sind, so bildet die Verbindungslinie dieser Punkte den „Nullmeridian von Greenwich". Alle anderen Punkte, deren Normalebenen zwar der Rotationsachse parallel sind, gegen die aber die Normale des Transit Circle den Winkel λ einschließt, liegen auf dem „Meridian λ gegen Greenwich".

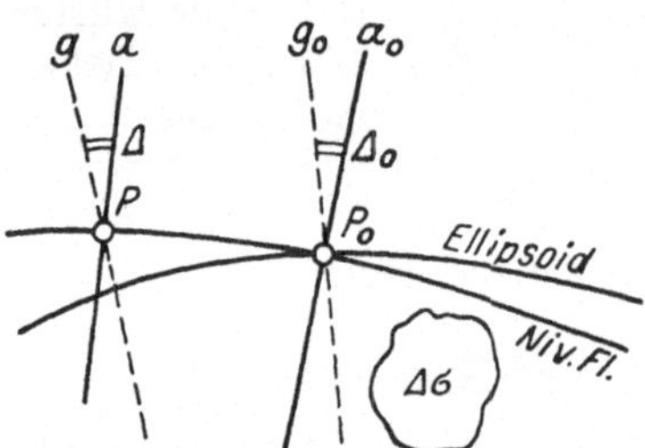

Abb. 8. Absolute Lotabweichung Δ_0.

Die Richtung der Normalen der Niveaufläche ist aber mit der der Schwererichtung identisch. Die Aufgabe der Bestimmung dieser Richtung fällt also mit der der Bestimmung der astronomischen Breite und Länge der physischen Oberflächenpunkte zusammen.

Nun interessieren vor allem die Störungen der Richtung. Diese werden dadurch erkenntlich, daß die relativen Amplituden der vorher astronomisch bestimmten Punkte nun auch noch geodätisch gemessen werden. Unter Zugrundelegung eines Zentralpunktes, dessen geodätische (ellipsoidische) Lotrichtung anfangs gleich seiner astronomischen gesetzt wird, bestimmt man ein System geodätischer Koordinaten, das sich von dem System der astronomischen um die „Lotabweichungen" gegen den Zentralpunkt unterscheidet. Um schließlich noch den relativen Charakter dieser Lotabweichungen möglichst zu beseitigen, verschiebt man das ganze System der geodätischen Koordinaten so, daß die Quadratsumme der dann noch verbleibenden Lotabweichungen ein Minimum wird, und erhält somit auch für den Zentralpunkt eine „absolute" Lotabweichung, mithin die wahrscheinlichste Orientierung des Systems der Lotabweichungen in Bezug auf die tatsächliche Lage der störenden Massen (Abb. 8).

Die derzeitig bekannte absolute Lotabweichung für den mitteleuropäischen Zentralpunkt Potsdam[1]), „Helmertturm", beträgt $\xi_0 = +3'',1$, η_0 $(= \lambda_0 \cos B)$ $= +1'',6$. wahrscheinlich herrührend von einem Massendefizit $\Delta\sigma$ im Nordosten dieses Punktes; ξ und η sind dabei als nördliche und östliche Abweichung des astronomischen Zenits vom geodätischen zu verstehen.

Unter den zahlreichen Methoden, die es gibt, um die astronomischen Koordinaten zu messen (vgl. u. a. TH. ALBRECHT, Formeln und Hilfstafeln für geographische Ortsbestimmungen 4. Aufl. Leipzig 1908), seien im folgenden nur die einfachsten und praktisch erfolgreichsten angeführt. Da es sich bei Lot-

[1]) E. KOHLSCHÜTTER, Die Koordinaten des Zentralpunktes der deutschen Triangulationen. ZS. f. Verm. 1924, H. 17.

abweichungen nur um Größenordnungen von wenigen Bogensekunden (im Harz am Brocken z. B. 18″, in Ausnahmefällen 1′) handelt, sind für ihre Bestimmung nur die genauesten Methoden am Platze, die das Resultat günstigstenfalls in Breite auf $\Delta\xi = \pm 0'',03$, im I. Vertikal in mittleren Breiten auf $\Delta\eta = \pm 0'',10$ zu bestimmen gestatten.

8. Die astronomische Bestimmung der Nord-Süd-Komponente der Lotrichtung. a) Methode HORREBOW-TALCOTT (Meridian-Zenitdistanzdifferenzen). Diese ermöglicht, die Polhöhe frei von Kreisteilungsfehlern, vom Einfluß der Kollimation und Biegung des Fernrohres und unabhängig von Zeitfehlern zu bestimmen.

Diese Methode hat den Vorzug, daß sie bei höchster Genauigkeit einen geringen Aufwand an Rechenarbeit verlangt. Dagegen ist für ihre Anwendung ein für die Breite der Station eigens ausgezogenes Sternprogramm erforderlich.

Dieses Sternprogramm, das zweckmäßig nach dem Sternverzeichnis von

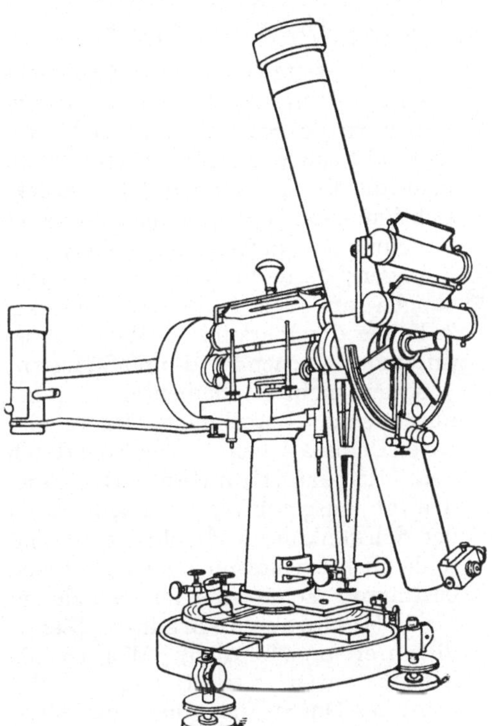

Abb. 9. Zenitteleskop.

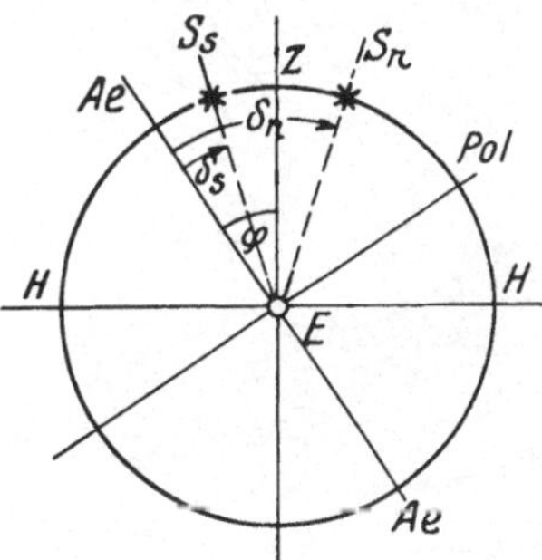

Abb. 10. Methode TALCOTT.

AMBRONN aufgestellt wird, ist so auszufüllen, daß je zwei miteinander zu kombinierende Sterne (1 Nord-, 1 Südstern) in einem Zeitintervall von ca. 4 bis 15 Minuten in den Meridian folgen, die Differenz der Zenitdistanzen der Sterne nördlich und südlich vom Zenit nicht mehr als 15′ beträgt und die absolute Zenitdistanz unter 25° bleibt.

Erforderlich ist ein Zenitteleskop (Abb. 9) oder ein Passage-Instrument (Abb. 13), das mit einem um 90° drehbaren Okularmikrometer mit justierbaren Anschlägen und einem an die Achse anklemmbaren hochempfindlichen Niveau (HORREBOW-Niveau) versehen ist.

Man stellt nach Einrichtung der optischen Achse des Fernrohrs in den Meridian mittels des beweglichen Fadens des Mikrometers den zuerst zu erwartenden Stern mehrmals ein, möglichst an Stellen des Gesichtsfeldes, deren Meridianabstände bekannt sind (festes Fadennetz), um die Reduktion auf Meridianzenitdistanzen berechnen zu können. Nachdem dieser Stern nahezu die eine Gesichtshälfte des Fernrohrs passiert hat, wird das Fernrohr durch Drehung (oder Umlegung, Passage-Instrument) auf den zweiten Stern eingestellt und mit diesem ebenso verfahren (Abb. 10).

Unter der sorgsam zu bewachenden Voraussetzung, daß sich der Winkel zwischen Fernrohr- und Libellenachse während der Messung nicht ändert, ergibt sich unter Berücksichtigung verschiedener Korrektionen die Differenz der Meridianzenitdistanzen der Sterne. Ist mit den scheinbaren Deklinationen δ

$$z_s = \varphi - \delta_s, \qquad z_n = -\varphi + \delta_n \tag{72}$$

die Meridianzenitdistanz der Sterne Süd und Nord, so erhält man die Polhöhe aus:

$$\varphi = \tfrac{1}{2}(\delta_s + \delta_n) + \tfrac{1}{2}(z_s - z_n). \tag{73}$$

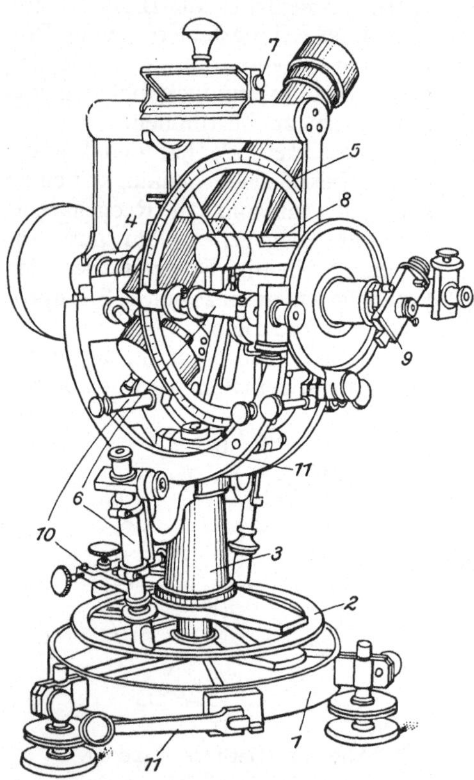

Abb. 11. Universalinstrument (27 cm). *1* Dreifuß, *2* Horizontalkreis, *3* Vertikalachse, *4* Horizontalachse, *5* Vertikalkreis, *6* Ablesemikroskope, *7* Aufsatzlibelle, *8* feste Libelle, *9* Okularmikrometer, *10* Feinbewegung, *11* Umlegevorrichtung und Entlastung.

Das zweite Glied dieses Ausdrucks wird mit Hilfe des bekannten Revolutionswerts der Schraube aus den Mikrometerablesungen berechnet. Dazu kommen die Korrektionen: 1. Berücksichtigung der Neigungsänderungen des Instruments mittels der Niveauablesungen; 2. Reduktion der Beobachtungen auf den Kulminationspunkt; 3. Fehler der Schraube; 4. Refraktionsdifferenz zwischen Nord- und Südstern; 5. soweit nicht Fundamentalsterne benutzt sind, Berechnung der scheinbaren Deklinationen; 6. wegen der durch den Internationalen Breitendienst ausgeführten Beobachtungen der Schwankungen der Erdachse sind schließlich die Messungen noch auf eine bestimmte Zeitepoche zu reduzieren.

b) Methode von STERNECK (Zenitdistanzen im Meridian). Werden die Zenitdistanzen von Sternen im Moment des Durchgangs durch den Meridian mittels Ablesung der Mikroskope am Höhenkreis des Universalinstruments (Abb. 11) gemessen, so wird die Breite für obere Kulminationen:

$$\varphi = \delta + z. \tag{74}$$

Die Methode hat ebenfalls den Vorzug, die Polhöhe unabhängig von der Zeit zu liefern. Man wählt zahlreiche Sterne nördlich und südlich des Zenits aus und erstreckt die Ablesungen auf äquidistante Kreisstände und auf beide Kreislagen gleichmäßig verteilt. Näheres s. ALBRECHT, a. a. O. S. 62.

9. Die astronomische Bestimmung der Ost-West-Komponente der Lotrichtung. Mittels des Passage-Instruments (Abb. 13). Astronomische Längenbestimmungen werden gegenwärtig fast nur noch mit Hilfe der drahtlosen Zeitsignale (s. aus Anlaß der relativen Pendelmessungen Ziff. 14) ausgeführt. Es handelt sich darum, an den beiden Orten, deren Längendifferenz bestimmt werden soll, die absolute Ortssternzeit eines eintreffenden Zeitsignals festzustellen; die Längendifferenz ist dann gleich der Differenz der Ortssternzeiten. (Die Pendelmessungen Ziff. 14 erfordern nur die Bestimmung von Zeitdifferenzen am selben Ort, also von Uhrgängen.)

Nachdem die optische Achse des Passage-Instruments möglichst genau in den Meridian orientiert ist, werden die Durchgänge von Zeitsternen (wegen der Refraktion möglichst im Zenit) und von Polsternen an einem festen Fadennetz oder mit dem beweglichen Faden eines Okularmikrometers beobachtet, unter Umlegung der Horizontalachse. Zur Reduktion auf den Mittelfaden müssen die Fadendistanzen oder der Revolutionswert der Schraube gut bekannt sein. Die öfters wiederholte Beobachtung von Polsternen erfüllt den Zweck, die Einhaltung des anfänglichen Azimuts der optischen Achse zu kontrollieren.

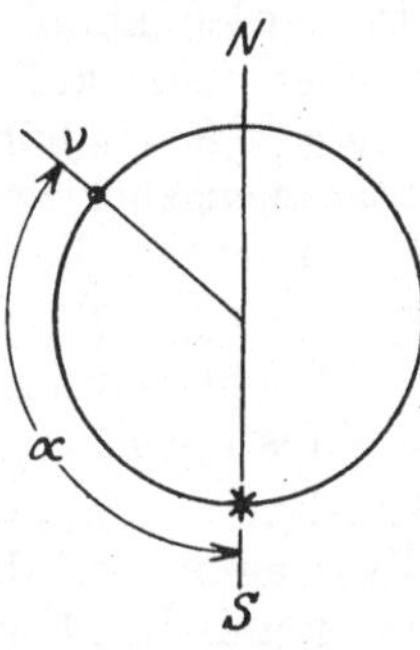

Abb. 12. Meridiandurchgang eines Sterns.

Der Durchgang eines Sterns durch den Meridian erfolgt zu einer Sternzeit, die gleich der Rektaszension α des Sternes ist (Abb. 12). Ist die beobachtete Zeit des Durchgangs nicht α, sondern T, so folgt die Uhrkorrektion aus einem Zeitstern in oberer resp. unterer Kulmination nach:

$$\Delta u = \alpha - T \quad \text{resp.} \quad \Delta u = \alpha - T + 12^h. \tag{75}$$

Die Reduktion wegen Neigung, Kollimation und Azimut wird erhalten durch die Mayersche Formel (a. a. O. S. 19).

An die aus den Ephemeriden entnommenen Werte α sind noch die Beträge der täglichen Aberration anzubringen. Außerdem ist die Bestimmung der „persönlichen Gleichung", Instrumenten- und Beobachterwechsel, vorzunehmen.

Bei unsicherer Aufstellung ist an Stelle der Beobachtung im Meridian die im Vertikal des Polarsterns zu empfehlen.

Anmerkung. Da mit Azimutmessungen in Verbindung mit Triangulationen zur Festlegung der Lotrichtung nicht die Genauigkeit wie mit Längenbestimmungen zu erreichen ist, so ist ihre Anwendung für diesen Zweck von untergeordneter Bedeutung.

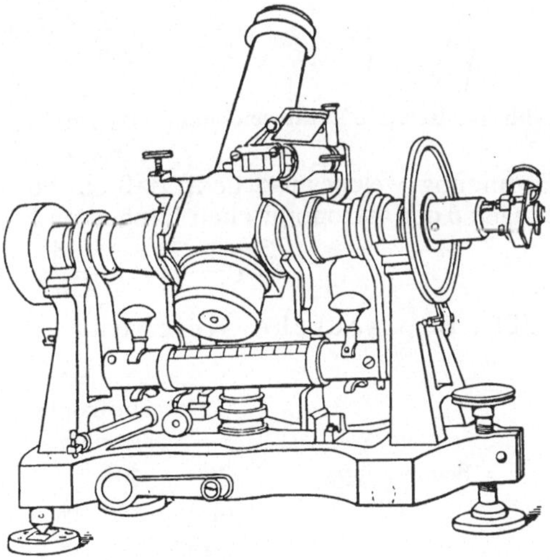

10. Die Bestimmung der Lotabweichungen. Die Abweichung der physischen Lotrichtung im Punkt P von einer durch denselben Punkt gehenden Ellipsoidnormalen kann in zwei zueinander senkrechte Komponenten zerlegt werden.

Abb. 13. Transportables Passage-Instrument.

Es ist üblich, als positiv eine Lotabweichungskomponente dann zu bezeichnen, wenn eine in P aufgehängte Lotschnur (oder die Senkrechte auf der Tangente im Spielpunkt der Libelle) nach oben verlängert den Zenit in einem nördlich oder östlich vom ellipsoidischen Zenit gelegenen Punkte trifft.

Man berechnet[1]), ausgehend vom Referenzpunkt i, mittels eines in diesem gemessenen astronomischen Azimuts und mit Hilfe der Triangulation die lineare Entfernung S'_{ik} und das Azimut der geodätischen Linie T'_{ik} nach dem Punkt k, dessen Lotabweichung gegen i bestimmt werden soll.

[1]) F. R. Helmert, Theorien. Bd. I; Lotabweichungen, Heft I bis V. Veröffentl. d. Preuß. Geod. Instituts.

Vorausgesetzt wird, daß in i gemessen ist neben dem Ausgangsazimut die astronomische Polhöhe B'_i, in k ebenfalls die Polhöhe B'_k und die astronomische Längendifferenz $ik = L'_k - L'_i$; als Kontrollmessung, wie wir sehen werden, wird in k ebenfalls ein Azimut nach einem Punkt der Triangulation gemessen, so daß das eine astronomische Messung enthaltende Gegenazimut T'_{ki} berechnet werden kann. Außer diesem im wesentlichen astronomischen System berechnet man auf einem Referenzellipsoid [in Deutschland dem BESSELschen $\log a = 6{,}8046434{,}637$, $\log b = 6{,}8031892{,}839$ legale Meter[1]), $\alpha = {}^1/_{299{,}1528}$] ein zusammengehöriges und in sich übereinstimmendes System von geodätischen Koordinaten, die in die Nähe der astronomischen Werte fallen, nämlich $\overline{B}_i$, $\overline{L}_k - \overline{L}_i$, $\overline{T}_{ik}$, $\overline{B}_k$, $\overline{T}_{ki}$, $\overline{S}_{ik}$.

Macht man im einfachsten Falle die geodätischen Koordinaten des Anfangspunktes i genau gleich seinen astronomischen und berechnet mit der jetzigen Annahme von $\overline{S}_{ik} = S'_{ik}$ die geodätischen Koordinaten des Endpunktes k durch Übertragung auf dem Ellipsoid, so gibt die Differenz der geodätischen und der astronomischen Koordinaten in k die Komponenten der Lotabweichung. (Abb. 14.)

Eine weitere Überlegung führt schließlich dazu, daß auch die geodätischen Anfangskoordinaten von den zugehörigen astronomischen abweichen können, deren Beträge wieder differentiell berücksichtigt werden (s. Beispiel). Für Entfernungen von wenigen km vereinfachen sich die geodätischen Berechnungen wesentlich.

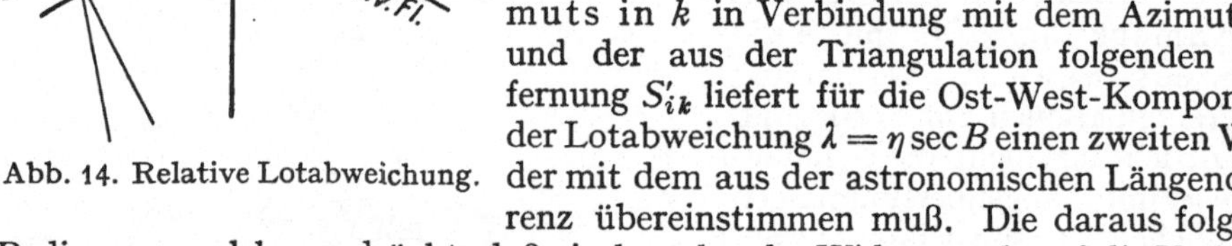

Abb. 14. Relative Lotabweichung.

Die Hinzunahme des astronomischen Azimuts in k in Verbindung mit dem Azimut in i und der aus der Triangulation folgenden Entfernung S'_{ik} liefert für die Ost-West-Komponente der Lotabweichung $\lambda = \eta \sec B$ einen zweiten Wert, der mit dem aus der astronomischen Längendifferenz übereinstimmen muß. Die daraus folgende Bedingung, welche ausdrückt, daß ein bestehender Widerspruch auf die Verbesserungen δ der astronomischen Längen und Azimute so verteilt werden muß, daß ist:

$$\delta L'_k - \delta L'_i + \frac{1}{\sin B}(\delta T'_{ik} - \delta T'_{ki}) = 0 \tag{76}$$

heißt „Laplacesche Gleichung".

Beispiel.

Schneekoppe—Laaerberg.

	astronomisch:				geodätisch:			
Schneekoppe	$B'_1 =$	50°	44′	20″,84	$\overline{B}_1 =$	50°	44′	13″,00
(1)	$L'_1 =$	+15°	44	29,84	$\overline{L}_1 =$	+15	44	29,87
	$T'_{12} =$	170	19	42,64	$\overline{T}_{12} =$	170	19	39,76
Laaerberg	$B'_2 =$	48	9	33,14	$\overline{B}_2 =$	48	9	31,02
(2)	$L'_2 =$	+16	24	3,47	$\overline{L}_2 =$	+16	23	52,33
	$T'_{21} =$	350	49	46,58	$\overline{T}_{21} =$	350	49	35,25
	$S'_{12} =$	290	649,80 m		$\overline{S}_{12} =$	290	642,62 m	

Lotabweichungen:

Laaerberg gegen Schneekoppe

$\xi_2 = -5'',47$, λ_2(a. d. Länge) $= +11'',21$, λ_2(a. d. Azimut) $= +11'',31$.

LAPLACEsche Gleichung: $\delta L'_2 - \delta L'_1 + 1{,}3416(\delta T'_{12} - \delta T'_{21}) = +0'',10$.

---

[1]) Ein legales Meter = 443,296 Par. Lin; um diese in internationale Meter zu verwandeln, sind den Logarithmen $+58 \cdot 10^{-7}$ hinzuzufügen.

c) Die Messung der Intensität der Schwerkraft mit Hilfe von Pendeln.

11. Einleitung. Die Pendelmessungen liefern aus der Potentialentwicklung den Ausdruck:

$$\sqrt{\left(\frac{\partial W}{\partial x}\right)^2 + \left(\frac{\partial W}{\partial y}\right)^2 + \left(\frac{\partial W}{\partial z}\right)^2},$$

d. i. die Schwerkraft in Richtung der physischen Lotlinie.

Man unterscheidet zwei Arten von Pendelmessungen — die absoluten und die relativen. Erstere sind bedeutend langwieriger, aber nur in beschränkter Anzahl notwendig und bilden die Anschlußpunkte für die einfacheren relativen Messungen, bei denen nur Schweredifferenzen ermittelt werden.

Zu den absoluten Messungen hat man sowohl das Fadenpendel als das Reversionspendel verwendet. Ersteres ist hauptsächlich von J. C. BORDA (1792) und F. W. BESSEL (1826) vervollkommnet worden. Man benutzte dabei nach einem Vorschlag von J. WHITEHURST (1787) zwei sonst gleiche Fadenpendel verschiedener Länge, wodurch eine Unsicherheit in der Längenmessung vermieden wird und der Einfluß des Mitschwingens und der Aufhängung wegfällt.

Die neueren und zuverlässigsten absoluten Bestimmungen geschahen mit Reversionspendeln, wobei entweder an den Pendeln befestigte Achatschneiden auf ebenem Achatlager oder ebene Pendelflächen auf festen Achatschneiden schwangen.

Für die relativen Messungen benutzt man „invariable" Pendel, die meist nach dem Vorbilde R. v. STERNECKS (1882) konstruiert und beobachtet werden.

Über die Geschichte der Pendelmessungen vgl. JORDAN-EGGERT, Bd. III, S. 656. 1923; PH. FURTWÄNGLER, Enc. d. math. Wiss., Bd. IV, 1 II, Heft 1; Mémoires sur le pendule, Paris 1889, 1891, Soc. franç. de phys. Bd. IV u. V.

12. Theorie der Pendelmessungen. Zunächst hat man sich Rechenschaft darüber zu geben, daß die Schwingungsdauer eines Pendels von der Rotation der Erde nicht weiter beeinflußt wird als infolge der Abänderung von G in g (vgl. Ziff. 1), solange der Aufhängungspunkt des Pendels nicht noch andere Beschleunigungen erfährt (vgl. E. J. ROUTH[1]), Deutsch von A. SCHEPP, 1898 II, S. 34).

Um die allgemeinsten Bewegungsgleichungen zu finden, kann dann von der Aufstellung eines Ausdrucks für die gesamte kinetische und potentielle Energie L, Φ, einschließlich der elastischen Beanspruchungen und der Reibungsverhältnisse, ausgegangen werden; dabei sind sämtliche Energien des Pendels selbst, seines Stativs, des Untergrunds und des etwaigen Einflusses äußerer Kräfte (Erschütterungen) in Ansatz zu bringen. Alsdann liefern mit ξ_ν als allgemeinen Koordinaten mit Einschluß der RAYLEIGHschen Dissipationsfunktion F die Lagrangeschen Gleichungen II. Art[2]):

$$\frac{\partial \Phi}{\partial \xi_\nu} - \frac{\partial L}{\partial \xi_\nu} + \frac{d}{dt}\left(\frac{\partial L}{\partial \frac{d\xi_\nu}{dt}}\right) + \frac{\partial F}{\partial \frac{d\xi_\nu}{dt}} = 0 \qquad (77)$$

die Differentialgleichungen der Bewegung, deren Anzahl gleich der der Freiheitsgrade des Systems ist. Dieser allgemeinste Weg wird gewöhnlich wegen seiner Unübersichtlichkeit nicht beschritten, es wird vielmehr ausgehend vom mathe-

---

1) E. J. ROUTH, Die Dynamik der Systeme starrer Körper I, II, Leipzig 1898.

2) CL. SCHAEFER, Einführung in die theoretische Physik Bd. I, S. 224. 1914.

matischen und physischen Pendel, das wir als ungestört bezeichnen, jede der aus der Praxis sich ergebenden Korrektionen einzeln in Rechnung gesetzt. Der Gesamtausdruck dieser Verbesserungen geht nämlich in die Störungsformel linear ein, weshalb das Gesetz der ungestörten Superposition Anwendung finden darf.

α) Das mathematische Pendel.

Sind die rechtwinkligen Koordinaten x, y, z eines Massenpunktes in Polarkoordinaten ausgedrückt durch:

$$x = l\sin\varphi\cos\alpha\,, \qquad y = l\sin\varphi\sin\alpha\,, \qquad z = l\cos\varphi\,, \tag{78}$$

so folgt für die kinetische und potentielle Energie des räumlichen Pendels:

$$\left.\begin{aligned} L &= \frac{m}{2}\left[\left(\frac{dl}{dt}\right)^2 + l^2\left(\frac{d\varphi}{dt}\right)^2 + l^2\sin^2\varphi\left(\frac{d\alpha}{dt}\right)^2\right],\\ \Phi &= mgl(1-\cos\varphi)\,. \end{aligned}\right\} \tag{79}$$

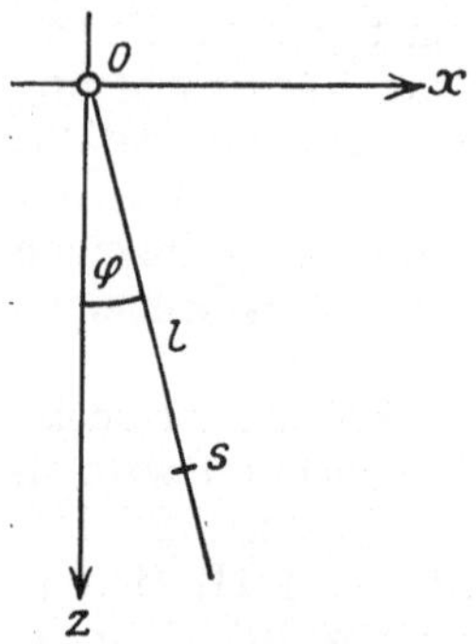

Daraus erhält man mit den LAGRANGEschen Gleichungen die Differentialgleichungen:

$$\left.\begin{aligned} l\frac{d^2\varphi}{dt^2} - l\sin\varphi\cos\varphi\left(\frac{d\alpha}{dt}\right)^2 + g\sin\varphi &= 0\,,\\ 2\cos\varphi\frac{d\varphi}{dt}\cdot\frac{d\alpha}{dt} + \sin\varphi\frac{d^2\alpha}{dt^2} &= 0\,, \end{aligned}\right\} \tag{80}$$

die mit $\alpha = 0$ in die bekannte Differentialgleichung des ebenen Pendels übergehen (Abb. 15):

$$\frac{d^2\varphi}{dt^2} + \frac{g}{l}\sin\varphi = 0\,. \tag{81}$$

Abb. 15. Mathematisches Pendel.

Die strenge Integration dieser Gleichung[1]) führt auf die elliptischen Integrale $F(k, \varphi)$ und $K(k)$, für die LEGENDRE 1816 Tabellen berechnet hat, und die in dem Tabellenwerk[2]) von JAHNKE und EMDE abgedruckt sind.

Für die einfache Schwingungsdauer des ebenen Pendels erhält man insbesondere den Ausdruck:

$$T = \sqrt{\frac{l}{g}}\cdot 2K(k)\,, \tag{82}$$

der durch Reihenentwicklung in den praktisch genügenden übergeht:

$$T = \pi\sqrt{\frac{l}{g}}\left\{1 + \left(\frac{1}{2}\right)^2\sin^2\frac{\varphi}{2} + \left(\frac{1\cdot 3}{2\cdot 4}\right)^2\sin^4\frac{\varphi}{2} + \cdots\right\} = T_0(1 + R_a)\,. \tag{83}$$

Der Pendelvektor. Viel einfacher wird die Differentialgleichung der Pendelbewegung durch Einführung der komplexen Variabeln:

$$q = \varphi - i\frac{1}{n}\frac{d\varphi}{dt}\,, \tag{84}$$

mit $2n = 2\sqrt{\frac{g}{l}}$, der Schwingungszahl in 2π sec (Frequenz).

---

[1]) CL. SCHAEFER, Einführung in die theoretische Physik Bd. I, S. 152. 1914.
[2]) E. JAHNKE u. F. EMDE, Funktionentafeln, Berlin u. Leipzig: Teubner 1909.

Man kann q geometrisch darstellen als einen ebenen Vektor mit den rechtwinkligen Komponenten φ und $-(1/n)(d\varphi/dt)$; die Elongation des Pendels wird angegeben durch die Projektion von q auf die φ-Achse der Reellen, der $n$te Teil der tatsächlichen Winkelgeschwindigkeit des Pendels durch Projektion von q auf die Achse der Imaginären (Abb. 16).

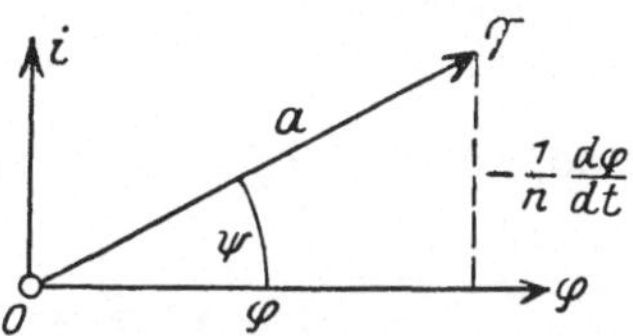

Abb. 16. Pendelvektor.

Durch Einsetzen von (84) in (81) lautet dann die Differentialgleichung der Pendelbewegung und ihre Lösung:

$$\frac{dq}{dt} - inq = 0, \qquad q = q_0 e^{int}. \qquad (85)\ (86)$$

Man erkennt, daß q ein Vektor ist, der mit konstanter (Phasen-)Winkelgeschwindigkeit $\psi = nt$ rotiert, dessen Modul die Amplitude $a = q_0$ und dessen Argument der Phasenwinkel ψ ist. Wir definieren nun die (einfache) Schwingungszeit T des Pendels als die Zeit, in welcher der Phasenwinkel ψ sich um π ändert, und finden für das ungestörte Pendel:

$$T = \frac{\pi}{n}. \qquad (87)$$

β) Das physische Pendel.

Wir setzen aus der Dynamik der starren Körper als bekannt voraus, daß das physische Pendel sich verhält wie ein mathematisches, dessen Länge ist:

$$l = \frac{J}{M \cdot h}, \qquad (88)$$

wo J das Trägheitsmoment des ganzen Pendelkörpers um die Drehachse, M die Masse und h den Schwerpunktsabstand von der Drehachse bedeutet (CHR. HUYGENS).

γ) Das Reversionspendel.

Es beruht auf der zuerst von HUYGENS erkannten Idee der Reziprozität von Drehpunkt und Schwingungspunkt eines Pendels. Als erster hat H. KATER 1818 ein Reversionspendel mit verschiebbarem Gewicht konstruiert, während J. BOHNENBERGER dem Datum der Publikation nach (Tübingen 1811) als erster Erfinder gilt; vor diesen hatte allerdings R. DE PRONY sich über das Reversionspendel geäußert, seine Veröffentlichung ist jedoch weit später erschienen.

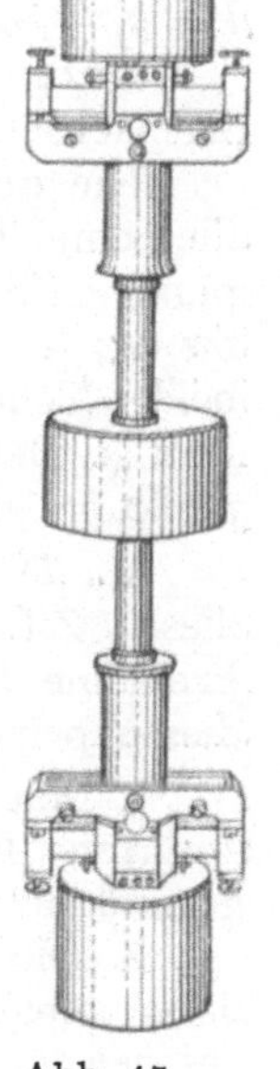
Abb. 17. Reversionspendel. (1/2sec-Pendel).

Zu einem wirklich brauchbaren Instrument wurde dasselbe aber erst durch F. W. BESSEL[1]) 1826, der ihm eine symmetrische Form gab, wodurch der Lufteinfluß eliminiert wird. CH. DEFFORGES hat Gleichheit der äußeren Form vor und nach der Reversion noch besser erzielt, indem er die Pendelgewichte ins Innere einer Röhre verlegte. Weitere wichtige Beiträge stammen von F. R. HELMERT[2]) 1898 (Abb. 17).

Sind T_1 und T_2 die Schwingungszeiten um die beiden Schneiden, h_1 und h_2 die entsprechenden Abstände des Schwerpunkts von den Schneiden, so läßt sich ein einfaches mathematisches Pendel denken, dessen Länge gleich dem ge-

---

[1]) F. W. BESSEL, Untersuchungen über die Länge des einfachen Sekundenpendels. Abhandlgn. d. Berl. Akad. d. W. 1826; Versuche über die Kraft, mit welcher die Erde Körper von verschiedener Beschaffenheit anzieht. Ebenda 1830.

[2]) F. R. HELMERT, Beiträge zur Theorie des Reversionspendels. Veröff. d. Kgl. Preuß. Geodät. Inst., Potsdam 1898.

messenen Schneidenabstand $(h_1 + h_2)$ ist; dessen Schwingungszeit T steht dann mit den Zeiten des Reversionspendels in der Beziehung:

$$T^2 = \frac{T_1^2 h_1 - T_2^2 h_2}{h_1 - h_2} \tag{89}$$

und, solange $T_1 - T_2 < 1,5 \cdot 10^{-4} T_1$ ist, genähert:

$$T = \frac{T_1 + T_2}{2} + \frac{T_1 - T_2}{2} \frac{h_1 + h_2}{h_1 - h_2}. \tag{90}$$

Zu dem arithmetischen Mittel der beobachteten Schwingungszeiten ist also eine kleine Korrektion hinzuzufügen, die durch das 2. Glied in (90) dargestellt ist. Dieses wird um so kleiner, je geringer die Differenz $T_1 - T_2$ und je größer $h_1 - h_2$ gemacht wird.

Abgesehen von der Berücksichtigung sonstiger Fehlerquellen hat man also die Schwingungsdauer T_1 und T_2 in beiden Lagen und den Schneidenabstand $l = h_1 + h_2$ möglichst genau zu bestimmen.

Dazu kommt die Messung der Schwerpunktsabstände h_1 und h_2 von der Drehachse, die weniger scharf zu sein braucht.

Die geometrischen Bedingungen des Reversionspendels sind: 1. daß die Schneiden geradlinig und parallel sind; 2. daß in ihrer Ebene der Schwerpunkt enthalten ist; über zulässige Abweichungen siehe HELMERT, Beiträge S. 58 bis 61; 3. eine symmetrische Gestalt des Reversionspendels in Bezug auf die beiden Schneiden ermöglicht die Elimination des Einflusses der umgebenden Luft (s. BESSEL, Astr. Nachr. Bd. 30, S. 1. 1849); 4. nach (90) muß der Schwerpunkt möglichst unsymmetrisch zu den Schneiden liegen.

13. Die Messung der absoluten Schwerkraft mit Reversionspendeln. In dieser Ziff. finden nur die für die absoluten Messungen charakteristischen Probleme Erwähnung; was mit den relativen Messungen gemeinsam, ist bei diesen behandelt (s. Ziff. 14).

1. Nach Messung der Schwingungszeiten ist nur zu bemerken, daß zur Herstellung des absoluten Maßsystems die in St. Zeit beobachteten Schwingungsdauern in m. Zeit überzuführen sind nach 1^s St. Z. $= 0^s,99726957$ m. Z.

2. Die Messung der Schneidenabstände geschieht mittels eines eigens dazu gebauten Vertikalkomparators mit Mikroskopablesung; sie kann, abgesehen von konstanten Fehlern, etwa auf 1 μ genau erfolgen. Dabei ist zu beachten: 1. daß, wenn die Eichung des benützten Maßstabs in horizontaler Lage erfolgte, derselbe infolge seines eigenen Gewichts in vertikaler Lage, falls unten gestützt, eine Verkürzung erleidet (HELMERT, Beiträge, S. 90); 2. daß das Pendel vor und nach der Reversion infolge verschiedener Dehnung etwas verschiedenen Schneidenabstand hat; 3. daß die Beleuchtung der Schneiden günstig sein muß, um Irradiationseinflüsse zu vermeiden; F. KÜHNEN und PH. FURTWÄNGLER haben sie so gewählt, daß Schneide und Hintergrund möglichst gleich hell sind.

3. Die Messung der Schwerpunktsabstände geschieht mit einer Vorrichtung, bei welcher ein Pendel in horizontaler Lage vertikal unter dem Schwerpunkt unterstützt und die Lage der Schneiden relativ zu dem Unterstützungspunkt gemessen wird.

4. Die sonstigen notwendigen Korrektionen. a) Das Mitschwingen des Pendelträgers s. Ziff. 16. Erwähnt mag hier nur werden, daß zur Elimination desselben TH. v. OPPOLZER zwei Pendel von gleicher Länge und verschiedenem

Gewicht benutzt hat; günstiger ist jedoch die Wahl CH. DEFFORGES' zweier Pendel verschiedener Länge und gleichen Gewichts.

b) Der Einfluß der umgebenden Luft macht sich geltend 1. durch die Reibung zwischen Luft und Pendelkörper; 2. durch den Auftrieb; 3. durch die mitbewegte Luft.

Das 1. Glied geht in die allgemein konstatierte Dämpfung der Pendelschwingungen ein. Diese gesamten Reibungskräfte können für kleine Amplituden proportional der Geschwindigkeit angenommen werden, indem man in die Differentialgleichung (81), Ziff. 12, ein Glied $(2\varkappa\, d\varphi/dt)$ aufnimmt. Dieser Annahme entspricht eine Amplitudenabnahme in geometrischer Progression: $\varphi = \varphi_0 e^{-\varkappa T}$ (logarithmisches Dekrement $= -$ Mod. $\times \varkappa T$); die Korrektion der einfachen Schwingungsdauer T wegen Dämpfung wird damit $= -\varkappa^2 T^3/2\pi^2$.

Durch den Auftrieb wird das Gewicht des Pendels verringert. In Gleichung (88), Ziff. 12, ist also statt Mh zu setzen $Mh - M_L h_L$, und durch die mitbewegte Luftmasse wird außerdem das Trägheitsmoment J um die Drehachse vergrößert um j. Bildet man demnach mit $h_L =$ Abstand des Schwerpunktes der verdrängten Luft von der Drehachse:

$$T_1^2 = \pi^2 \frac{J_1 + j}{(M h_1 - M_L h_L) g}, \qquad T_2^2 = \pi^2 \frac{J_2 + j}{(M h_2 - M_L h_L) g}, \tag{91}$$

so erhält man statt (89), Ziff. 12, für die Schwingungsdauer τ eines mathematischen Pendels von der Länge des Schneidenabstandes $(h_1 + h_2)$ infolge der umgebenden Luft:

$$\tau^2 = \frac{T_1^2 h_1 - T_2^2 h_2}{h_1 - h_2} - \frac{M_L h_L}{M(h_1 - h_2)} (T_1^2 - T_2^2)\,. \tag{92}$$

Daraus ist ersichtlich, daß durch die symmetrische Form des Reversionspendels der Lufteinfluß praktisch eliminiert werden kann, was BESSEL dadurch erreichte, daß zwar die äußere Form der Pendelgewichte gleich, das eine davon jedoch voll, das andere hohl gemacht wurde.

c) Die elastische Biegung und Dehnung des Pendels. Mit der theoretischen Untersuchung dieser Frage haben sich beim Fadenpendel zuerst BESSEL, beim Reversionspendel C. S. PEIRCE (1884) und G. LORENZONI (1896) beschäftigt. Genauere Formeln gab F. R. HELMERT[1]) (1898), durch eine grobe Unstimmigkeit zwischen den Messungen mit langen und kurzen Pendeln darauf hingewiesen. Weitere Darstellungen stammen von E. ALMANSI[2]) und von KÜHNEN und FURTWÄNGLER[3]).

Der Zustand der Biegung und Dehnung ist bereits in der Ruhelage vorhanden und ist verschieden, je nachdem das schwere Gewicht oben oder unten ist; dazu addiert sich der Einfluß bei Bewegung des Pendels.

Die gesuchten Deformationen folgen aus den allgemeinen Differentialgleichungen für erzwungene Schwingungen elastischer Stäbe, s. CL. SCHAEFER, Bd. I, S. 661 und 692. 1914.

Spezieller geht HELMERT vor, der die Drehmomente der verlorenen Kräfte bildet, deren $\int$ über das ganze Pendel $= 0$ sein muß. Als Resultat wird gefunden (Beiträge, S. 8), daß das elastische Pendel schwingt wie ein mathematisches, dessen Länge ist:

$$l' = l\left(1 + \frac{i}{Mh}\right), \tag{93}$$

1) F. R. HELMERT, Beiträge zur Theorie des Reversionspendels. Potsdam 1898.

2) E. ALMANSI, Cim. Bd. 9, S. 260. 1899; Bd. 10, S. 85, 305. 1899.

3) F. KÜHNEN u. PH. FURTWÄNGLER, Bestimmung der absoluten Größe der Schwerkraft zu Potsdam. Veröff. d. Kgl. Preuß. Geodät. Inst., N. F. Nr. 27. 1906.

und dessen Schwingungszeit also ist:

$$T' = T\left(1 + \frac{i}{2Mh}\right), \tag{94}$$

worin die Größen l, T für den starren Zustand des Pendels gelten und i den Wert gewisser von der Form und Elastizität des Pendels abhängiger Integrale bedeutet, die durch mechanische Quadratur ausgewertet werden können (s. auch FURTWÄNGLER, Enc. a. a. O. S. 28). Durch diese Reduktion verringert sich die gemessene Länge des Sekundenpendels; in einem besonders ausgeprägten Fall, wie HELMERT erwähnt, um 366 μ.

d) Die Vorgänge an der Schneide. Eine mechanisch auch noch so präzise gearbeitete Schneide (Achat, Stahl) weist Abweichungen von der Geradlinigkeit nach beiden Richtungen auf, sie ist keine mathematische Linie, sondern eine Fläche, die von Fall zu Fall verschieden ist, sich zudem unter der Last deformiert und auf einer ebenso komplizierten Fläche abrollt.

Bereits EULER (1788) und LAPLACE (1816) haben das Abrollen für den Fall kreisförmigen Querschnitts untersucht, BESSEL in seinen „Untersuchungen" hat kegelschnittförmige Querschnitte angenommen, G. LORENZONI[1]) und O. HECKER[2]) haben mikroskopisch die Deformationen verfolgt, HELMERT hat theoretische Beiträge geliefert.

Außer dem Abrollen spielt das Gleiten der Schneide auf dem Lager eine große Rolle, das infolge der mikroseismischen Bodenunruhe in unregelmäßiger Weise ausgelöst wird und beträchtliche Fehler verursacht.

Diese Wahrnehmung machte bereits BESSEL, später neben anderen CH. DEFFORGES und O. E. SCHIÖTZ[3]), der sich auch mit dem Einfluß periodischer Bodenbewegung befaßte.

14. Relative Schweremessungen. Die Messung von Schweredifferenzen ist einfacher und erfolgt unter der Voraussetzung, daß die Pendel ihre Länge nicht ändern (Invariable Pendel, Abb. 18). Die Schwerkraftswerte zweier Stationen verhalten sich dann einfach wie die reziproken Quadrate der Schwingungszeiten, die also allein zu ermitteln sind. Das Gesetz der Längenänderung durch den Temperatureinfluß wird im Laboratorium empirisch bestimmt durch Ermittlung der sog. Temperaturkonstanten der Pendel. Dazu tritt, wenn nicht stets in gleichmäßig evakuiertem Rezipienten gependelt wird, die Bestimmung ihrer Luftdichtekonstanten.

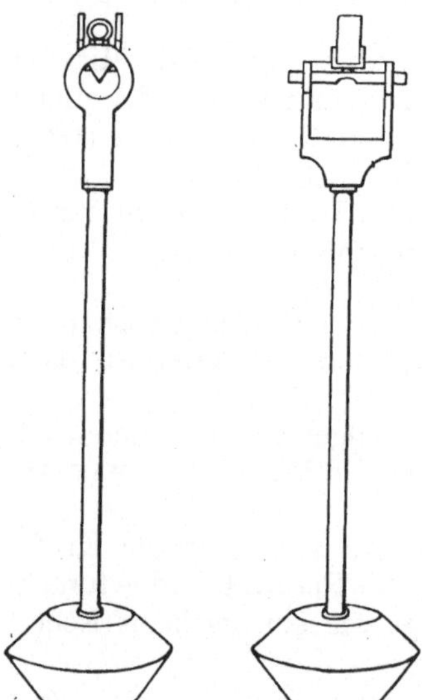

Abb. 18. Invariable Pendel.

Einen für relative Messungen geeigneten Apparat konstruierte R. v. STERNECK[4]) 1887, zu dem der sog. STERNECKsche Koinzidenzapparat (Abb. 21) und der bequemen Transportmöglichkeit wegen $^1/_2$-sec-Pendel gehören. Die neueren Konstruktionen sind Vierpendelapparate (Abb. 19 u. 20) mit vier $^1/_2$-sec-Pendeln aus Nickelstahl oder Quarz, die miteinander auf demselben Stativkreuz hängen. Die erhöhte Anzahl von Pendeln er-

[1]) G. LORENZONI, Atti Ist. Ven. (7) Bd. 5, S. 9. 1893.
[2]) O. HECKER, Gerlands Beitr. z. Geophys. Bd. 4, S. 59. 1899.
[3]) O. E. SCHIÖTZ, Resultate usw. Kristiania: Jakob Dybword 1894.
[4]) R. v. STERNECK, Mitt. d. K. K. Milit.-geogr. Inst. Bd. 7. 1887.

klärt sich einesteils aus Gründen der Sicherung der Messungen, da die Pendel leicht ihre Länge sprunghaft ändern, anderenteils aus dem angewandten Verfahren selbst (s. das Mitschwingen Ziff. 16). Die Apparate werden zweckmäßig evakuierbar hergestellt, weil dadurch die Messung genauer und einfacher gestaltet

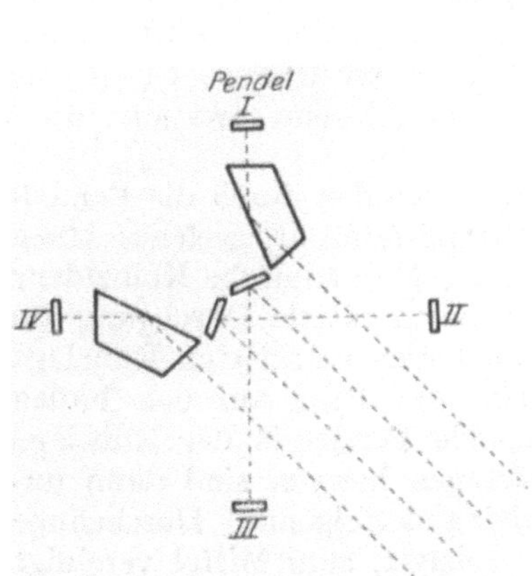

Abb. 19. Lichtwege beim Vierpendelapparat.

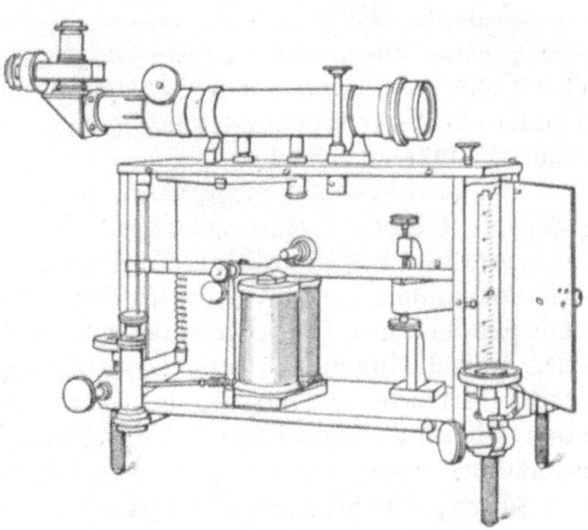

Abb. 21. Koinzidenzapparat.

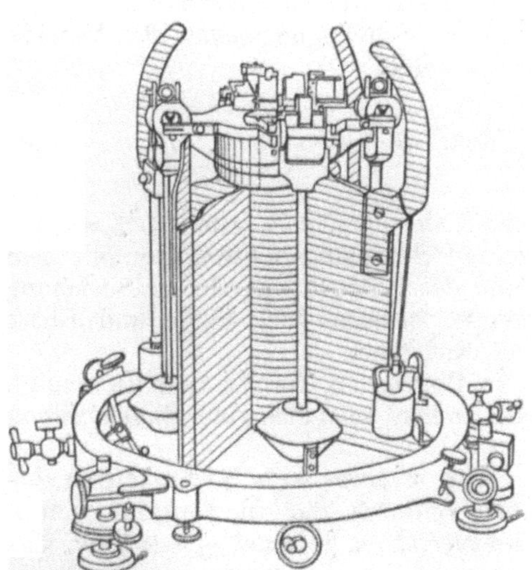

Abb. 20. Vierpendelapparat (Haubenapparat).

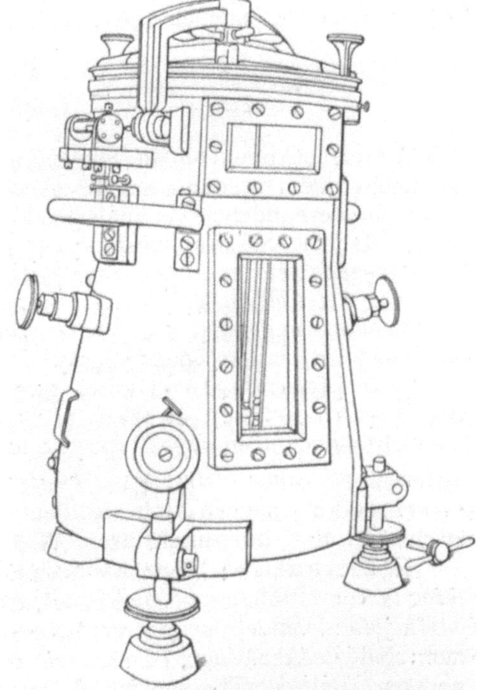

Abb. 22. Evakuierbarer Vierpendelapparat (Topfapparat, FECHNER).

werden kann. (Hersteller in Europa Fechner, Potsdam (Abb. 22), Askaniawerke Berlin, Schneider-Wien.)

Beschreibung. Die meist mit Achatschneiden versehenen Pendel schwingen auf polierten Achatlagern und tragen kleine Spiegel zur optischen Beobachtung der Schwingungszeiten. Der bisher übliche Koinzidenzapparat ist ein Elektromagnet, der im Stromkreis einer Uhr taktmäßig geschlossen und durch Federzug geöffnet wird und in diesem Tempo Lichtblitze aussendet; von diesen nimmt man als zuverlässiger meist nur die Öffnungsblitze.

Der Koinzidenzapparat ist also ein Hilfsmittel, um die Uhrschwingungen, die er ersetzt, mit den Pendelschwingungen in Konnex zu bringen.

Um das Koinzidenzverfahren praktisch zu gestalten, ist erforderlich, daß das Verhältnis zwischen Uhr- und Pendelschwingungen richtig abgestimmt ist. Geschieht die Beobachtung, wie zweckmäßig mit einer sec-Uhr, so ist für die Pendel als Schwingungszeit geeignet $0^s{,}5 \pm 0^s{,}008$, wodurch man etwa alle 30 sec eine Koinzidenz erhält.

Die vom Koinzidenzapparat ausgesandten Blitze werden durch die Pendelspiegel reflektiert und gelangen in ein Beobachtungsfernrohr, welches einen horizontalen Faden enthält. Dieser ist die Meßmarke. Man kann die Koinzidenz als vorhanden annehmen, wenn der durch einen Blitz markierte Durchgang des Uhrpendels durch die Ruhelage mit der durch den Faden markierten Ruhelage des freischwingenden Pendels zusammenfällt, also der Blitz auf den Faden trifft. Erfordernis ist also, daß das freischwingende Pendel in der Ruhelage den Blitz auf dem Faden zeigt; kleine Abweichungen hiervon sind dann unschädlich, wenn von oben und unten aufeinanderfolgende Durchgänge der Blitze, die man nach der Uhr auf $^1/_{10}$ sec schätzt, zum Mittel vereinigt werden.

Hat die Uhr zwischen zwei aufeinanderfolgenden Koinzidenzen c Schwingungen gemacht (Koinzidenzzeit), so hat das freischwingende Pendel $2c \pm 1$ Schwingungen vollzogen, woraus die einfache Schwingungsdauer des Pendels in Einheiten der momentanen Uhrsekunden folgt:

$$T = \frac{c}{2c \pm 1} = \frac{1}{2} - \frac{1}{4c + 2} \text{ bzw. } = \frac{1}{2} + \frac{1}{4c - 2}. \tag{95}$$

Die Unterscheidung, ob die Schwingungszeit der Pendel $>$ oder $< {}^1/_2$ sec ist, geschieht dadurch, daß man die gleichzeitige Bewegungsrichtung der mit dem Fernrohr verbundenen vertikalen Skale und der Blitze zueinander in Beziehung setzt. Ist die Schwingungszeit $> {}^1/_2$ sec, so bewegen sich Skale und Blitze in entgegengesetzter, $< {}^1/_2$ sec in gleicher Richtung.

Zur Feststellung der Amplituden in Bogenmaß, für die man zu Beginn der Beobachtung nicht viel über 1° geht, bedient man sich einer Skalenteilung und der Entfernung Spiegel-Skale.

Wie kommt die Genauigkeit der einfachen Schwingungsdauer von 10^{-7} sec zustande? Einmal dadurch, daß die Grenzen von n Pendelschwingungen durch das Koinzidenzverfahren jede auf $\pm 0{,}001$ sec, das Intervall also auf $\pm 0{,}001 \sqrt{2}$ sec festgelegt werden kann. Es ist also zweitens $n = 14\,000$ zu machen, d. h. das Pendel muß etwa 2 Stunden schwingen; praktisch wird 10^{-7} nur durch öftere Wiederholung erreicht.

Fehlerquellen: Eine hauptsächliche solche liegt infolge der Schneidenfehler in der Einhängung der Pendel, die stets gleich zu geschehen hat. Daher ist für jedes Pendel eine automatische Einhängevorrichtung zu fordern. Außerdem sind die Achatlager, da sich mit der Zeit Haarrisse bilden, öfters nachzupolieren. Bei jeder Messung ist die Horizontierung der Pendellager, namentlich senkrecht zur Schwingungsebene zu prüfen. Die Aufstellung der Uhr hat möglichst stabil und erschütterungsfrei zu geschehen. Die Pendel müssen staubfrei und ohne Wasserdampfbeschlag sein (was bei starken Temperaturschwankungen leicht auftritt). Letzteres ändert empfindlich das Trägheitsmoment, wodurch Fehler von $30 \cdot 10^{-7}$ sec entstehen können.

Sehr wesentlich ist, daß sämtliche Operationen und Reduktionen auf der Zentral- und Feldstation gleich gehandhabt werden, damit die konstanten Fehler in der Differenz herausfallen. Neuerungen s. Ziff. 17.

15. Die notwendigen Reduktionen der Schwingungszeiten. a) Die Reduktion auf ∞ kleine Amplitude erfolgt nach (83) Ziff. 12 oder Tabelle 1 Ziff. 16:

$$T_0 = T - (R_a \cdot T).$$

b) Der Uhrgang. Nach (95) Ziff. 14 erhält man die Schwingungszeit in momentanen Uhrsekunden; zur Reduktion auf Sternzeit muß also der momentane Uhrgang bekannt sein. Diesen kann man aber nicht ohne weiteres ermitteln, man muß sich vielmehr mit dem mittleren 24stündigen Gang begnügen.

Durch häufigen Vergleich von mehreren Uhren, wie dies auf Sternwarten möglich ist, kann man stündliche Schwankungen des Uhrgangs im Betrag von 0,02 sec gerade noch messen. Darüber hinaus werden jedoch stündliche Gangschwankungen von Uhren bis zu 0,001 sec herunter allein durch freischwingende Pendel angezeigt. Denn diese geben bereits nach einstündigem Schwingen einen Wert der Schwingungszeit auf 7 Dezimalen, und die meßbare Änderung von $1 \cdot 10^{-7}$ sec der Schwingungszeit wird bei Halbsekundenpendeln hervorgerufen durch eine stündliche Gangänderung der Uhr von 0,0007 sec.

Darum werden freischwingende Pendel mit gutem Erfolg zur Kontrolle von Uhren herangezogen (vgl. Ziff. 17).

Um den Einfluß der Schwankungen des Uhrgangs zu eliminieren gibt es den Ausweg, die Beobachtungen der Pendel 24 Stunden lang zu wiederholen und das Mittel dieser mit dem mittleren täglichen Gang zu reduzieren, vgl. auch die Messungen mit Chronometer Ziff. 17. Falls der Dichtekoeffizient des Uhrpendels bekannt ist, kann zuvor der Uhrgang auf konstante Luftdichte reduziert werden.

Zur Ermittlung der Uhrkorrektion bedient man sich auf Feldstationen der funkentelegraphischen Zeitsignale, deren Sternzeit auf $\pm 0{,}02$ sec von einer Zentrale bestimmt wird (in Deutschland speziell dem Geodätischen Institut in Potsdam und der Seewarte in Hamburg).

Die wissenschaftlichen Signale sind die Koinzidenzsignale, von denen in Deutschland besonders leicht hörbar sind die von Nauen (POZ), vom Eiffelturm (FL), von Bordeaux (LY) und Lyon (YN).

Die Aufnahme der Zeitsignale auf der Feldstation geschieht sehr genau und einfach mittels des akustischen Koinzidenzverfahrens, bei welchem das Zusammenfallen der Zeitsignale mit den durch Knacke im Telephon hörbar gemachten Uhrschlägen beobachtet wird.

Da meist 300 gleichabständige Signale gegeben werden, so erhält man nach der Methode der kl. Qu. aus der vorhandenen Überbestimmung folgende Rechnung. Sind a, b, c, d, e, f die aufeinanderfolgenden Uhrzeiten der beobachteten Koinzidenzen, y die Koinzidenzzeit (das Zeitintervall zweier aufeinanderfolgender Koinzidenzen), A die Anzahl der gelungenen aufeinanderfolgenden Koinzidenzbeobachtungen, so wird der ausgeglichene Wert von y für

$$\left.\begin{aligned} A &= 6: & y &= \tfrac{1}{85}[5(f-a) + 3(e-b) + (d-c)], \\ A &= 5: & y &= \tfrac{1}{10}[2(e-a) + (d-b)], \\ A &= 4: & y &= \tfrac{1}{10}[3(d-a) + (c-b)], \\ A &= 3: & y &= \tfrac{1}{2}[c-a], \end{aligned}\right\} \tag{96}$$

mit dem man vom Mittelwert der Uhrzeiten der beobachteten Koinzidenzen aus die Zeit des ersten und letzten Signals berechnet.

Ist G der 24stündige Gang der Uhr, so wird die Reduktion der beobachteten Schwingungsdauer auf Sternzeitsekunden:

$$\Delta T = \frac{G}{86400} T^{(s)}. \tag{97}$$

Bemerkt mag noch werden, daß das optische Koinzidenzverfahren (s. Ziff. 14) dem akustischen (gehörmäßige Unterscheidung fast gleichzeitiger Schläge) deswegen überlegen ist, weil für den menschlichen Gesichtssinn durch die Optik eine fast unbegrenzte Steigerungsmöglichkeit besteht, für den Gehörsinn aber eine ähnliche einfache fehlt. Deswegen kam bisher eine akustische Beobachtung der Pendel nicht in Frage.

c) Die Reduktion auf eine Normaltemperatur. Erfahrungsgemäß genügt es, eine lineare Änderung der Schwingungszeit mit der Temperatur anzunehmen; der Temperaturkoeffizient wird empirisch bestimmt.

Am besten geeignet sind Nickelstahlpendel mit einem Ausdehnungskoeffizienten von 1,2 bis 1,6 μ pro m und Grad. Quarzpendel dehnen sich noch weit weniger aus, sind aber zerbrechlich. Nur für konstante Temperaturverhältnisse geeignet sind Broncependel, die ihre Länge gegen 20 μ pro m und Grad ändern.

d) Die Reduktion auf eine normale Luftdichte. Es hat sich als ausreichend erwiesen, den Einfluß der Luft proportional der relativen Luftdichte anzunehmen. Ist die Luftdichte in einem Normalzustand $= D_0$, die tatsächlich vorhandene $= D$, so ist die Reduktion der Schwingungsdauer auf den Normalzustand:

$$\varDelta T = f(D - D_0)\,, \tag{98}$$

wo f die empirisch bestimmte, von der Form des Pendels abhängige Dichtekonstante ist und D erhalten wird aus:

$$D = \frac{B - 0{,}377\,e}{760\,(1 + 0{,}003\,665\,t)} = B' \cdot d \text{ (vgl. Tabelle 3, Ziff. 16)}, \tag{99}$$

worin für den Dampfdruck gesetzt ist $e = e' \cdot F$, mit $e' =$ Sättigungsdruck des Wasserdampfes und $F =$ Feuchtigkeitsgehalt der Luft in Prozent (vgl. Psychrometertafeln des Kgl. Preuß. Meteorol. Inst., Braunschweig 1908).

16. Das Mitschwingen. Dasselbe ist eines der viel diskutierten Probleme der Pendelmessungen. Stativ, Pfeiler und Untergrund geraten durch die Pendelschwingung selbst in Bewegung. Zahlreiche Verfahren, diesen Einfluß zu messen, sind gefunden worden. Nach KATER wieder in Vergessenheit geraten, hat General BAEYER und C. S. PEIRCE diese Fehlerquelle neu aufgefunden. Das Mitschwingen, die Vergrößerung der Schwingungszeit infolge der Elastizität des Pendelträgers, beträgt auf Steinboden bei den Apparaten deutscher Herkunft gewöhnlich gegen $30 \cdot 10^{-7}$ sec, kann aber auf Moorboden bis auf $500 \cdot 10^{-7}$ sec steigen.

A. Der Einfluß der Horizontalbewegung der Aufhängung auf die Schwingungsdauer. Dem horizontalen Zug auf das Lager (Abb. 23 [Bezeichnungen vgl. (88) Ziff. 12: $h =$ Schwerpunktsabstand, $l =$ reduzierte Pendellänge, $M =$ Masse]

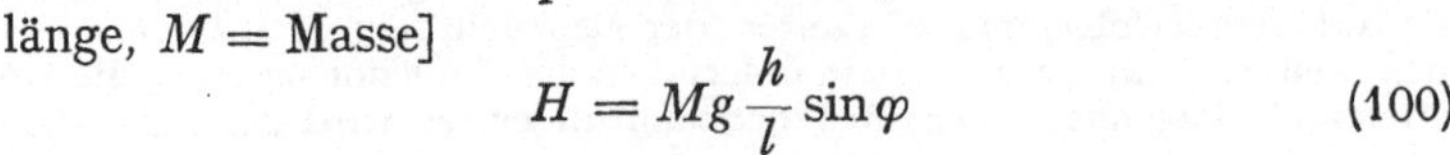

$$H = Mg\,\frac{h}{l}\sin\varphi \tag{100}$$

hält in jedem Moment das Gleichgewicht eine Kraft, die proportional der horizontalen Ausweichung y ist; mit der wirksamen Elastizitätskonstanten ε wird also:

$$\varepsilon y = Mg\,\frac{h}{l}\sin\varphi\,. \tag{101}$$

Man erhält so statt (81) Ziff. 12 auf Grund des Energieprinzips die Differentialgleichung:

$$\frac{d^2\varphi}{dt^2} + \frac{g}{l}\varphi + \frac{1}{l}\,\frac{d^2y}{dt^2} = 0\,, \tag{102}$$

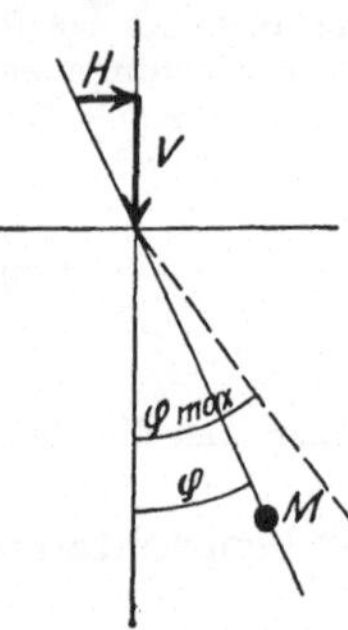

Abb. 23. Kraftkomponenten zur Pendelschwingung.

Tabelle 1.
Amplitudenreduktion in Einh. d. 7. Dez.

Ampl. /	R_a 10^{-7}	Ampl. /	R_a 10^{-7}
5	1,3	20	21,2
6	1,9	21	23,3
7	2,6	22	25,6
8	3,4	23	28,0
9	4,3	24	30,5
10	5,3	25	33,1
11	6,4	26	35,8
12	7,6	27	38,6
13	8,9	28	41,5
14	10,4	29	44,5
15	11,9	30	47,6
16	13,5	31	50,8
17	15,3	32	54,2
18	17,1	33	57,6
19	19,1	34	61,1
20	21,2	35	64,8

Tabelle 2.
Höhen-Reduktion.

Höhe m	Δg g cm sec^{-2}
0	0,0000
100	−0,0309
200	0,0617
300	0,0926
400	0,1234
500	0,1543
600	0,1852
700	0,2160
800	0,2169
900	0,2777
1000	−0,3086

Tabelle 3.
e' = Sättigungsdruck des Wasserdampfes in mm;

$$d = \frac{1}{760} \cdot \frac{1}{1 + 0{,}003\,665\,t}.$$

Temp. °C	e' mm	d 0,00	Temp. °C	e' mm	d 0,00
0	4,6	1316	20	17,4	1226
1	4,9	1311	21	18,5	1222
2	5,3	1306	22	19,7	1218
3	5,7	1301	23	20,9	1214
4	6,1	1297	24	22,2	1209
5	6,5	1292	25	23,5	1205
6	7,0	1287	26	25,0	1201
7	7,5	1283	27	26,5	1197
8	8,0	1278	28	28,1	1193
9	8,6	1274	29	29,8	1189
10	9,2	1269	30	31,6	1185
11	9,8	1265	31	33,4	1181
12	10,5	1260	32	35,4	1178
13	11,2	1256	33	37,4	1174
14	11,9	1251	34	39,6	1170
15	12,7	1247	35	41,9	1166
16	13,6	1243	36	44,2	1162
17	14,5	1239	37	46,7	1159
18	15,4	1234	38	49,3	1155
19	16,4	1230	39	52,1	1151
20	17,4	1226	40	55,0	1147

d. h. die gestörte mathematische Pendellänge wird:

$$l' = l\left\{1 + \frac{M \cdot g \cdot h}{\varepsilon l^2}\right\}, \tag{103}$$

und „das Mitschwingen", d. h. die Störung der einfachen Schwingungsdauer durch die vom Pendel hervorgerufene Stativbewegung wird:

$$\gamma = T \cdot \frac{Mgh}{2\varepsilon l^2}. \tag{104}$$

B. Die Bestimmung des Elastizitätskoeffizienten ε der Aufstellung. Eine in der Technik häufig angewandte Methode für Stabilitätsuntersuchungen ist die, durch Stöße mit einer bekannten Kraft differentielle elastische Bewegungen zu messen. Darauf beruht das „Wippverfahren" von R. Schumann[1]). Dabei wird die elastische Amplitude durch die aus dem Ruhezustand entstehende Pendelbewegung selbst gemessen und durch äußere Stöße, die mit dem Pendel in Resonanz sind, hervorgerufen. Andere Verfahren benutzen als Impulskraft ein zweites gleiches und bewegtes Pendel und verwenden mechanische Vergrößerung, mikroskopische Feststellung oder die Lichtinterferenzmethode[2]). Als bequemster Weg hat, falls man nicht auf die Eliminationsmethode Ziff. 16, B 2 zurückkommen will, sich erwiesen, aus dem beobachteten Amplitudenverhältnis oder den Schwin-

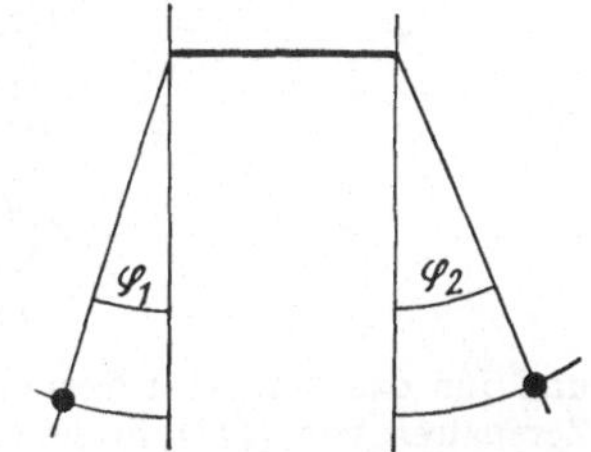

Abb. 24. Zweipendelmethode.

[1]) R. Schumann, Astron. Nachr. Bd. 140, S. 257. 1896.

[2]) K. R. Koch, Eine optische Methode zur direkten Messung des Mitschwingens bei Pendelbeobachtungen. Leipzig 1905; W. H. Burger, Coast and geodetic Survey. Washington 1911.

gungszeiten zweier auf das Stativ gehängter Pendel (Abb. 24) derselben Schwingungsebene den Grad der Kopplung und damit die Elastizität aufzufinden. Es gilt für diesen Fall wie vorhin:

$$\left.\begin{aligned} \frac{d^2\varphi_1}{dt^2} + \frac{g}{l_1}\varphi_1 + \frac{1}{l_1}\frac{d^2y}{dt^2} = 0\,, \\ \frac{d^2\varphi_2}{dt^2} + \frac{g}{l_2}\varphi_2 + \frac{1}{l_2}\frac{d^2y}{dt^2} = 0\,, \end{aligned}\right\} \tag{105}$$

worin jetzt zu setzen ist:

$$y = \frac{M_1 g h_1}{\varepsilon l_1}\varphi_1 - \frac{M_2 g h_2}{\varepsilon l_2}\varphi_2\,. \tag{106}$$

Dies gibt statt (105) unter der vereinfachenden Voraussetzung $M_1 h_1 = M_2 h_2$:

$$\left.\begin{aligned} \frac{d^2\varphi_1}{dt^2} + \frac{\pi^2}{T_1^2}\varphi_1 + \frac{2\gamma}{T_1}\frac{d^2\varphi_2}{dt^2} = 0\,, \\ \frac{d^2\varphi_2}{dt^2} + \frac{\pi^2}{T_2^2}\varphi_2 + \frac{2\gamma}{T_2}\frac{d^2\varphi_1}{dt^2} = 0\,, \end{aligned}\right\} \tag{107}$$

worin besonders zu beachten ist, daß T_1 und T_2 die Schwingungsdauern bei konstanter mittlerer Amplitude unter Weglassung der Dämpfung bedeuten, wenn die Pendel einzeln auf demselben elastischen Stativ schwingen: $T = \pi(l'/g)^{\frac{1}{2}}$, mit l' nach (103).

Mit Einführung der komplexen Veränderlichen[1]) q und mit $n = \pi/T$:

$$q = \varphi - i\frac{1}{n}\frac{d\varphi}{dt} \tag{108}$$

reduziert sich die Ordnung von (107) auf die erste, und man erhält mit $T = \dfrac{T_1 + T_2}{2}$:

$$\left.\begin{aligned} \frac{dq_1}{dt} - i\left(\frac{\pi}{T_1}\right)q_1 + i\left(\frac{\gamma\pi}{T^2}\right)q_2 = 0\,, \\ \frac{dq_2}{dt} - i\left(\frac{\pi}{T_2}\right)q_2 + i\left(\frac{\gamma\pi}{T^2}\right)q_1 = 0\,. \end{aligned}\right\} \tag{109}$$

Mit Einführung von $\left(\frac{q_2}{q_1}\right) = \left(\frac{a_2}{a_1}\right)e^{i(\psi_2 - \psi_1)}$ [vgl. (85)] erhält man mit FURTWÄNGLER infolge der Relation:

$$\frac{d\left(\frac{q_2}{q_1}\right)}{dt} = \frac{\frac{dq_2}{dt}\cdot q_1 - \frac{dq_1}{dt}\cdot q_2}{q_1^2}, \quad \text{den Ausdruck:} \tag{110}$$

$$\frac{d\left(\frac{q_2}{q_1}\right)}{dt} = i\frac{\gamma\pi}{T^2}\left(\frac{q_2}{q_1}\right)^2 - i\pi\frac{T_2 - T_1}{T^2}\left(\frac{q_2}{q_1}\right) - i\frac{\gamma\pi}{T^2} \tag{111}$$

und für das Amplitudenverhältnis a_2/a_1 und die Phasendifferenz $(\psi_2 - \psi_1)$ durch Zerspalten von (111) in seine reellen Bestandteile:

$$\left.\begin{aligned} \frac{d\left(\frac{a_2}{a_1}\right)}{dt} &= -\left[\left(\frac{a_2}{a_1}\right)^2 + 1\right]\frac{\gamma\pi}{T^2}\sin(\psi_2 - \psi_1)\,, \\ \frac{d(\psi_2 - \psi_1)}{dt} &= -(T_2 - T_1)\frac{\pi}{T^2} + \frac{a_1}{a_2}\left[\left(\frac{a_2}{a_1}\right)^2 - 1\right]\frac{\gamma\pi}{T^2}\cos(\psi_2 - \psi_1)\,. \end{aligned}\right\} \tag{112}$$

[1]) PH. FURTWÄNGLER, Über die Schwingungen zweier Pendel mit annähernd gleicher Schwingungsdauer auf gemeinsamer Unterlage. Berl. Ber. 1902, S. 245.

Es interessiert aber in diesem Zusammenhang besonders die Schwingungszeit. Zur Integration der ersten Differentialgleichung[1]) erster Ordnung (109) (ebenso der zweiten):

$$\frac{dq}{dt} - i\, n_1 q - i \frac{S}{n_1} = 0, \tag{113}$$

mit $\pi/T_1 = n_1$ und dem kleinen Störungsglied $S = -\gamma \pi n_1 q_2/T^2$, [für $S = 0$ ist dabei die Schwingungszeit des Pendels mit τ_1 bezeichnet, für $S \neq 0$ (gestört) sei sie T_1], setzen wir:

$$\pi/\tau_1 = n_1', \qquad dT_1 = T_1 - \tau_1. \tag{114}$$

Die Lösung von (113) ergibt sich in der Form (Abb. 25):

$$q = (q_0 + \Delta q_t)\, e^{i n_1' t}, \tag{115}$$

wo

$$\Delta q_t = \frac{i}{n_1} \int_0^t S\, e^{-i n_1' t}\, dt \quad \text{(a. a. O. S. 8)}. \tag{116}$$

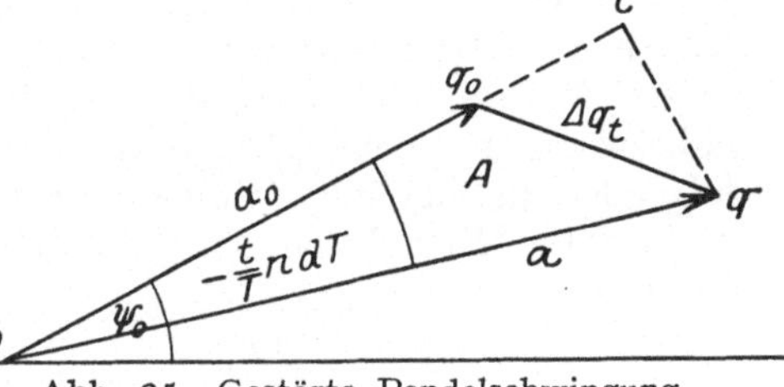

Abb. 25. Gestörte Pendelschwingung.

Der Vektor q hat die Amplitude a und die Phase ψ:

$$q = a\, e^{i\psi}, \tag{117}$$

also mit (115):

$$q_0 + \Delta q_t = a\, e^{i(\psi - n_1' t)}. \tag{118}$$

Da auch $\pi = n_1' \tau_1$, so kann gesetzt werden:

$$\psi = \psi_0 + \frac{t}{T_1}\pi = \psi_0 + n_1' t - \frac{t}{T_1} n_1' dT_1, \tag{119}$$

so wird aus (118) eine zweite Form für Δq_t erhalten;

$$\Delta q_t = a\, e^{i\left(\psi_0 - \frac{t}{T_1} n_1' dT_1\right)} - q_0. \tag{120}$$

Die Komponente des Störungsvektors Δq_t senkrecht zu q_0 nach (116) und (120) liefert mit $t = T_1$ die Veränderung der Schwingungszeit infolge der Störung S (a. a. O. S. 10):

$$dT_1 = -\frac{1}{n_1'^2 a} \int_0^{T_1} S \cos(n_1' t + \psi_0)\, dt. \tag{121}$$

Die Komponente von Δq_t parallel zu q_0 liefert die Veränderung der Amplitude des Pendels während der Zeit t' infolge der Störung:

$$da = \frac{1}{n_1'} \int_0^{t'} S \sin(n_1' t + \psi_0)\, dt. \tag{122}$$

Die Ursache der Störung S kann dabei von der Bewegung des zweiten Pendels oder auch von anderen Einflüssen herrühren. Erforderlich ist jedenfalls, daß S als Funktion von t bekannt ist.

1. Gebrauchsformel. Das meist übliche Verfahren, das eine der sonst gleichen Pendel vollkommen zu beruhigen ($t = t_0$, $a_2 = 0$) und die Veränderung des Amplitudenverhältnisses zu beobachten, führt durch Integration der ersten Gleichung (112) infolge der anfänglichen Phasendifferenz $\psi_2 - \psi_1 = \pi/2$ zu der üblichen Formel für das Mitschwingen:

$$\gamma = \frac{a_2}{a_1} \frac{T^2}{\pi(t - t_0)}. \tag{123}$$

Bei Benützung von Formel (123) ist zu beachten, daß sie nur so lange gilt, als $(\psi_2 - \psi_1) \sim 90°$ bleibt und der Anfangszustand getroffen ist. Aus diesem Grunde wartet man einige Minuten zum Ausgleich des nicht völlig getroffenen Ruhezustandes des II. Pendels ab und dehnt die Beobachtungen nur bei gut übereinstimmender Schwingungszeit der Pendel längere Zeit aus. Von (104) folgt die Pfeilerelastizität ε.

[1]) F. A. Vening-Meinesz, Observations de pendule dans les Pays-Bas. Delft 1923.

Aus der zweiten Gleichung (112) ist ersichtlich, daß man auch die Phasenverschiebung beobachten kann, um γ zu finden; dies ist das Verfahren von FURTWÄNGLER.

2. Elimination des Mitschwingens. Man sieht ohne weiteres ein, daß das Mitschwingen = 0 wird, wenn das Amplitudenverhältnis der beiden als gleich vorausgesetzten Pendel dauernd = 1 und die Phasendifferenz = 180° bleibt. Praktisch gelingen diese Idealzustände nicht völlig, und es ist deshalb ein kleiner Restbetrag ΔT des Mitschwingens, der positiv oder negativ sein kann, stets vorhanden. Falls die Aufstellung auf festem Grund erfolgt ist, kann man jedoch die Gesamtheit der Schwingungen so bemessen, daß diese Restbeträge in der 7. Dezimale wenig spürbar sind und in der Differenz der Stationen als nahezu gleich vernachlässigt werden können. Ihre Berechnung kann mit Hilfe folgender aus der allgemeinen Formel (109) abgeleiteten Beziehungen für die momentane Korrektion der vorhandenen Schwingungszeit auf starres Stativ erfolgen:

$$\left.\begin{aligned} \Delta T_1 &= \gamma\left[1 + \frac{a_2}{a_1}\cos(\psi_2 - \psi_1)\right], \\ \Delta T_2 &= \gamma\left[1 + \frac{a_1}{a_2}\cos(\psi_2 - \psi_1)\right]. \end{aligned}\right\} \tag{124}$$

Sie setzt voraus, daß γ das Mitschwingen bei einem allein schwingenden Pendel roh bestimmt und ferner das Amplitudenverhältnis und die Phasendifferenz an genügend vielen Stellen beobachtet ist. Wie bereits erwähnt, bewirkt das Mitschwingen γ eine Vergrößerung der Schwingungszeit, weshalb der Wert von γ als Korrektion stets negativ ist.

3. Zahlenbeispiel für zwei gleichzeitig auf demselben Stativ schwingende Pendel (Zweipendelmethode).

Lufttemp. = +5,7°, Pendeltemp. = +5,90°, B = 755,4 mm, F = 90%.

Koinzidenzen (106)

Amplituden ($o + u$)

h	m		p		p
20	00	Nr. I	= 23,6	Nr. II	= 23,9
20	14		= 20,7		= 22,0
20	24		= 18,7		= 20,4
20	44		= 16,0		= 17,5
20	54		= 14,8		= 16,0
21	07		= 13,5		= 14,2

Mitschwingen:

$\gamma = 38 \cdot 10^{-7}$

$e = 1,72$ m

	Pendel I				Pendel II		
h			d	h			d
20 01	45,5	54 40,2	54,7	20 02	22,8	55 7,9	45,1
	15,4	10,8	55,4		52,5	37,5	45,0
	45,1	40,0	54,9		22,1	7,3	45,2
	15,2	10,5	55,3		51,9	36,9	45,0
	45,1	40,0	54,9		21,5	6,9	45,4
	15,1	10,2	55,1		51,1	36,2	45,1
	44,9	39,9	55,0		21,0	6,1	45,1
	15,0	10,1	55,1		50,7	35,9	45,2
	44,6	39,7	55,1		20,2	5,8	45,6
	15,0	10,0	55,0		50,2	35,1	44,9
	44,5	39,3	54,8		19,9	5,2	45,3
20 13	14,6	6 9,9	55,3	20 12	49,4	5 34,7	45,3
Mittel: 20 07	30,000	0 25,050	55,050	20 07	36,108	0 21,292	45,184

Koinzidenzzeit:			29,9533	29,8602
Schwingungszeit:			0,508 4880,1	0,508 5149,3
Differenz d. Durchgangszeit:	s — 6,108	s + 3,758		
Phasendifferenz:	—36,7°	+22,7°		
Mitschwingen:			+0,2	—4,9
für starres Stativ:			0,508 4880,3	0,508 5144,4

17. Neuerungen. In den letzten Jahren werden vielfach evakuierbare Apparate in Verbindung mit Chronometern benutzt. Sie sind deswegen von großem Vorteil, weil 1. der sehr empfindliche Dichteeinfluß der Luft wegfällt; 2. die große Fehlerquelle der Schwankungen des Uhrgangs unschädlich gemacht wird. Man läßt zu diesem Zwecke die Pendel 12 Stunden ununterbrochen schwingen und benutzt das Chronometer nur für die Dauer weniger Minuten als Arbeitsuhr zum Vergleich der Pendelschwingungen mit den Zeitsignalen. Als beste Methode, auch wegen der unvermeidlichen Remanenzfehler des elektromagnetischen Koinzidenzapparates, ist die zu bezeichnen, bei der überhaupt auf eine Uhr verzichtet wird und Zeitsignale mit Pendelschwingungen zusammen photographisch registriert werden. Dabei ist eine weitere Verschärfung der Messungen zu erwarten durch das gleichzeitige Schwingen zweier Pendel.

Eine wesentliche Beschleunigung des Verfahrens läßt sich bei dicht liegenden Stationen, z. B. zur Aufsuchung eines Salzhorstes, dadurch erreichen, daß die Pendeluhr nicht mittransportiert wird, sondern auf einer Zentralstation bleibt, von der eine Draht- oder funkentelegraphische Verbindung nach der Außenstation (A) hergestellt wird. Aus wenigen Stunden Beobachtungsdauer ermittelt man auf den (A) mittels 4-Pendelapparates die Schwingungszeiten. Der dazugehörige momentane tägliche Uhrgang kann durch gleichzeitige Pendelbeobachtung mit einem zweiten Pendelapparat auf der Zentrale auf 0,02 sec ermittelt werden (vgl. Ziff. 15b).

18. Schwereanomalien, Reduktionsformeln. Die nach Ziff. 15 und 16 reduzierten Schwingungsdauern T sind, um g zu erhalten, mit T_p auf der Zentralstation (p) zu vergleichen nach:

$$g = g_p \left(\frac{T_p}{T}\right)^2 = g_p - 2g_p \frac{T - T_p}{T_p} + 3g_p \left(\frac{T - T_p}{T_p}\right)^2 + \cdots; \tag{125}$$

für Potsdam gilt in 87 m Meereshöhe $g_p = 981{,}274$, vgl. Ziffer 21. Alsdann sind die g-Werte aufs Meer zu reduzieren nach:

$$g_0^{(\mathrm{cm})} = g + 0{,}0003086\, H^{(\mathrm{m})} \tag{126}$$

(siehe Tab. 2, Ziff. 16 und Tab. 4, Ziff. 21).

Die Schwerkraft nach Bouguer reduziert, ist (vgl. Ziff. 20b):

$$g_0'' = g_0 + \frac{3}{4}\frac{\Theta}{\Theta_m}(g - g_0) - \text{Gelände-Red.} \tag{127}$$

Die theoretische Schwere ist γ_0 und wird den Formeln (149) (150) oder der Tabelle 4 Ziff. 21 entnommen. Die Anomalien sind $g_0 - \gamma_0$ oder $g_0'' - \gamma_0$; diese Bezeichnungen sind die bei der Int. Erdmessung üblichen.

19. Schweremessungen zur See. Die Auffindung des Gesetzes der Isostasie für die feste Erde (Ziffer 6) weckte frühzeitig den Wunsch, die Frage aufzuklären, ob dieses Gesetz auch auf den tiefen Ozeanen gelte.

Die ersten Versuche, die Schwere auf dem Meer zu messen, hat W. SIEMENS[1]) 1875 mit dem Bathometer angestellt, ein Gedanke, der jedoch nicht weiter verfolgt wurde; dasselbe Schicksal erlitt ein „statischer Schwereapparat", der 1912 von V. MADSEN[2]) angegeben wurde.

1894 schlug GUILLAUME das Siedethermometer als Hilfsinstrument für Schweremessungen vor, und MOHN baute diese Methode für Zwecke der Meteorologie 1899 weiter aus.

Die MOHNschen Versuche ermutigten HELMERT, diese Methode durch seinen Mitarbeiter O. HECKER weiter verfeinern zu lassen, der sie 1901 bis 1909 auf drei großen Reisen, auf dem Atlantischen, Indischen und Großen Ozean sowie auf dem Schwarzen Meere praktisch und erfolgreich erprobte.

Diese HECKERschen Reisen haben auch für die großen Ozeane die merkwürdige Erscheinung der Isostasie bestätigt, wonach die Anziehung der leichteren Wassermasse durch die eines dichteren Untergrundes ausgeglichen erscheint.

Die Messung der Schwerkraft auf möglichst vielen Stellen der Ozeane ist eine wesentliche Forderung zur Ermöglichung der Bestimmung des Kraftfeldes überhaupt und liefert andererseits wertvolle Fingerzeige zum Studium der Geotektonik, insbesondere der isostatischen Fragen.

a) Die Heckersche Methode mit Barometer und Siedethermometer. Sie ist dadurch gekennzeichnet, daß am selben Ort der sowohl mit Hg-Barometer als Siedethermometer gleichzeitig angezeigte Luftdruck gleich sein muß. Der mit dem Barometer bestimmte Luftdruck benötigt eine Korrektion wegen der Schwerebeschleunigung des Ortes. Aus der genannten Gleichheit des Luftdrucks läßt sich also g finden. Für diese Schwerekorrektion gilt in Meereshöhe nach $g = g_{45}(1 - \beta \cos 2\varphi)$:

$$\Delta B = B_B \beta \cos 2\varphi . \tag{128}$$

Unter 45° Breite setzen wir direkt: $B_{S_{45}} = B_{B_{45}}$, in andern Breiten gilt aber:

$$B_S = B_B - \Delta B = B_B \frac{g}{g_{45}} , \tag{129}$$

woraus g bestimmt werden kann.

Die praktische Durchführung begegnet enormen Schwierigkeiten, da die Siedetemperatur des Wassers auf 0,001°, der Barometerstand auf 0,01 mm genau bestimmt werden muß, wobei ein großes Hindernis die Bewegung des Quecksilbers infolge der Schiffsbewegung bildet. Infolgedessen hat HECKER von der photographischen Registrierung ausgiebigen Gebrauch gemacht. Die von ihm durchschnittlich erreichte Genauigkeit in g beträgt $\pm 40 \cdot 10^{-3}$ CGS, mehr gibt die Methode nicht her.

b) Die Messungen von F. A. Vening-Meinesz mit Pendeln[3]). Durch die Erfolge auf festem, aber schwankendem Boden in Holland mit Hilfe der Zweipendelmethode (Ziff. 16B) ermutigt, unternahm VENING-MEINESZ auch Messungen zur See auf fahrendem Unterseeboot. In einer Tiefe von 30 m unter dem Meeresspiegel waren die notwendigen Voraussetzungen erfüllt, daß die seitlichen Schwankungen des Schiffes die photographische Registrierung der Pendelschwingungen für die Dauer von etwa $^1/_2$ Stunde erlaubten.

---

[1]) W. SIEMENS, Phil. Trans. Bd. 166 II. 1876; deutsch der „Bathometer". Verlag von Julius Springer.

[2]) V. H. O. MADSEN, Verh. d. XVII. allg. Konf. d. Int. Erdm., Hamburg 1912.

[3]) F. A. VENING-MEINESZ, Observations de pendule sur la mer, 1923; Publ. Comm. Géod. Néerlandaise. The Geographical Journ. Bd. 65, S. 501. 1925; Observations de pendule, 1923. Publ. Comm. Géod. Néerl.

Zur allgemeinen Behandlung des Problems ist es notwendig, neben der Translationsgeschwindigkeit und der mittleren Beschleunigung des Schiffes im Azimut des Normalkurses periodische Bewegungen des Aufhängepunktes nach allen drei Koordinatenachsen einzuführen. Bei der Aufstellung der Differentialgleichungen der Bewegung zeigt sich dann, daß aus den Differentialgleichungen für zwei Pendel, die die obengenannten Bedingungen erfüllen, sich sämtliche horizontalen Beschleunigungen, also zwei der obigen Komponenten, eliminieren lassen; die vertikalen Beschleunigungen gehen dagegen voll und ganz ein, weshalb ihnen die größte Aufmerksamkeit zuzuwenden ist.

Vening-Meinesz hat bisher eine durchschnittliche Genauigkeit in g von $\pm 4 \cdot 10^{-3}$ CGS erreicht, die, da ohne Wiederholung angestellt, als den besten Landbeobachtungen ($\pm 1 \cdot 10^{-3}$) nahezu ebenbürtig anzusehen ist. Auch diese Messungen haben das Gesetz der Isostasie bestätigt.

Die Möglichkeit dieser Messungen ist dadurch gegeben, daß aus den registrierten Schwingungen zweier auf demselben starren Stativ schwingenden Pendel sich eine einzige zusammensetzen läßt, welche von jeder horizontalen Beschleunigung frei ist. Die Differentialgleichungen der beiden Pendel lauten mit einer beliebigen äußeren störenden horizontalen Beschleunigung $\frac{d^2 y}{d t^2}$:

$$\left.\begin{aligned} \frac{d q_1}{d t} - i\, n_1 q_1 - i \frac{n_1}{g} \frac{d^2 y}{d t^2} &= 0\,, \\ \frac{d q_2}{d t} - i\, n_2 q_2 - i \frac{n_2}{g} \frac{d^2 y}{d t^2} &= 0\,. \end{aligned}\right\} \qquad (130)$$

Daraus wird durch Multiplikation mit $\frac{n}{n_1}$, $\frac{n}{n_2}$ und mit $n = \frac{1}{2}(n_1 + n_2)$ zum Zweck der Elimination von $\frac{d^2 y}{d t^2}$:

$$\frac{n}{n_1} \frac{d q_1}{d t} - \frac{n}{n_2} \frac{d q_2}{d t} - i\, n (q_1 - q_2) = 0\,. \qquad (131)$$

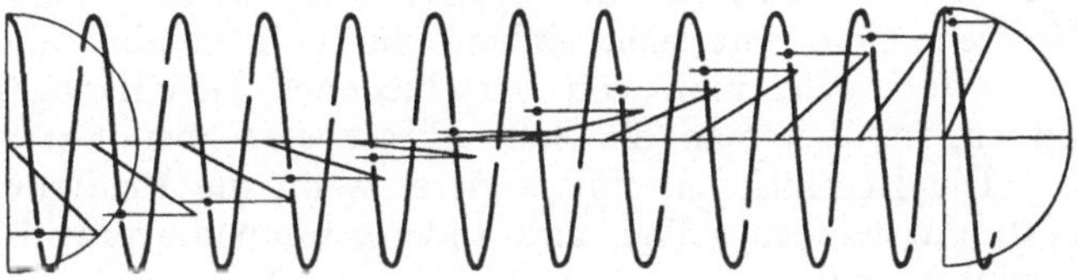

Abb. 26. Bewegung eines Pendelvektors auf festem Boden.

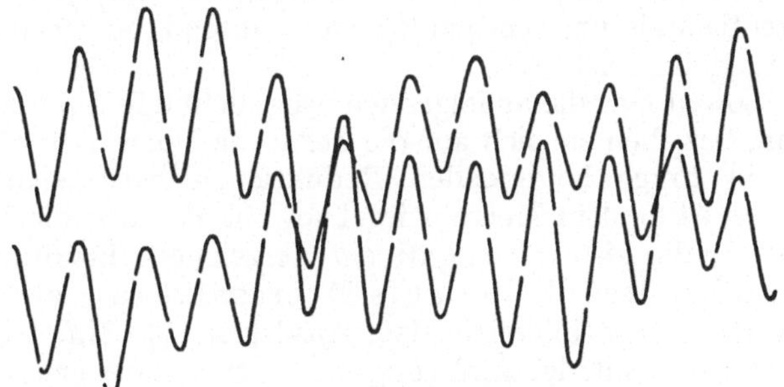

Abb. 27. Bewegung zweier Pendelschwingungen auf einem Schiff.

Durch Einführung des Differenzvektors:

$$r = \frac{n}{n_1} q_1 - \frac{n}{n_2} q_2 \qquad (132)$$

erhält man für den einfachsten Fall, nämlich $n_1 = n_2$, die Differentialgleichung eines gedachten Pendels:

$$\frac{d r}{d t} - i\, n\, r = 0\,, \qquad (133)$$

aus welcher für die Schwingungszeit dieses Pendels folgt:

$$T = \frac{T_1 + T_2}{2}\,. \qquad (134)$$

Im einfachsten Fall, wenn die Schwingungszeiten der Pendel genau übereinstimmen, erhält man also durch Bildung der Differenzen (in Abb. 27 der Summen infolge einer Eigentümlichkeit der Registrierung, die Unterbrechungen sind $^1/_2$ sec Zeitmarken) der photographisch registrierten Einzelvektoren, welche mit allen Unregelmäßigkeiten der Schiffsbewegung behaftet sind, die Bewegung eines resultierenden Vektors r, welcher frei ist von allen Störungen infolge horizontaler Bewegungen des Stativs und aus dessen Winkelgeschwindigkeit ω die Schwingungszeit $T = \pi/\omega$ eines ideellen Pendels folgt (Abb. 26 u. 27).

Je größer r sich aus der Darstellung ergibt, desto genauer ist diese Ermittlung, weshalb man den beiden Pendeln im geeigneten Moment eine anfängliche Phasendifferenz von 180° und das Amplitudenverhältnis $= 1$ erteilt.

Man kann diesen Differenzvektor auch direkt photographieren, indem man denselben Lichtstrahl vor dem Auftreffen auf das lichtempfindliche Papier von einem Pendel zum gegenüberliegenden gehen läßt (V.-M.).

c) Zusatz. Wird ein Körper auf der Erde nach Osten bewegt, so nimmt gemäß den Forderungen der GALILEI-NEWTONschen Mechanik seine Schwere ab, bei der Bewegung nach Westen zu.

Ist $\omega = 2\pi/T = 0{,}000073$ die Winkelgeschwindigkeit der Erde, φ die geographische Breite, dy/dt die östliche Komponente der Geschwindigkeit des relativ zur Erde bewegten Körpers, so wird die Änderung der Schwerebeschleunigung auf ihm:

$$\Delta g = -2\omega\cos\varphi\frac{dy}{dt}. \tag{135}$$

Die Messungen von HECKER wie von VENING-MEINESZ zeigten die Notwendigkeit dieser Korrektion, die bei normalen Schiffsgeschwindigkeiten in geringen Breiten gegen $100 \cdot 10^{-3}$ CGS betragen kann.

Baron R. v. EÖTVÖS, nach dessen Namen diese Korrektion bezeichnet wird, hat in den Ann. d. Phys. Bd. 59, S. 743. 1919 eine Methode angegeben, den Nachweis dieser kleinen Größe experimentell im Laboratorium zu erbringen.

Ein horizontal und vertikal beweglicher symmetrischer Wagebalken wird durch Motor in horizontale Rotation versetzt. Jede Hälfte des Wagebalkens bewegt sich danach zuerst von Ost nach West und dann umgekehrt und erfährt dadurch in vertikalem Sinne periodische Beschleunigungen infolge Δg nach (135). Sind die vertikalen Eigenperioden des Balkens nahezu in Isochronismus mit den künstlich durch horizontale Rotation erzeugten Δg-Impulsen, so vergrößern sich die vertikalen Amplituden durch Resonanz zu meß- und demonstrierbaren Größen.

20. Die Reduktionen der beobachteten Schwerkraftswerte. Die Erkenntnis, daß die Schwerkraft sich mit der Meereshöhe verändert und daß die Formation des Erdreliefs die beobachteten Schwerewerte beeinflußt, bringt die Notwendigkeit mit sich, einheitliche Vergleichszustände anzustreben.

Dabei geht man von verschiedenen Gedankengängen aus, je nach dem Zweck, für den man die Schwerkraftswerte benötigt.

Die Reduktionen sind andere, wenn die Erdfigur oder die Niveauflächen bestimmt werden sollen, und andere, wenn die praktische Geologie Unterlagen gewinnen will.

Im ersteren Fall ist zu bedenken, daß mit jeder Massenverschiebung eine Potentialänderung verbunden ist, während im zweiten Fall eine solche meist keine Rolle spielt.

Soweit man die im folgenden behandelten Reduktionen als normale bezeichnen kann, beziehen sie sich auf die bekannte Potentialfunktion U (Niveausphäroid). Die in Frage kommenden Reduktionen berücksichtigen die Anziehung der Massen über dem Meeresspiegel sowohl als auch die Massendefekte des Meereswassers, die also mit negativem Vorzeichen einzuführen sind.

a) Die Reduktion aufs Meeresniveau „wie in freier Luft". 1. Intensität. Wir bilden in dem Ausdruck (24) Ziff. 1 den Differentialquotienten dg/dr', der mit der Änderung nach der Höhe[1]) genau genug zusammenfällt:

$$\frac{dg}{dh} = -g\left\{\frac{2}{r'} + 3\,\frac{C - \dfrac{A+B}{2}}{r'^3 M}\,(1 - 3\sin^2\varphi') + \frac{3\omega^2 r'^2}{Mk^2}\cos^2\varphi' + \cdots\right\}, \tag{136}$$

[1]) Die Änderung von g mit der Höhe in freier Luft ist wiederholt durch Wägungen bestimmt worden. So fand PH. v. JOLLY in München (48° 8′) an Stelle 0,309 0,295, M. THIESEN in Breteuil (48° 50′) (berichtigt) 0,303, K. SCHEEL und H. DIESSELHORST in Charlottenburg (52° 31′) 0,289, FR. RICHARZ und O. KRIGAR-MENZEL in Charlottenburg 0,285. Die gegen den Normalwert geringeren Werte dürften von lokalen Einflüssen herrühren. Vgl. F. R. HELMERT, Die Schwerkraft und die Massenverteilung der Erde. Encykl. d. math. Wiss. Bd. VI, 1, 7.

wofür vielfach ausreicht:

$$dg^{(\mathrm{cm})} = -\frac{2g}{r'}(1 + 0{,}00071 \cos 2\varphi') = -0{,}3086\,(1 + 0{,}00071 \cos 2\varphi') \cdot 10^{-3} \cdot dh^{(\mathrm{m})}$$

(s. Tabelle 2, Ziff. 16).

Diese Reduktion wirkt sich also nahezu so aus, als ob man im Meeresniveau beobachtet und das ganze Erdrelief um die Meereshöhe der Station versenkt hätte. (Freilich ist bei dieser Vorstellung nicht der nunmehr veränderten Lage des Bezugspunktes zu den unter dem Meeresspiegel liegenden Massen Rechnung getragen.)

2. Lotrichtung. Hier ist zu bedenken, daß für die Trägheitsmomente $A = B$ die Ost-West-Komponente dieser Reduktion $= 0$ wird. Durch ähnliche Behandlung von (24) Ziff. 1 wie oben findet man für die Nord-Süd-Komponente[1])

$$d\xi = \frac{\varrho''}{r'}\,\frac{g_p - g_a}{g_a} \sin 2\varphi' dh = 0'',000\,172 \sin 2\varphi' dh^{(\mathrm{m})}. \tag{137}$$

b) Die Bouguersche Reduktion. Nach Reduktion wie a 1. bringt man weiter die Anziehung der ∞ ausgedehnten horizontalen Platte zwischen Station und Meer von dem gemessenen g in Abzug. Aus dem Potential dieser Platte (Dichte Θ) gewinnt man die Bouguersche Formel für die Plattenanziehung von der Dicke h:

$$\varDelta g = \frac{3}{2}\,\frac{\Theta}{\Theta_m}\,\frac{h}{R}\,g. \tag{138}$$

Dazu kommt noch, um das Relief zu berücksichtigen, die Geländereduktion. Während man die Anziehung der gesamten Topographie bis zum Meeresspiegel, strenggenommen um die ganze Erde herum, als topographische oder orographische Reduktion bezeichnet, bilden die topographische- + Geländereduktion zusammen die Anziehung der Platte. (Abb. 28.)

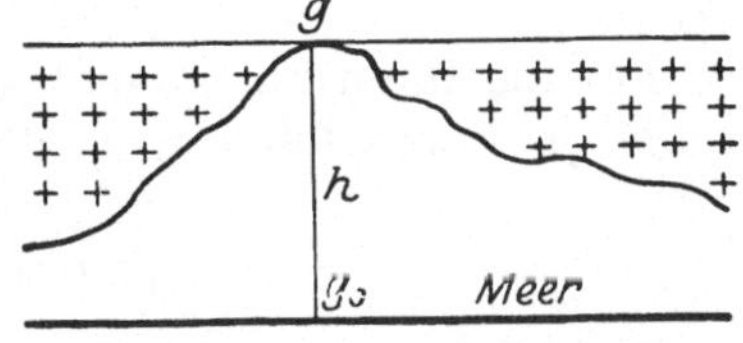

Abb. 28. Bouguersche Reduktion.

Die Krümmung der Platte hat aber wenig Einfluß (Helmert II, S. 144) und wird deshalb vernachlässigt.

Die Bouguersche Reduktion hat hauptsächlich Bedeutung für die Geologie bei Betrachtung der submarinen Schwerestörungen in kleinen Gebieten (z. B. norddeutsche Tiefebene), ist dagegen für Untersuchungen zur Erdfigur zu verwerfen.

Zu bemerken ist, daß die Schwererichtung durch diese Plattenanziehung nicht beeinflußt wird.

c) Die topographische (orographische) und die isostatische Reduktion. Die Berechnung dieser Reduktionen wie auch der Geländereduktion geschieht mit ein und demselben Formelsystem.

Die topographische Reduktion allein über den ganzen Erdball angewandt, würde die Anomalien der Schwere vollkommen entstellen. Sie hat nur Sinn als Geländereduktion oder in Verbindung mit der Reduktion wegen Isostasie (vgl. Ziff. 6).

Die Formeln beruhen darauf, daß man das die Station umgebende Terrain, strenggenommen bis zu den Antipoden, durch konzentrische Kreise und Radien in Sektorfelder zerlegt, deren Anziehung auf die Station berechnet wird.

---

[1]) Schon C. F. Gauss hat in einem Brief an J. J. Baeyer (Astron. Nachr. Bd. 84, S. 1. 1874) diese Reduktion angegeben.

Bei der topographischen Reduktion wird als Dicke dieser Felder die dort herrschende mittlere Meereshöhe angenommen, bei der isostatischen kommt zu der rein topographischen Wirkung die Anziehung derselben Masse als Kompensationsmasse negativ und als unterseeische genommen hinzu, in einer Tiefe, deren Festsetzung von den Erfahrungsgrundlagen abhängt.

Da diese ergeben haben, daß die Isostasie zwar im großen ganzen, nicht aber im einzelnen vorhanden ist, reduziert man neuerdings im Umkreis von 20 km rein topographisch, und erst von da ab isostatisch.

Für die rasche Erledigung der umfangreichen Rechnungen liegen zwei Tafeln vor, für die Intensität niedergelegt in den amerikanischen Werken von J. F. HAYFORD und W. BOWIE[1]) und in der deutschen Arbeit von O. MEISSNER[2]), für die Richtung hauptsächlich nur von HAYFORD. Die amerikanischen Tafeln berücksichtigen namentlich die nächste Umgebung der Station sehr detailiert, was zwar für die reine topographische Reduktion von Wert ist, aber für die isostatische, wie erwähnt, häufig Entstellungen verursachen kann. Für die letztere ist deshalb die Rechnung nach den MEISSNERschen Tabellen empfehlenswerter.

1. Intensität. Die Anziehung einer Masse dm auf die Masseneinheit in der Entfernung e, die beide in derselben Meereshöhe liegen, hat die

$$\left.\begin{aligned} \text{vertikale Komponente} &= k^2 \frac{dm}{e^2} \sin\beta, \\ \text{horizontale Komponente} &= k^2 \frac{dm}{e^2} \cos\beta, \end{aligned}\right\} \tag{139}$$

wo β den Depressionswinkel der Masse dm unter dem Horizont der Station bedeutet.

Für die Intensität kommt also bei gleicher Meereshöhe der Masse wie der Station in Frage, mit ϑ = Zentriwinkel zwischen Station und Masse:

$$J_0 = k^2 \frac{dm}{4r^2 \sin\frac{\vartheta}{2}} = k^2 dm E. \tag{140}$$

Liegt die Station um h höher oder tiefer als die Masse, so wird $J_h = k^2 dm\, E_1$ (vgl. HAYFORD und BOWIE, Wash. 1912[3]), S. 16 und Tabellen). An Stelle der kleinen Masse dm wird die eines Zylinderringes rund um die Station gesetzt mit Einführung seiner mittleren Höhe. Sind die Höhen sehr ungleich, so wird der Ring durch Radien in genügend viele Abschnitte untergeteilt.

O. MEISSNER rechnet bis 1274 km = 11°,6 Radius „eben" nach einer Zylinderformel. Ist a = Zylinderradius, b = Zylinderhöhe, h = Höhe der Station über der Oberfläche des Zylinders (Dichte Θ_a), so wird der durch ihn hervorgerufene Einfluß in g:

$$dg = -\frac{3 g_{45} \Theta_a}{2r\Theta_m}\left(b + \sqrt{a^2 + h^2} - \sqrt{a^2 + (b+h)^2}\right). \tag{141}$$

[1]) J. F. HAYFORD, The figure of the earth etc. Washington 1909, 1910; J. F. HAYFORD u. W. BOWIE, The effect of topography etc. Washington 1912; W. BOWIE, The effect of topography etc. (second paper). Washington 1912; und später folgende Arbeiten.

[2]) O. MEISSNER, Tabellen zur isostatischen Reduktion der Schwerkraft. Astron. Nachr. Bd. 206, S. 4924. 1918; Neue Tabellen. Ebenda Bd. 214, S. 5125. 1921.

[3]) Nach W. BOWIE, Investigations of gravity etc., Washington 1917, ist in der Arbeit 1912, S. 31, Tabelle C fehlerhaft.

Außerhalb $\psi = 11°,6$ bis $180°$ erfolgt „sphärische" Berechnung des Zylinderringes *a, i* ohne Rücksicht auf die Stationshöhe, die jetzt ohne Einfluß ist, nach (HELMERT, Enc. S. 117):

$$dg = -\frac{3 g_{45} \Theta_a b}{2 r \Theta_m}\left(1 + \frac{2\varrho^0}{\psi_a}\sin^2\frac{\psi_a}{2} - \frac{2\varrho^0}{\psi_i}\sin^2\frac{\psi_i}{2}\right). \tag{142}$$

2. Richtung[1]). Aus der oben angeführten horizontalen Komponente der Anziehungskraft ergibt sich entsprechend (140) der Ausdruck:

$$\mathfrak{L}_0 = k^2 dm \frac{\cos\frac{\vartheta}{2}}{4r^2 \sin^2\frac{\vartheta}{2}} = k^2 dm F. \tag{143}$$

Für eine Massenabteilung, die begrenzt ist durch die Radien a, a', die unter den Azimuten φ, φ' verlaufen und deren Oberfläche um h über der Niveaufläche der Station liegt, wird:

$$\mathfrak{L} = k^2 \Theta_a \int_a^{a'}\int_\varphi^{\varphi'}\int_0^h \frac{a^2\, da\, d\varphi\, dh}{(a^2 + h^2)^{\frac{3}{2}}}. \tag{144}$$

Daraus erhält man durch Integration die Lotablenkung ξ im Meridian, η im I. Vertikal, hervorgerufen durch diesen Ringabschnitt über dem Niveau der Station:

$$\left.\begin{aligned} \xi'' &= 0'',00772 \frac{\Theta_a}{\Theta_m} h (\sin\varphi' - \sin\varphi)\cdot f,\\ \eta'' &= -0'',00772 \frac{\Theta_a}{\Theta_m} h (\cos\varphi' - \cos\varphi)\cdot f,\\ f &= \lg\operatorname{tg}\frac{1}{4}\vartheta' - \lg\operatorname{tg}\frac{1}{4}\vartheta + \cos\frac{\vartheta'}{2} - \cos\frac{\vartheta}{2}. \end{aligned}\right\} \tag{145}$$

Meist genügt „ebene" Rechnung, die man bis 1000 km Umkreis ausdehnt, dann ist:

$$f = \lg\frac{a' + \sqrt{a'^2 + h^2}}{a + \sqrt{a^2 + h^2}}. \tag{146}$$

Den Zusatzbetrag der Lotablenkung infolge Berücksichtigung der Wurzeln in (146) bezeichnet HAYFORD als „slope correction". Für Massenteile unterhalb des Niveaus der Station ist h negativ zu nehmen; insbesondere für den Betrag der isostatischen Kompensation (Ausgleichstiefe T, Meereshöhe der Station H) zu (145) eine Berechnung mit

$$h = -H, \quad \Theta = \Theta_a \quad \text{und} \quad h = -T, \quad \Theta_i = -\Theta_a \frac{h + H}{T}$$

hinzuzufügen.

Die Reduktion wird praktisch so eingerichtet, daß man das Gelände in derart abgestufte Abteilungen gliedert, daß z. B. die Anziehung einer Abteilung von h m mittlerer Meereshöhe die Lotablenkung $= 0'',001\,h$ liefert.

d) Andere übliche Reduktionsmethoden. 1. Die Kondensationsreduktion von HELMERT ist im Grunde ebenfalls eine isostatische Reduktion; nur werden hier die über dem Meer befindlichen Massen und die unterseeischen

[1]) A. R. CLARKE, Geodesy, S. 295. 1880; F. R. HELMERT, Berl. Ber. 1914, S. 440; J. HAYFORD, The figure of the earth, S. 69. 1909; JORDAN-EGGERT, Bd. 3, S. 760. 1923.

Massendefekte auf eine in 21 km Tiefe befindliche Parallelfläche zum Geoid als „ideelle störende Schicht" kondensiert gedacht. Dies geschah aus Vorsicht, weil die Entwicklung von $1/e$ (16) Ziff. 1, Abb. 29 für $r = r'$ versagt. Praktisch wird so vorgegangen, daß die topographische Reduktion auf den Stationspunkt P von g abgezogen und die Anziehung der ideellen störenden Schicht auf den zu P gehörigen Meerespunkt zu g addiert wird, so daß gleichzeitig die Reduktion auf Meereshöhe angebracht ist.

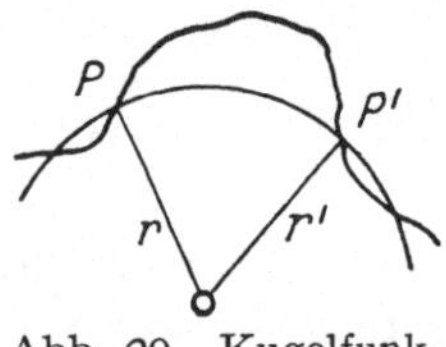

Abb. 29. Kugelfunktionen mit $r = r'$.

2. Über die Inversionsmethode von M. P. RUDZKI, die Methoden von A. PREY und M. BRILLOUIN vgl. HELMERT, Enc. Bd. VI, 1, 7, S. 172.

21. Der normale Verlauf der Schwerkraft im Meeresniveau. Die ersten Versuche, den Verlauf der Schwere auf der Erdoberfläche durch ein Glied $\sin^2\varphi$ darzustellen, stammen von LAPLACE und WALBECK. Mit wachsendem Beobachtungsmaterial, wozu namentlich wichtige Beiträge lieferten die Beobachtungen nahe an den Polen durch NANSENS und DRYGALSKYS Expeditionen, und nahe dem Äquator in Afrika durch E. KOHLSCHÜTTER, wurde es möglich, den Fehler in der Feststellung des normalen Verlaufs der Schwere auf nahezu $^1/_{100000}\,g$ zu verringern. Obwohl die neueren Messungen von g selbst zehnmal genauer sind, lassen doch die durch Massenstörungen hervorgerufenen Anomalien eine genauere Bestimmung des normalen Schwereverlaufs nicht zu.

Das Anwachsen der Zahl von Schweremessungen auf gegen 3000 veranlaßte HELMERT 1913, neben dem $C - (A + B)/2$ enthaltenden Hauptglied der Kugelfunktionen 2. Ranges auch das zweite Glied 2. Ranges, enthaltend $(B - A)$, berechnen zu lassen.

Außerdem wurde ein Versuch von A. IWANOW von 1898, ein Glied der Kugelfunktionen 3. Ranges zu berechnen, das eine Unsymmetrie zwischen Nord- und Südhalbkugel ausdrückt, wiederholt, mit dem Erfolg, daß eine solche Unsymmetrie sich nicht zeigte.

Um zur Ableitung einer Schwereformel zu gelangen, müssen die beobachteten g-Werte auf Meereshöhe reduziert sein, zweckmäßig werden aber auch die Anziehungseffekte der sichtbaren und unsichtbaren (Isostasie) Massenstörungen berücksichtigt, wozu früher die Kondensationsmethode von HELMERT diente, die außerdem Konvergenzbedenken nicht aufkommen läßt.

Man kann der empirischen Berechnung von g die Formel (24) Ziff. 1 zugrunde legen, indem man setzt:

$$g = g_0 (1 + \beta_1 \sin^2 B + \beta_2 \cos^2 B \cos 2L + \cdots) \tag{147}$$

oder aber allgemeiner, indem man nach DIRICHLETS Untersuchungen[1]), nach denen jede beliebige Funktion zweier Variabler, die wie die geographische Breite B und Länge L auf der Kugel variieren, immer und nur auf eine Weise nach Kugelfunktionen entwickelt werden kann, setzt:

$$g_{B',L'} = \sum_{n=0}^{\infty} \frac{2n+1}{4\pi} \int_0^{2\pi} dL \int_{-\frac{\pi}{2}}^{+\frac{\pi}{2}} g_{B,L} P_n \cos B \, dB \,, \tag{148}$$

worin P_n die Bedeutung der Kugelfunktionen haben.

[1]) P. G. LEJEUNE-DIRICHLET, Vorlesungen. Teubner 1876.

Die Koeffizienten der Kugelfunktionen werden aus den Beobachtungen so bestimmt, daß die Quadratsumme der übrigbleibenden g-Reste ein Minimum wird.

Es sind jetzt zwei Formeln im Gebrauch, von HELMERT 1901[1]):

$$\gamma_0 = 978{,}030\,(1 + 0{,}005302 \sin^2 B - 0{,}000007 \sin^2 2B)\,, \tag{149}$$

von HELMERT-BERROTH 1915[2]) (Längen von Greenwich):

$$\gamma_0 = 978{,}052 \left\{ \begin{aligned} &1 + 0{,}005\,285 \sin^2 B - 0{,}000007 \sin^2 2B \\ &+ \left. \begin{aligned} &0{,}000\,018 \cos^2\varphi \cos 2(\lambda + 17^\circ) \\ &\pm 4 \qquad\qquad\quad \pm 6 \end{aligned} \right\}. \end{aligned} \right\} \tag{150}$$

Diese letztere Formel zeigt also eine geringere Verschiedenheit der äquatorealen Hauptträgheitsmomente A und B an, die auf ein dreiachsiges Ellipsoid schließen läßt. Eine Bestätigung dieser Formel fand HEISKANEN[3]) 1924 aus ganz anderer Kombination und Behandlung des Beobachtungsmaterials.

In der Tabelle 4, Ziff. 21 sind die Längenglieder $= 0$ gesetzt. Es ist sehr wahrscheinlich, daß die Formel 1915, wenn erst genügend Messungen, namentlich zur See, vorhanden sind, durch ein Niveausphäroid komplizierterer Art ersetzt werden kann. Die angegebenen Formeln beziehen sich auf das Potsdamer Schweresystem, das folgendermaßen definiert ist:

Unter allen bisher gemachten absoluten g-Messungen wird die von F. KÜHNEN und PH. FURTWÄNGLER im Jahre 1906 in Potsdam beendigte als Grundlage angenommen und sämtliche g-Werte auf der Erde durch Schweredifferenzen gegen diese Zahl bestimmt. Es ergab sich durch Messung in Potsdam, Pendelsaal des geodätischen Instituts,

B	L	H_m	g
52°22',86	13°4',06	87,0	981,274 CGS,
			±3

daraus berechnet in Meeresniveau	$g_0 = 981{,}301$,
nach Abzug der Platte	$g_0'' = 981{,}294$,
Normalwert (1901)	$\gamma_0 = 981{,}2770$,
(1915)	$\gamma_0 = 981{,}2886$.

Die in diesem System ausgedrückten Schwerkraftswerte sind bisher niedergelegt in den Schwereberichten der Int. Erdmessung von E. BORRASS[4]), von denen die wichtigsten die der Konferenzen zu London 1909 und Hamburg 1912 sind.

Ganz allgemeine Beziehungen bestehen zwischen der Entwicklung der Ergebnisse der Schweremessungen nach Kugelfunktionen mit den damit innigst zusammenhängenden Veränderungen im Radiusvektor und den Krümmungsverhältnissen der Niveauflächen.

Die Entwicklung der Schwerkraft nach Kugelfunktionen:

$$g = g_0 \{1 + f(\omega) + k_2 + k_3 + k_4 + \cdots + k_n\} \tag{151}$$

zeitigt die Entwicklung im Radiusvektor der Niveaufläche:

$$r = r_0 \left\{1 - \frac{1}{4} f(\omega) + k_2 + \frac{1}{2} k_3 + \frac{1}{3} k_4 + \cdots + \frac{1}{n-1} k_n\right\} \tag{152}$$

---

[1]) F. R. HELMERT, Berl. Ber. 1901, S. 336.

[2]) F. R. HELMERT, Berl. Ber. 1915, S. 683; A. BERROTH, Gerlands Beitr. z. Geophys. Bd. 14, S. 3. 1916.

[3]) W. HEISKANEN, Veröff. d. Finnischen Geodät. Inst. Nr. 4.

[4]) E. BORRASS, s. Fußnote Ziff. 6.

Tabelle 4.

Die normale Schwerkraft im Meeresniveau nach den Formeln 1901 und 1915.

Geogr. Breite φ	g (1915)	d	Δg (1915—1901) 10^{-3}	Geogr. Breite φ	g (1915)	d	Δg (1915—1901) 10^{-3}	Geogr. Breite φ	g (1915)	d	Δg (1915—1901) 10^{-3}
40° 0′	980,181,1	14,8	+15,2	48° 0′	980,899,9	15,0	+12,9	56° 0′	981,598,8	14,0	+10,6
10	195,9	14,8	15,1	10	914,9	14,9	12,8	10	612,8	13,9	10,6
20	210,7	14,8	15,1	20	929,8	14,9	12,8	20	626,7	13,9	10,6
30	225,5	14,9	15,0	30	944,7	15,0	12,7	30	640,6	13,8	10,5
40	240,4	14,8	15,0	40	959,7	14,9	12,7	40	654,4	13,8	10,5
50	255,2	14,9	15,0	50	974,6	14,9	12,6	50	668,2	13,8	10,4
41 0	270,1	14,9	14,9	49 0	980,989,5	14,9	12,6	57 0	682,0	13,7	10,4
10	285,0	14,9	14,9	10	981,004,4	14,8	12,5	10	695,7	13,8	10,3
20	299,9	14,9	14,8	20	019,2	14,9	12,5	20	709,5	13,7	10,3
30	314,8	14,9	14,7	30	034,1	14,9	12,5	30	723,2	13,6	10,3
40	329,7	14,9	14,7	40	049,0	14,8	12,4	40	736,8	13,6	10,2
50	344,6	15,0	14,6	50	063,8	14,8	12,4	50	750,4	13,5	10,1
42 0	359,6	14,9	14,6	50 0	078,6	14,9	12,3	58 0	763,9	13,6	10,1
10	374,5	15,0	14,6	10	093,5	14,8	12,3	10	777,5	13,5	10,1
20	389,5	14,9	14,5	20	108,3	14,7	12,2	20	791,0	13,4	10,0
30	404,4	15,0	14,5	30	123,0	14,8	12,2	30	804,4	13,4	10,0
40	419,4	15,0	14,4	40	137,8	14,8	12,1	40	817,8	13,4	10,0
50	434,4	15,0	14,4	50	152,6	14,7	12,1	50	831,2	13,3	9,9
43 0	449,4	15,0	14,3	51 0	167,3	14,7	12,0	59 0	844,5	13,3	9,9
10	464,4	15,0	14,3	10	182,0	14,7	12,0	10	857,8	13,3	9,8
20	479,4	15,0	14,2	20	196,7	14,7	11,9	20	871,1	13,2	9,8
30	494,4	15,0	14,2	30	211,4	14,6	11,9	30	884,3	13,1	9,7
40	509,4	15,0	14,1	40	226,0	14,7	11,8	40	897,4	13,1	9,7
50	524,4	15,1	14,1	50	240,7	14,6	11,8	50	910,5	13,1	9,6
44 0	539,5	15,0	14,0	52 0	255,3	14,6	11,7	60 0	923,6	13,1	9,6
10	554,5	15,0	14,0	10	269,9	14,6	11,7	10	936,7	12,9	9,6
20	569,5	15,1	13,9	20	284,5	14,5	11,6	20	949,6	13,0	9,5
30	584,6	15,0	13,9	30	299,0	14,6	11,6	30	962,6	13,1	9,5
40	599,6	15,0	13,8	40	313,6	14,5	11,6	40	975,5	12,9	9,4
50	614,6	15,1	13,8	50	328,1	14,5	11,5	50	981,988,4	12,8	9,4
45 0	629,7	15,0	13,7	53 0	342,6	14,4	11,5	61 0	982,001,2	12,7	9,4
10	644,7	15,0	13,7	10	357,0	14,4	11,4	10	013,9	12,7	9,3
20	659,7	15,1	13,6	20	371,4	14,5	11,4	20	026,6	12,7	9,3
30	674,8	15,0	13,6	30	385,9	14,3	11,3	30	039,3	12,7	9,3
40	689,8	15,0	13,6	40	400,2	14,4	11,3	40	052,0	12,5	9,2
50	704,8	15,1	13,5	50	414,6	14,4	11,2	50	064,5	12,5	9,2
46 0	719,9	15,0	13,5	54 0	429,0	14,3	11,2	62 0	077,0	12,5	9,1
10	734,9	15,0	13,4	10	443,3	14,2	11,1	10	089,5	12,4	9,1
20	749,9	15,0	13,4	20	457,5	14,3	11,1	20	101,9	12,4	9,1
30	764,9	15,0	13,3	30	471,8	14,2	11,0	30	114,3	12,3	9,0
40	779,9	15,1	13,3	40	486,0	14,2	11,0	40	126,6	12,3	9,0
50	795,0	15,0	13,2	50	500,2	14,2	11,0	50	138,9	12,3	8,9
47 0	810,0	15,0	13,2	55 0	514,4	14,1	10,9	63 0	151,2	12,1	8,9
10	825,0	15,0	13,1	10	528,5	14,2	10,9	10	163,3	12,1	8,8
20	840,0	15,0	13,1	20	542,7	14,0	10,8	20	175,4	12,1	8,8
30	855,0	15,0	13,0	30	556,7	14,1	10,8	30	187,5	12,1	8,8
40	870,0	14,9	13,0	40	570,8	14,0	10,7	40	199,6	11,9	8,7
50	884,9	15,0	12,9	50	584,8	14,0	10,7	50	211,5	11,9	8,7
48 0	980,899,9		+12,9	56 0	981,598,8		+10,6	64 0	982,223,4		+ 8,7

und die Entwicklung in der Krümmung der Niveaufläche:

$$\left.\begin{aligned}\frac{1}{\varrho} = \frac{1}{\varrho_0}\Big\{1 - \frac{1}{2} f(\omega) + \frac{2(3-2)}{2\cdot 1} k_2 + \frac{3(4-2)}{2\cdot 2} k_3 \\ + \frac{4(5-2)}{2\cdot 3} k_4 + \cdots + \frac{n[(n+1)-2]}{2(n-1)} k_n\Big\}.\end{aligned}\right\} \tag{153}$$

Daraus geht hervor, daß die Kugelfunktionen höheren Ranges in g im Radiusvektor der Niveaufläche immer kleineren, in der Krümmung derselben immer größeren Einfluß erlangen (vgl. HELMERT II, S. 247, 266).

d) Die Bestimmung der Gradienten der Schwere. Die Eötvössche Drehwage[1]) (Schwerevariometer).

22. Einleitung. Es ist heute noch nicht möglich, alle sechs Differentialquotienten II. Ordnung der Potentialentwicklung einzeln zu bestimmen. Die Eötvössche Drehwage liefert die Größen:

$$\frac{\partial^2 W}{\partial x\,\partial y},\quad \frac{\partial^2 W}{\partial x\,\partial z},\quad \frac{\partial^2 W}{\partial y\,\partial z},\quad \left(\frac{\partial^2 W}{\partial y^2} - \frac{\partial^2 W}{\partial x^2}\right).$$

Denkt man sich an einem kurzen Faden eine punktförmige Masse P aufgehängt, so stellt sich der Faden in der Nähe dieser Masse in die Tangente der Kraftlinie, also in die Normale zur Niveaufläche durch P.

Nimmt man statt der punktförmigen Masse einen symmetrischen Stab, an dem der Faden in der Mitte M angreift, so stellt sich der Faden in M nur mehr angenähert in diese Normale, bei Drehung des Stabes jedesmal eine etwas andere Lage einnehmend.

Es wird neben dieser kaum wahrnehmbaren Winkeländerung des Fadens gegen seine Nullage auch der Winkel zwischen Faden und Balken beeinflußt. Letzterer ändert sich bei Drehungen des Balkens äußerst wenig und nur so weit, als der durch die Lage des Schwerpunktes zum Befestigungspunkt des Balkens bedingten Empfindlichkeit entspricht.

Zu diesem Gleichgewicht um eine horizontale Achse tritt das um die vertikale Fadenachse, das sehr empfindlich ist, weil die äußeren Störungskräfte nur Arbeit gegen die geringen Torsionskräfte des Fadens zu leisten haben. Wir haben uns hier nur mit dem letzteren zu beschäftigen. Der Vorläufer der Eötvösschen Drehwage ist die COULOMBsche Wage (1785), die von CAVENDISH (1798) erstmals zur Bestimmung der Gravitationskonstanten benützt wurde. Das von Eötvös erfundene Prinzip ist das der Drehung des ganzen Instruments, wodurch bei symmetrischem Balken die Krümmungsgrößen $(\partial^2 W/\partial y^2 - \partial^2 W/\partial x^2)$ und $\partial^2 W/\partial x\,\partial y$, bei unsymmetrischem (Hängegewicht) außerdem die Gradienten in der Niveaufläche $\partial^2 W/\partial x\,\partial z$, $\partial^2 W/\partial y\,\partial z$ aufgefunden werden. Wir beschäftigen uns hier nur mit dem II. Typus (Abb. 30). Für beide Typen von Drehwagen ist der Massenmittelpunkt der am Torsionsfaden hängenden Last derjenige Punkt, für den die abgeleiteten Potentialgrößen der Schwerkraft der Erde in Strenge gelten. Bei Berücksichtigung der Anziehung der Topographie (Ziff. 24) ist die Einführung der Höhe dieses Massenmittelpunktes von Bedeutung; er liegt bei den bisher üblichen großen Instrumenten etwa 30 cm unterhalb des Balkens und gegen 90 cm über dem Erdboden.

---

[1]) R. v. Eötvös, Wied. Ann. Bd. 59, S. 354. 1896; Verhandlgn. d. XV., XVI. und XVII. Konf. d. Int. Erdmessung; K. MADER, Literaturangaben s. Österr. Monatsschr. f. d. öffentl. Baudienst Bd. 9, S. 121. 1924; Wiener Ber. Bd. 133 (IIa), S. 117. 1924.

Als Torsionsfaden wird gewöhnlich ein etwa 60 cm langer, 0,04 mm dicker geglühter Platin-Iridiumfaden benützt; der Wagebalken hat eine Länge von $2l = 40$ cm und wiegt 80 g, wovon $2m = 60$ g auf die beiden Gewichte kommen, die an den Enden des Balkens zur Erhöhung des Trägheitsmoments angebracht sind. Das Hängegewicht befindet sich etwa $h = 55$ cm unter der Balkenachse.

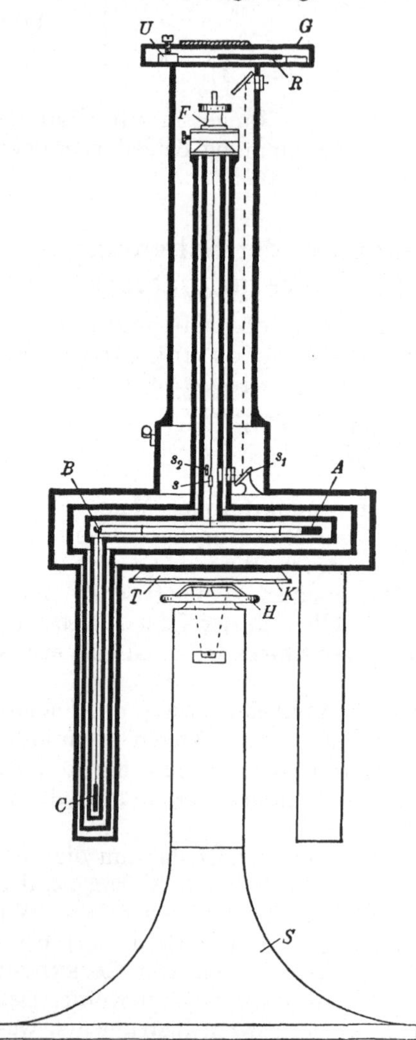

Abb. 30. EÖTVÖSsche Drehwage nach BAMBERG.

U Uhrwerk, *G* Gehäuse, *R* Rahmen (für Platten), *F* Torsionskopf, *s* Spiegel, *A B C* Balken, *T* Teller mit Uhrwerk, *K* Zahnkranz, *H* Handrad, *S* Stativ.

Vorbedingung für die erreichbare Genauigkeit von $1 \cdot 10^{-9}$ CGS in den gesuchten Potentialgrößen ist vorzüglicher Temperaturschutz, wie er z. B. beim BAMBERG-SCHWEYDARschen Instrument vorhanden ist, das außerdem nach O. HECKERS Vorgang photographische Registrierung hat. Die Werkstätte SÜSS (Budapest) erzeugt vorwiegend Instrumente zu visueller Beobachtung. Die verlangte Drehung im Azimut geschieht jetzt überall automatisch durch Uhrwerk. Neuerdings ist es gelungen, Instrumente mit veränderter Balkenform und mit geringer Größe und kleinem Gewicht zu konstruieren.

Vielfach wird die Forderung nach streng zur Fadenachse symmetrischem Bau der Wage gestellt, woraus z. B. die Anordnung der photographischen Platte am Oberteil des Instrumentes entsprang (Bamberg-Wage).

Die Anforderung der Symmetrie der Teile soll bezwecken, die Gradienten frei vom Einfluß der Masse der Wage zu erhalten. Aber auch unsymmetrische Wagen sind brauchbar, falls die unsymmetrischen Teile bei der Drehung mitbewegt werden, weil ihr Einfluß in die bestimmbare Nullage des Fadens als konstanter Betrag eingeht.

Man wartet in der jetzigen Praxis die Beruhigung des Wagebalkens ab, wodurch gegen 1 Stunde verstreicht. Bei der Doppelwage mit drei verschiedenen Azimuten benötigt man also für jede Station inklusive Aufbau 4 Stunden.

Die neueren Bestrebungen sind daher neben einer Verkleinerung der Dimensionen des Instrumentes auf eine Verkürzung der Beobachtungszeit gerichtet.

23. Theorie des Instruments. Wir legen zunächst, wie üblich, den Koordinatenanfangspunkt in den Schnittpunkt der Lotlinie des Gehängeschwerpunkts mit der Balkenachse, die $+z$-Achse eines rechtwinkligen Koordinatensystems in die Flächennormale des Gehängeschwerpunkts + nach oben, die $+x$-Achse in die horizontale Schwingungsebene der Balkenachse + nach Nord, die $+y$-Achse also nach Osten, und setzen den II. Typus des Instruments voraus.

Dann sind, da die gesamte Schwere in die z-Achse fällt, die Horizontalkomponenten derselben im Koordinatenanfangspunkt $= 0$. In jedem anderen Punkt dm des Balkens wirken jedoch, da die Niveaufläche durch den Anfangspunkt die anderen Balkenpunkte und namentlich das Hängegewicht nicht enthält, die Horizontalkomponenten g_x, g_y und erzeugen ein Drehmoment (Abb. 31):

$$D = \int (x g_y - y g_x)\,dm\,. \tag{154}$$

Für g_x, g_y können wir aber schreiben, ausgehend vom Koordinatenanfangspunkt ($g_{x_0} = 0 = g_{y_0}$):

$$\left.\begin{aligned} g_x &= \left(\frac{\partial^2 W}{\partial x^2}\right)_0 x + \left(\frac{\partial^2 W}{\partial x\,\partial y}\right)_0 y + \left(\frac{\partial^2 W}{\partial x\,\partial z}\right)_0 z\,,\\ g_y &= \left(\frac{\partial^2 W}{\partial y\,\partial x}\right)_0 x + \left(\frac{\partial^2 W}{\partial y^2}\right)_0 y + \left(\frac{\partial^2 W}{\partial y\,\partial z}\right)_0 z\,, \end{aligned}\right\} \tag{155}$$

womit aus (154) wird:

$$\left.\begin{aligned} D = {} & \left(\frac{\partial^2 W}{\partial y^2} - \frac{\partial^2 W}{\partial x^2}\right)_0 \int x y\,dm + \left(\frac{\partial^2 W}{\partial x\,\partial y}\right)_0 \int (x^2 - y^2)\,dm\\ & + \left(\frac{\partial^2 W}{\partial y\,\partial z}\right)_0 \int x z\,dm - \left(\frac{\partial^2 W}{\partial x\,\partial z}\right)_0 \int y z\,dm\,. \end{aligned}\right\} \tag{156}$$

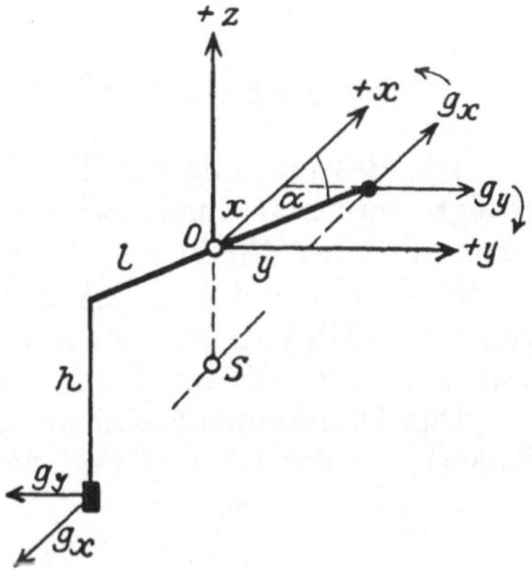

Diese Integrale sind auf andere zurückzuführen, die dem Apparat eigentümlich sind, indem ein mit dem Balken fest verbundenes Koordinatensystem ξ, η, z mit demselben Anfangspunkt eingeführt wird, dessen ξ-Achse (Balkenachse) mit der x-Achse den Winkel α bildet. Infolge der ξz-Ebene als Symmetrieebene wird dann:

$$\int \xi\eta\,dm = 0 \quad \text{und} \quad \int \eta z\,dm = 0\,. \tag{157}$$

Ferner wird sehr nahe, wenn K das Trägheitsmoment um die z-Achse bedeutet,

$$\left.\begin{aligned} \int \xi z\,dm &= m h l\,,\\ \int (\xi^2 - \eta^2)\,dm &= \int (\xi^2 + \eta^2)\,dm = K\,. \end{aligned}\right\} \tag{158}$$

Abb. 31. Die Drehwage im Kraftfeld.

Dem Drehmoment D nach (154) hält das Torsionsmoment $\tau\vartheta$ das Gleichgewicht, wo τ die Torsionskonstante, ϑ der Drehungswinkel ist. ϑ wird durch Spiegelung eines Lichtpunktes gewonnen (Entfernung Spiegel-Skale $= E$): $\vartheta = (n - n_0)/2E$, wo n_0 der noch unbekannten torsionslosen Stellung des Balkens entspricht.

Durch Gleichsetzen der beiden Drehmomente ergibt sich:

$$\begin{aligned} n - n_0 = {} & E\left(\frac{K}{\tau}\right)\left(\frac{\partial^2 W}{\partial y^2} - \frac{\partial^2 W}{\partial x^2}\right)_0 \sin 2\alpha + 2E\left(\frac{K}{\tau}\right)\left(\frac{\partial^2 W}{\partial x\,\partial y}\right)_0 \cos 2\alpha\\ & - 2E\,\frac{h l m}{\tau}\left(\frac{\partial^2 W}{\partial x\,\partial z}\right)_0 \sin\alpha + 2E\,\frac{h l m}{\tau}\left(\frac{\partial^2 W}{\partial y\,\partial z}\right)_0 \cos\alpha\,. \end{aligned} \tag{159}$$

Diese 5 Unbekannten (4 Potentialgrößen, 1 Fadennullpunkt) müssen durch Beobachtung in mindestens 5 Azimuten (am bequemsten vom magnetischen Meridian aus) bestimmt werden; um Zeit zu sparen, denn der Balken benötigt nach einer Drehung zur Beruhigung rund 50 Minuten, hat schon Eötvös ein Doppel-Schwerevariometer konstruiert mit zwei um 180° verschiedenen Balken, dessen 6 Unbekannte durch mindestens 3 Azimute gefunden werden. Bei Drehung in 4 Azimuten werden dabei die ersten beiden Unbekannten (Krümmungsgrößen), wie leicht ersichtlich, nicht erhalten.

Die Anwendung der Gleichung (159) auf die Doppelwage, indem wir für die erste bis vierte Unbekannte rechts zur Abkürzung schreiben W_Δ, W_{xy}, W_{xz}, W_{yz}:

$$n - n_0 = a \sin 2\alpha W_\Delta + 2a \cos 2\alpha W_{xy} - b \sin\alpha W_{xz} + b \cos\alpha W_{yz}, \tag{160}$$

$$n' - n'_0 = a' \sin 2\alpha' W_\Delta + 2a' \cos 2\alpha' W_{xy} - b' \sin\alpha' W_{xz} + b' \cos\alpha' W_{yz}, \tag{161}$$

auf die drei Balkenstellungen (0°, 120°, 240° Balken I, 180°, 300°, 60° Balken II) liefert die 6 Unbekannten:

$$\left.\begin{aligned} n_0 &= \frac{n_1 + n_2 + n_3}{3}, \\ n'_0 &= \frac{n'_1 + n'_2 + n'_3}{3}, \end{aligned}\right\} \tag{162}$$

$$W_{xz} = \frac{a'}{\sqrt{3}(a b' - a' b)} \left[(n_2 - n_0) - (n_3 - n_0) - \frac{a}{a'}\{(n'_2 - n'_0) - (n'_3 - n'_0)\}\right], \tag{163}$$

$$W_{yz} = \frac{a'}{(a b' + a' b)} \left[(n_2 - n_0) + (n_3 - n_0) - \frac{a}{a'}\{(n'_2 - n'_0) + (n'_3 - n'_0)\}\right], \tag{164}$$

$$W_\Delta = \frac{-b'}{\sqrt{3}(a' b + a b')} \left[(n_2 - n_0) - (n_3 - n_0) + \frac{b}{b'}\{(n'_2 - n_0) - (n'_3 - n_0)\}\right], \tag{165}$$

$$W_{xy} = \frac{-b'}{2(a' b + a b')} \left[(n_2 - n_0) + (n_3 - n_0) + \frac{b}{b'}\{(n'_2 - n_0) + (n'_3 - n_0)\}\right]. \tag{166}$$

Die Bestimmung des Trägheitsmoments K und des Torsionskoeffizienten τ erfolgt empirisch durch Schwingungsversuche und das CAVENDISHsche Experiment mit einer Bleikugel. Einem wie oben beschriebenen Faden entspricht ein Torsionskoeffizient von 0,5 Dyn × cm. Bei der erreichbaren Größenordnung von 10^{-9} CGS entsprechen nur 10^{-5} CGS der Empfindlichkeit des Fadens; deshalb sind 10^4 CGS im Trägheitsmoment des Balkens notwendig.

Das Drehmoment eines einseitig geklemmten, um den Winkel ϑ tordierten Fadens von der Länge l und dem Halbmesser r ist:

$$D = \left(\Phi \frac{\pi r^4}{2l}\right)\vartheta = \tau\vartheta, \tag{167}$$

mit dem Torsionsmodul Φ für Platiniridium $= 13300 \cdot 98100000$ Dyn/cm².

Die Messung der Schwingungszeit des Balkens muß, um ihren Wert unabhängig von der äußeren Massenverteilung zu bekommen, bei hängendem Gewicht in 4, bei angehobenem Hängegewicht in 2 zueinander senkrechten Stellungen erfolgen, wie auch aus folgenden normalen Verhältnissen ersichtlich ist.

Die Beeinflussung der Schwingungszeit T eines Drehwagenbalkens durch die Massen eines normalen Sphäroids. Es sei α die Ruhestellung des Balkens zur astronomischen NS-Linie, ε eine kleine Elongation aus dieser Stellung. Der Balken hat infolge seiner Elongation die Direktionskraft:

$$\frac{\Delta f}{\varepsilon} = \tau - K W_\Delta \cos 2\alpha + h l m W_{xz} \cos\alpha. \tag{168}$$

Für ungedämpfte Schwingungen gilt das Gesetz:

$$\frac{\Delta f}{\varepsilon} = \frac{\pi^2}{T^2} K. \tag{169}$$

Daraus folgt:

$$\frac{\pi^2}{T^2} = \frac{\tau}{K} - W_\Delta \cos 2\alpha + \left(\frac{h l m}{\tau}\,\frac{\tau}{K} W_{xz}\right)\cos\alpha, \tag{170}$$

$$\frac{\pi^2}{T^2} = a + b \cos 2\alpha + c \cos\alpha, \tag{171}$$

somit folgt die Schwingungszeit aus:

$$T = \frac{\pi}{\sqrt{a}}\left(1 - \frac{b}{2a}\cos 2\alpha - \frac{c}{2a}\cos\alpha\right). \tag{172}$$

Mit $a = 23\,868{,}6 \cdot 10^{-9}$, $b = -3{,}7 \cdot 10^{-9}$, $c = +10{,}7 \cdot 10^{-9}$ als beobachtetes Beispiel folgt das Maximum von T bei $\alpha = 180°$, die Minima bei $\alpha = 45°$, $315°$. Bei $T = 643{,}04$ sec beträgt die größtmögliche Differenz der Schwingungszeit $= 0{,}29$ sec.

Die praktische Verwendung der gemessenen Unbekannten geschieht so, daß die totalen horizontalen Gradienten nach den Formeln (31), Ziff. 3:

$$\left(\frac{\partial g}{\partial s}\right)_{\max} = \sqrt{W_{xz}^2 + W_{yz}^2},$$

$$\operatorname{tg}\tau = \frac{W_{yz}}{W_{xz}}$$

in einen Lageplan eingetragen werden. Bei sofortiger Auswertung im Felde können die nachfolgenden Stationen auf Grund der schon gewonnenen Ergebnisse angesetzt werden. An Stelle des Gradientenbildes wird häufig auch ein Isogammenplan entworfen (vgl. Ziff. 25a). Äußerst wertvoll ist die Eintragung der Krümmungsgrößen in die Karte, die nach Eötvös als gerichtete Balken gezeichnet werden. Man erhält die Richtung der Hauptkrümmungen und die Differenz ihrer Größe. Aus den Formeln (33) und (34) Ziff. 3 folgt:

$$\frac{1}{\cos 2\alpha_0} = \frac{R}{W_\Delta}, \tag{173}$$

$$R = \sqrt{4W_{xy}^2 + W_\Delta^2}; \quad \operatorname{tg} 2\alpha_0 = -\frac{2W_{xy}}{W_\Delta}, \tag{174}$$

$$\frac{1}{\varrho_1} = -\frac{W_{xx} + W_{yy}}{2g} + \frac{R}{2g}, \tag{175}$$

$$\frac{1}{\varrho_2} = -\frac{W_{xx} + W_{yy}}{2g} - \frac{R}{2g}, \tag{176}$$

$$\frac{R}{g} = \frac{1}{\varrho_1} - \frac{1}{\varrho_2}. \tag{177}$$

Bemerkung. Die Kenntnis von $\partial g/\partial z$ würde den Ausdruck:

$$\frac{\partial g/\partial z}{g} = \frac{1}{\varrho_1} + \frac{1}{\varrho_2} + \frac{2\omega^2}{g} \tag{178}$$

bestimmen, womit die Größe der Hauptkrümmungsradien bekannt wäre.

R hat, da aus einer Wurzel ermittelt, das Vorzeichen $\pm$. Es soll jedoch nach Übereinkunft, für R das $+$-Vorzeichen genommen werden, welches $1/\varrho_1$ zur größeren Krümmung macht, damit die Differenz $1/\varrho_1 - 1/\varrho_2$ stets $+$ wird.

α_0 ist das Azimut des größeren Krümmungsradius ϱ_2, R nach (174) wird als Balken in Richtung dieses in die Karte eingetragen. Der Balken vertritt die Stelle der Dupinschen Indikatrix. Aus den eingetragenen Krümmungsgrößen lassen sich wertvolle Schlüsse über das „Streichen" geologischer Formationen gewinnen, das meist in die Richtung der kleineren Krümmung der gesuchten Massenstörung fällt.

Außerdem erhält man nach (32) Ziff. 3 Aufschluß über den Krümmungsradius der Kraftlinie.

24. Reduktionen. Die topographische Reduktion entspringt denselben Ursachen, wie bei den Pendelmessungen (Ziff. 20, 2c), nur erstrecken sich in Anbetracht der hohen Empfindlichkeit des Instruments die Reduktionen hauptsächlich auf die nächstliegenden Massen. Der Sinn der Bezeichnungen weicht etwas von der der g-Reduktionen ab.

Bei der als „Geländereduktion" bezeichneten Berechnung der Massenanziehung berücksichtigt man im Umkreis von 100 Metern alle (auch fehlende) Massen, die 1. durch die natürliche Form des Geländes; 2. durch eine horizontale Ebene durch den Fußpunkt des Instruments begrenzt sind, die bei Bamberg-Wagen 90 cm tiefer liegt als der Schwerpunkt des Gehänges (Abb. 32).

Die Grundlagen zur Berücksichtigung dieser Reduktion werden durch ein Nivellement geschaffen, wobei das Gelände durch konzentrische Kreise mit den Radien 1,5 3 5 10 20 30 40 50 70 100 (m) und meist 8 Strahlen in Sektorabschnitte zerlegt wird (Abb. 33). Der Anziehungswert des innersten (Voll-)Kreises wird

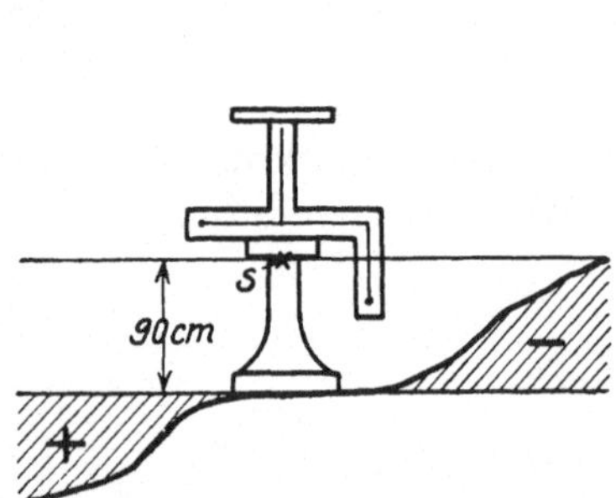

Abb. 32. Geländereduktion.

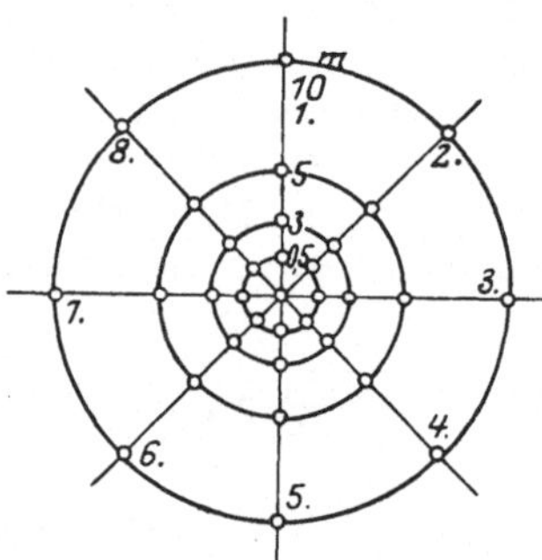

Abb. 33. Nivellement zur Geländereduktion.

entweder durch horizontales Planieren oder als der einer geneigten Ebene berücksichtigt.

Wenn die Vermutung naheliegt, daß in wenigen Metern unter der Oberfläche eine Schicht mit anderer Dichte verläuft, so muß diese mittels Bohrers ermittelt und ebenso in Rechnung gesetzt werden.

Die im allgemeinen weit geringeren Massenwirkungen außerhalb 100 m Umkreis bezeichnet EÖTVÖS als kartographische Wirkung, weil er die Höhenschichtlinien einer Karte zugrunde legt; diese Wirkung ist besonders für die Krümmungsgrößen noch bis in einige 100 km Entfernung empfindlich.

Eine genauere mathematische Darstellung der Form des Geländes, die allerdings durch die Unkenntnis der Dichte der Massen häufig illusorisch gemacht wird, erhält man nach W. SCHWEYDAR[1]) durch FOURIERsche Reihen.

Die Eötvössche Methode ist folgende:

Die Anziehung der Ringsektoren wird in eine nördliche und östliche Komponente zerlegt und ist für eine bestimmte Entfernung proportional der ermittelten Höhe.

Sind h_1 bis h_8 die nivellierten Höhen, so folgt z. B. für W_{xz} als Geländewirkung eines Ringes, der die nivellierten Höhen im mittleren Kreis enthält:

$$\dot{W}_{xz} = c h_1 + c h_2 \cos 45^\circ + c h_3 \cos 90^\circ + \cdots. \tag{179}$$

Daraus folgt:

$$W_{xz} = c\{h_1 - h_5 + 0{,}707\,(h_2 - h_6 - h_4 + h_8)\}, \tag{180}$$

[1]) W. SCHWEYDAR, ZS. f. Geophys. Bd. 1, S. 81. 1925.

$$W_{yz} = c\{h_3 - h_7 + 0{,}707\,(h_2 - h_6 + h_4 - h_8)\}, \tag{181}$$

$$W_{xy} = d\{h_2 - h_4 + h_6 - h_8\}, \tag{182}$$

$$W_\Delta = e\{h_1 - h_3 + h_5 - h_7\}, \qquad e = -2d. \tag{183}$$

Mit welcher Genauigkeit die Höhen bei der Geländereduktion bestimmt sein müssen, ist aus folgender Tabelle ersichtlich. Es entsteht durch einen mittleren Höhenfehler Δh im ganzen Ring r ein Fehler von $1 \cdot 10^{-9}$, bezogen auf die Instrumentenhöhe $h_0 = 90$ cm (Bamberg-Wage) und die Dichte der umgebenden Massen $\sigma = 2$, in den

Tabelle 5.

Krümmungsgrößen			Gradienten	
$r^{(m)}$	$\Delta h^{(cm)}$	$\Delta h^{(cm)}$	$r^{(m)}$	$\Delta h^{(cm)}$
1,5	W_{xy} 2,0	W_Δ 1,0	1,5	1,2
3	2,4	1,2	3	3,3
5	3,2	1,6	5	6,7
10	4,8	2,4	10	18,8
20	11,2	5,6	20	81
30	27,4	13,7	30	320
40	50	25	40	690
50	58	29	50	1230
70	64	32	70	1830
100	64	32	100	3000

Wie man sieht, erfordern die Krümmungsgrößen eine viel genauere Höhenbestimmung des Geländes als die Gradienten.

Um die tatsächlichen Störungswerte zu erlangen, sind die normalen Werte der Potentialgrößen (des Niveausphäroids) von den mit allen Reduktionen versehenen Messungswerten in Abzug zu bringen.

B. Normale Werte der Potentialgrößen (Niveausphäroid).

Tabelle 6.

Breite φ	G (1901) CGS.	$\frac{\partial^2 W}{\partial x^2}$ 10^{-9} CGS.	$\frac{\partial^2 W}{\partial y^2}$ 10^{-9} CGS.	$\frac{\partial^2 W}{\partial z^2}$ 10^{-9} CGS.	$\frac{\partial^2 W}{\partial y^2} - \frac{\partial^2 W}{\partial x^2}$ 10^{-9} CGS.	$\frac{\partial^2 W}{\partial x\,\partial z}$ 10^{-9} CGS.
40°	980 165,9	−1540,83	−1534,78	+3086,25	+6,05	+8,03
41	255,2	70	83	17	5,87	08
42	345,0	58	88	10	70	12
43	435,1	45	93	+3086,02	52	14
44	525,5	32	−1534,98	+3085,94	34	15
45	616,0	19	−1535,04	87	+5,15	16
46	706,4	−1540,07	09	80	+4,98	15
47	796,8	−1539,94	14	72	80	13
48	887,0	81	19	64	62	11
49	980 976,9	68	24	56	44	07
50	981 066,3	56	29	49	27	03
51	155,3	43	34	41	+4,09	+7,97
52	243,6	31	39	34	+3,92	90
53	331,1	19	45	28	74	83
54	417,8	−1539,06	50	20	56	75
55	503,5	−1538,93	55	12	38	65
56	588,2	82	60	+3085,06	22	55
57	671,6	70	64	+3084,98	+3,06	44
58	753,8	58	69	91	+2,89	32
59	834,6	47	74	85	73	19
60	981 914,0	−1538,36	−1535,78	+3084,78	+2,58	+7,06

Die normalen Werte beziehen sich auf die bekannten Krümmungsradien des Erdellipsoids und auf die HELMERTsche Formel 1901 für g.

Für ein Rotationsellipsoid als Niveaufläche und den astronomischen Meridian als x-Achse ist:

$$\left.\begin{aligned}
&\frac{1}{\varrho_x}=-\frac{1}{g}\frac{\partial^2 W}{\partial x^2}, \quad \frac{1}{\varrho_y}=-\frac{1}{g}\frac{\partial^2 W}{\partial y^2},\\
&\frac{\partial^2 W}{\partial z^2}=-\frac{\partial^2 W}{\partial x^2}-\frac{\partial^2 W}{\partial y^2}+2\omega^2, \quad \text{mit } \omega=\frac{2\pi}{86164}, \quad 2\omega^2=10{,}62\cdot 10^{-9},\\
&\frac{\partial^2 W}{\partial y\,\partial z}=0,\\
&\frac{\partial^2 W}{\partial x\,\partial y}=0; \quad R=\frac{\partial^2 W}{\partial y^2}-\frac{\partial^2 W}{\partial x^2}; \quad \frac{\partial^2 W}{\partial x\,\partial z}=\frac{\Delta g}{\Delta x}.
\end{aligned}\right\} \tag{184}$$

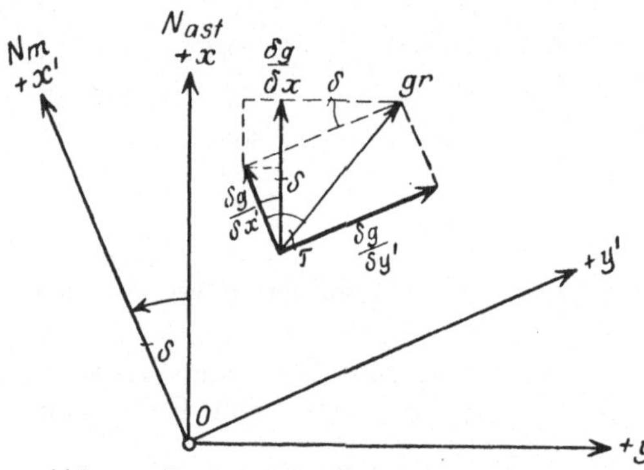

Abb. 34. Drehung des Koordinatensystems.

Die normalen Werte für die magnetische Orientierung sind hiervon um geringe Beträge verschieden (s. unten). Die schwächere Krümmung ist beim Rotationsellipsoid (Erde) in Richtung WO vorhanden.

C. Drehung des Koordinatensystems. Die Verwandlung in ein horizontal um δ gedrehtes Koordinatensystem, z. B. magnetisches in astronomisches System, geschieht mit den Formeln (Abb. 34):

$$\left.\begin{aligned}
W_{xz}&=W'_{xz}\cos\delta-W'_{yz}\sin\delta,\\
W_{yz}&=W'_{xz}\sin\delta+W'_{yz}\cos\delta,\\
W_{yy}-W_{xx}&=(W'_{yy}-W'_{xx})\cos 2\delta+2W'_{xy}\sin 2\delta,\\
W_{xy}&=-\tfrac{1}{2}(W'_{yy}-W'_{xx})\sin 2\delta+W'_{xy}\cos 2\delta.
\end{aligned}\right\} \tag{185}$$

25. Integration. Die Ermittlung der Schwerkraft selbst und von Niveauflächenstücken mit Hilfe der Drehwage.

a) Isogammen. Unter der Voraussetzung, daß die Stationen der Drehwage so eng liegen, daß der Verlauf der Gradienten wie ein stetiger verfolgt werden kann, läßt sich durch Integration über den Weg unter Zugrundelegung des g-Wertes der Ausgangsstation, g für den nächsten Umkreis dieser bestimmen.

Man hat zur Berechnung sog. Isogammenpläne:

$$\Delta g=\int_{P_0}^{P}\frac{\partial g}{\partial s}\,ds, \tag{186}$$

ein Ausdruck, der insbesondere für geschlossene Schleifen $=0$ werden muß. Die Flächen gleicher Schwerkraft $g(x, y, z) = \text{const.}$ schneiden die physische Erdoberfläche nach Isogammenkurven.

Sind in ds Höhenunterschiede dz enthalten, so tritt $\partial g/\partial z$ auf, wofür man nur den normalen Wert nehmen kann. Für eine von der Gradientenrichtung abweichende Richtung hat man die Projektion von $\partial g/\partial s$ auf diese zu nehmen.

b) Lotrichtung. Im Punkt P_0 sei ein rechtwinkliges Koordinatensystem nach der Lotrichtung und der Tangentialebene der Niveaufläche orientiert. Dann ist also in P_0 (Abb. 35):

$$W_x = 0, \quad W_y = 0, \quad W_z = -g. \tag{187}$$

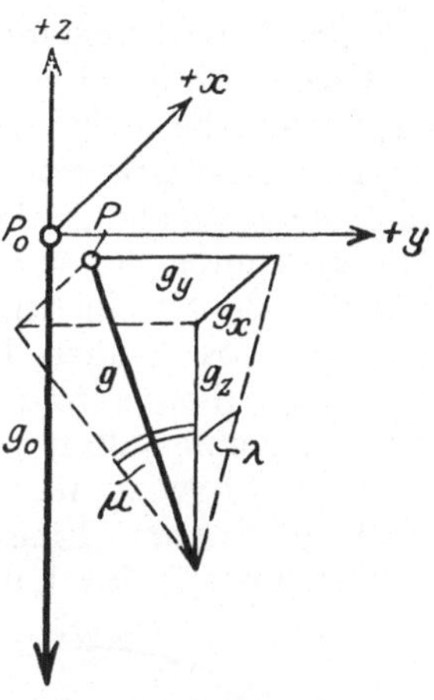

Abb. 35. Änderung der Lotrichtung.

Ein beliebiger benachbarter Punkt P hat aber in bezug auf dieses Koordinatensystem nicht mehr $W_x = 0$, $W_y = 0$, sondern es ist:

$$\sqrt{W_x^2 + W_y^2 + W_z^2} = g. \tag{188}$$

Wir erhalten den räumlichen Winkel zwischen der tatsächlichen Lotrichtung in P und der Parallelen zur z-Achse auf die xz- und yz-Ebene projeziert:

$$\operatorname{tg}\lambda = \frac{g_x}{g_z}, \qquad \operatorname{tg}\mu = \frac{g_y}{g_z}. \tag{189}$$

Da wir aber g_x, g_y nicht direkt messen können, sind wir genötigt, wieder zu den zweiten Differentialquotienten von W zu greifen. Unter Voraussetzung kleiner Winkel und mit $g_z = g$ erhält man:

$$\left.\begin{aligned} \lambda &= \frac{1}{g}\int_{P_0}^{P}\frac{\partial g_x}{\partial x}dx + \frac{1}{g}\int_{P_0}^{P}\frac{\partial g_x}{\partial y}dy + \frac{1}{g}\int_{P_0}^{P}\frac{\partial g_x}{\partial z}dz, \\ \mu &= \frac{1}{g}\int_{P_0}^{P}\frac{\partial g_y}{\partial x}dx + \frac{1}{g}\int_{P_0}^{P}\frac{\partial g_y}{\partial y}dy + \frac{1}{g}\int_{P_0}^{P}\frac{\partial g_y}{\partial z}dz. \end{aligned}\right\} \tag{190}$$

Da wir noch kennen nach (173), Ziff. 23 und (13) Ziff. 1:

$$W_{yy} - W_{xx} = +R\cos 2\alpha_0, \tag{191}$$

$$W_{xx} + W_{yy} + W_{zz} - 2\omega^2 = 0, \tag{192}$$

so erhält man für den Winkel der Lotrichtungen zweier Punkte P und P_0:

$$\left.\begin{aligned} \lambda &= \frac{1}{g}\left\{\int_0^P\left\{\omega^2 - \frac{R}{2}\cos 2\alpha_0 - \frac{1}{2}W_{zz}\right\}dx + \int_0^P W_{xy}\,dy + \int_0^P W_{xz}\,dz\right\}, \\ \mu &= \frac{1}{g}\left\{\int_0^P W_{xy}\,dx + \int_0^P\left\{\omega^2 + \frac{R}{2}\cos 2\alpha_0 - \frac{1}{2}W_{zz}\right\}dy + \int_0^P W_{yz}\,dz\right\}. \end{aligned}\right\} \tag{193}$$

Die Drehwage ermöglicht also, unter der einschränkenden Voraussetzung, daß es erlaubt sei, statt der unbekannten Werte W_{zz} die normalen Werte zu nehmen, Lotrichtungsdifferenzen und durch Vergleich mit geodätischen Amplituden, Lotabweichungen zu bestimmen, vgl. auch Ziff. 27. Über eine andere Methode s. Eötvös, Verhandlungen zur XV. allg. Conf. Berlin 1908, S. 378.

Die Drehwagenmethoden zur Bestimmung von Niveauflächenstücken hat Eötvös in der Arader Tiefebene (Ungarn) als brauchbar gefunden; auf die Norddeutsche Tiefebene, wo geologisch sehr komplizierte Verhältnisse herrschen, lassen sich diese Methoden nur mit Vorsicht übertragen. (Abb. 36.)

26. Weitere Beziehungen und Gravitations-Hilfsinstrumente. Durch EÖTVÖS und seine Mitarbeiter ist mit Hilfe der Drehwage die bisher weitestgehende experimentelle Prüfung des NEWTONschen Gesetzes der Proportionalität von Trägheit und Gravität erfolgt. Die Pendelversuche NEWTONS bewiesen bereits, daß die Anziehung, die auf die Masseneinheit von Stoffen aus verschiedenem Material durch ein und denselben Körper ausgeübt wird, um weniger als $^1/_{1000}$ ihrer Größe verschieden sei. BESSEL konnte den Beweis bis auf $^1/_{60000}$ führen, und EÖTVÖS endlich konstatierte keinerlei Unterschiede über der Ordnung $^1/_{100000000}$ (bewiesen für Platin, Kupfer, Magnalium, Schlangenholz, Talg, Asbest, Kupfersulfat, reines Wasser).

Der EÖTVÖSsche Gravitationskompensator und der Gravitationsmultiplikator. Eine wesentlich höhere Empfindlichkeit der Drehwage erreichte EÖTVÖS im Laboratorium in Verbindung mit seinem Gravitationskompensator. Derselbe[1]) besteht aus zwei sich gegenüberliegenden, starr miteinander verbundenen Zylinderquadranten aus Blei, die um eine horizontale Achse drehbar sind und bei der symmetrischen Drehwage, die Balken an den Enden frei umschließend, Aufstellung fanden.

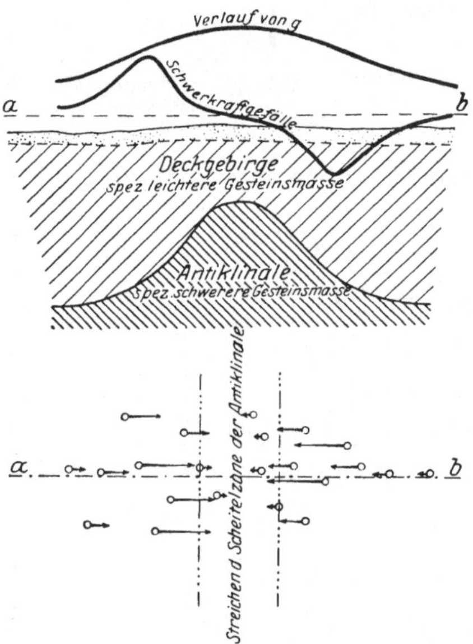

Abb 36. Schwereverlauf über einer Antiklinale.

Die Halbierungslinie des Querschnitts der Quadranten bildet mit der Horizontalen den Winkel φ und das Drehmoment, das sie auf den Balken ausüben, ist von diesem Winkel abhängig. (Abb. 37.)

Ist das Drehmoment der äußeren Kräfte wie früher $= \tau\vartheta$, das Drehmoment der kompensierenden Massen $= \sigma\vartheta$, so wird das Drehmoment, welches den Balken in die Gleichgewichtslage führt $= (\tau - \sigma)\,\vartheta$.

Da andererseits gesetzt werden kann $\sigma\vartheta = (m + n\cos 2\varphi)\,\vartheta$, so wird für das wirksame Drehmoment erhalten:

$$\varDelta f = (\tau - m - n\cos 2\varphi)\,\vartheta\,. \quad (194)$$

Wie ersichtlich, kann, falls nur n groß genug ist, durch Veränderung der Neigung φ das Drehmoment $\backsim 0$ gemacht, d. h. nahezu labiles Gleichgewicht herbeigeführt werden, wodurch eine hohe Empfindlichkeit gegenüber neu hinzutretenden Störungskräften eintritt. Diese kann so groß gemacht werden, daß bei passender Aufstellung die durch die Zunahme der Wasserhöhe eines Meeres um 1 cm bedingte Anziehungsänderung einen Ausschlag des Balkens von mehreren Bogenminuten hervorruft.

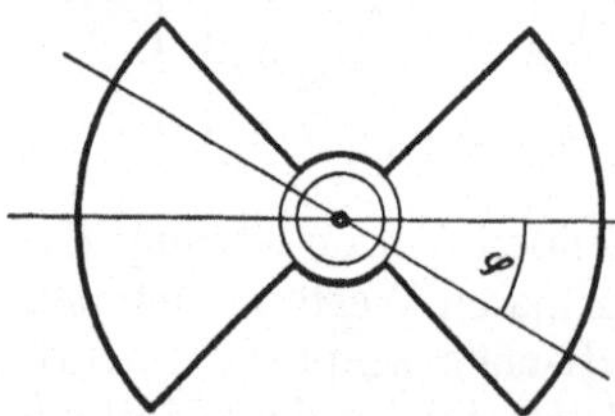

Abb 37. EÖTVÖSsche Zylinderquadranten.

Zum Studium der Gasreibung und zur genauen Bestimmung der Schwingungsdauer eines Wagebalkens und ihrer Änderung empfahl EÖTVÖS seinen Gravitationsmultiplikator. Derselbe[1]) beruht auf Erzeugung erzwungener Schwingungen des Balkens in der Nähe der Resonanz. Durch periodische Verlagerung bekannter Massen von Perioden in der Nähe der Resonanz mit den Eigenschwin-

[1]) R. v. EÖTVÖS, Wied. Ann. Bd. 59, S. 392 u. 398. 1896.

gungen des Balkens werden die kleinen Amplituden des Balkens allmählich stark vergrößert. EÖTVÖS konstruierte zur Massenverlagerung einen elektromagnetischen Multiplikator.

27. Lotabweichung, Pendel und Drehwage. Man verwendet heutzutage diese drei Methoden gravimetrischer Art zur Erkennung von Störungsmassen in der Erdkruste. Außer diesen gravimetrischen sind seismische, magnetische und elektrische Methoden im Gebrauch.

Das Pendel gestattet die Bestimmung des Betrages des totalen Gradienten des Schwerepotentials (der Anziehungs- und der Zentrifugalkraft) als Ganzes. Als Lotabweichung ergibt sich der Richtungsunterschied dieses totalen Gradienten gegen den des normalen Gradienten eines Niveausphäroids oder die Differenz der Richtungen der Flächennormalen eines Punktes φ, λ der Niveaufläche und des entsprechenden Punktes φ, λ der Referenzfläche. Die Drehwage schließlich erlaubt die Bestimmung gewisser zweiter Differentialquotienten dieses Potentials, mit Ausnahme besonders von $\partial^2 W/\partial z^2$.

Das gegenseitige Genauigkeitsverhältnis. Alle drei Methoden erlauben von sich aus nur die Feststellung einer ideellen störenden Schicht (Flächenbelegung), über deren Sitz in der Tiefe nur etwas ausgesagt werden kann, wenn die Dichte der Massen bekannt ist. In Verbindung mit geologischen Spekulationen ist es aber sehr wohl möglich, daraus den Umfang und die Lage, manchmal auch die Tiefe der störenden Massen zu erkennen.

Die maximale Genauigkeit der Festlegung der Lotabweichung beträgt $\pm 0'',1$ und steht deshalb, relativ zu einer vorhandenen Störungsmasse genommen, der heutigen Genauigkeit der Pendelmessungen effektiv nicht nach. Sie ist aber besonders dadurch im Nachteil, daß ihre genaue Bestimmung noch schwieriger ist als die Messung von g, mehr Zeit beansprucht, eine Triangulation voraussetzt und durch die Fehleranhäufung derselben auf große Entfernungen ungünstig beeinflußt wird.

Die in der Praxis sich bisher zeigenden Bedürfnisse haben Drehwagenmessungen auf kleinen lokalen, meist unter sich zusammenhangslosen Gebieten gezeitigt, und dafür haben auch die Gradientenbilder genügt. Für die Wissenschaft besteht jedoch die Aufgabe, die Niveauflächen im Zusammenhang zu studieren. Dafür ist die unumgängliche Voraussetzung, ein festes Netz von g-Messungen zu schaffen, dessen Maschenweite sich ganz nach der jeweils erreichten Genauigkeit in g und der durch die Gradienten zulässigen Interpolationsmöglichkeit richtet. Theoretisch ist die zulässige Maschenweite der g-Messungen bei einer Genauigkeit von 10^{-9} und 10^{-3}, um einen genauen Isogammenplan von mindestens 10^{-3} zu erreichen, $= 2 \cdot 10 = 20$ km; in der Praxis dürften aber öfters kaum einige Kilometer in Frage kommen.

Zur vollständigen Bestimmung der Potentialfunktion und namentlich für die praktische Geologie sehr erwünscht wäre die Messung des Gradienten $\partial^2 W/\partial z^2$, die bis jetzt mit der erforderlichen Schärfe von 10^{-9} nicht gelungen ist.

Ein indirekter Notbehelf zu diesem Gradienten zu gelangen, ist in den Formeln (193) angezeigt. Da die Lotrichtung zweier um 1 km abstehender Punkte astronomisch auf $0'',1$, mit der Drehwage $\frac{1}{g}\int W_{xy}\,dx_\varrho$ usw. für 1 km Weg aber ebenso genau ermittelt werden kann, folgt aus (193) die Ableitung eines mittleren Wertes W_{zz}.

Obwohl einer weit ausgedehnten Gesteinsplatte von 10 m Dicke von der Dichte 2,3 nur eine Anziehung von 0,001 Dyn, also der heutigen Messungsgenauigkeit in g entspricht, genügt sie doch, in geologisch geeigneten Gegenden, z. B. der Norddeutschen Tiefebene, die tektonischen Verhältnisse des Untergrundes aufzudecken, wie F. KOSSMAT[1]) gezeigt hat, der die g-Messungen in Deutschland, hauptsächlich von L. HAASEMANN, diskutierte.

Die Verwendung der Drehwage hat sich bisher bewährt zur Verfolgung und Aufdeckung von Lagerstätten in Salzen, Erdöl, Kalk und Erzen.

e) Die Störungen der Schwerkraft durch Sonne und Mond.

Sie sind nur für diese beiden Himmelskörper von Belang, für die Sonne wegen ihrer großen Masse, für den Mond wegen seiner großen Nähe.

Den Einfluß der Anziehung dieser Himmelskörper auf die Schwerkraft in einem bestimmten Punkt P der Erdoberfläche erhält man dadurch, daß man von den Komponenten der Anziehungskraft des Himmelskörpers auf P die

entsprechenden Komponenten auf den Schwerpunkt der Erde abzieht.

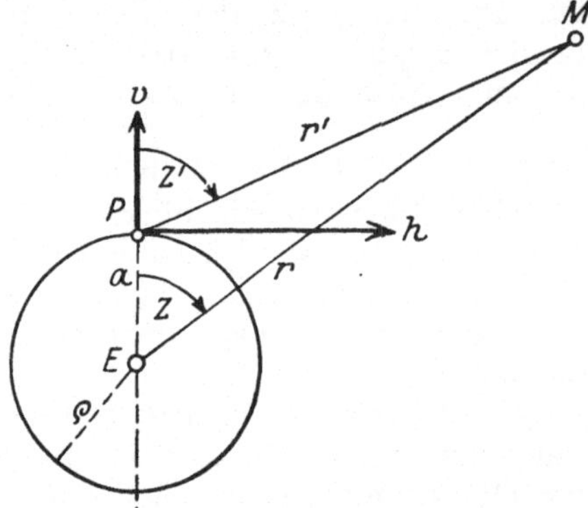

Abb. 38. Fluterzeugendes Potential.

28. Theorie. Das Potential dieser Kräfte wird fluterzeugendes Potential genannt, die Bewegungen der festen Erdoberfläche unter ihrem Einfluß heißen die Gezeiten der festen Erde.

Die Flutkräfte in P haben also, die Mondmasse M allein betrachtet, die horizontale und vertikale Komponente (s. Abbildung 38):

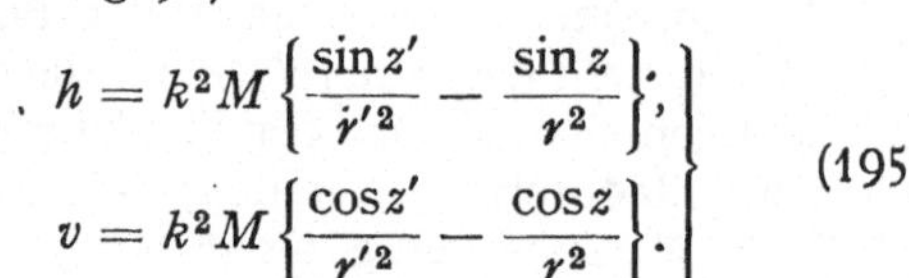

$$\left.\begin{aligned} h &= k^2 M \left\{\frac{\sin z'}{r'^2} - \frac{\sin z}{r^2}\right\}, \\ v &= k^2 M \left\{\frac{\cos z'}{r'^2} - \frac{\cos z}{r^2}\right\}. \end{aligned}\right\} \quad (195)$$

Unter Wegschaffung von r' und der Zenitdistanz z', und Einführung der Mondparallaxe $\sin p = a/r$ ($\sim 1/60$) ergibt sich daraus praktisch stets ausreichend:

$$\left.\begin{aligned} h &= \frac{3}{2} k^2 M \frac{a}{r^3} \sin 2z = \frac{3}{2} g \frac{M}{E} \frac{a}{r^3} \varrho^2 \sin 2z, \\ v &= 3 k^2 M \frac{a}{r^3}\left(\cos^2 z - \frac{1}{3}\right) = 3 g \frac{M}{E} \frac{a}{r^3} \varrho^2 \left(\cos^2 z - \frac{1}{3}\right), \end{aligned}\right\} \quad (196)$$

worin ϱ den mittleren Erdhalbmesser, a ihren Halbmesser in P bedeutet.

Mit $\frac{M}{E} = \frac{1}{82}$, $\frac{S}{E} = 329000$, $\frac{a}{r_m} = \frac{1}{60}$, $\frac{a}{r_s} = \frac{1}{23500}$ wird der Maximalwert der Horizontal- und Vertikalbeschleunigung durch den Mond (m) und die Sonne (s):

$$h^{(m)} = {}^1/_{11\,900\,000} \cdot g, \qquad v^{(m)} = {}^1/_{8\,900\,000} \cdot g,$$
$$h^{(s)} = {}^1/_{25\,900\,000} \cdot g, \qquad v^{(s)} = {}^1/_{19\,400\,000} \cdot g.$$

Die Ausdrücke (196) sind die partiellen Ableitungen $-\frac{\partial V}{a\,\partial z}$ und $+\frac{\partial V}{\partial a}$ des fluterzeugenden Potentials bei starrer Erde:

$$V = \frac{3}{2} k^2 M \frac{a^2}{r^3}\left(\cos^2 z - \frac{1}{3}\right) = \frac{3}{2} g \frac{M}{E} \frac{a^2}{r^3} \varrho^2 \left(\cos^2 z - \frac{1}{3}\right). \quad (197)$$

Den Ausdruck V kann man, wenn man die geographischen Koordinaten φ, λ des Beobachtungsortes einführt, nach Kugelfunktionen dieser entwickeln.

---

[1]) F. KOSSMAT, Leipziger Abhandlgn. Bd. 38, 1921.

Jedes der entstehenden unendlich vielen Glieder[1]) können wir als das Potential einer selbständigen Kraft auffassen, zu den Mondgliedern addieren sich einfach die Sonnenglieder. V läßt sich als eine unendliche Reihe von Gliedern darstellen, deren jedes ein Produkt aus einer Kugelfunktion II. Grades der geographischen Breite und Länge und einer einfachen harmonischen Funktion der Zeit ist:

$$V = \sum F^{(s)} P_2^{(s)} \cos(\gamma t + s\lambda - \psi_0), \tag{198}$$

worin $P_2^{(s)}$ eine zugeordnete Kugelfunktion II. Grades s^{ter} Ordnung, $\frac{2\pi}{\gamma}$ die Periode des Gliedes und ψ_0 eine anfängliche Phase bedeutet:

Für P_2 gelten die bekannten 3 Glieder (19)

$$(\sin^2\varphi - \tfrac{1}{3}), \quad \sin\varphi\cos\varphi\cos\lambda, \quad \cos^2\varphi\cos 2\lambda.$$

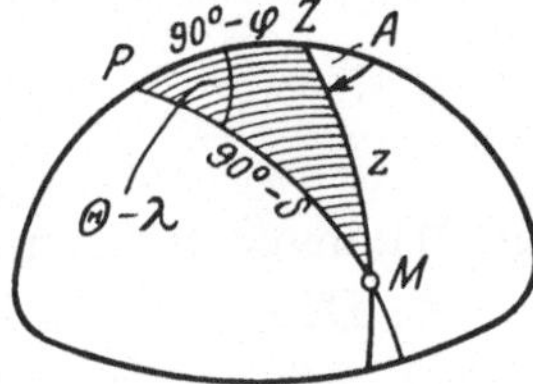

Abb. 39. Dreieck Zenit-Pol-Stern.

Für $s = 0$ wird P_2 nach W. THOMSON als zonale (oder langperiodische), für $s = 1$ als tesserale (oder nahezu eintägige), für $s = 2$ als sektorielle (oder nahezu halbtägige) Kugelfunktion bezeichnet (WANGERIN II 1921, S. 76).

Der Ansatz (198) kann dazu dienen, die einzelnen Glieder empirisch zu bestimmen. Die bessere theoretische Übersicht behalten wir, indem wir mittels der Deklination δ und des Stundenwinkels Θ des Mondes mit Hilfe des Dreiecks Zenit-Pol-Stern (Abb. 39) die Gleichung (197) umformen zu:

$$\left.\begin{aligned} V = \frac{3}{4} g \frac{M}{E} \frac{a^2}{r^3} \varrho^2 \Big\{ 3\left(\sin^2\delta - \frac{1}{3}\right)\left(\sin^2\varphi - \frac{1}{3}\right) \\ + \sin 2\delta \sin 2\varphi \cos(\Theta - \lambda) + \cos^2\delta \cos^2\varphi \cos 2(\Theta - \lambda)\Big\}. \end{aligned}\right\} \tag{199}$$

Infolge der Glieder δ hat V in allen drei Gliedern eine Periode von 14 Tagen, infolge $\cos\Theta$ dazu eine solche von einem ganzen und infolge $\cos 2\Theta$ eine solche von einem halben Mondtag.

Für das Weitere müssen wir nun grundsätzlich unterscheiden, ob die durch die Flutkraft hervorgerufene elastische Verbiegung der Erdoberfläche bei Berechnung der Schwerestörungen berücksichtigt werden soll oder nicht.

Starre Erde. A. Lotrichtung. Wir rechnen die Änderungen der Lotrichtung hier nicht wie in Ziff. 10 angegeben als Zenitabweichungen, weil sie nicht aus astronomischen Messungen hervorgehen, sondern wie üblich, als die direkt sichtbaren Abweichungen der Spitze eines frei hängenden Lotes. Die durch den Mond hervorgerufene Lotablenkung in Richtung dx: $\varepsilon_x = \partial V / g\, \partial x = \varrho'' h/g$, mittels des südlichen Azimuts A des Mondes in eine nördliche und westliche Komponente zerlegt, wird nach (196):

$$\left.\begin{aligned} \xi &= -\frac{3}{2} \frac{M}{E} \frac{a}{r^3} \varrho^2 \sin 2z \cos A, \\ \eta &= \frac{3}{2} \frac{M}{E} \frac{a}{r^3} \varrho^2 \sin 2z \sin A, \end{aligned}\right\} \tag{200}$$

[1]) G. H. DARWIN u. S. S. HOUGH, Bewegung der Hydrosphäre. Encykl. d. math. Wiss. Bd. VI, 1 B, S. 36; G. H. DARWIN, Scientific papers, Bd. I, S. 20; W. SCHWEDYAR, Untersuchungen über die Gezeiten der festen Erde. Veröff. des Kgl. Preuß. Geod. Inst. N. F. Nr. 54. Leipzig 1912.

oder durch die Differentiationen $\frac{1}{ag}\frac{\partial V}{\partial\varphi}$ und $\frac{1}{ag\cos\varphi}\frac{\partial V}{\partial\lambda}$:

$$\left.\begin{aligned}\xi &= -\frac{3}{4}\frac{M}{E}\left(\frac{a}{r}\right)^3\{(1-3\sin^2\delta)\sin 2\varphi - 2\sin 2\delta\cos 2\varphi\cos(\Theta-\lambda) \\ &\qquad + \cos^2\delta\sin 2\varphi\cos 2(\Theta-\lambda)\},\\ \eta &= \frac{3}{2}\frac{M}{E}\left(\frac{a}{r}\right)^3\{\sin 2\delta\sin\varphi\sin(\Theta-\lambda) + \cos^2\delta\cos\varphi\sin 2(\Theta-\lambda)\}.\end{aligned}\right\}\qquad(201)$$

Die maximale Totalablenkung beträgt für den Mond $0'',017\sin 2z$, für die Sonne $0'',008\sin 2z$.

B. Intensität. Die Störung dieser wird einfach:

$$\Delta g_s = \frac{\partial V}{\partial a} = \frac{2V}{a} = v, \qquad (202)$$

im Maximum für den Mond $1,1\cdot 10^{-4}$, für die Sonne $0,5\cdot 10^{-4}$ CGS.

C. Die vertikale Verschiebung der Niveaufläche ist:

$$y = \frac{V}{g}, \qquad (203)$$

im Maximum durch den Mond 0,36 cm, durch die Sonne 0,17 cm, die maximale Variation für den Mond 0,54 cm, für die Sonne 0,25 cm.

Harmonische Analyse. Die in (198) angedeutete Entwicklung der Beobachtungsergebnisse auf elastischer Erde geschieht praktisch nach besonders ausgearbeiteten Verfahren[1]).

Ein beliebiges Störungsglied im Azimut α ergibt sich danach in der Form:

$$\varepsilon = r\cos(it-\zeta). \qquad (204)$$

Aus zwei solchen zusammengehörigen in den Azimuten α_1 und α_2 vorhandenen Gliedern (204) erhält man die nördliche und westliche Komponente der Störung:

$$\xi = \frac{\varepsilon_1\sin\alpha_2 - \varepsilon_2\sin\alpha_1}{\sin(\alpha_1-\alpha_2)}, \quad \eta = \frac{\varepsilon_1\cos\alpha_2 - \varepsilon_2\cos\alpha_1}{\sin(\alpha_1-\alpha_2)}. \qquad (205)$$

Wir wenden uns den experimentellen Bestimmungen zu und zwar zunächst dem

29. Nachweis der lunisolaren Störung der Lotrichtung durch

A. Das Horizontalpendel. Dasselbe geht in seinem Grundgedanken auf HENGLER 1832 zurück, der einen horizontal beweglichen Stab an zwei divergierenden Fäden von oben und unten befestigte. Erfolgt durch äußere Ursachen eine geringe Neigung der vertikalen Drehachse, so folgt der Stab dieser Neigung und stellt sich in die der neuen Stellung der Vertikalachse entsprechende Gleichgewichtslage ein. (Abb. 40.)

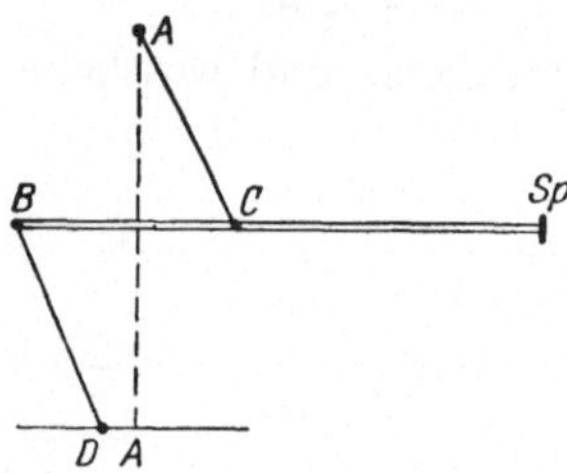

Abb. 40. Prinzip des Horizontalpendels.

1869 hat ZÖLLNER ein Horizontalpendel angegeben, bei welchem an zwei von oben und unten kommenden schwach divergierenden Stäben oder Drähten mittels feiner Uhrfedern das 3 kg schwere Gewicht befestigt und Spiegelablesung benutzt ist. Die

[1]) Literatur hierüber vgl. JORDAN-EGGERT, Bd. III, S. 812. 1923; W. SCHWEYDAR, Harmonische Analyse der Lotstörungen durch Sonne und Mond. Leipzig 1914.

nahezu vertikal stehende Verbindungslinie der Befestigungspunkte der Drähte stellt die Drehachse des horizontal schwingenden Stabes dar. Eine neuere, aber nicht überlegene Konstruktion ist das Horizontalpendel von E. v. REBEUR-PASCHWITZ (Abb. 41), bei welchem der horizontal bewegliche Stab mittels Achatspitzen gelagert ist, wobei meist zwei Pendel für die zwei Lotkomponenten gleichzeitig montiert sind. Wertvolle Beobachtungen haben mit Horizontalpendeln außer dem letztgenannten angestellt: HECKER, SCHWEYDAR, EHLERT, KORTAZZI, HAID und ORLOFF.

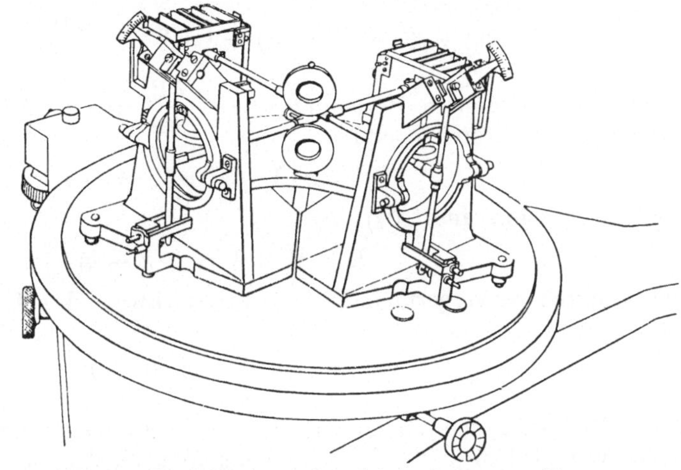

Abb. 41. Zwei Horizontalpendel nach REBEUR-PASCHWITZ.

Dabei waren erhebliche Schwierigkeiten zu überwinden, weil durch die Sonnenstrahlung der Erdboden periodische Verbiegungen erleidet, die an der Oberfläche größer sind als die gesuchten Einflüsse. Deswegen stellte HECKER[1]) seine Pendel zuerst in einer 25 m tiefen Brunnenkammer auf und später W. SCHWEYDAR[2]) in 189 m Tiefe in Freiberg i. Sa. und in Přibram in 1100 m Tiefe mit dem Erfolg, daß außer den halbtägigen auch die eintägigen Glieder der Lotbewegung bis zu Amplituden von 0″,0001 mit Sicherheit bestimmt werden konnten.

Die Theorie der Schwingungen des Horizontalpendels unterscheidet sich von der des vertikalen Pendels nur dadurch, daß statt der vollen Schwerebeschleunigung g nur die in die Schwingungsebene fallende kleine Komponente $g \sin\varepsilon$ wirksam ist. Ein im südlichen Azimut $(90° + \alpha)$ aufgestelltes Horizontalpendel registriert die im Azimut α liegende Komponente der Bewegung einer Lotspitze. Diese ist bei starrer Erde:

$$\varepsilon = \frac{1}{a g}\left\{-\frac{\partial V}{\partial \varphi}\cos\alpha + \frac{1}{\cos\varphi}\frac{\partial V}{\partial \lambda}\sin\alpha\right\}. \tag{206}$$

Nachgiebige Erde. Die Bahnkurve eines frei hängenden Lotes unter dem Einfluß von Sonne und Mond läßt sich für den Fall, daß die Erde völlig starr ist, nach Größe und Form genau berechnen. Gibt die Erde aber den Flutkräften nach, so sucht sich ihre Oberfläche der Bewegung der Niveauflächen anzupassen. Da sie infolge ihrer geringen Elastizität nur in geringem Maße dieser Bewegung folgen kann, beobachten wir zwar immer noch Lotrichtungsänderungen, aber kleinere als die für eine starre Erde berechneten. Das Horizontal-Pendel mißt demnach die Differenz der Deformation der Niveaufläche und der festen Oberfläche.

Bezeichnet W das Potential der Schwere an der Oberfläche der nicht deformierten Erde, ΔW seine Änderung infolge der Gestaltsänderung der Erde,

---

[1]) O. HECKER, Beobachtungen an Horizontalpendeln. Veröff. d. Geod. Inst. Bd. I. 1907, Bd. II, 1911.

[2]) W. SCHWEYDAR, Lotschwankung und Deformation der Erde. Veröff. d. Int. Erdm. Berlin 1921.

V das Potential der Flutkraft, u den Betrag der radialen Komponente der elastischen Verschiebung an der Erdoberfläche, so ist das Potential sämtlicher Kräfte auf der deformierten Erdoberfläche[1]):

$$R = (W + V) + \left(\Delta W + u \frac{\partial W}{\partial a}\right). \tag{207}$$

Infolge der bekannten Beziehung $g = -\frac{\partial W}{\partial a}$ und unter Einführung der Proportionalitätsfaktoren h und k:

$$\Delta W = h \cdot V, \qquad u \cdot g = k \cdot V \tag{208}$$

ergibt sich somit aus (207):

$$R = W + V(1 + h - k). \tag{209}$$

Die dadurch hervorgerufene Winkelablenkung des Lotes in Richtung dx ist dann:

$$\varepsilon_x = \frac{\partial V}{\partial x} \frac{1}{g} (1 + h - k), \tag{210}$$

wobei $k\,\partial V/g\,\partial x$ der Winkel ist, den die deformierte mit der ursprünglichen festen Oberfläche, $(1 + h)\,\partial V/g\,\partial x$ der Winkel, den die neue Niveaufläche mit der bei Abwesenheit jeglicher Flutkraft bildet (Abb. 42).

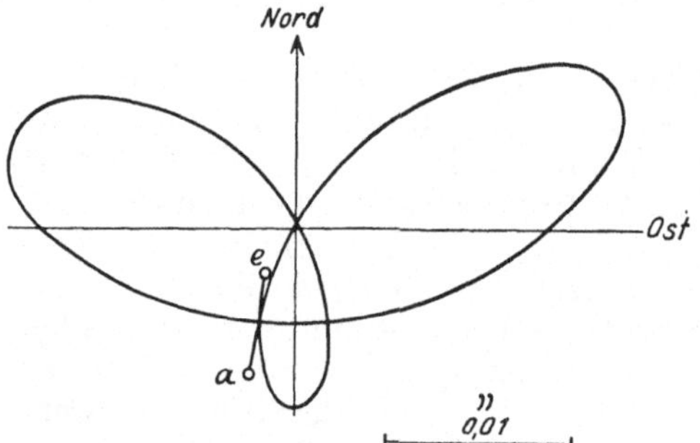

Abb. 42. Lotbewegung in Freiberg 1912 Jan. 2.—Jan. 3,2.

Die Koeffizienten h und k hängen von der Dichte- und Elastizitätsverteilung im Erdkörper ab.

Für das Verhältnis der Lotstörung an der Erdoberfläche bei nachgiebiger zu der bei starrer Erde erhält man also:

$$\gamma = 1 + h - k, \tag{211}$$

für das SCHWEYDAR[1]) angibt:

$$\gamma = 0{,}83 \pm 0{,}04. \tag{212}$$

Daraus folgt unter Zugrundelegung des ROCHEschen Dichtegesetzes und derselben Formulierung für die Starrheitskonstante $n = E/2(1 + \sigma)$, ferner ihres Oberflächenwerts (aus Erdbebenwellen) $n_0 = 3 \cdot 10^{11}$ CGS der Wert der Starrheit im Erdzentrum $n_z = 33 \cdot 10^{11}$ CGS, unter Übereinstimmung mit dem aus der Periode der Polbewegung abgeleiteten Wert. SCHWEYDAR weist auch nach (a. a. O. 1921, S. 24), daß die Gezeiten des Meeres durch die Anziehung der gehobenen und gesenkten Wassermassen einen meßbaren Einfluß auf die Lotbewegung haben, weshalb zur Ableitung von γ hauptsächlich nur die Ost-West-Komponenten der ganztägigen Glieder Benutzung finden konnten.

B. Das hydrostatische Nivellement. Bei diesem werden gegen Temperatureinflüsse geschützte Rohrleitungen mit Flüssigkeit gefüllt und die freien Niveaus sowohl unter sich als mit Marken der festen Erdscholle durch Nivellement verglichen. Es kann dazu dienen, die Gezeitenhebungen der festen Erde relativ zu den Hebungen der Niveaufläche zu finden. Solche Einrichtungen wurden benutzt beim Geodätischen Institut in Potsdam und in Amerika, wo nach A. A. MICHELSON und H. GALE zur Messung der Wasserstandsschwankungen die Lichtinterferenzenmethode Anwendung fand (Astrophys. Journ. Bd. 50). Die Genauigkeit der Horizontalpendel wurde nicht erreicht.

---

[1]) W. SCHWEYDAR, Theorie der Deformation der Erde durch Flutkräfte. Veröff. d. Geod. Inst., N. F. Nr. 66, Potsdam 1916.

30. Die Veränderlichkeit des Bezugssystems der Schwererichtung. In der Theorie der Rotation der Erde wird gezeigt, daß die Lage der Erdachse, auf die wir unsere Lotrichtungen bisher bezogen haben, keine feste ist, sondern daß man bei Annahme einer starren Erde die EULERsche Periode von 303 Tagen erhält, mit der die momentane Drehachse sich um die Hauptträgheitsachse C bewegt. Die so hervorgerufene Änderung der Schwererichtung ist also nur eine scheinbare, veranlaßt durch eine Bewegung des Koordinatensystems. Die durch die Pulkowaer Polhöhenbeobachtungen veranlaßte und von der Int. Erdmessung 1889 ins Leben gerufene dauernde Überwachung der Polbewegung auf 4 Breitenstationen in $+39°8'$ und in zwei in $-31°55'$ hat aber ergeben, daß die tatsächliche Periode 434 Tage beträgt. Den theoretischen Nachweis, daß die Periode bei elastischer Erde größer sein muß, lieferte zuerst S. NEWCOMB[1] 1892, während S. C. CHANDLER kurz vorher auf Grund der Zahlenwerte ihr Vorhandensein entdeckt hatte.

Die Amplitude der ganzen Bewegung, die auch meteorologische Einflüsse enthält, beträgt bis 0″,4.

Die meridionale Änderung der Richtung des Lotes auf einer Station mit der Länge L kann dargestellt werden durch (Abb. 43):

$$\Delta\varphi = x\cos L + y\sin L + z\,, \tag{213}$$

wo x, y die rechtwinkligen Koordinaten des momentanen Poles gegen eine mittlere Lage desselben und in Bezug auf den Meridian von Greenwich als x-Achse bedeuten, und P_0 eine mittlere Lage des Poles ist. z ist ein empirisches Glied, dessen Einführung sich durch die Ausgleichung nach der Methode der kl. Quadrate ergab und das nach seinem Entdecker Kimuraglied genannt wird; seine physikalische Erklärung ist noch nicht gefunden.

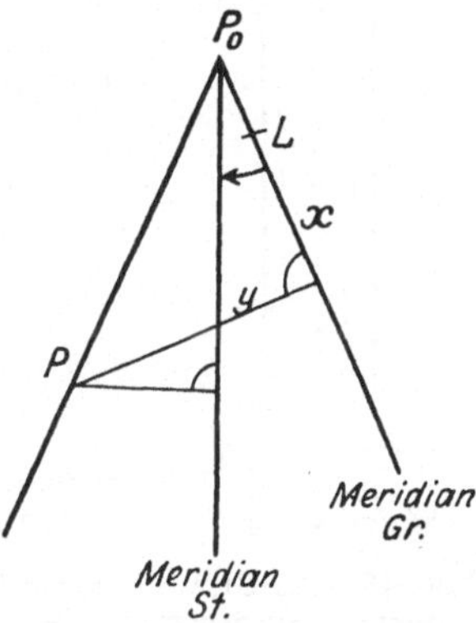

Abb. 43. Lage des Momentan-Pols.

Der Int. Breitendienst liefert regelmäßig die Koordinaten der Polbewegung, s. Veröff. d. Int. Erdmessung. (Abb. 44.)

Die außerordentlich langsame Bewegung nach Ziff. 30 addiert sich zu der schnell veränderlichen Lotrichtung nach Ziff. 29.

31. Der Nachweis der lunisolaren Intensitätsstörung der Schwere gelang W. SCHWEYDAR mit Hilfe des etwas veränderten v. SCHMIDTschen Trifilargravimeters[2]) (s. Gerlands Beiträge z. Geophysik, Bd. 4, S. 109).

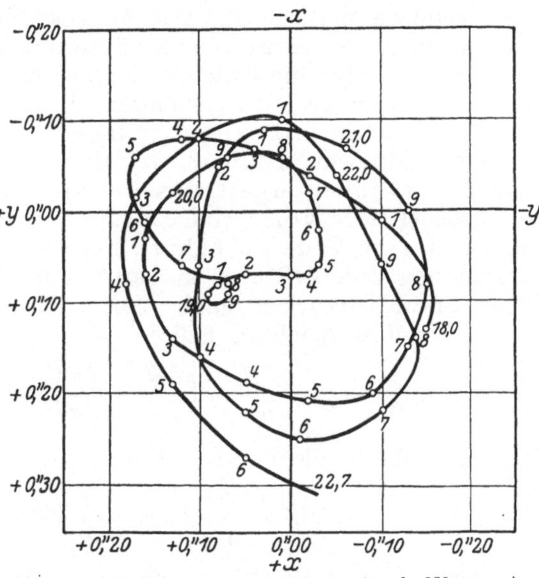

Abb. 44. Polbewegung 1918—22 (nach WANACH).

[1]) S. NEWCOMB, On the periodic variation of latitude etc. Astr. Journ. Bd. 11, S. 81.

[2]) W. SCHWEYDAR, Beobachtung der Änderung der Intensität der Schwerkraft durch den Mond. Berl. Ber. 1914, S. 454.

Das Prinzip dieses bei magnetischen Messungen von C. F. GAUSS eingeführten und bei seismischen Messungen benutzten Instruments beruht auf der Drehkraft der bifilaren Aufhängung. Wird ein Stab an den Enden durch zwei Fäden (bifilar) oder eine Scheibe an drei Fäden (trifilar) aufgehängt und tordiert, so wird die Last etwas gehoben. Wenn man dieser Torsionskraft eine im Mittelpunkt des Stabes angreifende Federkraft entgegensetzt, so ist eine labile Gleichgewichtsstellung in der Nähe der Drehung um einen Rechten Winkel vorhanden, die wegen der hohen Empfindlichkeit zur Messung von Schwerkraftsänderungen benutzt werden kann (Abb. 45).

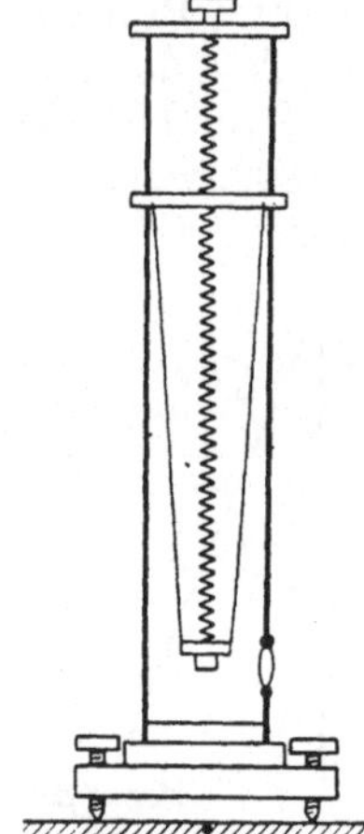

Abb. 45. Das Gravimeter nach SCHMIDT.

Ist P das Gewicht des Stabes, p der geringe von den Fäden getragene Gewichtsanteil desselben, a die Entfernung eines oberen Fadenbefestigungspunktes, b die eines unteren von der Achse, φ der Torsionswinkel des Stabes, α der der Feder, so besteht Gleichgewicht zwischen dem Drehmoment der Feder $D(\alpha - \varphi)$ und dem bifilaren Drehmoment $X = (p\,a\,b\sin\varphi)/h$, wo h die Vertikaldistanz des Stabes von den Aufhängepunkten bedeutet.

Die Empfindlichkeit wird:

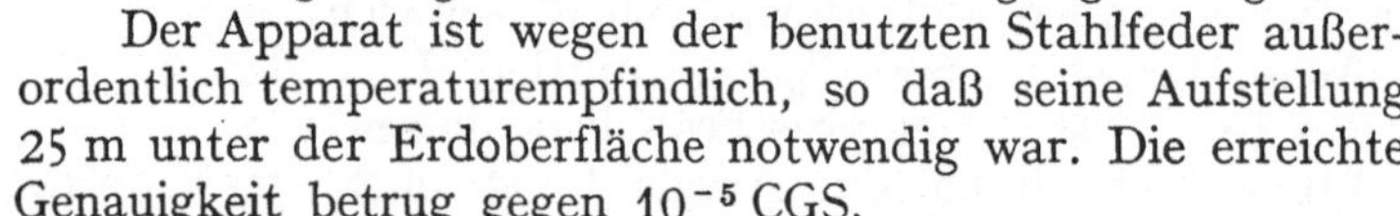

$$\frac{d\varphi}{dg} = -\frac{P\,a\,b\sin\varphi}{g(D\,h + p\,a\,b\cos\varphi)}, \tag{214}$$

woraus die günstigsten technischen Bedingungen folgen.

Der Apparat ist wegen der benutzten Stahlfeder außerordentlich temperaturempfindlich, so daß seine Aufstellung 25 m unter der Erdoberfläche notwendig war. Die erreichte Genauigkeit betrug gegen 10^{-5} CGS.

Nachgiebige Erde. Wäre zunächst die Erde vollkommen starr, so würde die angeführte Methode nur eine Auflockerung oder Verdichtung der Niveauflächen infolge des lunisolaren Einflusses anzeigen.

Zeigt sich aber die Erde elastisch, so wird sich einmal ihre Oberfläche bewegen und dazu neben der genannten Abstandsänderung eine Formveränderung der Niveauflächen in Erscheinung treten.

Jedenfalls sieht man, daß die durch das Gravimeter meßbare lunisolare Veränderlichkeit des Potentialgefälles ähnlich wie beim Horizontalpendel teils von der Deformation der Niveauflächen, teils von der der festen Erde herrührt. Das Potential der wirksamen Kräfte auf der deformierten Erdoberfläche, in einem um das Stück u radial verschobenen Punkt ist wiedergegeben durch (207). Daraus folgt für die Intensität der Schwere auf nachgiebiger Erde:

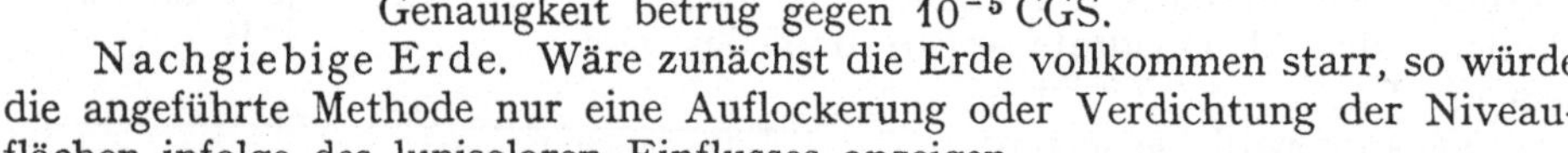

$$-g_e = \frac{\partial R}{\partial a} = \left(\frac{\partial W}{\partial a} + \frac{\partial V}{\partial a}\right) + \left(\frac{\partial \Delta W}{\partial a} + u\,\frac{\partial^2 W}{\partial a^2}\right). \tag{215}$$

Setzt man für W die Form (20) an:

$$W = \frac{k^2}{a}\left[\int dm + \frac{1}{a^2}\int P_2 r^2\,dm + \cdots\right], \tag{216}$$

so folgt für die reine Gestaltsänderung ΔW (ohne Punktverschiebung) die Form:

$$\Delta W = \frac{k^2}{a^3}\int P_2 r'^2\,dm + \cdots, \tag{217}$$

und für:

$$\frac{\partial \Delta W}{\partial a} = -\frac{3}{a}\Delta W. \tag{218}$$

Aus dem Flutpotential V nach (197) ergibt sich:

$$\frac{\partial V}{\partial a} = \frac{2V}{a}. \tag{219}$$

Berücksichtigt man noch, daß $\frac{\partial W}{\partial a} = -g$, $\frac{\partial^2 W}{\partial a^2} = \frac{2g}{a}$ ist, so erhält man:

$$-g_e = \left(-g + \frac{2V}{a}\right) - \frac{3\Delta W}{a} + \frac{2g}{a}u. \tag{220}$$

Setzen wir, wie früher, die Proportionalität zur Flutkraft:

$$\Delta W = h \cdot V, \quad u \cdot g = k \cdot V, \tag{221}$$

so wird aus (219):

$$\Delta g_e = \frac{2V}{a}\left(1 - \frac{3}{2}h + k\right) \tag{222}$$

für die elastische Erde.

Für das Verhältnis der Schwerestörung für die elastische zu der für die starre Erde findet W. SCHWEYDAR (a. a. O. 1914, S. 464) den Wert:

$$\gamma' = 1 - \tfrac{3}{2}h + k = 1{,}20. \tag{223}$$

Aus γ nach (212) und γ' folgt $h = 0{,}26$, $k = 0{,}59$ und die interessante Erkenntnis, daß die Verbindung der Horizontalpendelmessungen mit denen des Gravimeters die Höhe der elastischen vertikalen Bodenverschiebung $u = kV/g$ und die Deformation der Niveauflächen $y = (1+h)V/g$ ohne Rücksicht auf ein Dichtegesetz oder eine Elastizitätstheorie erkennen läßt. Mit (212) und (223) erhält man als maximale Amplitude der halbtägigen elastischen Tide etwa 32 cm, für Berlin 12 cm.

f) Verschiedene weitere Zusammenhänge mit der Schwerkraft.

32. Die Bestimmung wahrer Meereshöhen. Das Messen von Höhenunterschieden mittels des Nivellierinstruments ist genau genommen keine rein geo-

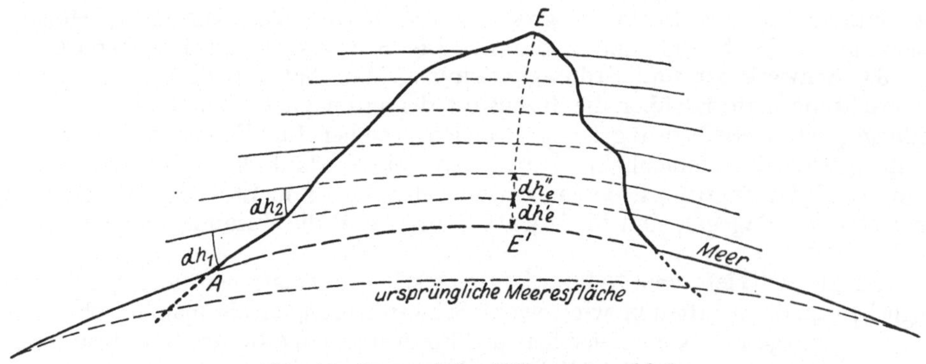

Abb. 46. Dynamische Höhenunterschiede.

metrische, sondern eine physikalische Operation: es muß bei größeren Distanzen durch Visur in den Tangentialebenen zahlreicher Niveauflächen erfolgen, die nicht parallel sind (Abb. 46).

Für zwei unmittelbar benachbarte Niveauflächen ist die Arbeit, um von einer Niveaufläche in die andere zu gelangen $= g \cdot dh$, wo g die Schwerebeschleunigung an der Stelle des nivellierten Höhenunterschieds dh ist. Für ein geschlossenes Polygon muß dann sein:

$$\int g\,dh = 0\,. \tag{224}$$

Setzt man die Schwere im Anfangspunkt des Polygons $= g_a$, so wird die Bedingung:

$$\int dh + \int \frac{g - g_a}{g_a}\,dh = 0\,. \tag{225}$$

Den Ausdruck $\int \frac{g}{g_a}\,dh$ nennt man den „theoretischen Schlußfehler"; insbesondere, wenn man nur den normalen Verlauf der Schwerkraft zugrunde legt, den „sphäroidischen Schlußfehler" der Nivellementsschleife.

Höhenangaben $\int dh$ heißen geometrische, $\int \frac{g}{g_{45^\circ}}\,dh$ dynamische Höhenunterschiede, die Differenz beider die dynamische Höhenkorrektion.

$\int \frac{g}{g_e}\,dh$ für einen Nivellementszug mit Anfangspunkt A und Endpunkt E heißt auch „orthometrische Verbesserung" dieses Zuges. Da für jede Niveaufläche:

$$g_1\,dh_1 = g_e'\,dh_e'\,, \tag{226}$$

$$g_2\,dh_2 = g_e''\,dh_e'' \quad \text{usf.}, \tag{227}$$

so liefert $\int dh_e = \int \frac{g}{g_e}\,dh$ durch Hinzufügung zur Höhe von A die wahre Meereshöhe von E.

Es müssen also sowohl der ganze Schwereverlauf im Profil AE, als auch der in der Lotlinie EE' bekannt sein. Da man letztere nie, erstere selten kennt, begnügt man sich damit, dafür die normalen Werte zu setzen, erhält also die wahren Meereshöhen praktisch nur genähert.

Als ein wichtiges Beispiel hierzu ist zu nennen das Nivellement zur Verbindung der Nordsee mit dem Mittelmeer durch die Int. Erdmessung, das ohne Berücksichtigung der orthometrischen Korrektion den Höhenunterschied der Pegelnullpunkte um 15 cm zu groß ergeben hätte. Vgl. HELMERT, Höhere Geodäsie Bd. II, S. 500, und HELMERT, Die Schwerkraft im Hochgebirge.

33. Schwerkraft und Erdmagnetismus. Man hat aus dem vorhandenen Beobachtungsmaterial über die Intensität der erdmagnetischen Kraft ein Verteilungsgesetz desselben abgeleitet. Danach bestehen für die ganze Figur der Erde gewisse Zusammenhänge[1]) zwischen dem Verlauf der Schwerkraft und dem des Erdmagnetismus, deren Deutung aber bisher nicht völlig befriedigend gelungen ist. Dagegen sind für lokale Störungen die Zusammenhänge besser geklärt.

Da bis zur Tiefe von 20 km die geologischen Formationen noch nicht ausgeglichen sind, so erhalten wir sowohl Schwerestörungen als magnetische Störungen. Infolge der Kompliziertheit der Form und Lage dieser Störungsmassen ist es bisher nur in seltenen Fällen gelungen, den Verlauf der magnetischen Störungen mit denen der Schwere in Einklang zu bringen. Wenn nicht Induktions-

[1]) A. NIPPOLDT, Zur physikalischen Theorie des Erdmagnetismus. Terr. Magn. Bd. 26, S. 99. 1921; vgl. ferner G. ANGENHEISTER, Die physikalische Natur des erdmagnetischen Feldes. Phys. ZS. Bd. 26, S. 305. 1925.

erscheinungen oder Erdströme die Frage komplizieren, so ist ein einfacher Zusammenhang dann gegeben, wenn die Verteilung magnetisierbarer Moküle proportional der Masse des Gesteins ist.

Das Potential P eines gleichmäßig magnetisierten Körpers hängt mit dem NEWTONschen Potential V zusammen durch:

$$P = J\frac{dV}{ds}, \tag{228}$$

worin J die Stärke der Magnetisierung und s die Richtung der Magnetisierung im Körper bedeutet. Daraus erhält man[1]) für die Komponenten der magnetischen Kraft:

$$\left.\begin{aligned} X &= \frac{1}{k^2\sigma}\left\{\alpha\frac{\partial^2 V}{\partial x^2} + \beta\frac{\partial^2 V}{\partial x\,\partial y} + \gamma\frac{\partial^2 V}{\partial x\,\partial z}\right\}, \\ Y &= \frac{1}{k^2\sigma}\left\{\alpha\frac{\partial^2 V}{\partial x\,\partial y} + \beta\frac{\partial^2 V}{\partial y^2} + \gamma\frac{\partial^2 V}{\partial y\,\partial z}\right\}, \\ Z &= \frac{1}{k^2\sigma}\left\{\alpha\frac{\partial^2 V}{\partial x\,\partial z} + \beta\frac{\partial^2 V}{\partial y\,\partial z} + \gamma\frac{\partial^2 V}{\partial z^2}\right\}, \end{aligned}\right\} \tag{229}$$

worin V das Potential der Massenanziehung, k^2 die Gravitationskonstante, σ die Gesteinsdichte, α, β, γ die konstanten Magnetisierungskoeffizienten bedeuten; diese Komponenten beziehen sich auf den magnetischen Meridian, den magnetischen I. Vertikal und die Lotlinie.

Bei nicht homogener Magnetisierung gelten diese Formeln nur für ∞ kleine Raumelemente der Masse.

Die Formeln (229) können dazu dienen, für regelmäßig geformte und bekannt liegende Störungsmassen den Verlauf der magnetischen Störungen theoretisch zu verfolgen, und so wieder Rückschlüsse für die geologische Praxis zu gewinnen.

Aus den Gleichungen (229) erhellt, daß die Größe der magnetischen Kraft, die von einer magnetischen Störungsmasse ausgeübt wird, nicht proportional der Anziehungskraft dieser Masse, sondern proportional mit den Gradienten dieser Anziehungskraft ist.

34. Rückblick und Ausblick. Von den verschiedenen Problemen der Schwerkraft verdient das allgemeinste Interesse die Erforschung und Beschreibung des konstanten allgemeinen Kraftfeldes.

Die ungeheuere Mannigfaltigkeit dieses irdischen Kraftfeldes bietet auch bei Abstoßung aller Aufgaben sekundären Ranges noch viele Schwierigkeiten, die sich schon auf dem Wege der theoretischen Lösung der Probleme entgegenstellen.

Die bedeutendsten Mathematiker, wie C. F. GAUSS, G. G. STOKES, GREEN, H. POINCARÉ, C. NEUMANN, D. HILBERT und viele andere haben sich mit diesen Problemen beschäftigt und Wege zur Lösung angegeben.

Noch gewaltigere Schwierigkeiten treten auf bei dem Versuche, diese Theorien in die Praxis umzusetzen. Das allgemeine Problem verlangt, daß das gesamte Kraftfeld der spekulativen Betrachtung unterworfen wird. Nur durch kritische Aussonderung und vereinfachte Darstellung ist es dem menschlichen Geiste möglich, die große Mannigfaltigkeit der Erscheinungen zu ordnen; viel bleibt hierin der zukünftigen Forschung vorbehalten.

Durch den großen Aufschwung der Messungsmethoden sind namentlich der geologischen Wissenschaft bedeutende Vorteile erwachsen. Tiefen Einblick

---

[1]) R. v. EÖTVÖS, Bericht an die XVI. Allg. Konf. d. Int. Erdm. Budapest 1909.

in die Formen kleiner Stücke des Kraftfeldes gewährt die EÖTVÖSsche Drehwage; für die Darstellung des allgemeinen Kraftfeldes jedoch ist sie ungeeignet, und die übrigen Methoden leisten, so imponierend auch ihre Ergebnisse sind, noch nicht die Genauigkeit, welche zur Befriedigung der höchsten Ansprüche in der Erforschung des gesamten Kraftfeldes nötig ist. Deshalb ist es zur Zeit nicht möglich, eine andere Niveaufläche als das Geoid zusammenhängend zu bestimmen, und für dieses mußte man sich aus Mangel an Zahlenmaterial, vor allem auch in den Meeresgebieten, vorläufig mit der Ermittelung der Ellipsoidform begnügen.

Solange bei der beschränkten Anzahl der wirklich brauchbaren Messungsmethoden nicht neue, bessere Meßprinzipien bekannt sind, müssen daher die Schwächen der vorhandenen Methoden aufgezeigt werden.

Für die Verfeinerung der Pendelmessungen ist vor allem hinderlich die durch die Erdatmosphäre (Refraktion) gezogene Grenze in der astronomischen Zeitbestimmung, die auf $\pm 0{,}02$ sec angenommen werden kann; der gleiche Grund behindert die astronomische und die terrestrische Festlegung der Lotrichtung.

Für die Pendel scheint außerdem mit der 7. Dezimale der Schwingungszeit ein mechanisches Hindernis einzutreten, nämlich die Unsicherheit in der Einhängung und der Abwicklung der Schneide auf dem Lager.

Bei der Drehwage hat EÖTVÖS selbst schon die Meßgenauigkeit zu erhöhen versucht; für die Praxis ist jedoch die Unmöglichkeit, die Anziehung des umgebenden Terrains entsprechend genau zu ermitteln, hindernd im Wege. Die ungeheure Anzahl der notwendigen Beobachtungen erfordert die Mitarbeit aller Kulturstaaten; hierfür ist über die Schranken der Politik hinweg der einzige Boden die Internationale Erdmessung.

Literatur.

[1]) H. BRUNS, Die Figur der Erde. Berlin 1878.

[2]) F. R. HELMERT, Theorien der höheren Geodäsie. 2 Bde. Leipzig 1880, 1884.

[3]) JORDAN-EGGERT, Handbuch der Vermessungskunde, 7. Aufl., Bd. III. Stuttgart 1923.

[4]) A. PREY, Einführung in die Geophysik. Berlin 1922.

[5]) J. B. MESSERSCHMITT, Die Schwerebestimmung an der Erdoberfläche. Braunschweig 1908 (vgl. die dortigen umfangreichen Literaturangaben).

[6]) Mémoires sur le pendule. Soc. franç. de phys., Bd. IV. 1889; Bd. V. 1891 (Literaturangaben).

[7]) F. R. HELMERT, Die Schwerkraft und die Massenverteilung der Erde. Encykl. d. math. Wiss. Bd. VI, 1, 7.

[8]) PH. FURTWÄNGLER, Die Mechanik der einfachsten physikalischen Apparate und Versuchsanordnungen. Encykl. d. math. Wiss. Bd. IV, 1 II, H. 1.

[9]) J. ZENNECK, Die Gravitation. Encykl. d. math. Wiss. Bd. V, 2.

[10]) F. A. VENING-MEINESZ, Observations de pendule dans les Pays-Bas. Delft 1923.

[11]) TH. ALBRECHT, Formeln und Hilfstafeln für geographische Ortsbestimmungen 4. Aufl. 1908.

[12]) H. JEFFREYS, The earth, its origin, history and physical constitution. Cambridge 1924.

[13]) A. BORN, Isostasie und Schweremessungen. Berlin 1923.

[14]) A. R. CLARKE, Geodesy. Oxford 1880.

[15]) W. TRABERT, Kosmische Physik. Berlin und Leipzig 1911.

[16]) M. P. RUDZKI, Die Physik der Erde. Leipzig 1911.

[17]) A. WANGERIN, Theorie des Potentials und der Kugelfunktionen. 2 Bde. Berlin und Leipzig 1921.

[18]) H. BUCHOLZ, Angewandte Mathematik (Höhere Geodäsie), Das mechanische Potential. Leipzig 1916.

[19]) CL. SCHAEFER, Einführung in die theoretische Physik, Bd. I. Berlin 1914 und 1922.

[20]) R. AMBRONN, Methoden der angewandten Geophysik. Leipzig 1926.

[21]) B. GUTENBERG, Lehrbuch der Geophysik. Berlin 1926.

Kapitel 10.

Allgemeine physikalische Konstanten.

Von

F. Henning, Berlin und **W. Jaeger**, Berlin.

1. Einleitung. Unter den physikalischen Konstanten nehmen diejenigen einen besonderen Rang ein, die für alle Stoffe denselben Wert besitzen oder die für die quantitative Darstellung der physikalischen und chemischen Eigenschaften aller Stoffe von Bedeutung sind. Für diese Konstanten, die zum Unterschied von den „speziellen" von Stoff zu Stoff wechselnden Konstanten als „allgemeine" bezeichnet sind, soll im folgenden eine kritisch gesichtete Zusammenstellung gegeben werden.

Die allgemeinen physikalischen Konstanten gliedern sich in zwei Gruppen Es sind zu unterscheiden solche, die durch willkürliche Festsetzungen (etwa zur Definition von Maßeinheiten) bestimmt sind, und solche, die nur experimentell ermittelt werden können oder auf Grund theoretischer Erwägungen aus experimentell gewonnenen Konstanten zu berechnen sind. Die Konstanten der zweiten Gruppe können bis zum gewissen Grade zeitlich veränderlich sein, da sie stets dem neuesten Stand der Forschung anzupassen sind. Bei den Konstanten der ersten Gruppe sind Änderungen ausgeschlossen, solange die gegebenen Definitionen und Festsetzungen beibehalten werden.

Alle physikalischen Konstanten, die nicht reine Zahlen sind, lassen sich auf vier Grundeinheiten zurückführen, die zunächst kurz besprochen werden sollen.

a) Die Grundlagen des physikalischen Maßsystems.

2. Die physikalischen Grundeinheiten. Die physikalischen Grundeinheiten sind die Sekunde (sec) als Einheit der Zeit, das Zentimeter (cm) als Einheit der Länge, das Gramm (g) als Einheit der Masse und der Grad (grad) als Einheit der Temperatur. Alle vier sind nur durch willkürliche Festsetzungen bestimmbar.

Seit dem Altertum wird bei allen Kulturvölkern der Tag in 86400 sec geteilt, und zwar setzt man genauer 1 sec = $^1/_{86\,400}$ der Dauer des mittleren Sonnentages. Die Dauer des wahren Sonnentages weicht von der Dauer des mittleren bis zu etwa ± 900 sec ab. Der Sterntag ist um 235,91 sec kürzer als der mittlere Sonnentag.

Die Definitionen von Zentimeter und Gramm sind von einer großen Anzahl Staaten im Jahre 1875 durch Unterzeichnung der Convention diplomatique du mètre übereinstimmend angenommen[1]); später haben sich noch weitere

[1]) Procès-Verbaux, Comité intern. des Poids et Mesures 1875, S. 1 u. S. 39; vgl. K. Scheel, Grundlagen der praktischen Metronomie. Braunschweig: Vieweg & Sohn 1911.

Staaten dieser Konvention angeschlossen. Diese Übereinkunft hatte die Begründung des Bureau international des Poids et Mesures in Paris zur Folge, jenes Instituts, in dessen Obhut sich die Hauptnormalen des Meters und des Kilogramms befinden. Das Zentimeter ist der 100. Teil des Abstandes der Endstriche auf dem aus Platiniridium bestehenden internationalen Meterprototyp, falls sich dieser Maßstab auf der Temperatur des schmelzenden Eises befindet. Das Gramm ist der 1000. Teil der Masse des ebenfalls aus Platiniridium bestehenden internationalen Kilogrammprototyps.

In Übereinstimmung mit den internationalen Vereinbarungen werden im Deutschen Reich die „Maß- und Gewichtseinheiten" zur Zeit durch das Gesetz vom 30. Mai 1908 geregelt.

Bezüglich des Grades bestehen noch keine internationalen Vereinbarungen. Doch kann als allgemein anerkannt gelten, daß die einzige einwandfreie Definition des Grades auf der thermodynamischen Temperaturskale beruht. In dieser Skale wird, um zu Zahlenwerten für die Temperatur (°) zu gelangen, der Temperaturunterschied zwischen dem normalen Schmelzpunkt des Eises und dem unter Atmosphärendruck gesättigten Wasserdampf (der sog. Fundamentalabstand) mit 100 grad bezeichnet. Die theoretisch definierte Skale wird praktisch durch eine Anzahl von thermometrischen Fixpunkten (Schmelz- und Siedepunkten reiner Stoffe) verwirklicht, zwischen denen die Temperatur durch bestimmte Interpolationsinstrumente nach bestimmten Verfahren zu definieren ist. Nähere Angaben hierüber sind in dem Artikel „Temperaturmessung" (ds. Handb. IX, Kap. 8) enthalten.

In Deutschland ist die Temperaturmessung durch ein Gesetz vom 7. August 1924 geregelt. Nach den Ausführungsbestimmungen zu diesem Gesetz[1]) gelten folgende Werte für die Fixpunkte erster Ordnung.

Tabelle 1. Thermometrische Fixpunkte erster Ordnung.

Sauerstoff, Siedepunkt	—183,00°	Schwefel, Siedepunkt	444,60°
Kohlendioxyd, Sublimationspunkt	— 78,50°	Silber, Schmelzpunkt	960,5°
Quecksilber, Schmelzpunkt	— 38,87°	Gold, Schmelzpunkt	1063°

3. Abgeleitete Einheiten. Als abgeleitete Einheiten bezeichnet man solche, welche auf die vier Grundeinheiten zurückgeführt werden können. Unter den abgeleiteten Einheiten, von denen hier nur die wichtigsten genannt seien, stehen an erster Stelle dyn und erg. Es sind dies mechanische Maße für Kraft und Energie, welche ohne Zahlenfaktoren durch die Grundeinheiten darstellbar sind, und zwar ist

$$1\ \text{dyn} = 1\ \text{g} \cdot \text{cm} \cdot \text{sec}^{-2}, \tag{1}$$

$$1\ \text{erg} = 1\ \text{g} \cdot \text{cm}^2 \cdot \text{sec}^{-2}. \tag{2}$$

Ebenso unmittelbar schließen sich an die Grundeinheiten die elektrostatischen (elst.) Maßeinheiten an, die durch die Kräfte definiert werden, welche auf Grund des COULOMBschen Gesetzes im elektrostatischen Felde wirksam sind. Diese Maßeinheiten werden fast nur in theoretischen Betrachtungen verwendet und besitzen keine eigenen Namen. Es ist

$$\text{die elst. Einheit der Ladung} = 1 \cdot \text{dyn}^{\frac{1}{2}} \cdot \text{cm}, \tag{3}$$

$$\text{die elst. Einheit des Potentials} = 1 \cdot \text{dyn}^{\frac{1}{2}}. \tag{4}$$

In der messenden Elektrophysik bedient man sich der elektromagnetischen Einheiten, die mittels der Kraftwirkungen des elektrischen Stromes und des

[1]) Reichsministerialblatt Nr. 40. 1924; ZS. f. Phys. Bd. 29, S. 394. 1924.

magnetischen Feldes an die mechanischen Maße anknüpfen. Man wird auf diese Weise zunächst zu den elektromagnetischen CGS[1])-Einheiten geführt. Nur durch Zehnerpotenzen unterscheiden sich von ihnen die praktischen elektromagnetischen Einheiten (amp, volt, ohm u. s. w.), die genauer als absolute praktische Einheiten (abs amp, abs volt, abs ohm u. s. w.) zu bezeichnen sind. Die gesetzlichen oder internationalen elektrischen Einheiten (int amp, int volt, int ohm u. s. w.) sind in meßtechnisch einfacherer Weise in möglichster Anlehnung an die absoluten Einheiten definiert. Auf den Unterschied zwischen den absoluten und den internationalen elektrischen Einheiten wird in Ziff. 16 näher eingegangen.

Die absoluten Einheiten des elektromagnetischen Systems unterscheiden sich von den entsprechenden Einheiten des elektrostatischen Maßsystems (außer durch einen reinen Zahlenfaktor) gemäß der MAXWELLschen Theorie durch die Lichtgeschwindigkeit c als Faktor, d. h. durch eine Größe von der Dimension $\mathrm{cm} \cdot \mathrm{sec}^{-1}$. Es ist im absoluten elektromagnetischen Maßsystem die Einheit der Ladung oder der Elektrizitätsmenge

$$\left.\begin{array}{l}\text{1 absolutes Coulomb (abs coul) oder}\\ \text{1 absolute Amperesekunde (abs amp-sec)}\end{array}\right\} = 0{,}1 \cdot c \text{ elst. Ladungseinh.} \qquad (5)$$

und die Einheit des Potentials

$$\text{1 absolutes Volt (abs volt)} = 10^8 \frac{1}{c} \text{ elst. Potentialeinh.} \qquad (6)$$

Alle anderen elektrischen Einheiten lassen sich leicht aus den Einheiten der Ladung und des Potentials ableiten. Das Produkt beider stellt eine Energie dar, die im elektromagnetischen System Joule (joule) oder Wattsekunde (watt-sec) heißt. Es gilt:

$$\left.\begin{array}{l}\text{1 absolutes Joule (abs joule) oder}\\ \text{1 absolute Wattsekunde (abs watt-sec)}\end{array}\right\} = 10^7 \text{ erg.} \qquad (7)$$

Von den übrigen abgeleiteten Einheiten sei hier nur noch eine kalorische genannt, und zwar die Einheit der Wärmemenge oder die Kalorie (cal). Es ist dies diejenige Energie, welche einem Gramm Wasser von 14,5° zugeführt werden muß, um es auf 15,5° zu erwärmen. Diese Wärmeeinheit ist in Deutschland durch das bereits genannte Gesetz vom 7. August 1924 amtlich eingeführt.

b) Allgemeine physikalische Konstanten auf Grund von Definitionen.

4. Die normale Schwerebeschleunigung, das Meterkilogramm und die Pferdestärke. Um Druckmessungen, die an verschiedenen Stellen der Erde ausgeführt sind, miteinander vergleichen zu können, müssen alle Angaben auf einen Normalwert für die Schwerebeschleunigung bezogen werden, der an sich beliebig sein kann. Man ist bemüht gewesen, denjenigen Wert der Schwerebeschleunigung zu bevorzugen, der für die geographische Breite von 45° gilt. HELMERT[2]) berechnete jenen Wert aus zahlreichen Beobachtungen an verschiedenen Stellen der Erde zu

$$\gamma_{45} = 980{,}616 \,\mathrm{cm} \cdot \mathrm{sec}^{-2}, \qquad (8)$$

während ältere Messungen des Bureau international zu der etwas abweichenden Zahl 980,665 geführt hatten. Diese letztere Zahl ist durch die Conférence

[1]) CGS wird als Abkürzung für cm, g, sec gebraucht.

[2]) F. R. HELMERT, Encykl. d. math. Wiss. VI, 1 B, S. 96. 1910.

générale vom Jahre 1901[1]) als maßgebend für das internationale Bureau erklärt worden, und diese Festsetzung ist von neuem durch die 5. Conférence générale[2]) bestätigt worden. Sie hat seitdem fast überall als Normalwert Eingang gefunden. Demgemäß soll auch hier die normale Schwerebeschleunigung

$$\gamma_n = 980{,}665 \text{ cm} \cdot \text{sec}^{-2} \tag{9}$$

gesetzt werden.

Mit der normalen Schwerebeschleunigung eng verknüpft ist ein Energie- und ein Leistungsmaß, nämlich das Meterkilogramm (mkg) und die Pferdestärke (PS). Das Meterkilogramm ist diejenige Arbeit, die geleistet werden muß, um entgegen der normalen Schwerebeschleunigung γ_n die Masse 1000 g = 1 kg um 100 cm = 1 m zu heben. In den mechanischen Grundeinheiten ist

$$1 \text{ mkg} = 10^5 \cdot \gamma_n = 0{,}980665 \cdot 10^8 \text{ erg}. \tag{10}$$

Eine Pferdestärke ist die Leistung von 75 mkg in der Sekunde:

$$1 \text{ PS} = 0{,}735499 \cdot 10^{10} \text{ erg} \cdot \text{sec}^{-1}. \tag{11}$$

5. Normale Höhe der barometrischen Quecksilbersäule. Die normale Höhe der barometrischen Quecksilbersäule wird von den Physikern aller Kulturländer zu

$$H_n = 76{,}000 \text{ cm} \tag{12}$$

angenommen. Diese Zahl bestimmt die Atmosphäre (atm) als Einheit des Druckes, wenn das Quecksilber sich auf der Temperatur des schmelzenden Eises und an einem Ort der normalen Schwerebeschleunigung γ_n befindet.

6. Das elektrochemische Äquivalent des Silbers. Das internationale Ampere (s. Ziff. 16), das mit der durch das deutsche Gesetz vom 1. Juni 1898[3]) festgelegten Einheit der Stromstärke übereinstimmt, ist dadurch definiert, daß durch den Strom von 1 Ampere in der Sekunde im Silbervoltameter aus einer wässerigen Lösung von Silbernitrat 1,11800 mg Silber niedergeschlagen werden. Demnach ist das elektrochemische Äquivalent des Silbers, das wir mit Ä(Ag) bezeichnen, durch

$$\text{Ä(Ag)} = 1{,}11800 \cdot 10^{-3} \text{ g} \cdot \text{int coul}^{-1} \tag{13}$$

gegeben.

7. Das Atomgewicht des Sauerstoffes und das Mol. Nach den Bestimmungen der internationalen Atomgewichtskommission, die bis zum Ausbruch des Weltkrieges bestand, sowie nach den Festlegungen der später begründeten deutschen Atomgewichtskommission[4]) gilt Sauerstoff als primäres Bezugselement zur Bestimmung der Atomgewichte aller übrigen Elemente und sein Atomgewicht, das wir mit A(O) bezeichnen, wird

$$\text{A(O)} = 16{,}000 \tag{14}$$

gesetzt. Es ist eine reine Zahl ohne physikalische Dimension.

Hierdurch ist zugleich die Größe des Mols bestimmt, das man als diejenige Masse bezeichnet, welche so viel Gramm umfaßt wie das Atom- oder Molekulargewicht desjenigen Stoffes angibt, aus dem das Mol besteht. Das Mol hat also die Dimension einer Masse.

---

[1]) Proc. verb. du comité intern. 1901, S. 120.

[2]) Ch. Éd. Guillaume, Trav. et Mém. du Bur. int. Bd. 16, S. 114. 1913.

[3]) Reichsgesetzblatt 1898, S. 905; Elektrot. ZS. Bd. 30, S. 344. 1909; siehe auch Ziff. 16.

[4]) Berichte der deutschen Atomgewichtskommission. Chem. Ber. Bd. 55. 1922 und folgende Bände, römische Seitenzahlen.

c) Allgemeine physikalische Konstanten auf Grund experimenteller Bestimmungen.

8. Die Gravitationskonstante und die mittlere Dichte der Erde. Die Gravitationskonstante $\varkappa$ ist der Proportionalitätsfaktor des auf die Anziehung zweier Massen angewandten COULOMBschen Gesetzes. Die Einheit, in der man diese Konstante darstellt, ist $\mathrm{dyn} \cdot \mathrm{cm}^2 \cdot \mathrm{g}^{-2}$.

Umfangreiche Literaturangaben über die zahlreichen Messungen der Gravitationskonstante finden sich z. B. bei RICHARZ und KRIGAR-MENZEL[1]). Läßt man die Beobachtungsreihen von vor 1889 unberücksichtigt, so gewinnt man nebenstehende Zusammenstellung.

Tabelle 2. Experimentell ermittelte Werte der Gravitationskonstante $\varkappa$.

Autor	Jahr	$\varkappa \cdot 10^8$
WILSING[2])	1889	6,60
POYNTING[3])	1894	6,70
BOYS[4])	1895	6,66
BRAUN[5])	1896	6,66
v. EÖTVÖS[6])	1896	6,65
RICHARZ u. KRIGAR-MENZEL[1])	1898	6,68
CRÉMIEU[7])	1909	6,67

In dem Bericht, den R. v. EÖTVÖS im Jahre 1906 der 15. allgemeinen Konferenz der Erdmessung in Budapest vorlegte, gab er auf Grund bisher nicht veröffentlichter Messungen die Zahl $\varkappa = 6{,}63 \cdot 10^{-8}$ an[8]). Diese Zahl wird noch neuerdings von PEKÁR[9]) als die wahrscheinlichste angesehen. An führenden Stellen der deutschen Geodäsie wird der von HELMERT[10]) angenommene Wert $\varkappa = 6{,}67 \cdot 10^{-8}$ bevorzugt[11]). Es dürfte der bisher erreichten Genauigkeit entsprechen, wenn wir

$$\varkappa = 6{,}6_5 \cdot 10^{-8}\,\mathrm{dyn} \cdot \mathrm{cm}^2 \cdot \mathrm{g}^{-2} \tag{15}$$

setzen.

Mit der Gravitationskonstante $\varkappa$ steht nach HELMERT[11]) die mittlere Dichte der Erde $\delta(\text{Erde})$ in der Beziehung

$$\varkappa = \frac{3}{4\pi} \cdot \frac{\gamma_{45}}{\delta(\text{Erde})} \cdot \frac{1{,}0014}{R}. \tag{16}$$

Hierbei bedeutet $\gamma_{45} = 980{,}616\,\mathrm{cm} \cdot \mathrm{sec}^{-2}$ die Schwerebeschleunigung bei 45° geographischer Breite und $R = 6{,}371 \cdot 10^8\,\mathrm{cm}$ den mittleren Erdradius[12]), so daß man

$$\varkappa \cdot \delta(\text{Erde}) = 36{,}79_7 \cdot 10^{-8}\,\mathrm{sec}^{-2} \tag{17}$$

erhält. Mit dem oben angenommenen Wert für $\varkappa$ [Gl. (15)] folgt

$$\delta(\text{Erde}) = 5{,}5_3\,\mathrm{g} \cdot \mathrm{cm}^{-3}. \tag{18}$$

9. Die maximale Dichte des Wassers bei 1 atm. Die maximale Dichte des Wassers ist nur deshalb von 1 verschieden, weil es nicht gelang, die Masse

1) F. RICHARZ u. O. KRIGAR-MENZEL, Abhandlgn. d. Berl. Akad. 1898.
2) J. WILSING, Vierteljschr. d. Astron. Ges. Bd. 24, S. 18 u. 184. 1889.
3) J. H. POYNTING, Phil. Trans. (A) Bd. 182, S. 565. 1891.
4) C. V. BOYS, Phil. Trans. (A) Bd. 186, S. 1. 1895.
5) C. BRAUN, Wiener Denkschr. 1896, S. 64.
6) R. v. EÖTVÖS, Wied. Ann. Bd. 59, S. 392. 1896.
7) CRÉMIEU, C. R. Bd. 149, S. 700. 1909.
8) Nach briefl. Mitteilung von Herrn SZECSÖDY.
9) PEKÁR, ZS. f. Instrkde. Bd. 45, S. 486. 1925.
10) F. R. HELMERT, Encykl. d. math. Wiss. VI 1 B, S. 91 bis 96. 1910.
11) Nach briefl. Mitt. von Herrn Prof. SCHWEYDAR.
12) Das ist der Radius einer Kugel vom Volumen der Erde.

des Kilogrammprototyps (Ziff. 2) so weit der Masse von 1 Kubikdezimeter (dm^3) Wasser maximaler Dichte gleichzumachen, daß der Unterschied außerhalb der Meßgenauigkeit liegt. Dementsprechend ist auch das als Liter (l) bezeichnete Volumen von 1 kg Wasser maximaler Dichte verschieden von dem Volumen eines Kubikdezimeters ($dm^3 = 1000\ cm^3$).

Man hat die Dichte des Wassers dadurch ermittelt, daß man Körper, deren Volumen durch Längenmessungen bestimmt war, in Luft und in Wasser wog. Die Gewichtsdifferenz liefert nach einigen Korrektionen die Wassermasse vom Volumen des Versuchskörpers. Die Dichte des Wassers ist bei 3,9° und 4,1° um nur je $1 \cdot 10^{-7}$ kleiner als bei 4,0°[1]), so daß also die erforderliche Temperatur des Wassers leicht mit der nötigen Genauigkeit eingestellt werden kann.

Es sind drei Beobachtungsreihen zu nennen, deren Ergebnisse in der Form ausgedrückt sind, daß das Volumen von 1 kg luftfreien Wassers maximaler Dichte unter Atmosphärendruck angegeben ist. Es fand für diese Größe

GUILLAUME[2])	$1{,}000029\ dm^3 \cdot kg^{-1}$
CHAPPUIS[3])	1,000026 ,,
MACÉ DE LÉPINAY, BUISSON und BENOÎT[4])	1,000027 ,,

Das Mittel aus diesen Zahlen, nämlich $1{,}000027\ dm^3 \cdot kg^{-1}$, steht in Übereinstimmung mit dem Resultat einer kritischen Betrachtung, die BENOÎT[5]) unter Hinweis auf auch ältere Beobachtungsdaten veröffentlicht hat.

Wir setzen dementsprechend

$$1\ l = 1000{,}027\ cm^3\,. \tag{19}$$

Der reziproke Wert von 1,000027 liefert die maximale Dichte des Wassers bei 1 atm. Wir bezeichnen sie mit $\delta_m(H_2O)$ und setzen

$$\delta_m(H_2O) = 0{,}999973\ g \cdot cm^{-3}\,. \tag{19a}$$

Zu bemerken ist, daß die Dichte des Wassers um den Betrag $0{,}000050\ g \cdot cm^{-3}$ wächst, wenn der Druck um 1 atm steigt.

Die maximale Dichte des Wassers tritt als Faktor zu dem spezifischen Gewicht ϱ eines Körpers, um seine Dichte δ zu gewinnen. Es ist allgemein

$$\delta = \varrho \cdot \delta_m(H_2O)\ g \cdot cm^{-3}\,. \tag{20}$$

Hierbei ist unter dem spezifischen Gewicht ϱ diejenige (dimensionslose) Zahl verstanden, welche das Verhältnis zwischen der Masse des betreffenden Körpers und derjenigen Masse Wasser maximaler Dichte angibt, die das gleiche Volumen wie der betreffende Körper einnimmt.

10. Das normale Molvolumen. Das normale Molvolumen ist dasjenige Volumen, welches ein Mol (Ziff. 7) eines idealen Gases einnimmt, wenn diese Gasmasse unter dem Druck von 1 atm steht und die Temperatur des schmelzenden Eises besitzt. Nach dem AVOGADROschen Gesetz ist das normale Molvolumen unabhängig von der Art des Gases. Zu seiner experimentellen Bestimmung wählt man den zweiatomigen Sauerstoff, da für dies Gas das Atomgewicht und somit die Größe des Mols durch Definition (Ziff. 7) feststeht und also keinen

---

1) Siehe z. B. Wärmetabellen der Phys.-Techn. Reichsanstalt. Braunschweig: Vieweg & Sohn 1919. Bd. 49.

2) CH. ED. GUILLAUME, Trav. et Mém. du Bur. intern. Bd. 14. 1910.

3) P. CHAPPUIS, Trav. et. Mém. du Bur. intern. Bd. 14. 1910.

4) J. MACÉ DE LÉPINAY, H. BUISSON u. J. RENÉ-BENOÎT, Trav. et Mém. du Bur. intern. Bd. 14. 1910.

5) J. RENÉ-BENOÎT, Trav. et Mém. du Bur. intern. Bd. 14. 1910.

Beobachtungsfehlern unterworfen ist. Die Masse von 1 Mol Sauerstoff beträgt $2 \cdot 16 = 32$ g.

Als der Messung unmittelbar zugänglich wird zunächst das sog. normale Litergewicht $L_n(O_2)$ des Sauerstoffs angegeben, das ist die in Gramm gemessene Masse Sauerstoff, die bei 1 atm (Ziff. 5) und bei der Temperatur des schmelzenden Eises in einem Liter $= 1000{,}027\,\text{cm}^3$ (Ziff. 9) enthalten ist. Die Größe $V = 32/L_n(O_2)$ unterscheidet sich von dem normalen Molvolumen insofern, als der Sauerstoff unter den Versuchsbedingungen nicht die Eigenschaften eines idealen Gases besitzt. Den Unterschied kann man durch folgende Betrachtung in Rechnung setzen: Ist für eine gegebene Temperatur das Produkt pV bei den beiden Drucken p und p_0 gemessen, so gilt unter Einführung einer Konstanten α (die als Neigung der Isothermen bezeichnet wird) und des auf $0°$ und $p = 1$ atm bezogenen Produktes $(pV)_1$

$$(pV)_p = (pV)_{p_0} + \alpha(p - p_0) \cdot (pV)_1 \,. \tag{21}$$

Unter der Voraussetzung, daß α nicht vom Druck abhängt, erhält man für den idealen Gaszustand (id), der als vorhanden angenommen wird, wenn $p_0 = 0$ ist,

$$(pV)_{\text{id}} = (pV) - \alpha \cdot p \cdot (pV)_1 \,. \tag{22}$$

Hiernach folgt zwischen dem V_{id} im idealen Gaszustand und dem auf gleichen Druck und gleiche Temperatur bezogenen realen Volumen V die Beziehung

$$V_{\text{id}} = V\left[1 - \alpha \cdot p \frac{(pV)_1}{(pV)}\right], \tag{23}$$

und man erhält das normale Molvolumen V_n, da in diesem Falle $p = 1$ und $(pV) = (pV)_1$ ist, zu

$$V_n = \frac{32(1-\alpha)}{L_n(O_2)} \cdot 1000{,}027\,\text{cm}^3 \,. \tag{24}$$

Eine kritische Zusammenstellung und einheitliche Neuberechnung der vorliegenden Bestimmungen des normalen Litergewichtes von Sauerstoff hat MOLES[1]) gegeben. Er bezieht alle Druckmessungen (s. Ziff. 12) auf die Schwerebeschleunigung $\gamma = 980{,}616$. Seiner Mitteilung ist folgende Tabelle entnommen, in der das Litergewicht zunächst mit L bezeichnet sei.

Tabelle 3. Das Litergewicht des Sauerstoffes bei 1 atm und 0°.

Autor	Jahr	L
v. JOLY	1879	1,42892 g/l
Lord RAYLEIGH	1893	894
MORLEY	1895	892
LEDUC	1898	880
GRAY	1905	891
JAQUEROD u. TOURPAIAN	1911	890
BRUYLANTS u. BYTEBIER	1912	878
GERMAN	1913	905
SCHEUER	1914	910
MOLES u. BATUECAS	1920	890
MOLES u. GONZALEZ	1921	892
	Mittel	1,42892 g/l

Inzwischen ist noch das Ergebnis einer neueren Bestimmung durch BAXTER und STARKWEATHER[2]) hinzuzufügen, die den Wert $L = 1{,}42901$ g/l liefert. Durch sie wird das Gesamtmittel auf $L = 1{,}42893$ g/l gebracht. Nach Reduktion auf die normale Schwerebeschleunigung $\gamma_n = 980{,}665\,\text{cm}\,\text{sec}^{-2}$ erhält man

$$L_n(O_2) = 1{,}42900\,\text{g/l} \tag{25}$$

und nach Ziff. (9) Gl. (20) die normale Dichte des Sauerstoffs zu

$$\delta_n(O_2) = 1{,}42896 \cdot 10^{-3}\,\text{g} \cdot \text{cm}^{-3} \,. \tag{25a}$$

[1]) E. MOLES, Journ. chim. phys. Bd. 19, S. 100. 1921; E. MOLES u. F. GONZALEZ, ebendort Bd. 19, S. 322. 1921; s. auch Chem. Ber. Bd. 56, S. VIII. 1923.

[2]) G. P. BAXTER u. H. W. STARKWEATHER, Proc. Nat. Acad. Washington Bd. 10, S. 476. 1924; s. auch Chem. Ber. Bd. 59, S. II. 1926.

Für die Größe α liegen die in Tabelle 4 dargestellten Beobachtungsergebnisse vor, die sich sämtlich auf Messungen bei kleinen Drucken (1000 mm Hg und darunter) beziehen und bei denen die Atmosphäre als Druckeinheit angenommen ist.

Tabelle 4. Isothermenneigung α des Sauerstoffes bei 0° und 1 atm. als Druckeinheit.

Autor	Jahr	$-\alpha \cdot 10^5$
JAQUEROD u. SCHEUER[1]	1908	97
GRAY u. BURT[2]	1909	97
GUYE u. BATUECAS[3]	1922	85
BATUECAS, MAVERICK u. SCHLATTER[4]	1925	87
	Mittel	92

Mit den so abgeleiteten Werten von $L_n(O_2)$ und α erhält man für das normale Molvolumen

$$V_n = 22{,}413_9\,\mathrm{l} = 22{,}414_5 \cdot 10^3\,\mathrm{cm}^3. \qquad (26)$$

11. Das normale spezifische Gewicht des Quecksilbers. Das spezifische Gewicht des Quecksilbers ist nach der Pyknometermethode oder nach der Methode der Wägung einer Quecksilbermasse in Luft und Wasser (hydrostatische Methode) ermittelt worden. In jedem Falle handelt es sich um die Bestimmung des Massenverhältnisses gleich großer Volumina von Quecksilber und Wasser, dagegen nicht um die Angabe der Quecksilbermasse in einem durch Längenmessung ermittelten Volumen. Unter dem normalen spezifischen Gewicht ϱ_n (Ziff. 9) ist das spezifische Gewicht bei der Temperatur des schmelzenden Eises und dem Druck von 1 atm verstanden.

Die neuesten Beobachtungen des normalen spezifischen Gewichtes von Quecksilber sind von SCHEEL und BLANKENSTEIN[5]) ausgeführt. Diese Autoren untersuchten nach der hydrostatischen Methode zwei Quecksilbersorten, die einen Unterschied im spezifischen Gewicht von $1{,}3 \cdot 10^{-5}$ ergaben. Eine relative Vergleichung beider Quecksilbersorten, die sich natürlich genauer ausführen läßt als die absolute Messung, zeigte, daß beide Quecksilbersorten im spezifischen Gewicht auf wenige Millionstel übereinstimmten[6]). Ebenso ergab die Bestimmung der elektrischen Leitfähigkeit beider Sorten eine Übereinstimmung innerhalb derselben Größe. Der von SCHEEL und BLANKENSTEIN angegebene Mittelwert $\varrho_n(\mathrm{Hg}) = 13{,}59549$ dürfte daher auf etwa ein Hunderttausendstel sicher sein, eine Genauigkeit, die den früher ausgeführten Messungen nicht zukommt. Aus ihrer Veröffentlichung ist nebenstehende Zusammenstellung der Beobachtungen aus den letzten Jahrzehnten entnommen.

Tabelle 5. Das normale spezifische Gewicht des Quecksilbers ϱ_n(Hg).

Autor	Jahr	ϱ_n(Hg)
MAREK[7])	1883	13,595 44
THIESEN u. SCHEEL[8])	1898	13,595 45
GUYE u. BATUECAS[9])	1923	13,595 47
SCHEEL u. BLANKENSTEIN[5])	1925	13,595 49
	Mittel	13,595 46

Hierzu ist zu bemerken, daß MAREK auf verschiedene Weise gereinigte Quecksilbersorten untersuchte, teils nach der Pyknometer-, teils nach der hydro-

[1]) A. JAQUEROD u. O. SCHEUER, Mém. de la Soc. de phys. et hist. nat. Genève Bd. 35, S. 665. 1908.

[2]) R. W. GRAY u. F. P. BURT, Journ. chem. soc. Bd. 95, S. 1633. 1909.

[3]) PH. A. GUYE u. T. BATUECAS, Journ. chim. phys. Bd. 20, S. 308. 1922/23.

[4]) T. BATUECAS, G. MAVERICK u. T. SCHLATTER, Journ. chim. phys. Bd. 22, S. 131. 1925; s. auch Chem. Ber. Bd. 59, S. II. 1926.

[5]) K. SCHEEL u. F. BLANKENSTEIN, ZS. f. Phys. Bd. 31, S. 202. 1925.

[6]) W. JAEGER u. H. v. STEINWEHR, ZS. f. Instrkde. Bd. 46, S. 105. 1926; Tätigkeitsber. d. Phys.-Techn. Reichsanstalt.

[7]) W. J. MAREK, Trav. et Mém. Bur. intern. Bd. 2. 1883.

[8]) M. THIESEN u. K. SCHEEL, ZS. f. Instrkde. Bd. 18, S. 138. 1898.

[9]) TH. A. GUYE u. T. BATUECAS, Journ. chim. phys. Bd. 20, S. 325. 1923.

statischen Methode; die von ihm gefundenen Zahlen weichen zum Teil erheblich voneinander ab, so daß die Genauigkeit des Mittelwertes, der von SCHEEL und BLANKENSTEIN noch wegen der Dichte des Wassers korrigiert wurde, geringer ist, als oben angegeben. Die Messungen von THIESEN und SCHEEL (hydrostatische Methode) sind nicht zu Ende geführt und es ist nur die aus den Versuchen sich ergebende Endzahl mitgeteilt worden, so daß man sich ein Urteil über die Genauigkeit dieses Wertes nicht bilden kann. Das gleiche gilt von den Beobachtungen von GUYE und BATUECAS nach der Pyknometermethode; es fehlen auch hier die Angaben über die innere Übereinstimmung der Messungen. Es erscheint angemessen, die letzte angegebene Dezimale des Mittelwertes unberücksichtigt zu lassen und als wahrscheinlichsten Wert

$$\varrho_n(\mathrm{Hg}) = 13{,}5955 \tag{27}$$

anzusehen.

Eine Druckerhöhung um 1 atm würde das spezifische Gewicht um 0,00005 vergrößern, eine Temperaturerhöhung von 0,01° um 0,00003 verkleinern.

Ein Anhalt dafür, daß in natürlichem Quecksilber verschiedener Herkunft Unterschiede des spezifischen Gewichtes bemerkbar sind, liegt bisher nicht vor[1]. Sobald indessen eine künstliche Trennung der Quecksilberisotopen vorgenommen wird, wie sie BRÖNSTED und v. HEVESY zuerst durchgeführt haben, sind Dichteunterschiede von 0,2 Promille (entsprechend 0,0027 Einheiten im spezifischen Gewicht) und mehr gegen das Quecksilber natürlicher Herkunft festgestellt worden[2].

12. Atmosphäre und Literatmosphäre. Die Bedeutung des spezifischen Gewichtes von Quecksilber als allgemeine physikalische Konstante kommt bei der Druckmessung mittels der Höhe einer Quecksilbersäule zur Geltung. Wird einem Druck P durch eine Quecksilbersäule der Höhe H das Gleichgewicht gehalten, so ist, wenn $\delta(\mathrm{Hg}) = \varrho(\mathrm{Hg}) \cdot \delta_m(\mathrm{H_2O})$ (s. Ziff. 9) die Dichte des Quecksilbers und γ die Schwerebeschleunigung am Ort der Messung ist,

$$P = H \cdot \varrho(\mathrm{Hg}) \cdot \delta_m(\mathrm{H_2O}) \cdot \gamma\,. \tag{28}$$

Die physikalische Atmosphäre (atm) wird durch die Höhe $H_n = 76$ cm (Ziff. 5) dargestellt, wenn das spezifische Gewicht des Quecksilbers den Normalwert $\varrho_n(\mathrm{Hg})$ (Ziff. 11) und die Schwerebeschleunigung den Normalwert γ_n (Ziff. 4) besitzt. In den Grundeinheiten erhält man den Druck der Atmosphäre zu

$$P_0 = 1{,}013\,25_3 \cdot 10^6\,\mathrm{dyn \cdot cm^{-2}}\,. \tag{29}$$

Hiervon unterscheidet sich um mehr als 3% die technische Atmosphäre P_0'. Sie wird durch den Druck dargestellt, der vorhanden ist, wenn auf der Flächeneinheit unter der Einwirkung der normalen Schwerebeschleunigung die Masse von 1 kg lastet. In den Grundeinheiten ausgedrückt ist die technische Atmosphäre

$$P_0' = 0{,}980\,665 \cdot 10^6\,\mathrm{dyn \cdot cm^{-2}}\,. \tag{30}$$

Alle normalen Siedepunkte und somit auch die Temperaturskale werden auf die physikalische Atmosphäre bezogen.

In nahem Zusammenhang mit der atm stehen die Energiemaße Literatmosphäre (l-atm) und Kubikzentimeteratmosphäre (cm³-atm). Es sind dies diejenigen Arbeitsleistungen, die vollbracht werden müssen, wenn ein beliebiges Volumen

[1] J. N. BRÖNSTED und G. v. HEVESY, ZS. f. anorg. Chem. Bd 124, S. 22. 1922.

[2] J. N. BRÖNSTED und G. v. HEVESY, ZS. f. phys. Chem. Bd. 99, S. 189. 1921. Vgl. W. JAEGER u. H. v. STEINWEHR, ZS f. Phys. Bd. 7, S. 111. 1921.

gegen den Druck einer physikalischen Atmosphäre um 1 l bzw. 1 cm³ vergrößert werden soll. In Grundeinheiten ausgedrückt ist (vgl. Ziff. 9)

$$1 \text{ l-atm} = 1{,}013\,28_0 \cdot 10^9 \text{ erg}\,, \tag{31}$$

$$1 \text{ cm}^3\text{-atm} = 1{,}013\,25_3 \cdot 10^6 \text{ erg}\,. \tag{32}$$

13. Die absolute Temperatur des Eispunktes. Die umfangreichsten Beobachtungen über die absolute Temperatur T_0 des Eispunktes sind von HENNING und HEUSE[1]) ausgeführt worden. Diese Autoren untersuchten die Ausdehnungs- und Spannungskoeffizienten α und β von Stickstoff, Wasserstoff und Helium bei verschiedenen Anfangsdrucken p_0 (Drucke bei der Gastemperatur 0°) und berechneten durch Extrapolation auf den Anfangsdruck $p_0 = 0$ die Grenzwerte der Koeffizienten. Nach der Gastheorie besitzen beide Koeffizienten denselben Grenzwert γ und der reziproke Betrag $1/\gamma$ ist die gesuchte Temperatur T_0. Die genannten Autoren wurden nach Ausgleich sämtlicher Beobachtungen zu dem Wert $T_0 = 273{,}20 \pm 0{,}03°$ geführt. Diese Zahl ist neuerdings durch HEUSE[2]) an Messungen mit Neon bestätigt worden. Ein älterer noch verwendeter Wert ist $T_0 = 273{,}09°$. Er wurde von D. BERTHELOT[3]) auf Grund einer kritischen Betrachtung über die bis zum Jahre 1907 vorliegenden Beobachtungen abgeleitet. Messungen an Helium, dessen Spannungskoeffizient bei einem Anfangsdruck von 1 m Hg sich von dem Grenzwert γ kaum noch unterscheidet, lagen damals noch nicht vor.

Auch aus Versuchen über den Joule-Thomsoneffekt ist der Unterschied zwischen dem Grenzwert γ und dem Ausdehnungskoeffizienten eines Gases berechenbar. Nach dieser Methode folgt auf Grund der sehr zuverlässigen Beobachtungen von ROEBUCK[4]) über den JOULE-THOMSON-Effekt von Luft mittels des Ausdehnungskoeffizienten dieses Gases nach CHAPPUIS[5]) $T_0 = 273{,}15$.

Als wahrscheinlichsten Wert betrachten wir zur Zeit

$$T_0 = 273{,}2_0° \tag{33}$$

(vgl. ds. Handb. Bd. IX, Artikel Temperaturmessung).

14. Die Gaskonstante. Nach dem MARIOTTE-GAY-LUSSACschen Gesetz gilt zwischen dem Druck p, dem Volumen V und der absoluten Temperatur T eines idealen Gases die Beziehung

$$pV = RT. \tag{34}$$

Die Konstante R bezieht sich hierbei auf die im Volumen V enthaltene Gasmasse. Infolge des AVOGADROschen Gesetzes hat R für alle Gase denselben Wert, wenn die Massen der betrachteten Gase im Verhältnis ihrer Molekulargewichte stehen. Unter der molekularen Gaskonstanten oder der Gaskonstanten schlechthin versteht man denjenigen Wert von $R = R_0$, der sich auf ein Mol (Ziff. 7) des Gases bezieht. Setzt man ferner für T die Temperatur T_0 des Eispunktes in der absoluten Skale und für p den Druck einer physikalischen Atmosphäre P_0 ein, so erhält man mit Hilfe der in Ziff. 10 und 13 abgeleiteten Zahlen für R_0 die Beziehung

$$R_0 = \frac{V_n P_0}{T_0} = 0{,}8313_2 \cdot 10^8 \text{ erg} \cdot \text{grad}^{-1} = 0{,}8204_5 \cdot 10^2 \text{ cm}^3\text{-atm} \cdot \text{grad}^{-1}. \tag{35}$$

---

1) F. HENNING u. W. HEUSE, ZS. f. Phys. Bd. 5, S. 285. 1921.
2) W. HEUSE, ZS. f. Phys. Bd. 37, S. 157. 1926.
3) D. BERTHELOT, ZS. f. Elektroch. Bd. 10, S. 629. 1904.
4) J. R. ROEBUCK, Proc. Amer. Acad. Bd. 60, S. 537. 1925.
5) P. CHAPPUIS, Trav. et Mém. du Bur. intern. Bd. 13. 1907.

Das in diesem Ausdruck enthaltene Energiemaß läßt sich, wie in Tabelle 11 geschehen, nach Ziff. 16 in internationale Joule (int joule) oder Kilowattstunden (int k-watt-st) und nach Ziff. 15 in Kalorien (cal) umrechnen.

15. Elektrisches und mechanisches Wärmeäquivalent. Das Wärmeäquivalent gibt diejenige elektrische Energie (Joule = Wattsekunde) bzw. diejenige mechanische Energie (Erg) an, welche einer 15°-Kalorie (cal) entspricht. Der Wert des Wärmeäquivalentes muß experimentell ermittelt werden. Da die elektrische Energie leichter einwandfrei zu messen ist als die mechanische Energie, verdient prinzipiell das elektrisch gemessene Wärmeäquivalent den Vorzug. Es liegt eine große Reihe von Messungen des mechanischen und elektrischen Wärmeäquivalentes vor[1]), die in ds. Handb. IX, Kap. 7 eingehender besprochen sind, worauf hier hingewiesen sei. An dieser Stelle möge nur hervorgehoben werden, daß bei den weiter zurückliegenden Bestimmungen des Äquivalentes vielfach die Beziehung der benutzten Temperaturskale zu der jetzt definierten Skale, welche nach Möglichkeit die thermodynamische Temperaturskale verwirklicht (Ziff. 2), nicht bekannt ist und ebenso bei den elektrischen Messungen fast durchweg die Beziehung der elektrischen Normalen zu den internationalen Einheiten unsicher ist. Aus diesen Gründen ist es wohl empfehlenswert, die früheren Bestimmungen, die übrigens zum Teil später in verschiedener Weise umgerechnet und korrigiert wurden, ganz beiseite zu lassen und nur die in der Physikalisch-Technischen Reichsanstalt ausgeführte Messung des elektrischen Wärmeäquivalents zu berücksichtigen[2]), bei welcher die elektrischen Einheiten vollkommen den gesetzlichen Festsetzungen entsprechen und die Temperaturskale, die damals noch nicht gesetzlich geregelt war, eindeutig definiert ist. Diese Bestimmung ergab die Beziehung

$$1 \text{ cal} = 4{,}184_2 \text{ int joule} \quad \text{oder} \quad 1 \text{ int joule} = 0{,}23899 \text{ cal}. \tag{36}$$

Nach Ziff. 16 folgt daraus weiter (vgl. auch Tabelle 11)

$$1 \text{ cal} = 4{,}186_3 \cdot 10^7 \text{ erg} \quad \text{oder} \quad 1 \text{ erg} = 2{,}3887 \cdot 10^{-8} \text{ cal}. \tag{37}$$

Die Temperaturskale, auf die sich diese Zahlen beziehen, ist durch das Platinwiderstandsthermometer definiert, das in der üblichen Weise am Eispunkt und am Siedepunkt des Wassers sowie am Siedepunkt des Schwefels geeicht war. Die Temperatur des normalen Schwefelsiedepunktes wurde hierbei zu 444,51° angenommen, während die später gesetzlich festgelegte Skale (Ziff. 2) statt dessen 444,60° fordert. Dadurch wird der Gradwert des Platinthermometers bei 15° um $3 \cdot 10^{-5}$ kleiner, so daß das elektrische Äquivalent der Wärmeeinheit um 0,0002 Einheiten zu erhöhen ist. Dieser Unterschied liegt soweit innerhalb der angegebenen Genauigkeitsgrenzen von einigen Zehntausendsteln, daß wir von einer Änderung der bereits vielfach angenommenen Zahl absehen. Eine noch erheblich kleinere und also erst recht zu vernachlässigende Korrektion (im Betrage von $+6 \cdot 10^{-7}$ der angegebenen Zahl) rührt daher, daß sich die oben genannten Werte für das Energieäquivalent auf die Temperatur 15° und nicht, der gesetzlichen Vorschrift entsprechend, auf die Temperaturdifferenz von 14,5 bis 15,5° beziehen.

Bezüglich der Abhängigkeit der Wärmekapazität (bzw. der spezifischen

[1]) Vgl. z. B. die Zusammenstellung in E. Warburg, Referat über die Wärmeeinheit. Leipzig: J. A. Barth 1900; H. T. Barnes, Phil. Trans. Bd. 199, S. 261. 1902; K. Scheel u. O. Luther, Verh. d. D. Phys. Ges. Bd. 10, S. 584. 1908 u. ZS. f. Elektrochem. Bd. 14, S. 743. 1908; W. Jaeger u. H. v. Steinwehr, Verh. d. D. Phys. Ges. Bd. 21, S. 25. 1919 u. Ann. d. Phys. Bd. 58, S. 487. 1919, sowie in den Phys.-Chem. Tabellen von Landolt-Börnstein.

[2]) W. Jaeger u. H. v. Steinwehr, Berl. Ber. 1915, S. 424 u. Ann. d. Phys. Bd. 64, S. 305. 1921.

Wärme) des Wassers von der Temperatur, die zwischen 5° und 50° ebenfalls von W. JAEGER und H. v. STEINWEHR bestimmt wurde, sei auf ds. Handb. Bd. XI und auf die Wärmetabellen der Physikalisch-Technischen Reichsanstalt S. 60[1]) verwiesen.

16. Die internationalen elektrischen Einheiten und ihre Beziehung zu den absoluten elektrischen Einheiten. Bei den praktischen elektrischen Einheiten (Ohm, Ampere usw.) hat man zu unterscheiden zwischen den absoluten „praktischen" Einheiten (abs ohm usw.) und den internationalen Einheiten (int ohm usw.). Die internationalen Einheiten, die den Messungen in der Regel zugrunde gelegt werden, sind als reproduzierbare empirische Maße durch gesetzliche Festsetzungen definiert, und zwar in der Weise, daß sie mit möglichster Genauigkeit den Wert der absoluten Maße repräsentieren sollen. Die absoluten elektrischen Einheiten dagegen basieren auf dem elektromagnetischen Maßsystem (Ziff. 3).

Internationale elektrische Einheiten. In dem deutschen Gesetz vom 1. Juni 1898[2]) ist nur das Ohm und das Ampere durch folgende Festsetzungen definiert:

„(2) Das Ohm ist die Einheit des elektrischen Widerstandes. Es wird dargestellt durch den Widerstand einer Quecksilbersäule von der Temperatur des schmelzenden Eises, deren Länge bei durchweg gleichem, einem Quadratmillimeter gleichzuachtenden Querschnitt 106,3 cm und deren Masse 14,4521 g beträgt."

„(3) Das Ampere ist die Einheit der elektrischen Stromstärke. Es wird dargestellt durch den unveränderlichen elektrischen Strom, welcher bei dem Durchgange durch eine wässerige Lösung von Silbernitrat in einer Sekunde 0,001118 g Silber niederschlägt" (vgl. Ziff. 6).

Die anderen praktischen Einheiten (Volt, Coulomb = Amperesekunde, Watt, Wattsekunde = Joule, Farad, Henry) sind aus den beiden Grundeinheiten Ohm und Ampere in bekannter Weise abzuleiten. Diese Festsetzungen sind später auf einem internationalen Elektrikerkongreß in London[3]) (Oktober 1908) mit unwesentlichen Abänderungen auch international angenommen worden, z. B. wurde die für die Definition des int amp maßgebende Zahl zu 0,00111800 g Silber festgesetzt. (Näheres hierüber s. ds. Handb. Bd. XVI.)

In Deutschland ist die Physikalisch-Technische Reichsanstalt in Charlottenburg mit der Herstellung und Überwachung der elektrischen Einheiten und der Prüfung eingesandter Normale betraut. Dabei ist aber noch ein Umstand zu beachten. Da das Ampere keine greifbare Einheit darstellt, so werden in der Praxis die Messungen auf geeichte Normalwiderstände und Normalelemente zurückgeführt. Auf dem Londoner Kongreß ist als Normalelement das WESTONsche Kadmiumelement international angenommen worden, dessen Spannung auf die Einheit des Ohm und Ampere zurückzuführen ist. Man hat sich daher auch international auf Grund gemeinsamer Messungen (in Washington 1910) auf einen Wert dieses Normalelements geeinigt und hat seit 1. Jan. 1911

die Spannung des Westonelementes bei 20° zu 1,01830 int volt (37a)

festgesetzt.

Beziehung zwischen den internationalen und absoluten elektrischen Einheiten. In der Folge suchte man nun durch Messungen zu er-

[1]) L. HOLBORN, K. SCHEEL u. F. HENNING, Wärmetabellen der Phys.-Techn. Reichsanstalt. Braunschweig: Vieweg & Sohn 1919. S. 60.

[2]) Gesetz vom 1. Juni 1898 betr. die elektrischen Maßeinheiten. Reichsgesetzblatt für 1898, S. 905. Reichsanzeiger Nr. 138 vom 14. Juli 1898; Elektrot. ZS. Bd. 19, S. 195, 200, 294, 411. 1898 und Bd. 22, S. 531. 1901.

[3]) Intern. Conference on electr. Units and Standards 1908, print for his Majesty's Stationary Office by Darling & Son, London 1903; vgl. auch Elektrot. ZS Bd. 30, S. 344. 1909.

mitteln, wie genau die absoluten praktischen Einheiten durch die international festgelegten Einheiten verkörpert werden, um die Unterlagen für die Umrechnung der elektrisch gemessenen Größen in andere Einheiten (Kalorie, mechanische Maße usw.) zu erhalten.

Über die Beziehung des internationalen zum absoluten Ohm liegen die folgenden Messungen vor: Im National Physical Laboratory in Teddington (England) hat F. E. SMITH[1]) einen nach der LORENZschen Methode absolut gemessenen Widerstand mit der internationalen Widerstandseinheit Englands verglichen und 1 int ohm = 1,00052 abs ohm gefunden. Fast gleichzeitig (aber erst 1920 veröffentlicht) ist in der Physikalisch-Technischen Reichsanstalt von GRÜNEISEN und GIEBE[2]) die deutsche internationale Widerstandseinheit nach einer anderen Methode absolut gemessen worden mit dem Ergebnis, daß 1 int ohm = 1,00051 abs ohm ist. In diesen Zahlen stecken aber noch die Unterschiede der Widerstandseinheiten Deutschlands und Englands, die damals einige Hunderttausendstel betrugen. Im Mittel darf man annehmen, daß

$$1 \text{ int ohm} = 1{,}0005 \text{ abs ohm} = p \text{ abs ohm} \tag{38}$$

zu setzen ist, wie es jetzt wohl auch allgemein geschieht. Die Unsicherheit der auf Zehntausendstel abgerundeten Zahl scheint einige Hunderttausendstel zu betragen. Es sei noch bemerkt, daß die gesetzliche Festsetzung für das int ohm gleichbedeutend ist mit der Beziehung 1 int ohm = 1,063 Siemenseinheiten. Die gesetzlich angenommene Zahl beruht auf einer kritischen, von DORN[3]) ausgeführten Zusammenstellung über frühere absolute Ausmessungen der Siemenseinheit, wonach die Länge eines SIEMENSschen Quecksilberrohres, die einem absoluten Ohm entspricht, $106{,}28_5 \pm 0{,}03$ cm betragen sollte, wofür nunmehr also eine Länge von 106,25 cm zu setzen wäre.

Die Beziehung des internationalen zum absoluten Ampere ist nicht so sichergestellt, wie es bei der Widerstandseinheit der Fall ist. Der gesetzlichen Definition des Ampere (Abscheidung von 1,11800 mg Silber durch ein Coulomb) liegt zugrunde der Mittelwert von absoluten Messungen, die einerseits von Lord RAYLEIGH und SIDGEWICK[4]) mit der Stromwage (1,1179), andererseits von F. und W. KOHLRAUSCH[5]) mit der Tangentenbussole (1,1183) ausgeführt waren. Der Mittelwert beider Messungen scheint sehr nahe richtig zu sein.

Nachdem die gesetzlichen Definitionen der elektrischen Einheiten in Deutschland festgelegt worden waren, sind noch verschiedene Bestimmungen des Silberäquivalents vorgenommen worden. Von diesen sind zu erwähnen diejenigen von KAHLE[6]) mit der HELMHOLTZschen Stromwage, welche die Zahl 1,1183 mg/sec ergab, sowie von VAN DIJK und KUNST[7]) mit der Tangentenbussole, die den Wert 1,1182 mg/sec lieferte. Einen sehr hohen Wert (1,1192) ermittelten PATTERSON und GUTHE[8]); ähnliche hohe Zahlen fanden auch PELLAT und POTIER[9]) sowie PELLAT und LEDUC[10]).

[1]) F. E. SMITH, Phil. Trans. Bd. 214, S. 27. 1914.

[2]) E. GRÜNEISEN u. E. GIEBE, Ann. d. Phys. Bd. 63, S. 179. 1920.

[3]) E. DORN, Über den wahrscheinlichen Wert des Ohm nach den bisherigen Messungen, Berlin: Julius Springer 1893, u. Wiss. Abh. d. Phys.-Techn. Reichsanst., Bd. 2, S. 257. 1895.

[4]) Lord RAYLEIGH u. H. SIDGEWICK, Phil. Trans. Bd. 175, S. 411. 1885.

[5]) F. u. W. KOHLRAUSCH, Wied. Ann. Bd. 27, S. 1. 1886.

[6]) K. KAHLE, Wied. Ann. Bd. 67, S. 1. 1899.

[7]) G. VAN DIJK und J. KUNST, Ann. d. Phys. Bd. 14, S. 569. 1904; Arch. Néerland. (2) Bd. 9, S. 442. 1905.

[8]) C. W. PATTERSON u. K. E. GUTHE, Phys. Rev. Bd. 7, S. 257. 1898.

[9]) H PELLAT u. POTIER, Journ. de phys. (2) Bd. 6, S. 175 u. Bd. 9, S. 381. 1890.

[10]) H. PELLAT u. A. LEDUC, C. R. Bd. 136, S. 1649. 1903; vgl. auch RICHARDS u. HEIMROD, Proc. Amer. Acad. Bd. 37, S. 437. 1902.

Die übrigen absoluten Strommessungen, welche später liegen, sind nicht mit dem Silbervoltameter direkt ausgeführt, sondern mit dem Westonschen Normalelement in Verbindung mit einem Normalwiderstand. In die Messungen gehen also ein: Unterschiede der benutzten Normalelemente, Unterschiede der Widerstandseinheit und, soweit Stromwagen benutzt worden sind, auch die Unsicherheit des Wertes der Schwerebeschleunigung an dem Beobachtungsort. Durch eine absolute Strommessung in Verbindung mit einem in internationalen Ohm bestimmten Widerstand erhält man die Spannung des Normalelementes weder in absoluten noch in internationalen Volt, sondern in einem Maß, welches vom Bureau of Standards als „*semiabsolutes Volt*“ bezeichnet worden ist. Die bei den Messungen erhaltenen Resultate sind in der folgenden Tabelle zusammengestellt, wobei die Spannung des Normalelements (in semiabsoluten Volt) auf 20° C reduziert ist. In der vorletzten Spalte sind die aus diesen Zahlen sich ergebenden Silberäquivalente enthalten unter der Voraussetzung, daß bei der Umrechnung für die benutzten Widerstände die internationale Widerstandseinheit benutzt werden darf und daß der Wert für das Westonsche Normalelement bei 20° C 1,01830 int volt entspricht. In der letzten Spalte ist die entsprechende Beziehung zwischen dem internationalen und absoluten Ampere angegeben.

Tabelle 6.

Nr.	Beobachter	Jahr	Methode	Weston-element 20° C	Silber-äqui-valent	1 int amp =
1	Guthe (B.S.)[1]	1906	Dynamometer.	1,0186	1,1177	1,0003 abs amp
2	Ayrton, Mather, Smith (NPL)[2]	1908	Stromwage	81_9	81_2	$0,9998_9$ „ „
3	Janet, Laporte, Jouaust (LCE)[3]	1908	Stromwage	83_6	79_3	$1,0000_6$ „ „
4	Haga u. Boerema[4]	1910	Tangentenbussole	82_4	80_7	$0,9999_4$ „ „
5	Rosa, Dorsey, Miller[5]	1912	Stromwage	82_2	80_6	$0,9999_5$ „ „
			Mittel (1—5)	$1,0183_2$	$1,1179_8$	$1,0000_3$
			„ (2—5)	82_5	80_4	$0,9999_6$

Zu der Messung des Bureau of Standards von 1912 (Nr. 5 der Tabelle) ist noch zu bemerken, daß das benutzte Westonelement auch mit dem Silbervoltameter verglichen wurde. Mittels des Silbervoltameters in Verbindung mit dem internationalen Ohm ergab sich der Wert 1,01827 Volt, mit der Stromwage in Verbindung mit dem internationalen Ohm der in der Tabelle angegebene (semiabsolute) Wert 1,01822 Volt bei 20°. Daraus folgt das mit der Stromwage gemessene Silberäquivalent zu $1,1180_6$ mg/sec.

Die Mittelwerte 1 bis 5 unterscheiden sich nur wenig von den international angenommenen Werten des Westonelements bzw. des Silberäquivalents. Am zuverlässigsten sind wohl im allgemeinen in Hinsicht der benutzten Normale die in den Staatslaboratorien (BS = Bureau of Standards, Washington; NPL

[1]) K. Guthe, Bull. Bur. of Stand., Washington Bd. 2, S. 69. 1906 u. Ann. d. Phys. Bd. 21, S. 913. 1906.

[2]) W. E. Ayrton, T. Mather u. F. E. Smith, Phil. Trans. Bd. 207, S. 463. 1908.

[3]) P. Janet, F. Laporte u. R. Jouaust, Bull. Soc. Intern. des Electr. Bd. 8, S. 459. 1908. In dieser Mitteilung ist die Zahl 1,0188 für das Westonelement angegeben, die aber in einer späteren Mitteilung auf den oben angegebenen Wert umgerechnet worden ist; vgl. C. R. Bd. 153, S. 718. 1911. Der korrigierte Wert ist auch mit den von A. Guillet (Bull. Soc. Intern. des Electr. Bd. 8, S. 539. 1908) und von H. Pellat (ibid. S. 573) gefundenen Zahlen in guter Übereinstimmung.

[4]) H. Haga u. J. Boerema, Proc. Amsterdam 1910, S. 587.

[5]) E. B. Rosa, N. E. Dorsey u. J. M. Miller, Bull. Bur. of Stand., Washington Bd. 8, S. 269. 1912 u. Bd. 10, S. 477. 1913.

= National Physical Laboratory, Teddington; LCE = Laboratoire Central d'Électricité, Paris) ausgeführten Messungen. Aber auch bei HAGA und BOEREMA sind die bei den Messungen benutzten Normalelemente und Normalwiderstände durch Vergleichung derselben in der Physikalisch-Technischen Reichsanstalt und im NPL sichergestellt; doch läßt die Tangentenbussole nicht die Genauigkeit zu, die man mit den Stromwagen erreichen kann. Beschränkt man sich auf die Beobachtungen Nr. 2 bis 5, die 1908 und später ausgeführt sind (1908 Londoner internationale Konferenz), so erhält man für das Westonelement 1,0183 Volt bei 20° und für das Silberäquivalent $1{,}1180_4$ mg/sec. Ferner ist 1 int amp = $0{,}9999_8$ abs amp. Es besteht danach keine mit Sicherheit feststellbare Differenz zwischen dem internationalen und absoluten Ampere.

Da bei den hier in Betracht gezogenen Messungen nicht das Silbervoltameter, sondern das Westonelement benutzt worden ist, so entsteht noch die Frage, mit welcher Genauigkeit die Spannung dieses Elements an die internationalen Einheiten des Widerstandes und der Stromstärke angeschlossen worden ist. Die Messungen, welche der Festsetzung $1{,}0183_0$ int volt bei 20° für die Spannung des Westonelements zugrunde liegen, sind von den im Frühjahr 1910 in Washington zusammengekommenen Delegierten der Länder Deutschland (JAEGER), England (SMITH), Frankreich (LAPORTE) und Amerika (ROSA und WOLFF) gemeinsam ausgeführt worden. Jeder der Delegierten brachte eine Anzahl Normalelemente und Normalwiderstände mit, deren Werte vorher festgestellt worden waren. Die Vergleichung dieser Normalien ergab eine sehr gute Übereinstimmung derselben (innerhalb weniger Hunderttausendstel). Bei den Messungen wurden die gleichfalls von den verschiedenen Delegierten mitgebrachten Silbervoltameter hintereinandergeschaltet, so daß aus den Silberniederschlägen das Mittel gewonnen werden konnte[1]). Auf diese Maßnahme wird bei der weiteren Erörterung noch zurückzukommen sein.

Die auf Grund dieser Messungen für die Spannung des Westonelements angenommene Zahl 1,0183 int volt wird als auf ein Zehntausendstel genau angesehen, so daß man also die Umrechnung auf das internationale Ampere innerhalb dieser Grenze vornehmen darf. Der Wert 1,0183 ist auch durch Messungen in der Physikalisch-Technischen Reichsanstalt vor und nach der Washingtoner Zusammenkunft als richtig bestätigt worden[2]) (1908: 1,01834; 1922: 1,01831); ferner ergab die silbervoltametrische Messung im BS 1912 (l. c.) den Wert 1,01827.

Auf Grund der jetzt vorliegenden Bestimmungen wird man nach vorstehenden Ausführungen 1 int amp = 1,0000 abs amp setzen können. Dieser Ansicht schließt sich auch SMITH in England an[3]). Das BS in Washington stellt sich allerdings auf einen anderen Standpunkt[4]). In dem Zirkular Nr. 60 werden nur die unter Nr. 2, 4, 5 angeführten Messungen berücksichtigt, außerdem wird an dem Resultat des BS (Nr. 5) noch eine Korrektion der Silbervoltameter auf das „1910 mean voltameter" (d. h. auf den Mittelwert der in Washington 1910 benutzten Silbervoltameter der vier Staatslaboratorien) im Betrag von $3 \cdot 10^{-5}$ angebracht, so daß daraus für die Messung des BS im Jahre 1912 folgt: 1 int amp = 0,99992 abs amp. Als Mittelwert aus den Messungen Nr. 2, 4, 5 wird daher in dem Zirkular angegeben: 1 int amp = $0{,}9999_1$ abs amp, so daß also das int amp rund um ein Zehntausendstel zu klein sein würde.

---

[1]) Näheres über diese Messungen ist zu finden in dem „Report of the intern. Comm. on electr. units and standards of a special techn. comm. usw." 1. Jan. 1912, Washington, Govern. printing office 1912.

[2]) Vgl. W. JAEGER u. H. v. STEINWEHR, ZS. f. Instrkde. Bd. 28, S. 327 u. 353. 1908; H. v. STEINWEHR u. A. SCHULZE, ebenda Bd. 42, S. 221. 1922.

[3]) Vgl. F. E. SMITH, Proc. Phys. Soc. Bd. 37, S. 115. 1925.

[4]) Vgl. Circular of the Bur. of Stand., Washington, Nr. 60 (Second Edition), S. 37. 1920.

Da aber diese Annahme keinen allgemeinen Eingang gefunden hat und auch nicht sicher begründet ist, haben wir es für richtiger gehalten, vorläufig an dem internationalen Ampere keine Reduktion anzubringen und setzen deshalb bis auf weiteres:

$$1 \text{ int amp} = 1{,}0000 \text{ abs amp} = q \text{ abs amp}. \tag{39}$$

Abgeleitete elektrische Einheiten. Aus den beiden Werten für das internationale Ampere und das internationale Ohm folgt weiter:

$$1 \text{ int coulomb} = q \text{ abs coul} = 1{,}0000 \text{ abs coul} \tag{40}$$

$$1 \text{ int volt} = p \cdot q \text{ abs volt} = 1{,}0005 \text{ abs volt} \tag{41}$$

$$1 \text{ int watt} = p \cdot q^2 \text{ abs watt} = 1{,}0005 \text{ abs watt} = 1{,}0005 \cdot 10^7 \text{ erg} \cdot \text{sec}^{-1} \tag{42}$$

$$1 \text{ int joule} = p \cdot q^2 \text{ abs joule} = 1{,}0005 \text{ abs joule} = 1{,}0005 \cdot 10^7 \text{ erg} \tag{43}$$

$$1 \text{ int farad} = \frac{1}{p} \text{ abs farad} = 0{,}9995 \text{ abs farad} \tag{44}$$

$$1 \text{ int henry} = p \text{ abs henry} = 1{,}0005 \text{ abs henry} \tag{45}$$

In den folgenden Ziffern wird es sich mehrfach darum handeln, eine in int coul gemessene Elektrizitätsmenge e' in absolute elektrostatische Einheiten umzurechnen. Wird die betreffende Elektrizitätsmenge in diesem Maß mit e bezeichnet, so gilt nach Gl. (40) und Ziff. 3 Gl. (5)

$$e = 0{,}1 \cdot c \cdot q \cdot e' = 2{,}9985 \cdot 10^9 e' \text{ dyn}^{\frac{1}{2}} \cdot \text{cm}. \tag{45a}$$

17. Das Atomgewicht des Silbers und die FARADAYsche Konstante. Das Atomgewicht des Silbers, das in die Reihe der hier besprochenen Konstanten aufgenommen ist, weil es zur Berechnung der FARADAYschen Konstanten aus dem elektrochemischen Äquivalent des Silbers (Ziff. 6) benötigt wird, hat den Wert[1])

$$A(\text{Ag}) = 107{,}88 \tag{46}$$

Die FARADAYsche Konstante F, auch Valenzladung genannt, gibt gemäß des FARADAYschen Gesetzes diejenige Elektrizitätsmenge an, durch welche bei der Elektrolyse ein Mol einer einwertigen Substanz (Valenz $n = 1$) ausgeschieden oder gelöst wird. Da das elektrochemische Äquivalent des Silbers Ä(Ag), das nach Ziff. 6 bestimmt ist, die Anzahl Gramm des einwertigen Silbers angibt, die bei der Elektrolyse mit der Elektrizitätsmenge 1 internationales Coulomb verbunden sind, so erhält man für die FARADAYsche Konstante

$$F = \frac{A(\text{Ag})}{\ddot{A}(\text{Ag})} = \frac{107{,}88}{1{,}11800 \cdot 10^{-3}} = 96494 \text{ int coul}. \tag{47}$$

Derselbe Zahlenwert gilt für die Ionisierungsenergie J, die bei 1 Volt Ionisierungsspannung aufgewendet werden muß, um ein Mol eines Stoffes in den einfach ionisierten Zustand überzuführen. Bezeichnet Φ (gemessen in internationalen Volt) das Potential, bei dem die Ionisierung stattfindet, so ist die zur Ionisierung eines Atoms erforderliche Energie (in internationalen Joule) durch $e'\Phi$ gegeben, wenn e' die in internationalen Coulomb gemessene elektrische Ladung des Elektrons bezeichnet. Unter Einführung der LOSCHMIDTschen Zahl N (Ziff. 19) erhält man für die Energie, welche zur Ionisierung von 1 Mol erforderlich ist, $Ne'\Phi$ oder (wieder nach Ziff. 19) $F\Phi$. Es ist also $J = F$, doch ist die Maßeinheit jetzt als int joule/int volt zu schreiben, was physikalisch nicht von der oben

[1]) Vgl. 6. Bericht der deutschen Atomgewichtskommission Chem. Ber. Bd. 49, S. 1. 1926.

benutzten Maßeinheit int coul verschieden ist. Es gilt also für die Ionisierungsenergie $J\Phi$ die Beziehung

$$J \cdot \Phi = F \cdot \Phi = 96494 \cdot \Phi \,\text{int joule}, \tag{47a}$$

falls das Ionisierungspotential Φ in internationalen Volt gemessen wird. Bezüglich der Umrechnung dieser Energie auf andere Maßsysteme wird auf Tabelle 11 verwiesen.

18. Das elektrische Elementarquantum. Von den zahlreichen Bestimmungen der Ladung e des Elektrons, des sog. elektrischen Elementarquantums, erreicht bisher keine die Genauigkeit der MILLIKANschen Messungen. Der von ihm aus der Bewegung von geladenen Öltröpfchen innerhalb eines Kondensators im Jahre 1917 abgeleitete Wert[1]) ist in elektrostatischen Einheiten

$$e_1 = (4{,}774 \pm 0{,}005) \cdot 10^{-10} \,\text{dyn}^{\frac{1}{2}} \cdot \text{cm}. \tag{48}$$

Diese Zahl stimmt mit älteren Messungen desselben Autors[2]) (aus dem Jahre 1913)

$$e_1 = (4{,}774 \pm 0{,}009) \cdot 10^{-10} \,\text{dyn}^{\frac{1}{2}} \cdot \text{cm} \tag{48a}$$

völlig überein.

Andere Beobachtungsergebnisse, wie z. B. diejenigen von LEE[3]), mit dem Ergebnis $e_1 = 4{,}764 \cdot 10^{-10}$, die auf Veranlassung von MILLIKAN unter Verwendung von Schellackteilchen statt Öltröpfchen angestellt wurden, kommen gegen die vorher genannten Zahlen nicht in Betracht, besonders deswegen nicht, weil die Gestalt der festen Teilchen nicht mit Sicherheit bekannt ist. Einzelheiten über die Meßmethoden sind in ds. Handb. Bd. XXII Artikel „Elektronen“ enthalten.

Die in elektrostatischen Einheiten angegebene Ladung des Elektrons hat MILLIKAN unter Annahme des Wertes $c_1 = 2{,}999 \cdot 10^{10}\,\text{cm} \cdot \text{sec}^{-1}$ für die Lichtgeschwindigkeit aus unmittelbar beobachteten Daten berechnet. Hierbei spielt die zunächst in elektromagnetischen Einheiten, nämlich in internationalen Volt, gemessene Potentialdifferenz an den Platten des Kondensators eine wesentliche Rolle. Der primäre Wert für die Ladung des Elektrons ist also in internationalen Coulomb (s. Ziff. 3 und 16) auszudrücken. Da MILLIKAN nicht zwischen dem absoluten und dem internationalen Coulomb unterscheidet, so gewinnt man aus seinen Zahlen die Ladung des Elektrons in int coul zu

$$e' = \frac{e_1}{0{,}1 \cdot c_1} = 1{,}591_9 \cdot 10^{-19} \,\text{int coul}. \tag{49}$$

Unter Einsetzung der Lichtgeschwindigkeit c nach Ziff. 22 und unter Einführung des Verhältnisses q zwischen dem internationalen Coulomb und dem absoluten Coulomb (Ziff. 16) erhält man in elektrostatischen Einheiten

$$e = 0{,}1 \cdot e' \cdot c \cdot q \tag{50}$$

oder

$$e = \frac{c}{c_1} \cdot e_1 \cdot q = 4{,}773_2 \cdot 10^{-10} \,\text{dyn}^{\frac{1}{2}} \cdot \text{cm}. \tag{51}$$

Der Unterschied der so berechneten Zahl gegen die von MILLIKAN angegebene und allgemein eingeführte Zahl ist so gering, daß vorgeschlagen wird, ihn einstweilen unberücksichtigt zu lassen und das rechnerisch geforderte Verhältnis der

---

1) R. A. MILLIKAN, Phil. Mag. (6) Bd. 34, S. 1. 1917.
2) R. A. MILLIKAN, Phys. Rev. Bd. 2, S. 109. 1913 u. Phys. ZS. Bd. 14, S. 796. 1913.
3) J. Y. LEE, Phys. Rev. Bd. 4, S. 420. 1914.

Zahlenwerte in den beiden Maßsystemen durch Abänderung des Wertes von e' wieder herzustellen. Demgemäß setzen wir in elektromagnetischen Einheiten

$$e' = 1{,}592_1 \cdot 10^{-19}\,\text{int coul} \tag{52}$$

und in elektrostatischen Einheiten

$$e = 4{,}77_4 \cdot 10^{-10}\,\text{dyn}^{\frac{1}{2}} \cdot \text{cm}\,. \tag{53}$$

19. Die LOSCHMIDTsche Zahl, BOLTZMANNsche Konstante, Masse des Atoms. Von den zahlreichen Methoden zur Bestimmung der LOSCHMIDTschen Zahl, d. h. der Molekülzahl im Mol, gilt diejenige am zuverlässigsten, die an die Ladung des Elektrons (Ziff. 18) und die FARADAYsche Konstante (Ziff. 17) anknüpft. Die FARADAYsche Konstante F gibt die Elektrizitätsmenge (in int coul) an, welche von einem Mol eines einwertigen Ions befördert wird. Unter der Annahme, daß jedes einwertige Ion sich vom elektrisch neutralen Zustand um den Mangel oder den Überschuß der Ladung e' (in int coul) des Elektrons unterscheidet, ist die Zahl der im Mol enthaltenen elementaren Massenteilchen gegeben durch

$$N = \frac{F}{e'} = 6{,}06_1 \cdot 10^{23}\,. \tag{54}$$

Mit Hilfe dieser Zahl und der Gaskonstanten R_0 (gemessen in $\text{erg} \cdot \text{grad}^{-1}$) (vgl. Ziff. 14) ist sogleich die BOLTZMANNsche Konstante k, die als Gaskonstante für das elementare Massenteilchen definiert werden kann, berechenbar. Man erhält

$$k = \frac{R_0}{N} = 1{,}371_7 \cdot 10^{-16}\,\text{erg} \cdot \text{grad}^{-1}\,. \tag{55}$$

Ferner gewinnt man aus der LOSCHMIDTschen Zahl N die Masse M eines Atoms vom Atomgewicht A gemäß der Beziehung

$$M = \frac{A}{N}\,, \tag{56}$$

also für die Masse eines hypothetischen Atoms vom Atomgewicht 1 oder für den 16. Teil der Masse des Sauerstoffatoms

$$M_1 = \frac{1}{N} = 1{,}650 \cdot 10^{-24}\,\text{g}\,. \tag{57}$$

20. Die spezifische Ladung und die Masse des ruhenden Elektrons. Das Verhältnis von Ladung zu Masse e/m des Elektrons, das auch als spezifische Ladung des Elektrons bezeichnet wird, ist aus der Ablenkung von Kathoden- oder β-Strahlen im magnetischen und elektrischen Feld (falls die Geschwindigkeit der Elektronen bekannt ist, genügt die Ablenkung im magnetischen Feld) oder aus der Aufspaltung von Spektrallinien im magnetischen Felde (Zeemaneffekt) bestimmt worden.

Nach der ersteren Methode erhält man

$$\frac{e'}{m} = \frac{2 \cdot 10^9 \cdot \Phi}{p \cdot r^2 H^2} = \frac{10^{11} \cdot q^2}{8 p \pi^2}\,\frac{1}{r^2 n^2}\,\frac{\Phi}{J^2}\,, \tag{58}$$

wenn Φ die vom Elektron durchlaufene Potentialdifferenz in int volt, r der Radius seiner Bahn in cm und H die magnetische Feldstärke in Gauß bezeichnet. Die Feldstärke H wird gewöhnlich in einem Solenoid erzeugt. Es ist angenommen, daß diese Stromspule n Windungen auf je 1 cm ihrer Länge hat und vom Strom der Stärke J int Ampere durchflossen wird. Im Falle des Zeemaneffekts gilt

$$\frac{e'}{m} = 4\pi c q \frac{10}{H} \cdot \frac{\Delta\lambda}{\lambda_0^2} = 100 \frac{c q^2}{n} \frac{1}{J} \frac{\Delta\lambda}{\lambda_0^2}. \tag{59}$$

Hierbei bedeutet $\Delta\lambda$ die Aufspaltung der Linie von der Wellenlänge λ_0. In beiden Fällen werden die elektrischen Größen im internationalen elektromagnetischen Maß gemessen. In Übereinstimmung mit Ziff. 18 ist das elektrische Elementarquantum darum mit e' bezeichnet. Die in der Formel für den Zeemaneffekt auftretende Lichtgeschwindigkeit c rührt von der Umrechnung der Schwingungszahlen auf Wellenlängen her. Welchen Wert von c die einzelnen Autoren bei der Ermittlung von e'/m zugrunde legen, ist von geringer Bedeutung, da zur Zeit e'/m nur mit einer Genauigkeit von etwa 0,1% angegeben werden kann.

Da die spezifische Ladung und die Masse des Elektrons von seiner Geschwindigkeit abhängen, so sind, um einen Vergleich möglich zu machen, die Angaben der einzelnen Autoren auf die Geschwindigkeit 0 zu reduzieren. Dies geschieht mit Hilfe der von LORENTZ und EINSTEIN aufgestellten Beziehung.

Die folgende Tabelle 7 enthält eine Reihe der wichtigsten Bestimmungen von e'/m nach den Originalveröffentlichungen. Weitere Daten sowie Korrektionen einiger der angeführten Zahlen finden sich in ds. Handb. Bd. XXII, Artikel „Elektronen".

Tabelle 7. Die spezifische Ladung des ruhenden Elektrons.

Autor	Methode	e'/m	
WEISS u. COTTON[1]) . .	Zeemaneffekt	$1{,}767 \cdot 10^8$	int coul · g^{-1}
GMELIN[2])	Zeemaneffekt	$1{,}771 \cdot 10^8$	„
BUCHERER[3])	elektr. u. magn. Feld	$1{,}763 \cdot 10^8$	„
WOLZ[4])	elektr. u. magn. Feld	$1{,}767 \cdot 10^8$	„
FORTRAT[5])	Zeemaneffekt	$1{,}764 \cdot 10^8$	„
SCHAEFER u. NEUMANN[6])	elektr. u. magn. Feld	$1{,}765 \cdot 10^8$	„
BABCOCK[7])	Zeemaneffekt	$1{,}761 \cdot 10^8$	„
	Mittel	$1{,}765 \cdot 10^8$	int coul · g^{-1}

Aus den Messungen, die PASCHEN über die Rydbergkonstanten von Wasserstoff und Helium ausführte (vgl. Ziff. 23, Gl. 83), erhält man mit Hilfe der FARADAYschen Konstanten $F = 0{,}9649_4 \cdot 10^5$ int coul (Ziff. 17)

$$\frac{e'}{m} = 1831\, F = 1{,}766_5 \cdot 10^8 \,\text{int coul} \cdot \text{g}^{-1}.$$

Dieser Zahl ist eine Sicherheit von etwa $^1/_4$% zuzuschreiben. Sie stimmt innerhalb dieser Grenzen mit dem Ergebnis der unmittelbaren Beobachtung überein.

---

1) P. WEISS u. A. COTTON, Journ. de phys. Bd. 6, S. 429. 1907.

2) P. GMELIN, Ann. d. Phys. Bd. 28, S. 1079. 1909.

3) A. H. BUCHERER, Ann. d. Phys. Bd. 28, S. 513. 1909.

4) K. WOLZ, Ann. d. Phys. Bd. 30, S. 273. 1909

5) R. FORTRAT, C. R. Bd. 155, S. 1237. 1912; s. auch F. PASCHEN, Ann. d. Phys. Bd. 50, S. 936. 1916.

6) CL. SCHAEFER u. G. NEUMANN, Ann. d. Phys. Bd. 45, S. 529. 1914; Bd. 49, S. 934. 1916.

7) H. D. BABCOCK, Astrophys. Journ. Bd. 58, S. 149. 1923.

Als wahrscheinlichster Wert für die spezifische Ladung des Elektrons darf zur Zeit in Übereinstimmung mit der von GERLACH (ds. Handb. Bd. XXII) empfohlenen Zahl

$$\frac{e'}{m} = 1{,}76_6 \cdot 10^8 \text{ int coul} \cdot \text{g}^{-1} \tag{60}$$

angenommen werden.

Hieraus folgt, wenn man nach Ziff. 18 die Ladung des Elektrons mit $e' = 1{,}592 \cdot 10^{-19}$ int coul einführt, für die Masse des Elektrons

$$m = 9{,}01_6 \cdot 10^{-28}\,\text{g}. \tag{61}$$

Weiter erhält man, wenn man in Gl. (56) Ziff. 19 statt der Atommasse M die Elektronenmasse m einführt, das Atomgewicht des Elektrons zu

$$A\,(\text{Elektr.}) = 0{,}0005464. \tag{61a}$$

Um die spezifische Ladung des Elektrons in elektrostatischen Einheiten auszudrücken, ist e'/m mit $0{,}1 \cdot c \cdot q$ zu multiplizieren (Ziff. 3), wenn $c = 2{,}998\,5 \cdot 10^{10}\,\text{cm} \cdot \text{sec}^{-1}$ die Lichtgeschwindigkeit (Ziff. 22) und $q = 1{,}0000$ das Verhältnis des internationalen zum absoluten Coulomb (Ziff. 16) bedeutet. Man erhält dann

$$\frac{e}{m} = \frac{e'}{m} \cdot 0{,}1 \cdot c \cdot q = 5{,}29_5 \cdot 10^{17}\,\text{dyn}^{\frac{1}{2}} \cdot \text{cm} \cdot \text{g}^{-1}. \tag{62}$$

21. Beziehung zwischen Elektronengeschwindigkeit und durchlaufener Potentialdifferenz. Mit Hilfe der spezifischen Ladung des Elektrons läßt sich eine wichtige Beziehung zwischen der Elektronengeschwindigkeit und der Potentialdifferenz berechnen. Durchläuft ein Elektron, dessen Ladung e ist, die Potentialdifferenz Φ, so hat es die Bewegungsenergie $\Phi \cdot e = \frac{m}{2} v^2$ erlangt, wenn seine Geschwindigkeit v bei Eintritt in das elektrische Feld Null ist und wenn m seine Masse bezeichnet. Diese Gleichung gilt indessen nur, solange der Quotient v^2 dividiert durch das Quadrat der Lichtgeschwindigkeit c^2 klein gegen 1 ist. Andernfalls gilt unter Einführung der „Ruhemasse“ m_0 die vollständigere Gleichung

$$\Phi \cdot e = m_0 c^2 \left[\frac{1}{\sqrt{1 - \left(\frac{v}{c}\right)^2}} - 1 \right]. \tag{63}$$

Beschränken wir uns auf den einfachen Grenzfall der kleinen Werte von v, so erhält man für die Geschwindigkeit des Elektrons

$$v = \sqrt{2\Phi \frac{e}{m}}. \tag{64}$$

Um hieraus v in $\text{cm} \cdot \text{sec}^{-1}$ zu gewinnen, sind die Potentialdifferenz Φ und die spezifische Ladung e/m des Elektrons im CGS-System, also z. B. in elektrostatischem Maß auszudrücken. Beide Größen kennen wir zunächst nur im internationalen elektromagnetischen Maß, in dem sie mit Φ' und e'/m bezeichnet seien. Nach Ziff. 3 und 16 sind Φ' int volt gleichwertig mit

$$\Phi = \frac{p \cdot q}{c} \cdot 10^8 \cdot \Phi' \text{ elektrostat. Potentialeinheiten,} \tag{65}$$

und e' int coul sind nach Gl. (45a) gleichwertig mit

$$e = 0{,}1 \cdot c \cdot q \cdot e' \text{ elektrostat. Einheiten der Elektrizitätsmenge.} \tag{66}$$

Somit erhält man

$$v = \sqrt{\Phi'} \cdot \sqrt{2 \cdot p\, q^2 \cdot 10^7 \cdot \frac{e'}{m}} \tag{67}$$

und nach Einsetzung der Zahlenwerte

$$v = 5{,}944_6 \cdot 10^7 \sqrt{\Phi'}\,\mathrm{cm} \cdot \mathrm{sec}^{-1}, \tag{68}$$

falls Φ' in int volt gemessen ist.

22. Die Lichtgeschwindigkeit im Vakuum und das Energieäquivalent der Masse. Die Lichtgeschwindigkeit c (im Vakuum) ist nach zwei wesentlich verschiedenen Methoden bestimmt worden, nämlich sowohl auf rein optischem Wege meist nach der FIZEAUschen Methode des rotierenden Zahnrades oder nach der FOUCAULTschen Methode des rotierenden Spiegels als auch auf elektrischem Wege nach der MAXWELLschen Theorie aus dem Verhältnis der Werte, die man in elektrostatischem und elektromagnetischem Maß für dieselbe Größe findet. Die folgende kritische Zusammenstellung der auf optischem Wege ermittelten Werte für die Lichtgeschwindigkeit (bezogen auf das Vakuum) ist kürzlich von A. MICHELSON[1]) gegeben worden.

Tabelle 8. Lichtgeschwindigkeit im Vakuum (optisch ermittelt).

Beobachter	Jahr	Methode	Lichtweg in km	Gewicht	Lichtgeschwindigkeit $\mathrm{cm} \cdot \mathrm{sec}^{-1} \cdot 10^{-10}$
CORNU[2])	1874	Zahnrad	23	1	2,999 50
PERROTIN[3])	1902	,,	12	1	2,999 00
MICHELSON[4]) . . .	1902	rotierender Spiegel	0,6	2	2,998 95
NEWCOMB[5])	1885	,, ,,	6,5	3	2,998 60
MICHELSON[1]) . . .	1924	,, ,,	34,4	3	2,998 20

Der letzte von MICHELSON selbst beobachtete Wert wird als „vorläufig" bezeichnet. Bildet man den Mittelwert mit den von MICHELSON angenommenen Gewichten, so erhält man die Lichtgeschwindigkeit

$$c = 2{,}99868 \cdot 10^{10}\,\mathrm{cm} \cdot \mathrm{sec}^{-1}. \tag{69}$$

Die Genauigkeit dieser Zahl wird auf 1 bis 2 auf 10000, d. h. etwa $50 \cdot 10^5\,\mathrm{cm} \cdot \mathrm{sec}^{-1}$ geschätzt. Zur Beurteilung dieser Zahl ist es bemerkenswert, daß die Geschwindigkeit des Lichtes der gelben Natriumlinie ($\lambda = 0{,}589\,\mu$) in trockener Luft von 1 atm Druck bei 0° um $88 \cdot 10^5\,\mathrm{cm} \cdot \mathrm{sec}^{-1}$ und bei 20° um $82 \cdot 10^5\,\mathrm{cm} \cdot \mathrm{sec}^{-1}$ kleiner ist als im Vakuum.

Die genaueste Bestimmung der Lichtgeschwindigkeit auf elektrischem Wege ist von ROSA und DORSEY[6]) ausgeführt worden, und zwar durch Bestimmung einer Kapazität sowohl in elektrostatischem Maß aus den Dimensionen des Kondensators als auch in elektromagnetischem Maß durch eine Widerstands- und eine Zeitmessung. Die Kapazität stellt sich zunächst dar als der Quotient aus einer Elektrizitätsmenge durch eine Potentialdifferenz. Nach Ziff. 3 ist also

[1]) A. MICHELSON, Journ. Frankl. Inst. Bd. 198, S. 627. 1924.
[2]) A. CORNU, C. R. Bd. 79, S. 1361. 1874.
[3]) PERROTIN, C. R. Bd. 135, S. 881. 1902.
[4]) A. MICHELSON, Phil. Mag. (6) Bd. 3, S. 330. 1902.
[5]) S. NEWCOMB, Naut. Alm. Washington 1885, S. 112.
[6]) E. B. ROSA u. N. E. DORSEY, Bull. Bureau of Stand. Bd. 3, S. 601. 1907.

im elektrostatischen System eine Kapazität von numerischem Betrage C_s in cm ausdrückbar, während dieselbe Kapazität im elektromagnetischen System den Zahlenwert

$$C_m = C_s \frac{10^9}{c^2} \tag{70}$$

und die Dimension coul · volt^{-1} = sec · ohm^{-1} besitzt. Hiernach erhält man die Lichtgeschwindigkeit zu

$$c = 10^{4,5} \cdot \sqrt{\frac{C_s}{C_m}} \tag{71}$$

mit der Dimension $\mathrm{cm}^{\frac{1}{2}} \cdot \mathrm{ohm}^{\frac{1}{2}} \cdot \mathrm{sec}^{-\frac{1}{2}} = \mathrm{cm} \cdot \mathrm{sec}^{-1}$.

Diese Betrachtung ist nur gültig, wenn man zur Ermittlung von C_m die absoluten praktischen Maßeinheiten (abs amp, abs volt, abs ohm) verwendet. Bei der Beobachtung bedient man sich indessen der internationalen elektrischen Einheiten. Findet man in diesen Einheiten die elektromagnetische Kapazität zu C'_m, so erhält man nach Ziff. 16

$$c = 10^{4,5} \cdot \sqrt{\frac{C_s}{C'_m}} \sqrt{p}\,, \tag{72}$$

d. h. man hat den unmittelbar errechneten Ausdruck $10^{4,5} \cdot \sqrt{\frac{C_s}{C'_m}}$ noch mit der Wurzel aus dem Verhältnis des internationalen zum absoluten Ohm zu multiplizieren. ROSA und DORSEY fanden

$$10^{4,5} \sqrt{\frac{C_s}{C'_m}} = 2{,}9971 \cdot 10^{10}\,\mathrm{cm} \cdot \mathrm{sec}^{-1},$$

führt man nach Ziff. 16 die Korrektion auf das absolute Ohm ein, so ergibt sich schließlich

$$c = 2{,}9978 \cdot 10^{10}\,\mathrm{cm} \cdot \mathrm{sec}^{-1}, \tag{73}$$

also eine Zahl, die sich innerhalb der Fehlergrenze dem neuesten MICHELSONschen Wert nähert.

Der zur Zeit erreichten Meßgenauigkeit entspricht es, wenn man als Gesamtmittel

$$c = 2{,}998_5 \cdot 10^{10}\,\mathrm{cm} \cdot \mathrm{sec}^{-1} \tag{74}$$

setzt.

Nach der Theorie von EINSTEIN ist jede (ruhende) Masse einer Energie äquivalent, die man erhält, wenn man die Masse mit dem Quadrat der Lichtgeschwindigkeit multipliziert. Hiernach ist das Energieäquivalent der Masseneinheit darstellbar als

$$\mu = c^2 = 8{,}9910 \cdot 10^{20}\,\mathrm{erg} \cdot \mathrm{g}^{-1}. \tag{75}$$

23. Die Rydbergkonstante und die Wellenlängennormale. Nach der BOHRschen Theorie der Spektrallinien ist die Wellenlänge λ der Serienlinien (bei Linien mit Feinstruktur nur unter Berücksichtigung der jeweiligen Hauptkomponente) eines Spektrums für den Fall, daß das Atom aus einem positiven Kern mit der Ladung ze und einem einzigen Elektron mit der negativen Ladung e besteht, durch die Beziehung

$$\frac{1}{\lambda} = K \frac{1}{1 + \frac{m}{M}} \cdot z^2 \left(\frac{1}{n_1^2} - \frac{1}{n_2^2}\right)\left[1 + \frac{\alpha^2}{4} z^2 \left(\frac{1}{n_1^2} + \frac{1}{n_2^2}\right)\right] \tag{76}$$

darstellbar, in der n_1 und n_2 beliebige ganze Zahlen mit der Bedingung $n_2 > n_1$ bedeuten, während K die RYDBERGsche Konstante, α die sog. Serienkonstante der Feinstruktur, m die Masse des Elektrons und M die Masse des Kerns darstellen. Die Konstanten K und α sind, ebenfalls nach BOHR, durch die PLANCKsche Konstante h des elementaren Wirkungsquantums (Ziff. 24), die Ladung des Elektrons (Ziff. 18) und die Lichtgeschwindigkeit (Ziff. 22) ausdrückbar, wenn man

$$K = \frac{2\pi^2 e^4 m}{c h^3} \tag{77}$$

und

$$\alpha = \frac{2\pi e^2}{c h} \tag{78}$$

setzt.

Am genauesten ist die RYDBERGsche Konstante aus den Messungen von PASCHEN[1]) über die Serienlinien des Wasserstoffs ($z = 1$) und des ionisierten Heliums ($z = 2$) abzuleiten. Werden die Kernmassen M in diesen beiden Fällen mit M_H und M_{He} bezeichnet, so ergeben die PASCHENschen Messungen

$$K_H = K \frac{1}{1 + \frac{m}{M_H}} = 109\,677{,}69 \pm 0{,}06$$

und

$$K_{He} = K \frac{1}{1 + \frac{m}{M_{He}}} = 109\,722{,}14 \pm 0{,}04.$$

An diesen Zahlen sind von BELL[2]) gewisse Korrekturen wegen der Reduktion der Wellenlängen auf das Vakuum vorgenommen, nachdem die Dispersion der Luft durch MEGGERS und PETERS[3]) neu bestimmt ist. Die korrigierten Werte lauten

$$K_H = 109\,677{,}811 \quad \text{und} \quad K_{He} = 109\,722{,}31\,.$$

Auf der gleichen Grundlage berechnet BELL aus Messungen von CURTIS[4])

$$K_H = 109\,677{,}807\,.$$

Wir wollen einstweilen von diesen Korrektionen, die nur von sehr geringem Einfluß sind, absehen und mit den von PASCHEN gegebenen Zahlen rechnen. Unter der Annahme $M_H : M_{He} = 1{,}008 : 4{,}000$ erhält man dann

$$K = 109\,737{,}1\ \text{cm}^{-1}; \tag{79}$$

$$\frac{M_H}{m} = 1845{,}4; \tag{80}$$

$$\frac{M_{He}}{m} = 7323{,}0\,. \tag{80a}$$

Von diesen Zahlen ist nur die erste eine allgemeine physikalische Konstante. Die beiden anderen kann man unter Vernachlässigung des Unterschiedes zwischen der Atommasse und der Kernmasse unter Einführung der Atomgewichte $A(\text{H}) = 1{,}008$

1) F. PASCHEN, Ann. d. Phys. Bd. 50, S. 935. 1916.
2) H. BELL, Phil. Mag. Bd. 40, S. 489. 1920.
3) W. F. MEGGERS u. C. G. PETERS, Scient. Pap. Bureau of Stand. Bd. 14, S. 697. 1918.
4) W. E. CURTIS, Proc. Roy. Soc. (London) Bd. 90, S. 605. 1914 u. Bd. 96, S. 147. 1919.

und $A(\mathrm{He}) = 4{,}000$ für Wasserstoff und Helium dahin zusammenfassen, daß allgemein

$$\frac{M}{A}\frac{1}{m} = 1830{,}7 \tag{81}$$

gilt. Da nach Ziff. 19 $M/A = 1/N = e'/F$ ist, kann man statt der letzten Gleichung auch setzen

$$m = \frac{1}{1830{,}7\,N} \tag{82}$$

oder

$$\frac{e'}{m} = 1830{,}7\,F\,. \tag{83}$$

Die Konstante K wird oft als RYDBERGsche Konstante für unendliche Kernmasse bezeichnet, während man K_{H} und K_{He} die individuellen RYDBERGschen Konstanten für Wasserstoff und Helium nennt.

Die Wellenlängen λ der Helium- und Wasserstofflinien hat PASCHEN durch Anschluß an die von BUISSON und FABRY bestimmten Normalwellenlängen ermittelt, die fast alle dem Eisenspektrum angehören. Diese Wellenlängen sind Normalen zweiter Ordnung. Sie sind mit Hilfe von Interferenzen an die rote Kadmiumlinie, dem Hauptnormal für die Wellenlängenmessung, angeschlossen. Nach BENOÎT, FABRY und PEROT[1]) besitzt die rote Kadmiumlinie, bezogen auf trockene Luft von 15° bei dem Druck einer Atmosphäre, die Wellenlänge

$$\lambda_0 = 0{,}643\,846\,96 \cdot 10^{-4}\ \mathrm{cm}\,. \tag{84}$$

In Einheiten der letzten Stelle wächst diese Zahl um 62 bei einer Temperaturzunahme von 1° und um 23 bei einer Druckerniedrigung von 1 mm Quecksilber. Es wird darum erlaubt sein, sie für unsere Tabellen um eine Stelle zu kürzen auf

$$\lambda_0 = 0{,}643\,8470 \cdot 10^{-4}\ \mathrm{cm}\,. \tag{85}$$

24. Das PLANCKsche elementare Wirkungsquantum. Von den verschiedenen Methoden zur Bestimmung des elementaren Wirkungsquantums h gilt als genaueste diejenige, welche auf der kurzwelligen Grenzfrequenz des kontinuierlichen Röntgenspektrums beruht. Nach der Quantentheorie muß die Frequenz ν der durch die Potentialdifferenz Φ erzeugten Röntgenstrahlen so beschaffen sein, daß $e\Phi \geqq h\nu$ ist, wenn e die Ladung des Elektrons bezeichnet. Für die Grenzfrequenz $\nu_{\max}$ bzw. die Grenzwellenlänge $\lambda_{\min} = c/\nu_{\max}$ gilt somit

$$\frac{h}{e} = \frac{\Phi}{\nu_{\max}} = \frac{\Phi}{c} \cdot \lambda_{\min}\,. \tag{86}$$

Die Wellenlänge λ der Röntgenstrahlen wird aus der Gitterkonstanten d eines Kristalls und einem Winkel φ abgeleitet, der aus der Richtung der Röntgenstrahlung zur Achse des Kristalls bestimmbar ist, indem $\lambda = 2d\sin\varphi$ gesetzt wird. Die Gitterkonstante wiederum, d. i. der Atomabstand im Kristall, folgt im einfachsten Fall, wenn es sich um einen Würfelkristall handelt, aus folgender Überlegung: In einem Kristall mit der Gitterkonstante d befinden sich im Kubikzentimeter d^{-3} Atome. Bezeichnet N die LOSCHMIDTsche Zahl und A das mittlere Atomgewicht der Atome innerhalb des Moleküls, so enthält 1 cm³ die Masse $\frac{A}{N}d^{-3}$. Diese Größe ist gleich der Dichte δ des Kristalls, so daß für die Gitterkonstante $d = \sqrt[3]{\frac{A}{N\delta}}$ folgt. Nun ist die LOSCHMIDTsche Zahl durch die

[1]) R. BENOÎT, CH. FABRY u. A. PEROT, C. R. Bd. 144, S. 1082. 1907.

FARADAYsche Konstante F und das elektrische Elementarquantum gegeben zu $N = F/e' = 0{,}1 \cdot c \cdot q \cdot F/e$ (vgl. Ziff. 19 u. Gl. 45a), so daß man im ganzen

$$\frac{h}{e^{\frac{4}{3}}} = \frac{2\,\Phi}{c} \sqrt[3]{\frac{10}{c \cdot q} \frac{A}{\delta \cdot F}} \sin\varphi \tag{87}$$

erhält. Um h in erg · sec auszudrücken, ist die zunächst in internationalen Volt gemessene Potentialdifferenz Φ auf absolute elektrostatische Einheiten umzurechnen, indem die Anzahl der Volt mit $\frac{10^8}{c}$ (Ziff. 3) und dem Verhältnis des absoluten Volt zum internationalen Volt, d. h. mit $p \cdot q$ (Ziff. 16) multipliziert werden muß.

Unter Annahme des Wertes $e = 4{,}774 \cdot 10^{-10}\,\mathrm{dyn}^{\frac{1}{2}} \cdot \mathrm{cm}$ (Ziff. 18) sind nach der genannten Methode folgende Werte von h gefunden worden:

Tabelle 9.
Das Plancksche elementare Wirkungsquantum h.

Autor	Jahr	$h \cdot 10^{27}$ erg · sec
WEBSTER[1])	1916	6,53
WEBSTER u. CLARK[2])	1917	6,53
BLAKE u. DUANE[3])	1917	6,55
WAGNER[4])	1920	6,53
DUANE, PALMER u. CHI-SUN YEH[5])	1921	$6{,}55_6$

Wir betrachten die höchsten Werte dieser Zusammenstellung als zur Zeit am wahrscheinlichsten und setzen

$$h = 6{,}55 \cdot 10^{-27}\,\mathrm{erg} \cdot \mathrm{sec}\,. \tag{88}$$

Ausschlaggebend für die Wahl dieser Zahl ist der Umstand, daß mit den für die Ladung e' und die spezifische Ladung e'/m des Elektrons (Ziff. 18 und 20) sowie für die Lichtgeschwindigkeit c (Ziff. 22) angenommenen Werten aus der RYDBERGschen Konstanten K (Ziff. 23, Gl. 79) $h = 6{,}549 \cdot 10^{-27}$ erg · sec folgt.

Diese Berechnung ist mit Hilfe der Beziehung

$$h^3 = \frac{2\pi^2 e'^5 c^3 \cdot 10^{-4}}{K \frac{e'}{m}} \cdot q^4 \tag{89}$$

durchgeführt, die aus den in den genannten Ziffern angegebenen Gleichungen folgt, indem man $e = 0{,}1 \cdot c \cdot e' \cdot q$ (Gl. 45a) setzt und mit q (Ziff. 16) das Verhältnis des internationalen Coulomb zum absoluten Coulomb bezeichnet.

25. Die STEFAN-BOLTZMANNsche Strahlungskonstante. Diese gewöhnlich mit σ bezeichnete Konstante ist dadurch definiert, daß die Energie E, welche die Oberflächeneinheit eines schwarzen Körpers der absoluten Temperatur T in der Sekunde nach allen Seiten gegen einen schwarzen Körper der Temperatur T_0 ausstrahlt, durch

$$E = \sigma(T^4 - T_0^4) \tag{90}$$

gegeben ist. Zur Bestimmung von σ liegen zahlreiche Messungen vor. Dennoch ist die Konstante bisher nur mit verhältnismäßig geringer Genauigkeit bekannt.

[1]) D. L. WEBSTER, Phys. Rev. Bd. 7, S. 599. 1916.
[2]) D. L. WEBSTER u. H. CLARK, Proc. Nat. Acad. Amer. Bd. 3, S. 181. 1917.
[3]) F. C. BLAKE u. W. DUANE, Phys. Rev. Bd. 10, S. 624. 1917.
[4]) E. WAGNER, Phys. ZS. Bd. 21, S. 621. 1920.
[5]) W. DUANE, H. H. PALMER u. CHI-SUN YEH, Phys. Rev. Bd. 18, S. 98. 1921.

Die Schwierigkeiten bestehen in der unvollkommenen Schwärze des Strahlers und des Empfängers. Als die besten Beobachtungsreihen gelten diejenigen von COBLENTZ und EMERSON[1]) einerseits und GERLACH[2]) andererseits. In einer kritischen Besprechung führt GERLACH[3]) folgende Werte an:

	Ohne Schwärzungskorrektion	Mit Schwärzungskorrektion
COBLENTZ und EMERSON	5,684	$5{,}74 \cdot 10^{-12}$ int watt $\cdot$ cm$^{-2}\cdot$ grad^{-4},
GERLACH	5,74	$5{,}80 \cdot 10^{-12}$,, .

Die Energie ist hierbei in internationalen Wattsekunden angegeben, weil sie in der Tat auf elektrischem Wege (durch Widerstandsänderung eines erwärmten Platinstreifens) gemessen wird.

Die Zahl $5{,}76 \cdot 10^{-12}$ hält GERLACH für den wahrscheinlichsten Wert von σ. Dagegen bevorzugt COBLENTZ[4]) in einer späteren kritischen Besprechung aller vorliegenden Beobachtungen den Wert $5{,}72 \cdot 10^{-12}$. In einem Referat[5]) über diese Arbeit erklärt GERLACH ausdrücklich, eine um 1 bis 1,5% höhere Zahl für wahrscheinlicher zu halten.

Erwähnt sei noch, daß eine der neuesten Messungsreihen, nämlich diejenige von KUSSMANN[6]), die Konstante σ in naher Übereinstimmung mit GERLACH zu $5{,}79_5 \cdot 10^{-12}$ liefert.

Indessen führt die theoretische Berechnung der Strahlungskonstanten mit Hilfe des elementaren Wirkungsquantums zu einem um etwa 1,4% kleineren Wert. Nach der PLANCKschen Theorie der Wärmestrahlung ist nämlich die Strahlungskonstante σ darstellbar als

$$\sigma = \frac{2\pi k^4}{c^2 \cdot h^3} \cdot \int_0^\infty \frac{x^3\,dx}{e^x - 1} = 40{,}8026 \cdot \frac{k^4}{c^2 h^3}. \tag{91}$$

Setzt man $k = 1{,}372 \cdot 10^{-16}$ erg $\cdot$ grad^{-1} [Ziff. 19, Gl. (55)], $h = 6{,}55 \cdot 10^{-27}$ erg $\cdot$ sec [Ziff. 24, Gl. (88)] und $c = 2{,}9985 \cdot 10^{10}$ cm $\cdot$ sec^{-1} [Ziff. 22, Gl. (74)], so erhält man unter Beachtung von Ziff. 16, Gl. (42)

$$\sigma = 5{,}716_5 \cdot 10^{-5}\,\text{erg}\cdot\text{sec}^{-1}\cdot\text{cm}^{-2}\,\text{grad}^{-4} = 5{,}713_6 \cdot 10^{-12}\,\text{int watt}\cdot\text{cm}^{-2}\,\text{grad}^{-4}. \tag{92}$$

Wir wählen als Ergebnis der vorliegenden Daten

$$\sigma = 5{,}7_5 \cdot 10^{-12}\ \text{int watt} \cdot \text{cm}^{-2} \cdot \text{grad}^{-4}. \tag{93}$$

26. Die Konstanten der PLANCKschen Strahlungsgleichung. Für die Strahlungsintensität J eines schwarzen Körpers bei der absoluten Temperatur T und der Wellenlänge λ gilt nach PLANCK die Beziehung

$$J = c_1 \lambda^{-5} \left(e^{\frac{c_2}{\lambda T}} - 1\right)^{-1}. \tag{94}$$

Die wichtigere der in dieser Gleichung enthaltenen beiden Konstanten ist die Konstante c_2. Sie ist mittels der Beziehung

$$c_2 = \frac{ch}{k} \tag{95}$$

---

1) W. W. COBLENTZ u. W. B. EMERSON, Bull. Bureau of Stand. Bd. 12, S. 503. 1916.
2) W. GERLACH, Ann. d. Phys. Bd. 50, S. 259. 1916.
3) W. GERLACH, ZS. f. Phys. Bd. 2, S. 76. 1920. Phys. Ber. Bd. 1, S. 1046. 1920.
4) W. W. COBLENTZ, Bull. Bureau of Stand. Bd. 17, S. 7. 1921.
5) W. GERLACH, Phys. Ber. Bd. 3, S. 686. 1922.
6) A. KUSSMANN, ZS. f. Phys. Bd. 25, S. 58. 1924.

durch die Lichtgeschwindigkeit c, das elementare Wirkungsquantum h und die BOLTZMANNsche Konstante k darstellbar.

Zur experimentellen Bestimmung der Konstanten c_2 hat man sich im wesentlichen zweier Methoden bedient, nämlich der Methode der Isochromaten und der Methode der Isothermen. Nach der ersteren gewinnt man c_2 aus dem Intensitätsverhältnis $J_1 : J_2$ der schwarzen Strahlung bei den Temperaturen T_1 und T_2, falls in beiden Fällen dieselbe Wellenlänge λ Verwendung findet. Nach der zweiten erhält man c_2 bei konstant gehaltener Temperatur T aus der Wellenlänge $\lambda_{\max}$, bei der die Intensität J den größten Wert besitzt. Für diesen Fall folgt aus der PLANCKschen Gleichung

$$\lambda_m \cdot T = \frac{c_2}{4{,}9651}. \tag{97}$$

Der Quotient $c_2/4{,}9651$ heißt die Konstante des WIENschen Verschiebungsgesetzes.

Einzelheiten über die experimentelle Bestimmung von c_2 sind in dem Artikel „Temperaturmessung" (ds. Handb. IX, Kap. 8) enthalten. Nach der dortigen Zusammenstellung kommen nebenstehende Werte in Betracht:

Tabelle 10. Experimentelle Bestimmung der Konstante c_2.

Autor	Jahr	c_2 cm · Grad
WARBURG u. MÜLLER[1]	1915	1,433
COBLENTZ[2]	1916	1,435
MICHEL[3]	1922	1,427

Jede dieser Zahlen, deren Mittel 1,432 cm · grad liefert, und die verhältnismäßig gut übereinstimmen, kann nur eine Genauigkeit von etwa 0,5% zugeschrieben werden.

Der Mittelwert stimmt überein mit dem aus Gleichung (95) berechneten Wert, wenn man $c = 2{,}998_5 \cdot 10^{10}\,\mathrm{cm \cdot sec^{-1}}$ [Ziff. 22, Gl. (74)], $h = 6{,}55 \cdot 10^{-27}\,\mathrm{erg \cdot sec}$ [Ziff. 24, Gl. (88)], $k = 1{,}371_7 \cdot 10^{-16}\,\mathrm{erg \cdot grad^{-1}}$ [Ziff. 19, Gl. (55)] setzt. Man erhält dann

$$c_2 = 1{,}431_9\,\mathrm{cm \cdot grad}. \tag{98}$$

Da auch dem Mittelwert der verschiedenen Bestimmungen von c_2 keine höhere Genauigkeit als etwa 0,2% zugeschrieben werden darf, so erscheint es berechtigt, in Übereinstimmung mit den Ausführungsbestimmungen zum deutschen Gesetz über die Temperaturskale (Ziff. 2) einstweilen

$$c_2 = 1{,}43\,\mathrm{cm \cdot grad} \tag{99}$$

zu setzen. Mit diesem Wert von c_2 erhält man für die Konstante des WIENschen Verschiebungsgesetzes [Gl. (97)]

$$\lambda_m T = 0{,}2880\,\mathrm{cm \cdot grad}. \tag{100}$$

Die Proportionalitätsgröße c_1 des PLANCKschen Strahlungsgesetzes hängt von der Definition der Intensität J ab. Bezieht man J auf einen monochromatischen und linear polarisierten Strahl und wird die Intensität so verstanden, daß man die zwischen den Wellenlängen λ und $\lambda + d\lambda$ enthaltene Energie, die senkrecht durch eine Fläche df in der Sekunde in den räumlichen Winkel $d\Omega$ ausgestrahlt wird, durch $J \cdot d\lambda \cdot df \cdot d\Omega$ darzustellen hat, so gilt nach PLANCK[4])

$$c_1 = c^2 h. \tag{101}$$

[1]) E. WARBURG und C. MÜLLER, Ann. d. Phys. Bd. 48, S. 410. 1915.

[2]) W. W. COBLENTZ, Bull. Bureau of Stand. Bd. 10, S. 1. 1914; Bd. 13, S. 459. 1916; Bd. 15, S. 529. 1920.

[3]) C. MICHEL, ZS. f. Phys. Bd. 9, S. 285. 1922.

[4]) M. PLANCK, Vorlesungen über Wärmestrahlung; Barth, Leipzig 1923, S. 180.

Mit den vorher genannten Werten von c und h erhält man dann

$$c_1 = 5{,}88_9 \cdot 10^{-6}\,\mathrm{erg}\cdot\mathrm{cm}^2\cdot\mathrm{sec}^{-1}. \tag{102}$$

Es ist bisweilen üblich, die in der PLANCKschen Gleichung auftretende Exponentialgröße $\frac{c_2}{\lambda T} = \frac{c h}{k \lambda T}$ in der Form $\frac{\beta\nu}{T}$ zu schreiben, indem man für die Wellenlänge λ die Schwingungszahl $\nu = c/\lambda$ einführt und die Konstante

$$h/k = \beta \tag{103}$$

setzt.

Die Größe $\beta\nu$ tritt auch in den Formeln für die spezifische Wärme auf, wobei sich ν auf die Schwingungszahl der Atome bezieht. Für β findet man mit den genannten Werten von h und k

$$\beta = 4{,}77_5 \cdot 10^{-11}\,\mathrm{sec}\cdot\mathrm{grad}. \tag{104}$$

27. Durch Rechnung ermittelte Quantenkonstanten. In Ziff. 26 ist bereits darauf hingewiesen, daß die Konstanten der Strahlungsgleichung mit Hilfe des PLANCKschen elementaren Wirkungsquantums berechenbar sind. Soweit unmittelbare Beobachtungen der Konstanten vorliegen, wird man indessen geneigt sein, diesen vor den berechneten Werten den Vorzug zu geben. Im folgenden sind noch einige Quantenkonstanten zu besprechen, die der unmittelbaren Beobachtung nicht zugänglich sind.

a) Die Normalbahn des Wasserstoffelektrons. Nach der BOHRschen Theorie beschreibt im Wasserstoffatom um den positiv geladenen Kern als Zentrum ein Elektron im Zustande größter Stabilität eine Kreisbahn mit dem Radius [vgl. Ziff. 16, Gl. (45a)]

$$r = \frac{e^2}{2hKc} = \frac{0{,}1\,c\cdot q^2\cdot e'^2}{2hK}. \tag{105}$$

Hierbei bezeichnet h das elementare Wirkungsquantum, e bzw. e' die Ladung des Elektrons in elektrostatischem Maß bzw. in int coul, c die Lichtgeschwindigkeit, K die RYDBERGsche Konstante und q das Verhältnis des internationalen zum absoluten Ampere. Mit den von uns angenommenen Werten dieser Konstanten (Ziff. 24, 18, 22, 23, 16) erhält man

$$r = 0{,}529\cdot 10^{-8}\,\mathrm{cm}. \tag{106}$$

b) Die Serienkonstante der Feinstruktur. Nach Ziff. 23, Gl. 78 und Ziff. 16, Gl. (45a) gilt für diese Konstante

$$\alpha = \frac{2\pi e^2}{ch} = \frac{2\pi c e'^2\cdot q^2}{h} 10^{-2}. \tag{107}$$

Mit den angenommenen Zahlenwerten erhält man

$$\alpha = 0{,}729\cdot 10^{-2}. \tag{108}$$

Diese Konstante ist eine reine Zahl ohne Dimension.

c) Anregungspotential und Wellenlänge. Durchläuft ein zunächst ruhendes Elektron, dessen Ladung e ist, die Potentialdifferenz Φ, so besitzt es die Bewegungsenergie $\Phi\cdot e$, die ausreicht, um eine Spektrallinie der Frequenz ν anzuregen, wenn man gemäß der Quantentheorie [vgl. auch Ziff. 24, Gl. (86)]

$$\Phi\cdot e = h\nu \tag{109}$$

setzt. Hierbei bezeichnet h das PLANCKsche elementare Wirkungsquantum. Durch die Beziehung $\lambda \cdot \nu = c$ (c = Lichtgeschwindigkeit) kann man statt der Frequenz ν die Wellenlänge λ einführen. Dann gilt

$$\lambda = \frac{h \cdot c}{\Phi \cdot e}. \tag{110}$$

Um λ in cm zu gewinnen, ist sowohl die Potentialdifferenz Φ als auch die Ladung e in CGS-Einheiten auszudrücken. Beträgt die Potentialdifferenz Φ' int volt und die Ladung des Elektrons e' int coul, so erhält man [vgl. Ziff. 21, Gl. (65) u. Ziff. 16, Gl. (45a)]

$$\lambda = \frac{10^{-7}}{p \cdot q^2} \cdot \frac{h \cdot c}{e' \Phi'}. \tag{111}$$

Oder nach Einsetzung der Zahlenwerte (Ziff. 24, 22, 16, 18)

$$\lambda = 1{,}233 \cdot 10^{-4} \frac{1}{\Phi'} \,\mathrm{cm}, \tag{112}$$

falls das Anregungspotential Φ' in internationalen Volt gemessen ist.

d) Chemische Konstante einatomiger Gase. Der Sättigungsdruck p eines Stoffes ist darstellbar durch die Gleichung

$$\log p = f(T) + i, \tag{113}$$

wenn $f(T)$ alle von der absoluten Temperatur T abhängigen Glieder bezeichnet. Dann ist die Integrationskonstante i die chemische Konstante, die durch das NERNSTsche Wärmetheorem zuerst zur Bedeutung gelangte. Nach theoretischen Betrachtungen[1]) ist die chemische Konstante für einatomige Stoffe

$$i = \frac{3}{2} \log \frac{2\pi \cdot k^{\frac{5}{3}}}{N \cdot h^2} + \frac{3}{2} \log A = i_0 + \frac{3}{2} \log A \tag{114}$$

zu setzen, wenn A das Atomgewicht des betreffenden Stoffes bezeichnet. Hierbei ist vorausgesetzt, daß der Druck p in dyn $\cdot$ cm^{-2} gemessen wird. Wählt man statt dessen eine andere Druckeinheit, in der sich die Zahlenwerte $p' = w \cdot p$ ergeben, so gilt

$$\log p' = f(T) + i + \log w = f(T) + i' \tag{115}$$

und $i'_0 = i_0 + \log w$. Nach Einführung der Werte für die BOLTZMANNsche Konstante k, die LOSCHMIDTsche Zahl N und das elementare Wirkungsquantum h erhält man

$$i_0 = 4{,}417_3. \tag{116}$$

Für die Atmosphäre als Druckeinheit ist $w = \frac{1}{1{,}013\,25 \cdot 10^6}$ (Ziff. 12) und $\log w = -6{,}0057$; somit

$$i'_0 = -1{,}588. \tag{117}$$

---

[1]) O. STERN, ZS. f. Elektrochem. Bd. 25, S. 66. 1919; H. TETRODE, Ann. d. Phys. Bd. 38, S. 434. 1912 u. Bd. 39, S. 255. 1912; K. F. HERZFELD, Phys. ZS. Bd. 22, S. 186. 1921; W. NERNST, Wärmesatz. Halle, W. Knapp. S. 152. 1918.

d) Zusammenstellung der Konstanten.

Bezeichnung	Wert	Gleichung im Text
a) Mechanische Konstanten.		
1 Liter	$1{,}000\,027 \cdot 10^3\ cm^3$	(19)
Gravitationskonstante	$6{,}6_5 \cdot 10^{-8}\ dyn \cdot cm^2 \cdot g^{-2}$	(15)
Mittlere Dichte der Erde	$5{,}5_3\ g \cdot cm^{-3}$	(18)
Normale Schwerebeschleunigung γ_n	$980{,}665\ cm \cdot sec^{-2}$	(9)
Schwerebeschl. bei 45° Breite γ_{45}	$980{,}616\ cm \cdot sec^{-2}$	(8)
1 Meterkilogramm, 1 mkg	$0{,}980\,665 \cdot 10^8\ erg$	(10)
1 Pferdestärke, 1 PS	$0{,}735\,499 \cdot 10^{10}\ erg \cdot sec^{-1}$	(11)
1 normale Atmosphäre	$1{,}013\,25_3 \cdot 10^6\ dyn \cdot cm^{-2}$	(29)
1 technische Atmosphäre	$0{,}980\,665 \cdot 10^6\ dyn \cdot cm^{-2}$	(30)
1 Kubikzentimeter-Atmosphäre	$1{,}013\,25_3 \cdot 10^6\ erg$	(32)
1 Liter-Atmosphäre	$1{,}013\,28_0 \cdot 10^9\ erg$	(31)
Maximale Dichte des Wassers bei 1 atm	$0{,}999\,973\ g \cdot cm^{-3}$	(19a)
Normales spezifisches Gewicht des Hg	13,5955	(27)
b) Thermische Konstanten.		
Absolute Temperatur des Eispunktes	$273{,}2_0°$	(33)
Normales Litergewicht des Sauerstoffs	$1{,}429\,00\ g \cdot l^{-1} \cdot cm^{-3}$	(25)
Normale Dichte des Sauerstoffs	$1{,}428\,96 \cdot 10^{-3}\ g \cdot cm^{-3}$	(25a)
Normales Molvolumen idealer Gase	$22{,}414_5 \cdot 10^3\ cm^3$	(26)
Gaskonstante für ein Mol R	$0{,}8204_5 \cdot 10^2\ cm^3\text{-atm} \cdot grad^{-1}$	(35)
	$0{,}8313_2 \cdot 10^8\ erg \cdot grad^{-1}$	(35)
	$0{,}8309_0 \cdot 10^1\ int\ joule \cdot grad^{-1}$	
	$1{,}985_8 \cdot cal \cdot grad^{-1}$	
Energieäquivalent der 15°-Kalorie (cal)	$4{,}184_2\ int\ joule$	(36)
	$1{,}1623 \cdot 10^{-6}\ int\ k\text{-watt-st}$	
	$4{,}186_3 \cdot 10^7\ erg$	(37)
	$4{,}268_8 \cdot 10^{-1}\ mkg$	
c) Elektrische Konstanten.		
Elektromotorische Kraft des Weston-Normalelementes bei 20°	1,018 30 int volt	(37a)
1 internationales Ampere, 1 int amp	$1{,}0000_0$ abs amp	(39)
1 internationales Ohm, 1 int ohm	$1{,}0005_0$ abs ohm	(38)
1 internationales Volt, 1 int volt	$1{,}0005_0$ abs volt	(41)
1 internationales Coulomb, 1 int coul	$1{,}0000_0$ abs coul	(40)
1 internationales Joule, 1 int joule	$1{,}0005_0$ abs joule	(43)
Elektrochem. Äquivalent des Silbers	$1{,}118\,00 \cdot 10^{-3}\ g \cdot int\ coul^{-1}$	(13)
Faraday-Konstante für das Mol und die Valenz 1	$0{,}9649_4 \cdot 10^5\ int\ coul$	(47)
Ionisierungsenergie für das Mol, dividiert durch die Ionisierungsspannung	$0{,}9649_4 \cdot 10^5\ int\ joule \cdot int\ volt^{-1}$	(47a)
d) Atom- und Elektronenkonstanten.		
Atomgewicht des Sauerstoffs	16,000	(14)
Atomgewicht des Silbers	107,88	(46)
LOSCHMIDTsche Zahl N	$6{,}06_1 \cdot 10^{23}$	(54)
BOLTZMANNsche Konstante k	$1{,}372 \cdot 10^{-16}\ erg \cdot grad^{-1}$	(55)
$^1/_{16}$ der Masse des Sauerstoffatoms	$1{,}650 \cdot 10^{-24}\ g$	(57)
Elektrisches Elementarquantum e	$1{,}592 \cdot 10^{-19}\ int\ coul$	(52)
	$4{,}77_4 \cdot 10^{-10}\ dyn^{\frac{1}{2}} \cdot cm$	(53)
Spezifische Ladung des ruhenden Elektrons e/m	$1{,}76_6 \cdot 10^8\ int\ coul \cdot g^{-1}$	(60)
	$5{,}29_5 \cdot 10^{17}\ dyn^{\frac{1}{2}} \cdot cm \cdot g^{-1}$	(62)
Masse des ruhenden Elektrons m	$9{,}02 \cdot 10^{-28}\ g$	(61)
Geschwindigkeit von 1-Volt-Elektronen	$5{,}94_5 \cdot 10^7\ cm \cdot sec^{-1}$	(68)
Atomgewicht des Elektrons	$5{,}46 \cdot 10^{-4}$	(61a)

Bezeichnung	Wert	Gleichung im Text
e) Optische und Strahlungskonstanten.		
Lichtgeschwindigkeit im Vakuum c	$2{,}998_5 \cdot 10^{10}$ cm · sec^{-1}	(74)
Wellenlänge der roten Kadmiumlinie (in trockener Luft von 15° und 1 atm)	$6438{,}470_0 \cdot 10^{-8}$ cm	(85)
RYDBERGsche Konstante für unendliche Kernmasse	109 737,1 cm^{-1}	(79)
SOMMERFELDsche Konstante der Feinstruktur α	$0{,}729 \cdot 10^{-2}$	(108)
Energieäquivalent der Masse	$8{,}9910 \cdot 10^{20}$ erg · g^{-1}	(75)
STEFAN-BOLTZMANNsche Konstante σ	$5{,}7_5 \cdot 10^{-12}$ int watt · cm^{-2} · grad^{-4} $1{,}37_4 \cdot 10^{-12}$ cal · cm^{-2} sec^{-1} grad^{-4}	(93)
PLANCKsche Strahlungskonstante c_2	1,43 cm · grad	(99)
Konstante des WIENschen Verschiebungsgesetzes	0,288 cm · grad	(100)
f) Quantenkonstanten.		
PLANCKsches Wirkungsquantum h	$6{,}55 \cdot 10^{-27}$ erg · sec	(88)
Quantenkonstante für Frequenzen $\beta = h/k$	$4{,}77_5 \cdot 10^{-11}$ sec · grad	(104)
Proportionalitätskonstante des PLANCKschen Strahlungsgesetzes c_1	$5{,}88_9 \cdot 10^{-6}$ erg · cm^2 · sec^{-1}	(102)
Durch 1-Volt-Elektr. angeregte Wellenlänge	$1{,}233 \cdot 10^{-4}$ cm	(112)
Radius der Normalbahn des Wasserstoffelektrons	$0{,}529 \cdot 10^{-8}$ cm	(106)
Chemische Konstante für das Atomgewicht 1 (Druckeinheit die Atmosphäre)	$-1{,}588$	(117)

e) Umrechnungstabelle für verschiedene Energiemaße.

Tabelle 11.

	erg	int joule	cal	mkg	ccm-atm	l-atm	k-watt-st	PS · sec
1 erg	—	0,99950 · 10^{-7}	2,3887 · 10^{-8}	1,019716 · 10^{-8}	0,98692 · 10^{-6}	0,98689 · 10^{-9}	2,77639 · 10^{-14}	1,35962 · 10^{-10}
1 int joule	1,00050 · 10^{7}	—	2,3899 · 10^{-1}	1,02023 · 10^{-1}	0,9874 · 10^{1}	0,98739 · 10^{-2}	2,77778 · 10^{-7}	1,36030 · 10^{-3}
1 cal	4,1863 · 10^{7}	4,1842	—	4,2688 · 10^{-1}	4,1315 · 10^{1}	4,1314 · 10^{-2}	1,16228 · 10^{-6}	0,56918 · 10^{-2}
1 mkg	0,980665 · 10^{8}	0,980175 · 10^{1}	2,3426	—	0,967838 · 10^{2}	0,967812 · 10^{-1}	2,72271 · 10^{-6}	1,333333 · 10^{-2}
1 ccm-atm	1,013253 · 10^{6}	1,012746 · 10^{-1}	2,4204 · 10^{-2}	1,033230 · 10^{-2}	—	0,999973 · 10^{-3}	2,813185 · 10^{-8}	1.377641 · 10^{-4}
1 l-atm	1,013280 · 10^{9}	1,012773 · 10^{2}	2,4205 · 10^{1}	1,033258 · 10^{1}	1,000027 · 10^{3}	—	2,813261 · 10^{-5}	1,377678 · 10^{-1}
1 int k-watt-st	3,60180 · 10^{13}	3,60000 · 10^{6}	0,86038 · 10^{6}	3,67281 · 10^{5}	3,55469 · 10^{7}	3,55459 · 10^{4}	—	4,89709 · 10^{3}
1 PS · sec[1])	0,735499 · 10^{10}	0,735131 · 10^{3}	1,7569 · 10^{2}	0,750000 · 10^{2}	0,725879 · 10^{4}	0,725859 · 10^{1}	2,042031 · 10^{-4}	—
R · grad[1])	0,83132 · 10^{8}	0,83090 · 10^{1}	1,9858	0,84771	0,82045 · 10^{2}	0,82042 · 10^{-1}	2,30807 · 10^{-6}	1,13028 · 10^{-2}
$\sigma \cdot cm^2 \cdot sec \cdot grad^4$[1])	0,575 · 10^{-4}	0,575 · 10^{-11}	1,374 · 10^{-12}	0,587 · 10^{-12}	0,568 · 10^{-10}	0,568 · 10^{-13}	1,597 · 10^{18}	0,782 · 10^{-14}
F · int volt · mol[1])	0,96542 · 10^{12}	0,96494 · 10^{5}	2,30615 · 10^{4}	0,98446 · 10^{4}	0,95280 · 10^{6}	0,95277 · 10^{3}	2,68039 · 10^{-2}	1,31261 · 10^{2}
μ · g[1])	0,89910 · 10^{21}	0,89865 · 10^{14}	2,14772 · 10^{13}	0,91683 · 10^{13}	0,88734 · 10^{15}	0,88732 · 10^{12}	2,49625 · 10^{7}	1,22244 · 10^{11}

[1]) Die Größen: PS = Pferdestärke, R = Gaskonstante, σ = STEFAN-BOLTZMANNsche Konstante, F = Ionisierungsenergie pro Volt und Mol, μ = Energieäquivalent der Masse stellen keine Energien dar, sondern werden zu solchen erst nach Multiplikation mit den in Spalte 1 angegebenen Faktoren.

Sachverzeichnis.

Handbuch der Physik

Inhaltsübersicht des Gesamtwerkes:

Band I: Geschichte der Physik — Vorlesungstechnik

Geschichte der Physik. Von Professor Dr. Edmund Hoppe, Göttingen.
Physikalische Literatur. Von Professor Dr. Karl Scheel, Berlin-Dahlem.
Unterricht und Forschung. Von Professor Dr. H. Timerding, Braunschweig.
Vorlesungstechnik. Von Dr. Anton Lambertz, Köln a. Rh., und Dr. R. Mecke, Bonn a. Rh.

Band II: Elementare Einheiten und ihre Messung

Einheiten, Dimensionen, Maßsysteme. Von Professor Dr. J. Wallot, Charlottenburg.
Längenmessung, Winkelmessung. Von Professor Dr. F. Göpel, Charlottenburg.
Massenmessung. Von Dr. W. Felgentraeger, Charlottenburg.
Raummessung und spezifisches Gewicht. Von Professor Dr. Karl Scheel, Berlin-Dahlem.
Zeitmessung, Geschwindigkeitsmessung. Von Professor Dr. C. Cranz, Charlottenburg, Gen.-Ing. V. Ritter von Niesiolowski-Gawin, Wien, und Dipl.-Ing. W. Schmundt, Königsberg i. Pr.
Erzeugung und Messung von Drucken. Von Dr. H. Ebert, Charlottenburg.
Schweremessungen. Von Professor Dr.-Ing. A. Berroth, Potsdam.
Allgemeine physikalische Konstanten. Von Professor Dr. F. Henning und Professor Dr. W. Jaeger, Berlin.

Band III: Mathematische Hilfsmittel in der Physik

Infinitesimalrechnung, Algebra. Von Dr. Adalbert Duschek, Wien.
Vektor- und Tensorrechnung. Von Dr. Theodor Radakovic, Wien.
Geometrie. Von Dr. Adalbert Duschek, Wien.
Funktionentheorie. Von Dr. Theodor Radakovic, Wien.
Spezielle Funktionen. Von Dr. Josef Lense, Wien.
Gewöhnliche Differentialgleichungen. Von Dr. Theodor Radakovic, Wien.
Partielle Differentialgleichungen. Von Dr. Josef Lense, Wien.
Variationsrechnung. Von Dr. Theodor Radakovic, Wien.
Differentialgeometrie. Von Dr. Adalbert Duschek, Wien.
Integralgleichungen, Potentialtheorie. Von Dr. Josef Lense, Wien.
Mathematische Statistik und Wahrscheinlichkeitsrechnung. Von Professor Dr. F. Zernike, Groningen.
Ausgleichsrechnung, Nomographie, Numerische Differentiation und Integration. Von Dr. Karl Mader, Wien.

Band IV: Allgemeine Grundlagen der Physik

Ziele und Wege der physikalischen Erkenntnis. Von Professor Dr. H. Reichenbach, Stuttgart.
Der Aufbau der theoretischen Physik. Von Professor Dr. H. Thirring, Wien.
Prinzipien der Statistik. Von Dr. O. Halpern, Wien.
Allgemeine Relativitätstheorie. Von Dr. G. Beck, Bern.
Der Bau des Kosmos. Von Dr. W. E. Bernheimer, Wien.

Band V: Grundlagen der Mechanik — Mechanik der Punkte und starren Körper

Die Axiome der Mechanik. Von Professor Dr. G. Hamel, Berlin.
Prinzipe der Dynamik. Von Dr. L. Nordheim, Göttingen.
Störungstheorie. Von Dr. E. Fues, Zürich.
Geometrie der Bewegungen. Von Professor Dr. H. Alt, Dresden.
Geometrie der Kräfte und Massen. Von Professor Dr. C. B. Biezeno, Delft.
Mechanik der Massenpunkte. Von Professor Dr. R. Grammel, Stuttgart.
Kinetik der starren Körper. Von Professor Dr. M. Winkelmann, Jena.
Technische Anwendungen der Stereomechanik. Von Professor Dr.-Ing. Th. Pöschl, Prag.
Relativitätsmechanik. Von Dr. Otto Halpern, Wien.

Band VI: Mechanik der elastischen Körper

Physikalische Grundlagen der Elastomechanik. Von Professor Dr. Otto Föppl und Dr. Busemann, Braunschweig.
Mathematische Elastizitätstheorie. Von Professor Dr. E. Trefftz, Dresden.
Elastostatik. Von Dr. J. W. Geckeler, Jena.
Elastokinetik. Von Professor Dr. F. Pfeiffer, Stuttgart.
Theorie der Erdbebenwellen. Von Professor Dr. G. Angenheister, Göttingen.
Plastizität. Von Professor Dr.-Ing. A. Nádai, Göttingen.

Band VII: Mechanik der flüssigen und gasförmigen Körper

Ideale Flüssigkeiten. Von Professor Dr. M. Lagally, Dresden.
Zähe Flüssigkeiten. Von Professor Dr. L. Hopf, Aachen.
Strömungen. Von Professor Dr. Ph. Forchheimer, Wien.
Tragflügel und hydraulische Maschinen. Von Dipl.-Ing Dr. A. Betz, Göttingen.
Gasdynamik. Von Dr. J. Ackeret, Göttingen.
Kapillarität. Von Dr. A. Gyemant, Charlottenburg.

Band VIII: Akustik

Einleitung. Von Dr. Ferd. Trendelenburg, Berlin-Nikolassee.
Mathematische Darstellungen. Von Dr. H. Backhaus, Charlottenburg.
Schallerzeugung mit mechanischen Mitteln. Von Professor Dr. A. Kalähne, Danzig-Oliva.
Elektrische Schallsender. Von Dr. H. Lichte, Berlin-Schöneberg.
Thermodynamische Schallerzeugung. Von Dr. Johann Friese, Breslau.
Musikinstrumente. Von Professor Dr. C. V. Raman, Kalkutta.
Musikalische Tonsysteme. Von Professor Dr. E. von Hornbostel, Berlin-Steglitz.
Physik der Sprachklänge. Von Dr. Ferd. Trendelenburg, Berlin-Nikolassee.
Empfang, Messung und Umformung akustischer Energie. Von Dr. E. Lübcke, Berlin-Siemensstadt, Dr. H. Sell, Berlin-Siemensstadt, Dr. Ferd. Trendelenburg, Berlin-Nikolassee.
Das Gehör. Von Dr. E. Meyer, Berlin-Wilmersdorf.
Die Ausbreitung akustischer Schwingungsvorgänge. Von Dr. E. Lübcke, Berlin-Siemensstadt.
Raumakustik. Von Professor Dr. E. Michel, Hannover.

Band IX: Theorien der Wärme (bereits erschienen)

Klassische Thermodynamik. Von Professor Dr. K. F. Herzfeld, München.
Der Nernstsche Wärmesatz. Von Dr. K. Bennewitz, Berlin.
Statistische und molekulare Theorie der Wärme. Von Dr. A. Smekal, Wien.
Axiomatische Begründung der Thermodynamik durch Carathéodory. Von Professor Dr. A. Landé, Tübingen.
Quantentheorie der molaren thermodynamischen Zustandsgrößen. Von Professor Dr. A. Byk, Charlottenburg.
Die kinetische Theorie der Gase und Flüssigkeiten. Von Professor Dr. G. Jäger, Wien.
Erzeugung von Wärme aus anderen Energieformen. Von Professor Dr. W. Jaeger, Charlottenburg.
Temperaturmessung. Von Professor Dr. F. Henning, Berlin.

Band X: Thermische Eigenschaften der Stoffe (bereits erschienen)

Zustand des festen Körpers. Von Professor Dr. E. Grüneisen, Charlottenburg.
Schmelzen, Erstarren, Sublimieren. Von Professor Dr. F. Körber, Düsseldorf.
Zustand der gasförmigen und flüssigen Körper. Von Professor Dr. J. D. van der Waals, Amsterdam.
Thermodynamik der Gemische. Von Professor Dr. Ph. Kohnstamm, Amsterdam.
Spezifische Wärme (theoretischer Teil). Von Professor Dr. E. Schrödinger, Zürich.
Spezifische Wärme (experimenteller Teil). Von Professor Dr. Karl Scheel, Berlin-Dahlem.
Die Bestimmung der freien Energie. Von Dr. F. Simon, Berlin.
Thermodynamik der Lösungen. Von Professor Dr. C. Drucker, Leipzig.

Band XI: Anwendung der Thermodynamik (bereits erschienen)

Thermodynamik der Erzeugung des elektrischen Stromes. Von Professor Dr. W. Jaeger, Charlottenburg.
Wärmeleitung. Von Professor Dr. M. Jakob, Charlottenburg.
Thermodynamik der Atmosphäre. Von Professor Dr. A. Wegener, Graz.
Hygrometrie. Von Dr. M. Robitzsch, Lindenberg.
Thermodynamik der Gestirne. Von Professor Dr. E. Freundlich, Neubabelsberg.
Thermodynamik des Lebensprozesses. Von Professor Dr. O. Meyerhof, Berlin-Dahlem.
Erzeugung tiefer Temperaturen und Gasverflüssigung. Von Dr. W. Meißner, Berlin.
Erzeugung hoher Temperaturen. Von Dr. C. Müller, Charlottenburg.
Wärmeumsatz bei Maschinen. Von Professor Dr. K. Neumann, Hannover.

Band XII: Theorien der Elektrizität und des Magnetismus — Elektrostatik

Maxwell-Hertz'sche Theorie. Von Dr. F. Zerner, Wien.
Elektronentheorie. Von Dr. F. Zerner, Wien.
Elektrodynamik bewegter Körper und spezielle Relativitätstheorie. Von Professor Dr. H. Thirring, Wien.
Das Elektron und die Ionen. Von Professor Dr. E. Meyer, Zürich.
Elektrostatik der Leiter. Von Professor Dr. F. Kottler, Wien.
Dielektrika. Von Prof. Dr. A. Güntherschulze, Berlin.

Band XIII: Elektrizitätsbewegung in festen und flüssigen Körpern

Leitfähigkeit der Metalle. Von Professor Dr. E. Grüneisen, Berlin.
Berechnung von Strömungsfeldern. Von Professor Dr. F. Noether, Breslau.
Thermoelektrizität. Von Dr. Gerda Laski, Berlin.
Thermomagnetische und galvanomagnetische Erscheinungen. Von Professor Dr. W. Gerlach, Tübingen.
Austritt von Ionen und Elektronen aus glühenden Körpern. Von Dr. O. Halpern, Wien.
Lichtelektrische Erscheinungen. Von Professor Dr. B. Gudden, Erlangen.
Pyro- u. Piezoelektrizität. Von Dr. H. Falkenhagen, Köln.
Elektrolytische Leitung in festen Körpern. Von Professor Dr. G. v. Hevesy, Kopenhagen.
Berührungs- und Reibungselektrizität. Von Professor Dr. A. Coehn, Göttingen.
Elektrizitätsleitung in Flüssigkeiten und Theorie der elektrolytischen Dissoziation. Von Dr. E. Baars, Marburg, Lahn.
Elektrolyse. Von Dr. E. Baars, Marburg, Lahn.
Elektrokinetik. Von Dr. G. Ettisch, Berlin.
Elektrokapillarität. Von Dr. G. Ettisch, Berlin.
Wasserfallelektrizität. Von Prof. Dr. A. Coehn, Göttingen.

Band XIV: Elektrizitätsbewegung in Gasen

Unselbständige Entladung zwischen kalten Elektroden. Von Dr. H. Stücklen, Zürich.
Ionisation durch glühende Körper. Von Dr. H. Stücklen, Zürich.
Flammenleitfähigkeit. Von Dr. H. Stücklen, Zürich.
Über die stille Entladung in Gasen. Von Professor Dr. E. Warburg, Berlin.
Die Glimmentladung. Von Dr. R. Bär, Zürich.
Der elektrische Lichtbogen. Von Professor Dr. A. Hagenbach, Basel.
Funkenentladung. Von Professor Dr. E. Warburg, Berlin.
Die elektrischen Figuren. Von Professor Dr. Karl Przibram, Wien.
Atmosphärische Elektrizität. Von Professor Dr. G. Angenheister, Potsdam.

Band XV: Magnetismus — Elektromagnetisches Feld

Magnetostatik. Von Professor Dr. Paul Hertz, Göttingen.
Magnetische Felder von Strömen. Von Professor Dr. Paul Hertz, Göttingen.
Dia- u. Paramagnetismus. Von Dr. W. Steinhaus, Berlin.
Ferromagnetismus. Von Professor Dr. E. Gumlich, Berlin, und Dr. W. Steinhaus, Berlin.
Erdmagnetismus. Von Professor Dr. G. Angenheister, Potsdam.
Elektromagnetische Induktion. Von Professor Dr. S. Valentiner, Clausthal.
Wechselströme. Von Dr. R. Schmidt, Berlin.
Elektrische Schwingungen. Von Dr. E. Alberti, Berlin.

Band XVI: Apparate und Meßmethoden für Elektrizität und Magnetismus

Die elektrischen Maßsysteme und Normalien. Von Professor Dr. W. Jaeger, Charlottenburg.
Auf Influenz und Reibungselektrizität beruhende Apparate und Geräte. Von Dr. G. Michel, Berlin.
Elemente. Von Professor Dr. H. v. Steinwehr, Berlin.
Auf der Induktion beruhende Apparate. Von Professor Dr. S. Valentiner, Clausthal.
Ventile, Gleichrichter, Verstärkerröhren, Relais. Von Professor Dr. A. Güntherschulze, Berlin.
Telefon und Mikrophon. Von Dr. W. Meißner, Berlin.
Schwingung und Dämpfung in Meßgeräten u. elektr. Stromkreisen. Von Professor Dr. W. Jaeger, Charlottenburg.
Elektrostatische Meßinstrumente. Von Professor Dr. F. Kottler, Wien.
Auf dem magnetischen Feld beruhende Meßinstrumente. Von Dr. R. Schmidt und Professor Dr. A. Schering, Berlin.
Auf dem thermischen Effekt beruhende Meßinstrumente. Von Professor Dr. A. Schering, Berlin.
Auf elektrolytischer Wirkung beruhende Meßinstrumente. Von Professor Dr. A. Güntherschulze, Berlin.
Widerstände. Von Professor Dr. H. v. Steinwehr, Berlin.

Selbstinduktionen und Kapazitäten. Von Professor Dr. E. Giebe, Berlin.
Meßwandler, Stromwandler, Spannungswandler. Von Professor Dr. A. Schering, Berlin.
Wellenmesser und Frequenznormale. Von Dr. Egon Alberti, Berlin.
Allgemeines und Technisches über elektrische Messungen. Von Professor Dr. W. Jaeger, Charlottenburg.
Messung der Elektrizitätsmenge, des Stromes, der Leistung und der Arbeit. Von Professor Dr. A. Schering und Dr. R. Schmidt, Berlin.
Elektrometrie. Von Professor Dr. A. Schering, Berlin.
Widerstandsmessungen. Von Professor Dr. H. v. Steinwehr, Berlin.
Messung von Selbstinduktionen und Kapazitäten. Von Professor Dr. E. Giebe, Berlin.
Messung von Dielektrizitätskonstanten und dielektrischen Verlusten. Von Professor Dr. A. Schering, Berlin.
Meßmethoden bei elektrischen Schwingungen. Von Dr. E. Alberti, Berlin.
Elektrochemische Messungen. Von Dr. E. Baars, Marburg a. Lahn.
Messung der magnetischen Eigenschaften der Körper. Von Professor Dr. E. Gumlich, Berlin, und Dr. W. Steinhaus, Berlin.
Herstellung und Ausmessung magnetischer Felder. Von Professor Dr. E. Gumlich, Berlin.
Erdmagnetische Messungen. Von Professor Dr. G. Angenheister, Potsdam.

Band XVII: Elektrotechnik

Telegraphie und Telephonie auf Leitungen. Von Professor Dr. F. Breisig, Berlin.
Drahtlose Telegraphie und Telephonie. Von Professor Dr. F. Kiebitz, Berlin.
Röntgentechnik. Von Dr. H. Behnken, Berlin.
Elektromedizin. Von Dr. H. Behnken, Berlin.
Transformatoren. Von Dr. R. Vieweg, Berlin, und Dipl.-Ing. V. Vieweg, Berlin.
Elektrische Maschinen. Von Dr. R. Vieweg, Berlin, und Dipl.-Ing. V. Vieweg, Berlin.
Technische Quecksilberdampf-Gleichrichter. Von Professor Dr. A. Güntherschulze, Berlin.
Hochspannungstechnik. Von Professor Dr. W. Schumann, München.
Überspannungen und Überströme. Von Dr. A. Fraenckel, Berlin.

Band XVIII: Geometrische Optik — Optische Konstanten — Optische Instrumente

Geometrische Optik. Von Dr. H. Boegehold, Jena, Dr. O. Eppenstein, Jena, Dr. Hartinger, Jena. Prof. Dr. F. Jentzsch, Berlin, Dr. W. Merté, Jena.
Spiegel aller Arten und daraus entstehende Instrumente, Prismen, Prismensätze usw. Von Dr. F. Löwe, Jena.
Fernrohre aller Art. Von Dr. O. Eppenstein, Jena.
Das photographische Objektiv, Das Auge und das Sehen, Brillen. Von Professor Dr. M. v. Rohr, Jena.
Beleuchtungsapparate, Mikroskope, Lupen, Ultramikroskope. Von Dr. H. Boegehold, Jena.
Besondere optische Instrumente, soweit nicht anderwärts behandelt. Von Professor Dr. H. Konen, Bonn.
Optische Konstanten. Von Dr. H. Keßler, Jena, und Professor Dr. H. Konen, Bonn.

Band XIX: Herstellung und Messung des Lichtes

Natürliche und künstliche Lichtquellen.
1. Sonnenstrahlung. Von Professor Dr. H. Rosenberg, Kiel. 2. Himmelsstrahlung. 3. Blitz, Nordlicht, atmosphärische Erscheinungen. Von Professor Dr. C. Jensen, Hamburg. 4. Übersicht über die kosmischen Lichtquellen. Von Professor Dr. J. Hopmann, Bonn. 5. Glühende Körper, insbesondere schwarze. Von Frl. Dr. E. Lax, Berlin, und Professor Dr. M. Pirani, Berlin-Wilmersdorf. 6. Bogenlicht, Funke. Von Professor Dr. H. Konen, Bonn, und Dr. R. Frerichs, Bonn. 7. Gasentladungen. Von Professor Dr. H. Konen, Bonn, und Dr. R. Frerichs, Bonn. 8. Röntgenstrahlen (Technisches, Art, Verteilung und Zusammensetzung). Von Dr. H. Behnken, Charlottenburg. 9. Luminescenzquellen. Von Professor Dr. P. Pringsheim, Berlin. 10. Flammen, chemische Prozesse. Von Professor Dr. H. Konen, Bonn, und Dr. R. Frerichs, Bonn.

Lichttechnik.
1. Allgemeines, wirtschaftliche Grundsätze, physiologische Gesichtspunkte, Stellung der Aufgabe. 2. Methoden zur Strahlungserzeugung, schwarze, nicht schwarze Körper, Luminescenz. 3. Historische Übersicht über die Entwicklung der Lichttechnik. 4. Gaslicht. 5. Elektrische Lichtquellen. 6. Luminescenzlampe, Gasentladungslampe. 7. Die Bewertung der elektrischen Lichtquellen. Von Frl. Dr. E. Lax, Berlin, und Professor Dr. M. Pirani, Berlin-Wilmersdorf. 8. Reflektoren. Von Dipl.-Ing. L. Schneider, Berlin.

Methoden der Untersuchung.
1. Photometrie. Von Professor Dr. E. Brodhun, Berlin-Grunewald. 2. Photographie. Von Professor Dr. J. Eggert, Berlin-Friedenau, und Dr. W. Rahts, Berlin. 3. Spectralphotometrie, Absorptionsphotometrie. Von Professor Dr. H. Ley, Münster i. W. 4. Colorimetrie. Von Dr. F. Löwe, Jena. 5. Energieverteilung, Gesamtenergie, Meßmethoden, Linienintensitäten. Von Dr. Th. Dreisch und Dr. R. Frerichs, Bonn. 6. Polarimetrie. Von Professor Dr. O. Schönrock, Berlin. 7. Wellenlängenmessungen. Von Professor Dr. H. Konen, Bonn. 8. Besondere Methoden: a) Ultrarot. Von Frl. Dr. G. Laski, Berlin. b) photographisch erreichbarer Teil. Von Professor Dr. H. Konen, Bonn. c) Röntgengebiet. Von Dr. H. Behnken, Charlottenburg. 9. Fortpflanzungsgeschwindigkeit des Lichtes. Von Professor Dr. H. Rosenberg, Kiel. 10. Besondere Meßmethoden, elliptisches Licht, teilweise polarisiertes Licht. Von Professor Dr. G. Szivessy, Münster.

Band XX: Natur des Lichtes

Experimentelle Grundlagen und elementare Theorie.
1. Klassische und neuere Interferenzversuche und Interferenzapparate. a) Elementare Theorie derselben. 2. Beugungsversuche. a) Einfachste Beugungsversuche mit elementarer Theorie. b) Auf Beugung beruhende Instrumente und Anordnungen; genauere Theorie der einfachsten Versuche. Von Professor Dr. L. Grebe, Bonn. c) Die Beugung in den optischen Instrumenten in Beziehung zur Grenze des Auflösungsvermögens. Von Professor Dr. F. Jentzsch, Berlin. d) Andere Fälle von Beugung (Regenbogen, Halos); fein verteilte Substanzen. Von Dr. R. Mecke, Bonn. 3. Polarisation. a) Grundversuche über Erzeugung und Eigenschaften des polar. Lichtes, mit Ausschluß der Krystalloptik. b) Interferenz und Beugung des polar. Lichtes. Von Professor Dr. G. Szivessy, Münster. 4. Beziehung zu anderen Erscheinungen, Zeemaneffekt, Kerreffekt, Doppelbrechung, magn. Drehung, Metallreflektion, Beziehungen zu lichtelektrischen Erscheinungen usw. elementar, nur in Übersicht. Von Professor Dr. H. Konen, Bonn. 5. Der Energietransport durch das Licht auf Grund der Versuche. a) Weißes Licht, seine Eigenschaften; schwarze Strahlung. Von Professor Dr. L. Grebe, Bonn. b) Gesetze der schwarzen Strahlung, Strahlung nichtschwarzer Körper. Von Professor Dr. L. Grebe, Bonn.

Lichttheorien.
1. Historische Übersicht. 2. Elektromagnetische Theorie. a) Grundsätzliches, Maxwell, Elektronentheorie, allgemeine Sätze. b) Grenzbedingungen. c) Anisotrope Medien. d) Strenge Theorie der Interferenz und Beugung mit Übersicht über die behandelten Fälle. e) Grundsätzliches über Reflektion, Brechung, Dispersion und Absorption. f) Metallreflektion. Von Professor Dr. Walter König, Gießen. 3. Beziehungen zur Thermodynamik. Allgemeine Sätze, Beziehungen zur Relativitätstheorie, Quanten und Korrespondenzprinzip. Vergleich mit Erfahrung. 4. Zusammenfassende Übersicht über den zeitigen Stand der Wellentheorie des Lichtes. Von Professor Dr. A. Landé, Tübingen.

Krystalloptik.
1. Optisches Verhalten der Krystalle, Wellenflächen, elementare Theorie. 2. Interferenz des polarisierten Lichtes. a) Ebene Wellen. b) Convergentes Licht. c) Rotationspolarisation. 3. Beziehungen zur Temperatur, Elastizität usw. 4. Feinere Theorie der Polarisationsapparate, Polariskope usw. Von Professor Dr. G. Szivessy, Münster. 5. Polarisation und chemische Konstitution. Von Professor Dr. H. Ley, Münster i. W. 6. Inhomogene Körper, technische Anwendungen. Künstliche Doppelbrechung. Von Professor Dr. Walter König, Gießen.

Band XXI: Licht und Materie

Absorption und Dispersion.
1. Absorption der festen Körper, abhängig vom Spektralbereich, Temperatur usw., Schwingungsrichtung, Magnetfeld, Körperfarben, Definitionen. Von Professor Dr. L. Grebe, Bonn. 2. Absorption der Lösungen und Flüssigkeiten. Einfluß von Aggregatzustand usw. 3. Absorption und Konstitution. Von Professor Dr. H. Ley, Münster i. W. 4. Absorption und Streuung der Gase. Übersicht. Von Dr. R. Mecke, Bonn. 5. Absorption und Streuung im Bereiche kurzer Wellen. Von Professor Dr. L. Grebe, Bonn. 6. Experimentelles über normale und anormale Dispersion. 7. Dispersionsformeln und Eigenwellenlängen. 8. Dispersionstheorie. Schlüsse aus Konstanten. Von Professor Dr. K. F. Herzfeld, München, und Dr. L. Wolf, Potsdam.

Emission.
1. Allgemeines, Beziehung von Emission und Absorption. Von Professor Dr. H. Konen, Bonn. 2. Emission fester Körper. Von Frl. Dr. E. Lax, Berlin, und Professor Dr. M. Pirani, Berlin-Wilmersdorf. 3. Linienspektra mit Einschluß der Röntgenspektra. a) Allgemeines. b) Charakter der Linien, Intensitätsverteilung, Verbreiterung, Umkehr, Feinstruktur. c) Konstanz u. Veränderlichkeit d. Wellenlängen. d) Leuchtdauer. e) Bau der Spektra, historisch. Von Professor Dr. H. Konen, Bonn. f) Typen, Multiplets, Serien. g) Systematische Übersicht über die bekannten Linienspektren. Von Dr. R. Frerichs, Bonn. h) Röntgenspektra. Von Professor Dr. L. Grebe, Bonn. i) Zeemaneffekt, Starkeffekt. Von Professor Dr. A. Landé, Tübingen. Druckeffekt. Von Professor Dr. H. Konen, Bonn. k) Energiestufen, Anregung. Von Dr. P. Jordan, Göttingen. l) Intensitätsregeln. Von Dr. R. Frerichs, Bonn. 4. Molekülspektra. a) Allgemeines; b) Ultrarote Serien. c) Feinstruktur, Systematik, Kombinationen. d) Einfluß des Magnetfeldes usw. e) Bandenspektra und chemische Konstitution. Von Dr. R. Mecke, Bonn. 5. Fluoreszenz und Phosphoreszenz. Übersicht, 6. Andere Luminiszenzen. Von Professor Dr. P. Pringsheim, Berlin. 7. Fluoreszenz und chemische Konstitution. Von Professor Dr. H. Ley, Münster i. W. 8. Kontinuierliche Gasspektra. Von Professor Dr. L. Grebe, Bonn. 9. Spektralanalyse. a) Optisches Gebiet. Von Dr. F. Löwe, Jena. b) Röntgengebiet. Von Professor Dr. L. Grebe, Bonn. 10. Anwendung auf kosmische Fragen. Von Professor Dr. J. Hopmann, Bonn.

Band XXII: Elektronen — Atome — Moleküle (bereits erschienen)

Elektronen. Von Professor Dr. W. Gerlach, Tübingen.

Atomkerne: Kernladung, Kernmasse. Von Dr. K. Philipp, Berlin-Dahlem. Das α-Teilchen als Heliumkern. Von Professor Dr. O. Hahn, Berlin-Dahlem. Kernstruktur. Von Professor Dr. Lise Meitner, Berlin-Dahlem. Atomzertrümmerungen. Von Dr. H. Pettersson, Göteborg, und Dr. G. Kirsch, Wien.

Radioaktivität: Der radioaktive Zerfall. Von Dr. W. Bothe, Charlottenburg. Die radioaktiven Stoffe. Von Professor Dr. St. Meyer, Wien. Die Bedeutung der Radioaktivität für chemische Untersuchungsmethoden. Die Bedeutung der Radioaktivität für die Geschichte der Erde. Von Professor Dr. O. Hahn, Berlin-Dahlem.

Die Ionen in Gasen. Von Professor Dr. K. Przibram, Wien.

Größe und Bau der Moleküle. Von Professor Dr. K. F. Herzfeld, München, und Professor Dr. H. G. Grimm, Würzburg.

Das natürliche System der chemischen Elemente. Von Professor Dr. F. Paneth, Berlin.

Band XXIII: Quanten (bereits erschienen)

Quantentheorie. Von Dr. W. Pauli, Hamburg.

Methoden zur h-Bestimmung und ihre Ergebnisse. Von Professor Dr. R. Ladenburg, Berlin.

Absorption und Zerstreuung der Röntgenstrahlen. Von Dr. W. Bothe, Charlottenburg.

Das kontinuierliche Röntgenspektrum. Von Dr. H. Kulenkampff, München.

Anregung von Emission durch Einstrahlung. Von Professor Dr. P. Pringsheim, Berlin.

Photochemie. Von Dr. W. Noddack, Charlottenburg.

Anregung von Quantensprüngen durch Stöße. Von Professor Dr. J. Franck und Dr. P. Jordan, Göttingen.

Band XXIV: Negative und positive Strahlen — Zusammenhängende Materie

Durchgang von Elektronen durch Materie. Von Dr. W. Bothe, Charlottenburg.

Durchgang von Kanalstrahlen durch Materie. Von Professor Dr. E. Rüchardt, München, und Professor Dr. H. Baerwald, Darmstadt.

Durchgang von α-Strahlen durch Materie. Von Professor Dr. H. Geiger, Kiel.

Bau der zusammenhängenden Materie, Theoretische Grundlagen. Von Professor Dr. M. Born und Dr. O. F. Bollnow, Göttingen.

Aufbau der festen Materie und seine Erforschung durch Röntgenstrahlen. Von Professor Dr. P. P. Ewald, Stuttgart.

Atomaufbau und Chemie. Von Prof. Dr. H. G. Grimm, Würzburg.

Die einzelnen Bände erscheinen nicht der Reihe nach; vielmehr werden diejenigen Bände zuerst gedruckt, von denen alle Beiträge eingelaufen sind.

Bisher erschienen:

Band IX:	Mit 61 Abbildungen.	(624 Seiten)	RM 46.50;	gebunden RM 49.20
Band X:	Mit 207 Abbildungen.	(494 Seiten)	RM 35.40;	gebunden RM 37.50
Band XI:	Mit 198 Abbildungen.	(462 Seiten)	RM 34.50;	gebunden RM 37.20
Band XXII:	Mit 148 Abbildungen.	(576 Seiten)	RM 42.—;	gebunden RM 44.70
Band XXIII:	Mit 225 Abbildungen.	(792 Seiten)	RM 57.—;	gebunden RM 59.70